U0383079

2019
happy birthday

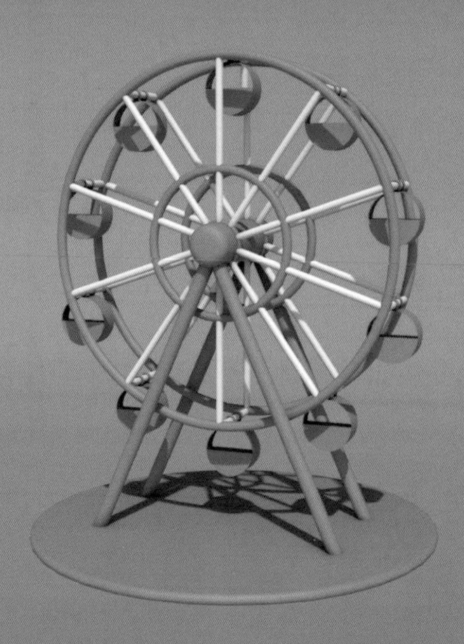

从零开始

安麒 著

CINEMA 4D 快速入门教程

人民邮电出版社
北京

图书在版编目（ＣＩＰ）数据

从零开始 : CINEMA 4D快速入门教程 / 安麒著. -- 北京 : 人民邮电出版社, 2020.1
ISBN 978-7-115-52504-8

Ⅰ. ①从… Ⅱ. ①安… Ⅲ. ①三维动画软件－教材
Ⅳ. ①TP391.414

中国版本图书馆CIP数据核字(2019)第258816号

内 容 提 要

本书从认识 CINEMA 4D 软件界面开始，以全实例为主线，由浅入深地讲解了三维模型的创建、材质及材质的参数调整、场景及灯光的配置、效果图渲染的相关知识，可以帮助读者快速掌握 CINEMA 4D。

本书分为 6 章。第 1 章讲解了 CINEMA 4D 的核心功能，以及为什么要学习 CINEMA 4D；第 2 章讲解了 CINEMA 4D 的界面知识，特别是界面的两大组成部分——分栏和窗口，同时还讲解了文件与工程的基础知识；第 3 章以 7 种基础几何体练习为例，讲解了 CINEMA 4D 的新建、移动、放大缩小、旋转等基础操作，且每一个几何模型都从点、线、面 3 个方面进行深入解析。第 4 章至第 6 章通过大量循序渐进的案例讲解，使读者可以快速入门，熟练掌握 CINEMA 4D 的核心功能，并且输出优质的效果图。

本书附赠所有案例的素材、源文件及教学视频，便于读者学习使用。

对于初学者来说，本书是一本图文并茂、通俗易懂的学习手册；对于想要快速入门 CINEMA 4D 这款软件，以及快速入门三维设计的学习者和创作者来说，本书是一本很好的参考资料。

◆ 著　　　　安　麒
责任编辑　俞　彬
责任印制　马振武

◆ 人民邮电出版社出版发行　　北京市丰台区成寿寺路 11 号
邮编　100164　　电子邮件　315@ptpress.com.cn
网址　https://www.ptpress.com.cn
涿州市般润文化传播有限公司印刷

◆ 开本：787×1092　1/16　　彩插：2
印张：19.5　　2020 年 1 月第 1 版
字数：292 千字　　2025 年 1 月河北第 10 次印刷

定价：79.80 元

读者服务热线：(010)81055410　印装质量热线：(010)81055316
反盗版热线：(010)81055315
广告经营许可证：京东市监广登字 20170147 号

章瀚文
腾讯天美视觉设计师

“工欲善其事，必先利其器”，软件的探索和学习是一个由浅入深的过程，对于新手来说最大的困惑莫过于学习初期的徘徊阶段，而造成新人止步不前的原因往往在于专业技能、知识沉淀的缺失。作者出于对设计的热爱，近一年来在站酷上大量发布CINEMA 4D教程，并且广受新人好评，相信他的这本书能补足CINEMA 4D新手的知识储备。本书通过丰富的典型案例，让新人快速入门CINEMA 4D这款软件，并能够输出一些效果图，从而在设计这条路上走得更高更远。

张小碗儿
BIGD 联合创始人、设计教学总监

认识安麒，便为他对设计的执着所感动。我经常看他编写的系列教程文章，诚恳而细腻。我们经常建议大家在设计中要不断地多看、多学、多感受。他的这本书不仅可以帮助新人设计师提升CINEMA 4D的技能，同时大家也会感受到作者良好的设计态度和正确的艺术认知，这对于一个设计师来说是很重要的。所以我推荐这本书，诚意之作，值得一看。

aiki007
BIGD 联合创始人、设计总监

在我的印象中，安麒是个积极努力、愿意学新知识的人，他一直在站酷梳理CINEMA 4D教程，并逐渐形成了自己的知识体系。如果你渴望抓住当下的流行趋势，学会国内最受欢迎的三维软件CINEMA 4D，那这本书正适合。通常三维软件不容易上手，但这本书很好地梳理了操作逻辑和设计顺序，能让新人在没有基础的情况下轻松上手。作者本身也是非常负责任的设计师，在教程当中事无巨细，每个细节都交代妥当，这本书是我目前看过的写得最认真的教程，如果你正有学习CINEMA 4D的打算，那这本书是不二之选。

王　晖
开课吧 设计学院院长

CINEMA 4D在当今设计行业属于现象级的当红软件，当平面的展示已经无法满足设计表现的诉求之后，三维逐渐成为了社会审美中不可逆的大趋势。CINEMA 4D正是在这种大趋势下流行起来的，适应设计师学习的轻量级三维设计软件。本书以翔实丰富的实操案例，深入浅出地讲解软件技能知识，通过“STEP BY STEP”的项目拆解方式，系统详细地介绍整个CINEMA 4D的知识。对于新手入门而言，这本书应该是你从零到一进入三维软件世界的启蒙书。

米 田

站酷推荐设计师 / 广州美术学院艺术硕士

对于一门知识的入门而言，学会不久的人来讲授可能比长期在这个行业服务的资深专家、教授的教学效果更好。这是一个可能很多人都想象不到的答案，但事实确实就是如此。安麒作为CINEMA 4D这门技能的新人，将他在这段时间内所学的知识学以致用，整理成这本书奉献给后面的初学者，将这些滚烫的新鲜知识以零基础的角度呈现出来。这个角色换成是我，哪怕自己已经掌握CINEMA 4D有5年的时间了，或许也不可能像作者那样将过程记录得那么翔实。因为我已不太理解新人的想法究竟是什么，觉得很多事情理所当然，但是初学者往往就是被这些貌似不起眼的小问题卡住了学习的进度。

雨 成

站酷推荐设计师 / 前腾讯设计师 / Cplus 创始人

这是一本非常适合零基础的同学快速上手CINEMA 4D的书，从软件基础到实际案例分析得很细致。互联网设计从2015年的扁平化演变到后来各式各样的三维活动场景，可预见未来三维视觉表现会占相当大的一块。理解三维软件以及相关知识，可以让大家的创造能力和事业都上升到更高的台阶。

墨 染

站酷推荐设计师 / 墨染教育创办人

认识安麒蛮久了，之前也是在站酷上看到他发布的CINEMA 4D教程，觉得都很棒，我也转载了好几篇。这次他将经验和技巧全部归纳总结在本书中，本书除了讲述CINEMA 4D软件知识之外，还配备了大量的实操案例，阐述了设计技巧与思路。本书能够带领对CINEMA 4D还是零基础的设计师快速入门，发现CINEMA 4D这片崭新的三维世界。

推荐序 1

在受到邀请为本书写推荐序的时候，我花了很长时间组织语言，不是难在遣词造句，而是在想如何更好地为您推荐这本书。

本书不是资深设计师写的，因此案例在艺术形式上仍然会显得有所欠缺，但是这并不代表这本书含金量不够，相反，这可能是最适合初学者自学 CINEMA 4D 的书。为什么？这要从我对作者的认识说起。

作者安麒，以前是我的策划编辑，也就是帮助我出书的人，大学的专业和设计行业并不相关。但是，他在帮助我和其他优秀设计师出书的这段时间，个人是以边学、边排版、边钻研的心态来做这件事，在短短一年的时间里，曾经连 Photoshop 都不知道是什么的少年，变成了一个对任何软件都熟悉的分享者。他的教程备受大众喜欢，原因是内容形式精简，因为他恰好能够将初学者遇到的困难抽丝剥茧并解决掉。这种能力，对于我们这些行业资深设计师来说是很难做到的，因为在行业做久了，早就忘记当初自己遇到的困难是什么，比如一个简单的“C 掉”（即将当前对象转为可编辑对象），对于我们来说这不是最普通的常规操作吗？有什么需要讲解的？而本书就很彻底地讲解清楚了。

我非常佩服作者的一点，是他能从众多的案例中发现问题，经过自己的重新操作、重新编译，转化成更适合初学者学习的内容分享给大家。这个过程看起来简单，但是真实了解以后，就知道这个过程究竟要付出多少。

学习就像登山，先从山底一步步来，付出汗水，最后登上顶峰，这和坐缆车一步到位，只能在顶端看一看就结束相比，你的收获和看到的风景是不同的。

本书的案例几乎涵盖了 CINEMA 4D 所有重要的常用功能，可以作为设计新人进入 CINEMA 4D 领域的第一本书。

BIGD 创始人兼创意总监

Adobe ACA 中国设计委员会理事会员

Adobe 认证交互设计师

站酷十周年十大人气设计师

牛 MO 王

2019 年 10 月

推荐序 2

在得知安麒要出版一本关于 CINEMA 4D 的书时，我非常替他高兴。在收到了他的邀请为本书写推荐序时，他希望我站在互联网视觉设计师的角度，说一说目前 CINEMA 4D 这款软件在设计大环境中的位置和趋势，以及掌握 CINEMA 4D 这款软件能够给设计师带来什么帮助。下面，我会从两个方面来阐述自己的看法和理解。

首先，从软件角度来看，CINEMA 4D 的字面意思是 4D 电影，其本身是一款三维表现软件，以极高的运算速度和强大的渲染插件著称，在电影制作中表现突出。随着其技术越来越成熟，CINEMA 4D 受到越来越多的电影公司重视，同时在电视包装领域也表现非凡。CINEMA 4D 的操作界面和流程相对于传统的 3ds Max、Maya 等老牌三维软件更易上手，其丰富的灯光、材质、模型等预设能够帮助设计师快速实现视觉效果，降低了三维技术的入门门槛。目前，这门技术已经由传统的影视行业向视觉设计行业广泛传播开来，相信未来 CINEMA 4D 会在设计行业越来越普及。

其次，从互联网设计的大环境来看 ,2019 年就业竞争压力增大，互联网视觉设计师也要随着环境的变化让自己不断“进化”，时刻保持竞争力。传统的互联网视觉设计师只掌握如插画、合成、字体设计、版式设计等专业能力，已不足以应对越来越复杂的设计需求。随着 CINEMA 4D 技术的普及，越来越多的设计师开始掌握快速表现三维视觉的能力，以及动效表现的能力，来提升设计师的自我价值。

从技术的角度来看，2019 年被称为 5G 元年，随着 5G 的普及和推广，互联网产业会有更多可能性，加载速度已经不再是优先需要考虑的因素，更多的传播场景可能会由平面转向三维，由静态转向动态表现。随着短视频、直播、虚拟偶像、潮玩等行业的火爆发展，人工智能、IoT、VR、AR、3Dmaping、数字艺术等技术的普及，掌握三维视觉表现能力会给互联网视觉设计师创造更多的可能和契机。

安麒做事认真负责，出于对设计的热爱，他利用业余时间自学 CINEMA 4D，并将所学的技术整理分享出来，内容相对基础和简单，非常适合新手，希望本书能够帮助到更多的人。

站酷推荐设计师、站酷专访设计师，江湖门主理人

江湖

2019 年 10 月

推荐序 3

市场对视觉设计的要求越来越高，单纯的二维画面已经不能满足需求，三维的视觉元素加入是一个大趋势。

阿里巴巴的智能作图机器人将进一步挤压入门设计师的生存空间，将三维元素加入到设计作品中，是目前设计师可以超越作图机器人、体现自我价值的一个很好的途径。

不仅仅是平面设计，影视包装、摄影工作也需要三维软件协助搭建场景，这样不仅可以节省实景制作的费用，也可以更好地发挥想象力，制作需要的虚拟场景和虚拟道具，完成超现实的画面。

现在的工作对效率的要求越来越高，同时，在这个竞争激烈的大环境下，节约时间成本也可以帮助我们以更有竞争力的价格拿下项目。CINEMA 4D 相对其他的三维软件，操作更简单，参数更少，大部分功能都可以一键完成。在我学习的过程中，觉得它最大的特点就是界面比较友好，没有那么多很难理解的绕口词汇，直接选择需要的功能即可，甚至直接使用默认的参数也没有任何问题。这款软件很适合小工作室或个人使用。

接下来说说我对这本书的理解，看到作者在微信朋友圈里发自己的 CINEMA 4D 教程，我便主动跟着学习，最大的体会就是教程条理清晰，比在网络上寻找的教程容易上手。跟着作者尝试做一个卡通小案例是我第一次尝试使用CINEMA 4D，也是我第一次尝试使用三维软件，非常肯定地说，这是一次愉悦的学习体验，并使我下定决心要掌握这款软件。

书中的案例虽然相对简单，但实际跟着做下来后，我发现它们都很有代表性，包含了明确的知识点，在不复杂的操作中自然而然地就学会了这款软件。

我和作者在一个朋友圈中，大家经常一起讨论设计，分享创意。据我了解，他曾经写过小说，做过动漫编剧，或许是这些爱好和经历，让我觉得他是个很有创造力、逻辑清晰、执行力强的人。他总是知道如何最快地获取自己需要的知识，并且运用这些知识最快地达成目标。正如本书书名一样，如果想要快速入门 CINEMA 4D，我想这本书应该是你的首选，希望它可以帮助到更多的 CINEMA 4D 新人。

AMAZING 7 创始人

畅销书《抠图 + 修图 + 调色 + 合成 + 特效 Photoshop 核心应用 5 项修炼》作者

曾宽

2019 年 10 月

前言

软件介绍

CINEMA 4D（C4D）是 Maxon Computer 公司研发的三维图形绘制软件，包含建模、动画、渲染、角色、粒子及插画等模块。它具备极高的运算速度和强大的渲染能力，曾在电影《毁灭战士》《阿凡达》的制作中起到重要的作用。

本书内容介绍

本书的主要内容如下。

第 1 章讲解了 CINEMA 4D 的核心功能以及为什么要学习 CINEMA 4D。通过本章的学习，读者可以清晰地感受到 CINEMA 4D 的强大之处。

第 2 章讲解了 CINEMA 4D 的界面知识，包括分栏和窗口。同时，本章还讲解了文件与工程的基础知识。

第 3 章以 7 种基础几何体——立方体、圆柱、圆盘、胶囊、球体、圆环、管道为例，讲解了新建、移动、放大缩小、旋转等操作，并且对每个几何体的特点进行单独的分析讲解，使读者对模型有深入的理解。

第 4 章通过大量的初级案例，对 7 种基础几何体进行组合运用，同时在案例中加入变形工具组和造型工具组中的效果器，丰富模型的变化。通过本章的学习，读者可以掌握基础三维模型的创建、材质及材质的参数调整、场景及灯光的搭建，直至渲染出效果图。

第 5 章通过中级难度的案例，在第 4 章所讲知识点的基础上，对几何体本身进行编辑，同时不再局限于效果器的添加，而是对效果器的参数进行进一步调整。除此之外，通过学习多种几何体及多种效果器的组合使用，读者可以掌握中等难度的三维模型创建、材质及材质的参数调整、场景及灯光的搭建，直至渲染出效果图。

通过第 4 章和第 5 章的学习，读者已掌握了 7 种基础几何体的使用技巧，同时也学习了如何使用变形工具组和造型工具组中的多种效果器，具备了独立建模的能力。因此，第 6 章的高级案例精简了具体的操作步骤，给读者留有自我思考和探索的空间；希望读者可以基于作者的建模思路，结合自己的认知，高效地创建自己所需要的模型，同时搭配合适的场景以及灯光，直至渲染出效果图。

为了帮助读者更轻松地入门 CINEMA 4D，本书在编写的过程中坚持图文并茂、通俗易懂的原则，希望有更多的读者朋友可以快速掌握相关的知识和技能。由于本人水平有限，书中若有不妥之处，恳请读者指正。我们的邮箱地址是：luofen@ptpress.com.cn。

安麒

2019 年 10 月

目录

目录

第 5 章 CINEMA 4D 案例实训（中级）

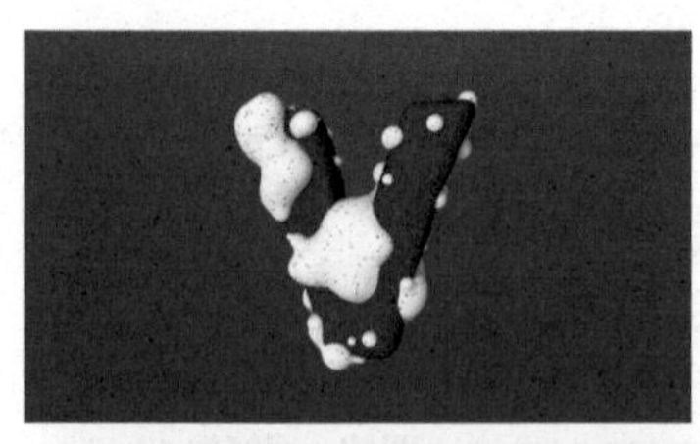

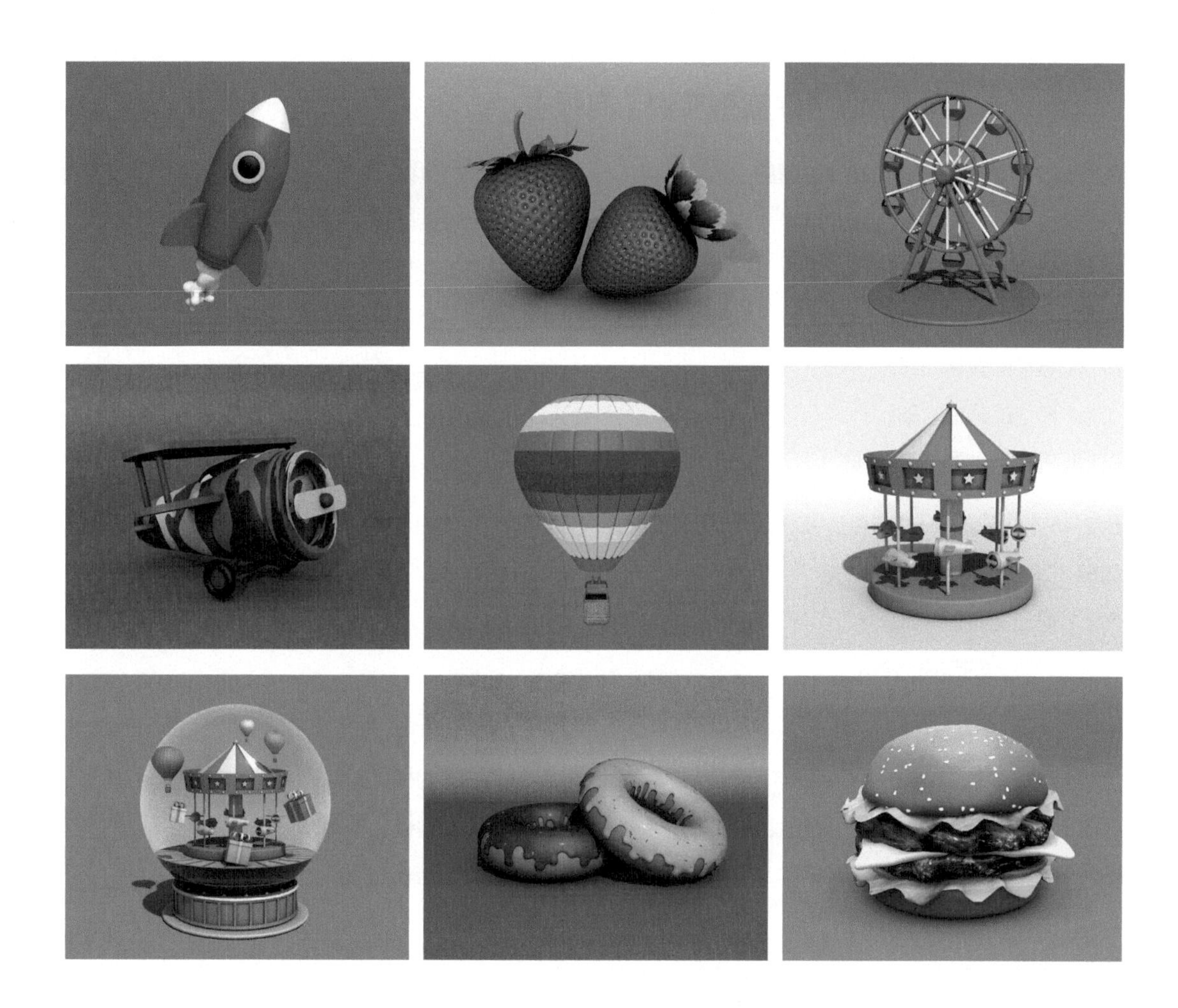

目录

第6章 CINEMA 4D 案例实训（高级）

圆盘 球体 地形 立方体 圆环 圆锥 胶囊 宝石 胶囊 圆盘 地形 管道 管道 管道 圆环 管道 圆柱 球体 圆锥 宝石 立方体 平面 胶囊 地形

放样 细分曲面 放样 贝塞尔 旋转 挤压 扫描 细分曲面 贝塞尔 扫描 挤压 旋转 贝塞尔 旋转 放样 旋转 放样 贝塞尔 细分曲面

晶格 布尔 布尔 对称 对称 布尔 融球 对称 融球 晶格 晶格

样条约束 置换 锥化 螺旋 减面 扭曲 锥化 FFD 样条约束 减面 螺旋 FFD 置换

内部挤压 桥接 缝合 笔刷 焊接 克隆 封闭多边形孔洞 切刀 继承 滑动 细分 推散 挤压 倒角 细分 缝合 封闭多边形孔洞 内部挤压 推散 克隆

第1章 初识CINEMA 4D

本章主要讲解CINEMA 4D的核心功能以及为什么要学习CINEMA 4D。通过本章的学习，读者可以清晰地感受到CINEMA 4D的强大之处。

1.1 什么是CINEMA 4D

CINEMA 4D（C4D）是Maxon Computer公司研发的三维设计软件，包含建模、动画、渲染、角色、粒子及插画等模块。它具备极高的运算速度和强大的渲染能力，曾在电影《毁灭战士》《阿凡达》的制作中起到重要的作用。

1.2 CINEMA 4D的功能

CINEMA 4D和Maya、3ds Max属于同一时代的三维设计软件。CINEMA 4D在全球拥有大量的用户群体，但是在国内起步时间较晚，其普及程度低于Maya、3ds Max。

CINEMA 4D发布于1989年，随着其功能越来越强大、完善，如今已经成为了三维设计界的新任“流量小生”，集万千宠爱于一身的设计界翘楚。它不仅在电商设计方面颇有建树，在平面设计、工业设计、影视制作、UI设计方面的运用也非常广泛，甚至很多好莱坞大片都用CINEMA 4D制作人物模型。

CINEMA 4D在Web UI方面的应用如图1-1~图1-3所示。

图1-1

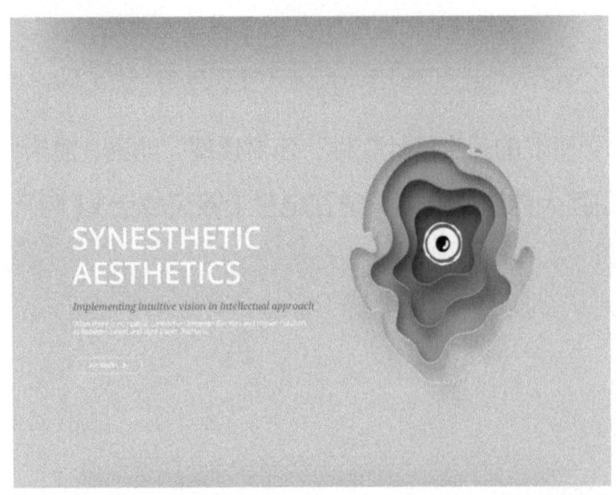

图1-2

图1-3

CINEMA 4D在产品设计方面的应用如图1-4所示。

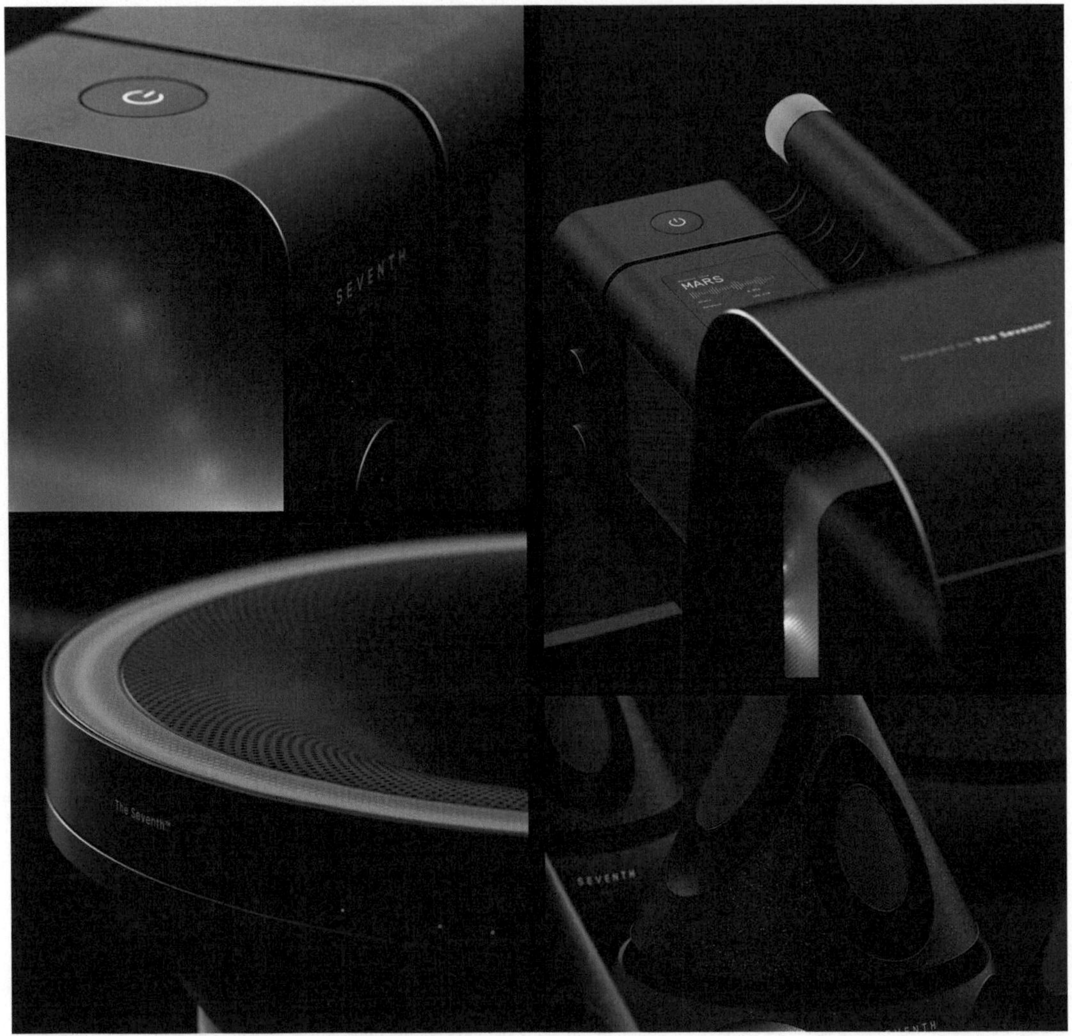

图1-4

CINEMA 4D在建筑设计方面的应用如图1-5~图1-8所示。

图1-5

图1-6

图1-7

图1-8

CINEMA 4D在抽象场景方面的应用如图1-9~图1-13所示。

图1-9

图1-10

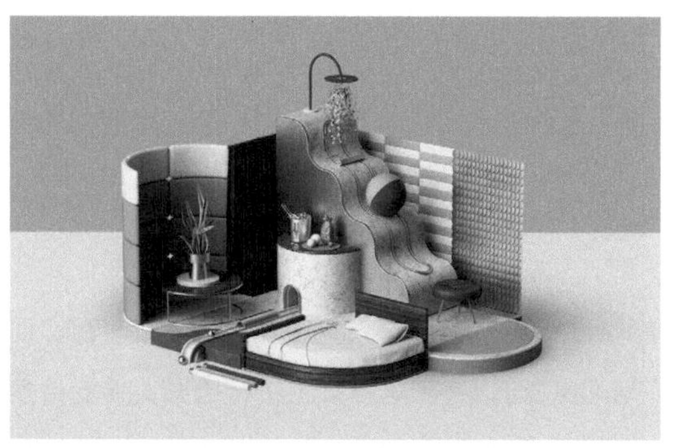

图1-11

图1-12

图1-13

CINEMA 4D在广告设计方面的应用如图1-14和图1-15所示。

图1-14

图1-15

1.3 为什么选择CINEMA 4D

CINEMA 4D主要应用于影视栏目包装、电商海报、工业产品渲染等行业，与市面上其他的三维软件相比，主要有以下几点优势。

1. 界面简洁且功能强大

CINEMA 4D的界面比Maya、3ds Max简洁很多，并且提供了丰富的内置功能，可以轻易实现三维设计相对复杂的UV、贴图绘制、雕刻等。CINEMA 4D可以在三维模型上进行绘画，并支持多种笔触、压感和图层。同时，CINEMA 4D拥有较为完善的毛发系统、节点式、表达式和粒子系统。此外，与其他三维设计软件相比，CINEMA 4D对电脑配置的要求并不高。

2. 上手容易

CINEMA 4D的上手难度远远低于Maya、3ds Max等三维设计软件。它的功能丰富，层级关系清晰，而且能够快速地渲染出图。

3. 强大的渲染器及插件

CINEMA 4D拥有强大的内置渲染器，渲染速度快且渲染质量高，尤其是在工业渲染领域的表现尤为突出，可以在最短的时间内创造出最具质感和真实感的作品。同时，CINEMA 4D拥有大量的渲染插件，例如：渲染插件Octane Render、渲染器插件 SolidAngle Arnold、渲染器插件 V-RAY、植物制作插件 Forester 、植物制作插件jianjianIvyGrower（藤蔓生长）、地形分布插件 Laubwerk SurfaceSPREAD、布尔插件 TGS MeshBoolean、像素插件 Tools4D Voxygen、烟幕插件 TurbulenceFD、噪波着色器插件 CodeVonc Proc3durale、电子元件纹理贴图软件 JSplacement（独立软件）、流体插件 RealFlow、网格制作软件 Instant Meshes（独立软件）、转面插件 Dual Graph。

4. 兼容性高

CINEMA 4D可以与Adobe Photoshop、Adobe Illustrator、Adobe After Effects无缝衔接，其中CINEMA 4D和Adobe After Effects这两款软件的结合使用，在商业广告、MG动画、影视片头、电视栏目包装、室内设计、电商及平面设计、工业设计等方面都有较好的表现。

5. 强大的预设库

CINEMA 4D拥有丰富而强大的预设库，用户可以轻松地从它的预设库中找到需要的模型、贴图、材质、照明、环境、动力学等相关的素材，可提高工作效率。

第2章 认识CINEMA 4D的软件界面

本章主要讲解CINEMA 4D的界面知识，包括分栏和窗口等。同时，本章还讲解文件与工程的基础知识，如新建、保存等。

CINEMA 4D的界面主要由“分栏”和“窗口”组成，其中分栏主要包括菜单栏、工具栏、编辑模式工具栏、提示栏；窗口主要包括视图窗口、动画编辑窗口、材质窗口、坐标窗口、对象窗口。

2.1 分栏

CINEMA 4D的分栏主要包括主菜单栏、工具栏、编辑模式工具栏、提示栏，如图2-1所示。

图2-1

2.1.1 菜单栏

CINEMA 4D的菜单栏可以分为主菜单栏和窗口菜单，其中主菜单栏位于界面的最上方，如图2-2所示。

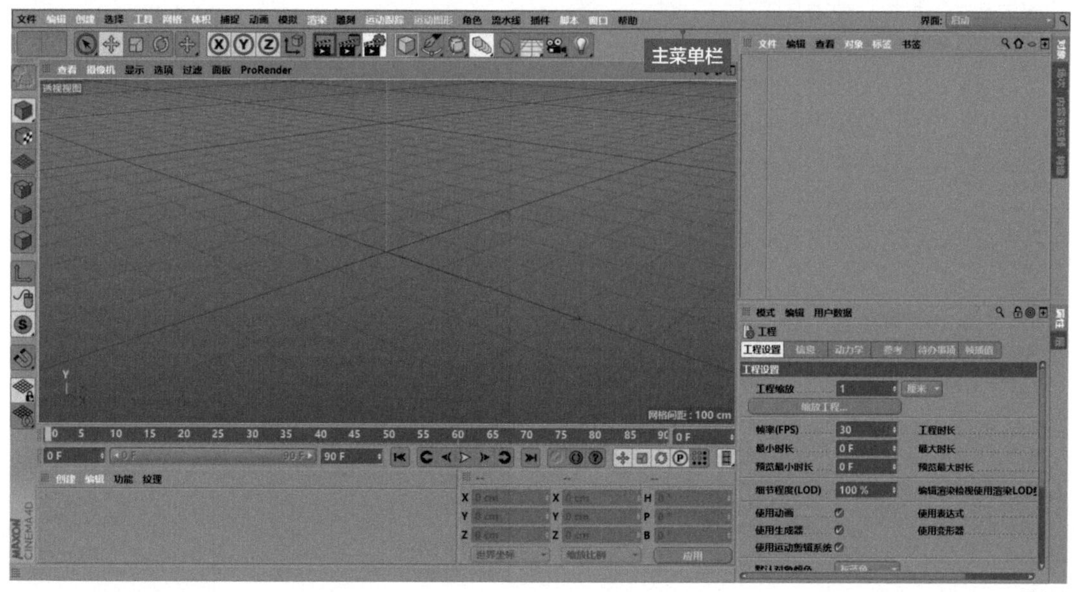

图2-2

窗口菜单主要分为视图窗口菜单、对象窗口菜单、属性窗口菜单，如图2-3所示。

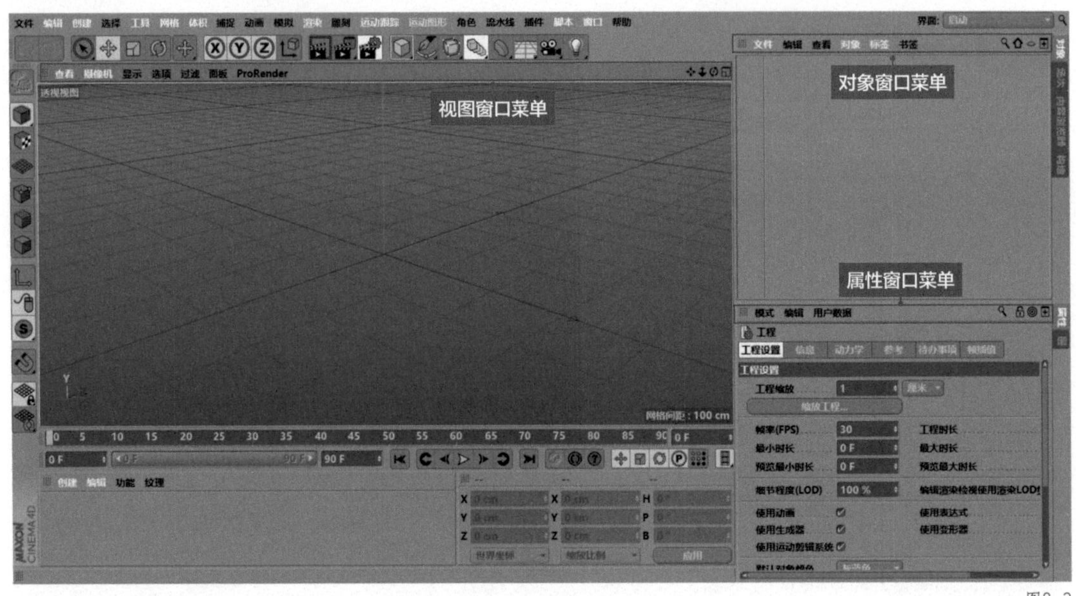

图2-3

2.1.2 工具栏

CINEMA 4D的工具栏位于菜单栏的下方，分为独立工具和工具组，独立工具主要按照工具的使用频率划分，包括常用的完全撤销和完全重做按钮，以及选择工具组、视图操作工具、显示当前所选工具、坐标工具、渲染工具等。工具组则按照工具的类型和功能进行划分，将相似类型和功能的工具划分到了同一个工具组中。工具组主要包括参数化对象、曲线工具组、NURBS、造型工具组、变形工具组以及场景设定、灯光设定等，如图2-4所示。

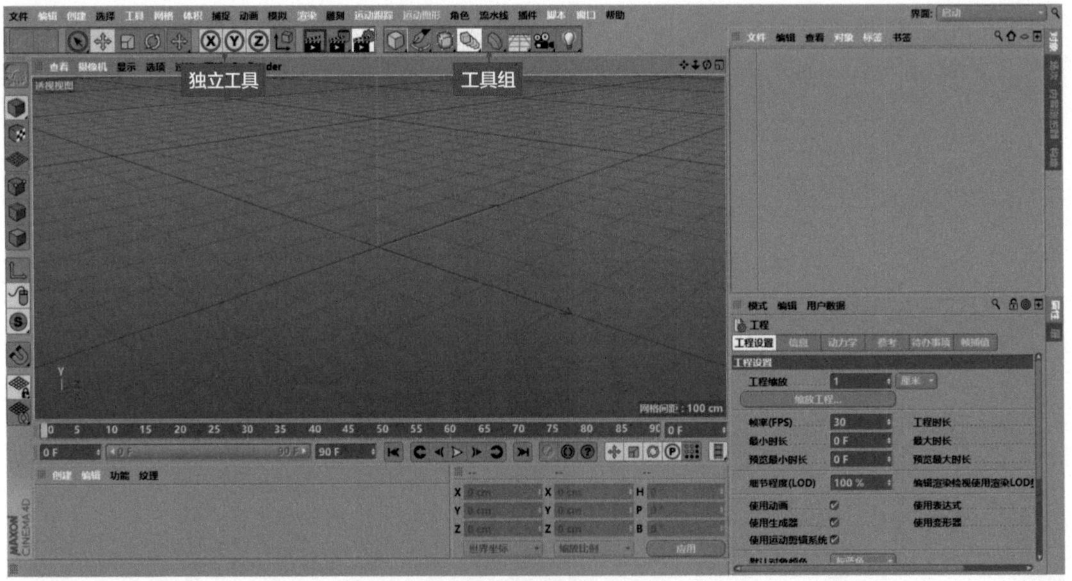

图2-4

2.1.3 编辑模式工具栏

CINEMA 4D的编辑模式工具栏位于界面的最左端，包含了不同的编辑模式工具。其工作模式有3种：模型模式、纹理模式、工作平面模式；其显示模式有3种：点模式、线模式、多边形模式，建模过程中，经常会在3种显示模式间进行切换。此外，CINEMA 4D还包括启动轴心、视窗显示模型等功能，如图2-5所示。

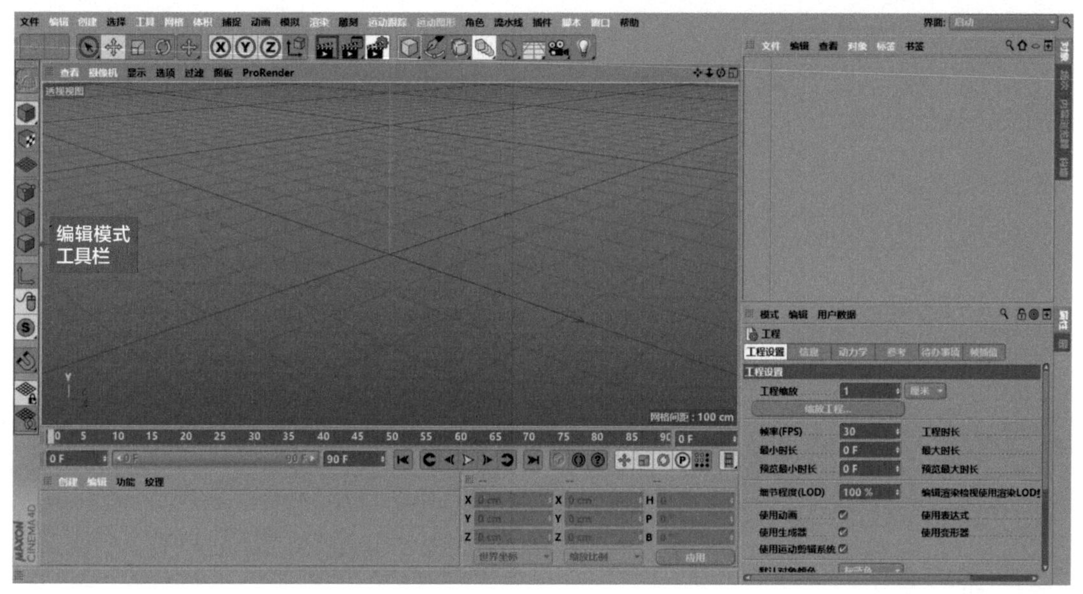

图2-5

2.1.4 提示栏

CINEMA 4D的提示栏位于界面最下方，主要用于显示光标所在的区域、当前使用的工具、功能提示信息及错误警告信息等，如图2-6所示。

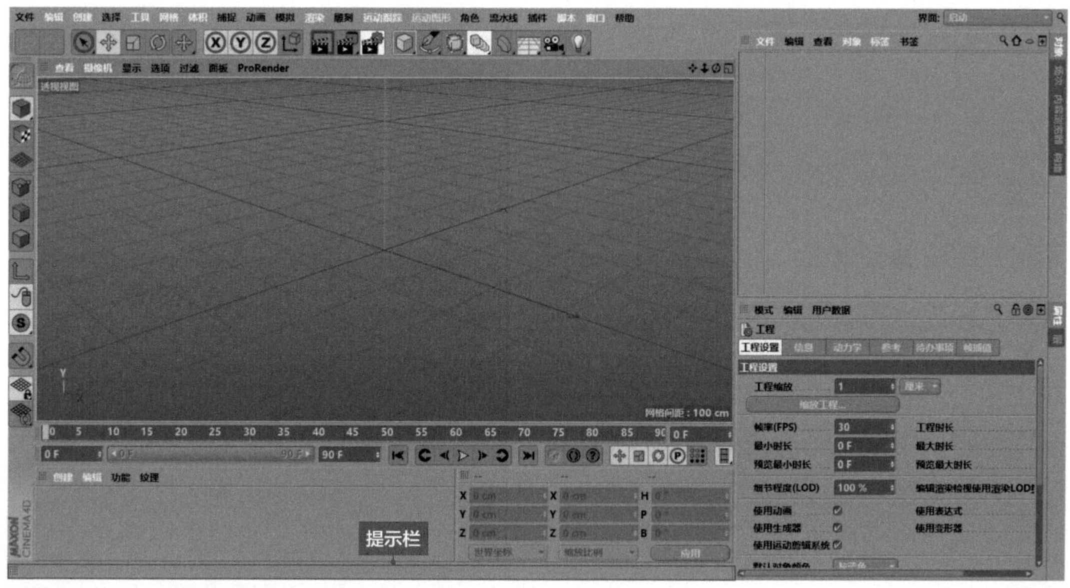

图2-6

2.2 窗口

CINEMA 4D的窗口主要包括视图窗口、动画编辑窗口、材质窗口、坐标窗口、对象窗口和属性窗口，如图2-7所示。

图2-7

2.2.1 视图窗口

打开CINEMA 4D后，即可进入默认的透视视图界面，如图2-8所示。

单击鼠标滑轮调出四视图，在任意视图窗口单击鼠标滑轮即可进入该视图，如图2-9所示。

图2-8

图2-9

2.2.2 动画编辑窗口

CINEMA 4D的动画编辑窗口位于视图窗口的下方，包含时间轴和动画编辑工具，如图2-10所示。

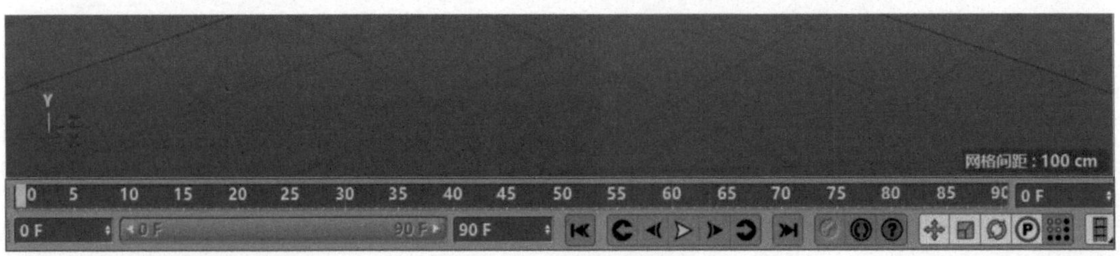

图2-10

2.2.3 材质窗口

CINEMA 4D的材质窗口位于动画编辑窗口的下方，用于创建、编辑、管理材质。在材质窗口上双击鼠标左键即可新建材质，如图2-11所示。

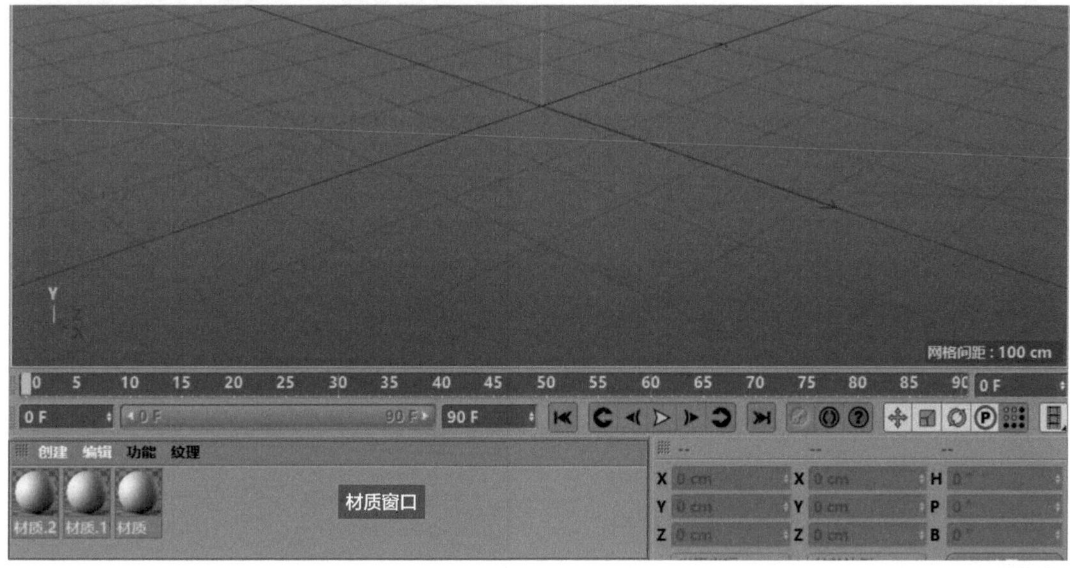

图2-11

2.2.4 坐标窗口

CINEMA 4D的坐标窗口位于动画编辑窗口的下方、材质窗口的右方，用于编辑所选对象的位置、尺寸、角度的参数，如图2-12所示。

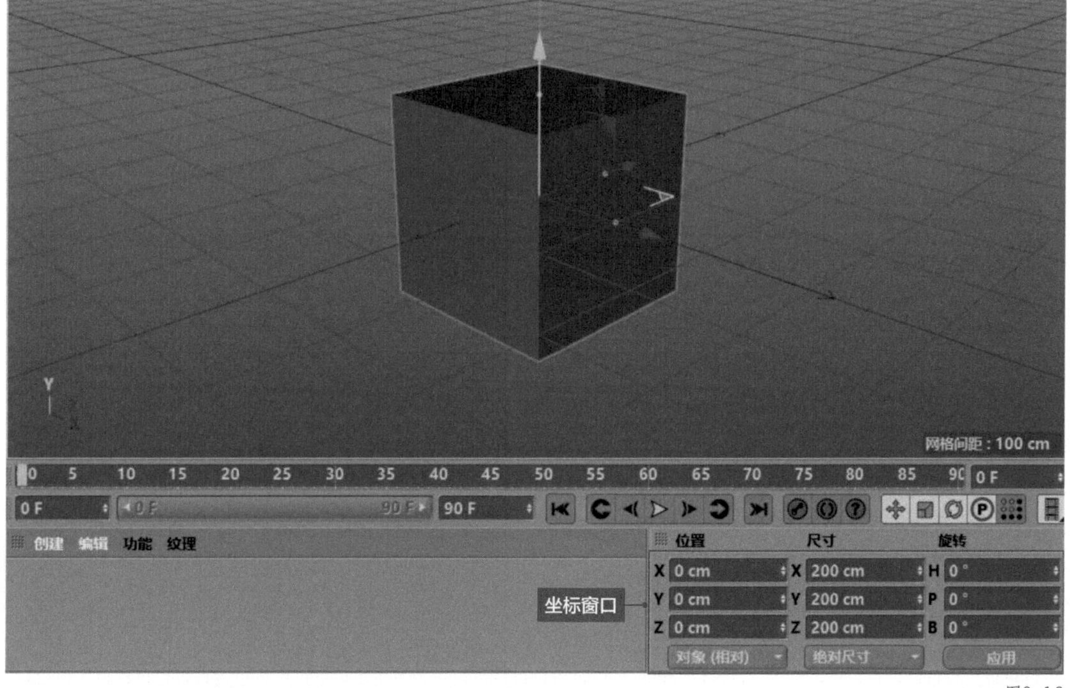

图2-12

2.2.5 对象窗口

CINEMA 4D的对象窗口位于界面的右上方，用于显示和编辑场景中的对象、对象标签、参数化对象、曲线工具组、NURBS、造型工具组、变形工具组、场景设定和灯光设定等内容，如图2-13所示。

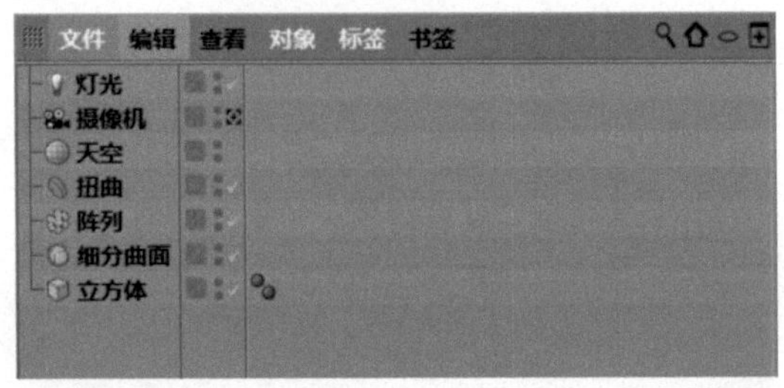

图2-13

2.2.6 属性窗口

CINEMA 4D的属性窗口位于界面的右下角，用于管理和编辑场景中的对象、对象标签、参数化对象、曲线工具组、NURBS、造型工具组、变形工具组等场景设定和灯光设定等内容，如图2-14所示。

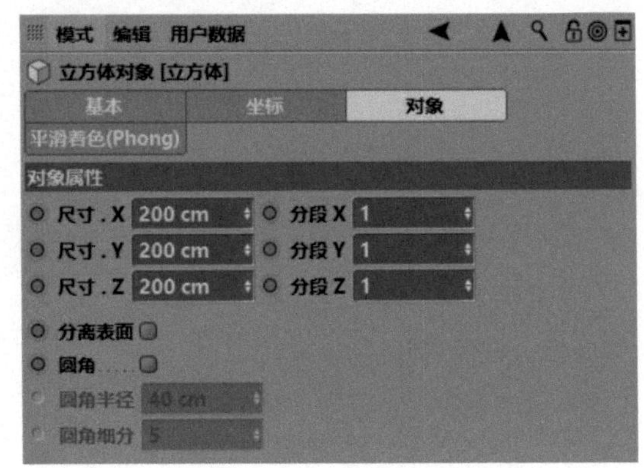

图2-14

2.3 文件基础操作

文件是在CINEMA 4D中制作的工程信息的合集。一个文件可以是一个单独的工程，也可以是多个工程的合集，如图2-15所示。

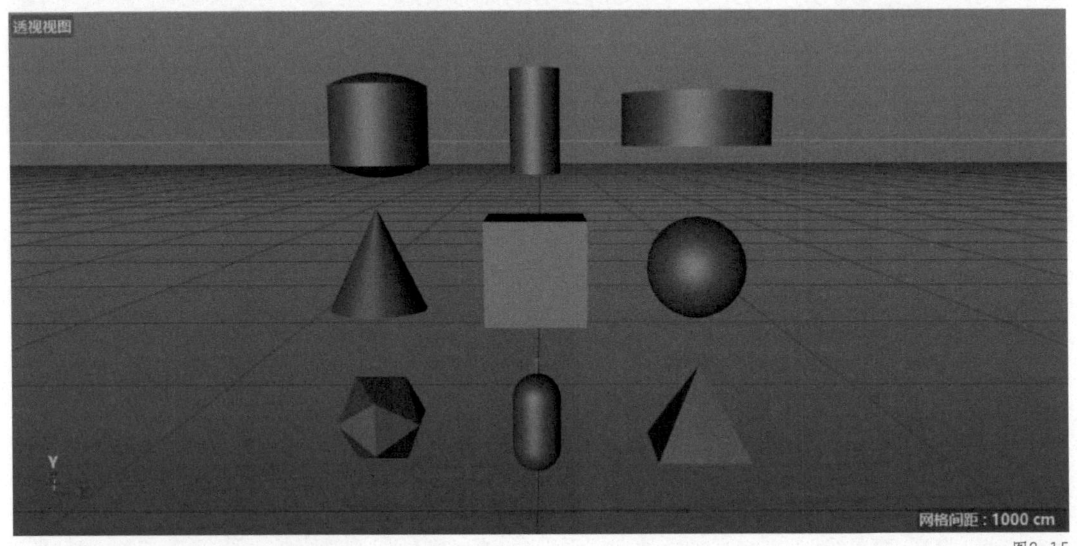

图2-15

2.3.1 新建文件

在菜单栏中，选择“文件”中的“新建”即可新建一个文件，选择“打开”即可打开一个文件夹中的文件，选择“合并”即可将任意场景中的文件合并，选择“恢复”即可恢复到上次保存的文件状态，如图2-16所示。

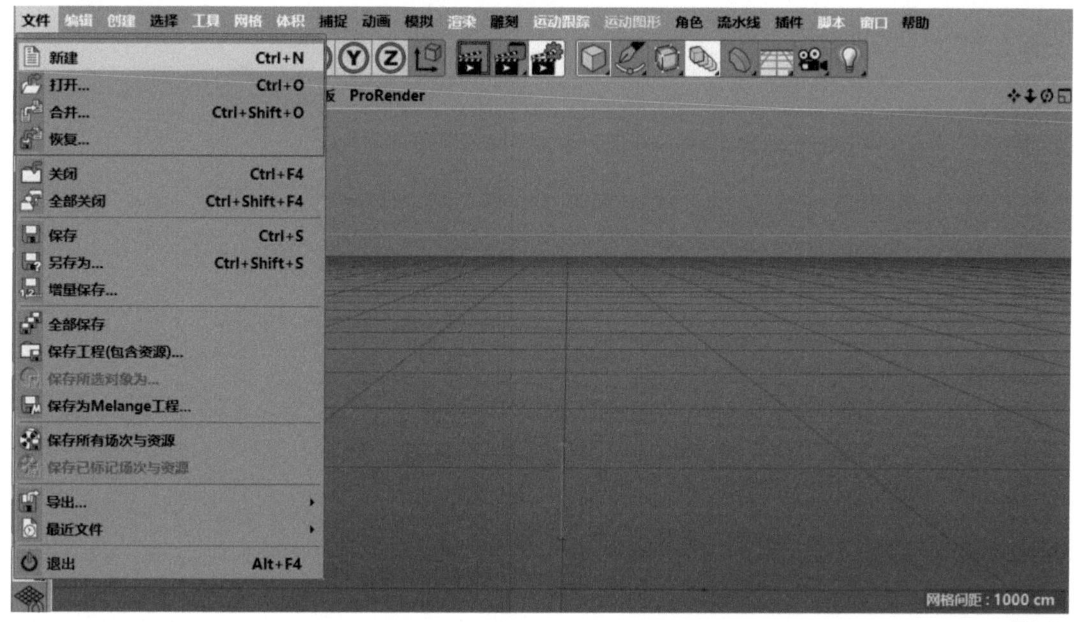

图2-16

2.3.2 关闭文件

在菜单栏中，选择“文件”中的“关闭”即可关闭当前编辑的文件，选择“文件”中的“全部关闭”即可关闭所有文件，如图2-17所示。

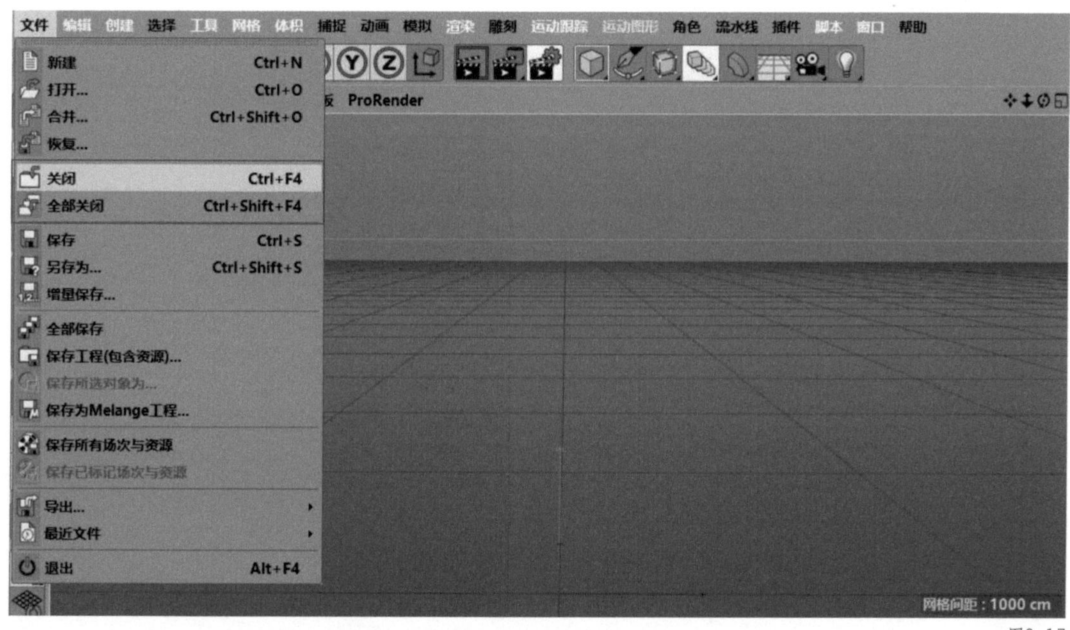

图2-17

2.3.3 保存文件

在菜单栏中，选择“文件”中的“保存”即可保存当前编辑的文件，选择“文件”中的“另存为”即可将当前编辑的文件另存为一个新的文件，选择“文件”中的“增量保存”即可将当前编辑的文件自动加上序列另存为新的文件，如图2-18所示。

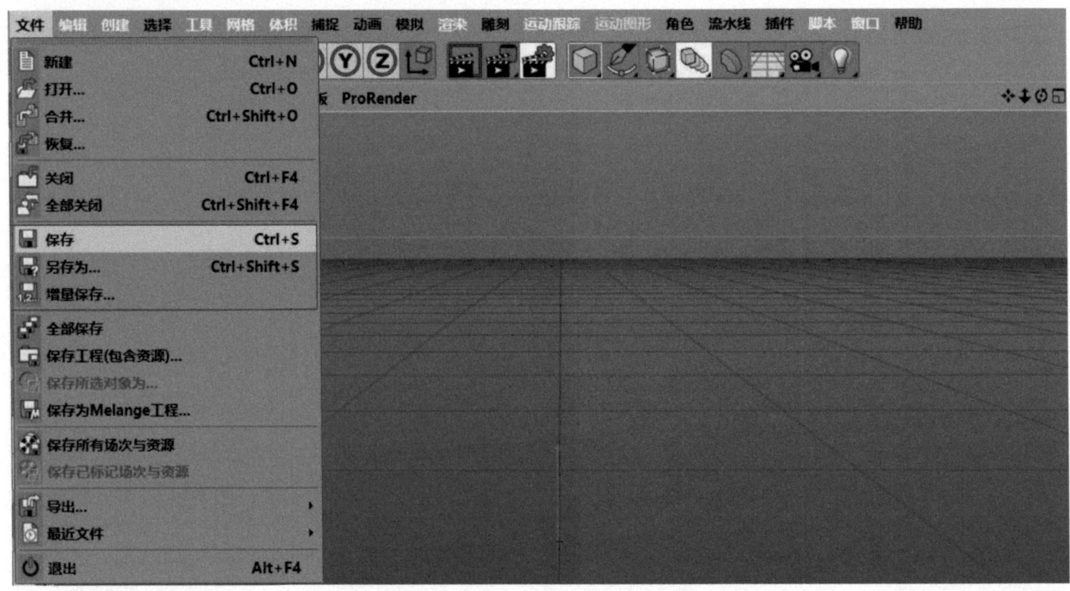

图2-18

2.3.4 保存工程

在菜单栏中，选择“文件”中的“全部保存”即可保存全部文件，选择“文件”中的“保存工程（包含资源）”即可将当前编辑的文件保存成一个工程文件，文件中用到的资源素材也会被保存到工程文件中，如图2-19所示。

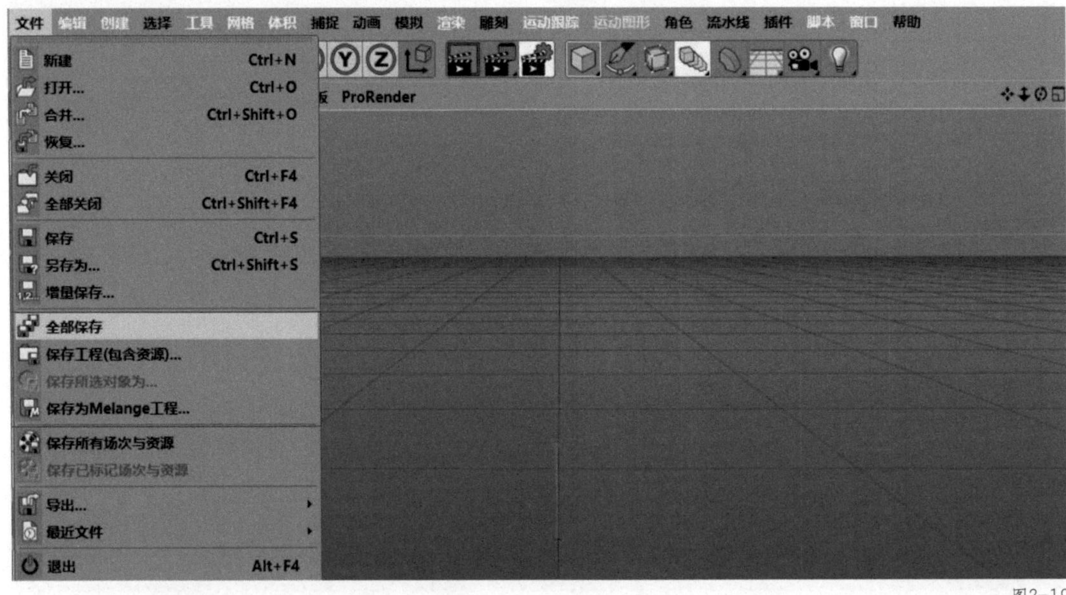

图2-19

第3章 7种基础几何体练习

本章以7种最常用的几何模型——立方体、圆柱、圆盘、胶囊、球体、圆环、管道为例，讲解了新建、移动、放大缩小、旋转等基础操作，并且对每个几何模型的特点进行单独的分析讲解，使读者对模型有深入的理解。

3.1 立方体

立方体，也称为正方体，它是由6个正方形面组成的正多面体，故又称正六面体。它有12条边和8个顶点，通过调整这些边和顶点，可以得到不同造型的立方体。立方体是三维建模中常用的几何体之一，如图3-1所示。

图3-1

3.1.1 新建立方体

在默认的透视视图界面下，在上方的工具栏中，选择“参数化对象”中的“立方体”对象即可在场景中新建一个“立方体”对象，如图3-2所示。

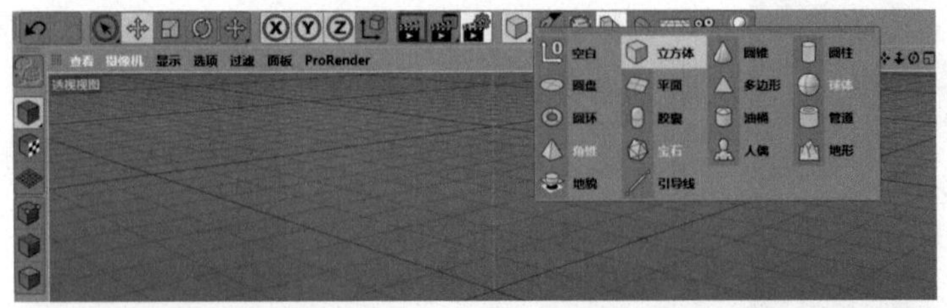

图3-2

透视视图界面中的效果如图3-3所示。

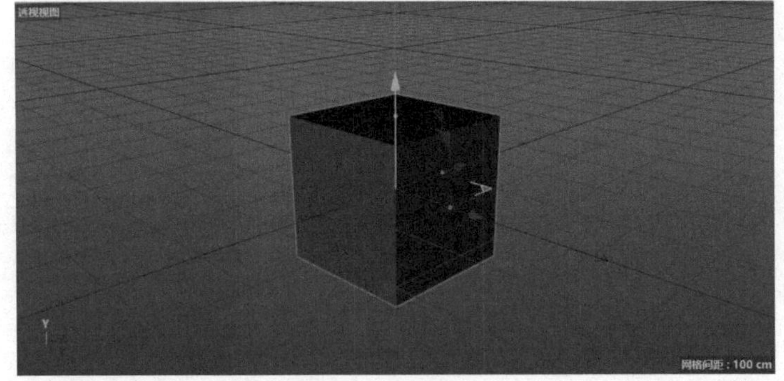

图3-3

3.1.2 调整立方体

在场景中，新建一个“立方体”对象后，右下角会自动弹出“立方体对象”窗口，且默认进入“对象”窗口，如图3-4所示。

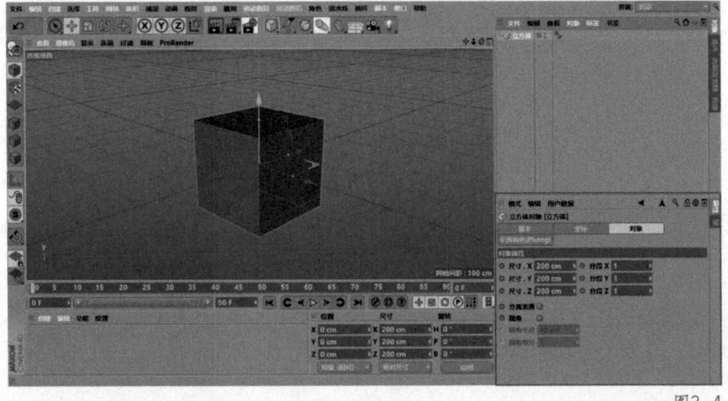
图3-4

尺寸.X，尺寸.Y，尺寸.Z：可以简单地理解为“立方体”对象的长宽高，原始参数均为“200 cm”，如图3-5所示，通过调整对应的参数，可以改变“立方体”对象的长宽高。

图3-5

分段X，分段Y，分段Z：通过调整对应的参数，可以增加或减少立方体的分段数，如图3-6所示。

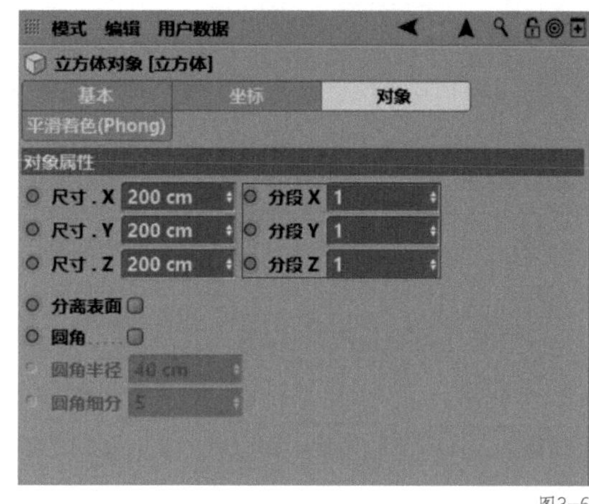

图3-6

分离表面：勾选“分离表面”后，再选择“转为可编辑对象”，可以将对象窗口中的“立方体”对象分离为6个平面，如图3-7所示。

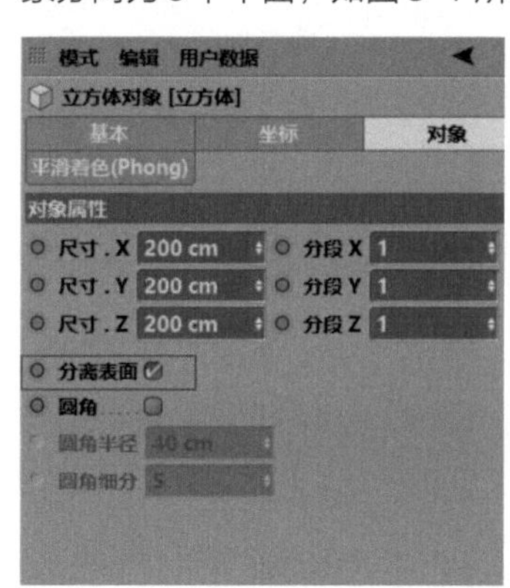

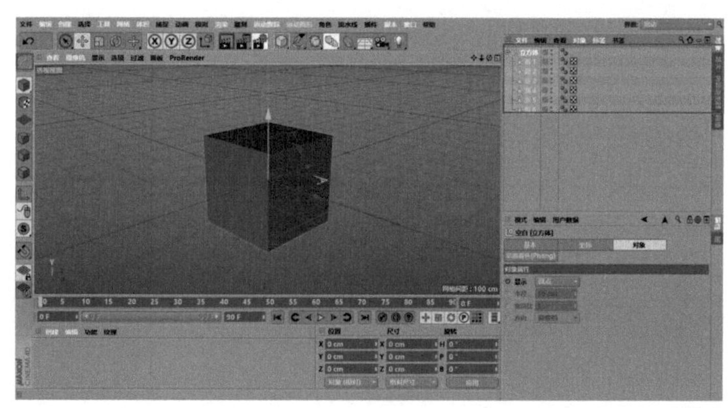

图3-7

圆角：勾选“圆角”后，CINEMA 4D将自动对“立方体”对象执行“倒角”命令，默认的“圆角半径”为“40 cm”，“圆角细分”为“5”，通过修改“圆角半径”和“圆角细分”可以任意地调整“倒角”程度，如图3-8所示。

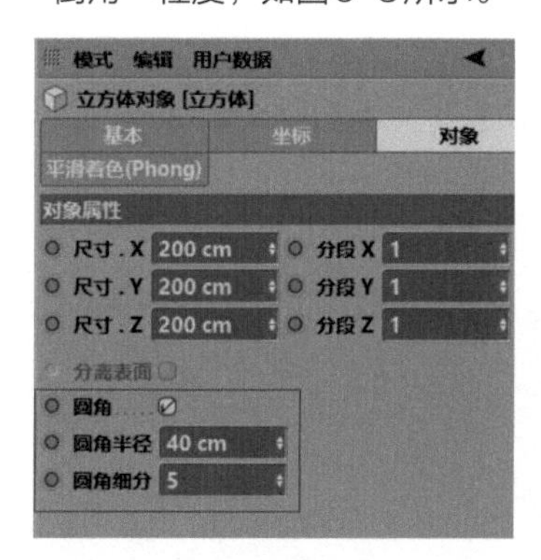

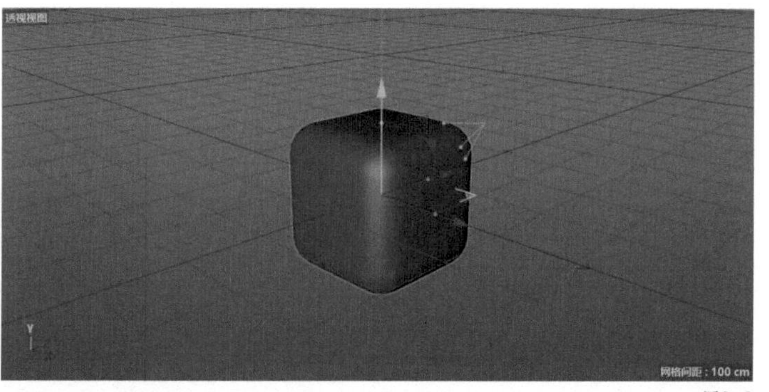

图3-8

3.1.3 移动立方体

按【E】键切换到“移动”工具，按住鼠标左键，沿着红色箭头的方向，将“立方体”对象向右拖曳，即可将“立方体”对象向右移动任意距离，如图3-9所示。同理，沿着红色箭头的方向，将“立方体”对象向左拖曳，即可将“立方体”对象向左移动任意距离。

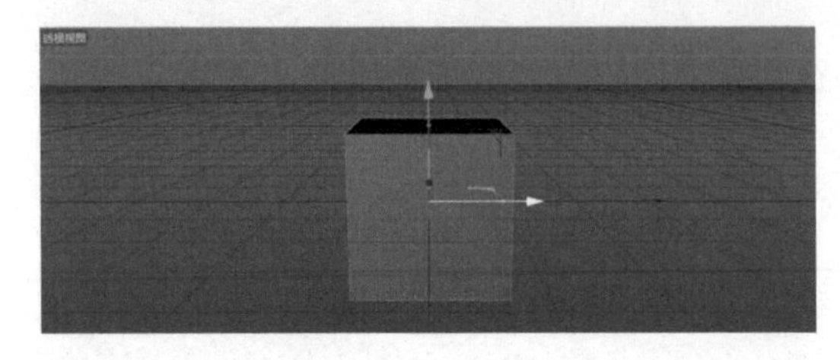
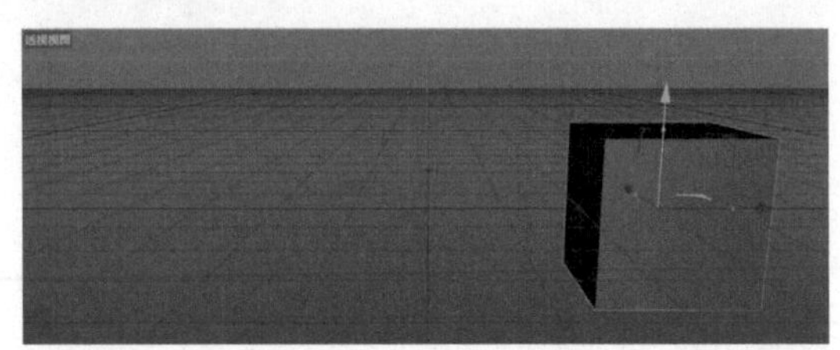

图3-9

按【E】键切换到“移动”工具，按住鼠标左键，沿着蓝色箭头的方向，将“立方体”对象向后拖曳，即可将“立方体”对象向后移动任意距离，如图3-10所示。同理，沿着蓝色箭头的方向，将“立方体”对象向前拖曳，即可将“立方体”对象向前移动任意距离。

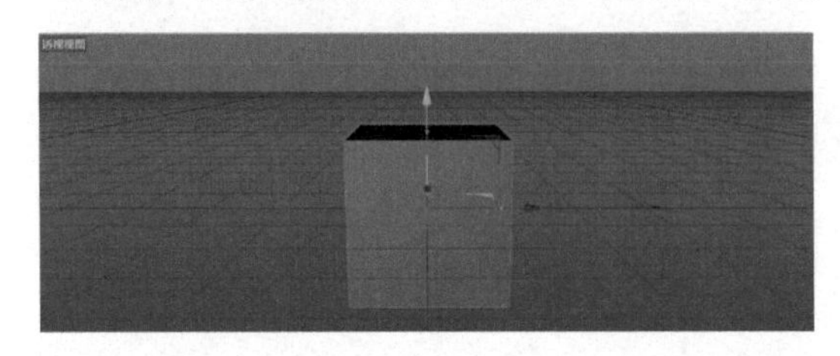

图3-10

按【E】键切换到“移动”工具，按住鼠标左键，沿着绿色箭头的方向，将“立方体”对象向上拖曳，即可将“立方体”对象向上移动任意距离，如图3-11所示。同理，沿着绿色箭头的方向，将“立方体”对象向下拖曳，即可将“立方体”对象向下移动任意距离。

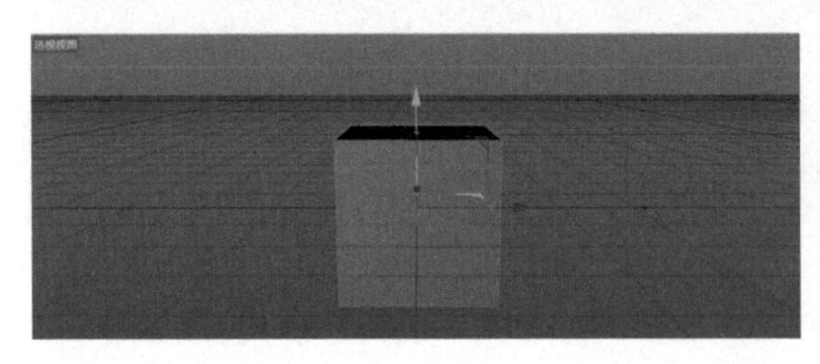
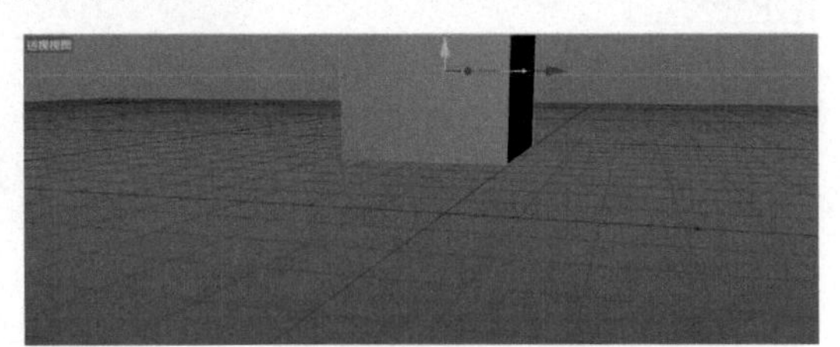

图3-11

3.1.4 旋转立方体

按【R】键切换到“旋转”工具，按住鼠标左键，沿着红色圆环、绿色圆环、蓝色圆环的不同方向进行拖曳，可以旋转任意角度。同时，也可以在下方的对象坐标窗口中，直接修改“H”“P”“B”的参数，并单击“应用”按钮进行旋转，如图3-12所示。

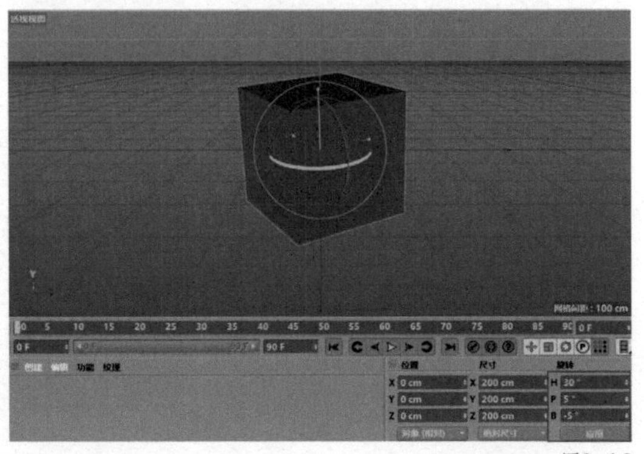

图3-12

3.1.5 立方体的点线面

立方体的点处理方式

在透视视图界面下，在左侧的编辑模式工具栏中，选择“转为可编辑对象”，将“立方体”对象转化为可编辑对象，如图3-13所示。

在左侧的编辑模式工具栏中，选择“点模式”即可对“立方体”对象的点进行单独编辑，如图3-14所示。

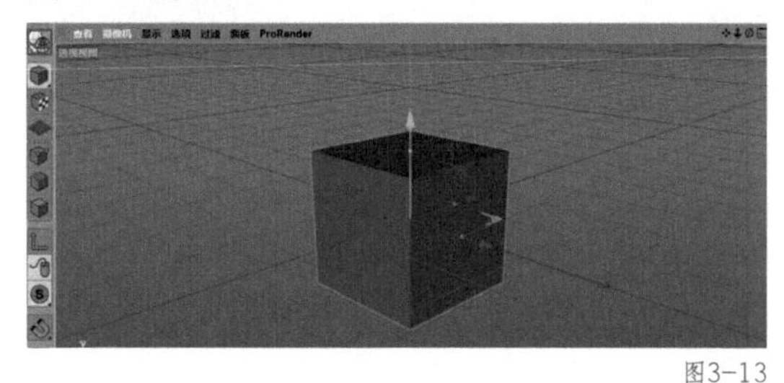
图3-13

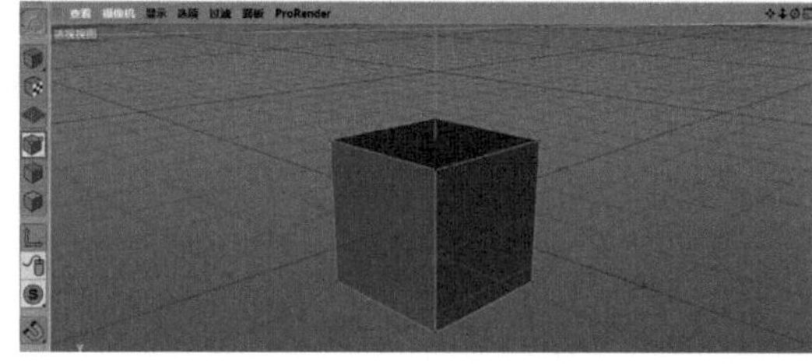
图3-14

问题：如何选中“立方体”对象顶部的4个点？

方法1： 在透视视图界面下，在工具栏中选择“框选”工具，如图3-15所示。

在透视视图界面下，使用“框选”工具框选图3-16所示的区域。

“立方体”对象顶部的4个点被选中，如图3-17所示。

图3-15

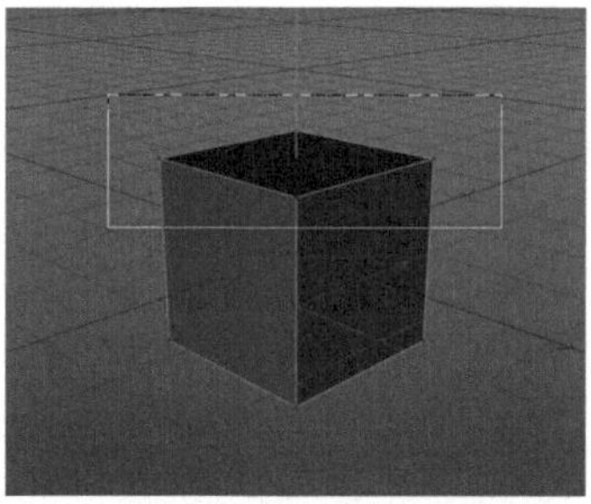

图3-16

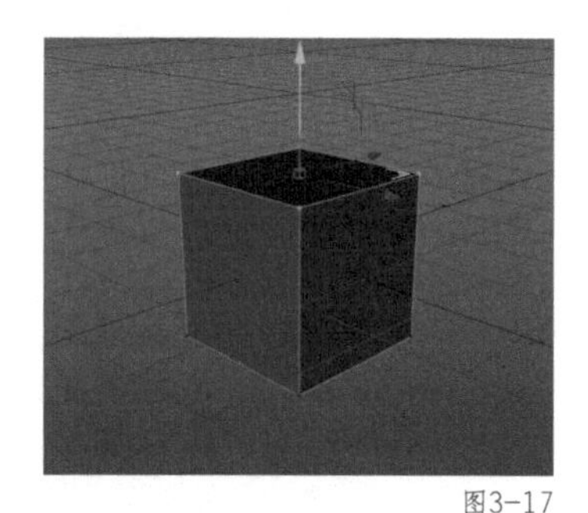
图3-17

方法2： 在透视视图界面下，在工具栏中选择“实时选择”工具，如图3-18所示。

在透视视图界面下，使用“实时选择”工具选择图3-19所示的1个点。

在透视视图界面下，按住【Shift】键，继续使用“实时选择”工具加选剩余的3个点，即可选中“立方体”对象顶部的4个点，如图3-20所示。

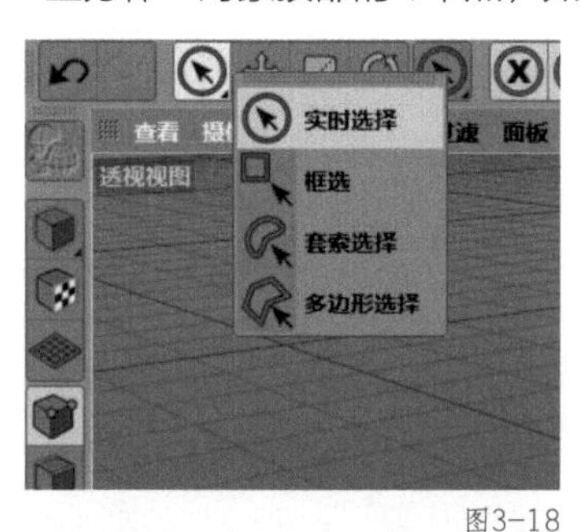

图3-18

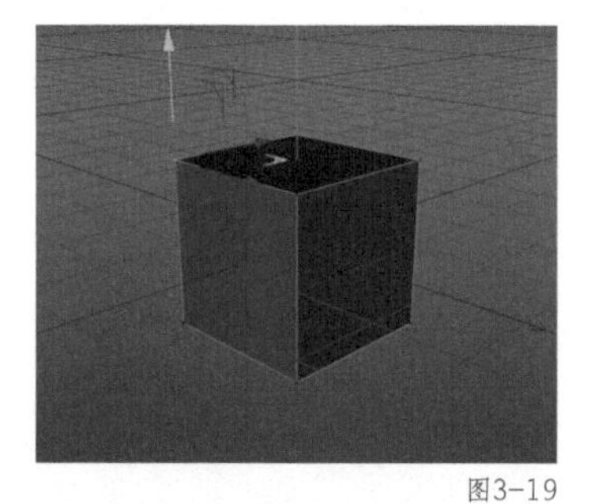
图3-19

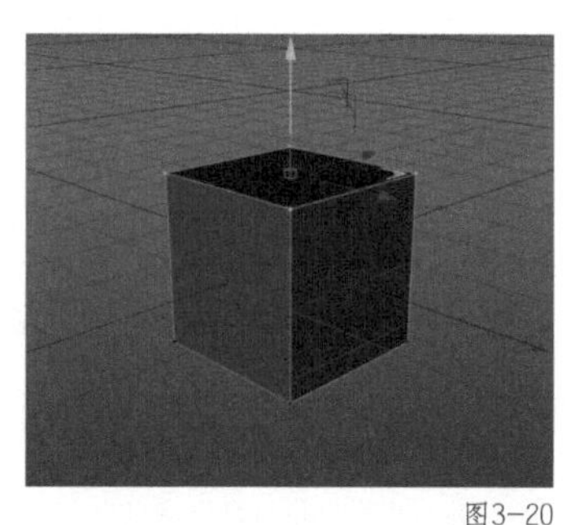
图3-20

方法3： 在透视视图界面下，在工具栏中选择“移动”工具，如图3-21所示。

在透视视图界面下，直接选择图3-22所示的1个点。

在透视视图界面下，按住【Shift】键，继续加选剩余的3个点，即可选中“立方体”对象顶部的4个点，如图3-23所示。

图3-21

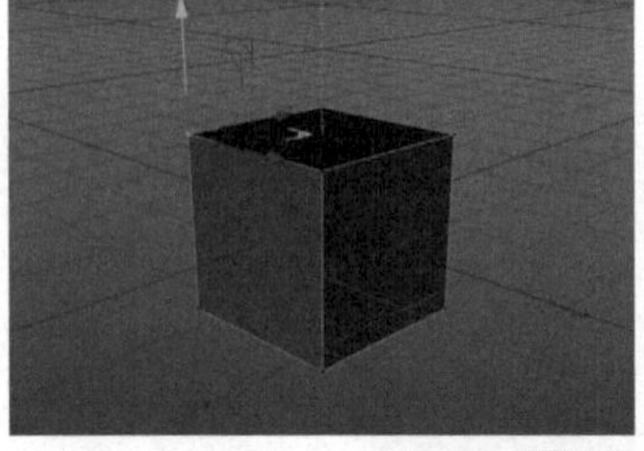
图3-22

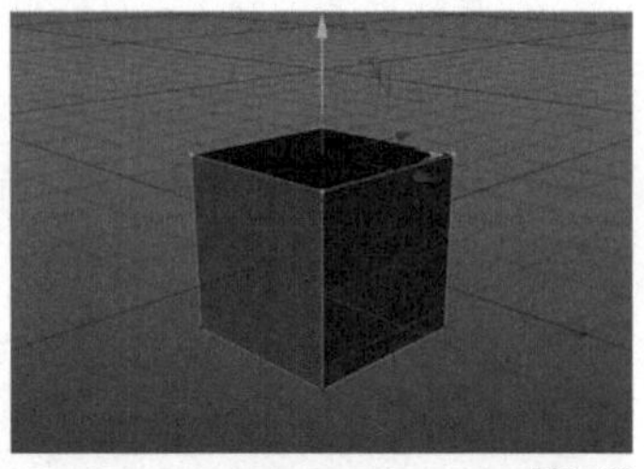
图3-23

立方体的边处理方式

在左侧的编辑模式工具栏中，选择“边模式”即可对“立方体”对象的边进行单独编辑，如图3-24所示。

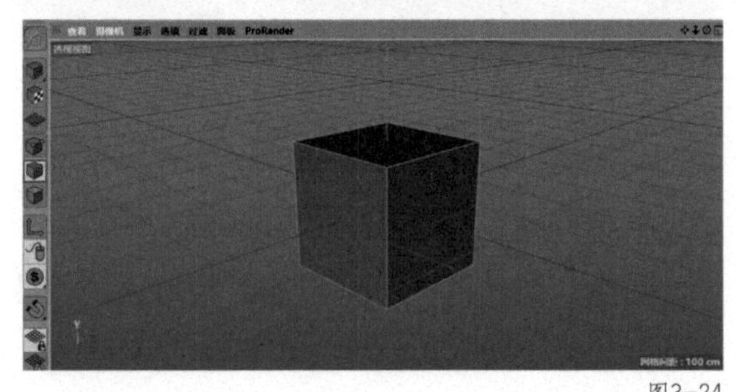
图3-24

问题：如何选中“立方体”对象侧面的4条边?

方法1：在透视视图界面下，在工具栏中选择“实时选择”工具，如图3-25所示。

在透视视图界面下，使用“实时选择”工具选择的1条边，如图3-26所示。

在透视视图界面下，按住【Alt】键结合鼠标滑轮调整视图角度，然后按住【Shift】键，继续使用“实时选择”工具加选剩余的3条边，即可选中“立方体”对象侧面的4条边，如图3-27所示。

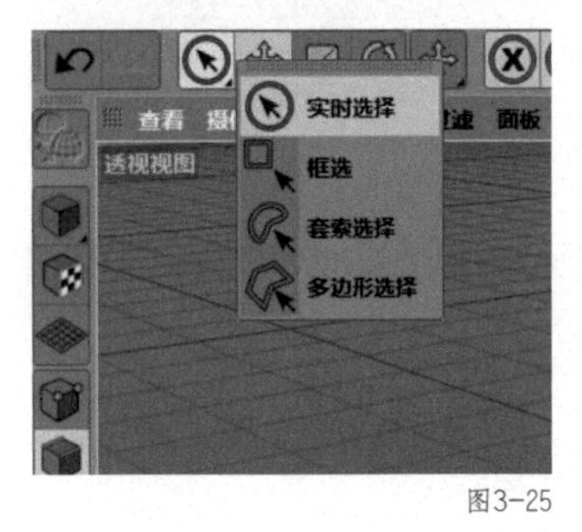

图3-25

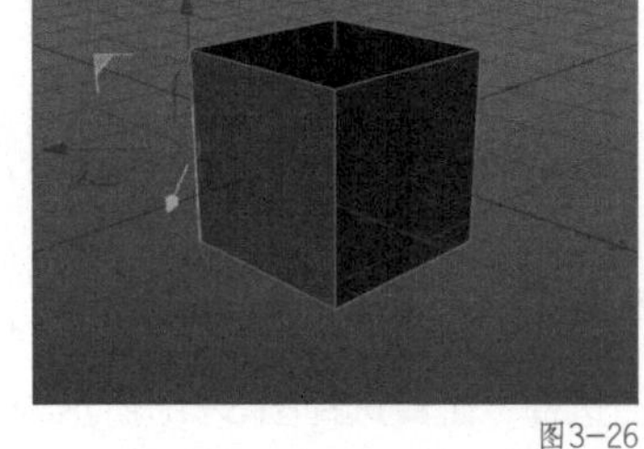
图3-26

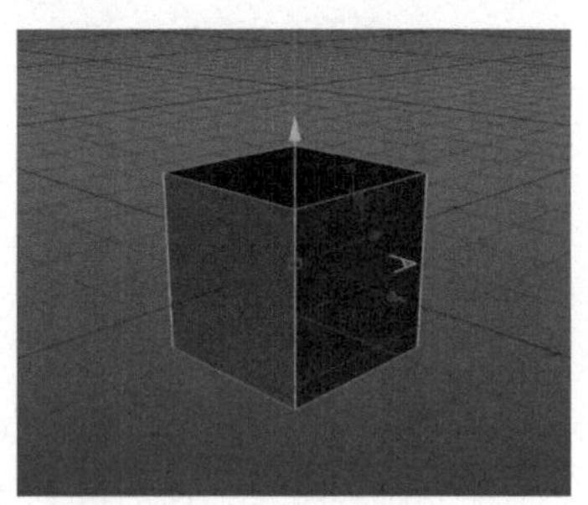
图3-27

方法2：在透视视图界面下，在工具栏中选择“移动”工具，如图3-28所示。

在透视视图界面下，直接选择1条边，如图3-29所示。

在透视视图界面下，按住【Shift】键，继续加选剩余的3条边，即可选中“立方体”对象侧面的4条边，如图3-30所示。

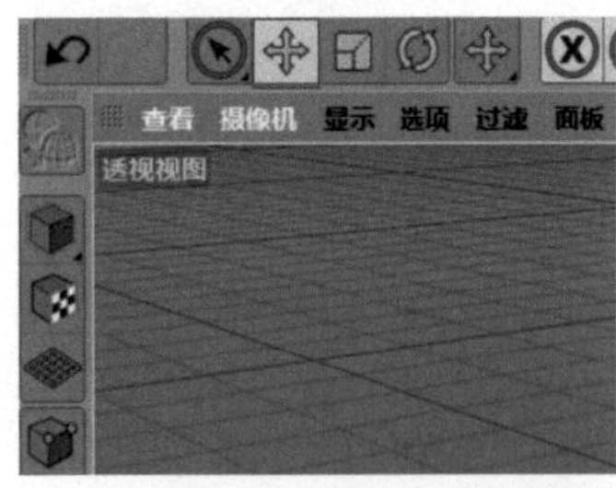

图3-28

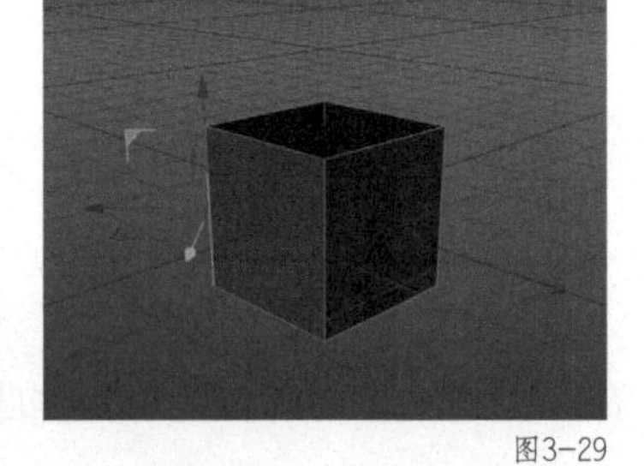
图3-29

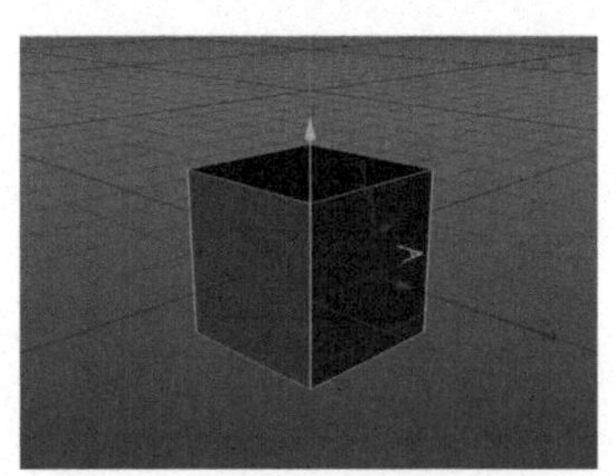
图3-30

立方体的面处理方式

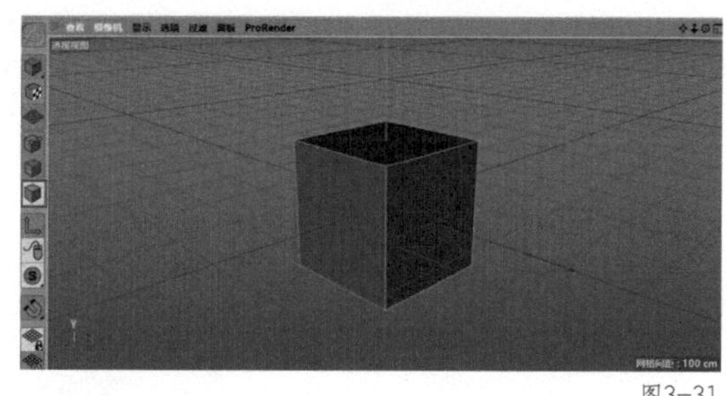
图3-31

在左侧的编辑模式工具栏中，选择“多边形模式”即可对“立方体”对象的面进行单独编辑，如图3-31所示。

问题：如何选中“立方体”对象不相邻的2个面?

方法1：在透视视图界面下，在工具栏中选择“实时选择”工具，如图3-32所示。

在透视视图界面下，使用“实时选择”工具选择1个面，如图3-33所示。

在透视视图界面下，按住【Alt】键结合鼠标滑轮调整视图角度，然后按住【Shift】键，继续使用“实时选择”工具加选与选中面所不相邻的面，即可选中“立方体”对象不相邻的2个面，如图3-34所示。

图3-32

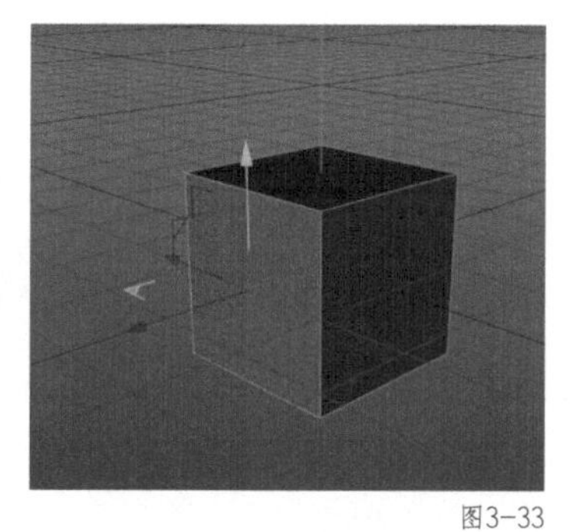
图3-33

图3-34

方法2：在透视视图界面下，在工具栏中选择“移动”工具，如图3-35所示。

在透视视图界面下，直接选择1个面，如图3-36所示。

在透视视图界面下，按住【Shift】键，继续加选与选中面所不相邻的面，即可选中“立方体”对象不相邻的2个面，如图3-37所示。

图3-35

图3-36

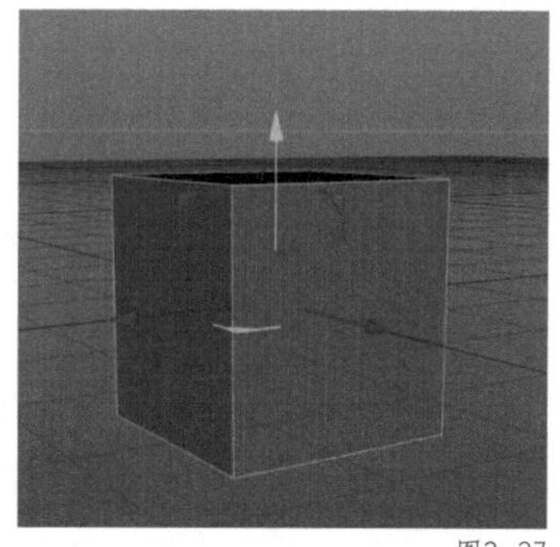
图3-37

3.2 圆柱

在同一个平面内有1条定直线和1条动线，当这个平面绕着这条定直线旋转一周时，这条动线所成的面称为旋转面，这条定直线称为旋转面的轴，这条动线称为旋转面的母线。如果母线是和轴平行的1条直线，那么所生成的旋转面称为圆柱面。如果用垂直于轴的两个平面去截圆柱面，那么两个截面和圆柱面所围成的几何体称为直圆柱，简称圆柱，如图3-38所示。

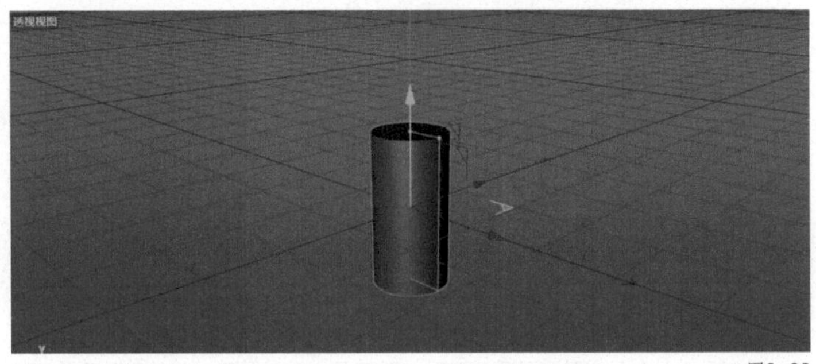

图3-38

3.2.1 新建圆柱

在默认的透视视图界面下，在上方的工具栏中，选择“参数化对象”中的“圆柱”对象即可在场景中新建一个“圆柱”对象，如图3-39所示。

透视视图界面中的效果如图3-40所示。

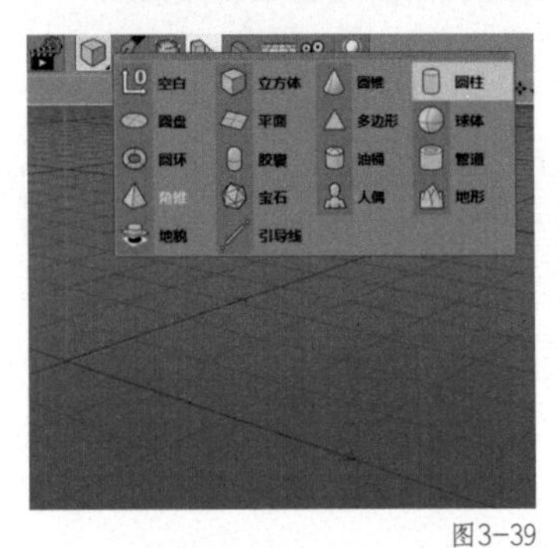

图3-39

图3-40

3.2.2 调整圆柱

在场景中，新建一个“圆柱”对象后，右下角会自动弹出“圆柱对象”窗口，且默认进入“对象”窗口，如图3-41所示。

半径：对应“圆柱”对象的半径，通过调整对应的参数，可以改变“圆柱”对象的半径。CINEMA 4D默认的原始半径为“50 cm”。

高度：对应“圆柱”对象的高度，通过调整对应的参数，可以改变“圆柱”对象的高度。CINEMA 4D默认的原始高度为“200 cm”，如图3-42所示。

图3-41

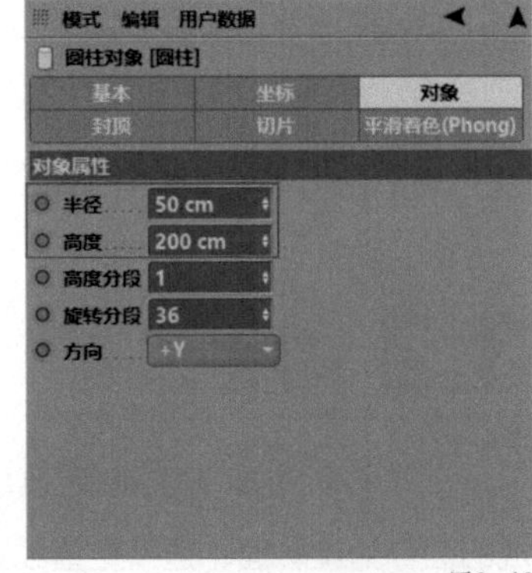

图3-42

旋转分段：“圆柱”对象纬度上的分段数。

将“旋转分段”的参数修改为“3”，“圆柱”对象将转换为“三棱柱”对象，如图3-43所示。

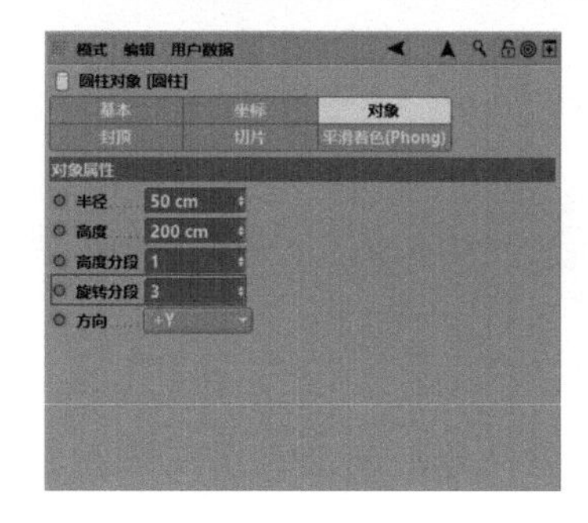

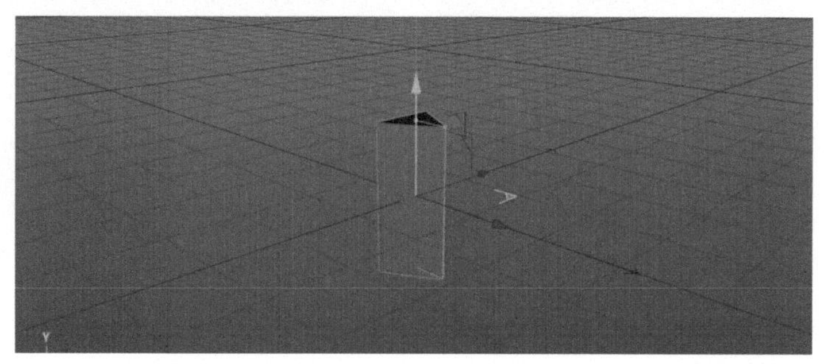

图3-43

将“旋转分段”的参数修改为“4”，“圆柱”对象将转换为“四棱柱”对象，如图3-44所示。

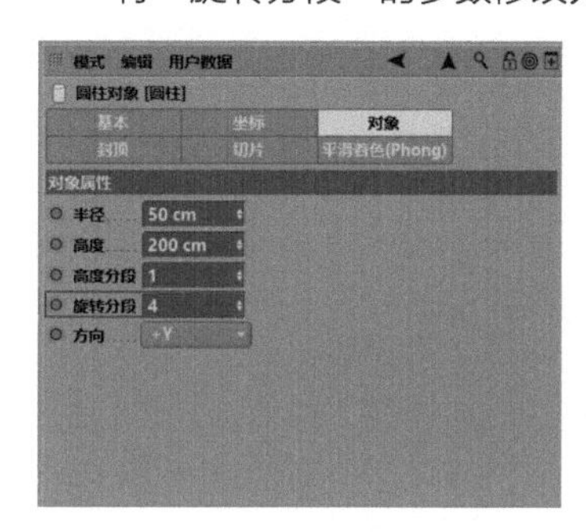

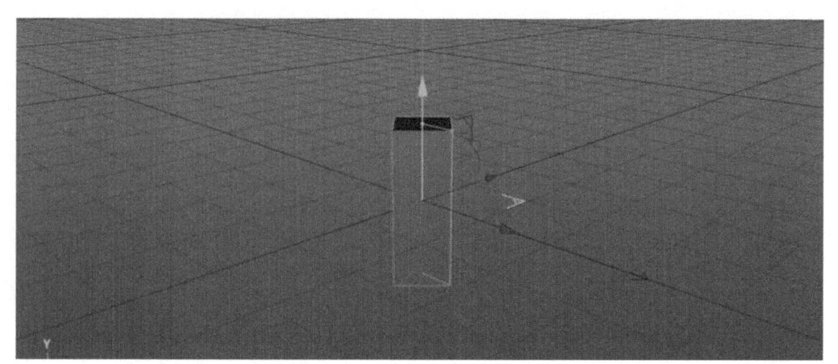

图3-44

方向：“圆柱”对象的方向。

将方向修改为“+Y”，透视视图界面中的效果如图3-45所示。

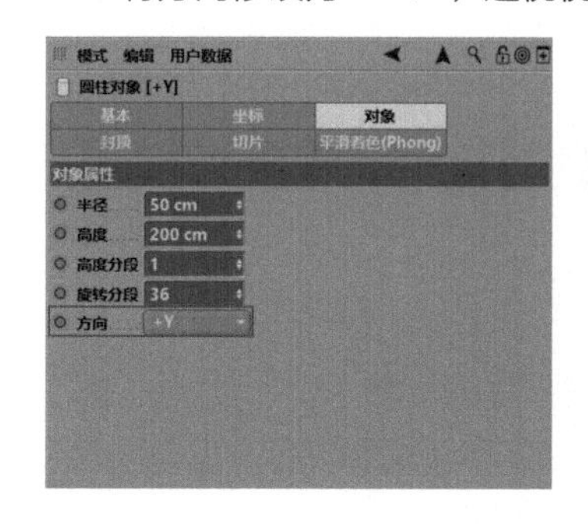

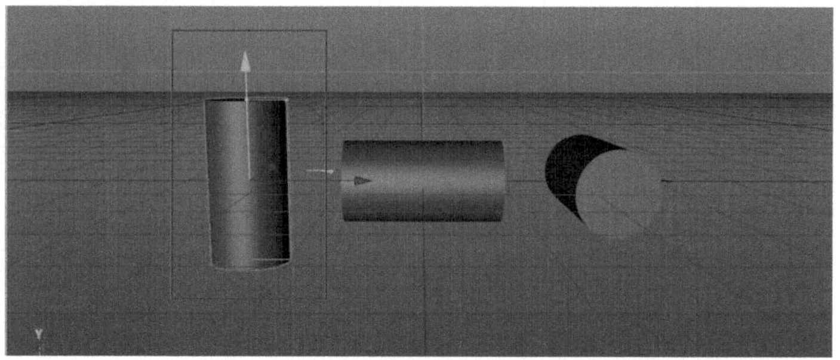

图3-45

将方向修改为“+X”，透视视图界面中的效果如图3-46所示。

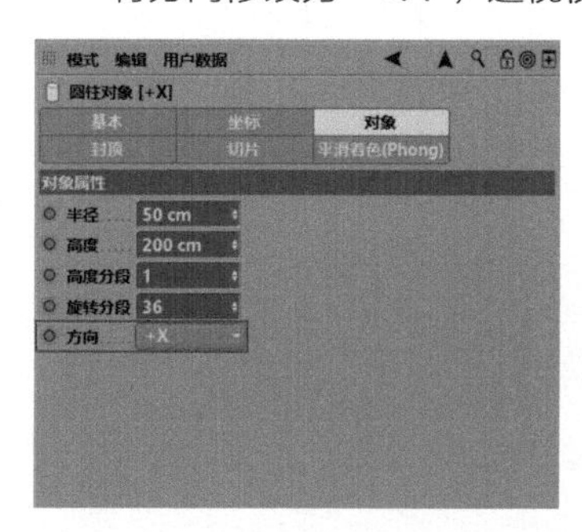

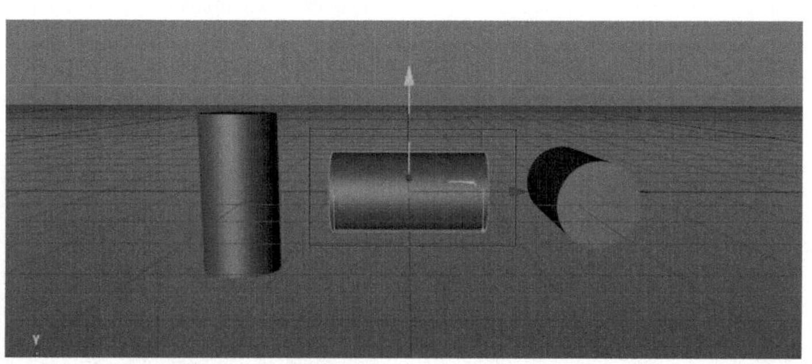

图3-46

将方向修改为“+Z”，透视视图界面中的效果如图3-47所示。

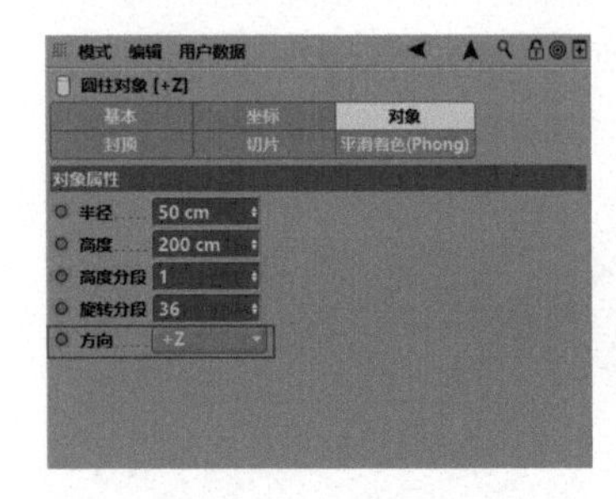

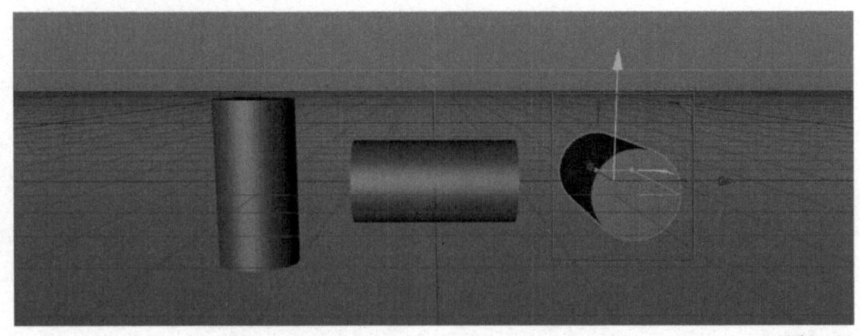

图3-47

封顶：“圆柱”对象的上下两个面，CINEMA 4D中默认勾选“封顶”，即保留“圆柱”对象上下两个面。在右下角的圆柱对象窗口中，选择“封顶”窗口，可取消勾选“封顶”。

取消勾选“封顶”后的效果如图3-48所示。

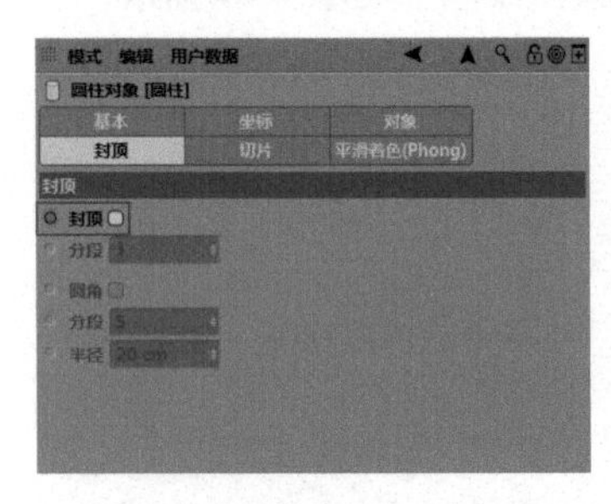

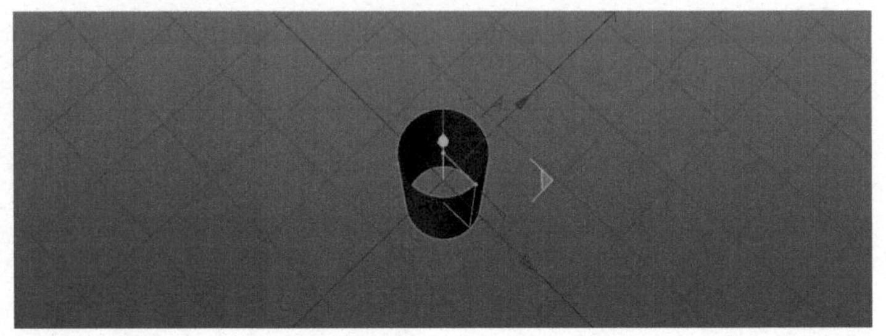

图3-48

圆角：勾选“圆角”后，CINEMA 4D将自动对“圆柱”对象执行“倒角”命令，默认的“半径”为“20 cm”，“分段”为“5”，通过修改“半径”和“分段”可以任意地调整“倒角”程度。

勾选“圆角”后的效果如图3-49所示。

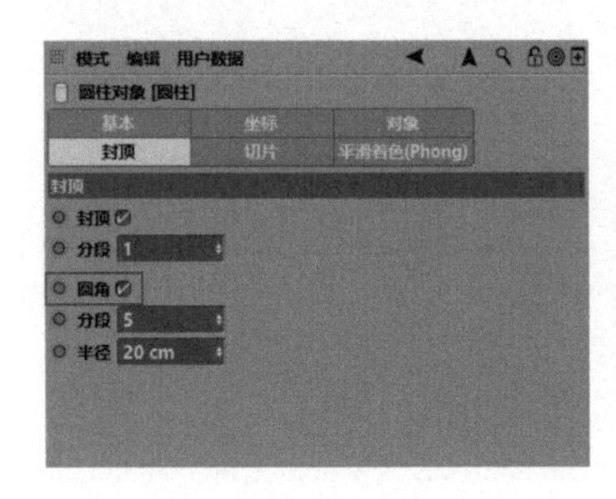

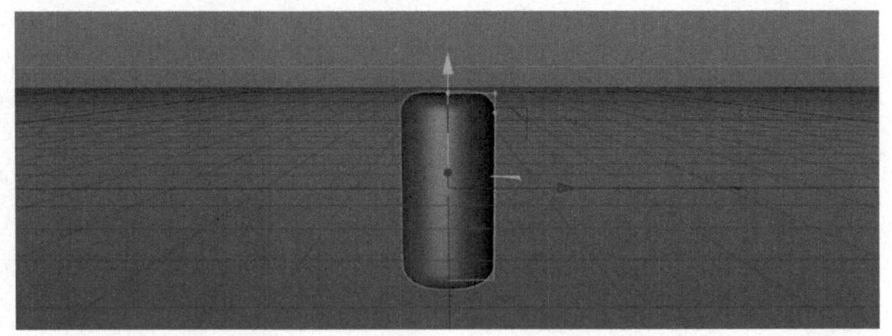

图3-49

切片：进入“切片”窗口，CINEMA 4D默认取消勾选“切片”，即“圆柱”对象没有起点角度和终点角度。勾选“切片”，CINEMA 4D默认起点角度为“0° ”，默认终点角度为“180° ”。

勾选“切片”后的效果如图3-50所示。

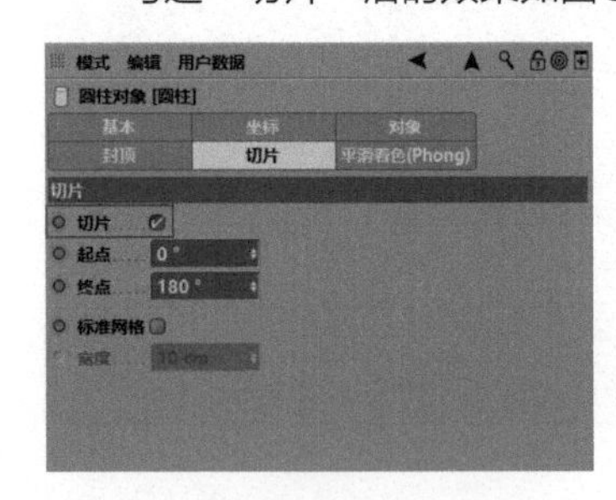

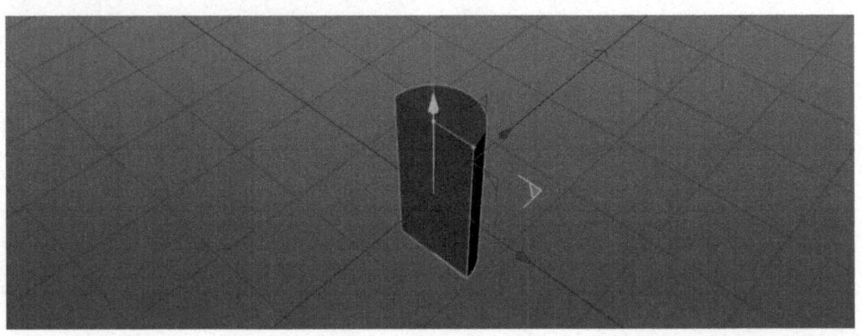

图3-50

在“切片”窗口中，通过修改“圆柱”对象的“起点”角度和“终点”角度，可以任意调整圆柱的“起点”角度和“终点”角度，如图3-51所示。

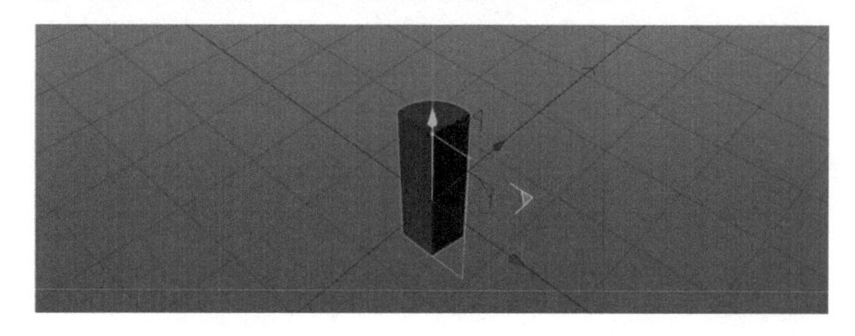

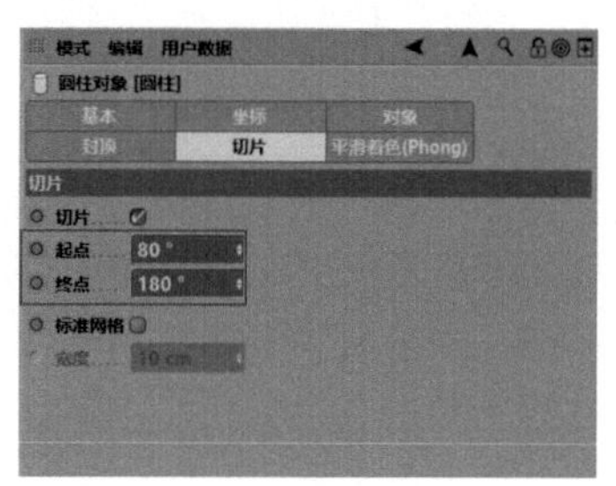

图3-51

3.2.3 移动圆柱

按【E】键切换到“移动”工具，按住鼠标左键，沿着红色箭头的方向，将“圆柱”对象向右拖曳，即可将“圆柱”对象向右移动任意距离，如图3-52所示。同理，沿着红色箭头的方向，将“圆柱”对象向左拖曳，即可将“圆柱”对象向左移动任意距离。

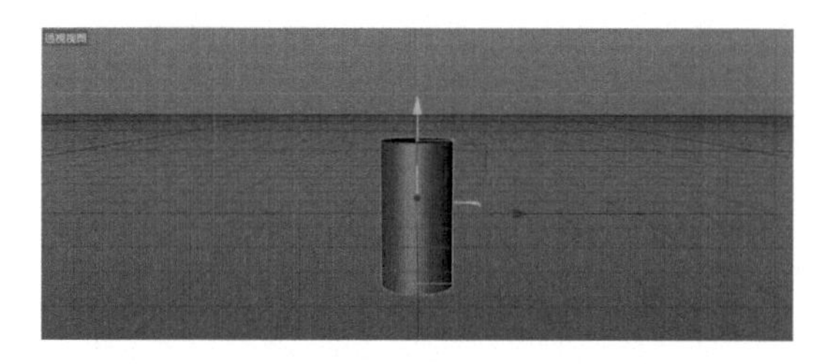

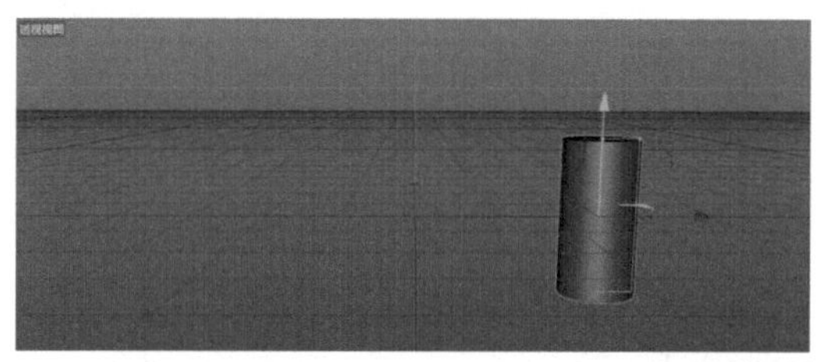

图3-52

按【E】键切换到“移动”工具，按住鼠标左键，沿着蓝色箭头的方向，将“圆柱”对象向后拖曳，即可将“圆柱”对象向后移动任意距离，如图3-53所示。同理，沿着蓝色箭头的方向，将“圆柱”对象向前拖曳，即可将“圆柱”对象向前移动任意距离。

图3-53

按【E】键切换到“移动”工具，按住鼠标左键，沿着绿色箭头的方向，将“圆柱”对象向上拖曳，即可将“圆柱”对象向上移动任意距离，如图3-54所示。同理，沿着绿色箭头的方向，将“圆柱”对象向下拖曳，即可将“圆柱”对象向下移动任意距离。

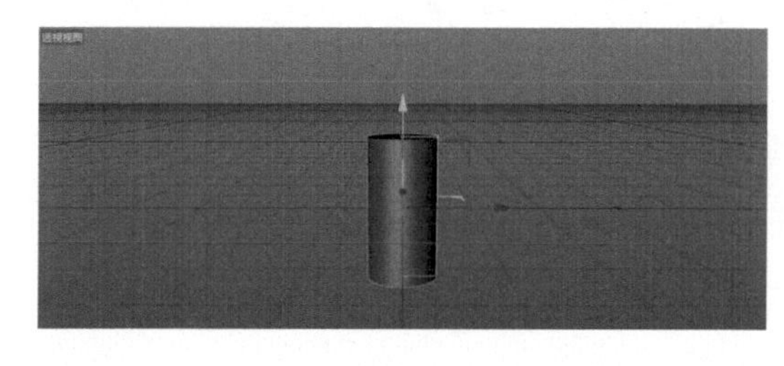

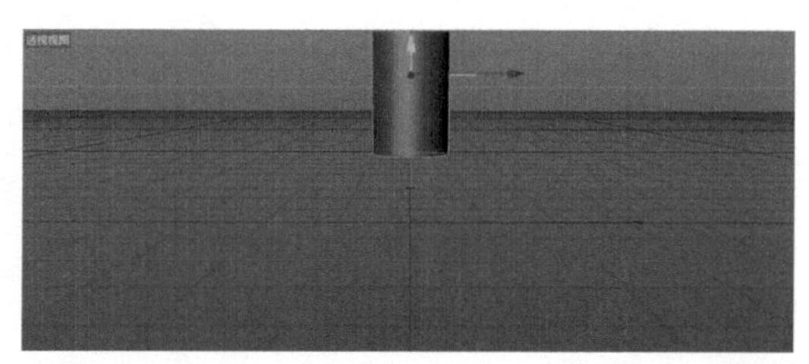

图3-54

3.2.4 旋转圆柱

按【R】键切换到“旋转”工具，按住鼠标左键，沿着红色圆环、绿色圆环、蓝色圆环的不同方向进行拖曳，可以旋转任意的角度。同时，也可以在下方的对象坐标窗口中，直接修改“H”“P”“B”的参数，并单击“应用”按钮进行旋转，如图3-55所示。

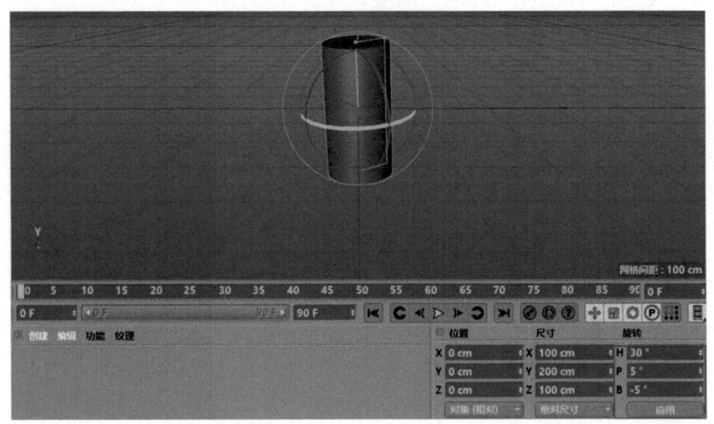

图3-55

3.2.5 圆柱的点线面

圆柱的点处理方式

在透视视图界面下，在左侧的编辑模式工具栏中，选择“转为可编辑对象”，将“圆柱”对象转化为可编辑对象，如图3-56所示。

在左侧的编辑模式工具栏中，选择“点模式”即可对“圆柱”对象的点进行单独编辑，如图3-57所示。

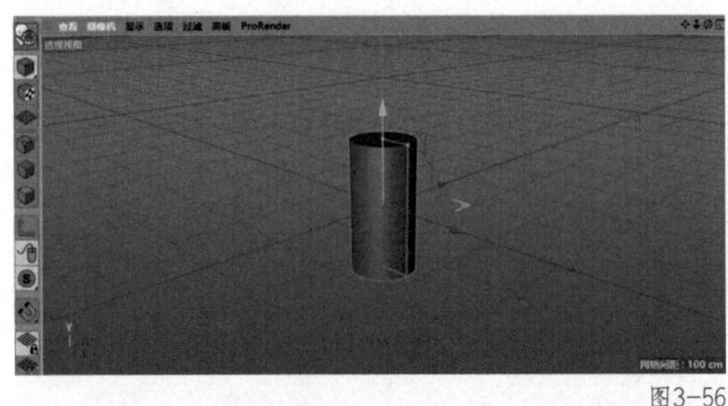

图3-56

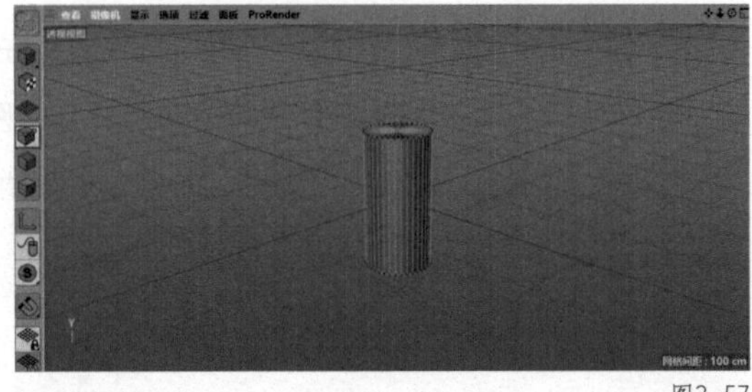

图3-57

问题：如何选中“圆柱”对象顶部的4个点?

方法1：在透视视图界面下，在工具栏中选择“框选”工具，如图3-58所示。

在透视视图界面下，使用“框选”工具框选，如图3-59所示。

在透视视图界面下，即可选中“圆柱”对象顶部的4个点，如图3-60所示。

图3-58

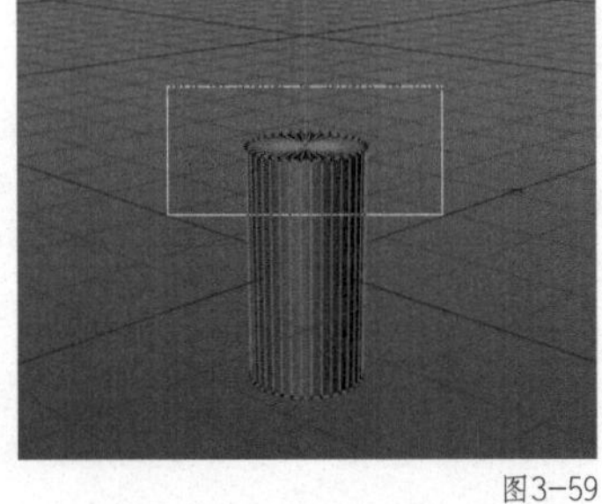

图3-59

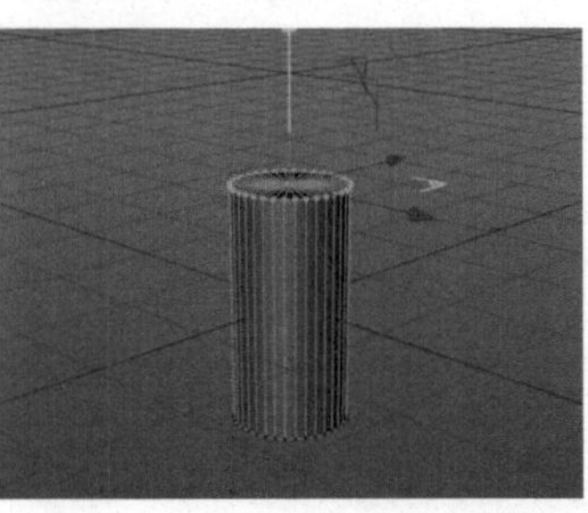

图3-60

方法2：在透视视图界面下，在工具栏中选择“实时选择”工具，如图3-61所示。

在透视视图界面下，使用“实时选择”工具选择图3-62所示的点。

图3-61

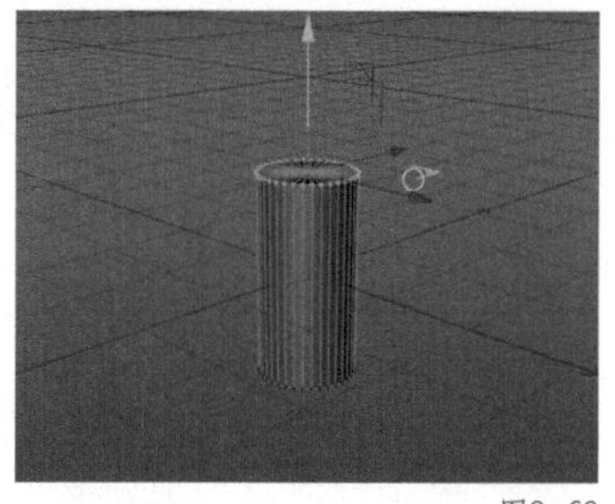
图3-62

方法3：在透视视图界面下，在工具栏中选择“移动”工具，如图3-63所示。

在透视视图界面下，直接选择1个点，如图3-64所示。

在透视视图界面下，按住【Shift】键，继续加选剩余的点，即可选中“圆柱”对象顶部的4个点，如图3-65所示。

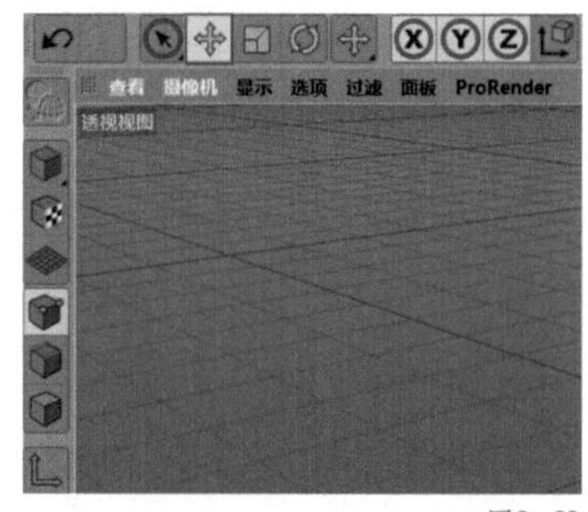

图3-63

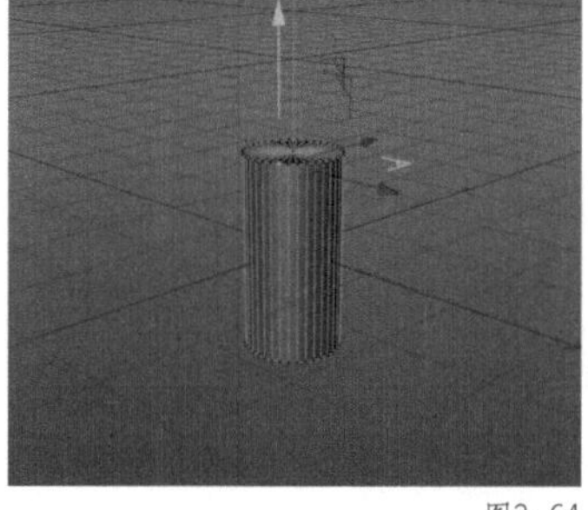
图3-64

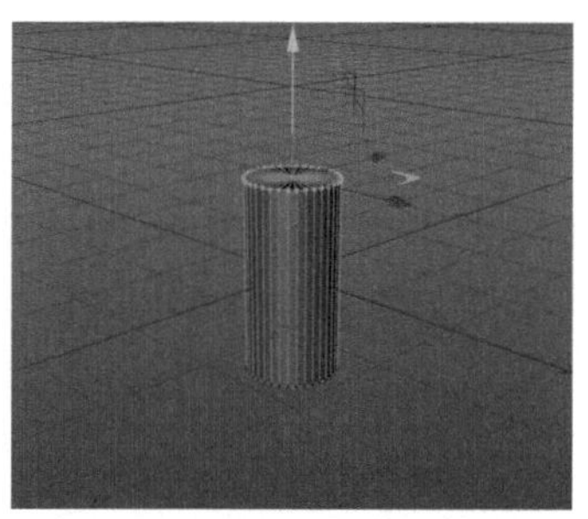
图3-65

圆柱的边处理方式

在左侧的编辑模型工具栏中，选择“边模式”即可对“圆柱”对象的边进行单独编辑，如图3-66所示。

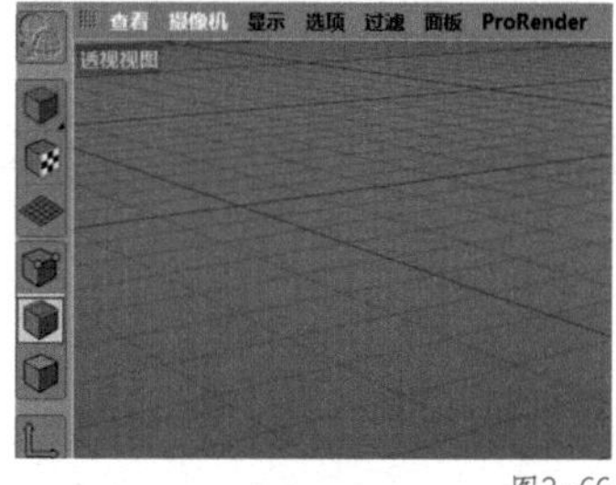

图3-66

问题：如何选中“圆柱”对象侧面不相邻的边？

方法1：在透视图界面下，在工具栏中选择“实时选择”工具，如图3-67所示。

在透视视图界面下，使用“实时选择”工具选择1条边，如图3-68所示。

在透视视图界面下，按住【Alt】键结合鼠标滑轮调整视图角度，然后按住【Shift】键，继续使用“实时选择”工具加选剩余的几条边，即可选中“圆柱”对象侧面不相邻的边，如图3-69所示。

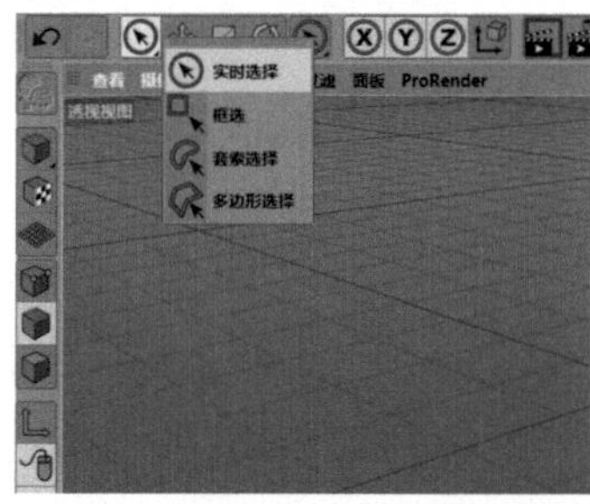

图3-67

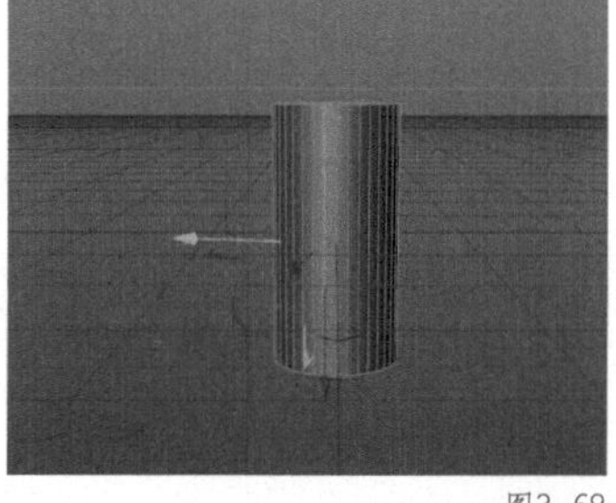
图3-68

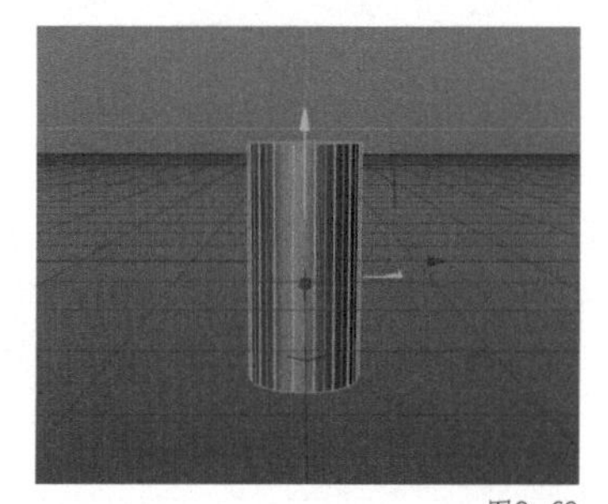
图3-69

方法2：在透视视图界面下，在工具栏中选择“移动”工具，如图3-70所示。

在透视视图界面下，直接选择1条边，如图3-71所示。

在透视视图界面下，按住【Shift】键，继续加选剩余的几条边，即可选中“圆柱”对象侧面不相邻的多条边，如图3-72所示。

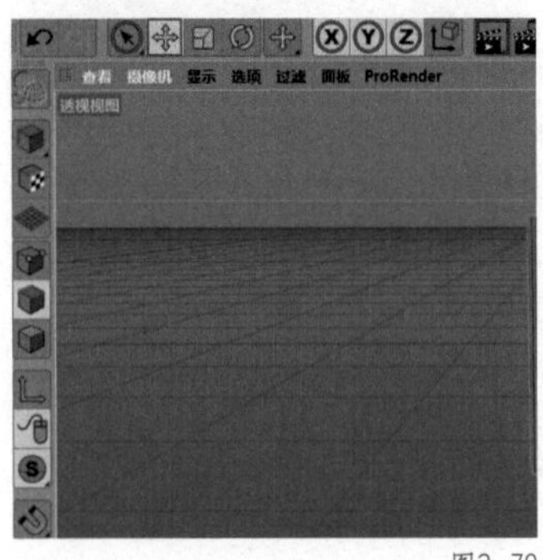

图3-70

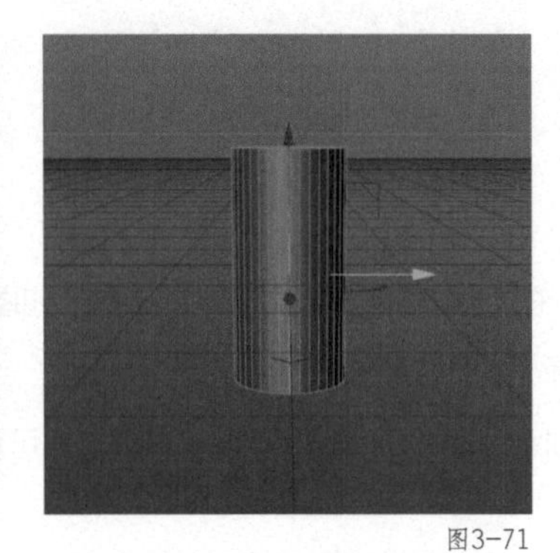
图3-71

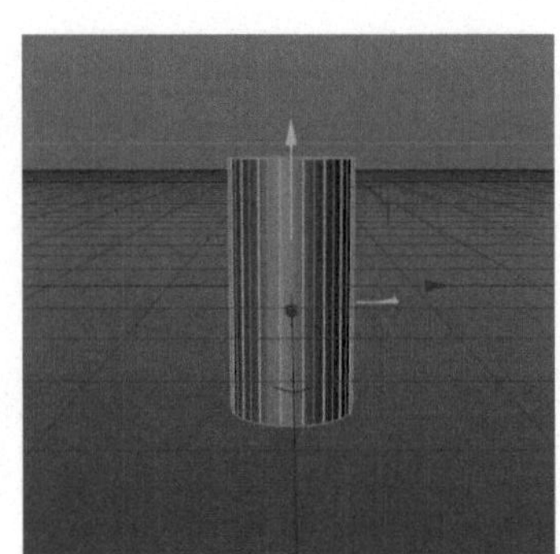
图3-72

圆柱的面处理方式

在左侧的编辑模型工具栏中，选择“多边形模式”即可对“圆柱”对象的面进行单独编辑，如图3-73所示。

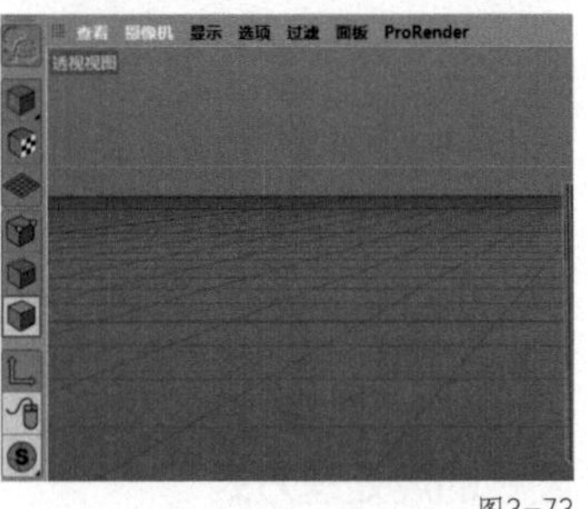

图3-73

问题：如何选中“圆柱”对象侧面不相邻的面?

方法1：在透视视图界面下，在工具栏中选择“实时选择”工具，如图3-74所示。

在透视视图界面下，使用“实时选择”工具选择1个面，如图3-75所示。

在透视视图界面下，按住【Alt】键结合鼠标滑轮调整视图角度，然后按住【Shift】键，继续使用“实时选择”工具加选剩余的几个面，即可选中“圆柱”对象侧面不相邻的多个面，如图3-76所示。

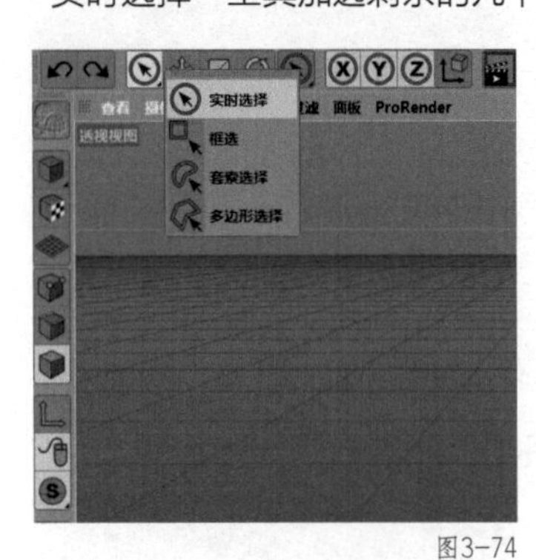

图3-74

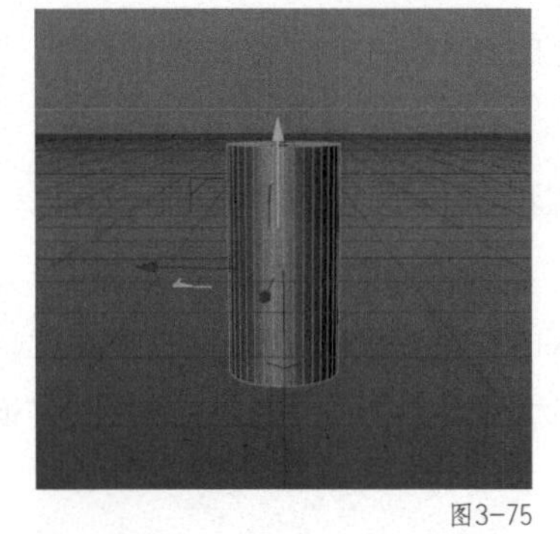
图3-75

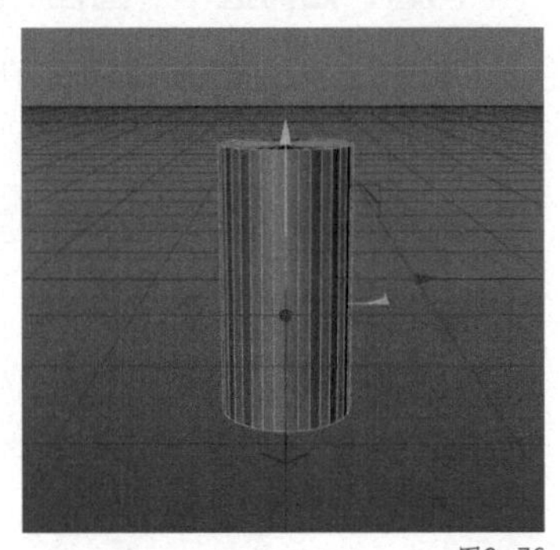
图3-76

方法2：在透视视图界面下，在工具栏中选择“移动”工具，如图3-77所示。

在透视视图界面下，直接选择1个面，如图3-78所示。

在透视视图界面下，按住【Shift】键，继续加选剩余的几个面，即可选中“圆柱”对象侧面不相邻的多个面，如图3-79所示。

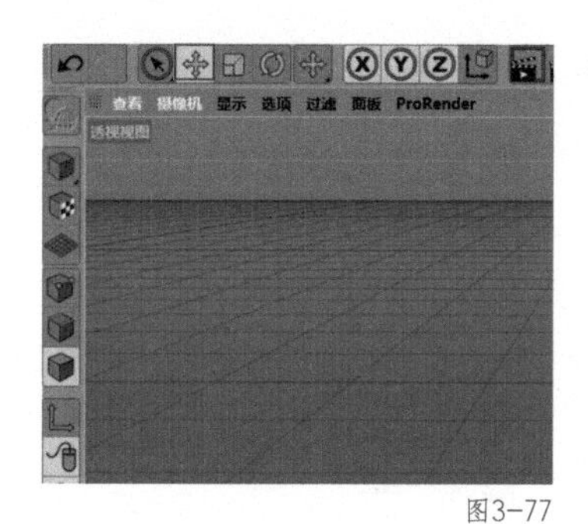

图3-77

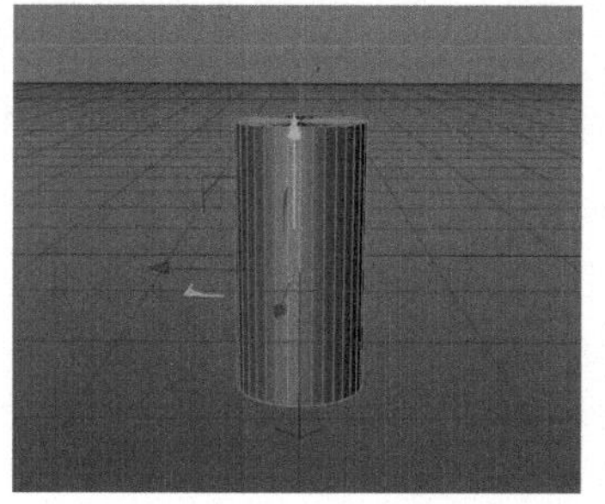
图3-78

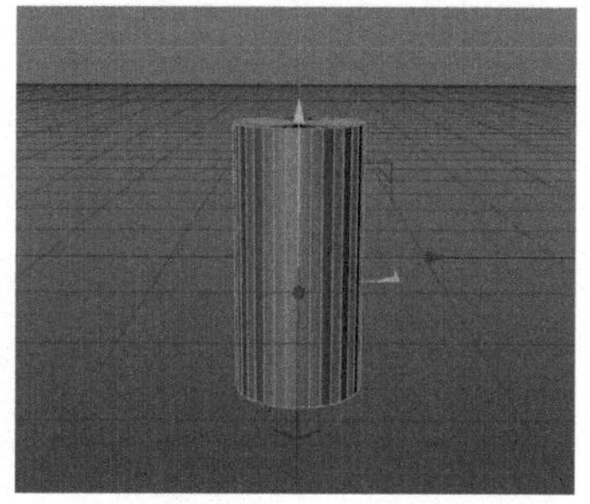
图3-79

3.3 圆盘

圆盘是一个圆形平面，转化为可编辑对象后可以单独对其点线面进行编辑。圆盘是常见的基础几何体，也是三维建模中常用的几何体之一，如图3-80所示。

图3-80

3.3.1 新建圆盘

在默认的透视视图界面下，在上方的工具栏中，选择“参数化对象”中的“圆盘”对象即可在场景中新建一个“圆盘”对象，如图3-81所示。

透视视图界面中的效果如图3-82所示。

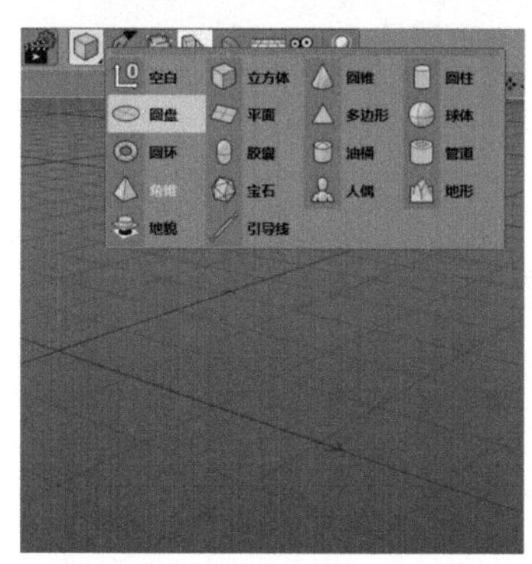

图3-81

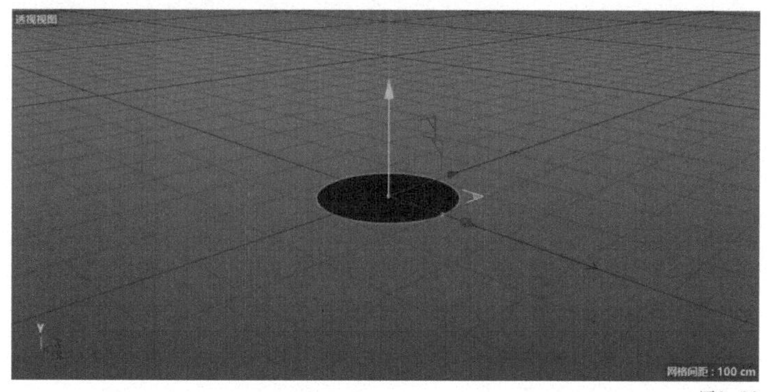

图3-82

3.3.2 调整圆盘

在场景中，新建一个“圆盘”对象后，右下角会自动弹出“圆盘对象”窗口，且默认进入“对象”窗口，如图3-83所示。

内部半径：对应“圆盘”对象的内部半径，通过调整对应的参数，可以改变“圆盘”对象的内部半径。CINEMA 4D默认的原始内部半径为“0 cm”。

外部半径：对应“圆盘”对象的外部半径，通过调整对应的参数，可以改变“圆盘”对象的外部半径。CINEMA 4D默认的原始外部半径为“100 cm”，如图3-84所示。

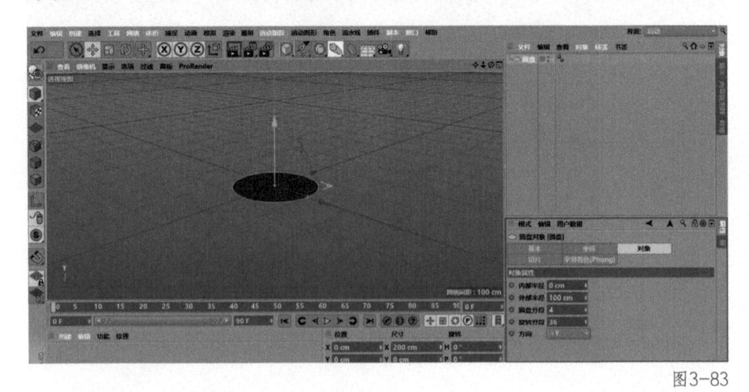

图3-83

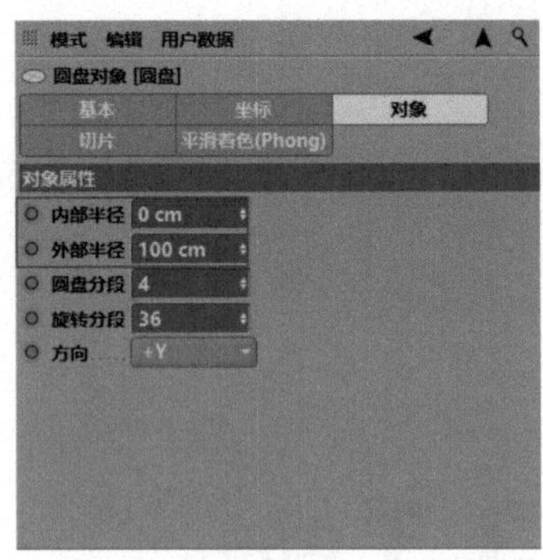

图3-84

圆盘分段：“圆盘”的分段数。

旋转分段：“圆盘”对象纬度上的分段数。

将“旋转分段”的参数修改为“3”，“圆盘”对象将转换为“三角形”，如图3-85所示。

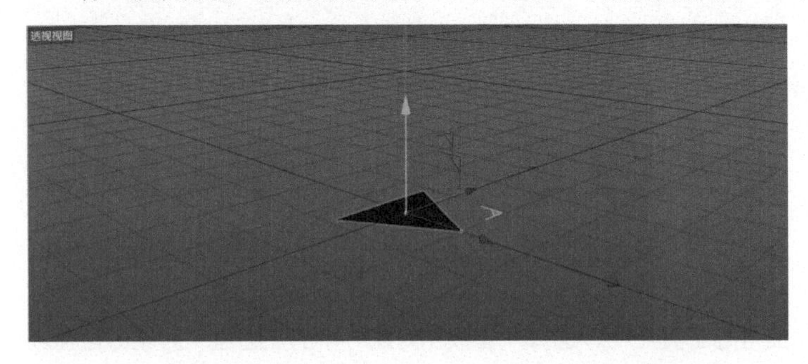

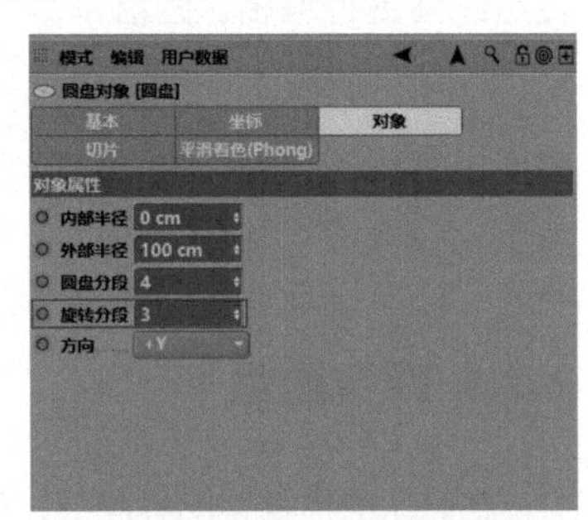

图3-85

将“旋转分段”的参数修改为“4”，“圆盘”对象将转换为“正方形”，如图3-86所示。

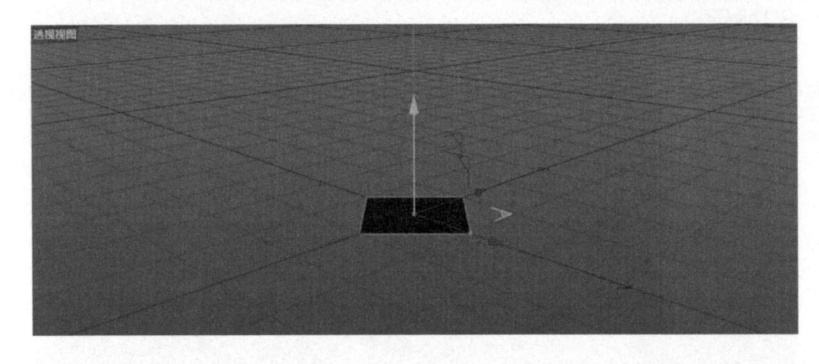

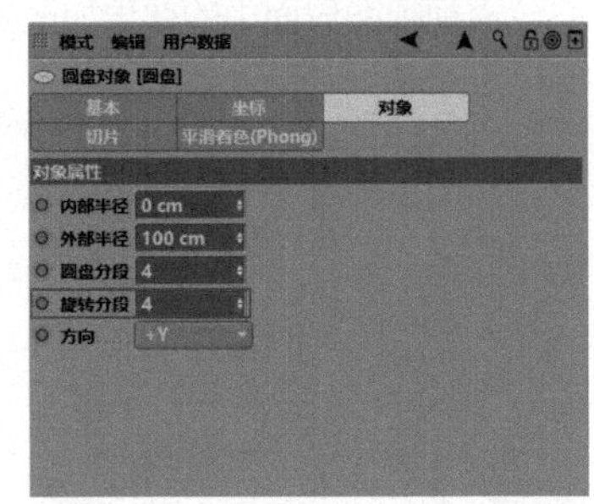

图3-86

将“旋转分段”的参数修改为“5”，“圆盘”对象将转换为“五边形”，如图3-87所示。

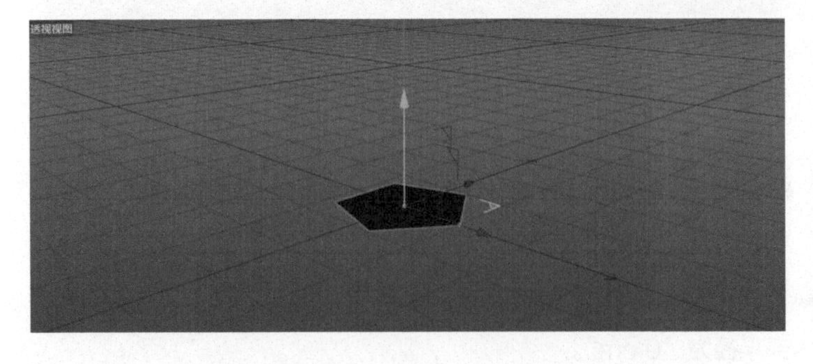

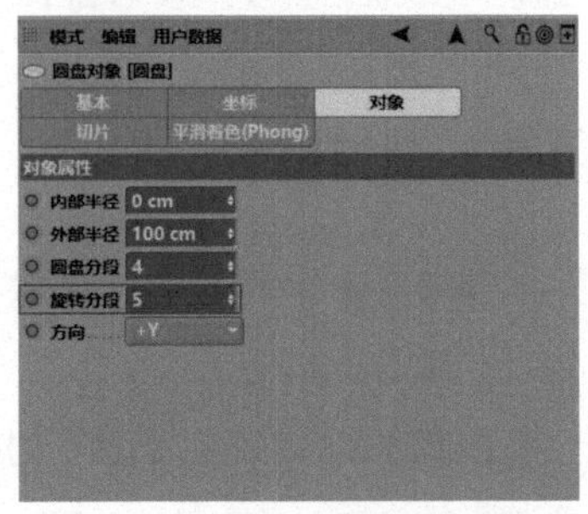

图3-87

方向：“圆盘”对象的方向。

将方向修改为“+Y”，透视视图界面中的效果如图3-88所示。

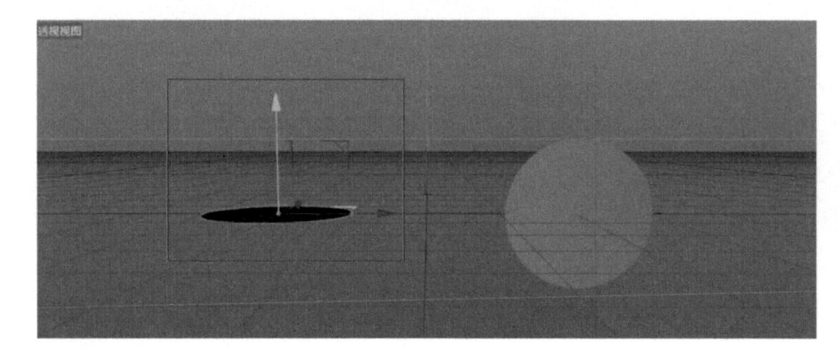
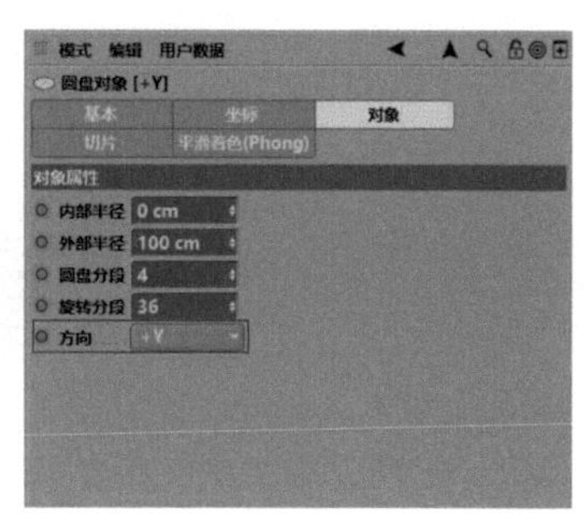
图3-88

将方向修改为“+X”，透视视图界面中的效果如图3-89所示。

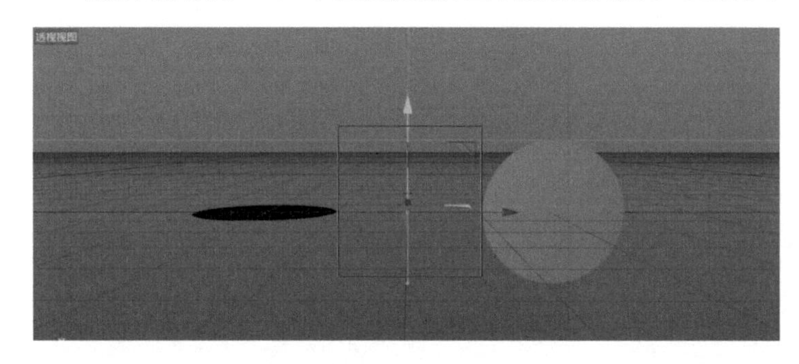

图3-89

将方向修改为“+Z”，透视视图界面中的效果如图3-90所示。

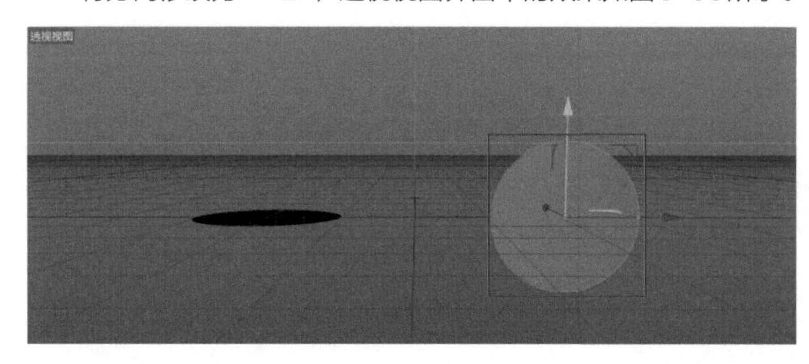
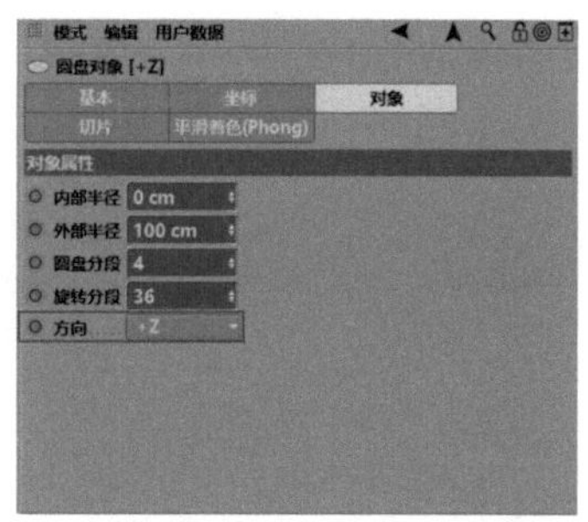
图3-90

切片：进入“切片”窗口，CINEMA 4D默认取消勾选“切片”，即“圆盘”对象没有起点角度和终点角度。勾选“切片”，CINEMA 4D默认起点角度为“0°”，默认终点角度为“180°”。

勾选“切片”后的效果如图3-91所示。

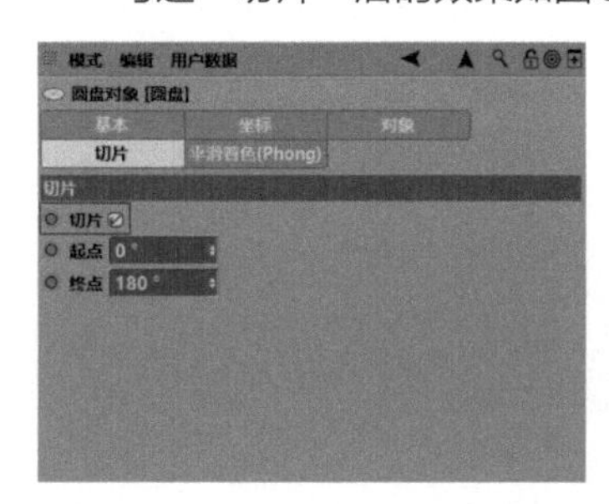
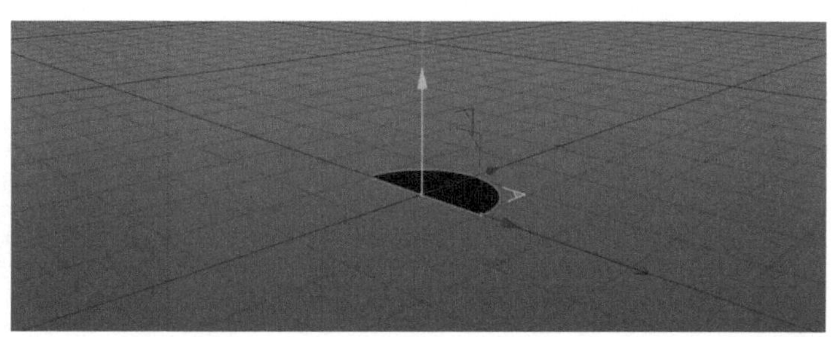
图3-91

在“切片”窗口中，通过修改“圆盘”对象的“起点”角度和“终点”角度，可以任意调整圆盘的“起点”角度和“终点”角度，如图3-92所示。

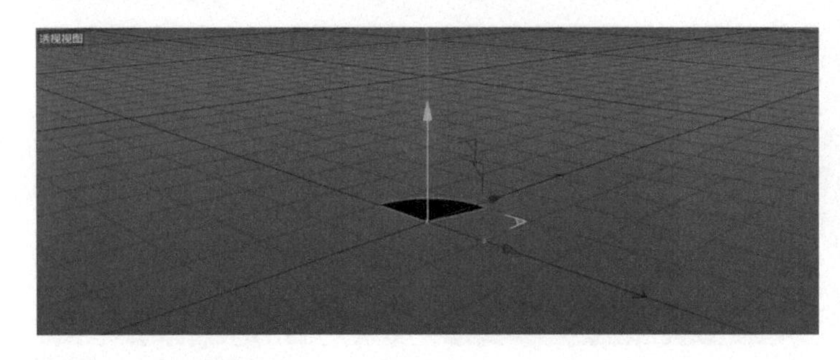

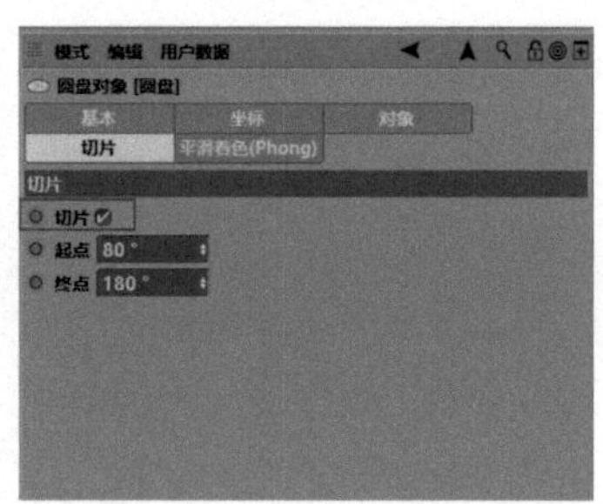

图3-92

3.3.3 移动圆盘

按【E】键切换到“移动”工具，按住鼠标左键，沿着红色箭头的方向，将“圆盘”对象向右拖曳，即可将“圆盘”对象向右移动任意距离，如图3-93所示。同理，沿着红色箭头的方向，将“圆盘”对象向左拖曳，即可将“圆盘”对象向左移动任意距离。

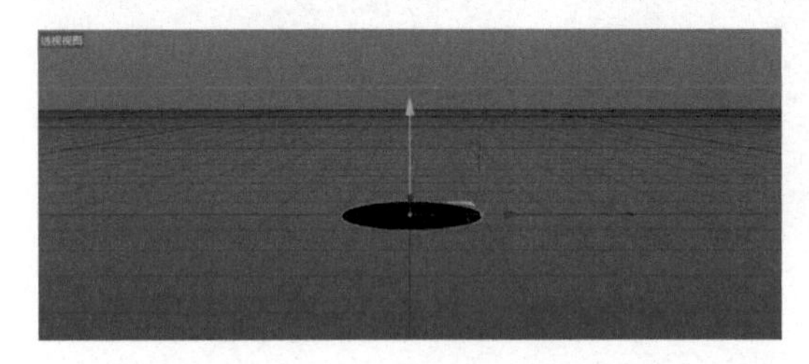

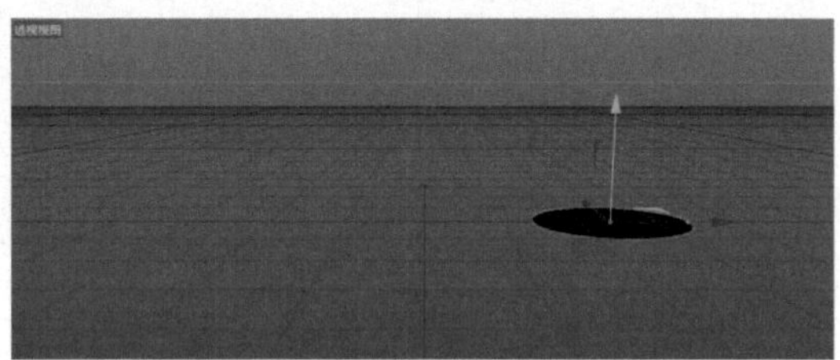

图3-93

按【E】键切换到“移动”工具，按住鼠标左键，沿着蓝色箭头的方向，将“圆盘”对象向后拖曳，即可将“圆盘”对象向后移动任意距离，如图3-94所示。同理，沿着蓝色箭头的方向，将“圆盘”对象向前拖曳，即可将“圆盘”对象向前移动任意距离。

图3-94

按【E】键切换到“移动”工具，按住鼠标左键，沿着绿色箭头的方向，将“圆盘”对象向上拖曳，即可将“圆盘”对象向上移动任意距离，如图3-95所示。同理，沿着绿色箭头的方向，将“圆盘”对象向下拖曳，即可将“圆盘”对象向下移动任意距离。

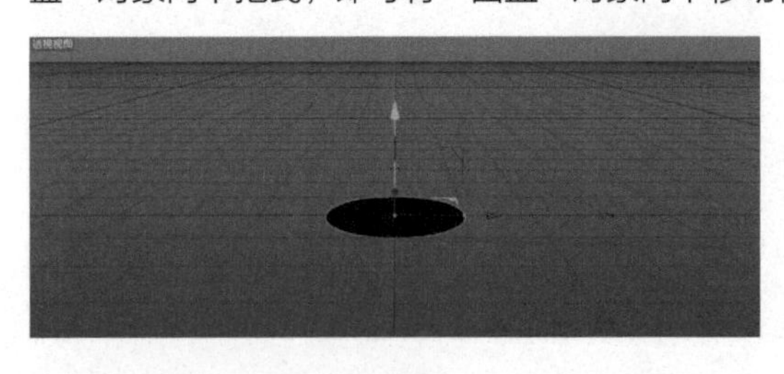

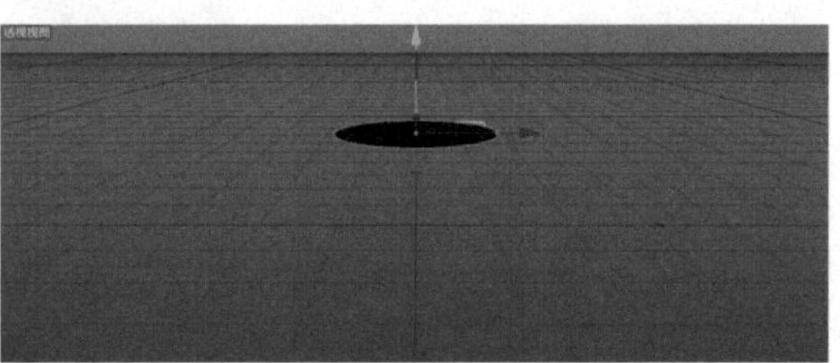

图3-95

3.3.4 旋转圆盘

按【R】键切换到“旋转”工具，按住鼠标左键，沿着红色圆环、绿色圆环、蓝色圆环的不同方向进行拖曳，可以旋转任意的角度，同时，也可以在下方的对象坐标窗口中，直接修改“H”“P”“B”的参数，并单击“应用”按钮进行旋转，如图3-96所示。

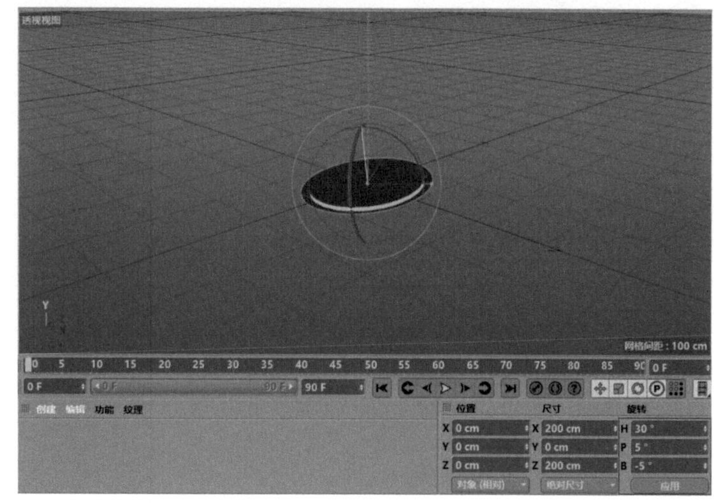
图3-96

3.3.5 圆盘的点线面

圆盘的点处理方式

在透视视图界面下，在左侧的编辑模式工具栏中，选择“转为可编辑对象”，将“圆盘”对象转化为可编辑对象，如图3-97所示。

在左侧的编辑模式工具栏中，选择“点模式”即可对“圆盘”对象的点进行单独编辑，如图3-98所示。

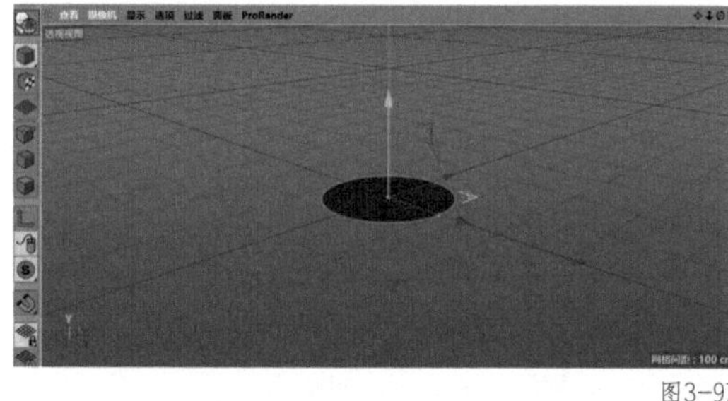
图3-97

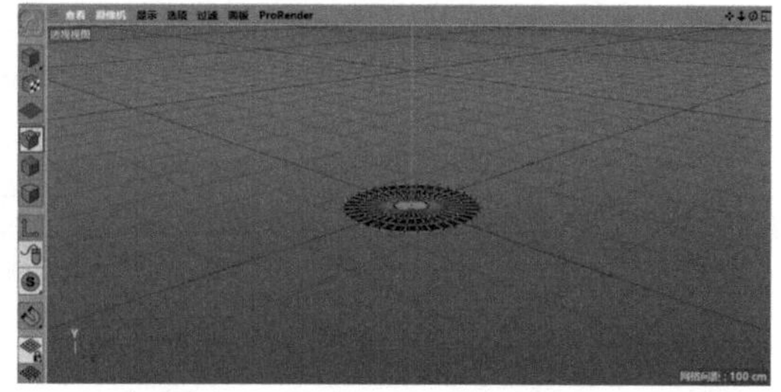
图3-98

问题：如何选中“圆盘”对象的一圈点？

方法1：在透视视图界面下，在工具栏中选择“实时选择”工具，如图3-99所示。

在透视视图界面下，使用“实时选择”工具，按【U+L】组合键进行循环选择，选择如图3-100所示的点。选中后的效果如图3-101所示。

图3-99

图3-100

图3-101

方法2：在透视视图界面下，在工具栏中选择移动工具，如图3-102所示。

在透视视图界面下，使用移动工具，按【U+L】组合键进行循环选择，选择图3-103所示的点。

选中后的效果如图3-104所示。

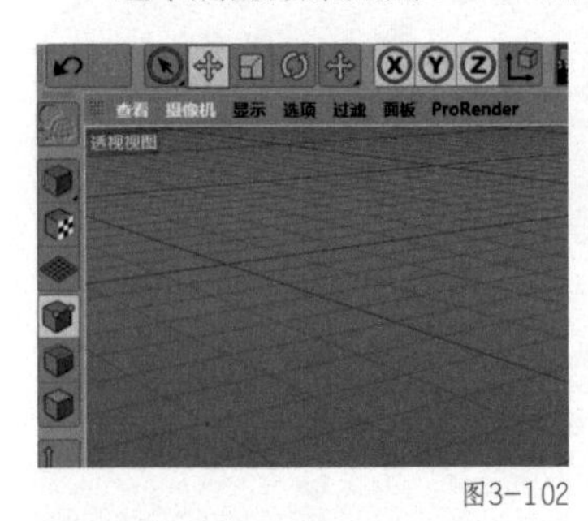

图3-102

图3-103

图3-104

圆盘的边处理方式

在左侧的编辑模型工具栏中，选择“边模式”即可对“圆盘”对象的边进行单独编辑，如图3-105所示。

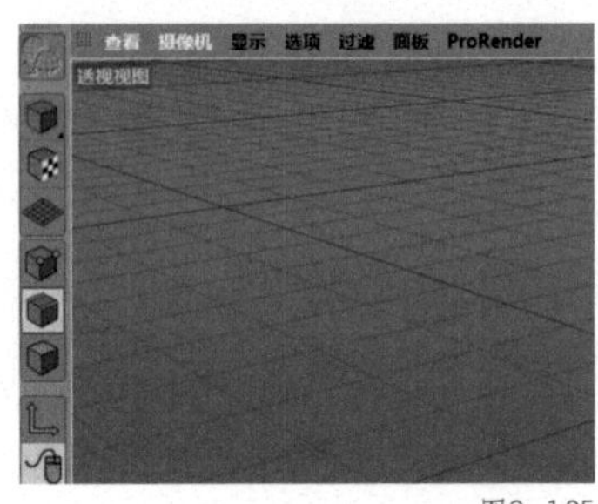

图3-105

问题：如何选中“圆盘”对象的一圈边?

方法1：在透视视图界面下，在工具栏中选择“实时选择”工具，如图3-106所示。

在透视视图界面下，使用“实时选择”工具，按【U+L】组合键进行循环选择，选择图3-107所示的点。

选中后的效果如图3-108所示。

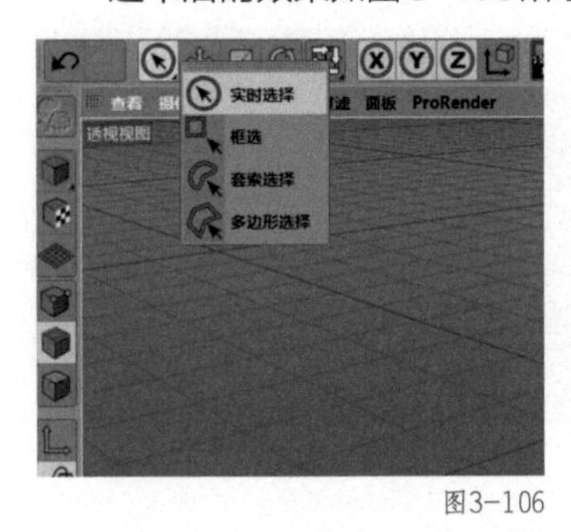

图3-106

图3-107

图3-108

方法2：在透视视图界面下，在工具栏中选择移动工具，如图3-109所示。

在透视视图界面下，使用移动工具，按【U+L】组合键进行循环选择，选择图3-110所示的点。

选中后的效果如图3-111所示。

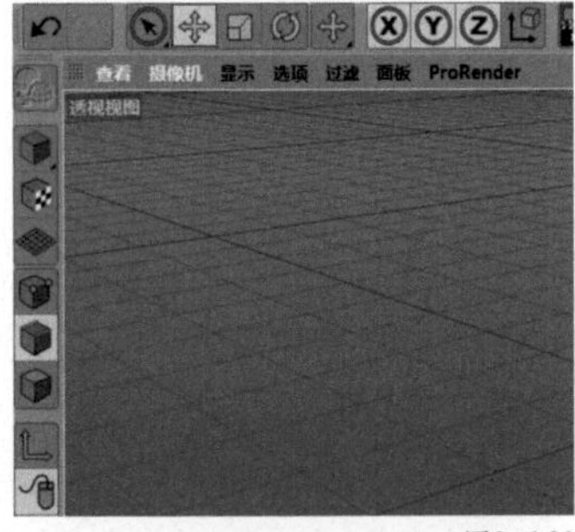

图3-109

图3-110

图3-111

圆盘的面处理方式

在左侧的编辑模型工具栏中，选择“多边形模式”即可对“圆盘”对象的面进行单独编辑，如图3-112所示。

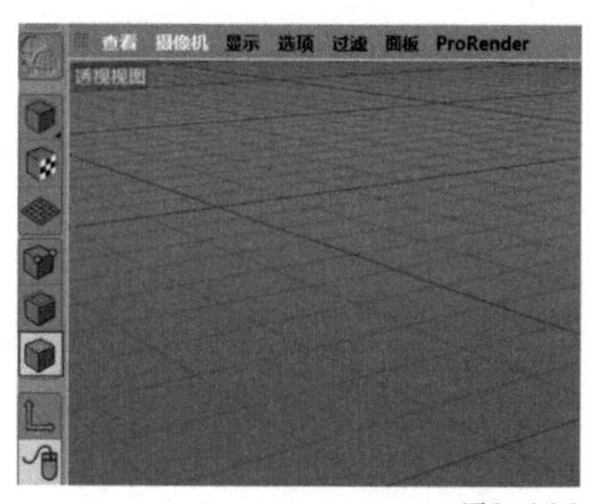

图3-112

问题：如何选中“圆盘”对象的一圈面?

方法1：在透视视图界面下，在工具栏中选择“实时选择”工具，如图3-113所示。

在透视视图界面下，使用“实时选择”工具，按【U+L】组合键进行循环选择，选择图3-114所示的点。

选中后的效果如图3-115所示。

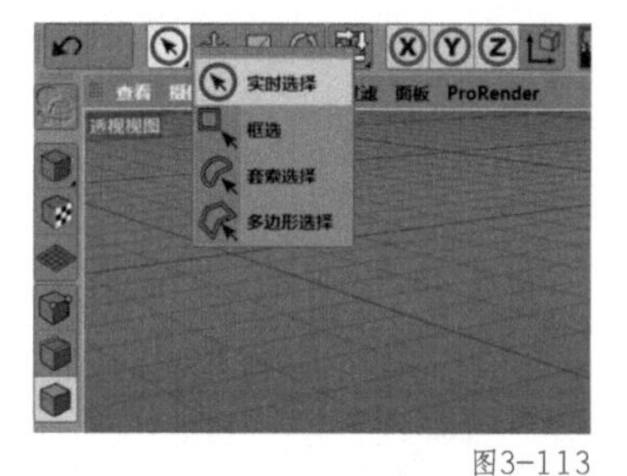

图3-113

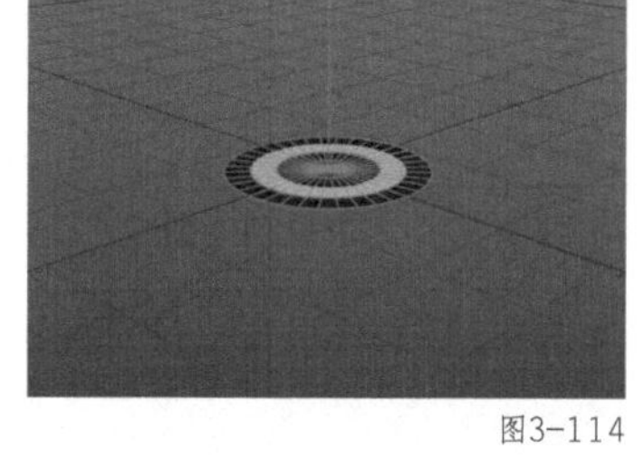

图3-114

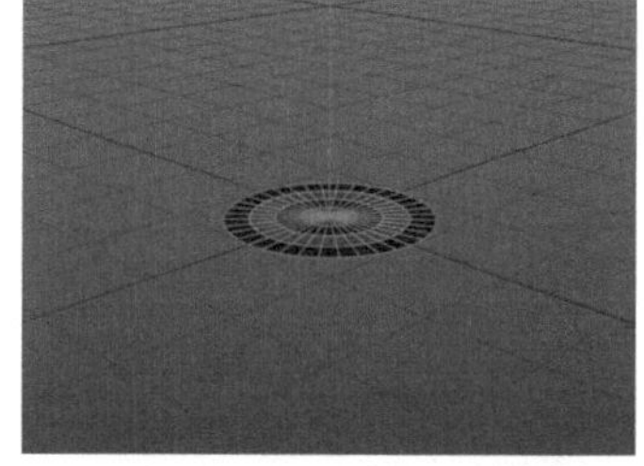

图3-115

方法2：在透视视图界面下，在工具栏中选择移动工具，如图3-116所示。

在透视视图界面下，使用移动工具，按【U+L】组合键进行循环选择，选择图3-117所示的点。

选中后的效果如图3-118所示。

图3-116

图3-117

图3-118

3.4 球体

空间中到定点的距离等于定长的所有点组成的图形称为球体。球体是一个连续曲面的立体图形，由球面围成，如图3-119所示。球体是常见的基础几何体，也是三维建模中常用的几何体之一。

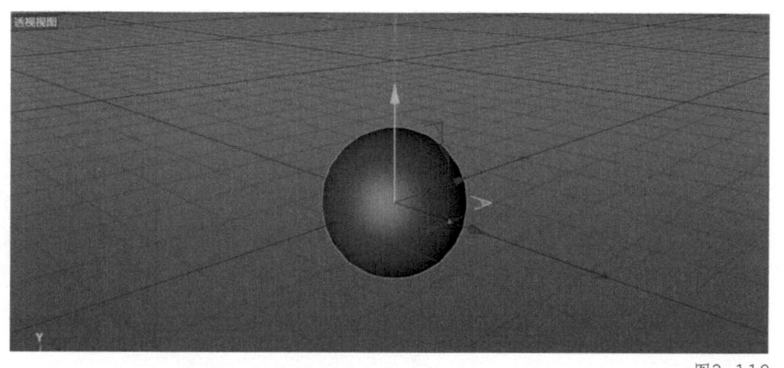

图3-119

3.4.1 新建球体

在默认的透视视图界面下，在上方的工具栏中，选择“参数化对象”中的“球体”对象即可在场景中新建一个“球体”对象，如图3-120所示。

透视视图界面中的效果如图3-121所示。

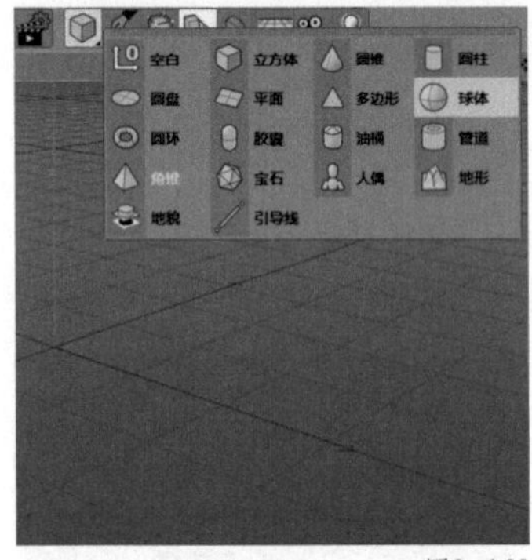

图3-120

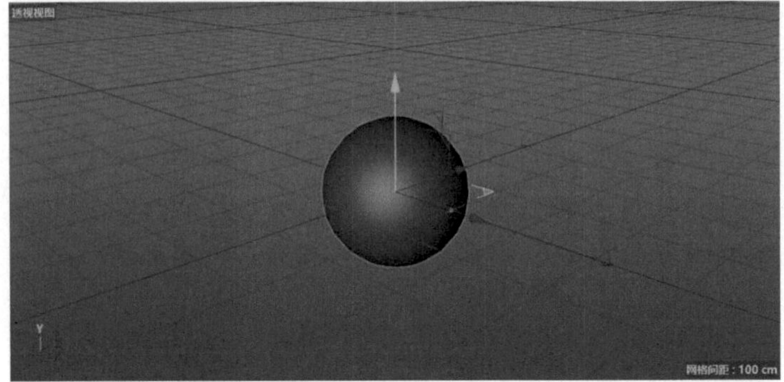

图3-121

3.4.2 调整球体

在场景中，新建一个“球体”对象后，右下角会自动弹出“球体对象”窗口，且默认进入“对象”窗口，如图3-122所示。

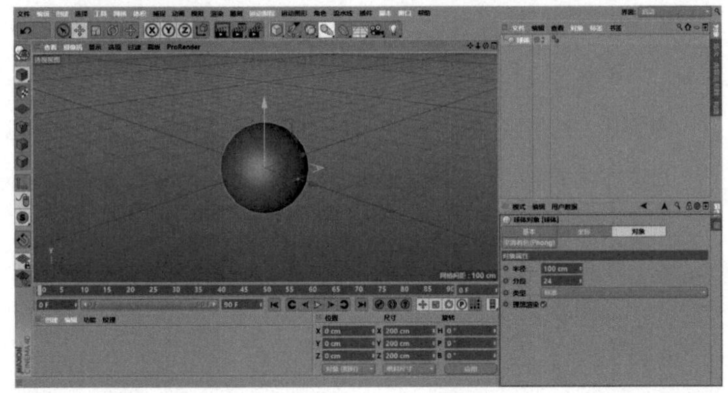

图3-122

半径：对应“球体”对象的半径，通过调整对应的参数，可以改变“球体”对象的半径。CINEMA 4D默认的原始内部半径为“100 cm”。

分段：对应“球体”对象的分段数，控制球体的光滑程度。通过调整对应的参数，可以改变“球体”对象的光滑程度。CINEMA 4D默认的原始分段数为“24”，如图3-123所示。

类型：“球体”对象共包含6种类型，分别为“标准”“四面体”“六面体”“八面体”“二十面体”“半球体”，如图3-124所示。

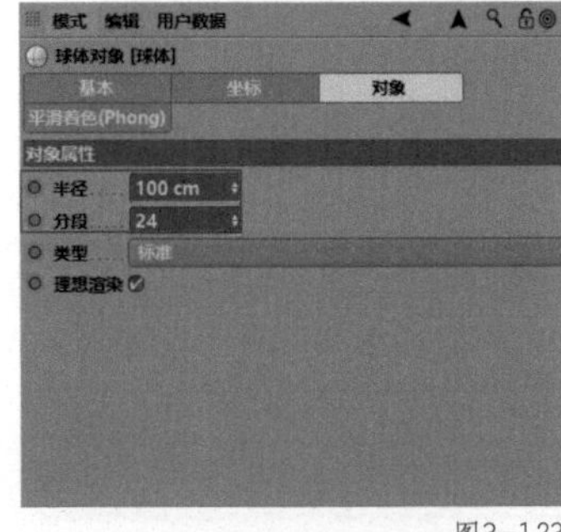

图3-123

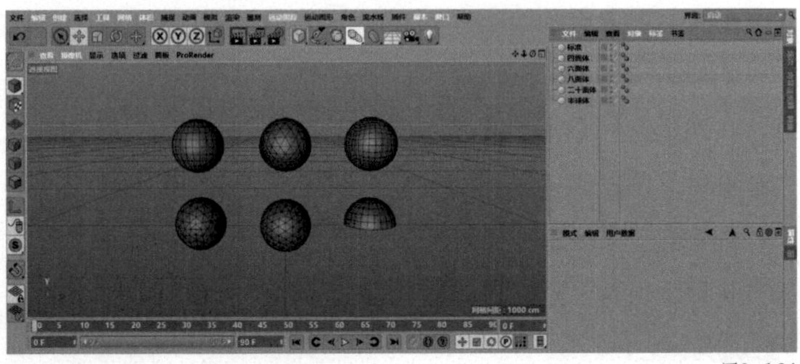

图3-124

3.4.3 移动球体

按【E】键切换到“移动”工具，按住鼠标左键，沿着红色箭头的方向，将“球体”对象向右拖曳，即可将“球体”对象向右移动任意距离，如图3-125所示。同理，沿着红色箭头的方向，将“球体”对象向左拖曳，即可将“球体”对象向左移动任意距离。

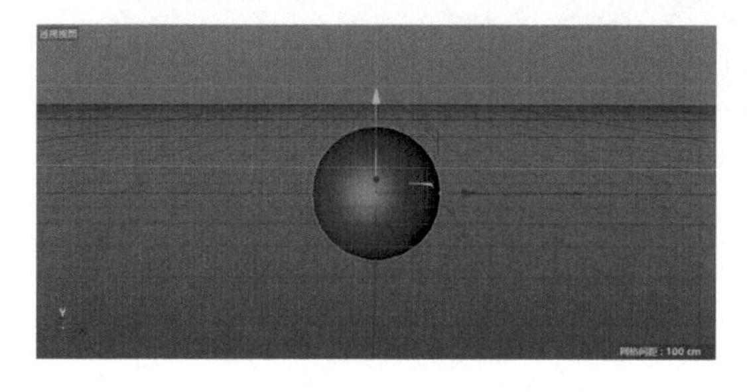

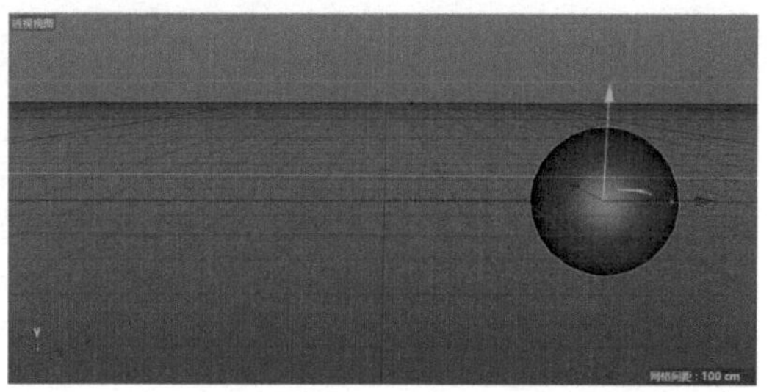

图3-125

按【E】键切换到“移动”工具，按住鼠标左键，沿着蓝色箭头的方向，将“球体”对象向后拖曳，即可将“球体”对象向后移动任意距离，如图3-126所示。同理，沿着蓝色箭头的方向，将“球体”对象向前拖曳，即可将“球体”对象向前移动任意距离。

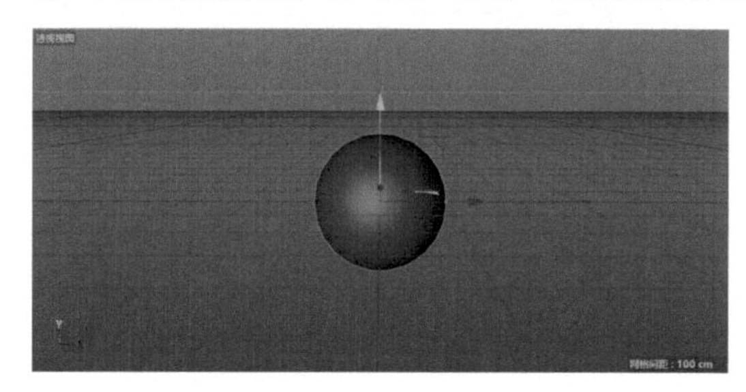

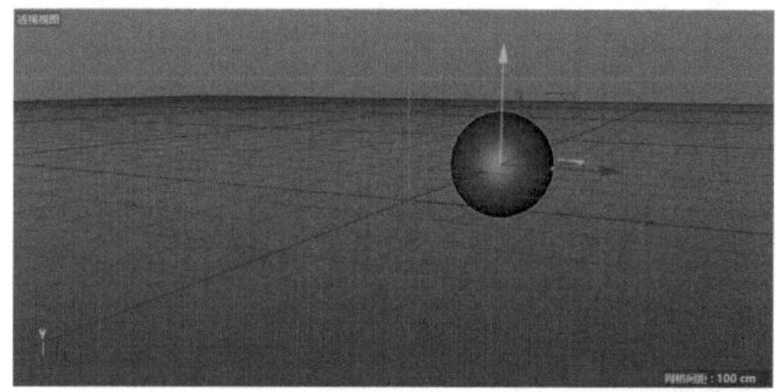

图3-126

按【E】键切换到“移动”工具，按住鼠标左键，沿着绿色箭头的方向，将“球体”对象向上拖曳，即可将“球体”对象向上移动任意距离，如图3-127所示。同理，沿着绿色箭头的方向，将“球体”对象向下拖曳，即可将“球体”对象向下移动任意距离。

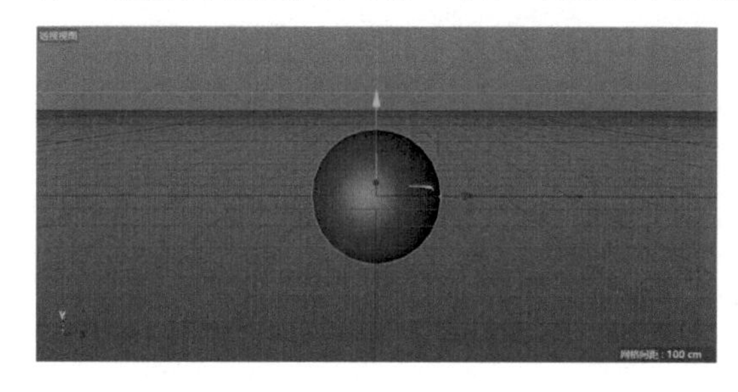

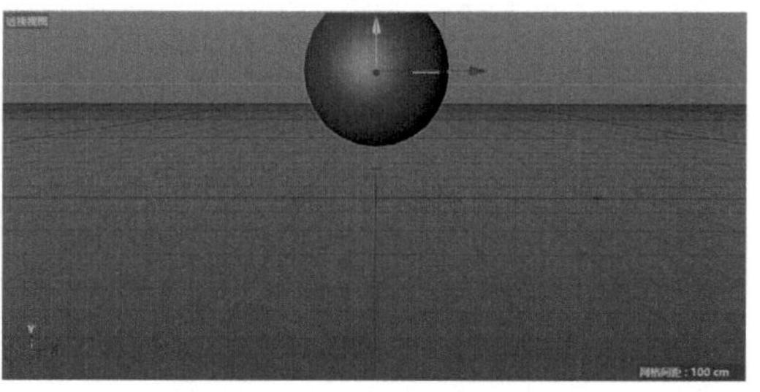

图3-127

3.4.4 旋转球体

按【R】键切换到“旋转”工具，按住鼠标左键，沿着红色圆环、绿色圆环、蓝色圆环的不同方向进行拖曳，可以旋转任意的角度，同时，也可以在下方的对象坐标窗口中，直接修改“H”“P”“B”的参数，并单击“应用”按钮进行旋转，如图3-128所示。

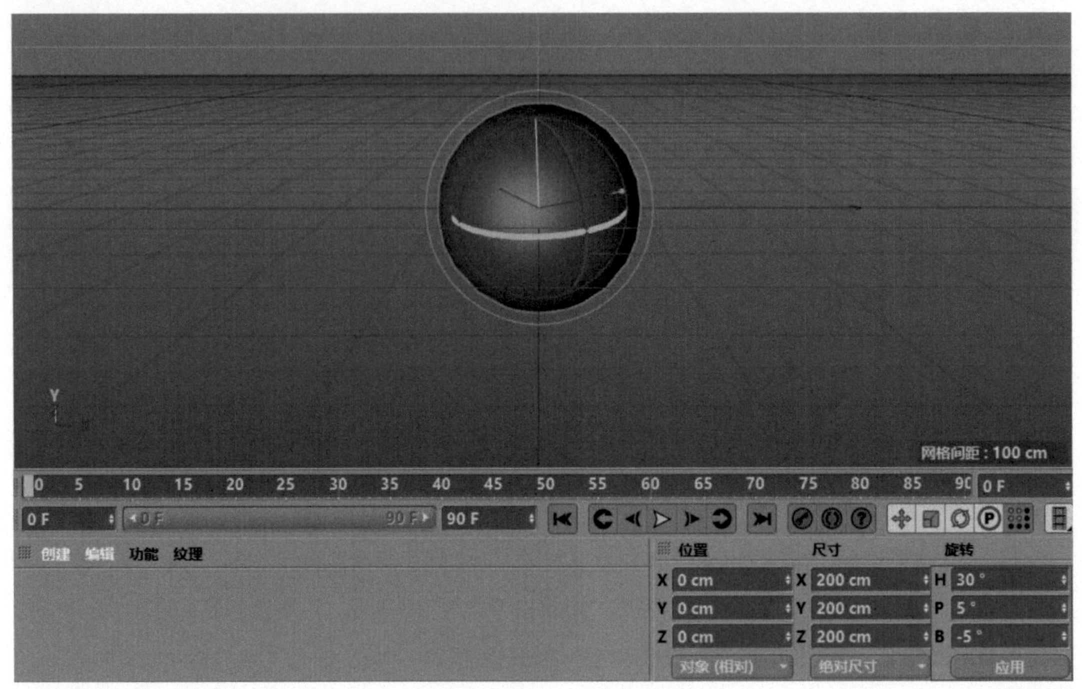

图3-128

3.4.5 球体的点线面

球体的点处理方式

在透视视图界面下，在左侧的编辑模式工具栏中，选择“转为可编辑对象”，将“球体”对象转化为可编辑对象，如图3-129所示。

在左侧的编辑模式工具栏中，选择“点模式”即可对“球体”对象的点进行单独编辑，如图3-130所示。

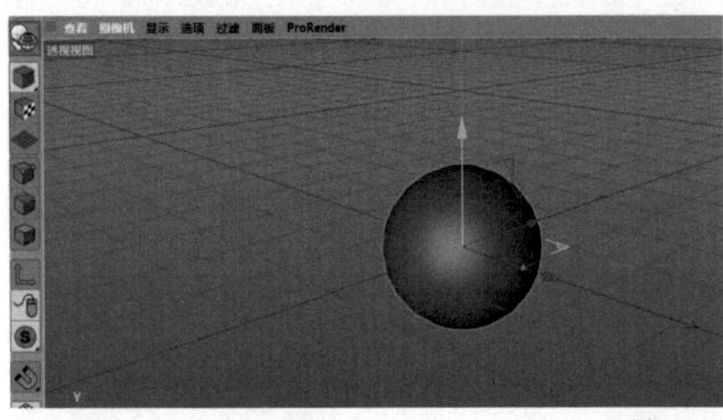
图3-129

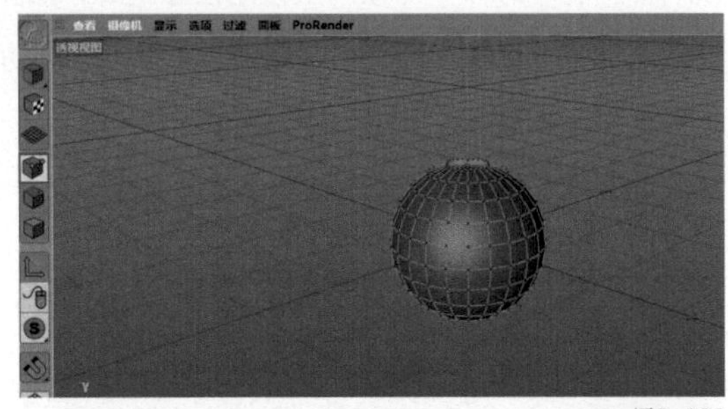
图3-130

问题：如何选中“球体”对象中间的一圈点?

方法1：单击鼠标滑轮调出四视图，在右视图窗口或者正视图窗口上单击鼠标滑轮，进入右视图界面或者正视图界面，如图3-131所示（以下以正视图为例）。

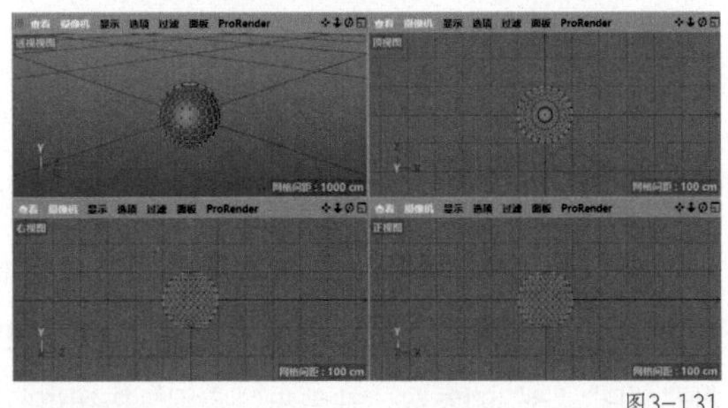
图3-131

在正视图窗口上单击鼠标滑轮进入正视图界面，如图3-132所示。

在正视图界面下，在工具栏中选择“实时选择”工具，如图3-133所示。

在正视图界面下，使用“实时选择”工具，按住【Shift】键选中球体对象中间的一圈点，如图3-134所示。

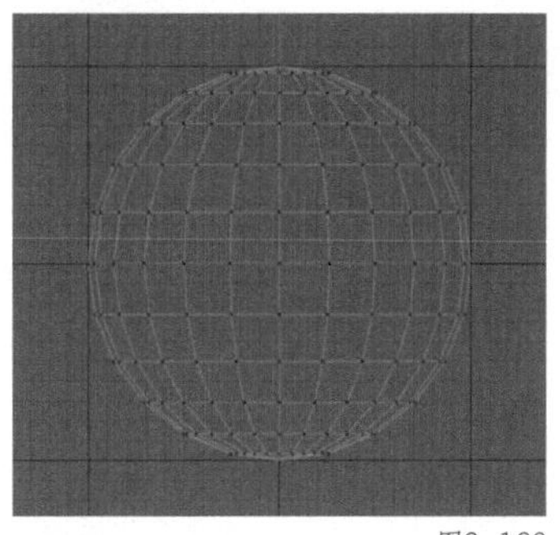
图3-132

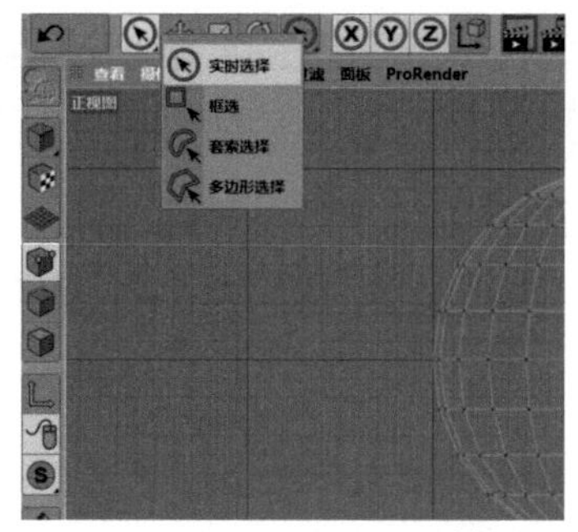

图3-133

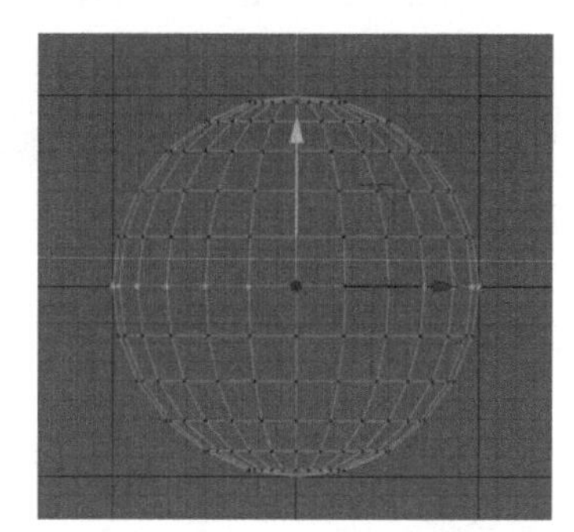
图3-134

提示　注意取消勾选“实时选择”窗口中的“仅选择可见元素”，如图3-135所示。

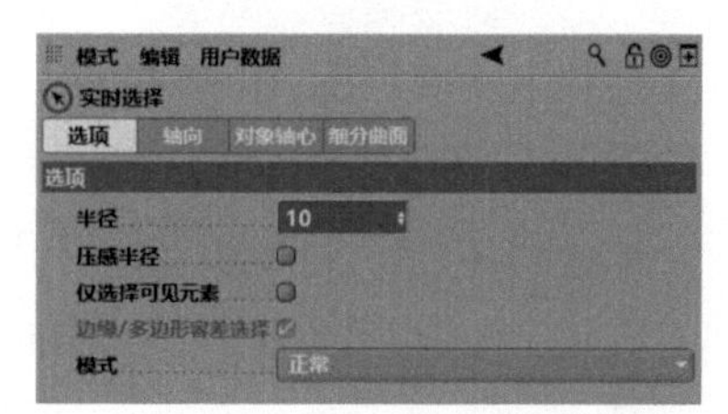

图3-135

方法2：在正视图界面下，在工具栏中选择“框选”工具，如图3-136所示。

在正视图界面下，使用“框选”工具框选图3-137所示的区域。

在正视图界面下，即可选中“球体”对象中间的一圈点，如图3-138所示。

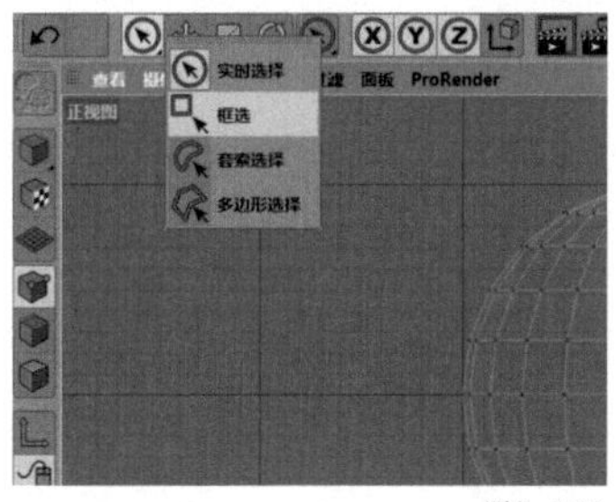

图3-136

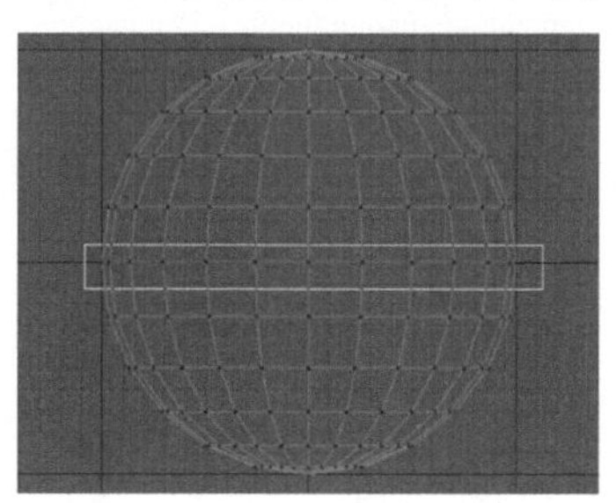
图3-137

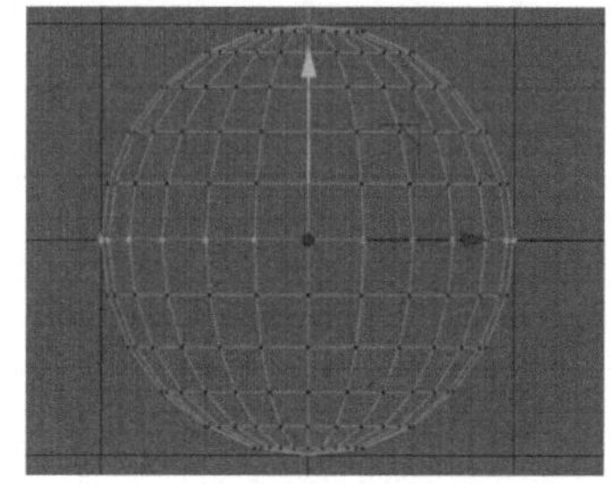
图3-138

提示　注意取消勾选“框选”窗口中的“仅选择可见元素”，如图3-139所示。

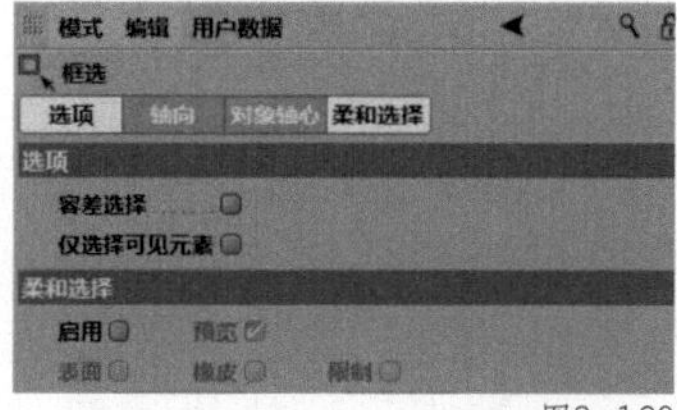

图3-139

球体的边处理方式

在左侧的编辑模式工具栏中，选择“边模式”即可对“球体”对象的边进行单独编辑，如图3-140所示。

问题：如何选中“球体”对象中间的一圈边?

方法1: 在正视图界面下，在工具栏中选择“实时选择”工具，如图3-141所示。

在正视图界面下，使用“实时选择”工具，按住【Shift】键选中球体对象中间的一圈边，如图3-142所示。

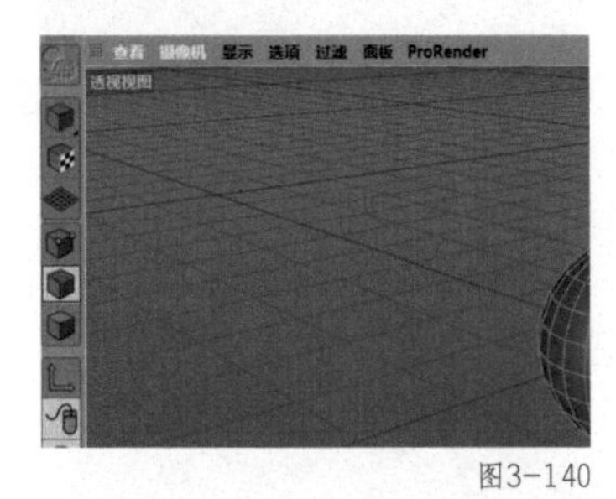

图3-140

图3-141

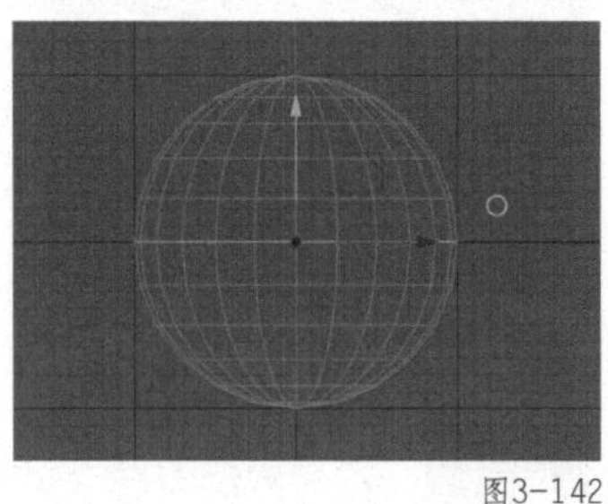
图3-142

方法2： 在正视图界面下，在工具栏中选择“框选”工具，如图3-143所示。

在正视图界面下，使用“框选”工具框选图3-144所示的区域。

在正视图界面下，即可选中“球体”对象中间的一圈边，如图3-145所示。

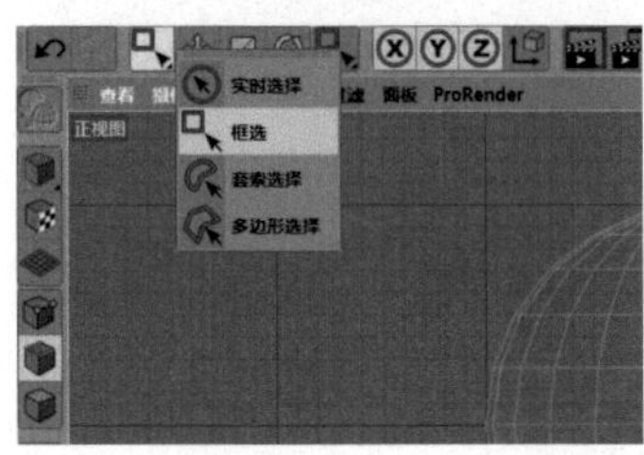

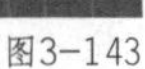
图3-143

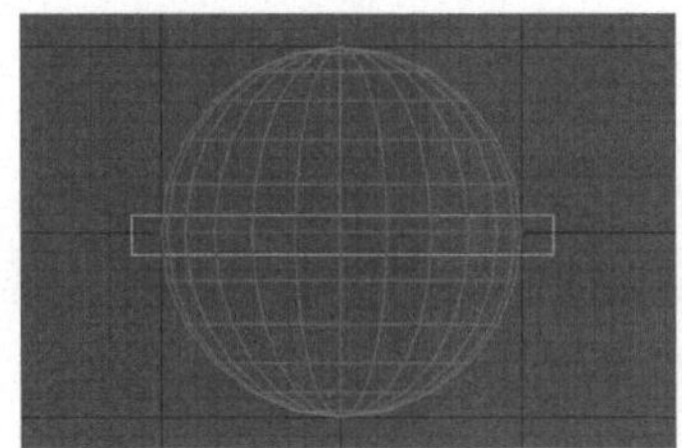
图3-144

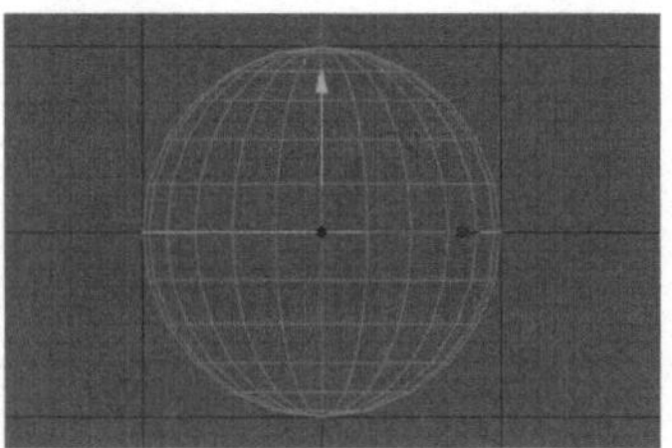
图3-145

球体的面处理方式

在左侧的编辑模式工具栏中，选择“多边形模式”即可对“球体”对象的面进行单独编辑，如图3-146所示。

问题：如何选中“球体”对象中间的两圈面?

方法1: 在正视图界面下，在工具栏中选择“实时选择”工具，如图3-147所示。

在正视图界面下，使用“实时选择”工具，按住【Shift】键选中球体对象中间的两圈面，如图3-148所示。

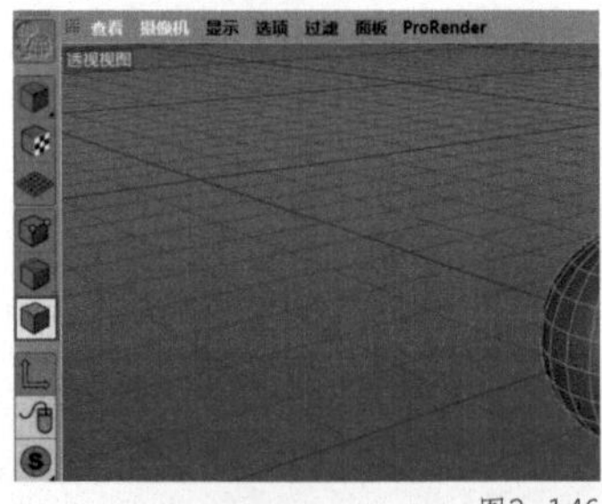

图3-146

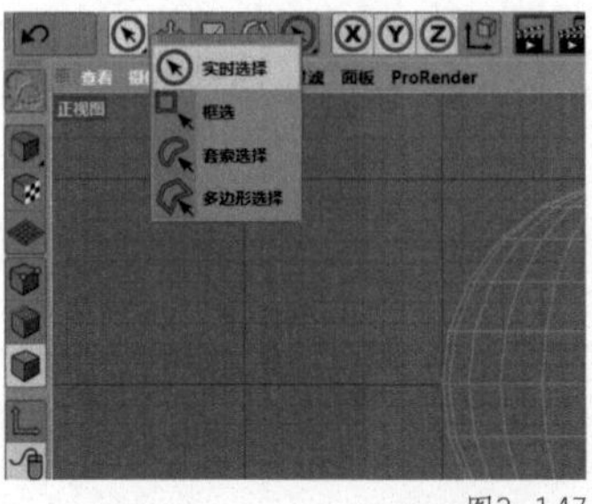

图3-147

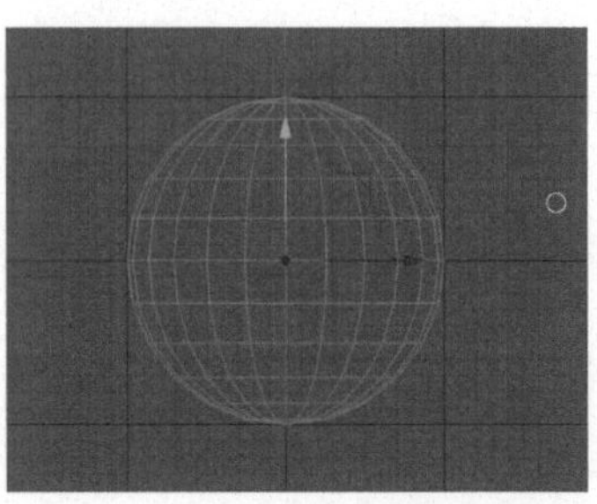
图3-148

方法2：在正视图界面下，在工具栏中选择“框选”工具，如图3-149所示。

在正视图界面下，使用“框选”工具框选图3-150所示的区域。

在正视图界面下，即可选中“球体”对象中间的两圈面，如图3-151所示。

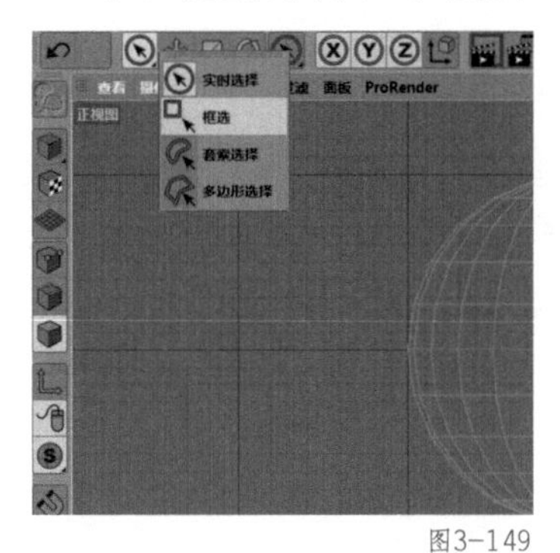

图3-149

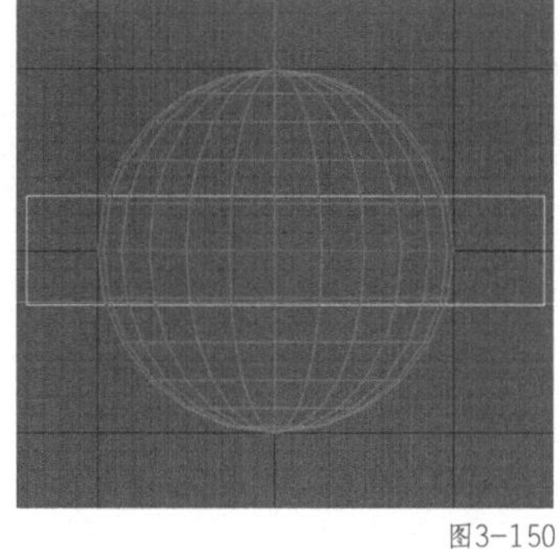
图3-150

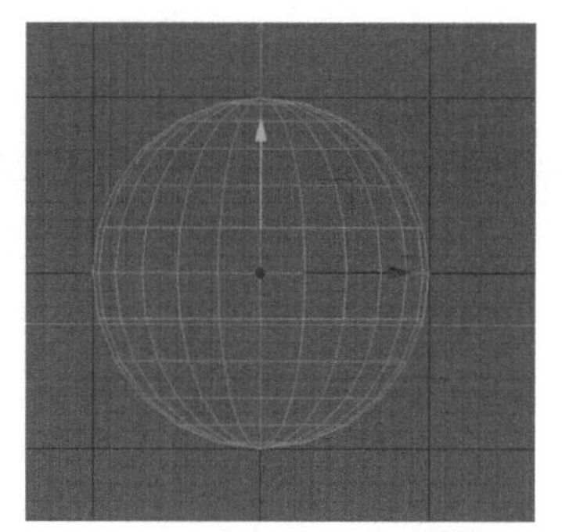
图3-151

3.5 管道

管道是一个中间镂空的圆柱体，转化为可编辑对象后可以单独对其点线面进行编辑，如图3-152所示。管道是常见的基础几何体，也是三维建模中常用的几何体之一。

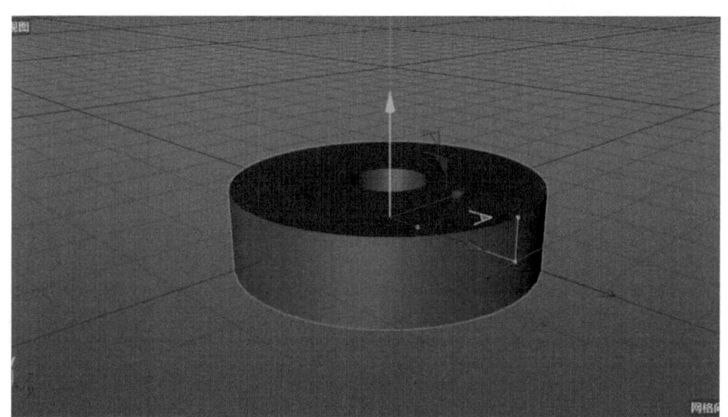
图3-152

3.5.1 新建管道

在默认的透视视图界面下，在上方的工具栏中，选择“参数化对象”中的“管道”对象即可在场景中新建一个“管道”对象，如图3-153所示。

透视视图界面中的效果如图3-154所示。

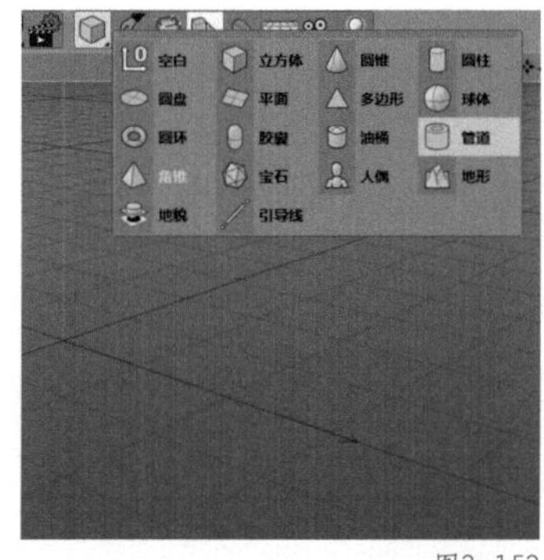

图3-153

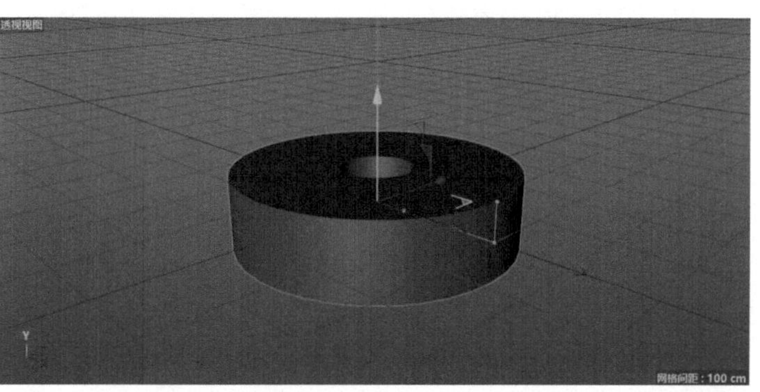

图3-154

3.5.2 调整管道

在场景中，新建一个“管道”对象后，右下角会自动弹出“管道对象”窗口，且默认进入“对象”窗口，如图3-155所示。

内部半径：对应“管道”对象的内部半径，通过调整对应的参数，可以改变“管道”对象的内部半径。CINEMA 4D默认的原始内部半径为“50 cm”。

外部半径：对应“管道”对象的外部半径，通过调整对应的参数，可以改变“管道”对象的外部半径。CINEMA 4D默认的原始外部半径为“200 cm”，如图3-156所示。

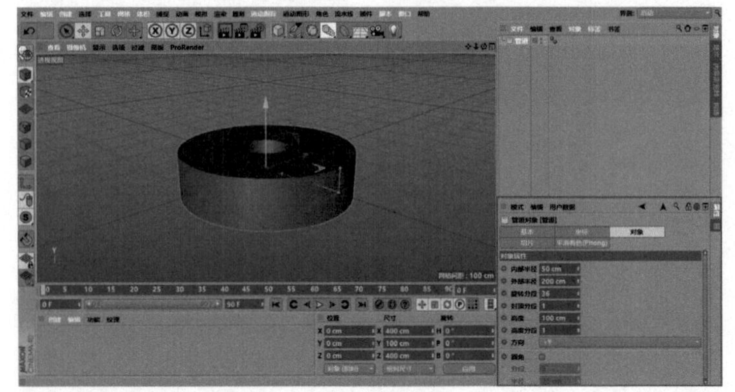

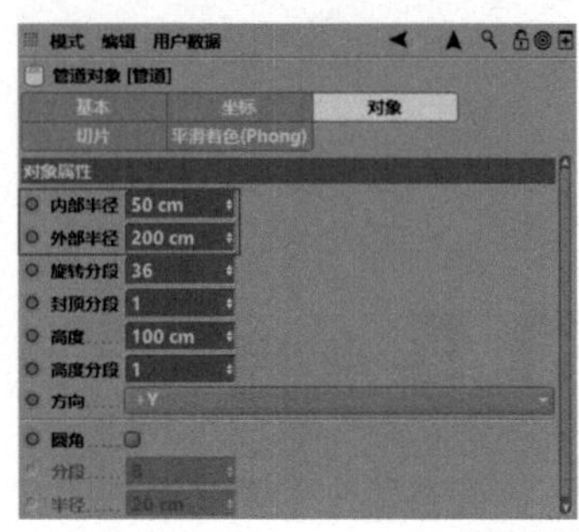

图3-155 图3-156

旋转分段：“管道”对象纬度上的分段数。

封顶分段：“管道”对象封顶的分段数。

将“旋转分段”的参数修改为“3”，透视视图界面中的效果如图3-157所示。

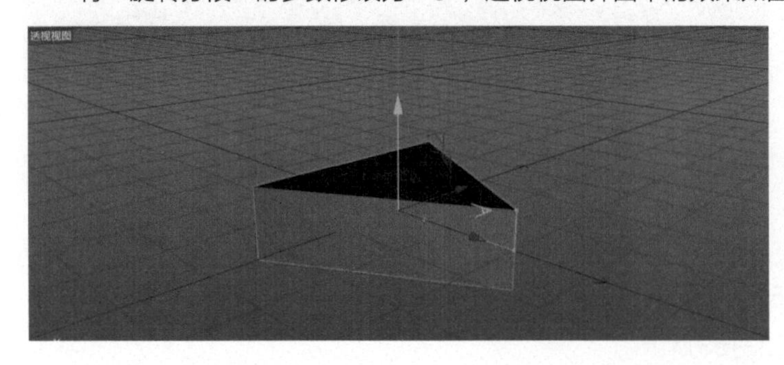

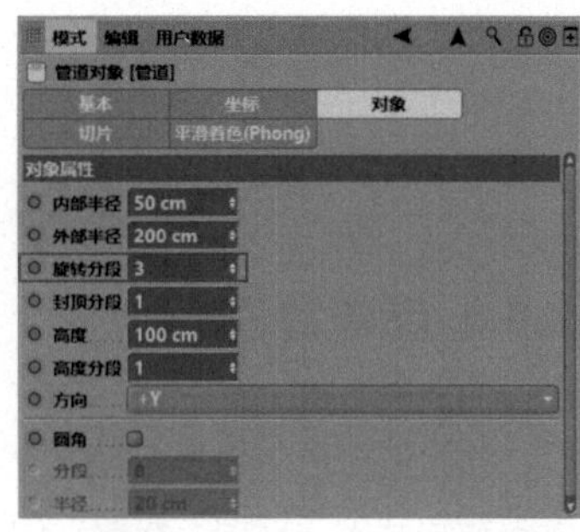

图3-157

将“旋转分段”的参数修改为“4”，透视视图界面中的效果如图3-158所示。

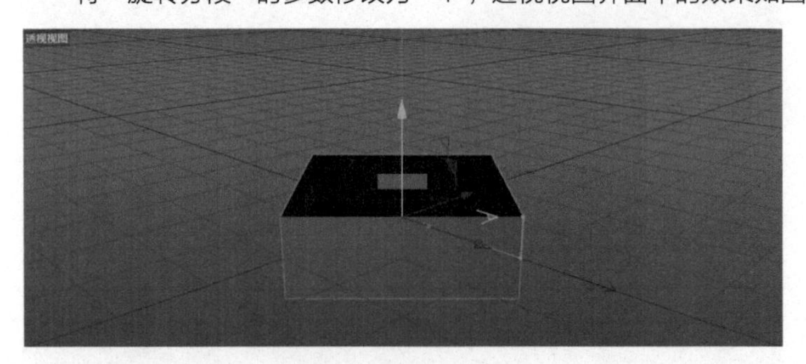

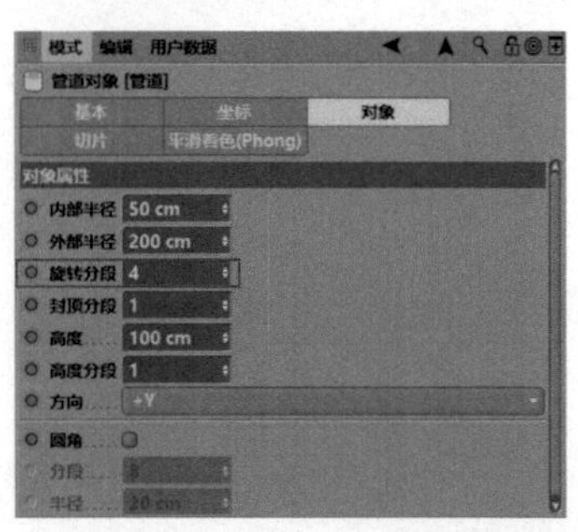

图3-158

将“旋转分段”的参数修改为“5”，透视视图界面中的效果如图3-159所示。

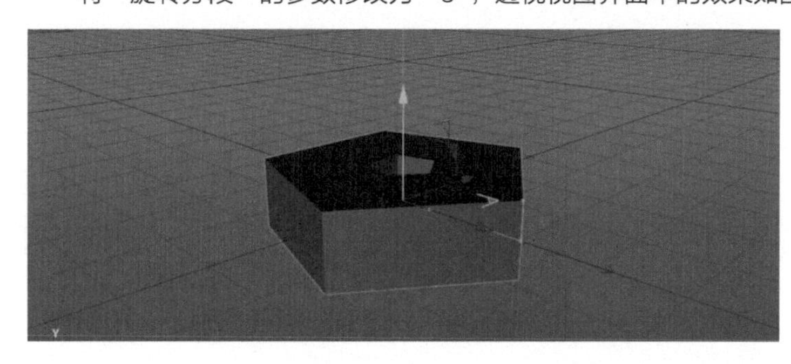

图3-159

高度：设置管道对象的高度。**高度分段：**“管道”对象高度的分段数，如图3-160所示。

方向：“管道”对象的方向。将方向修改为“+Y”，透视视图界面中的效果如图3-161所示。

图3-160

图3-161

将方向修改为“+X”，透视视图界面中的效果如图3-162所示。

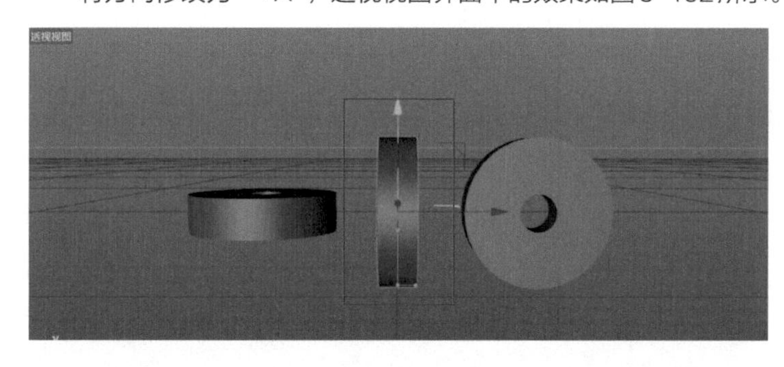

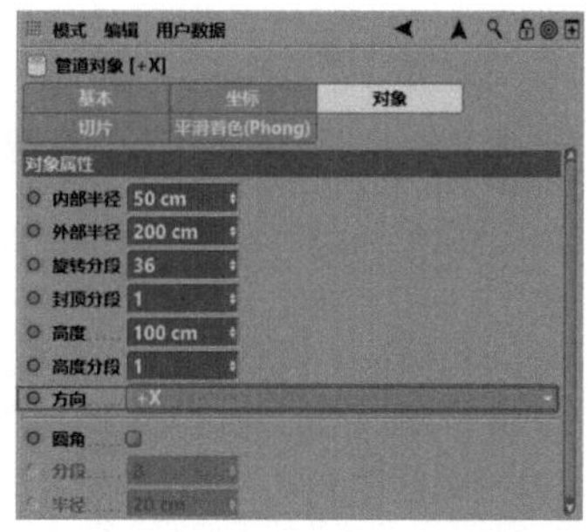

图3-162

将方向修改为“+Z”，透视视图界面中的效果如图3-163所示。

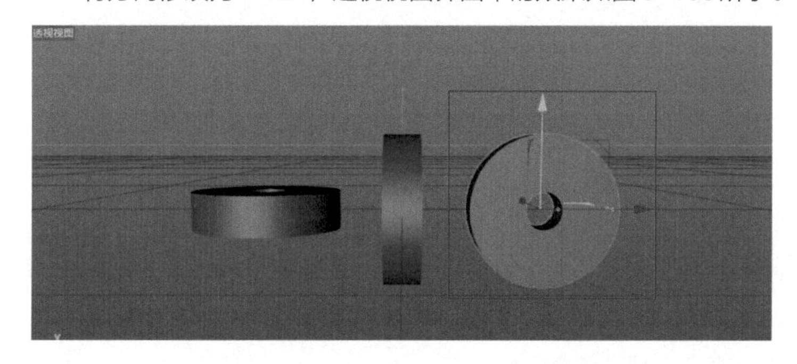

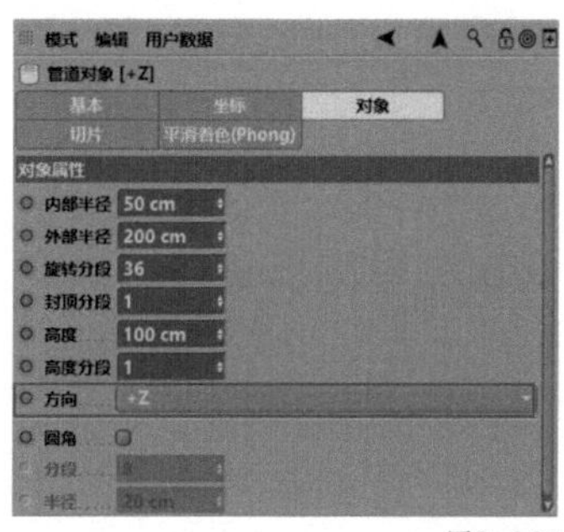

图3-163

圆角：勾选“圆角”后，CINEMA 4D将自动对“管道”对象执行“倒角”命令，默认的“分段”为“8”，“半径”为“20 cm”，通过修改“分段”和“半径”可以任意地调整“倒角”程度。

勾选“圆角”后的效果如图3-164所示。

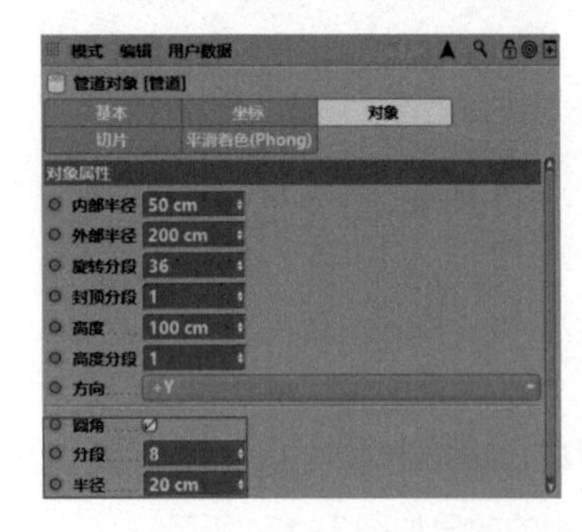

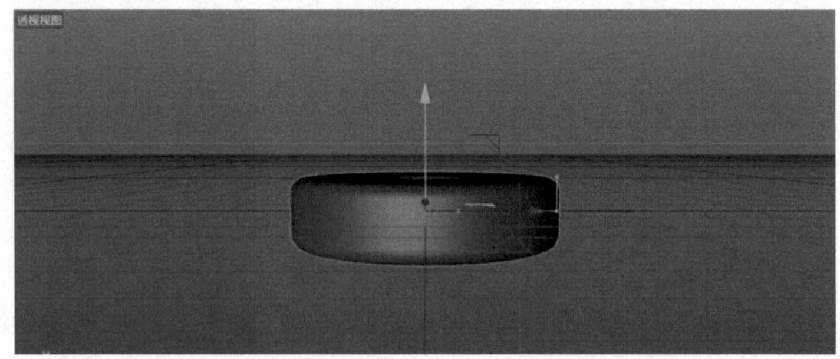

图3-164

切片：进入“切片”窗口，CINEMA 4D默认取消勾选“切片”，即“管道”对象没有起点角度和终点角度。勾选“切片”，CINEMA 4D默认起点角度为“0° ”，默认终点角度为“180° ”。

勾选“切片”后的效果如图3-165所示。

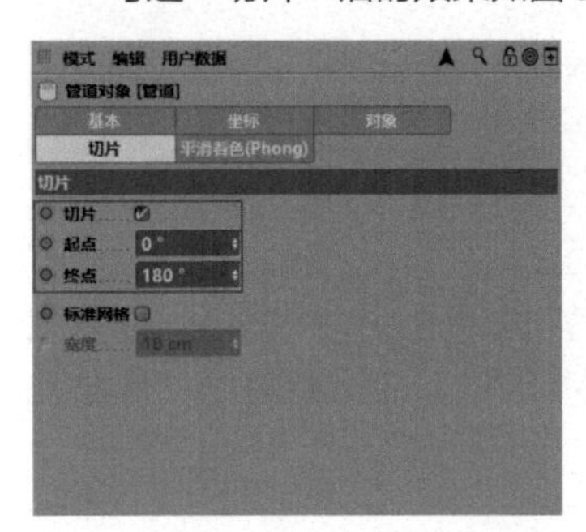

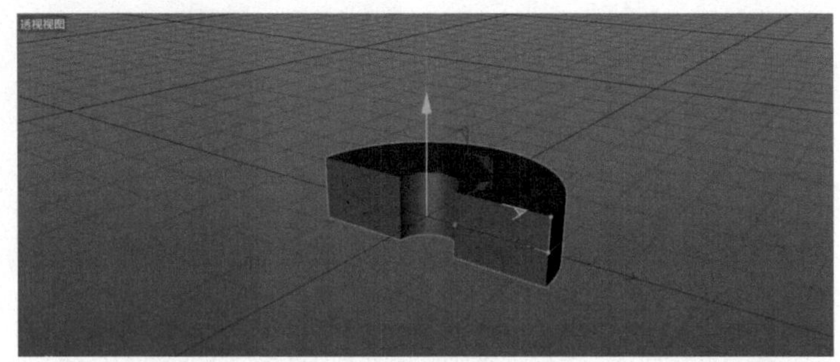

图3-165

在“切片”窗口中，通过修改“管道”对象的“起点”角度和“终点”角度，可以任意调整管道的“起点”角度和“终点”角度，如图3-166所示。

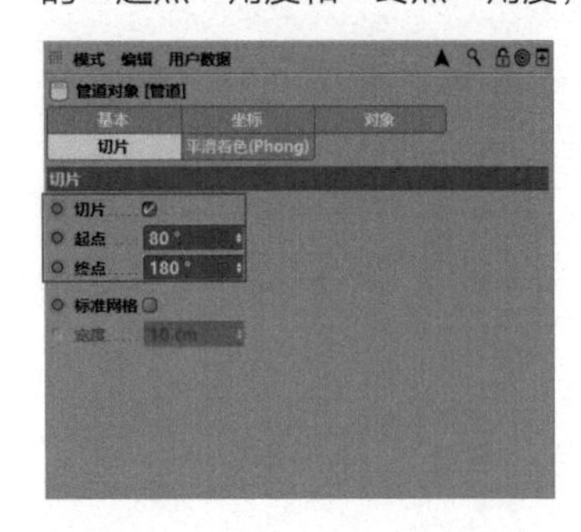

图3-166

3.5.3 移动管道

按【E】键切换到“移动”工具，按住鼠标左键，沿着红色箭头的方向，将“管道”对象向右拖曳，即可将“管道”对象向右移动任意距离，如图3-167所示。同理，沿着红色箭头的方向，将“管道”对象向左拖曳，即可将“管道”对象向左移动任意距离。

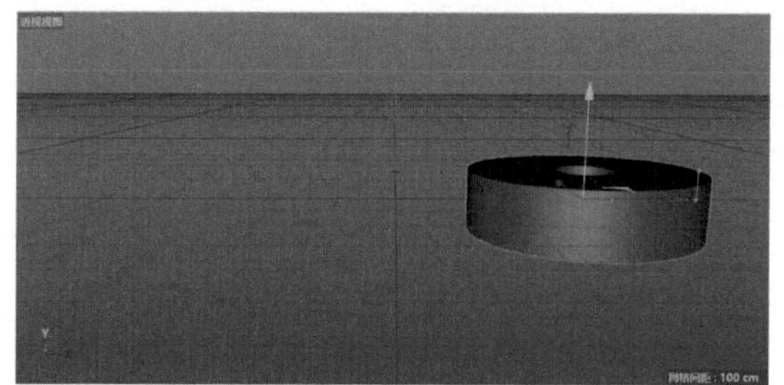

图3-167

按【E】键切换到“移动”工具，按住鼠标左键，沿着蓝色箭头的方向，将“管道”对象向后拖曳，即可将“管道”对象向后移动任意距离，如图3-168所示。同理，沿着蓝色箭头的方向，将“管道”对象向前拖曳，即可将“管道”对象向前移动任意距离。

图3-168

按【E】键切换到“移动”工具，按住鼠标左键，沿着绿色箭头的方向，将“管道”对象向上拖曳，即可将“管道”对象向上移动任意距离，如图3-169所示。同理，沿着绿色箭头的方向，将“管道”对象向下拖曳，即可将“管道”对象向下移动任意距离。

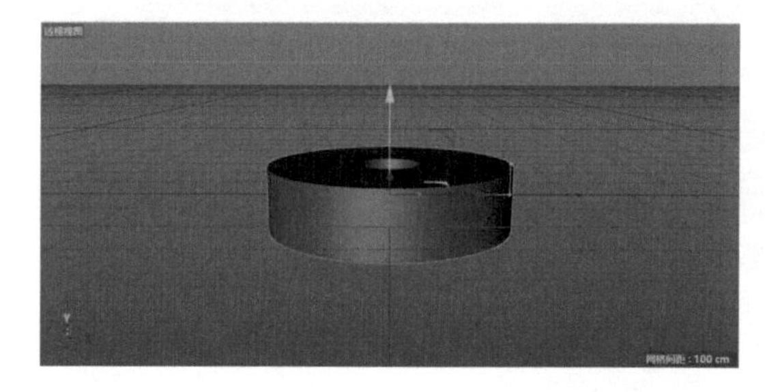

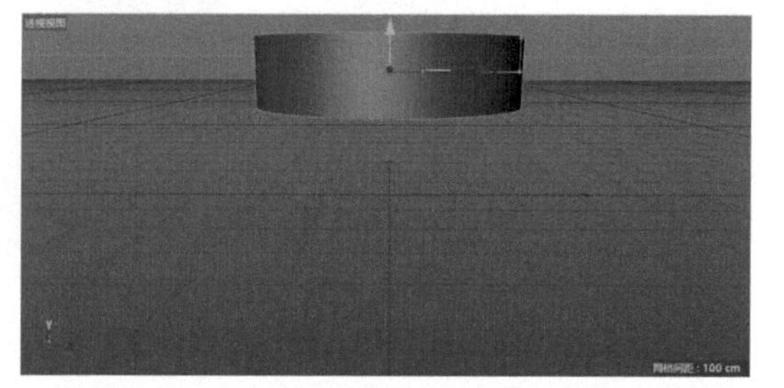

图3-169

3.5.4 旋转管道

按【R】键切换到“旋转”工具，按住鼠标左键，沿着红色圆环、绿色圆环、蓝色圆环的不同方向进行拖曳，可以旋转任意的角度。同时，也可以在下方的对象坐标窗口中，直接修改“H”“P”“B”的参数，并单击“应用”按钮进行旋转，如图3-170所示。

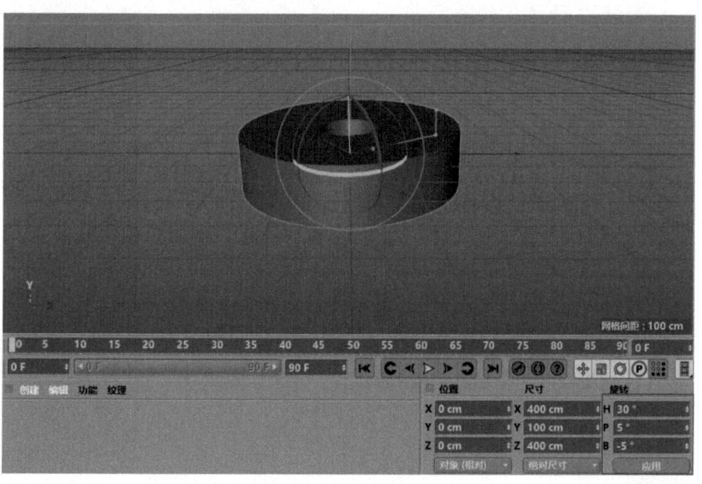

图3-170

3.5.5 管道的点线面

管道的点处理方式

在透视视图界面下，在左侧的编辑模式工具栏中，选择“转为可编辑对象”，将“管道”对象转化为可编辑对象，如图3-171所示。

在左侧的编辑模式工具栏中，选择“点模式”即可对“管道”对象的点进行单独编辑，如图3-172所示。

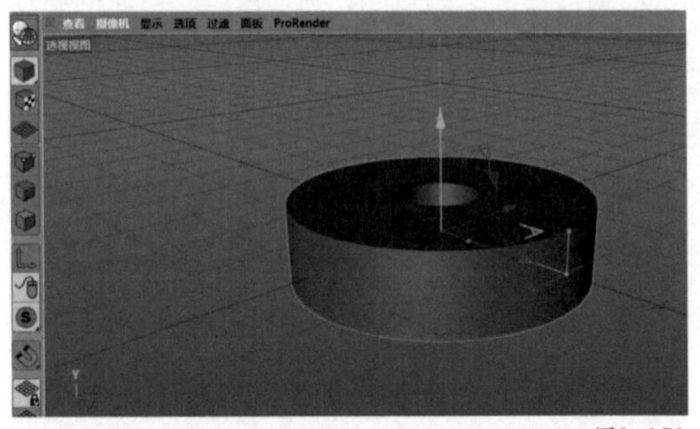

图3-171

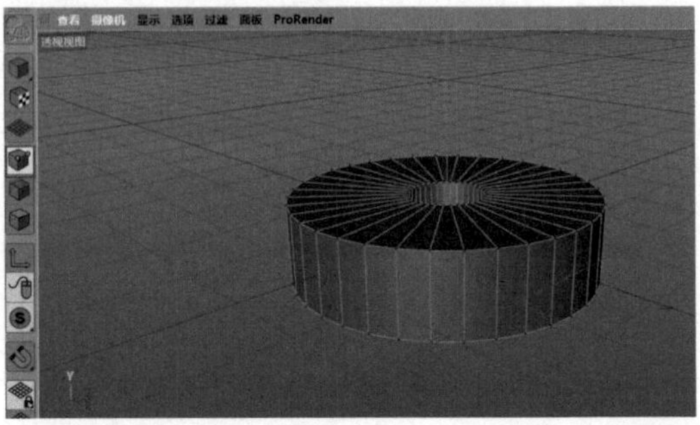

图3-172

问题：如何选中“管道”对象顶部的点？

方法1: 在透视视图界面下，在工具栏中选择“框选”工具，如图3-173所示。

在透视视图界面下，使用“框选”工具框选，如图3-174所示。

在透视视图界面下，即可选中“管道”对象顶部的点，如图3-175所示。

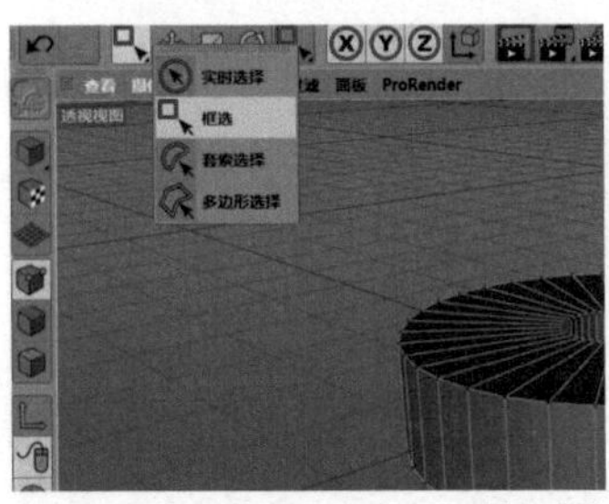

图3-173

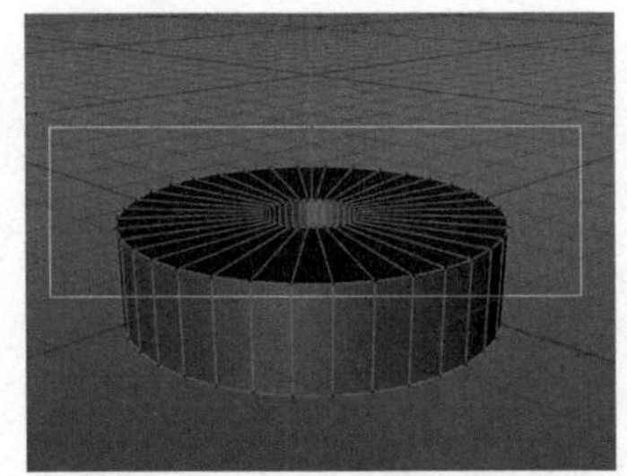

图3-174

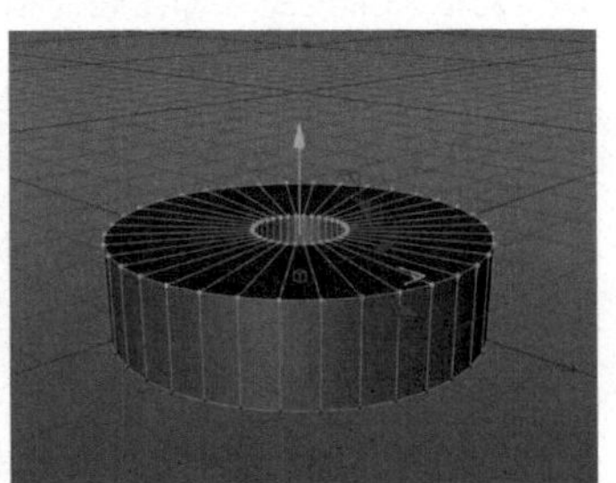

图3-175

方法2: 在透视视图界面下，在工具栏中选择“实时选择”工具，如图3-176所示。

在透视视图界面下，使用“实时选择”工具选择如图3-177所示的点。

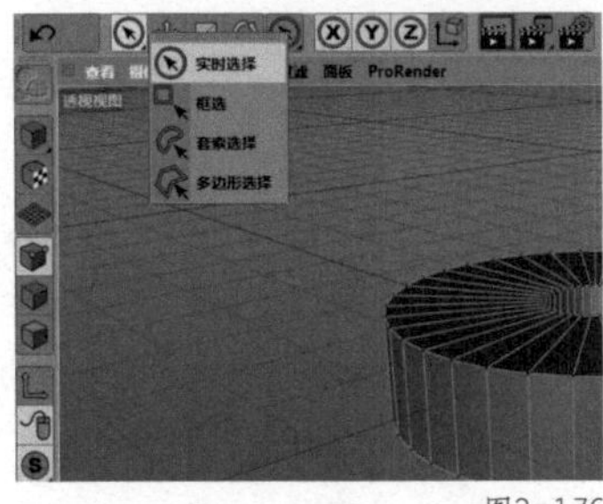

图3-176

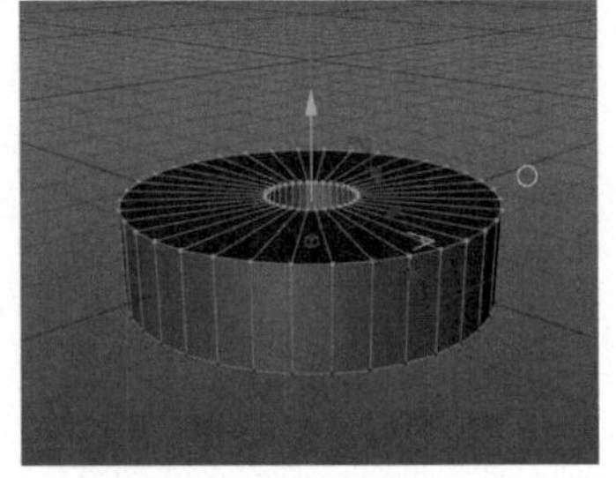

图3-177

方法3: 在透视视图界面下，在工具栏中选择“移动”工具，如图3-178所示。

在透视视图界面下，直接选择1个点，如图3-179所示。

在透视视图界面下，按住【Shift】键，继续加选剩余的点，即可选中“管道”对象顶部的点，如图3-180所示。

图3-178

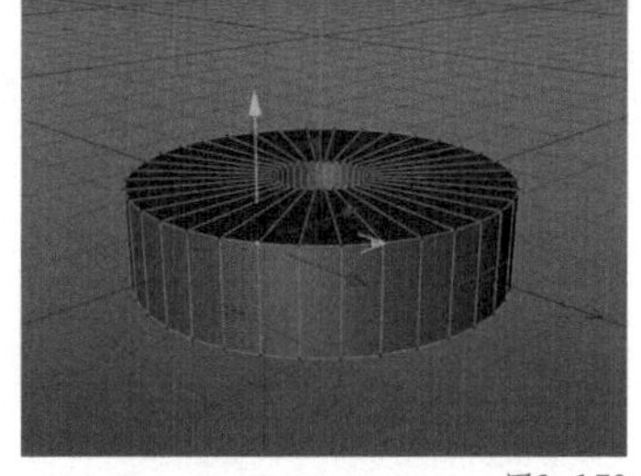
图3-179

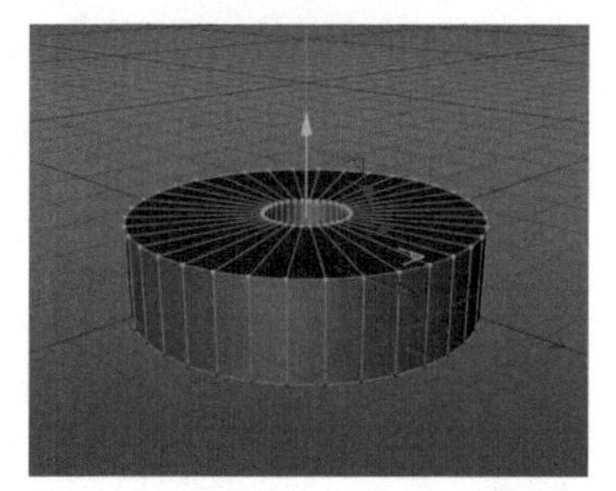
图3-180

问题：如何选中“管道”对象侧面不相邻的边？

方法1: 在透视视图界面下，在工具栏中选择“实时选择”工具，如图3-181所示。

在透视视图界面下，使用“实时选择”工具选择1条边，如图3-182所示。

在透视视图界面下，按住【Alt】键结合鼠标滑轮调整视图角度，然后按住【Shift】键，继续使用“实时选择”工具加选剩余的几条边，即可选中“管道”对象侧面不相邻的边，如图3-183所示。

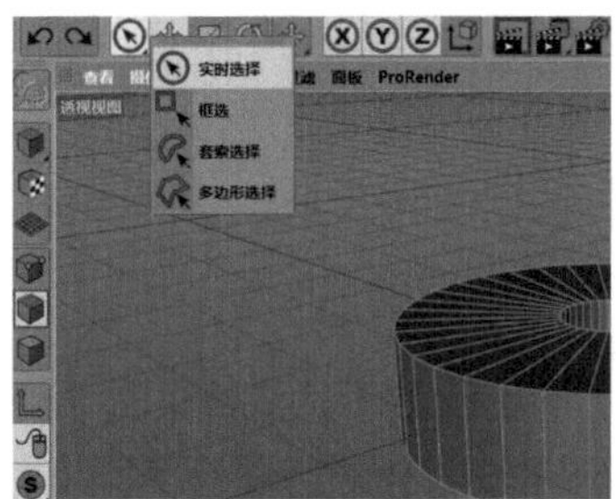

图3-181

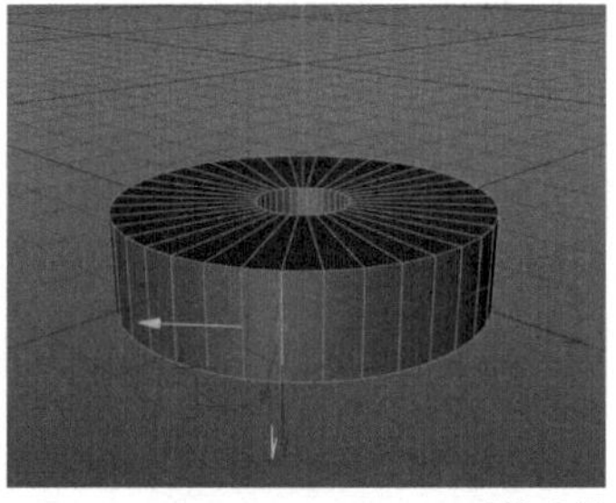
图3-182

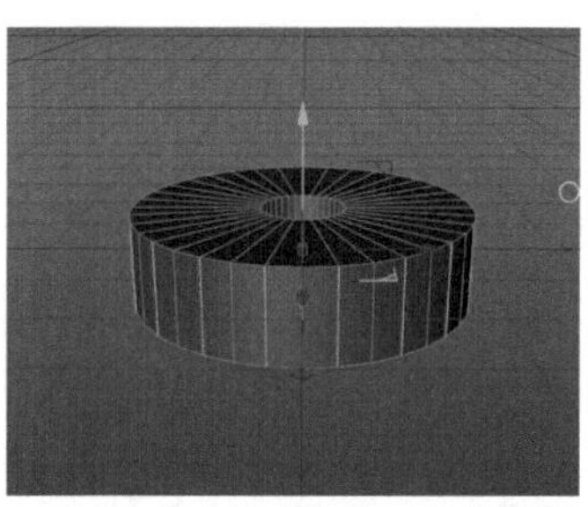
图3-183

方法2: 在透视视图界面下，在工具栏中选择“移动”工具，如图3-184所示。

在透视视图界面下，直接选择1条边，如图3-185所示。

在透视视图界面下，按住【Shift】键，继续加选剩余的几条边，即可选中“管道”对象侧面不相邻的边，如图3-186所示。

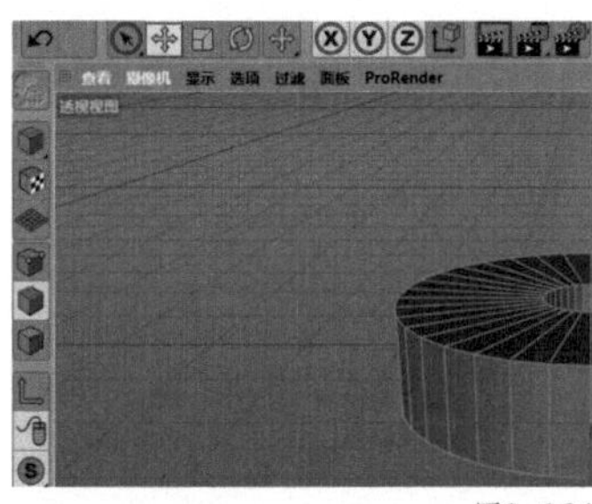
图3-184

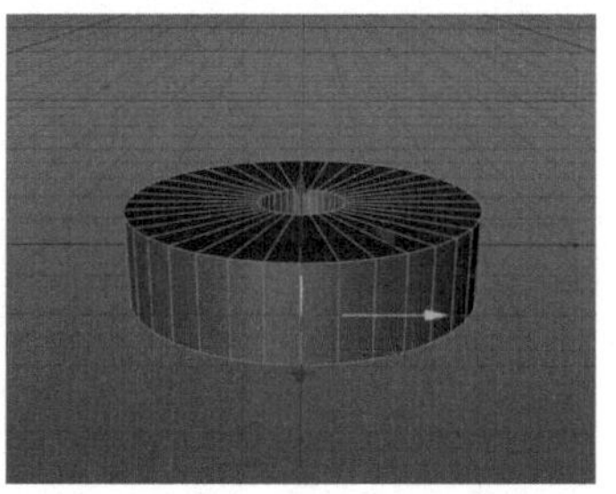
图3-185

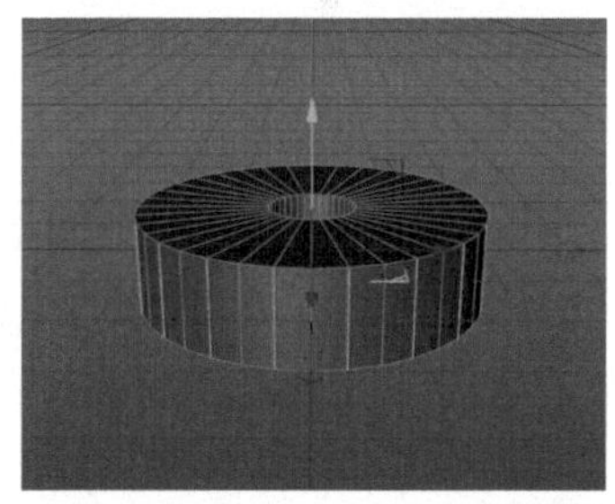
图3-186

管道的面处理方式

在左侧的编辑模型工具栏中，选择“多边形模式”即可对“管道”对象的面进行单独编辑，如图3-187所示。

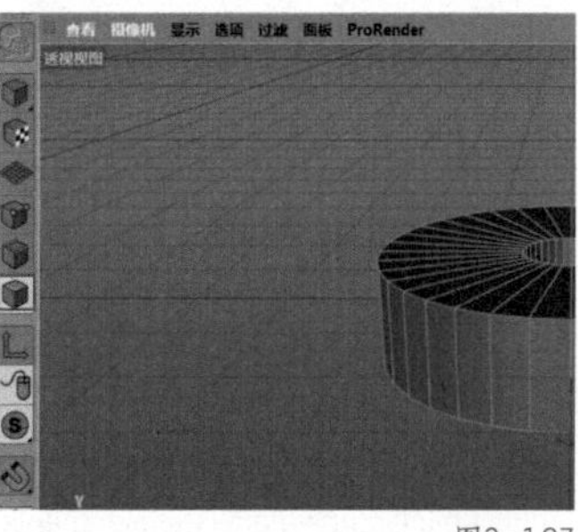
图3-187

问题：如何选中“管道”对象侧面不相邻的面？

方法1: 在透视视图界面下，在工具栏中选择“实时选择”工具，如图3-188所示。

在透视视图界面下，使用“实时选择”工具选择图3-189所示的1个面。

在透视视图界面下，按住【Alt】键结合鼠标滑轮调整视图角度，然后按住【Shift】键，继续使用“实时选择”工具加选剩余的几个面，即可选中“管道”对象侧面不相邻的面，如图3-190所示。

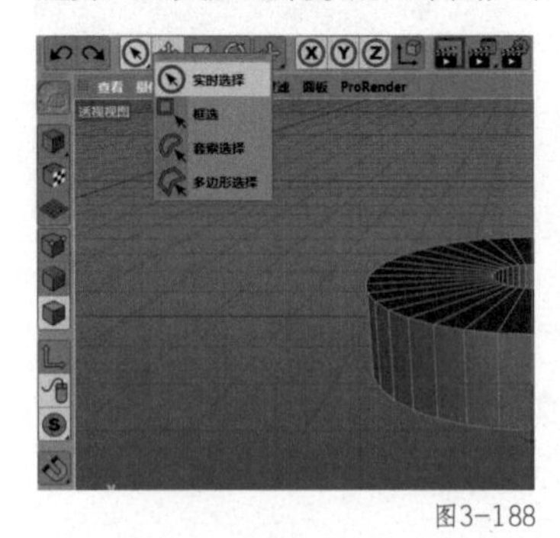

图3-188

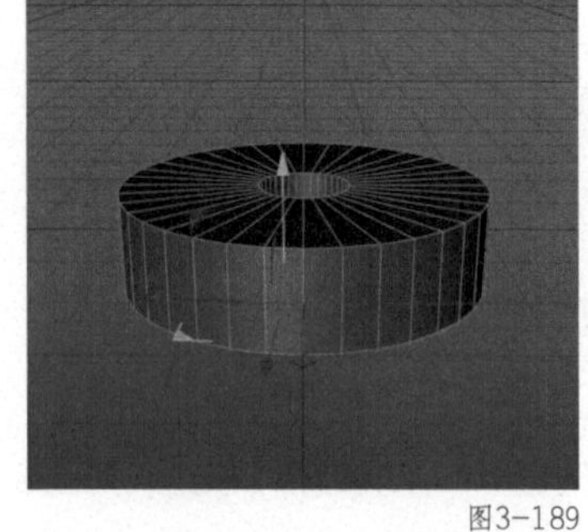
图3-189

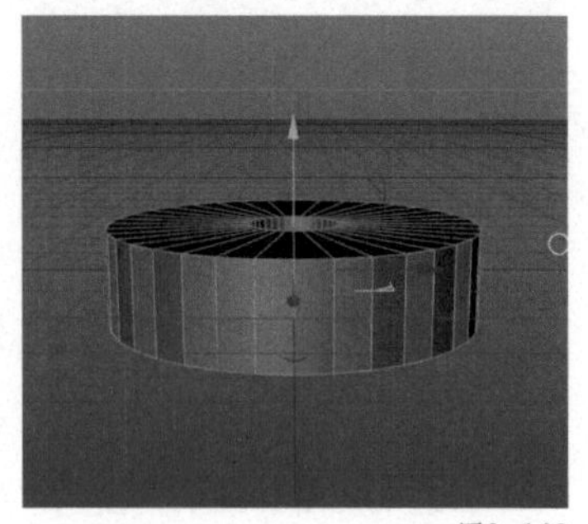
图3-190

方法2: 在透视视图界面下，在工具栏中选择“移动”工具，如图3-191所示。

在透视视图界面下，直接选择图3-192所示的1个面。

在透视视图界面下，按住【Shift】键，继续加选剩余的几个面，即可选中“管道”对象侧面不相邻的面，如图3-193所示。

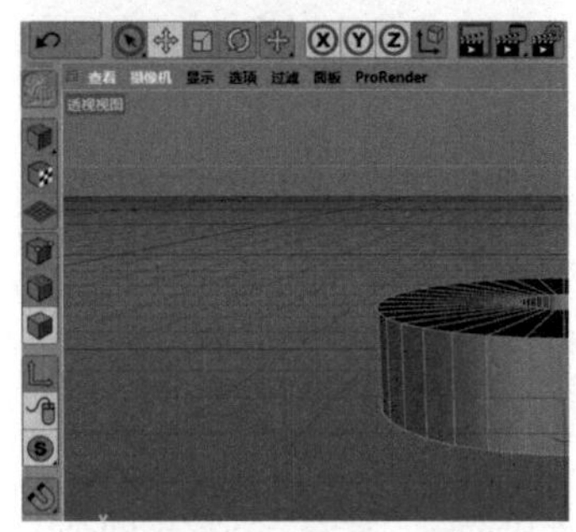

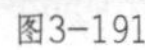
图3-191

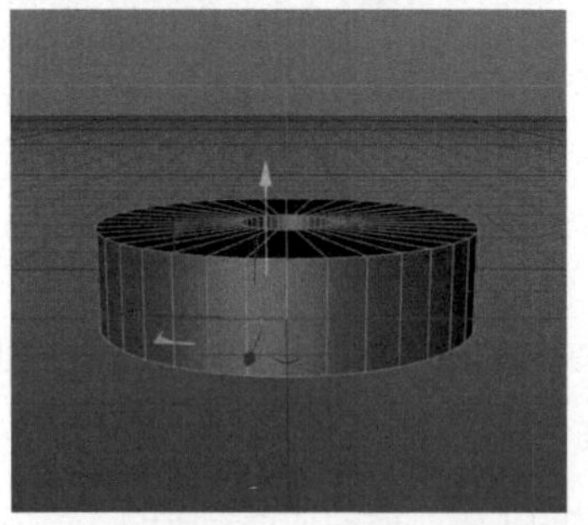
图3-192

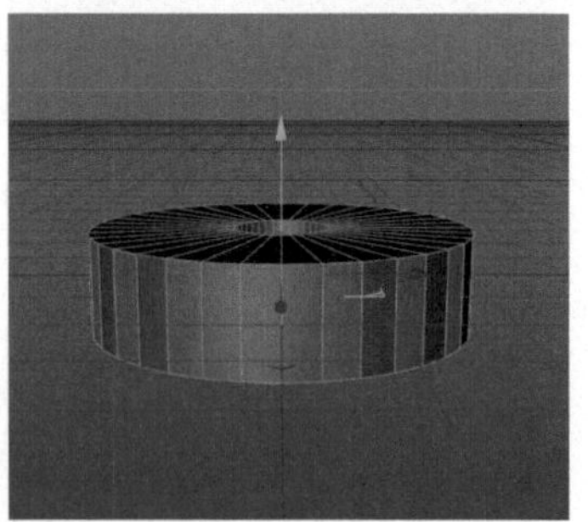
图3-193

3.6 胶囊

胶囊是一种圆滑的圆柱体，转化为可编辑对象后可以单独对其点线面进行编辑，如图3-194所示。胶囊是常见的基础几何体，也是三维建模中常用的几何体之一。

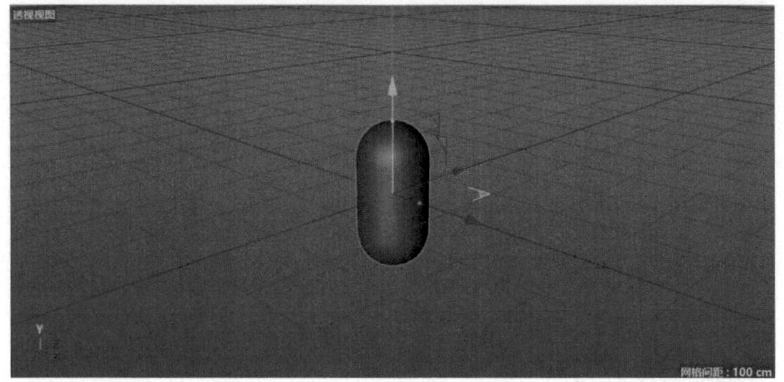

图3-194

3.6.1 新建胶囊

在默认的透视视图界面下，在上方的工具栏中，选择“参数化对象”中的“胶囊”对象即可在场景中新建一个“胶囊”对象。

透视视图界面中的效果如图3-195所示。

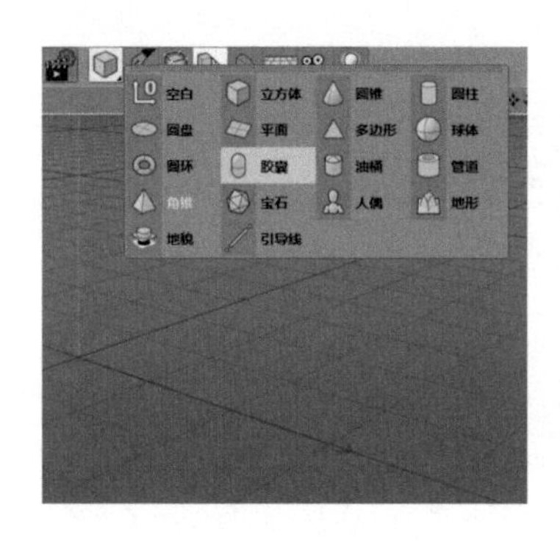

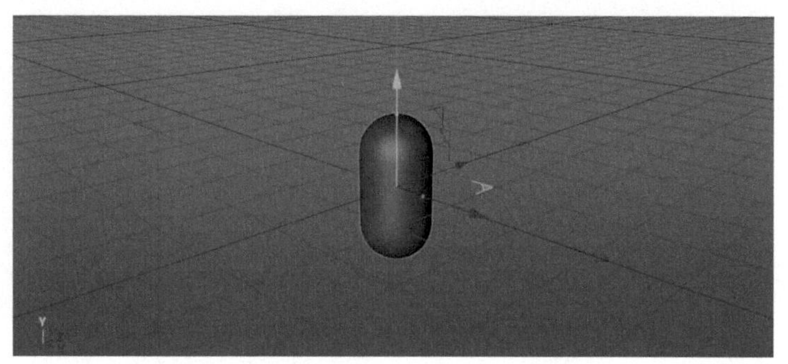

图3-195

3.6.2 调整胶囊

在场景中，新建一个“胶囊”对象后，右下角会自动弹出“胶囊对象”窗口，且默认进入“对象”窗口，如图3-196所示。

半径：对应“胶囊”对象的半径。通过调整对应的参数，可以改变“胶囊”对象的半径。CINEMA 4D默认的原始半径为“50 cm”。

高度：对应“胶囊”对象的高度。通过调整对应的参数，可以改变“胶囊”对象的高度。CINEMA 4D默认的原始高度为“200 cm”，如图3-197所示。

图3-196

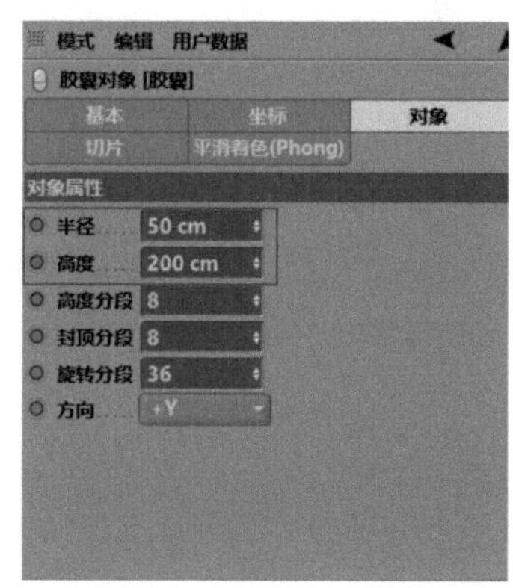

图3-197

高度分段：“胶囊”对象高度的分段数。**封顶分段：**“胶囊”对象封顶的分段数。

旋转分段：“胶囊”对象纬度上的分段数。**方向：**“胶囊”对象的方向，如图3-198所示。

将方向修改为“+Y”，透视视图界面中的效果如图3-199所示。

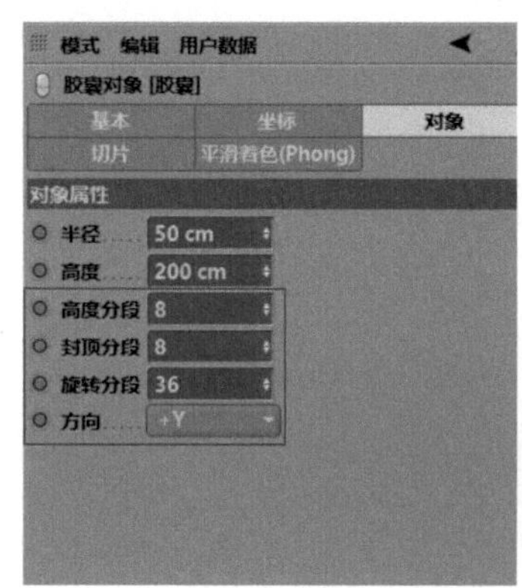

图3-198

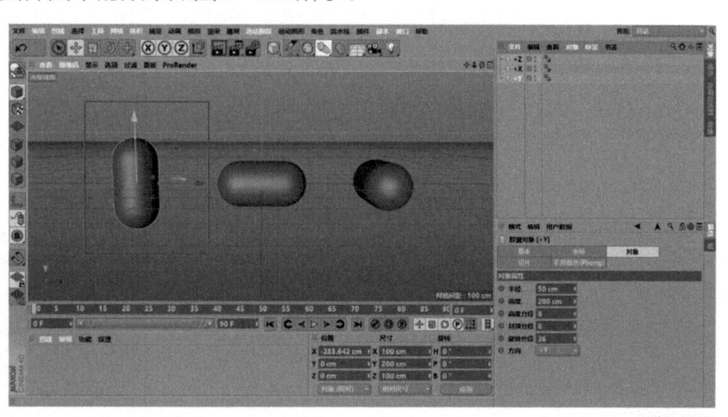

图3-199

将方向修改为“+X”，透视视图界面中的效果如图3-200所示。

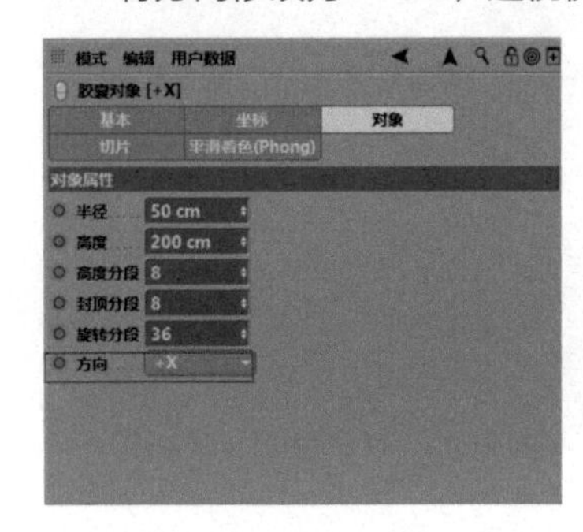

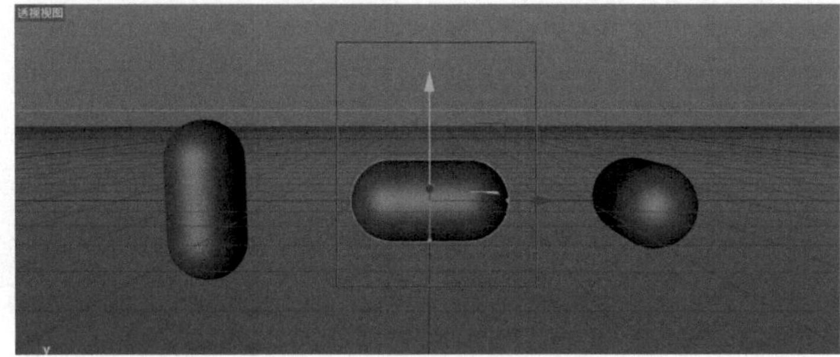

图3-200

将方向修改为“+Z”，透视视图界面中的效果如图3-201所示。

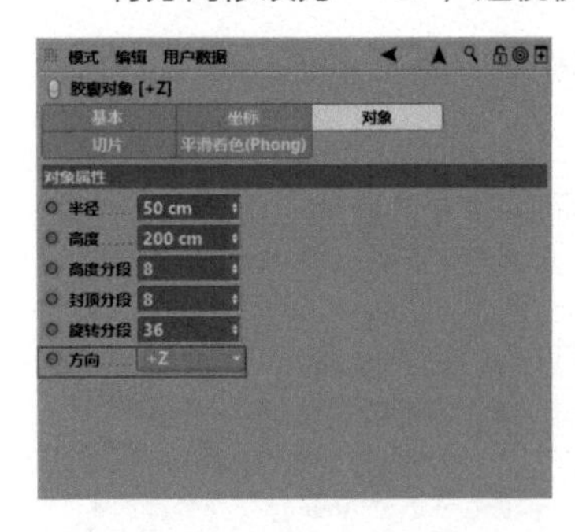

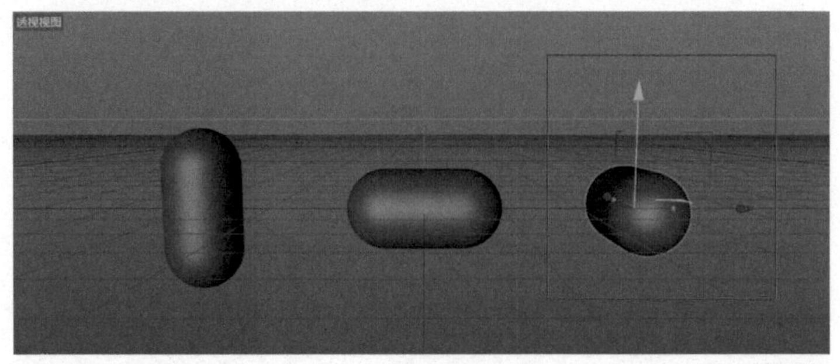

图3-201

切片：进入“切片”窗口，CINEMA 4D默认取消勾选“切片”，即“胶囊”对象没有起点角度和终点角度。勾选“切片”，CINEMA 4D默认起点角度为“0° ”，默认终点角度为“180° ”。

勾选“切片”后的效果如图3-202所示。

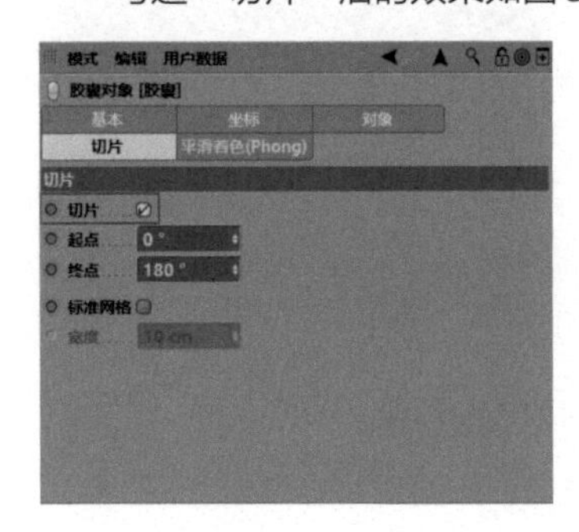

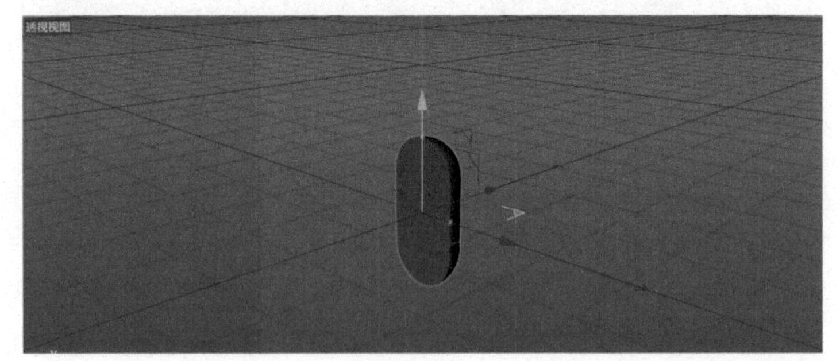

图3-202

在“切片”窗口中，通过修改“胶囊”对象的“起点”角度和“终点”角度，可以任意调整胶囊的“起点”角度和“终点”角度，如图3-203所示。

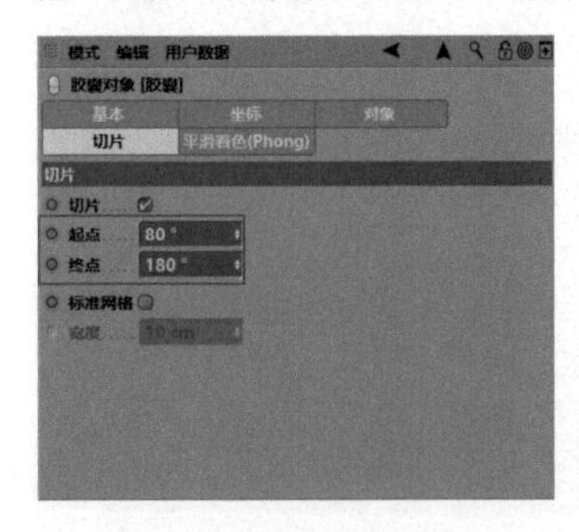

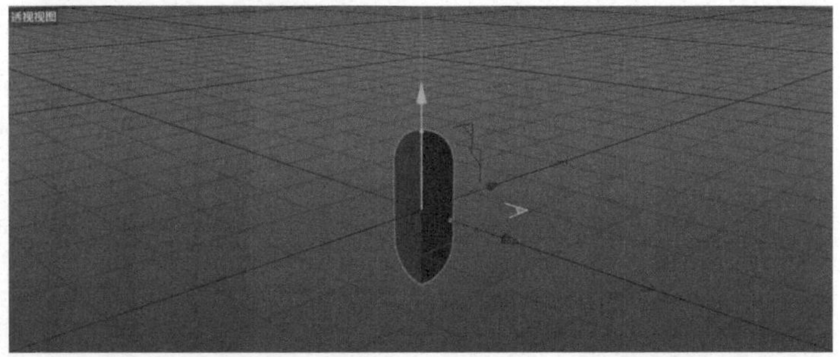

图3-203

3.6.3 移动胶囊

按【E】键切换到“移动”工具，按住鼠标左键，沿着红色箭头的方向，将“胶囊”对象向右拖曳，即可将“胶囊”对象向右移动任意距离，如图3-204所示。同理，沿着红色箭头的方向，将“胶囊”对象向左拖曳，即可将“胶囊”对象向左移动任意距离。

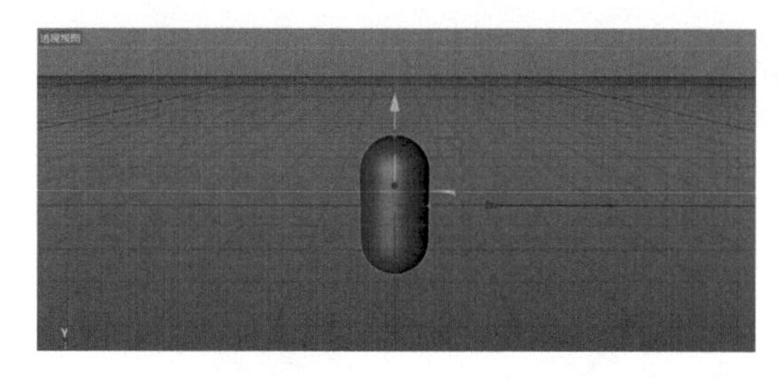

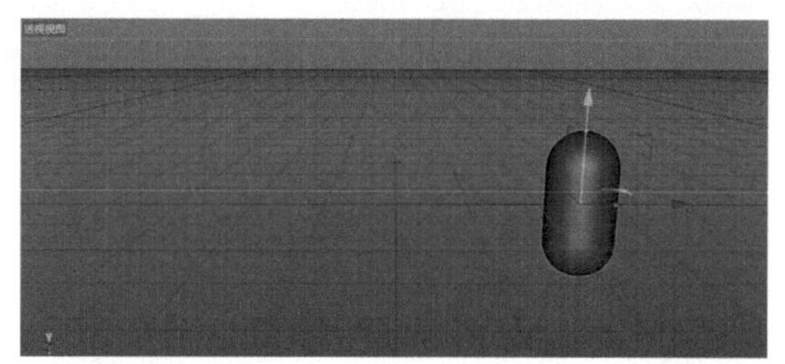

图3-204

按【E】键切换到“移动”工具，按住鼠标左键，沿着蓝色箭头的方向，将“胶囊”对象向后拖曳，即可将“胶囊”对象向后移动任意距离，如图3-205所示。同理，沿着蓝色箭头的方向，将“胶囊”对象向前拖曳，即可将“胶囊”对象向前移动任意距离。

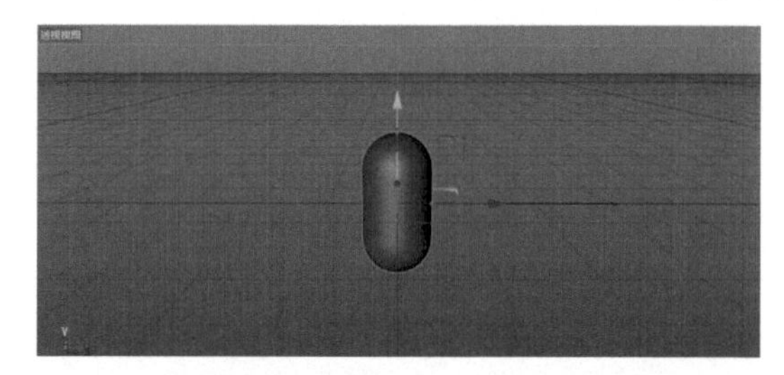

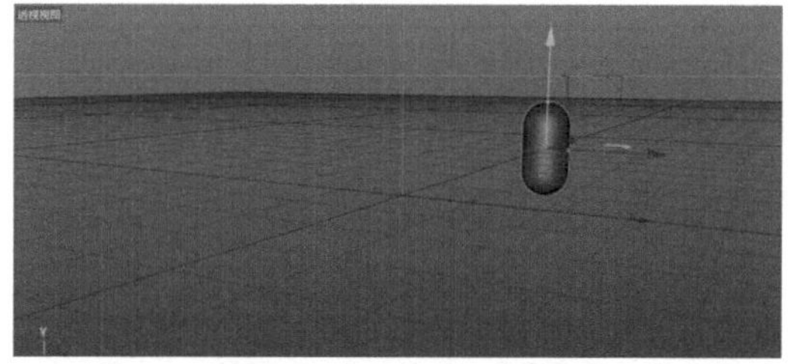

图3-205

按【E】键切换到“移动”工具，按住鼠标左键，沿着绿色箭头的方向，将“胶囊”对象向后拖曳，即可将“胶囊”对象向后移动任意距离，如图3-206所示。同理，沿着绿色箭头的方向，将“胶囊”对象向前拖曳，即可将“胶囊”对象向前移动任意距离。

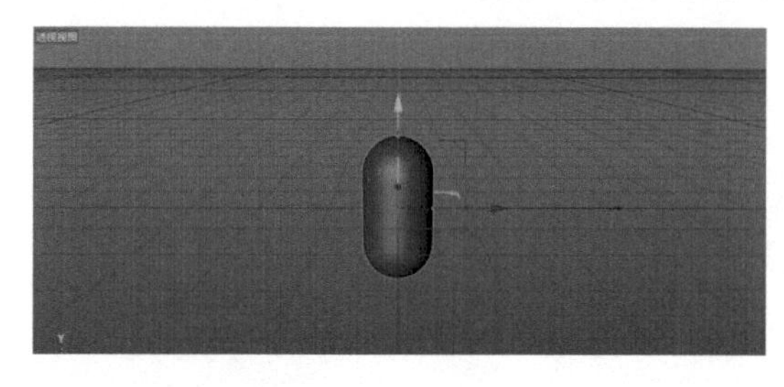

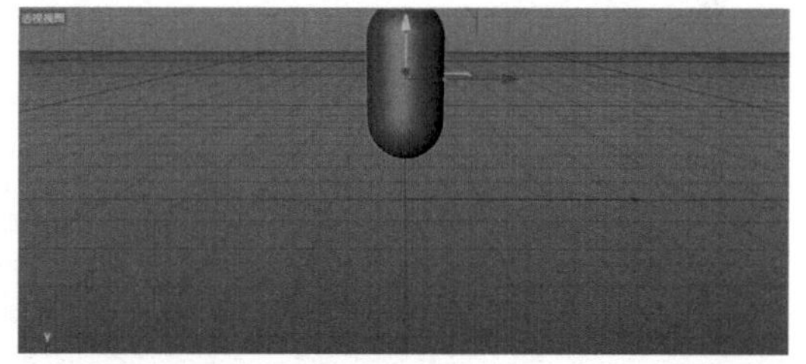

图3-206

3.6.4 旋转胶囊

按【R】键切换到“旋转”工具，按住鼠标左键，沿着红色圆环、绿色圆环、蓝色圆环的不同方向进行拖曳，可以旋转任意的角度，同时，也可以在下方的对象坐标窗口中，直接修改“H”“P”“B”的参数，并单击“应用”按钮进行旋转，如图3-207所示。

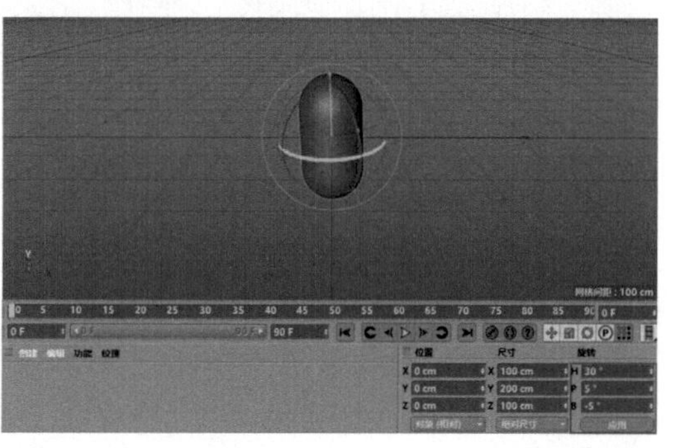

图3-207

3.6.5 胶囊的点线面

胶囊的点处理方式

在透视视图界面下，在左侧的编辑模式工具栏中，选择“转为可编辑对象”，将“胶囊”对象转化为可编辑对象，如图3-208所示。

在左侧的编辑模式工具栏中，选择“点模式”即可对“胶囊”对象的点进行单独编辑，如图3-209所示。

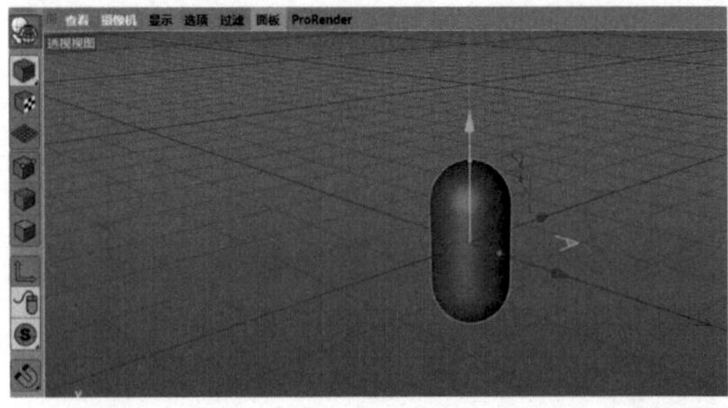

图3-208

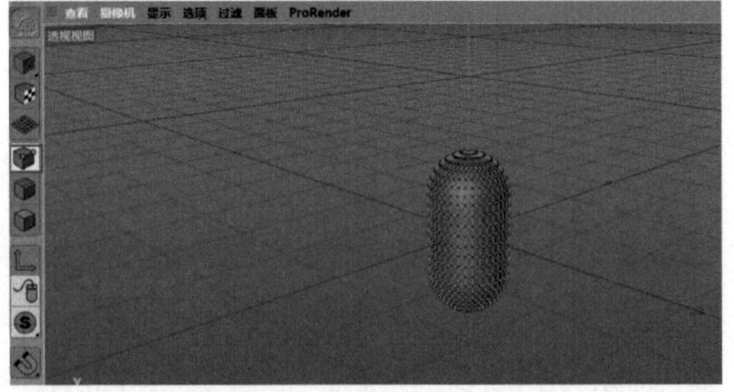

图3-209

问题：如何选中“胶囊”对象中间的一圈点？

方法1: 单击鼠标滑轮调出四视图，在右视图窗口或者正视图窗口上单击鼠标滑轮，进入右视图界面或者正视图界面，如图3-210所示。（以下以正视图为例。）

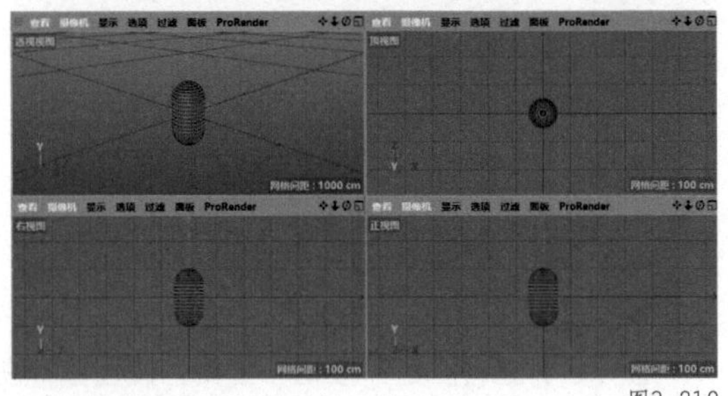

图3-210

在正视图窗口上单击鼠标滑轮进入正视图界面，如图3-211所示。

在正视图界面下，在工具栏中选择“实时选择”工具，如图3-212所示。

在正视图界面下，使用“实时选择”工具，按住【Shift】键选中胶囊对象中间的一圈点，如图3-213所示。

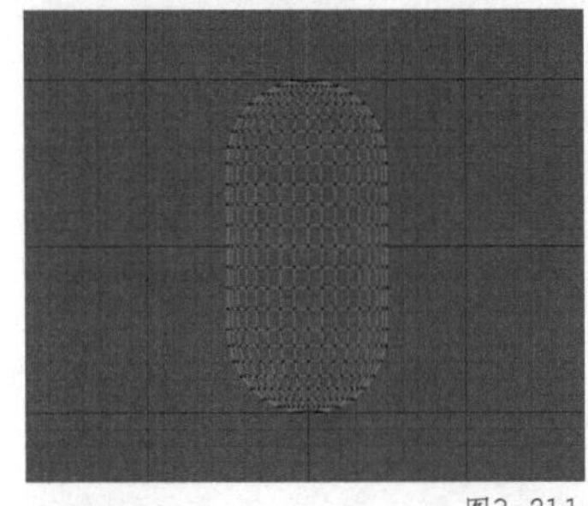

图3-211

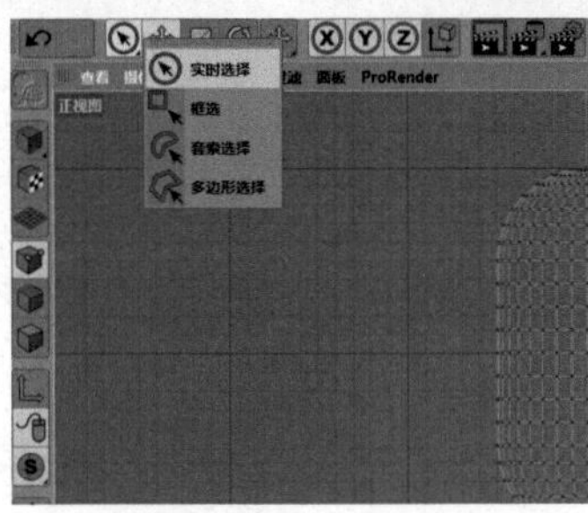

图3-212

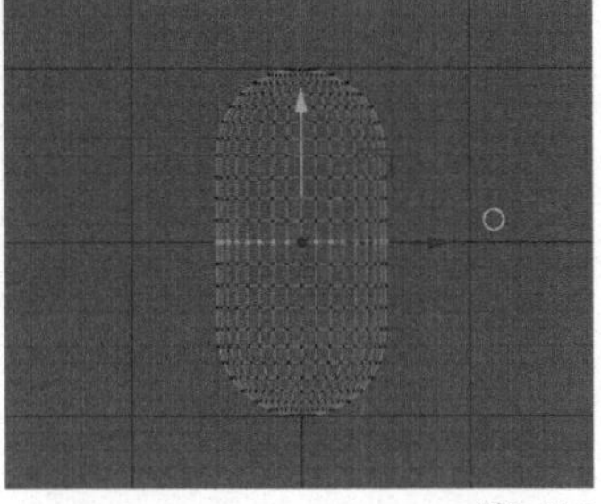

图3-213

提示 注意取消勾选“实时选择”窗口中的“仅选择可见元素”，如图3-214所示。

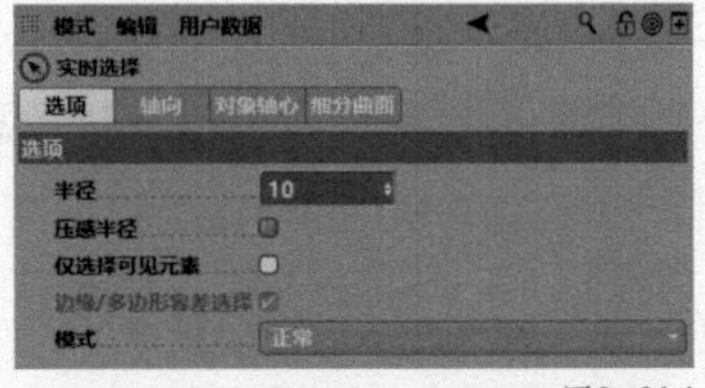

图3-214

方法2: 在正视图界面下，在工具栏中选择“框选”工具，如图3-215所示。

在正视图界面下，使用“框选”工具框选图3-216所示的区域。

在正视图界面下，即可选中“胶囊”对象中间的一圈点，如图3-217所示。

图3-215

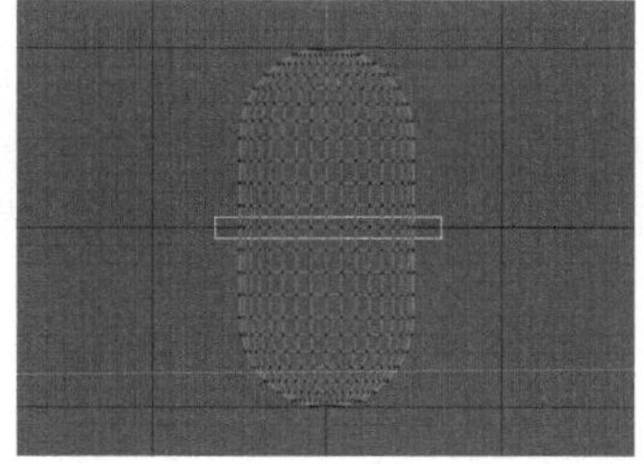

图3-216

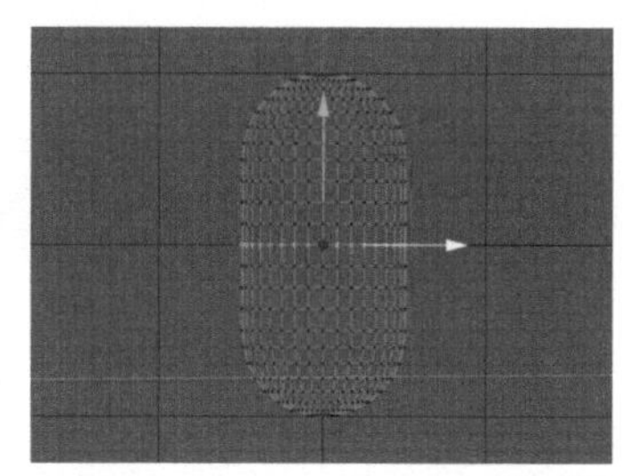

图3-217

提示　注意取消勾选“框选”窗口中的“仅选择可见元素”，如图3-218所示。

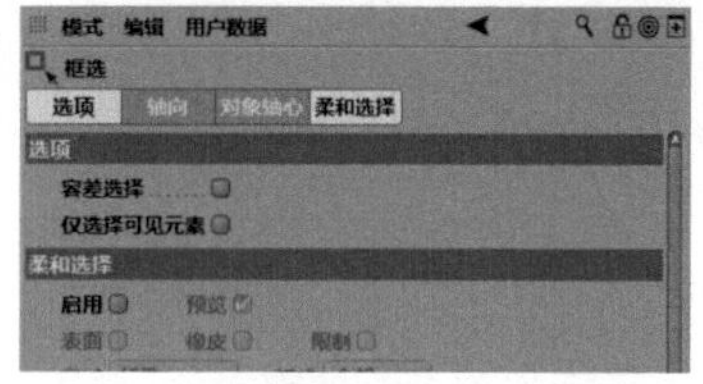

图3-218

胶囊的边处理方式

在左侧的编辑模式工具栏中，选择“边模式”即可对“胶囊”对象的边进行单独编辑，如图3-219所示。

问题：如何选中“胶囊”对象中间的一圈边?

方法1: 在正视图界面下，在工具栏中选择“实时选择”工具，如图3-220所示。

在正视图界面下，使用“实时选择”工具，按住【Shift】键选中胶囊对象中间的一圈点，如图3-221所示。

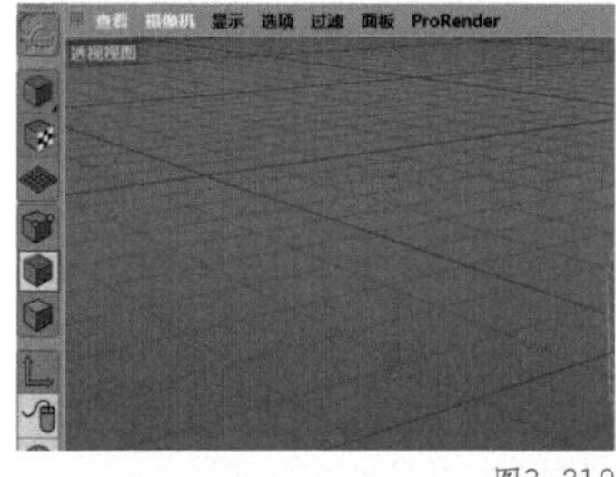

图3-219

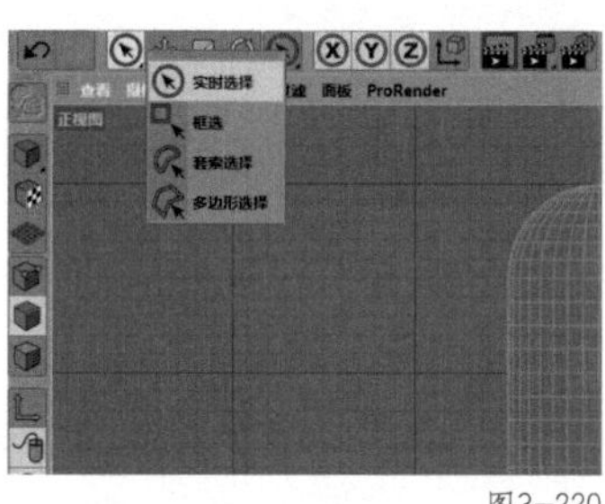

图3-220

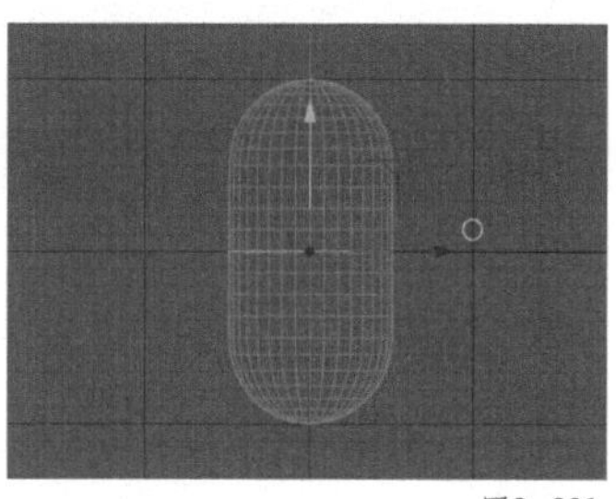

图3-221

方法2: 在正视图界面下，在工具栏中选择“框选”工具，如图3-222所示。

在正视图界面下，使用“框选”工具框选图3-223所示的区域。

在正视图界面下，即可选中“胶囊”对象中间的一圈点，如图3-224所示。

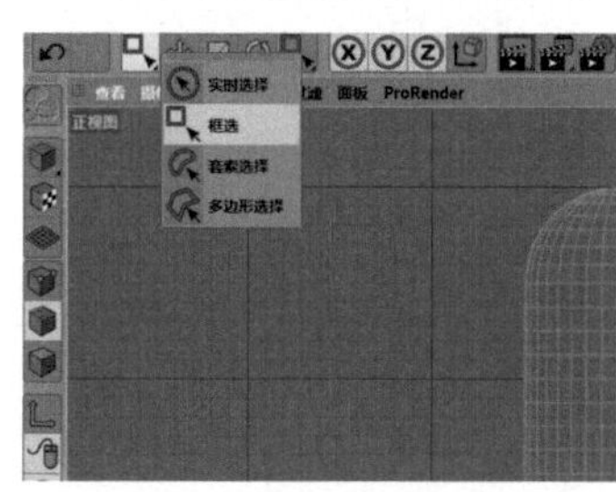

图3-222

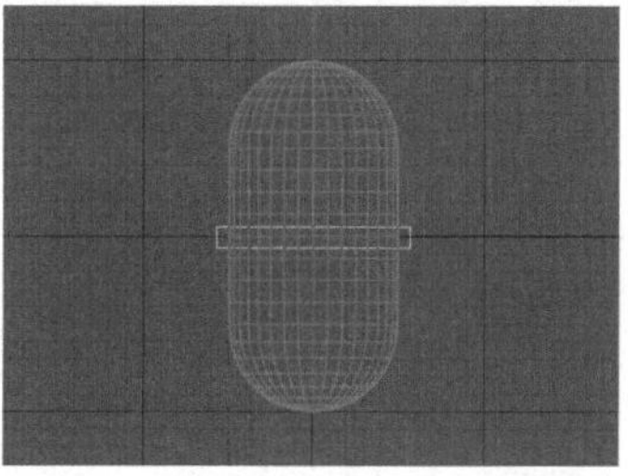

图3-223

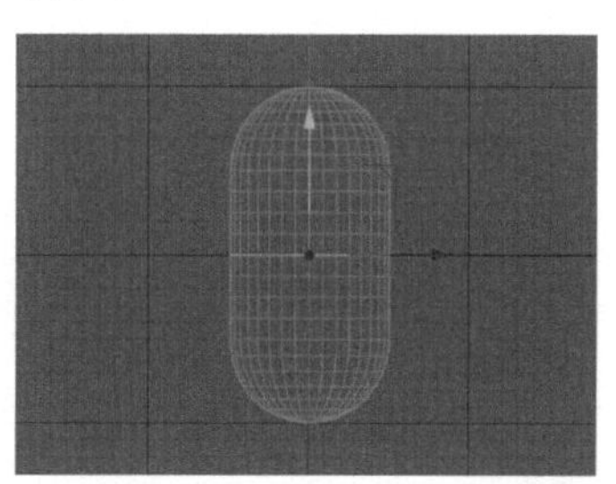

图3-224

胶囊的面处理方式

在左侧的编辑模式工具栏中，选择“多边形模式”即可对“胶囊”对象的面进行单独编辑，如图3-225所示。

问题：如何选中“胶囊”对象中间的两圈面？

方法1: 在正视图界面下，在工具栏中选择“实时选择”工具，如图3-226所示。

在正视图界面下，使用“实时选择”工具，按住【Shift】键选中胶囊对象中间的两圈面，如图3-227所示。

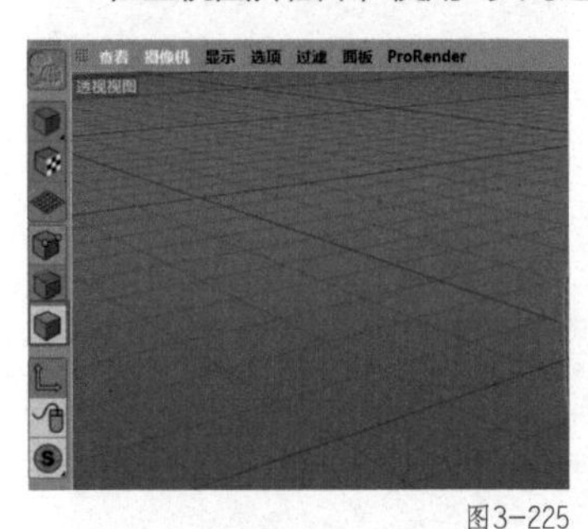

图3-225

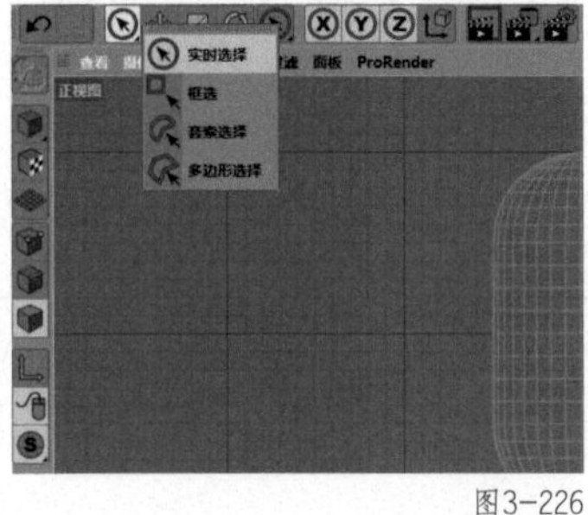

图3-226

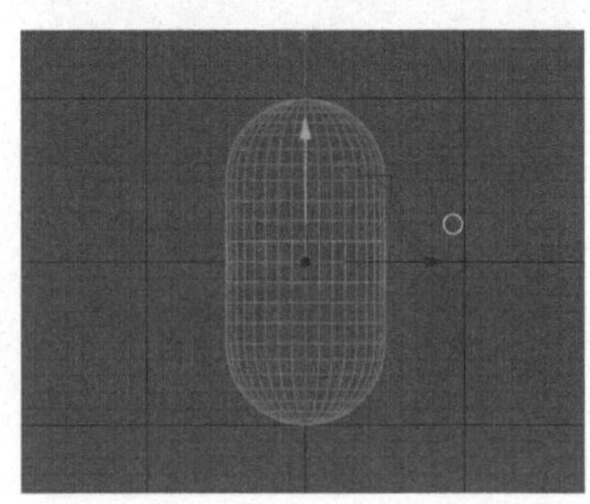
图3-227

方法2: 在正视图界面下，在工具选择“框选”工具，如图3-228所示。

在正视图界面下，使用“框选”工具框选，如图3-229所示。

在正视图界面下，即可选中“胶囊”对象中间的两圈面，如图3-230所示。

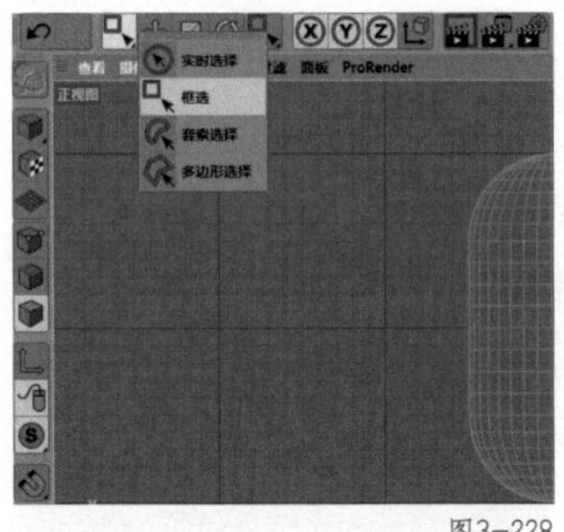

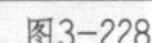
图3-228

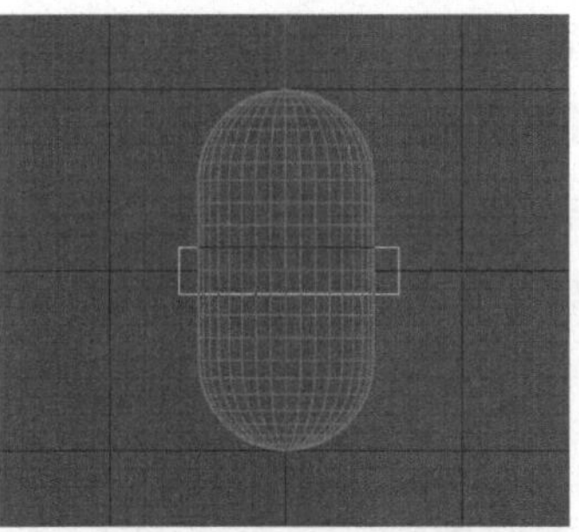
图3-229

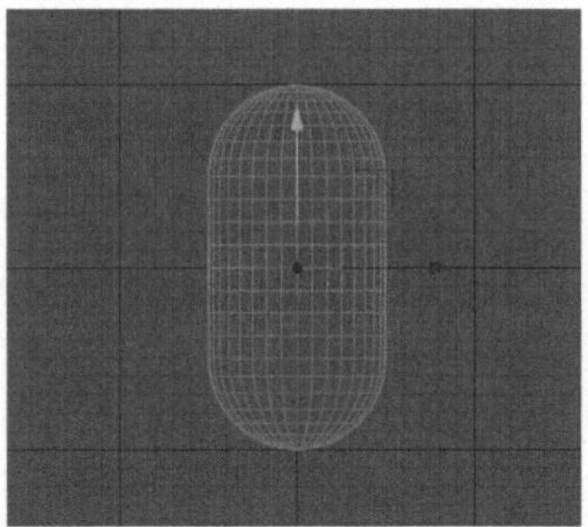
图3-230

3.7 圆环

圆环是一种圆滑的管道，转化为可编辑对象后可以单独对其点线面进行编辑，如图3-231所示。圆环是常见的基础几何体，也是三维建模中常用的几何体之一。

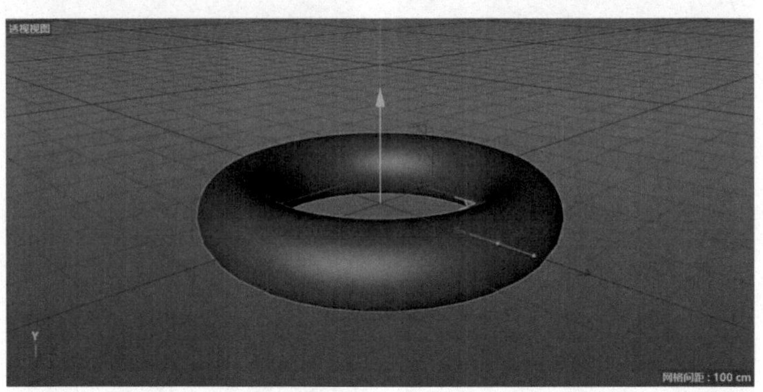

图3-231

3.7.1 新建圆环

在默认的透视视图界面下，在上方的工具栏中，选择“参数化对象”中的“圆环”对象即可在场景中新建一个“圆环”对象。透视视图界面中的效果如图3-232所示。

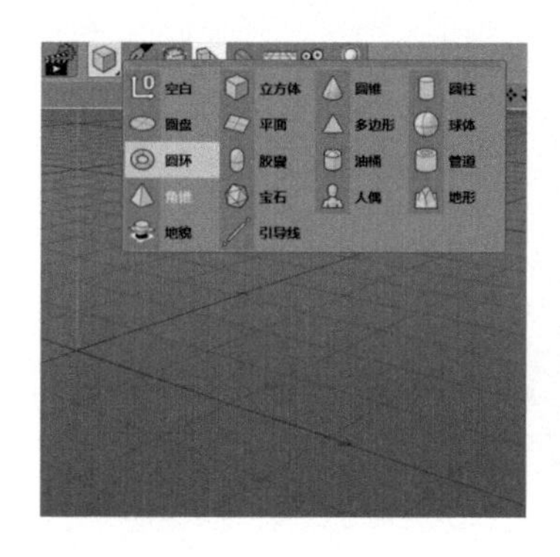

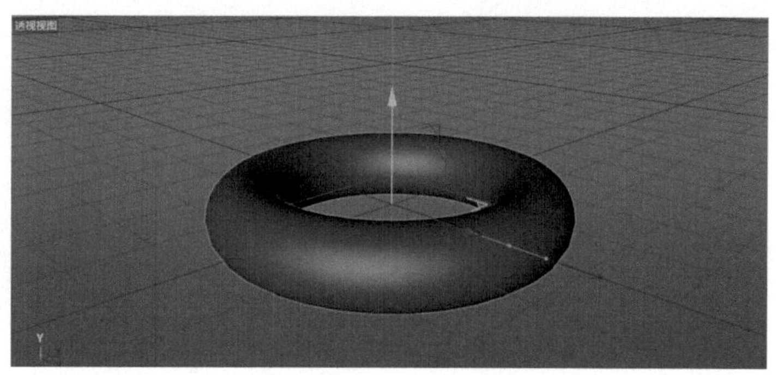

图3-232

3.7.2 调整圆环

在场景中，新建一个“圆环”对象后，右下角会自动弹出“圆环对象”窗口，且默认进入“对象”窗口，如图3-233所示。

圆环半径：对应“圆环”对象的圆环半径，通过调整对应的参数，可以改变“圆环”对象的圆环半径。CINEMA 4D默认的原始圆环半径为“200 cm”。

圆环分段：“圆环”对象的分段数，如图3-234所示。

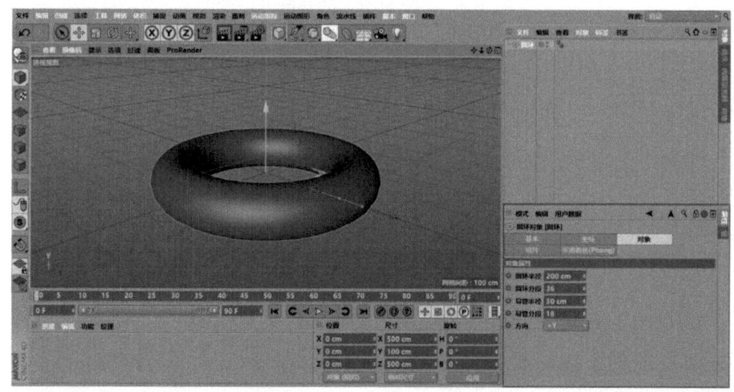

图3-233

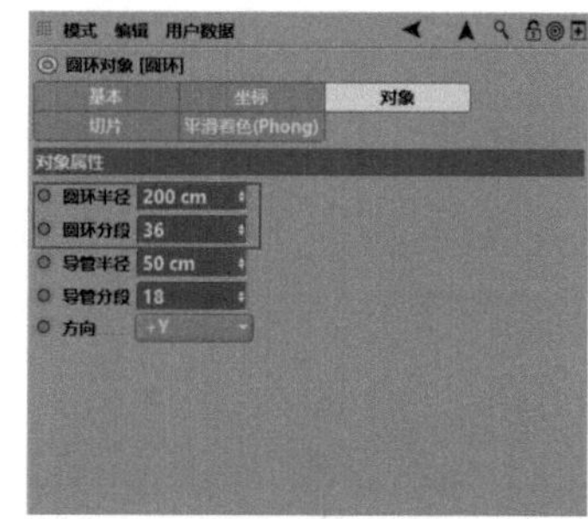

图3-234

导管半径：对应“圆环”对象的导管半径，通过调整对应的参数，可以改变“圆环”对象的导管半径。CINEMA 4D默认的原始导管半径为“50 cm”。

导管分段:“圆环”对象的导管分段数，如图3-235所示。

方向：“圆环”对象的方向。将方向修改为“+Y”，透视视图界面中的效果如图3-236所示。

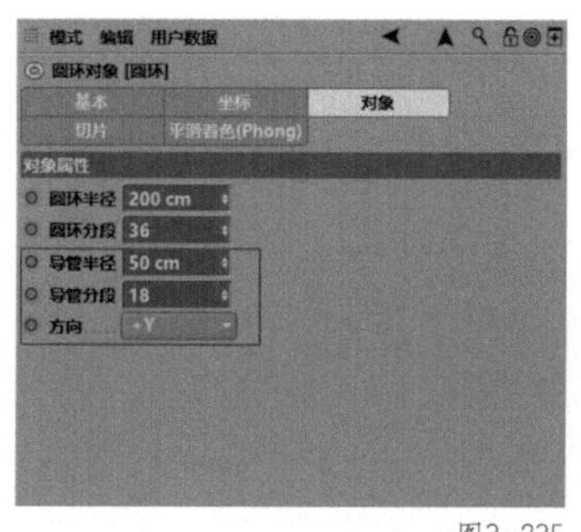

图3-235

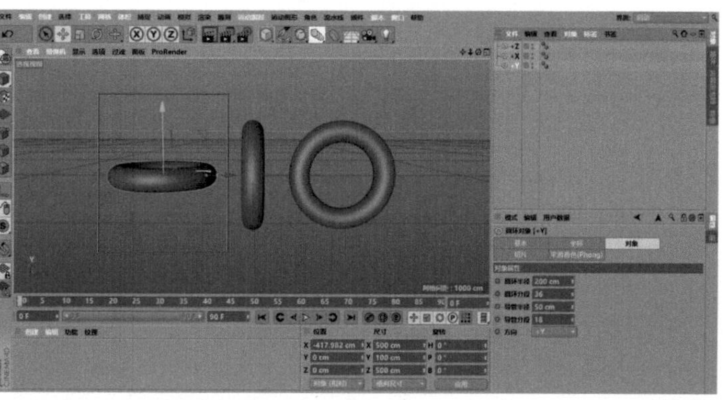

图3-236

将方向修改为“+X”，透视视图界面中的效果如图3-237所示。

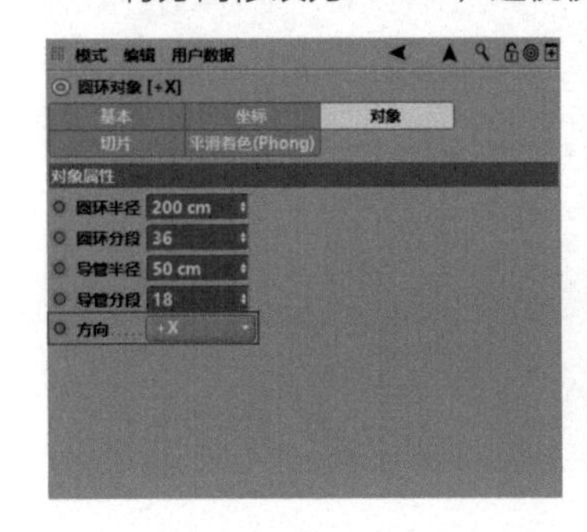

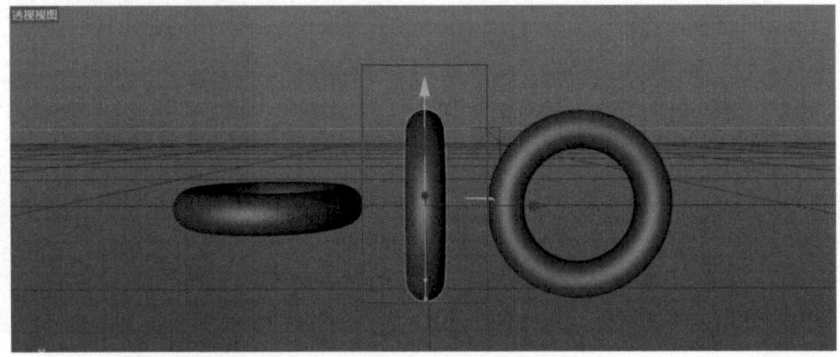

图3-237

将方向修改为“+Z”，透视视图界面中的效果如图3-238所示。

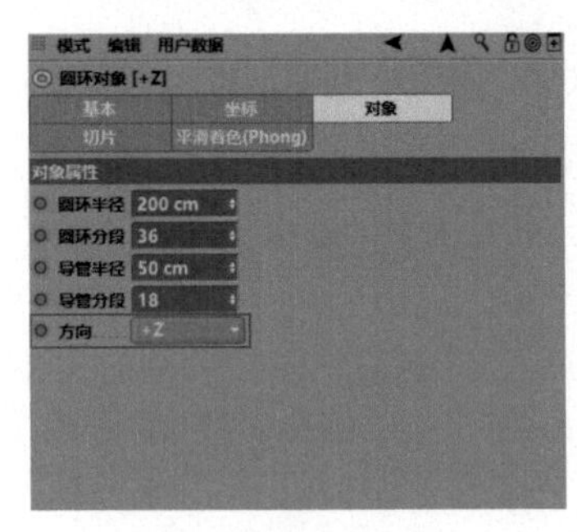

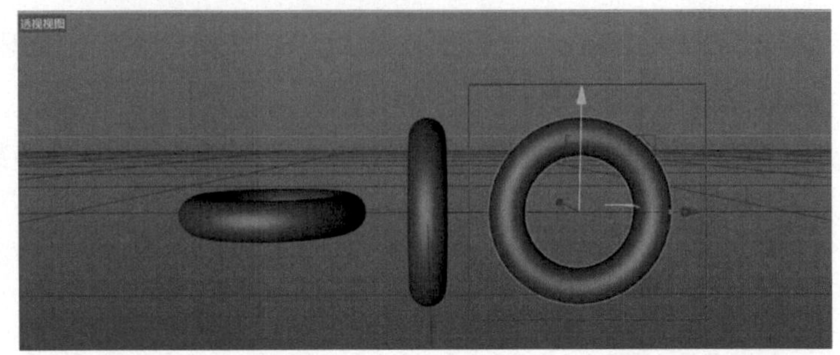

图3-238

切片：进入“切片”窗口，CINEMA 4D默认取消勾选“切片”，即“圆环”对象没有起点角度和终点角度。勾选“切片”，CINEMA 4D默认起点角度为“0°”，默认终点角度为“180°”。

勾选“切片”后的效果如图3-239所示。

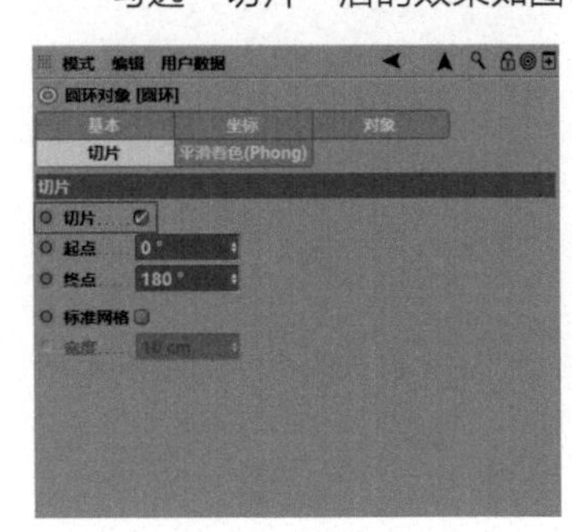

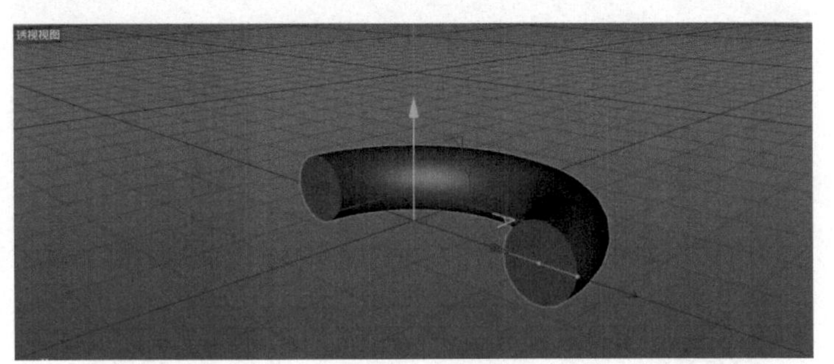

图3-239

在“切片”窗口中，通过修改“圆环”对象的“起点”角度和“终点”角度，可以任意调整圆环的“起点”角度和“终点”角度，如图3-240所示。

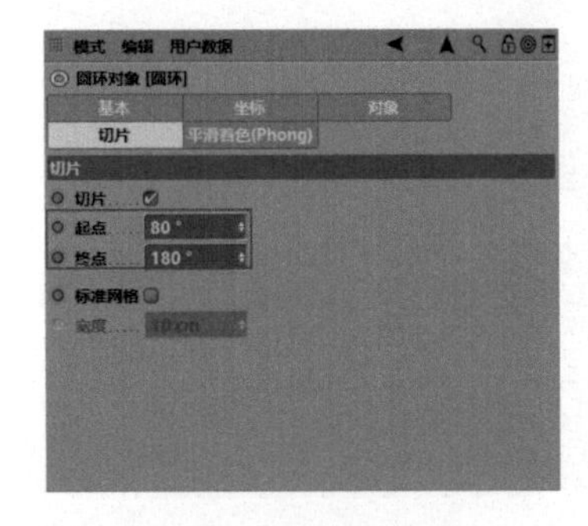

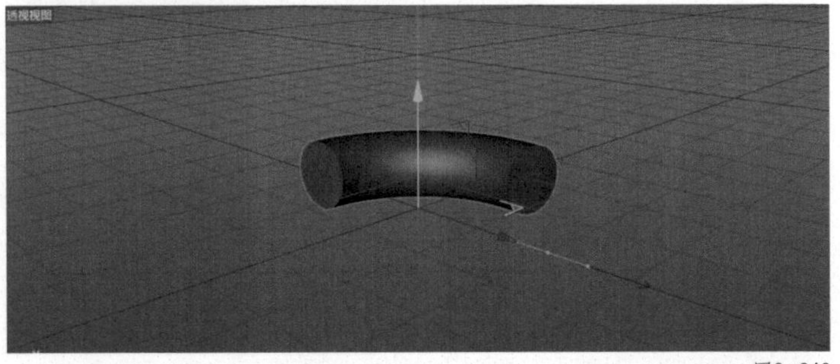

图3-240

3.7.3 移动圆环

按【E】键切换到“移动”工具，按住鼠标左键，沿着红色箭头的方向，将“圆环”对象向右拖曳，即可将“圆环”对象向右移动任意距离，如图3-241所示。同理，沿着红色箭头的方向，将“圆环”对象向左拖曳，即可将“圆环”对象向左移动任意距离。

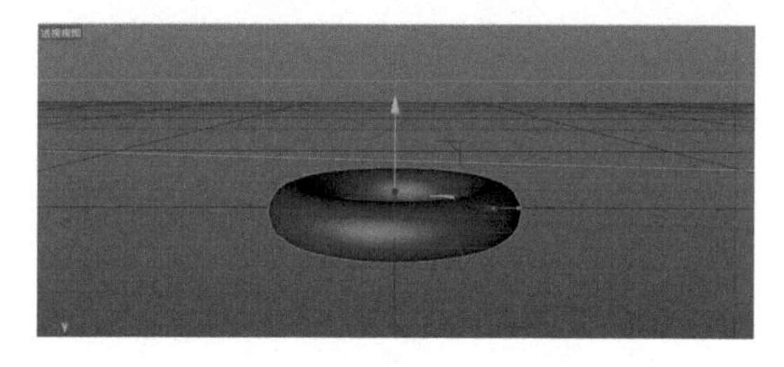
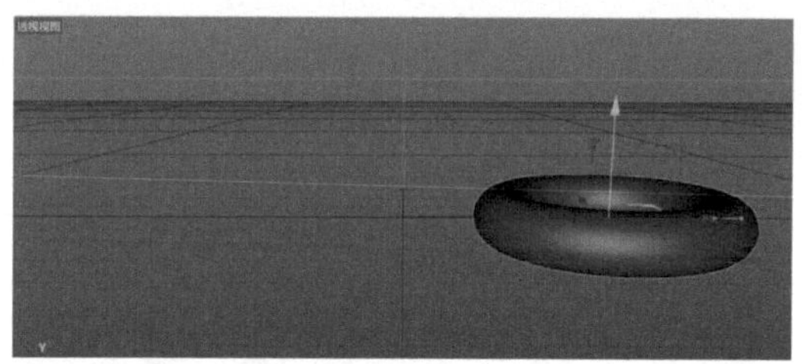

图3-241

按【E】键切换到“移动”工具，按住鼠标左键，沿着蓝色箭头的方向，将“圆环”对象向后拖曳，即可将“圆环”对象向后移动任意距离，如图3-242所示。同理，沿着蓝色箭头的方向，将“圆环”对象向前拖曳，即可将“圆环”对象向前移动任意距离。

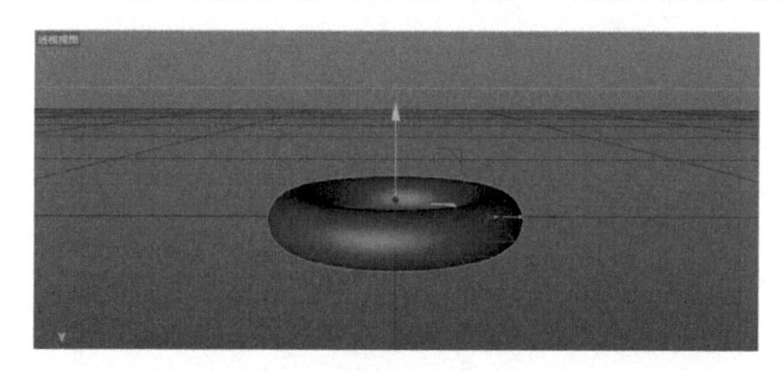

图3-242

按【E】键切换到“移动”工具，按住鼠标左键，沿着绿色箭头的方向，将“圆环”对象向上拖曳，即可将“圆环”对象向上移动任意距离，如图3-243所示。同理，沿着绿色箭头的方向，将“圆环”对象向下拖曳，即可将“圆环”对象向下移动任意距离。

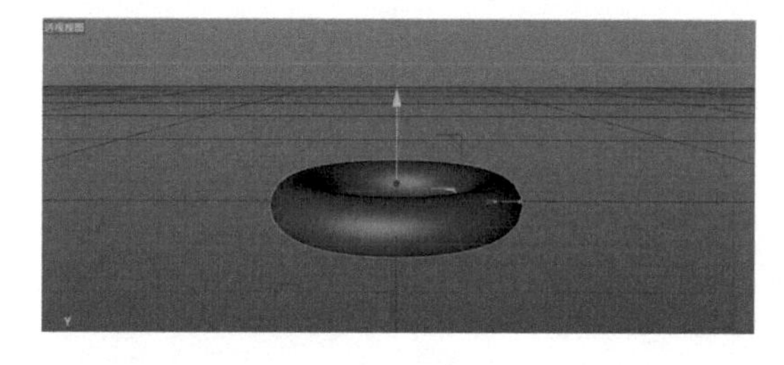

图3-243

3.7.4 旋转圆环

按【R】键切换到“旋转”工具，按住鼠标左键，沿着红色圆环、绿色圆环、蓝色圆环的不同方向进行拖曳，可以旋转任意的角度，同时，也可以在下方的对象坐标窗口中，直接修改“H”“P”“B”的参数，并单击“应用”按钮进行旋转，如图3-244所示。

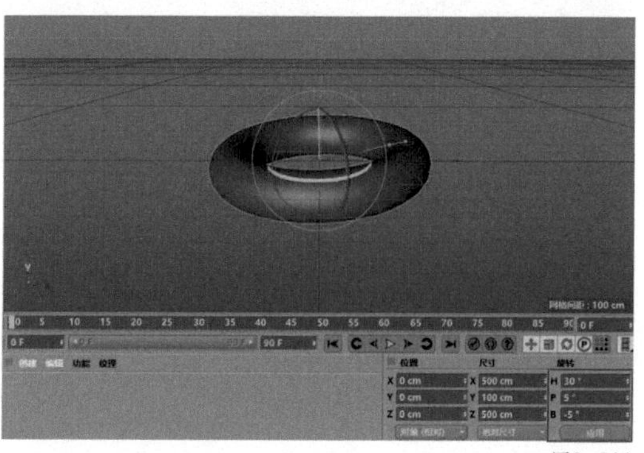

图3-244

3.7.5 圆环的点线面

圆环的点处理方式

在透视视图界面下，在左侧的编辑模式工具栏中，选择“转为可编辑对象”，将“圆环”对象转化为可编辑对象，如图3-245所示。

在左侧的编辑模式工具栏中，选择“点模式”即可对“圆环”对象的点进行单独编辑，如图3-246所示。

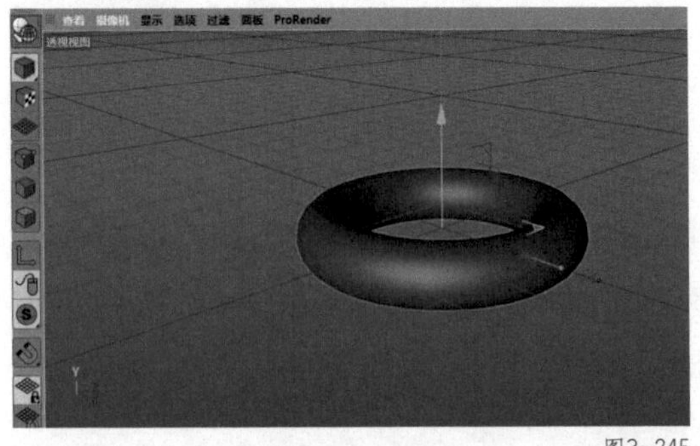

图3-245

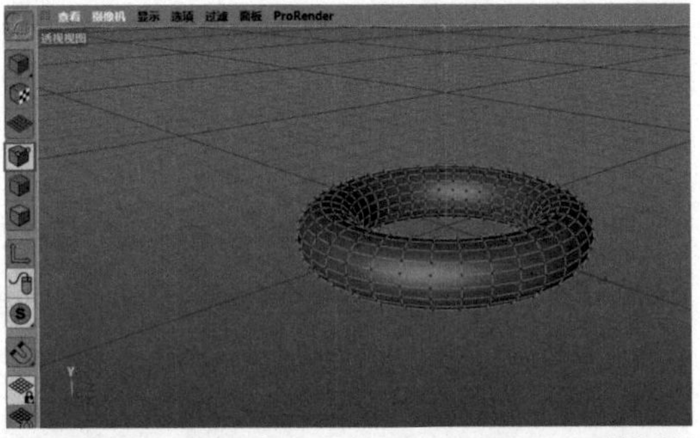

图3-246

问题：如何选中“圆环”对象中间的一圈点?

方法1: 单击鼠标滑轮调出四视图，在右视图窗口或者正视图窗口上单击鼠标滑轮，进入右视图界面或者正视图界面，如图3-247所示。(以下以正视图为例。)

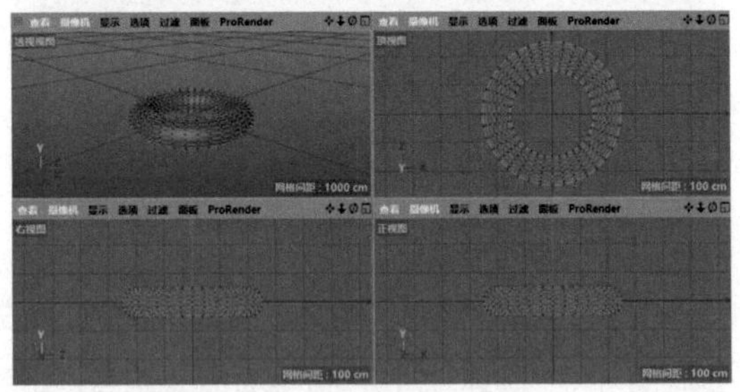

图3-247

在正视图窗口上单击鼠标滑轮进入正视图界面，如图3-248所示。

在正视图界面下，在工具栏中选择“实时选择”工具，如图3-249所示。

在正视图界面下，使用“实时选择”工具，按住【Shift】键选中圆环对象中间的一圈点，如图3-250所示。

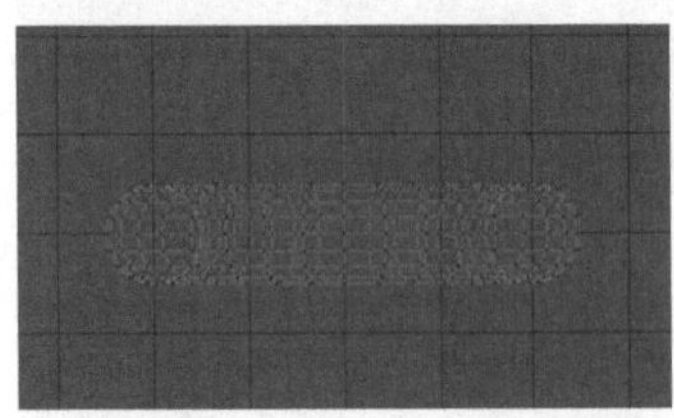

图3-248

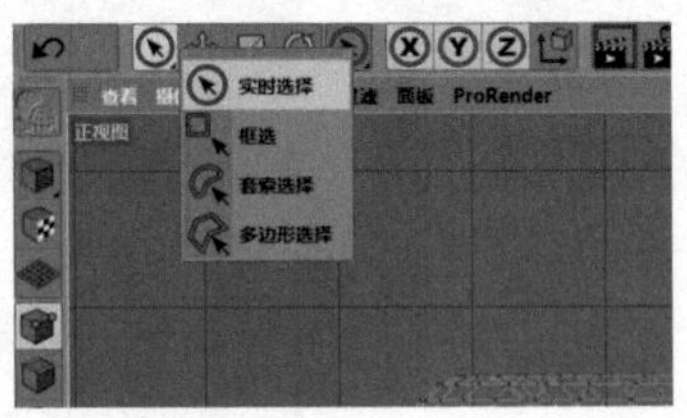

图3-249

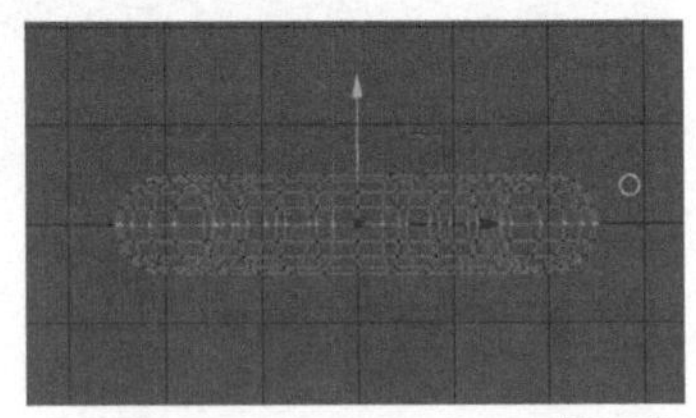

图3-250

提示

注意取消勾选“实时选择”窗口中的“仅选择可见元素”，如图3-251所示。

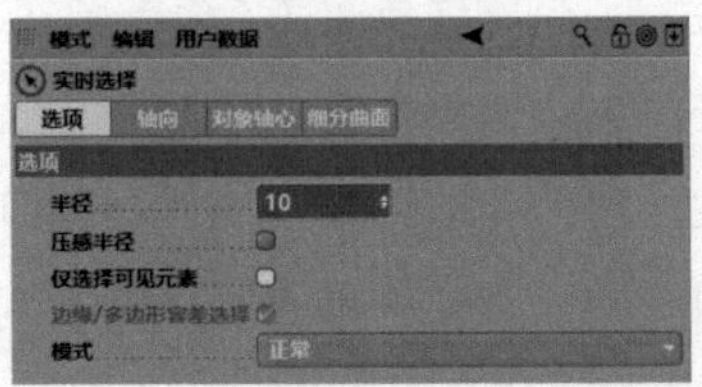

图3-251

方法2: 在正视图界面下，在工具栏中选择“框选”工具，如图3-252所示。

在正视图界面下，使用“框选”工具框选图3-253所示的区域。

在正视图界面下，即可选中“圆环”对象中间的一圈点，如图3-254所示。

图3-252

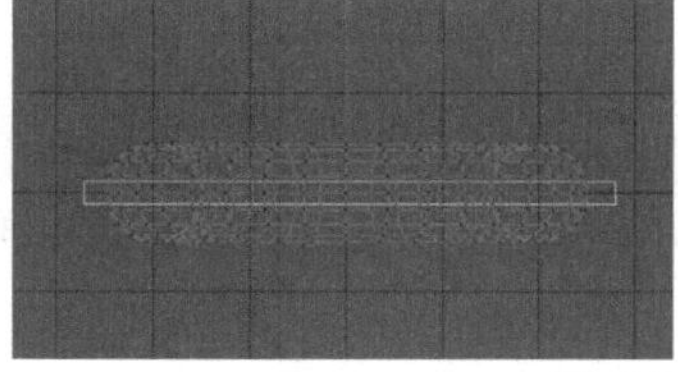
图3-253

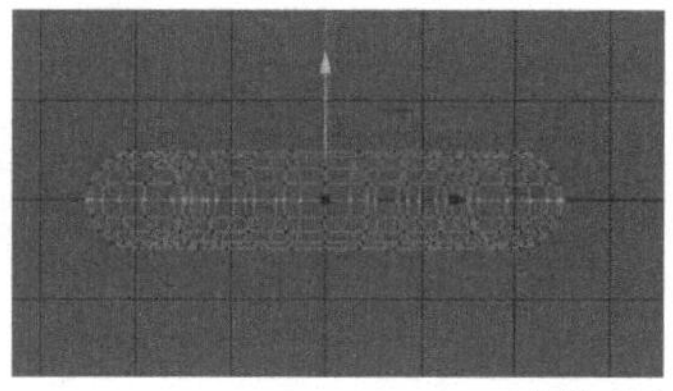
图3-254

提示　注意取消勾选“框选”窗口中的“仅选择可见元素”，如图3-255所示。

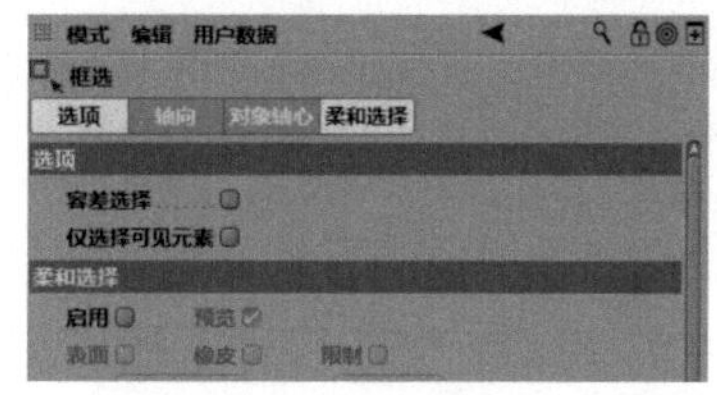

图3-255

圆环的边处理方式

在左侧的编辑模式工具栏中，选择“边模式”即可对“圆环”对象的边进行单独编辑，如图3-256所示。

问题：如何选中“圆环”对象中间的一圈边?

方法1: 在正视图界面下，在工具栏中选择“实时选择”工具，如图3-257所示。

在正视图界面下，使用“实时选择”工具，按住【Shift】键选中圆环对象中间的一圈点，如图3-258所示。

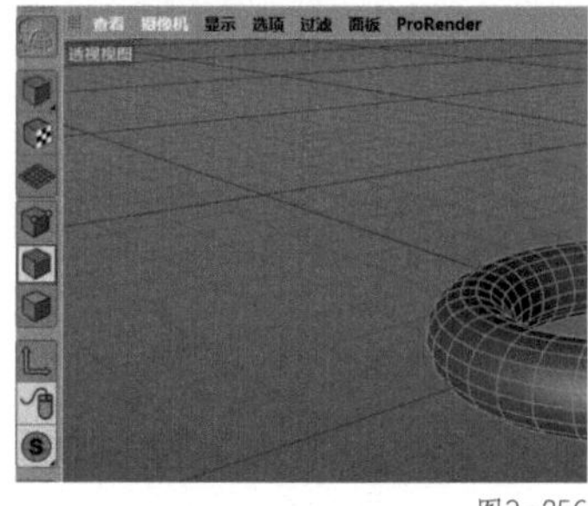

图3-256

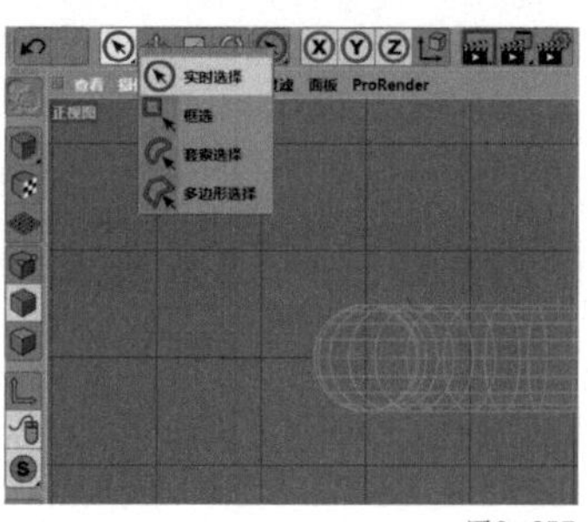

图3-257

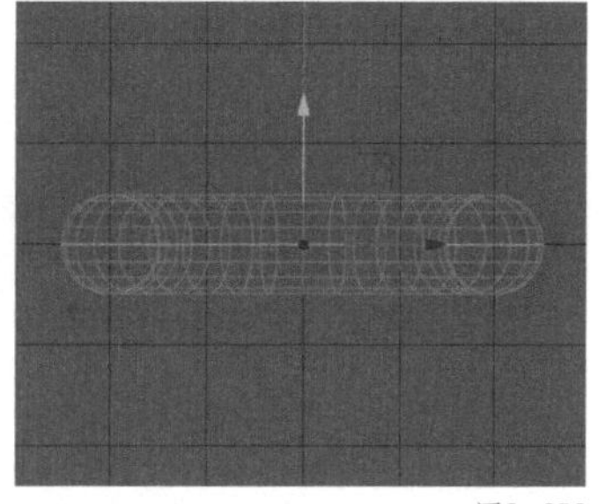
图3-258

方法2: 在正视图界面下，在工具栏中选择“框选”工具，如图3-259所示。

在正视图界面下，使用“框选”工具框选图3-260所示的区域。

在正视图界面下，即可选中“圆环”对象中间的一圈点，如图3-261所示。

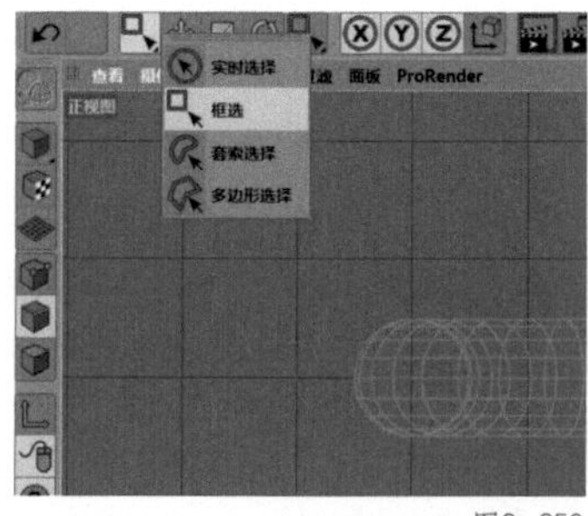

图3-259

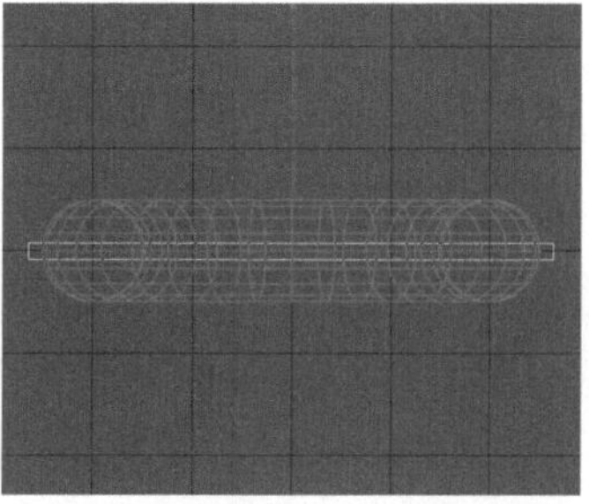
图3-260

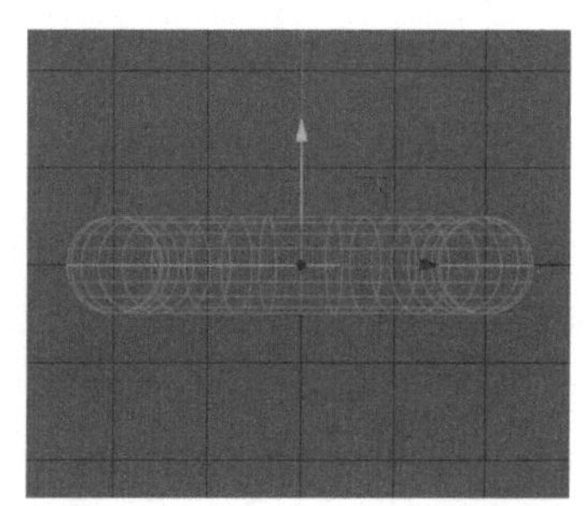
图3-261

圆环的面处理方式

在左侧的编辑模式工具栏中，选择“多边形模式”即可对“圆环”对象的面进行单独编辑，如图3-262所示。

问题：如何选中“圆环”对象中间的两圈面？

方法1: 在正视图界面下，在工具栏中选择“实时选择”工具，如图3-263所示。

在正视图界面下，使用“实时选择”工具，按住【Shift】键选中圆环对象中间的两圈面，如图3-264所示。

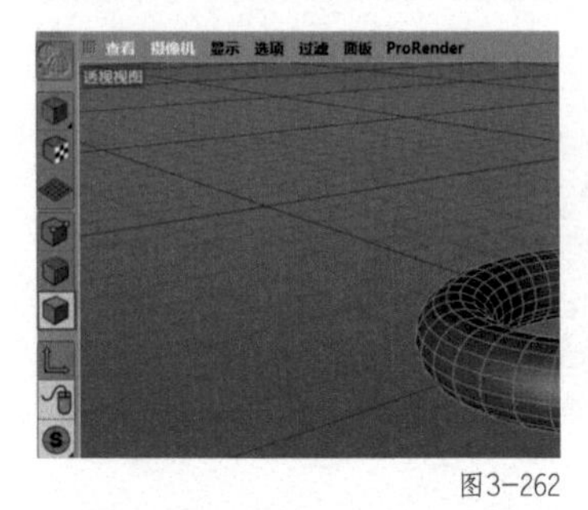

图3-262

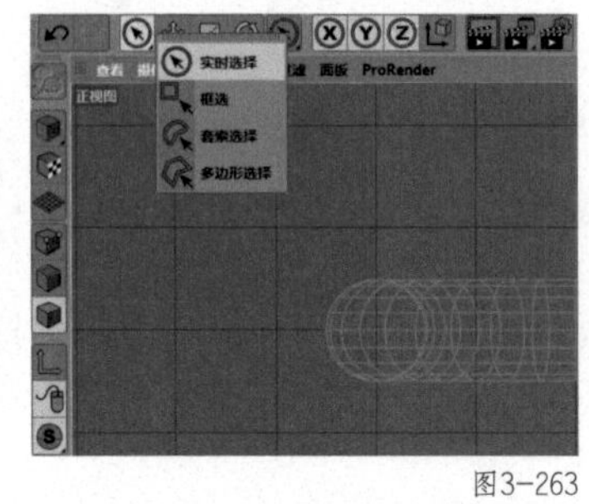

图3-263

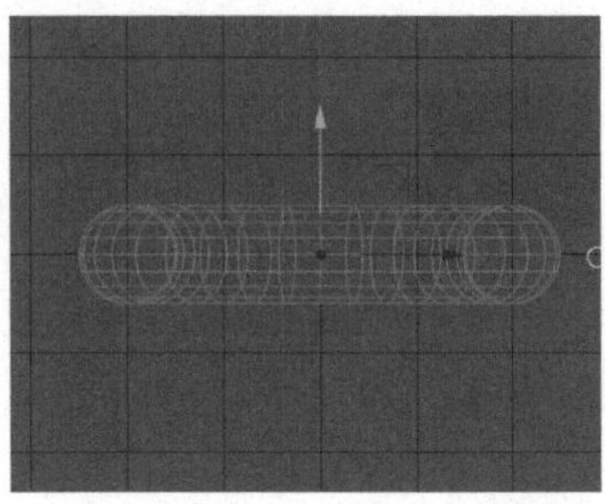
图3-264

方法2: 在正视图界面下，在工具栏中选择“框选”工具，如图3-265所示。

在正视图界面下，使用“框选”工具框选图3-266所示的区域。

在正视图界面下，即可选中“圆环”对象中间的两圈面，如图3-267所示。

图3-265

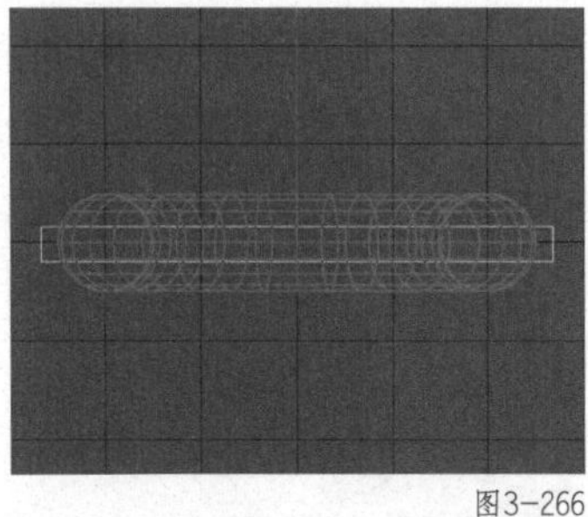
图3-266

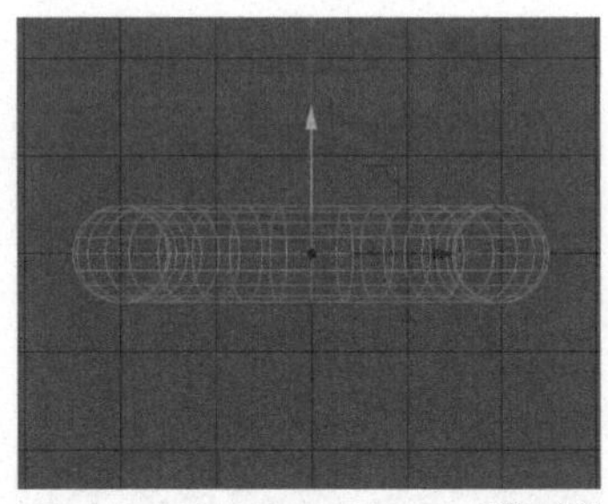
图3-267

第4章 CINEMA 4D案例实训（初级）

通过第3章对7种基础几何体的学习以及对应的点线面练习，读者已经掌握了如何对7种基础几何体进行移动、调整、旋转等基本操作，并且具备了编辑几何体点线面的能力。本章将通过大量的初级案例，对7种基础几何体进行组合运用，同时在案例中加入变形工具组和造型工具组中的效果器，丰富模型的变化。通过本章的学习，读者可以掌握基础三维模型的创建、材质及材质的参数调整、场景及灯光的搭建，直至渲染出效果图。

4.1 棒棒糖——球体、圆柱、棋盘

本节讲解棒棒糖的制作方法。棒棒糖是一种深受大家喜爱的糖果，最初是一颗硬糖插在一根小棒上，后来有了很多更好吃、好玩的品种。不仅小孩子深爱棒棒糖，一些童心未泯的成年人也喜欢这种甜美的感觉。甚至，在嘴里含着一颗糖果，糖果的棍从嘴唇间露出来，已经成为一种时髦而有趣的标志。正因如此，棒棒糖成为了电商平面设计中常见的元素之一，多作为辅助元素出现，用于点缀和填充画面。在CINEMA 4D中，棒棒糖的制作方法非常简单，只需要使用球体和圆柱这两个几何体便可制作完成。

本节内容	本节将详细讲解棒棒糖的制作方法，学习棒棒糖三维模型的创建、材质及材质的参数调整、场景及灯光的搭建直至渲染出效果图

本节目标	通过本节的学习，读者将掌握棒棒糖制作方法以及糖果质感的渲染方法

本节主要知识点	球体、圆柱、棋盘

本节最终效果图展示

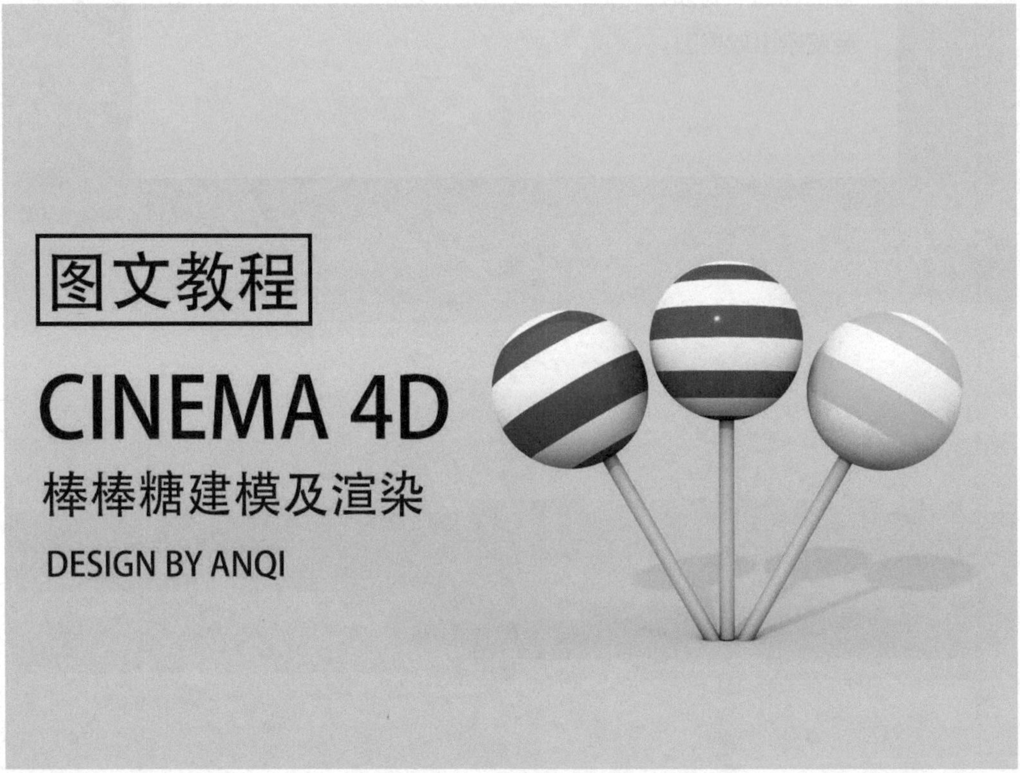

4.1.1 糖果的建模

01 打开 CINEMA 4D，进入默认的透视视图界面。在透视视图界面下，选择工具栏中的“参数化对象”中的“球体”，如图 4-1 所示。

02 透视视图界面中的效果如图 4-2 所示。

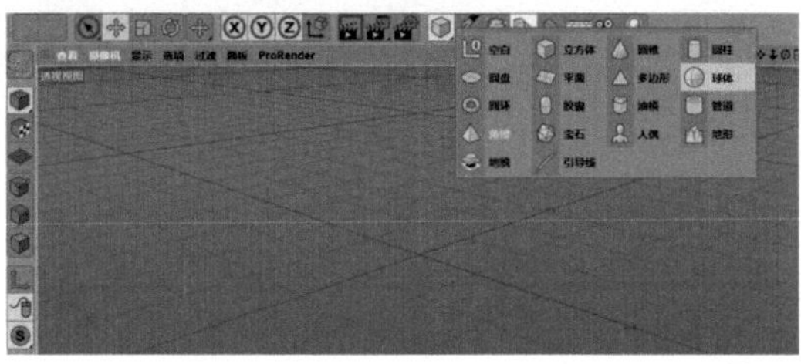

图4-1

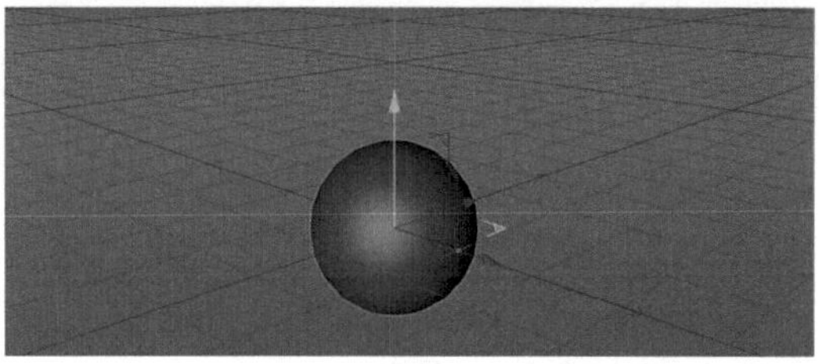

图4-2

4.1.2 糖果棒的建模

01 在透视视图界面下，选择工具栏中的“参数化对象”中的“圆柱”，如图 4-3 所示。

02 透视视图界面中的效果如图 4-4 所示。

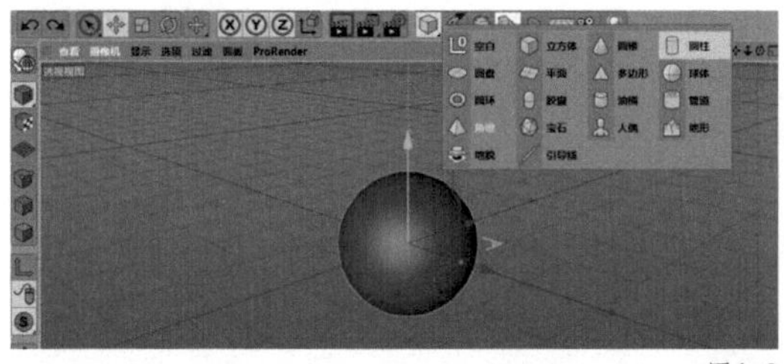

图4-3

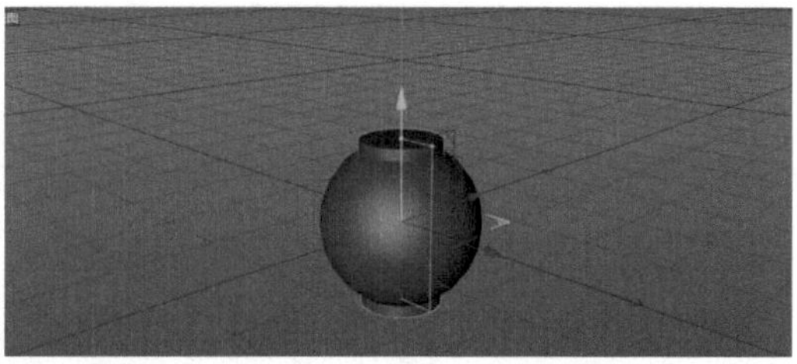

图4-4

03 在右下角的“圆柱对象”窗口中，选择“对象”，如图 4-5 所示。

04 在“对象”中，将半径修改为“10 cm”，高度修改为“300 cm”，如图 4-6 所示。

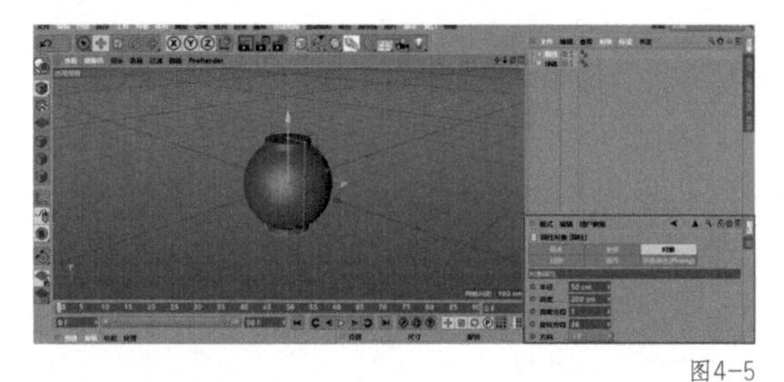

图4-5

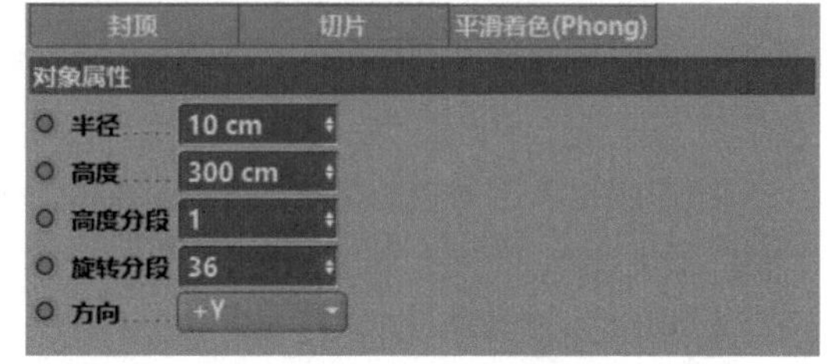

图4-6

05 单击鼠标滑轮调出四视图，在正视图窗口上单击鼠标滑轮，进入正视图界面，如图 4-7 所示。

06 在正视图界面下，按住鼠标左键，沿着绿色箭头的方向，将“圆柱”向下拖曳一定的距离，如图 4-8 所示。

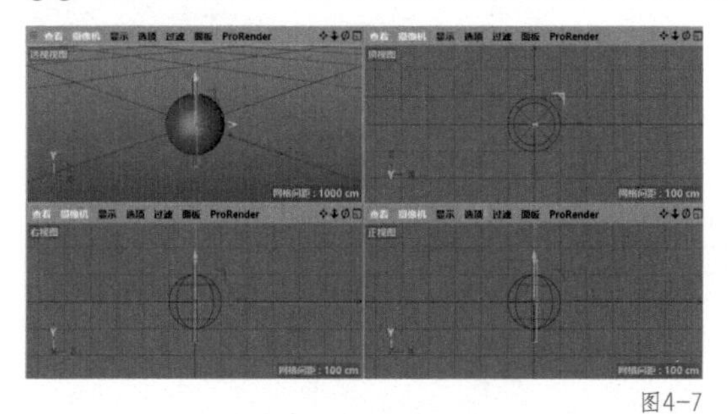

图4-7

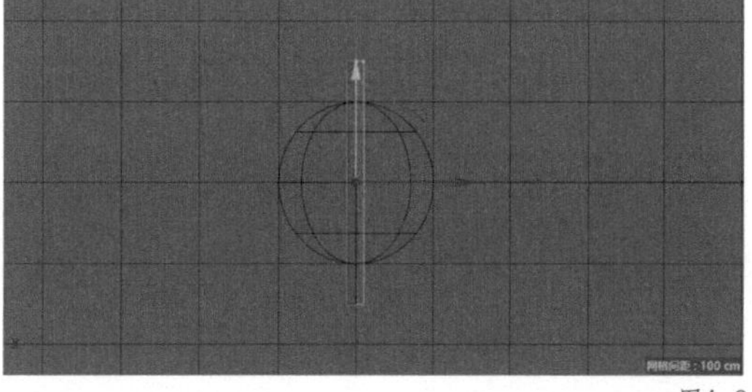

图4-8

07 单击鼠标滑轮调出四视图，在透视视图窗口上单击鼠标滑轮，进入透视视图界面，如图 4-9 所示。

08 透视视图界面中的效果如图 4-10 所示。

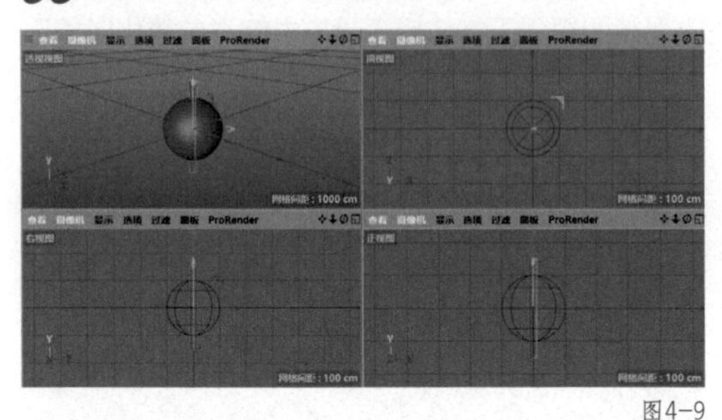

图4-9

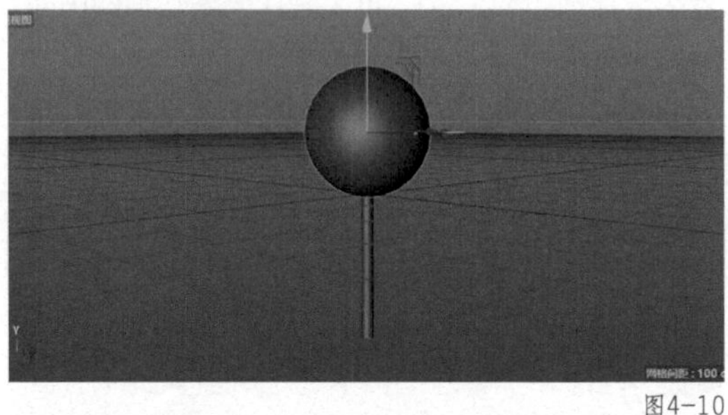

图4-10

4.1.3 棒棒糖的渲染

01 在材质窗口中，在空白处双击新建一个“材质”，如图 4-11 所示。

02 双击“材质”，进入材质编辑器。进入“颜色”通道，选择“纹理 - 表面 - 棋盘”，如图 4-12 所示。

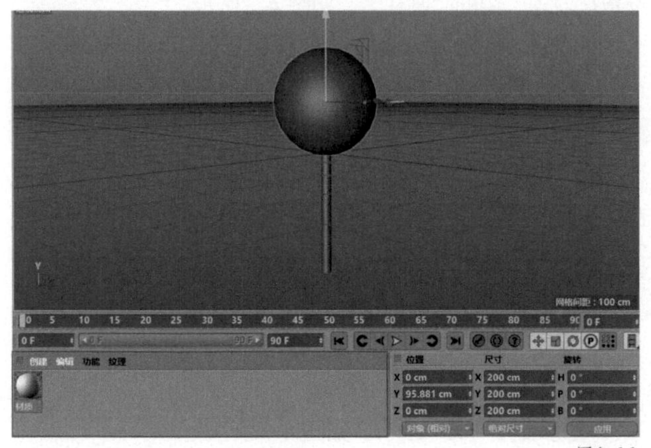

图4-11

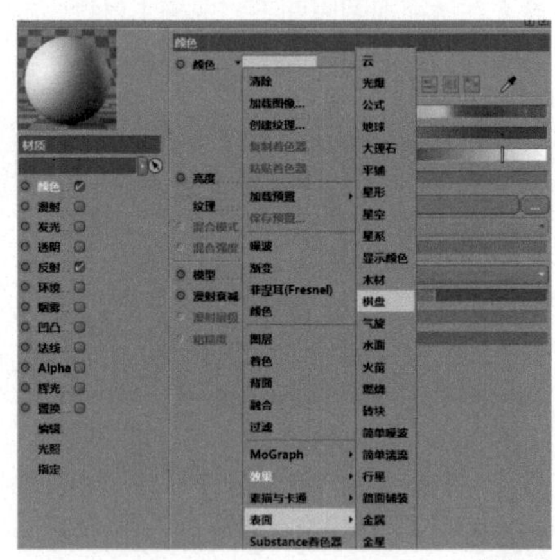

图4-12

03 在材质编辑器的颜色通道中，双击棋盘格进入“着色器”，如图 4-13 所示。

04 在“着色器”中修改“颜色 2”的参数。在颜色拾取器中，将“H”修改为“300° ”，将“S”修改为“75%”，将“V”修改为“100%”，并单击“确认”按钮。在“着色器属性”中，将“U 频率”修改为“0”，并将“V 频率”修改为“4”，如图 4-14 所示。

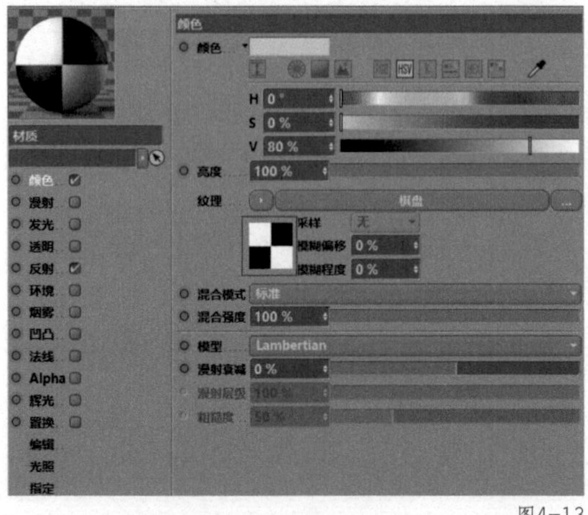

图4-13

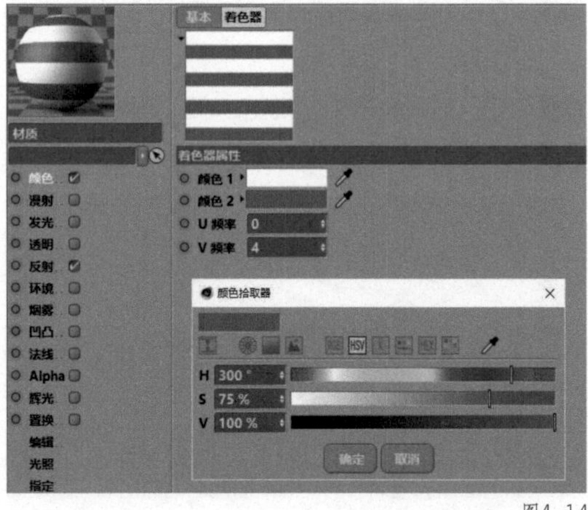

图4-14

05 在“反射”通道中，单击“添加”按钮，在弹出的下拉菜单中选择“GGX”，如图 4-15 所示。

06 在“反射”通道中，将“层 1”中的“粗糙度”修改为“10%”，将“层颜色”中的“亮度”修改为“20%”，如图 4-16 所示。

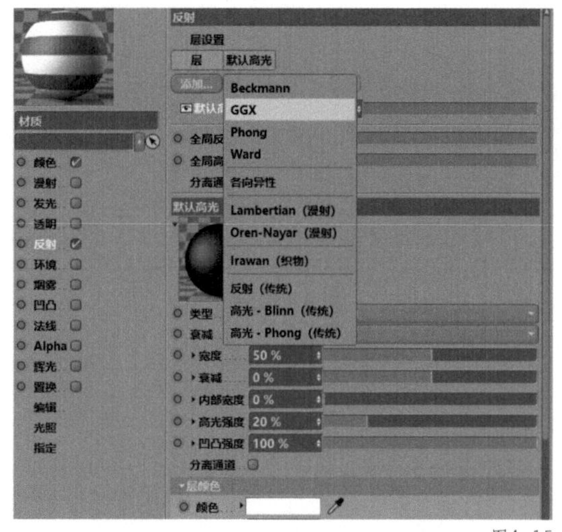

图4-15

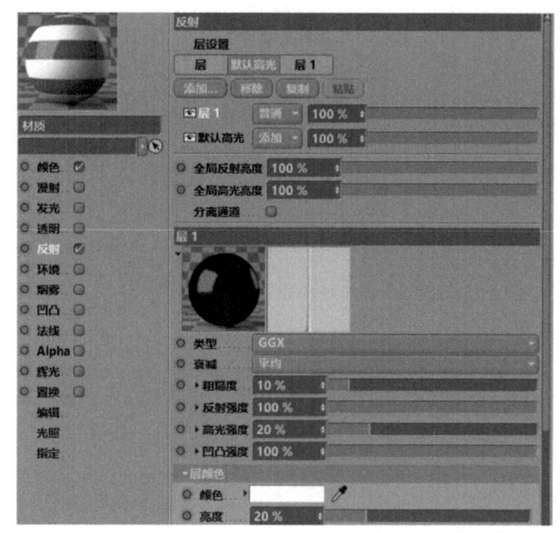

图4-16

07 在材质窗口中，将“材质”重命名为“糖果”，如图 4-17 所示。

08 将材质“糖果”赋予“球体”图层，如图 4-18 所示。

09 在材质窗口中，在空白处双击新建一个“材质”，如图 4-19 所示。

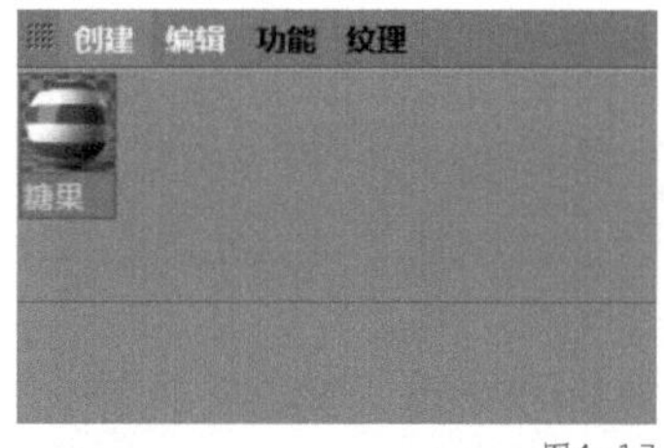

图4-17

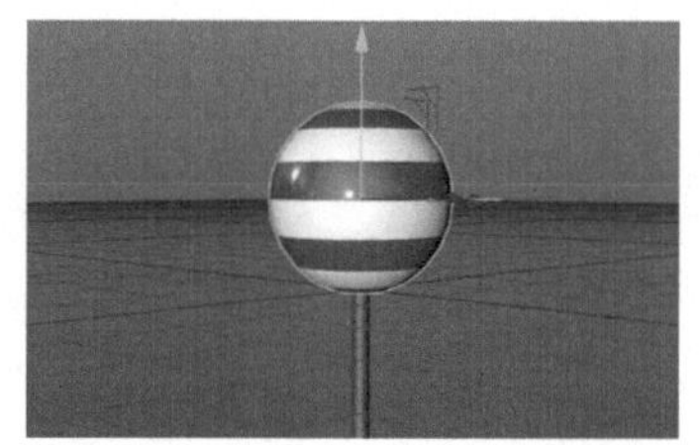

图4-18

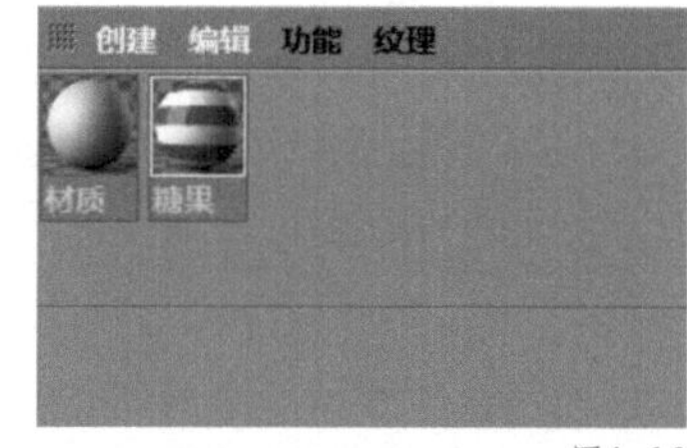

图4-19

10 在“反射”通道中，将“层 1”中的“粗糙度”修改为“10%”，将“层颜色”中的“亮度”修改为“20%”，如图 4-20 所示。

11 在材质窗口中，将“材质”重命名为“糖果棒”，如图 4-21 所示。

12 将材质“糖果棒”赋予“圆柱”图层，如图 4-22 所示。

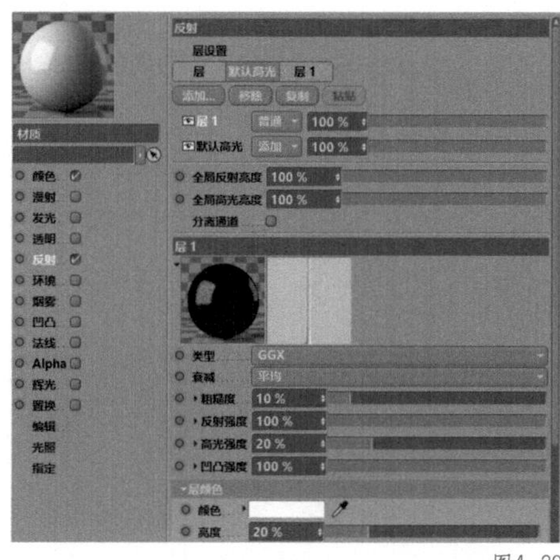

图4-20

图4-21

图4-22

13 在材质窗口中，将“糖果”重命名为“糖果1”，然后按【Ctrl+C】组合键复制一份，按两次【Ctrl+V】组合键在原位粘贴两份，同时将这两种“材质”分别重命名为“糖果2”“糖果3”，如图4-23所示。

14 同时选中“圆柱”对象和“球体”对象，按【Alt+G】组合键编组，并重命名为“糖果1”，然后按【Ctrl+C】组合键复制一份，按两次【Ctrl+V】组合键在原位粘贴两份，同时将这两个组分别重命名为“糖果2”“糖果3”，替换“球体”图层的材质，制作不同颜色的棒棒糖，如图4-24所示。

15 透视视图界面中的效果如图4-25所示。

图4-23

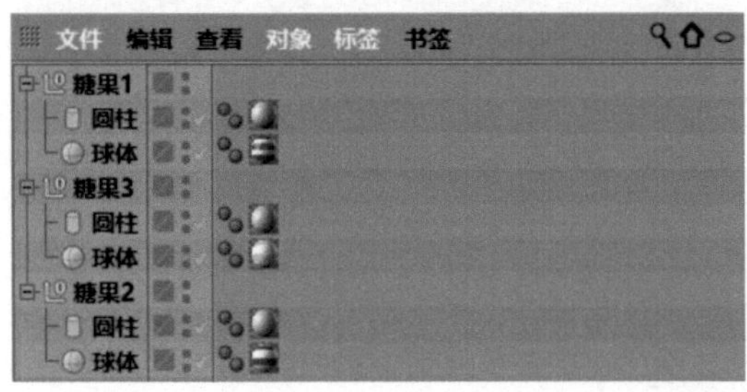

图4-24

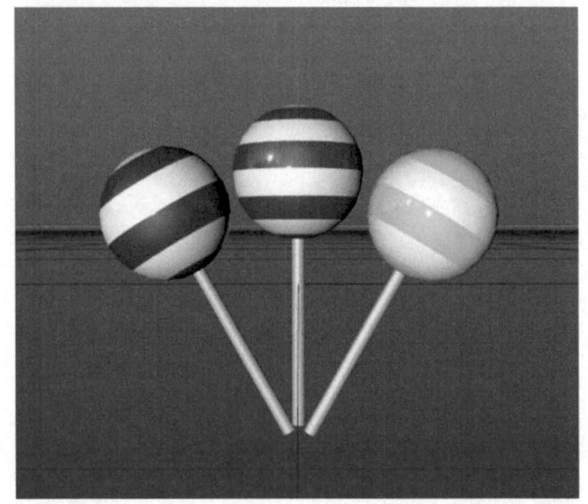

图4-25

16 单击鼠标滑轮调出四视图，在右视图窗口上单击鼠标滑轮，进入右视图界面，如图4-26所示。

17 在工具栏中，选择“曲线工具组”中的“画笔”，如图4-27所示。

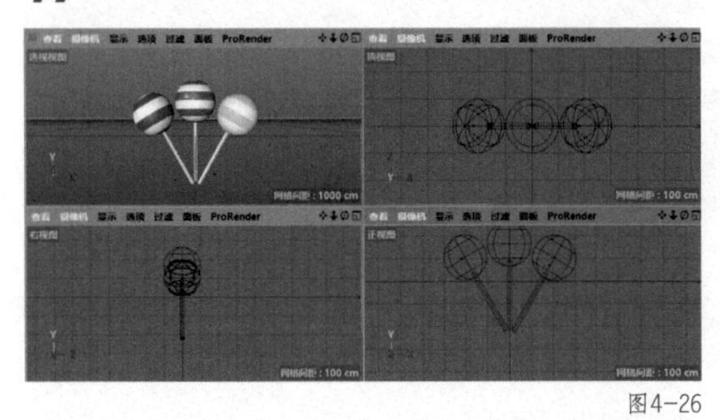

图4-26

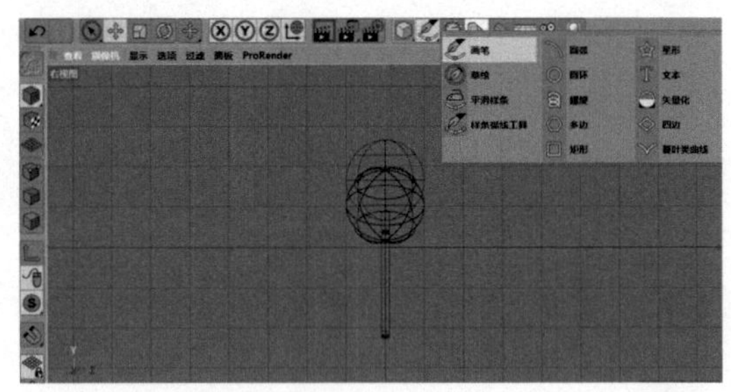

图4-27

18 在右视图界面下，使用“画笔”工具绘制图4-28所示的线段。

19 在工具栏中，选择“NURBS”中的“挤压”，如图4-29所示。

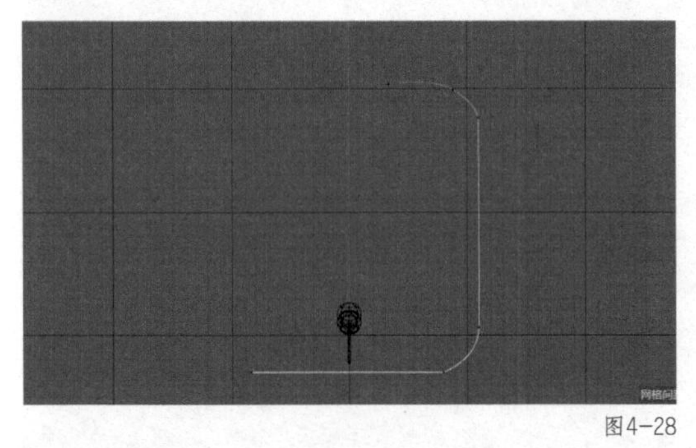

图4-28

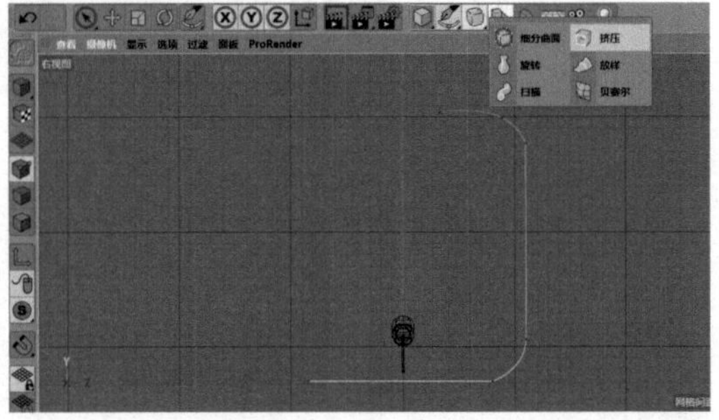

图4-29

20 在对象窗口中，将“样条”拖曳至“挤压”内，使其成为“挤压”的子集，并将“挤压”重命名为“背景”，如图4-30所示。

21 在“挤压”窗口中，选择“对象”，在“对象”中将“移动”中“X”的数值修改为“10000 cm”，如图 4-31 所示。

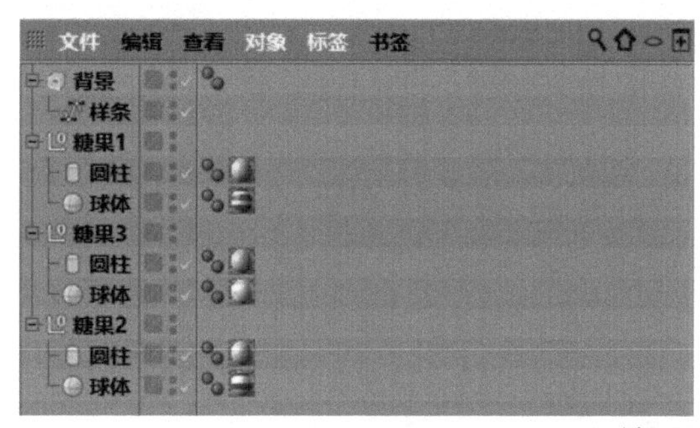

图4-30

图4-31

22 单击鼠标滑轮调出四视图，在透视视图窗口上单击鼠标滑轮，进入透视视图界面，如图 4-32 所示。

23 在材质窗口中，在空白处双击新建一个“材质”，如图 4-33 所示。

24 双击“材质”，进入材质编辑器。进入“颜色”通道，将“H”修改为“175°”，将“S”修改为“44%”，将“V”修改为“95%”，如图 4-34 所示。

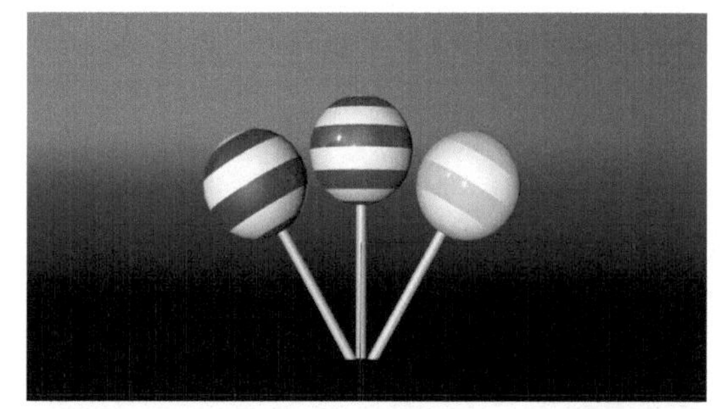

图4-32

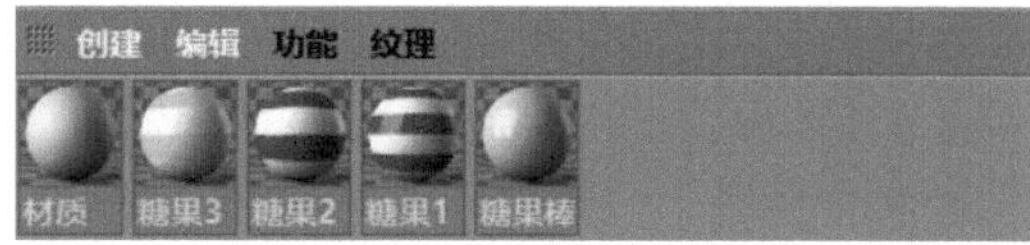

图4-33

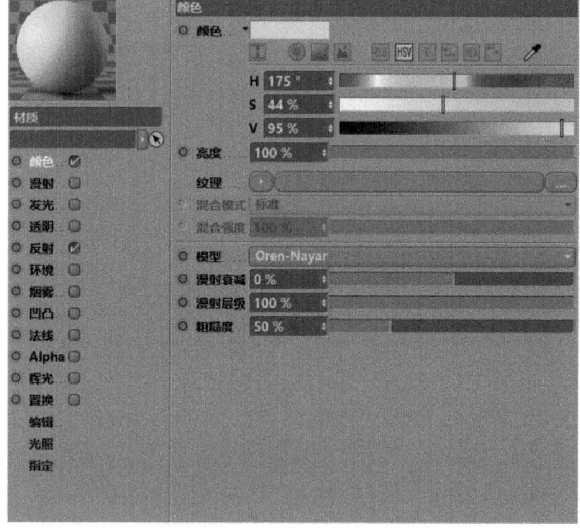

图4-34

25 在材质窗口中，将“材质”重命名为“背景”，如图 4-35 所示。

26 将材质“背景”赋予“背景”对象，如图 4-36 所示。

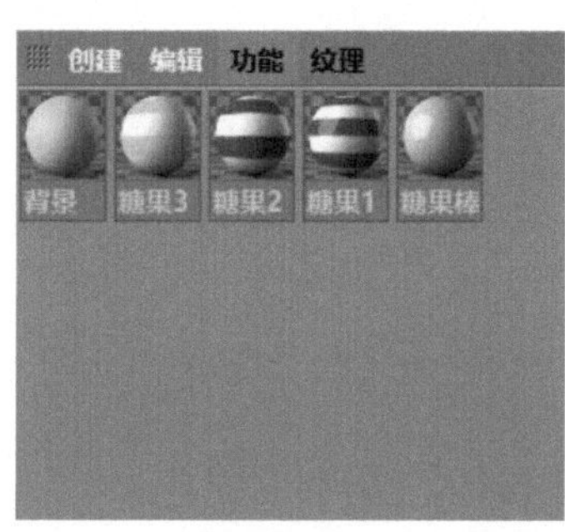

图4-35

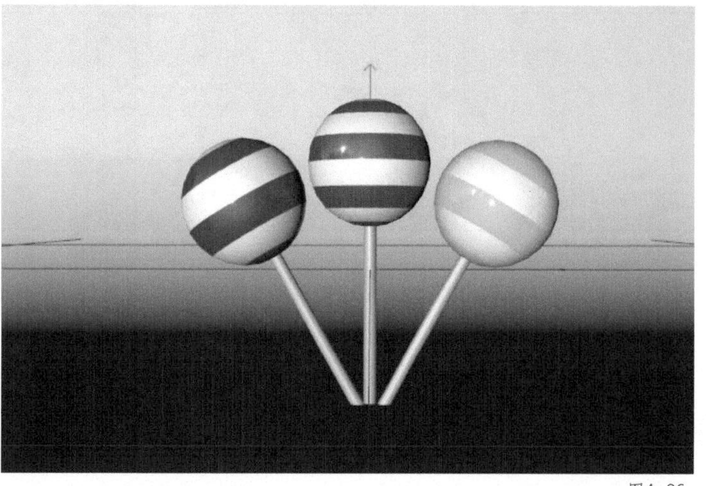

图4-36

27 在透视视图界面下，在工具栏中选择“场景设定”中的“天空”，如图 4-37 所示。

28 在材质窗口中，在空白处双击新建一个“材质”，如图 4-38 所示。

29 双击“材质”，进入材质编辑器。进入“颜色”通道，将“H”修改为“175° ”，“S”修改为“0%”，“V”修改为“90%”，如图 4-39 所示。

图4-37

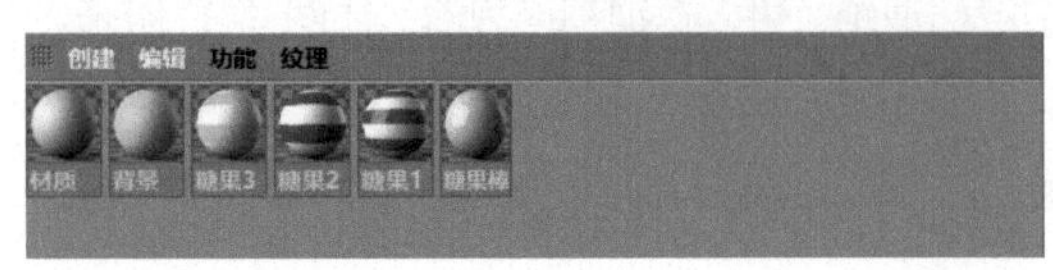

图4-38

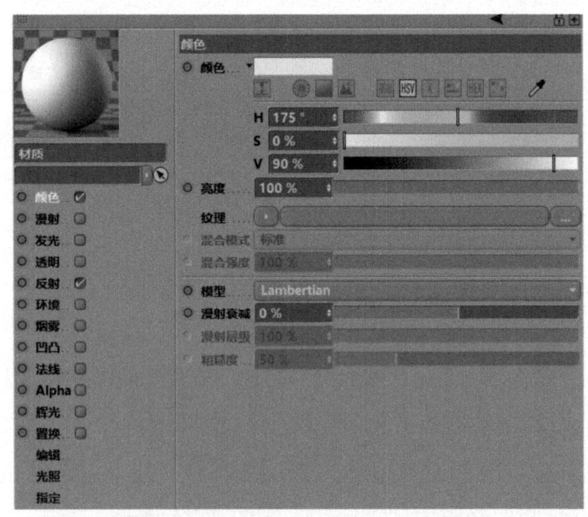

图4-39

30 在材质窗口中，将“材质”重命名为“天空”，如图 4-40 所示。

31 将材质“天空”赋予“天空”图层，如图 4-41 所示。

图4-40

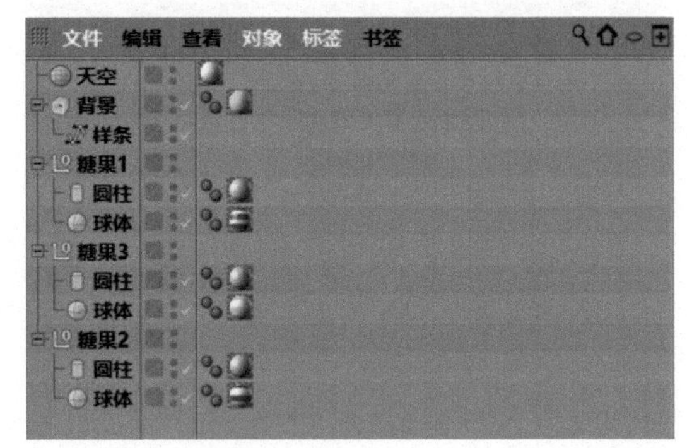

图4-41

32 在工具栏中选择“场景设定”中的“物理天空”，如图 4-42 所示。

33 在“物理天空”窗口中，选择“太阳”，将“强度”修改为“40%”，如图 4-43 所示。

图4-42

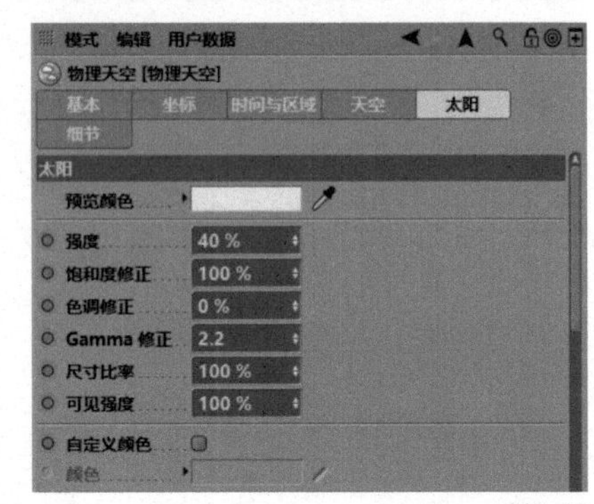

图4-43

34 在对象窗口中，选择“物理天空”，单击鼠标右键，在弹出的下拉菜单中选择“CINEMA 4D标签”中的“合成”，如图 4-44 所示。

35 在“合成”窗口中，勾选“标签属性”中的“合成背景”，如图 4-45 所示。

36 在对象窗口中，同时选择“背景”“天空”“物理天空”，按【Alt+G】组合键进行编组，并重命名为“背景”，如图 4-46 所示。

图4-44

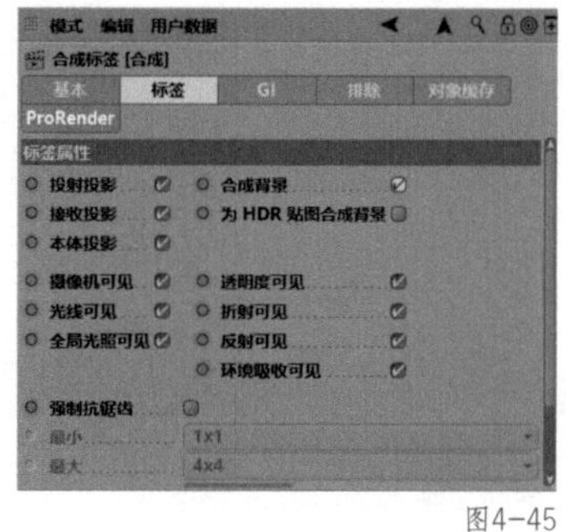

图4-45

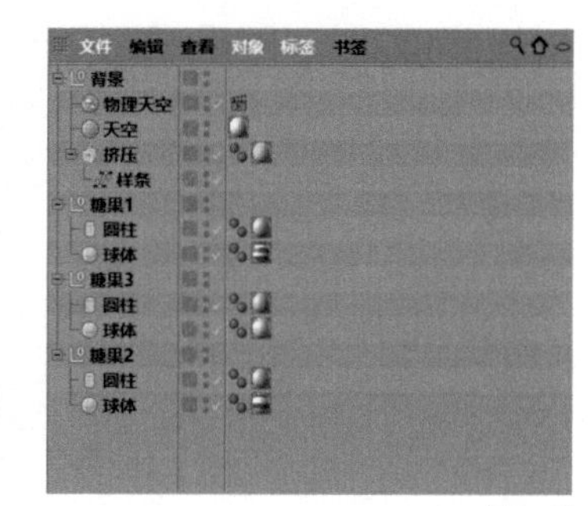

图4-46

37 在工具栏中选择“编辑渲染设置”，如图 4-47 所示。

38 在渲染设置中，勾选“多通道”，同时选择“效果”中的“全局光照”，如图 4-48 所示。

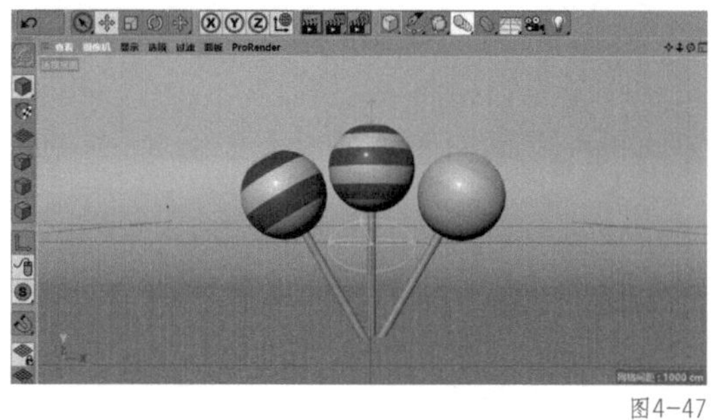

图4-47

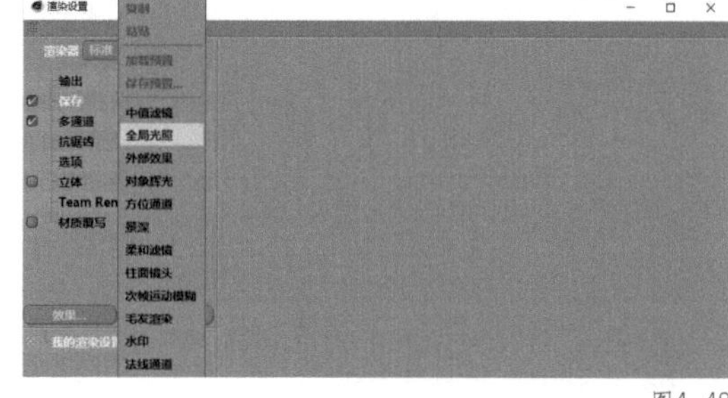

图4-48

39 在“全局光照”中，选择“辐照缓存”，并将“记录密度”修改为“高”，如图 4-49 所示。

40 在渲染设置中，勾选“多通道”，同时选择“效果”中的“环境吸收”，如图 4-50 所示。

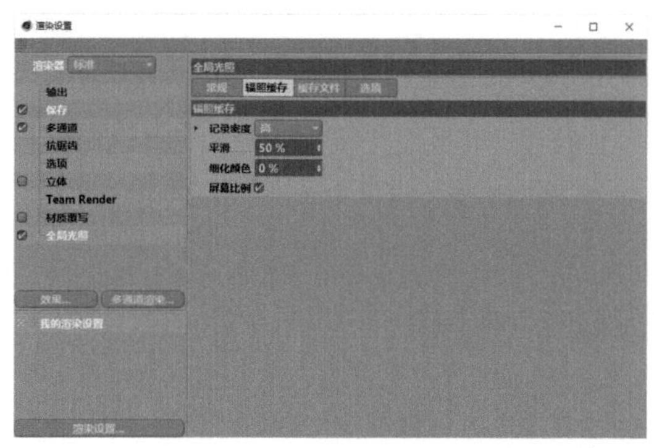

图4-49

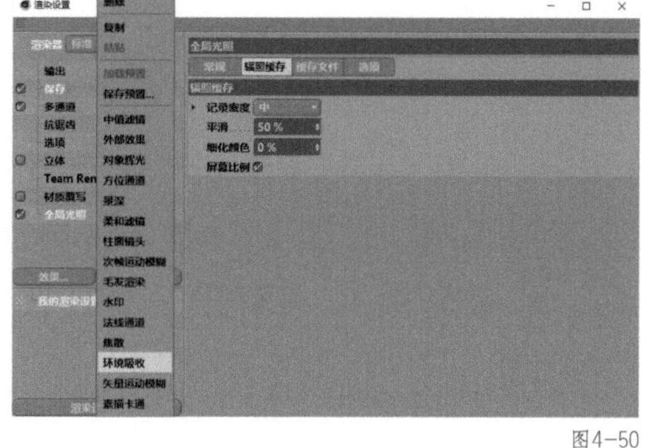

图4-50

41 在“环境吸收”中选择“缓存”，将“记录密度”修改为“高”，如图 4-51 所示。

42 在工具栏中选择“渲染到图片查看器”，如图 4-52 所示。

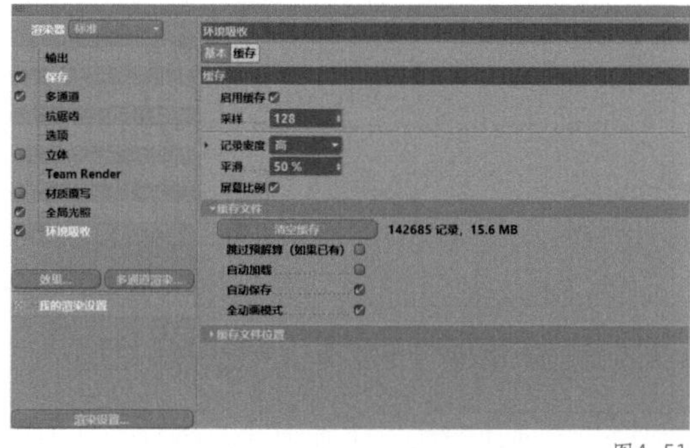

图4-51

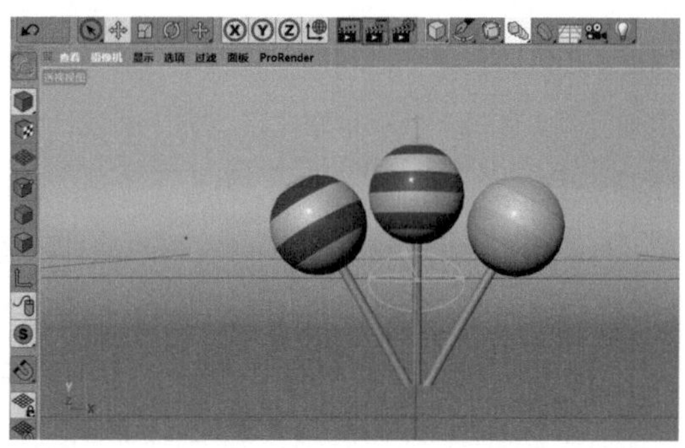

图4-52

43 渲染后的效果如图 4-53 所示。

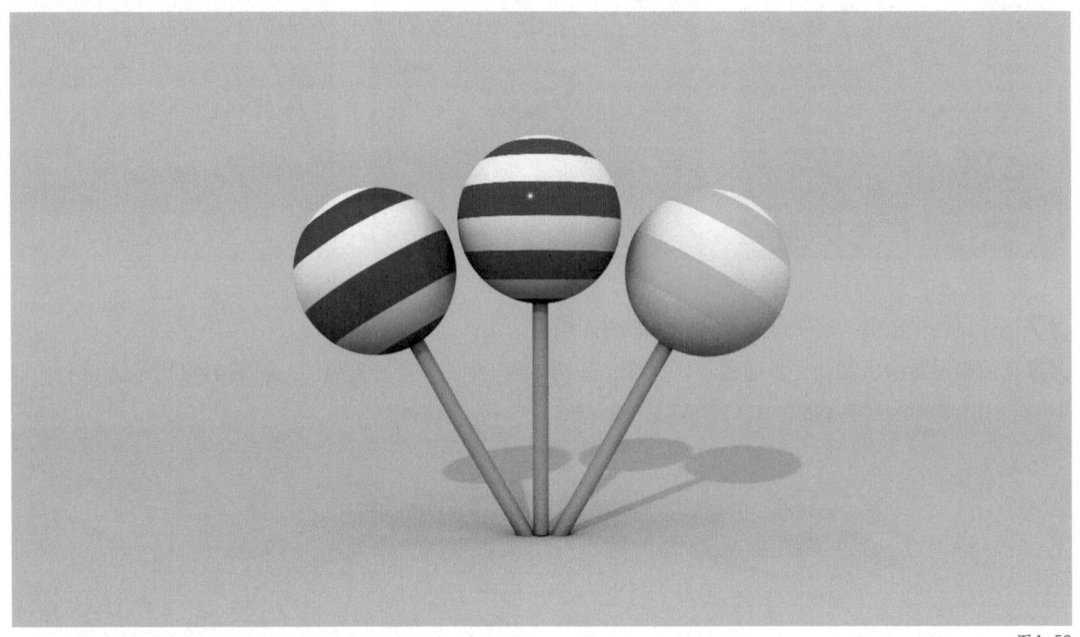

图4-53

本案例到此已全部完成。

本节知识点一览

（1）参数化对象：球体、圆柱

（2）材质：棋盘

4.2 吸管——画笔、细分、旋转、扭曲

本节讲解吸管的制作方法。吸管是19世纪发明的，某地域的人们喜欢喝冰凉的淡香酒，为了避免口中的热气影响了酒的冰冻口感，人们决定喝酒时不用嘴直接饮用，而以中空的天然麦秆来吸饮，可是天然麦秆容易折断，它本身的味道也会渗入酒中。当时，有一名烟卷制造商从烟卷中得到灵感，制造了一根纸吸管，试饮之下，既不会断裂也没有怪味。从此，人们不只在喝淡香酒时使用吸管，喝其他冰凉的饮料时，也喜欢使用纸吸管。塑胶发明后，因塑胶的柔韧性、美观性都胜于纸吸管，纸吸管便被五颜六色的塑胶吸管取代了。在平面设计和三维设计中，吸管的用处十分广泛，不论是在电商平面设计方面，还是工业产品设计方面，都是常见的元素之一。在CINEMA 4D中制作一只吸管非常简单，只需要使用画笔勾勒以及倒角、扭曲等功能便可制作完成。

本节内容	本节将详细讲解吸管的制作方法，包括吸管三维模型的创建、材质及贴图的参数调整、场景及灯光的搭建

本节目标	掌握吸管制作方法及塑料质感的渲染方法

本节主要知识点	画笔、细分、扭曲

本节最终效果图展示

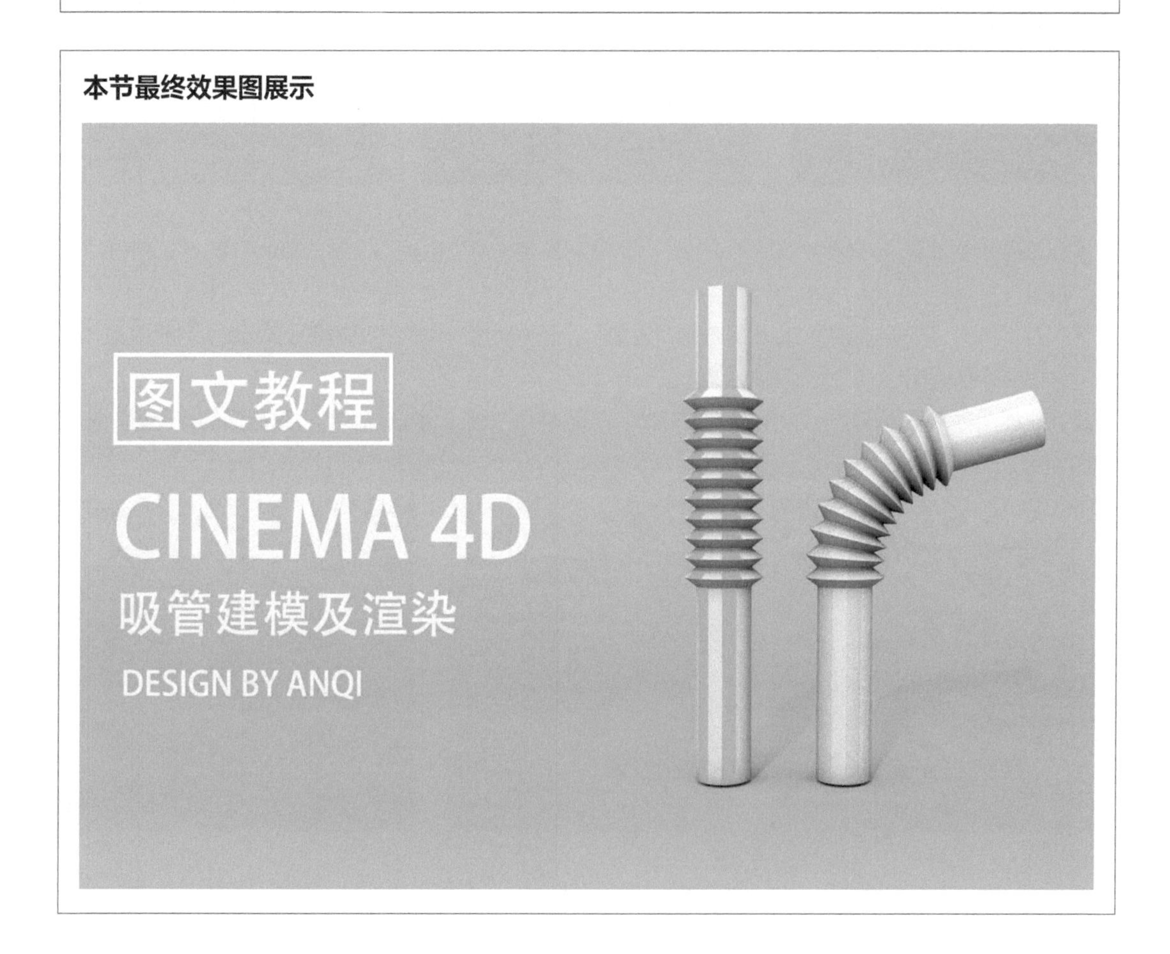

4.2.1 吸管的建模

01 打开 CINEMA 4D，进入默认的透视视图界面。在透视视图界面下，单击鼠标滑轮调出四视图，在正视图窗口上单击鼠标滑轮，进入正视图界面，如图 4-54 所示。

02 在正视图界面下，选择工具栏中的“曲线工具组”中的“画笔”，如图 4-55 所示。

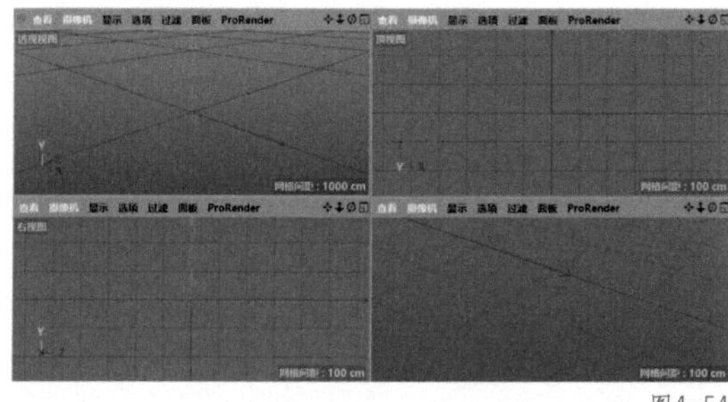

图4-54

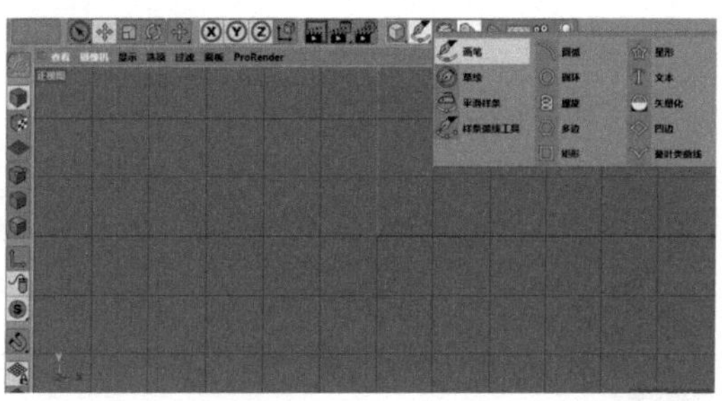

图4-55

03 在正视图界面下，使用“画笔”工具，由上到下绘制一条直线，效果如图 4-56 所示。

04 在正视图界面下，在工具栏中选择“框选”工具，如图 4-57 所示。

05 在正视图界面下，使用“框选”工具框选图 4-58 所示的区域。

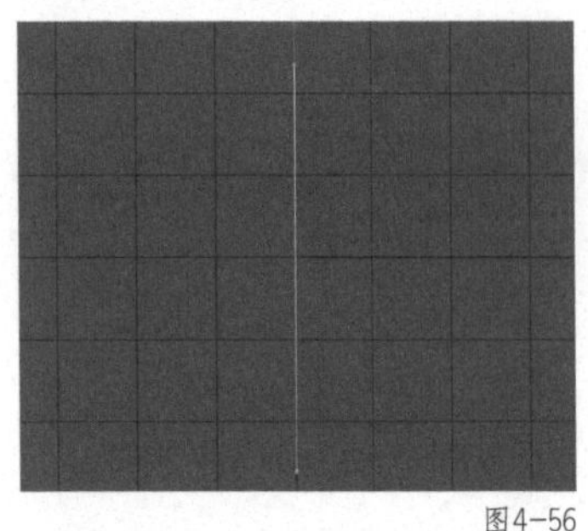
图4-56

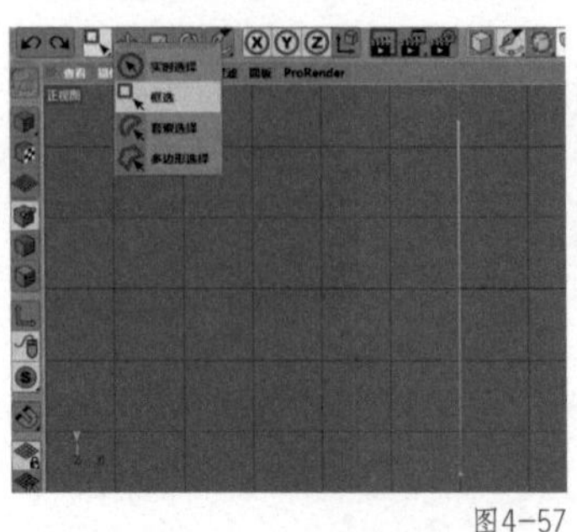

图4-57

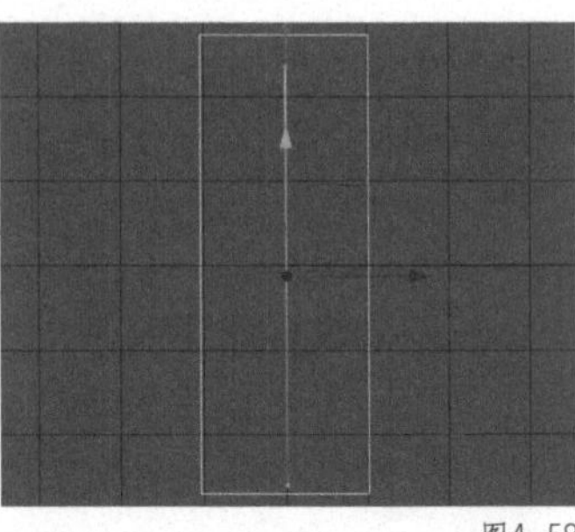
图4-58

06 在正视图界面下，选择图 4-59 所示的点，同时在对象坐标窗口中将“X”轴的数值归零，然后单击“应用”按钮。

07 在右下角的“样条对象”窗口中，选择“对象”，将“类型”中的“贝塞尔（Bezier）”修改为“线性”，如图 4-60 所示。

08 在正视图界面下，在空白处单击鼠标右键，在弹出的下拉菜单中选择“细分”后面的“设置”按钮，如图 4-61 所示。

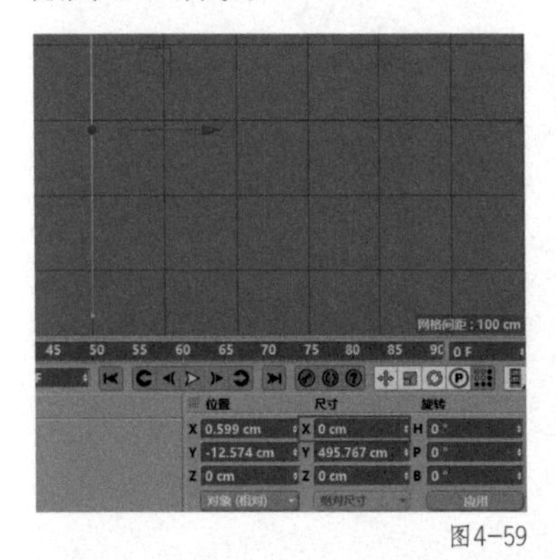

图4-59

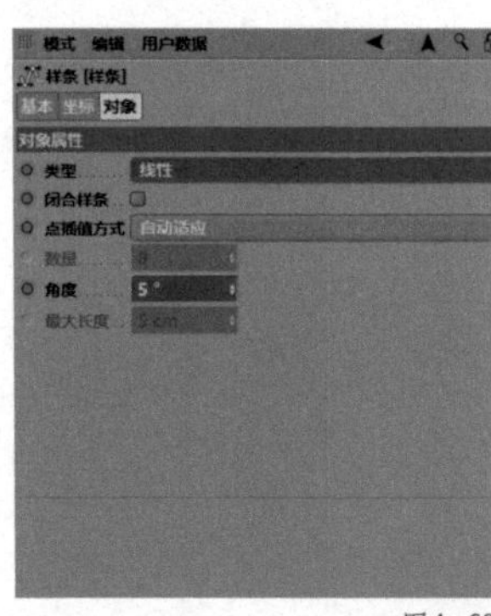

图4-60

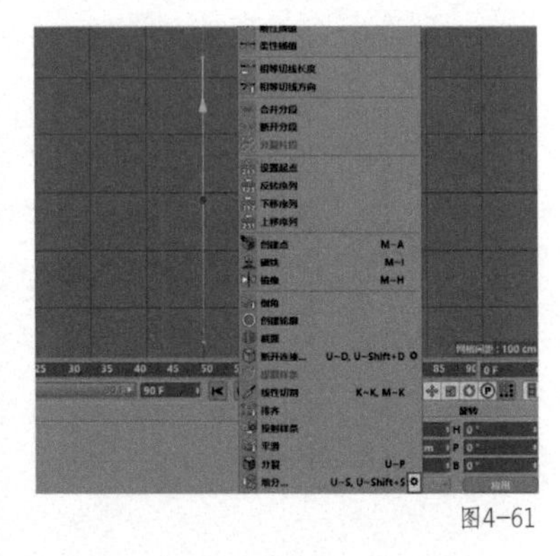
图4-61

09 在弹出的“细分”窗口中，将“细分数”修改为“40”，并单击“确认”按钮，如图 4-62 所示。

10 在正视图界面下，在工具栏中选择“实时选择”工具，如图 4-63 所示。

11 在正视图界面下，使用“实时选择”工具选择图 4-64 所示的点。

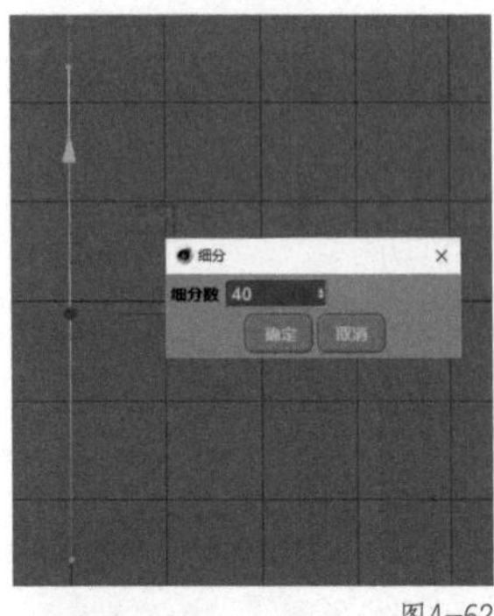

图4-62

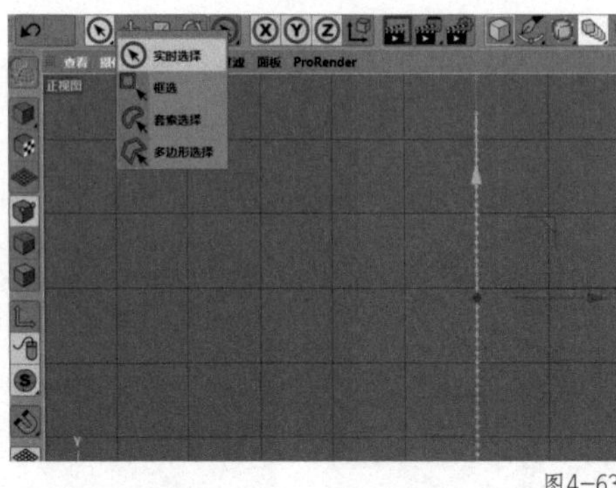

图4-63

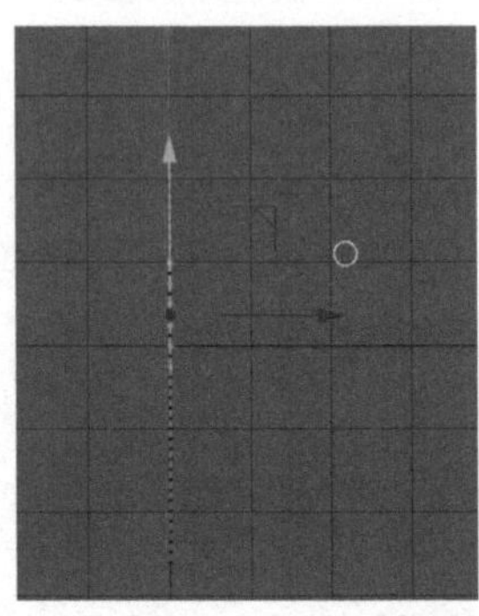
图4-64

提示 在使用“实时选择”工具时，应注意隔一个点选一个点。

12 在正视图界面下，按住鼠标左键，沿着红色的箭头，将选中的点向右拖曳一定的距离，然后在工具栏中选择“框选”工具，如图 4-65 所示。

13 在正视图界面下，使用“框选”工具框选图 4-66 所示的局域。

14 在正视图界面下，在空白处单击鼠标右键，在弹出的下拉菜单中选择“倒角”，如图 4-67 所示。

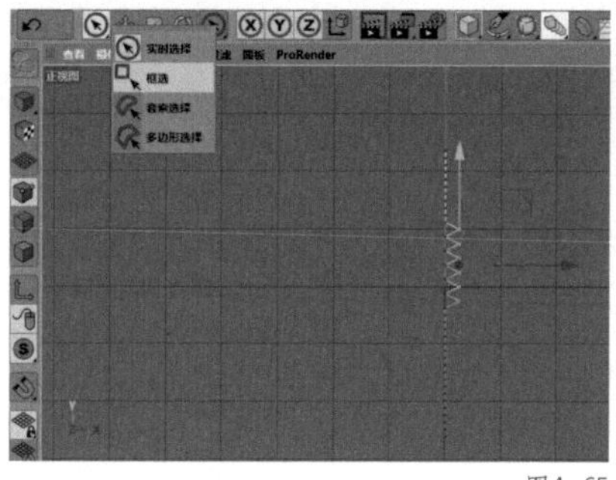

图4-65

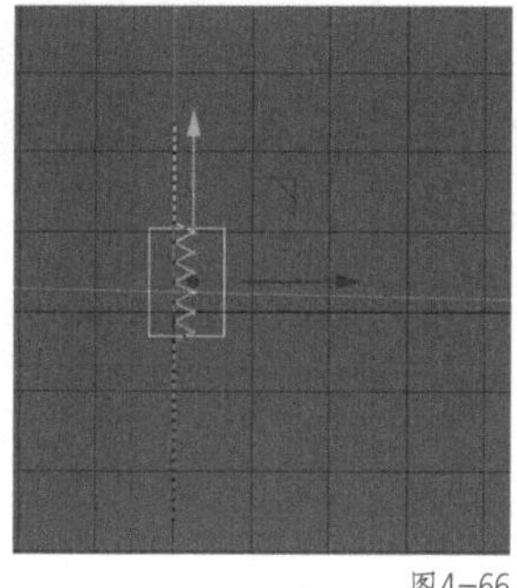

图4-66

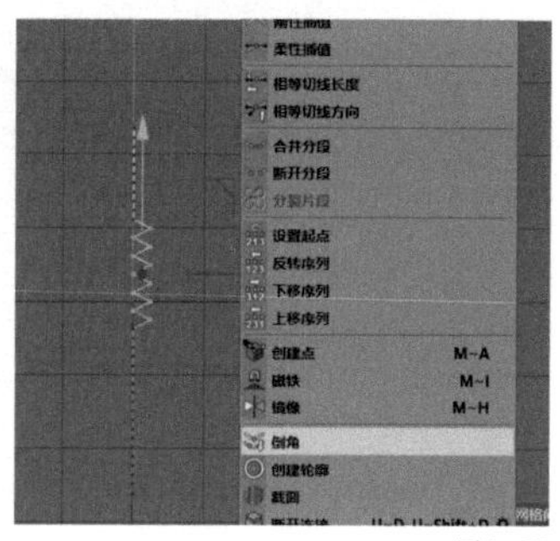

图4-67

15 在右下角的“倒角”窗口中，将“半径”修改为“1.2 cm”，如图 4-68 所示。

16 在正视图界面下，在工具栏中选择 “NURBS”中的“旋转”，新建一个“旋转”，如图 4-69 所示。

17 在对象窗口中，将“样条”拖曳至“旋转”内，使其成为“旋转”的子集，如图 4-70 所示。

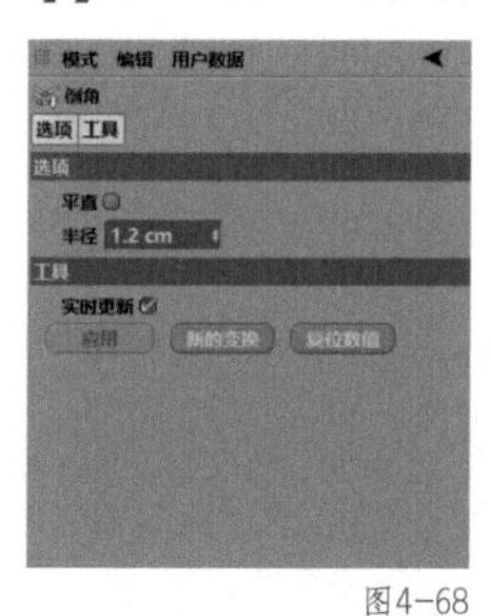

图4-68

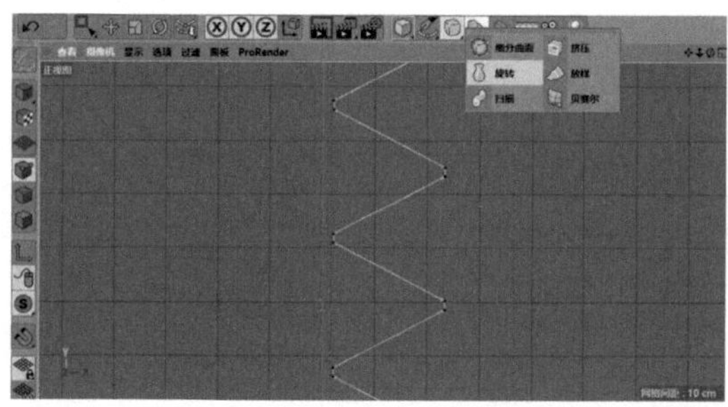

图4-69

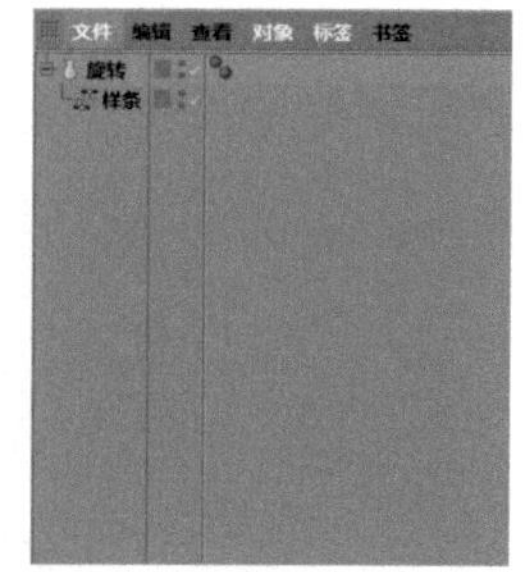

图4-70

18 在正视图界面下，单击鼠标滑轮调出四视图，在透视视图窗口上单击鼠标滑轮，进入透视视图界面，如图 4-71 所示。

19 在透视视图界面下，在工具栏中选择 “变形工具组”中的“扭曲”，如图 4-72 所示。

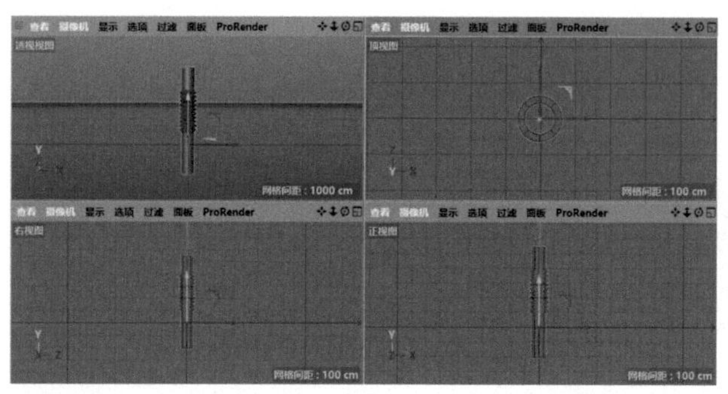

图4-71

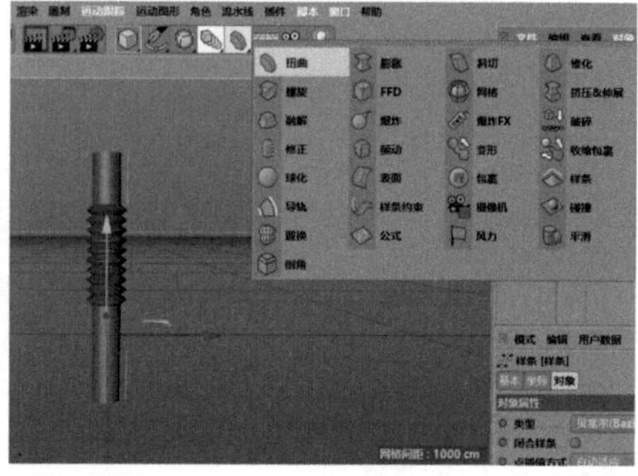

图4-72

提示 如果吸管模型出现问题，可以在对象窗口中选中“样条”，按【E】键切换到移动工具调整“样条”的位置，如图 4-73所示。

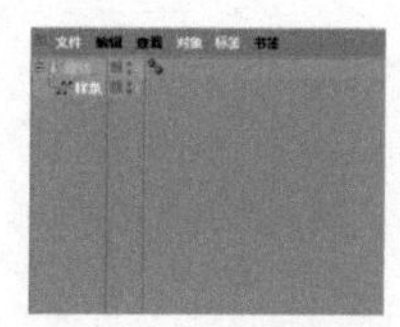

图4-73

20 在工具栏中选择“参数化对象”中的“空白”，如图 4-74 所示。

21 在对象窗口中，将“扭曲”和“旋转”一起拖曳至“空白”内，使它们成为“空白”的子集，然后选择“扭曲”图层，如图 4-75 所示。

图4-74

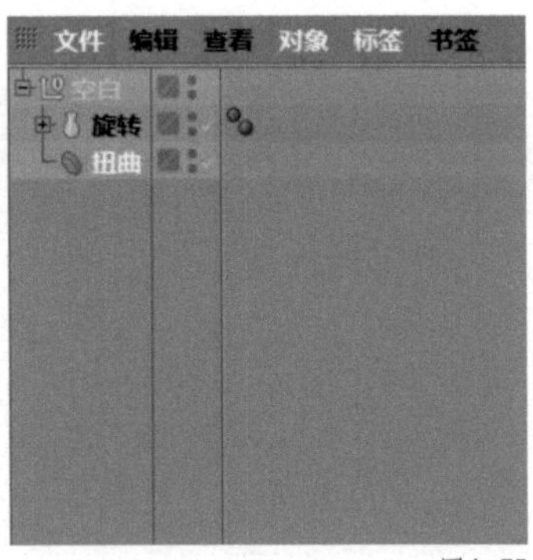

图4-75

22 在透视视图界面下，按住鼠标左键，沿着绿色箭头的方向，将“扭曲”向上拖曳一定的距离，效果如图 4-76 所示。

23 在右下角的“扭曲”窗口中，选择“对象”，将“强度”修改为“75°”，同时勾选“保持纵轴长度”，如图 4-77 所示。

24 透视视图界面中的效果如图 4-78 所示。

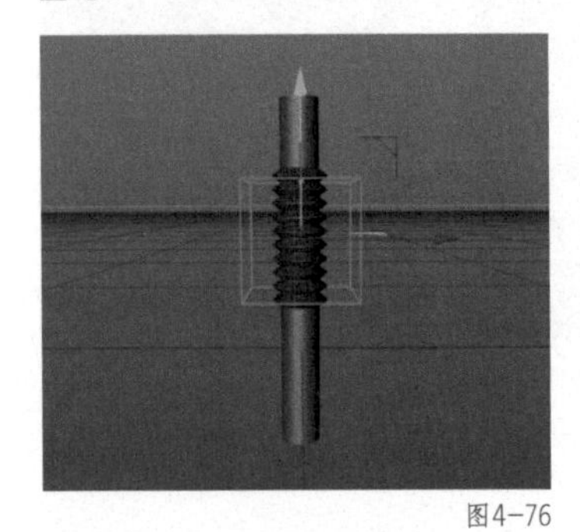
图4-76

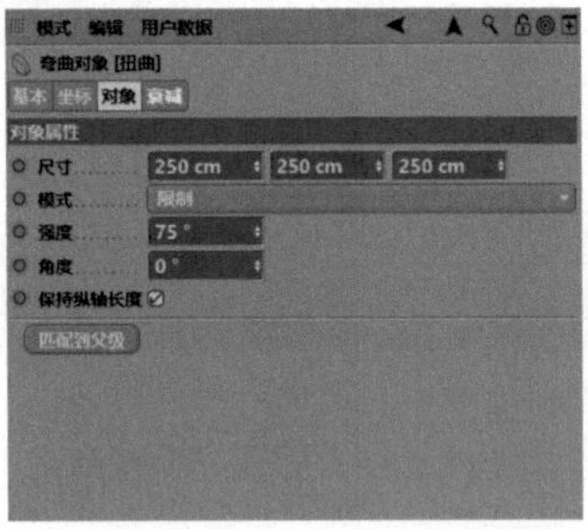

图4-77

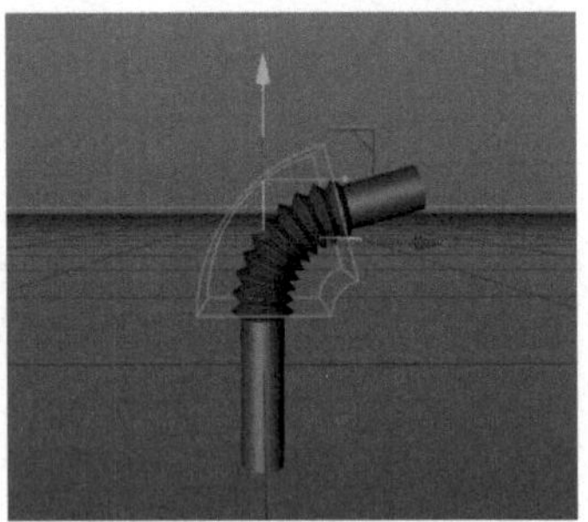
图4-78

4.2.2 吸管的渲染

01 在材质窗口中，在空白处双击新建一个“材质”，如图 4-79 所示。

02 双击“材质”，进入材质编辑器。进入“颜色”通道，选择“纹理 - 表面 - 棋盘”，如图 4-80 所示。

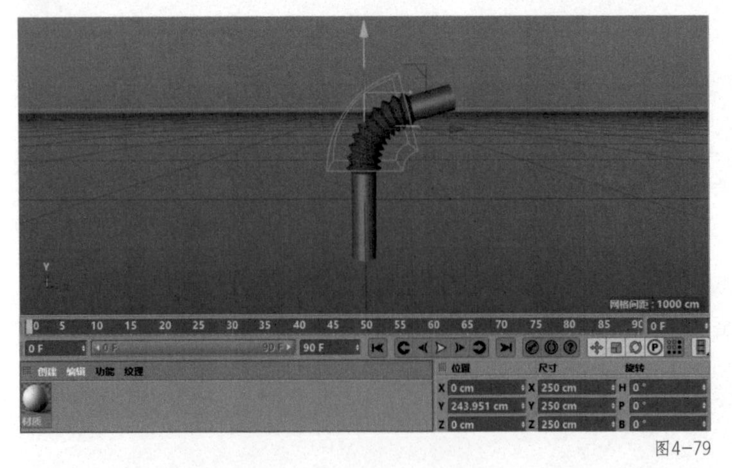

图4-79

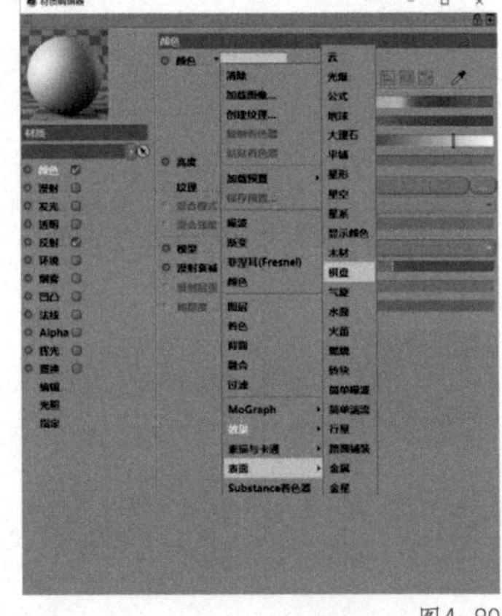
图4-80

03 在材质编辑器的“颜色”通道中，双击棋盘格进入“着色器”，如图 4-81 所示。

04 在“着色器”中修改“颜色 2”的参数。在“颜色拾取器”中，将“H”修改为“60°”，将“S”修改为“100%”，将“V”修改为“100%”，并单击“确认”按钮。在“着色器属性”中，将“U 频率”修改为“0”，并将“V 频率”修改为“6”，如图 4-82 所示。

05 在材质窗口中，将“材质”重命名为“材质 1”，如图 4-83 所示。

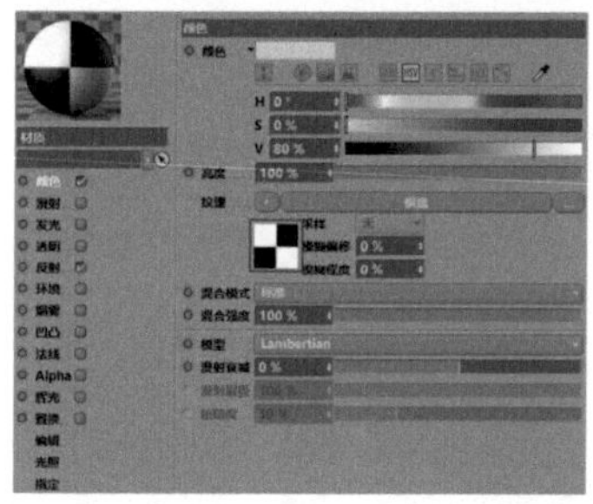
图4-81

图4-82

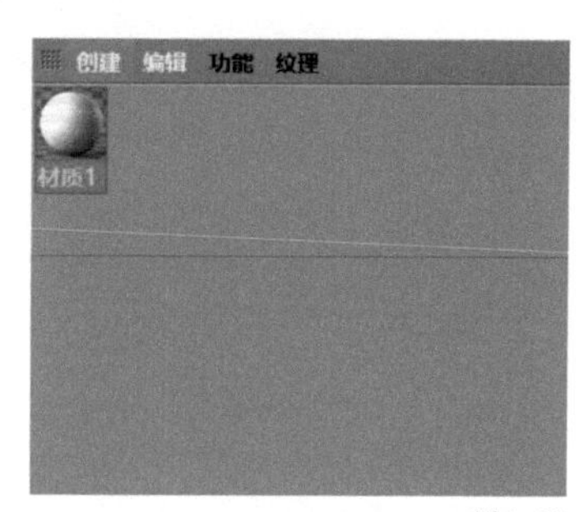

图4-83

06 在透视视图界面下，将材质“材质 1”赋予“吸管”图层，如图 4-84 所示。

07 复制一个“吸管”图层，替换材质，制作另外一只吸管，如图 4-85 所示。

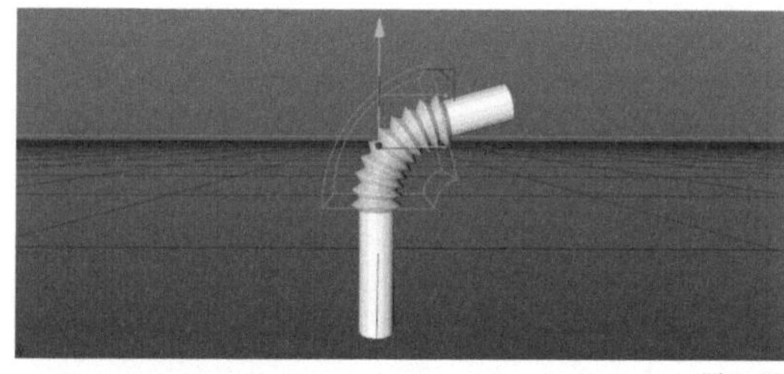
图4-84

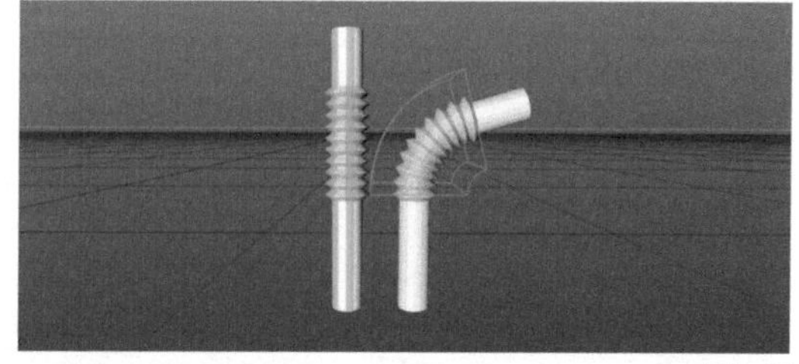
图4-85

08 单击鼠标滑轮调出四视图，在右视图窗口上单击鼠标滑轮，进入右视图界面，如图 4-86 所示。

09 在工具栏中，选择“曲线工具组”中的“画笔”，如图 4-87 所示。

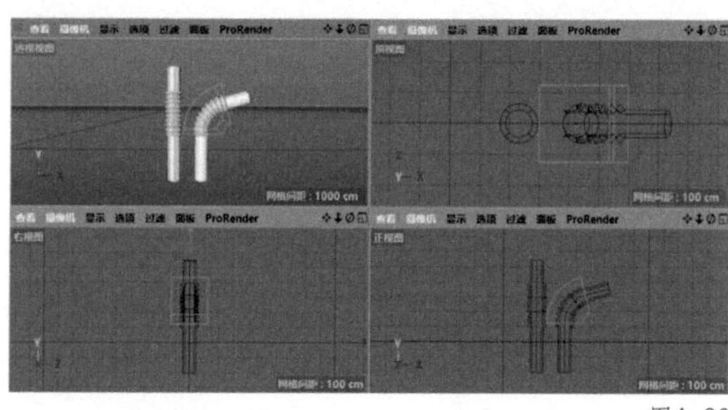
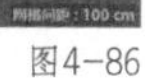
图4-86

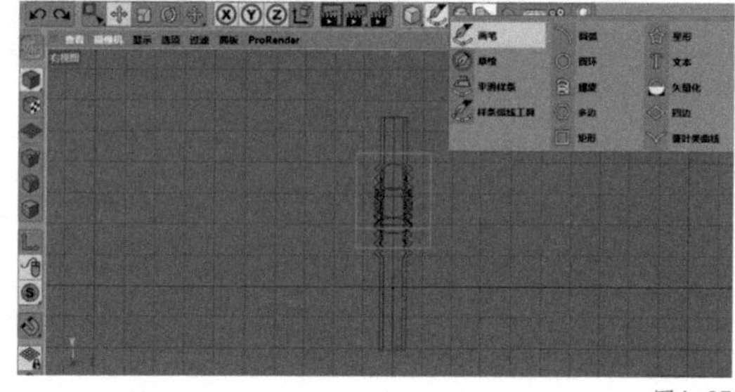
图4-87

10 在右视图界面下，使用“画笔”工具绘制图 4-88 所示的线段。

11 在工具栏中，选择“NURBS”中的“挤压”，如图 4-89 所示。

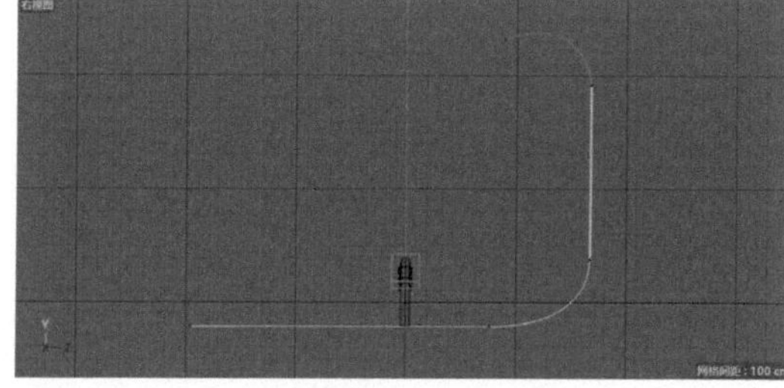
图4-88

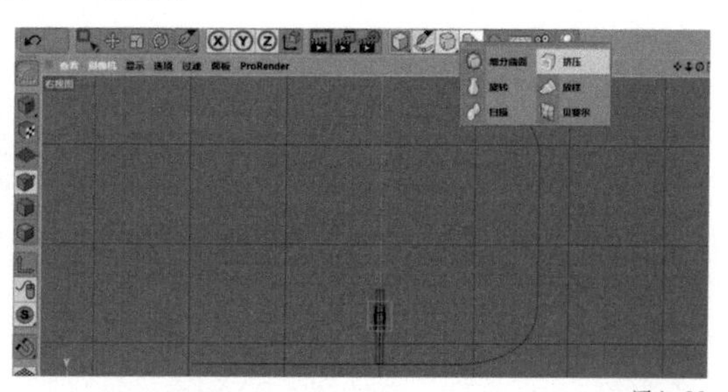
图4-89

12 在对象窗口中，将“样条”拖曳至“挤压”内，使其成为“挤压”的子集，并将“挤压”重命名为“背景”，如图 4-90 所示。

13 在“挤压”窗口中，选择“对象”，在“对象”中将“移动”中“X”的数值修改为“10000 cm”，如图 4-91 所示。

14 单击鼠标滑轮调出四视图，在透视视图窗口上单击鼠标滑轮，进入透视视图界面，如图 4-92 所示。

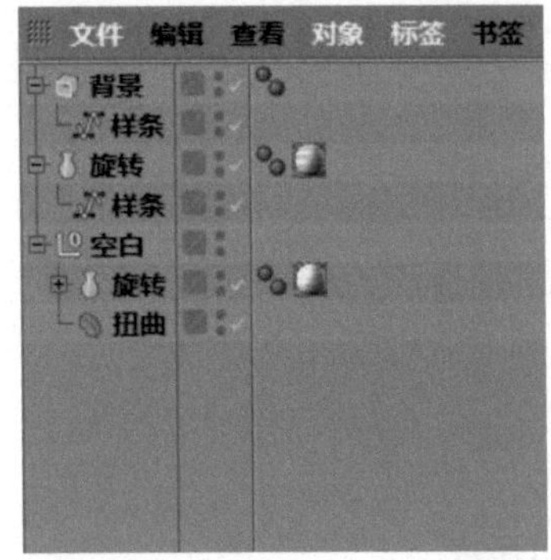

图4-90

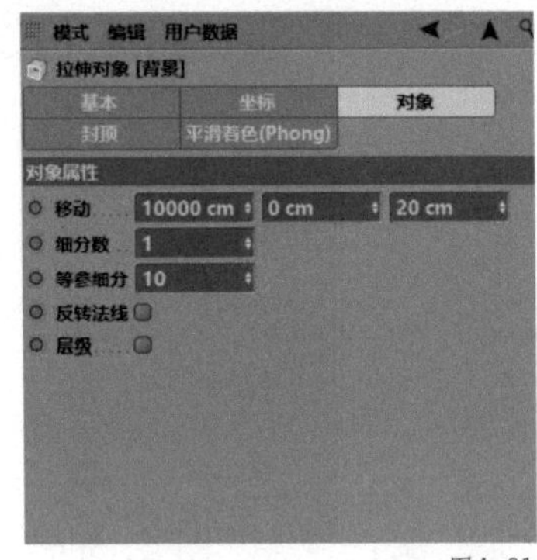

图4-91

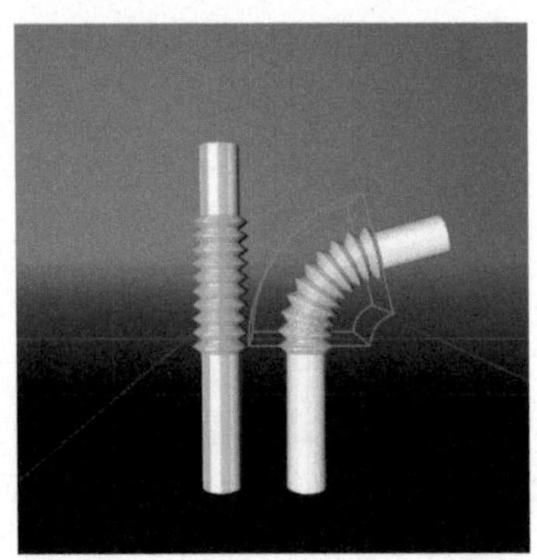

图4-92

15 在材质窗口中，在空白处双击新建一个“材质”，如图 4-93 所示。

16 双击“材质”，进入材质编辑器。进入“颜色”通道，将“H”修改为“168°”，将“S”修改为“70%”，将“V”修改为“100%”，如图 4-94 所示。

17 在材质窗口中，将“材质”重命名为“背景”，如图 4-95 所示。

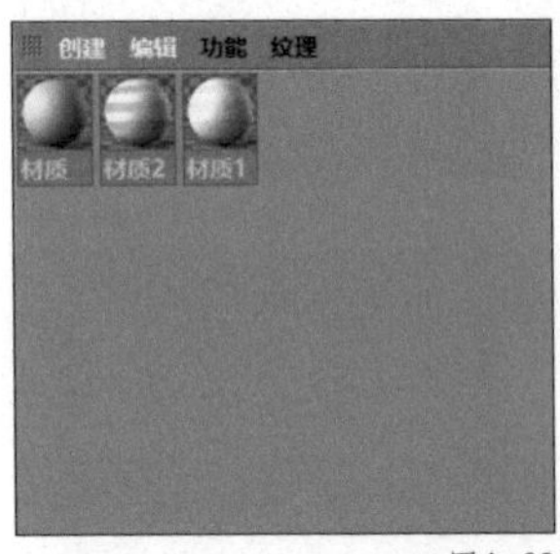

图4-93

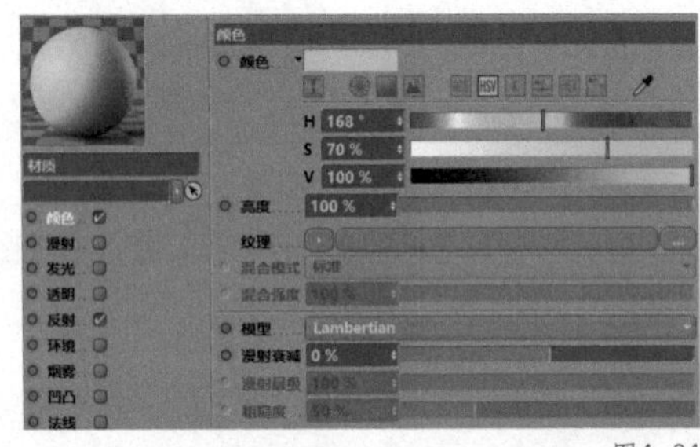

图4-94

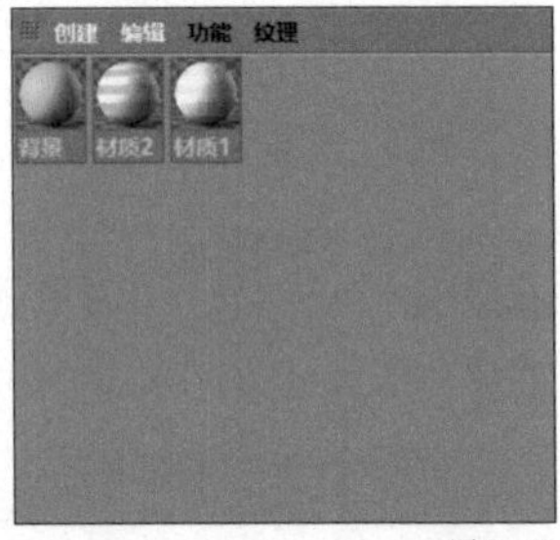

图4-95

18 将材质“背景”赋予“背景”图层，如图 4-96 所示。

19 在透视视图界面下，在工具栏中选择“场景设定”中的“天空”，如图 4-97 所示。

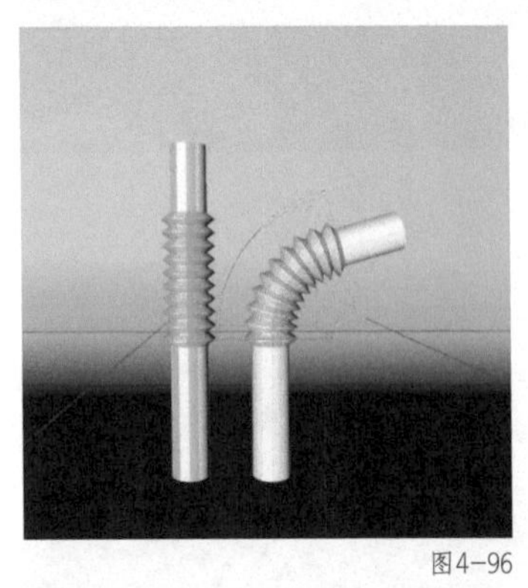

图4-96

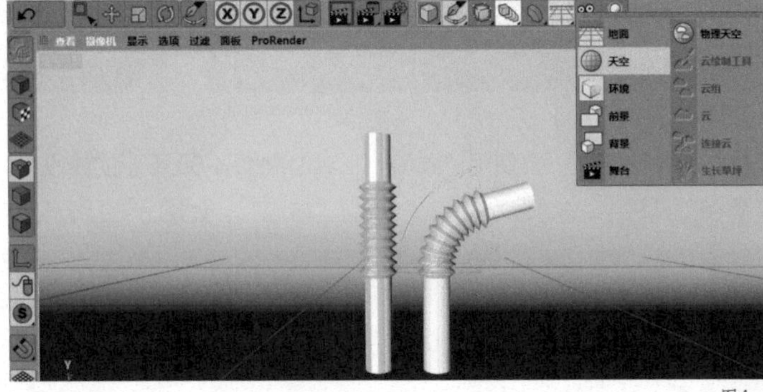

图4-97

20 在材质窗口中，在空白处双击新建一个“材质”，如图 4-98 所示。

21 双击“材质”，进入材质编辑器。进入“颜色”通道，将“H”修改为“168°”，“S”修改为“0%”，“V”修改为“90%”，如图 4-99 所示。

22 在材质窗口中，将“材质”重命名为“天空”，如图 4-100 所示。

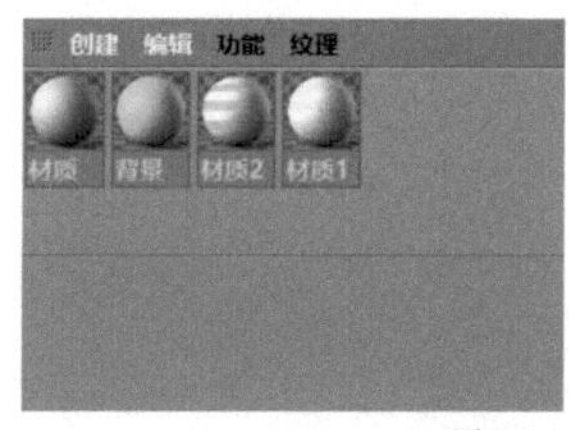
图4-98

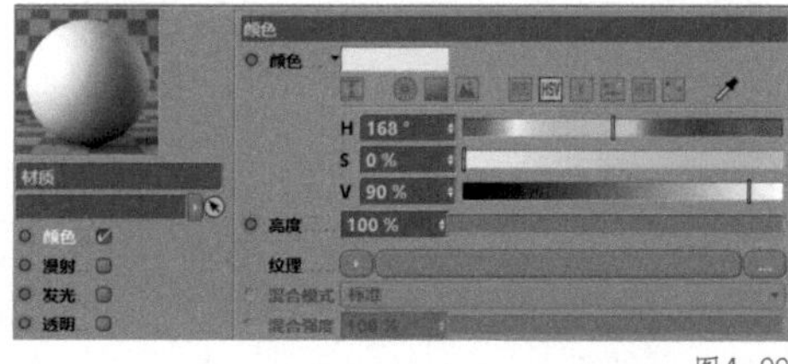
图4-99

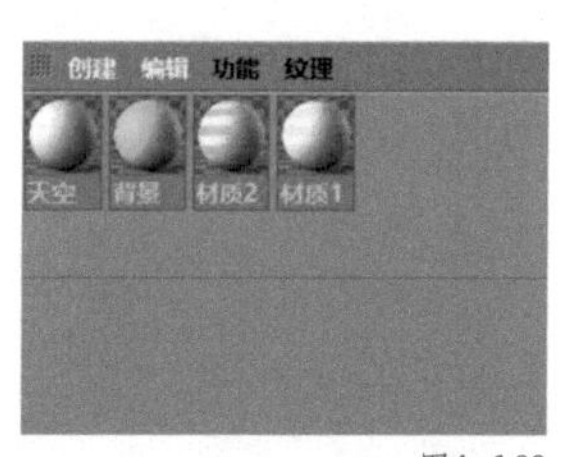
图4-100

23 将材质“天空”赋予“天空”图层，如图 4-101 所示。

24 在工具栏中选择“场景设定”中的“物理天空”，如图 4-102 所示。

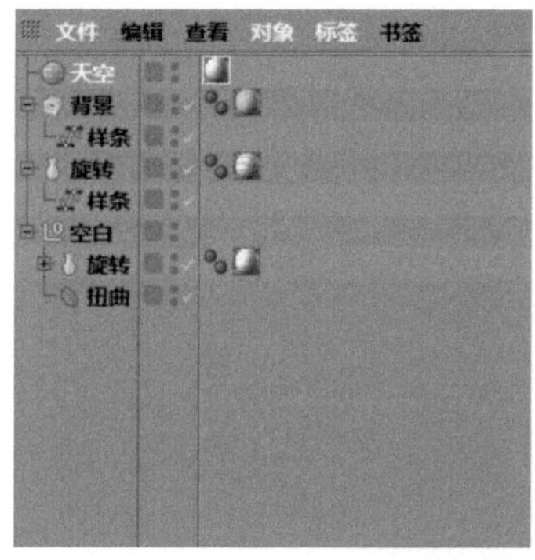
图4-101

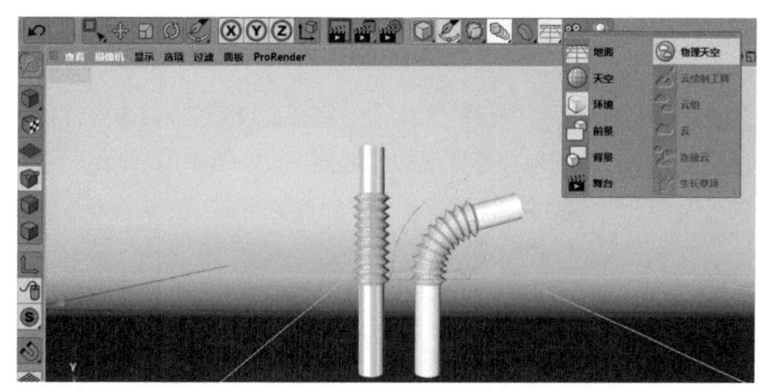
图4-102

25 在“物理天空”窗口中，选择“太阳”，将“强度”修改为“40%”，如图 4-103 所示。

26 在对象窗口中，选择“物理天空”，单击鼠标右键，在弹出的下拉菜单中选择“CINEMA 4D标签”中的“合成”，如图 4-104 所示。

27 在“合成”窗口中，勾选“标签属性”中的“合成背景”，如图 4-105 所示。

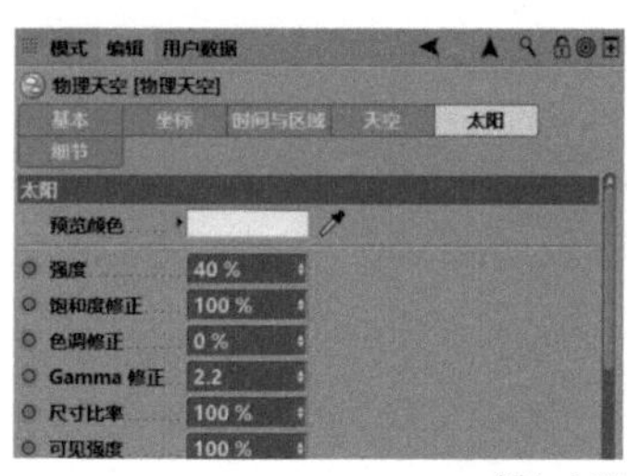
图4-103

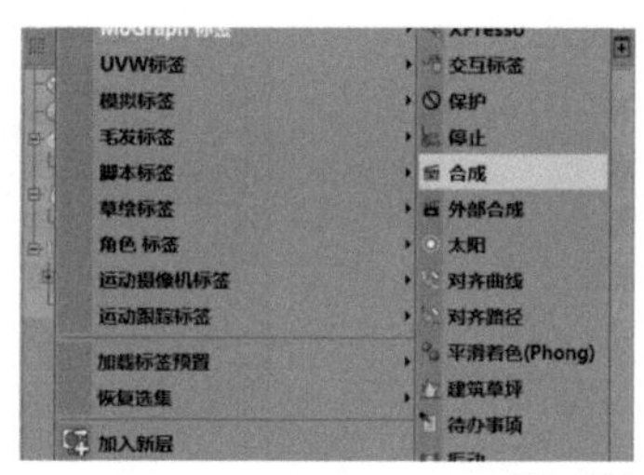
图4-104

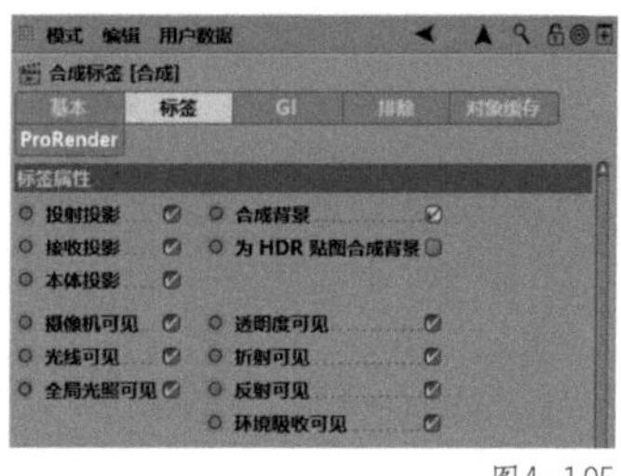
图4-105

28 在对象窗口中，同时选择“背景”“天空”“物理天空”，按【Alt+G】组合键进行编组，并重命名为“背景”，如图 4-106 所示。

29 在工具栏中选择“编辑渲染设置”，如图 4-107 所示。

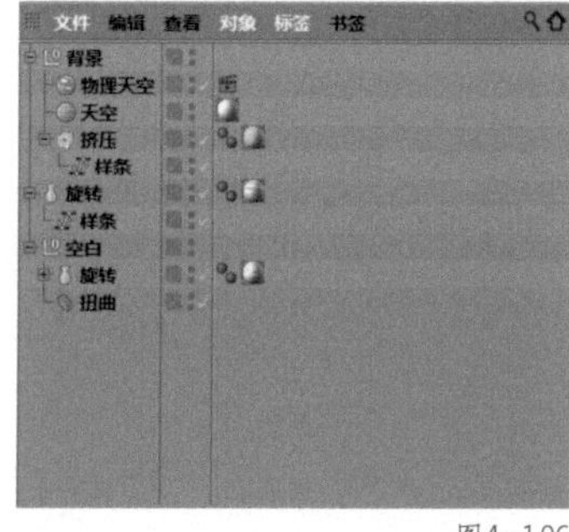
图4-106

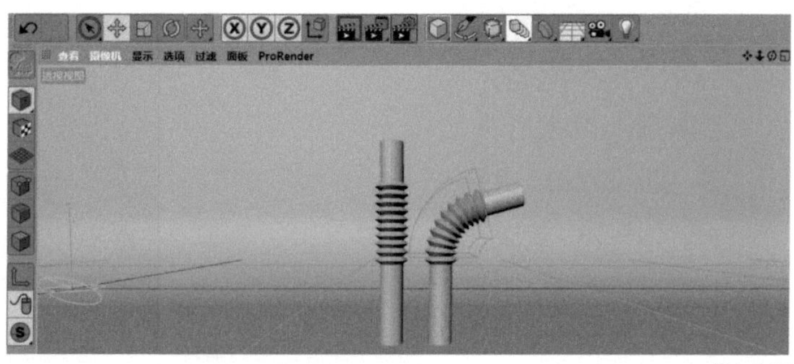
图4-107

30 在渲染设置中，勾选“多通道”，同时选择“效果”中的“全局光照”，如图 4-108 所示。

31 在“全局光照”中，选择“辐照缓存”，并将“记录密度”修改为“高”，如图 4-109 所示。

32 在渲染设置中，勾选“多通道”，同时选择“效果”中的“环境吸收”，如图 4-110 所示。

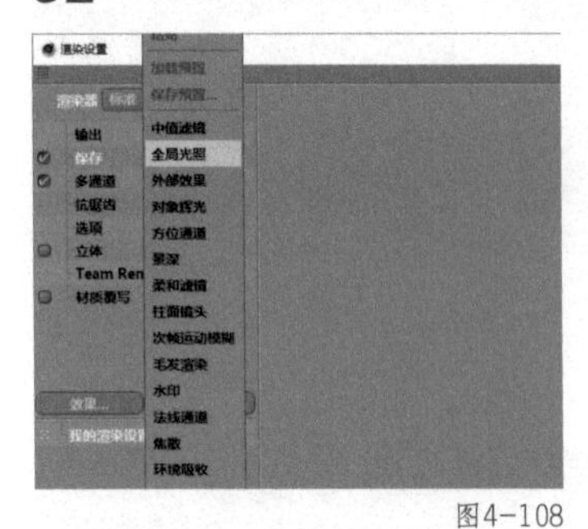

图4-108

图4-109

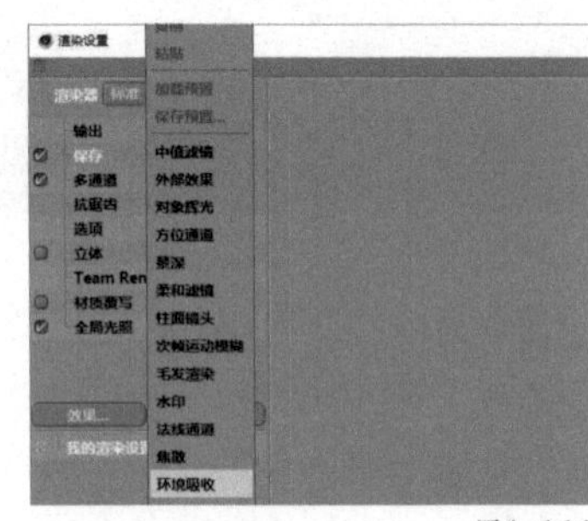

图4-110

33 在“环境吸收”中选择“缓存”，将“记录密度”修改为“高”，如图 4-111 所示。

34 在工具栏中选择“渲染到图片查看器”，如图 4-112 所示。

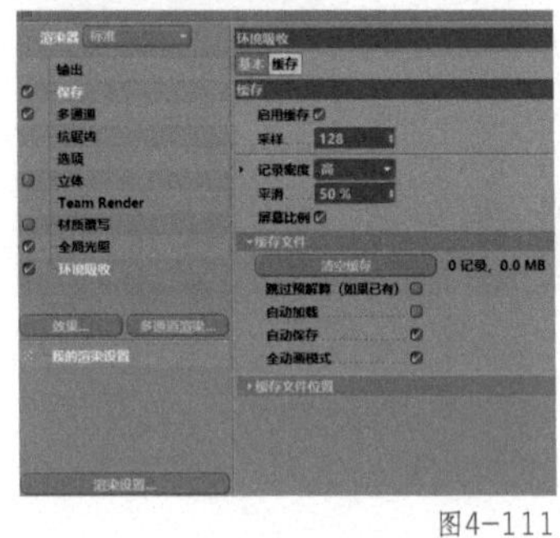

图4-111

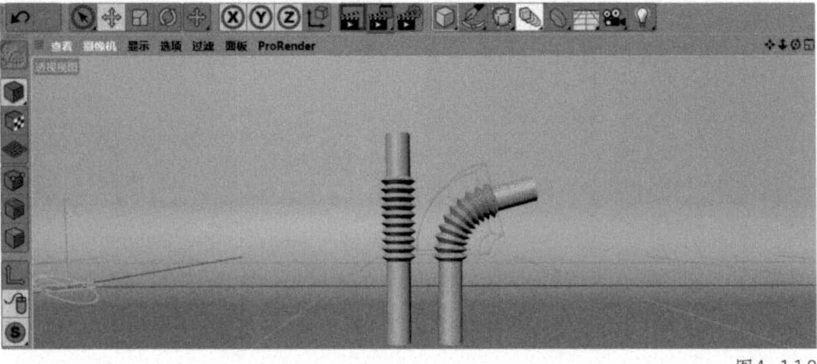

图4-112

35 渲染后的效果如图 4-113 所示。

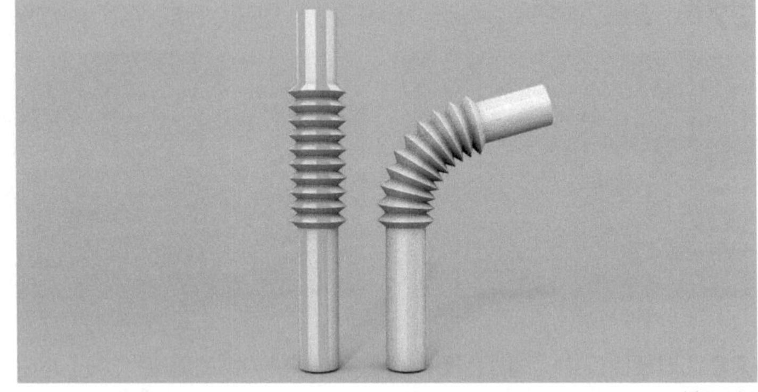

图4-113

本案例到此已全部完成。

本节知识点一览

（1）参数化对象：空白

（2）材质：棋盘

（3）变形工具组：扭曲

（4）NURBS：旋转

（5）曲线工具组：画笔

（6）对象和样条的编辑操作与选择：倒角、细分

4.3 骰子——立方体、球体、布尔

本节讲解骰子的制作方法。骰子(tóu zi)，北方的很多地区又叫色子(shǎi zi)，早在战国时期就被发明了。长久以来，骰子一直是我国传统民间娱乐用来投掷的博具。发展至今，骰子不但是桌游必不可少的小道具，还是许多娱乐项目必不可少的工具之一。最常见的骰子是六面骰，它是一颗正方体，上面分别有1~6个孔，其中一点和四点通常会被漆上红色。在三维设计和产品设计中，骰子是比较基础的模型，多作为辅助元素出现，用于点缀和填充画面，其制作方法非常简单，只需要使用球体和立方体这两个几何体配合布尔功能便可制作完成。

本节内容	本节将讲解骰子的制作方法，包括骰子三维模型的创建、材质及材质的参数调整、场景及灯光的搭建

本节目标	通过本节的学习，读者将掌握骰子制作方法以及布尔的应用

本节主要知识点	立方体、球体、布尔

本节最终效果图展示

4.3.1 骰子的建模

01 打开CINEMA 4D，进入默认的透视视图界面。在透视视图界面下，选择工具栏中的“参数化对象”中的“立方体”，如图4-114所示。

02 在“立方体”窗口中，选择“对象”。在“对象”中，勾选“圆角”，将“圆角半径”修改为“15 cm”，如图4-115所示。

03 在视图窗口菜单中，选择“显示”中的“光影着色（线条）”，如图4-116所示。

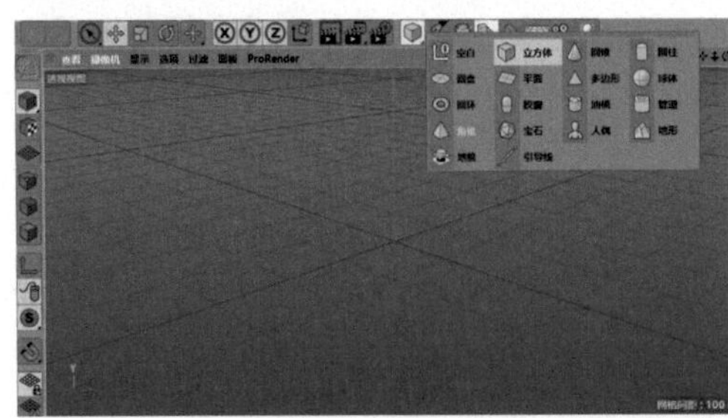
图4-114

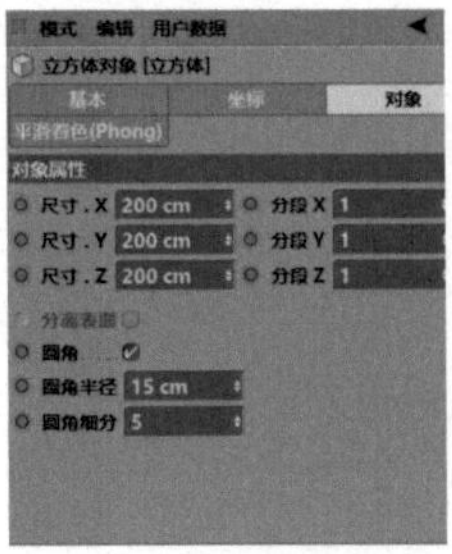

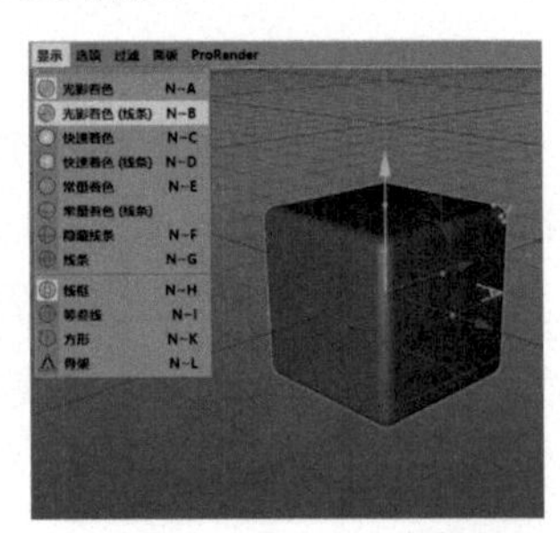
图4-115

图4-116

4.3.2 点数的建模

01 单击鼠标滑轮调出四视图，在正视图窗口上单击鼠标滑轮，进入正视图界面，如图4-117所示。

02 在正视图界面下，按【Shift+V】组合键调出“视窗”，如图4-118所示。

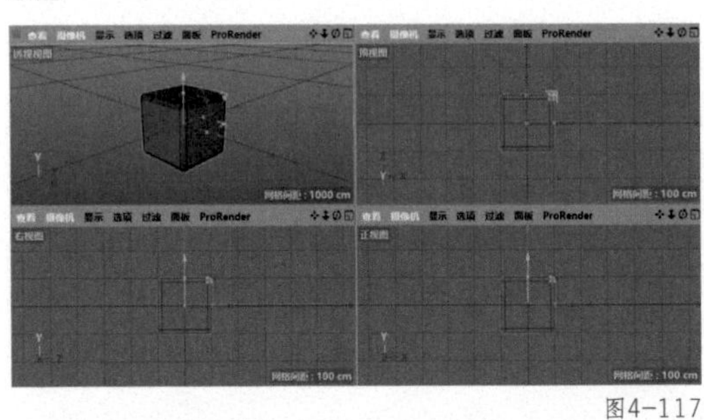
图4-117

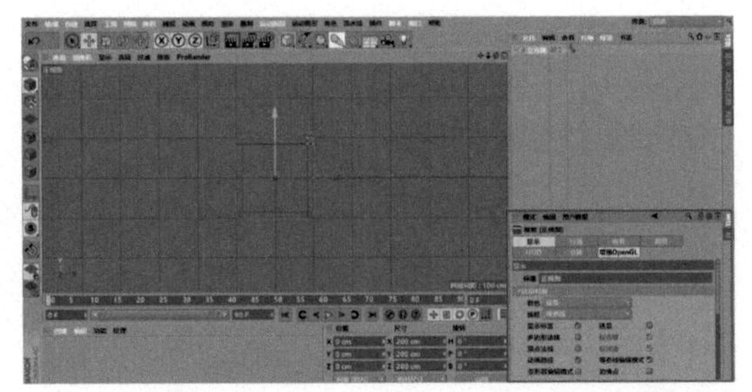
图4-118

03 在“视窗”中，选择“背景”。在“背景”中，单击“图像”后面的“扩展”按钮，将素材“骰子”置入，将“透明”修改为“50%”，如图4-119所示。

04 在“视窗”中，将“水平偏移”修改为“252”，将“垂直偏移”修改为“-126”。使参考图与“立方体”的位置基本重合，如图4-120所示。

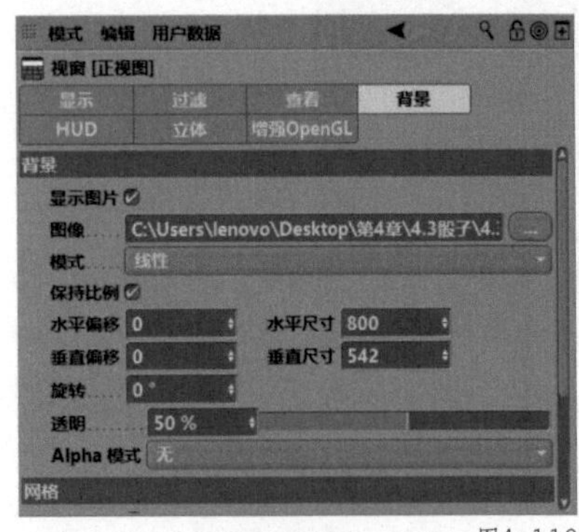

图4-119

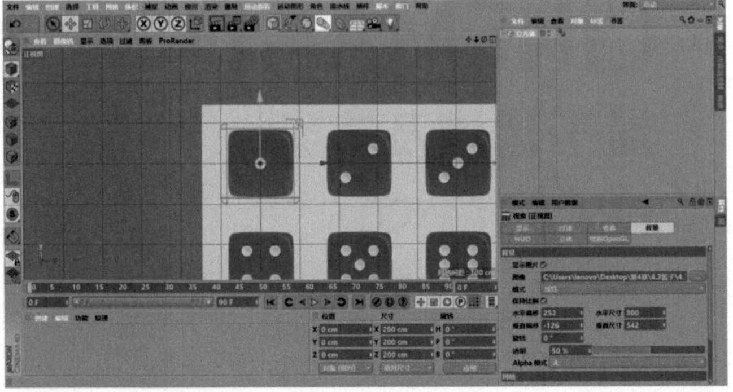
图4-120

05 在正视图界面下，按【T】键切换到“缩放”工具，按住鼠标左键在空白处进行拖曳，将“立方体”

缩小一些，使其与参考图中骰子的位置完全重合，如图 4-121 所示。

06 在正视图界面下，在工具栏中选择“参数化对象”中的“球体”，如图 4-122 所示。

07 按【T】键切换到“缩放”工具，按住鼠标左键在空白处进行拖曳，将“球体”缩小一些，使其与参考图中骰子的点的位置完全重合，如图 4-123 所示。

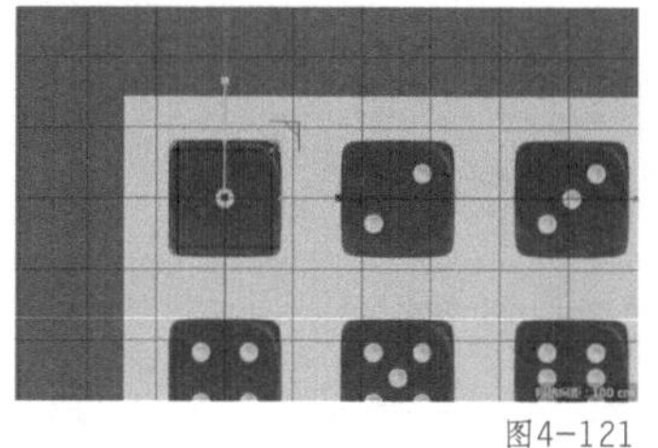

图4-121

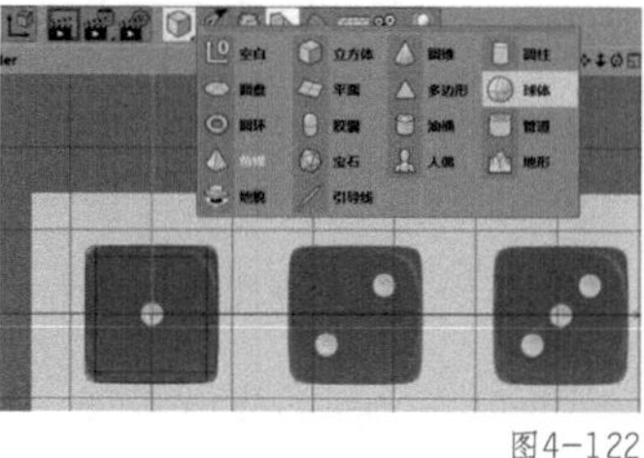

图4-122

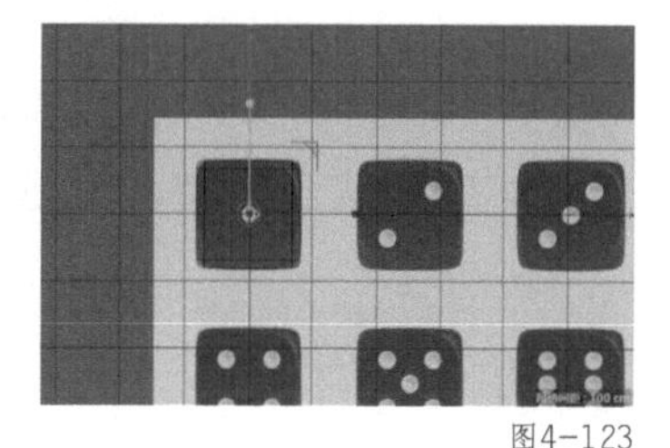

图4-123

08 单击鼠标滑轮调出四视图，在右视图窗口上单击鼠标滑轮，进入右视图界面，如图 4-124 所示。

09 在右视图界面下，将“球体”向左拖曳至图 4-125 所示的位置。

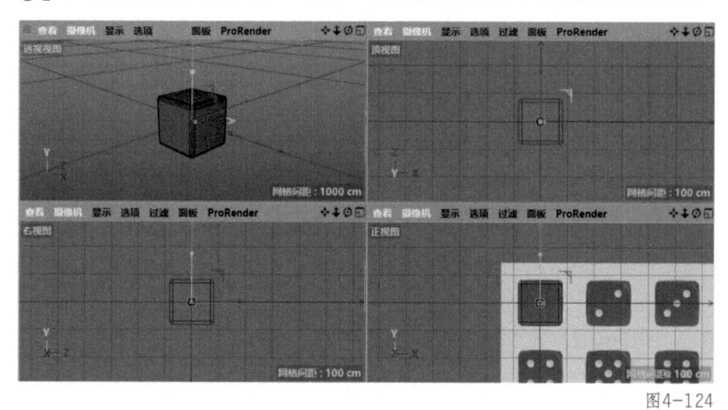

图4-124

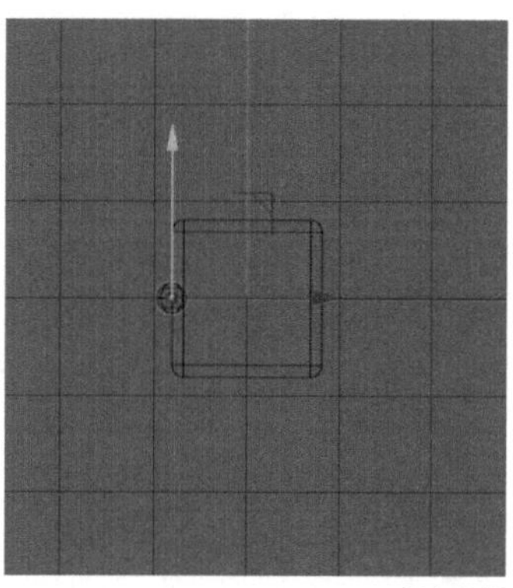

图4-125

10 单击鼠标滑轮调出四视图，在透视视图窗口上单击鼠标滑轮，进入透视视图界面。在“对象坐标”窗口中，将“旋转”一栏的“H”修改为“270°”，并单击“应用”按钮，如图 4-126 所示。

11 单击鼠标滑轮调出四视图，在正视图窗口上单击鼠标滑轮，进入正视图界面。同时选中“立方体”和“球体”，按【E】键切换到“移动”工具，调整至图 4-127 所示的位置。

12 在正视图界面下，在工具栏中选择“参数化对象”中的“球体”，新建两个“球体”，并按【T】键切换到“缩放”工具调整大小，按【E】键切换到“移动”工具调整位置，效果如图 4-128 所示。

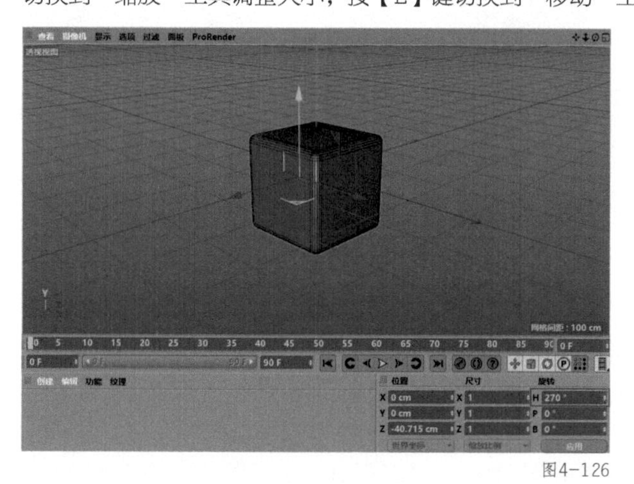

图4-126

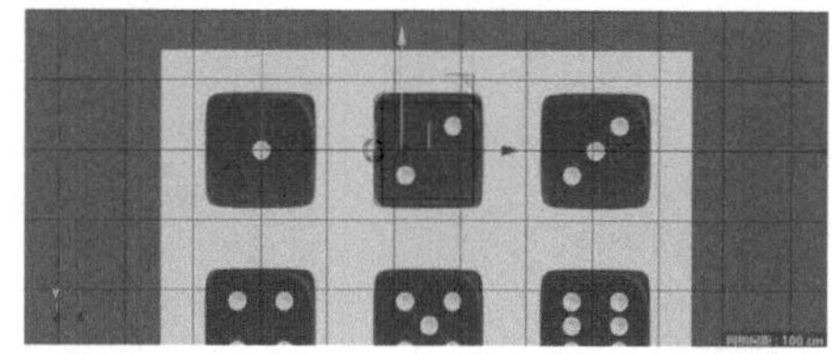

图4-127

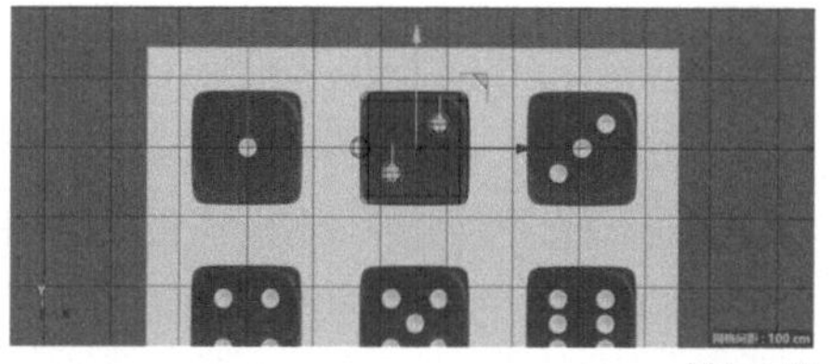

图4-128

13 单击鼠标滑轮调出四视图，在右视图窗口上单击鼠标滑轮，进入右视图界面。在右视图界面下，按【E】

键切换到“移动”工具，将“球体”向左拖曳至图 4-129 所示的位置。

14 单击鼠标滑轮调出四视图，在透视视图窗口上单击鼠标滑轮，进入透视视图界面。在“对象坐标”窗口中，将“旋转”一栏的“H”修改为“180°”，并单击“应用”按钮，如图 4-130 所示。

15 单击鼠标滑轮调出四视图，在正视图窗口上单击鼠标滑轮，进入正视图界面。同时选中“立方体”和“球体”，按【E】键切换到“移动”工具，调整至图 4-131 所示的位置。

16 在正视图界面下，在工具栏中选择“参数化对象”中的“球体”，新建 6 个“球体”，并按【T】键切换到“缩放”工具调整大小，按【E】键切换到“移动”工具调整位置，效果如图 4-132 所示。

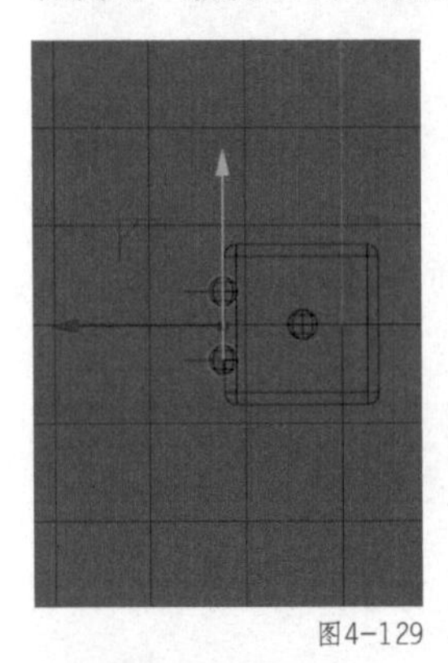

图4-129

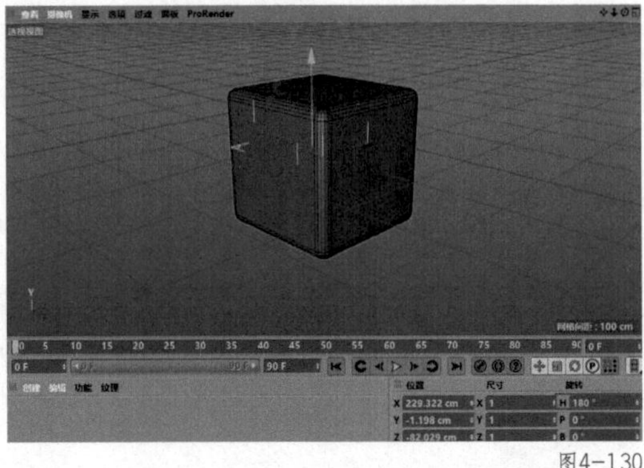

图4-130

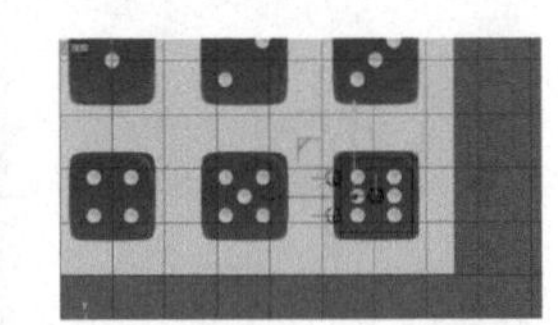

图4-131

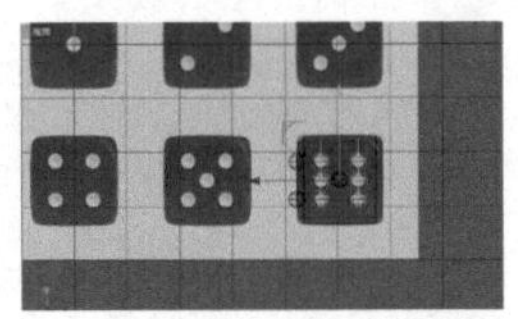

图4-132

17 单击鼠标滑轮调出四视图，在右视图窗口上单击鼠标滑轮，进入右视图界面。在右视图界面下，按【E】键切换到“移动”工具，将“球体”向左拖曳至下图所示位置，如图 4-133 所示。

18 单击鼠标滑轮调出四视图，在透视视图窗口上单击鼠标滑轮，进入透视视图界面。在“对象坐标”窗口中，将“旋转”一栏的“H”修改为“90°”，并单击“应用”按钮，如图 4-134 所示。

19 单击鼠标滑轮调出四视图，在正视图窗口上单击鼠标滑轮，进入正视图界面。同时选中“立方体”和“球体”，按【E】键切换到“移动”工具，调整至图 4-135 所示的位置。

20 在正视图界面下，在工具栏中选择“参数化对象”中的“球体”，新建 5 个“球体”，并按【T】键切换到“缩放”工具调整大小，按【E】键切换到“移动”工具调整位置，如图 4-136 所示。

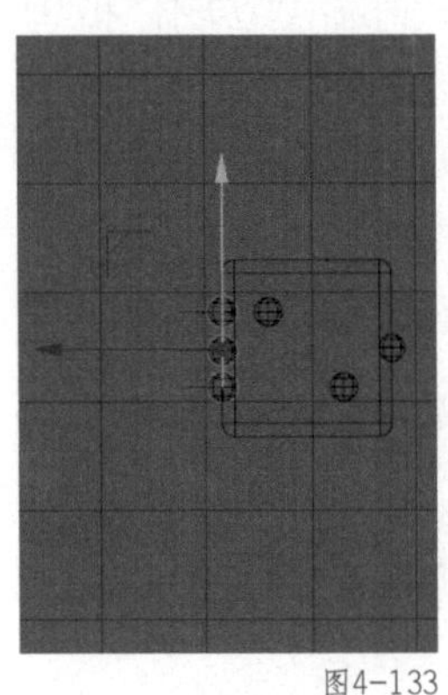

图4-133

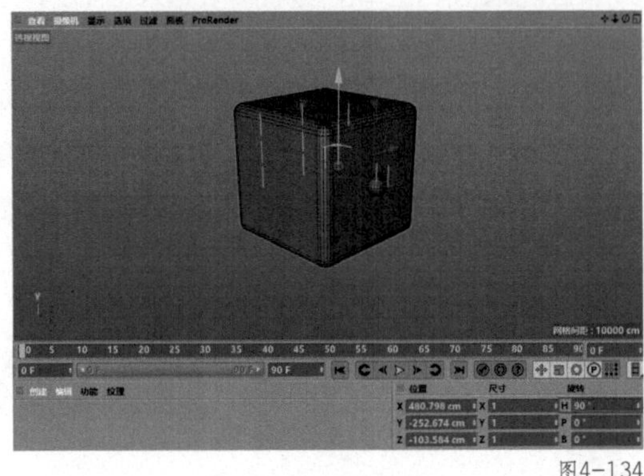

图4-134

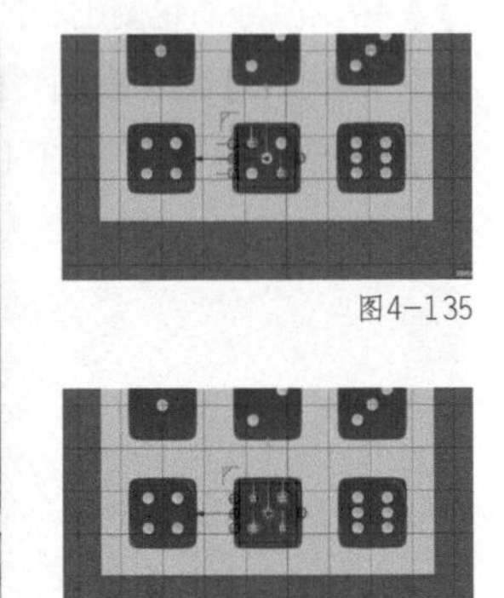

图4-135

图4-136

21 单击鼠标滑轮调出四视图，在右视图窗口上单击鼠标滑轮，进入右视图界面。在右视图界面下，按【E】键切换到“移动”工具，将“球体”向左拖曳至位置，如图 4-137 所示。

22 单击鼠标滑轮调出四视图，在透视视图窗口上单击鼠标滑轮，进入透视视图界面。在“对象坐标”窗口中，将“旋转”一栏的“B”修改为“270°”，并单击“应用”按钮，如图 4-138 所示。

23 单击鼠标滑轮调出四视图，在正视图窗口上单击鼠标滑轮，进入正视图界面。同时选中“立方体”和“球体”，按【E】键切换到“移动”工具，调整至图 4-139 所示的位置。

24 在正视图界面下，在工具栏中选择“参数化对象”中的“球体”，新建4个“球体”，并按【T】键切换到“缩放”工具调整大小，按【E】键切换到“移动”工具调整位置，效果如图4-140所示。

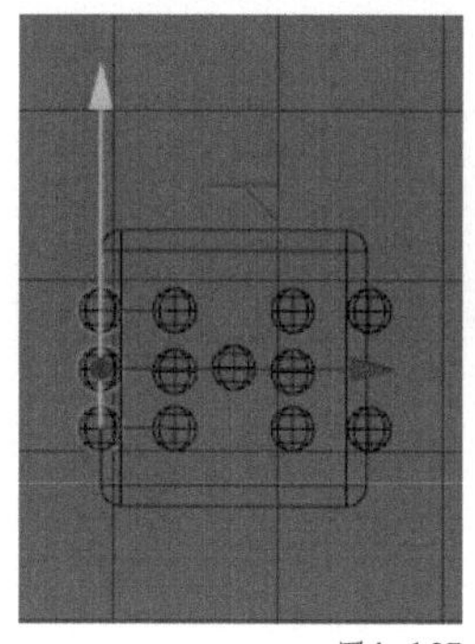
图4-137

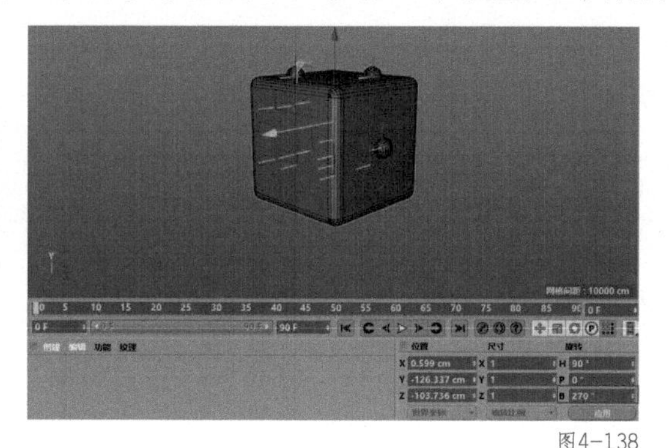
图4-138

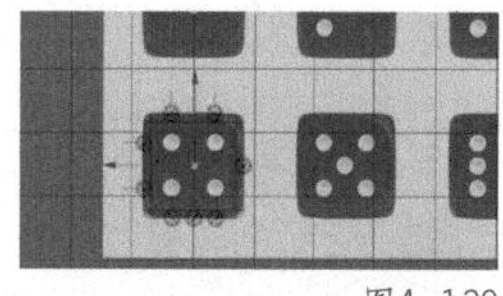
图4-139

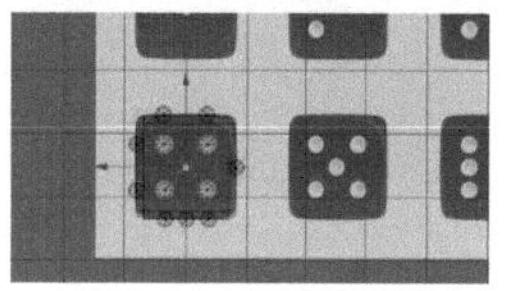
图4-140

25 单击鼠标滑轮调出四视图，在右视图窗口上单击鼠标滑轮，进入右视图界面。在右视图界面下，按【E】键切换到“移动”工具，将“球体”向左拖曳至图4-141所示的位置。

26 单击鼠标滑轮调出四视图，在透视视图窗口上单击鼠标滑轮，进入透视视图界面。在“对象坐标”窗口中，将“旋转”一栏的“B”修改为“90°”，并单击“应用”按钮，如图4-142所示。

27 单击鼠标滑轮调出四视图，在正视图窗口上单击鼠标滑轮，进入正视图界面。同时选中“立方体”和“球体”，按【E】键切换到移动工具，调整至图4-143所示的位置。

28 在正视图界面下，在工具栏中选择“参数化对象”中的“球体”，新建3个“球体”，并按【T】键切换到“缩放”工具调整大小，按【E】键切换到“移动”工具调整位置，效果如图4-144所示。

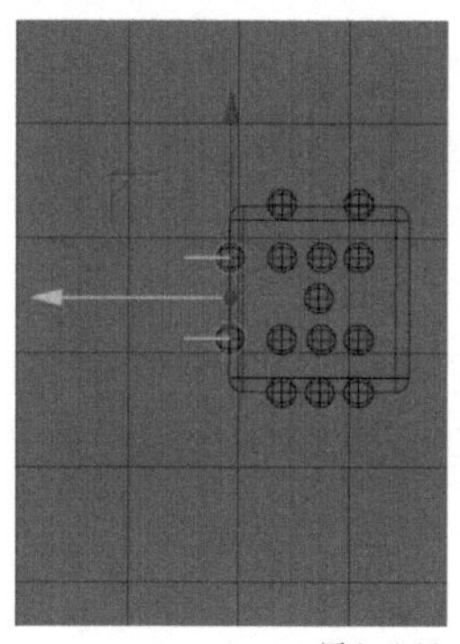
图4-141

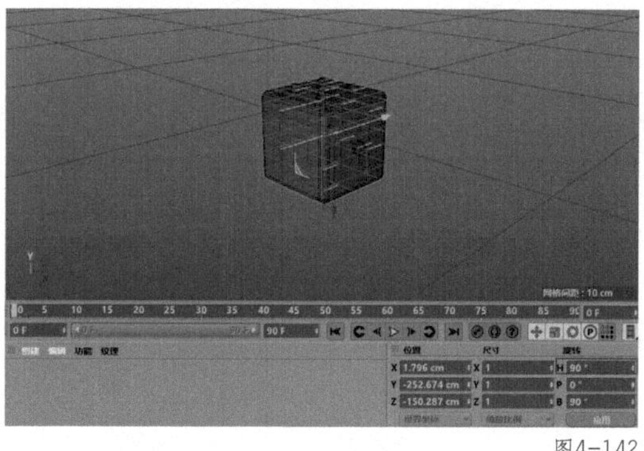
图4-142

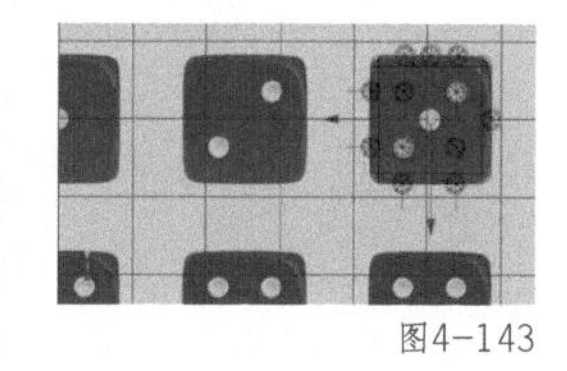
图4-143

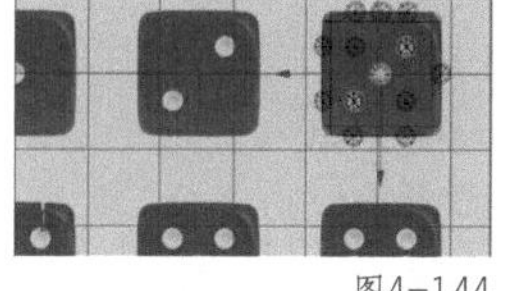
图4-144

29 单击鼠标滑轮调出四视图，在右视图窗口上单击鼠标滑轮，进入右视图界面。在右视图界面下，按【E】键切换到“移动”工具，将“球体”向左拖曳至图4-145所示的位置。

30 单击鼠标滑轮调出四视图，在透视视图窗口上单击鼠标滑轮，进入透视视图界面，如图4-146所示。

31 在对象窗口中，同时选中所有的“球体”，在空白处单击鼠标右键，在弹出的下拉菜单中，选择“连接对象+删除”，并重命名为“点”，如图4-147所示。

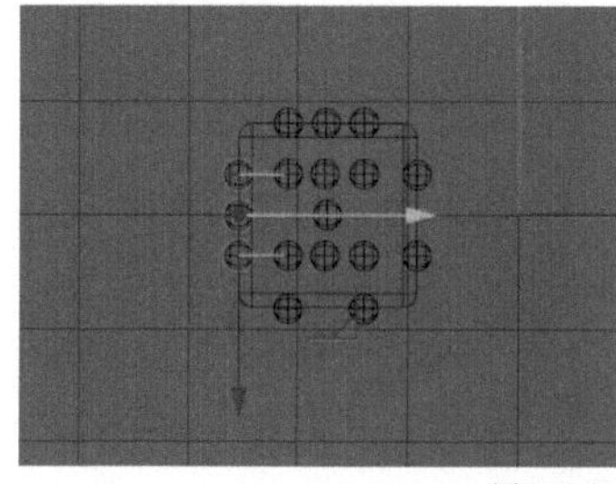
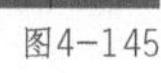
图4-145

图4-146

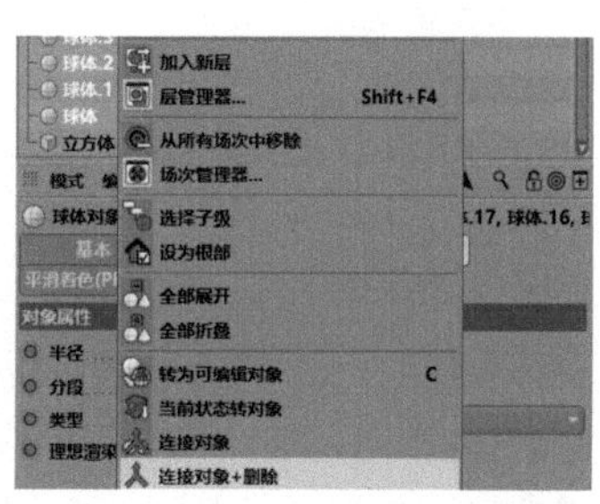

图4-147

32 在工具栏中，选择“造型工具组”中的“布尔”，如图 4-148 所示。

33 在对象窗口中，将“立方体”和“点”拖曳至“布尔”内，使其成为“布尔”的子集，如图 4-149 所示。

34 透视视图界面中的效果如图 4-150 所示。

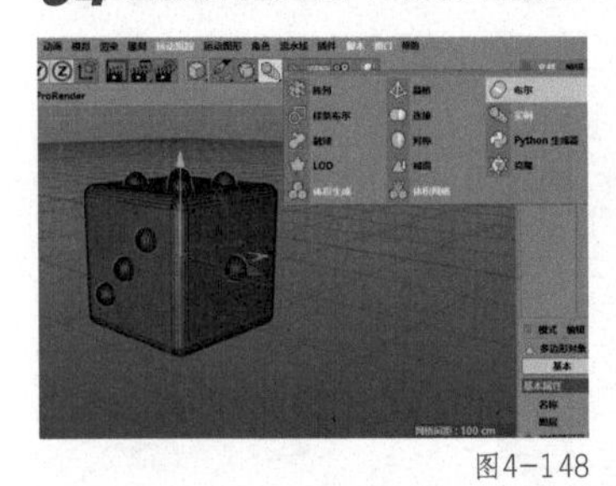

图4-148

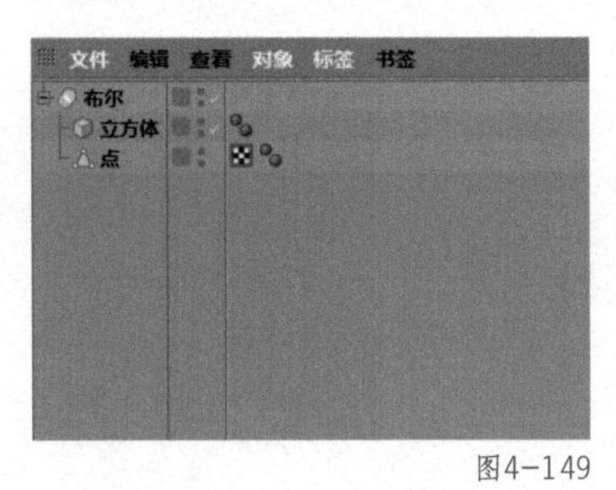

图4-149

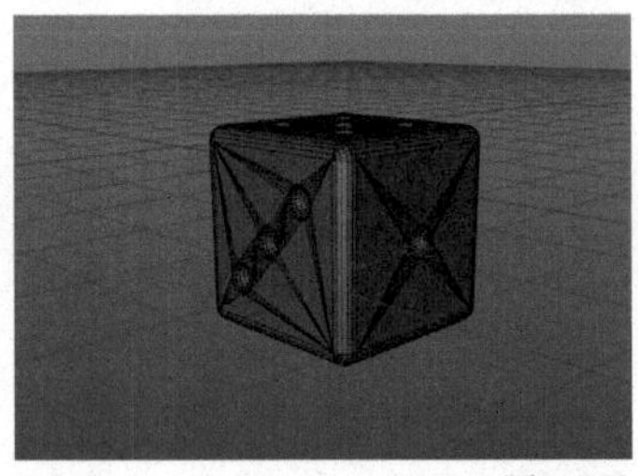

图4-150

4.3.3 骰子的渲染

01 在材质窗口中，在空白处双击新建一个“材质”，如图 4-151 所示。

02 双击“材质”，进入材质编辑器。进入“颜色”通道，将“H”修改为“0°”，将“S”修改为“0%”，将“V”修改为“100%”，如图 4-152 所示。

03 在材质编辑器中，进入“反射”通道，单击“添加”按钮，在弹出的下拉菜单中选择“GGX”，在“层1”中将“粗糙度”修改为“10%”，在“层颜色”中将“亮度”修改为“10%”，如图 4-153 所示。

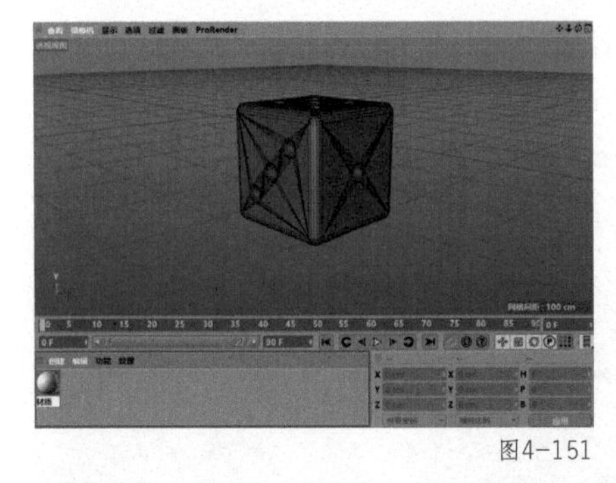

图4-151

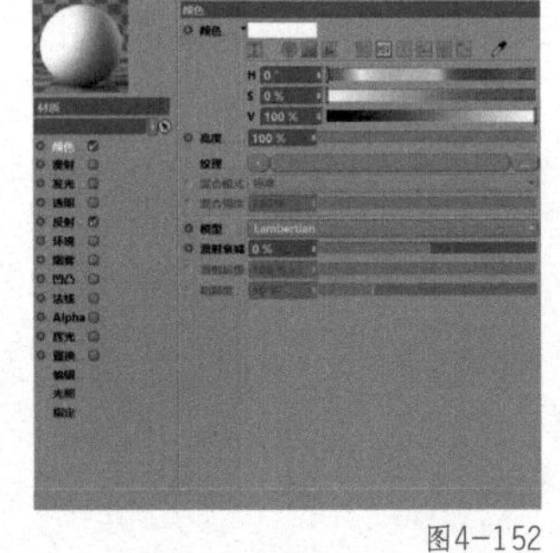

图4-152

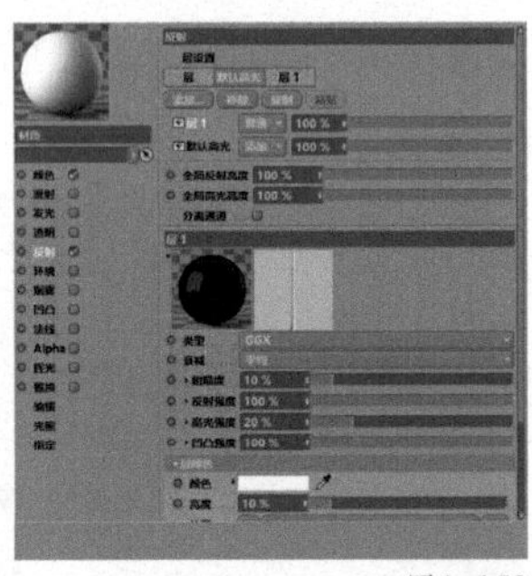

图4-153

04 在材质窗口中，将“材质”重命名为“点”，如图 4-154 所示。

05 将材质“点”赋予“点”图层，如图 4-155 所示。

06 在材质窗口中，在空白处双击新建一个“材质”，如图 4-156 所示。

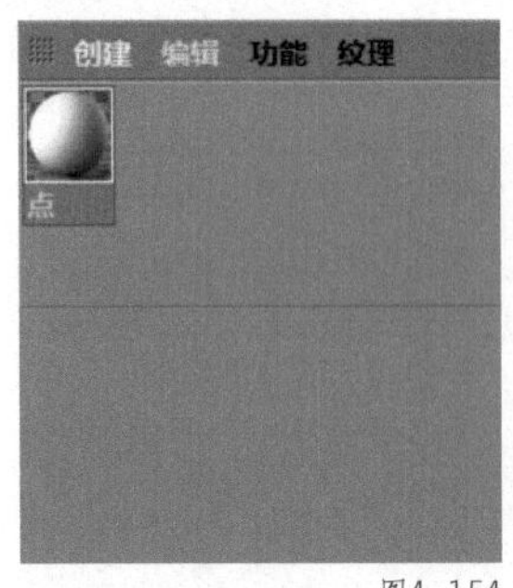

图4-154

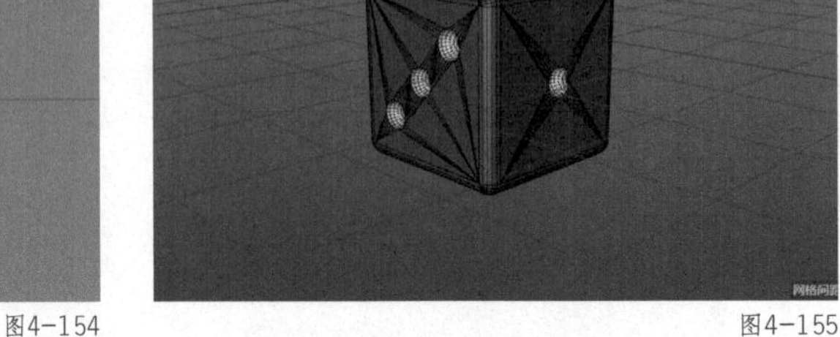

图4-155

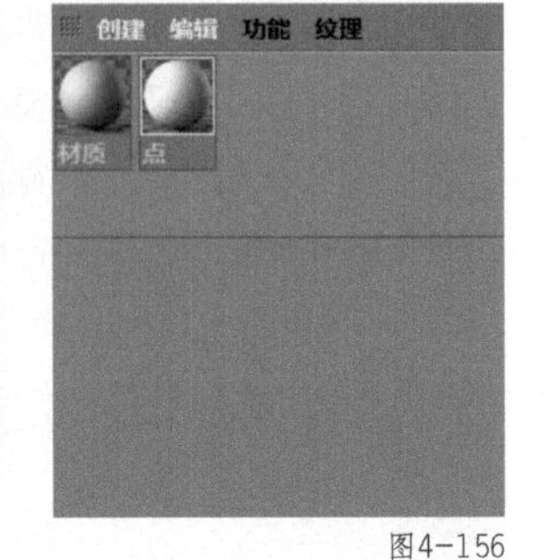

图4-156

07 在材质窗口中，将“材质”重命名为“点”，如图 4-157 所示。

08 将材质“点”赋予“点”图层，如图 4-158 所示。

09 在材质窗口中，在空白处双击新建一个“材质”，如图 4-159 所示。

10 将材质“骰子”赋予“立方体”对象，效果如图 4-160 所示。

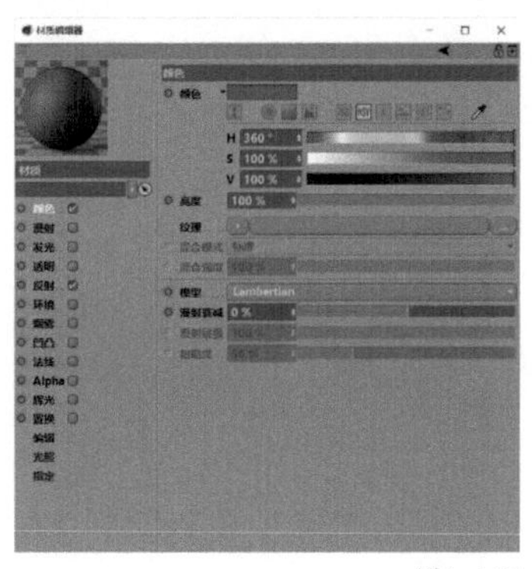
图4-157

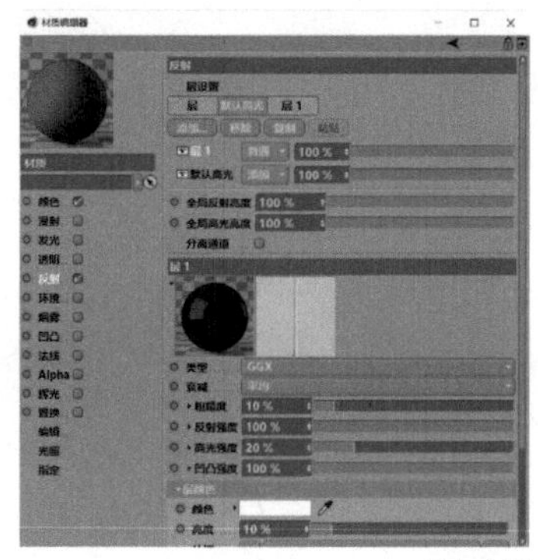
图4-158

图4-159

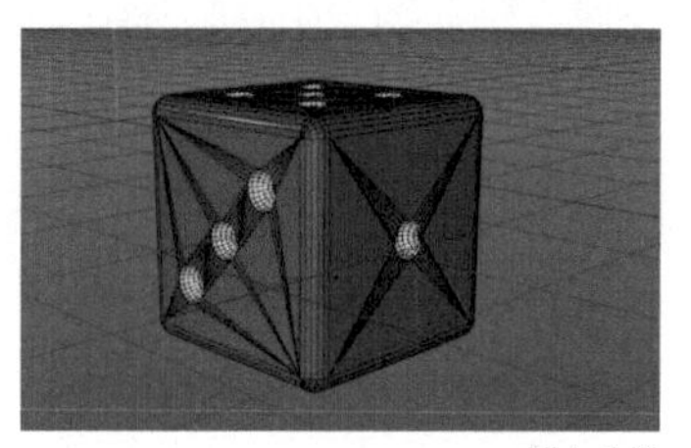
图4-160

11 在透视视图界面下，复制两个“骰子”，替换颜色，效果如图 4-161 所示。

12 在右视图界面下，在工具栏中，选择“曲线工具组”中的“画笔”，如图 4-162 所示。

图4-161

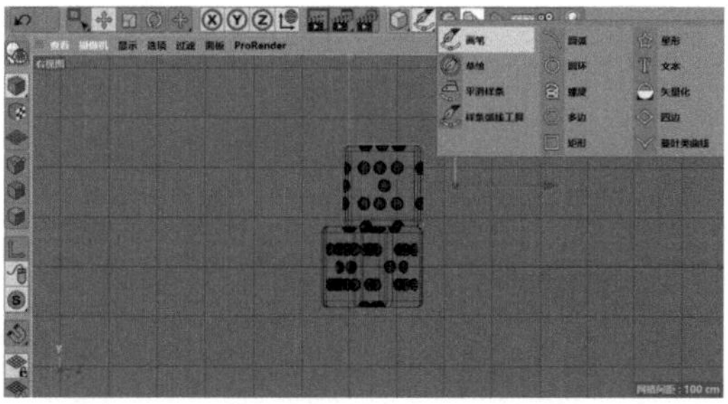

图4-162

13 在右视图界面下，使用“画笔”工具绘制图 4-163 所示的线段。

14 在工具栏中，选择“NURBS”中的“挤压”，如图 4-164 所示。

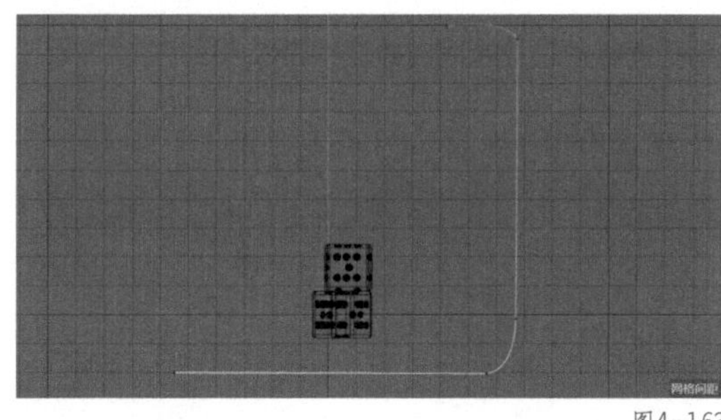
图4-163

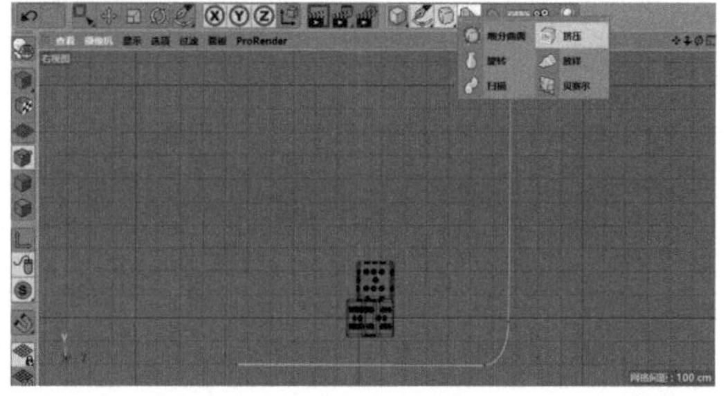
图4-164

15 在对象窗口中，将“样条”拖曳至“挤压”内，使其成为“挤压”的子集，并将“挤压”重命名为“背景”，如图 4-165 所示。

16 在“挤压”窗口中，选择“对象”，在“对象”中将“移动”中“X”的坐标数值修改为“10000 cm”，如图 4-166 所示。

17 单击鼠标滑轮调出四视图，在透视视图窗口上单击鼠标滑轮，进入透视视图界面，如图 4-167 所示。

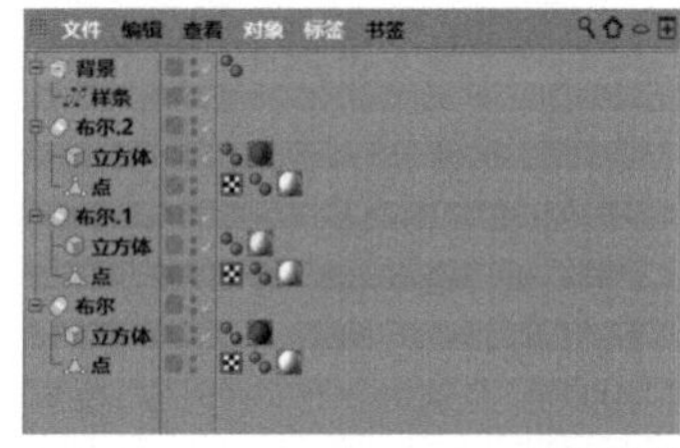

图4-165

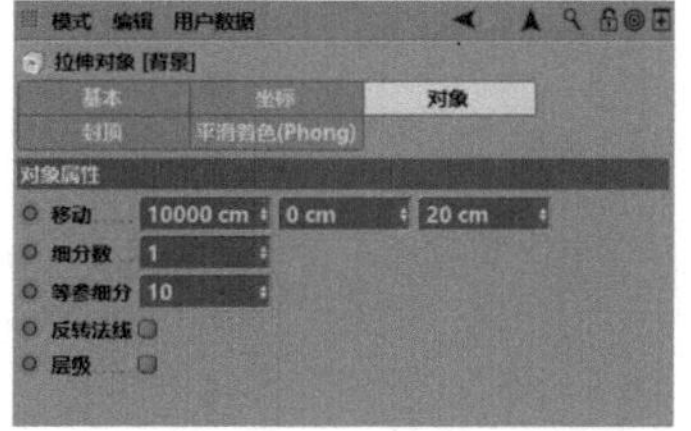

图4-166

图4-167

18 在材质窗口中，在空白处双击新建一个“材质”，如图 4-168 所示。

19 双击“材质”，进入材质编辑器。进入“颜色”通道，将“H”修改为“231°”，将“S”修改为“0%”，将“V”修改为“100%”，如图 4-169 所示。

20 在材质窗口中，将“材质”重命名为“背景”，如图 4-170 所示。

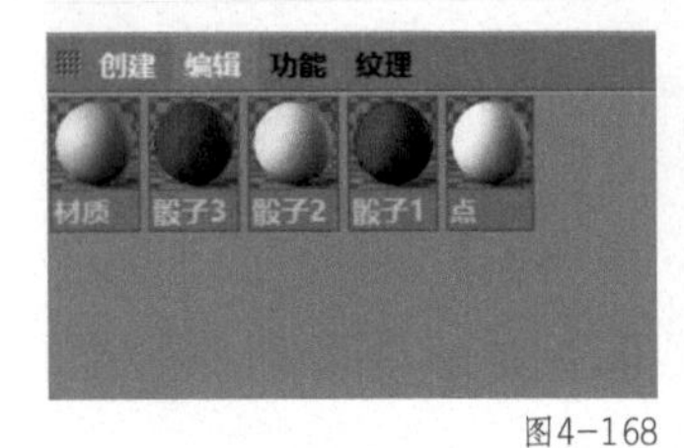

图4-168

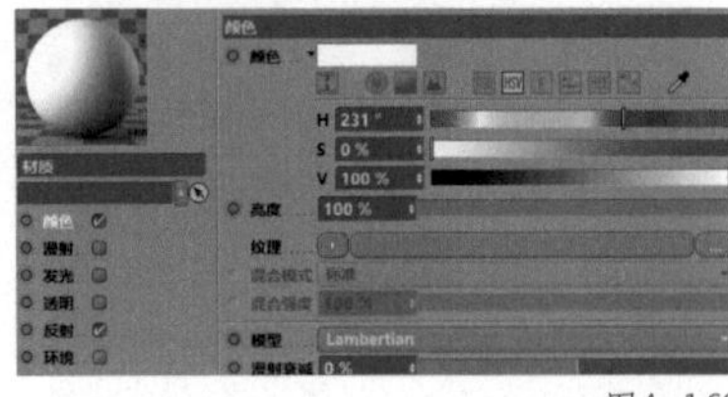

图4-169

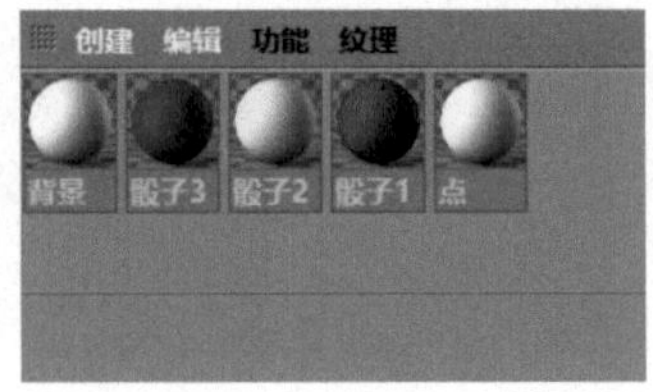

图4-170

21 将材质“背景”赋予“背景”对象，如图 4-171 所示。

22 在透视视图界面下，在工具栏中选择“场景设定”中的“天空”，如图 4-172 所示。

图4-171

图4-172

23 将材质“背景”赋予“天空”图层，如图 4-173 所示。

24 在工具栏中选择“场景设定”中的“物理天空”，如图 4-174 所示。

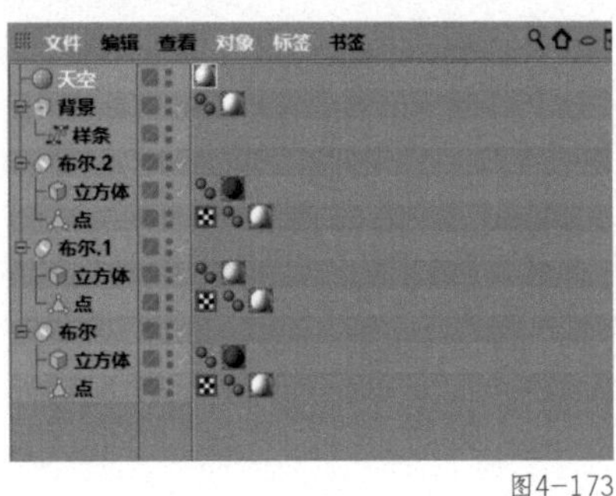

图4-173

图4-174

25 在“物理天空”窗口中，选择“太阳”，将“强度”修改为“40%”，如图 4-175 所示。

26 在对象窗口中，选择“物理天空”，单击鼠标右键，在弹出的下拉菜单中选择“CINEMA 4D 标签”中的“合成”，如图 4-176 所示。

27 在“合成”窗口中，勾选“标签属性”中的“合成背景”，如图 4-177 所示。

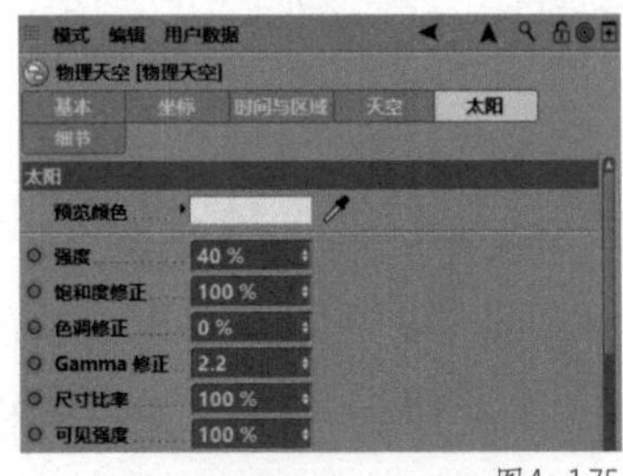

图4-175

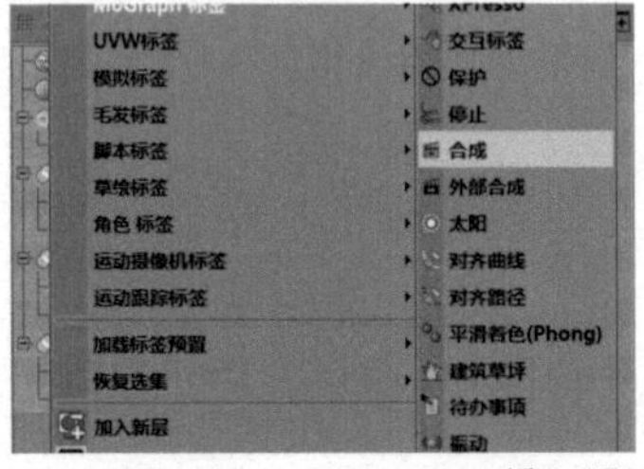

图4-176

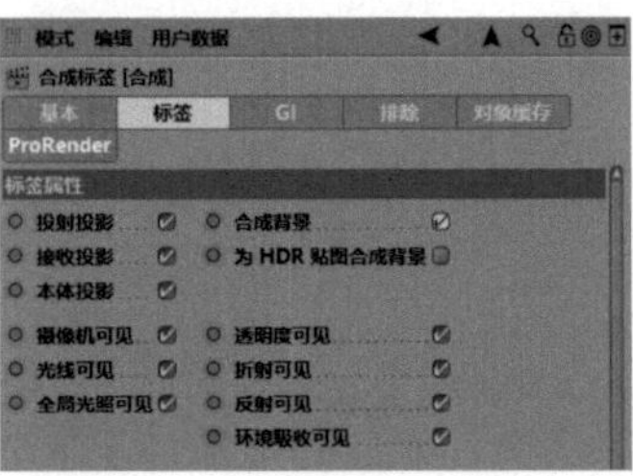

图4-177

28 在对象窗口中，同时选择“背景”“天空”“物理天空”，按【Alt+G】组合键进行编组，并重命名为“背景”，如图 4-178 所示。

29 在工具栏中选择“编辑渲染设置”，如图 4-179 所示。

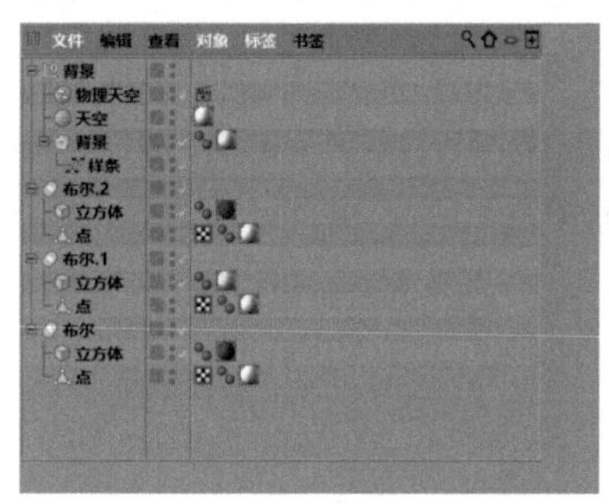

图4-178

图4-179

30 在渲染设置中，勾选“多通道”，同时选择“效果”中的“全局光照”，如图 4-180 所示。

31 在“全局光照”中，选择“辐照缓存”，并将“记录密度”修改为“高”，如图 4-181 所示。

32 在渲染设置中，勾选“多通道”，同时选择“效果”中的“环境吸收”，如图 4-182 所示。

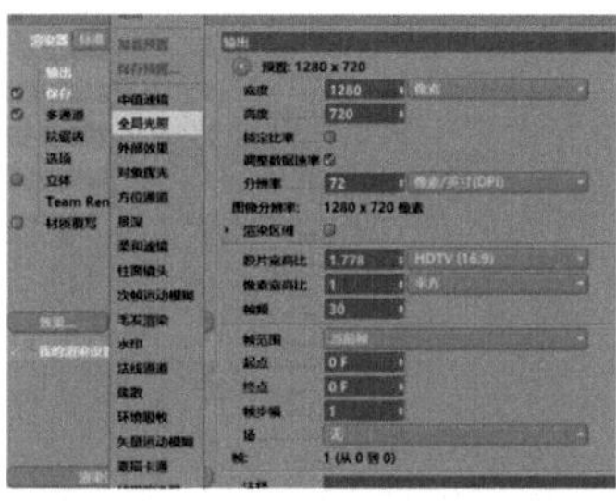

图4-180

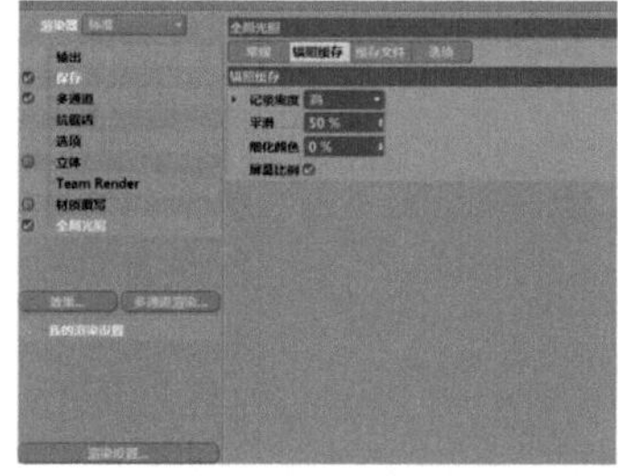

图4-181

图4-182

33 在“环境吸收”中，选择“缓存”，将“记录密度”修改为“高”，如图 4-183 所示。

34 在工具栏中选择“渲染到图片查看器”，如图 4-184 所示。

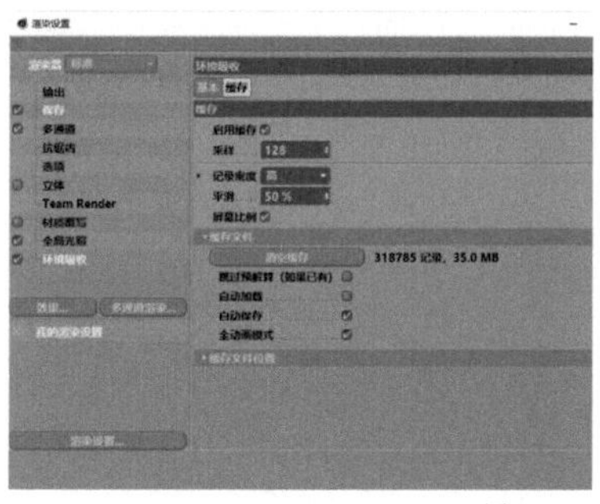

图4-183

图4-184

35 渲染后的效果如图 4-185 所示。

本案例到此已全部完成。

图4-185

本节知识点一览

（1）参数化对象：球体、立方体

（2）造型工具组：布尔

4.4 魔方——立方体、倒角、克隆、分裂、继承

本节讲解魔方的制作方法。魔方又称“鲁比克方块”，厄尔诺·鲁比克为了帮助学生们认识空间立方体的组成和结构，而动手制作了第一个魔方的雏形，其灵感来自于多瑙河中的沙砾。如今的魔方已经不仅仅是小孩子的玩具，随着魔方种类的不断增多、竞技形式的逐步规范，诞生了竞速、单拧、盲拧等充满刺激性和挑战性的玩法。在三维设计中，魔方是常见的电商元素之一，既可是主体物，也可是辅助元素。在CINEMA 4D中，其制作方法非常简单，只需要使用立方体配合倒角、克隆、分裂、继承等功能便可制作完成。

本节内容	本节将讲解魔方的制作方法，包括魔方三维模型的创建、材质及材质的参数调整、场景及灯光的搭建

本节目标	通过本节的学习，读者将掌握魔方制作方法及克隆的使用方法

本节主要知识点	立方体、球体、布尔

本节最终效果图展示

4.4.1 魔方建模

01 打开 CINEMA 4D，进入默认的透视视图界面。在透视视图界面下，选择工具栏中的“参数化对象”中的“立方体”，如图 4-186 所示。

02 在透视视图界面下，在左侧的编辑模式工具栏中，选择“转为可编辑对象”或按【C】键将其转为可编辑对象，如图 4-187 所示。

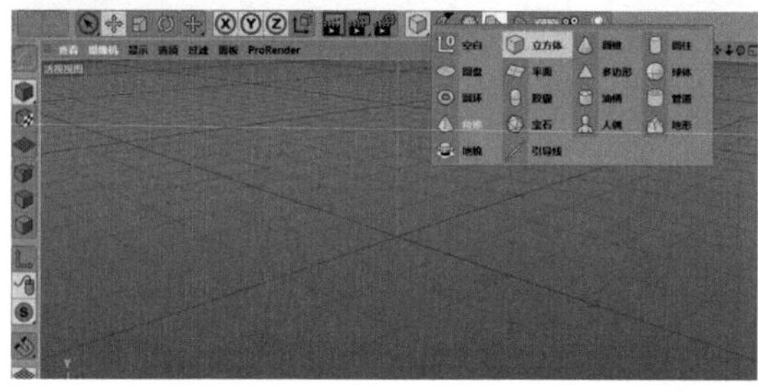

图4-186

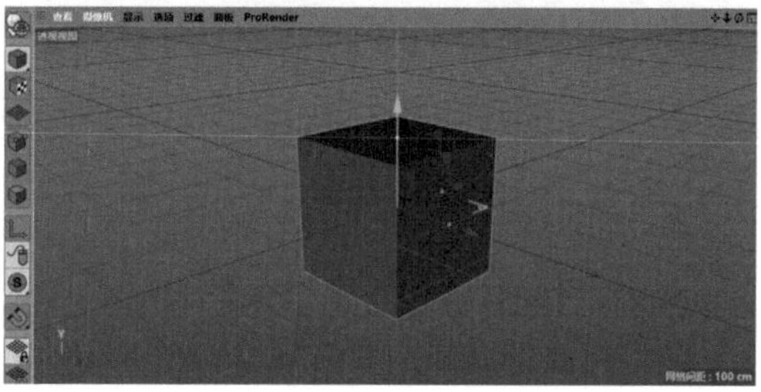

图4-187

03 在透视视图界面下，在左侧的编辑模式工具栏中，选择“边模式”，按【Ctrl+A】组合键全选所有的边，如图 4-188 所示。

04 在透视视图界面下，在空白处单击鼠标右键，在弹出的下拉菜单中，选择“倒角”，如图 4-189 所示。

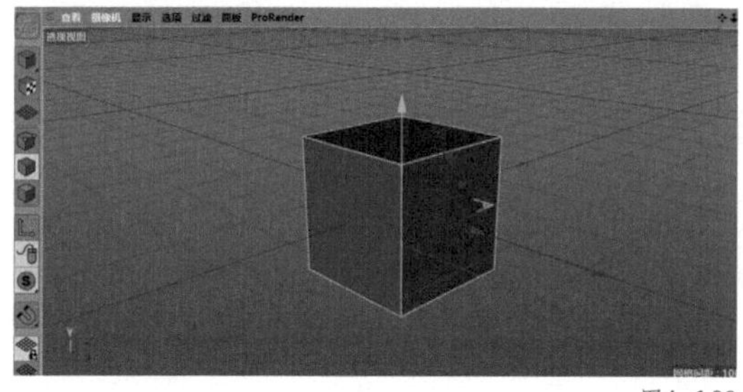

图4-188

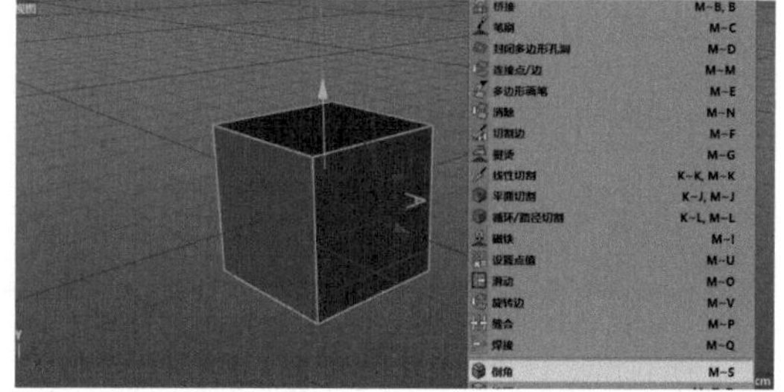

图4-189

05 在“倒角”窗口中，将“偏移”修改为“20 cm”，将“细分”修改为“5”，如图 4-190 所示。

06 透视视图界面中的效果如图 4-191 所示。

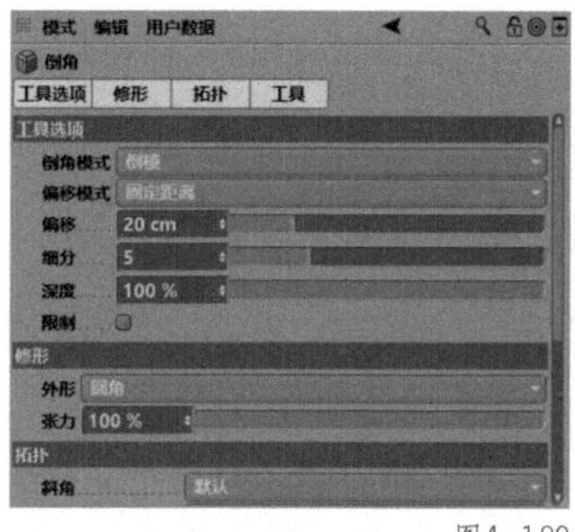

图4-190

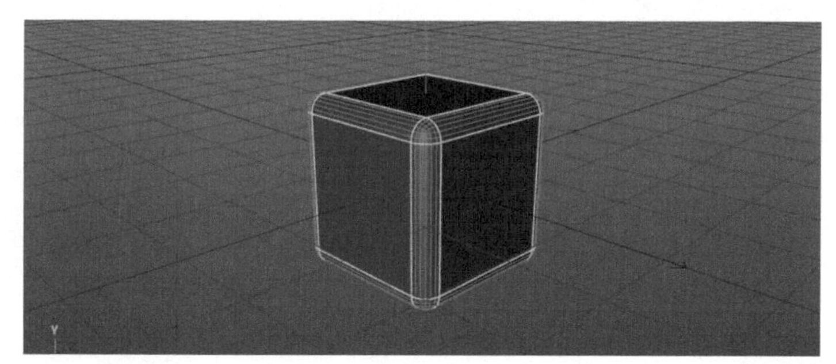

图4-191

4.4.2 材质的创建

01 在材质窗口中，在空白处双击新建一个“材质”，如图 4-192 所示。

02 双击“材质”，进入材质编辑器。进入“反射”通道，单击“添加”按钮，在弹出的下拉菜单中选择“GGX”。在“层颜色”中，选择“纹理”中的“菲涅尔”。将“层 1”的“不透明度”修改为“15%”，将“高光强度”修改为“0%”，如图 4-193 所示。

03 在材质窗口中，将“材质”重命名为“基础色”，如图 4-194 所示。

图4-192

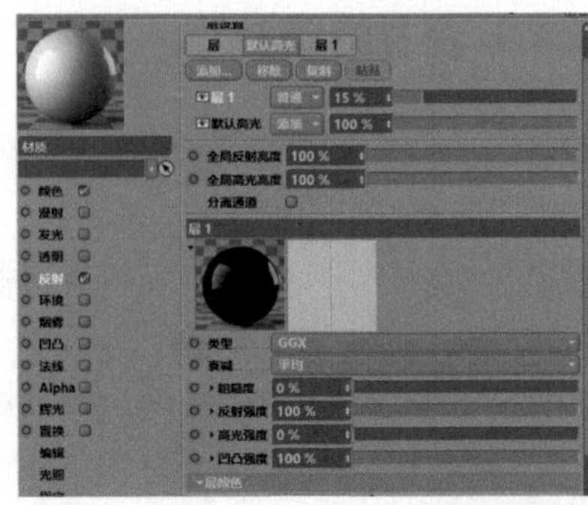
图4-193

图4-194

04 在透视视图界面下，将材质“基础色”赋予“立方体”图层，如图 4-195 所示。

05 将素材“魔方颜色”置入，如图 4-196 所示。

图4-195

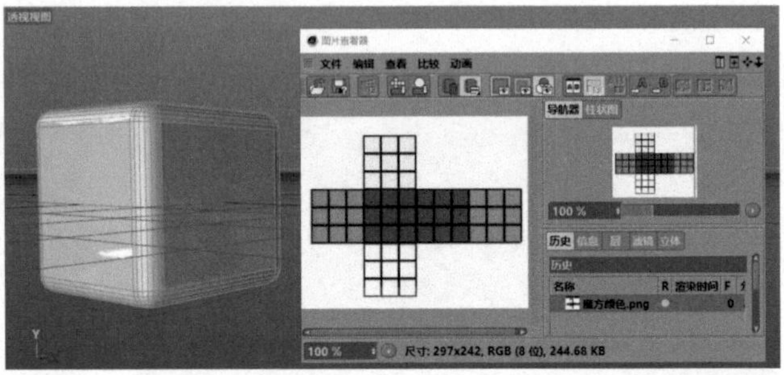

图4-196

06 新建 6 个“材质”，分别吸取素材“魔方颜色”中的红色、黄色、蓝色、橙色、白色、绿色，同时将 6 个“材质”分别重命名“红色”“黄色”“蓝色”“橙色”“白色”“绿色”，如图 4-197 所示。

07 在透视视图界面下，选择“面模式”，将“红色”“黄色”“蓝色”“橙色”“白色”“绿色”分别赋予“立方体”不同的 6 个面，如图 4-198 所示。

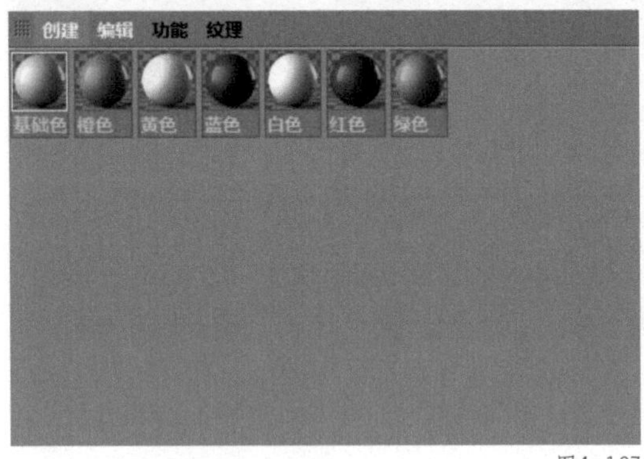

图4-197

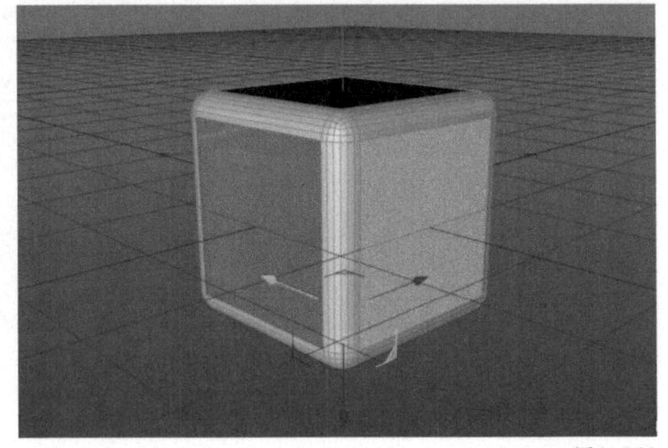
图4-198

4.4.3 魔方块的建模

01 在透视视图界面下，在菜单栏中，选择“运动图形”中的“克隆”，如图 4-199 所示。

02 在对象窗口中，将“立方体”拖曳至“克隆”内，使其成为“克隆”的子集，如图 4-200 所示。

03 在“克隆”窗口中，选择“对象”。在“对象”中，将“模式”修改为“网格排列”，将“尺寸”

统一修改为“405 cm”，如图 4-201 所示。

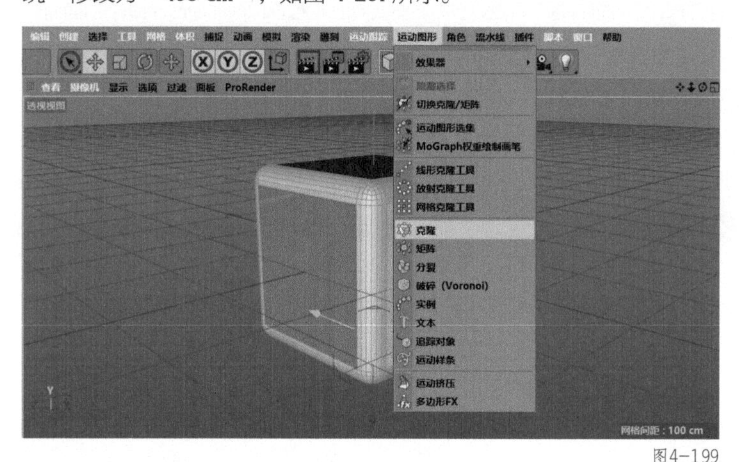

图4-199

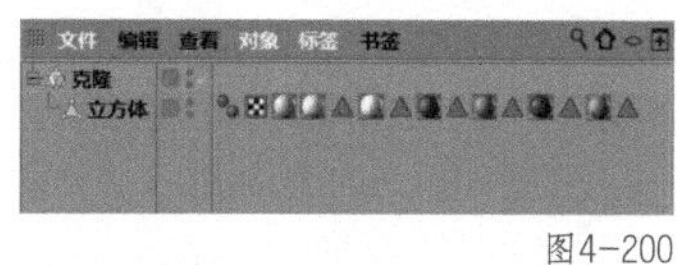

图4-200

模式 编辑 用户数据
克隆对象 [克隆]
基本 坐标 对象 变换 效果器
对象属性
模式 网格排列
克隆 迭代
固定克隆 固定纹理 关闭
实例模式 实例
数量 3 3 3
模式 端点
尺寸 405 cm 405 cm 405 cm
外形 立方 填充 100 %

图4-201

04 透视视图界面中的效果如图 4-202 所示。

05 在透视视图界面下，在菜单栏中，选择“运动图形”中的“分裂”，如图 4-203 所示。

06 在对象窗口中，将“克隆”组拖曳至“分裂”内，使其成为“分裂”的子集，如图 4-204 所示。

图4-202

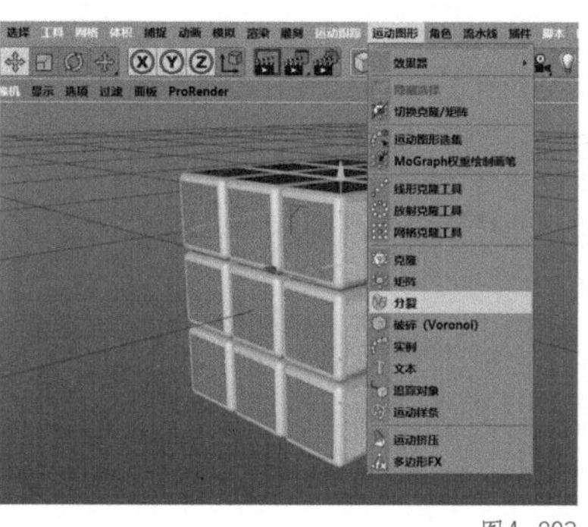

图4-203

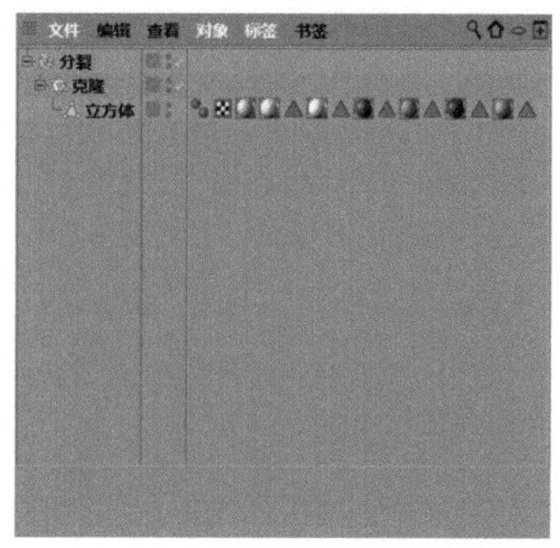

图4-204

07 在对象窗口中，选择“克隆”，按【C】键将其转为可编辑对象，如图 4-205 所示。

08 在透视视图界面下，在菜单栏中，选择“运动图形”中的“效果器”，在弹出的下拉菜单中选择“继承”，如图 4-206 所示。

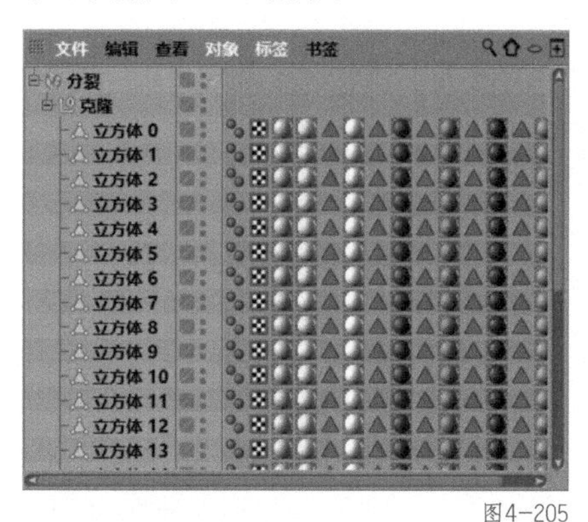

图4-205

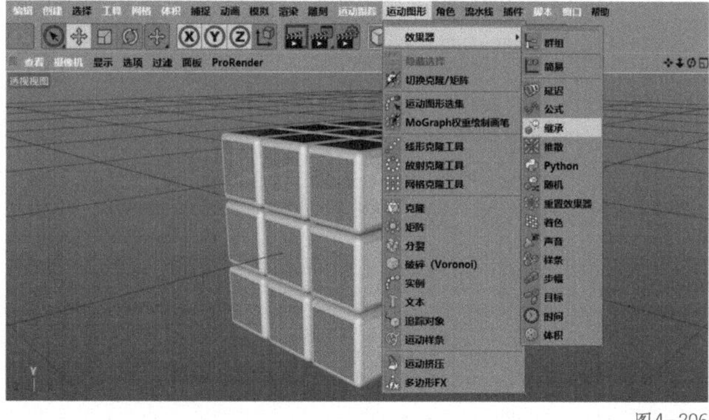

图4-206

09 在“分裂”窗口中，选择“效果器”。在“效果器”中选择“继承”，如图 4-207 所示。

10 在透视视图界面下，选择工具栏中的“参数化对象”中的“空白”，如图 4-208 所示。

11 在“继承”窗口中，选择“效果器”。在“效果器”中，选择“对象”，在“对象”中选择“空白”，如图 4-209 所示。

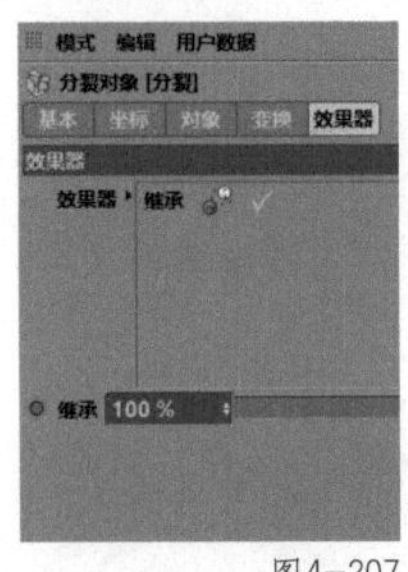
图4-207

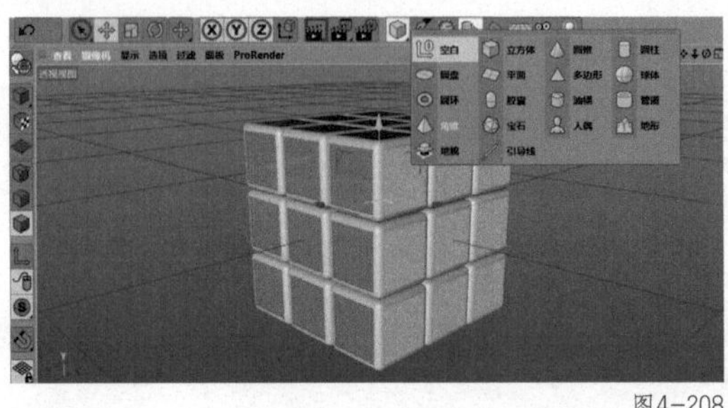
图4-208

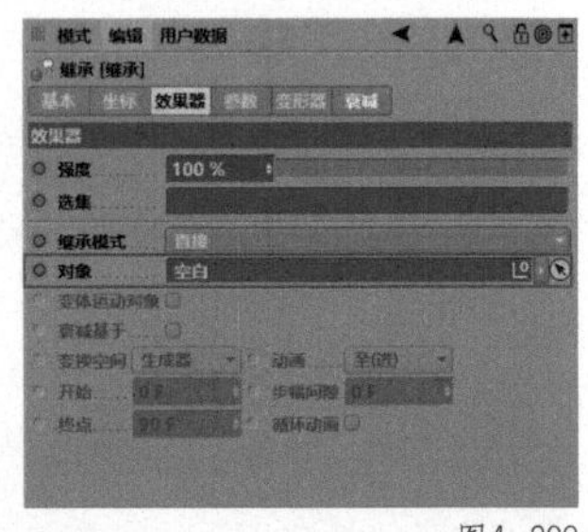
图4-209

12 在透视视图界面下，在对象窗口中，选择“分裂”。在菜单栏中，选择“运动图形”中的“运动图形选集”，如图 4-210 所示。

13 在透视视图界面下，使用“实时选择”工具选择图中所示的点，如图 4-211 所示。

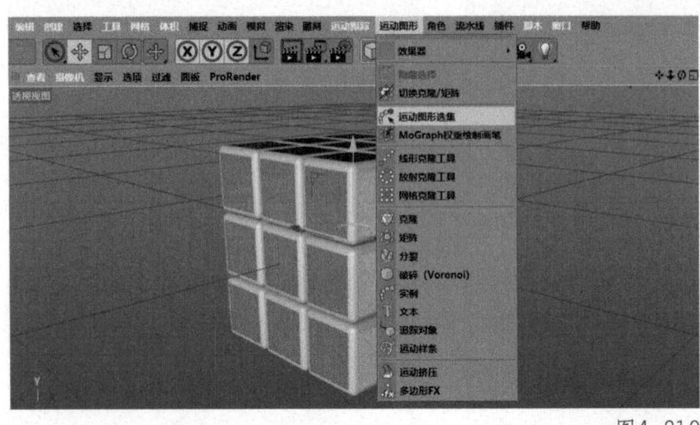
图4-210

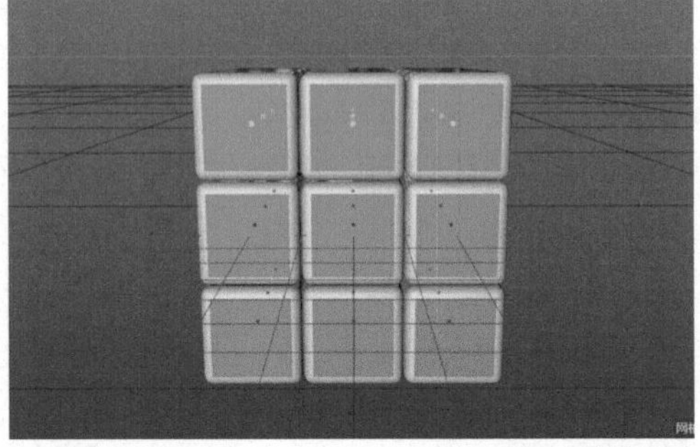
图4-211

14 在对象窗口中，将所有“立方体”拖曳至“分裂”内，使其成为“分裂”的子集，同时选择“分裂”后面的“运动图形选集”标签，如图 4-212 所示。

15 在“继承”窗口中，选择“效果器”。将“运动图形选集”拖曳至“选集”中，如图 4-213 所示。

16 透视视图界面中的效果如图 4-214 所示。

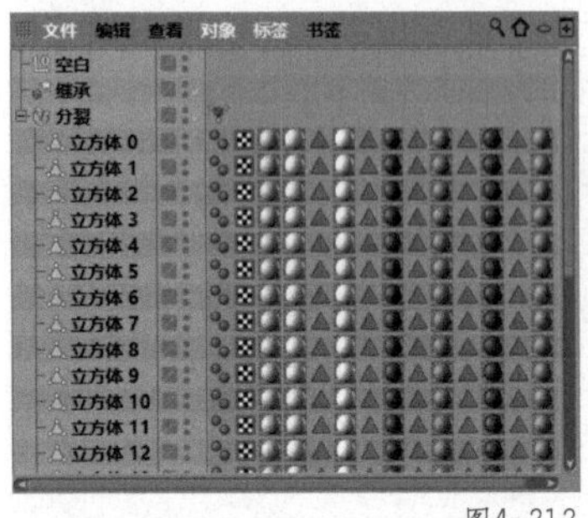
图4-212

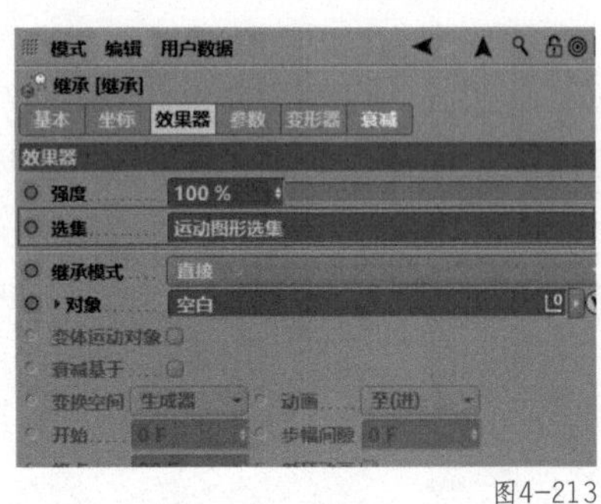
图4-213

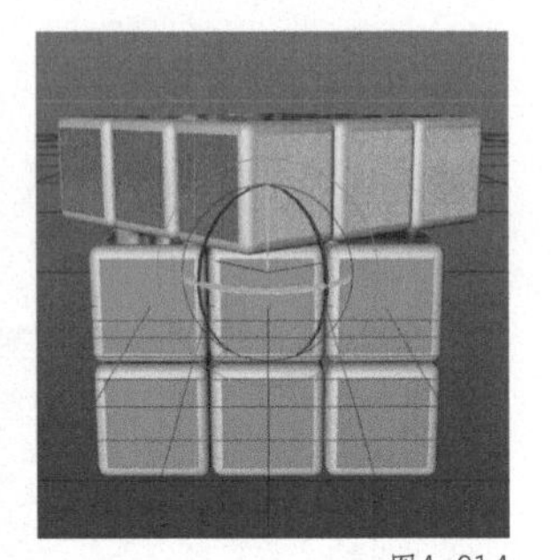
图4-214

17 使用同样的方法，使“魔方”剩下的 3 个面也可以旋转，如图 4-215 所示。

18 透视视图界面中的效果如图 4-216 所示。

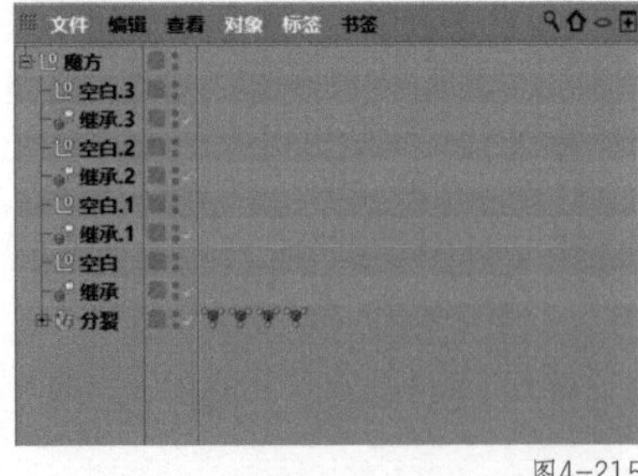
图4-215

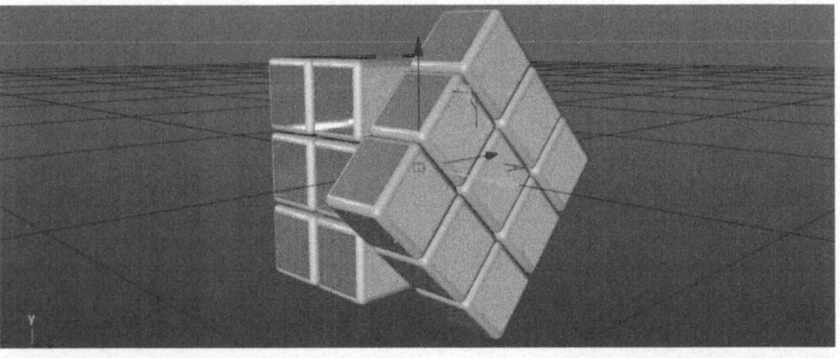
图4-216

19 在右视图界面下，在工具栏中，选择“曲线工具组”中的“画笔”，如图 4-217 所示。

20 在右视图界面下，使用“画笔”工具绘制图 4-218 所示的线段。

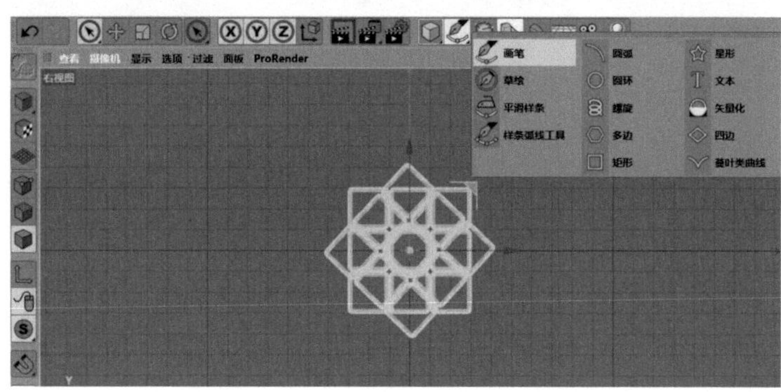

图4-217

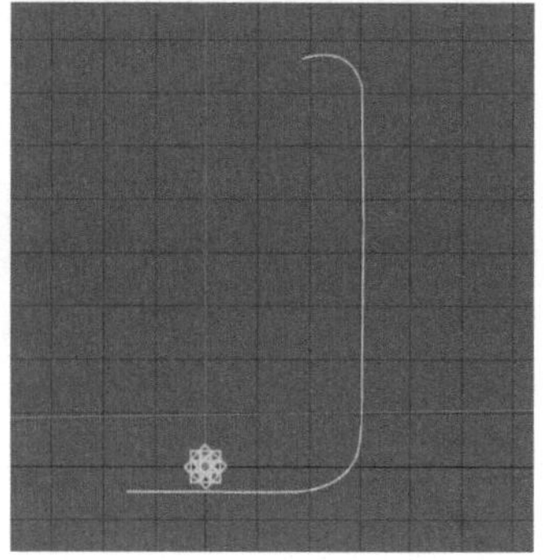

图4-218

21 在工具栏中，选择“NURBS”中的“挤压”，如图 4-219 所示。

22 对象窗口中，将“样条”拖曳至“挤压”内，使其成为“挤压”的子集，并将“挤压”重命名为“背景”，如图 4-220 所示。

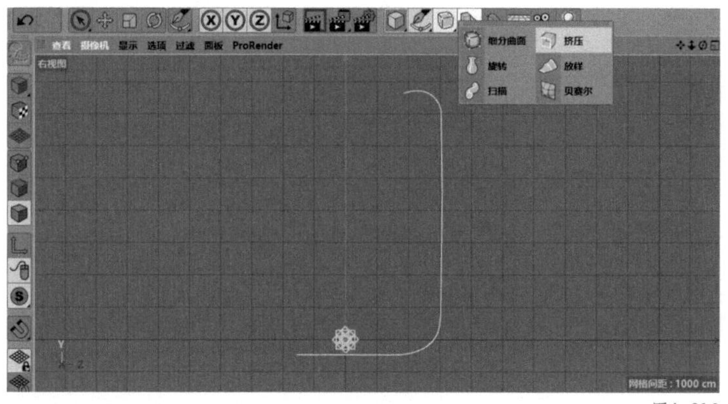

图4-219

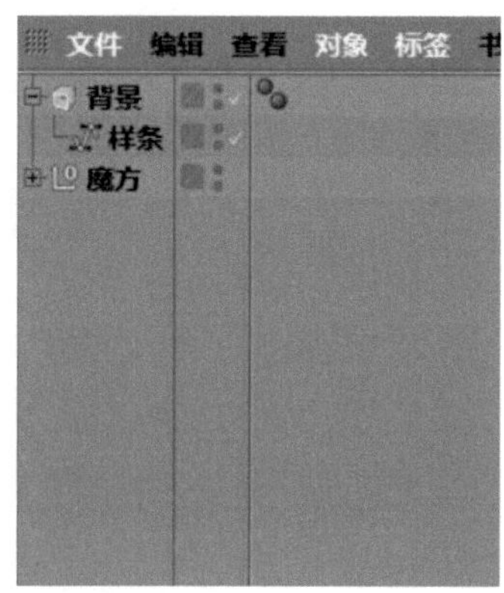

图4-220

23 在“挤压”窗口中，选择“对象”，在“对象”中将“移动”中“X”的坐标数值修改为“10000 cm”，如图 4-221 所示。

24 单击鼠标滑轮调出四视图，在透视视图窗口上单击鼠标滑轮，进入透视视图界面，如图 4-222 所示。

25 在材质窗口中，在空白处双击新建一个“材质”，如图 4-223 所示。

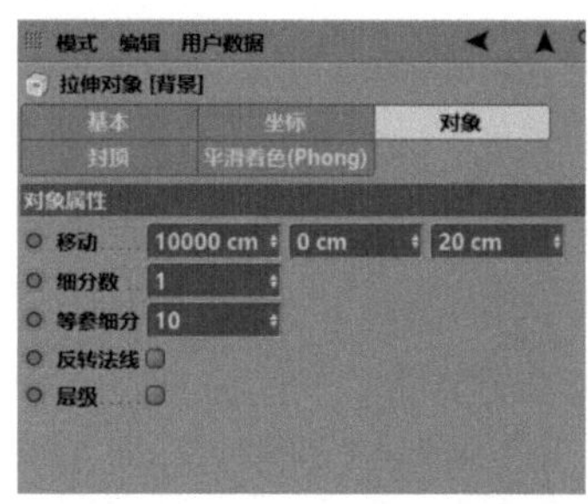

图4-221

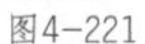

图4-222

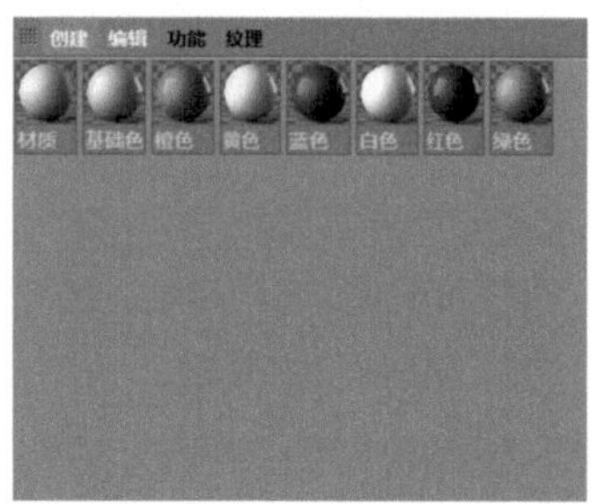

图4-223

26 双击“材质”，进入材质编辑器。进入“颜色”通道，将“H”修改为“146.104° ”，将“S”修改为“0%”，将“V”修改为“100%”，如图 4-224 所示。

27 在材质窗口中，将“材质”重命名为“背景”，如图 4-225 所示。

28 将材质“背景”赋予“背景”对象，如图 4-226 所示。

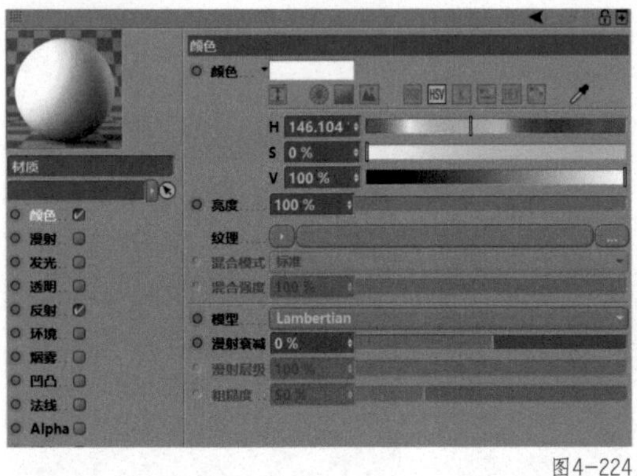

图4-224

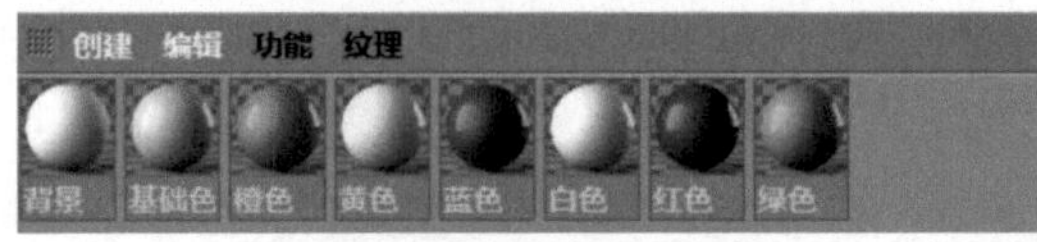

图4-225

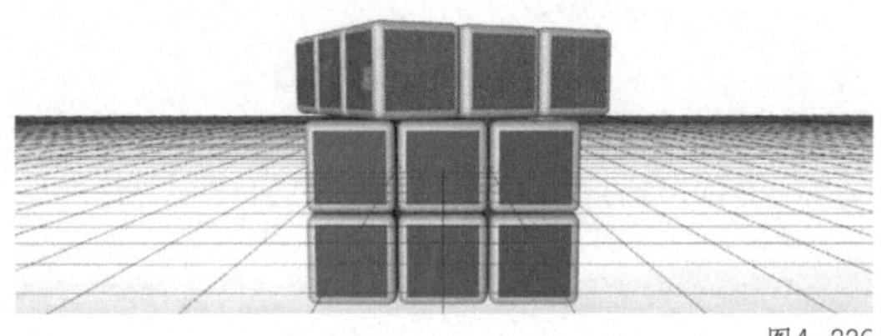

图4-226

29 在透视视图界面下，在工具栏中选择“场景设定”中的“天空”，如图 4-227 所示。

30 将材质“背景”赋予“天空”图层，如图 4-228 所示。

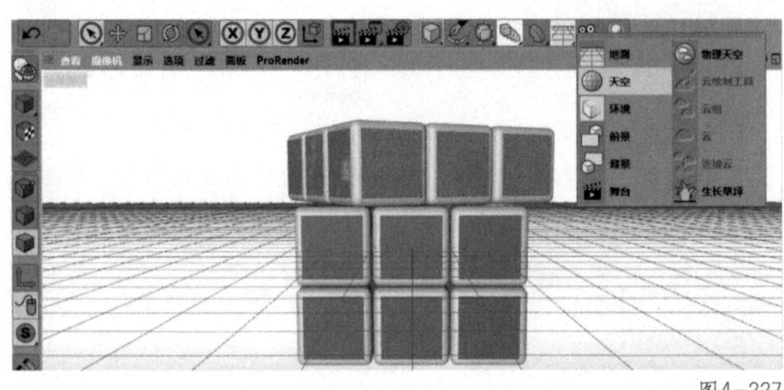

图4-227

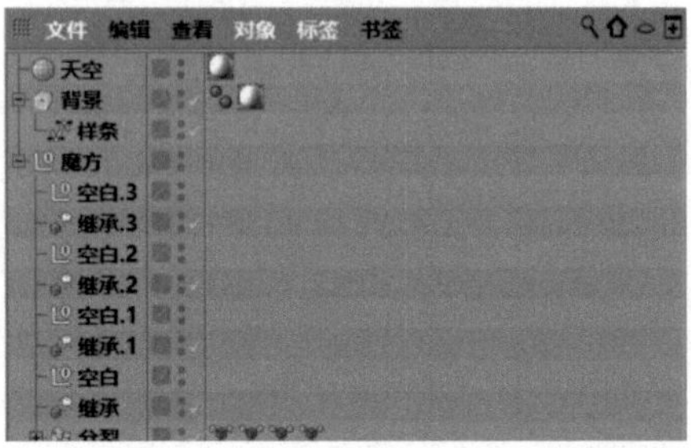

图4-228

31 在工具栏中选择“场景设定”中的“物理天空”，如图 4-229 所示。

32 在“物理天空”窗口中，选择“太阳”，将“强度”修改为“40%”，如图 4-230 所示。

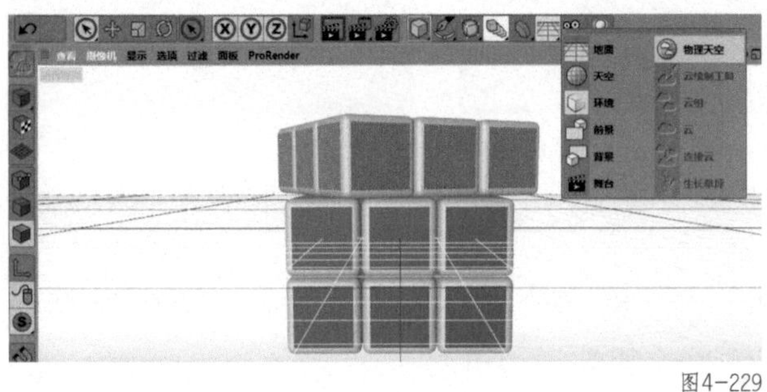

图4-229

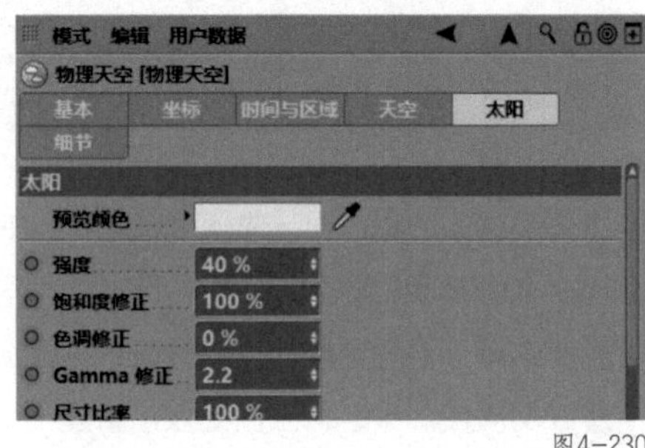

图4-230

33 在对象窗口中，选择“物理天空”，单击鼠标右键，在弹出的下拉菜单中选择“CINEMA 4D标签”中的“合成”，如图 4-231 所示。

34 在“合成”窗口中，勾选“标签属性”中的“合成背景”，如图 4-232 所示。

35 在对象窗口中，同时选择“背景”“天空”“物理天空”，按【Alt+G】组合键进行编组，并重命名为“背景”，如图 4-233 所示。

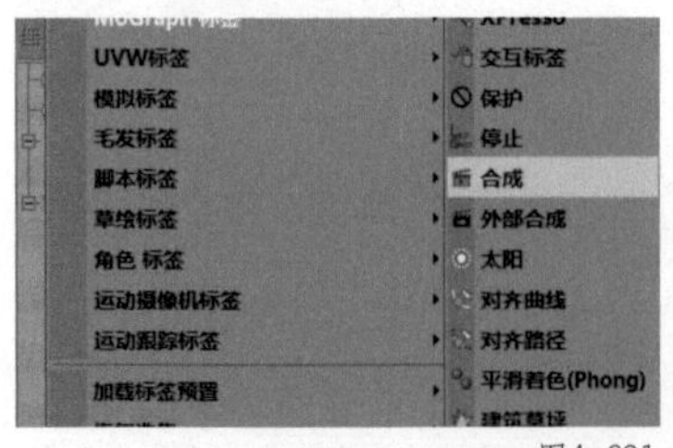

图4-231

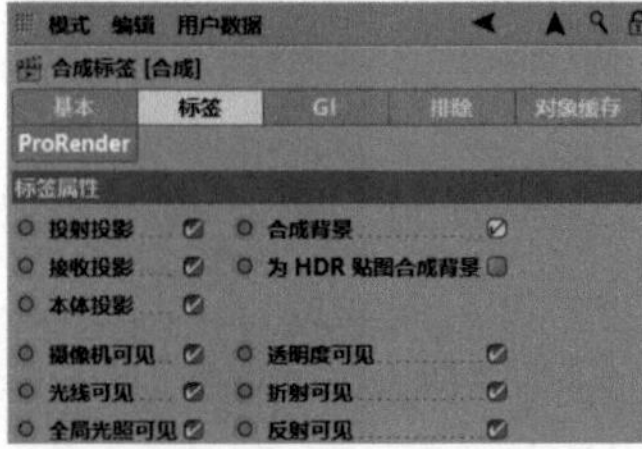

图4-232

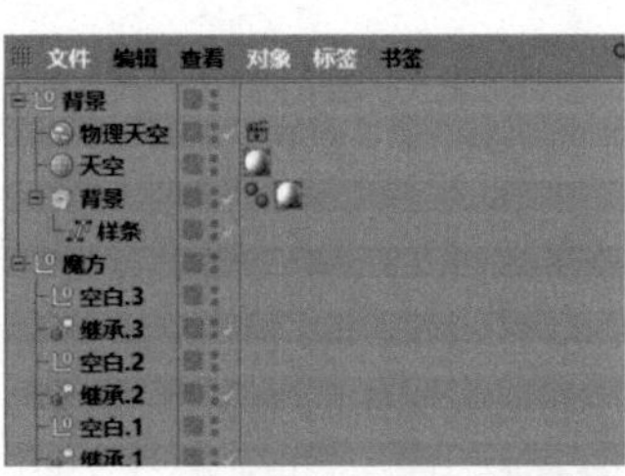

图4-233

36 在工具栏中选择“编辑渲染设置”，如图 4-234 所示。

37 在渲染设置中，勾选“多通道”，同时选择“效果”中的“全局光照”，如图 4-235 所示。

38 在“全局光照”中，选择“辐照缓存”，并将“记录密度”修改为“高”，如图 4-236 所示。

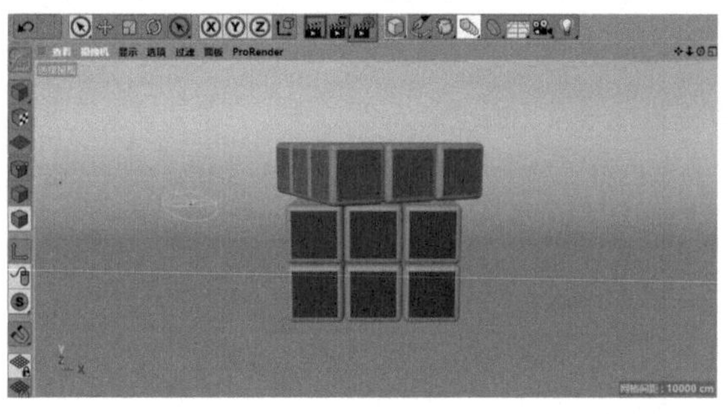

图4-234

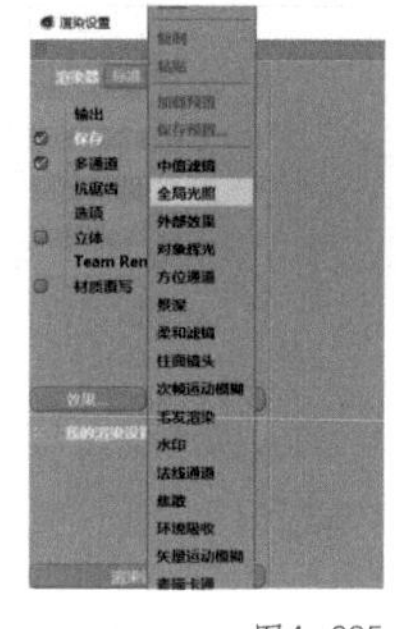

图4-235

图4-236

39 在渲染设置中，勾选“多通道”，同时选择“效果”中的“环境吸收”，如图 4-237 所示。

40 在“环境吸收”中选择“缓存”，将“记录密度”修改为“高”，如图 4-238 所示。

41 在工具栏中选择“渲染到图片查看器”，如图 4-239 所示。

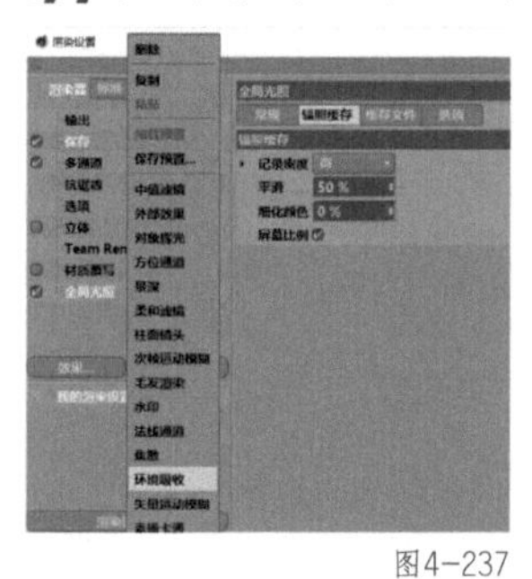

图4-237

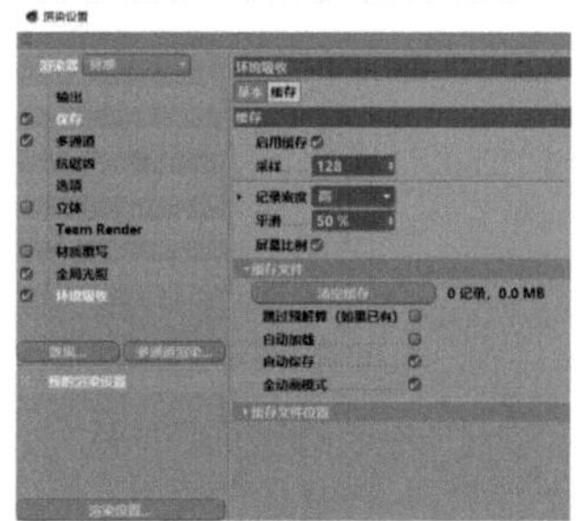

图4-238

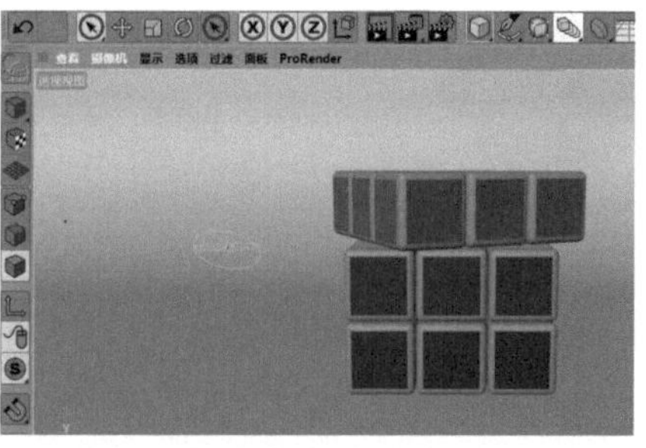

图4-239

42 渲染后的效果如图 4-240 所示。

本案例到此已全部完成。

图4-240

本节知识点一览

（1）参数化对象：立方体

（2）运动图形：克隆、分裂、继承、随机

4.5 礼盒——立方体、挤压、蔓叶类曲线、矩形、扫描

本节讲解礼盒的制作方法。礼盒是为了表达情意而配备的一种礼品包装，不但可以提升礼品的价值，还可以给人带来些许神秘、浪漫、惊喜甚至是震撼的感受。小心翼翼地拆开一个礼盒时，心中所想或许就是盒中所装，这就是礼盒的意义所在。礼盒是比较常见的电商元素之一，多作为辅助元素出现，用于点缀和填充画面，其制作方法非常简单，只需要使用立方体、蔓叶类曲线、矩形，配合挤压、扫描等功能便可制作完成。

本节内容	本节将详细讲解礼盒的制作方法，包括礼盒三维模型的创建，材质及材质的参数调整，场景及灯光的搭建直至渲染出效果图

本节目标	通过本节的学习，读者将掌握礼盒制作方法以及贴图的方法

本节主要知识点	立方体、球体、布尔

本节最终效果图展示

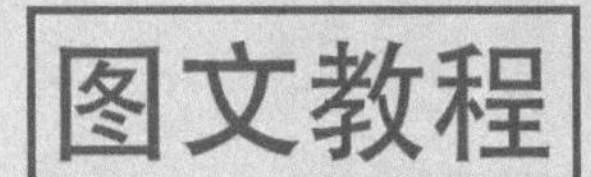

4.5.1 礼盒的建模

01 打开 CINEMA 4D，进入默认的透视视图界面。在透视视图界面下，选择工具栏中的“参数化对象”中的“立方体”，如图 4-241 所示。

02 在“立方体”窗口中，选择“对象”，将“分段 X”“分段 Y”“分段 Z”均修改为“2”，如图 4-242 所示。

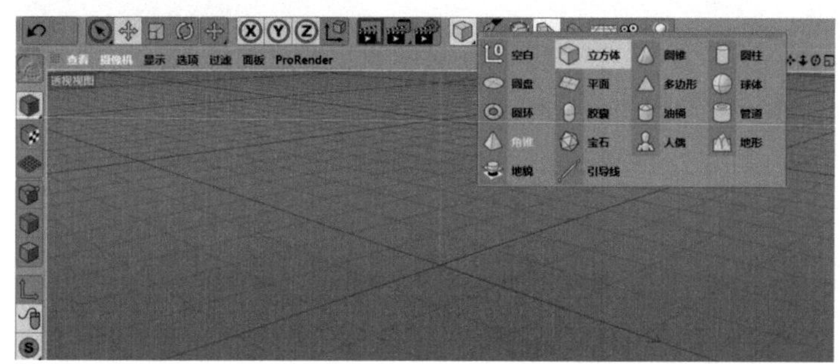

图4-241

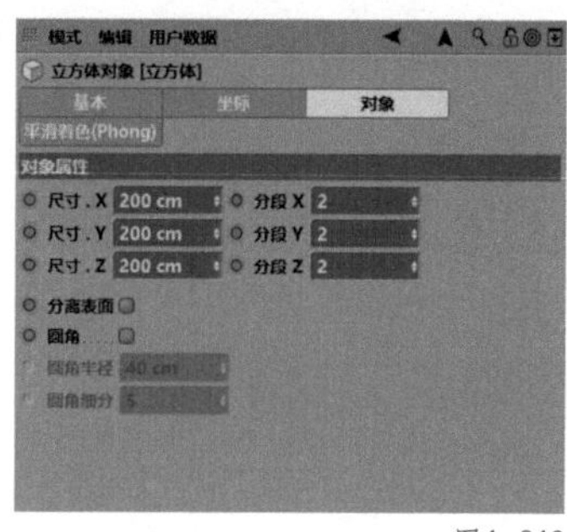

图4-242

03 在视图界面菜单栏中选择“显示”中的“光影着色（线条）”，如图 4-243 所示。

04 在左侧的编辑模式工具栏中，选择“转为可编辑对象”或按【C】键将“立方体”转为可编辑对象，如图 4-244 所示。

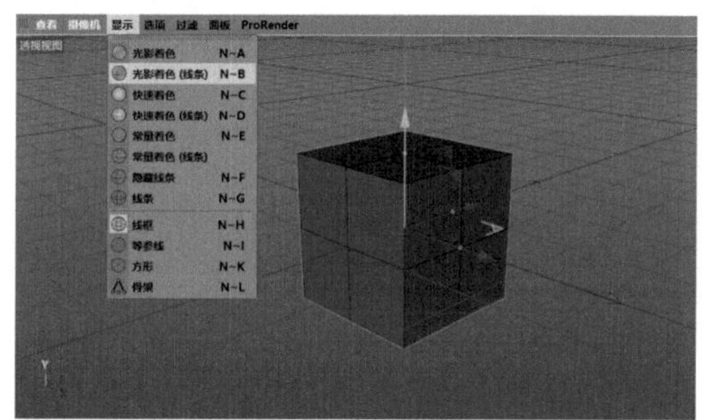

图4-243

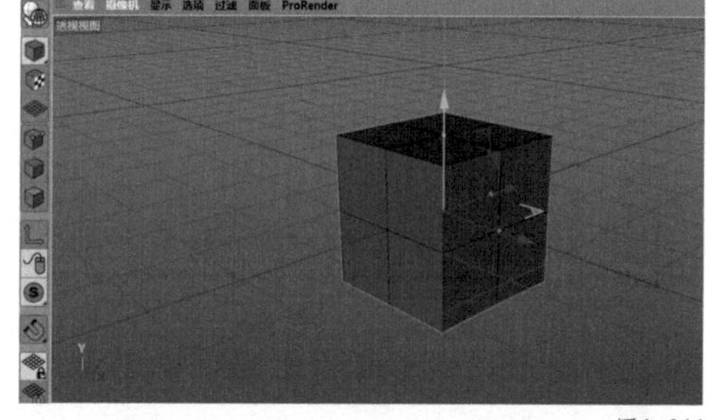

图4-244

05 在左侧的编辑模式工具栏中选择“边模式”，在透视视图界面下按【K+L】组合键进行循环切割，在图 4-245 所示的位置切割出一条线段。

06 在左侧的编辑模式工具栏中选择“面模式”，在透视视图界面下，按【U+L】组合键进行循环选择，如图 4-246 所示。

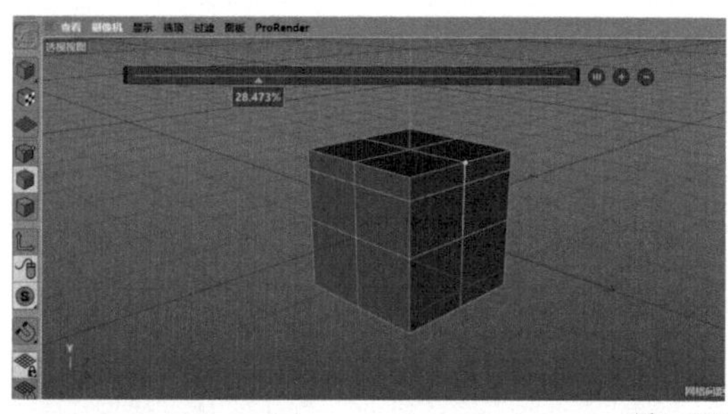

图4-245

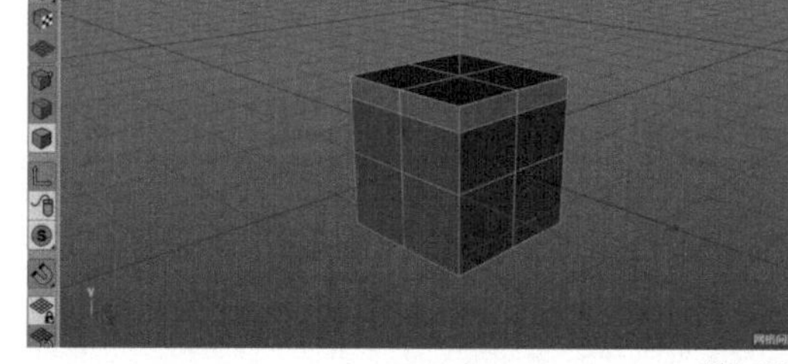

图4-246

07 在透视视图界面下，在空白处单击鼠标右键，在弹出的下拉菜单中选择“挤压”，如图 4-247 所示。

08 在“挤压”窗口中，将“偏移”修改为“5 cm”，如图 4-248 所示。

09 透视视图界面中的效果如图 4-249 所示。

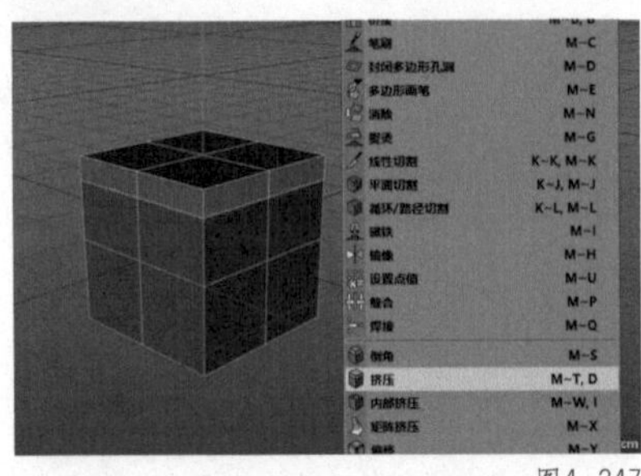
图4-247

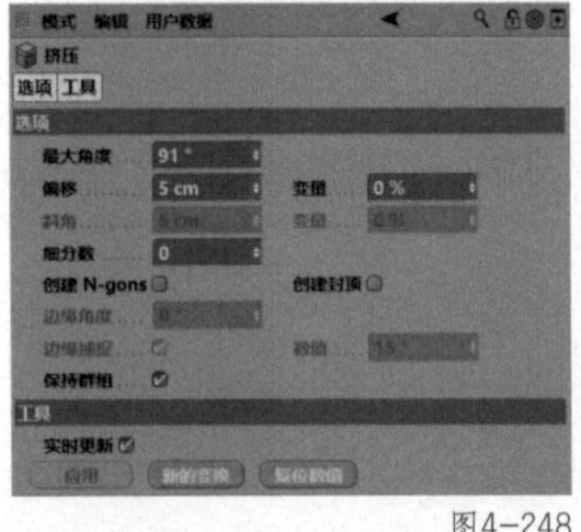

图4-248

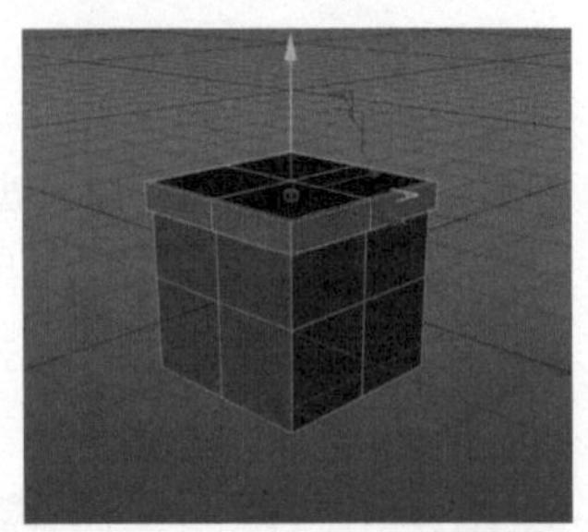
图4-249

10 在透视视图界面下，按【U+L】组合键进行循环选择，选择图 4-250 所示的边。

11 在透视视图界面下，在空白处单击鼠标右键，在弹出的下拉菜单中选择“倒角”，如图 4-251 所示。

12 在“倒角”窗口中，将“偏移”修改为“15 cm”，如图 4-252 所示。

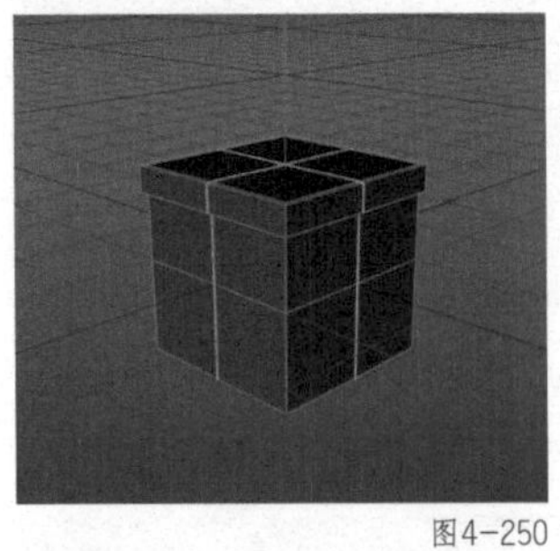
图4-250

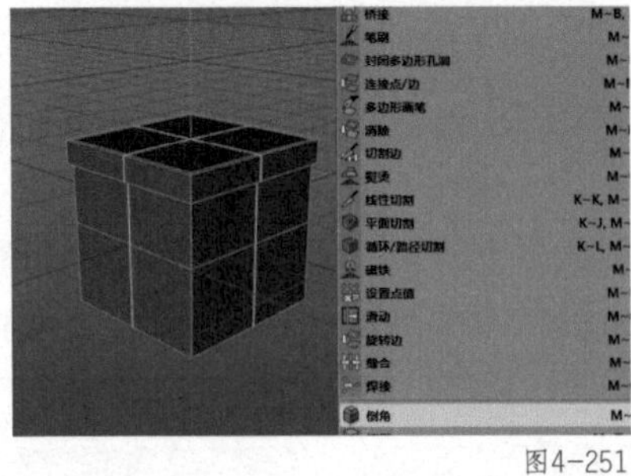
图4-251

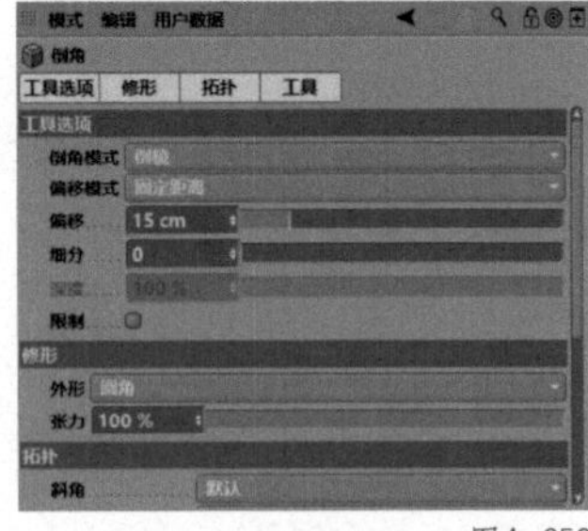

图4-252

13 透视视图界面中的效果如图 4-253 所示。

14 在透视视图界面下，按住【Ctrl】键取消选择图 4-254 所示的面。

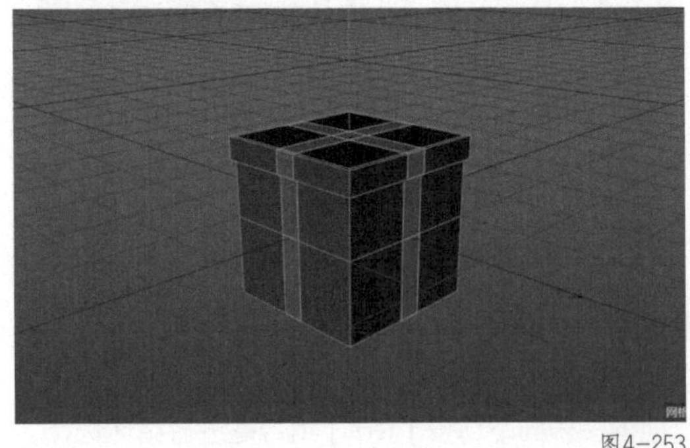
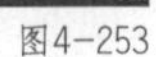
图4-253

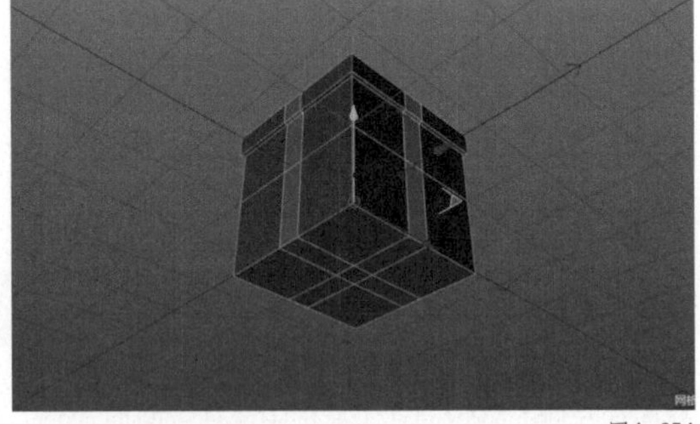
图4-254

15 在透视视图界面下，在空白处单击鼠标右键，在弹出的下拉菜单中选择“挤压”，如图 4-255 所示。

16 在“挤压”窗口中，将“偏移”修改为“3 cm”，如图 4-256 所示。

17 在对象窗口中，将“立方体”重命名为“礼盒”，如图 4-257 所示。

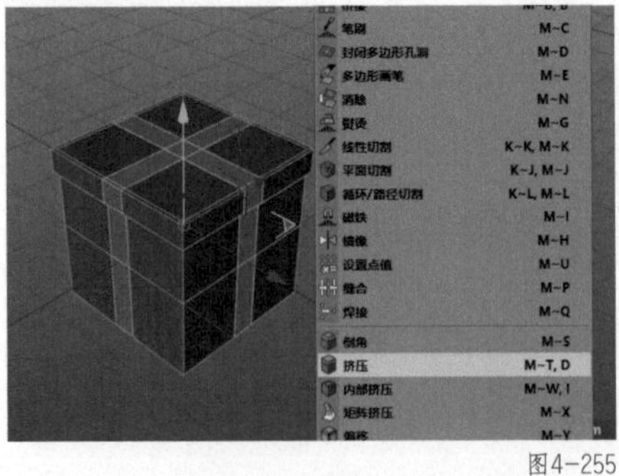
图4-255

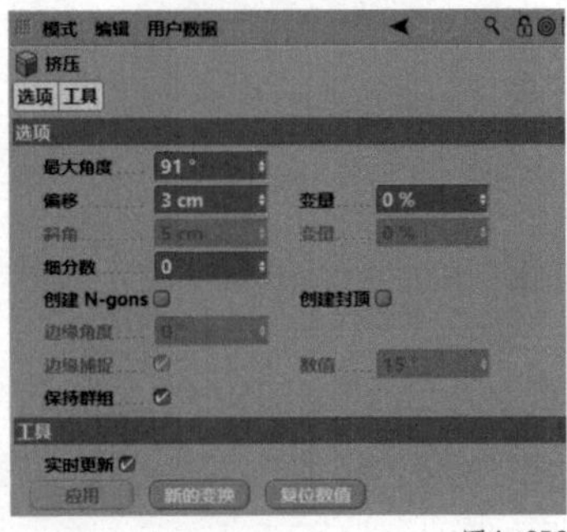

图4-256

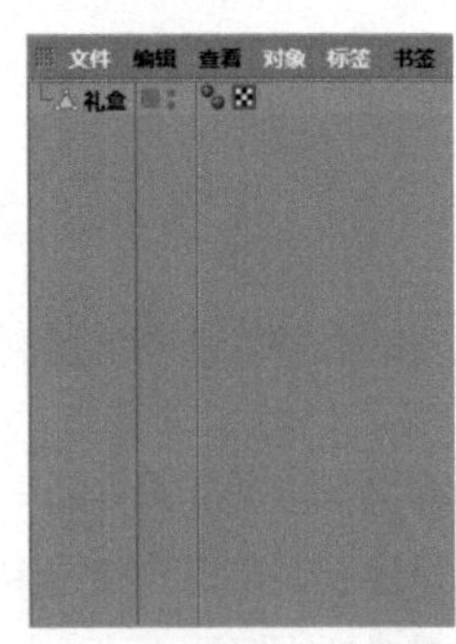

图4-257

4.5.2 丝带的建模

01 在工具栏中，选择“曲线工具组”中的“蔓叶类曲线”，如图 4-258 所示。

02 在“蔓叶类曲线”窗口中，将“类型”修改为“双扭”，将“平面”修改为“XY”，如图 4-259 所示。

03 透视视图界面中的效果如图 4-260 所示。

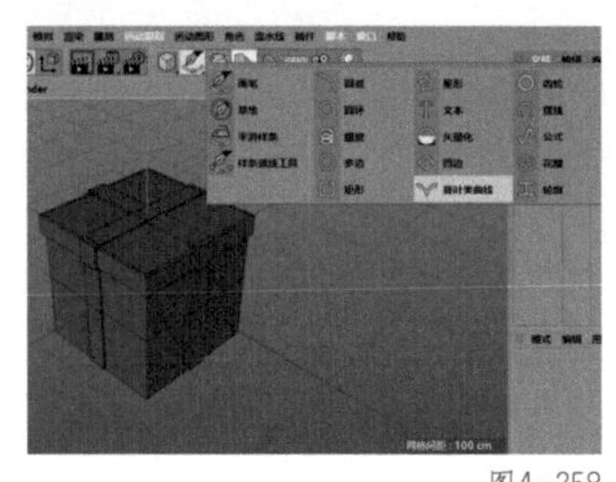
图4-258

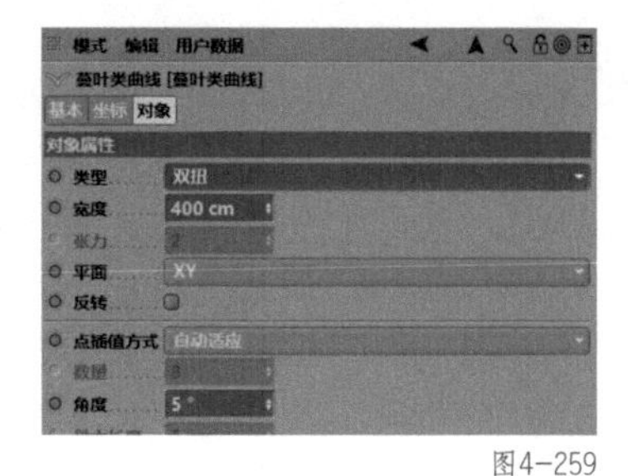

图4-259

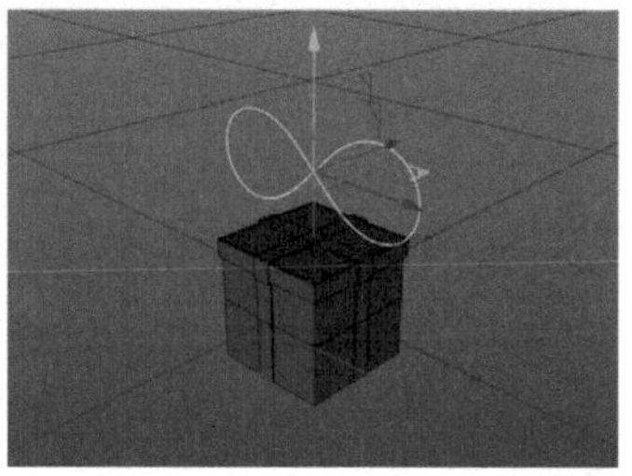
图4-260

04 在工具栏中，选择“曲线工具组”中的“矩形”，如图 4-261 所示。

05 在“矩形”窗口中，将“宽度”修改为“2.5 cm”，将“高度”修改为“25 cm”，如图 4-262 所示。

06 在工具栏中，选择“NURBS”中的“扫描”，如图 4-263 所示。

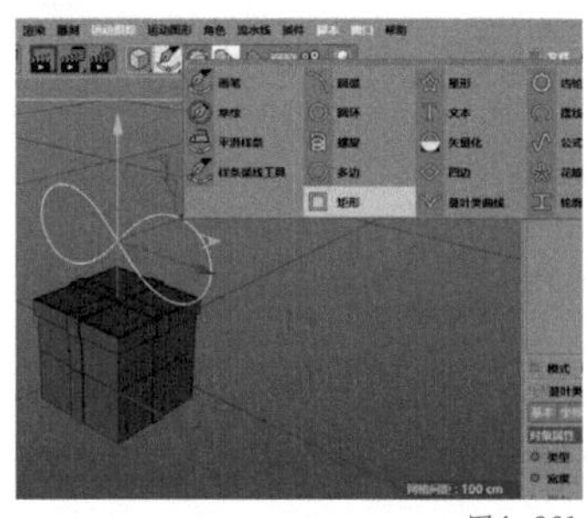
图4-261

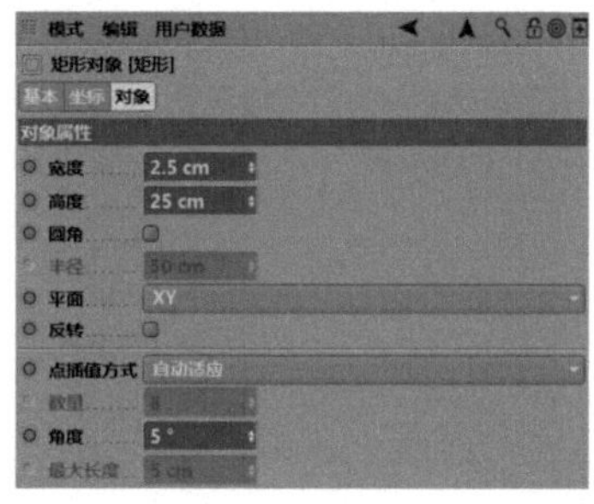

图4-262

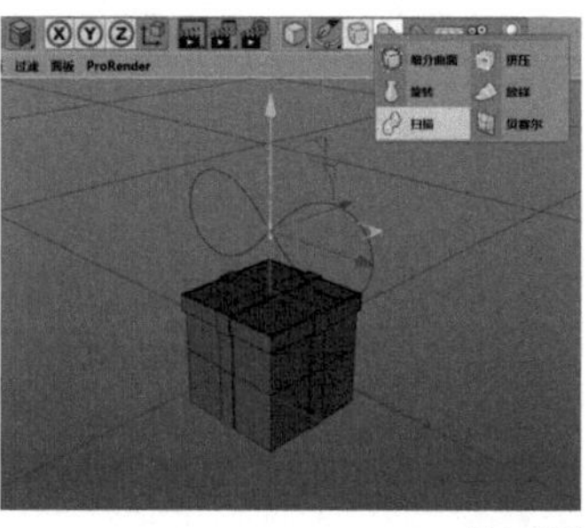
图4-263

07 在对象窗口中，将“矩形”和“蔓叶类曲线”拖曳至“扫描”内，使其成为“扫描”的子集，如图 4-264 所示。

08 在菜单栏中，选择“运动图形”中的“克隆”，如图 4-265 所示。

09 在对象窗口中，将“扫描”拖曳至“克隆”内，使其成为“克隆”的子集，如图 4-266 所示。

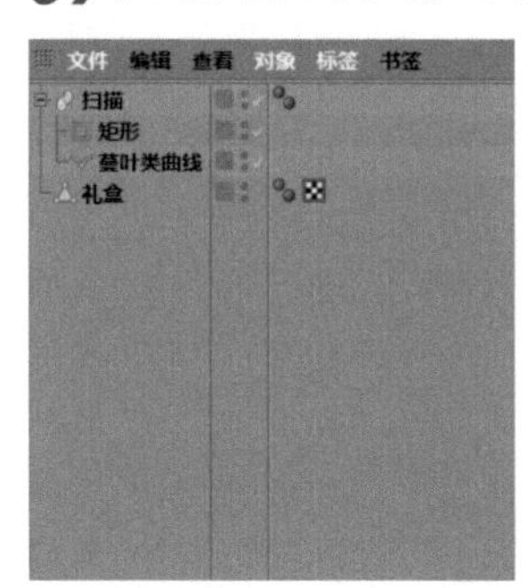

图4-264

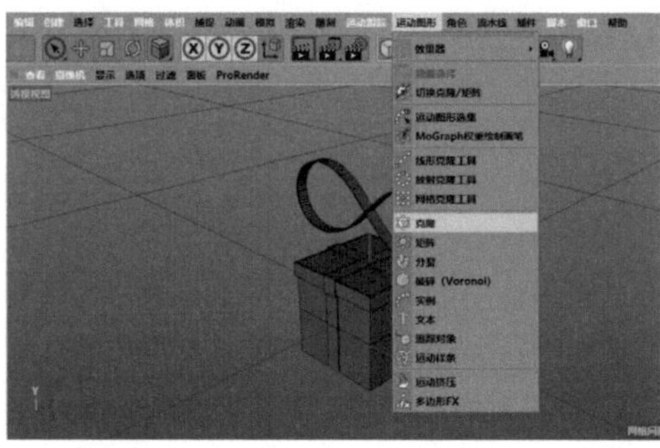
图4-265

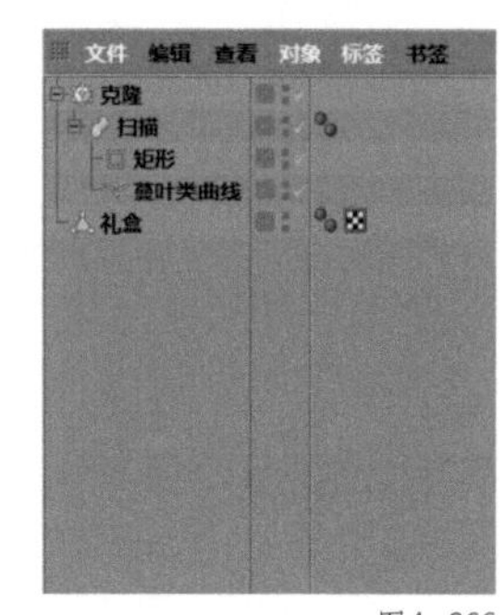

图4-266

10 在“克隆”窗口中，选择“对象”，在“对象属性”中，将“模式”修改为“放射”，将“数量”修改为“8”，将“半径”修改为“0 cm”，将“平面”修改为“XZ”，如图 4-267 所示。

11 透视视图界面中的效果如图 4-268 所示。

12 在对象窗口中，选择“礼盒”和“丝带”，按【Alt+G】组合键进行编组，并重命名为“礼盒”，如图 4-269 所示。

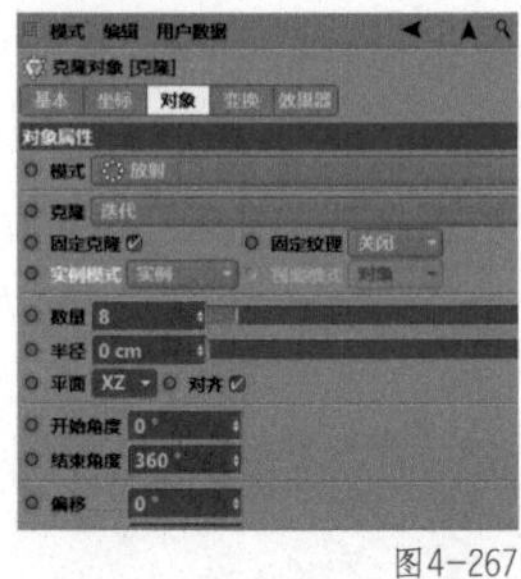

图4-267

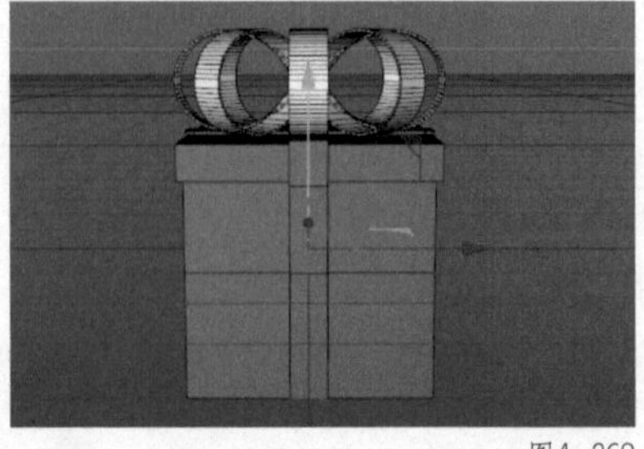
图4-268

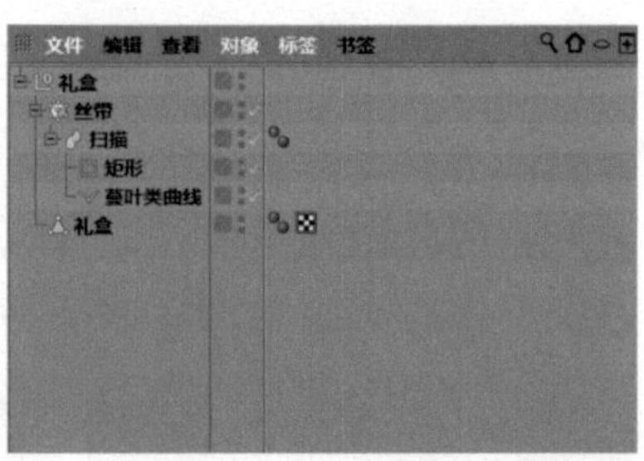

图4-269

4.5.3 礼盒的渲染

01 在材质窗口中，在空白处双击鼠标新建一个“材质”，如图 4-270 所示。

02 双击“材质”，进入材质编辑器。进入“颜色”通道，选择“纹理”中的“加载图像”，如图 4-271 所示。

03 将素材“礼盒素材”置入，如图 4-272 所示。

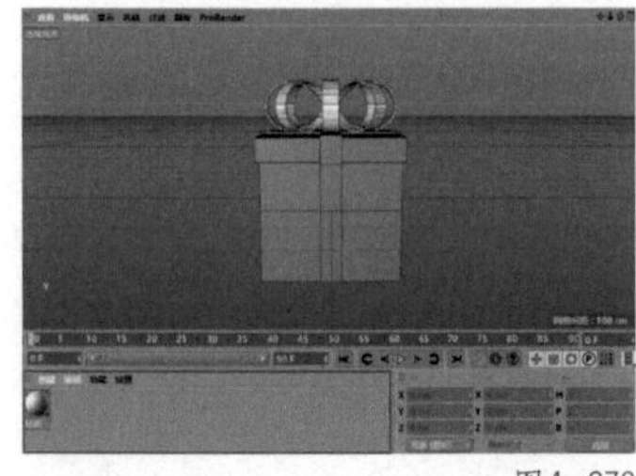
图4-270

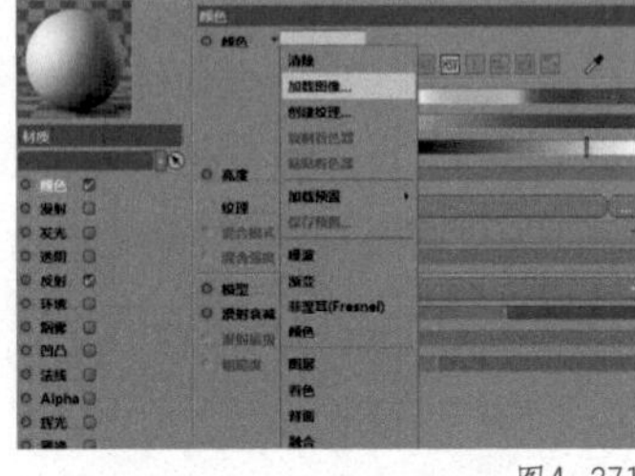
图4-271

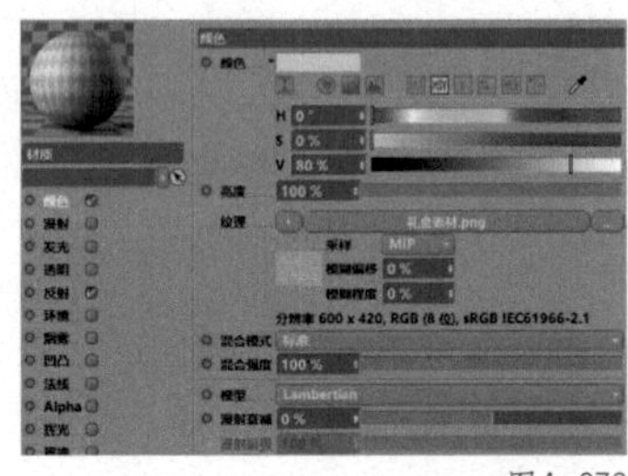
图4-272

04 在材质窗口中，将“材质”重命名为“礼盒”，如图 4-273 所示。

05 在透视视图界面下，将材质“礼盒”赋予“礼盒”图层，如图 4-274 所示。

06 在材质窗口中，在空白处双击新建一个“材质”，如图 4-275 所示。

图4-273

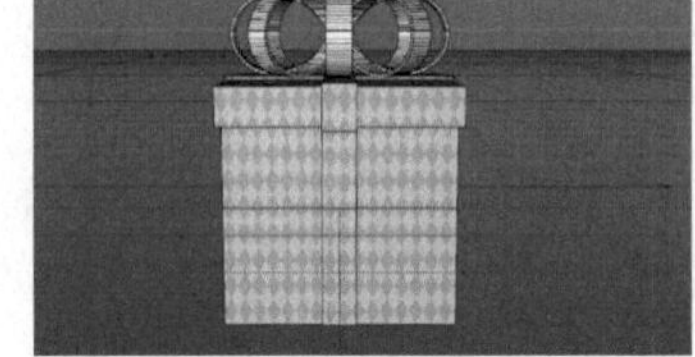
图4-274

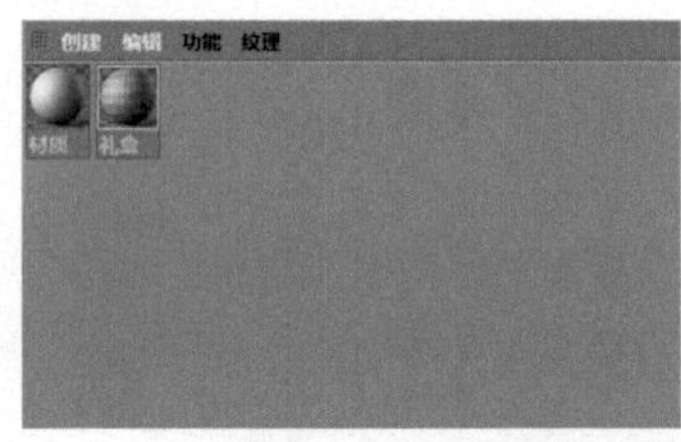

图4-275

07 双击“材质”，进入材质编辑器。进入“颜色”通道，选择“纹理”中的“加载图像”，将素材“丝带素材”置入，如图 4-276 所示。

08 在材质窗口中，将“材质”重命名为“丝带”，如图 4-277 所示。

09 在透视视图界面下，将材质“丝带”赋予“丝带”图层，如图 4-278 所示。

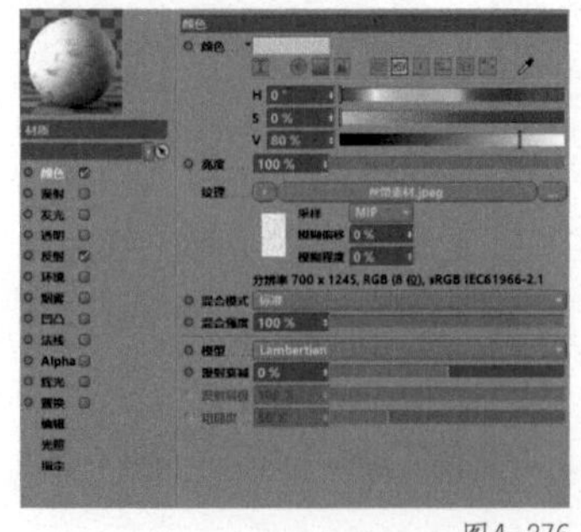
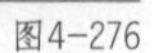
图4-276

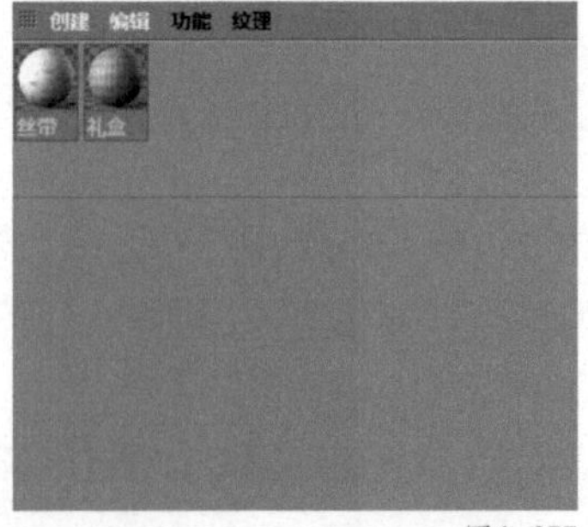

图4-277

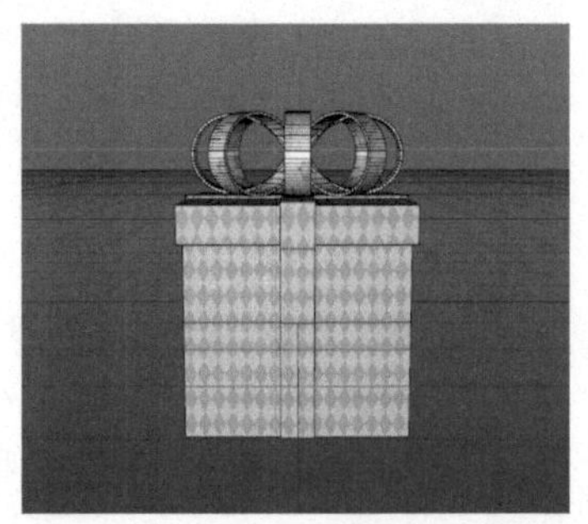
图4-278

10 单击鼠标滑轮调出四视图，在右视图窗口上单击鼠标滑轮，进入右视图界面，如图 4-279 所示。

11 在右视图界面下，在工具栏中，选择“曲线工具组”中的“画笔”，如图 4-280 所示。

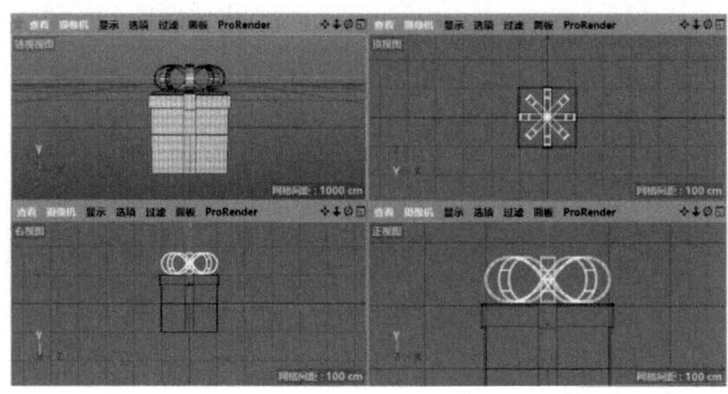

图4-279

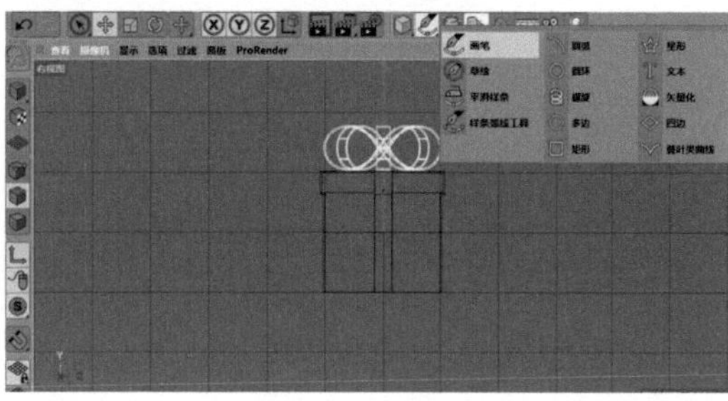

图4-280

12 在右视图界面下，使用“画笔”工具绘制图 4-281 所示的线段。

13 在工具栏中，选择“NURBS”中的“挤压”，如图 4-282 所示。

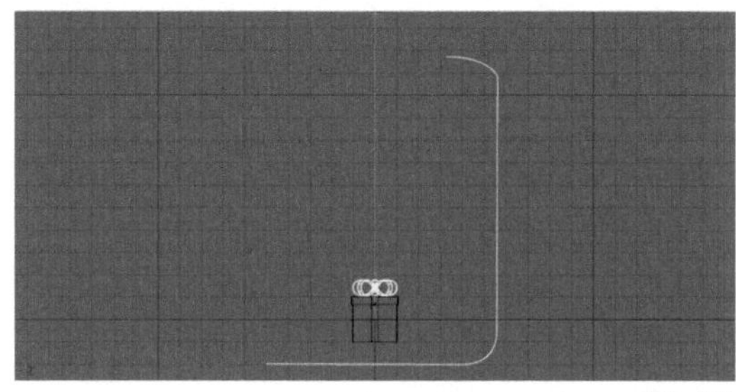

图4-281

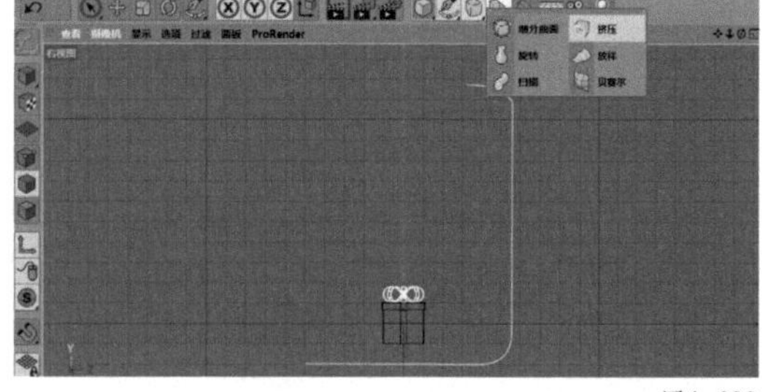

图4-282

14 在对象窗口中，将“样条”拖曳至“挤压”内，使其成为“挤压”的子集，并将“挤压”重命名为“背景”，如图 4-283 所示。

15 在“挤压”窗口中，选择“对象”，在“对象”中将“移动”中“X”的坐标数值修改为“10000 cm”，如图 4-284 所示。

16 单击鼠标滑轮调出四视图，在透视视图窗口上单击鼠标滑轮，进入透视视图界面，如图 4-285 所示。

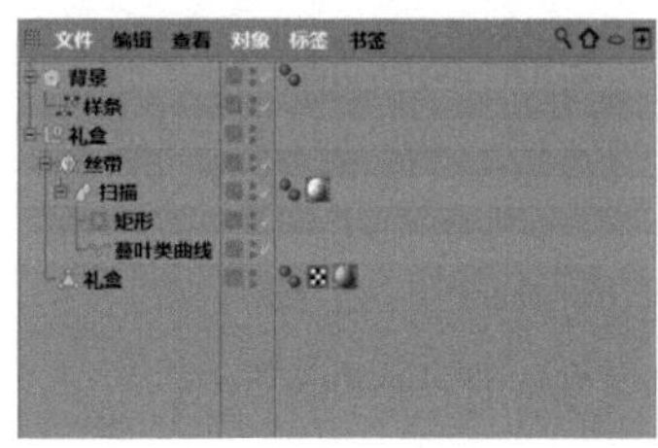

图4-283

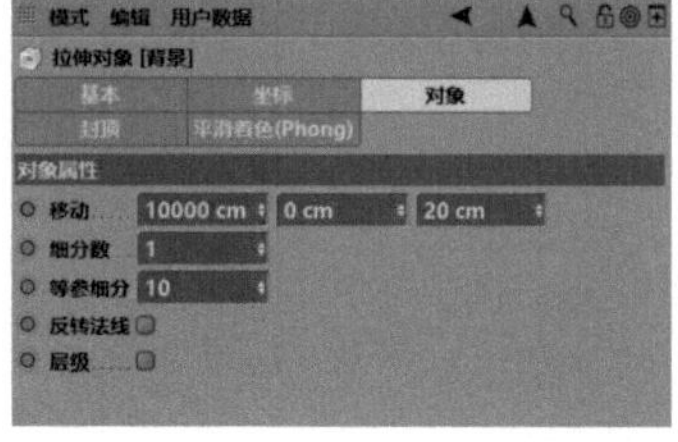

图4-284

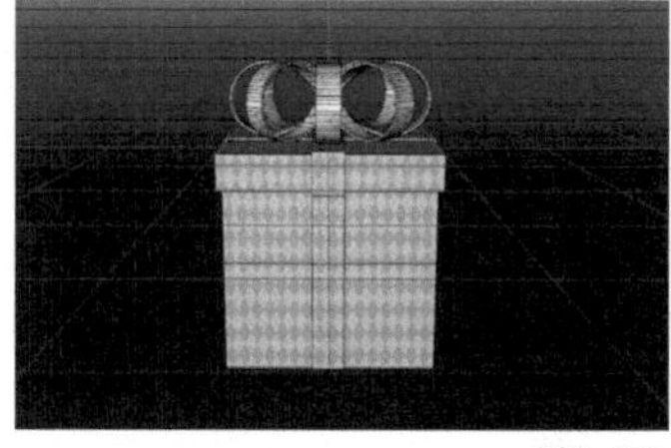

图4-285

17 在材质窗口中，在空白处双击新建一个“材质”，如图 4-286 所示。

18 双击“材质”，进入材质编辑器。进入“颜色”通道，将“H”修改为“0°”，将“S”修改为“0%”，将“V”修改为“100%”，如图 4-287 所示。

19 在材质窗口中，将“材质”重命名为“背景”，如图 4-288 所示。

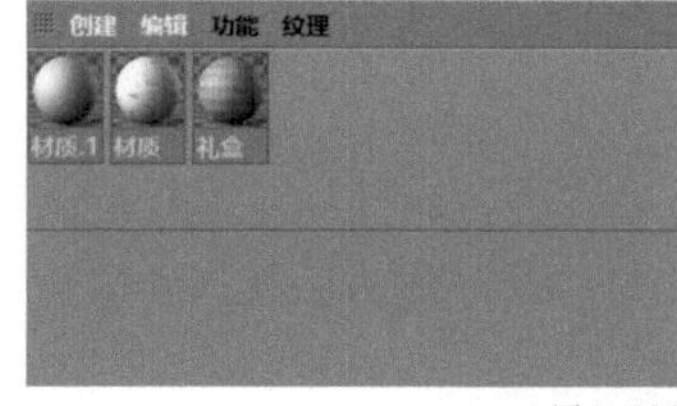

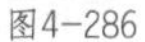

图4-286

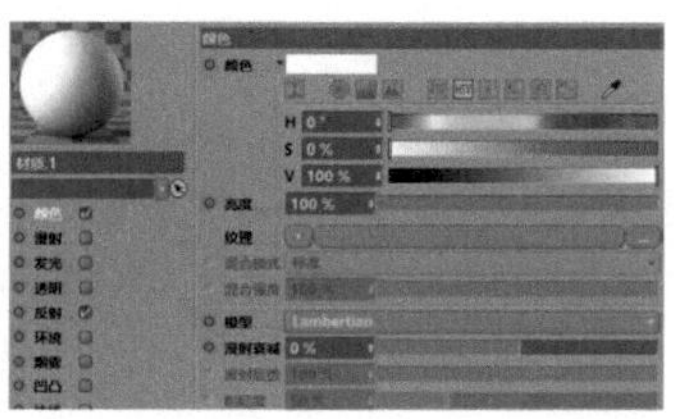

图4-287

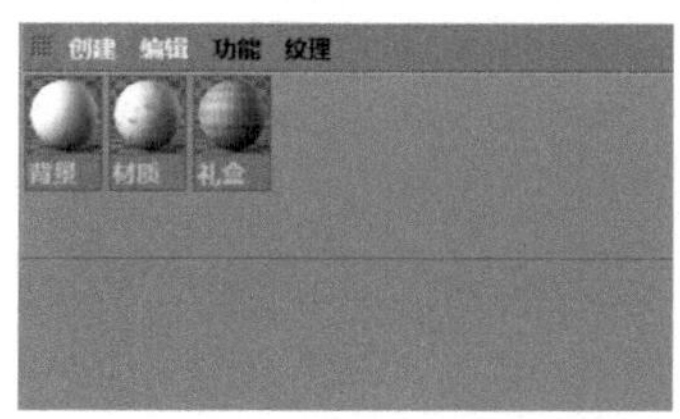

图4-288

20 将材质“背景”赋予“背景”对象，如图 4-289 所示。

21 在透视视图界面下，在工具栏中选择“场景设定”中的“天空”，如图 4-290 所示。

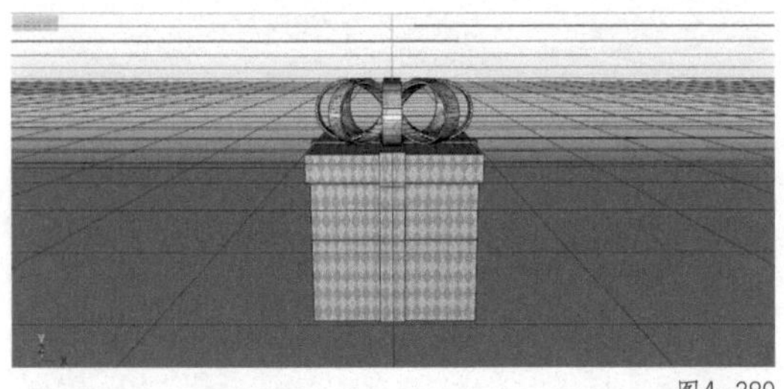

图4-289

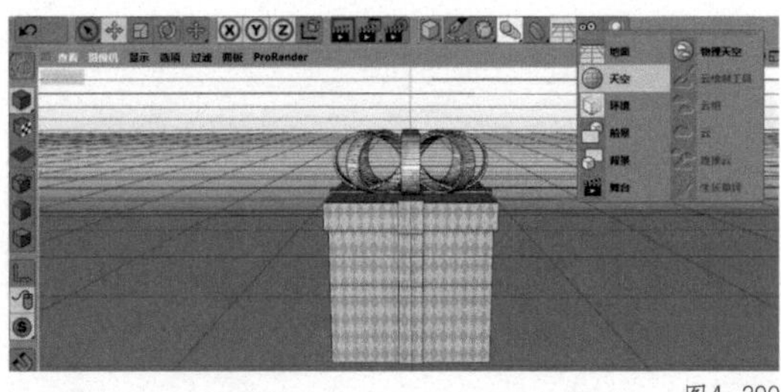

图4-290

22 将材质“背景”赋予“天空”图层，如图 4-291 所示。

23 在工具栏中选择“场景设定”中的“物理天空”，如图 4-292 所示。

24 在“物理天空”窗口中，选择“太阳”，将“强度”修改为“80%”，如图 4-293 所示。

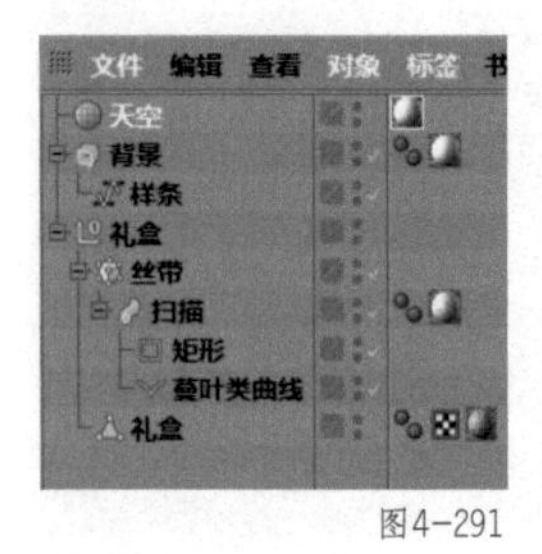

图4-291

图4-292

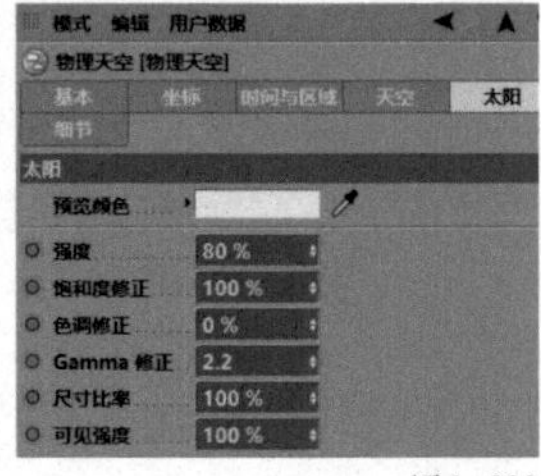

图4-293

25 在对象窗口中，选择“物理天空”，单击鼠标右键，在弹出的下拉菜单中选择“CINEMA 4D 标签”中的“合成”，如图 4-294 所示。

26 在“合成”窗口中，勾选“标签属性”中的“合成背景”，如图 4-295 所示。

27 在对象窗口中，同时选择“背景”“天空”“物理天空”，按【Alt+G】组合键进行编组，并重命名为“背景”，如图 4-296 所示。

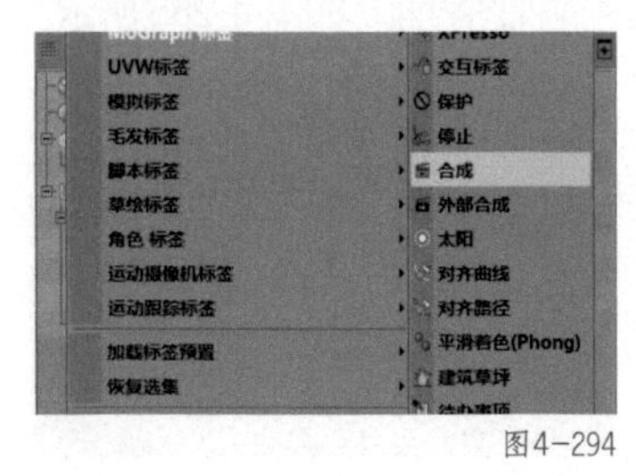

图4-294

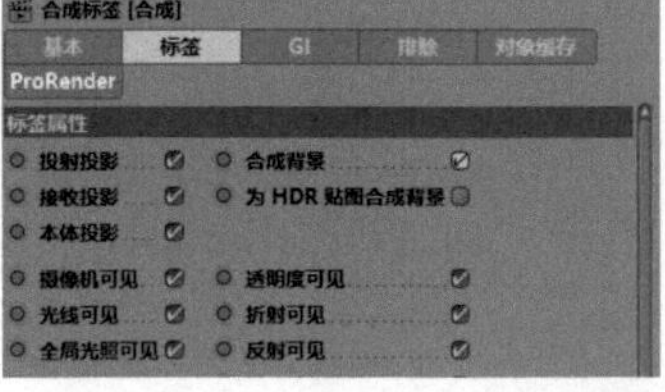
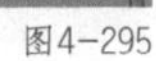

图4-295

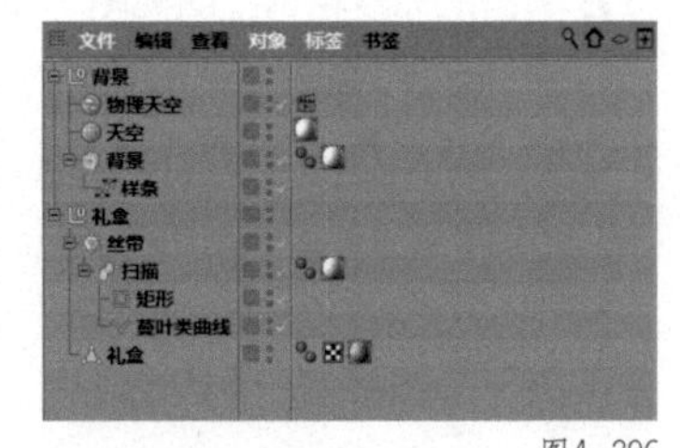

图4-296

28 在工具栏中选择“编辑渲染设置”，如图 4-297 所示。

29 渲染设置中，勾选“多通道”，同时选择“效果”中的“全局光照”，如图 4-298 所示。

30 在“全局光照”中，选择“辐照缓存”，并将“记录密度”修改为“高”，如图 4-299 所示。

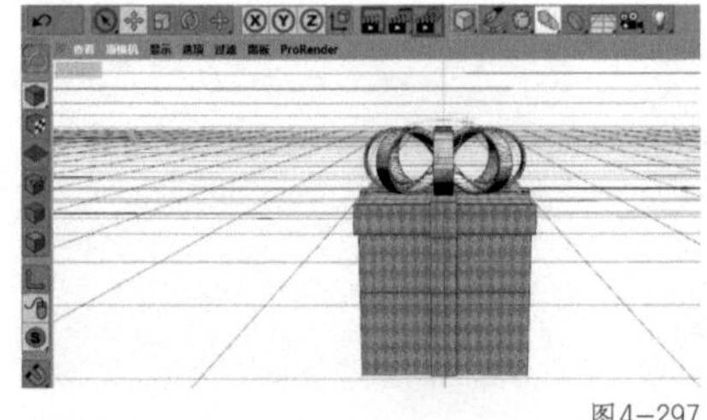

图4-297

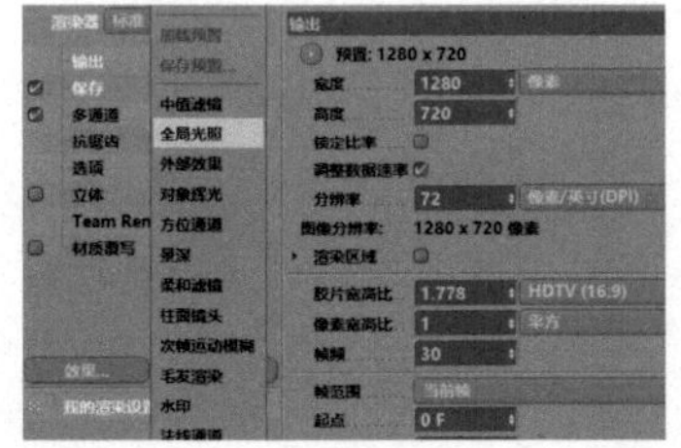

图4-298

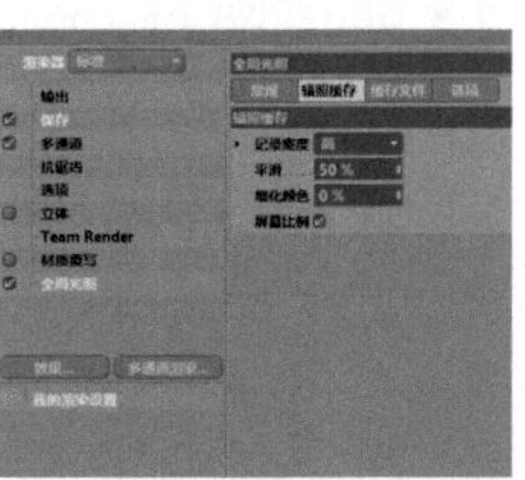

图4-299

31 在渲染设置中，勾选“多通道”，同时选择“效果”中的“环境吸收”，如图 4-300 所示。

32 在“环境吸收”中选择“缓存”，将“记录密度”修改为“高”，如图 4-301 所示。

33 在工具栏中选择“渲染到图片查看器”，如图 4-302 所示。

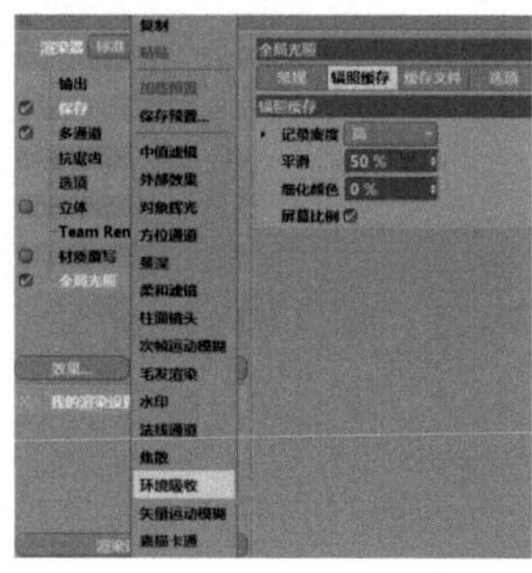

图4-300

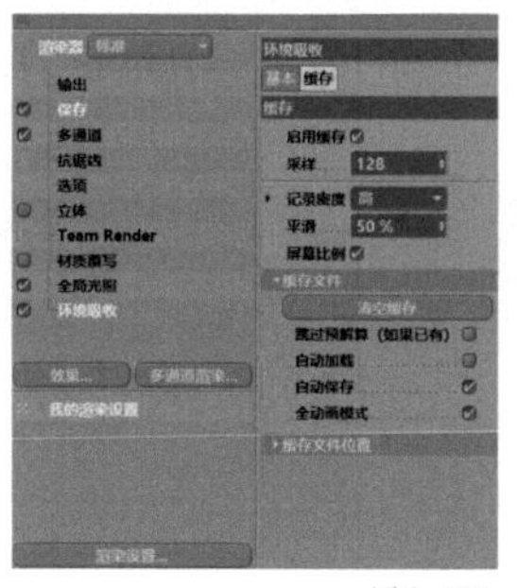

图4-301

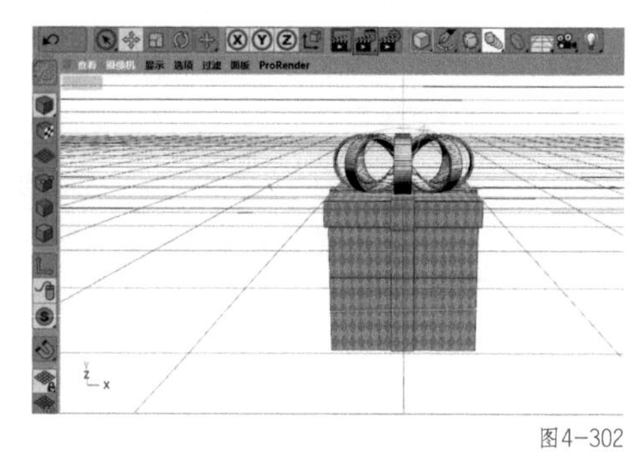

图4-302

34 渲染后的效果如图 4-303 所示。

图4-303

本案例到此已全部完成。

本节知识点一览

（1）参数化对象：立方体

（2）曲线工具组：画笔、蔓叶类曲线、矩形

（3）NURBS：扫描

（4）对象和样条的编辑操作与选择：挤压

（5）运动图形：克隆

4.6 精灵球——球体、圆柱、布尔、挤压

本节讲解精灵球的制作方法。精灵球是比较基础的模型，多作为辅助元素出现，用于点缀和填充画面，其制作方法非常简单，只需要使用球体和圆柱这两个几何体配合布尔、挤压等功能便可制作完成。

本节内容	本节将讲解精灵球的制作方法，包括精灵球三维模型的创建、材质及材质的参数调整、场景及灯光的搭建

本节目标	通过本节的学习，读者将掌握精灵球制作方法

本节主要知识点	球体、圆柱、布尔、挤压

本节最终效果图展示

4.6.1 精灵球的建模

01 打开CINEMA 4D，进入默认的透视视图界面。单击鼠标滑轮调出四视图，在正视图窗口上单击鼠标滑轮，进入正视图界面，如图 4-304 所示。

02 在正视图界面下，按【Shift+V】组合键调出“视窗”，选择“背景”，如图 4-305 所示。

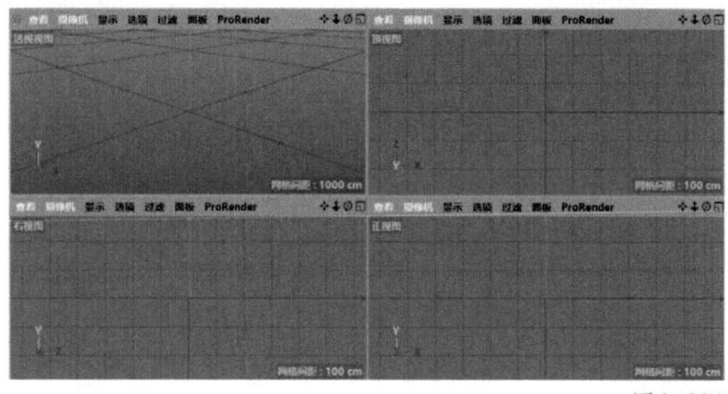

图4-304

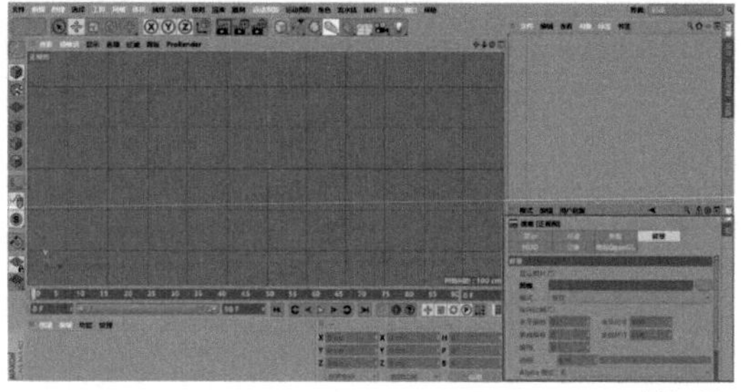

图4-305

03 在“背景”中，单击“图像”后面的加载按钮，选择“加载图像”，将素材“精灵球线稿”置入，同时将“透明”修改为“50%”，如图 4-306 所示。

04 正视图界面中的效果如图 4-307 所示。

图4-306

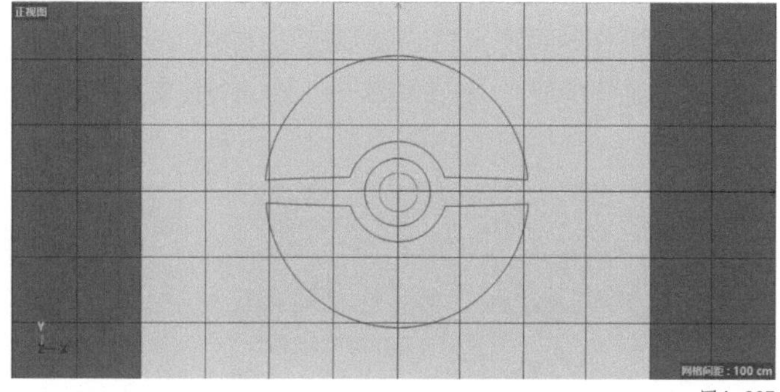

图4-307

05 在正视图界面下，在工具栏中，选择“参数化对象”中的“球体”，如图 4-308 所示。

06 在“球体”窗口中，选择“对象”，将“半径”修改为“208 cm”，将“分段”修改为“63”，如图 4-309 所示。

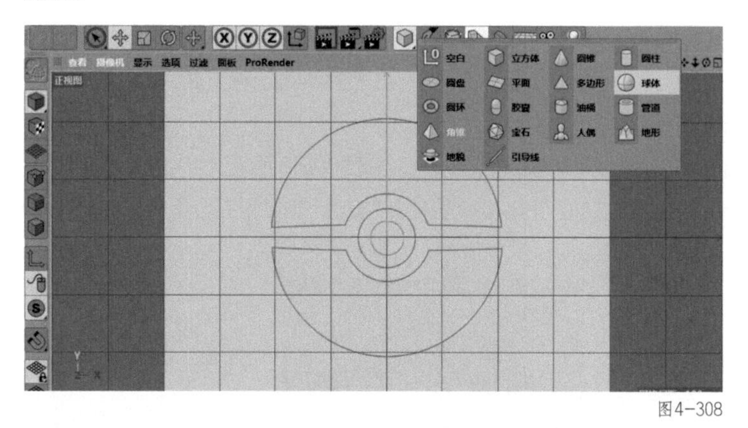

图4-308

图4-309

07 在左侧的编辑模式工具栏中，选择“转为可编辑对象”或按【C】键将“球体”转为可编辑对象，如图 4-310 所示。

08 在左侧的工具栏中，选择“面模式”，在工具栏中，选择“框选”工具，如图 4-311 所示。

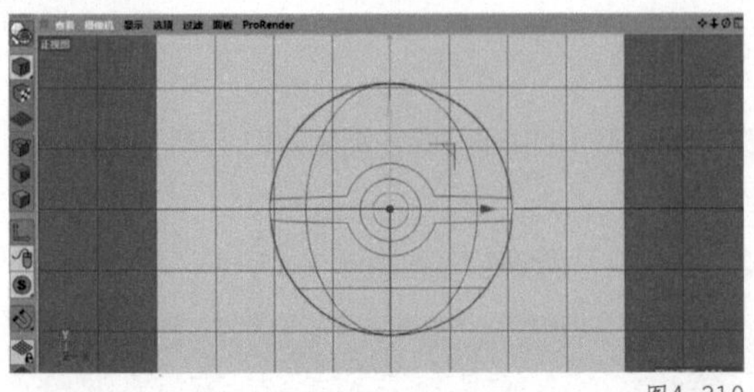

图4-310

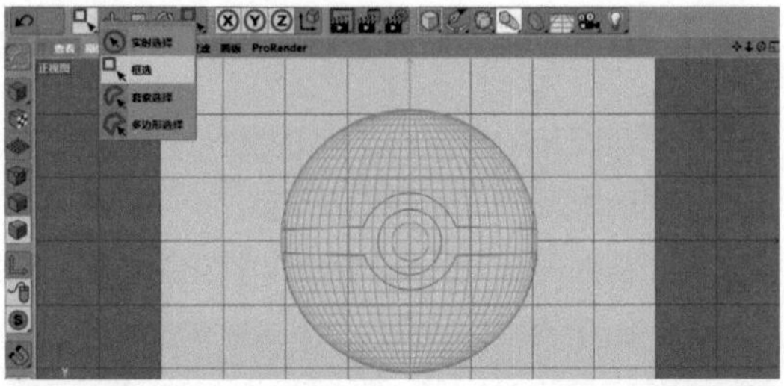

图4-311

09 在正视图界面下，使用“框选”工具框选图 4-312 所示的区域。

10 正视图界面中的效果如图 4-313 所示。

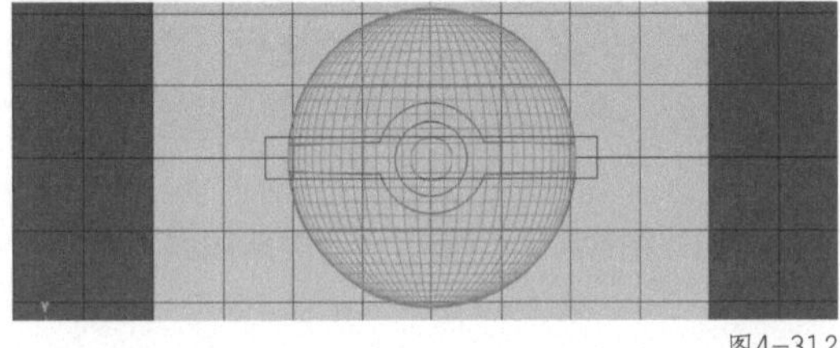

图4-312

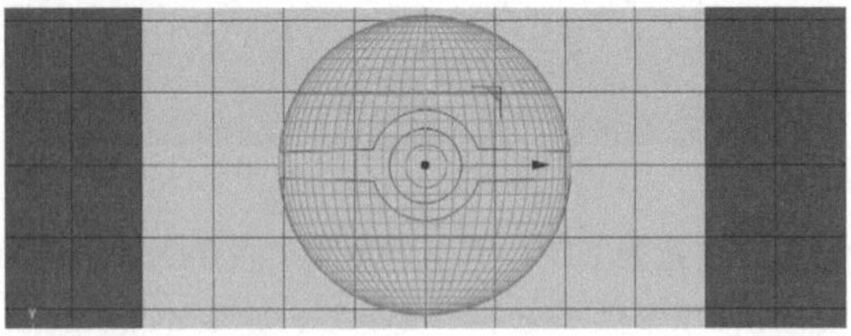

图4-313

11 单击鼠标滑轮调出四视图，在透视视图窗口上单击鼠标滑轮，进入透视视图界面，如图 4-314 所示。

12 在透视视图界面下，在空白处单击鼠标右键，在弹出的下拉菜单中选择“挤压”，如图 4-315 所示。

13 在透视视图界面下，按住鼠标在空白处进行拖曳，将所选择的面向内挤压出一定的厚度，如图 4-316 所示。

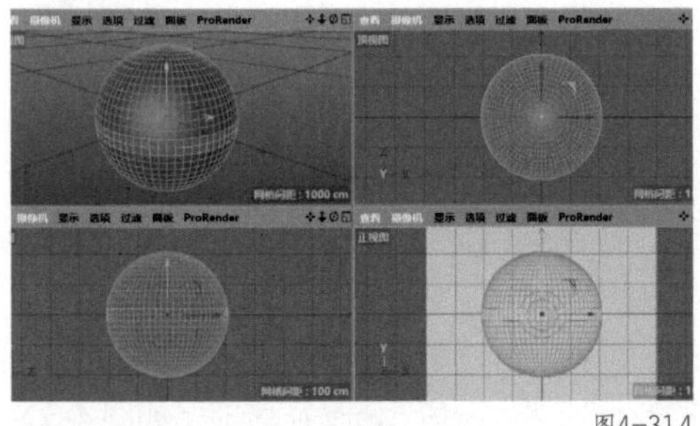

图4-314

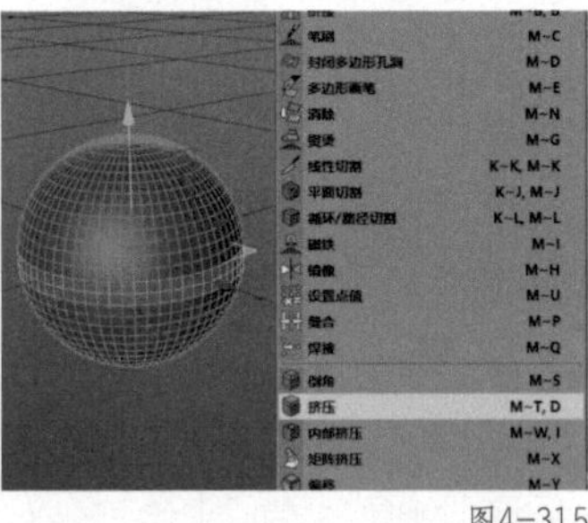

图4-315

图4-316

4.6.2 按钮的建模

01 单击鼠标滑轮调出四视图，在正视图窗口上单击鼠标滑轮，进入正视图界面。在工具栏中，选择“参数化对象”中的“圆柱”，如图 4-317 所示。

02 在“圆柱”窗口中，选择“对象”，将“方向”修改为“+Z”，如图 4-318 所示。

03 在正视图界面下，按小黄点调整“圆柱”的大小，使其与参考图中“按钮”的位置完全重合，如图 4-319 所示。

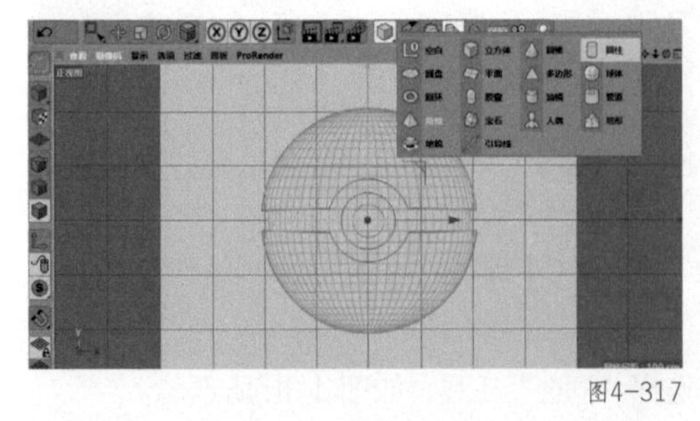

图4-317

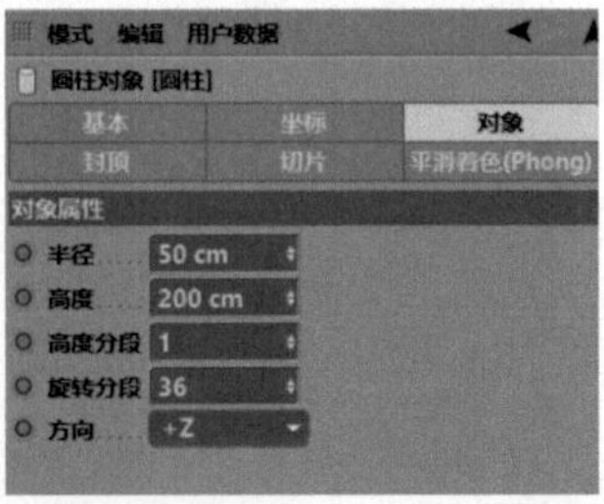

图4-318

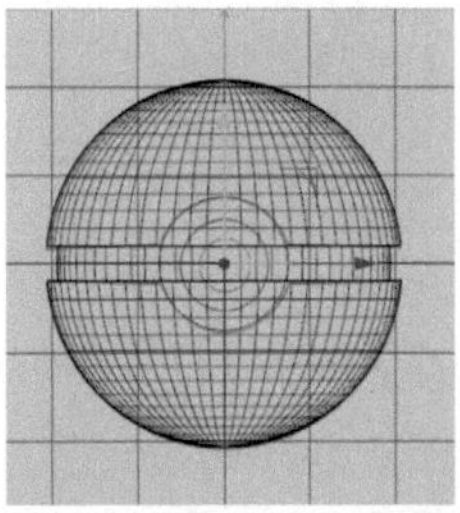

图4-319

04 单击鼠标滑轮调出四视图，在右视图窗口上单击鼠标滑轮，进入右视图界面，如图 4-320 所示。

05 在右视图界面下，按小黄点调整“圆柱”的大小，效果如图 4-321 所示。

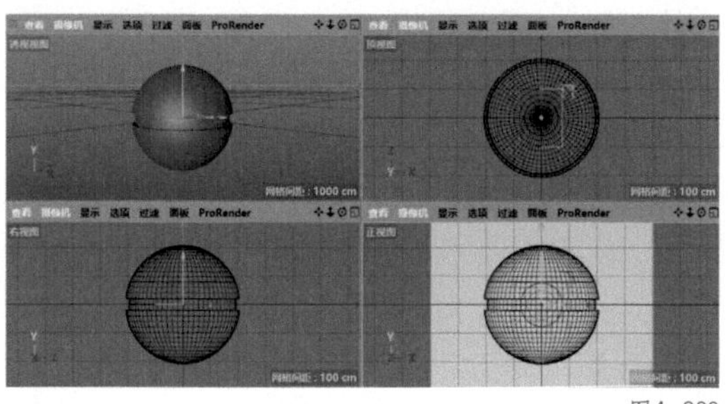

图4-320

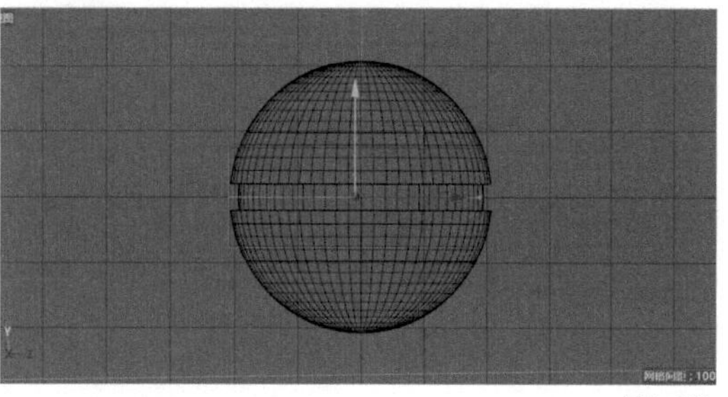

图4-321

06 在工具栏中，选择“造型工具组”中的“布尔”，如图 4-322 所示。

07 在对象窗口中，将“球体”和“圆柱”拖曳至“布尔”内，使其成为“布尔”的子集，如图 4-323 所示。

08 透视视图界面中的效果如图 4-324 所示。

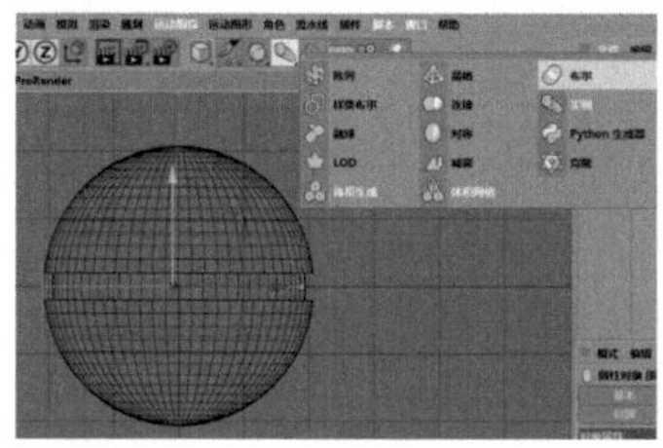

图4-322

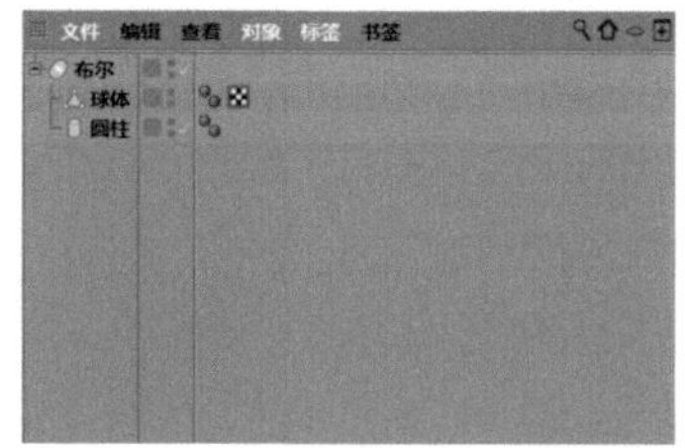

图4-323

图4-324

09 在对象窗口中，将“布尔”重命名为“精灵球”，同时复制一个“圆柱”，并重命名为“按钮”，如图 4-325 所示。

10 在透视视图界面下，按【E】键切换到“移动”工具调整“按钮”的位置，效果如图 4-326 所示。

11 单击鼠标滑轮调出四视图，在正视图窗口上单击鼠标滑轮，进入正视图界面。在左侧的编辑模式工具栏中，选择“边模式”，如图 4-327 所示。

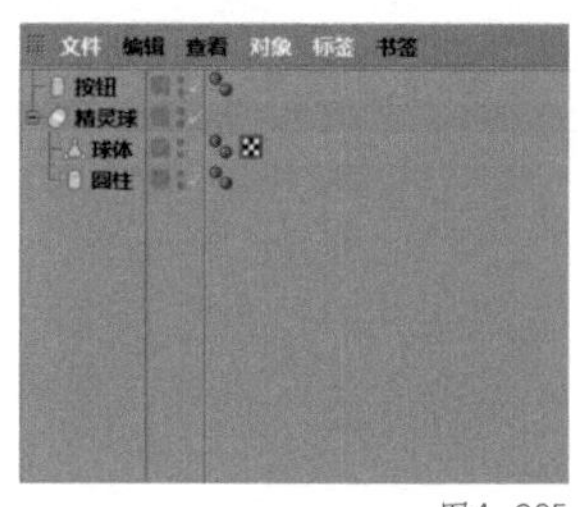

图4-325

图4-326

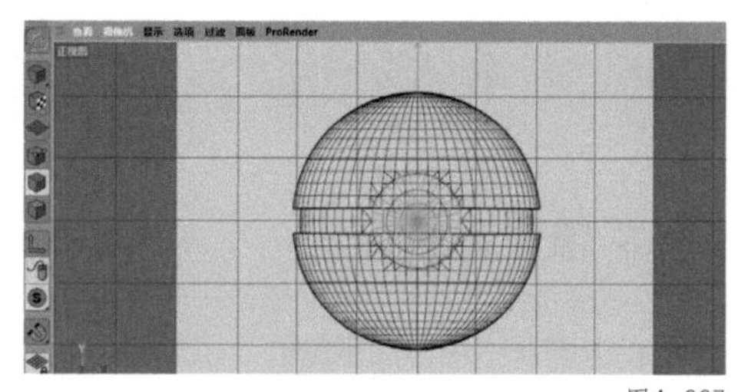

图4-327

12 在正视图界面下，按【K+L】组合键进行循环切割，在图 4-328 所示的位置上切割出一条线段，当出现白色描边时，单击。

13 正视图界面中的效果如图 4-329 所示。

14 在左侧的编辑模式工具栏中选择“面模式”，在工具栏中选择“实时选择”工具，如图 4-330 所示。

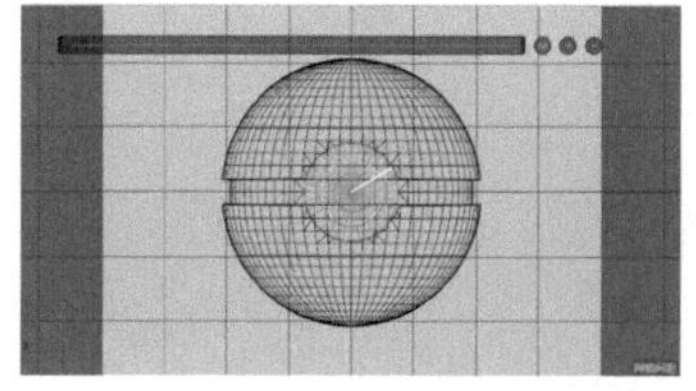

图4-328

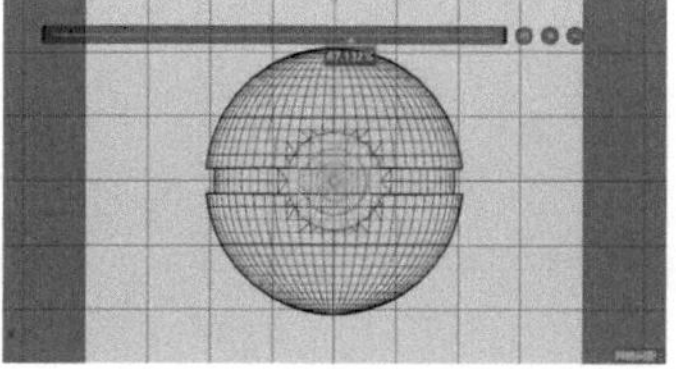

图4-329

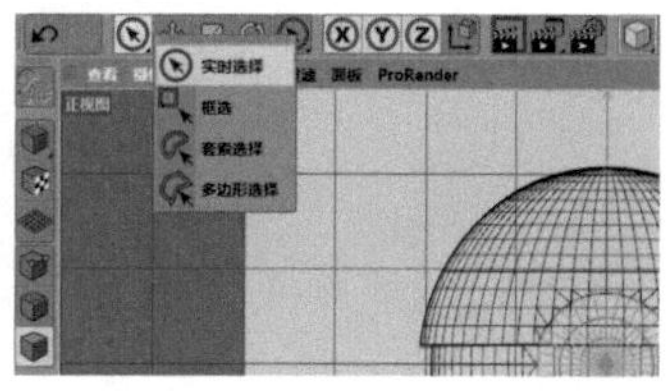

图4-330

15 在正视图界面下，使用“实时选择”工具选择图 4-331 所示的面。

16 单击鼠标滑轮调出四视图，在透视视图窗口上单击鼠标滑轮，进入透视视图界面。在透视视图界面下，按住鼠标左键，同时按住【Ctrl】键，沿着蓝色的箭头向外拖曳，将所选择的面向外拖曳一定的厚度，如图 4-332 所示。

17 单击鼠标滑轮调出四视图，在正视图窗口上单击鼠标滑轮，进入正视图界面。在左侧的编辑模式工具栏中，选择“边模式”。在正视图界面下，按【K+L】组合键进行循环切割，在图 4-333 所示的位置上，切割出一条线段。

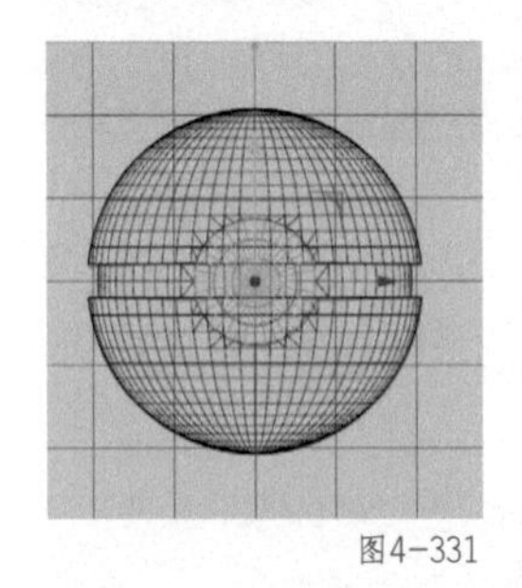

图4-331

图4-332

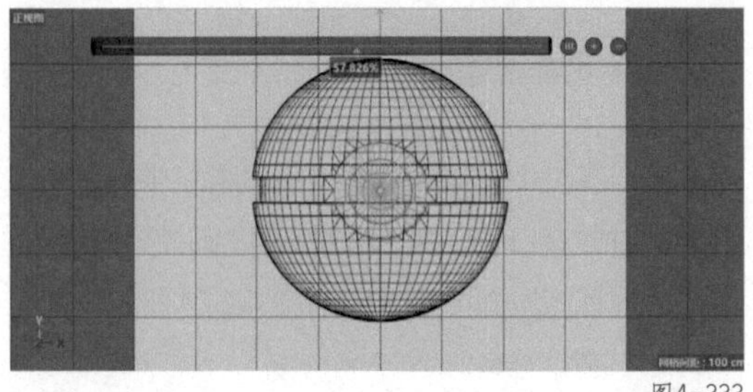

图4-333

18 在正视图界面下，在左侧的编辑模式工具栏中，选择“面模式”。在工具栏中，选择“实时选择”工具。使用“实时选择”工具选择图 4-334 所示的面。

19 单击鼠标滑轮调出四视图，在透视视图窗口上单击鼠标滑轮，进入透视视图界面。在透视视图界面下，按住鼠标左键，同时按住【Ctrl】键，沿着蓝色的箭头向外拖曳，将所选择的面向外拖曳一定的厚度，如图 4-335 所示。

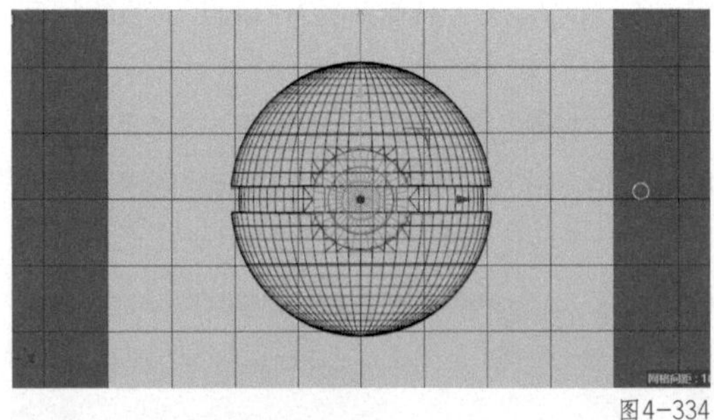

图4-334

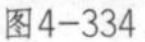

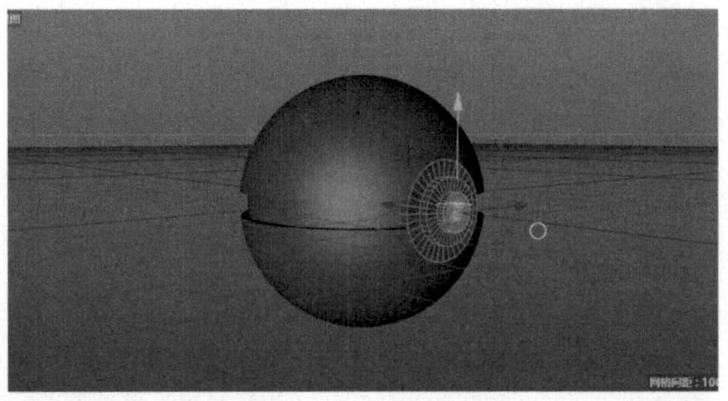

图4-335

4.6.3 精灵球的渲染

01 在材质窗口中，在空白处双击新建一个“材质”，如图 4-336 所示。

02 双击“材质”，进入材质编辑器。进入“颜色”通道，将“H”修改为“0°”，将“S”修改为“100%”，将“V”修改为“100%”，如图 4-337 所示。

03 在材质编辑器中，进入“反射”通道，单击“添加”按钮，在弹出的下拉菜单中选择“GGX”，如图 4-338 所示。

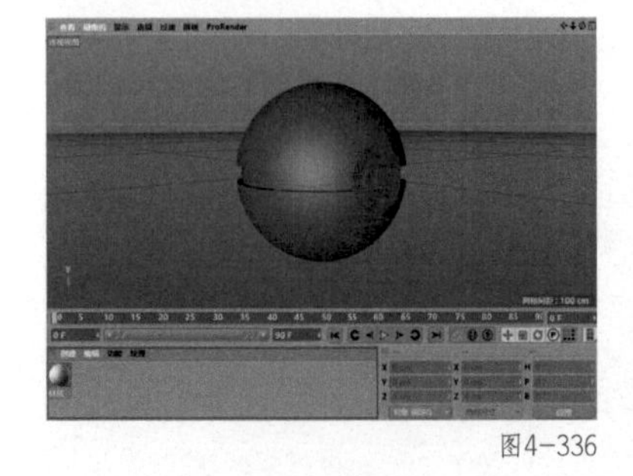

图4-336

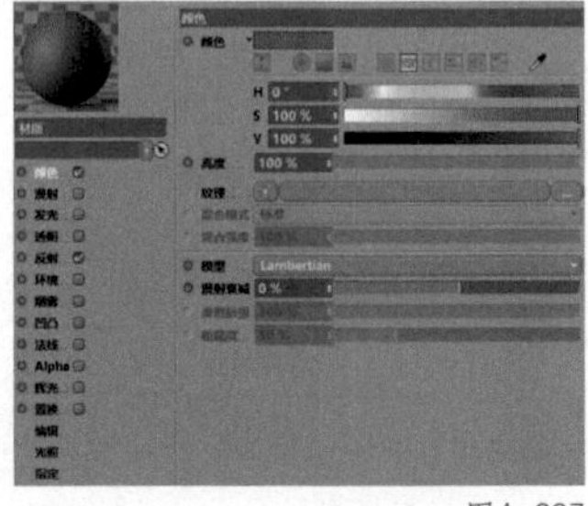

图4-337

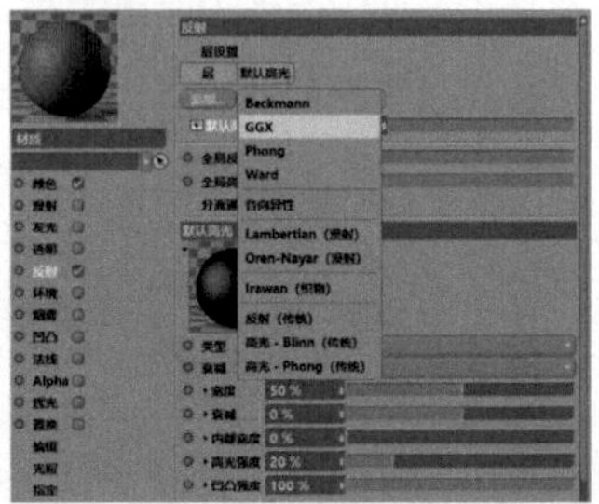

图4-338

04 在“层1”中将“粗糙度”修改为“10%”，在“层颜色”中将“亮度”修改为“30%”，如图4-339所示。

05 在材质窗口中，将“材质”重命名为“红色”，如图4-340所示。

06 在工具栏中选择“框选”工具。在对象窗口中，选择“球体”。在透视视图界面下，使用“框选”工具框选图4-341所示的面。

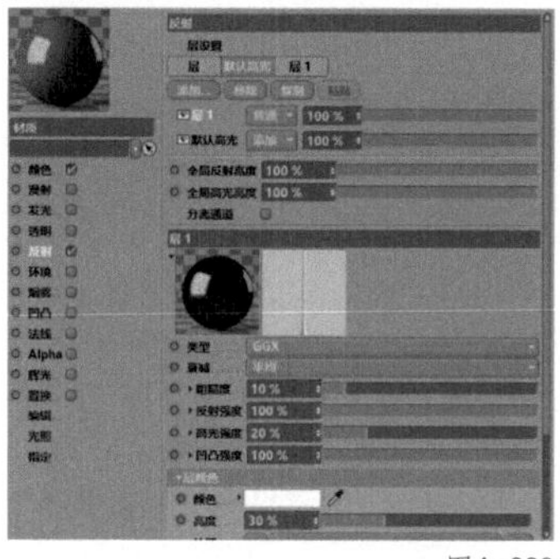
图4-339

图4-340

图4-341

07 在透视视图界面下，将材质“红色”赋予所选择的面，如图4-342所示。

08 在材质窗口中，复制一个材质“红色”，如图4-343所示。

09 双击材质“红色”，进入材质编辑器。进入“颜色”通道，将“H”修改为“0°”，将“S”修改为“0%”，将“V”修改为“100%”，如图4-344所示。

图4-342

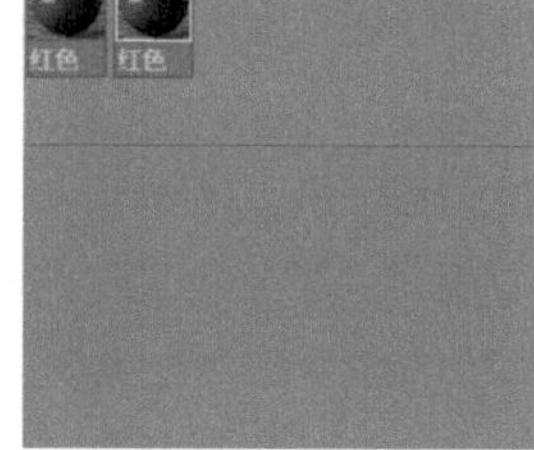

图4-343

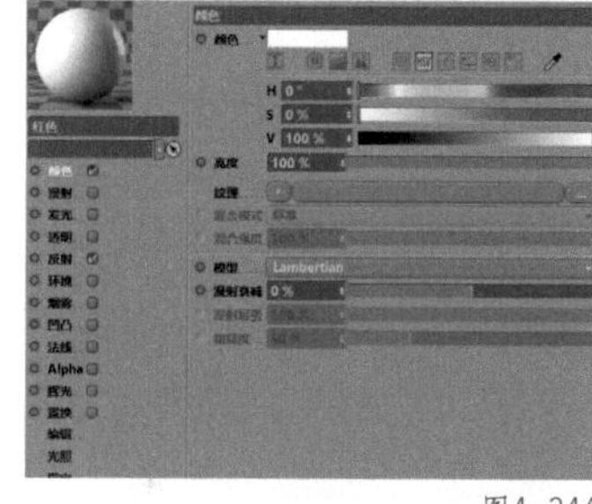
图4-344

10 在材质窗口中，将“红色”重命名为“白色”，如图4-345所示。

11 在工具栏中选择“框选”工具。在对象窗口中，选择“球体”。在透视视图界面下，使用“框选”工具框选图4-346所示的面。

12 在透视视图界面下，将材质“白色”赋予所选择的面，如图4-347所示。

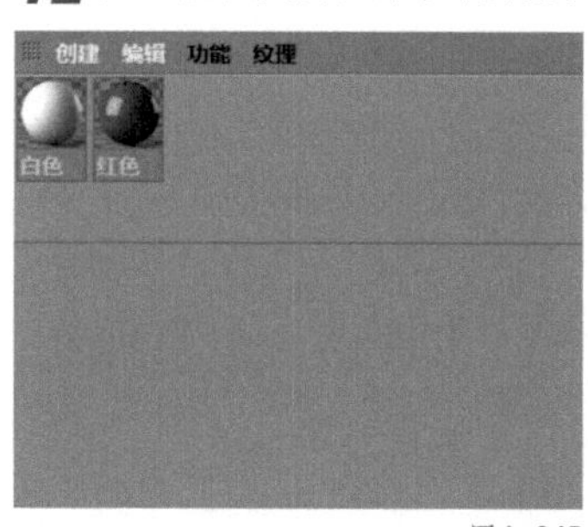

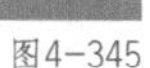
图4-345

图4-346

图4-347

13 在材质窗口中，复制一个材质“白色”，如图4-348所示。

14 双击材质“白色”，进入材质编辑器。进入“颜色”通道，将“H”修改为“0°”，将“S”修改为“0%”，将“V”修改为“0%”，如图4-349所示。

15 在材质窗口中，将“白色”重命名为“黑色”，如图4-350所示。

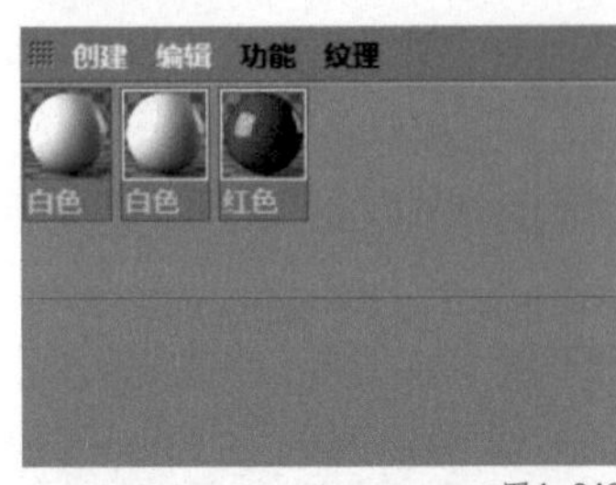

图4-348

图4-349

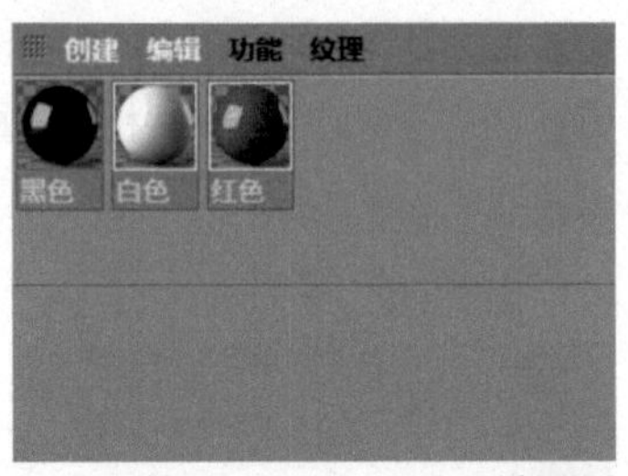

图4-350

16 在工具栏中选择“框选”工具。在对象窗口中，选择“球体”。在透视视图界面下，使用“框选”工具框选图 4-351 所示的面。

17 在透视视图界面下，将材质“黑色”赋予所选择的面，如图 4-352 所示。

18 在对象窗口中，将材质“黑色”赋予“按钮”图层，如图 4-353 所示。

图4-351

图4-352

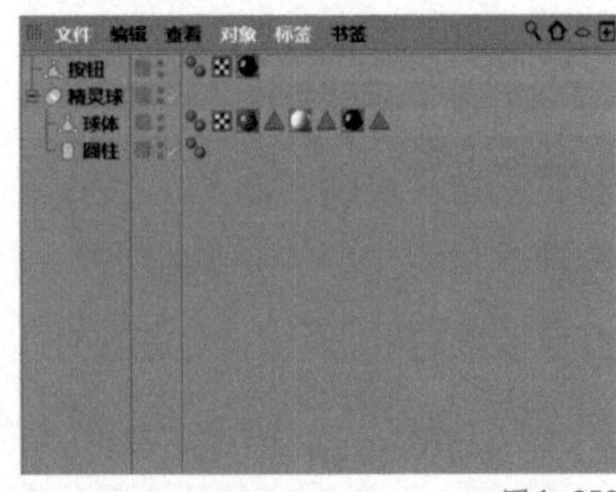

图4-353

19 在工具栏中选择“框选”工具。在对象窗口中，选择“球体”。在透视视图界面下，使用“框选”工具框选图 4-354 所示的面。

20 在透视视图界面下，将材质“白色”赋予所选择的面，如图 4-355 所示。

21 在右视图界面下，在工具栏中，选择“曲线工具组”中的“画笔”，如图 4-356 所示。

图4-354

图4-355

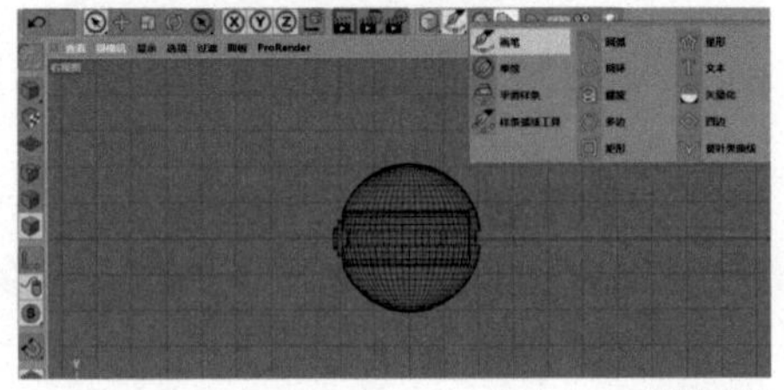

图4-356

22 在右视图界面下，使用“画笔”工具绘制图 4-357 所示的线段。

23 在工具栏中，选择“NURBS”中的“挤压”，如图 4-358 所示。

24 在对象窗口中，将“样条”拖曳至“挤压”内，使其成为“挤压”的子集，并将“挤压”重命名为“背景”，同时选择“按钮”和“精灵球”，按【Alt+G】组合键进行编组，并重命名为“精灵球”，如图 4-359 所示。

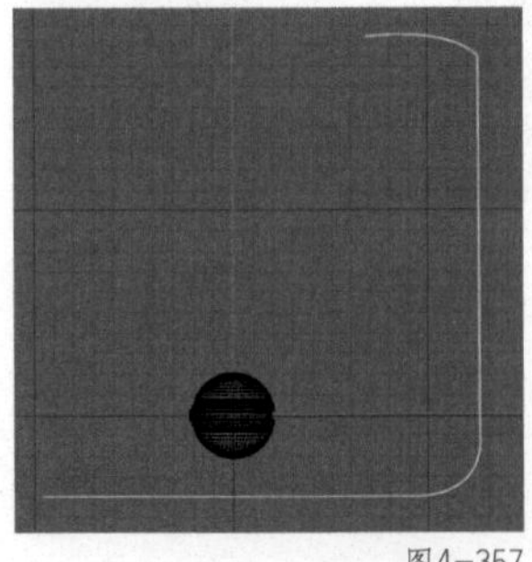

图4-357

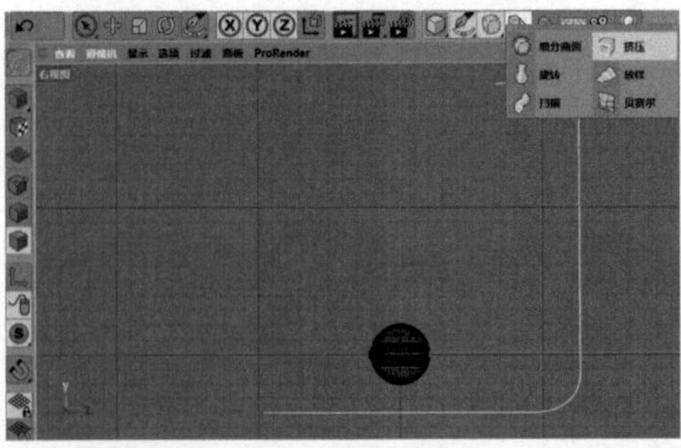

图4-358

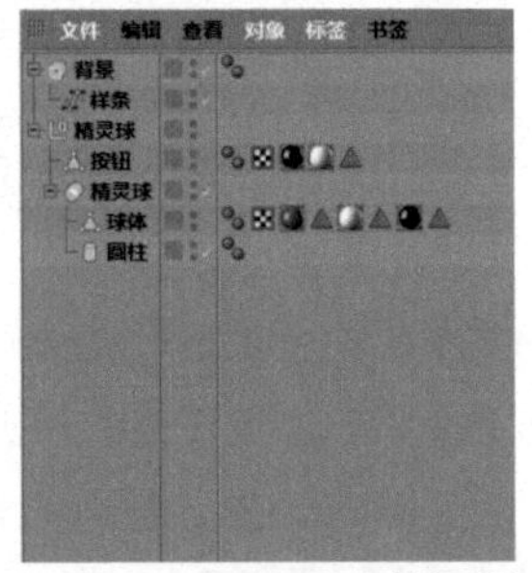

图4-359

25 在“挤压”窗口中，选择“对象”，在“对象”中将“移动”中“X”的坐标数值修改为“10000 cm”，如图 4-360 所示。

26 单击鼠标滑轮调出四视图，在透视视图窗口上单击鼠标滑轮，进入透视视图界面，如图 4-361 所示。

27 在材质窗口中，在空白处双击新建一个“材质”，如图 4-362 所示。

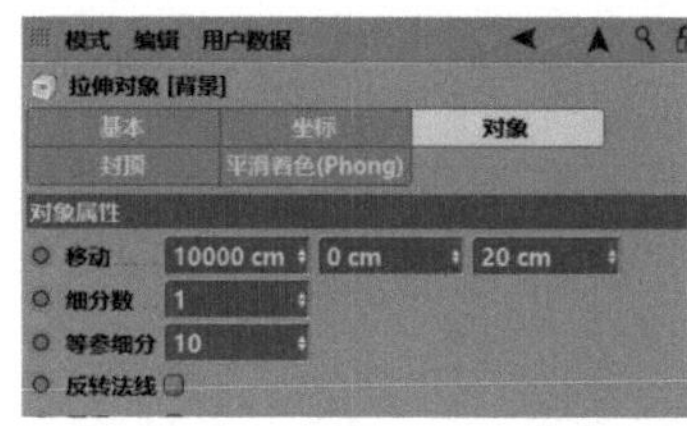

图4-360

图4-361

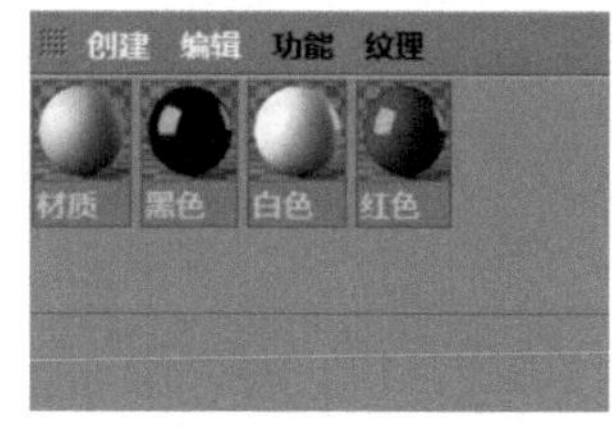

图4-362

28 双击“材质”，进入材质编辑器。进入“颜色”通道，将“H”修改为“0°”，将“S”修改为“0%”，将“V”修改为“100%”，如图 4-363 所示。

29 在材质窗口中，将“材质”重命名为“背景”，如图 4-364 所示。

30 将材质“背景”赋予“背景”对象，如图 4-365 所示。

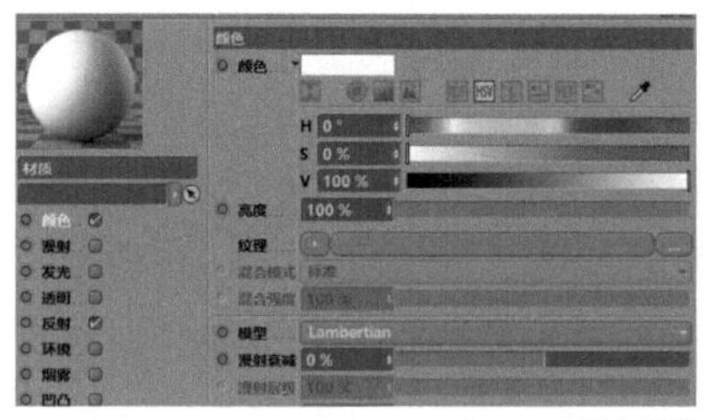

图4-363

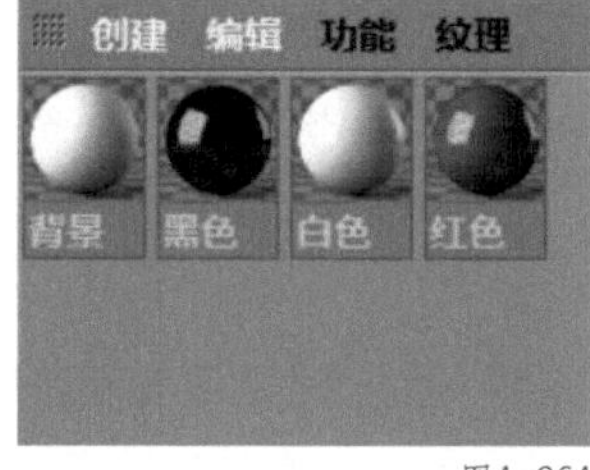

图4-364

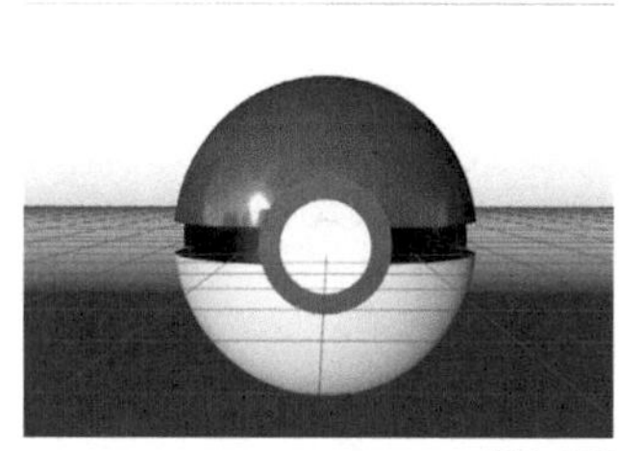

图4-365

31 在透视视图界面下，在工具栏中选择“场景设定”中的“天空”，如图 4-366 所示。

32 将材质“背景”赋予“天空”图层，如图 4-367 所示。

33 在工具栏中选择“场景设定”中的“物理天空”，如图 4-368 所示。

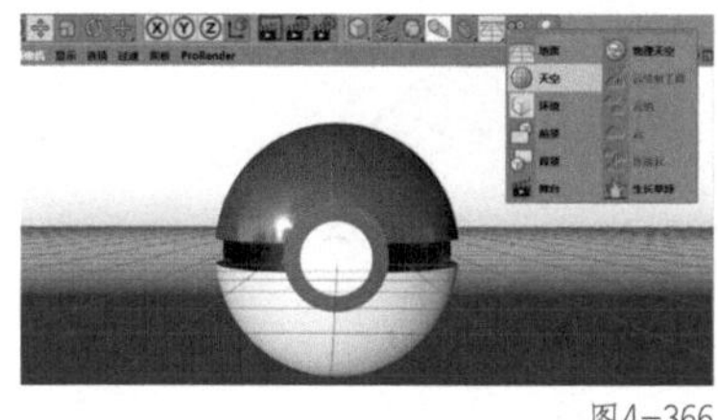

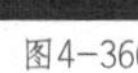
图4-366

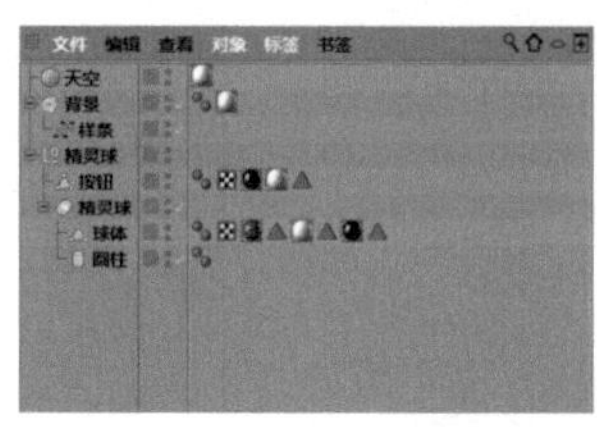

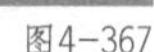
图4-367

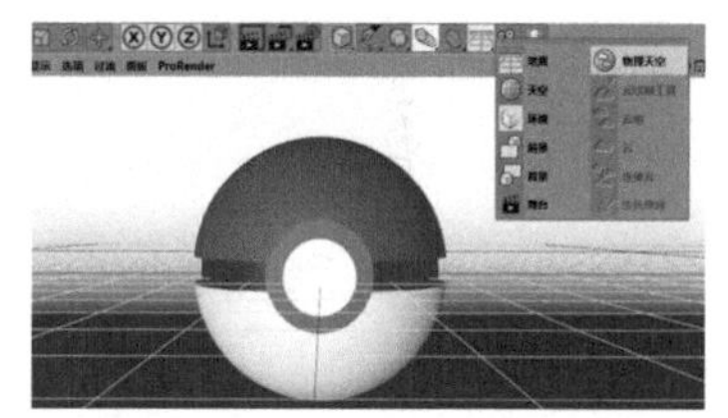

图4-368

34 在“物理天空”窗口中，选择“太阳”，将“强度”修改为“40%”，如图 4-369 所示。

35 在对象窗口中，选择“物理天空”，单击鼠标右键，在弹出的下拉菜单中选择“CINEMA 4D标签”中的“合成”，如图 4-370 所示。

36 在“合成”窗口中，勾选“标签属性”中的“合成背景”，如图 4-371 所示。

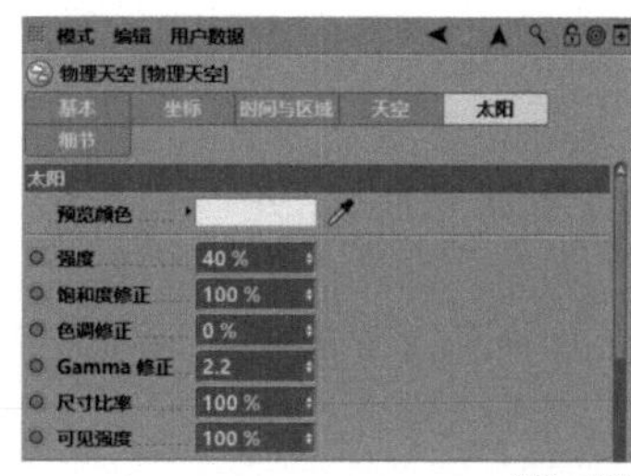

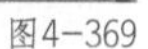
图4-369

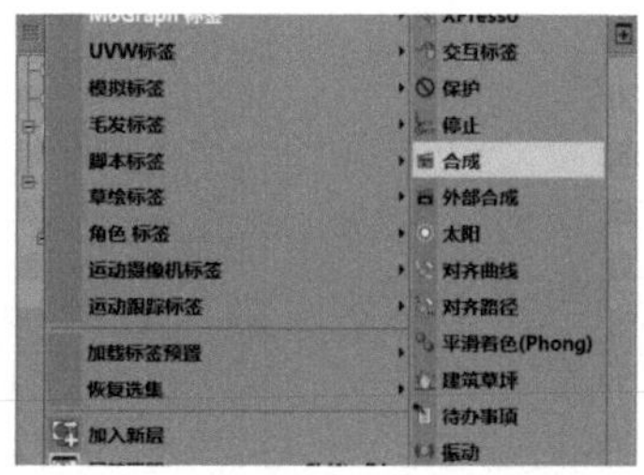

图4-370

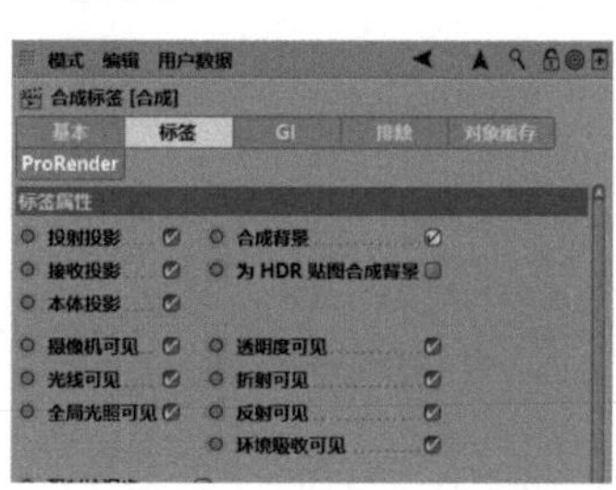

图4-371

37 在对象窗口中，同时选择“背景”“天空”“物理天空”，按【Alt+G】组合键进行编组，并重命名为“背景”，如图4-372所示。

38 在工具栏中选择“编辑渲染设置”，如图4-373所示。

39 在渲染设置中，勾选“多通道”，同时选择“效果”中的“全局光照”，如图4-374所示。

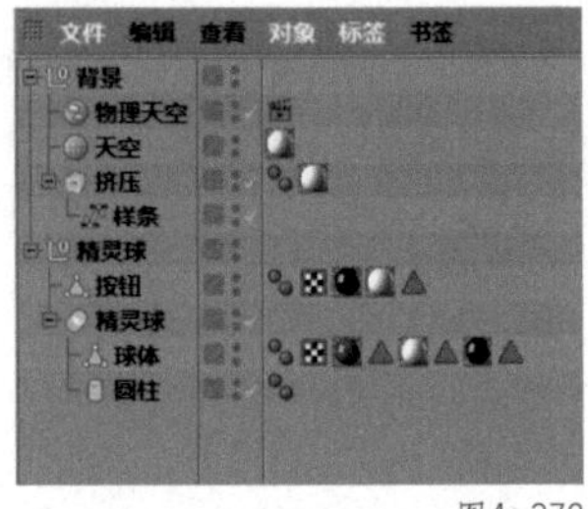

图4-372

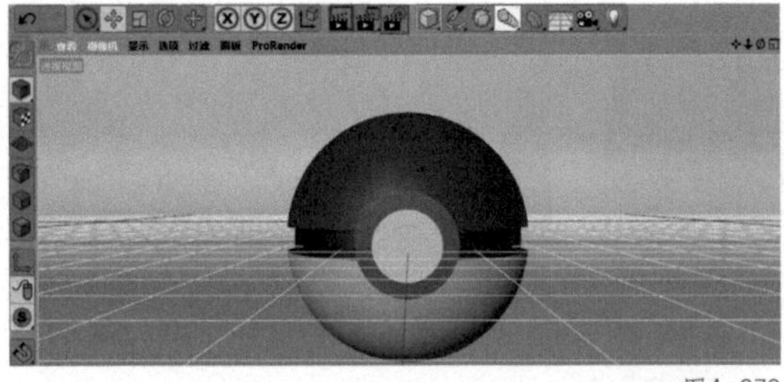

图4-373

图4-374

40 在“全局光照”中，选择“辐照缓存”，并将“记录密度”修改为“高”，如图4-375所示。

41 在渲染设置中，勾选“多通道”，同时选择“效果”中的“环境吸收”，如图4-376所示。

42 在“环境吸收”中选择“缓存”，将“记录密度”修改为“高”，如图4-377所示。

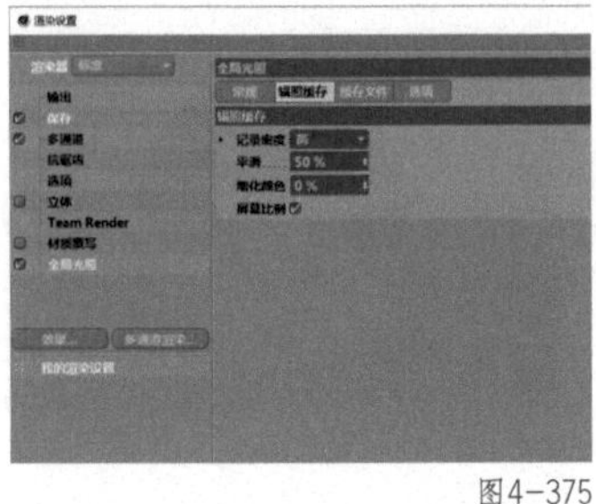

图4-375

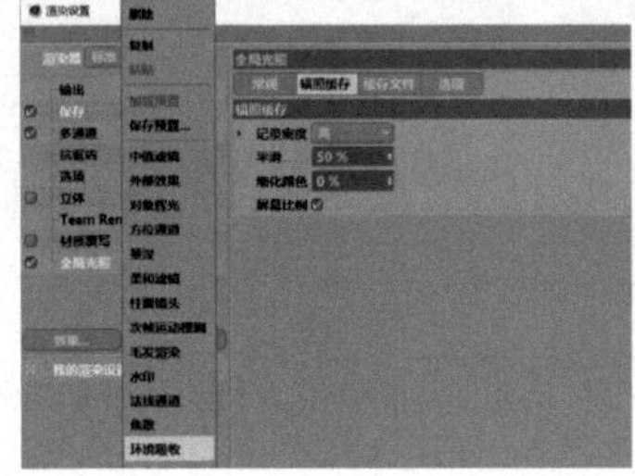

图4-376

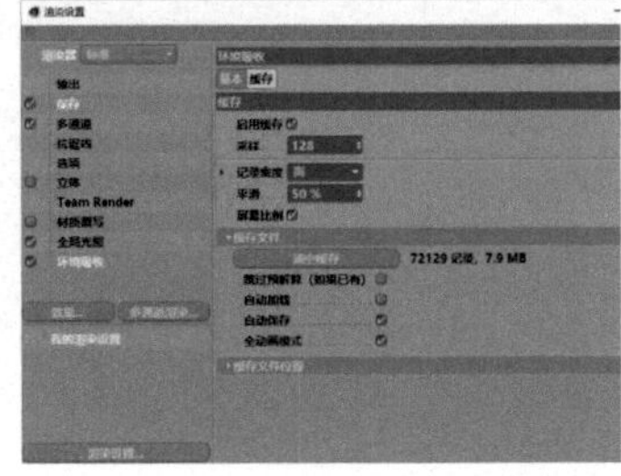

图4-377

43 在工具栏中选择“渲染到图片查看器”，如图4-378所示。

44 渲染后的效果如图4-379所示。

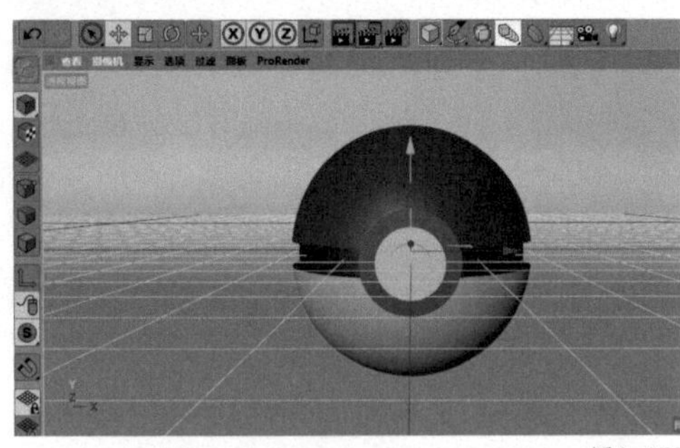

图4-378

图4-379

本案例到此已全部完成。

本节知识点一览

（1）参数化对象：球体、圆柱

（2）NURBS：挤压

（3）造型工具组：布尔

（4）对象和样条的编辑操作与选择：挤压

4.7 奶酪——圆柱、球体、克隆、布尔

本节讲解奶酪的制作方法。奶酪是一种发酵的牛奶制品，口味上有酸，甜，咸等，它是制作三明治的原料之一，香甜可口的奶酪是很多人的最爱，辅以面包、麦片、蛋糕更是难得的美味。在三维设计中，奶酪是比较基础的模型，可作为主体物出现，也可作为辅助元素出现，其制作方法非常简单，只需要使用球体和圆柱这两个几何体配合克隆、布尔等功能便可制作完成。

本节内容	本节将讲解奶酪的制作方法，包括奶酪三维模型的创建、材质及材质的参数调整、场景及灯光的搭建

本节目标	通过本节的学习，读者将掌握奶酪制作方法以及奶酪材质的渲染方法

本节主要知识点	圆柱、球体、克隆、布尔

本节最终效果图展示

4.7.1 奶酪的建模

01 打开CINEMA 4D，进入默认的透视视图界面。在工具栏中选择“参数化对象”中的“圆柱”，如图4-380所示。

02 在“圆柱”窗口中，选择“对象”，将“半径”修改为“200 cm”，将“高度”修改为“150 cm”，如图4-381所示。

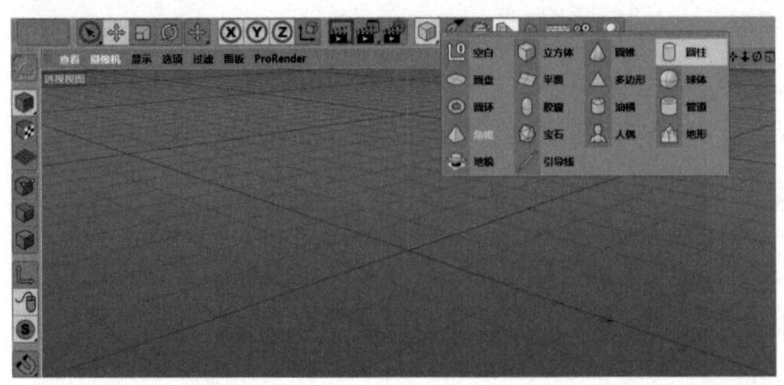

图4-380

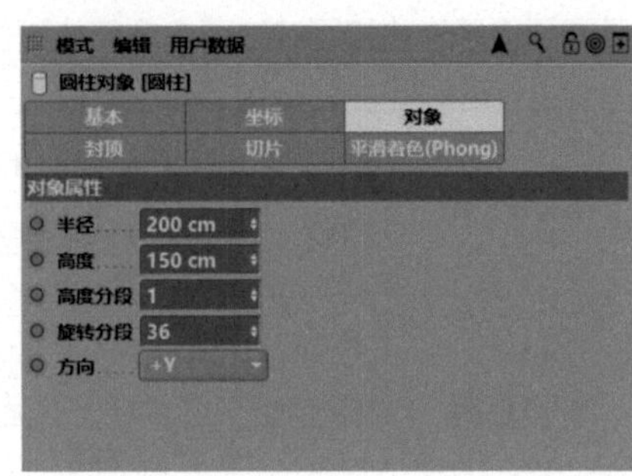

图4-381

03 在视图窗口菜单中选择“显示”中的“光影着色（线条）”，如图4-382所示。

04 在“圆柱”窗口中，选择“封顶”，勾选“圆角”，将“分段”修改为“3”，将“半径”修改为“20 cm”，如图4-383所示。

05 透视视图界面中的效果如图4-384所示。

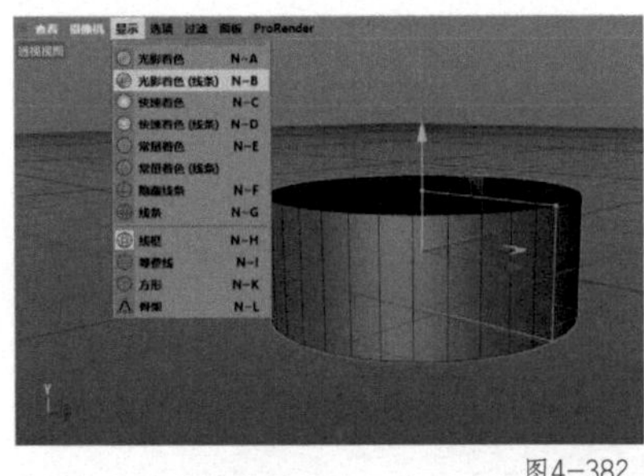

图4-382

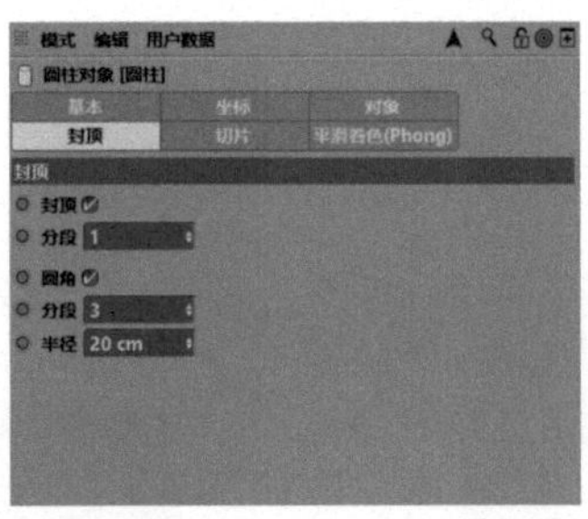

图4-383

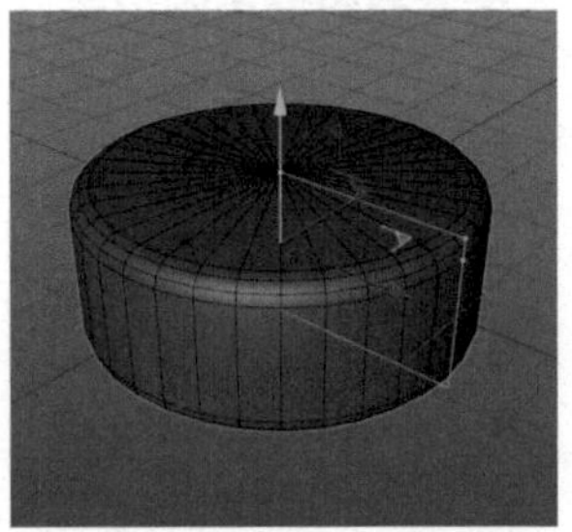

图4-384

06 在“圆柱”窗口中，选择“切片”，勾选“切片”，将“终点”修改为“60°”，如图4-385所示。

07 在左侧的编辑模式工具栏中，选择“转为可编辑对象”或按【C】键将“圆柱”转为可编辑对象，如图4-386所示。

08 在左侧的编辑模式工具栏中，选择“点模式”，按【Ctrl+A】组合键全选所有的点，如图4-387所示。

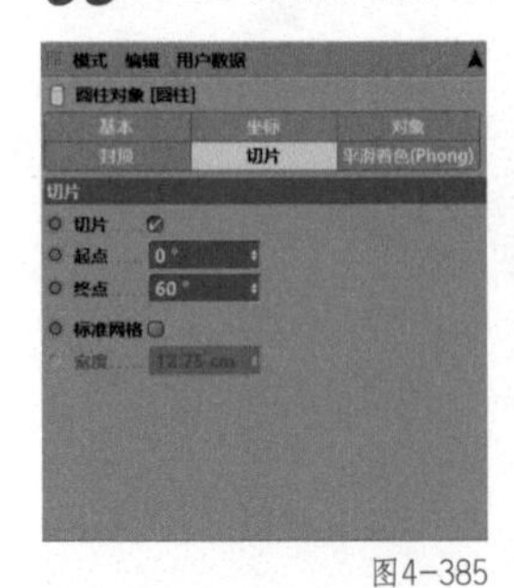

图4-385

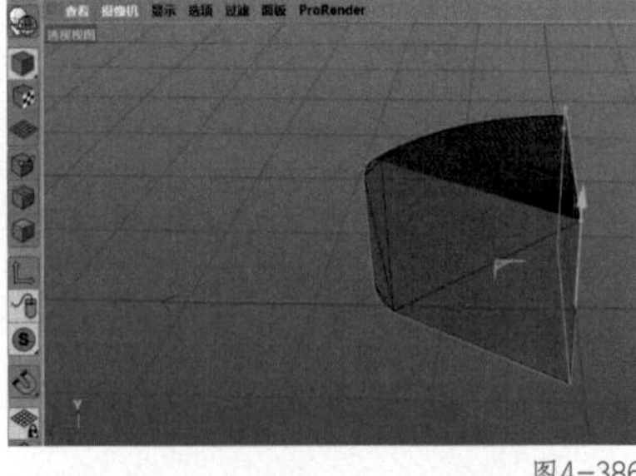

图4-386

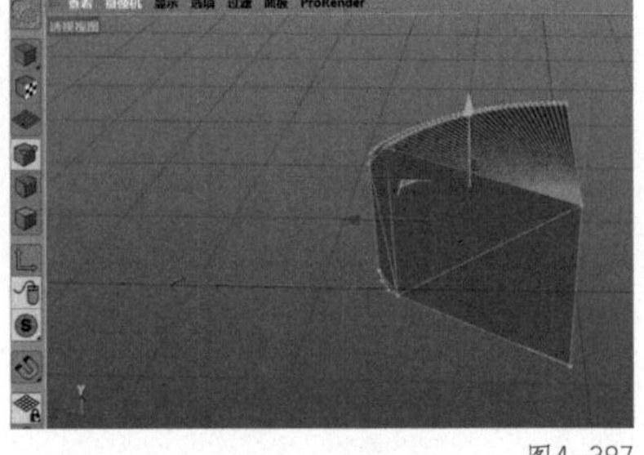

图4-387

09 在透视视图界面下，在空白处单击鼠标右键，在弹出的下拉菜单中选择“优化”，如图4-388所示。

10 在工具栏中，选择“变形工具组”中的“倒角”，如图4-389所示。

11 在对象窗口中，将“倒角”拖曳至“圆柱”内，使其成为“圆柱”的子集，如图4-390所示。

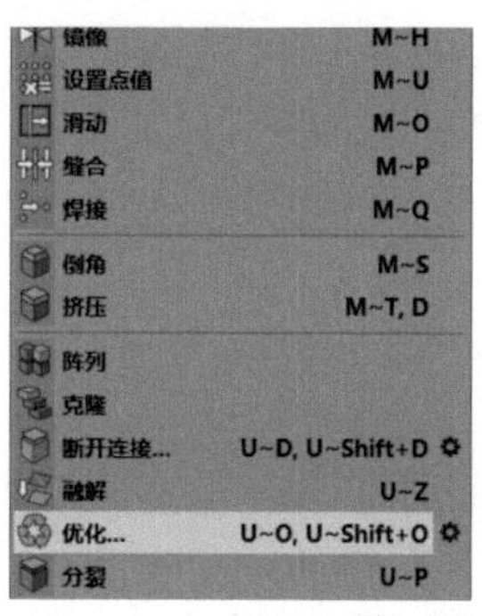
图4-388

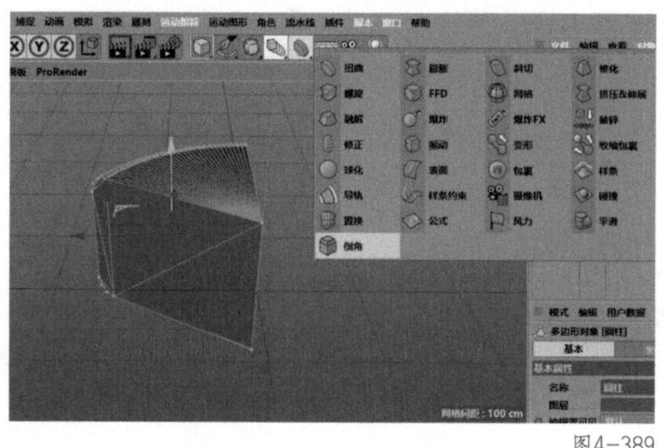
图4-389

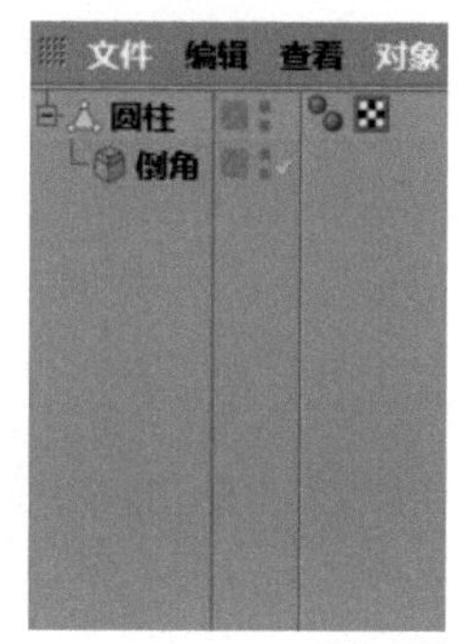
图4-390

12 在“倒角”窗口中，将“偏移”修改为“0.35 cm”，如图 4-391 所示。

13 在工具栏中选择“NURBS”中的“细分曲面”，如图 4-392 所示。

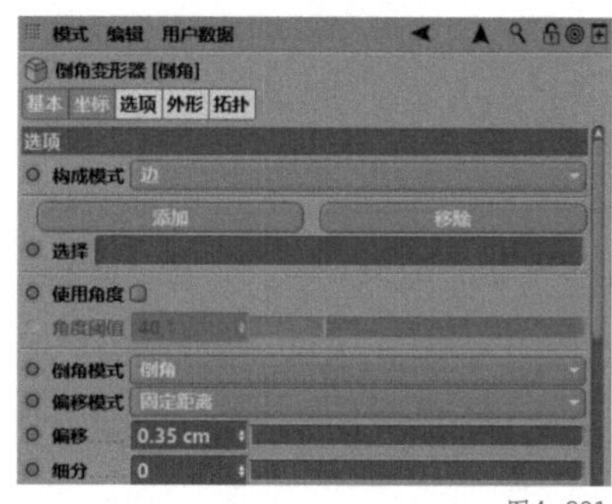
图4-391

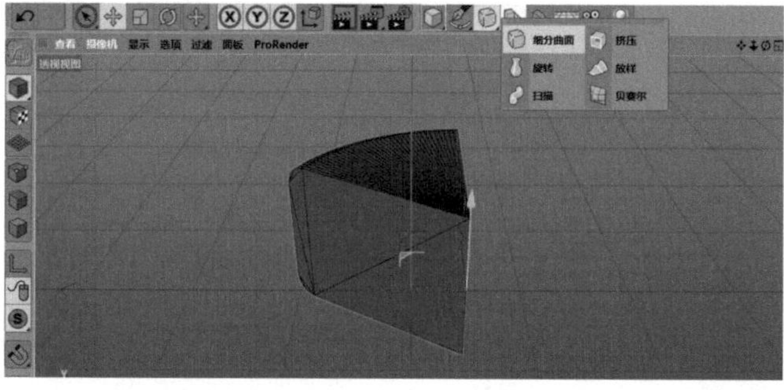
图4-392

14 在对象窗口中，将“圆柱”拖曳至“细分曲面”内，使其成为“细分曲面”的子集，如图 4-393 所示。

15 透视视图界面中的效果如图 4-394 所示。

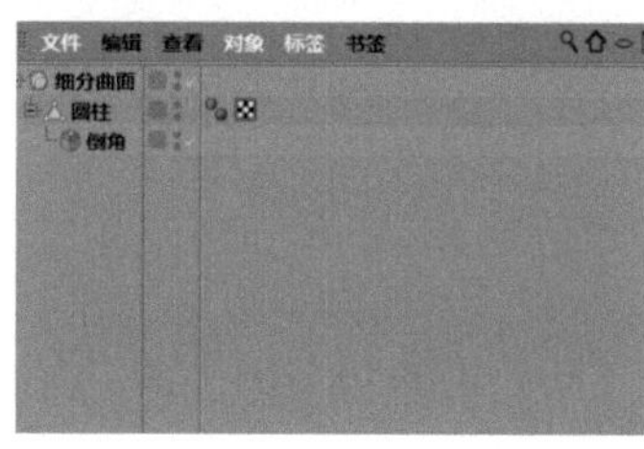
图4-393

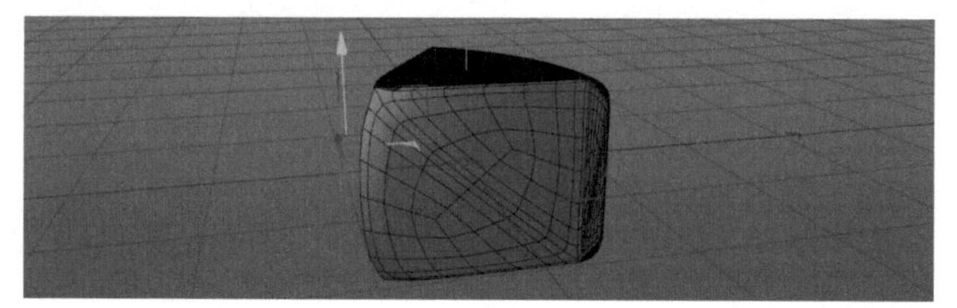
图4-394

4.7.2 气孔的建模

01 在工具栏中选择“参数化对象”中的“球体”，如图 4-395 所示。

02 在“球体”窗口中，选择“对象”，将“半径”修改为“15 cm”，将“分段”修改为“60”，如图 4-396 所示。

03 在菜单栏中，选择“运动图形”中的“克隆”，如图 4-397 所示。

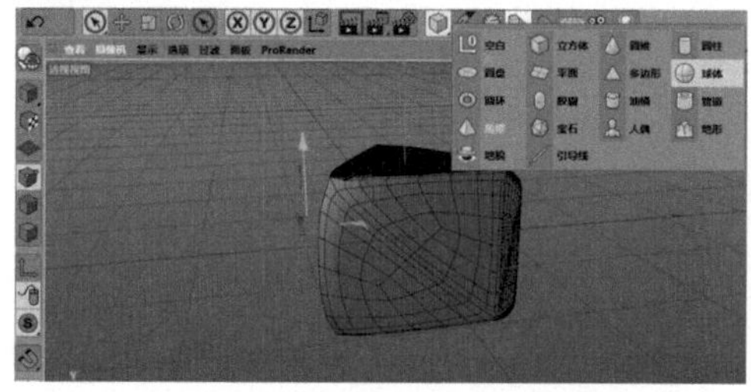
图4-395

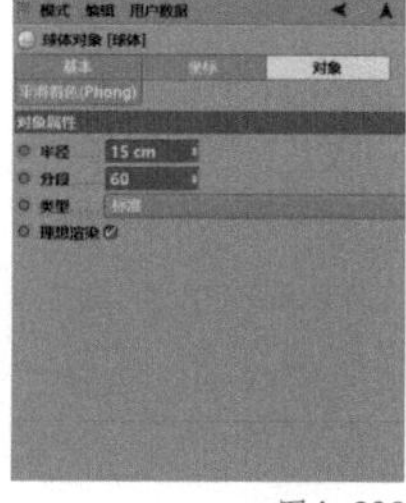
图4-396

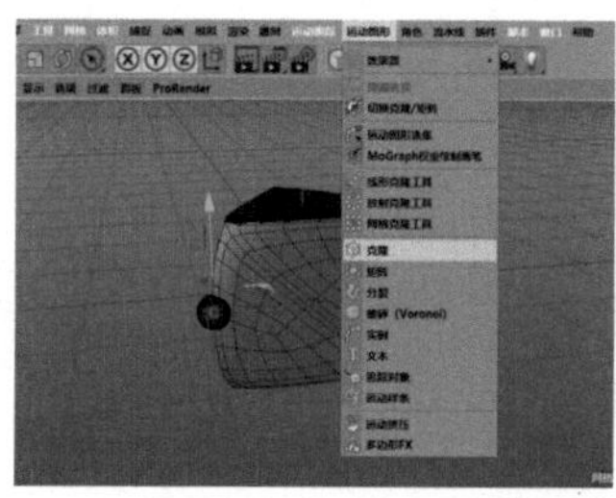
图4-397

04 在对象窗口中，将“球体”拖曳至“克隆”内，使其成为“克隆”的子集，如图 4-398 所示。

05 在“克隆”窗口中，选择“对象”。在“对象属性”中，将“模式”修改为“对象”，在“对象”中选择“细分曲面”，同时，将“数量”修改为“25”，如图 4-399 所示。

06 在菜单栏中，选择“运动图形”中“效果器”中的“随机”，如图 4-400 所示。

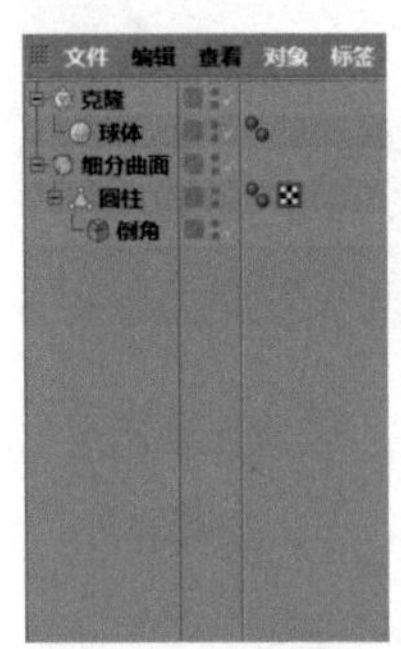

图4-398

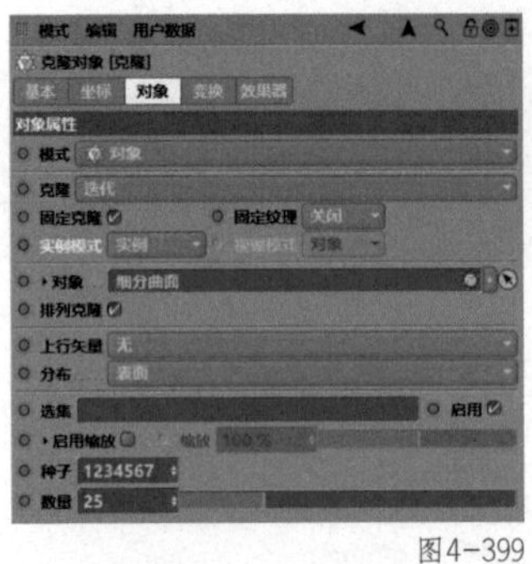

图4-399

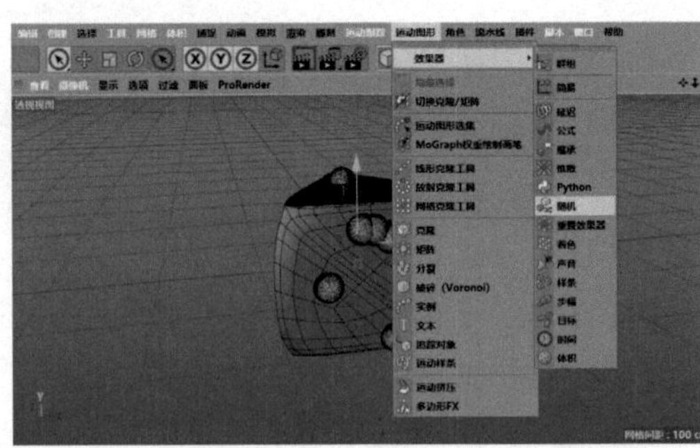

图4-400

07 在对象窗口中，将“克隆”拖曳至“随机”内，使其成为“随机”的子集，如图 4-401 所示。

08 在“随机”窗口中，选择“参数”，勾选“缩放”，将“缩放”修改为“0.5”，同时勾选“等比缩放”，如图 4-402 所示。

09 在工具栏中，选择“造型工具组”中的“布尔”，如图 4-403 所示。

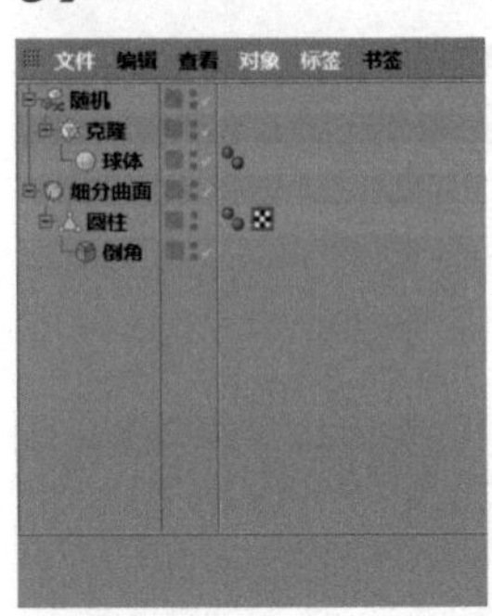

图4-401

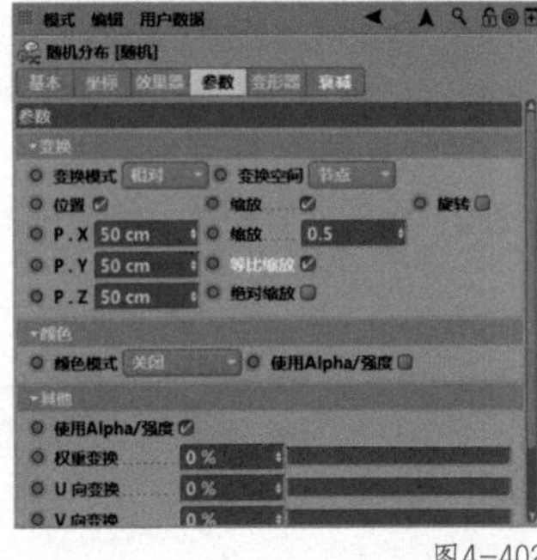

图4-402

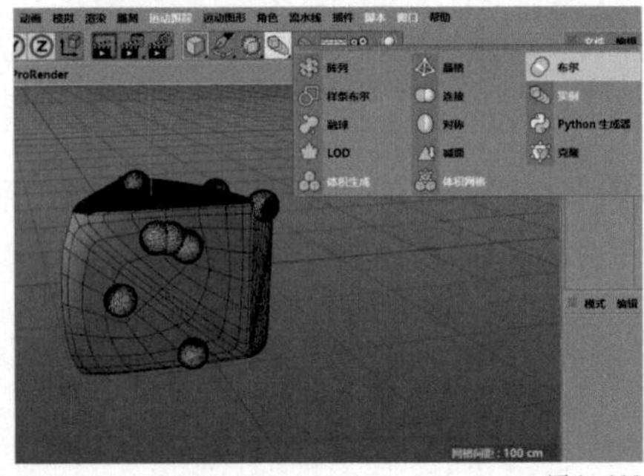

图4-403

10 在对象窗口中，将“随机”重命名为“气孔”，将“细分曲面”重命名为“奶酪”，然后将“气孔”和“奶酪”拖曳至“布尔”内，使其成为“布尔”的子集，如图 4-404 所示。

11 透视视图界面中的效果如图 4-405 所示。

12 在对象窗口中，选择“气孔”和“奶酪”，在编辑模式工具栏中选择“转为可编辑对象”或按【C】键将“气孔”和“奶酪”转为可编辑对象，然后按【Alt+G】组合键进行编组，并重命名为“奶酪”，如图 4-406 所示。

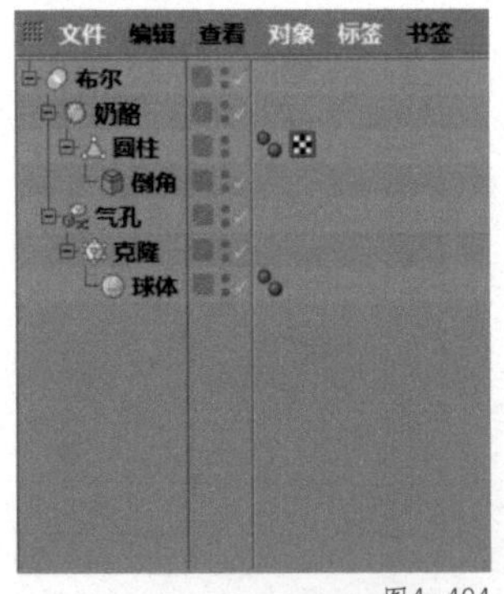

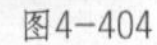

图4-404

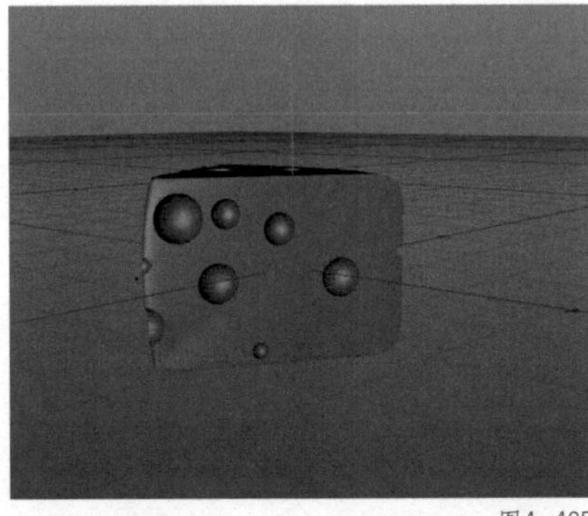

图4-405

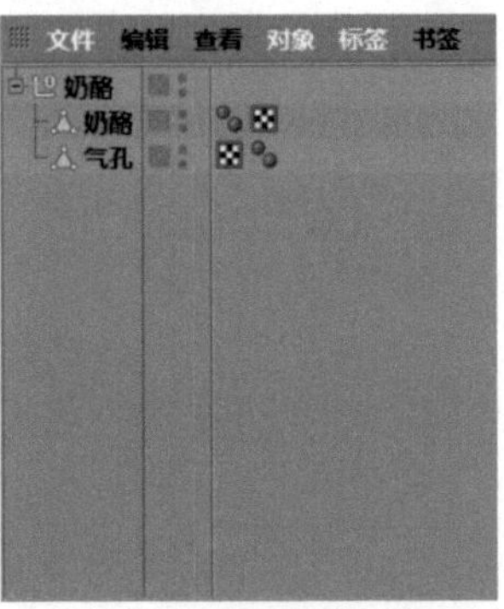

图4-406

4.7.3 奶酪的渲染

01 在材质窗口中，在空白处双击新建一个“材质”，如图 4-407 所示。

02 双击“材质”，进入材质编辑器。进入“颜色”通道，将“H”修改为“41°”，将“S”修改为“69%”，将“V”修改为“94%”，如图 4-408 所示。

03 在材质窗口中，将“材质”重命名为“奶酪”，如图 4-409 所示。

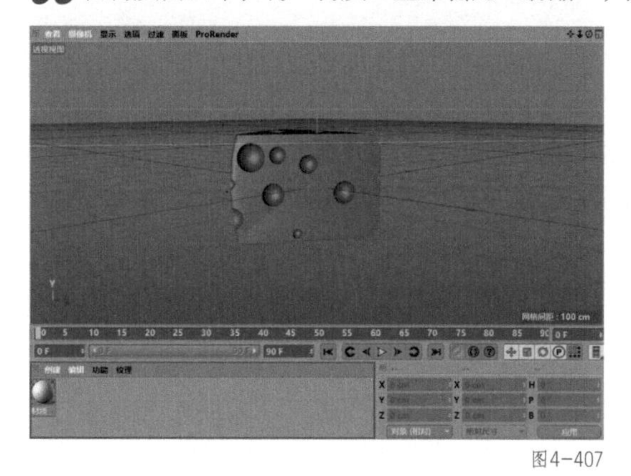

图4-407

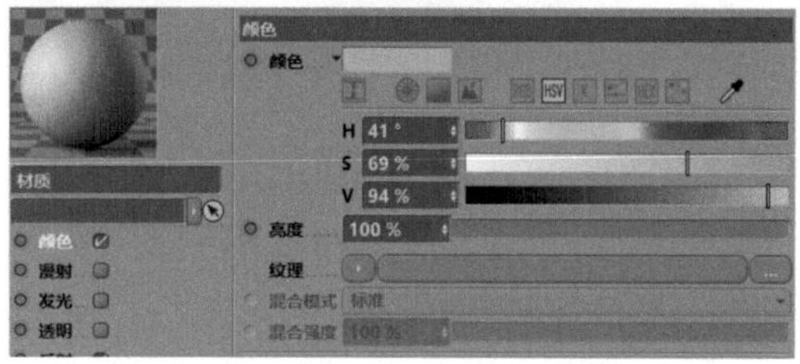

图4-408

图4-409

04 在透视视图界面下，将材质“奶酪”赋予“奶酪”图层，如图 4-410 所示。

05 在材质窗口中，在空白处双击新建一个“材质”，如图 4-411 所示。

06 双击“材质”，进入材质编辑器。进入“颜色”通道，将“H”修改为“36°”，将“S”修改为“84%”，将“V”修改为“90%”，如图 4-412 所示。

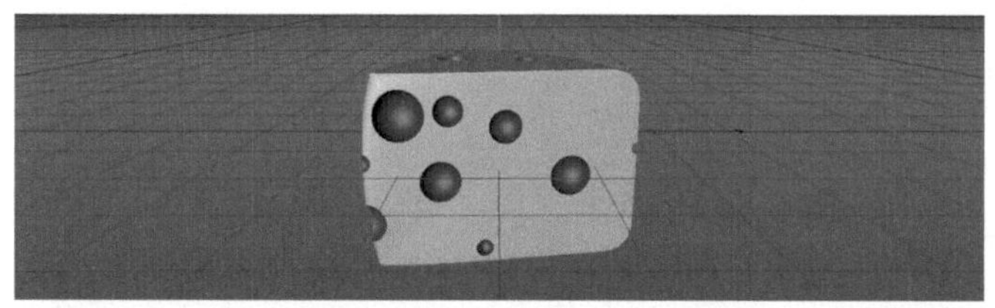

图4-410

图4-411

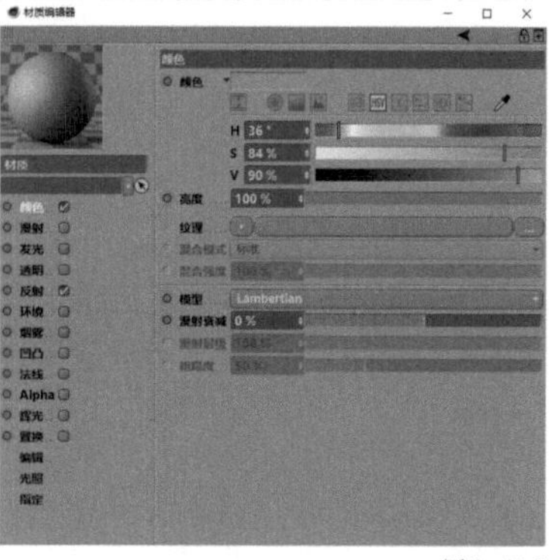

图4-412

07 在材质窗口中，将“材质”重命名为“气孔”，如图 4-413 所示。

08 在透视视图界面下，将材质“气孔”赋予“气孔”图层，如图 4-414 所示。

09 单击鼠标滑轮调出四视图，在右视图窗口上单击鼠标滑轮，进入右视图界面，如图 4-415 所示。

图4-413

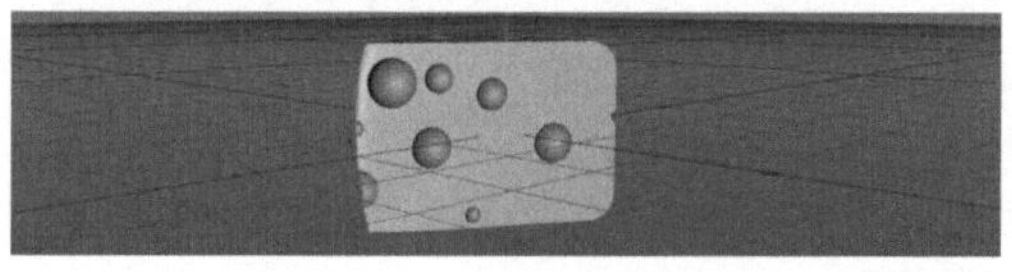

图4-414

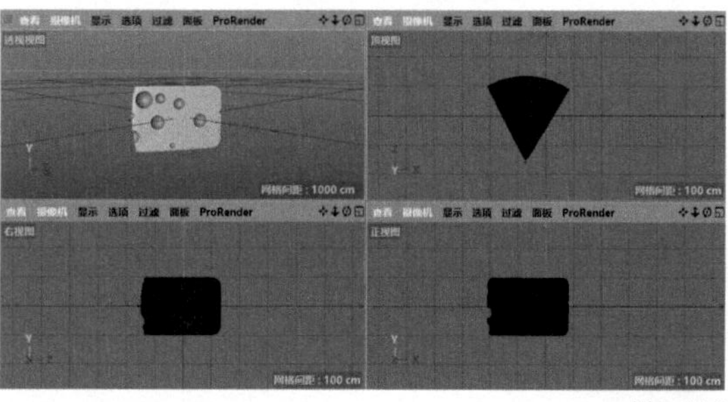

图4-415

10 在右视图界面下，在工具栏中，选择“曲线工具组”中的“画笔”，如图 4-416 所示。

11 在右视图界面下，使用“画笔”工具绘制图 4-417 所示的线段。

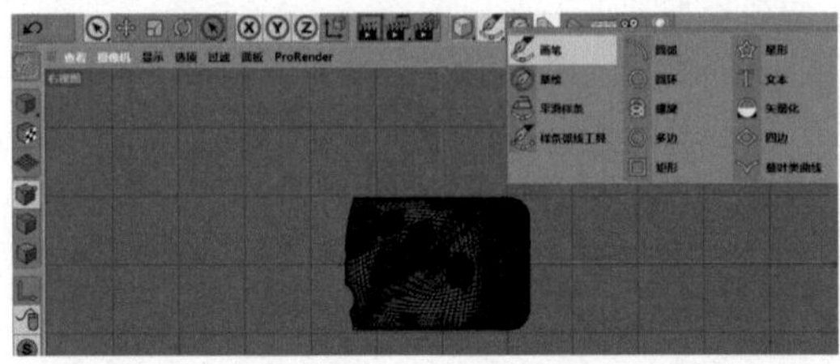

图4-416

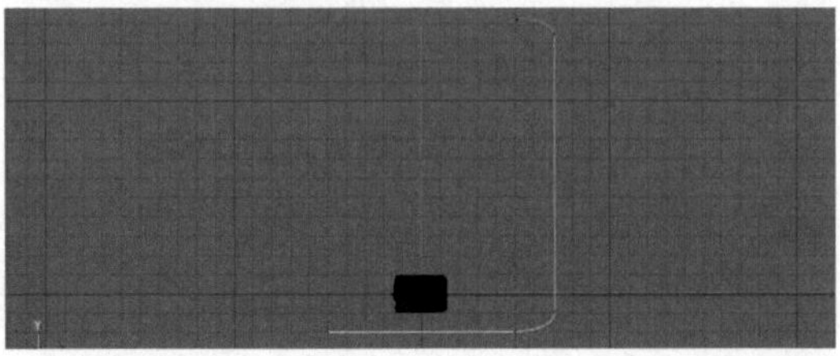

图4-417

12 在工具栏中，选择“NURBS”中的“挤压”，如图 4-418 所示。

13 在对象窗口中，将“样条”拖曳至“挤压”内，使其成为“挤压”的子集，并将“挤压”重命名为“背景”，如图 4-419 所示。

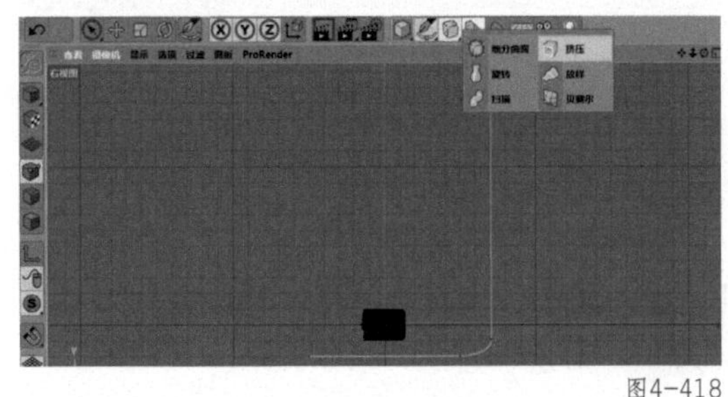

图4-418

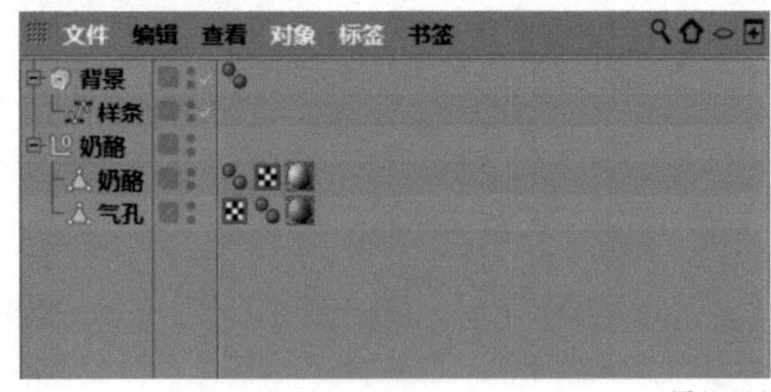

图4-419

14 在“挤压”窗口中，选择“对象”，在“对象”中将“移动”中“X”的坐标数值修改为“10000 cm”，如图 4-420 所示。

15 单击鼠标滑轮调出四视图，在透视视图窗口上单击鼠标滑轮，进入透视视图界面，如图 4-421 所示。

16 在材质窗口中，在空白处双击新建一个“材质”，如图 4-422 所示。

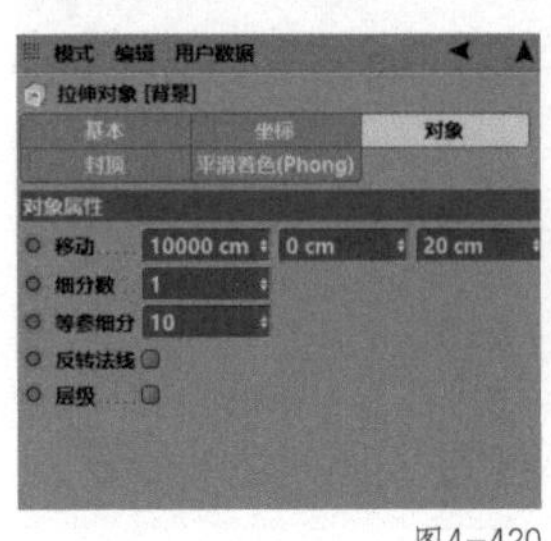

图4-420

图4-421

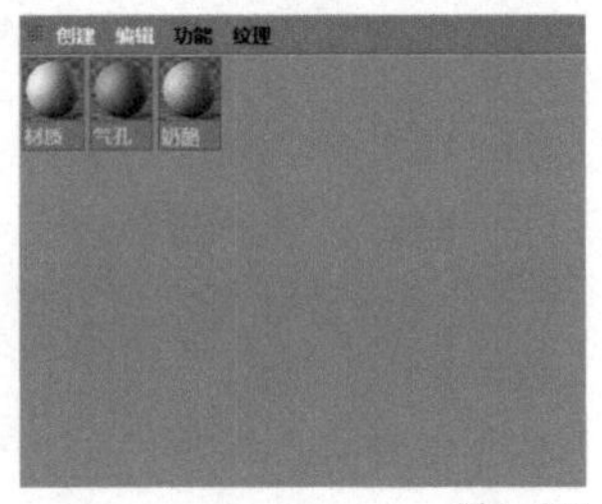

图4-422

17 双击“材质”，进入材质编辑器。进入“颜色”通道，将“H”修改为“36°”，将“S”修改为“0%”，将“V”修改为“100%”，如图 4-423 所示。

18 在材质窗口中，将“材质”重命名为“背景”，如图 4-424 所示。

19 将材质“背景”赋予“背景”对象，如图 4-425 所示。

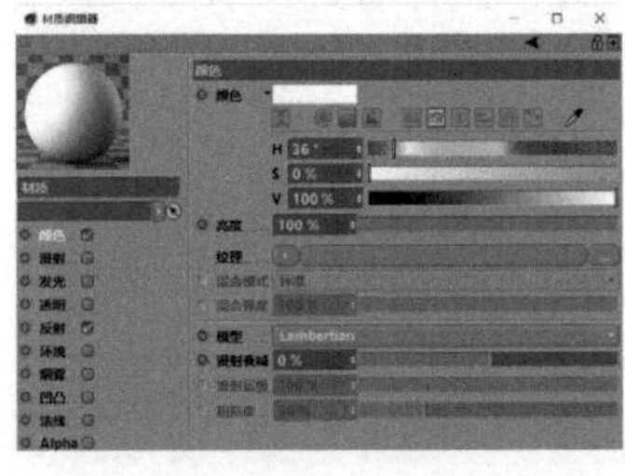

图4-423

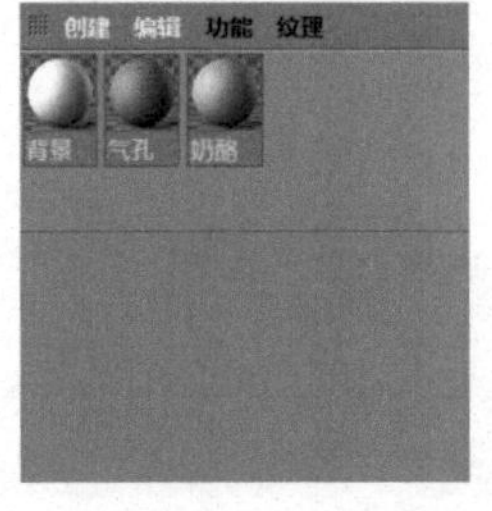

图4-424

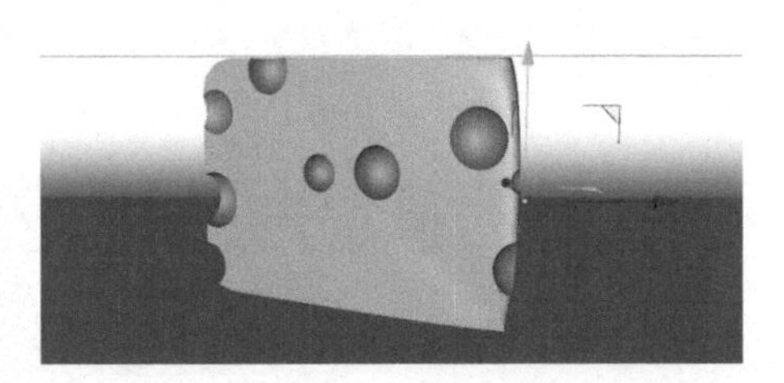

图4-425

20 在透视视图界面下，在工具栏中选择“场景设定”中的“天空”，如图 4-426 所示。

21 将材质“背景”赋予“天空”图层，如图 4-427 所示。

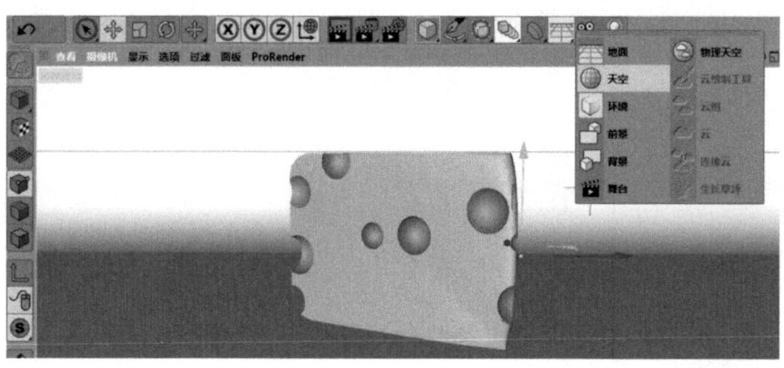

图4-426

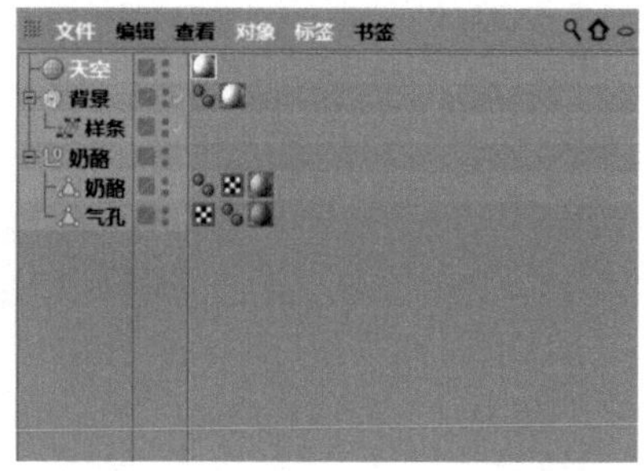

图4-427

22 在工具栏中选择“场景设定”中的“物理天空”，如图 4-428 所示。

23 在“物理天空”窗口中，选择“太阳”，将“强度”修改为“40%”，如图 4-429 所示。

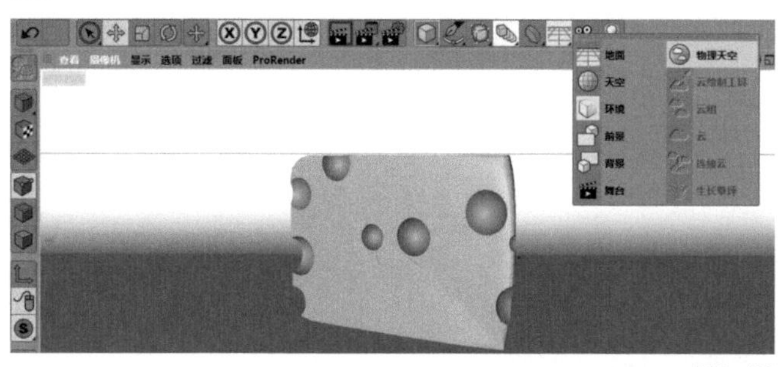

图4-428

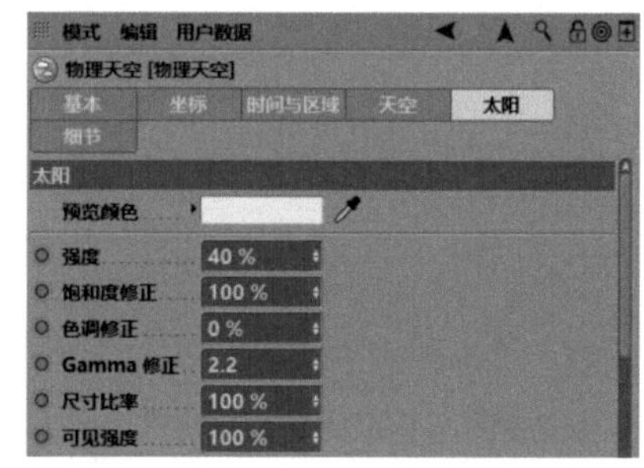

图4-429

24 在对象窗口中，选择“物理天空”，单击鼠标右键，在弹出的下拉菜单中选择“CINEMA 4D标签”中的“合成”，如图 4-430 所示。

25 在“合成”窗口中，勾选“标签属性”中的“合成背景”，如图 4-431 所示。

26 在对象窗口中，同时选择“背景”“天空”“物理天空”，按【Alt+G】组合键进行编组，并重命名为“背景”，如图 4-432 所示。

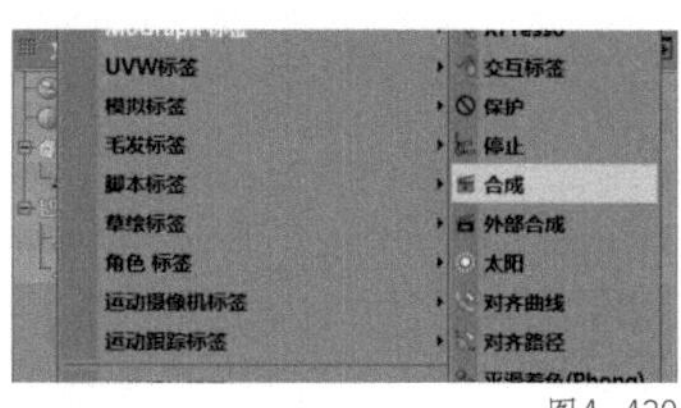

图4-430

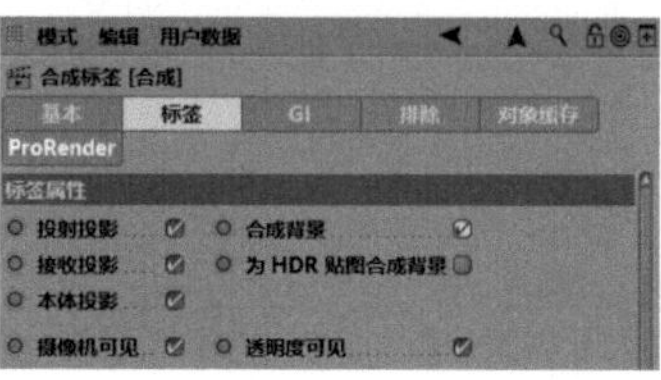

图4-431

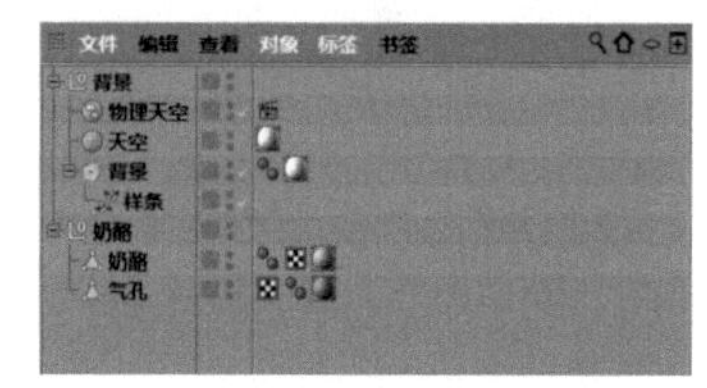

图4-432

27 在工具栏中选择“编辑渲染设置”，如图 4-433 所示。

28 在渲染设置中，勾选“多通道”，同时选择“效果”中的“全局光照”，如图 4-434 所示。

29 在“全局光照”中，选择“辐照缓存”，并将“记录密度”修改为“高”，如图 4-435 所示。

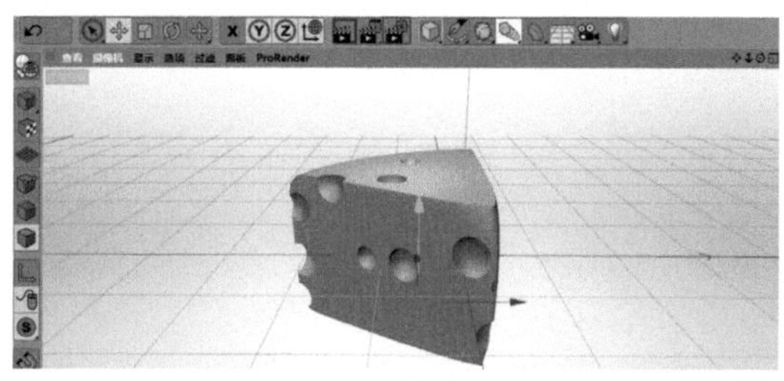

图4-433

图4-434

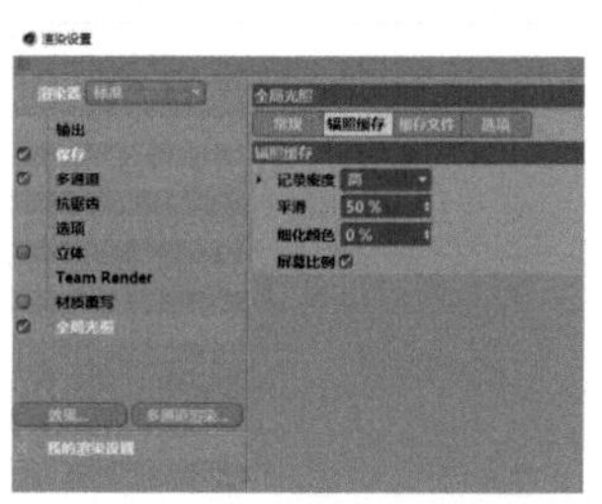

图4-435

30 在渲染设置中，勾选“多通道”，同时选择“效果”中的“环境吸收”，如图 4-436 所示。

31 在“环境吸收”中选择“缓存”，将“记录密度”修改为“高”，如图 4-437 所示。

32 在工具栏中选择“渲染到图片查看器”，如图 4-438 所示。

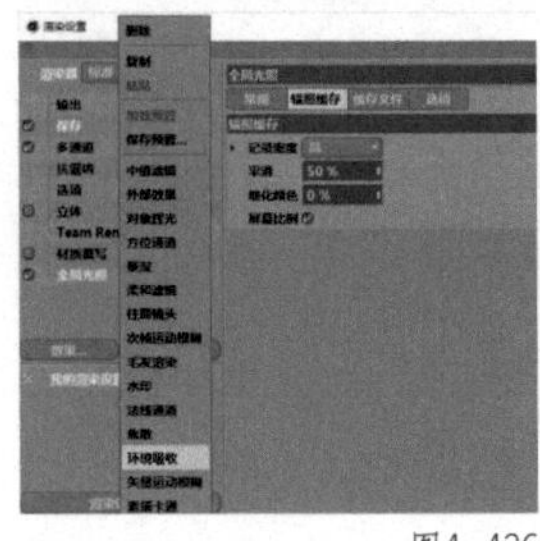
图4-436

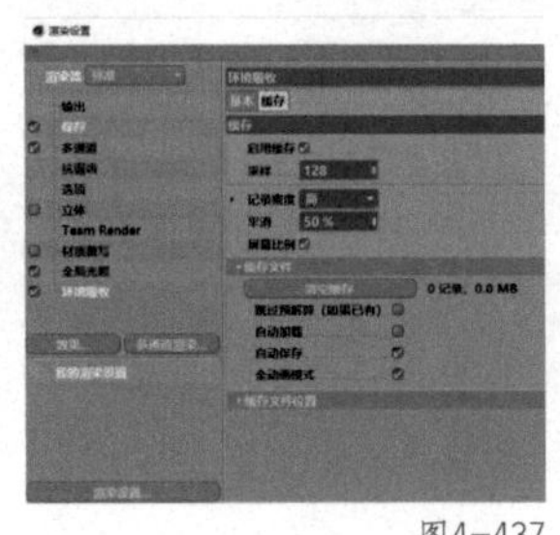
图4-437

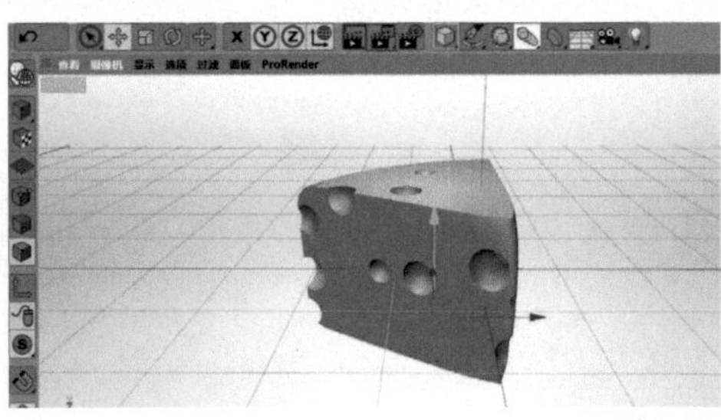
图4-438

33 渲染后的效果如图 4-439 所示。

图4-439

本案例到此已全部完成。

本节知识点一览

（1）参数化对象：球体、圆柱

（2）NURBS：细分曲面、挤压

（3）造型工具组：布尔

（4）变形工具组：倒角

（5）对象和样条的编辑操作与选择：优化

4.8 奶酪字——文本、布尔、克隆、随机、推散

本节讲解奶酪字的制作方法。前面的小节讲解了奶酪的做法以及奶酪材质的渲染方法，读者可以在此基础上尝试制作奶酪字。奶酪字是常见的电商元素之一，多作为辅助元素出现，用于点缀和填充画面，其制作方法非常简单，只需要球体和文本配合布尔、克隆、随机、推散等功能便可制作完成。

本节内容	本节将讲解奶酪字的制作方法，包括奶酪字三维模型的创建，材质及材质的参数调整，场景及灯光的搭建直至渲染出效果图

本节目标	通过本节的学习，读者将掌握奶酪字制作方法

本节主要知识点	文本、布尔、克隆、随机、推散

本节最终效果图展示

4.8.1 奶酪字的建模

01 打开 CINEMA 4D，进入默认的透视视图界面。在菜单栏中选择“运动图形”中的“文本”，如图 4-440 所示。

02 在“文本”窗口中，选择“对象”，在“对象属性”中的“文本”内输入“U”，同时将“字体”类型修改为“思源黑体 CN Heavy”，将“字体”粗细修改为“Bold”，将“对齐”修改为“中对齐”，如图 4-441 所示。

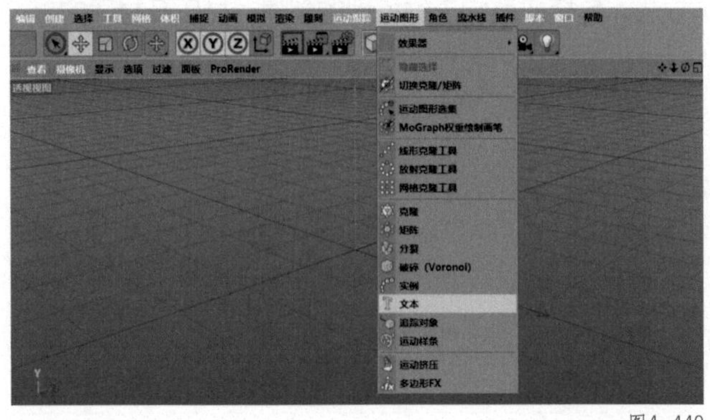

图4-440

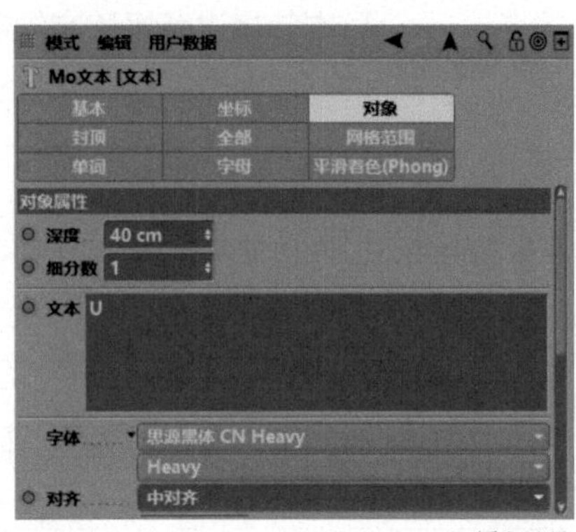

图4-441

03 在工具栏中，选择“参数化对象”中的“球体”，如图 4-442 所示。

04 在“球头”窗口中，选择“对象”，在“对象属性”中，将“半径”修改为“5 cm”，如图 4-443 所示。

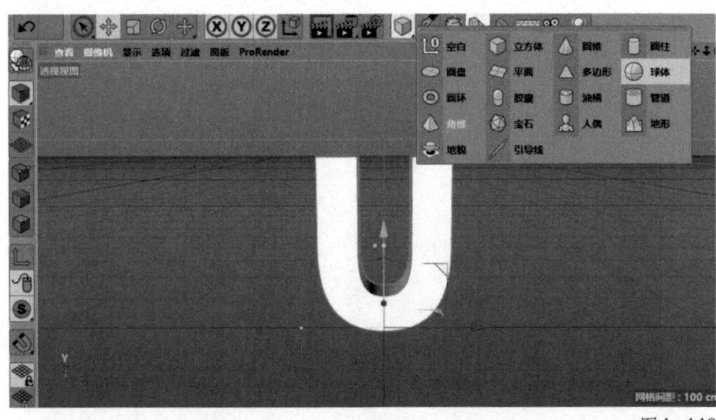

图4-442

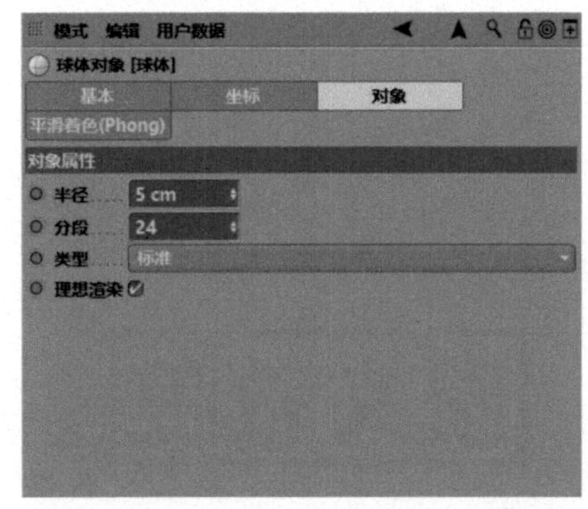

图4-443

05 在菜单栏中，选择“运动图形”中的“克隆”，如图 4-444 所示。

06 在对象窗口中，将“球体”拖曳至“克隆”内，使其成为“克隆”的子集，如图 4-445 所示。

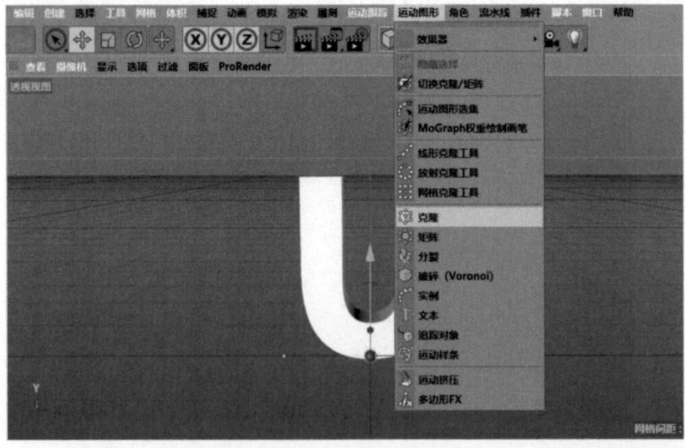

图4-444

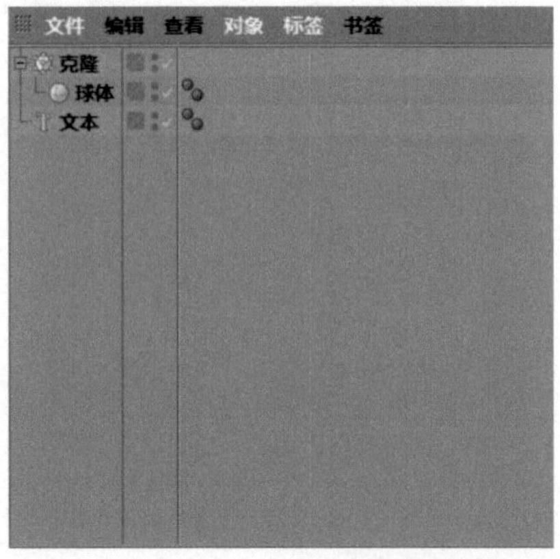

图4-445

07 在“克隆”窗口中，选择“对象”。在“对象属性”中，将“模式”修改为“网格排列”，将“数量”修改为“12”“12”“2”，如图 4-446 所示。

08 在透视视图界面下，按小黄点调整“克隆”的尺寸，使其与“字体”的位置和大小基本一致，如图 4-447 所示。

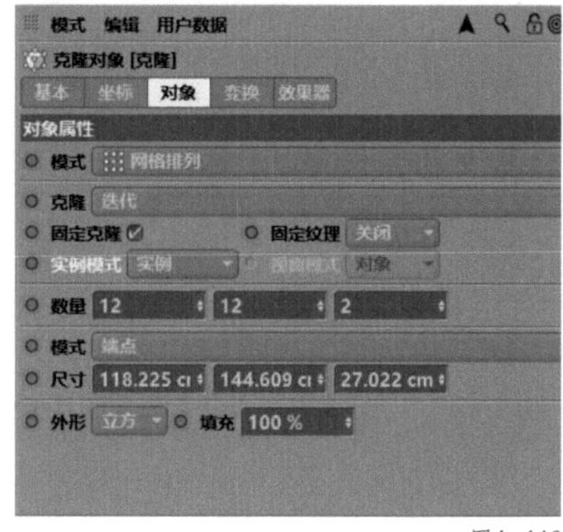

图4-446

图4-447

09 在菜单栏中，选择“效果器”中的“随机”，如图 4-448 所示。

10 透视视图界面中的效果如图 4-449 所示。

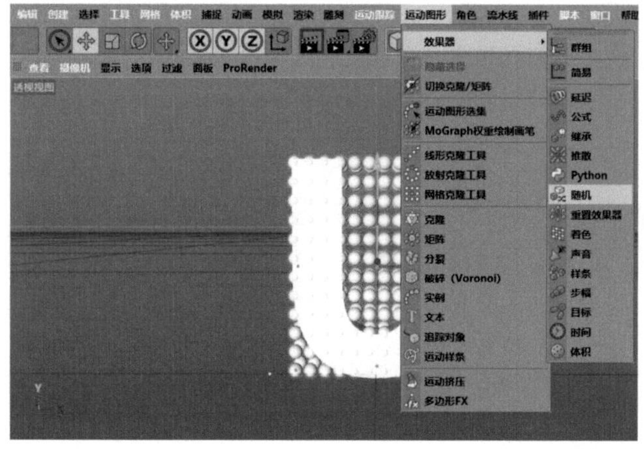

图4-448

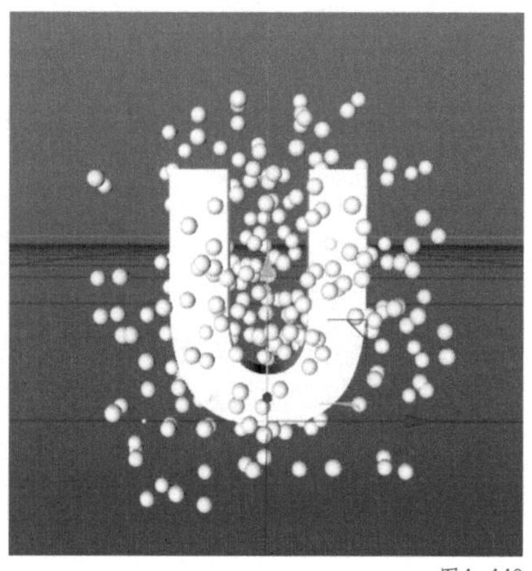
图4-449

11 在“随机”窗口中，选择“参数”，将“P.X”修改为“10 cm”，将“P.Y”修改为“10 cm”，将“P.Z”修改为“20 cm”，同时勾选“缩放”和“等比缩放”，将“缩放”修改为“0.8”，如图 4-450 所示。

12 透视视图界面中的效果如图 4-451 所示。

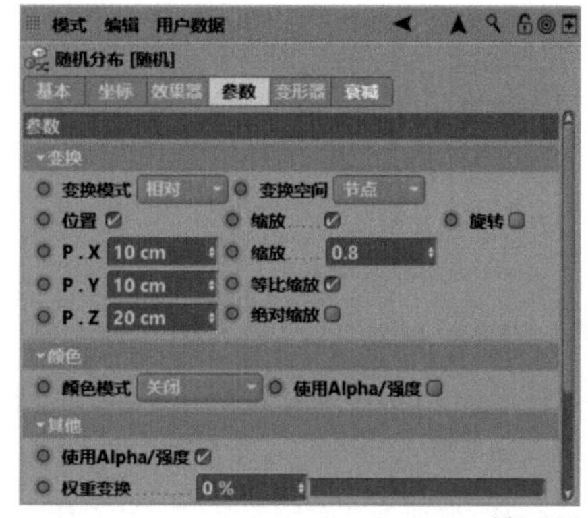

图4-450

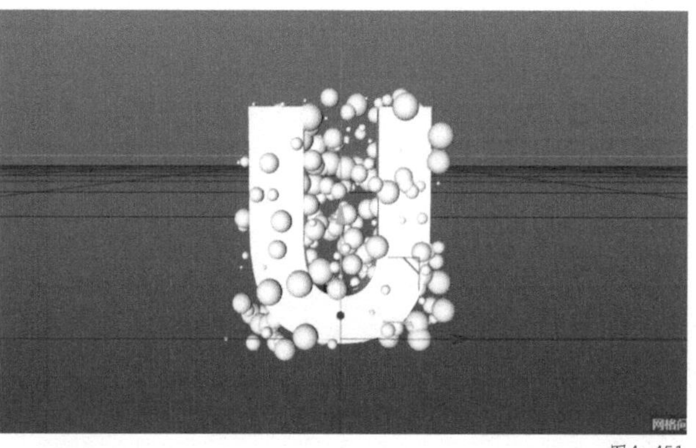
图4-451

13 在工具栏中，选择“造型工具组”中的“布尔”，如图 4-452 所示。

14 在对象窗口中，将“克隆”和“文本”拖曳至“布尔”内，使其成为“布尔”的子集，如图 4-453 所示。

15 透视视图界面中的效果如图 4-454 所示。

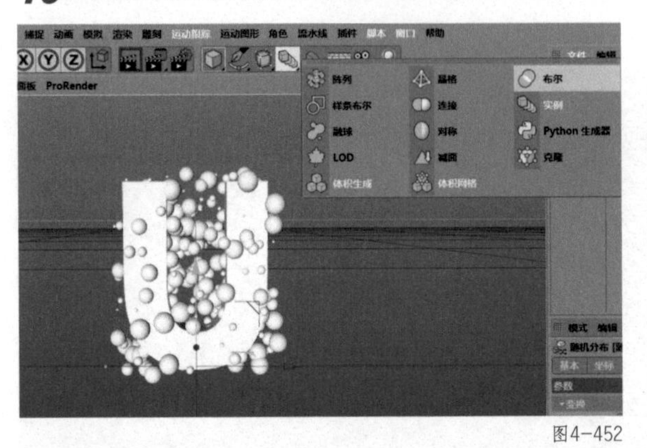

图4-452

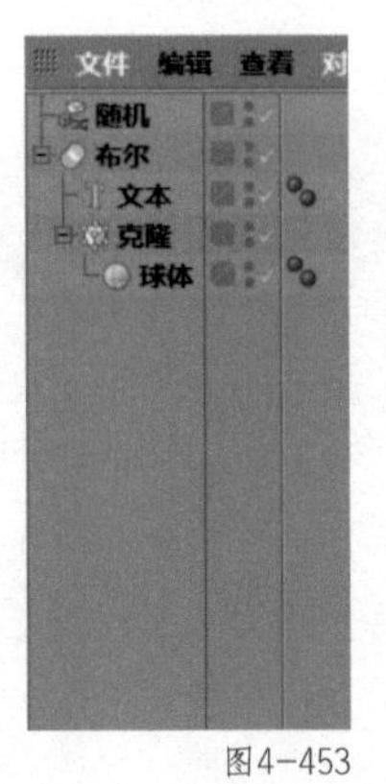

图4-453

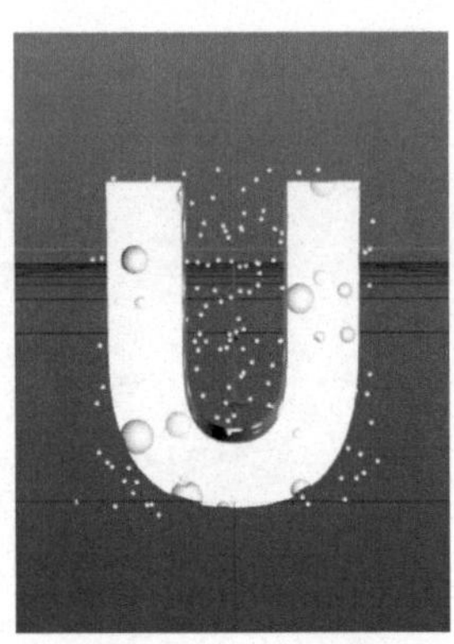
图4-454

16 在菜单栏中，选择“效果器”中的“推散”，如图 4-455 所示。

17 透视视图界面中的效果如图 4-456 所示。

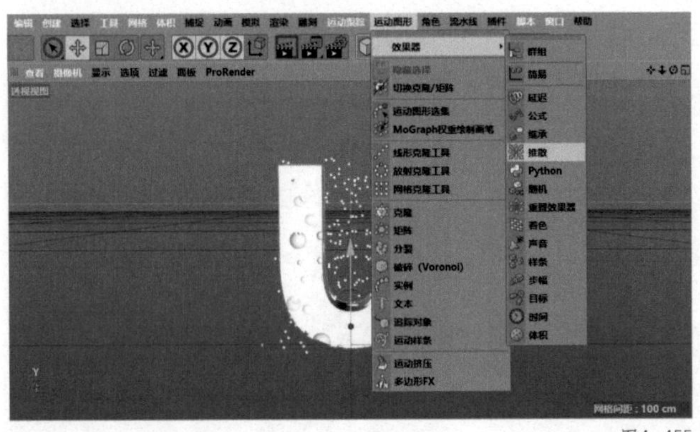

图4-455

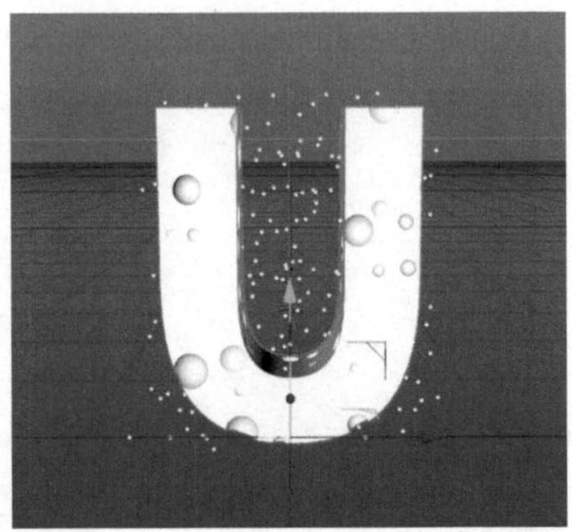
图4-456

4.8.2 奶酪字的渲染

01 在材质窗口中，在空白处双击新建一个“材质”，如图 4-457 所示。

02 双击“材质”，进入材质编辑器。进入“颜色”通道，将“H”修改为“41°”，将“S”修改为“99%”，将“V”修改为“96%”，如图 4-458 所示。

03 在材质编辑器中，进入“反射”通道，单击“添加”按钮，在弹出的下拉菜单中选择“GGX”，如图 4-459 所示。

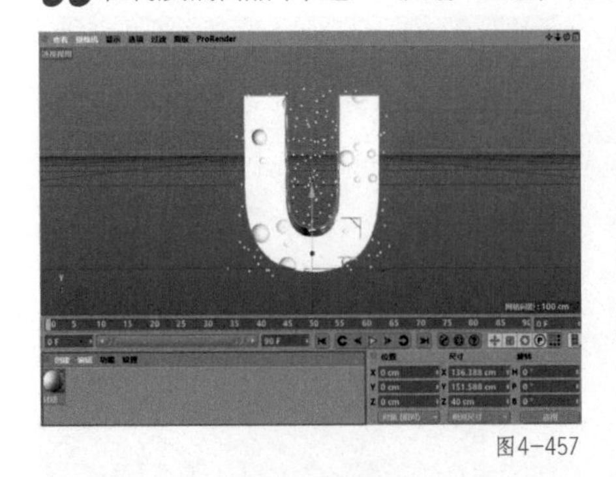
图4-457

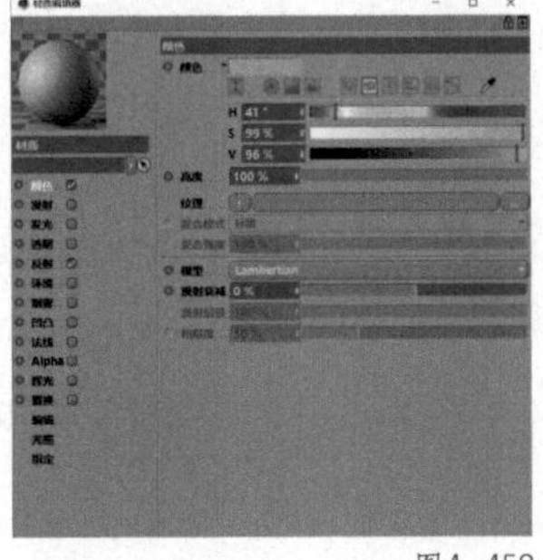
图4-458

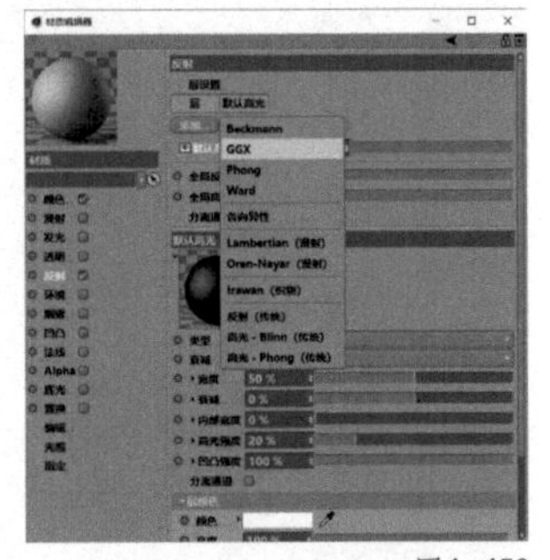

图4-459

04 在“层 1”中将“粗糙度”修改为“10%”，在“层颜色”中将“亮度”修改为“20%”，如图 4-460 所示。

05 在材质窗口中，将“材质”重命名为“气孔”，如图 4-461 所示。

06 在透视视图界面下，将材质“气孔”赋予“气孔”图层，如图 4-462 所示。

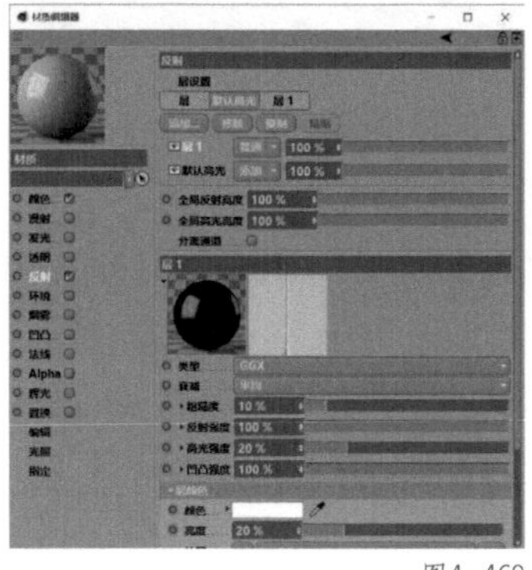

图4-460

图4-461

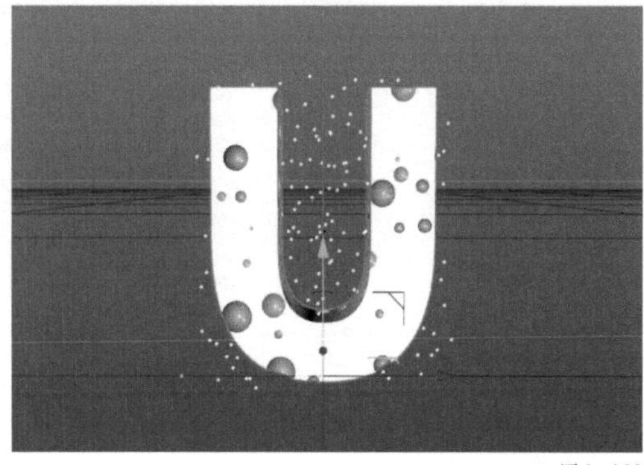

图4-462

07 在材质窗口中，复制一个“气孔”，如图 4-463 所示。

08 双击材质“气孔”，进入材质编辑器。进入“颜色”通道，将“H”修改为“44°”，将“S”修改为“96%”，将“V”修改为“99%”，如图 4-464 所示。

09 在材质窗口中，将“气孔”重命名为“奶酪”，如图 4-465 所示。

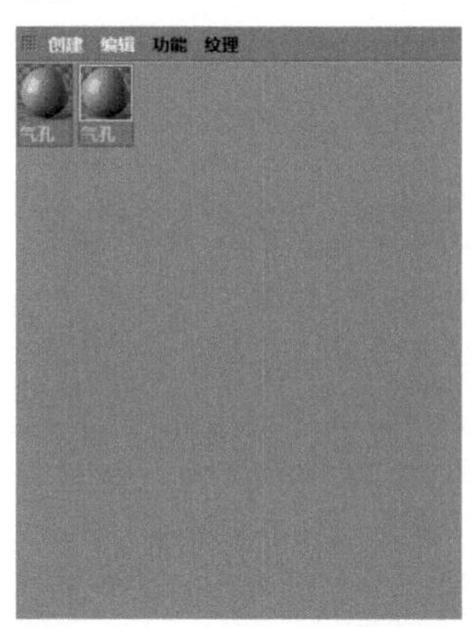

图4-463

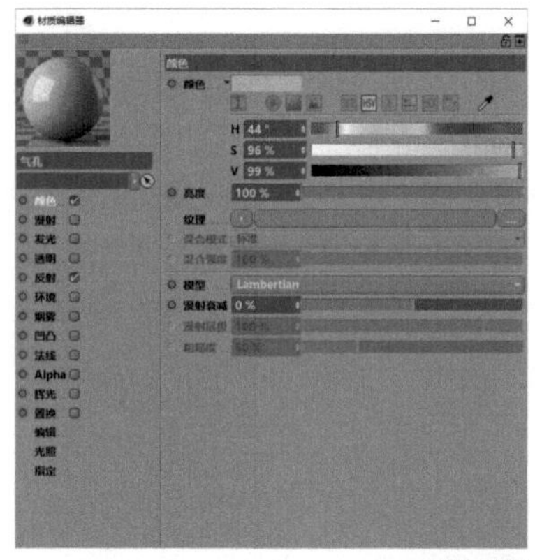

图4-464

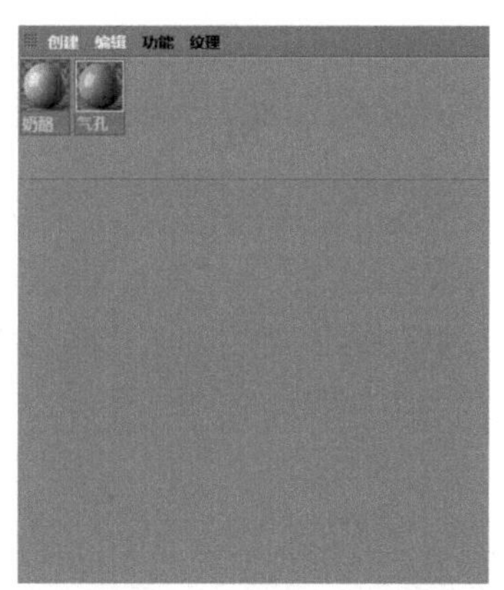

图4-465

10 在透视视图界面下，将材质“奶酪”赋予“奶酪”图层，如图 4-466 所示。

11 单击鼠标滑轮调出四视图，在右视图窗口上单击鼠标滑轮，进入右视图界面，如图 4-467 所示。

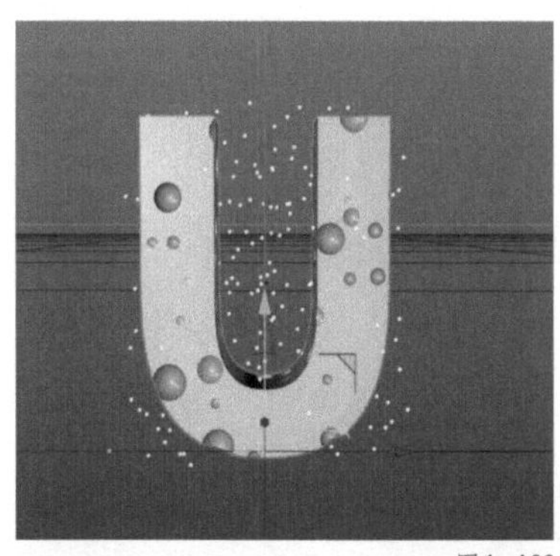

图4-466

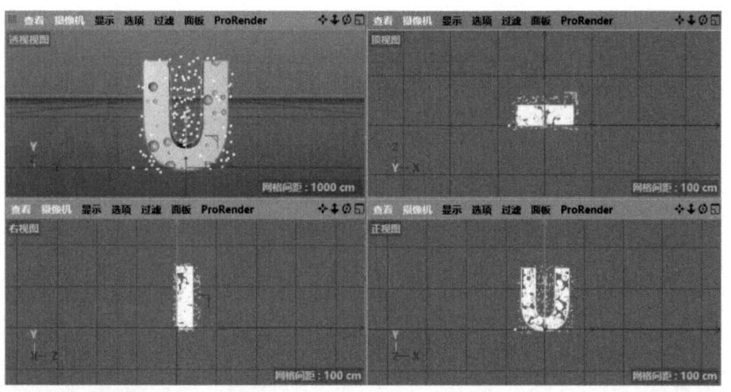

图4-467

12 在右视图界面下，在工具栏中，选择“曲线工具组”中的“画笔”，如图 4-468 所示。

13 在右视图界面下，使用“画笔”工具绘制图 4-469 所示的线段。

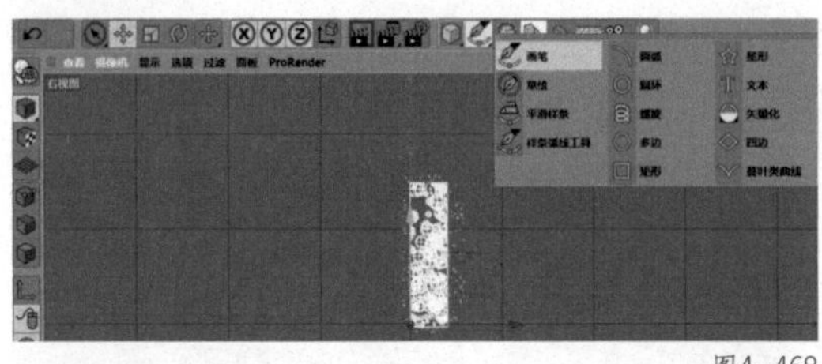

图4-468

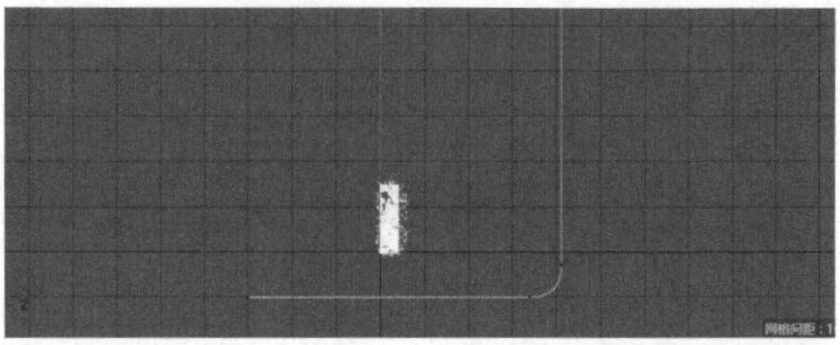

图4-469

14 在工具栏中，选择“NURBS”中的“挤压”，如图 4-470 所示。

15 在对象窗口中，将“样条”拖曳至“挤压”内，使其成为“挤压”的子集，并将“挤压”重命名为“背景”，同时选择“布尔”“随机”“推散”，按【Alt+G】组合键进行编组，并重命名为“奶酪”，如图 4-471 所示。

16 在“挤压”窗口中，选择“对象”，在“对象”中将“移动”中“X”的坐标数值修改为“10000 cm”，如图 4-472 所示。

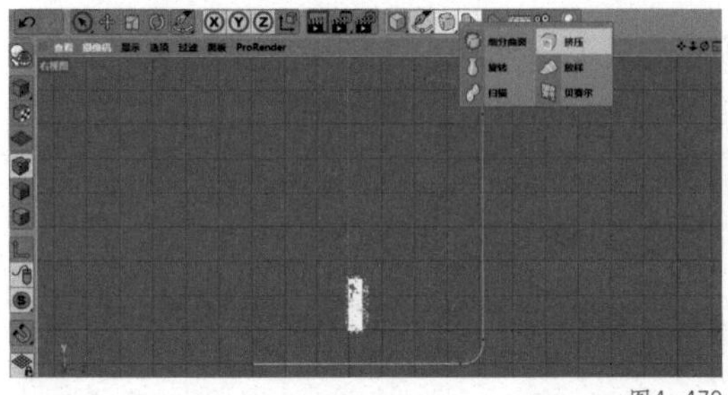

图4-470

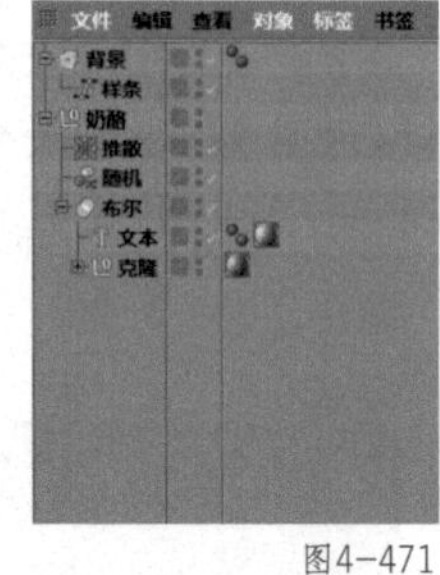

图4-471

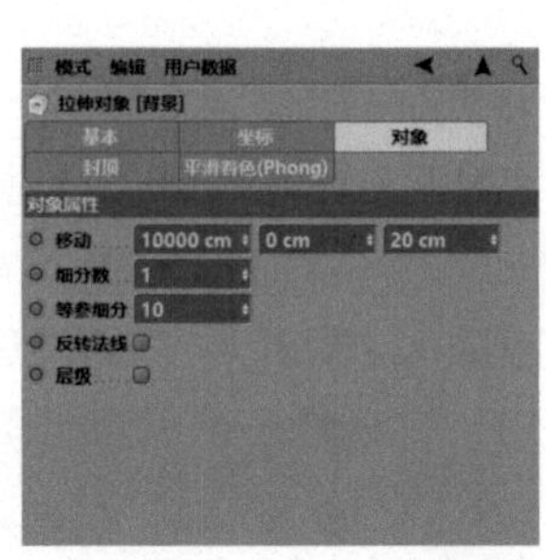

图4-472

17 单击鼠标滑轮调出四视图，在透视视图窗口上单击鼠标滑轮，进入透视视图界面，如图 4-473 所示。

18 在材质窗口中，在空白处双击新建一个“材质”，如图 4-474 所示。

19 双击“材质”，进入材质编辑器。进入“颜色”通道，将“H”修改为“38°”，将“S”修改为“27%”，将“V”修改为“100%”，如图 4-475 所示。

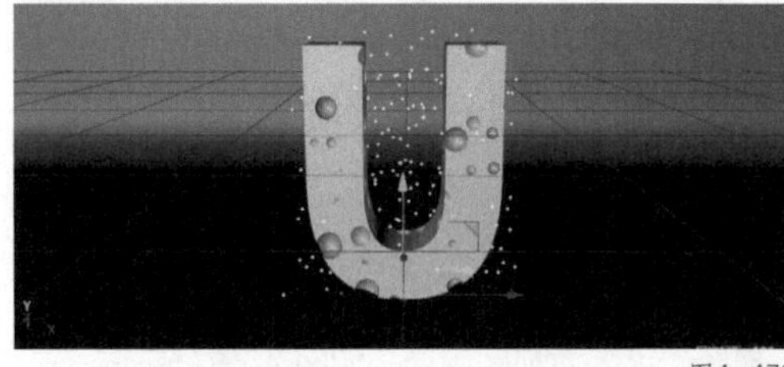

图4-473

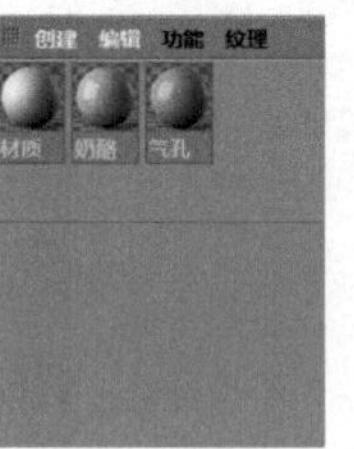

图4-474

图4-475

20 在材质窗口中，将“材质”重命名为“背景”，如图 4-476 所示。

21 将材质“背景”赋予“背景”对象，如图 4-477 所示。

22 在透视视图界面下，在工具栏中选择“场景设定”中的“天空”，如图 4-478 所示。

图4-476

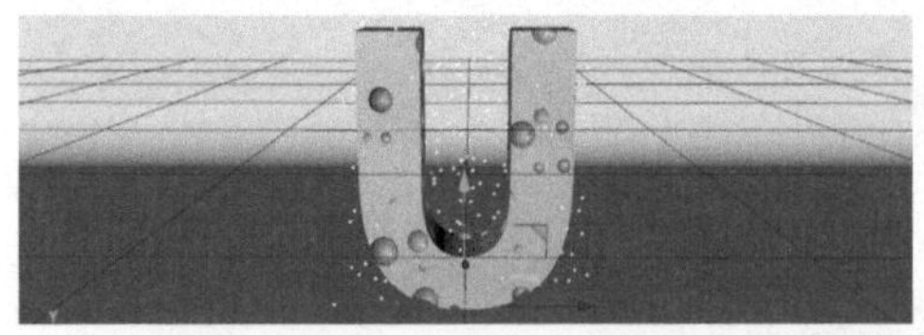

图4-477

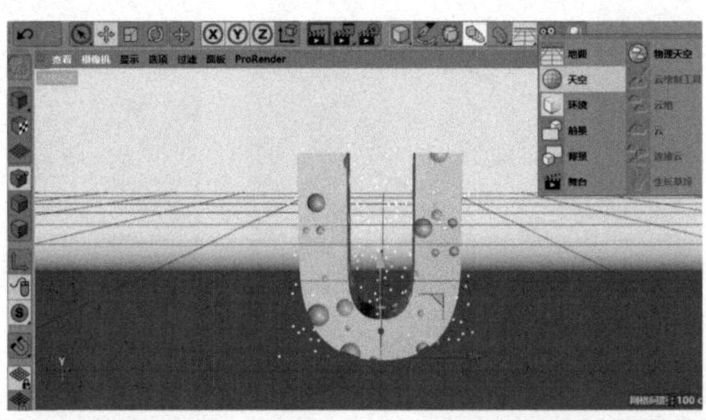

图4-478

23 将材质“背景”赋予“天空”图层，如图 4-479 所示。

24 在工具栏中选择“场景设定”中的“物理天空”，如图 4-480 所示。

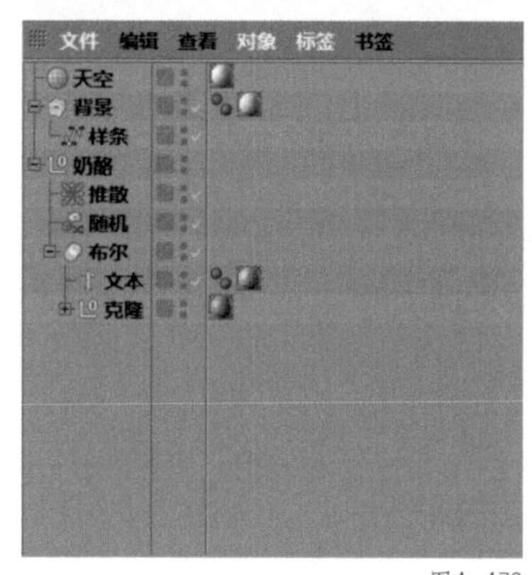

图4-479

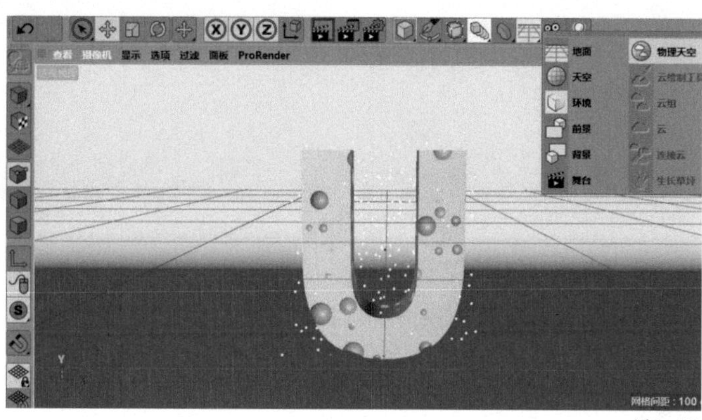

图4-480

25 在“物理天空”窗口中，选择“太阳”，将“强度”修改为“80%”，如图 4-481 所示。

26 在对象窗口中，选择“物理天空”，单击鼠标右键，在弹出的下拉菜单中选择“CINEMA 4D标签”中的“合成”，如图 4-482 所示。

27 在“合成”窗口中，勾选“标签属性”中的“合成背景”，如图 4-483 所示。

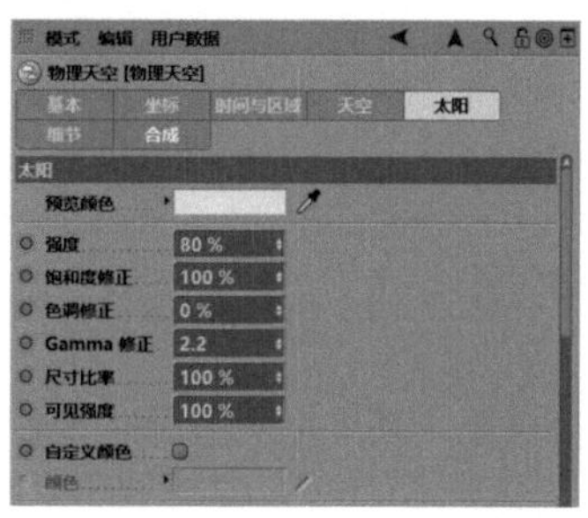

图4-481

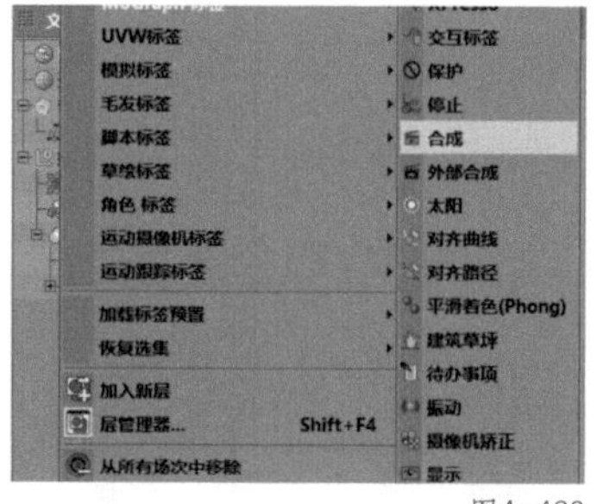

图4-482

图4-483

28 在对象窗口中，同时选择“背景”“天空”“物理天空”，按【Alt+G】组合键进行编组，并重命名为“背景”，如图 4-484 所示。

29 在工具栏中选择“编辑渲染设置”，如图 4-485 所示。

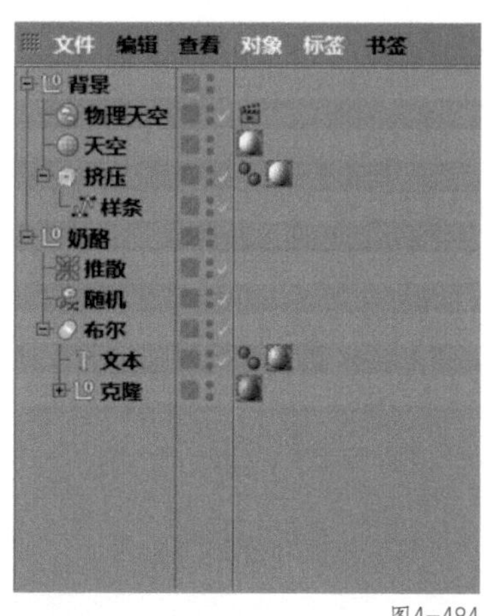

图4-484

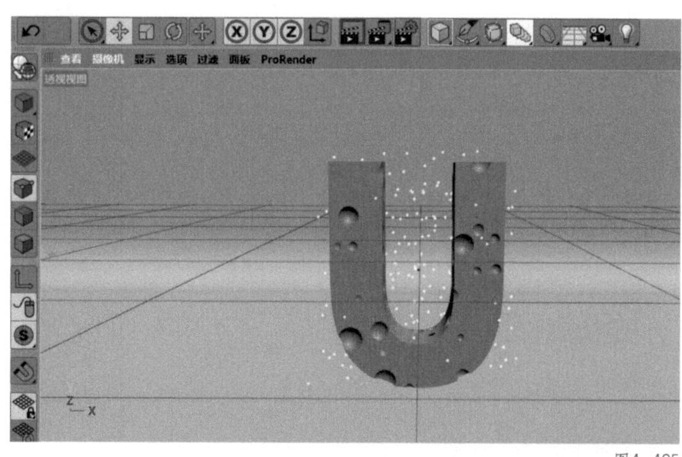

图4-485

30 在渲染设置中，勾选“多通道”，同时选择“效果”中的“全局光照”，如图 4-486 所示。

31 在“全局光照”中，选择“辐照缓存”，并将“记录密度”修改为“高”，如图 4-487 所示。

32 在渲染设置中，勾选“多通道”，同时选择“效果”中的“环境吸收”如图 4-488 所示。

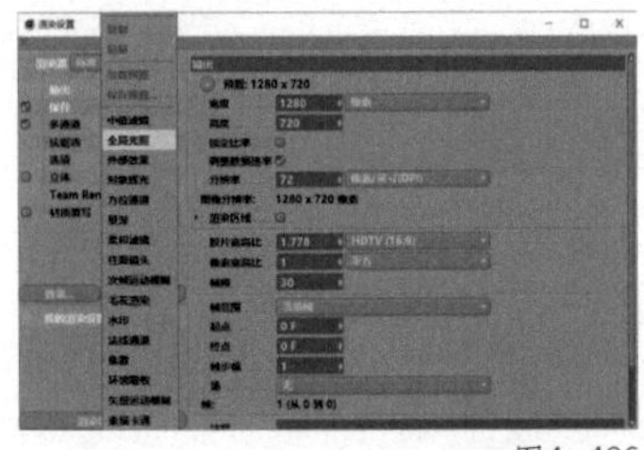

图4-486

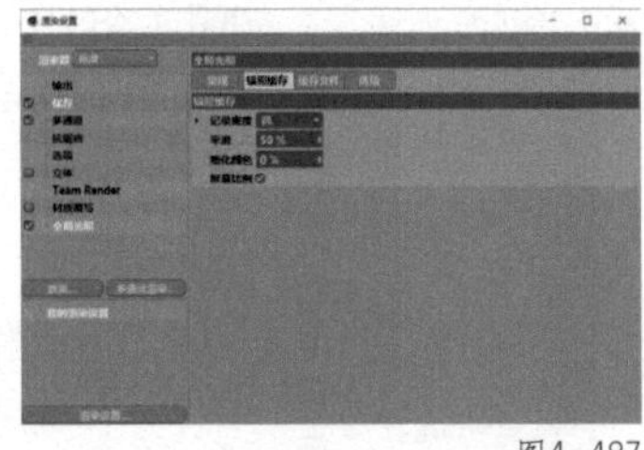

图4-487

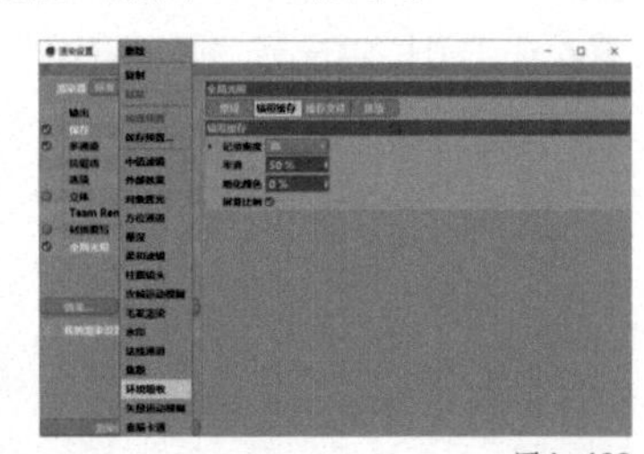

图4-488

33 在“环境吸收”中选择“缓存”，将“记录密度”修改为“高”，如图 4-489 所示。

34 在工具栏中选择“渲染到图片查看器”，如图 4-490 所示。

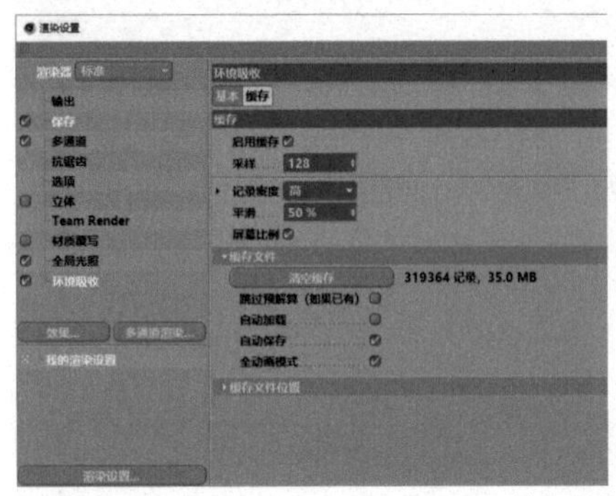

图4-489

图4-490

35 渲染后的效果如图 4-491 所示。

图4-491

本案例到此已全部完成。

本节知识点一览

（1）参数化对象：球体

（2）NURBS：挤压

（3）造型工具组：布尔

（4）运动图形：文本、克隆、随机、推散

4.9 奶油字——文本、球体、置换、融球

本节讲解奶油字的制作方法。前面的小节讲解了奶酪字的制作方法，读者可以在此基础上尝试制作奶油字。奶油字是电商常见的元素之一，多作为辅助元素出现，用于点缀和填充画面，其制作方法非常简单，只需要使用文本、球体、胶囊配合置换、克隆、融球、随机等功能即可制作完成。

本节内容	本节将讲解奶油字的制作方法，包括奶油字三维模型的创建，材质及材质的参数调整，场景及灯光的搭建直至渲染出效果图

本节目标	通过本节的学习，读者将掌握奶油字制作方法以及奶油材质的渲染方法

本节主要知识点	文本、球体、置换、融球

本节最终效果图展示

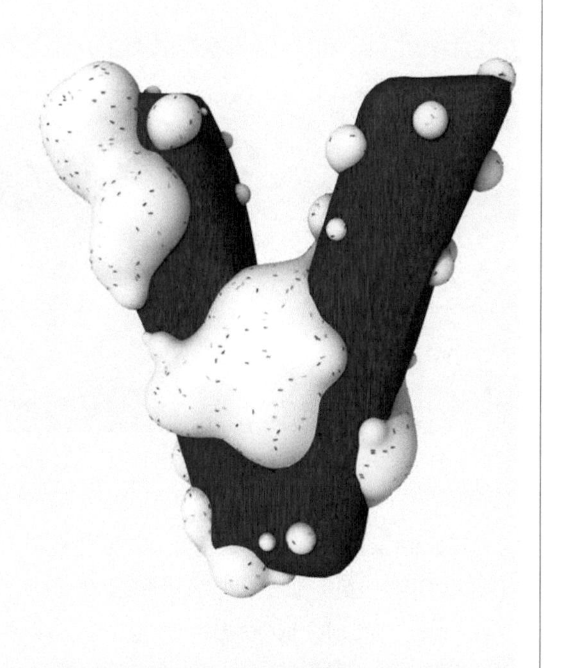

4.9.1 奶油字的建模

01 打开 CINEMA 4D，进入默认的透视视图界面。在菜单栏中选择“运动图形”中的“文本”，如图 4-492 所示。

02 在“文本”窗口中，选择“对象”，在“对象属性”中的“文本”内输入“V”，将“细分数”修改为“4”，同时将“字体”粗细修改为“Bold”，将“对齐”修改为“中对齐”，将“点差值方式”修改为“统一”，如图 4-493 所示。

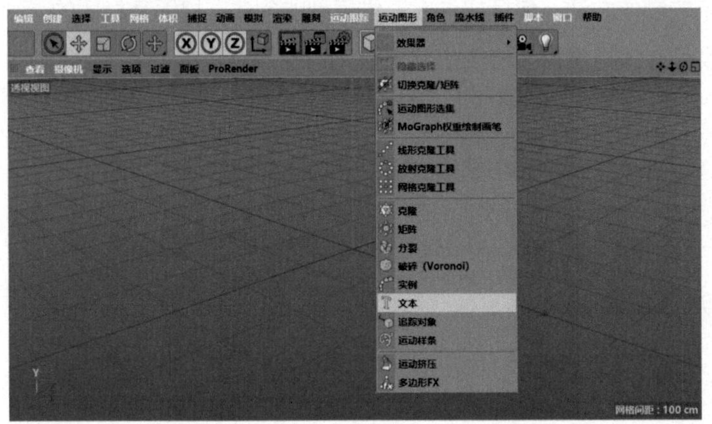

图4-492

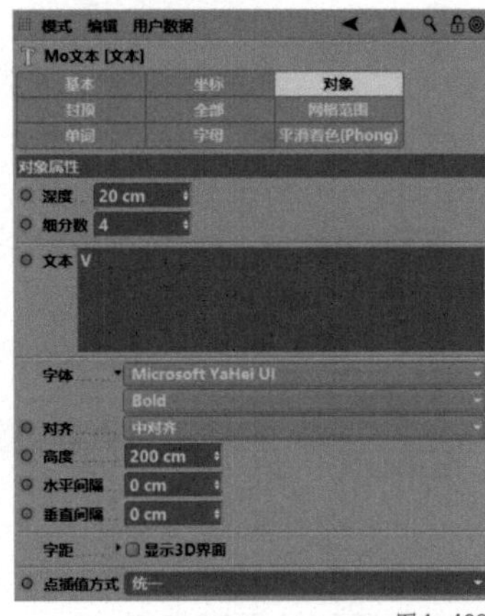

图4-493

03 同样在“文本”窗口中，选择“封顶”，在“封顶圆角”中，将“顶端”和“末端”均修改为“圆角封顶”，同时勾选“创建单一对象”，将“类型”修改为“四边形”，如图 4-494 所示。

04 在工具栏中，选择“NURBS”中的“细分曲面”如图 4-495 所示。

05 在对象窗口中，将“文本”拖曳至“细分曲面”内，使其成为“细分曲面”的子集，如图 4-496 所示。

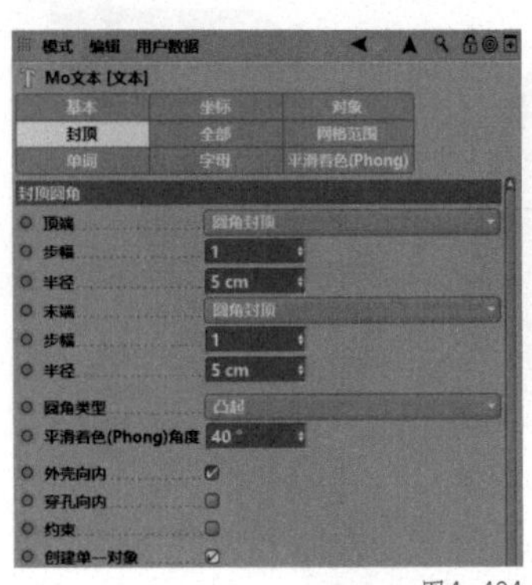

图4-494

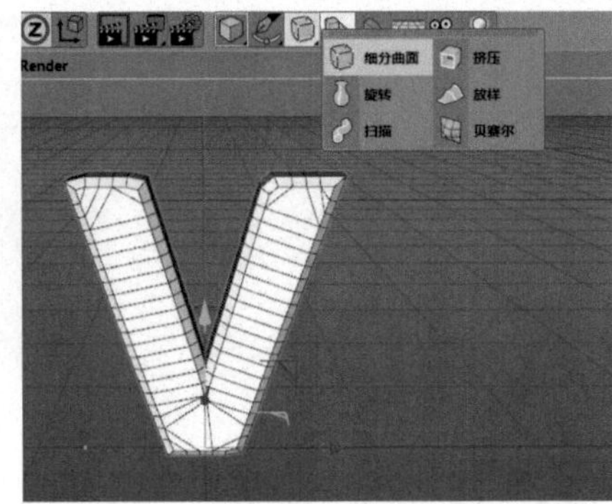

图4-495

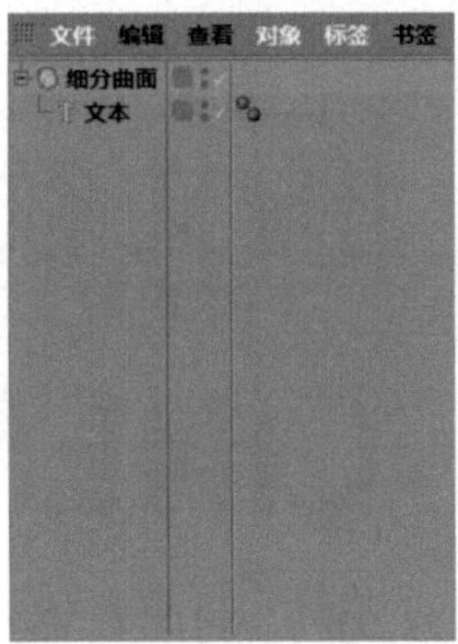

图4-496

06 在工具栏中，选择“变形工具组”中的“置换”。在对象窗口中，同时选择“置换”和“细分曲面”，按【Alt+G】组合键进行编组，如图 4-497 所示。

07 在“置换”窗口中，选择“着色”，在“着色器”中选择“噪波”，单击图 4-498 所示的区域，进入“噪波着色器”。在“噪波着色器”中，将“全局缩放”修改为“500%”。

08 在“置换”窗口中，选择“对象”，将“强度”修改为“80%”，如图 4-499 所示。

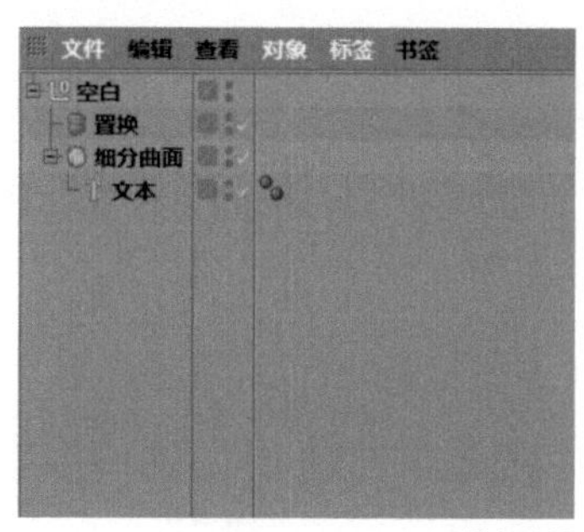
图4-497

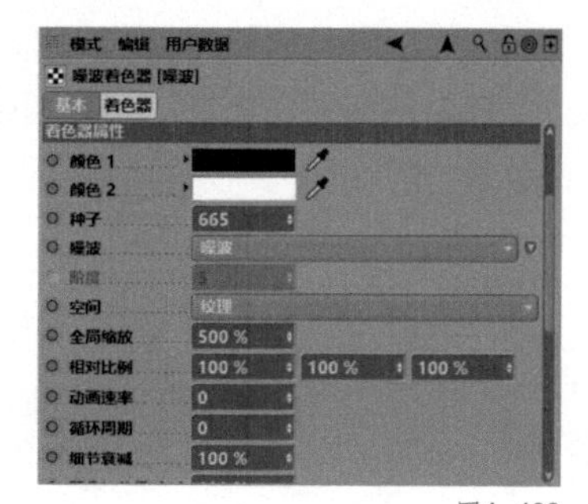
图4-498

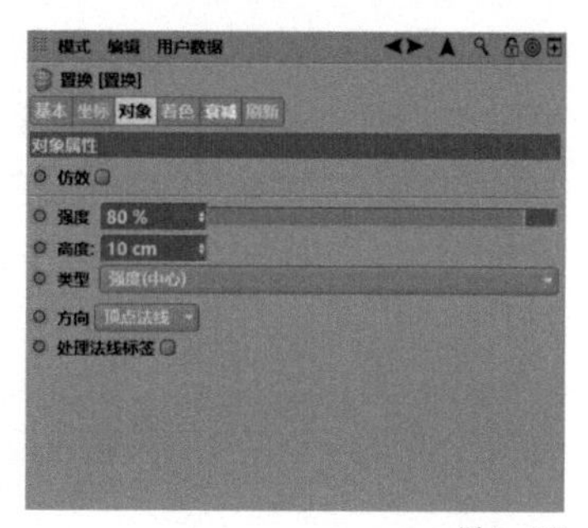
图4-499

4.9.2 奶油的建模

01 在工具栏中，选择“参数化对象”中的“球体”，如图 4-500 所示。

02 在“球体”窗口中，选择“对象”，将“半径”修改为“5 cm”，如图 4-501 所示。

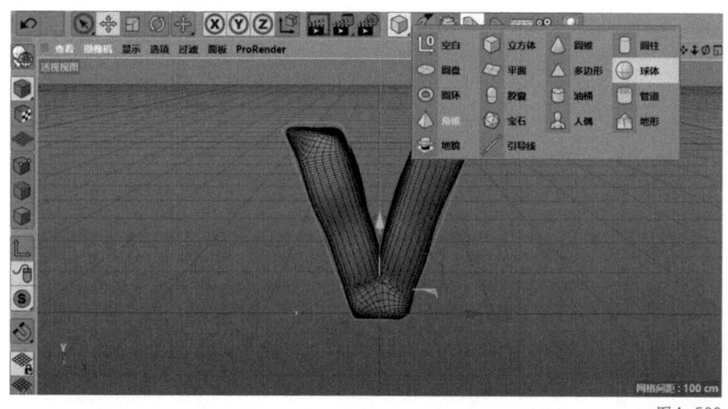
图4-500

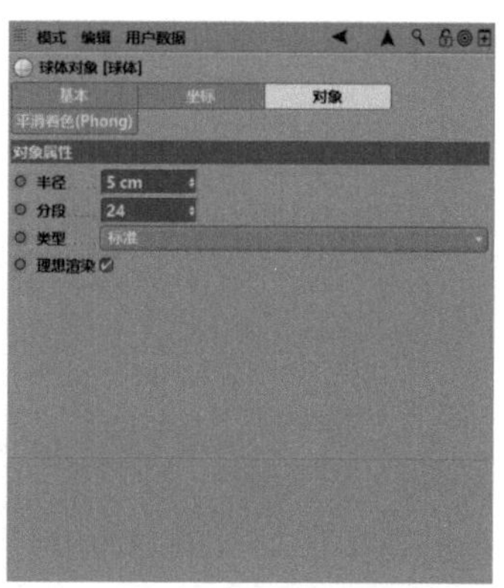
图4-501

03 在菜单栏中，选择“运动图形”中的“克隆”，如图 4-502 所示。

04 在对象窗口中，将“球体”拖曳至“克隆”内，使其成为“克隆”的子集，同时将“空白”重命名为“饼干”，如图 4-503 所示。

05 在“克隆”窗口中，选择“对象”，在“对象属性”中，将“模式”修改为“对象”，在“对象”中选择“细分曲面”，将“数量”修改为“110”，如图 4-504 所示。

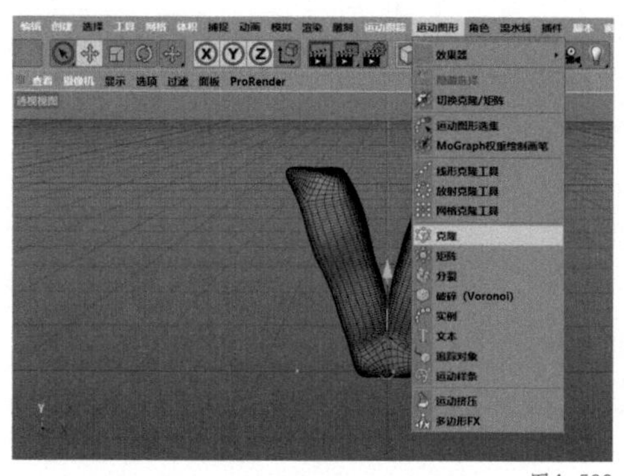
图4-502

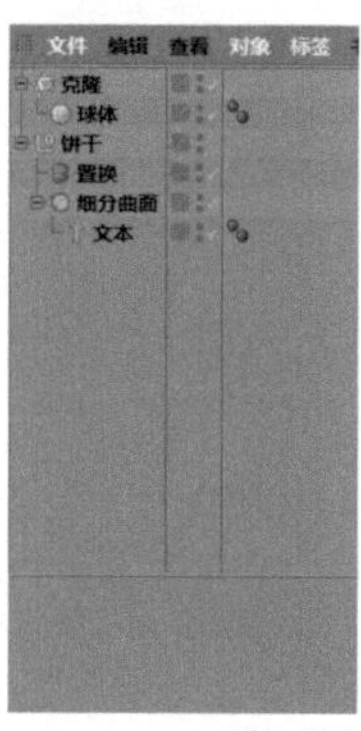
图4-503

图4-504

06 在菜单栏中，选择“运动图形”中“效果器”中的“随机”，如图 4-505 所示。

07 在“随机”窗口中，选择“参数”，取消勾选“位置”，勾选“缩放”和“等比缩放”，同时将“缩放”修改为“1.5”，如图 4-506 所示。

08 透视视图界面中的效果如图 4-507 所示。

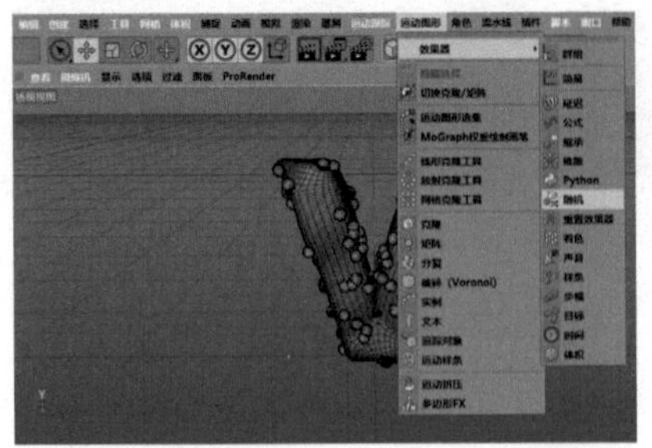

图4-505

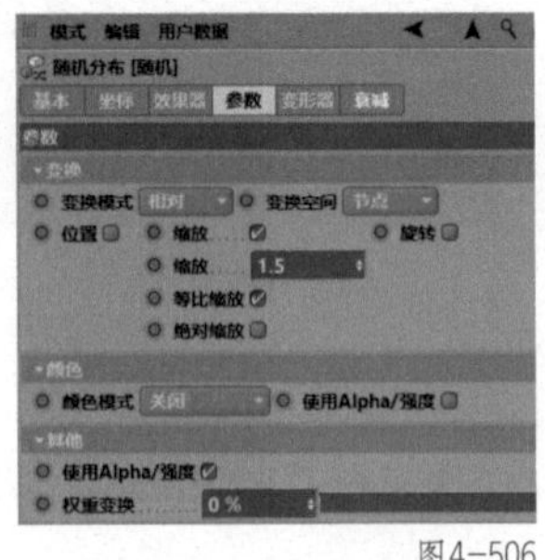

图4-506

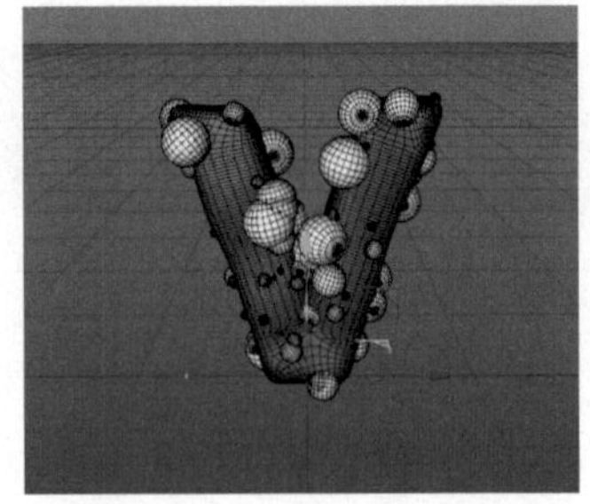

图4-507

09 在工具栏中，选择“造型工具组”中的“融球”，如图 4-508 所示。

10 在对象窗口中，将“克隆”拖曳至“融球”内，使其成为“融球”的子集，如图 4-509 所示。

11 在“融球”窗口中，选择“对象”，将“编辑器细分”和“渲染器细分”均修改为“1 cm”，如图 4-510 所示。

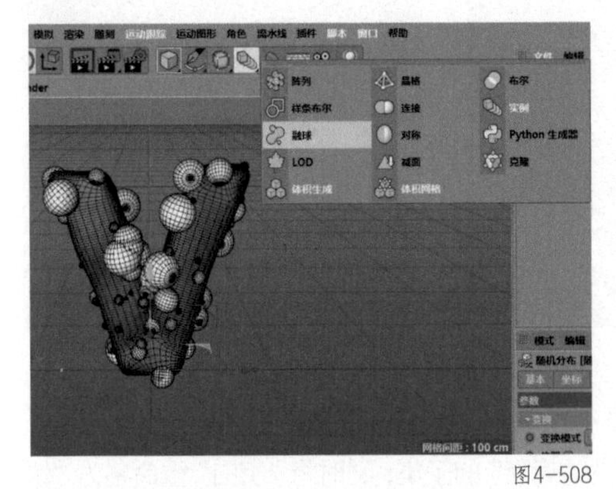

图4-508

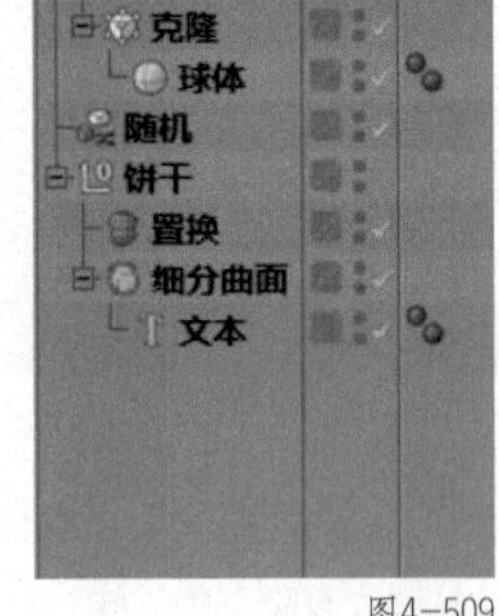

图4-509

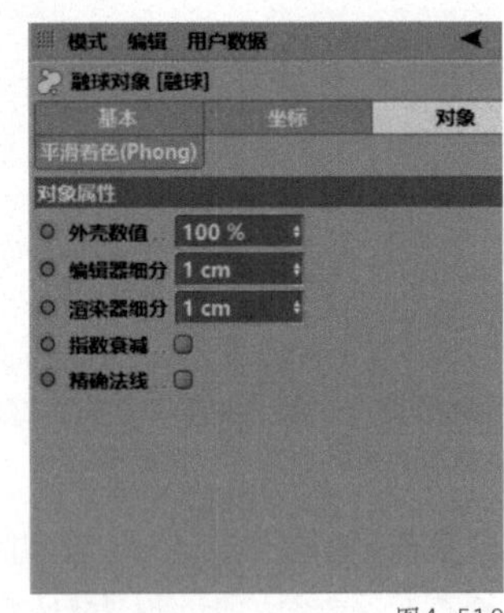

图4-510

12 在“克隆”窗口中，选择“对象”，将“种子”修改为“1000002”，如图 4-511 所示。

13 透视视图界面中的效果如图 4-512 所示。

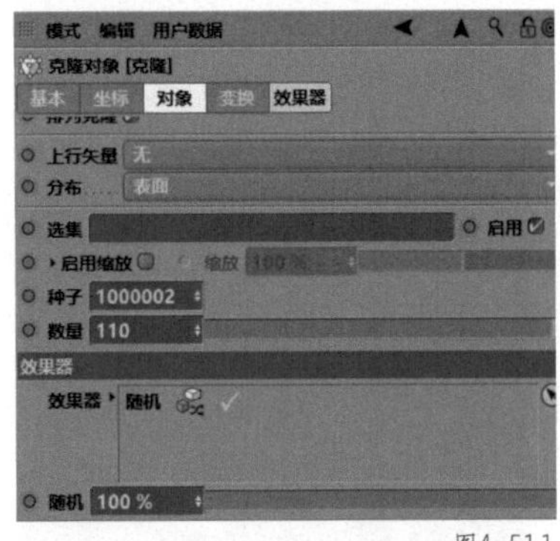

图4-511

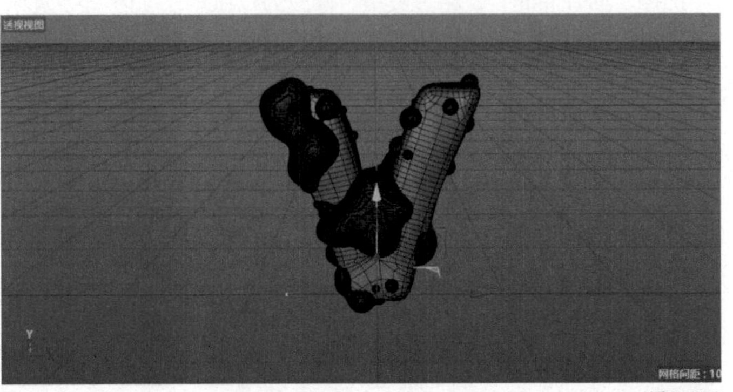

图4-512

4.9.3 糖果的建模

01 在工具栏中，选择“参数化对象”中的“胶囊”。在“胶囊”窗口中，选择“对象”，在“对象属性”中将“半径”修改为“0.2 cm”，将“高度”修改为“1.5 cm”，如图 4-513 所示。

02 在菜单栏中，选择“运动图形”中的“克隆”。在对象窗口中，将“胶囊”拖曳至“克隆”内，使其成为“克隆”的子集。选择“融球”，在左侧的编辑模式工具栏中选择“转为可编辑对象”，并重命名为“奶油”。在“克隆”窗口中，选择“对象”，在“对象”中选择“奶油”，将“数量”修改为“1000”，如图 4-514 所示。

03 在对象窗口中，将“克隆”重命名为“糖果”。透视视图界面中的效果如图 4-515 所示。

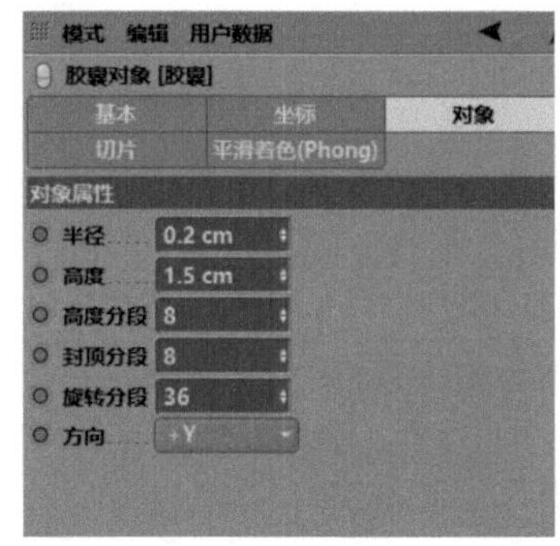

图4-513

图4-514

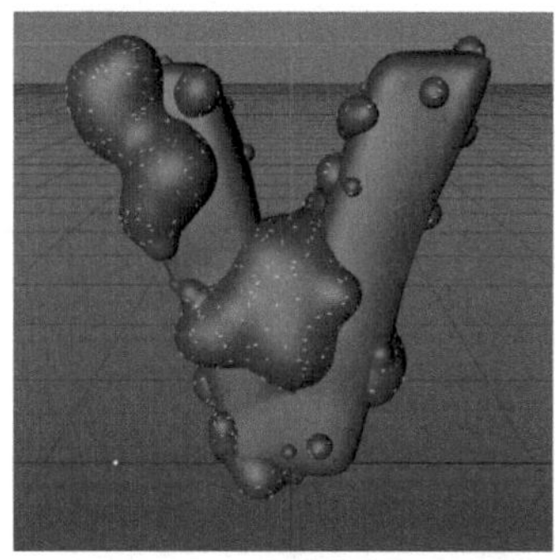

图4-515

4.9.4 奶油字的渲染

01 在材质窗口中，在空白处双击新建一个“材质”，如图 4-516 所示。

02 双击“材质”，进入材质编辑器。进入“颜色”通道，将“H”修改为“18°”，将“S”修改为“75%”，将“V”修改为“53%”，如图 4-517 所示。

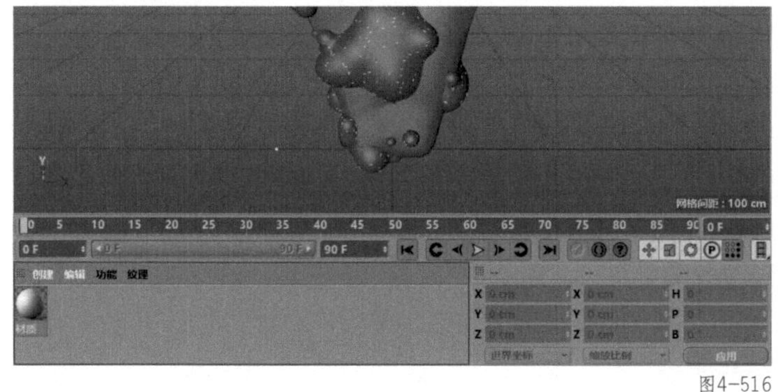

图4-516

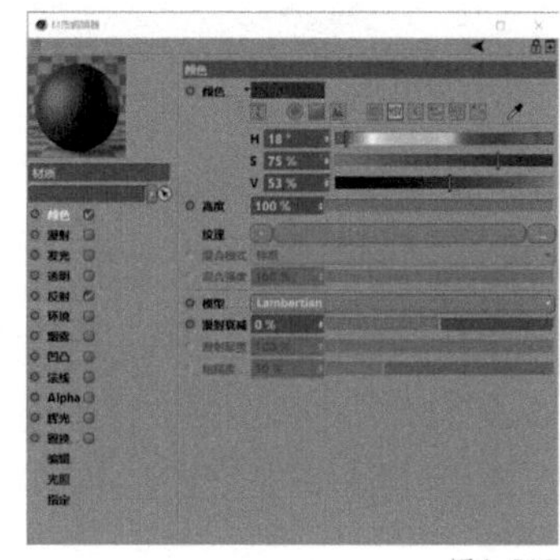

图4-517

03 勾选并进入“凹凸”通道，在“纹理”中选择“噪波”。在“着色器”中，将“全局缩放”修改为“5%”，将“相对比例”的“Y”轴数值修改为“1500”，如图 4-518 所示。

04 在材质窗口中，将“材质”重命名为“饼干”，如图 4-519 所示。

05 在透视视图界面下，将材质“饼干”赋予“饼干”图层，如图 4-520 所示。

06 在材质窗口中，在空白处双击新建一个“材质”，如图 4-521 所示。

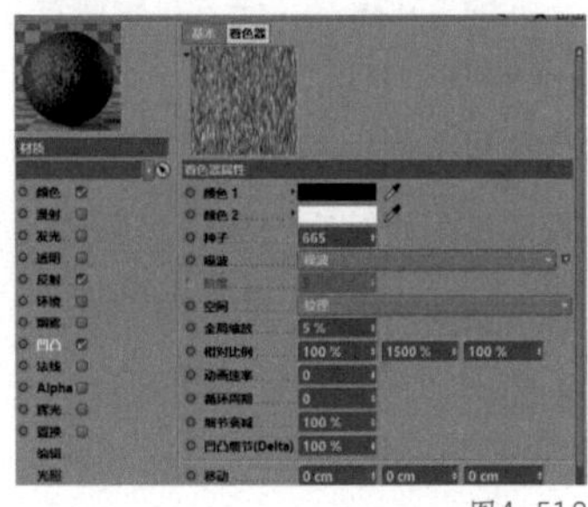
图4-518

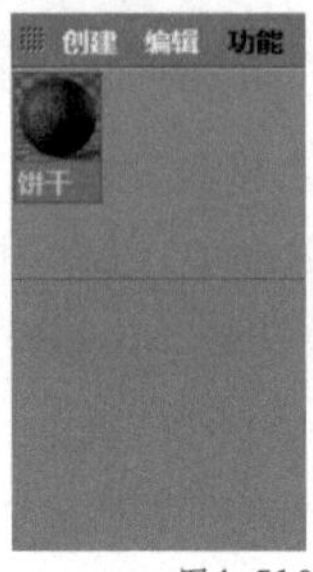

图4-519

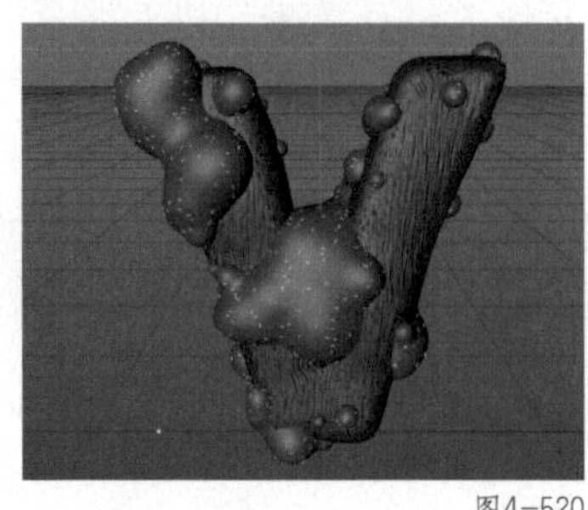
图4-520

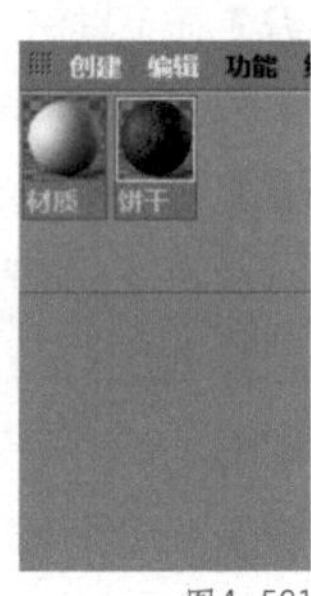

图4-521

07 双击“材质”，进入材质编辑器。进入“颜色”通道，将“H”修改为“18°”，将“S”修改为“0%”，将“V”修改为“100%”，如图 4-522 所示。

08 在材质窗口中，将“材质”重命名为“奶油”，如图 4-523 所示。

09 在透视视图界面下，将材质“奶油”赋予“奶油”图层，如图 4-524 所示。

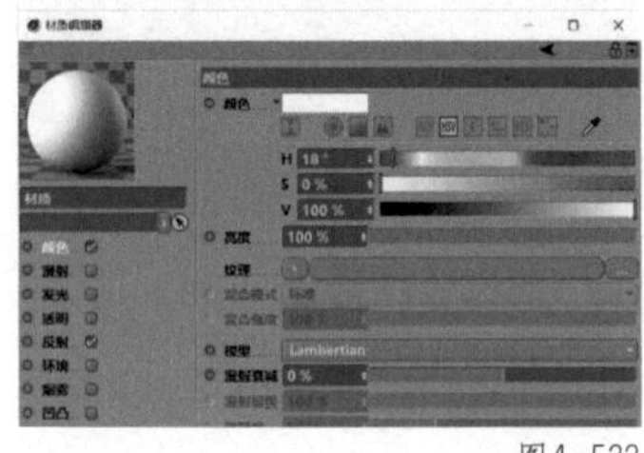
图4-522

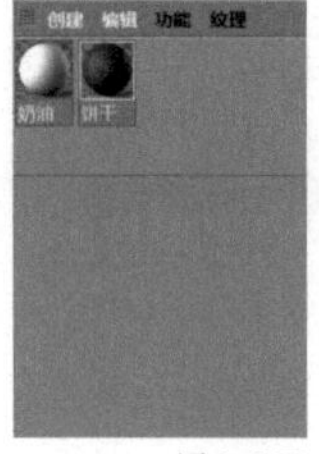

图4-523

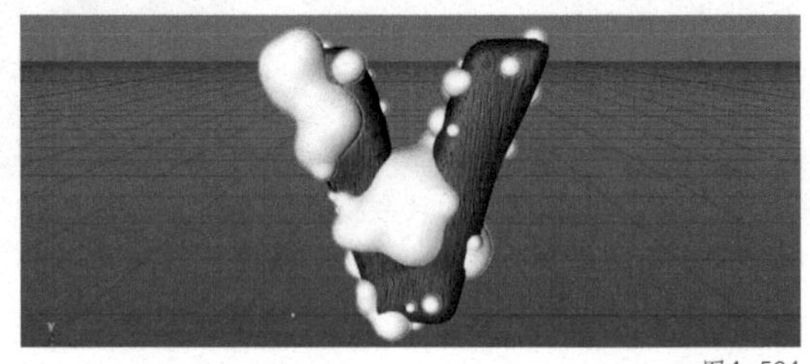
图4-524

10 在材质窗口中，在空白处双击新建一个“材质”，如图 4-525 所示。

11 双击“材质”，进入材质编辑器。进入“颜色”通道，将“H”修改为“133°”，将“S”修改为“100%”，将“V”修改为“100%”，如图 4-526 所示。

12 在材质编辑器中，进入“反射”通道，单击“添加”按钮，在弹出的下拉菜单中选择“GGX”，如图 4-527 所示。

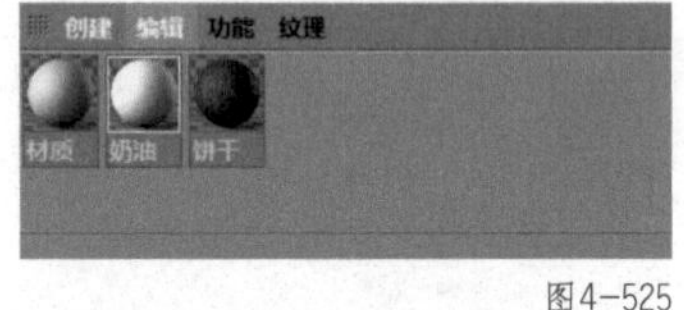

图4-525

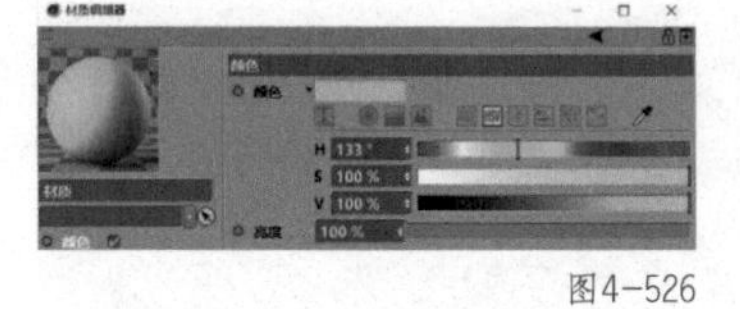
图4-526

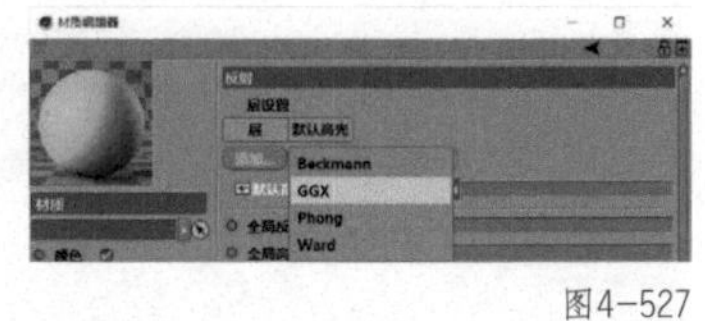

图4-527

13 在“层 1”中将“粗糙度”修改为“10%”，在“层颜色”中将“亮度”修改为“20%”，如图 4-528 所示。

14 在材质窗口中，将“材质”重命名为“糖果 1”，如图 4-529 所示。

15 在材质窗口中，复制 4 个材质“糖果 1”，分别修改颜色，并分别重命名，如图 4-530 所示。

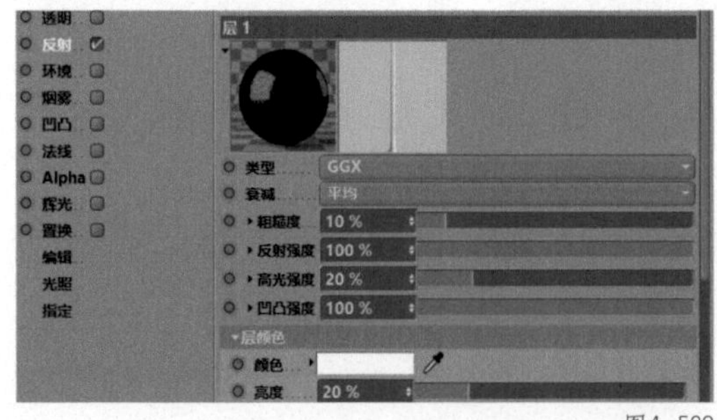

图4-528

图4-529

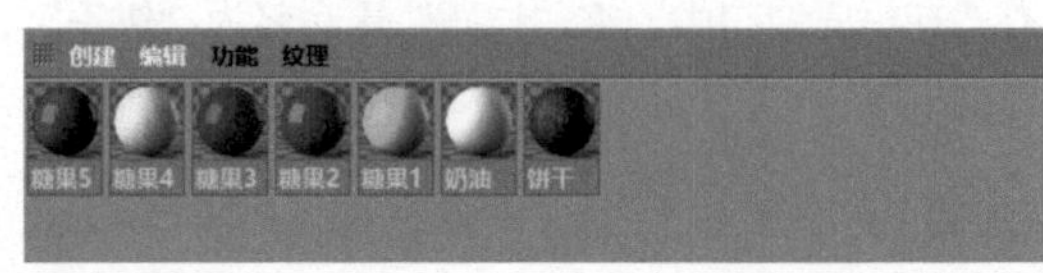

图4-530

16 在对象窗口中，复制4个“胶囊”，并重命名为“胶囊1”“胶囊2”“胶囊3”“胶囊4”“胶囊5”，分别赋予材质“糖果1”、材质“糖果2”、材质“糖果3”、材质“糖果4”、材质“糖果5”。同时选择“饼干”“奶油”“糖果”，按【Alt+G】组合键进行编组，并重命名为“奶油字”，如图4-531所示。

17 单击鼠标滑轮调出四视图，在右视图窗口上单击鼠标滑轮，进入右视图界面，如图4-532所示。

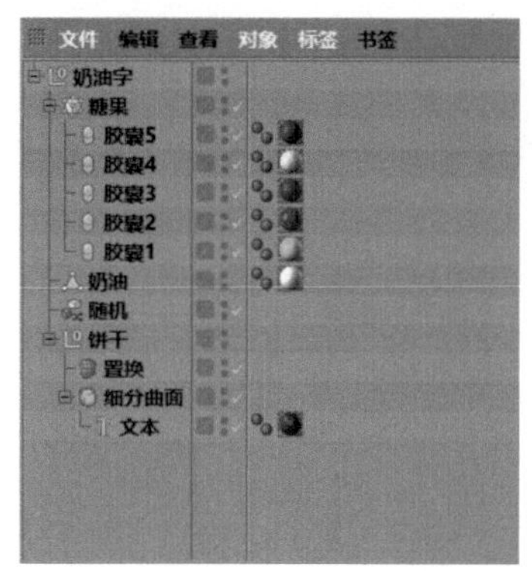

图4-531

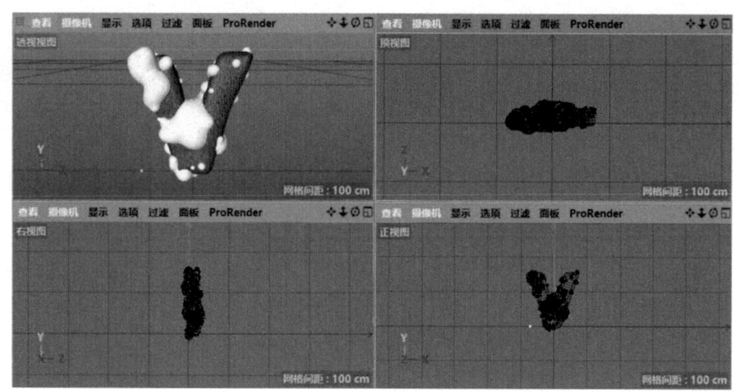

图4-532

18 在右视图界面下，在工具栏中，选择“曲线工具组”中的“画笔”，如图4-533所示。

19 在右视图界面下，使用“画笔”工具绘制图4-534所示的线段。

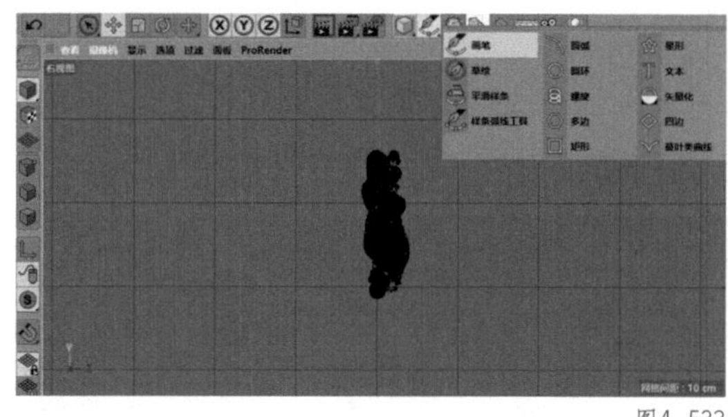

图4-533

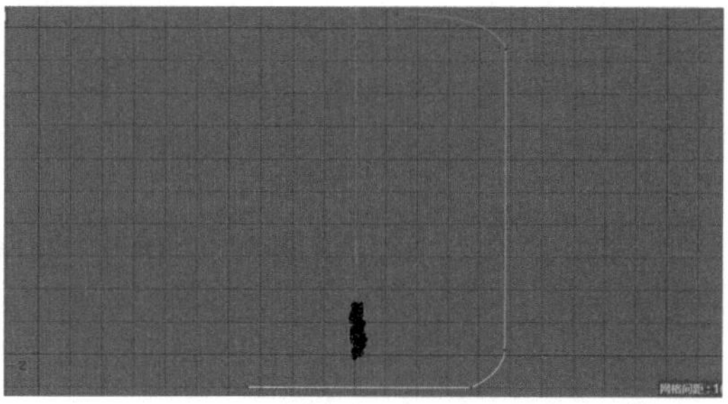

图4-534

20 在工具栏中，选择“NURBS”中的“挤压”，如图4-535所示。

21 在对象窗口中，将“样条”拖曳至“挤压”内，使其成为“挤压”的子集，并将“挤压”重命名为“背景”，如图4-536所示。

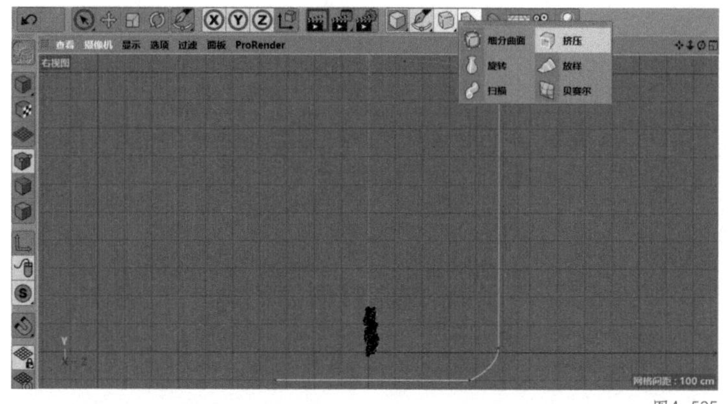

图4-535

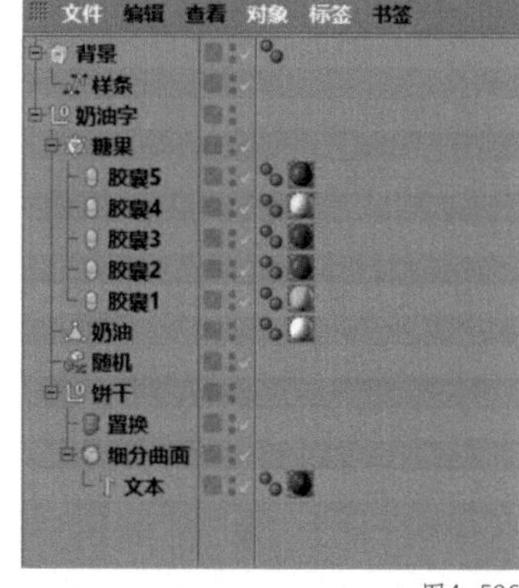

图4-536

22 在“挤压”窗口中，选择“对象”，在“对象”中将“移动”中“X”的坐标数值修改为“10000 cm”，如图4-537所示。

23 单击鼠标滑轮调出四视图，在透视视图窗口上单击鼠标滑轮，进入透视视图界面，如图4-538所示。

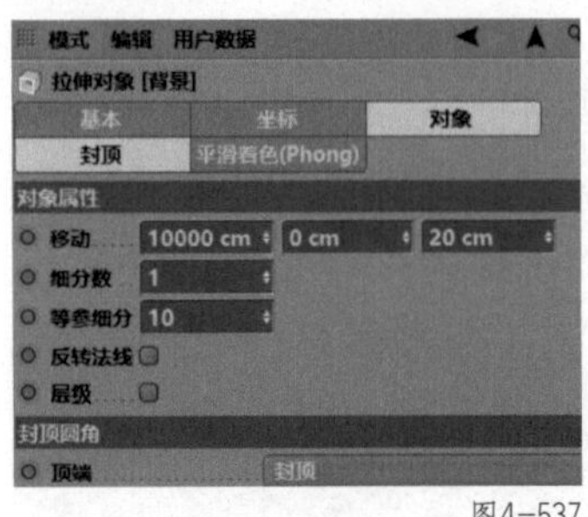

图4-537

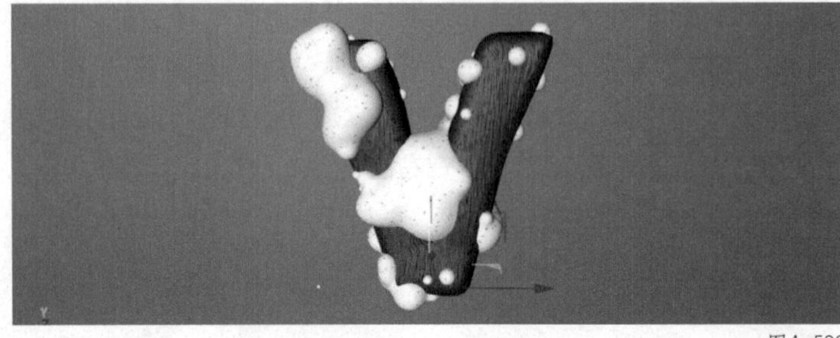

图4-538

24 将“材质”奶油赋予“背景”图层，透视视图界面中的效果如图 4-539 所示。

25 在透视视图界面下，在工具栏中选择“场景设定”中的“天空”，如图 4-540 所示。

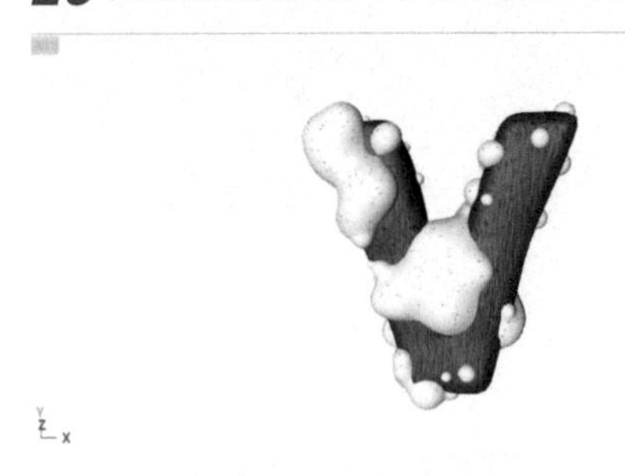

图4-539

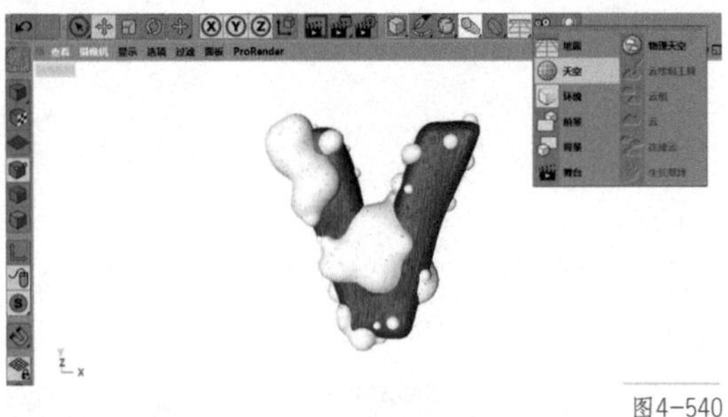

图4-540

26 将材质“奶油”赋予“天空”图层，如图 4-541 所示。

27 在工具栏中选择“场景设定”中的“物理天空”，如图 4-542 所示。

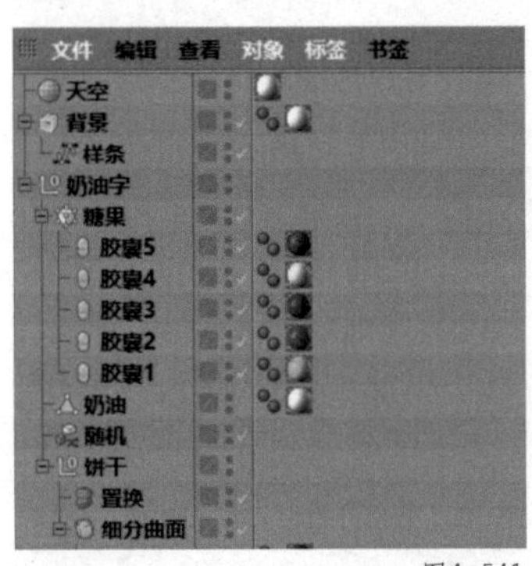

图4-541

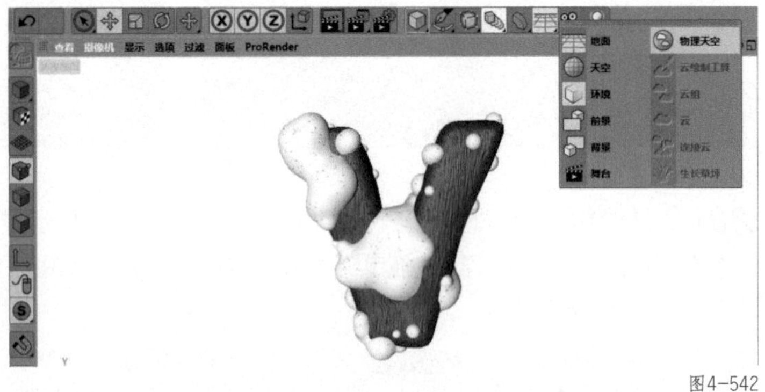

图4-542

28 在“物理天空”窗口中，选择“太阳”，将“强度”修改为“90%”，如图 4-543 所示。

29 在对象窗口中，选择“物理天空”，单击鼠标右键，在弹出的下拉菜单中选择“CINEMA 4D标签”中的“合成”，如图 4-544 所示。

30 在“合成”窗口中，勾选“标签属性”中的“合成背景”，如图 4-545 所示。

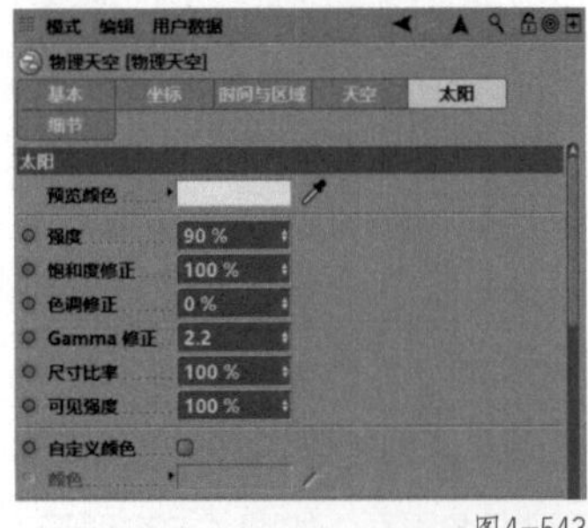

图4-543

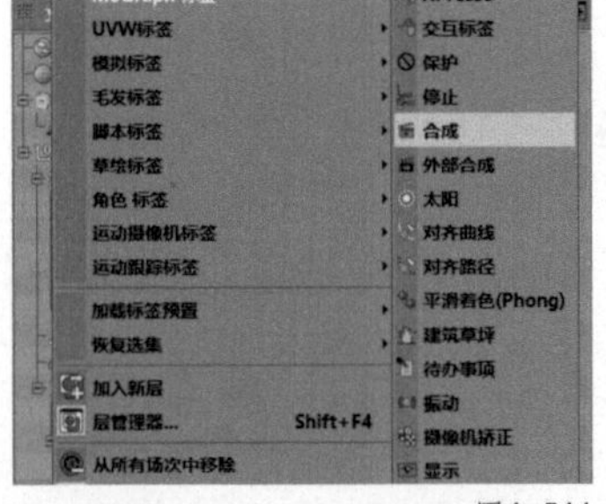

图4-544

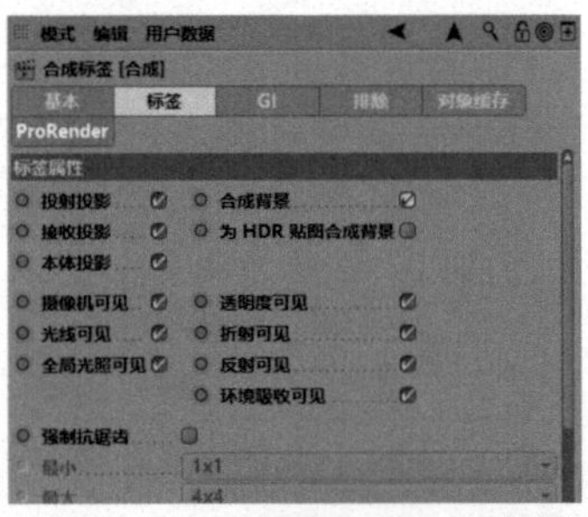

图4-545

31 在对象窗口中，同时选择“背景”“天空”“物理天空”，按【Alt+G】组合键进行编组，并重命名为“背景”，如图 4-546 所示。

32 在工具栏中选择“编辑渲染设置”，如图 4-547 所示。

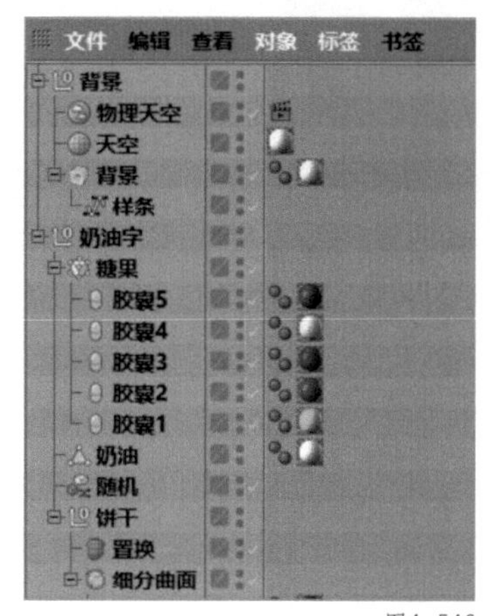

图4-546

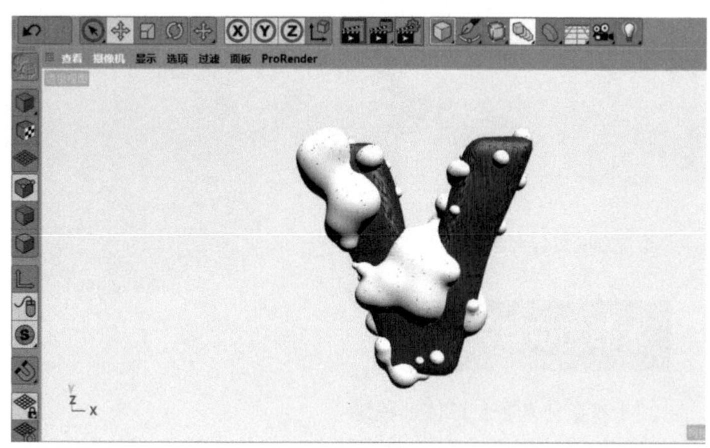

图4-547

33 在渲染设置中，勾选“多通道”，同时选择“效果”中的“全局光照”，如图 4-548 所示。

34 在“全局光照”中，选择“辐照缓存”，并将“记录密度”修改为“高”，如图 4-549 所示。

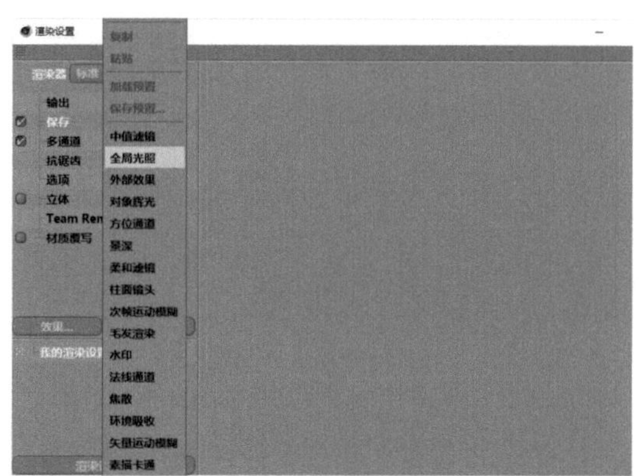

图4-548

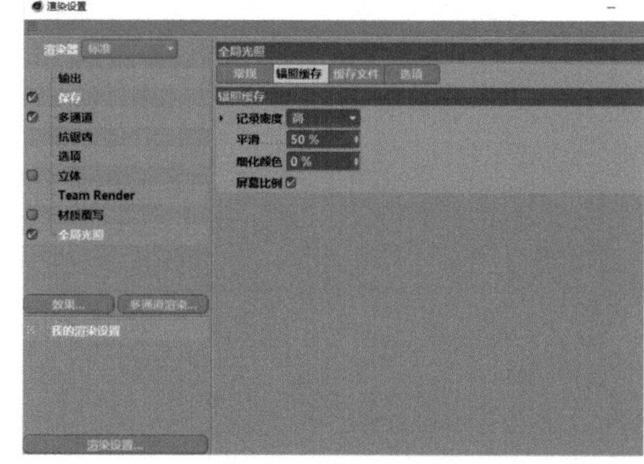

图4-549

35 在渲染设置中，勾选“多通道”，同时选择“效果”中的“环境吸收”，如图 4-550 所示。

36 在“环境吸收”中选择“缓存”，将“记录密度”修改为“高”，如图 4-551 所示。

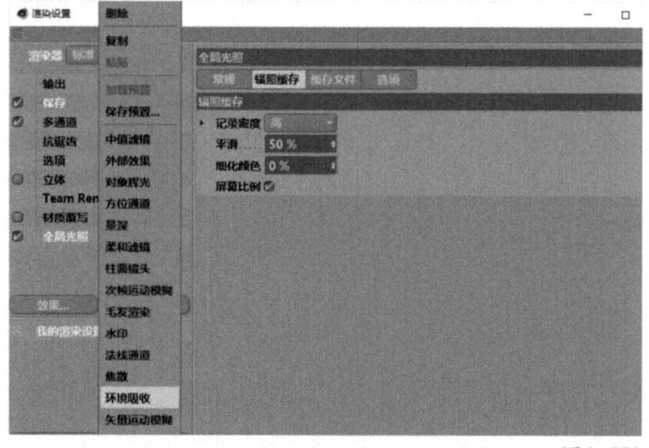

图4-550

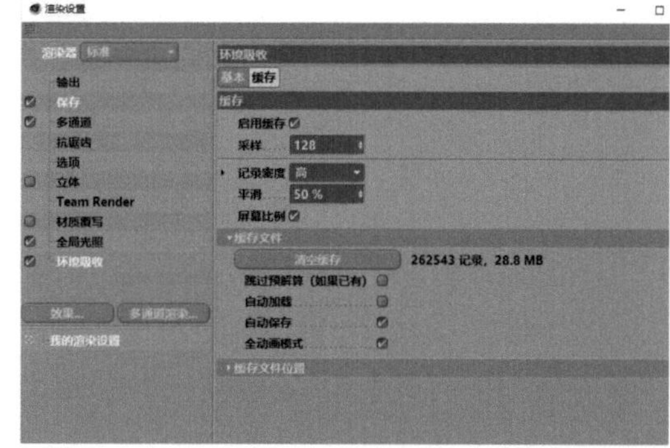

图4-551

37 在工具栏中选择“渲染到图片查看器”，如图 4-552 所示。

38 渲染后的效果如图 4-553 所示。

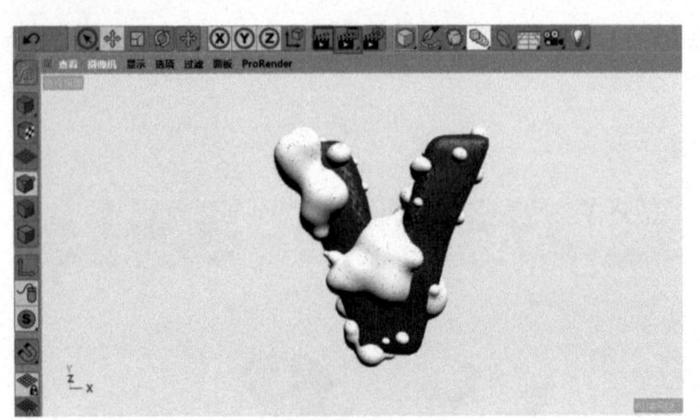

图4-552

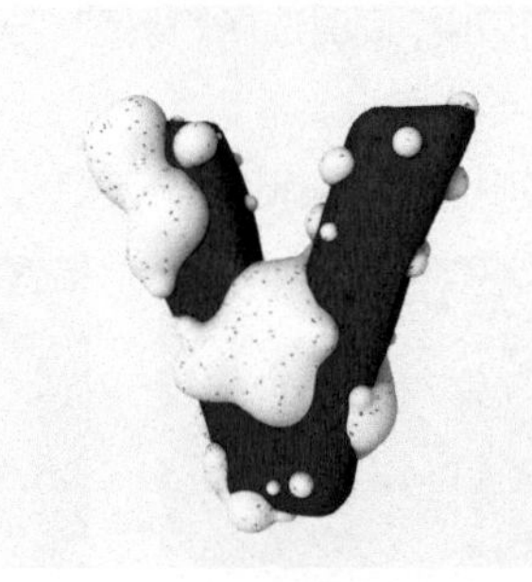
图4-553

本案例到此已全部完成。

本节知识点一览

（1）参数化对象：球体、胶囊

（2）NURBS：挤压、细分曲面

（3）造型工具组：融球

（4）变形工具组：置换

（5）运动图形：文本、克隆、随机

第5章 CINEMA 4D案例实训（中级）

本章将通过中级难度的案例，在第4章所讲知识点的基础上，对几何体本身进行编辑，同时不再局限于效果器的添加，而是对效果器的参数进行进一步调整。除此之外，本章通过多种几何体及多种效果器的组合使用，使读者掌握中等难度的三维模型创建、材质，以及材质的参数调整、场景及灯光的搭建，直至渲染出效果图。

5.1 草莓——球体、锥化、扭曲、克隆

本节讲解草莓的制作方法。草莓营养价值丰富，被誉为是“水果皇后”，可制作果酱、蛋糕、饼干等食物。在三维设计中，草莓是比较基础的模型，多作为辅助元素出现，用于点缀和填充画面，出现在各类食物建模中作为点缀。其制作方法非常简单，只需要使用球体配合锥化、扭曲、克隆等功能便可制作完成。

本节内容	本节将讲解草莓的制作方法，包括草莓三维模型的创建、材质及材质的参数调整、场景及灯光的搭建

本节目标	通过本节的学习，读者将掌握草莓制作方法以及锥化工具的使用方法

本节主要知识点	球体、锥化、扭曲、克隆

本节最终效果图展示

5.1.1 草莓的建模

01 打开 CINEMA 4D，进入默认的透视视图界面。在透视视图界面下，选择工具栏中的“参数化对象”中的“球体”，如图 5-1 所示。

02 在“球体”窗口中，选择“对象”，在“对象属性”中，将“分段”修改为“40”，将“类型”修改为“二十面体”，如图 5-2 所示。

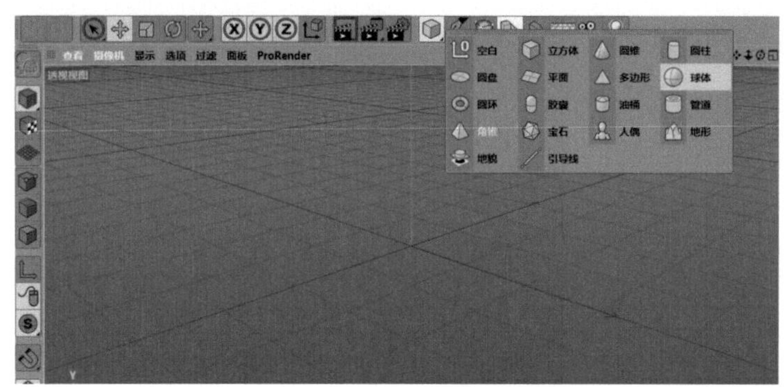

图5-1

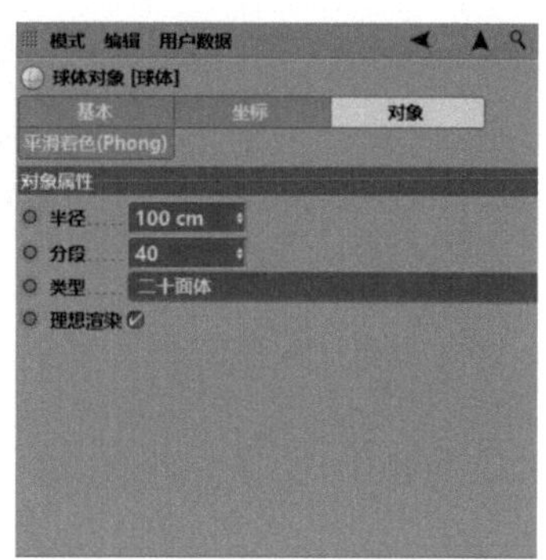

图5-2

03 在视图窗口菜单中，选择“显示”中的“光影着色（线条）”，如图 5-3 所示。

04 在工具栏中选择“变形工具组”中的“锥化”，如图 5-4 所示。

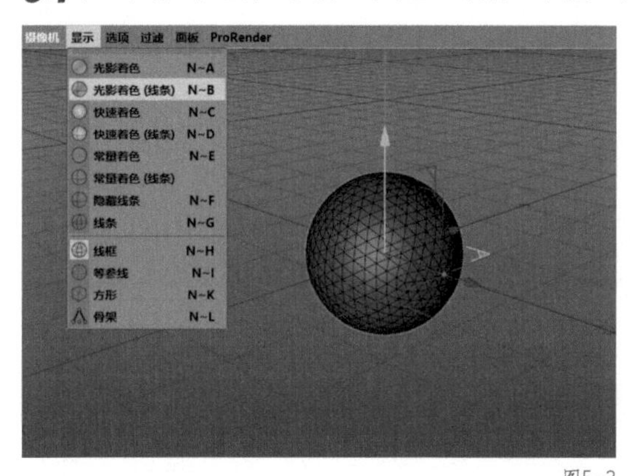

图5-3

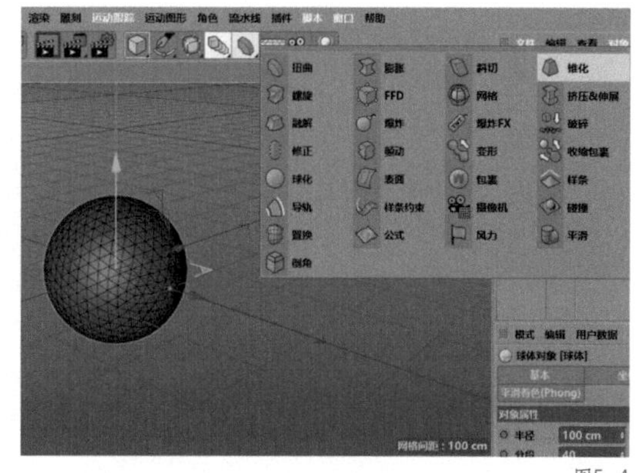

图5-4

05 在对象窗口中，将“锥化”拖曳至“球体”内，使其成为“球体”的子集，如图 5-5 所示。

06 在“锥化”窗口中，将“尺寸”全部修改为“200 cm”，将“强度”修改为“50%”，同时勾选“圆角”，如图 5-6 所示。

07 在“坐标窗口”中，将“旋转”中的“B”的数值修改为“180°”，并单击“应用”按钮，如图 5-7 所示。

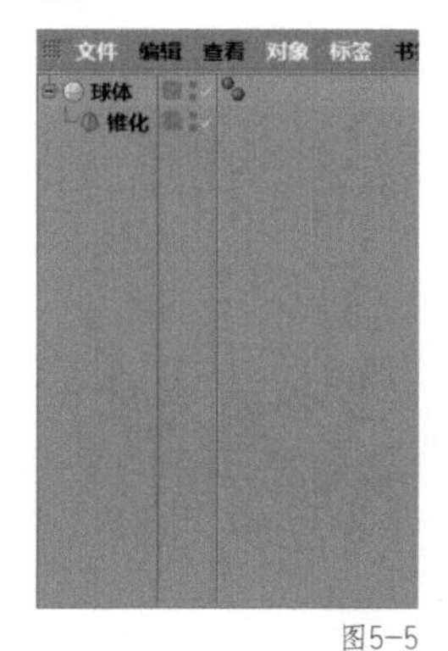

图5-5

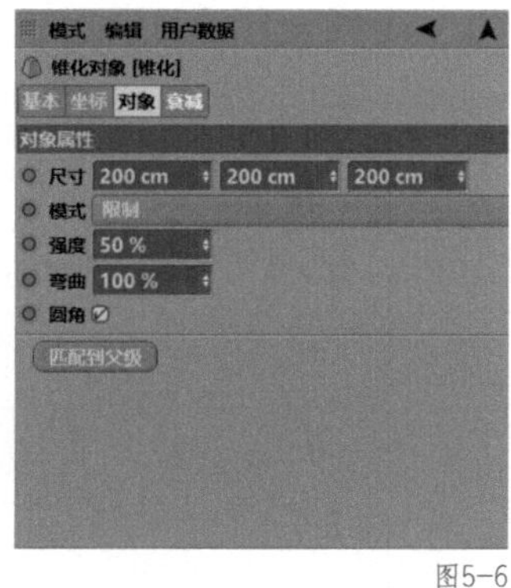

图5-6

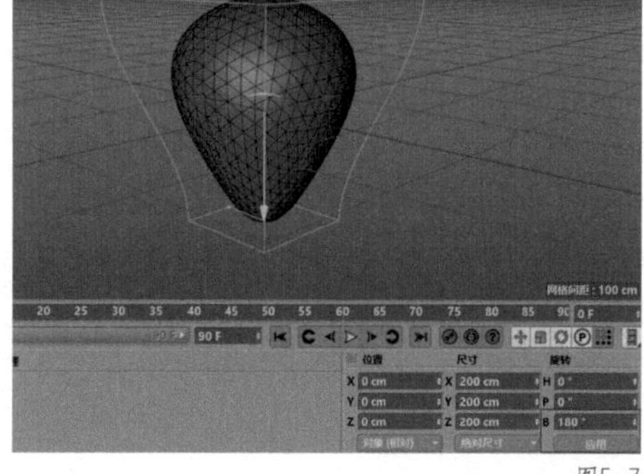

图5-7

08 在对象窗口中，选择“球体”图层，单击鼠标右键，在弹出的下拉菜单中选择“当前状态转对象”，如图 5-8 所示。

09 在对象窗口中，将“球体”重命名为“草莓”，同时暂时关闭“球体”的渲染时显示状态和编辑时显示状态，如图 5-9 所示。

10 在左侧编辑模式工具栏中，选择“点模式”，在透视视图界面下，按【Ctrl+A】组合键全选所有的点，如图 5-10 所示。

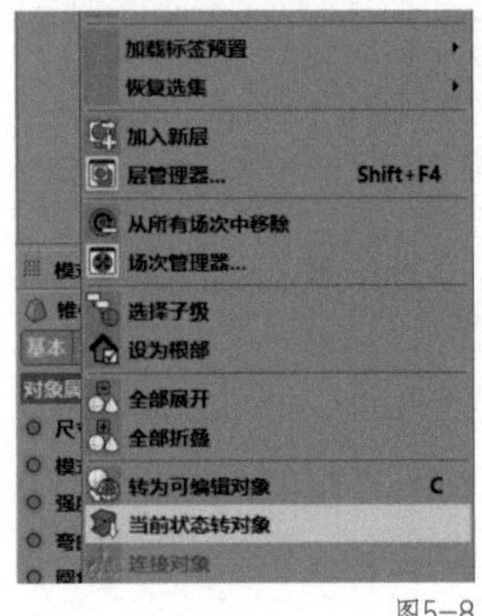

图5-8

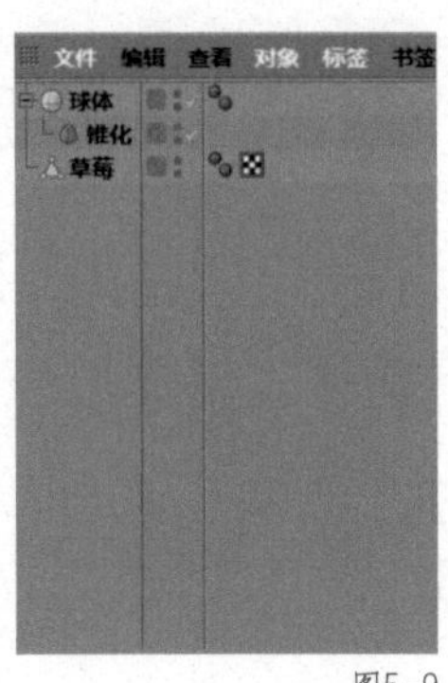

图5-9

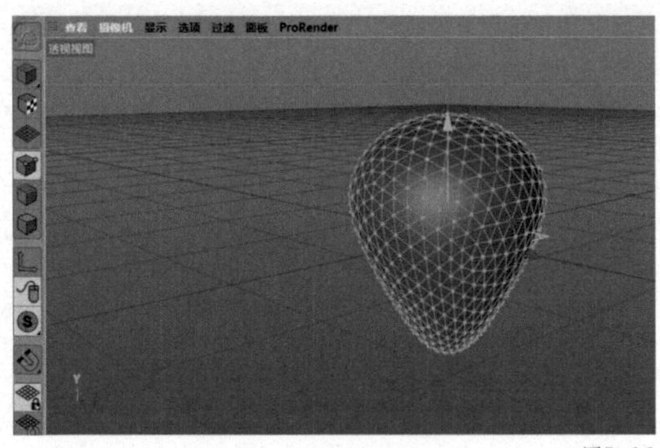

图5-10

11 在菜单栏中，选择“选择”中的“设置选集”，如图 5-11 所示。

12 在对象窗口中，“草莓”图层的后面新增一个“选集标签”，如图 5-12 所示。

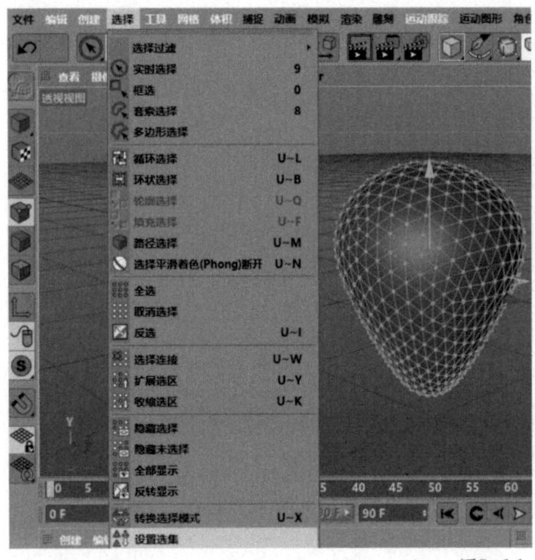

图5-11

图5-12

13 在工具栏中选择“NURBS”中的“细分曲面”，如图 5-13 所示。

14 在对象窗口中，将“草莓”拖曳至“细分曲面”内，使其成为“细分曲面”的子集。在左侧编辑模式工具栏中选择“转为可编辑对象”或按【C】键将“细分曲面”转为可编辑对象，如图 5-14 所示。

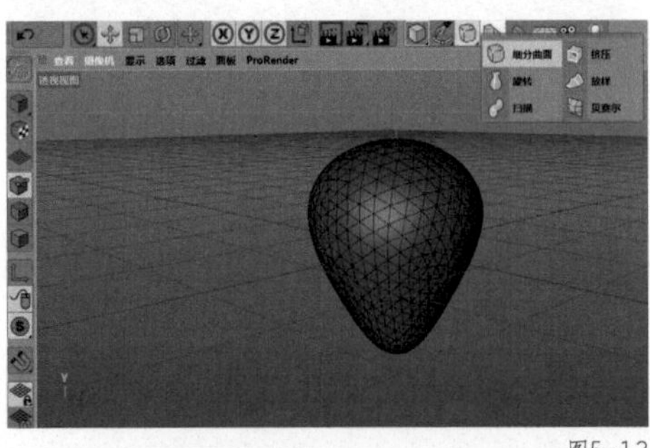

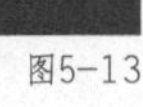
图5-13

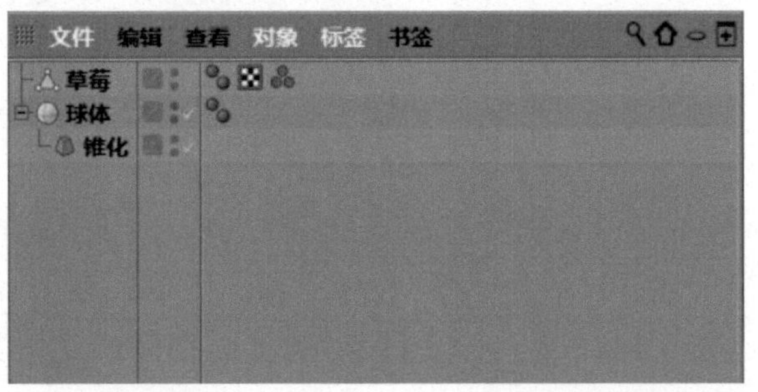

图5-14

15 在工具栏中选择“实时选择”工具，如图 5-15 所示。

16 在“实时选择”窗口中，将“模式”修改为“柔和选择”，将“半径”修改为“5 cm”，如图 5-16 所示。

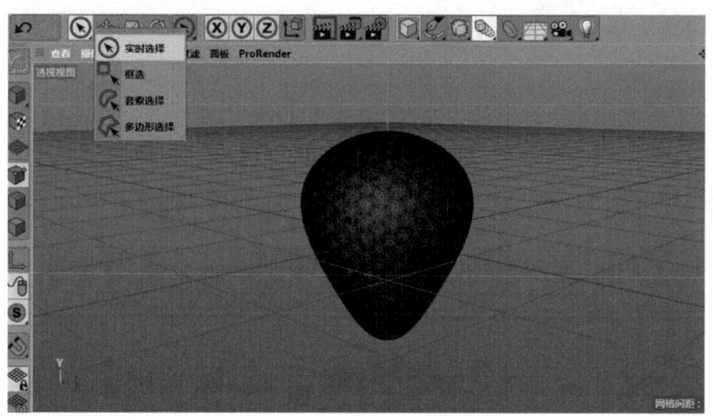

图5-15

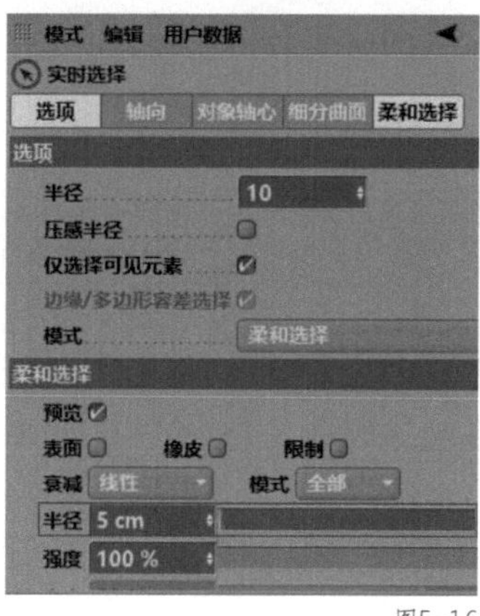

图5-16

17 透视视图界面中的效果如图 5-17 所示。

18 在视图窗口菜单中选择“显示”中的“光影着色”，在左侧编辑模式工具栏中选择“模型”模式，如图 5-18 所示。

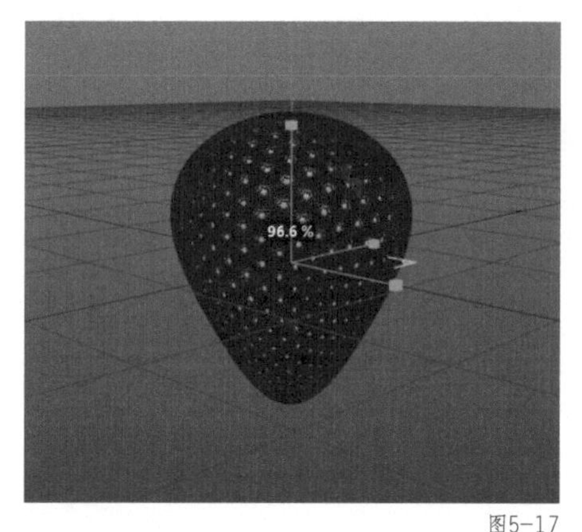

图5-17

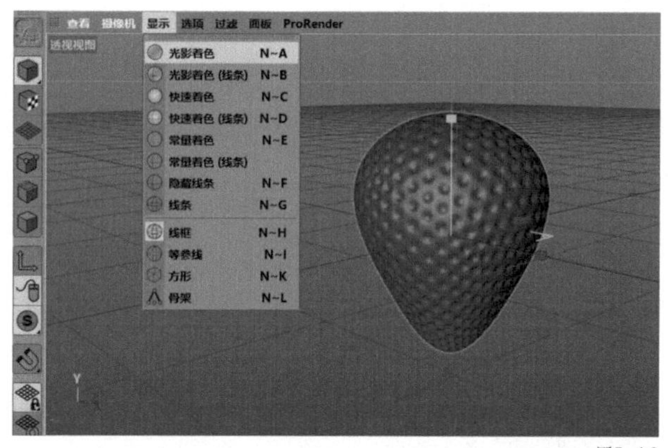

图5-18

19 单击鼠标滑轮调出四视图，在正视图窗口上单击鼠标滑轮，进入顶视图界面，如图 5-19 所示。

20 在工具栏中选择“实时选择”工具，在左侧的编辑模式工具栏中，选择“点模式”，如图 5-20 所示。

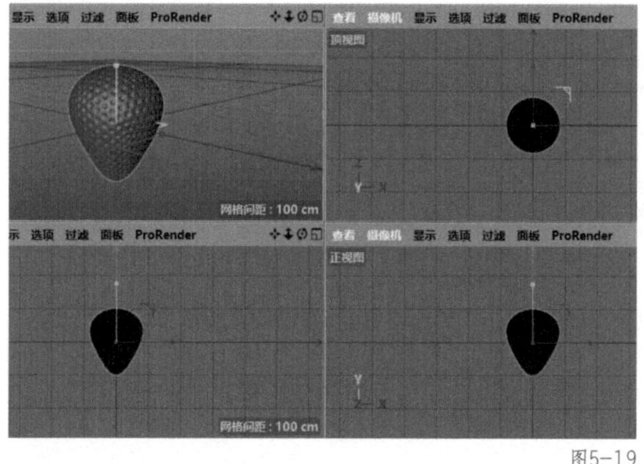

图5-19

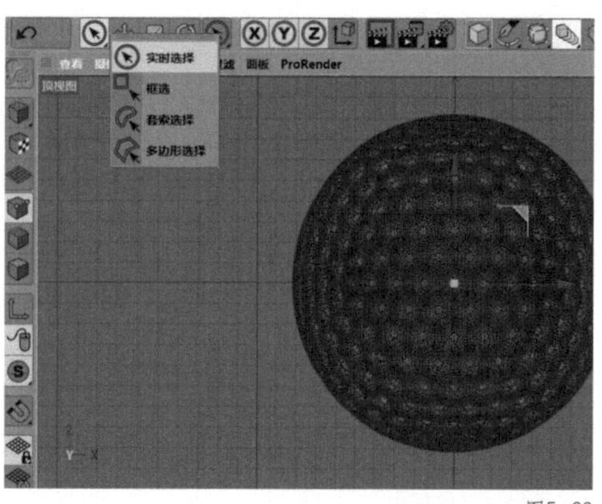

图5-20

21 在“实时选择”窗口中，将“半径”修改为“100 cm”，如图 5-21 所示。

22 单击鼠标滑轮调出四视图，在正视图窗口上单击鼠标滑轮，进入正视图界面，如图 5-22 所示。

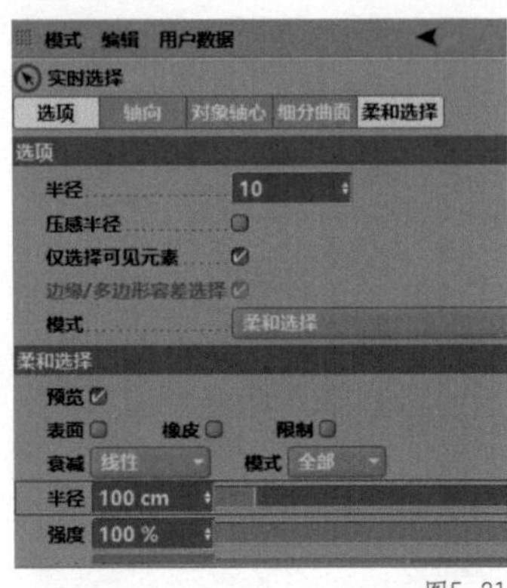

图5-21

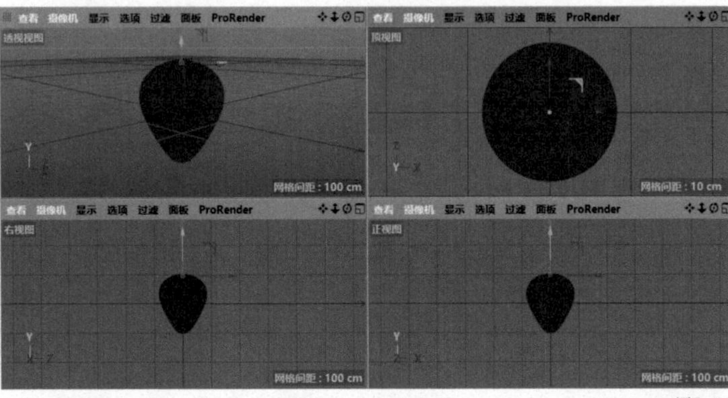

图5-22

23 在正视图界面下，按【E】键切换到“移动”工具，按住鼠标左键沿着绿色箭头向下拖曳，效果如图5-23所示。

24 透视视图界面中的效果如图5-24所示。

25 在对象窗口中，暂时关闭“草莓”的编辑时显示状态，如图5-25所示。

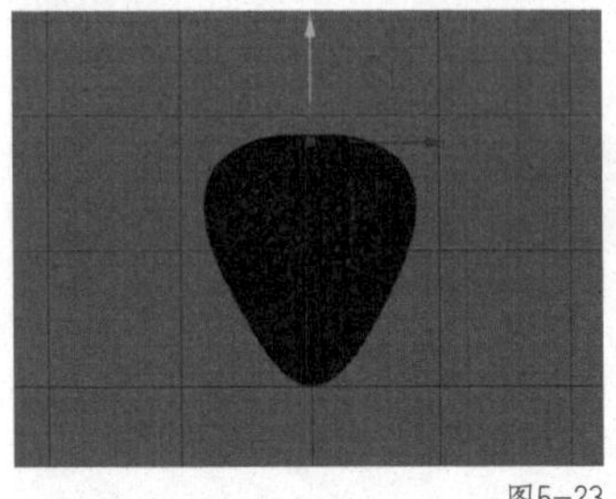
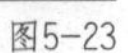
图5-23

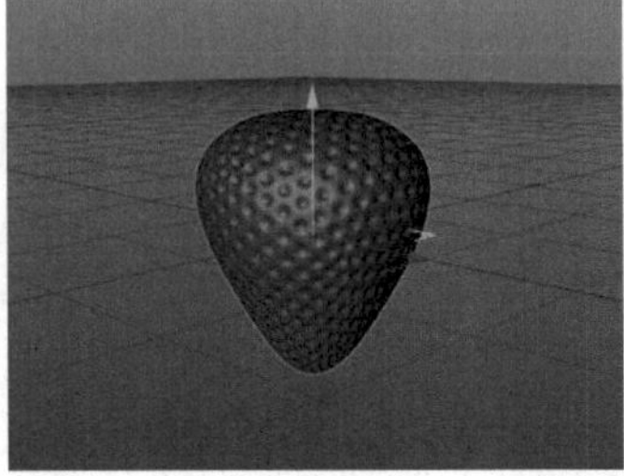
图5-24

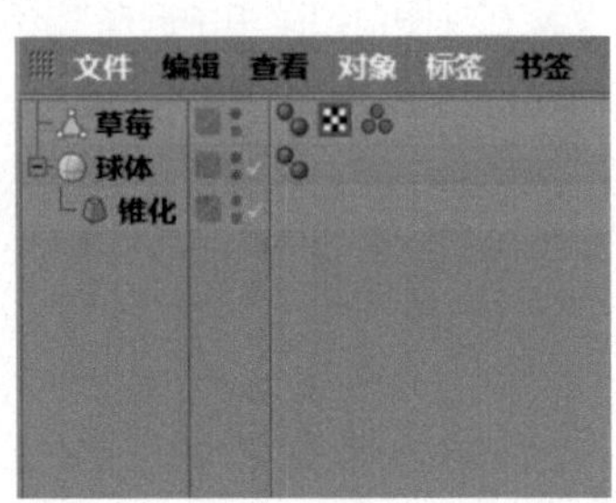

图5-25

5.1.2 草莓籽的建模

01 在工具栏中选择“参数化对象”中的“球体”。在“球体”窗口中，选择“对象”，将“分段”修改为“30”，同时将“类型”修改为“二十面体”，如图5-26所示。

02 在左侧的编辑模式工具栏中选择“转为可编辑对象”或按【C】键将“球体”转为可编辑对象，如图5-27所示。

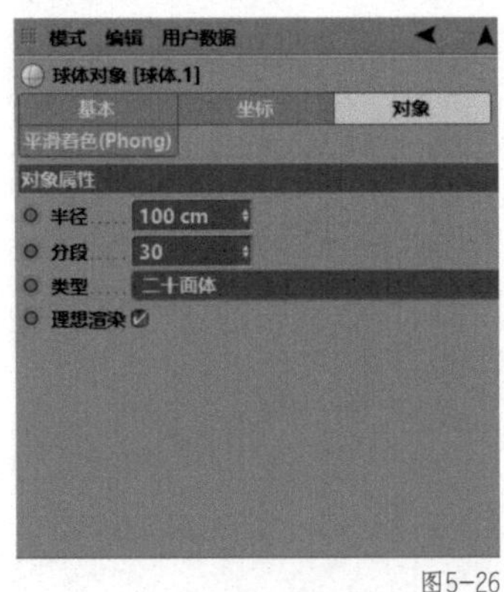

图5-26

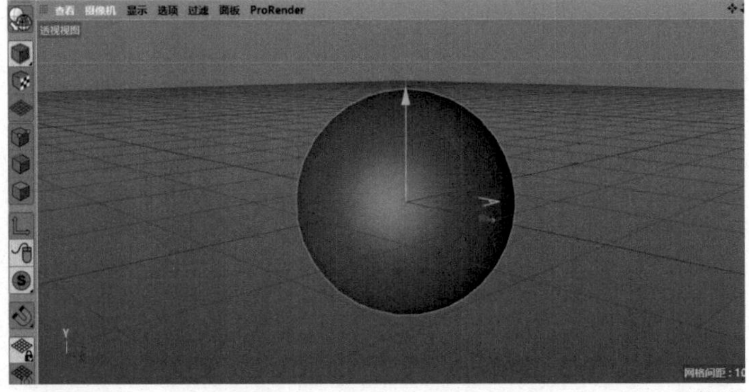

图5-27

03 在透视视图界面下，按【T】键切换到“缩放”工具调整“球体”的大小，效果如图5-28所示。

04 在菜单栏中，选择“运动图形”中的“克隆”，如图5-29所示。

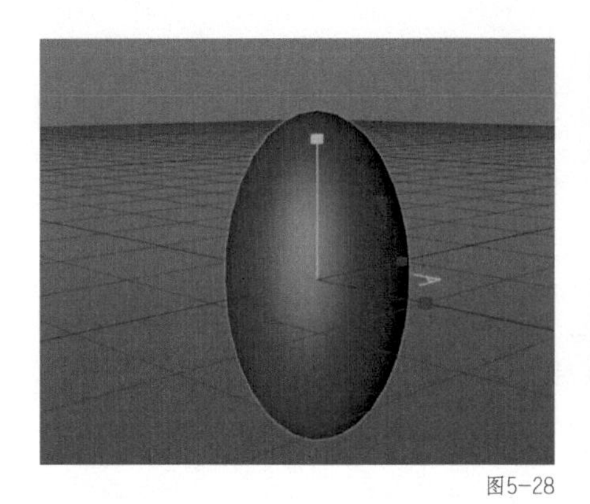
图5-28

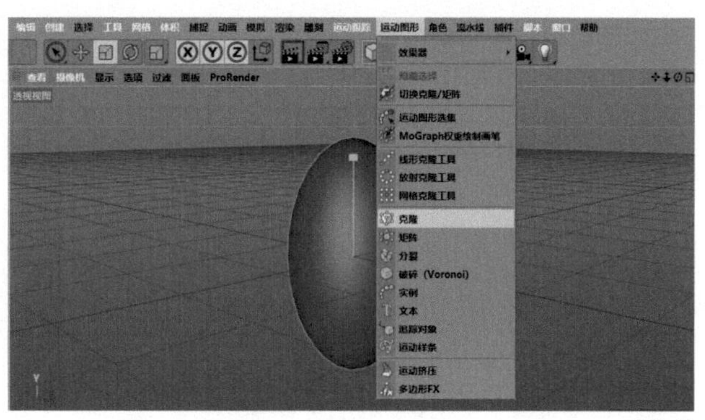

图5-29

05 在对象窗口中，将“球体”重命名为“草莓籽”，并将“草莓籽”拖曳至“克隆”内，使其成为“克隆”的子集，如图 5-30 所示。

06 在“克隆”窗口中，选择“对象”，在“对象属性”中，将“模式”修改为“对象”，在“对象”中选择“点选集”，将“分布”修改为“顶点”，如图 5-31 所示。

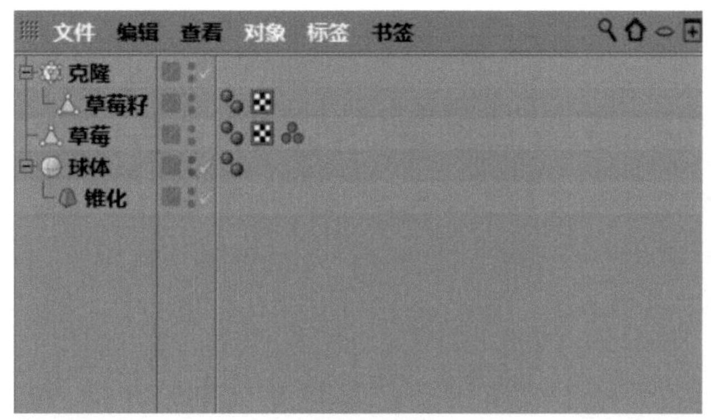

图5-30

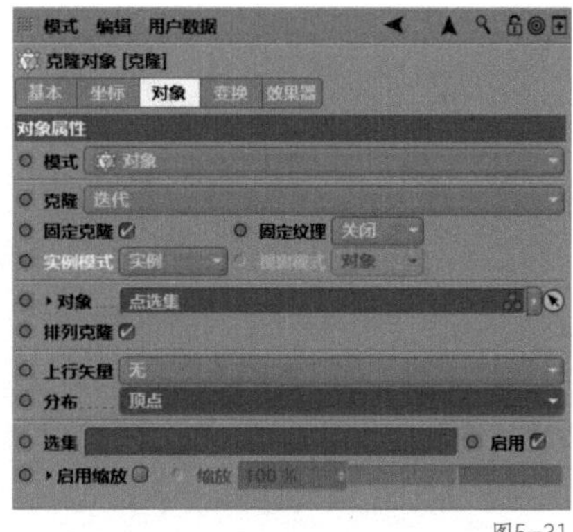

图5-31

07 在“克隆”窗口中，选择“变换”，将“旋转 B”修改为“90°”，如图 5-32 所示。

08 透视视图界面中的效果如图 5-33 所示。

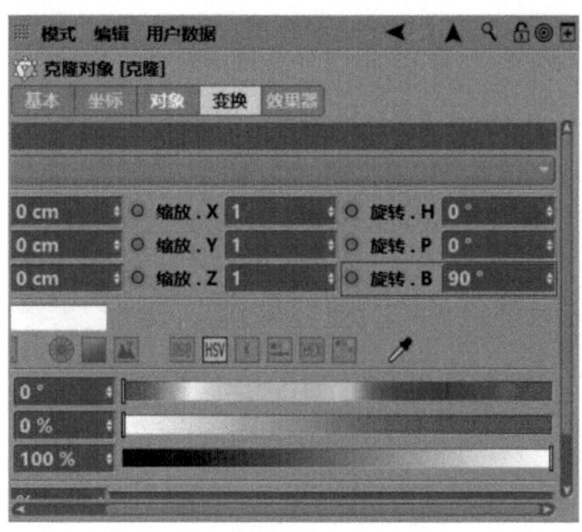

图5-32

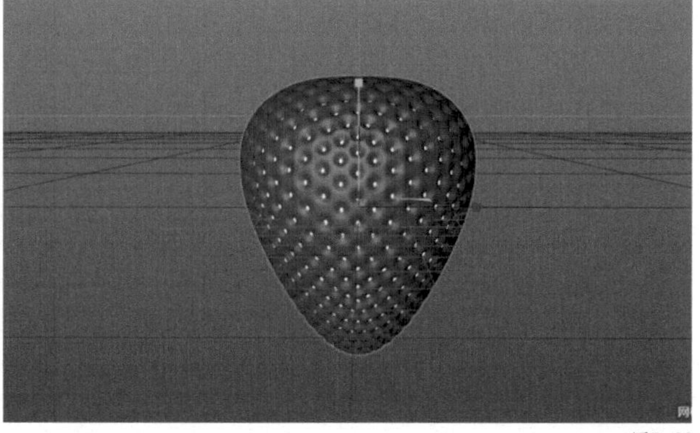
图5-33

5.1.3 草莓叶的建模

01 在透视视图界面下，将素材“草莓叶”置入，按【E】键切换到“移动”工具调整位置，效果如图 5-34 所示。

02 在左侧的编辑模式工具栏中选择“转为可编辑对象”，或按【C】键将“球体”转为可编辑对象，如图 5-35 所示。

图5-34

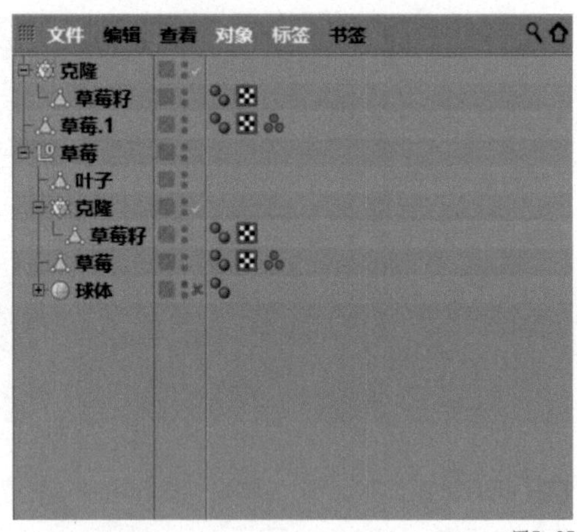

图5-35

03 在材质窗口的空白处双击，新建一个“材质”，如图 5-36 所示。

04 双击“材质”，进入材质编辑器。进入“颜色”通道，选择“纹理”中的“加载图像”，如图 5-37 所示。

图5-36

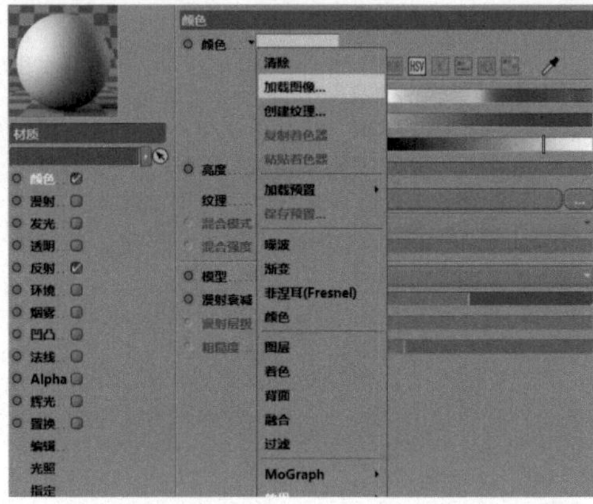

图5-37

05 将素材“草莓贴图”置入，如图 5-38 所示。

06 在材质编辑器中，勾选并进入“Alpha”通道，选择“纹理”中的“加载图像”，如图 5-39 所示。

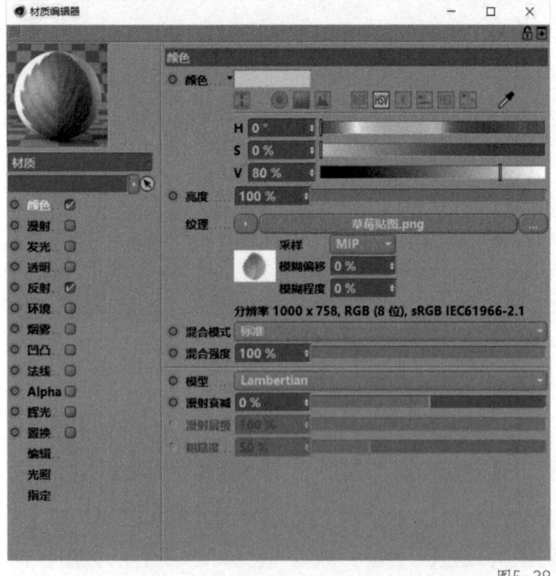

图5-38

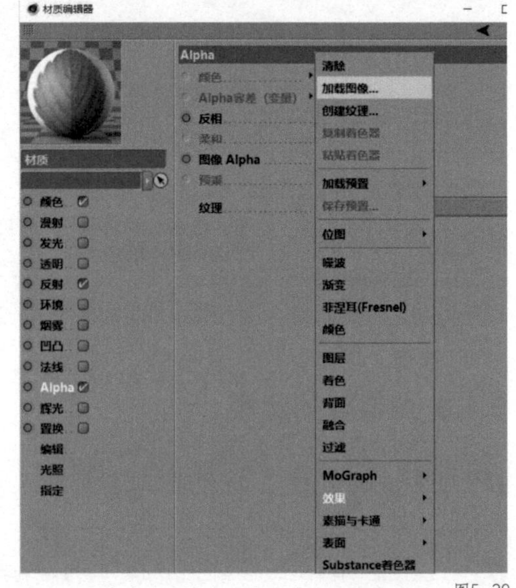

图5-39

07 将素材“草莓贴图”置入，如图 5-40 所示。

08 在材质窗口中，将“材质”重命名为“叶子”，如图 5-41 所示。

09 在工具栏中选择“参数化对象”中的“平面”，如图 5-42 所示。

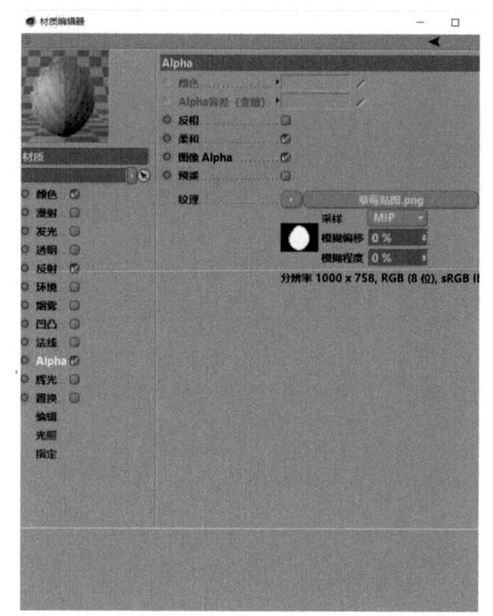

图5-40

图5-41

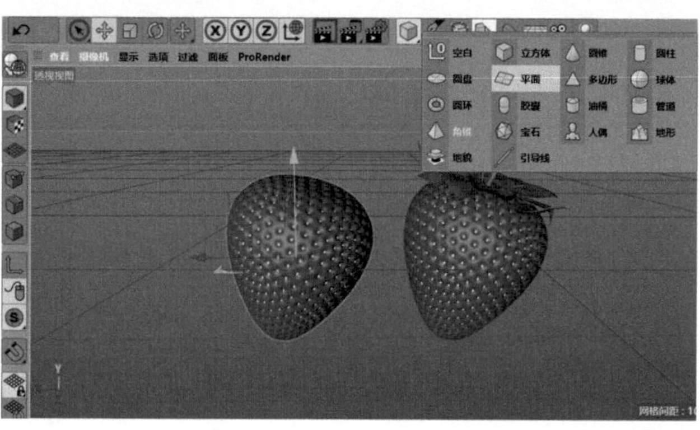

图5-42

10 在“平面”窗口中，选择“对象”，将“宽度”和“高度”均修改为“100 cm”，如图 5-43 所示。

11 在透视视图界面下，将材质“叶子”赋予“平面”图层，效果如图 5-44 所示。

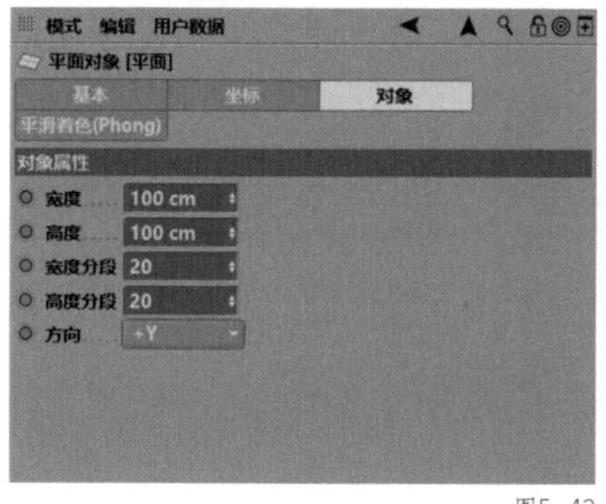

图5-43

图5-44

12 在透视视图界面下，按【T】键切换到“缩放”工具调整大小，如图 5-45 所示。

13 在菜单栏中，选择“运动图形”中的“克隆”。在对象窗口中，将“平面”拖曳至“克隆”内，使其成为“克隆”的子集，如图 5-46 所示。

图5-45

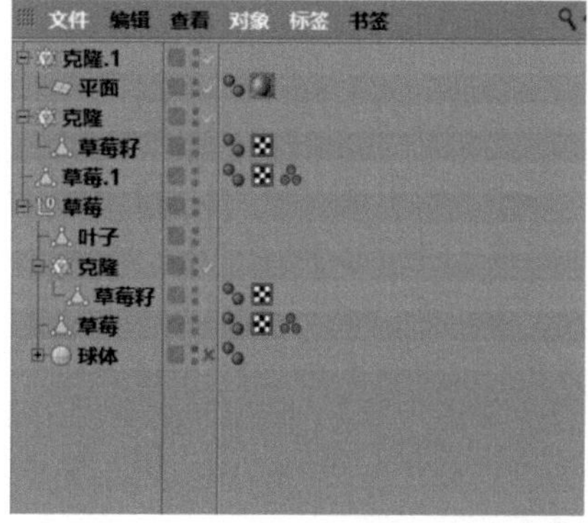

图5-46

14 在工具栏中选择“变形工具组”中的“扭曲”，如图 5-47 所示。

15 在透视视图界面下，调整扭曲的“强度”和“角度”，效果如图 5-48 所示。

16 在对象窗口中，将“扭曲”拖曳至“平面”内，使其成为“平面”的子集，同时暂时关闭“克隆”图层，如图 5-49 所示。

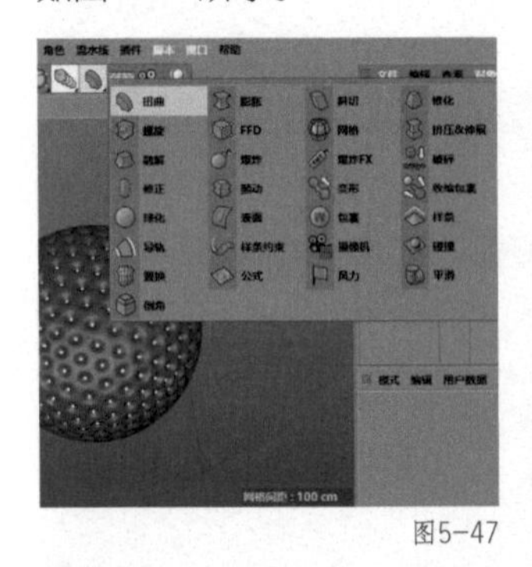

图5-47

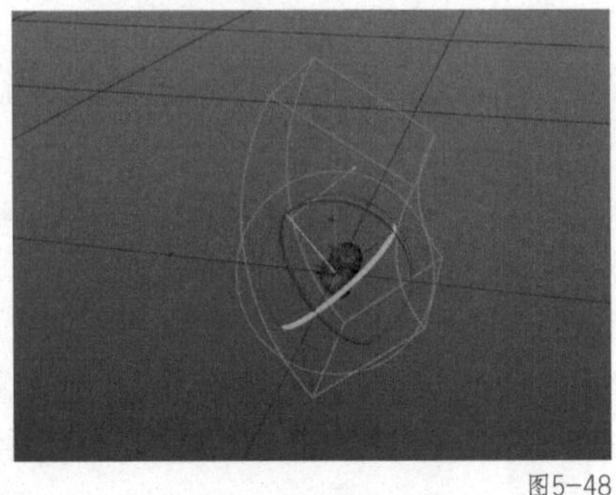

图5-48

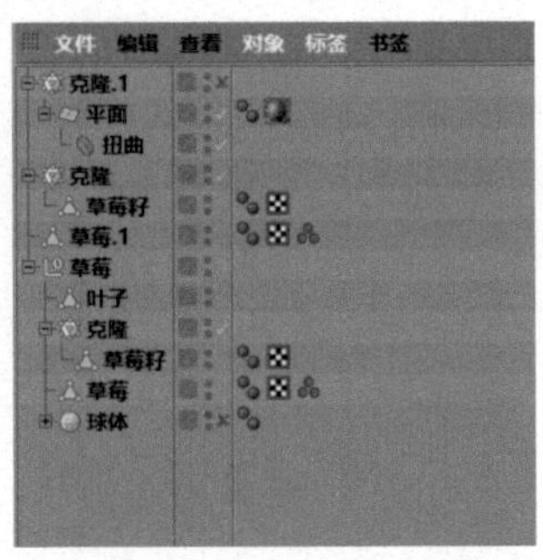

图5-49

17 在“扭曲”窗口中，选择“对象”，将“强度”修改为“92°”，同时勾选“保持纵轴长度”，如图 5-50 所示。

18 透视视图界面中的效果如图 5-51 所示。

19 在“克隆”窗口中，选择“对象”，将“模式”修改为“放射”，将“数量”修改为“7”，将“半径”修改为“14 cm”，将“平面”修改为“XZ”，如图 5-52 所示。

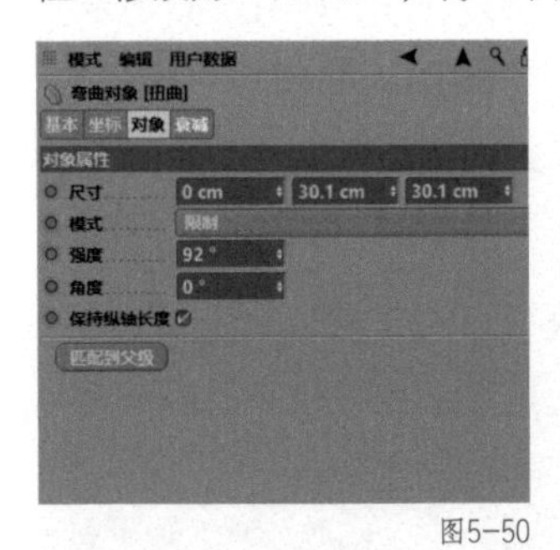

图5-50

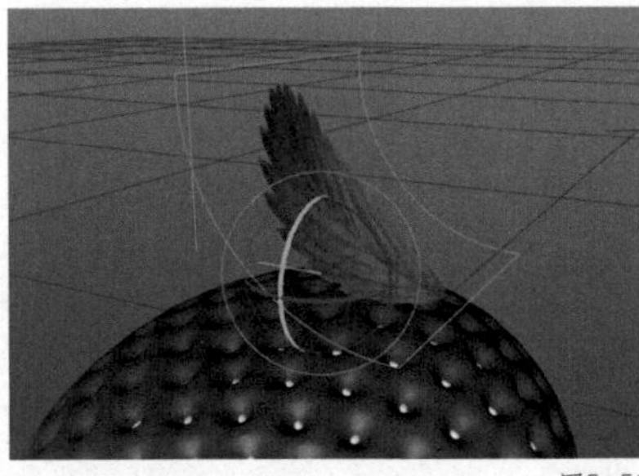

图5-51

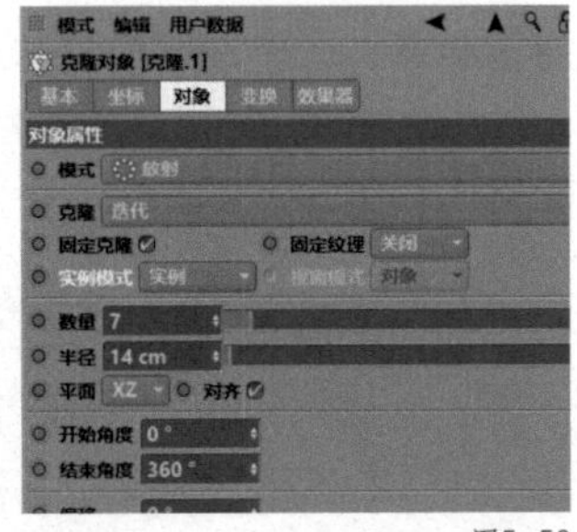

图5-52

20 透视视图界面中的效果如图 5-53 所示。

21 按【E】键切换到“移动”工具调整位置，如图 5-54 所示。

图5-53

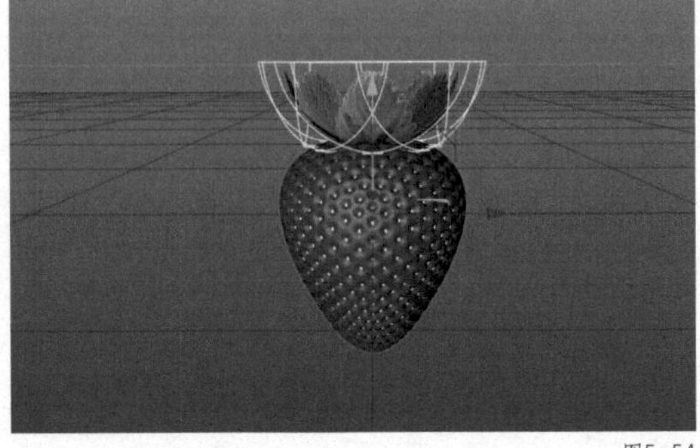

图5-54

22 在材质窗口的空白处双击，新建一个“材质”，如图 5-55 所示。

23 双击“材质”，进入材质编辑器。进入“颜色”通道，将“H”修改为“97°”，将“S”修改为“91%”，将“V”修改为“48%”，如图 5-56 所示。

24 在材质编辑器中，进入“反射”通道，单击“添加”按钮，在弹出的下拉菜单中选择“GGX”，如图 5-57 所示。

图5-55

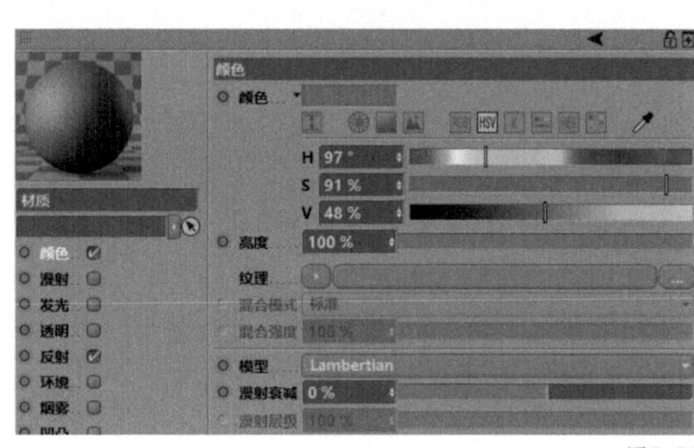

图5-56

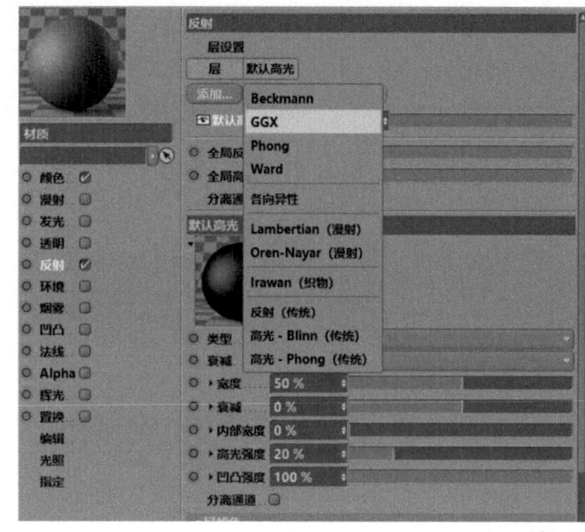

图5-57

25 在“层1”中将“粗糙度”修改为“20%”，在“层颜色”中将“亮度”修改为“10%”，如图5-58所示。

26 在材质窗口中，将“材质”重命名为“叶子”，如图5-59所示。

27 在透视视图界面下，将材质“叶子”赋予“叶子”图层，如图5-60所示。

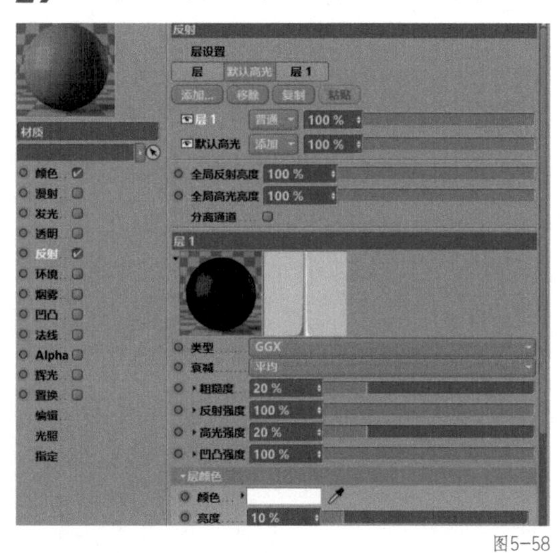

图5-58

图5-59

图5-60

5.1.4 草莓的渲染

01 在材质窗口中，按【Ctrl+C】组合键复制一份材质“叶子”，并按【Ctrl+V】组合键在原位粘贴，如图5-61所示。

02 双击材质“叶子”，进入材质编辑器。进入“颜色”通道，将“H”修改为“0°”，将“S”修改为“100%”，将“V”修改为“70%”，如图5-62所示。

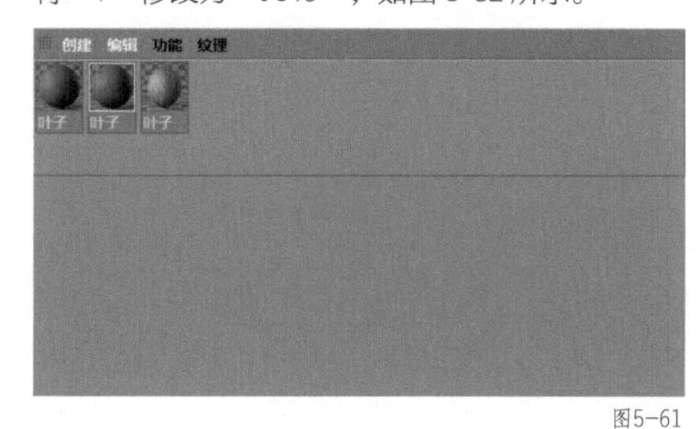

图5-61

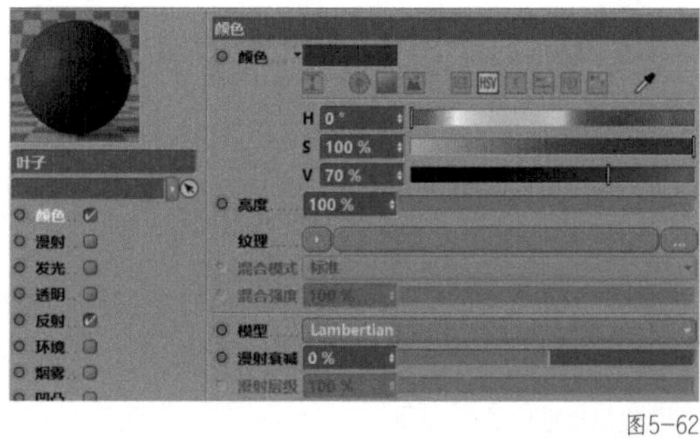

图5-62

03 在材质窗口中，将材质“叶子”重命名为“草莓”，如图 5-63 所示。

04 在对象窗口中，将材质“草莓”赋予“草莓”图层，如图 5-64 所示。

05 在材质窗口中，按【Ctrl+C】组合键复制一份材质“草莓”，并按【Ctrl+V】组合键在原位粘贴，如图 5-65 所示。

06 双击材质“草莓”，进入材质编辑器。进入“颜色”通道，将“H”修改为“40°”，将“S”修改为“100%”，将“V”修改为“100%”，如图 5-66 所示。

图5-63

图5-65

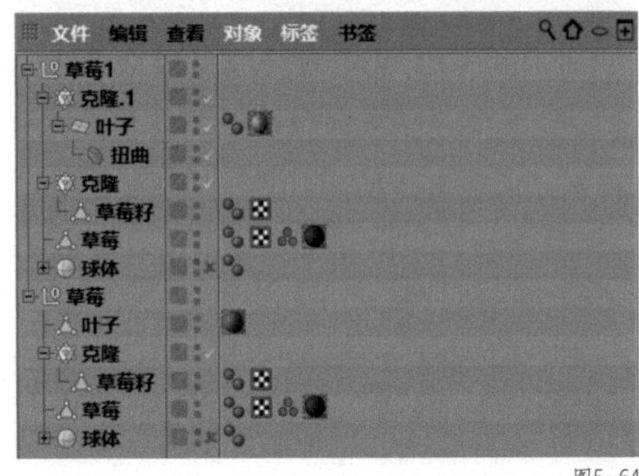

图5-64

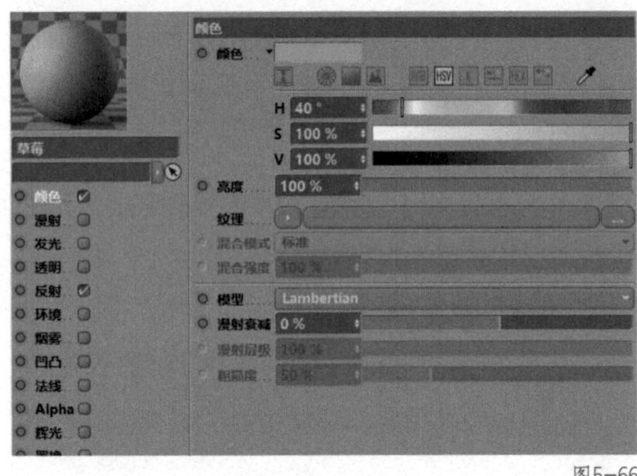

图5-66

07 在材质窗口中，将材质“草莓”重命名为“草莓籽”，如图 5-67 所示。

08 在对象窗口中，将材质“草莓籽”赋予“草莓籽”图层，如图 5-68 所示。

09 单击鼠标滑轮调出四视图，在右视图窗口上单击鼠标滑轮，进入右视图界面。在右视图界面下，在工具栏中选择“曲线工具组”中的“画笔”，如图 5-69 所示。

10 在右视图界面下，使用“画笔”工具绘制如图 5-70 所示的线段。

图5-67

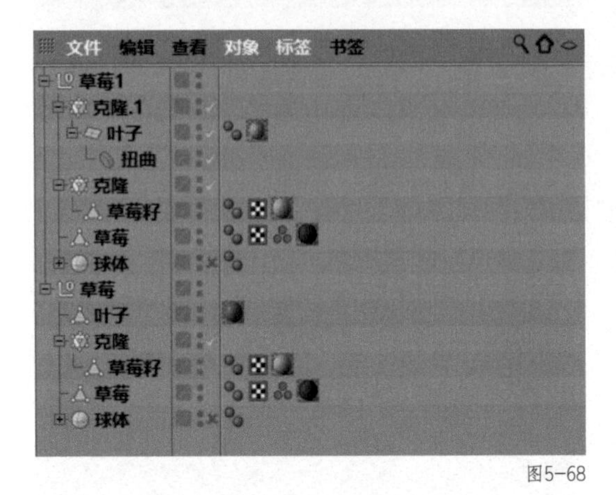

图5-68

图5-69

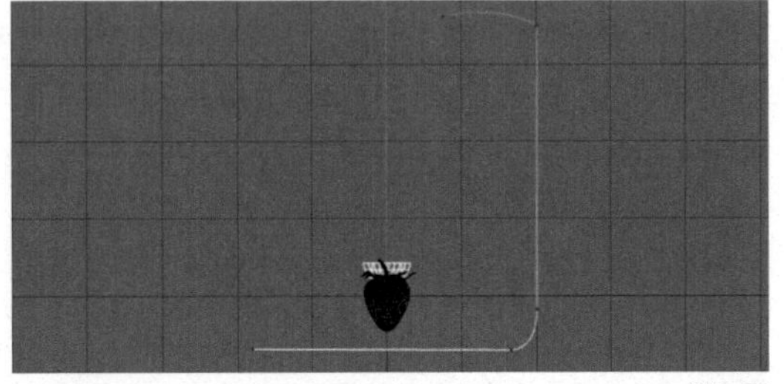

图5-70

11 在工具栏中选择“NURBS”中的“挤压”，如图 5-71 所示。

12 在对象窗口中，将“样条”拖曳至“挤压”内，使其成为“挤压”的子集，并将“挤压”重命名为“背景”，如图 5-72 所示。

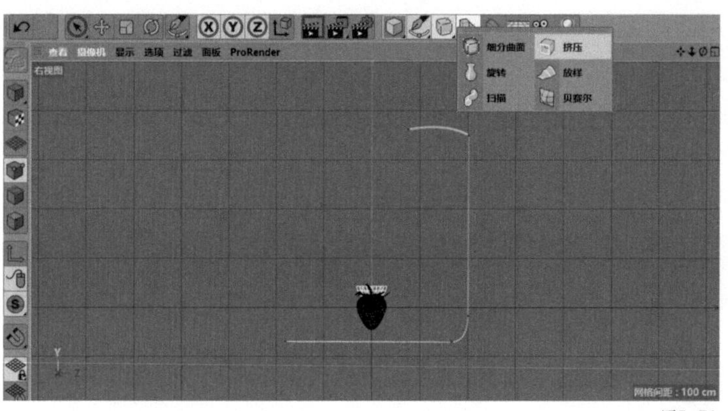

图5-71

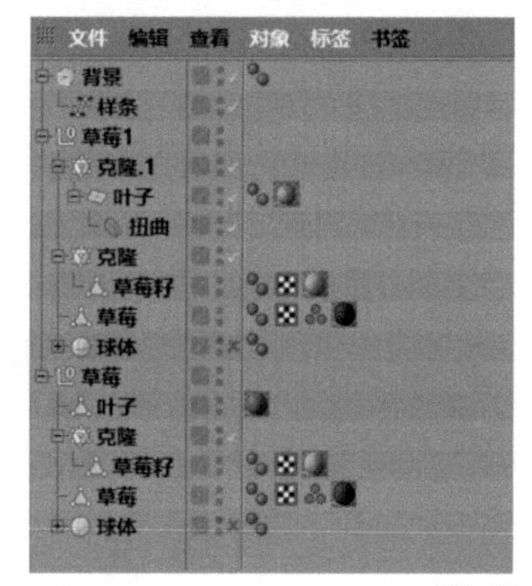

图5-72

13 在“挤压”窗口中，选择“对象”，在“对象”中将“移动”中“X”的数值修改为“10000 cm”，如图 5-73 所示。

14 单击鼠标滑轮调出四视图，在透视视图窗口上单击鼠标滑轮，进入透视视图界面，如图 5-74 所示。

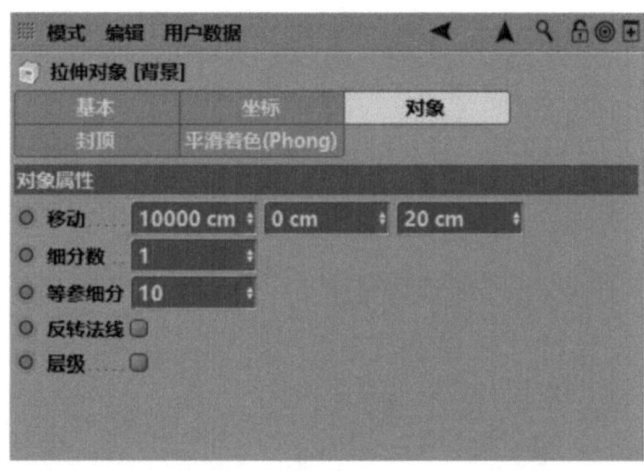

图5-73

图5-74

15 在材质窗口的空白处双击，新建一个“材质”，如图 5-75 所示。

16 双击“材质”，进入材质编辑器。进入“颜色”通道，将“H”修改为“4° ”，将“S”修改为“35%”，将“V”修改为“100%”，如图 5-76 所示。

17 在材质窗口中，将“材质”重命名为“背景”，如图 5-77 所示。

18 将材质“背景”赋予“背景”图层，如图 5-78 所示。

图5-75

图5-77

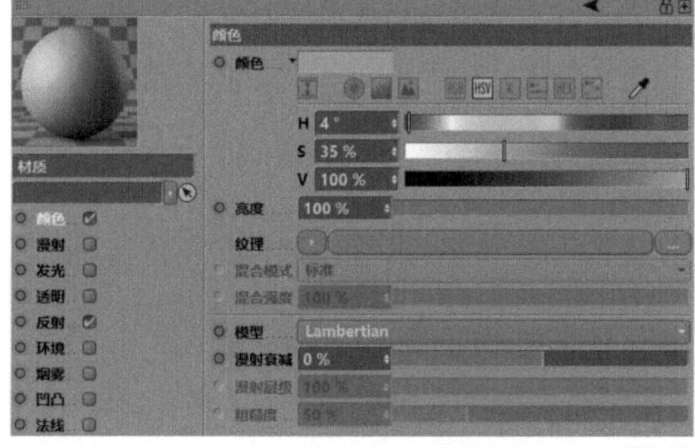

图5-76

图5-78

19 在透视视图界面下，在工具栏中选择“场景设定”中的“天空”，如图 5-79 所示。

20 在材质窗口的空白处双击，新建一个“材质”，如图 5-80 所示。

21 双击“材质”，进入材质编辑器。进入“颜色”通道，将“H”修改为“4° ”，将“S”修改为“0%”，将“V”修改为“100%”，如图 5-81 所示。

22 在材质窗口中，将“材质”重命名为“天空”，如图 5-82 所示。

图5-79

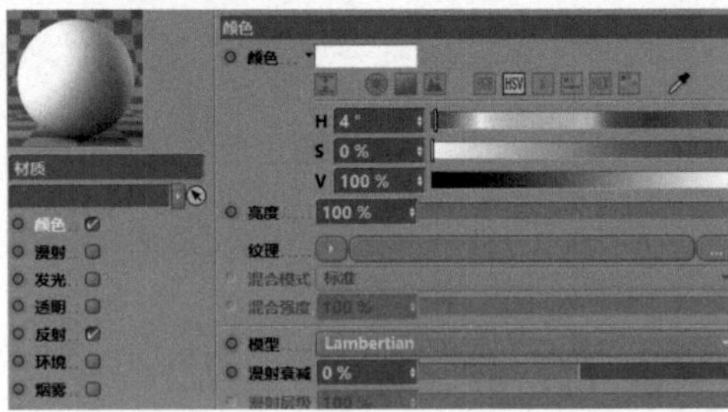

图5-81

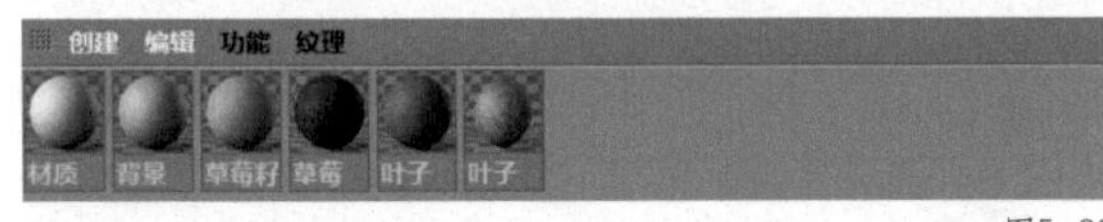

图5-80

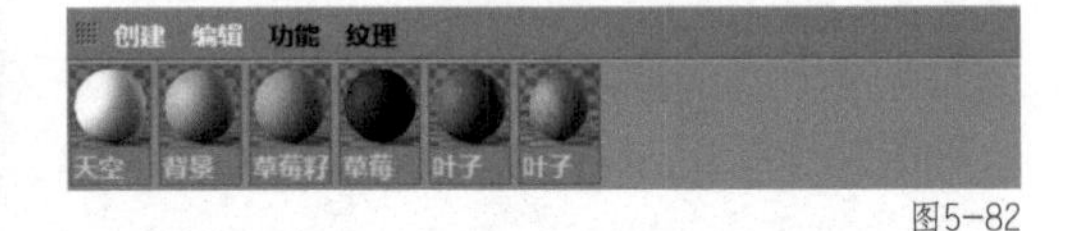

图5-82

23 在对象窗口中，将材质“天空”赋予“天空”图层，如图 5-83 所示。

24 在工具栏中选择“场景设定”中的“物理天空”，如图 5-84 所示。

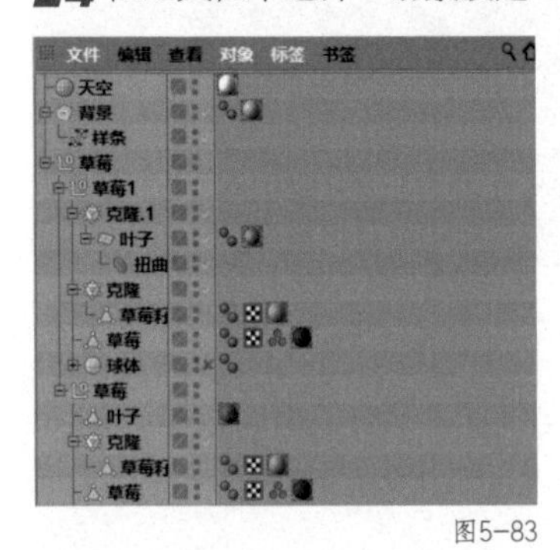

图5-83

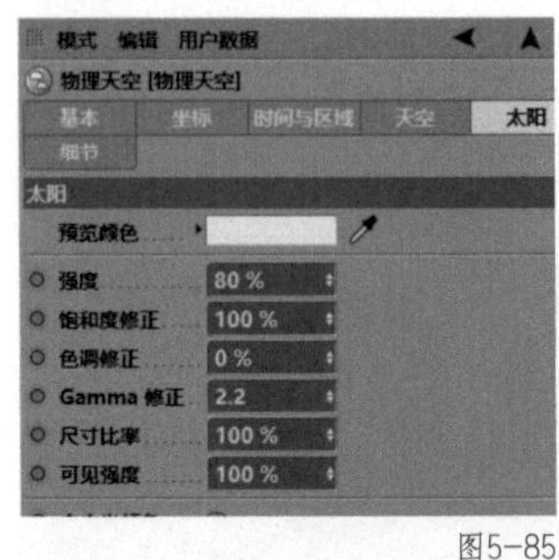

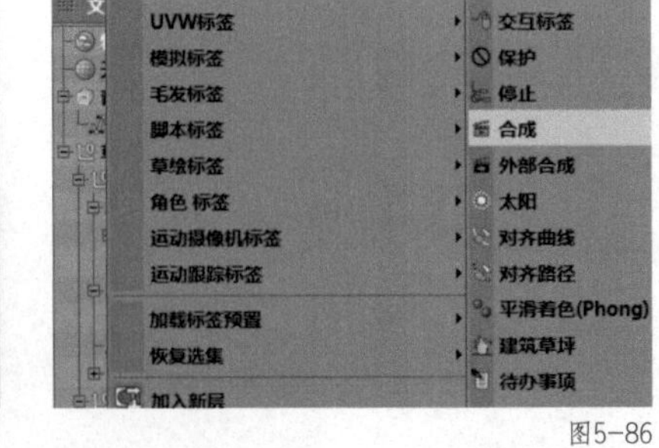

图5-84

25 在“物理天空”窗口中，选择“太阳”，将“强度”修改为“80%”，如图 5-85 所示。

26 在对象窗口中，选择“物理天空”，单击鼠标右键，在弹出的下拉菜单中选择“CINEMA 4D标签”中的“合成”，如图 5-86 所示。

27 在“合成”窗口中，勾选“标签属性”中的“合成背景”，如图 5-87 所示。

图5-85 图5-86 图5-87

28 在对象窗口中，同时选择“背景”“天空”“物理天空”，按【Alt+G】组合键进行编组，并重命名为“背景”，如图 5-88 所示。

29 在工具栏中选择“编辑渲染设置”，如图 5-89 所示。

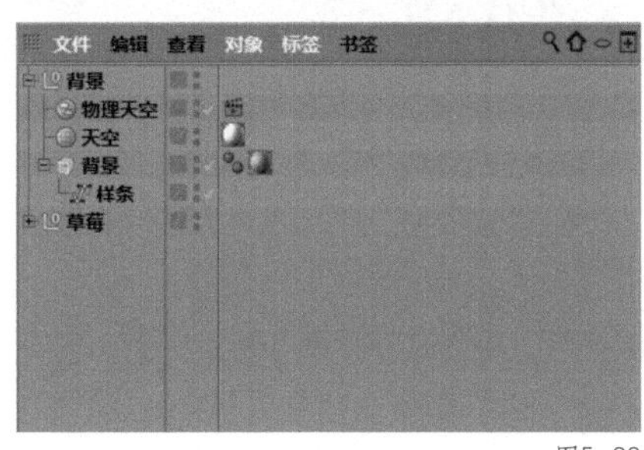

图5-88

图5-89

30 在渲染设置中，勾选“多通道”，同时选择“效果”中的“全局光照”，如图 5-90 所示。

31 在“全局光照”中，选择“辐照缓存”，并将“记录密度”修改为“高”，如图 5-91 所示。

32 在渲染设置中，勾选“多通道”，同时选择“效果”中的“环境吸收”，如图 5-92 所示。

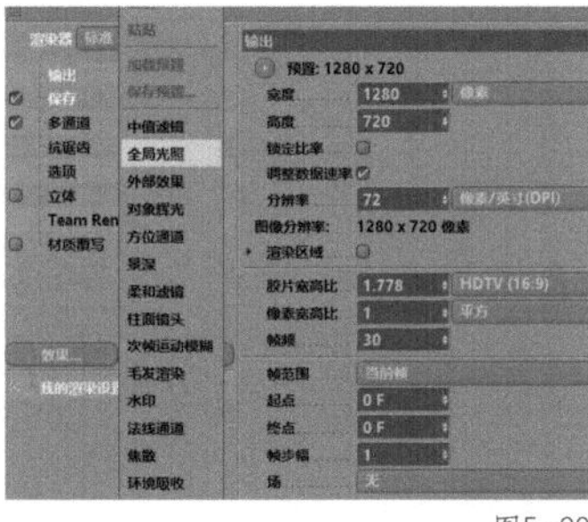

图5-90

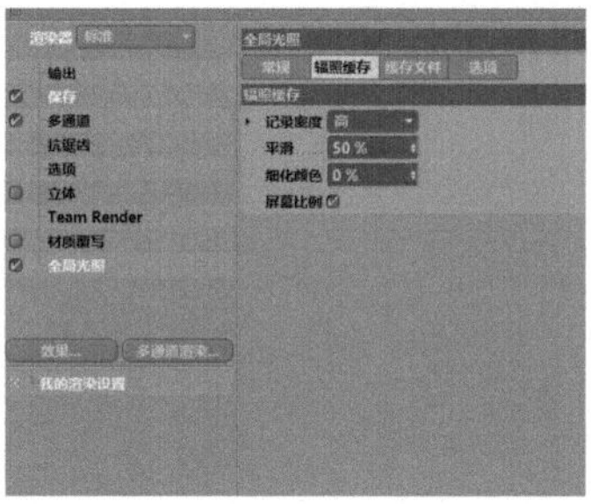

图5-91

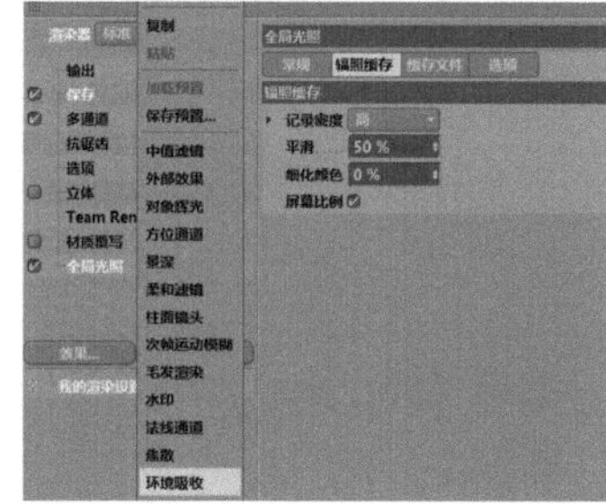

图5-92

33 在“环境吸收”中选择“缓存”，将“记录密度”修改为“高”，如图 5-93 所示。

34 在工具栏中选择“渲染到图片查看器”，如图 5-94 所示。

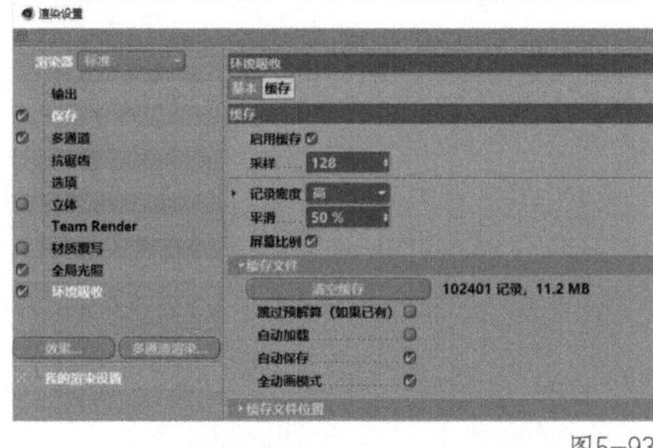

图5-93

图5-94

35 渲染后的效果如图 5-95 所示。

本案例到此已全部完成。

图5-95

本节知识点一览

（1）参数化对象：球体、平面

（2）NURBS：细分曲面、挤压

（3）变形工具组：扭曲、锥化

（4）运动图形：克隆

5.2 热气球——球体、扫描、锥化、循环选择

本节讲解热气球的制作方法。传说热气球的原型由三国时期诸葛亮发明，当年，诸葛亮被司马懿围困于阳平，无法派兵出城求救。他算准风向，制作了一种会飘浮的纸灯笼，系上求救的信息，其后果然脱险，于是后世就称这种灯笼称为天灯或孔明灯。18世纪，造纸商孟格菲兄弟发明了热气球。今天，乘坐热气球飞行已成为人们喜爱的一种航空体育运动。此外，热气球还可以用于航空摄影和航空旅游。在三维设计中，热气球属于中级难度的模型，包括热气球、吊篮、底座、喷火器等部分。在CINEMA 4D中，热气球需要使用球体、胶囊、矩形等模型配合锥化、循环选择等功能便可制作完成。

本节内容	本节将讲解热气球的制作方法，包括热气球三维模型的创建、材质及材质的参数调整、场景及灯光的搭建

本节目标	通过本节的学习，读者将掌握热气球的制作方法

本节主要知识点	球体、扫描、锥化、循环选择

本节最终效果图展示

5.2.1 热气球的建模

01 打开CINEMA 4D，进入默认的透视视图界面。在透视视图界面下，选择工具栏中的“参数化对象”中的“球体”，如图5-96所示。

02 在工具栏中选择“变形工具组”中的“锥化”，如图5-97所示。

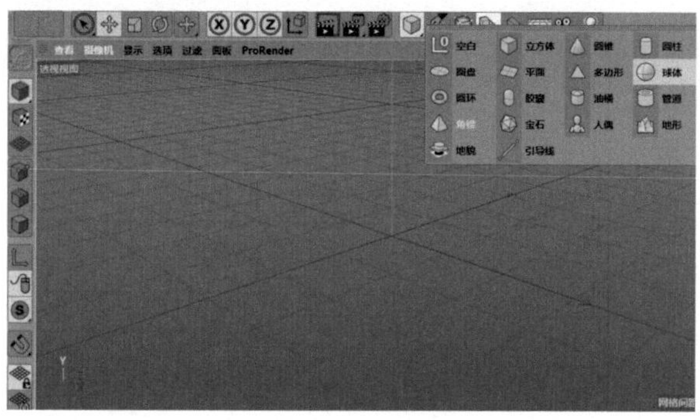

图5-96

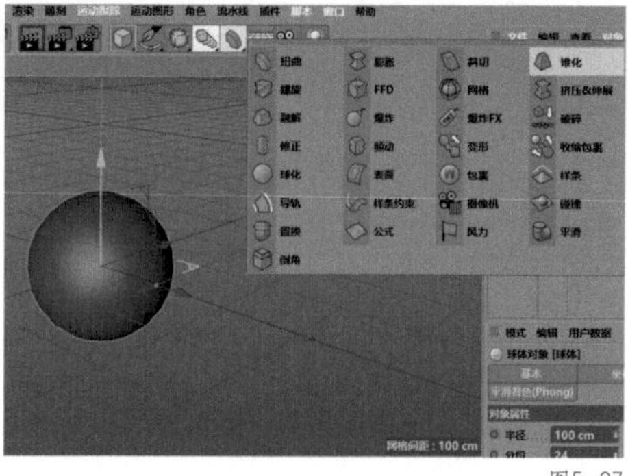

图5-97

03 在对象窗口中，将“锥化”拖曳至“球体”内，使其成为“球体”的子集，如图5-98所示。

04 在“锥化”窗口中，将“强度”修改为“60%”，将“弯曲”修改为“100%”，如图5-99所示。

05 在坐标窗口中，将“旋转”一栏中“B”的数值修改为“180° ”，并单击“应用”按钮，如图5-100所示。

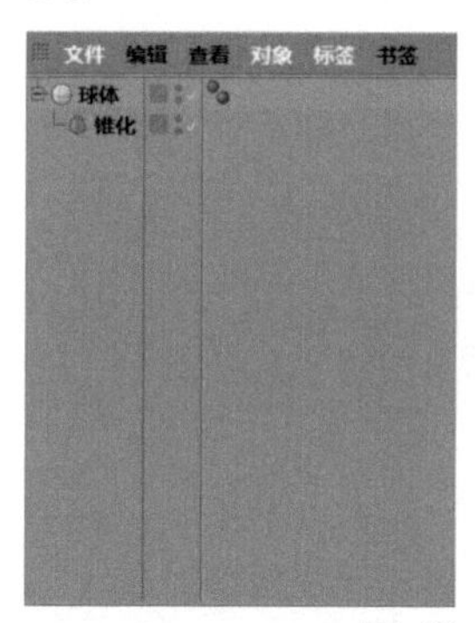

图5-98

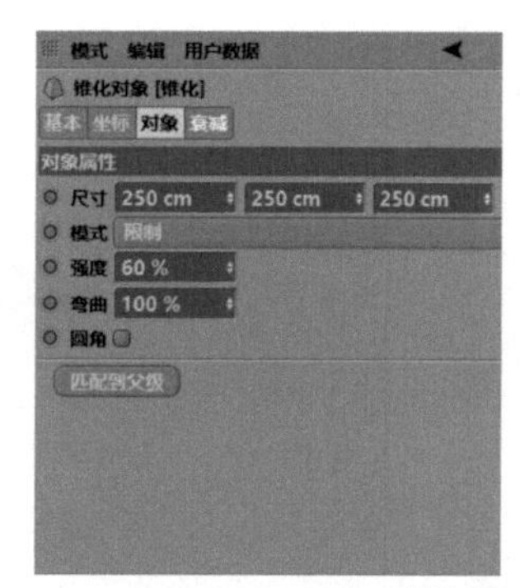

图5-99

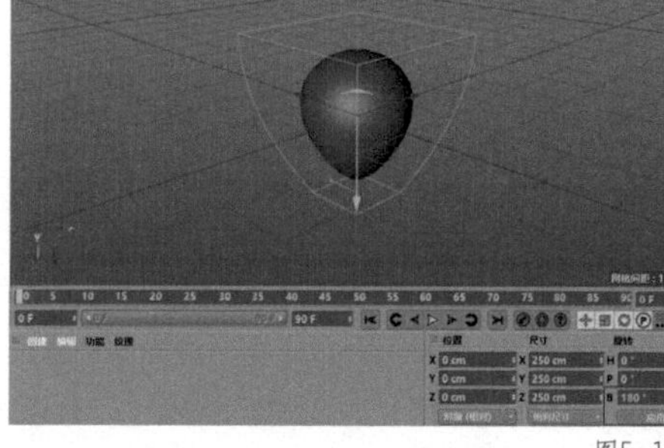

图5-100

06 在对象窗口中，选择“球体”图层，在该图层上单击鼠标右键，在弹出的下拉菜单中选择“当前状态转对象”，如图5-101所示。

07 在对象窗口中，暂时关闭“球体”原始图层的编辑时显示状态和渲染时显示状态，并将“球体”重命名为“气球”，如图5-102所示。

08 在左侧的编辑模式工具栏中选择“点模式”，如图5-103所示。

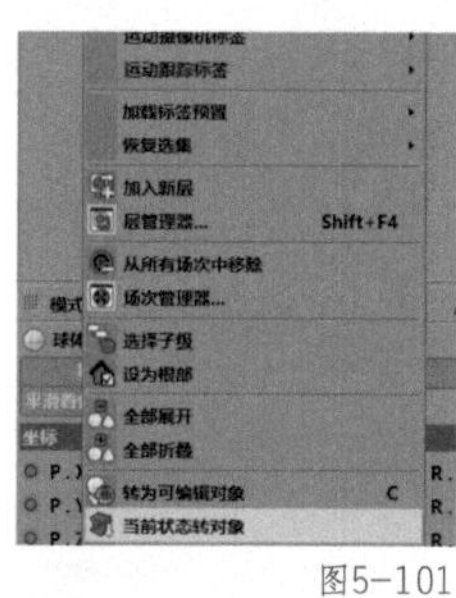

图5-101

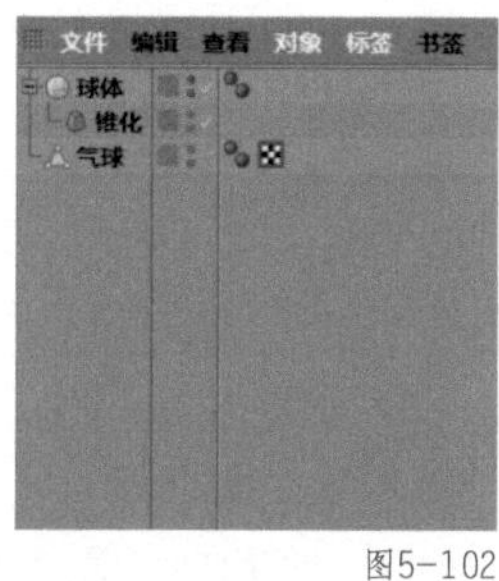

图5-102

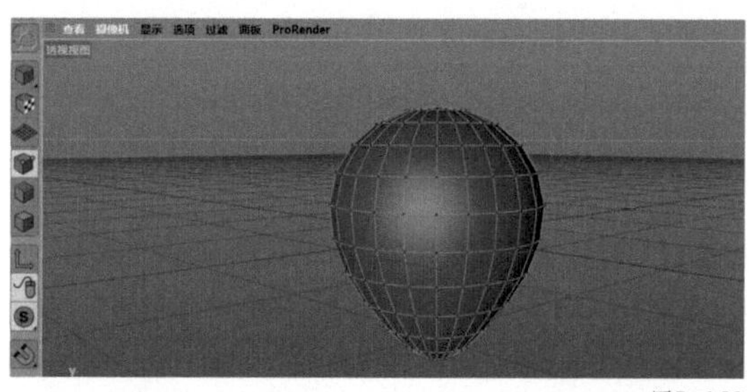

图5-103

09 单击鼠标滑轮调出四视图，在正视图窗口上单击鼠标滑轮，进入正视图界面，如图5-104所示。

10 在正视图界面下，选择图5-105所示的点。

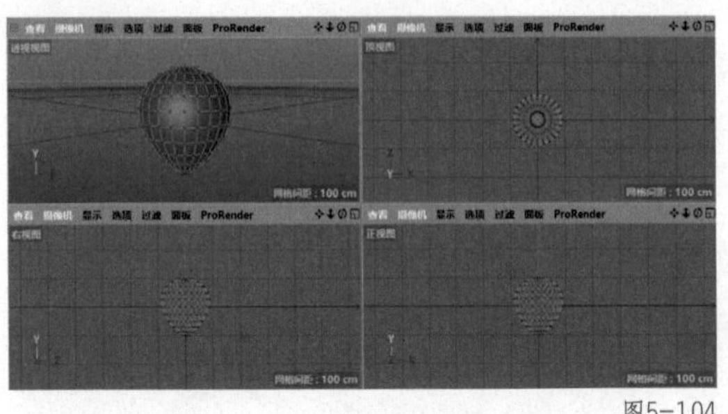

图5-104

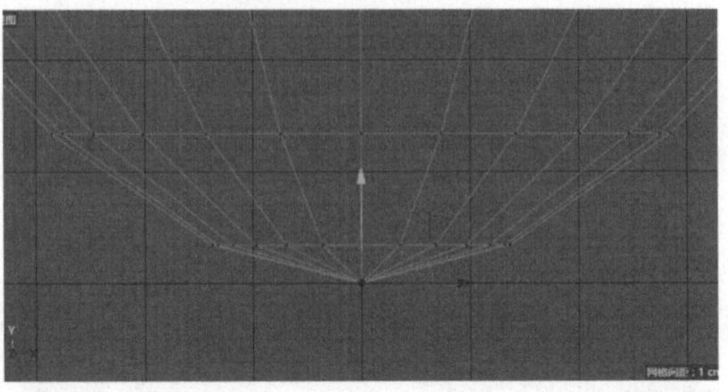

图5-105

11 按【Delete】键将选中的点删除，如图 5-106 所示。

12 在左侧的编辑模式工具栏中，选择“面模式”，如图 5-107 所示。

图5-106

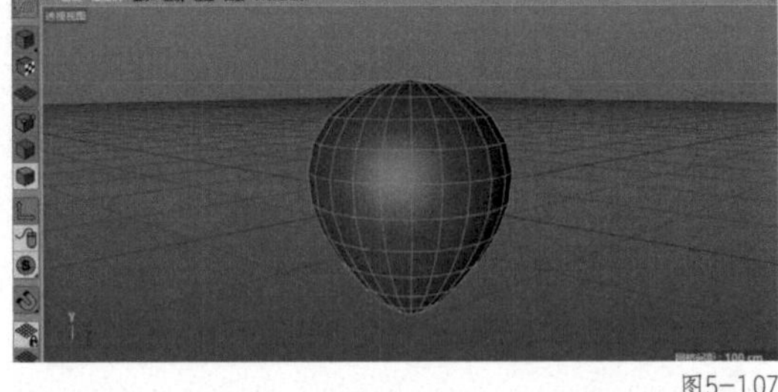

图5-107

13 在工具栏中选择“实时选择”工具，如图 5-108 所示。

14 在透视视图界面下，按【U+L】组合键进行循环选择，选择图 5-109 所示的面。

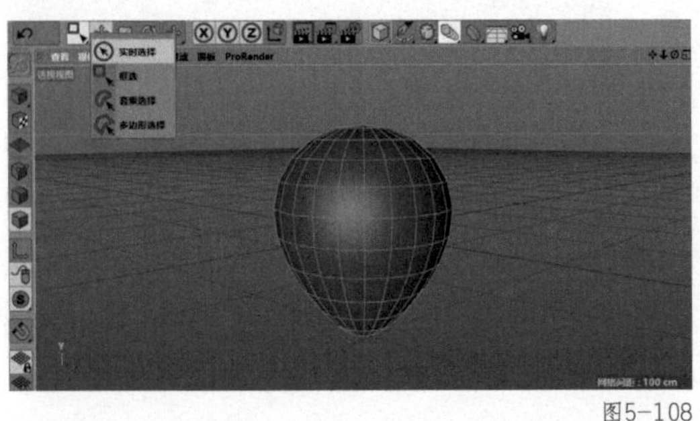

图5-108

图5-109

15 使用同样的方法，按住【Shift】键加选其他的面，效果如图 5-110 所示。

16 在透视视图界面下，在空白处单击鼠标右键，在弹出的下拉菜单中选择“挤压”，如图 5-111 所示。

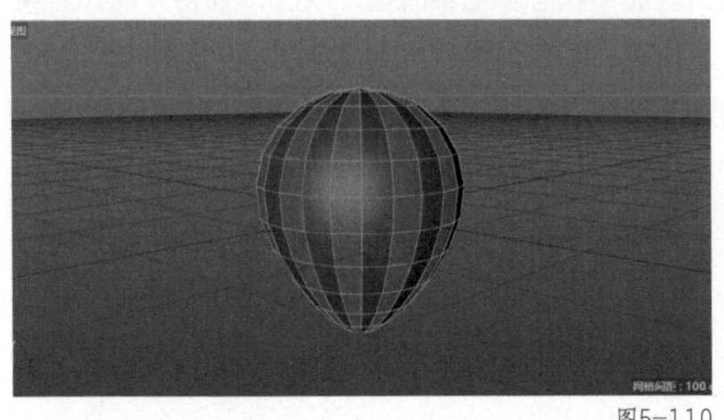

图5-110

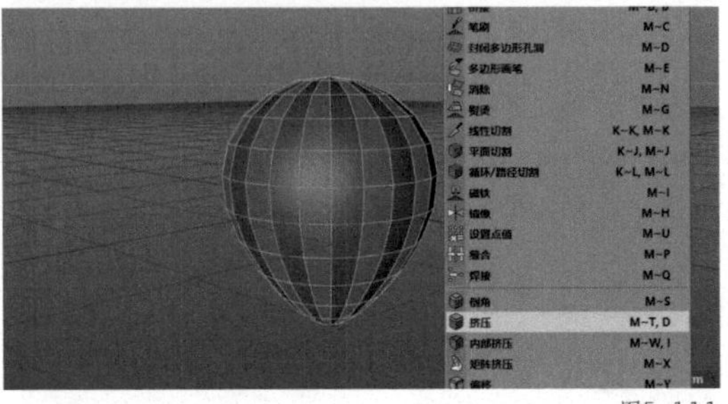

图5-111

17 在“挤压”窗口中，将“偏移”修改为“3.5 cm”，如图 5-112 所示。

18 透视视图界面中的效果如图 5-113 所示，使用同样的方法，按【U+L】组合键进行循环选择，选择剩下的面。

19 在透视视图界面下，在空白处单击鼠标右键，在弹出的下拉菜单中选择“挤压”，如图 5-114 所示。

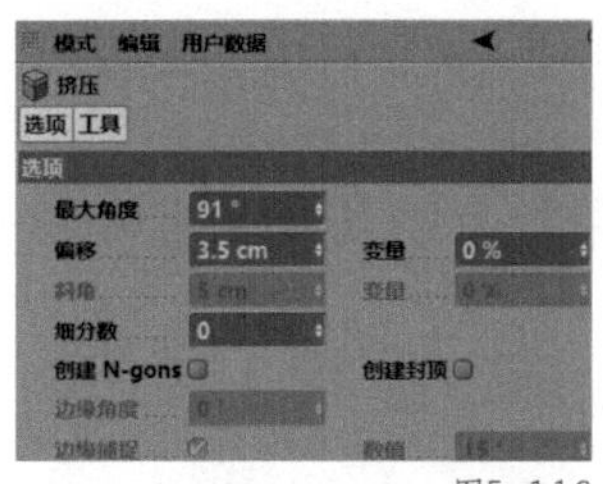

图5-112

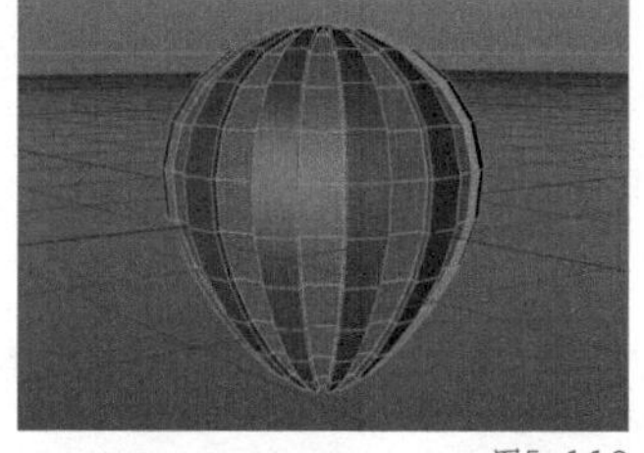
图5-113

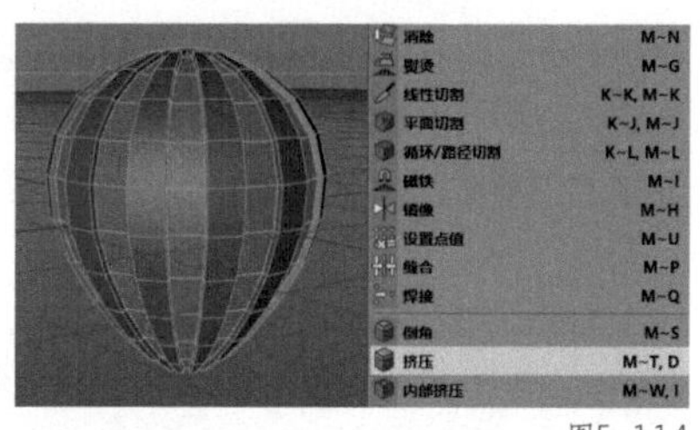

图5-114

20 在“挤压”窗口中，将“偏移”修改为“3.5 cm”，如图 5-115 所示。

21 在工具栏中选择“NURBS”中的“细分曲面”，如图 5-116 所示。

22 在对象窗口中，将“气球”拖曳至“细分曲面”内，使其成为“细分曲面”的子集，并将“细分曲面”重命名为“热气球”，如图 5-117 所示。

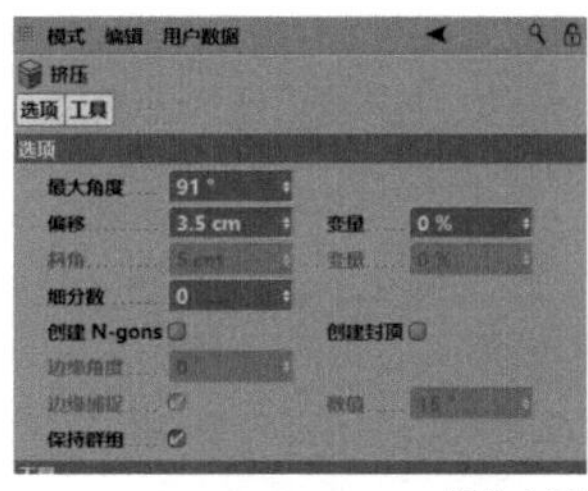

图5-115

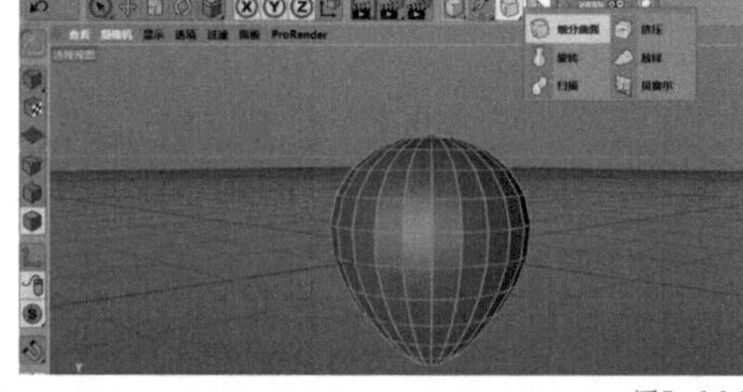
图5-116

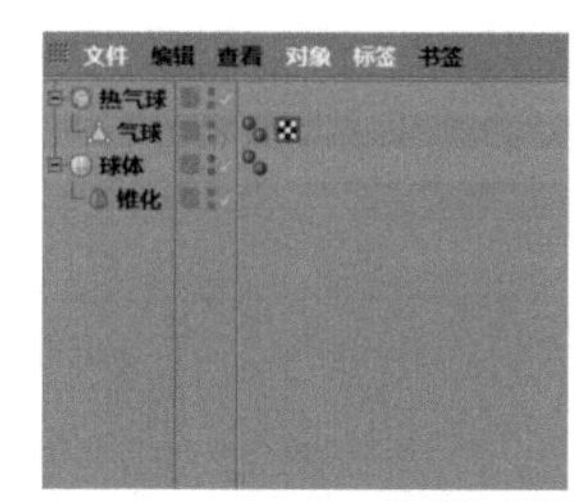

图5-117

5.2.2 伞圈的建模

01 在工具栏中选择“参数化对象”中的“管道”，如图 5-118 所示。

02 在“管道”窗口中，选择“对象”，将“内部半径”修改为“200 cm”，如图 5-119 所示。

03 单击鼠标滑轮调出四视图，在正视图窗口上单击鼠标滑轮，进入正视图界面。按【T】键切换到缩放工具调整“管道”的大小，按【E】键切换到“移动”工具调整“管道”的位置，如图 5-120 所示。

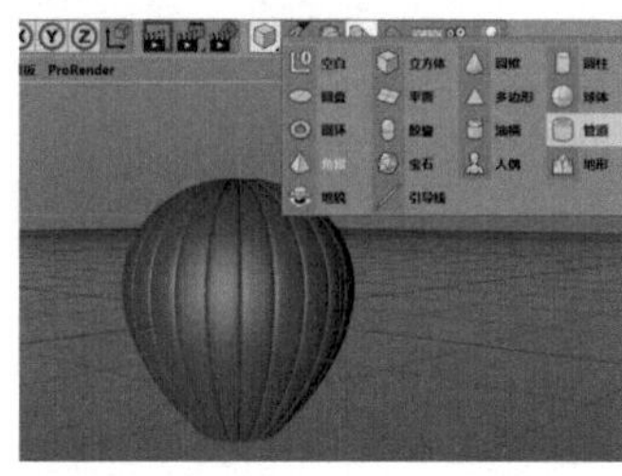
图5-118

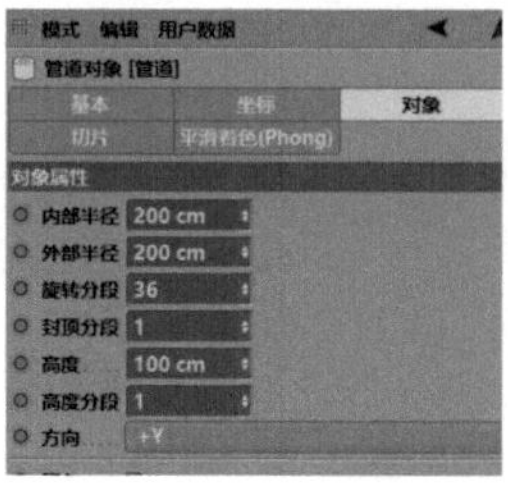

图5-119

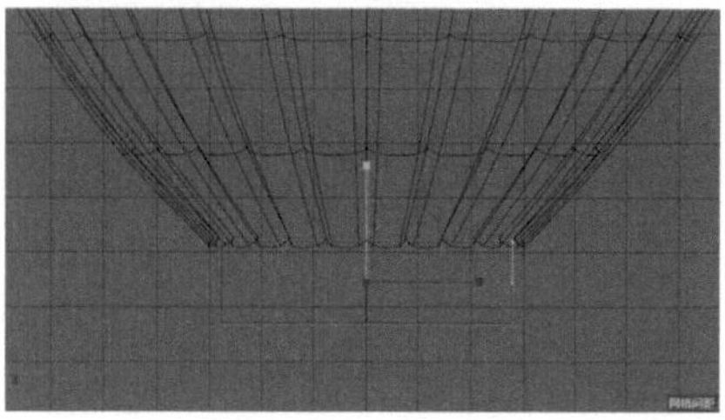

图5-120

04 在左侧的编辑模式工具栏中，选择“转为可编辑对象”或按【C】键将“管道”转为可编辑对象，如图 5-121 所示。

05 在左侧的编辑模式工具栏中，选择“边模式”。在透视视图界面下，按【U+L】组合键进行循环选择，选择图 5-122 所示的边。

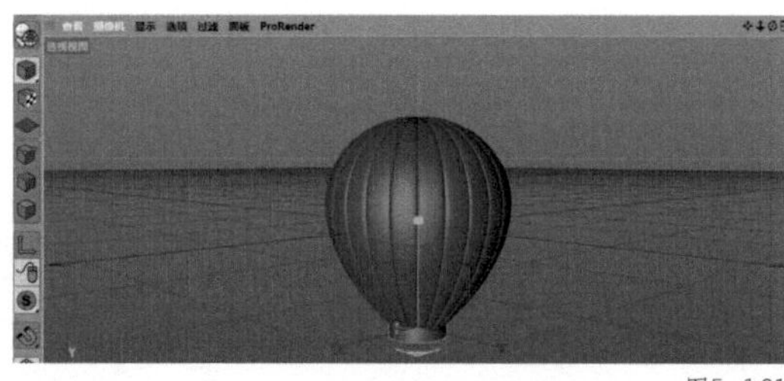
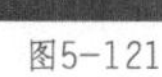
图5-121

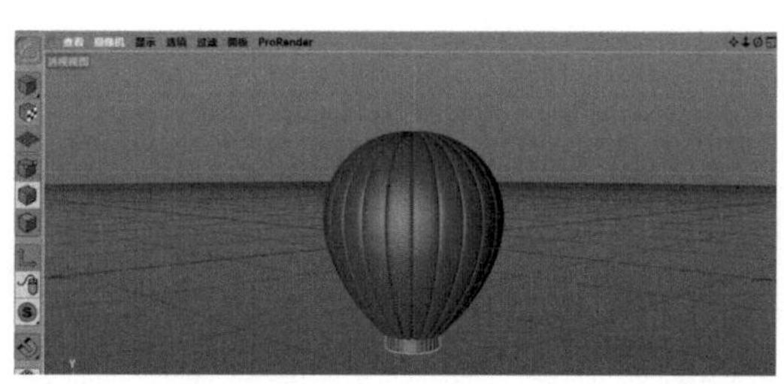
图5-122

06 在透视视图界面下，按【T】键切换到“缩放”工具调整大小，按住鼠标左键，在空白处进行拖曳，效果如图5-123所示。

07 在左侧的编辑模式工具栏中，选择“面模式”。在工具栏中选择“实时选择”工具，然后选择图5-124所示的面。

图5-123

图5-124

08 按【Delete】键将选中的面删除，如图5-125所示。

09 在左侧的编辑模式工具栏中，选择“边模式”。在透视视图界面下，按【U+L】组合键循环选择图5-126所示的边。

图5-125

图5-126

10 按【Delete】键将选中的边删除，如图5-127所示。

11 在透视视图界面下，按【T】键切换到“缩放”工具调整大小，如图5-128所示。

12 在对象窗口中，将“管道”重命名为“伞圈”，如图5-129所示。

图5-127

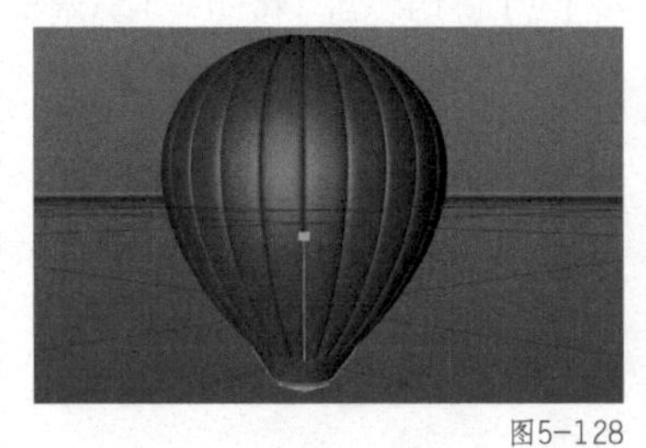

图5-128

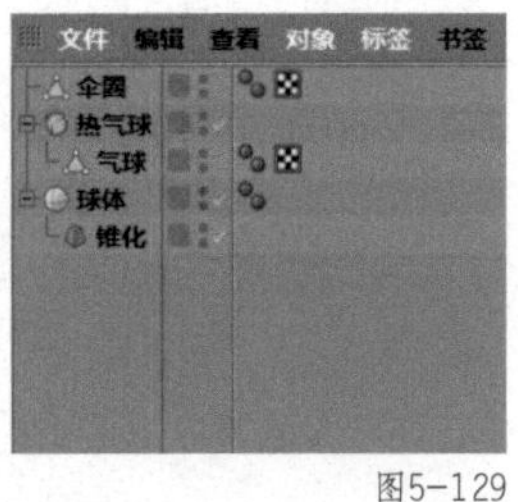

图5-129

5.2.3 绳子的建模

01 单击鼠标滑轮调出四视图，在正视图窗口上单击鼠标滑轮，进入正视图界面。在工具栏中选择“曲线工具组”中的“画笔”，如图5-130所示。

02 在正视图界面下，使用“画笔”工具，绘制图5-131所示的线段。

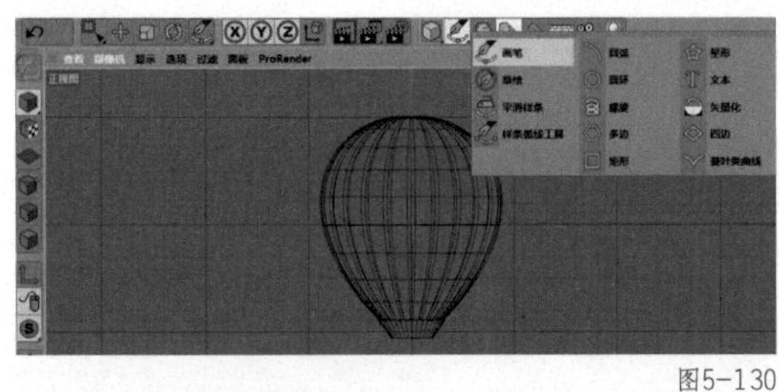

图5-130

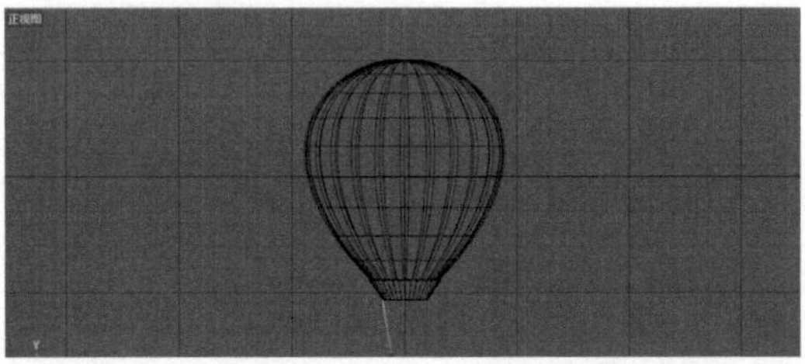

图5-131

03 在工具栏中选择“曲线工具组”中的“圆环”，如图 5-132 所示。

04 在工具栏中选择“NURBS”中的“扫描”，如图 5-133 所示。

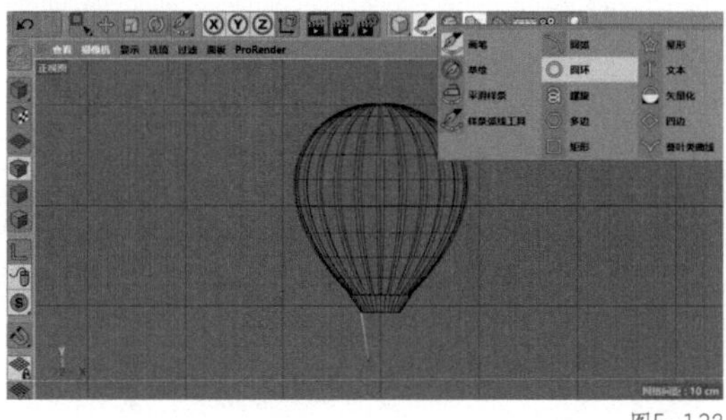
图5-132

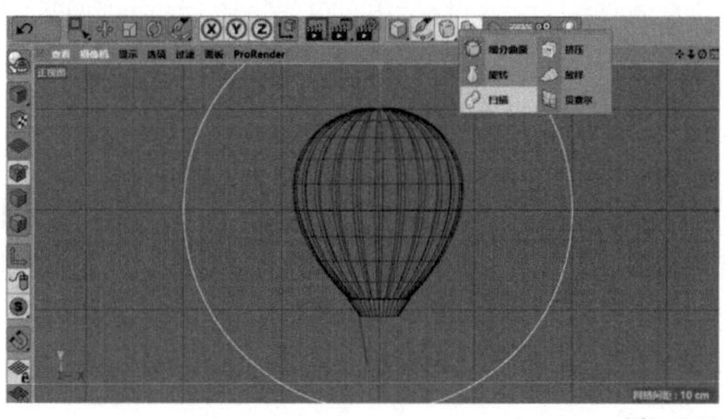
图5-133

05 在对象窗口中，将“样条”和“圆环”拖曳至“扫描”内，使其成为“扫描”的子集，如图 5-134 所示。

06 在对象窗口中，选择“对象”，将“半径”修改为“0.3 cm”，如图 5-135 所示。

07 透视视图界面中的效果如图 5-136 所示。

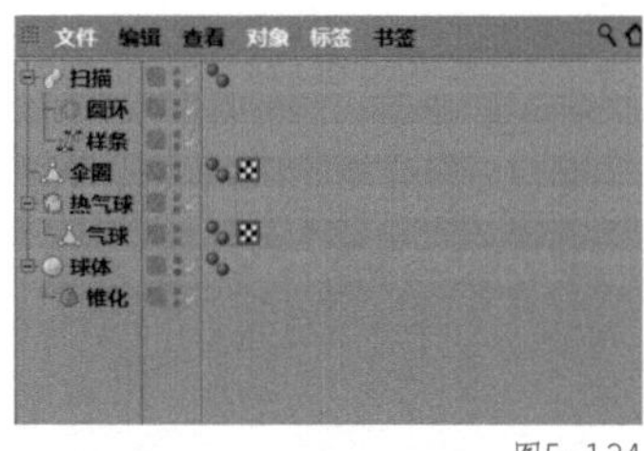

图5-134

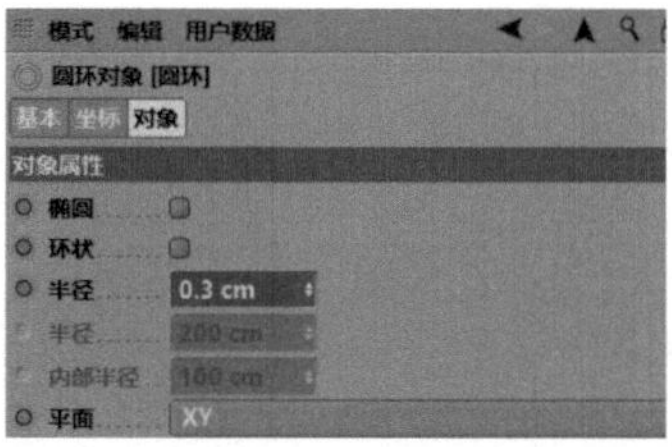

图5-135

图5-136

08 复制 3 份“扫描”图层，并分别重命名为“绳子 1”“绳子 2”“绳子 3”“绳子 4”。同时选择所有的“绳子”图层，按【Alt+G】组合键编组，并重命名为“绳子”，如图 5-137 所示。

09 在正视图界面下，按【E】键切换到“移动”工具调整“绳子”的位置，效果如图 5-138 所示。

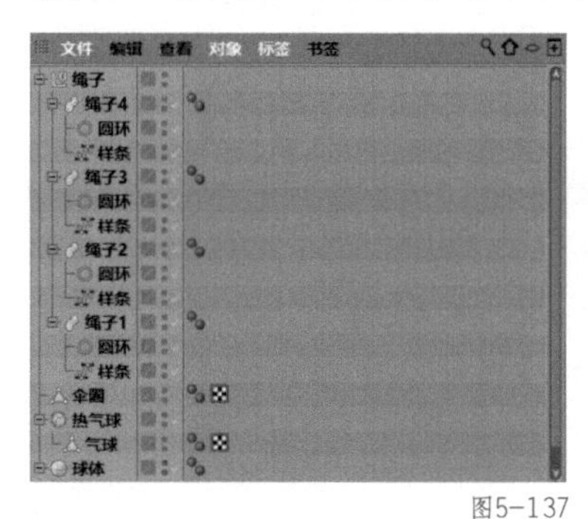

图5-137

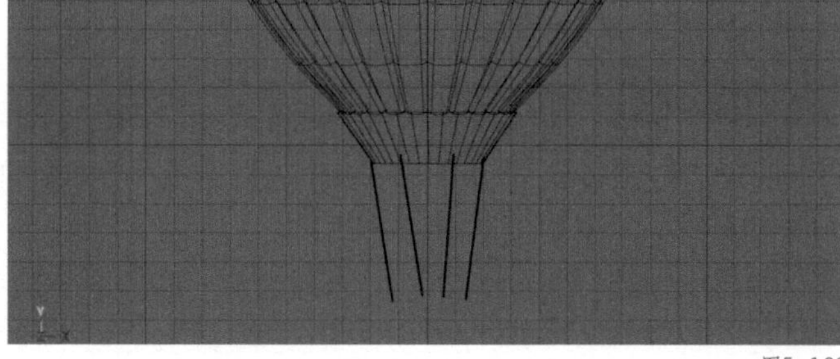
图5-138

10 在工具栏中选择“造型工具组”中的“对称”，如图 5-139 所示。

11 在对象窗口中，将“绳子”拖曳至“对称”内，使其成为“对称”的子集，如图 5-140 所示。

12 透视视图界面中的效果如图 5-141 所示。

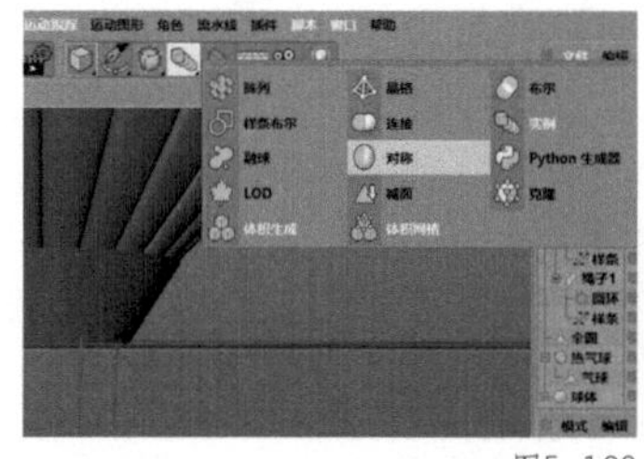
图5-139

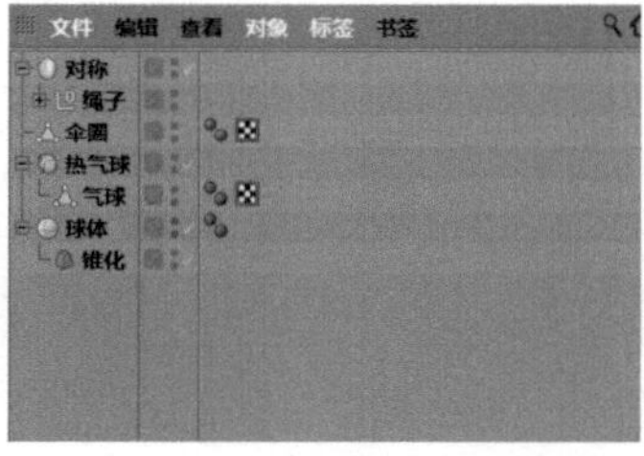

图5-140

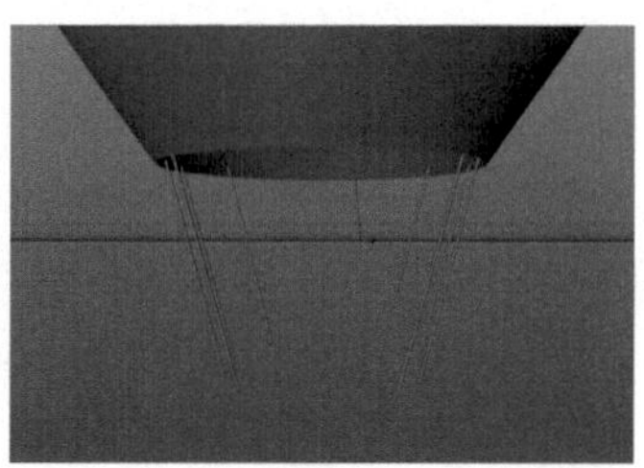
图5-141

5.2.4 底座的建模

01 在工具栏中选择“曲线工具组”中的“圆环”，如图 5-142 所示。

02 在工具栏中选择“曲线工具组”中的“矩形”，如图 5-143 所示。

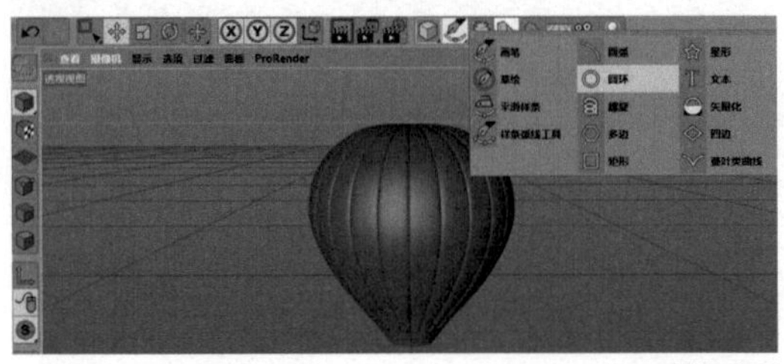

图5-142

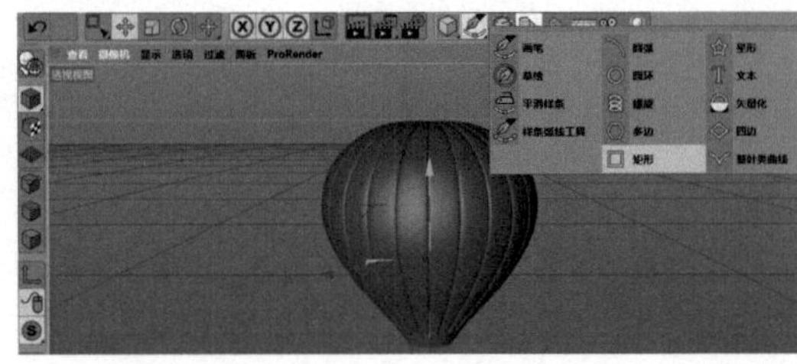

图5-143

03 在工具栏中选择“NURBS”中的“扫描”，如图 5-144 所示。

04 在对象窗口中，将“圆环”和“矩形”拖曳至“扫描”内，使其成为“扫描”的子集，如图 5-145 所示。

05 在“矩形”窗口中，将“高度”和“宽度”修改为“88 cm”，勾选“圆角”，将“半径”修改为“3.4 cm”，将“平面”修改为“XZ”，如图 5-146 所示。

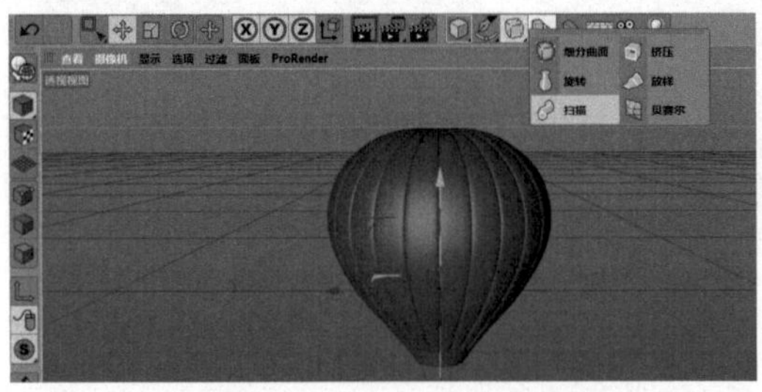

图5-144

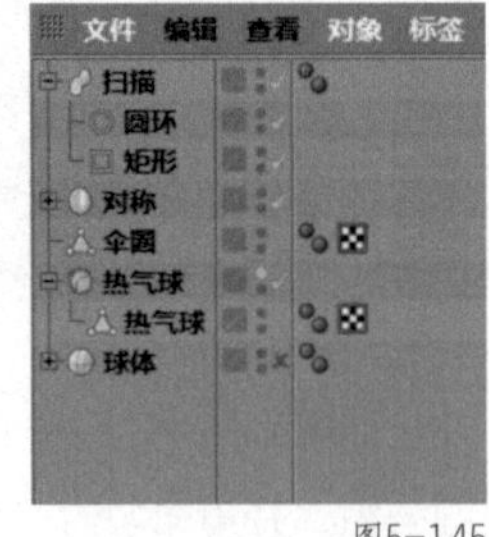

图5-145

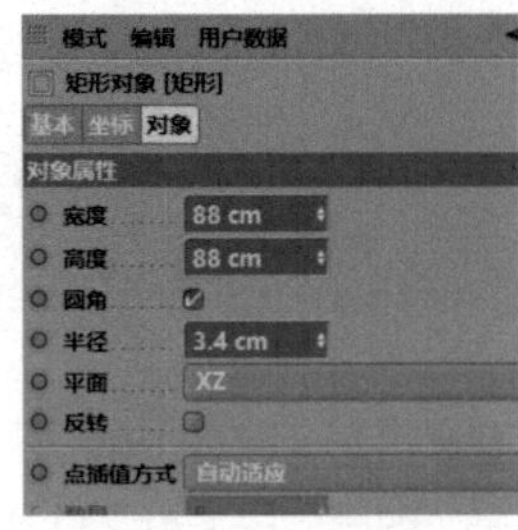

图5-146

06 在“圆环”窗口中，将“半径”修改为“5.7 cm”，将“平面”修改为“XY”，如图 5-147 所示。

07 透视视图界面中的效果如图 5-148 所示。

08 在对象窗口中，复制一份“扫描”，并分别重命名为“底座（上）”和“底座（下）”，如图 5-149 所示。

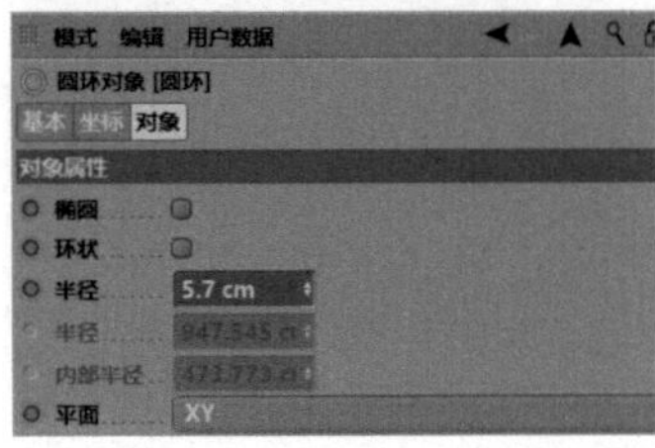

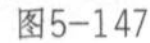
图5-147

图5-148

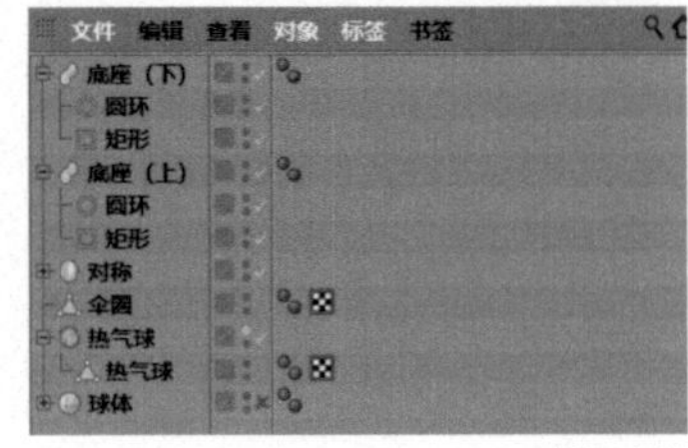

图5-149

09 在透视视图界面下，按【T】键切换到“缩放”工具调整“底座（下）”的大小，如图 5-150 所示。

10 在工具栏中选择“参数化对象”中的“胶囊”，如图 5-151 所示。

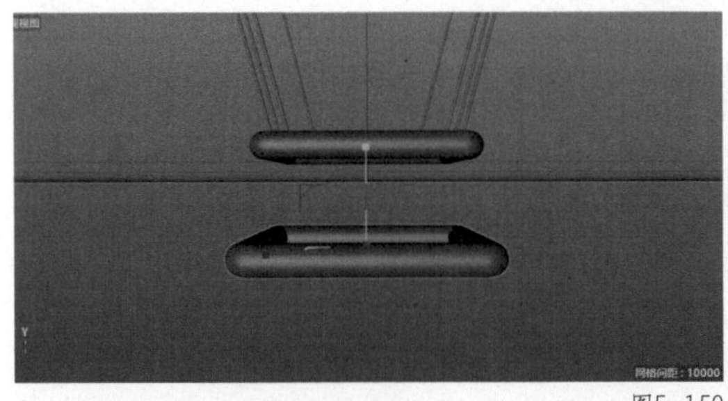

图5-150

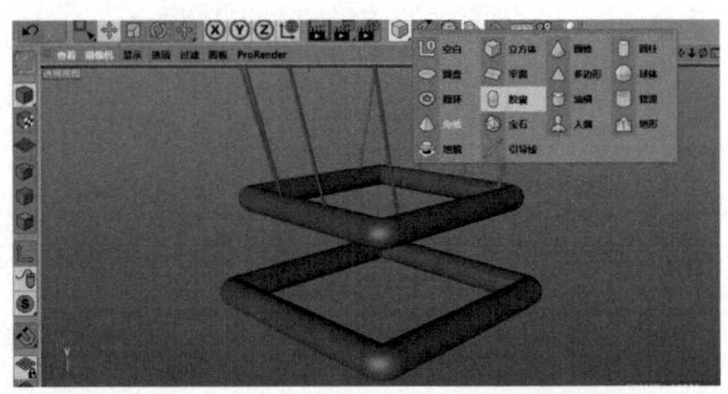

图5-151

11 在透视视图界面下，按【E】键切换到“移动”工具调整“胶囊”的位置，按【T】键切换到缩放工具调整“胶囊”的大小，如图 5-152 所示。

12 在透视视图界面下，复制 3 份“胶囊”，并分别调整大小和位置，效果如图 5-153 所示。

13 在对象窗口中，将“胶囊”分别重命名为“支柱 1”“支柱 2”“支柱 3”“支柱 4”，按【Alt+G】组合键编组，并重命名为“支柱”，如图 5-154 所示。

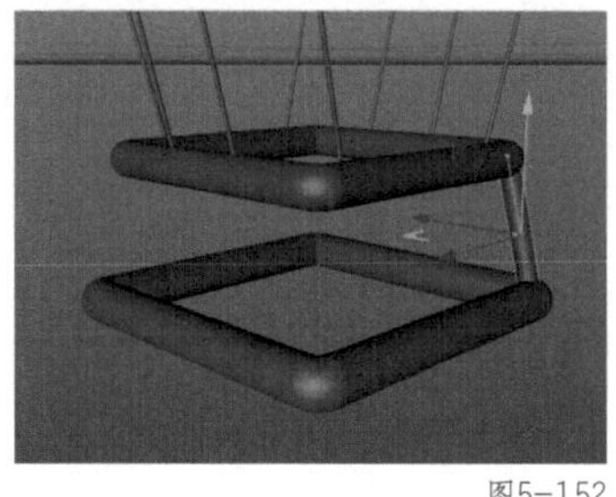

图5-152

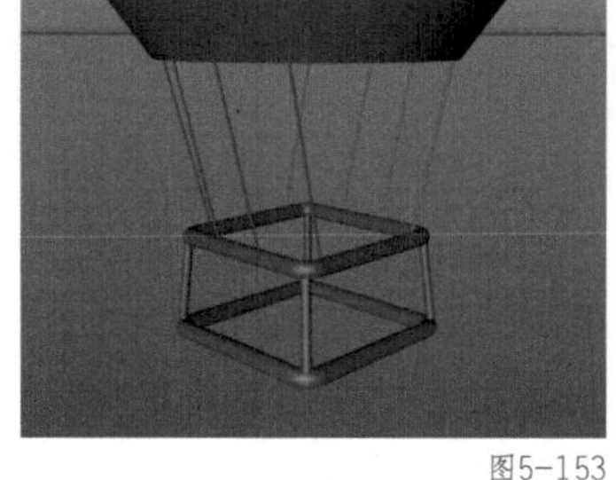

图5-153

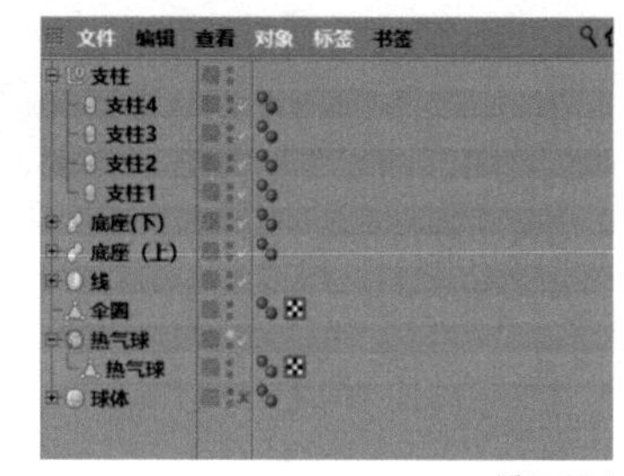

图5-154

5.2.5 吊篮的建模

01 在工具栏中选择“参数化对象”中的“立方体”，如图 5-155 所示。

02 在“立方体”窗口中，选择“对象”，将“尺寸.X”“尺寸.Y”“尺寸.Z”均修改为“106 cm”，勾选“圆角”，将“圆角半径”修改为“15 cm”，将“圆角细分”修改为“10”，如图 5-156 所示。

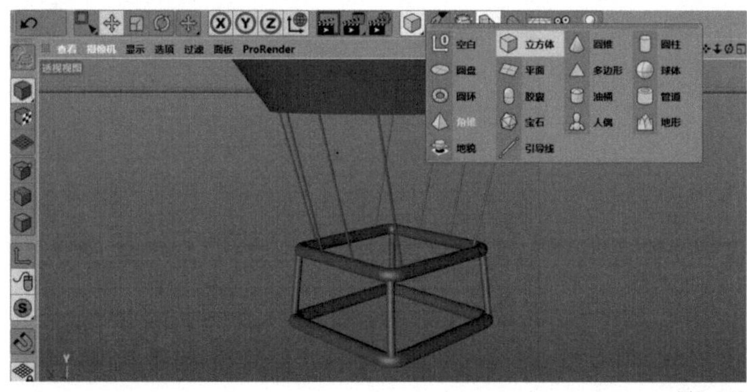

图5-155

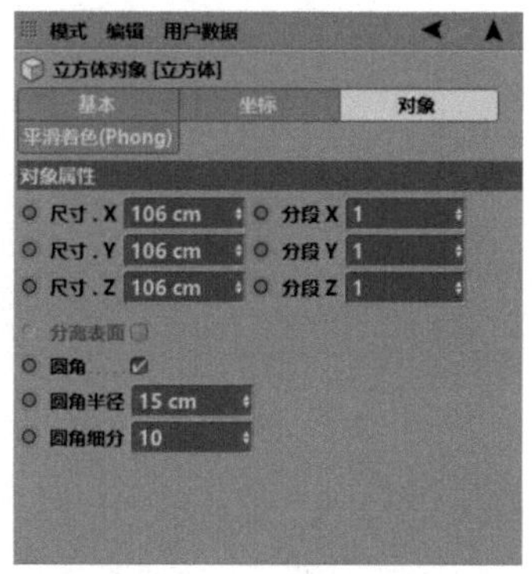

图5-156

03 在透视视图界面下，按【E】键切换到“移动”工具调整位置。在左侧的编辑模式工具栏中，选择“转为可编辑对象”或按【C】键将“立方体”转为可编辑对象，如图 5-157 所示。

04 在左侧的编辑模式工具栏中，选择“面模式”。在工具栏中选择“实时选择”工具。在透视视图界面下，使用“实时选择”工具选择图 5-158 所示的面。

图5-157

图5-158

05 按【Delete】键将选中的面删除，如图 5-159 所示。

06 在对象窗口中，将“立方体”重命名为“吊篮”，如图 5-160 所示。

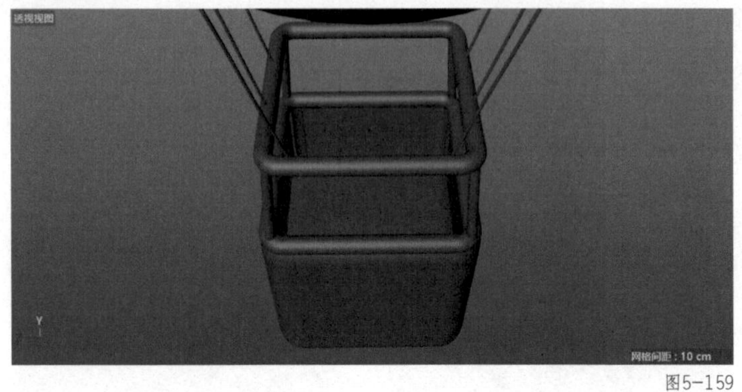

图5-159

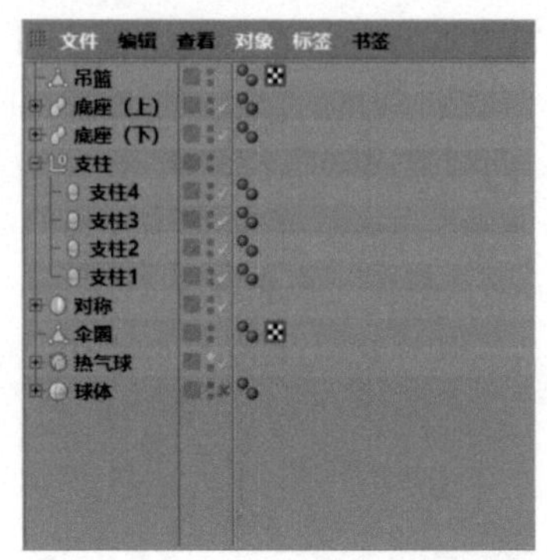

图5-160

5.2.6 喷火器的建模

01 在工具栏中选择“参数化对象”中的“圆柱”，如图5-161所示。

02 在“圆柱”窗口中，选择“对象”，将“半径”修改为“7 cm”，将“高度”修改为“9 cm”，如图5-162所示。

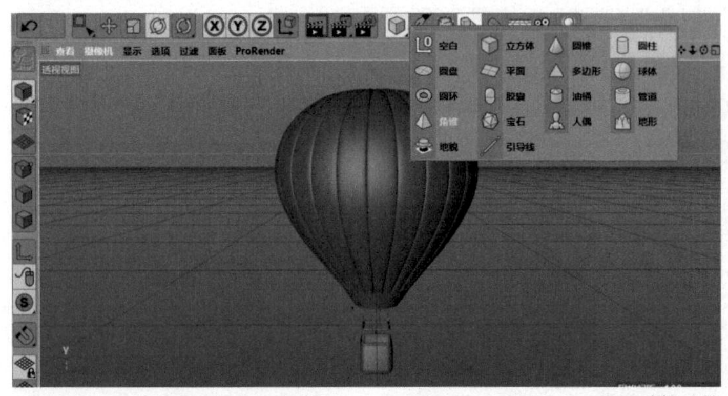

图5-161

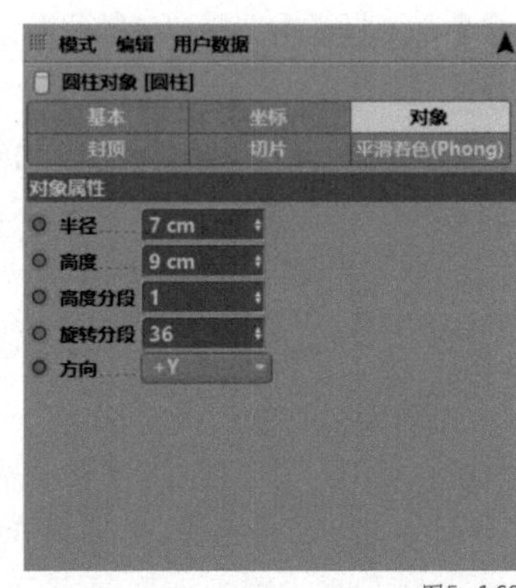

图5-162

03 在透视视图界面下，复制一份“圆柱”，按【T】键切换到“缩放”工具调整大小，按【E】键切换到“移动”工具调整位置，效果如图5-163所示。

04 在左侧的编辑模式工具栏中选择“转为可编辑对象”或按【C】键将“圆柱”转为可编辑对象，在左侧的编辑模式工具栏中选择“边模式”，按【U+L】组合键进行循环选择，选择“圆柱”顶部的一圈边。按【T】键切换到“缩放”工具调整大小，效果如图5-164所示。

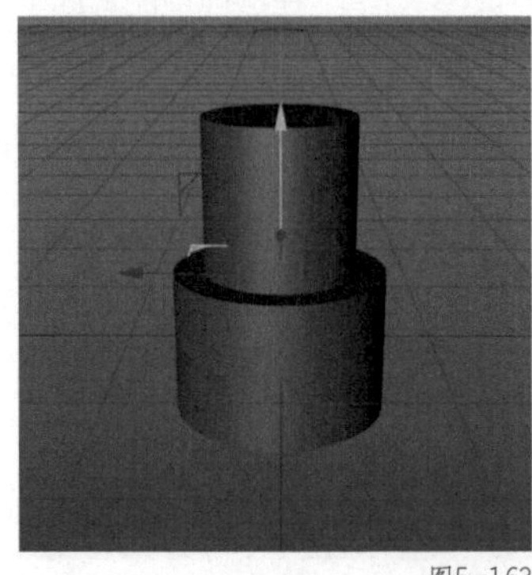

图5-163

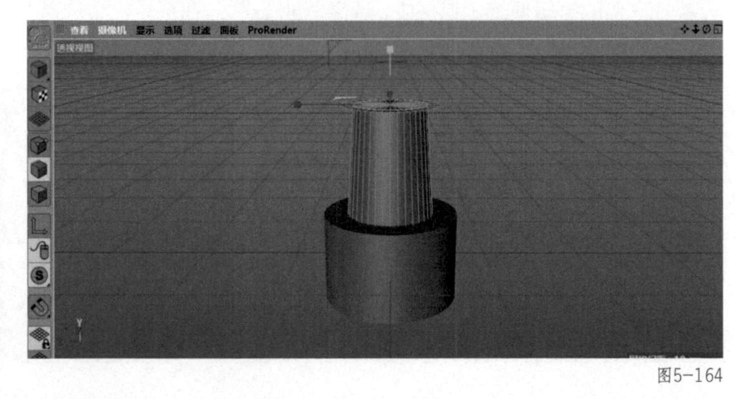

图5-164

05 在左侧的编辑模式工具栏中选择“面模式”，在工具栏中选择“实时选择”工具，在透视视图界面下，使用“实时选择”工具选择图5-165所示的面。

06 按【Delete】键将选中的面删除，如图 5-166 所示。

07 在透视视图界面下，复制一份“圆柱”，按【E】键切换到“移动”工具调整位置，按【T】键切换到“缩放”工具调整大小，效果如图 5-167 所示。

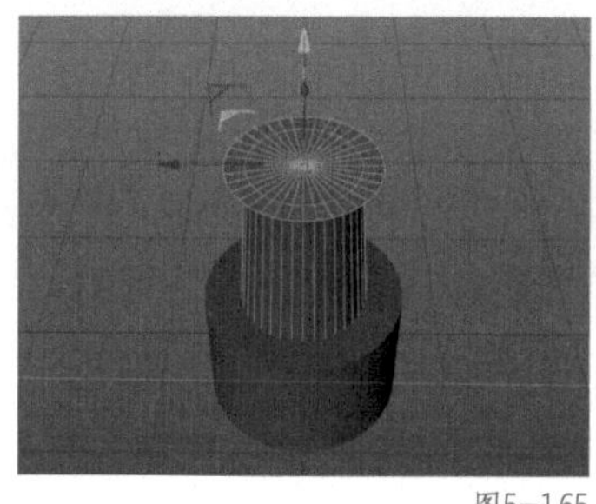

图5-165

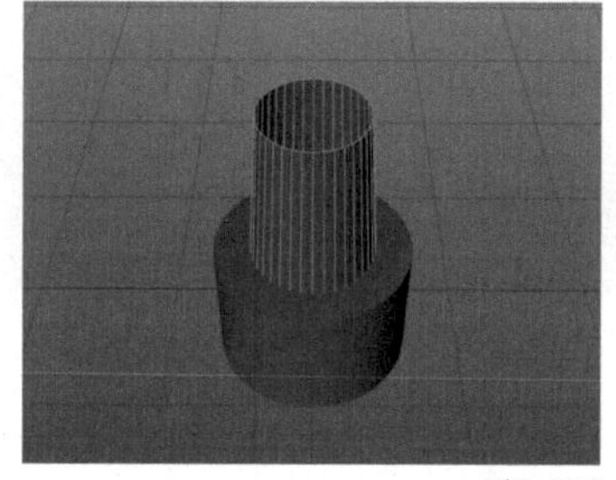

图5-166

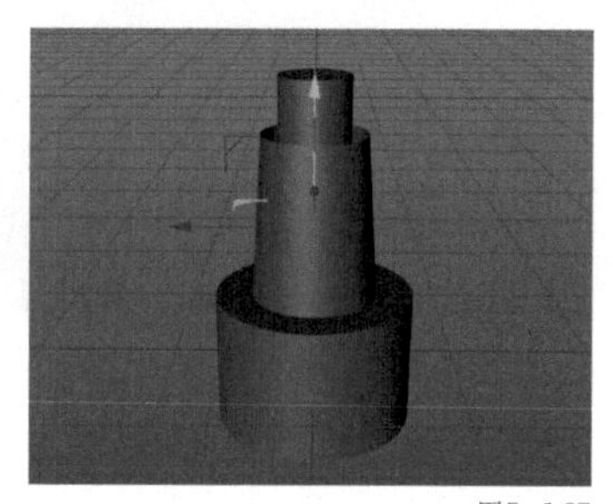

图5-167

08 在对象窗口中，同时选择“圆柱”“圆柱.1”“圆柱.2”，按【Alt+G】组合键编组，并重命名为“喷火器”，如图 5-168 所示。

09 单击鼠标滑轮调出四视图，在正视图窗口上单击鼠标滑轮，进入正视图界面。在正视图界面中，复制一份“喷火器”，并按【E】键切换到“移动”工具调整位置，效果如图 5-169 所示。

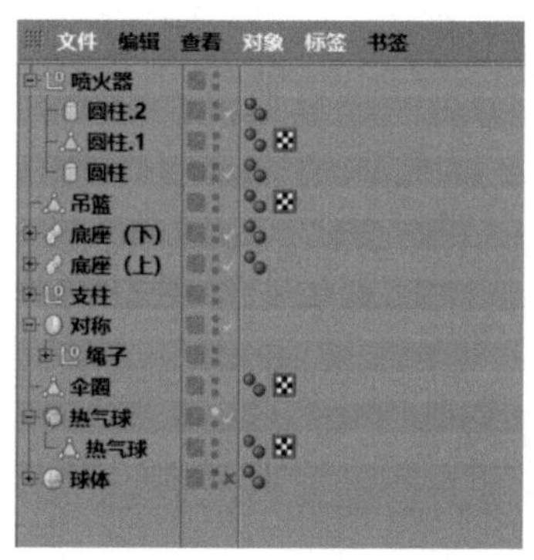

图5-168

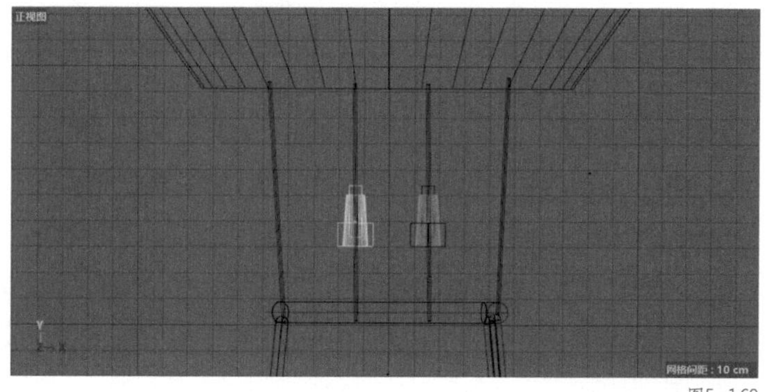

图5-169

5.2.7 支架的建模

01 在对象窗口中，将“喷火器”重命名为“喷火器 1”和“喷火器 2”，并按【Alt+G】组合键进行编组，并重命名为“喷火器”。同时复制一份“底座（上）”，如图 5-170 所示。

02 在透视视图界面下，按【R】键切换到“旋转”工具调整“底座（上）.1”的角度，按【E】键切换到“移动”工具调整“底座（上）.1”的位置，效果如图 5-171 所示。

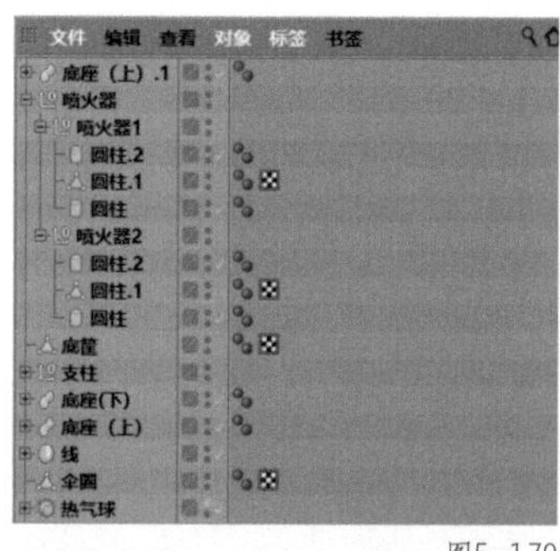

图5-170

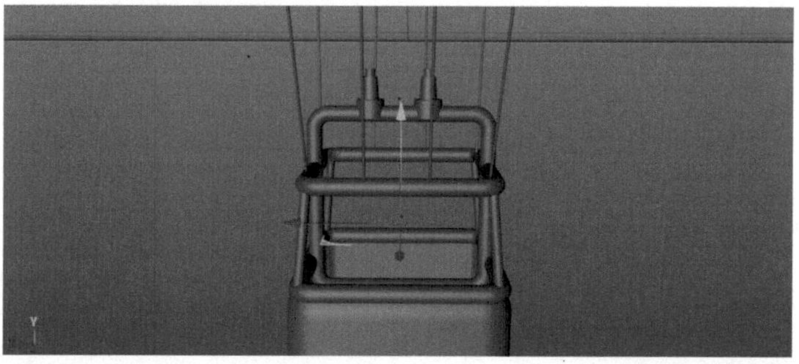

图5-171

03 在左侧的编辑模式工具栏中选择“转为可编辑对象”或按【C】键将“底座（上）.1”转为可编辑对象，然后选择“边模式”。在工具栏中选择“框选”工具。在透视视图界面下，使用“框选”工具，选择图 5-172

所示的边。

04 按【Delete】键将选中的边删除，如图 5-173 所示。

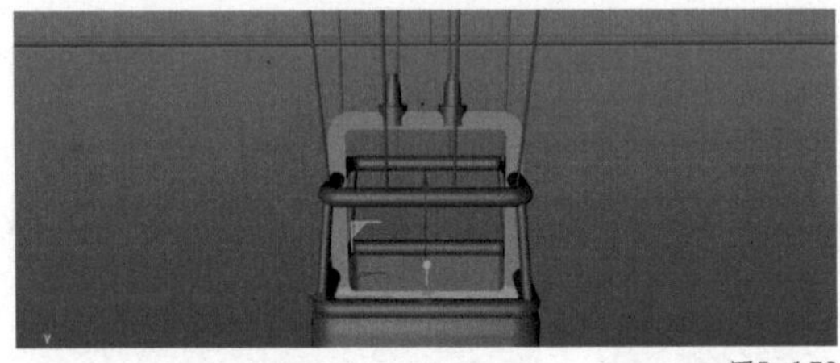

图5-172

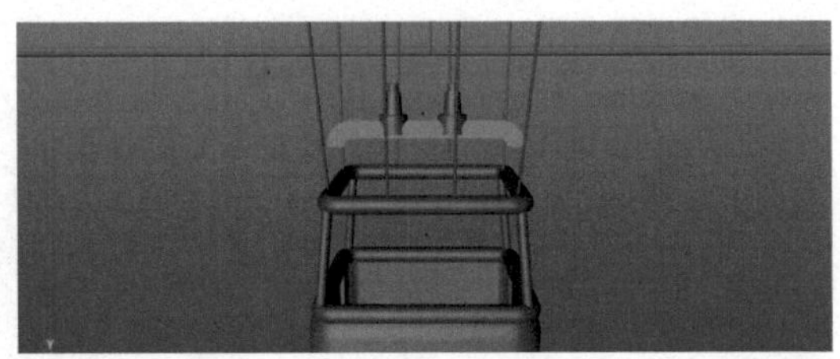

图5-173

05 在透视视图界面下，使用“实时选择”工具，按【U+L】组合键进行循环选择，选择图 5-174 所示的边。

06 在透视视图界面下，按住鼠标左键沿着蓝色的箭头向下拖曳，效果如图 5-175 所示。

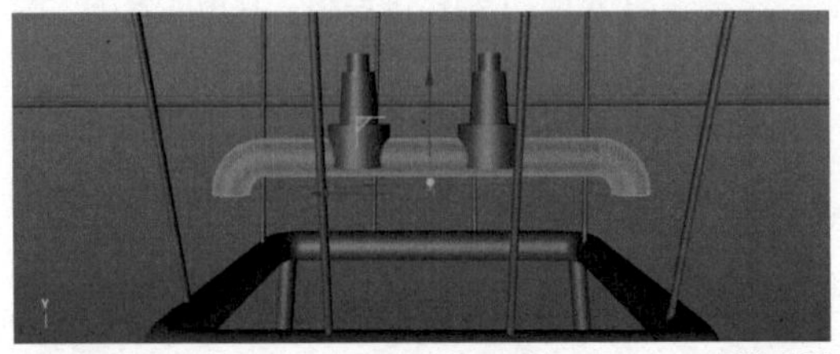

图5-174

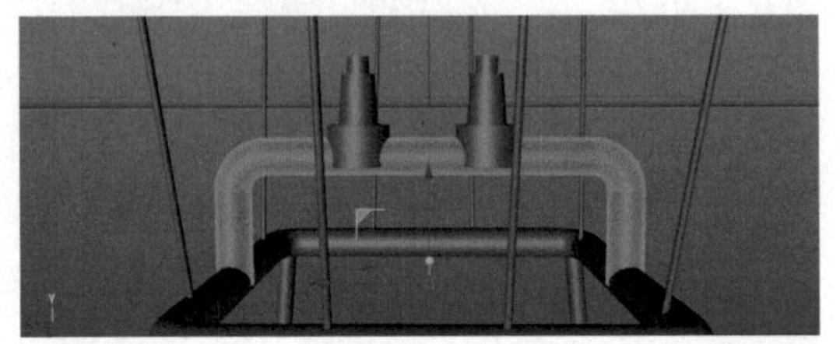

图5-175

07 透视视图界面中的效果如图 5-176 所示。

08 在对象窗口中，将“底座（上）”重命名为“支架”。同时选择所有的图层，按【Alt+G】组合键编组，并重命名为“热气球”，如图 5-177 所示。

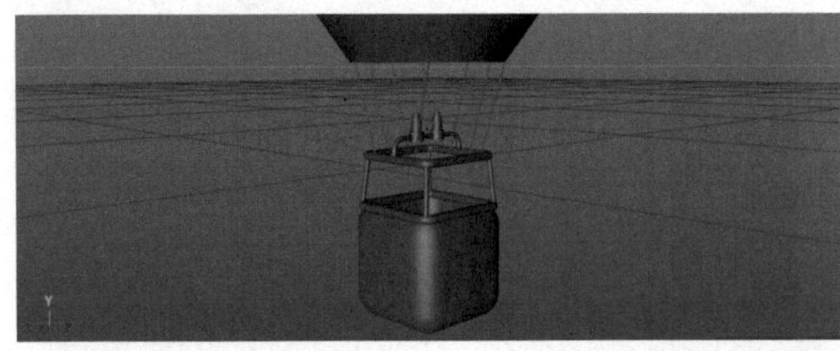

图5-176

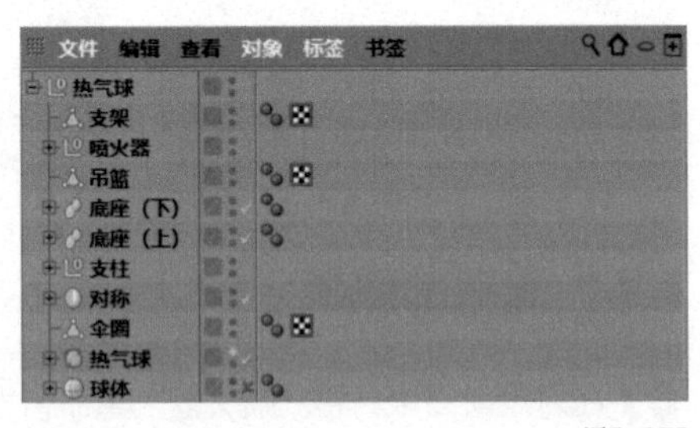

图5-177

5.2.8 热气球的渲染

01 在材质窗口的空白处双击，新建一个“材质”，如图 5-178 所示。

02 双击“材质”，进入材质编辑器。进入“颜色”通道，选择“纹理”中的“加载图像”，如图 5-179 所示。

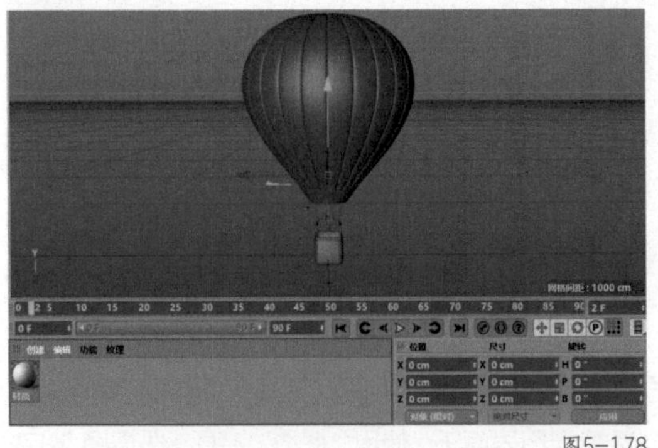

图5-178

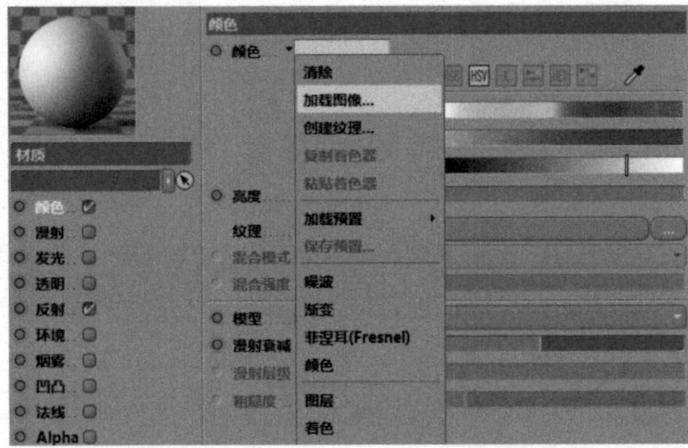

图5-179

03 将素材“铁”置入，如图 5-180 所示。

04 在材质窗口中，将“材质”重命名为“铁”，如图 5-181 所示。

05 在透视视图界面下，将材质“铁”赋予“喷火器”“支架”“底座”图层，如图 5-182 所示。

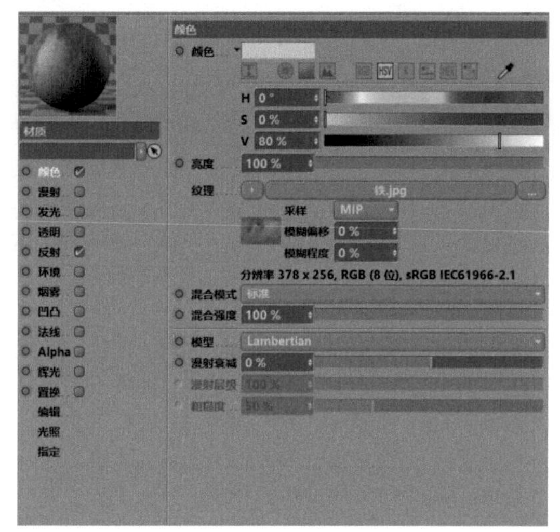

图5-180

图5-181

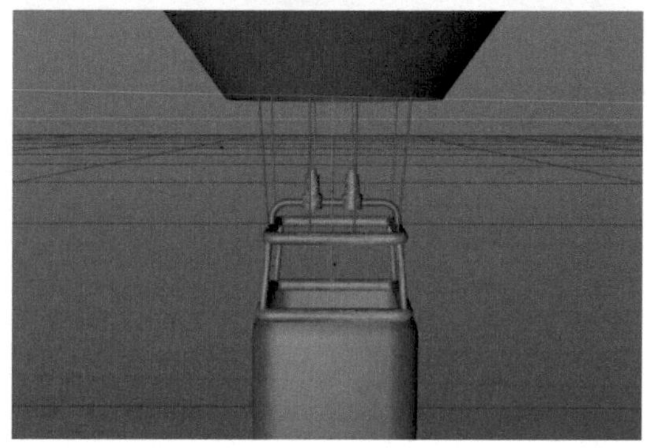

图5-182

06 在材质窗口的空白处双击，新建一个“材质”，如图 5-183 所示。

07 双击“材质”，进入材质编辑器。进入“颜色”通道，选择“纹理”中的“加载图像”。将素材“藤条 1”置入，如图 5-184 所示。

08 在材质窗口中，将“材质”重命名为“吊篮”，如图 5-185 所示。

09 在透视视图界面下，将材质“吊篮”赋予“吊篮”图层，如图 5-186 所示。

图5-183

图5-185

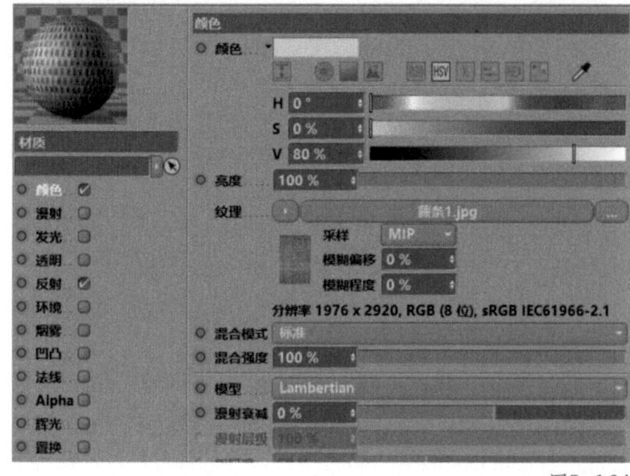

图5-184

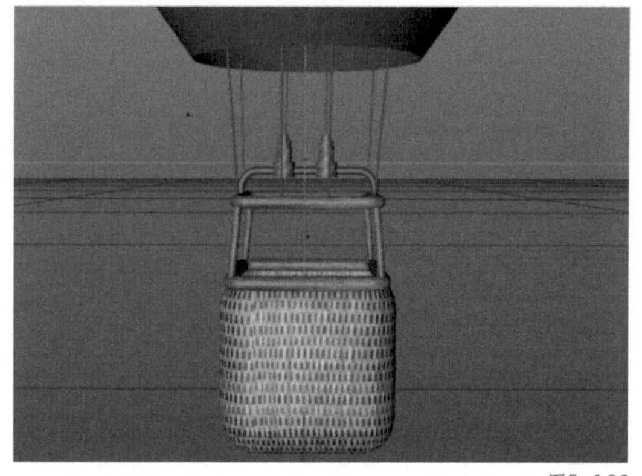

图5-186

10 在材质窗口的空白处双击，新建一个“材质”，如图 5-187 所示。

11 双击“材质”，进入材质编辑器。进入“颜色”通道，将“H”修改为“0°”，将“S”修改为“0%”，将“V”修改为“58%”，如图 5-188 所示。

12 在材质窗口中，将“材质”重命名为“绳子”，如图 5-189 所示。

13 在透视视图界面下，将材质“绳子”赋予“绳子”图层，如图 5-190 所示。

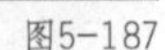

图5-187

图5-189

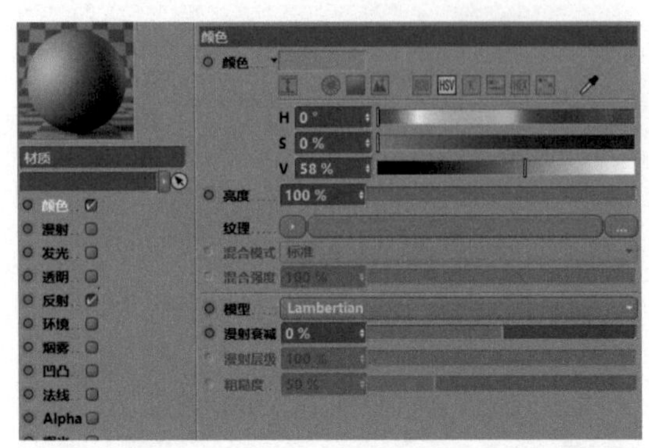

图5-188

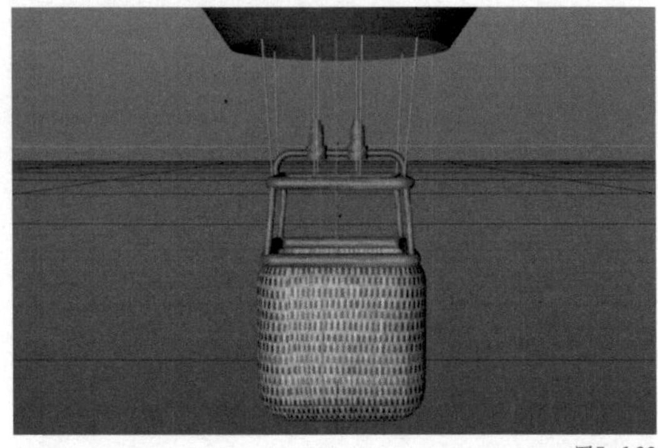

图5-190

14 根据图 5-191 所示的色值，在材质窗口的空白处双击新建 7 个“材质”，进入“颜色”通道，分别修改为不同的颜色。

15 在材质窗口中，将“材质”分别重命名为“赤色”“橙色”“黄色”“绿色”“青色”“蓝色”“紫色”，如图 5-192 所示。

16 在透视视图界面下，将材质“赤色”“橙色”“黄色”“绿色”“青色”“蓝色”“紫色”分别赋予“热气球”图层不同的面，效果如图 5-193 所示。

赤色	【RGB】255, 0, 0	【CMYK】0, 100, 100, 0
橙色	【RGB】255, 165, 0	【CMYK】0, 35, 100, 0
黄色	【RGB】255, 255, 0	【CMYK】0, 0, 100, 0
绿色	【RGB】0, 255, 0	【CMYK】100, 0, 100, 0
青色	【RGB】0, 127, 255	【CMYK】100, 50, 0, 0
蓝色	【RGB】0, 0, 255	【CMYK】100, 100, 0, 0
紫色	【RGB】139, 0, 255	【CMYK】45, 100, 0, 0

图5-191

图5-193

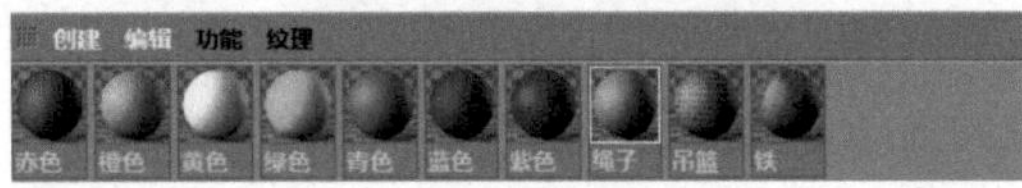

图5-192

17 单击鼠标滑轮调出四视图，在右视图窗口上单击鼠标滑轮，进入右视图界面。在右视图界面下，在工具栏中选择“曲线工具组”中的“画笔”。在右视图界面下，使用“画笔”工具绘制图 5-194 所示的线段。

18 在工具栏中选择“NURBS”中的“挤压”，如图 5-195 所示。

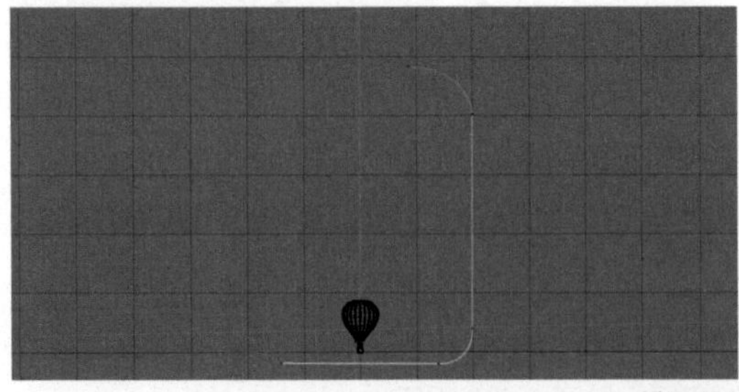

图5-194

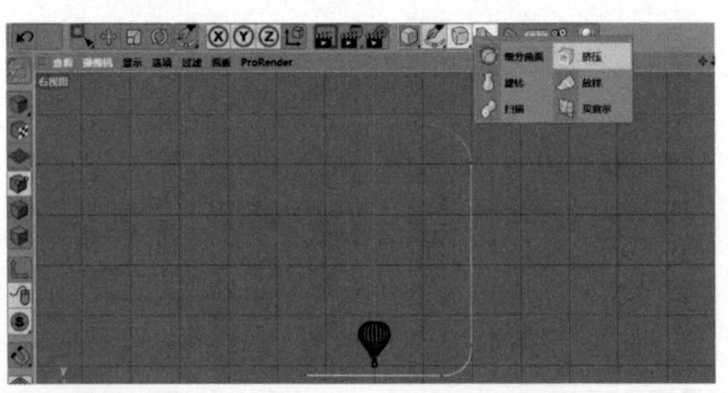

图5-195

19 在对象窗口中，将“样条”拖曳至“挤压”内，使其成为“挤压”的子集，并将“挤压”重命名为“背景”，如图 5-196 所示。

20 在“挤压”窗口中，选择“对象”，在“对象”中将“移动”中“X”的数值修改为“10000 cm”，如图 5-197 所示。

21 单击鼠标滑轮调出四视图，在透视视图窗口上单击鼠标滑轮，进入透视视图界面，如图 5-198 所示。

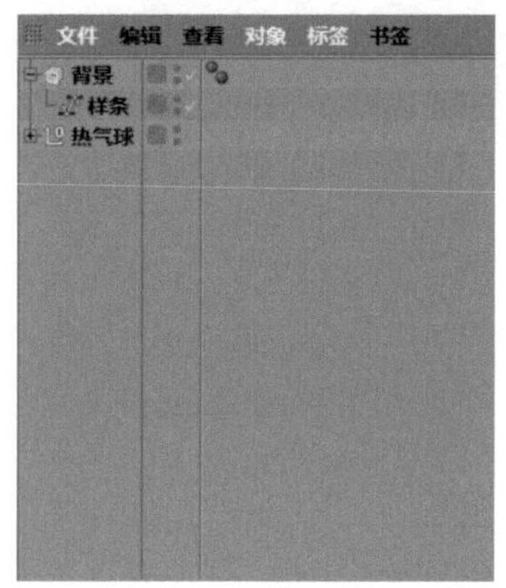

图5-196

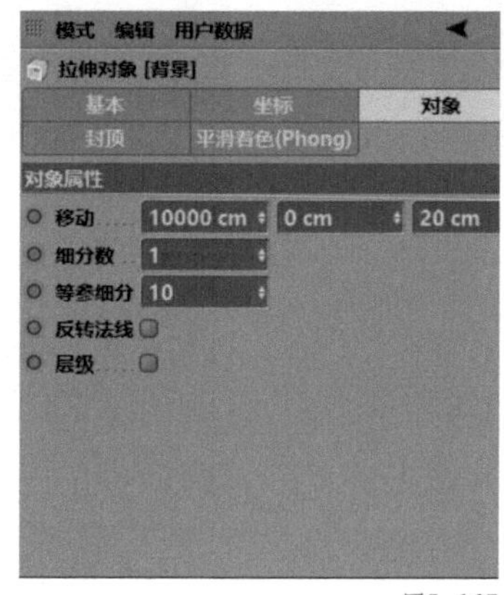

图5-197

图5-198

22 在材质窗口的空白处双击，新建一个“材质”，如图 5-199 所示。

23 双击“材质”，进入材质编辑器。进入“颜色”通道，将“H”修改为“220°”，将“S”修改为“60%”，将“V”修改为“88%”，如图 5-200 所示。

24 在材质窗口中，将“材质”重命名为“背景”，如图 5-201 所示。

25 将材质“背景”赋予“背景”图层，如图 5-202 所示。

图5-199

图5-201

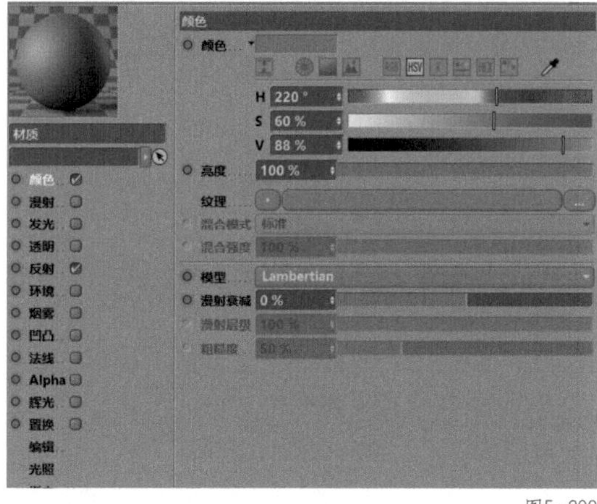

图5-200

图5-202

26 在透视视图界面下，在工具栏中选择“场景设定”中的“天空”，如图 5-203 所示。

27 在材质窗口的空白处双击，新建一个“材质”，如图 5-204 所示。

28 双击“材质”，进入材质编辑器。进入“颜色”通道，将“H”修改为“220°”，将“S”修改为“0%”，将“V”修改为“100%”，如图 5-205 所示。

29 在材质窗口中，将“材质”重命名为“天空”，如图 5-206 所示。

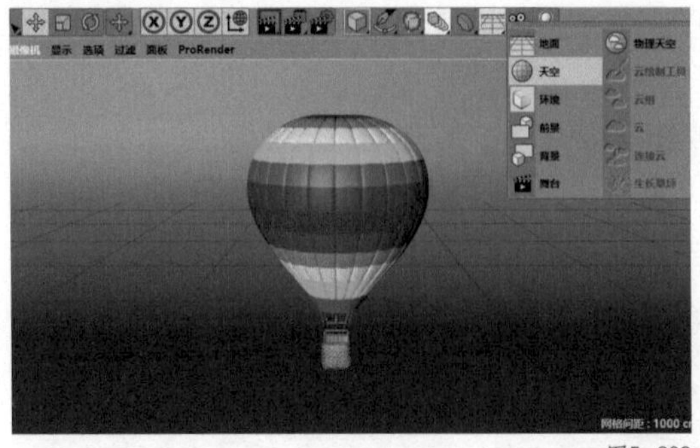
图5-203

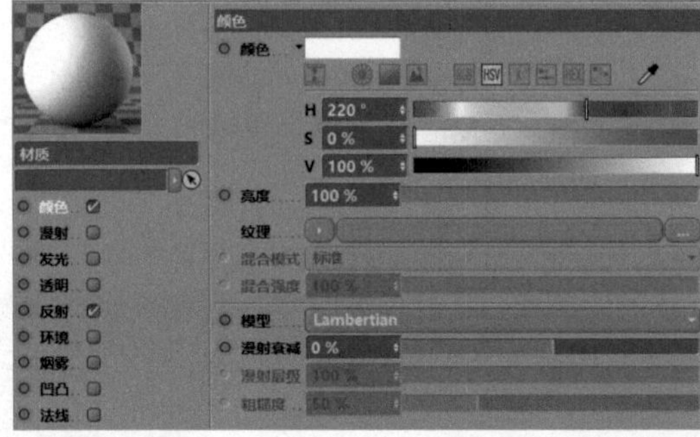
图5-205

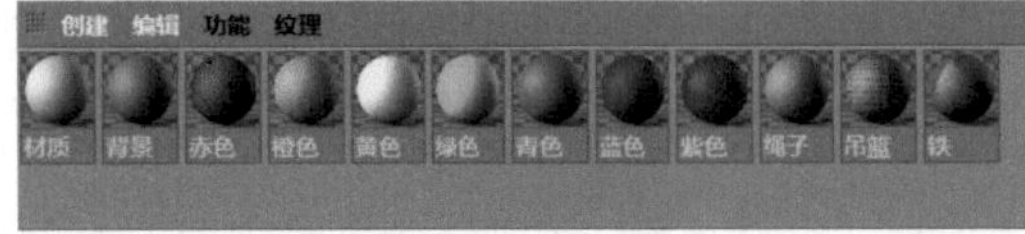
图5-204

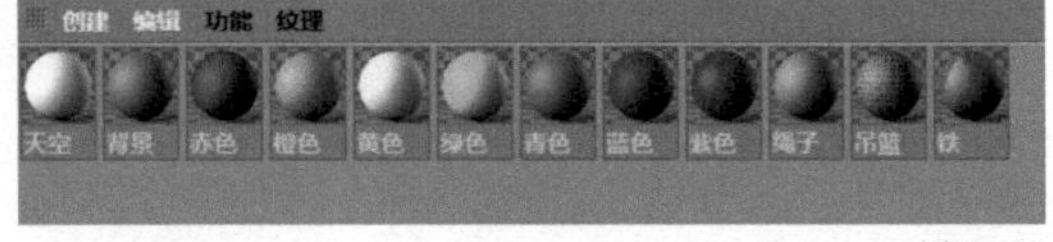
图5-206

30 在对象窗口中，将材质“天空”赋予“天空”图层，如图5-207所示。

31 在工具栏中选择“场景设定”中的“物理天空”，如图5-208所示。

32 在“物理天空”窗口中，选择“太阳”，将“强度”修改为“80%”，如图5-209所示。

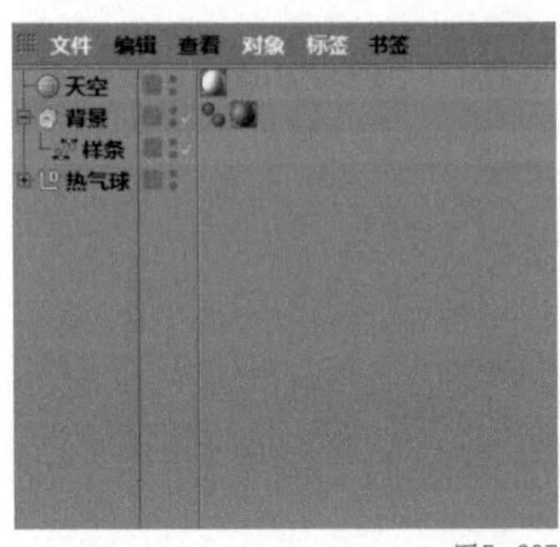
图5-207

图5-208

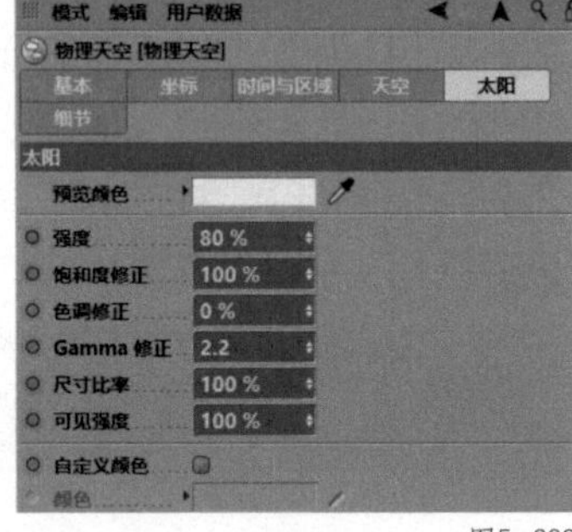
图5-209

33 在对象窗口中，选择“物理天空”，单击鼠标右键，在弹出的下拉菜单中选择“CINEMA 4D标签”中的“合成”，如图5-210所示。

34 在“合成”窗口中，勾选“标签属性”中的“合成背景”，如图5-211所示。

35 对象窗口中，同时选择“背景”“天空”“物理天空”，按【Alt+G】组合键进行编组，并重命名为“背景”，如图5-212所示。

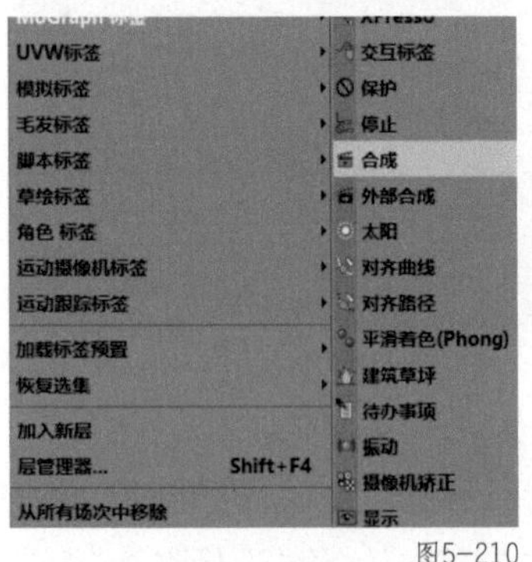
图5-210

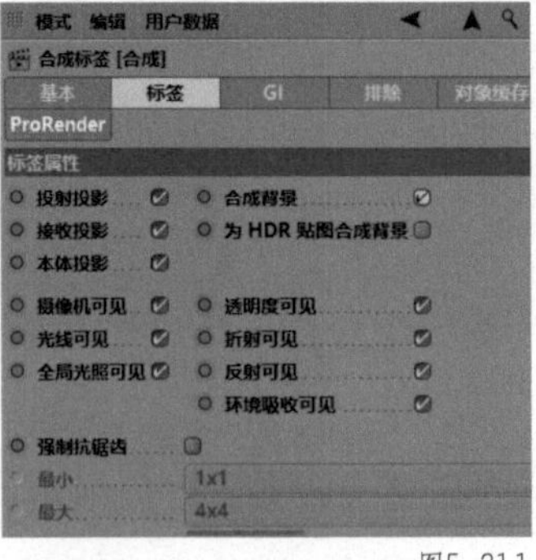
图5-211

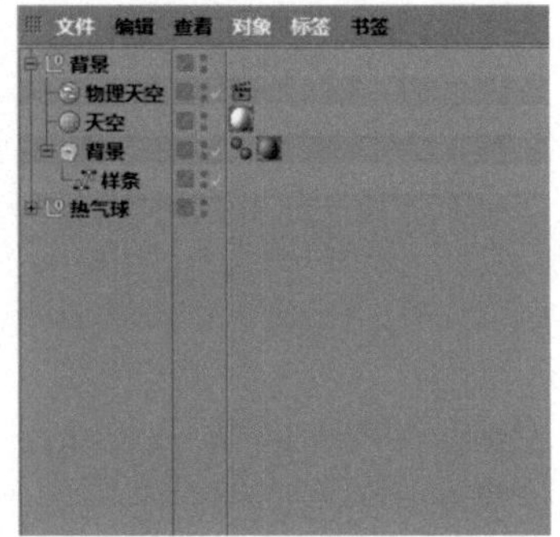
图5-212

36 在工具栏中选择“编辑渲染设置”，如图5-213所示。

37 在渲染设置中，勾选“多通道”，同时选择“效果”中的“全局光照”，如图5-214所示。

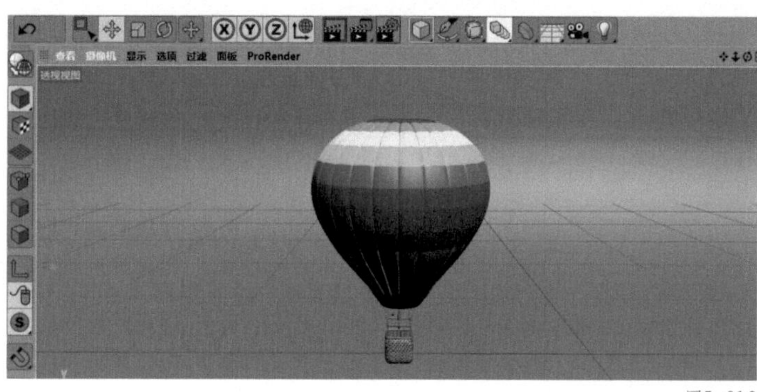

图5-213

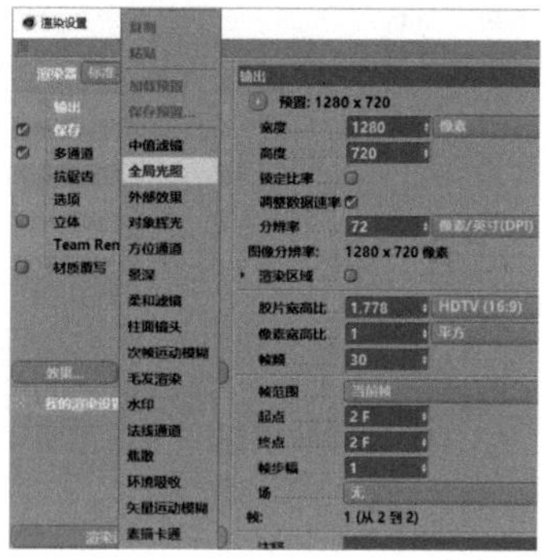

图5-214

38 在“全局光照”中，选择“辐照缓存”，并将“记录密度”修改为“高”，如图 5-215 所示。

39 在渲染设置中，勾选“多通道”，同时选择“效果”中的“环境吸收”，如图 5-216 所示。

40 在“环境吸收”中选择“缓存”，将“记录密度”修改为“高”，如图 5-217 所示。

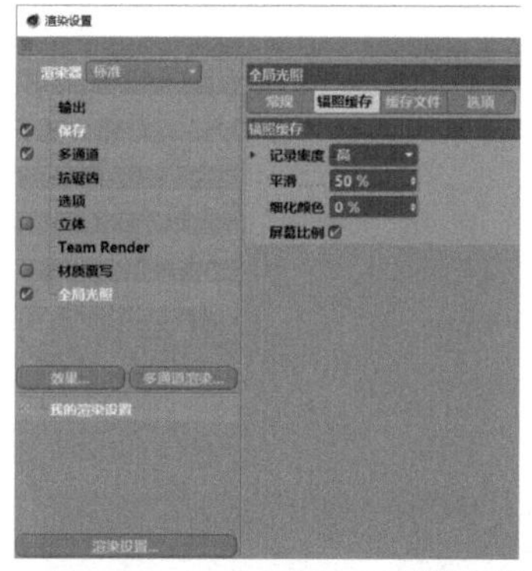

图5-215

图5-216

图5-217

41 在工具栏中选择“渲染到图片查看器”，如图 5-218 所示。

42 渲染后的效果如图 5-219 所示。

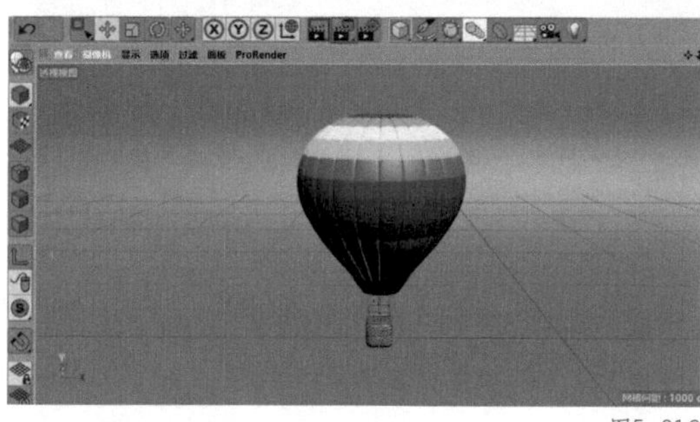

图5-218

图5-219

本案例到此已全部完成。

本节知识点一览

（1）参数化对象：球体、圆柱（2）NURBS：细分曲面、挤压、扫描

（3）造型工具组：对称（4）变形工具组：锥化（5）曲线工具组：画笔、圆环、矩形

5.3 南瓜灯——球体、循环选择、布料曲面、布尔

本节讲解南瓜灯的制作方法。南瓜灯是万圣节的标志物，同样作为万圣节标志物的还有骑着扫帚的女巫、幽灵、小妖精、蝙蝠、猫头鹰、黑猫等。传说人们为了在万圣节前夜吓走鬼怪，便用芜菁、甜菜或马铃薯雕刻成可怕的面孔，这就是南瓜灯的由来。在一些有关万圣节主题的设计中，南瓜灯成为了必备元素。在CINEMA 4D中，南瓜灯需要使用球体模型配合画笔工具、循环选择、布料曲面、布尔等功能便可制作完成。

本节内容	本节将讲解南瓜灯的制作方法，包括南瓜灯三维模型的创建、材质，以及材质的参数调整、场景及灯光的搭建

本节目标	通过本节的学习，读者将掌握南瓜灯制作方法

本节主要知识点	球体、循环选择、布料曲面、布尔

本节最终效果图展示

5.3.1 南瓜灯的建模

01 打开CINEMA 4D，进入默认的透视视图界面。单击鼠标滑轮调出四视图，在正视图窗口上单击鼠标滑轮，进入正视图界面，如图5-220所示。

02 在正视图界面下，按【Shift+V】组合键调出“视窗”，选择“背景”，如图5-221所示。

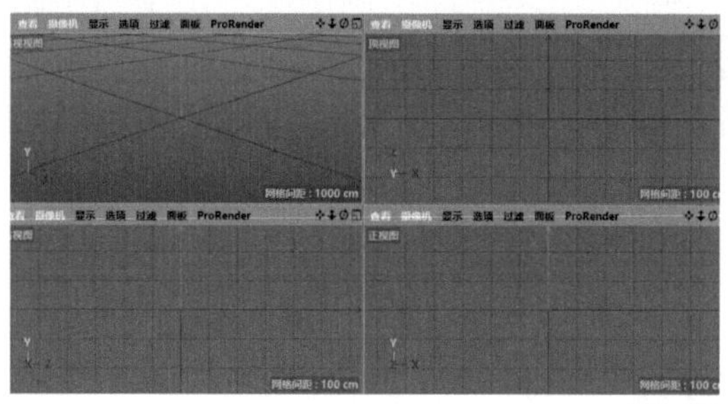

图5-220

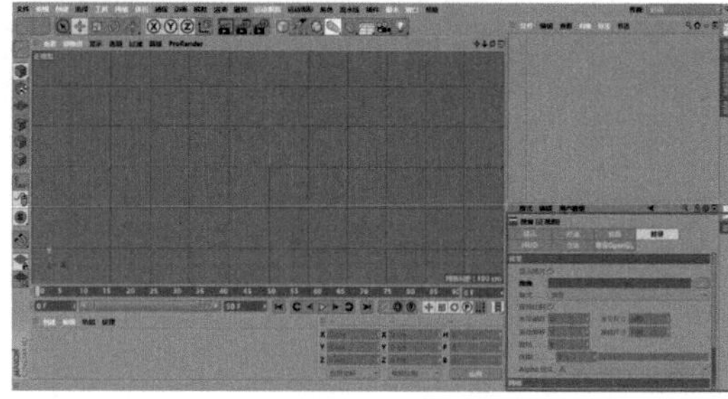

图5-221

03 在“背景”中，单击“图像”后面的加载按钮，选择“加载图像”，将素材“南瓜灯”置入，将“水平偏移”修改为“6”，同时将“透明”修改为“50%”，如图5-222所示。

04 在工具栏中选择“参数化对象”中的“球体”，如图5-223所示。

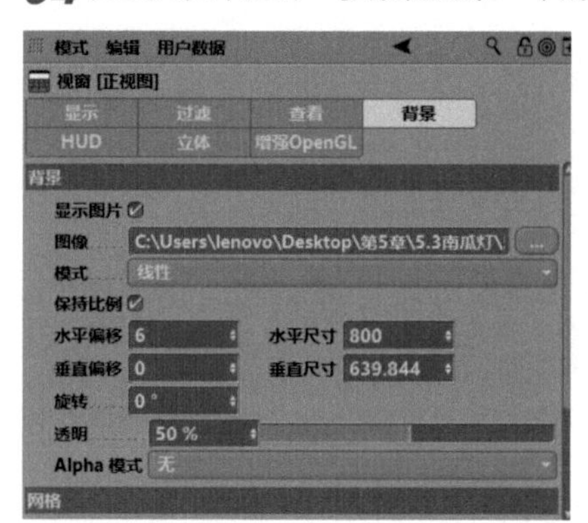

图5-222

图5-223

05 在“球体”窗口中，选择“对象”，将“半径”修改为“270 cm”，将“分段”修改为“12”，如图5-224所示。

06 在正视图界面下，按小黄点将“球体”扩大到图5-225所示的效果。在左侧的编辑模式工具栏中选择“转为可编辑对象”或按【C】键将“球体”转为可编辑对象。

图5-224

图5-225

07 在正视图界面下，按【T】键切换到“缩放”工具调整“球体”的大小，如图5-226所示。

08 在左侧的编辑模式工具栏中，选择“点模式”，在正视图界面下，选择图中所示的点，按【E】键切换到“移动”工具，按住鼠标左键，沿着绿色的箭头向下拖曳，效果如图 5-227 所示。

图5-226

图5-227

09 在正视图界面下，选择图中所示的点，按【E】键切换到“移动”工具，按住鼠标左键，沿着绿色的箭头向上拖曳，效果如图 5-228 所示。

10 单击鼠标滑轮调出四视图，在透视视图窗口上单击鼠标滑轮，进入透视视图界面，如图 5-229 所示。

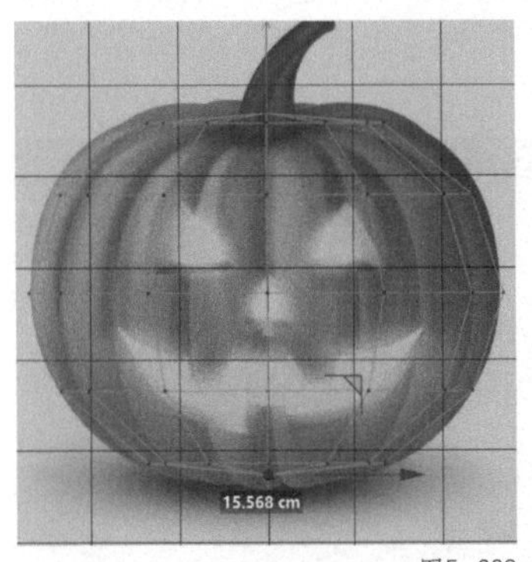

图5-228

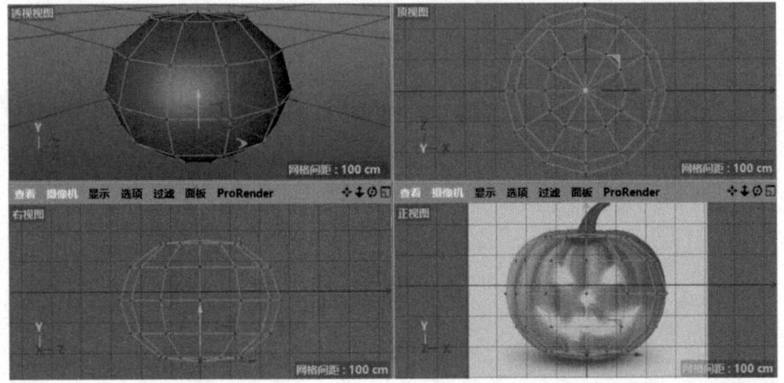

图5-229

11 在左侧的编辑模式工具栏中选择“面模式”，在透视视图界面下，按【U+L】组合键进行循环选择，选择图 5-230 所示的面。

12 在透视视图界面下，在空白处单击鼠标右键，在弹出的下拉菜单中选择“倒角”，如图 5-231 所示。

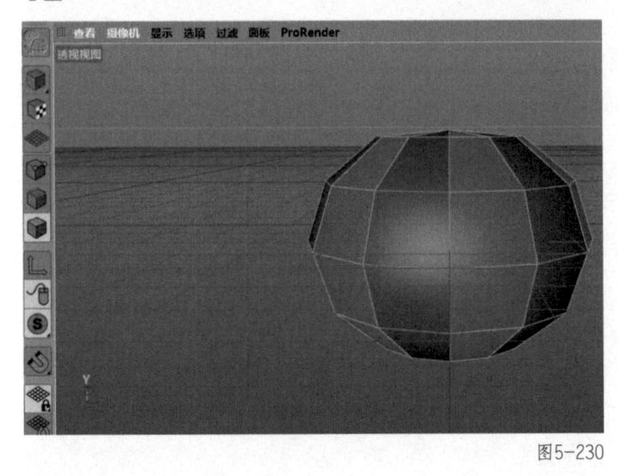

图5-230

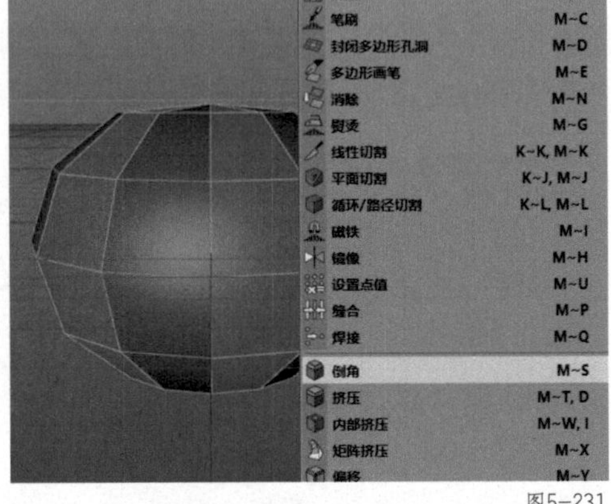

图5-231

13 在“倒角”窗口中，将“偏移”修改为“14 cm”，如图 5-232 所示。

14 透视视图界面中的效果如图 5-233 所示。

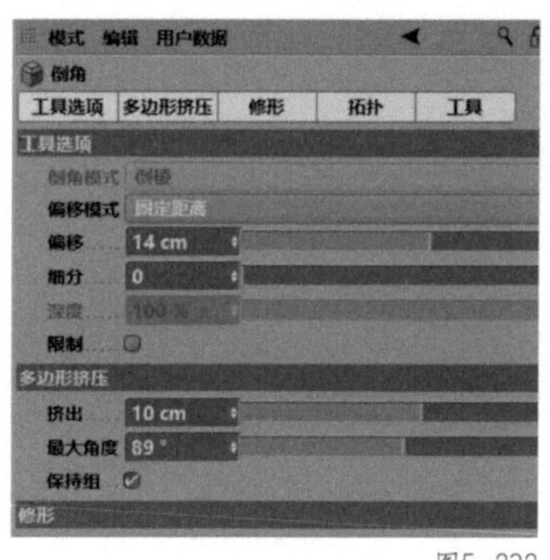

图5-232

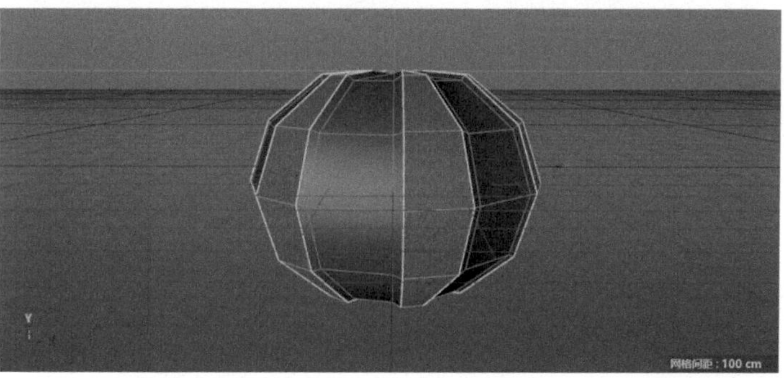

图5-233

15 在透视视图界面下，按【U+L】组合键进行循环选择，选择图 5-234 所示的面，在空白处单击鼠标右键，在弹出的下拉菜单中选择“倒角”。

16 在“倒角”窗口中，将“偏移”修改为“14 cm”，如图 5-235 所示。

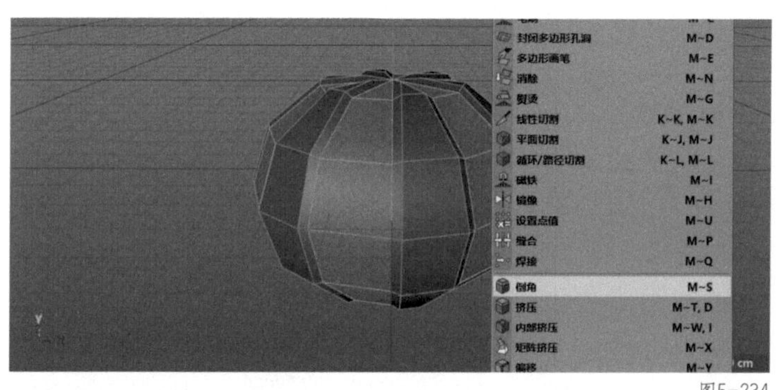

图5-234

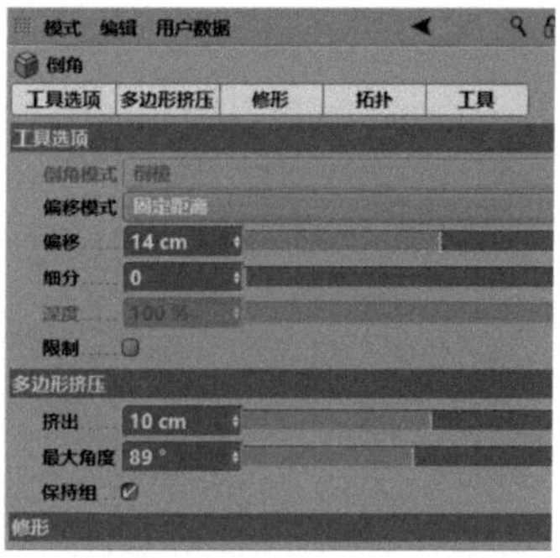

图5-235

17 在菜单栏中，选择“模拟 - 布料 - 布料曲面”，如图 5-236 所示。

18 在对象窗口中，将“球体”拖曳至“布料曲面”内，使其成为“布料曲面”的子集，如图 5-237 所示。

19 在“布料曲面”窗口中，选择“对象”，将“厚度”修改为“5 cm”，如图 5-238 所示。

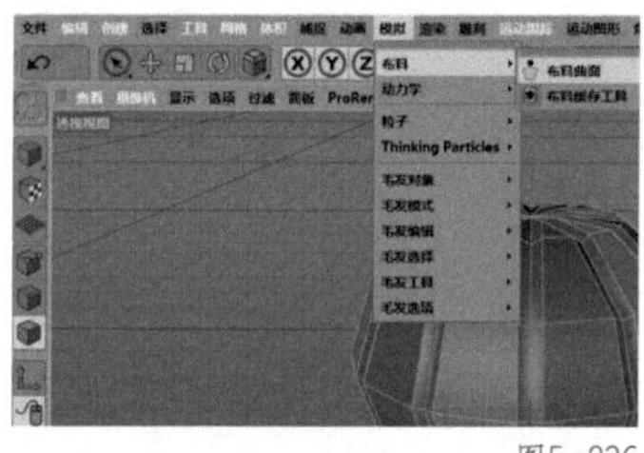

图5-236

图5-237

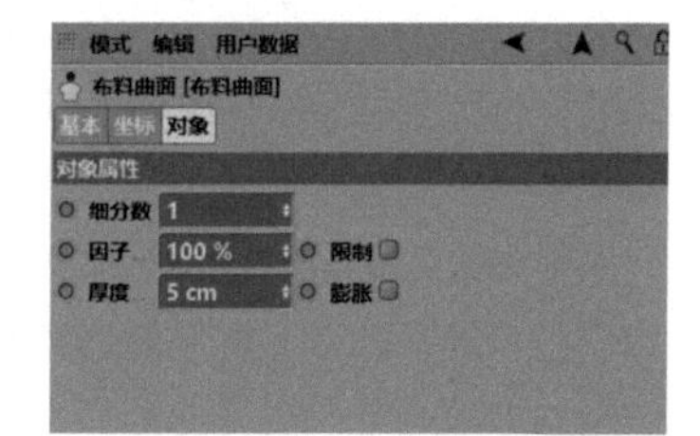

图5-238

20 在上方工具栏中，选择“NURBS”中的“细分曲面”，如图 5-239 所示。

21 在对象窗口中，将“布料曲面”拖曳至“细分曲面”内，使其成为“细分曲面”的子集，并将“细分曲面”重命名为“南瓜”，如图 5-240 所示。

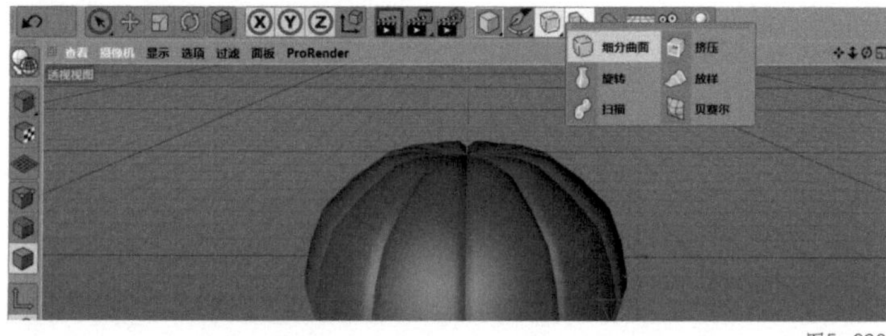

图5-239

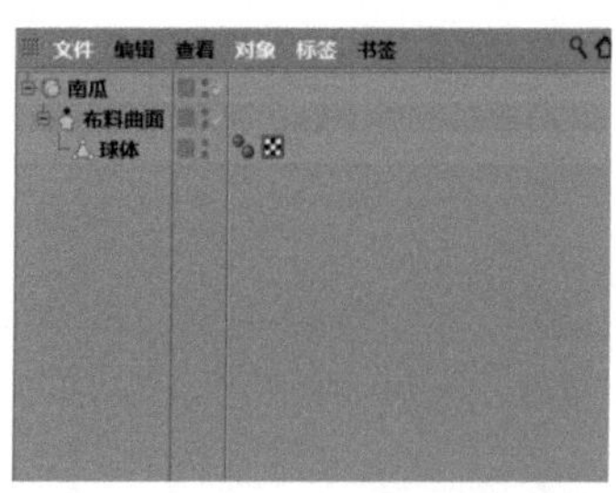

图5-240

5.3.2 五官的建模

01 按鼠标滑轮调出四视图，在正视图界面上单击鼠标滑轮，进入正视图界面。在工具栏中选择“曲线工具组”中的“画笔”，如图 5-241 所示。

02 在正视图界面下，使用“画笔”工具绘制图 5-242 所示的线段。

图5-241

图5-242

03 在工具栏中选择“NURBS”中的“放样”，如图 5-243 所示。

04 在对象窗口中，将“样条”拖曳至“放样”内，使其成为“放样”的子集，如图 5-244 所示。

图5-243

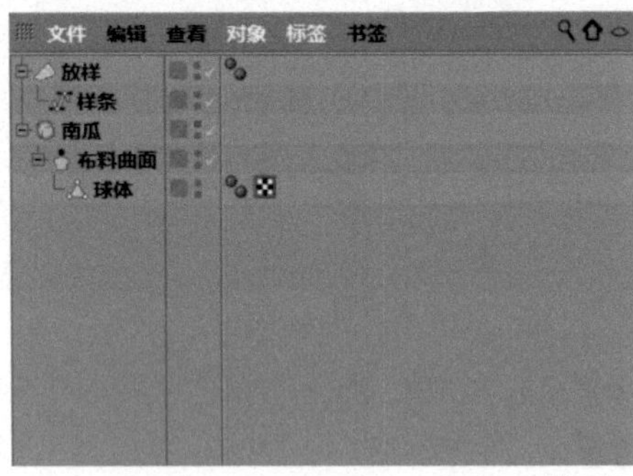

图5-244

05 在对象窗口中，选择“放样”。在左侧的编辑模式工具栏中，选择“转为可编辑对象”或按【C】键将“放样”转为可编辑对象，如图 5-245 所示。

06 在左侧的编辑模式工具栏中，选择“面模式”。在透视视图界面下，选择图 5-246 所示的面，在空白处单击鼠标右键，在弹出的下拉菜单中选择“挤压”。

07 在“挤压”窗口中，将“偏移”修改为“60 cm”，并勾选“创建封顶”，如图 5-247 所示。

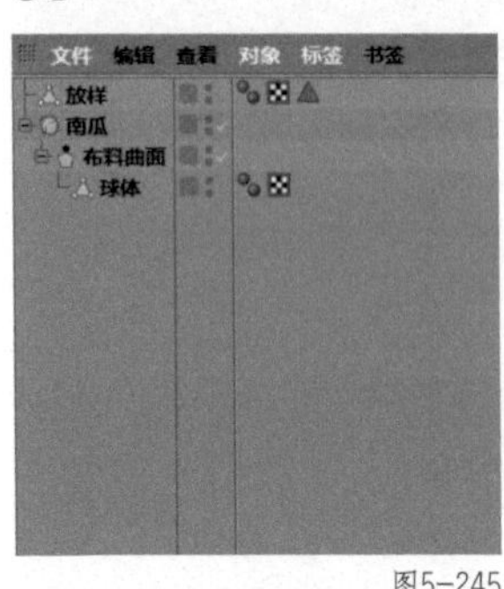

图5-245

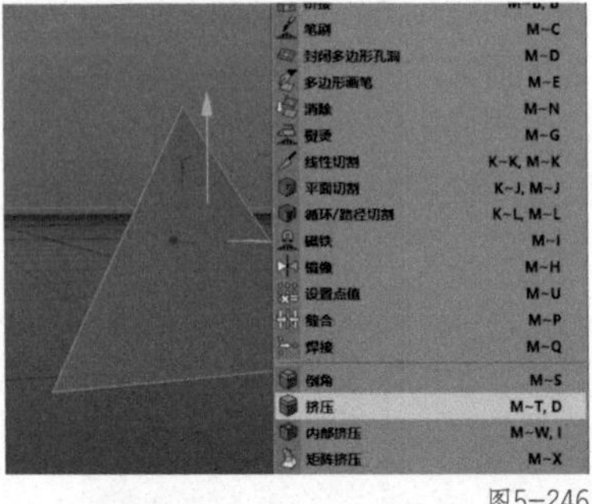

图5-246

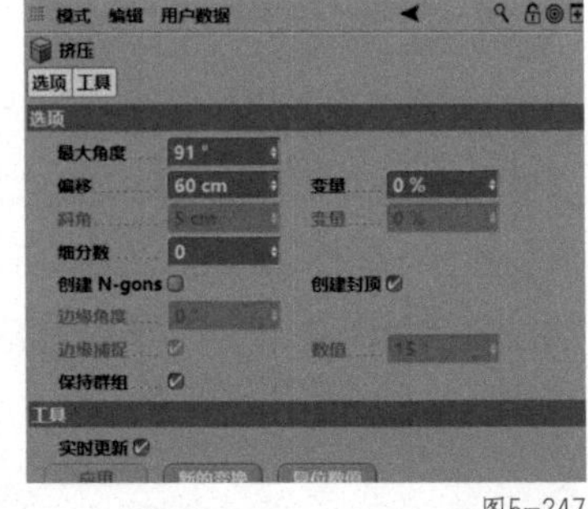

图5-247

08 在透视视图界面下，按【T】键切换到“缩放”工具，按住鼠标左键在空白处进行拖曳，效果如图 5-248 所示。

09 在透视视图界面下，按【E】键切换到“移动”工具，调整“放样”的位置。在工具栏中选择“造型工具组”中的“对称”，如图 5-249 所示。

图5-248

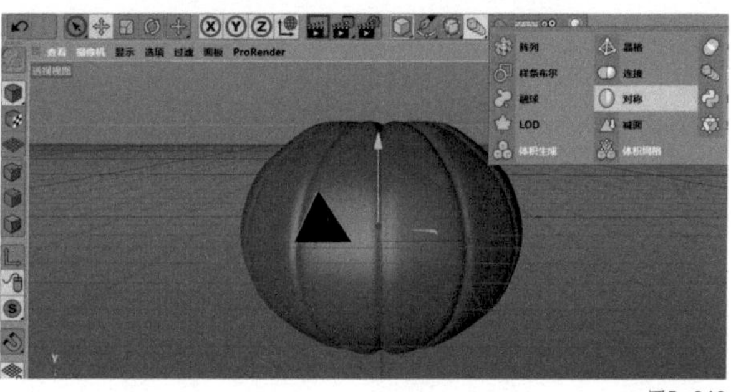

图5-249

10 在对象窗口中，将“放样”拖曳至“对称”内，使其成为“对称”的子集，并将“对称”重命名为“眼睛”，如图5-250所示。

11 在正视图界面下，使用“画笔”工具绘制图5-251所示的线段。

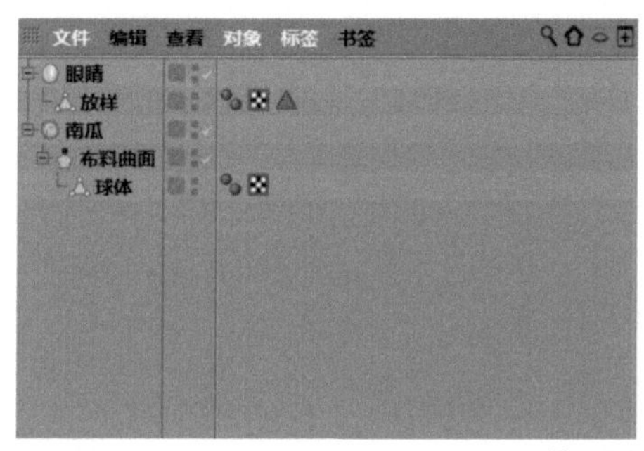

图5-250

图5-251

12 使用制作眼睛的方式，制作鼻子，如图5-252所示。

13 在透视视图界面下，按【E】键切换到“移动”工具调整“放样”的位置，如图5-253所示。

14 在对象窗口中，将“放样”重命名为“鼻子”，如图5-254所示。

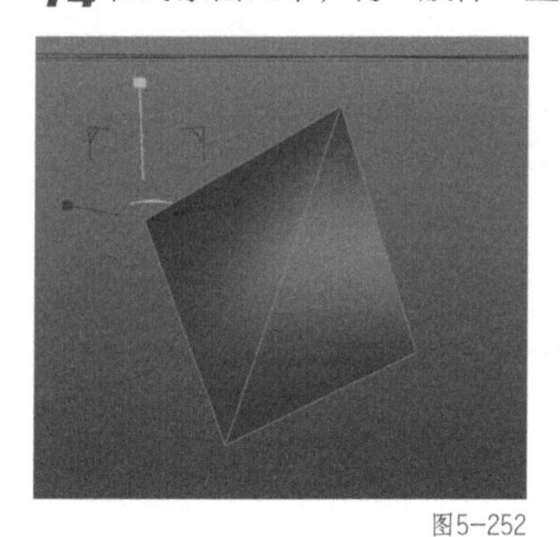
图5-252

图5-253

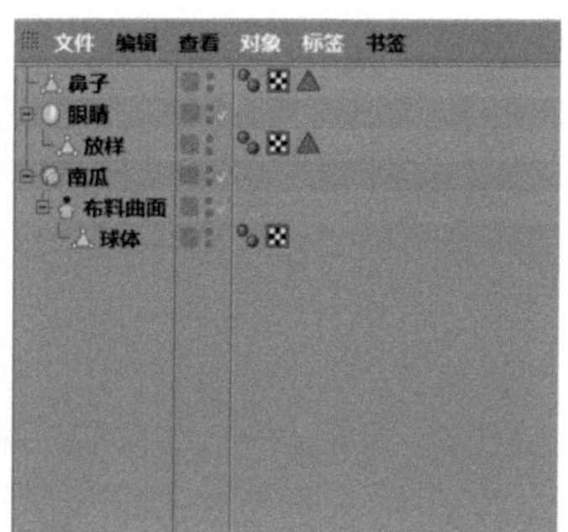

图5-254

15 在正视图界面下，使用“画笔”工具绘制图5-255所示的线段。

16 使用制作眼睛和鼻子的方式制作嘴巴，如图5-256所示。

图5-255

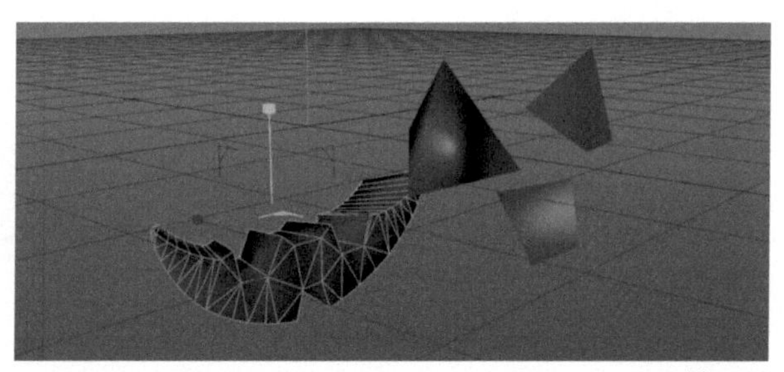
图5-256

17 在透视视图界面下，按【E】键切换到“移动”工具调整“放样”的位置，如图 5-257 所示。

18 在对象窗口中，同时选择“眼睛”“鼻子”“嘴巴”，按【Alt+G】组合键编组，并重命名为“五官”，如图 5-258 所示。

19 在工具栏中选择“造型工具组”中的“布尔”，如图 5-259 所示。

图5-257

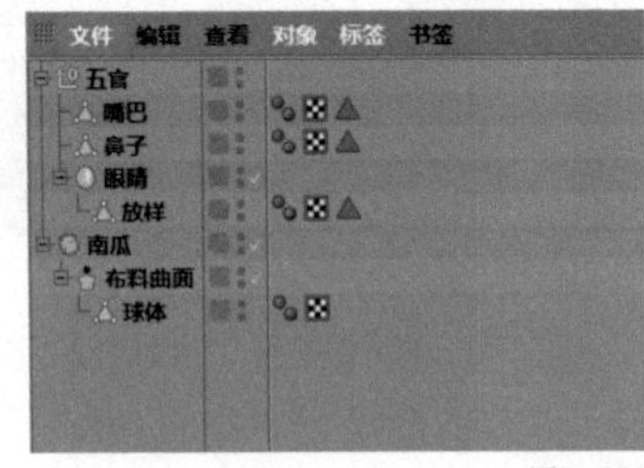

图5-258

图5-259

20 在对象窗口中，将“五官”和“南瓜”拖曳至“布尔”内，使其成为“布尔”的子集，如图 5-260 所示。

21 透视视图界面中的效果如图 5-261 所示。

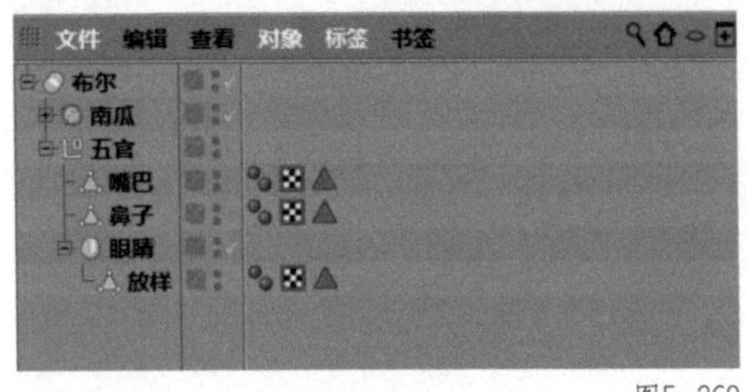

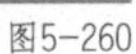

图5-260

图5-261

5.3.3 南瓜梗的建模

01 在工具栏中选择“参数化对象”中的“圆柱”，如图 5-262 所示。

02 在左侧的编辑模式工具栏中，选择“转为可编辑对象”，然后选择“视窗单体独显”，如图 5-263 所示。

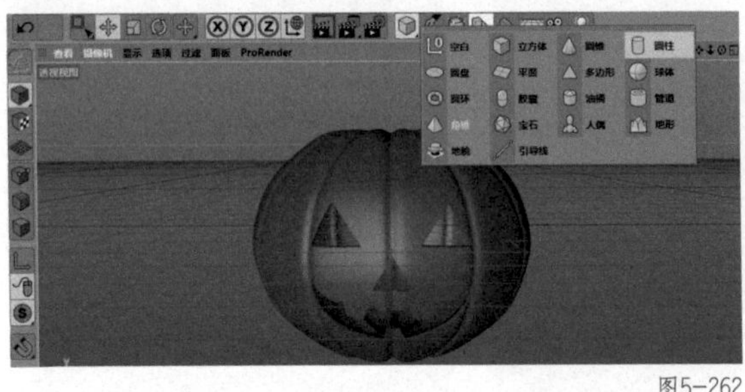

图5-262

图5-263

03 在工具栏中选择“变形工具组”中的“置换”，如图 5-264 所示。

04 在对象窗口中，将“置换”拖曳至“圆柱”内，使其成为“圆柱”的子集，并将“圆柱”重命名为“南瓜梗”，如图 5-265 所示。

图5-264

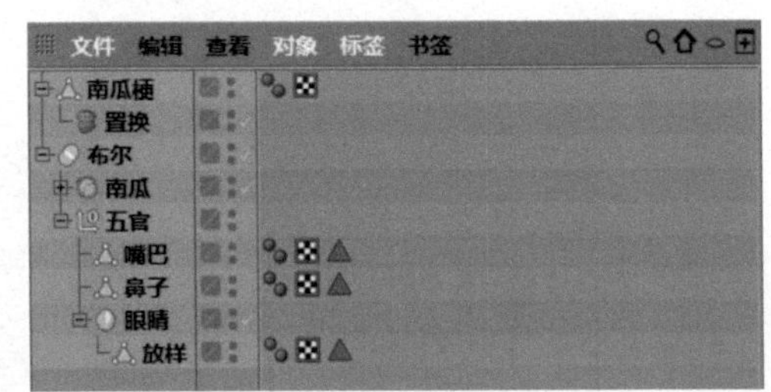

图5-265

05 在“置换”窗口中，选择“着色”，在“着色器”中选择“噪波”，如图 5-266 所示。

06 在“置换”窗口中，选择“对象”，将“强度”修改为“300%”，如图 5-267 所示。

07 在左侧的编辑模式工具栏中选择“面模式”，选择“圆柱”的上下两个面，如图 5-268 所示。

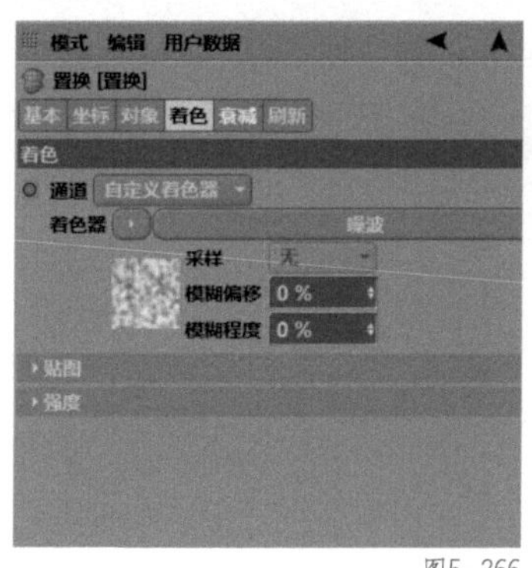

图5-266

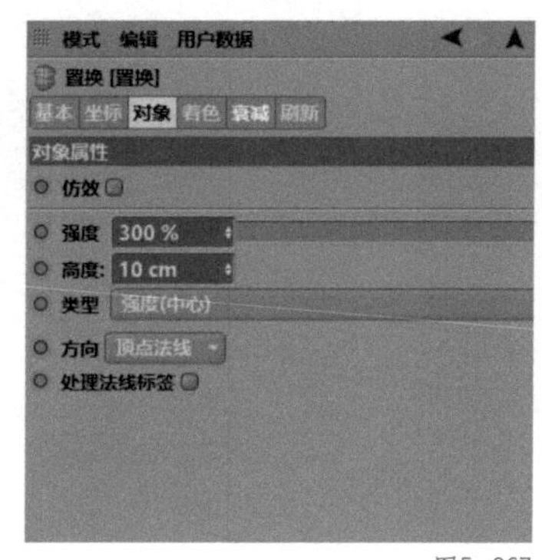

图5-267

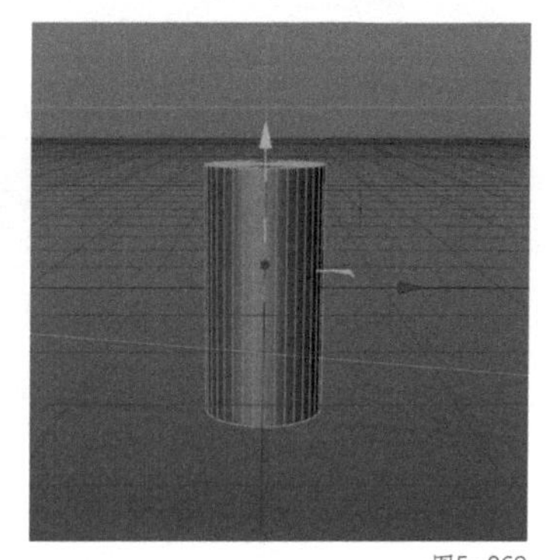

图5-268

08 按【Delete】键将选中的面删除，如图 5-269 所示。

09 在透视视图界面下，在空白处单击鼠标右键，在弹出的下拉菜单中选择“封闭多边形孔洞”，如图 5-270 所示。

10 在透视视图界面下，封闭“圆柱”的上下两个面，如图 5-271 所示。

图5-269

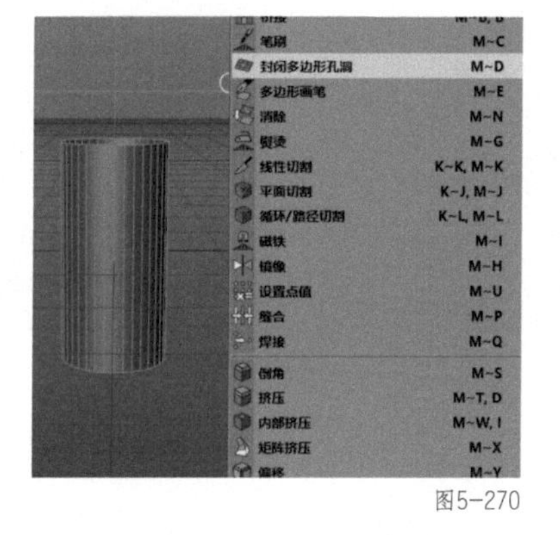

图5-270

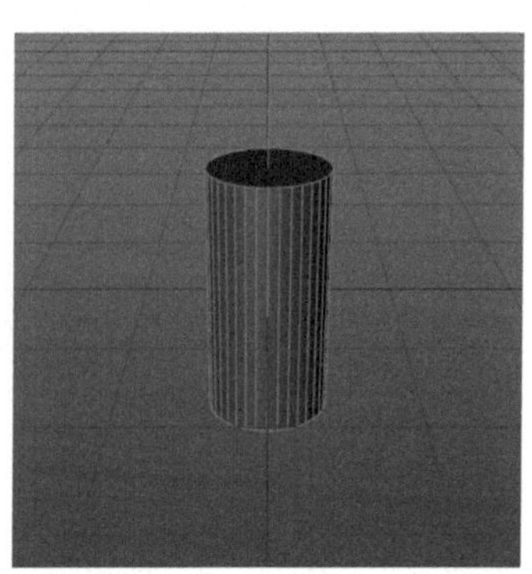

图5-271

11 在左侧的编辑模式工具栏中，选择“面模式”。在透视视图界面下，选择图 5-272 所示的面，按【E】键切换到移动工具，按住鼠标左键，沿着红色的箭头向左拖曳。

12 在透视视图界面下，选择图 5-273 所示的面，按【T】键切换到缩放工具调整大小。

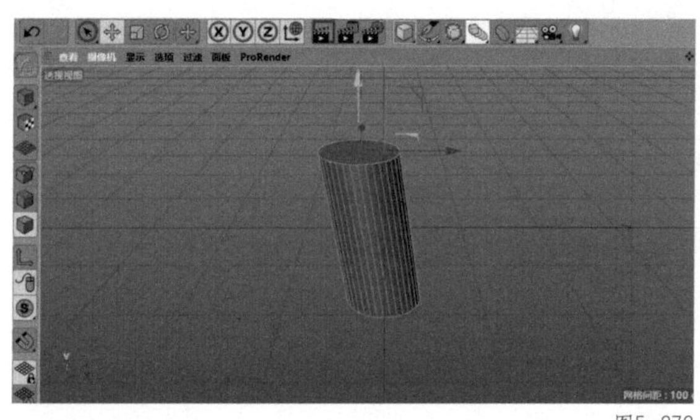

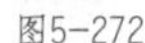

图5-272

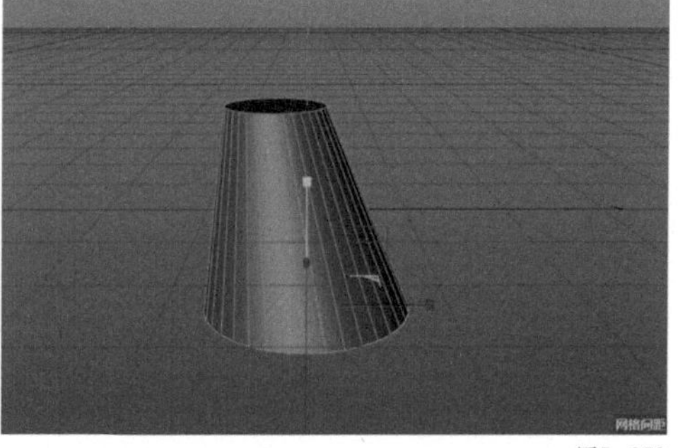

图5-273

13 在对象窗口中，在“南瓜梗”图层上单击鼠标右键，在弹出的下拉菜单中选择“当前状态转对象”，如图 5-274 所示。

14 在透视视图界面下，按【E】键切换到移动工具调整“南瓜梗”的位置，按【R】键切换到旋转工具调整“南瓜梗”的角度，如图 5-275 所示。

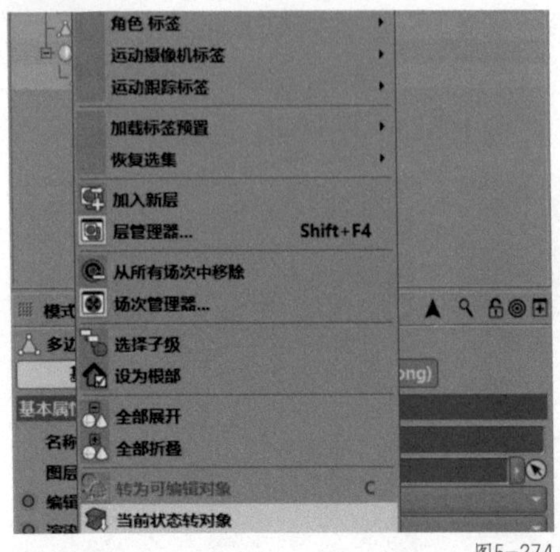

图5-274

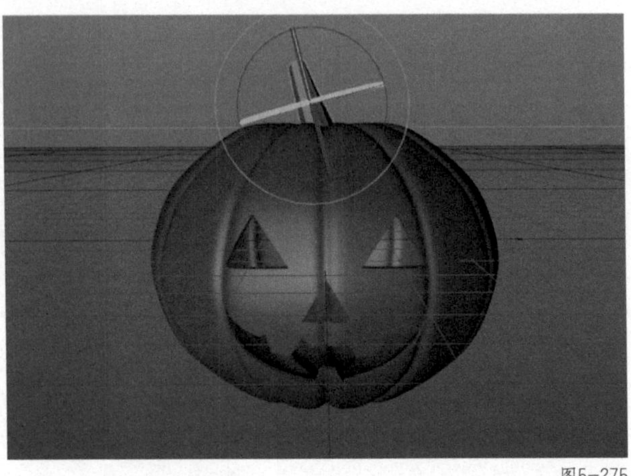

图5-275

15 在工具栏中选择“变形工具组”中的“扭曲”，如图 5-276 所示。

16 在透视视图界面下，按【R】键切换到“旋转”工具调整“南瓜梗”的角度。在“扭曲”窗口中，增加“扭曲”的强度，如图 5-277 所示。

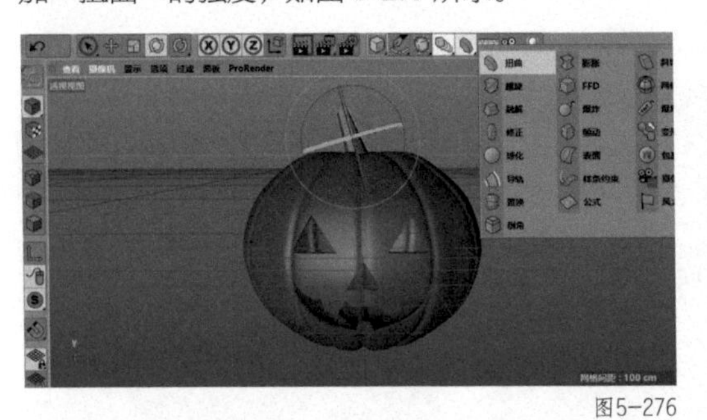

图5-276

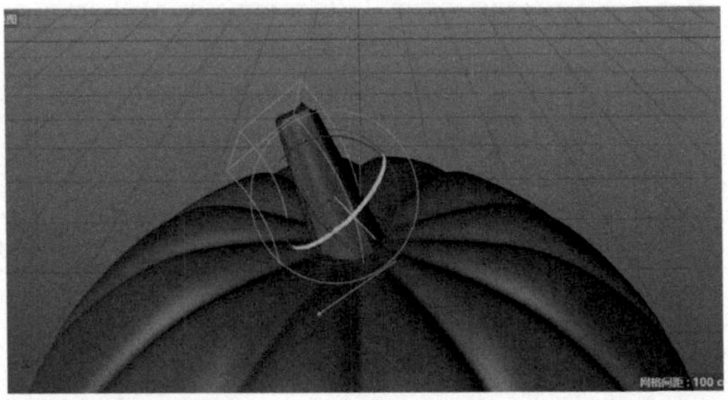

图5-277

17 在对象窗口中，将“扭曲”拖曳至“南瓜梗”内，使其成为“南瓜梗”的子集，如图 5-278 所示。

18 透视视图界面中的效果如图 5-279 所示。

19 在对象窗口中，在“南瓜梗”图层上单击鼠标右键，在弹出的下拉菜单中选择“当前状态转对象”，如图 5-280 所示。

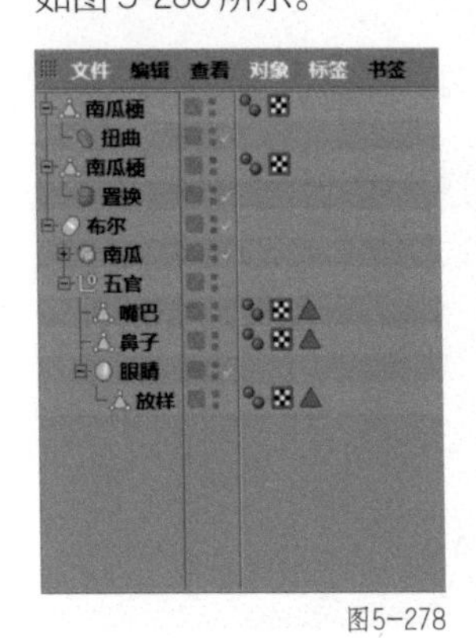

图5-278

图5-279

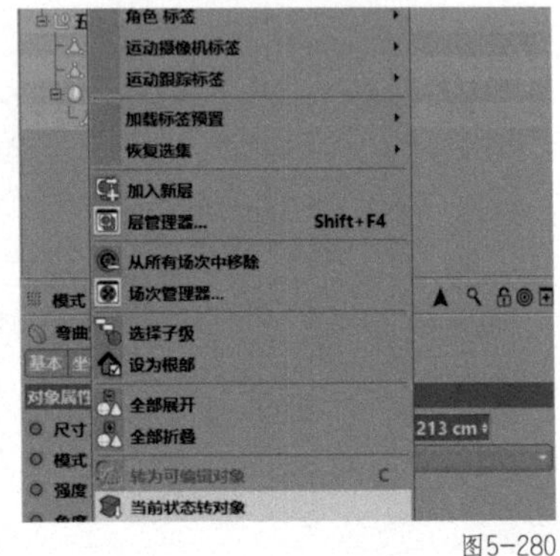

图5-280

5.3.4 南瓜灯的渲染

01 在材质窗口的空白处双击，新建一个“材质”，如图 5-281 所示。

02 双击“材质”，进入材质编辑器。进入“颜色”通道，选择“纹理”中的“加载图像”，如图 5-282 所示。

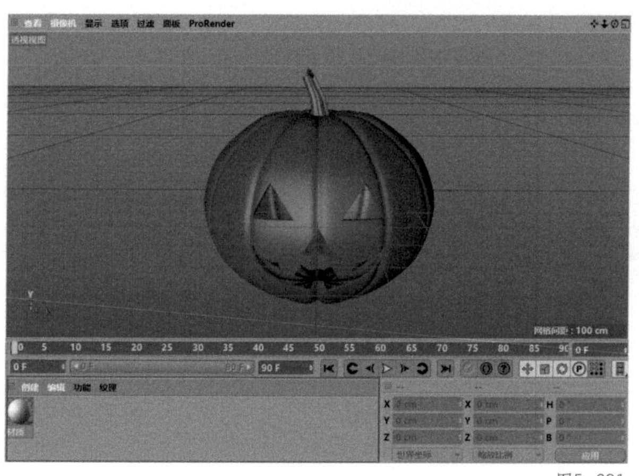
图5-281

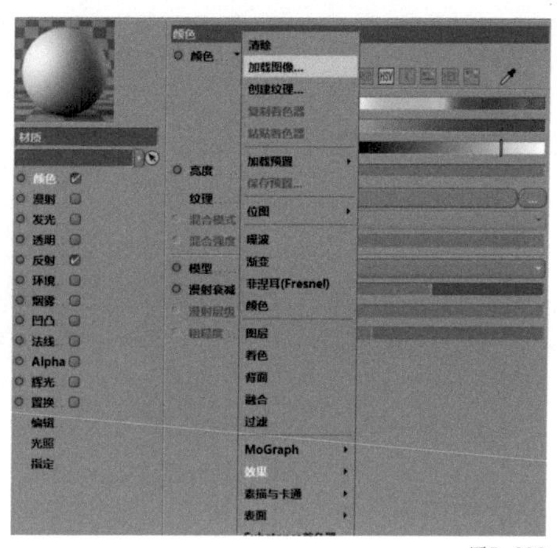
图5-282

03将素材“南瓜叶”置入，如图 5-283 所示。

04进入“Alpha”通道，选择“纹理”中的“加载图像”，如图 5-284 所示。

05将素材“南瓜叶”置入，如图 5-285 所示。

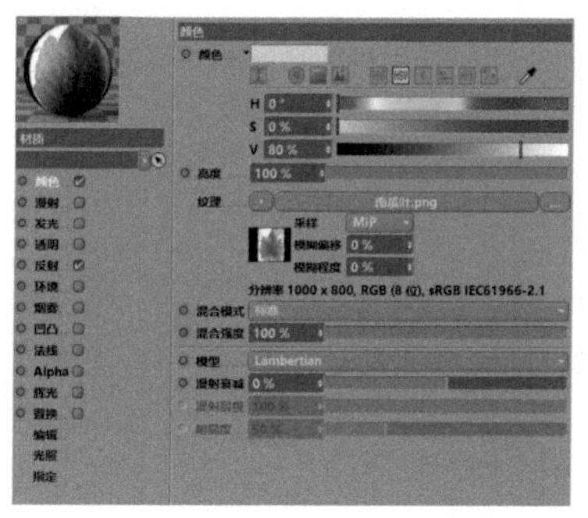
图5-283

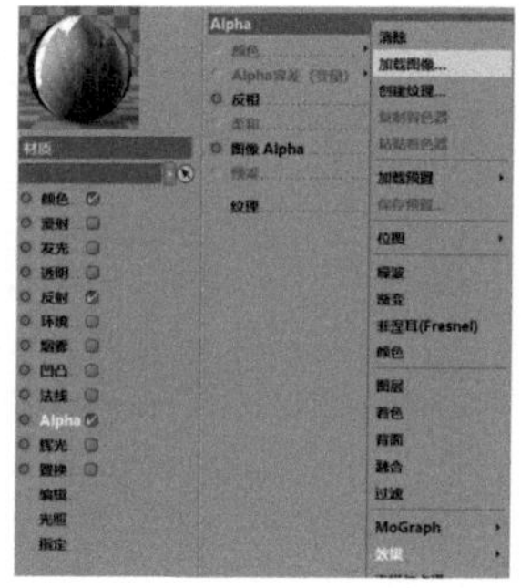
图5-284

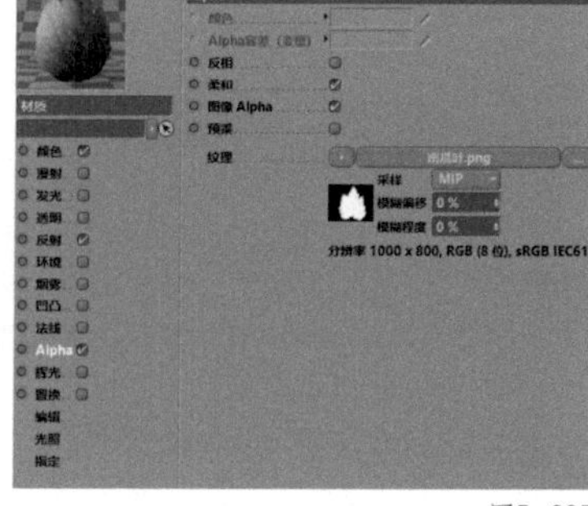
图5-285

06在材质窗口中，将“材质”重命名为“南瓜叶”，如图 5-286 所示。

07在工具栏中选择“参数化对象”中的“平面”，如图 5-287 所示。

08在透视视图界面下，将材质“南瓜叶”赋予“平面”图层，如图 5-288 所示。

图5-286

图5-287

图5-288

09在工具栏中选择“变形工具组”中的“扭曲”，在透视视图界面下，调整“扭曲”的角度和强度，然后将“扭曲”拖曳至“平面”内，使其成为“平面”的子集，如图 5-289 所示。

10在“扭曲”窗口中，将“强度”修改为“75°”，勾选“保持纵轴长度”，并单击“匹配到父级”，如图 5-290 所示。

11 透视视图界面中的效果如图 5-291 所示。

图5-289

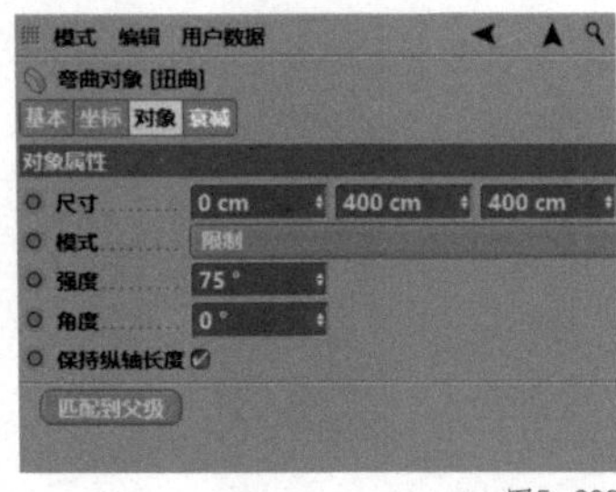

图5-290

图5-291

12 在透视视图界面下，按【E】键切换到“移动”工具调整“平面”的位置，效果如图 5-292 所示。

13 在对象窗口中，同时选择“南瓜叶”“南瓜梗”“南瓜”，并按【Alt+G】组合键编组，并重命名为“南瓜灯”，如图 5-293 所示。

图5-292

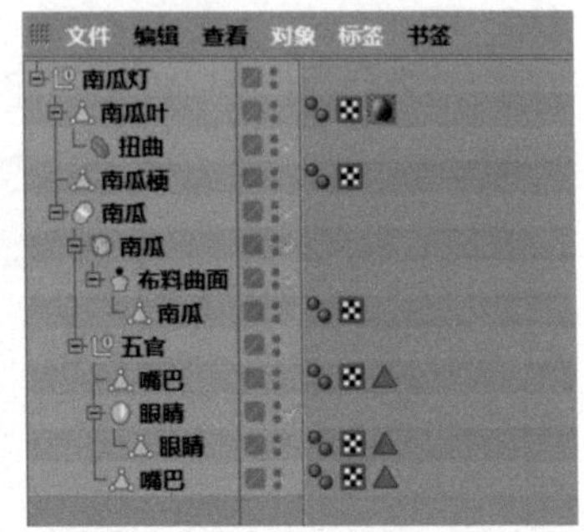

图5-293

14 在材质窗口的空白处双击，新建一个“材质”，如图 5-294 所示。

15 双击“材质”，进入材质编辑器。进入“颜色”通道，选择“纹理”中的“渐变”，如图 5-295 所示。

16 进入“着色器”。单击前面的“渐变色标设置”，将“H”修改为“20° ”，将“S”修改为“95%”，将“V”修改为“80%”，并单击“确认”按钮，如图 5-296 所示。

图5-294

图5-295

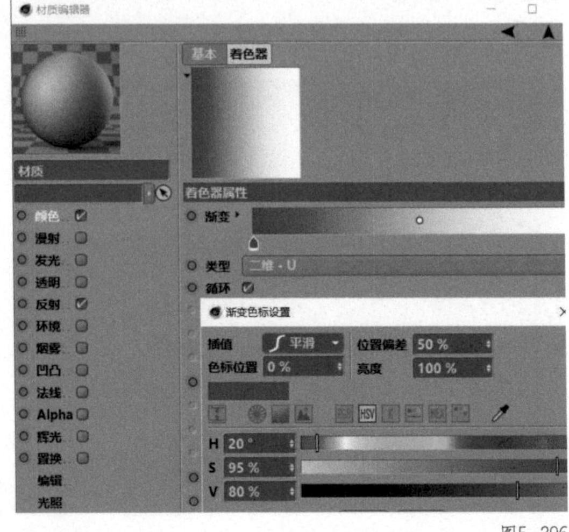

图5-296

17 单击后面的“渐变色标设置”，将“H”修改为“35° ”，将“S”修改为“80%”，将“V”修改为“95%”，并单击“确定”按钮，如图 5-297 所示。

18 在材质窗口中，将“材质”重命名为“南瓜”，如图 5-298 所示。

19 进在对象窗口中，将材质“南瓜”赋予“南瓜”和“五官”图层，如图 5-299 所示。

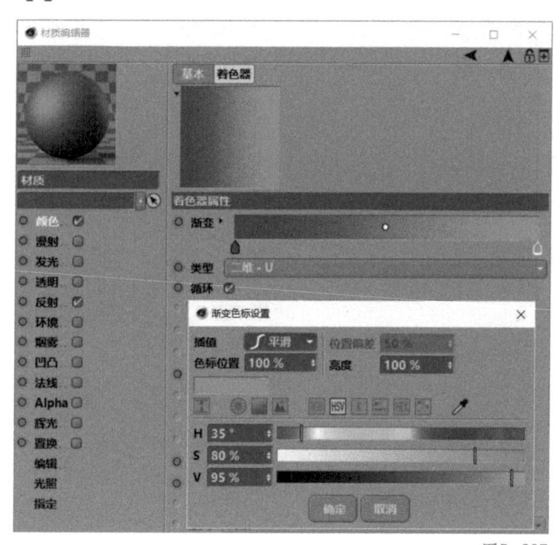

图5-297

图5-298

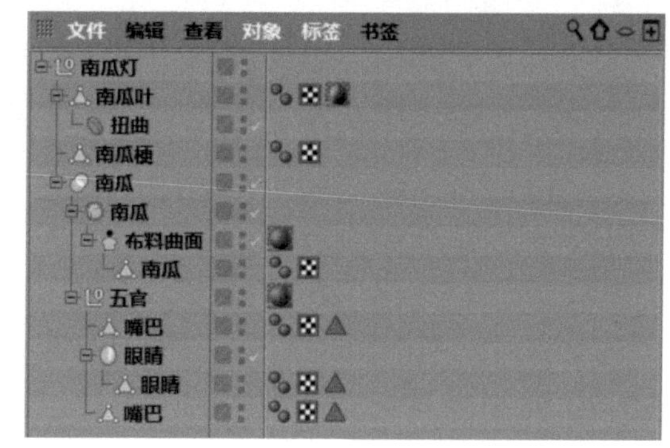

图5-299

20 在材质窗口的空白处双击，新建一个“材质”，如图 5-300 所示。

21 双击“材质”，进入材质编辑器。进入“颜色”通道，将“H”修改为“88°”，将“S”修改为“91%”，将“V”修改为“35%”，如图 5-301 所示。

22 在材质窗口中，将“材质”重命名为“南瓜梗”，如图 5-302 所示。

23 透视视图界面中的效果如图 5-303 所示。

图5-300

图5-302

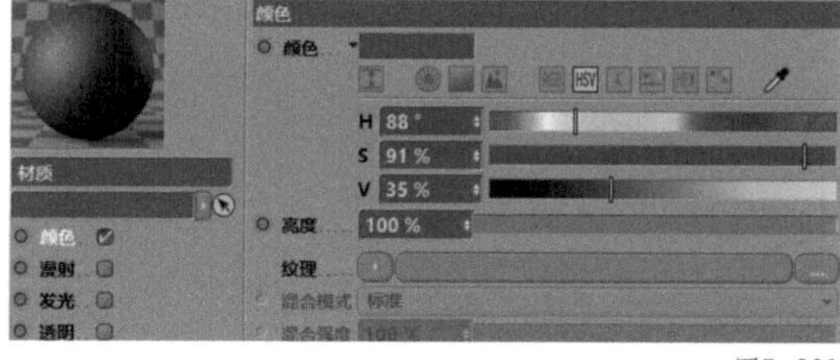

图5-301

图5-303

24 在工具栏中选择“灯光设定”中的“灯光”，如图 5-304 所示。

25 在“灯光”窗口中，选择“常规”，将“H”修改为“50°”，将“S”修改为“85%”，将“V”修改为“100%”，将“强度”修改为“160%”，如图 5-305 所示。

图5-304

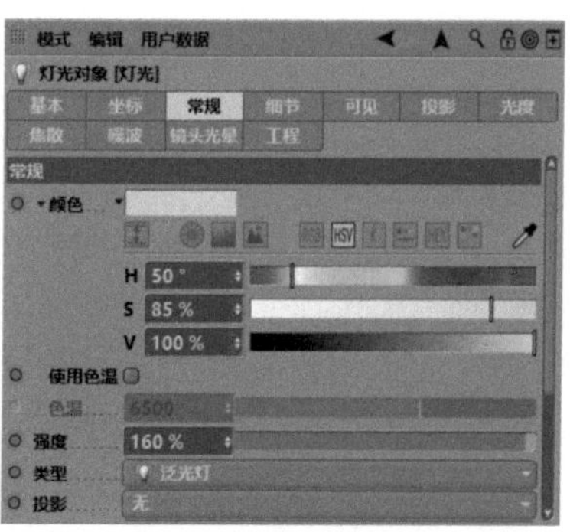

图5-305

26 单击鼠标滑轮调出四视图，在右视图窗口上单击鼠标滑轮，进入右视图界面。在右视图界面下，在工具栏中选择“曲线工具组”中的“画笔”。在右视图界面下，使用“画笔”工具绘制如图 5-306 所示的线段。

27 在工具栏中选择“NURBS”中的“挤压”，如图 5-307 所示。

28 在对象窗口中，将“样条”拖曳至“挤压”内，使其成为“挤压”的子集，并将“挤压”重命名为“背景”，如图 5-308 所示。

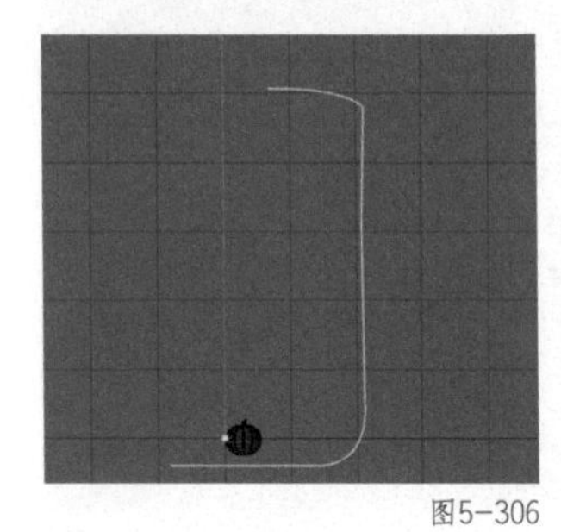

图5-306

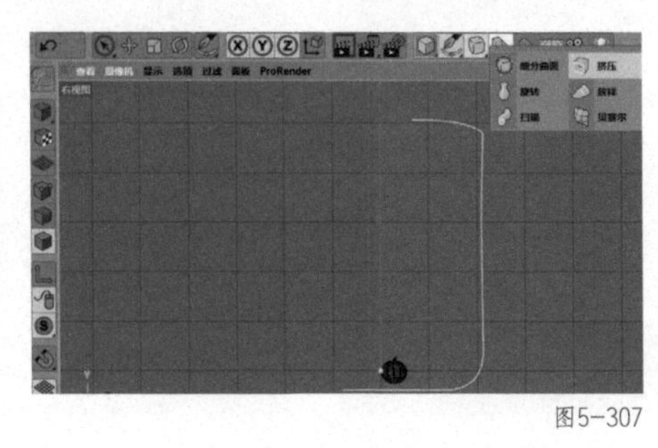

图5-307

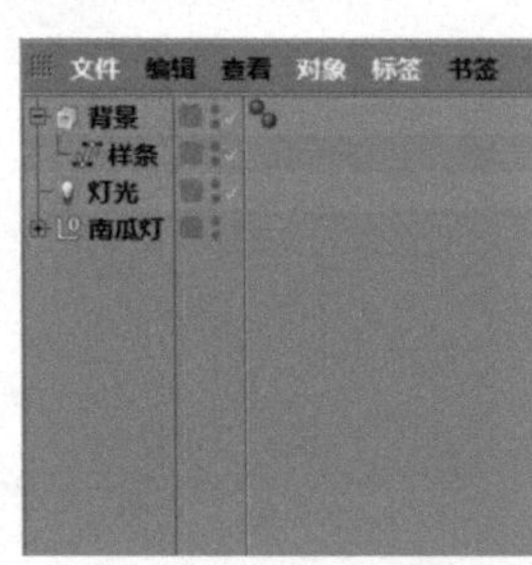

图5-308

29 在“挤压”窗口中，选择“对象”，在“对象”中将“移动”中“X”的数值修改为“10000 cm”，如图 5-309 所示。

30 单击鼠标滑轮调出四视图，在透视视图窗口上单击鼠标滑轮，进入透视视图界面，如图 5-310 所示。

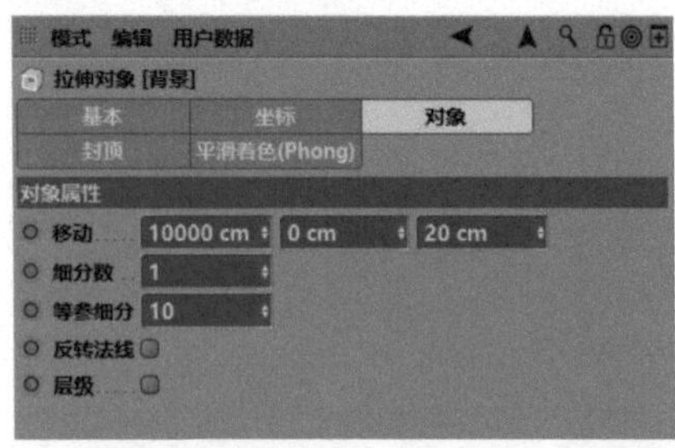

图5-309

图5-310

31 在材质窗口的空白处双击，新建一个“材质”，如图 5-311 所示。

32 双击“材质”，进入材质编辑器。进入“颜色”通道，将“H”修改为“88°”，将“S”修改为“0%”，将“V”修改为“0%”，如图 5-312 所示。

33 在材质窗口中，将“材质”重命名为“背景”，如图 5-313 所示。

34 将材质“背景”赋予“背景”图层，如图 5-314 所示。

图5-311

图5-313

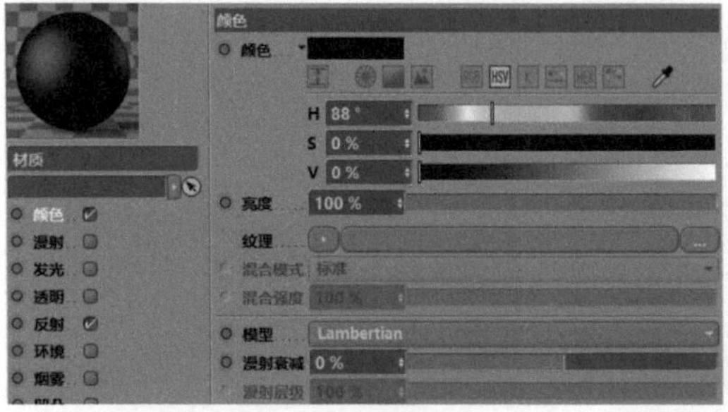

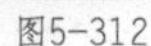

图5-312

图5-314

35 在透视视图界面下，在工具栏中选择“场景设定”中的“天空”，如图 5-315 所示。

36 在材质窗口的空白处双击，新建一个“材质”，如图 5-316 所示。

37 双击“材质”，进入材质编辑器。进入“颜色”通道，将“H”修改为“88°”，将“S”修改为“0%”，将“V”修改为“100%”，如图 5-317 所示。

38 在材质窗口中，将“材质”重命名为“天空”，如图 5-318 所示。

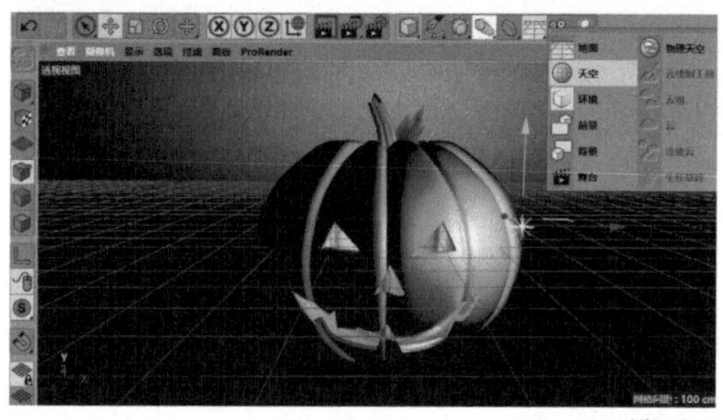

图5-315

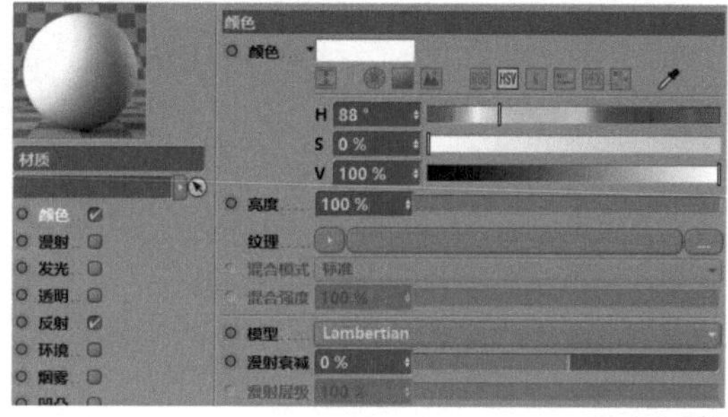

图5-317

图5-316

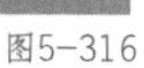

图5-318

39 在对象窗口中，将材质“天空”赋予“天空”图层，如图 5-319 所示。

40 在工具栏中选择“场景设定”中的“物理天空”，如图 5-320 所示。

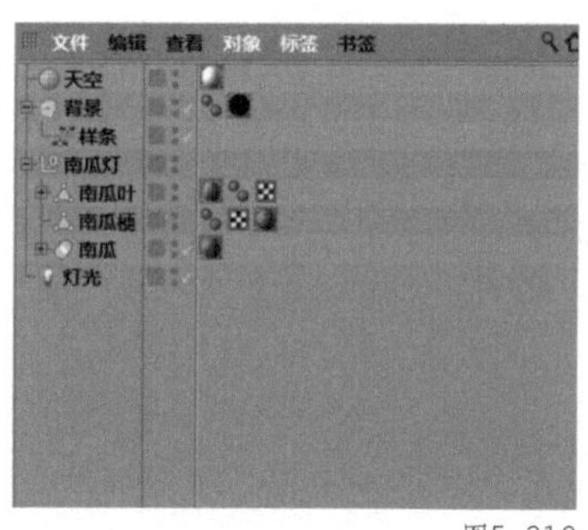

图5-319

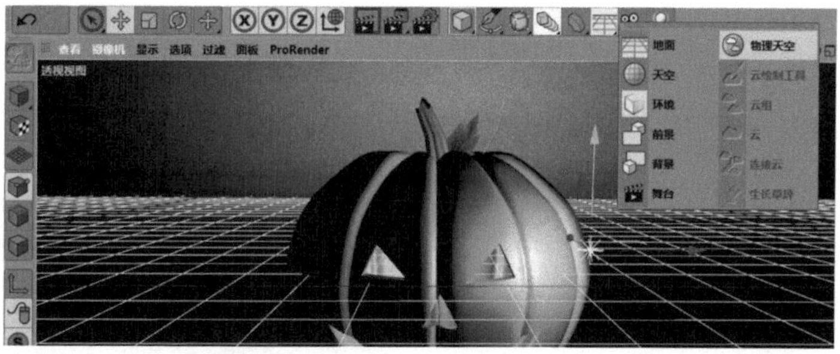

图5-320

41 在“物理天空”窗口中，选择“太阳”，将“强度”修改为“40%”，如图 5-321 所示。

42 在对象窗口中，选择“物理天空”，单击鼠标右键，在弹出的下拉菜单中选择“CINEMA 4D标签”中的“合成”，如图 5-322 所示。

43 在“合成”窗口中，勾选“标签属性”中的“合成背景”，如图 5-323 所示。

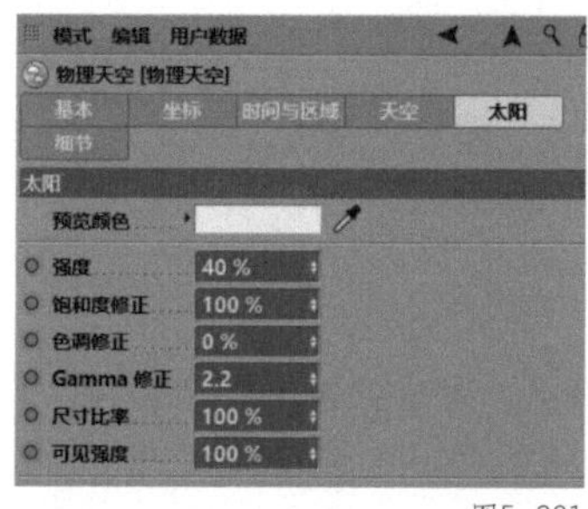

图5-321

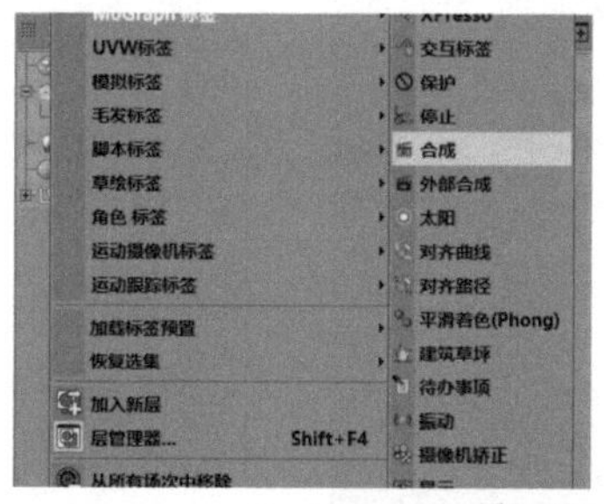

图5-322

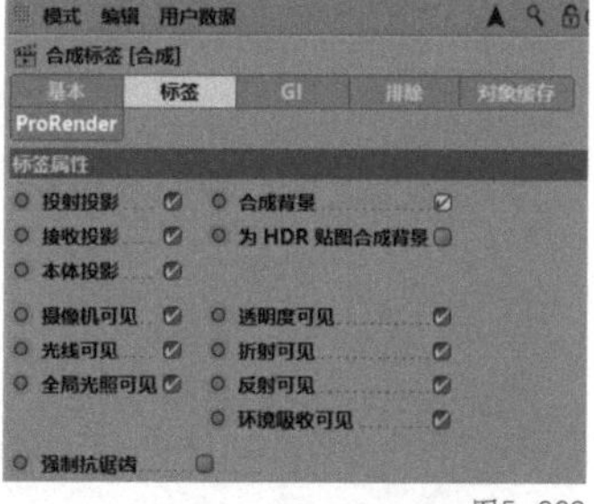

图5-323

44 在对象窗口中，同时选择“背景”“天空”“物理天空”“灯光”，按【Alt+G】组合键进行编组，并重命名为“背景”，如图 5-324 所示。

45 在工具栏中选择“编辑渲染设置”，如图 5-325 所示。

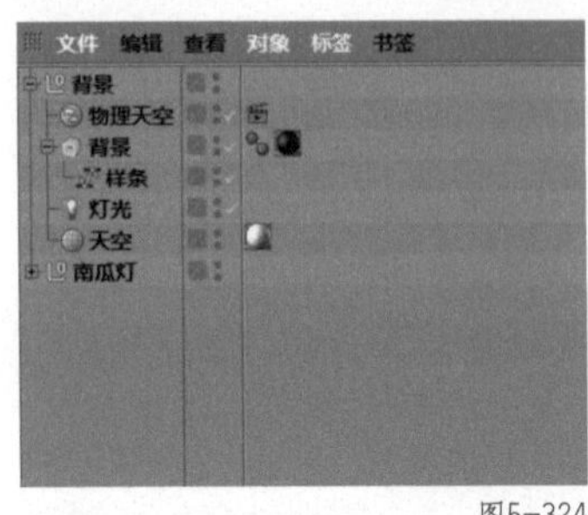

图5-324

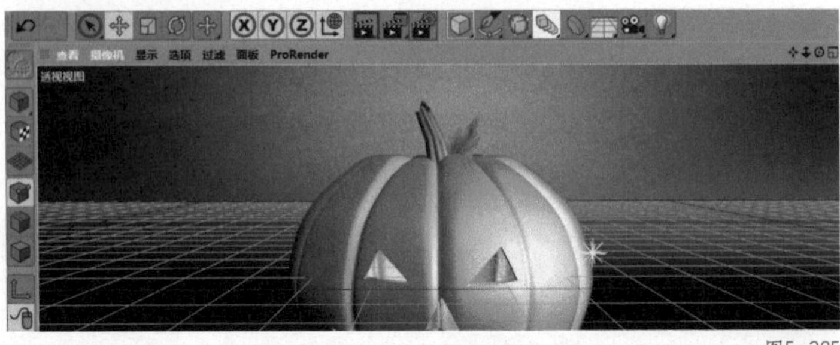

图5-325

46 在渲染设置中，勾选“多通道”，同时选择“效果”中的“全局光照”，如图 5-326 所示。

47 在“全局光照”中，选择“辐照缓存”，并将“记录密度”修改为“高”，如图 5-327 所示。

48 在渲染设置中，勾选“多通道”，同时选择“效果”中的“环境吸收”，如图 5-328 所示。

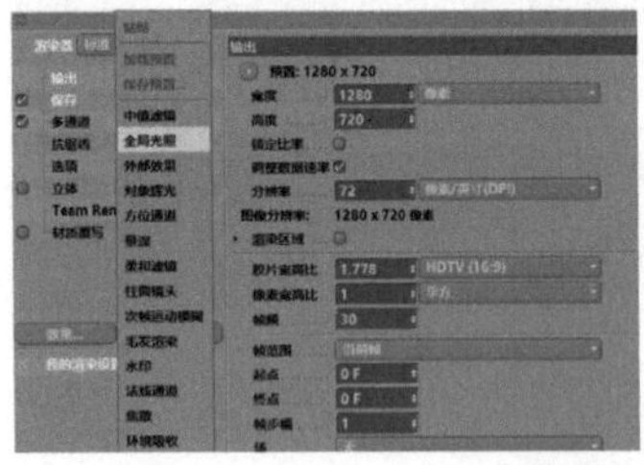

图5-326

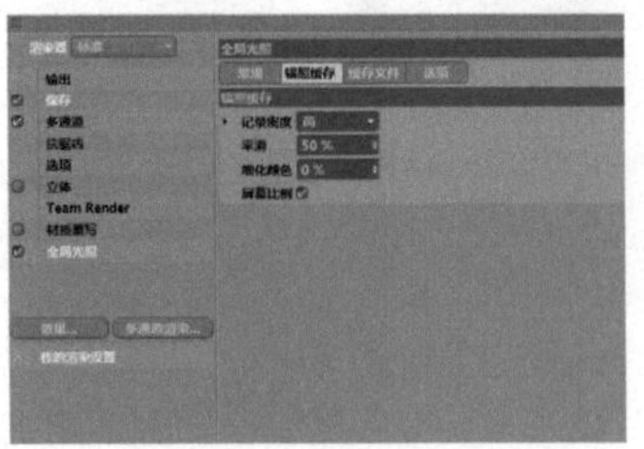

图5-327

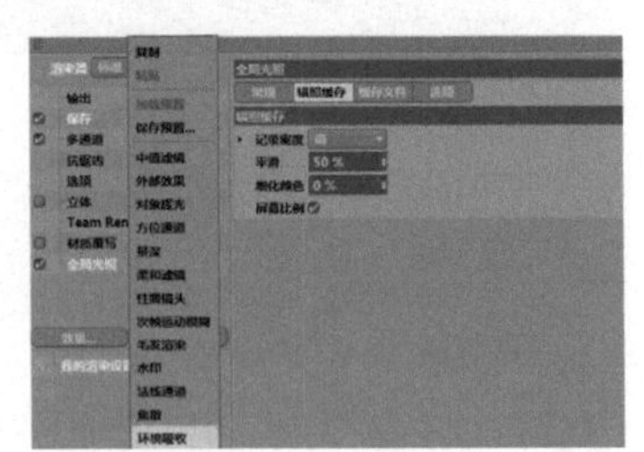

图5-328

49 在“环境吸收”中选择“缓存”，将“记录密度”修改为“高”，如图 5-329 所示。

50 在工具栏中选择“渲染到图片查看器”，如图 5-330 所示。

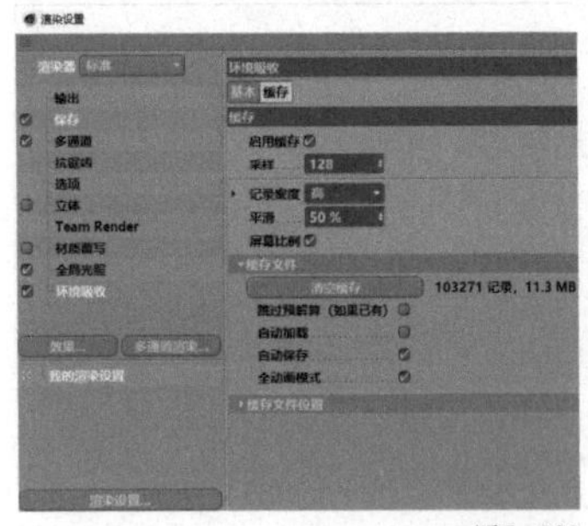

图5-329

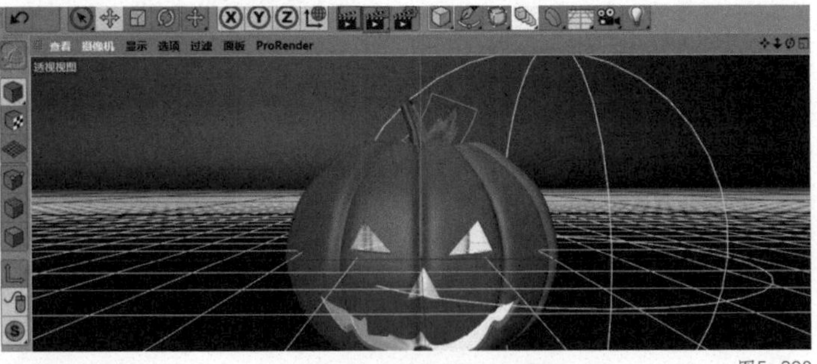

图5-330

51 渲染后的效果如图 5-331 所示。

图5-331

本案例到此已全部完成。

本节知识点一览

（1）参数化对象：圆柱、圆柱、平面

（2）NURBS：细分曲面

（3）模拟：布料曲面

（4）造型工具组：对称、布尔

（5）变形工具组：扭曲、置换

（6）曲线工具组：画笔

（7）对象和样条的编辑操作与选择：倒角

5.4 小飞机——圆柱、立方体、锥化、倒角、对称

本节讲解小飞机的制作方法。飞机是人类在20世纪所取得的重大科学技术成就之一，有人将它与电视、电脑并列为20世纪对人类影响最大的三大发明。在三维设计中，小飞机是中级难度的模型，大致分为机身、机头、轴心、螺旋桨、机翼、驾驶舱、机尾、机轮和支架等部分。在CINEMA 4D中，小飞机需要使用圆柱、立方体等模型配合锥化、倒角、对称等功能便可制作完成。

本节内容	本节将讲解小飞机的制作方法，包括小飞机三维模型的创建、材质及材质的参数调整、场景及灯光的搭建

本节目标	通过本节的学习，读者将掌握小飞机制作方法

本节主要知识点	圆柱、立方体、锥化、倒角、对称

本节最终效果图展示

5.4.1 机身的建模

01 打开 CINEMA 4D，进入默认的透视视图界面。在透视视图界面下，选择工具栏中的“参数化对象”中的“圆柱”，如图 5-332 所示。

02 在“圆柱”窗口中，选择“对象”，将“半径”修改为“70 cm”，将“高度”修改为“250 cm”，如图 5-333 所示。

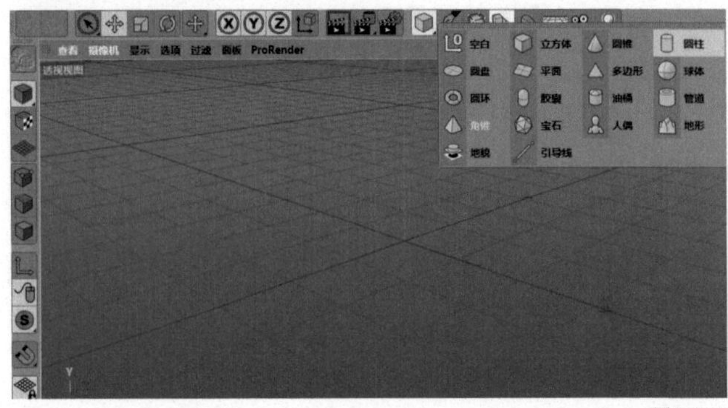

图5-332

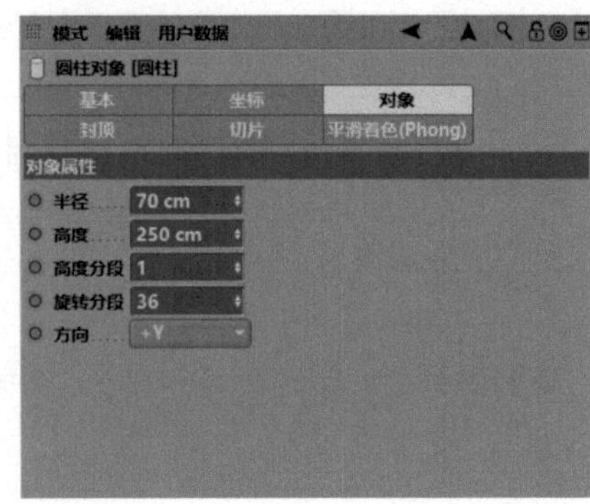

图5-333

03 在“圆柱”窗口中，选择“封顶”，勾选“圆角”，将“分段”修改为“5”，将“半径”修改为“20 cm”，如图 5-334 所示。

04 在工具栏中选择“变形工具组”中的“锥化”，如图 5-335 所示。

05 在对象窗口中，将“锥化”拖曳至“圆柱”内，使其成为“圆柱”的子集，如图 5-336 所示。

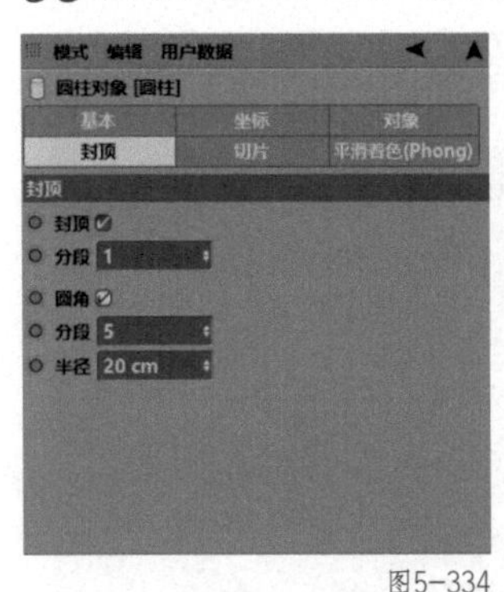

图5-334

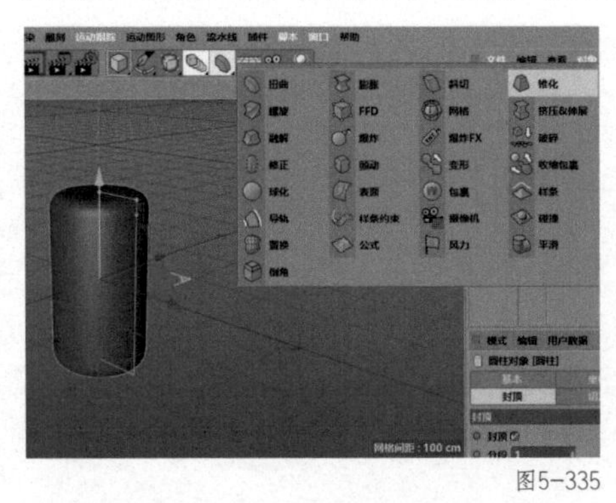

图5-335

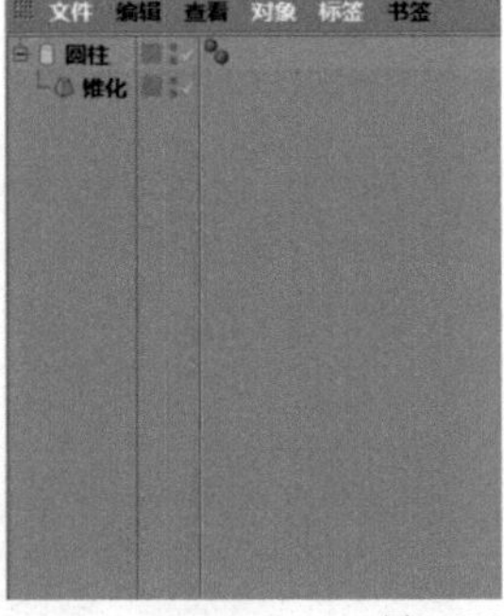

图5-336

06 在“锥化”窗口中，选择“对象”，将“强度”修改为“60%”，将“弯曲”修改为“100%”，并单击“匹配到父级”按钮，如图 5-337 所示。

07 在对象窗口中，选择“圆柱”，在该图层上单击鼠标右键，在弹出的下拉菜单中选择“当前状态转对象”，如图 5-338 所示。

08 在对象窗口中，将“圆柱”重命名为“机身”，如图 5-339 所示。

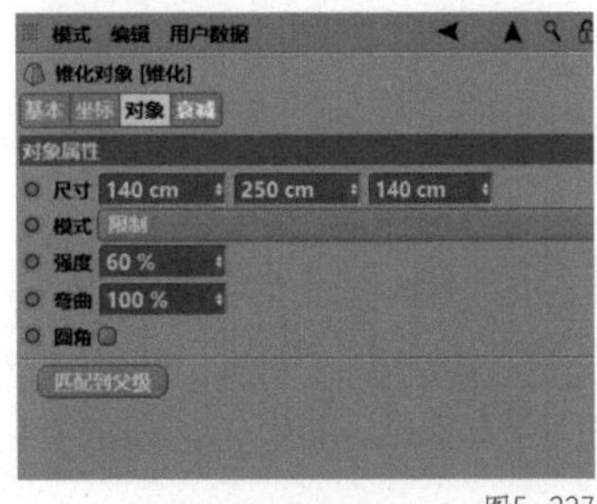

图5-337

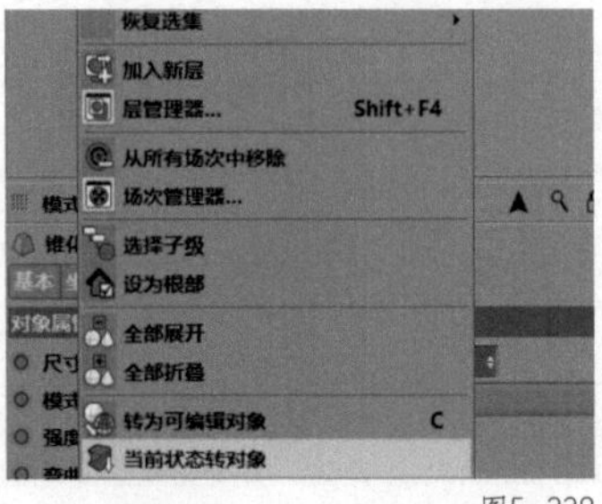

图5-338

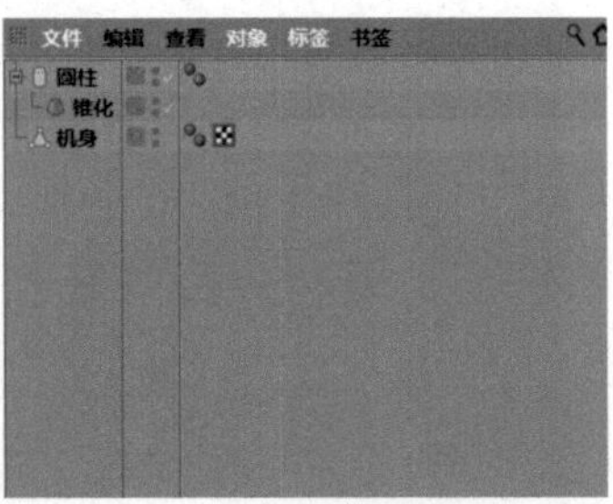

图5-339

09 单击鼠标滑轮调出四视图，在正视图窗口上单击鼠标滑轮，进入正视图界面，如图 5-340 所示。

10 在正视图界面下，按【R】键切换到“旋转”工具调整角度，效果如图 5-341 所示。

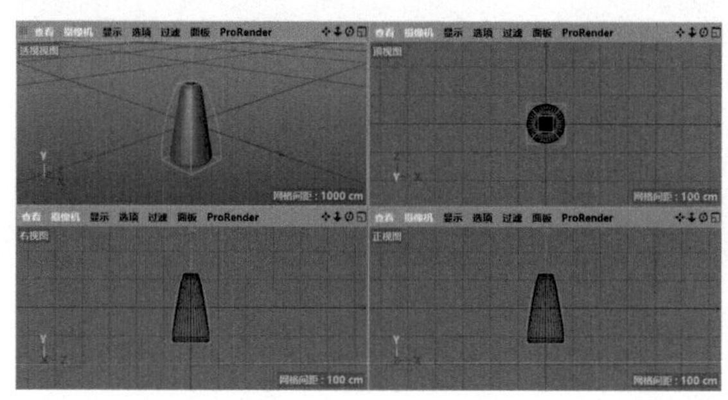

图5-340

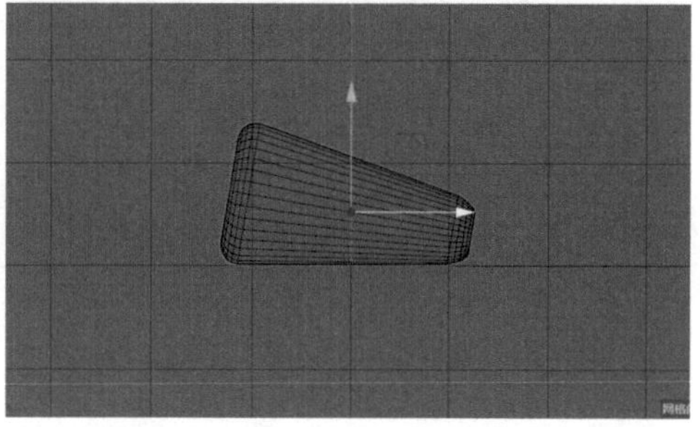

图5-341

5.4.2 机头的建模

01 在工具栏中选择“参数化对象”中的“管道”，如图 5-342 所示。

02 在“管道”窗口中，选择“对象”，将“内部半径”修改为“48 cm”，将“外部半径”修改为“64 cm”，将“高度”修改为“32 cm”，将“方向”修改为“+Z”，勾选“圆角”，将“分段”修改为“8”，将“半径”修改为“4.5 cm”，如图 5-343 所示。

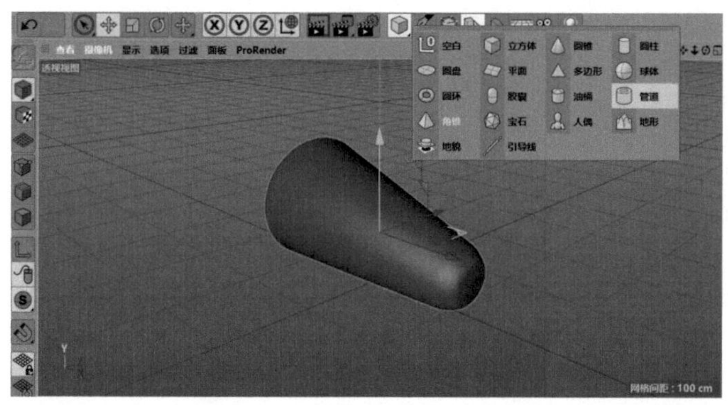

图5-342

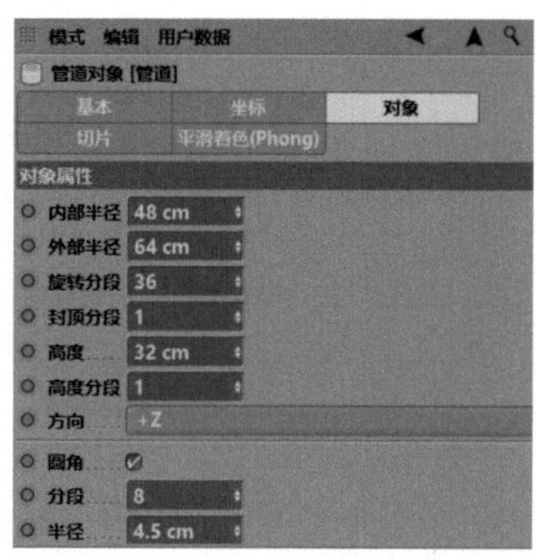

图5-343

03 在透视视图界面下，按【E】键切换到“移动”工具调整“管道”的位置，按【R】键切换到“旋转”工具调整“管道”的角度，如图 5-344 所示。

04 在对象窗口中，将“管道”重命名为“机头”，如图 5-345 所示。

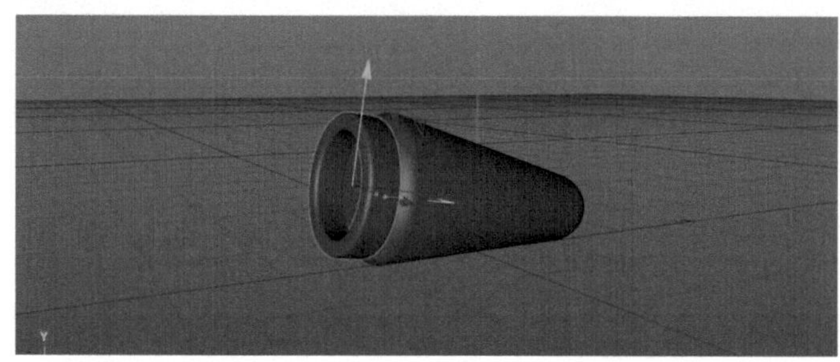

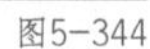

图5-344

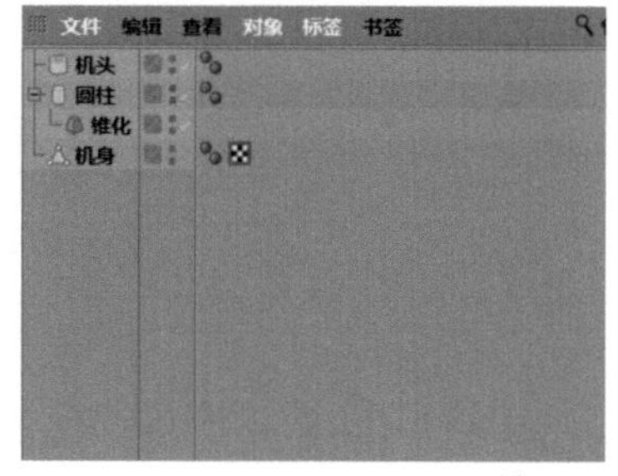

图5-345

5.4.3 轴心的建模

01 在工具栏中选择“参数化对象”中的“胶囊”，如图 5-346 所示。

02 在“胶囊”窗口中，选择“对象”，将“半径”修改为“8 cm”，将“高度”修改为“90 cm”，将

“方向”修改为“+Z”，如图 5-347 所示。

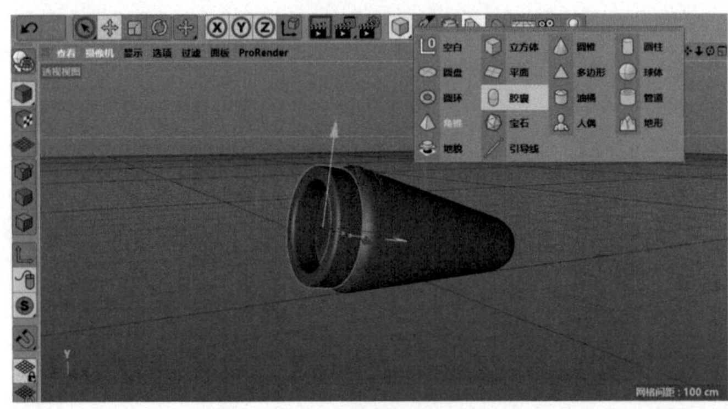

图5-346

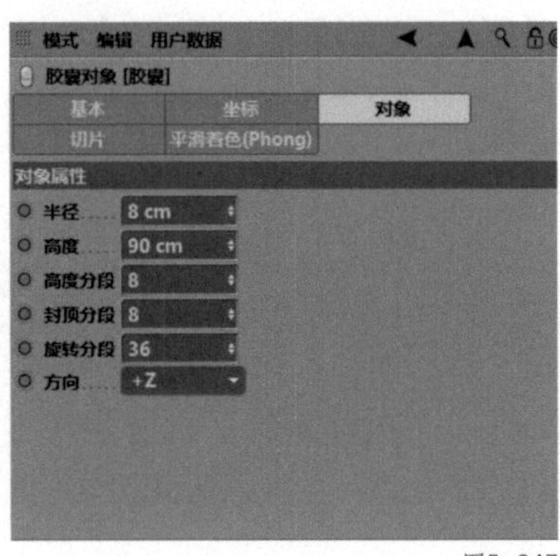

图5-347

03 在透视视图界面下，按【E】键切换到“移动”工具调整“胶囊”的位置，按【R】键切换到“旋转”工具调整“胶囊”的角度，如图 5-348 所示。

04 在对象窗口中，将“胶囊”重命名为“轴心”，如图 5-349 所示。

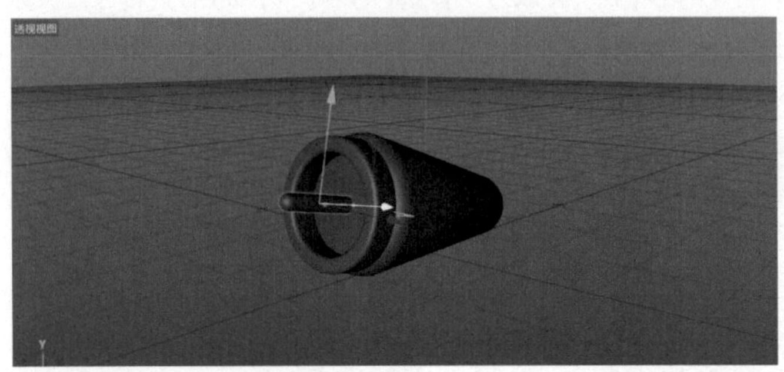

图5-348

图5-349

5.4.4 螺旋桨的建模

01 在工具栏中选择“参数化对象”中的“立方体”，如图 5-350 所示。

02 在“立方体”窗口中，选择“对象”，将“尺寸.X”修改为“6 cm”，将“尺寸.Y”修改为“88 cm”，将“尺寸.Z”修改为“30 cm”，如图 5-351 所示。

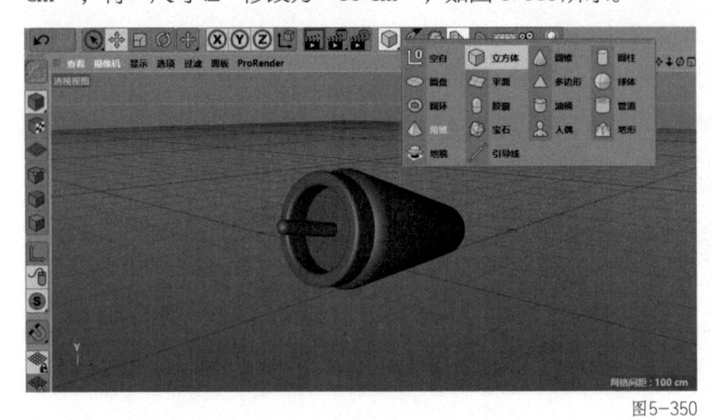

图5-350

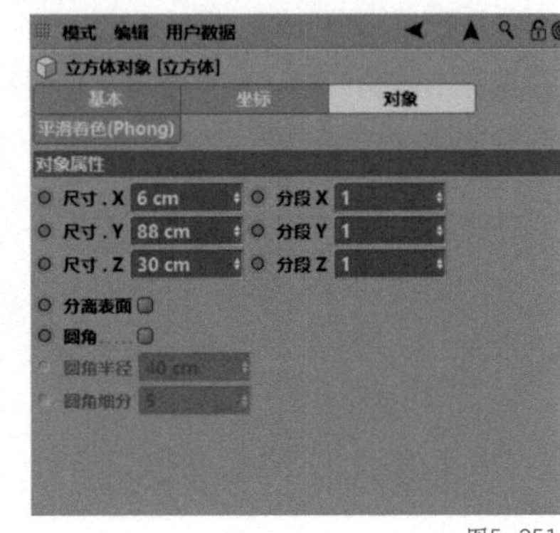

图5-351

03 在左侧的编辑模式工具栏中选择“转为可编辑对象”或按【C】键将“立方体”转为可编辑对象，如图 5-352 所示。

04 在左侧的编辑模式工具栏中选择“边模式”，选择图 5-353 所示的 4 条边，在透视视图界面下，在空白处单击鼠标右键，在弹出的下拉菜单中选择“倒角”。

图5-352

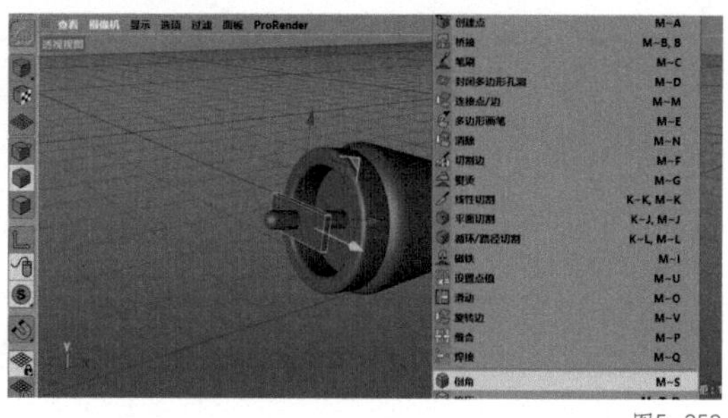
图5-353

05 在“倒角”窗口中，将“偏移”修改为“15 cm”，将“细分”修改为“10”，如图 5-354 所示。

06 透视视图界面中的效果如图 5-355 所示。

07 在对象窗口中，将“立方体”重命名为“螺旋桨”，如图 5-356 所示。

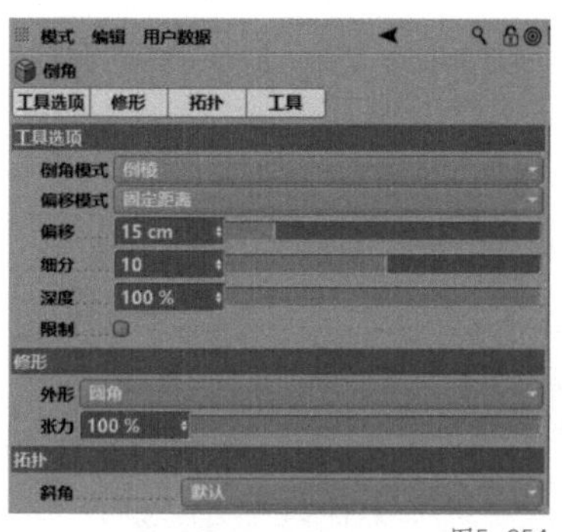

图5-354

图5-355

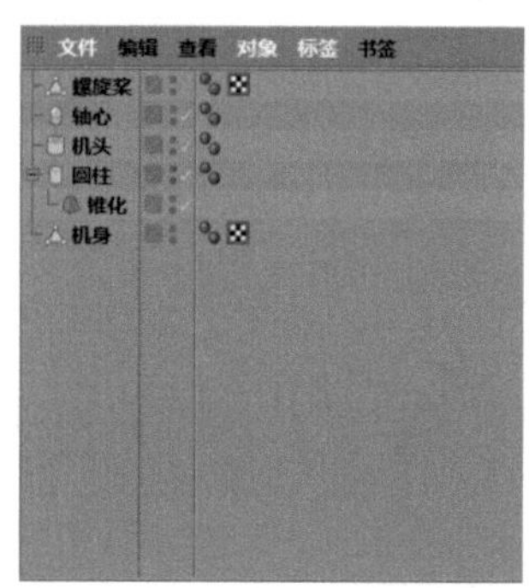

图5-356

5.4.5 机翼的建模

01 在工具栏中选择“参数化对象”中的“立方体”。在“立方体”窗口中，选择“对象”，将“尺寸.X”修改为“488 cm”，将“尺寸.Y”修改为“22 cm”，将“尺寸.Z”修改为“158 cm”，如图 5-357 所示。

02 在透视视图界面下，按【E】键切换到“移动”工具调整为“立方体”的位置，按【R】键切换到“旋转”工具调整“立方体”的角度，如图 5-358 所示。

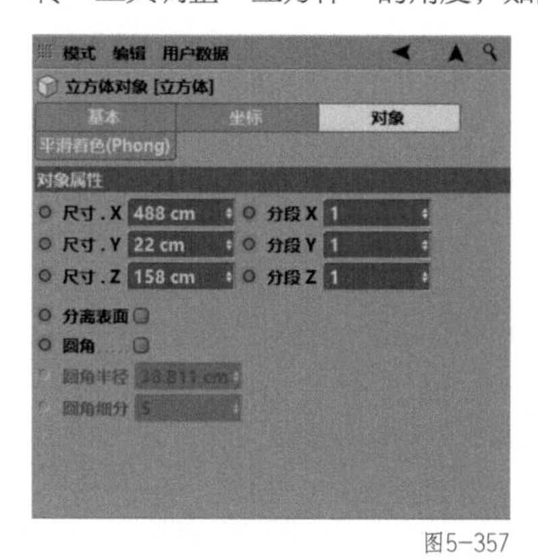

图5-357

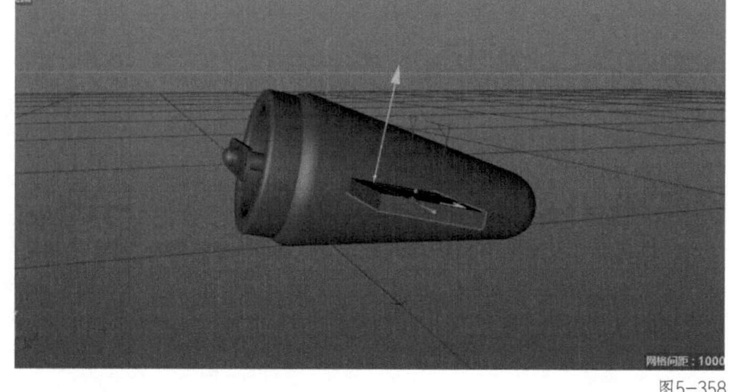
图5-358

03 在左侧的编辑模式工具栏中，选择“转为可编辑对象”或按【C】键将“立方体”转为可编辑对象。在左侧的编辑模式工具栏中，选择“边模式”。选择图 5-359 所示的 4 条边，在透视视图界面下，在空白处单击鼠标右键，在弹出的下拉菜单中选择“倒角”。

04 在“倒角”窗口中，将“偏移”修改为“79 cm”，将“细分”修改为“15”，如图 5-360 所示。

05 在透视视图界面中的效果如图 5-361 所示。

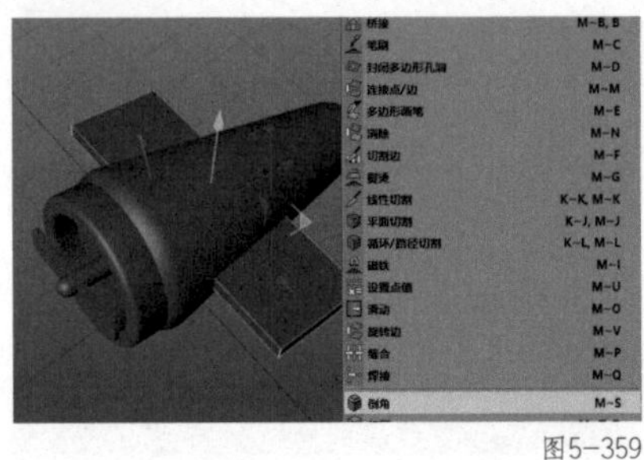
图5-359

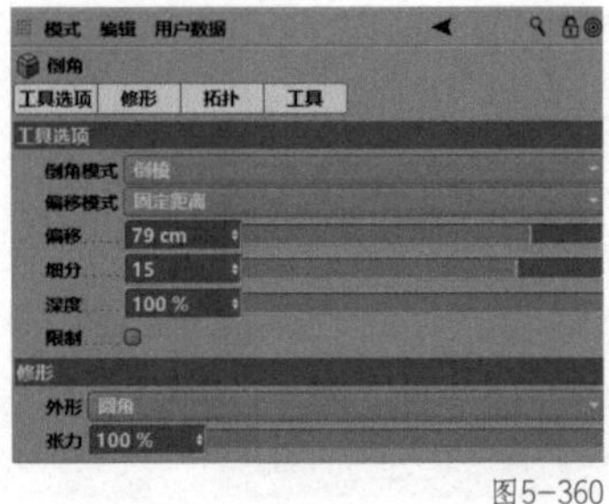
图5-360

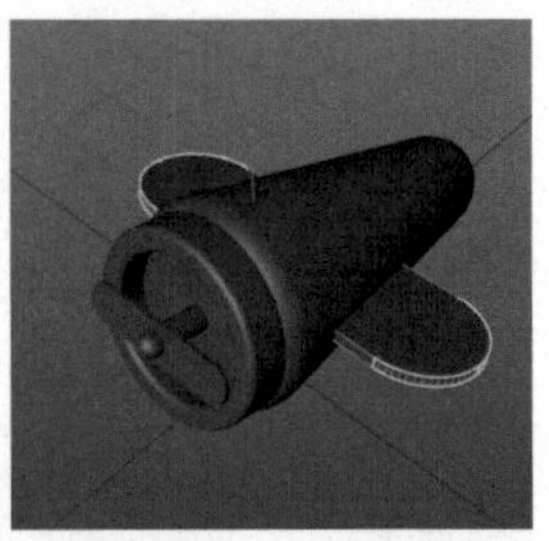
图5-361

06 在对象窗口中，将“立方体”重命名为“机翼（下）”，并复制一份，重命名为“机翼（上）”，同时选择“机翼（上）”和“机翼（下）”，按【Alt+G】组合键编组，并重命名为“机翼”，如图5-362所示。

07 在透视视图界面下，按【E】键切换到“移动”工具，调整“机翼（上）”的位置。按【R】键切换到“旋转”工具，调整“机翼”的角度，如图5-363所示。

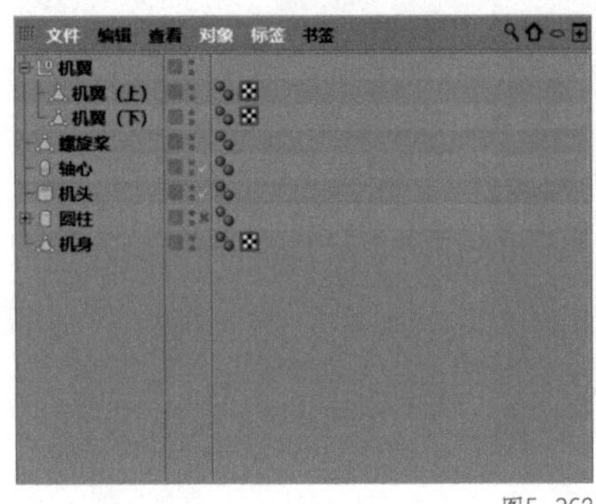

图5-362

图5-363

5.4.6 支架的建模

01 单击鼠标滑轮调出四视图，在右视图窗口上单击鼠标滑轮，进入右视图界面。在工具栏中选择“参数化对象”中的“圆柱”。在右视图界面下，按【E】键切换到“移动”工具调整“圆柱”的位置，按【T】键切换到“缩放”工具调整“圆柱”的大小，按【R】键切换到“旋转”工具调整“圆柱”的角度，如图5-364所示。

02 在右视图界面下，按住鼠标左键，同时按住【Ctrl】键，沿着蓝色箭头向右拖曳，复制一份“圆柱”，如图5-365所示。

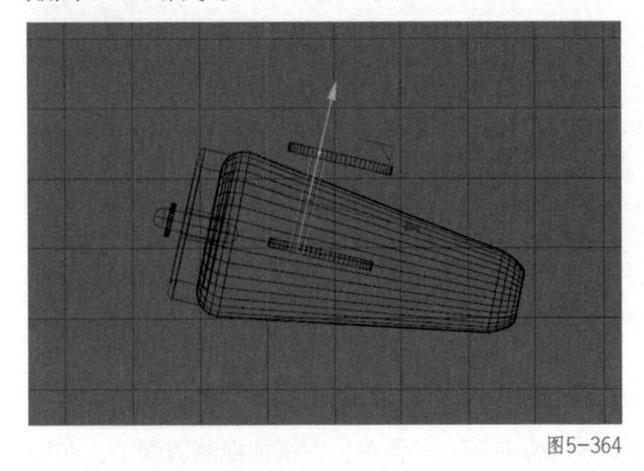
图5-364

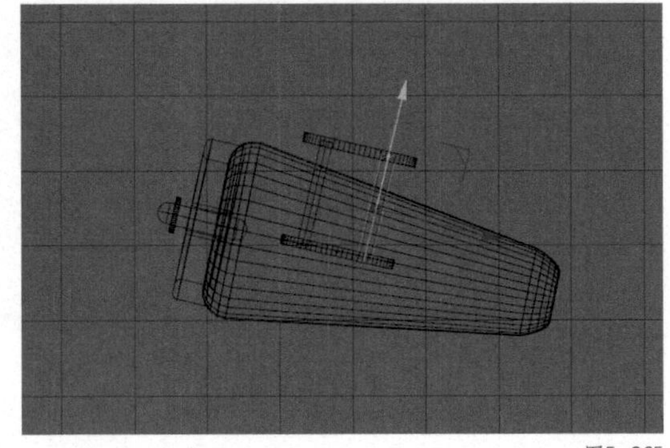
图5-365

03 在对象窗口中，同时选择“圆柱.1”和“圆柱.2”，按【Alt+G】组合键编组，并重命名为“支柱”，如图5-366所示。

04 在工具栏中选择“造型工具组”中的“对称”，如图5-367所示。

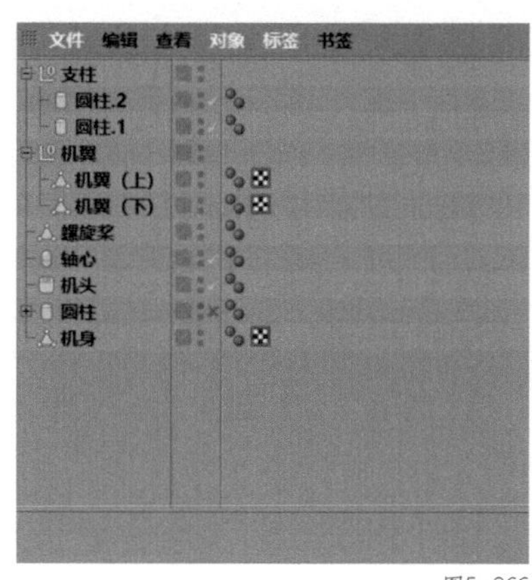

图5-366

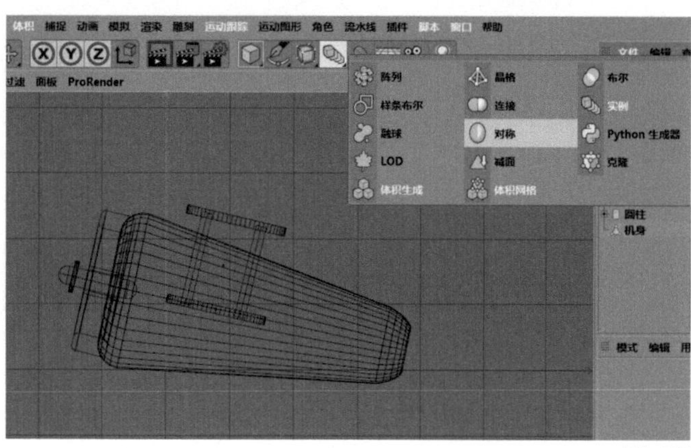

图5-367

05 在对象窗口中，将“支柱”拖曳至“对称”内，使其成为“对称”的子集，如图 5-368 所示。

06 透视视图界面中的效果如图 5-369 所示。

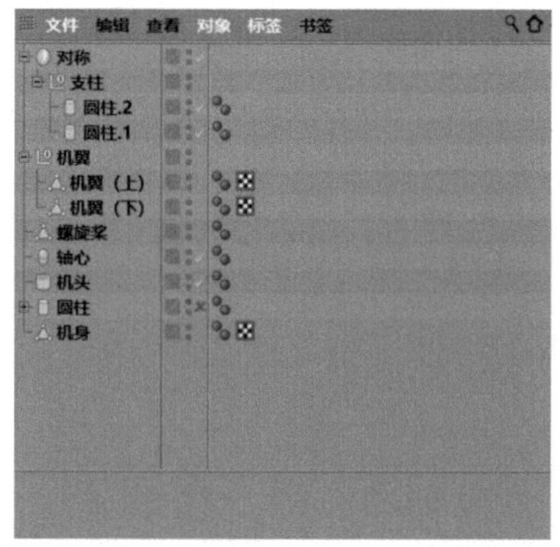

图5-368

图5-369

5.4.7 驾驶舱的建模

01 在工具栏中选择“参数化对象”中的“胶囊”，如图 5-370 所示。

02 在“胶囊”窗口中，选择“对象”，将“半径”修改为“63 cm”，将“旋转分段”修改为“60”，如图 5-371 所示。

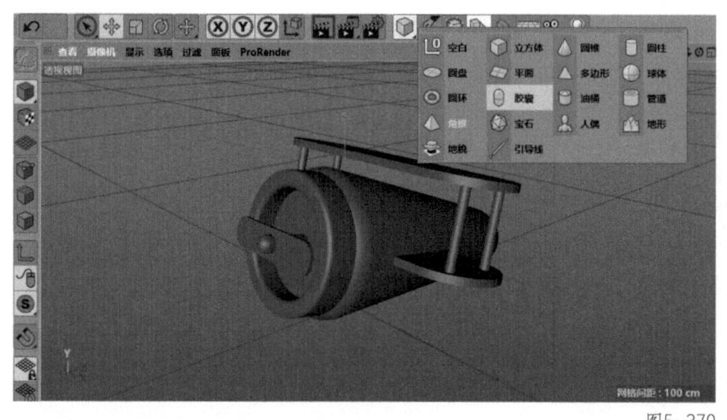

图5-370

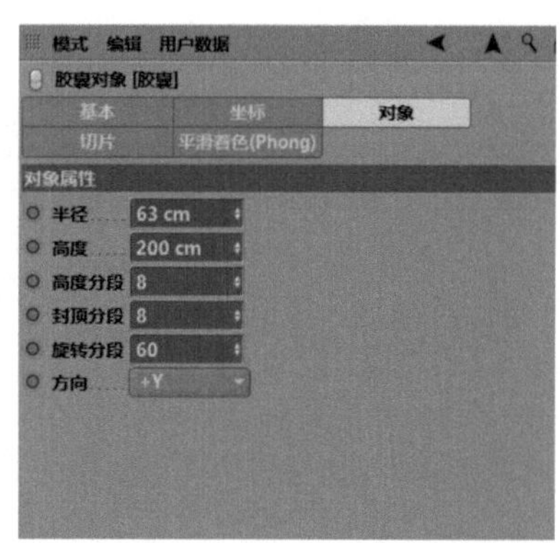

图5-371

03 在透视视图界面下，按【E】键切换到“移动”工具调整“胶囊”的位置，按【R】键切换到“旋转”工具调整“胶囊”的角度，如图 5-372 所示。

04 在对象窗口中，将“胶囊”重命名为“驾驶舱”，如图 5-373 所示。

图5-372

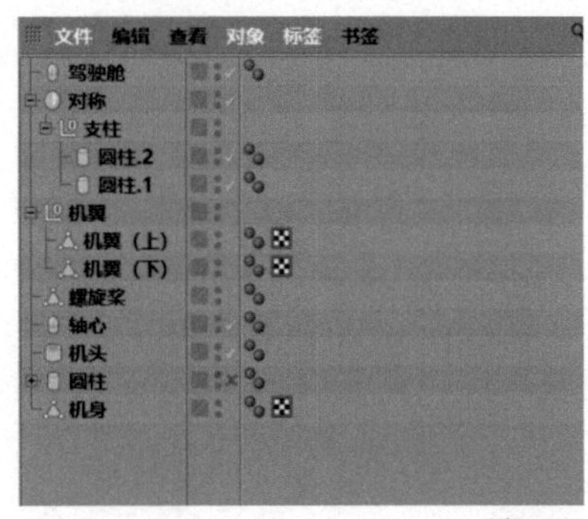

图5-373

5.4.8 机尾的建模

01 在工具栏中选择“参数化对象”中的“立方体”。在“立方体”窗口中，选择“对象”，将“尺寸.X”修改为“255 cm”，将“尺寸.Y”修改为“12 cm”，将“尺寸.Z”修改为“63 cm”，如图5-374所示。

02 按【E】键切换到“移动”工具，调整“立方体”的位置。在左侧的编辑模式工具栏中选择“转为可编辑对象”或按【C】键将“立方体”转为可编辑对象。在左侧的编辑模式工具栏中，选择“边模式”，在透视视图界面下，选择图5-375所示的两条边，在空白处单击鼠标右键，在弹出的下拉菜单中选择“倒角”。

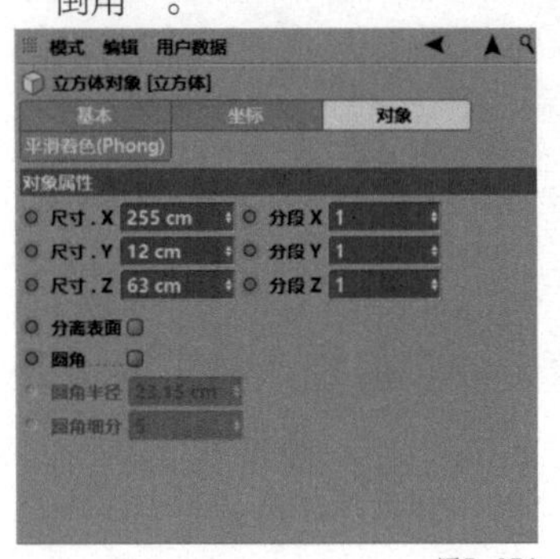

图5-374

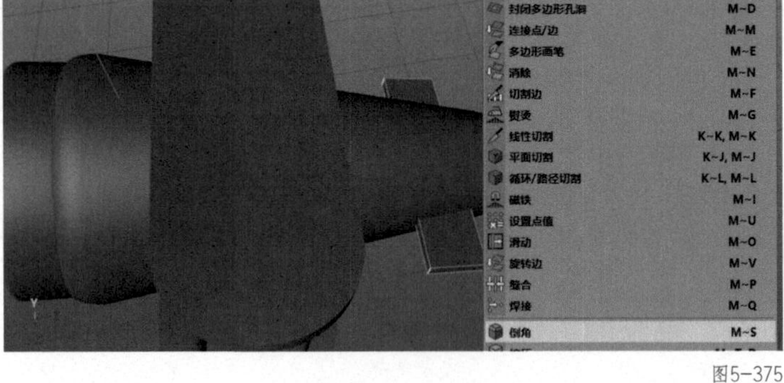

图5-375

03 在“倒角”窗口中，将“偏移”修改为“50 cm”，将“细分”修改为“15”，如图5-376所示。

04 透视视图界面中的效果如图5-377所示。

05 在工具栏中选择“参数化对象”中的“立方体”。在“立方体”窗口中，选择“对象”，将“尺寸.X”修改为“10 cm”，将“尺寸.Y”修改为“100 cm”，将“尺寸.Z”修改为“75 cm”，如图5-378所示。

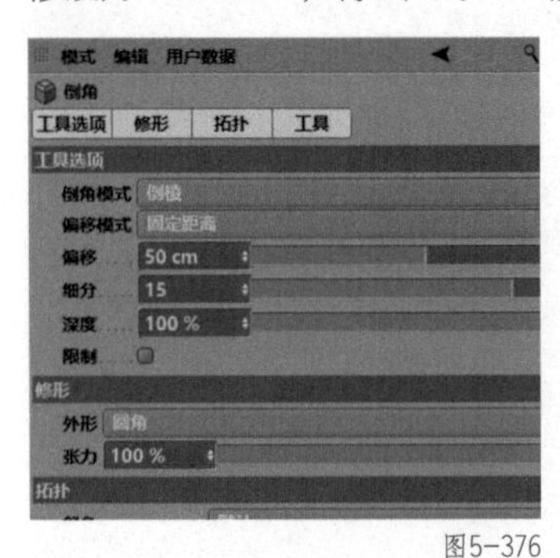

图5-376

图5-377

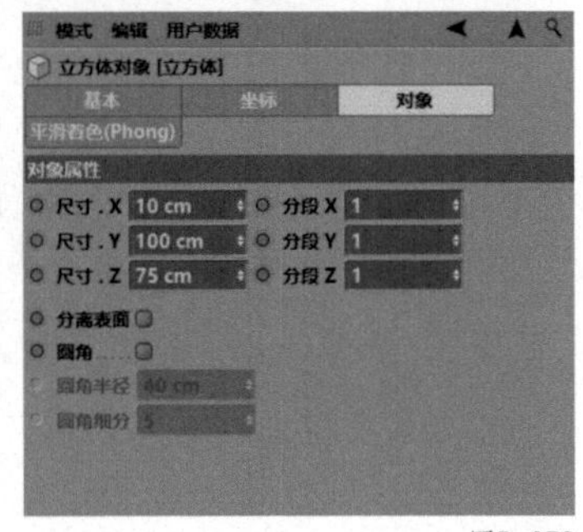

图5-378

06 按【E】键切换到“移动”工具，调整“立方体”的位置。在左侧的编辑模式工具栏中选择“转为可编辑对象”或按【C】键将“立方体”转为可编辑对象。在左侧的编辑模式工具栏中，选择“边模式”，在透视视图界面下，选择图5-379所示的边，在空白处单击鼠标右键，在弹出的下拉菜单中选择“倒角”。

07 在“倒角”窗口中，将“偏移”修改为“62 cm”，将“细分”修改为“15”，如图 5-380 所示。

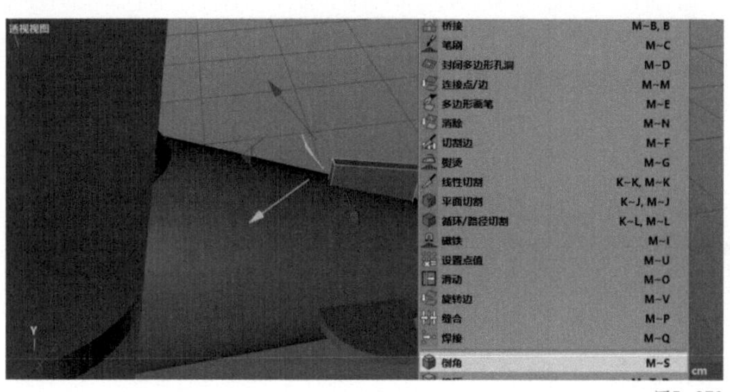

图5-379

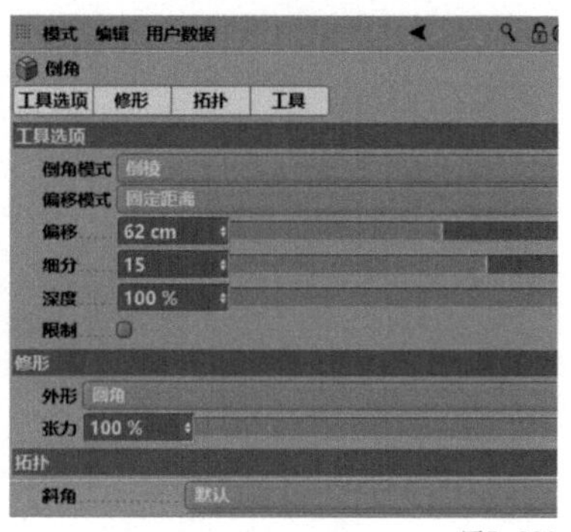

图5-380

08 透视视图界面中的效果如图 5-381 所示。

09 在对象窗口中，同时选择“立方体”和“立方体.1”，按【Alt+G】组合键进行编组，并重命名为“机尾”，如图 5-382 所示。

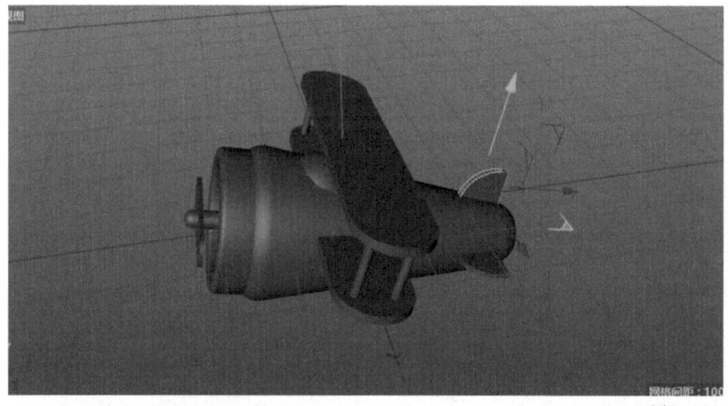
图5-381

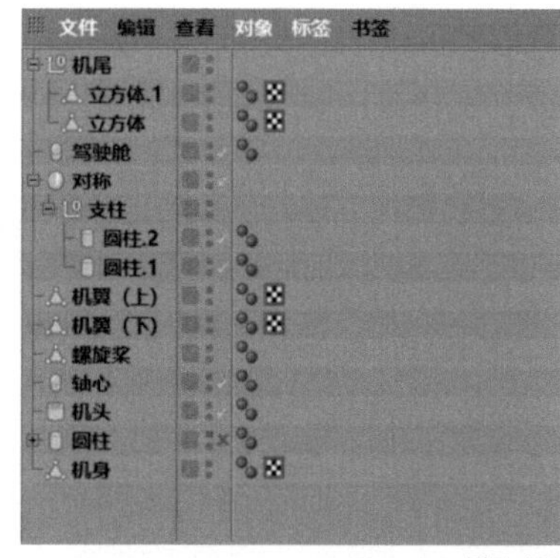

图5-382

5.4.9 机轮的建模

01 在工具栏中选择“参数化对象”中的“圆环”，如图 5-383 所示。

02 在“圆环”窗口中，选择“对象”，将“圆环半径”修改为“126 cm”，将“圆环分段”修改为“60”，将“导管半径”修改为“33 cm”，将“导管分段”修改为“40”，将“方向”修改为“+X”，如图 5-384 所示。

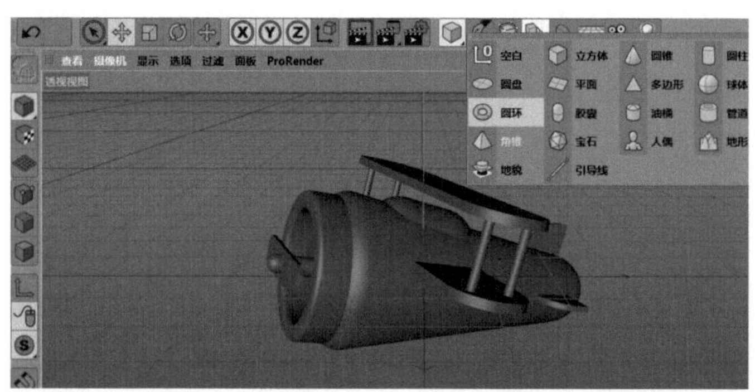

图5-383

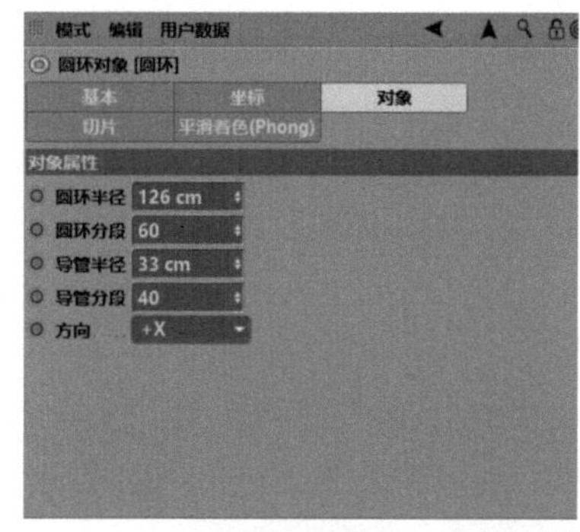

图5-384

03 在左侧的编辑模式工具栏中，选择“视窗单体独显”，如图 5-385 所示。

04 在工具栏中选择“参数化对象”中的“圆柱”。在“圆柱”窗口中，选择“对象”，将“半径”修改为“92 cm”，将“高度”修改为“66 cm”，将“方向”修改为“+X”，如图 5-386 所示。

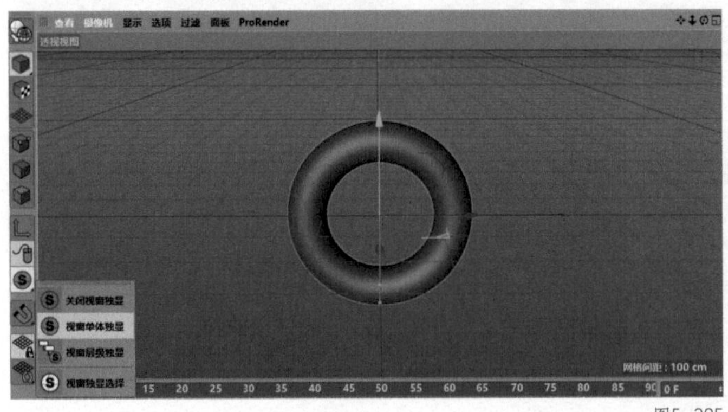

图5-385

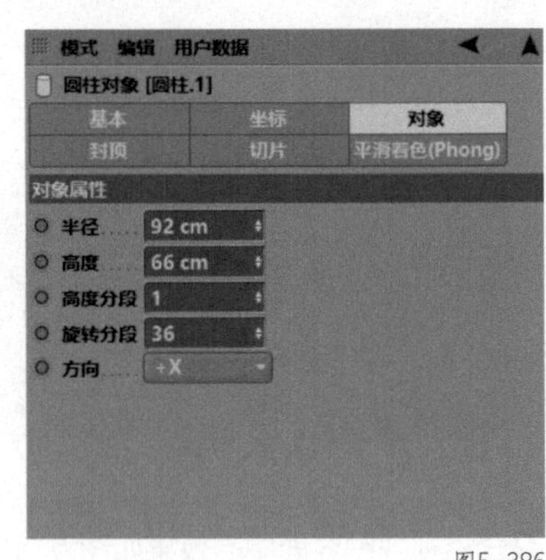

图5-386

05 在“圆柱”窗口中，选择“封顶”，勾选“圆角”，将“分段”修改为“5”，将“半径”修改为“9 cm”，如图 5-387 所示。

06 透视视图界面中的效果如图 5-388 所示。

07 单击鼠标滑轮调出四视图，在正视图窗口上单击鼠标滑轮，进入正视图界面。按【E】键切换到“移动”工具调整“机轮”的位置，按【T】键切换到“缩放”工具调整“机轮”的大小，如图 5-389 所示。

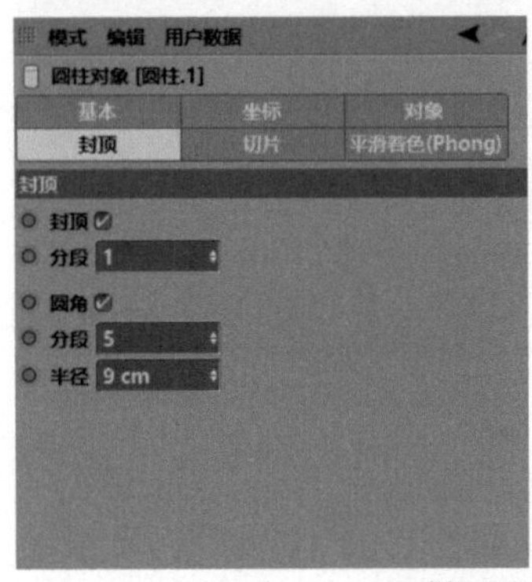

图5-387

图5-388

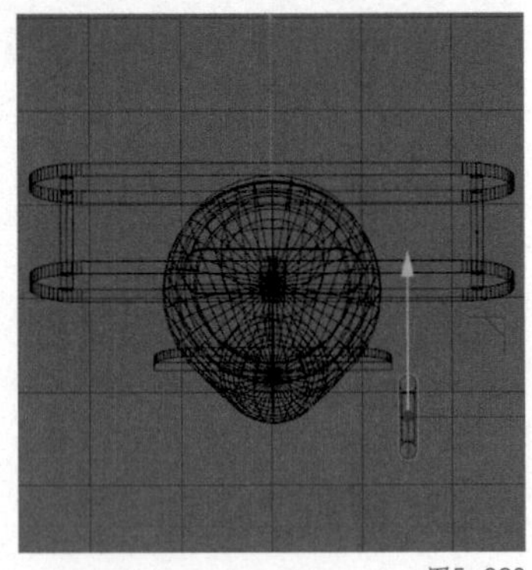

图5-389

08 在对象窗口中，同时选择“圆环”和“圆柱.1”，按【Alt+G】组合键编组，并重命名为“机轮”，在工具栏中选择“造型工具组”中的“对称”，将“机轮”拖曳至“对称”内，使其成为“对称”的子集，如图 5-390 所示。

09 正视图界面中的效果如图 5-391 所示。

10 在工具栏中选择“参数化对象”中的“圆柱”。在“圆柱”窗口中，选择“对象”，将“半径”修改为“10 cm”，将“高度”修改为“315 cm”，将“方向”修改为“+X”，如图 5-392 所示。

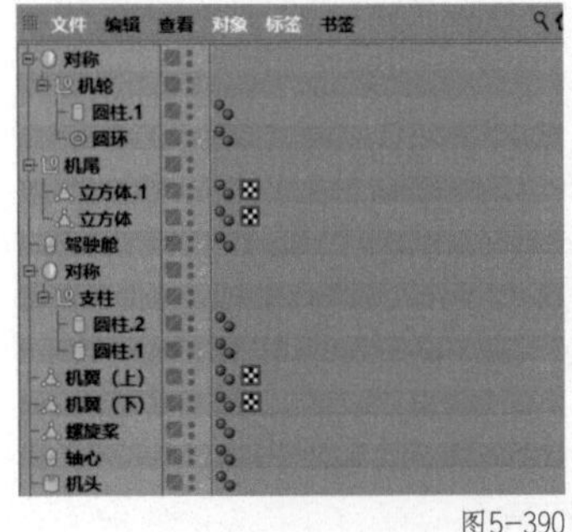

图5-390

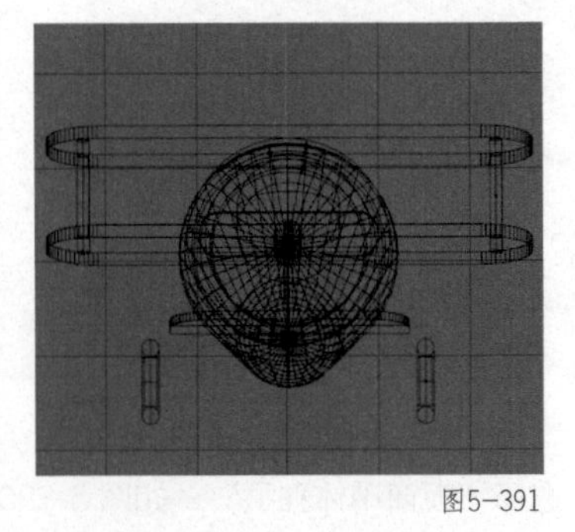

图5-391

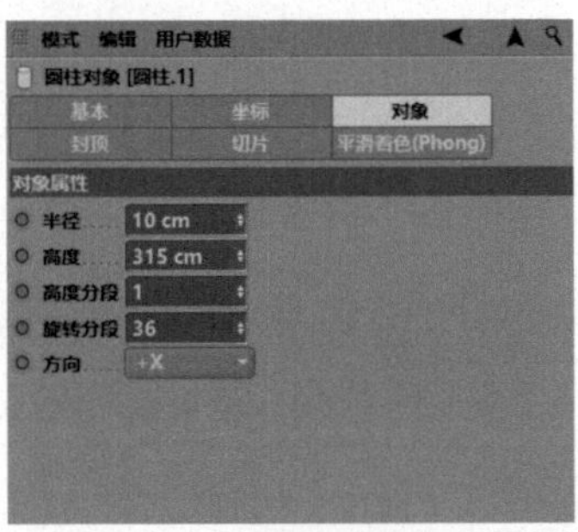

图5-392

11 在正视图界面下，按【E】键切换到“移动”工具调整“圆柱”的位置，如图 5-393 所示。

12 复制一份“圆柱”，按【E】键切换到“移动”工具调整“圆柱”的位置，按【T】键切换到“移动”工具调整“圆柱”的大小，按【R】键切换到“旋转”工具调整“圆柱”的角度，如图 5-394 所示。

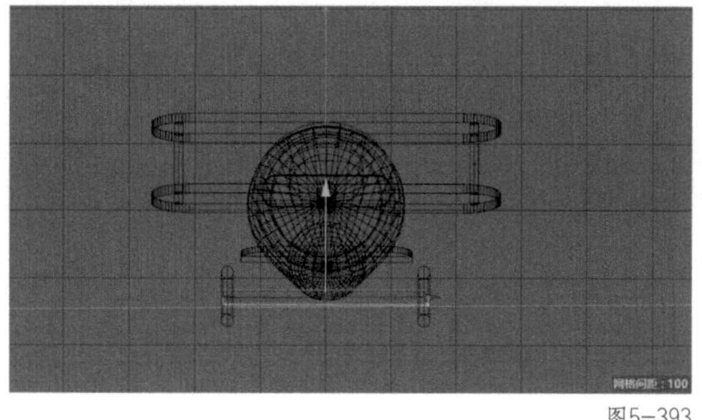

图5–393

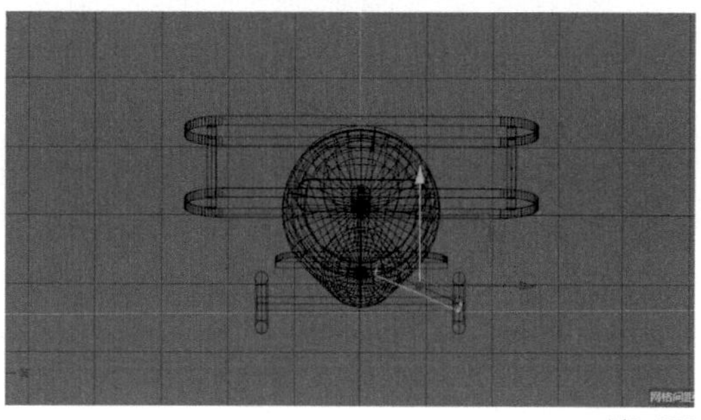
图5–394

13 在对象窗口中，将“圆柱.2”拖曳至“对称”内，使其成为“对称”的子集，同时选择“圆柱.1”和“对称”，按【Alt+G】组合键编组，并重命名为“支架”，如图 5-395 所示。

14 透视视图界面中的效果如图 5-396 所示。

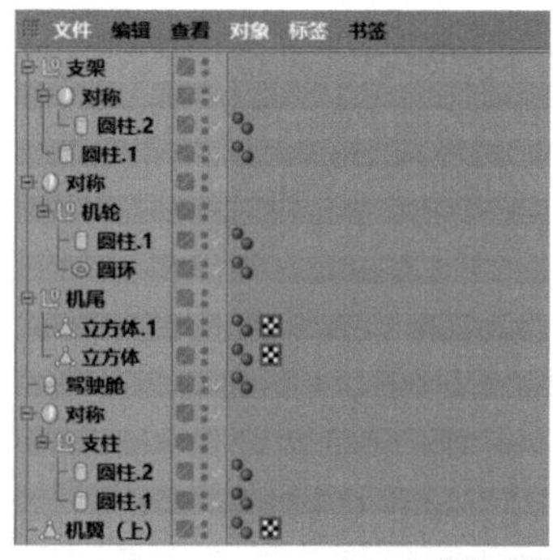

图5–395

图5–396

5.4.10 小飞机的渲染

01 在材质窗口中的空白处双击，新建一个“材质”，如图 5-397 所示。

02 双击“材质”，进入材质编辑器。进入“颜色”通道，选择“纹理”中的“加载图像”，如图 5-398 所示。

图5–397

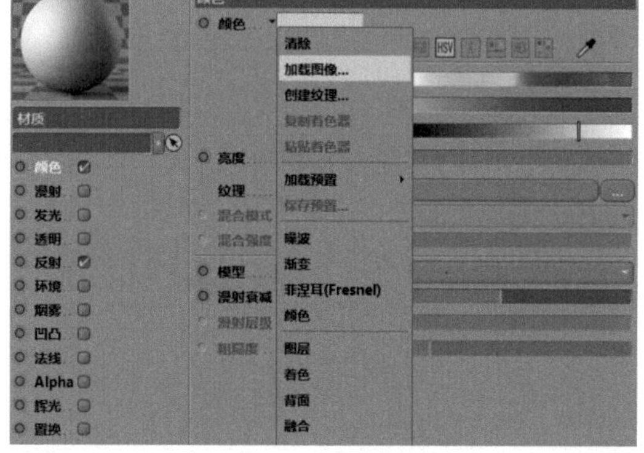

图5–398

03 将素材“迷彩贴图”置入，如图 5-399 所示。

04 在材质窗口中，将“材质”重命名为“迷彩”，如图 5-400 所示。

05 在透视视图界面下，将材质“迷彩”赋予“机身”和“机头”图层，如图 5-401 所示。

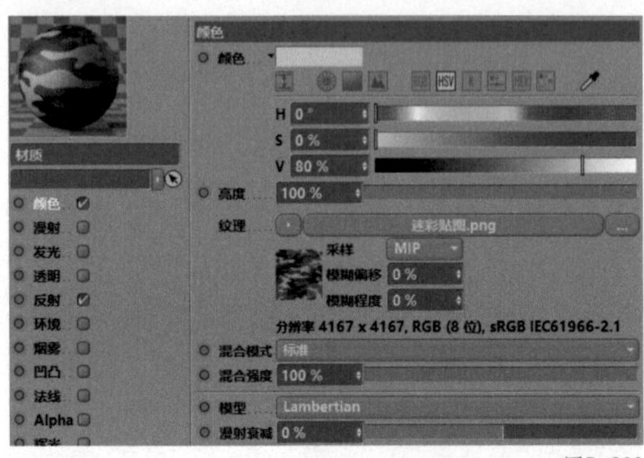

图5-399

图5-400

图5-401

06 在材质窗口的空白处双击，新建一个“材质”，如图 5-402 所示。

07 双击“材质”，进入材质编辑器。进入“颜色”通道，将“H”修改为“25° ”，将“S”修改为“30%”，将“V”修改为“30%”，如图 5-403 所示。

08 在材质窗口中，将“材质”重命名为“支架”，如图 5-404 所示。

09 在对象窗口中，将材质“支架”赋予“支架”“圆柱”“轴心”图层，如图 5-405 所示。

图5-402

图5-404

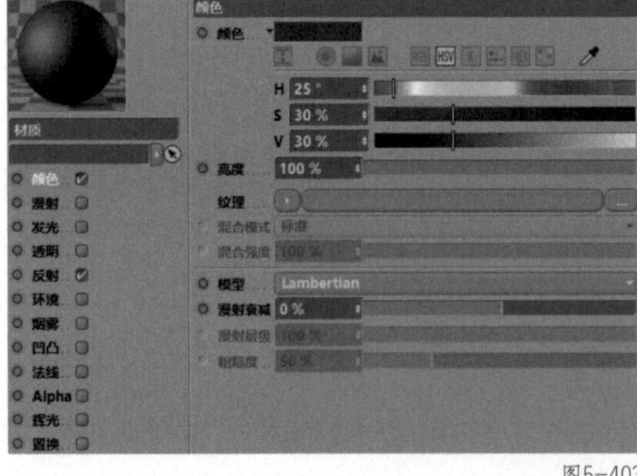

图5-403

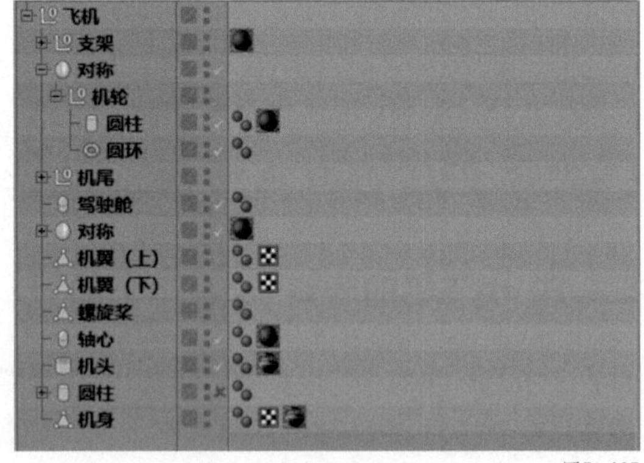

图5-405

10 透视视图界面中的效果如图 5-406 所示。

11 在材质窗口的空白处双击，新建一个“材质”，如图 5-407 所示。

12 双击“材质”，进入材质编辑器。进入“颜色”通道，将“H”修改为“42° ”，将“S”修改为“27%”，将“V”修改为“70%”，如图 5-408 所示。

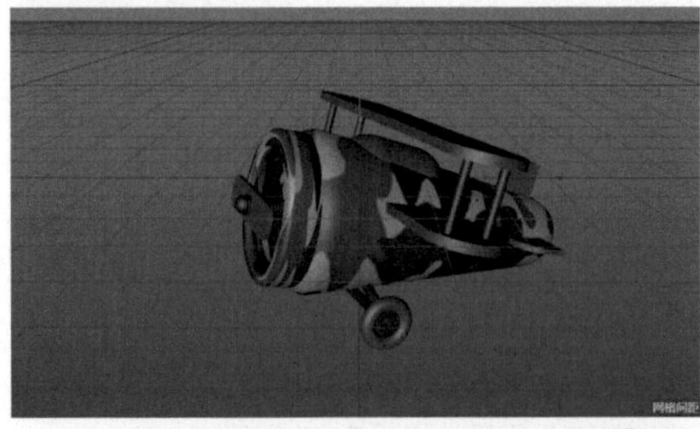
图5-406

图5-407

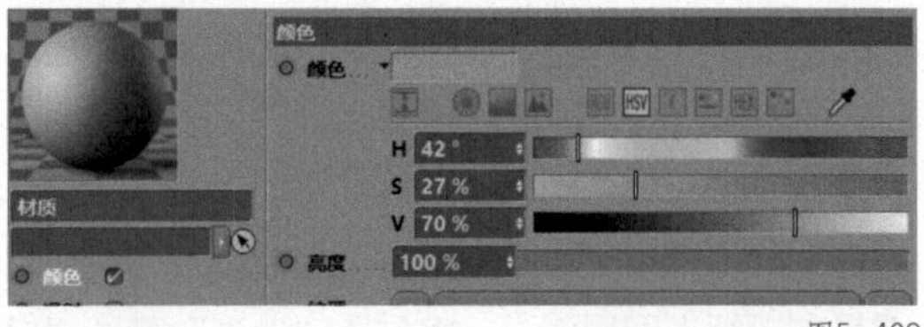

图5-408

13 在材质窗口中，将“材质”重命名为“螺旋桨”，如图 5-409 所示。

14 在透视视图界面下，将材质“螺旋桨”赋予“螺旋桨”图层，如图 5-410 所示。

15 在材质窗口的空白处双击，新建一个“材质”，如图 5-411 所示。

16 双击“材质”，进入材质编辑器。进入“颜色”通道，将“H”修改为“42°”，将“S”修改为“0%”，将“V”修改为“0%”，如图 5-412 所示。

图5-409

图5-411

图5-410

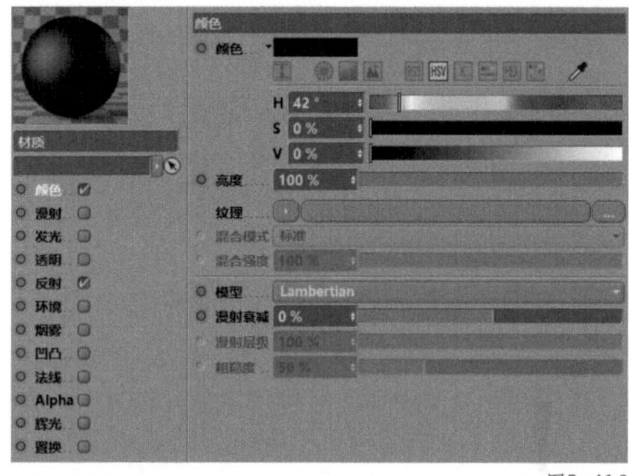

图5-412

17 在材质窗口中，将“材质”重命名为“机轮”，如图 5-413 所示。

18 在透视视图界面下，将材质“机轮”赋予“机轮”图层，如图 5-414 所示。

19 在材质窗口的空白处双击，新建一个“材质”，如图 5-415 所示。

20 双击“材质”，进入材质编辑器。进入“颜色”通道，将“H”修改为“70°”，将“S”修改为“35%”，将“V”修改为“35%”，如图 5-416 所示。

图5-413

图5-415

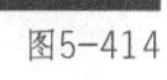

图5-414

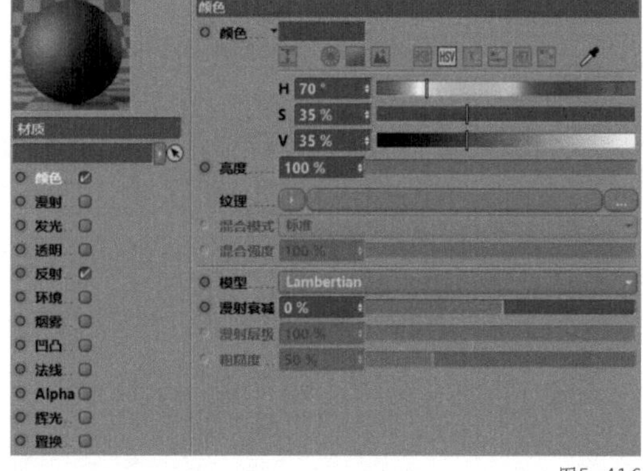

图5-416

21 在材质窗口中，将“材质”重命名为“绿皮”，如图 5-417 所示。

22 在对象窗口中，将材质“绿皮”赋予“机翼”图层，如图 5-418 所示。

23 透视视图界面中的效果如图 5-419 所示。

图5-417

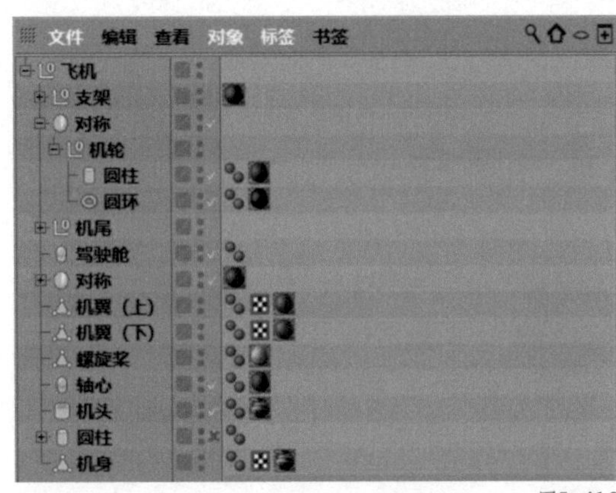

图5-418

图5-419

24 在材质窗口中，选择“创建 - 着色器 -BANJI 玻璃”，如图 5-420 所示。

25 材质窗口中的效果如图 5-421 所示。

26 在透视视图界面下，将材质“BANJI”赋予“驾驶舱”图层，如图 5-422 所示。

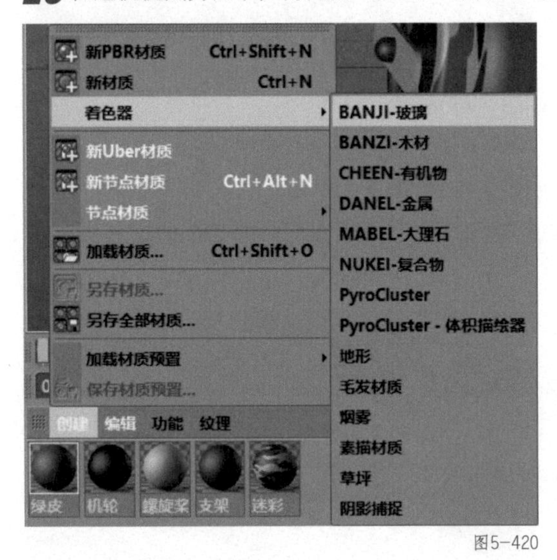

图5-420

图5-421

图5-422

27 单击鼠标滑轮调出四视图，在右视图窗口上单击鼠标滑轮，进入右视图界面。在右视图界面下，在工具栏中选择“曲线工具组”中的“画笔”，如图 5-423 所示。

28 在右视图界面下，使用“画笔”工具绘制图 5-424 所示的线段。

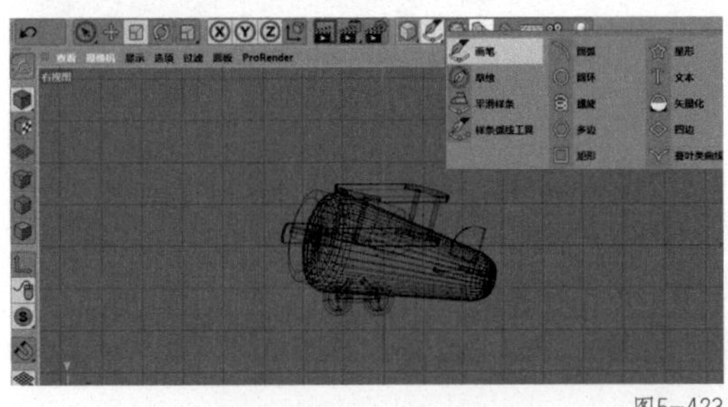

图5-423

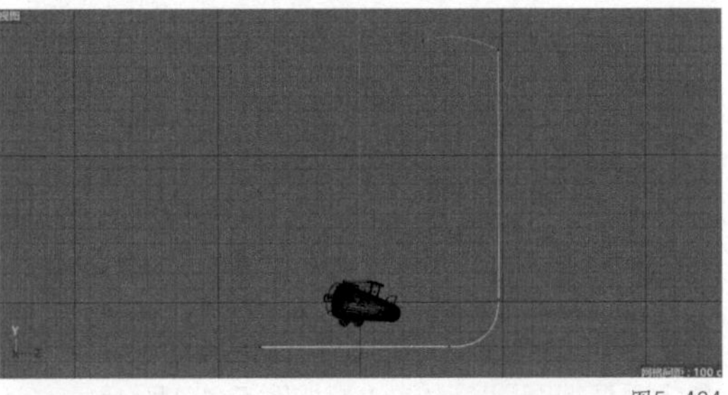

图5-424

29 在工具栏中选择“NURBS”中的“挤压”，如图 5-425 所示。

30 在对象窗口中，将“样条”拖曳至“挤压”内，使其成为“挤压”的子集，并将“挤压”重命名为“背景”，如图 5-426 所示。

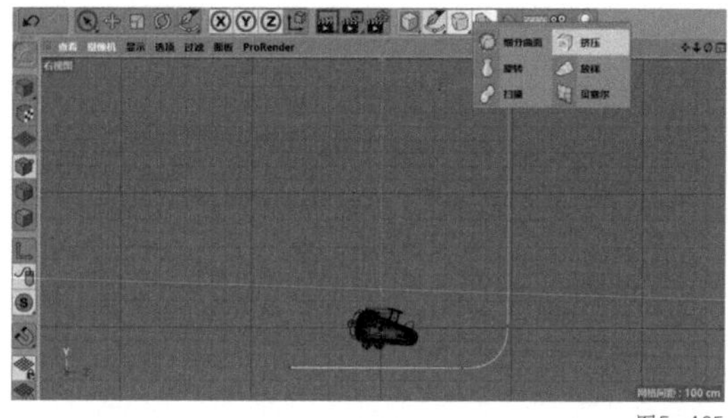

图5-425

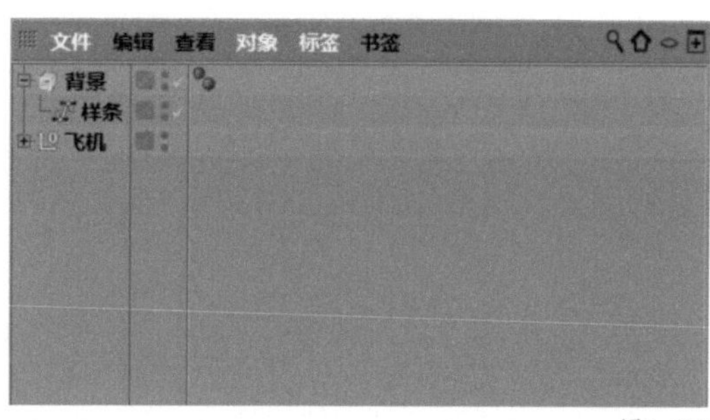

图5-426

31 在对象窗口中，将“样条”拖曳至“挤压”内，使其成为“挤压”的子集，并将“挤压”重命名为“背景”，如图 5-427 所示。

32 在“挤压”窗口中，选择“对象”，在“对象”中将“移动”中“X”的数值修改为“10000 cm”，如图 5-428 所示。

33 单击鼠标滑轮调出四视图，在透视视图窗口上单击鼠标滑轮，进入透视视图界面，如图 5-429 所示。

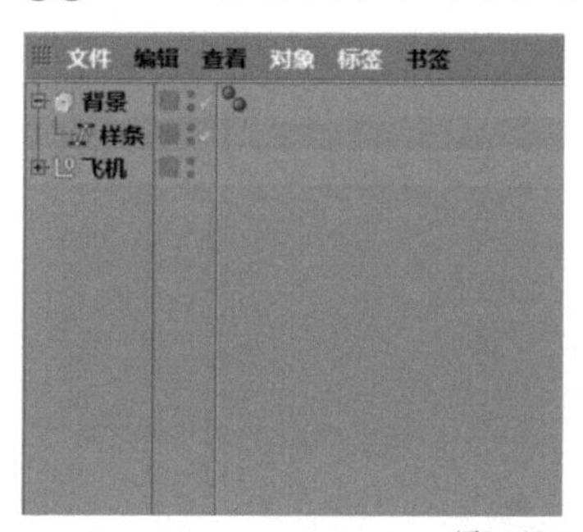

图5-427

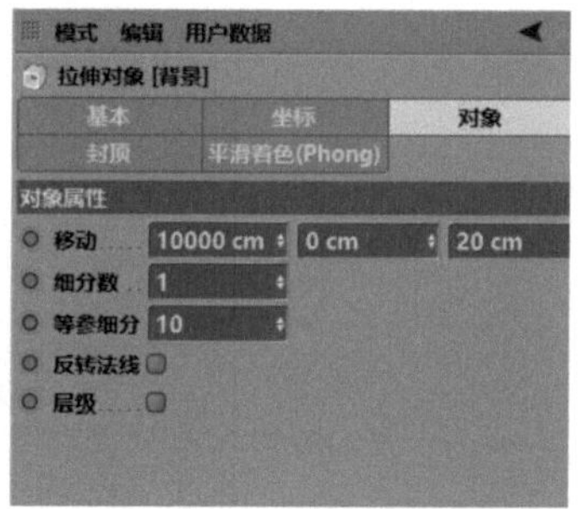

图5-428

图5-429

34 在材质窗口的空白处双击，新建一个“材质”，如图 5-430 所示。

35 双击“材质”，进入材质编辑器。进入“颜色”通道，将“H”修改为“60° ”，将“S”修改为“40%”，将“V”修改为“36%”，如图 5-431 所示。

36 在材质窗口中，将“材质”重命名为“背景”，如图 5-432 所示。

37 将材质“背景”赋予“背景”图层，如图 5-433 所示。

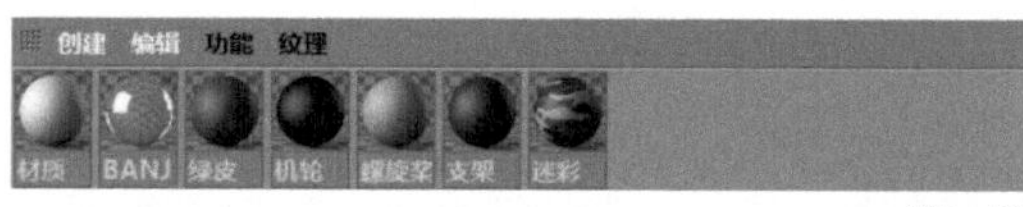

图5-430

图5-432

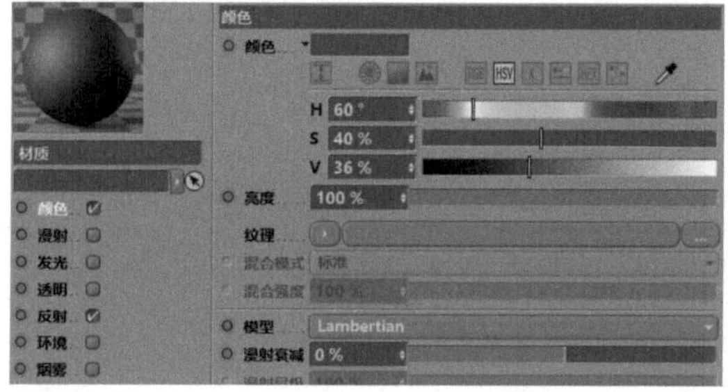

图5-431

图5-433

38 在透视视图界面下，在工具栏中选择“场景设定”中的“天空”，如图 5-434 所示。

39 在材质窗口的空白处双击，新建一个“材质”，如图 5-435 所示。

40 双击“材质”，进入材质编辑器。进入“颜色”通道，将“H”修改为“60°”，将“S”修改为“0%”，将“V”修改为“100%”，如图 5-436 所示。

41 在材质窗口中，将“材质”重命名为“天空”，如图 5-437 所示。

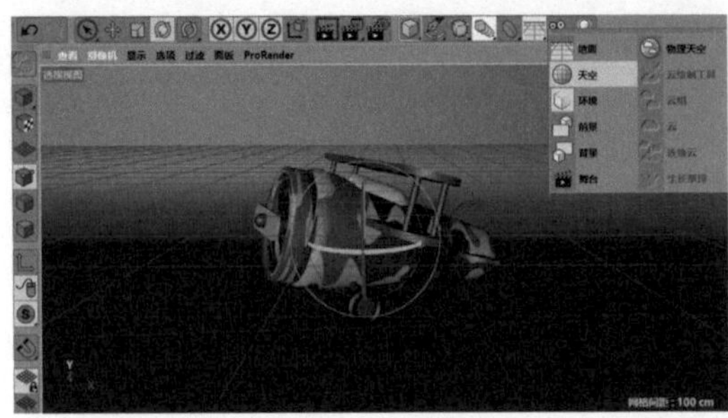

图5-434

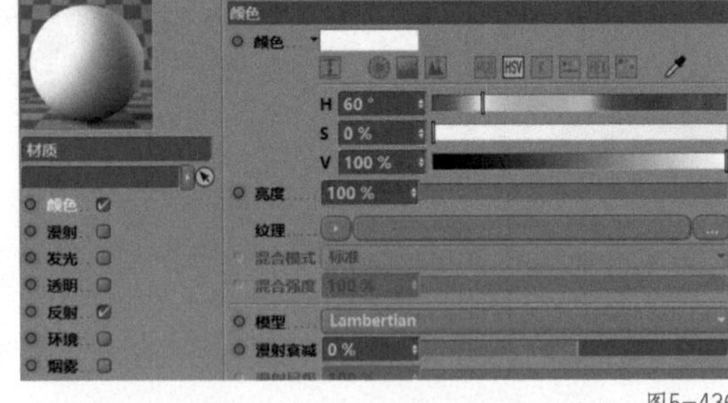

图5-436

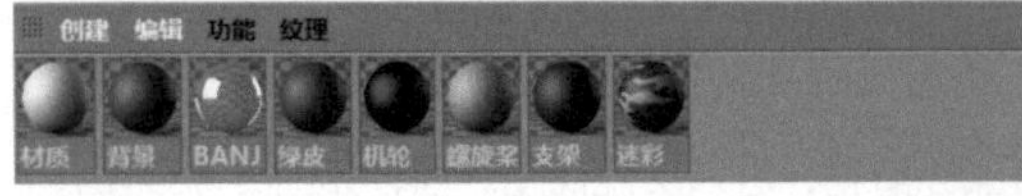

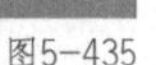

图5-435

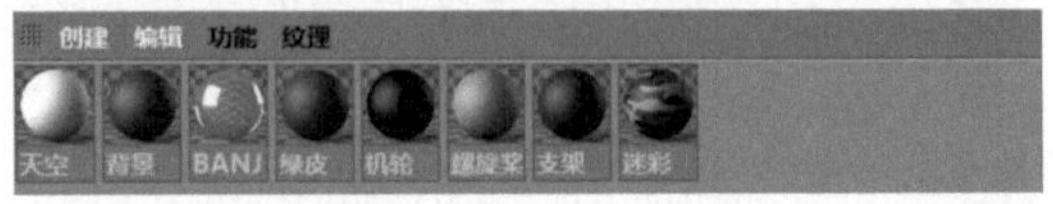

图5-437

42 在对象窗口中，将材质“天空”赋予“天空”图层，如图 5-438 所示。

43 在工具栏中选择“场景设定”中的“物理天空”，如图 5-439 所示。

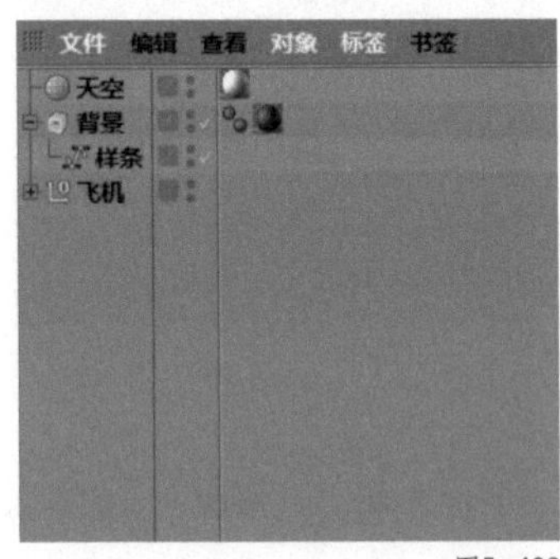

图5-438

图5-439

44 在“物理天空”窗口中，选择“太阳”，将“强度”修改为“40%”，如图 5-440 所示。

45 在对象窗口中，选择“物理天空”，单击鼠标右键，在弹出的下拉菜单中选择“CINEMA 4D标签”中的“合成”，如图 5-441 所示。

46 在“合成”窗口中，勾选“标签属性”中的“合成背景”，如图 5-442 所示。

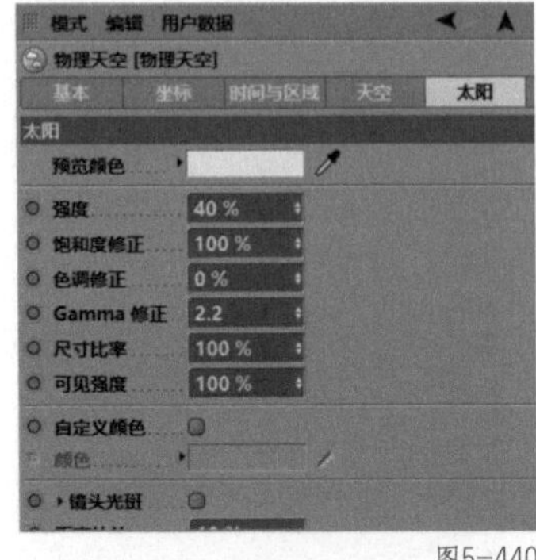

图5-440

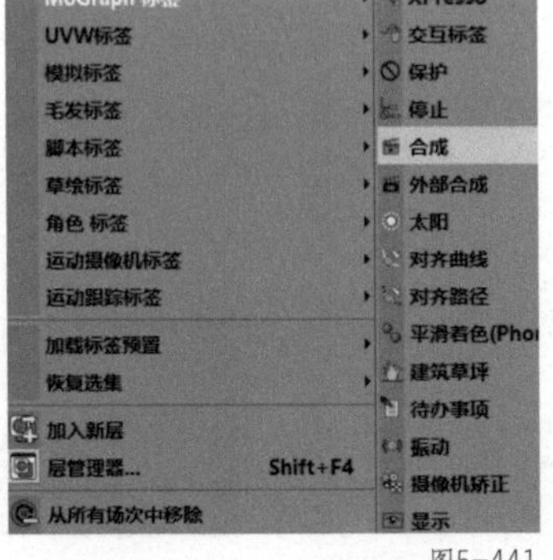

图5-441

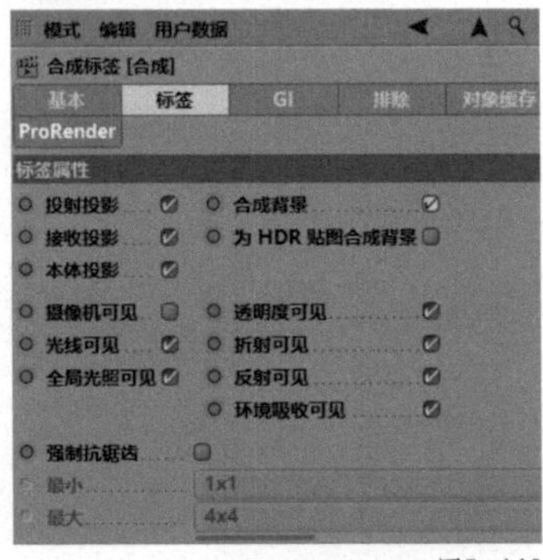

图5-442

47 在对象窗口中，同时选择“背景”“天空”“物理天空”，按【Alt+G】组合键进行编组，并重命名为“背景”，如图5-443所示。

48 在工具栏中选择“编辑渲染设置”，如图5-444所示。

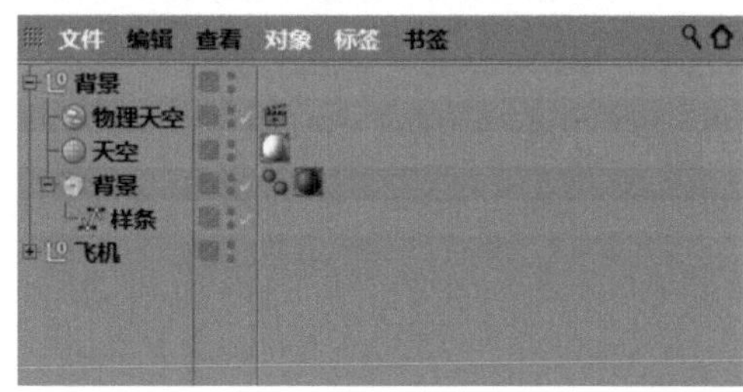

图5-443

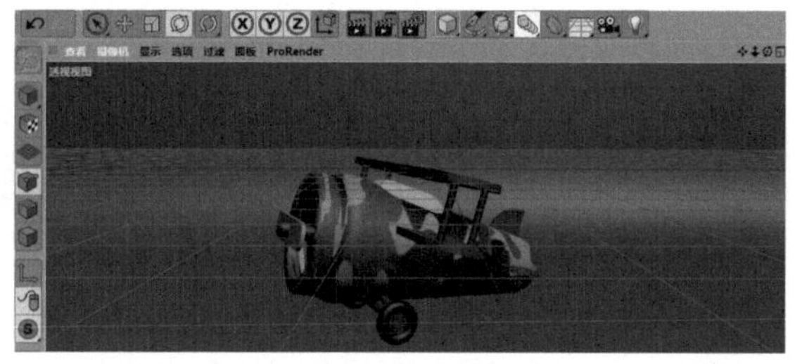

图5-444

49 在渲染设置中，勾选“多通道”，同时选择“效果”中的“全局光照”，如图5-445所示。

50 在“全局光照”中，选择“辐照缓存”，并将“记录密度”修改为“高”，如图5-446所示。

51 在渲染设置中，勾选“多通道”，同时选择“效果”中的“环境吸收”，如图5-447所示。

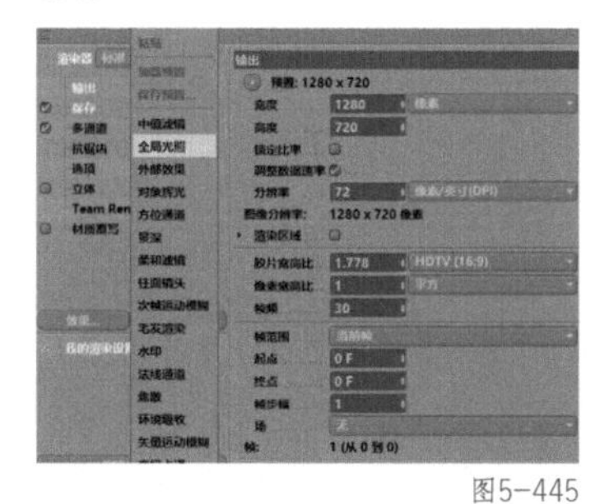

图5-445

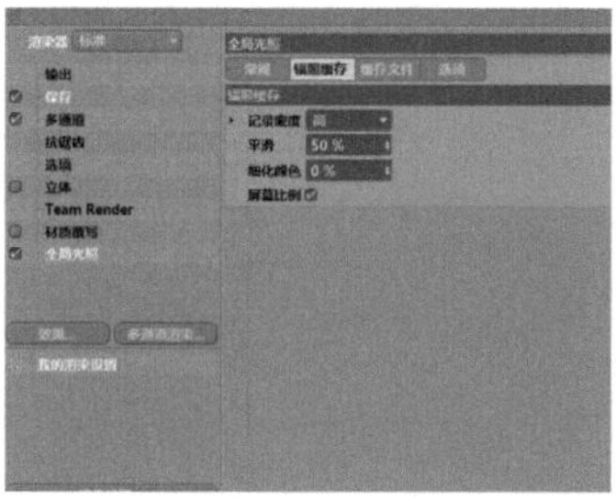

图5-446

图5-447

52 在“环境吸收”中选择“缓存”，将“记录密度”修改为“高”，如图5-448所示。

53 在工具栏中选择“渲染到图片查看器”，如图5-449所示。

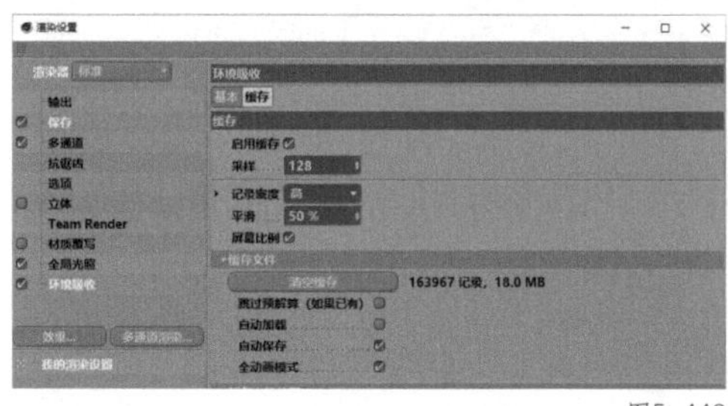

图5-448

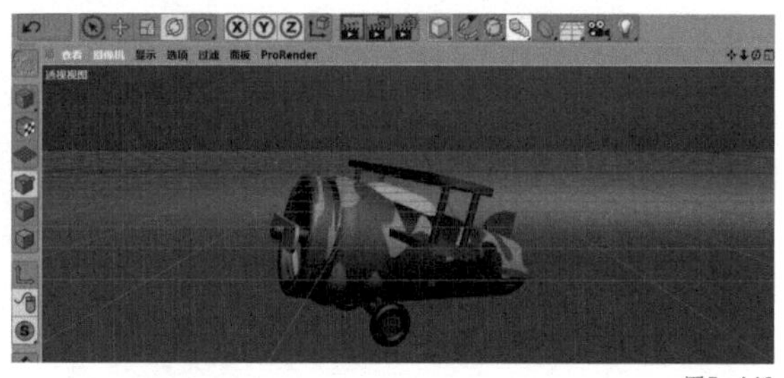

图5-449

54 渲染后的效果如图5-450所示。

图5-450

本案例到此已全部完成。

本节知识点一览

（1）参数化对象：圆柱、胶囊、立方体

（2）NURBS：挤压

（3）造型工具组：对称

（4）变形工具组：锥化

（5）曲线工具组：画笔

（6）对象和样条的编辑操作与选择：倒角

5.5 摩天轮——圆环、圆柱、克隆、对称

本节讲解摩天轮的制作方法。摩天轮是一种大型转轮状的机械建筑设施，乘客坐于摩天轮慢慢往上转，可以从高处俯瞰四周景色。摩天轮一般出现在游乐园中，摩天轮作为一种游乐场机动游戏，与云霄飞车、旋转木马合称是“乐园三宝”。摩天轮也经常单独存在于其他的场合，通常作为活动的观景台使用。在电商平面设计中，摩天轮常作为辅助元素出现。在CINEMA 4D中，使用圆环、圆柱等模型配合克隆、对称等功能便可制作完成摩天轮。

本节内容	本节将讲解摩天轮的制作方法，包括摩天轮三维模型的创建、材质及材质的参数调整、场景及灯光的搭建

本节目标	通过本节的学习，读者将掌握摩天轮制作方法

本节主要知识点	圆环、圆柱、克隆、对称

本节最终效果图展示

5.5.1 轮盘的建模

01 打开 CINEMA 4D，进入默认的透视视图界面。在透视视图界面下，选择工具栏中的“参数化对象”中的“圆环”，如图 5-451 所示。

02 在“圆环”窗口中，选择“对象”，将“导管半径”修改为“3 cm”，将“方向”修改为“+Z”，如图 5-452 所示。

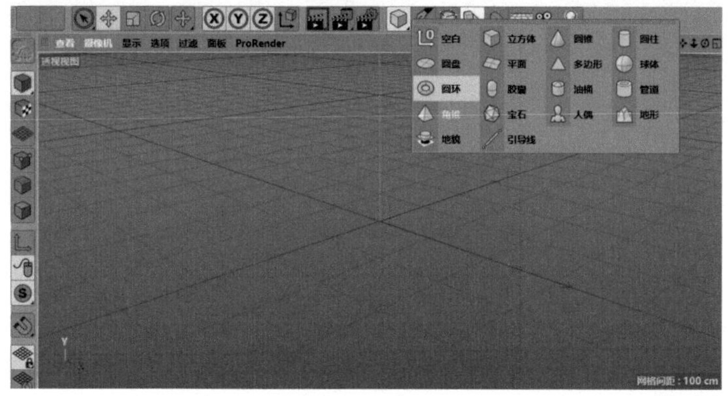

图5-451

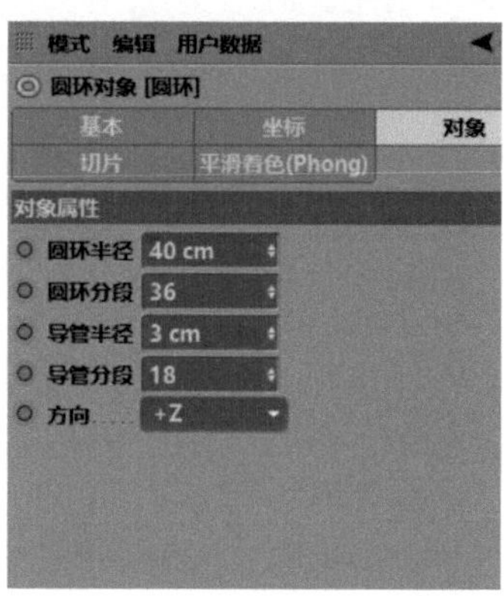

图5-452

03 在工具栏中选择“参数化对象”中的“圆环”。在“圆环”窗口中，选择“对象”，将“圆环半径”修改为“140 cm”，将“导管半径”修改为“5 cm”，将“方向”修改为“+Z”，如图 5-453 所示。

04 在工具栏中选择“参数化对象”中的“圆环”。在“圆环”窗口中，选择“对象”，将“圆环半径”修改为“350 cm”，将“导管半径”修改为“10 cm”，将“方向”修改为“+Z”，如图 5-454 所示。

05 透视视图界面中的效果如图 5-455 所示。

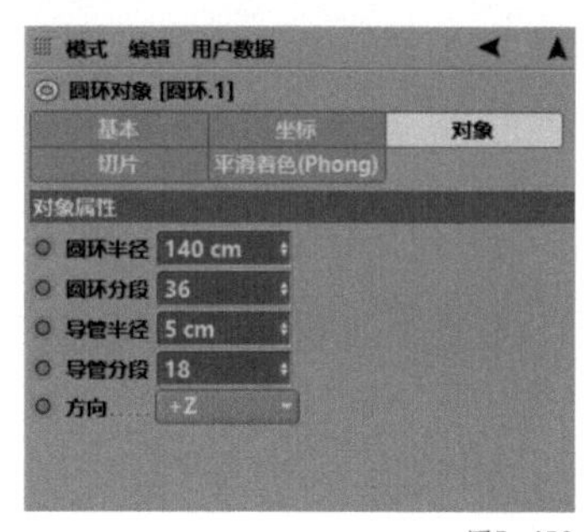

图5-453

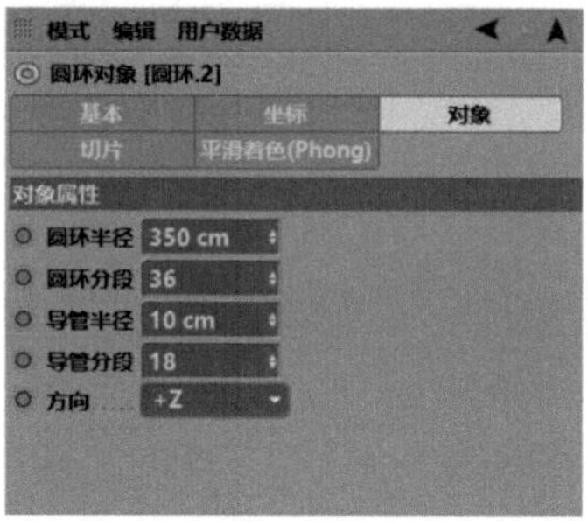

图5-454

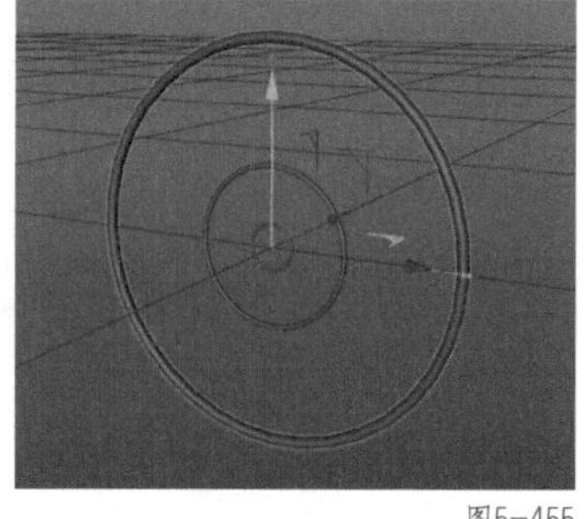
图5-455

06 在对象窗口中，将“圆环”分别重命名为“小环”“中环”“大环”，如图 5-456 所示。

07 在工具栏中选择“参数化对象”中的“圆柱”，如图 5-457 所示。

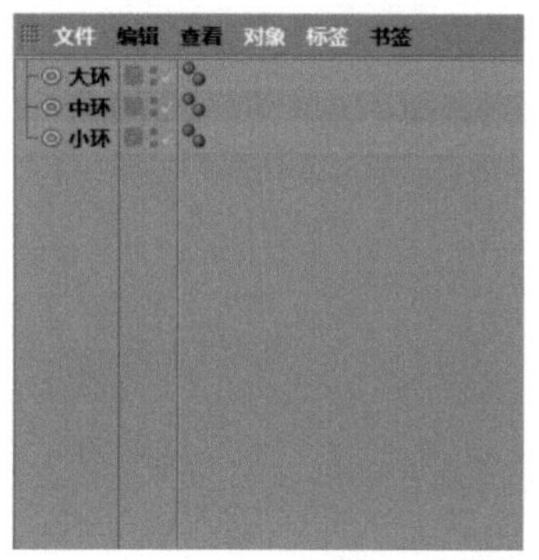

图5-456

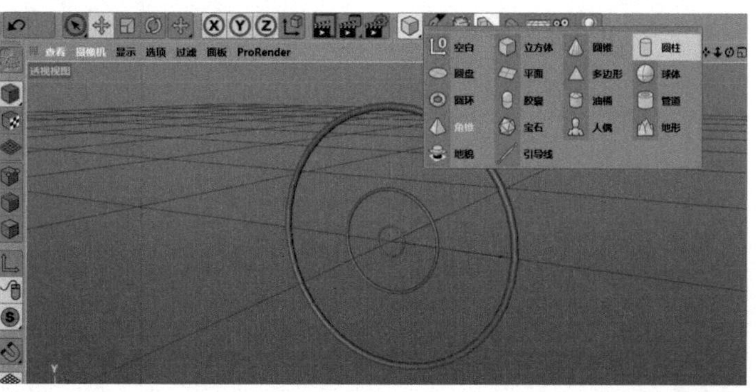

图5-457

08 在“圆柱”窗口中，选择“对象”，将“半径”修改为“7 cm”，将“高度”修改为“700 cm”，如图 5-458 所示。

09 透视视图界面中的效果如图 5-459 所示。

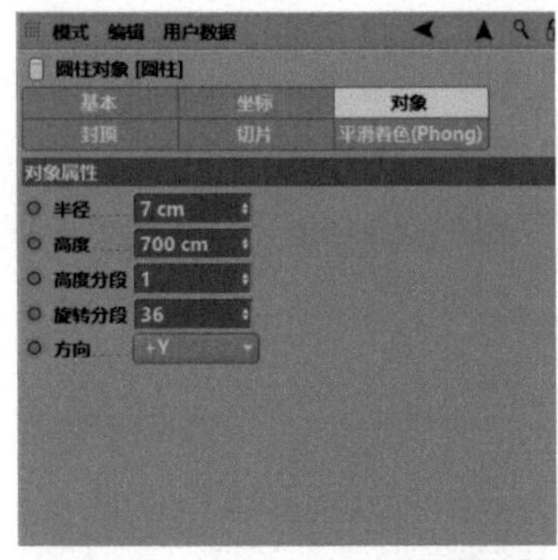

图5-458

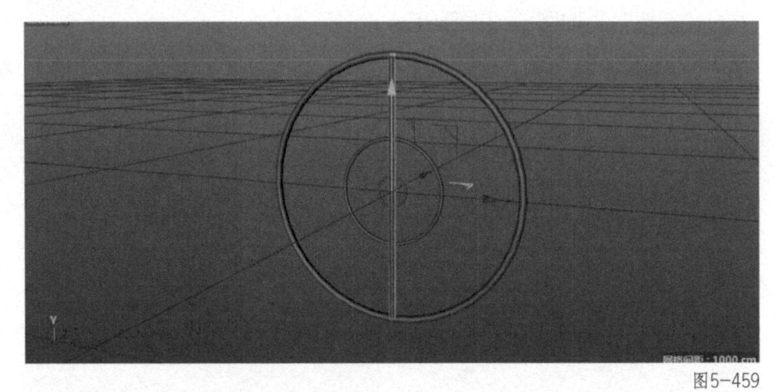

图5-459

10 在菜单栏中，选择“运动图形”中的“克隆”，如图 5-460 所示。

11 在对象窗口中，将“圆柱”拖曳至“克隆”内，使其成为“克隆”的子集，如图 5-461 所示。

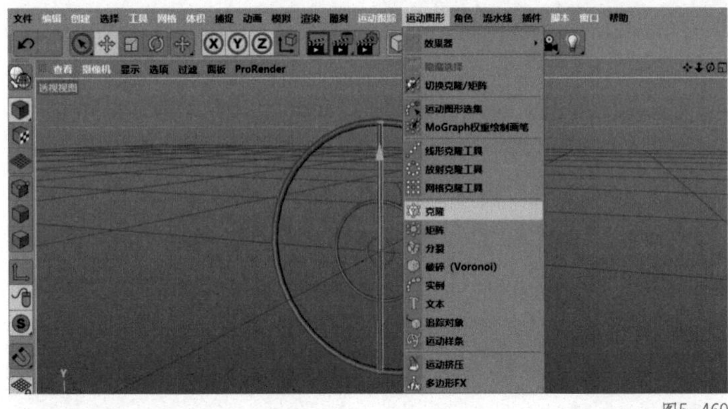

图5-460

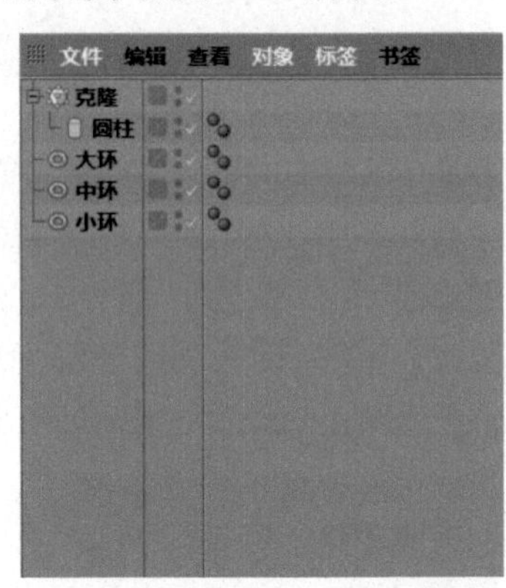

图5-461

12 在“克隆”窗口中，选择“对象”，将“模式”修改为“放射”，将“数量”修改为“5”，将“半径”修改为“0 cm”，如图 5-462 所示。

13 透视视图界面中的效果如图 5-463 所示。

14 在对象窗口中，同时选择“克隆”“大环”“中环”“小环”，按【Alt+G】组合键编组，并重命名为“轮盘”，如图 5-464 所示。

图5-462

图5-463

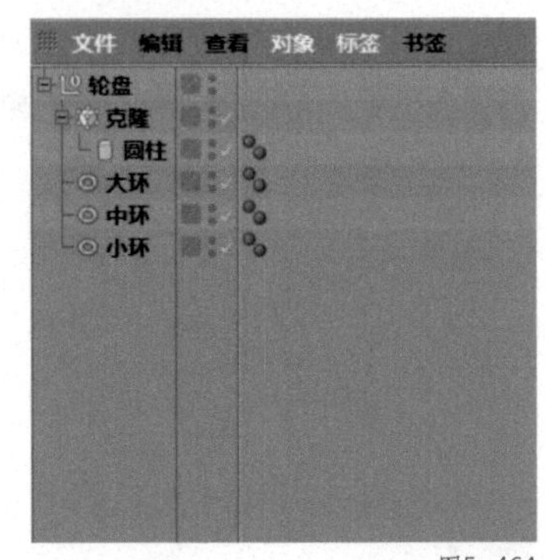

图5-464

15 在工具栏中选择“造型工具组”中的“对称”，如图 5-465 所示。

16 在对象窗口中，将“轮盘”拖曳至“对称”内，使其成为“对称”的子集，如图 5-466 所示。

17 在“对称”窗口中，选择“对象”，将“镜像平面”修改为“XY”，如图 5-467 所示。

图5-465

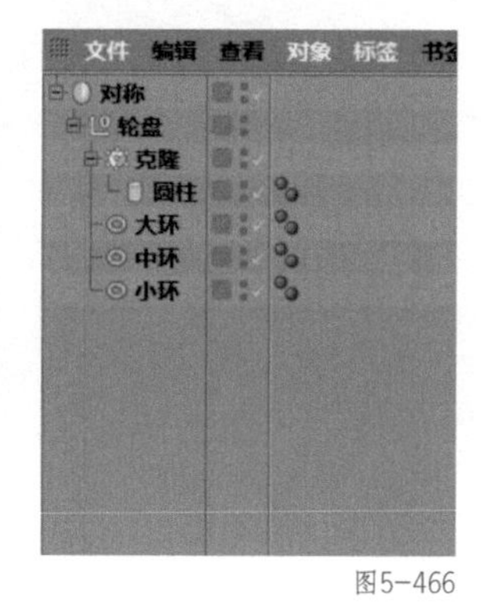
图5-466

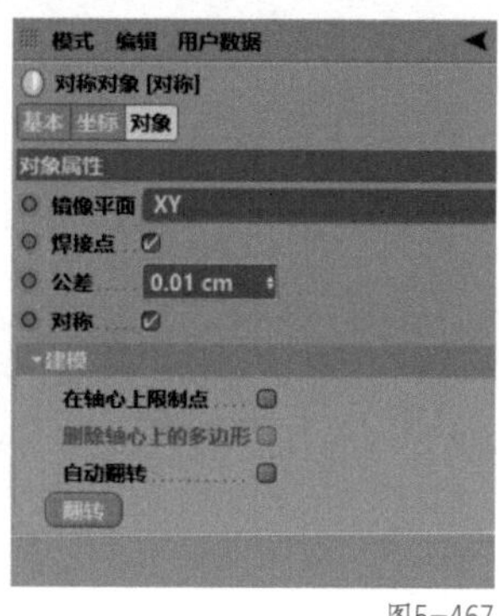
图5-467

18 透视视图界面中的效果如图 5-468 所示。

19 在工具栏中选择“参数化对象”中的“圆柱”。在“圆柱”窗口中，选择“对象”，将“半径”修改为“7 cm”，将“高度”修改为“160 cm”，将“方向”修改为“+Z”，如图 5-469 所示。

20 透视视图界面中的效果如图 5-470 所示。

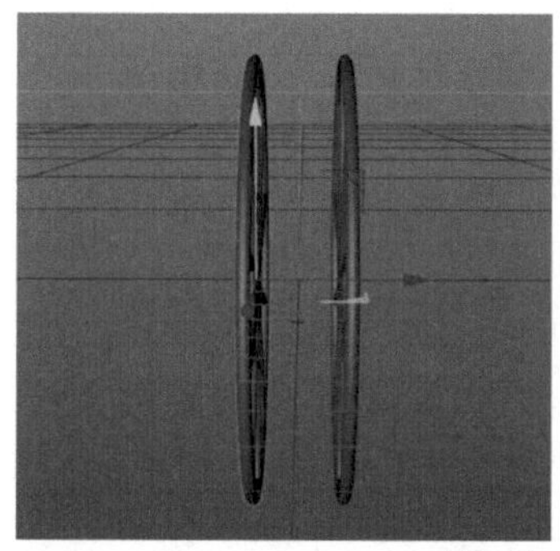
图5-468

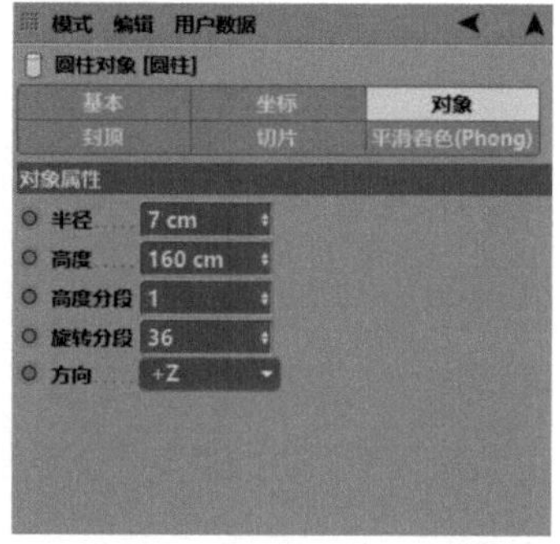
图5-469

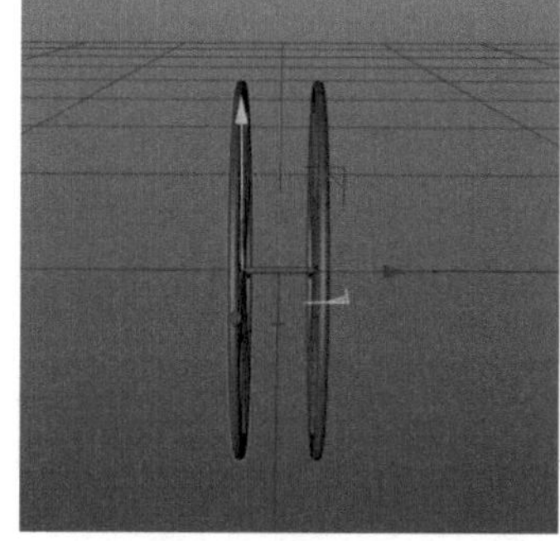
图5-470

21 在对象窗口中，将“圆柱”拖曳至“克隆”内，使其成为“克隆”的子集，如图 5-471 所示。

22 在“克隆”窗口中，选择“对象”，将“模式”修改为“放射”，将“数量”修改为“10”，将“半径”修改为“350 cm”，如图 5-472 所示。

23 透视视图界面中的效果如图 5-473 所示。

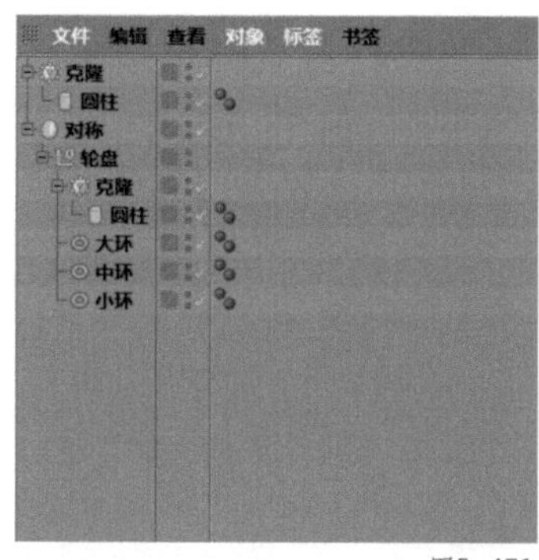
图5-471

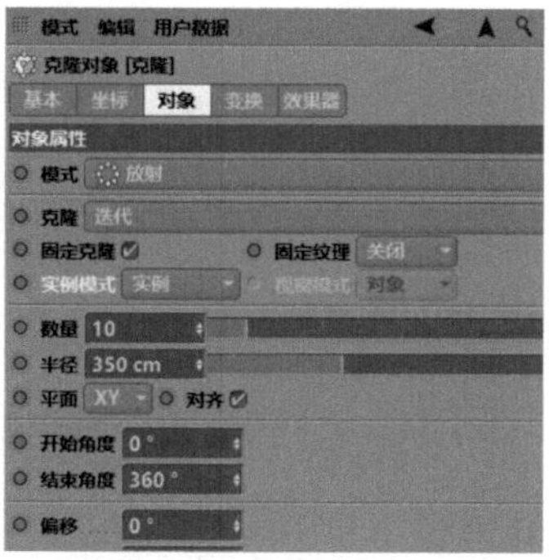

图5-472

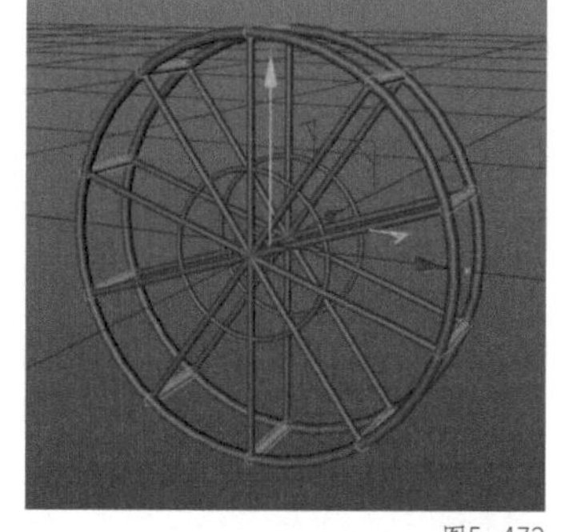
图5-473

24 在“圆柱”窗口中，选择“对象”，将“半径”修改为“40 cm”，将“高度”修改为“300 cm”，将“方向”修改为“+Z”，如图 5-474 所示。

25 在“圆柱”窗口中，选择“封顶”，勾选“圆角”，如图 5-475 所示。

26 透视视图界面中的效果如图 5-476 所示。

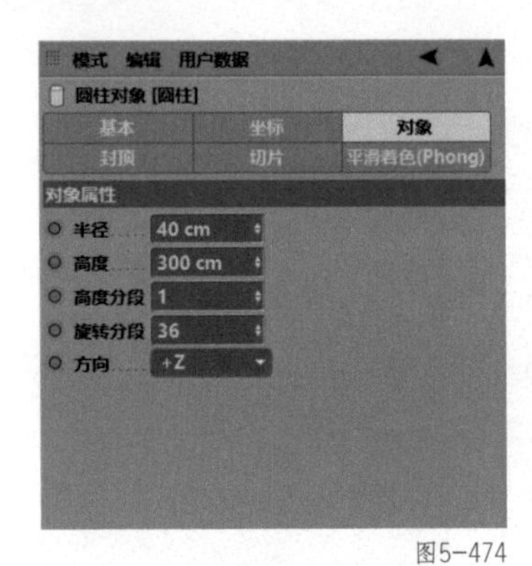

图5-474

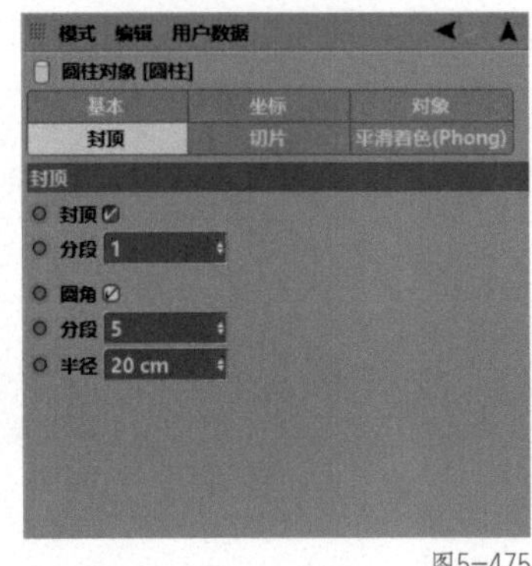

图5-475

图5-476

5.5.2 支架的建模

01 在工具栏中选择“参数化对象”中的“圆柱”。在“圆柱”窗口中，选择“对象”，将“半径”修改为“14 cm”，将“高度”修改为“650 cm”，如图 5-477 所示。

02 单击鼠标滑轮调出四视图，结合四视图调整“圆柱”的位置和角度，如图 5-478 所示。

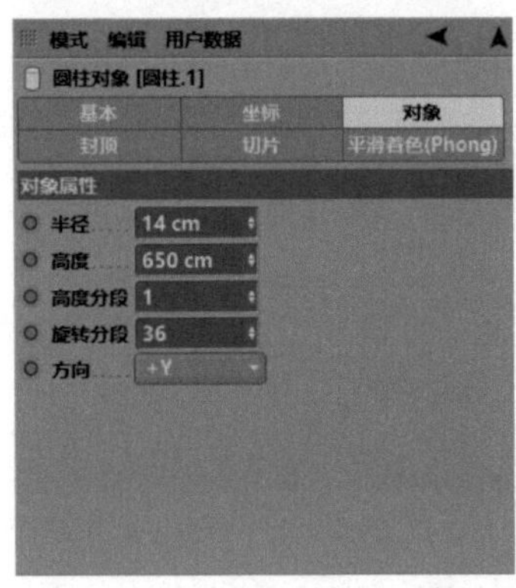

图5-477

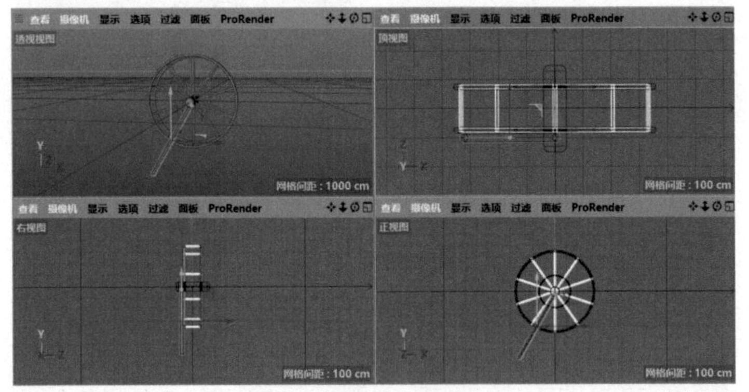

图5-478

03 在工具栏中选择“造型工具组”中的“对称”。在对象窗口中，将“圆柱”拖曳至“对称”内，使其成为“对称”的子集，如图 5-479 所示。

04 四视图效果如图 5-480 所示。

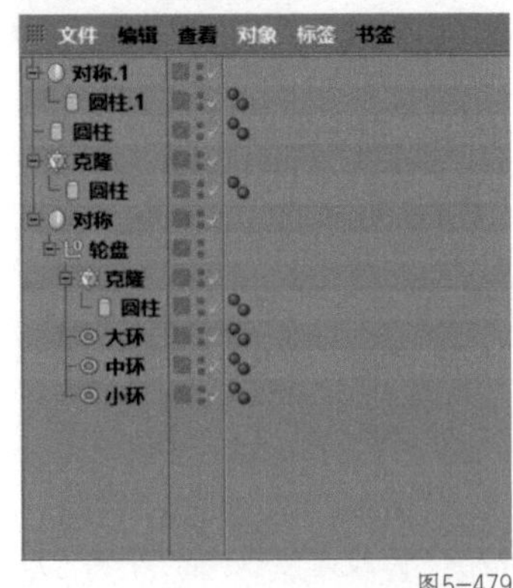

图5-479

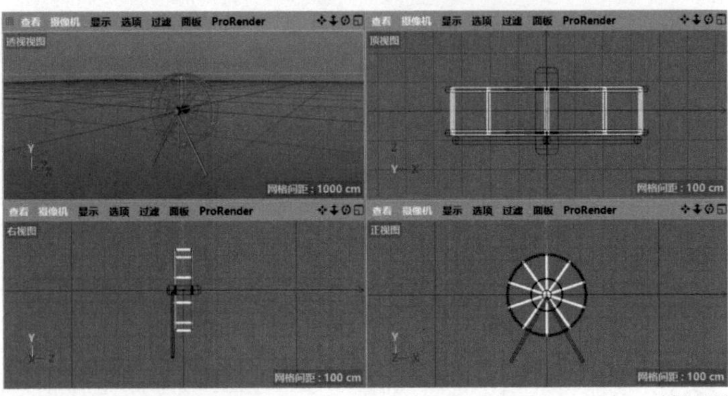

图5-480

05 在右视图界面上单击鼠标滑轮，进入右视图界面，复制一份“对称”，按【E】键切换到移动工具调整“对称”的位置，如图 5-481 所示。

06 在对象窗口中，同时选择“对称.1”和“对称.2”，按【Alt+G】组合键编组，并重命名为“支架”，如图5-482所示。

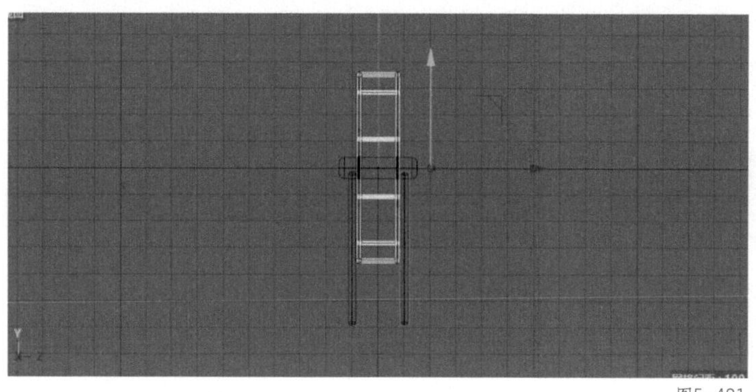

图5-481

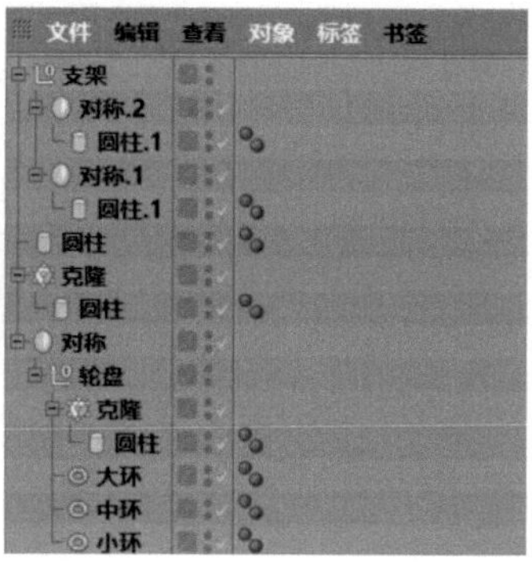

图5-482

5.5.3 车厢的建模

01 在工具栏中选择“参数化对象”中的“圆柱”。在左侧的编辑模式工具栏中，选择“视窗单体独显”，如图5-483所示。

02 在“圆柱”窗口中，选择“对象”，将“半径”和“高度”全部修改为“50 cm”，并将“方向”修改为“+Z”，如图5-484所示。

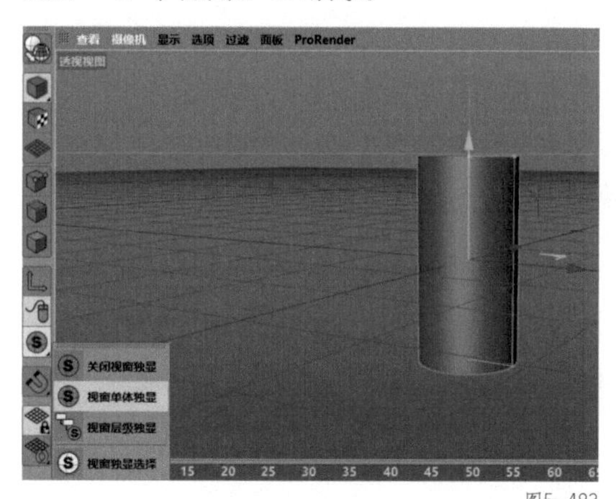

图5-483

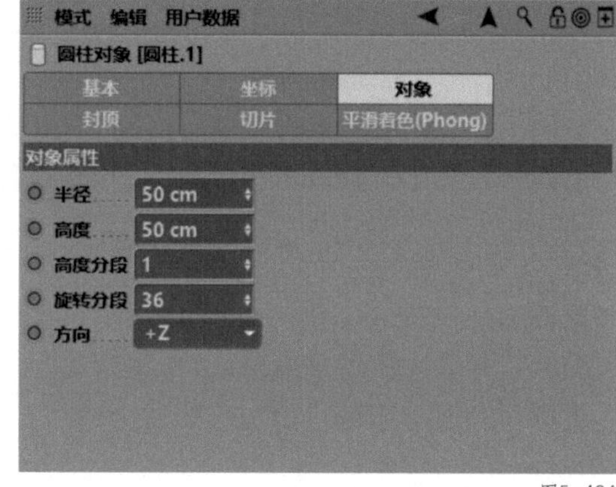

图5-484

03 在透视视图界面下，在左侧的编辑模式工具栏中选择“转为可编辑对象”，如图5-485所示。

04 在工具栏中选择“参数化对象”中的“圆环”。在“圆环”窗口中，选择“对象”，将“圆环半径”修改为“9 cm”，将“导管半径”修改为“2 cm”，将“方向”修改为“+Z”，如图5-486所示。

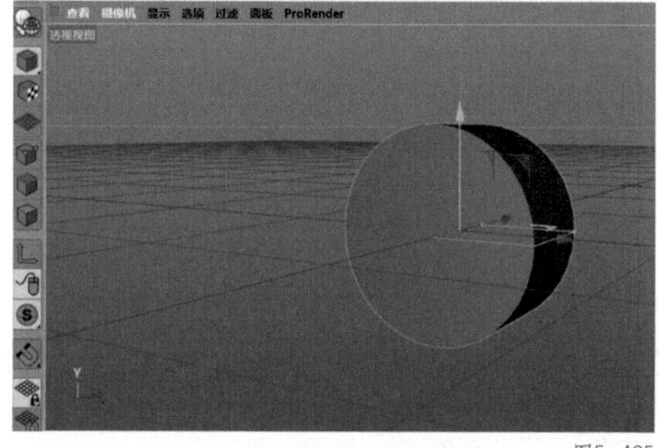

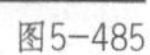

图5-485

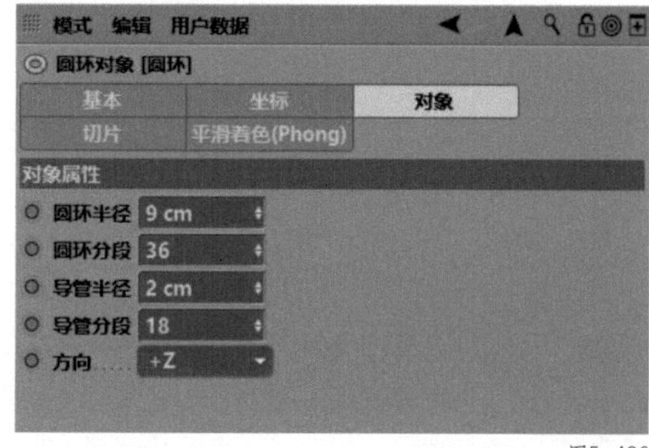

图5-486

05 在透视视图界面下，按【E】键切换到“移动”工具调整“圆环”的位置，效果如图 5-487 所示。

06 单击鼠标滑轮调出四视图，在右视图窗口上单击鼠标滑轮，进入右视图界面。在右视图界面下，复制一份“圆环”，按【E】键切换到“移动”工具调整位置，效果如图 5-488 所示。

图5-487

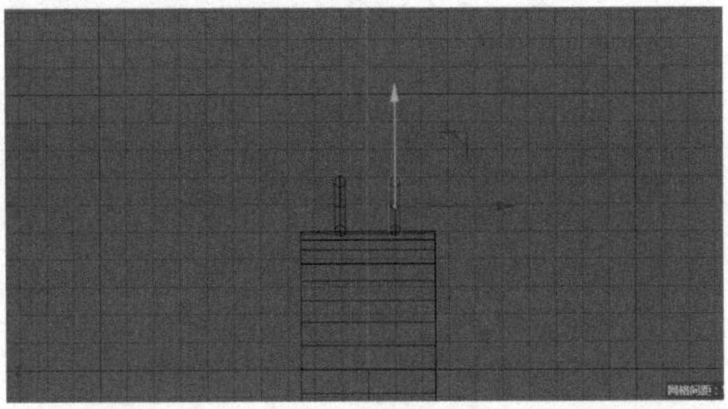

图5-488

07 在对象窗口中，同时选择“圆环”“圆环.1”“圆柱.1”，并按【Alt+G】组合键编组，并重命名为“车厢”，如图 5-489 所示。

08 在右视图界面下，按【E】键切换到“移动”工具调整位置，效果如图 5-490 所示。

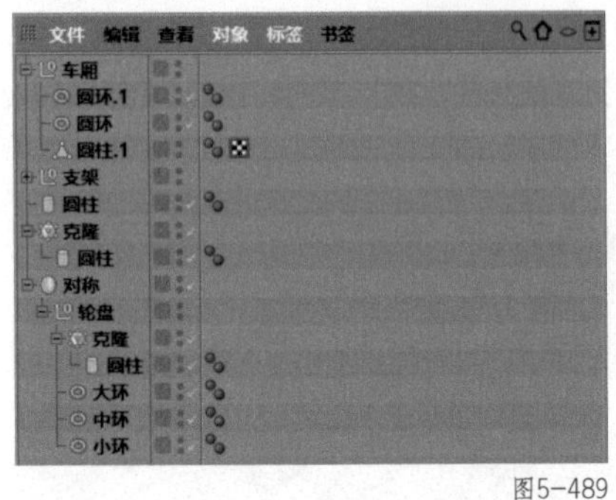

图5-489

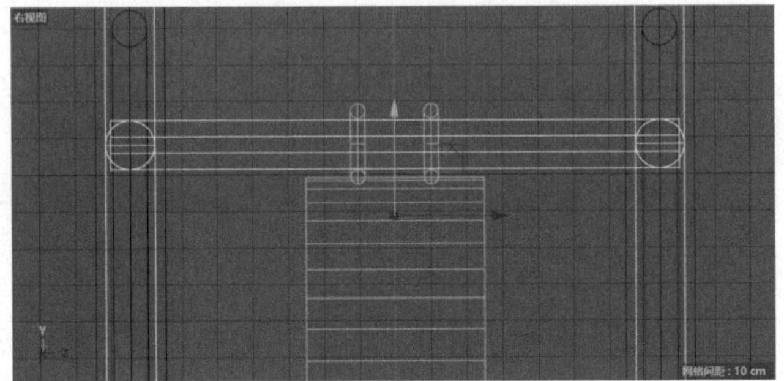

图5-490

09 透视视图界面中的效果如图 5-491 所示。

10 在正视图界面下，复制“车厢”，并按【E】键切换到“移动”工具调整位置，制作左半边的车厢，然后在工具栏中选择“造型工具组”中的“对称”，将“左侧车厢”拖曳至“对称”内，使其成为“对称”的子集。正视图界面中的效果如图 5-492 所示。

图5-491

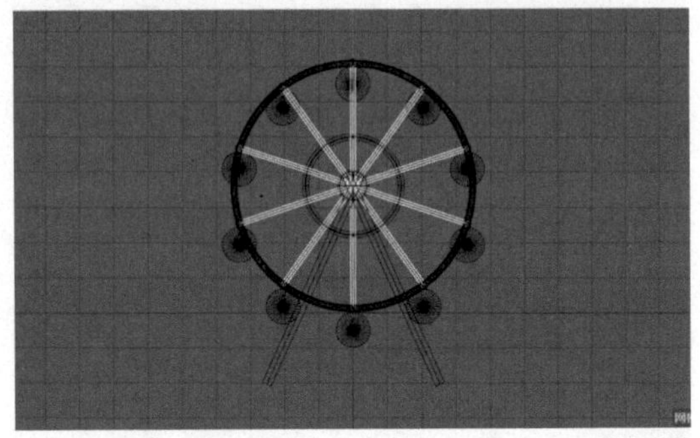

图5-492

11 在对象窗口中，同时选择所有的“车厢”图层，并按【Alt+G】组合键编组，并重命名为“车厢”，如图 5-493 所示。

12 在工具栏中选择“参数化对象”中的“圆柱”。在“圆柱”窗口中，选择“对象”，将“半径”修改为“420 cm”，将“高度”修改为“20 cm”，如图 5-494 所示。

13 在正视图界面下，按【E】键切换到“移动”工具调整“圆柱”的位置，效果如图 5-495 所示。

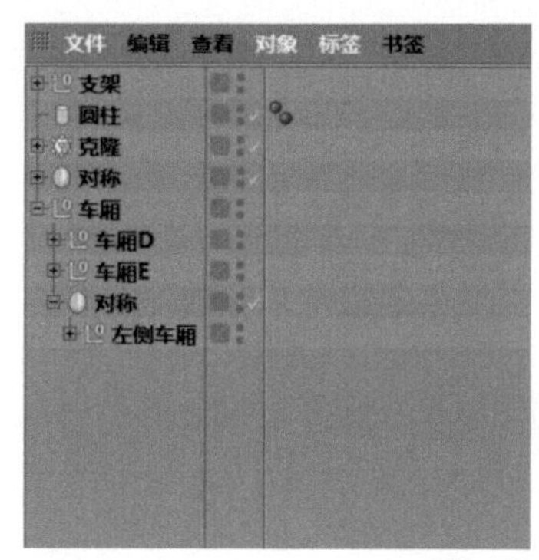

图5-493

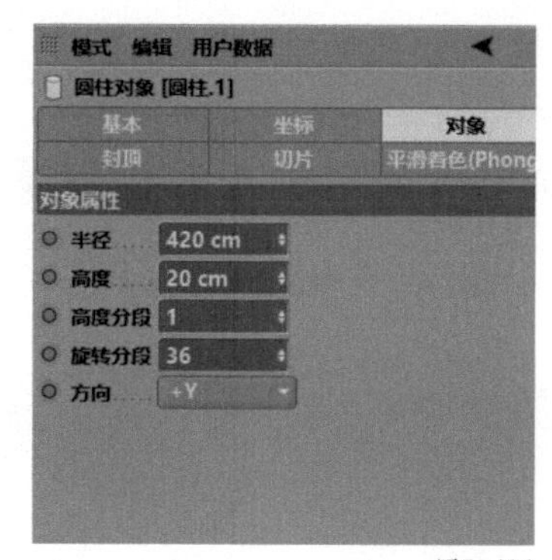

图5-494

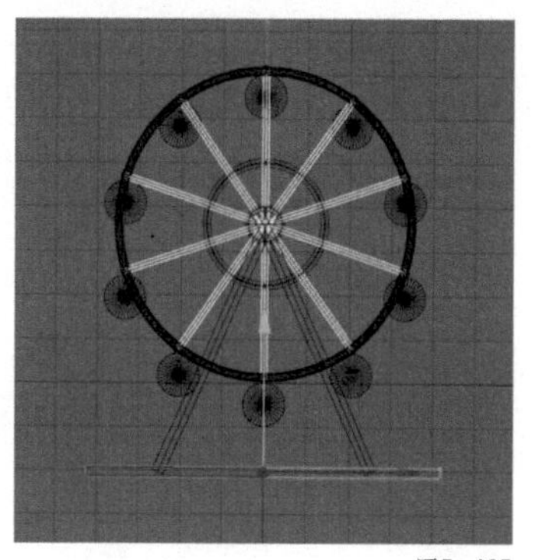
图5-495

14 在对象窗口中，将“圆柱”重命名为“底座”，同时选择所有的图层，并按【Alt+G】组合键编组，并重命名为“摩天轮”，如图5-496所示。

15 透视视图界面中的效果如图5-497所示。

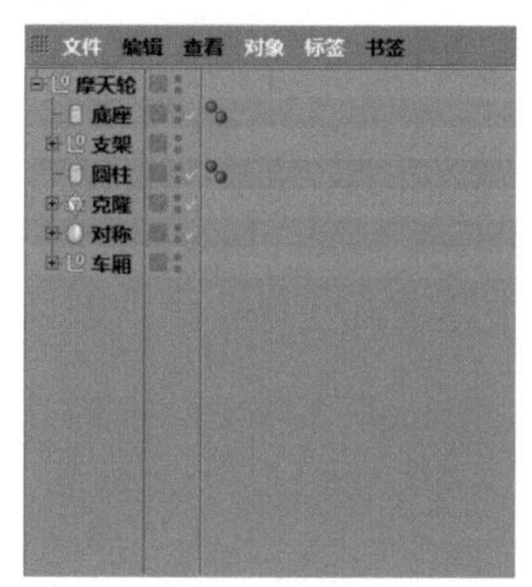

图5-496

图5-497

5.5.4 摩天轮的渲染

01 在材质窗口的空白处双击，新建一个“材质”，如图5-498所示。

02 双击“材质”，进入材质编辑器。进入“颜色”通道，将“H”修改为“7°”，将“S”修改为“60%”，将“V”修改为“100%”，如图5-499所示。

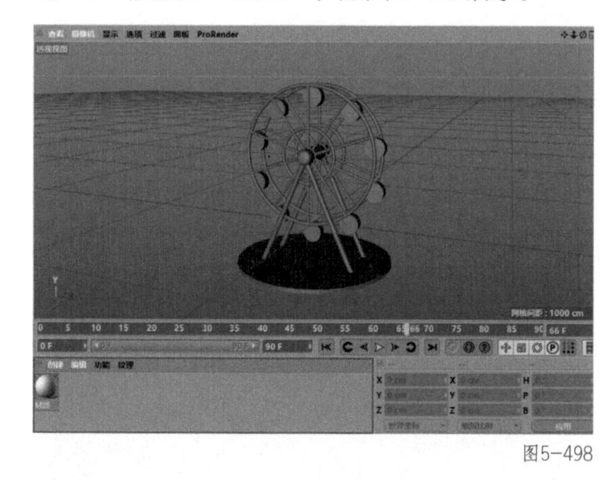
图5-498

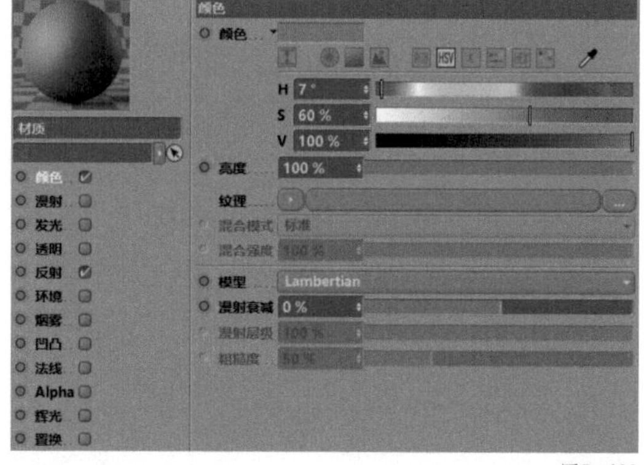

图5-499

03 在材质窗口中，将“材质”重命名为“主色”，如图5-500所示。

04 在对象窗口中，将材质“主色”赋予图5-501所示的图层。

05 在材质窗口的空白处双击，新建一个“材质”，如图5-502所示。

06 双击“材质”，进入材质编辑器。进入“颜色”通道，将“H”修改为“7°”，将“S”修改为“0%”，将“V”修改为“100%”，如图 5-503 所示。

图5-500

图5-502

图5-501

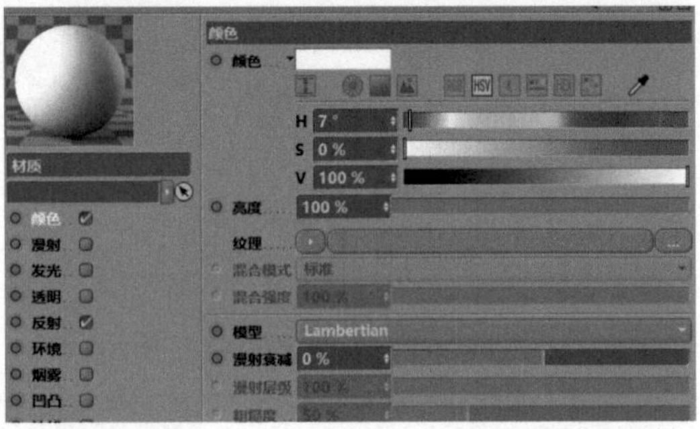

图5-503

07 在材质窗口中，将“材质”重命名为“支柱”，如图 5-504 所示。

08 在对象窗口中，将材质“支柱”赋予图 5-505 所示的图层。

09 在材质窗口的空白处双击，新建一个“材质”，如图 5-506 所示。

10 进入“透明”通道，选择“纹理”中的“玻璃”，如图 5-507 所示。

图5-504

图5-506

图5-505

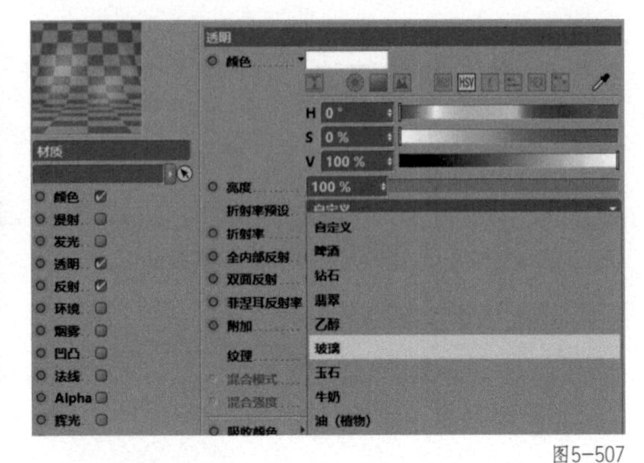

图5-507

11 在材质窗口中，将“材质”重命名为“窗口”，如图 5-508 所示。

12 在透视视图界面下，将材质“窗口”赋予图 5-509 所示的图层。

图5-508

图5-509

13 单击鼠标滑轮调出四视图，在右视图窗口上单击鼠标滑轮，进入右视图界面。在右视图界面下，在工具栏中选择“曲线工具组”中的“画笔”，如图 5-510 所示。

14 在右视图界面下，使用“画笔”工具绘制图 5-511 所示的线段。

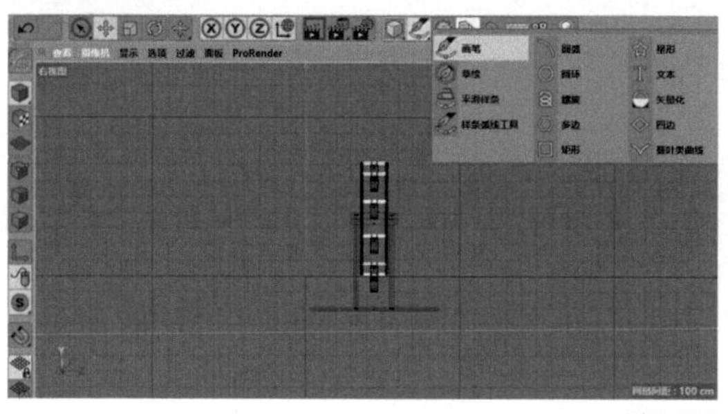
图5-510

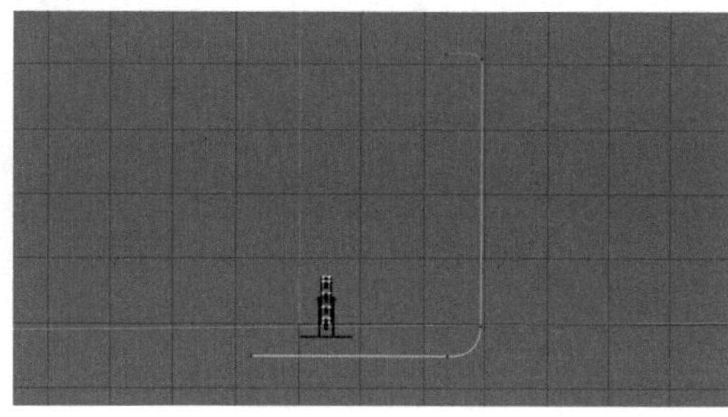
图5-511

15 在工具栏中选择“NURBS”中的“挤压”，如图 5-512 所示。

16 在对象窗口中，将“样条”拖曳至“挤压”内，使其成为“挤压”的子集，并将“挤压”重命名为“背景”，如图 5-513 所示。

17 在“挤压”窗口中，选择“对象”，在“对象”中将“移动”中“X”的数值修改为“10000 cm”，如图 5-514 所示。

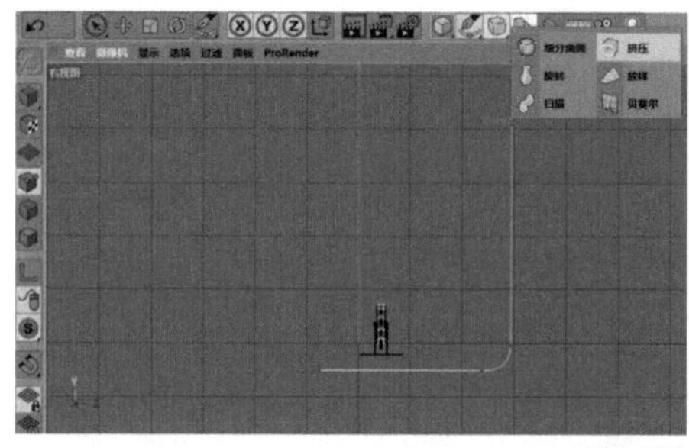
图5-512

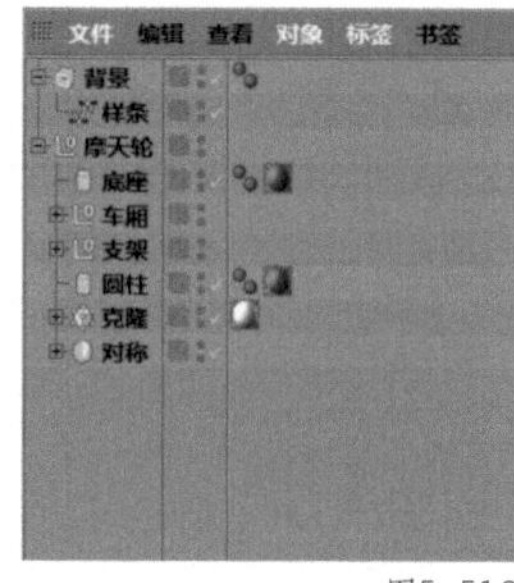

图5-513

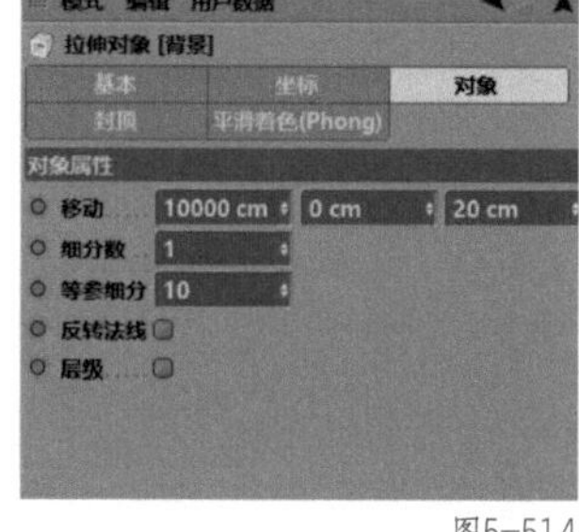

图5-514

18 单击鼠标滑轮调出四视图，在透视视图窗口上单击鼠标滑轮，进入透视视图界面，如图 5-515 所示。

19 在材质窗口的空白处双击，新建一个“材质”，如图 5-516 所示。

20 双击“材质”，进入材质编辑器。进入“颜色”通道，将“H”修改为“9°”，将“S”修改为“50%”，将“V”修改为“95%”，如图 5-517 所示。

21 在材质窗口中，将“材质”重命名为“背景”，如图 5-518 所示。

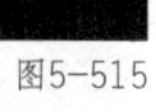
图5-515

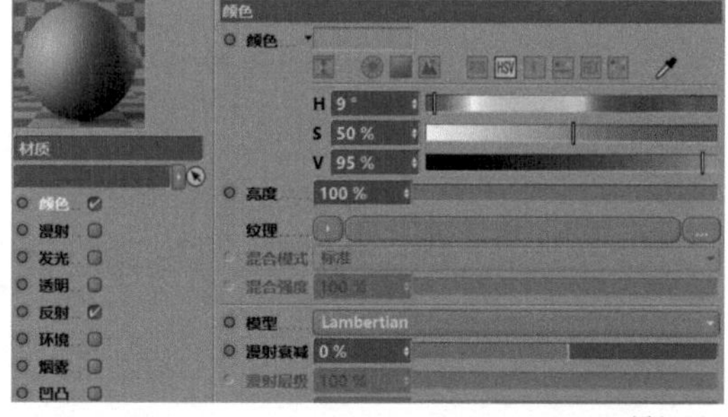

图5-517

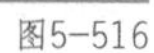
图5-516

图5-518

22 将材质“背景”赋予“背景”图层，如图 5-519 所示。

23 在透视视图界面下，在工具栏中选择“场景设定”中的“天空”，如图 5-520 所示。

图5-519

图5-520

24 在对象窗口中，将材质“支柱”赋予“天空”图层，如图 5-521 所示。

25 在工具栏中选择“场景设定”中的“物理天空”，如图 5-522 所示。

图5-521

图5-522

26 在“物理天空”窗口中，选择“太阳”，将“强度”修改为“80%”，如图 5-523 所示。

27 在对象窗口中，选择“物理天空”，单击鼠标右键，在弹出的下拉菜单中选择“CINEMA 4D标签”中的“合成”，如图 5-524 所示。

28 在“合成”窗口中，勾选“标签属性”中的“合成背景”，如图 5-525 所示。

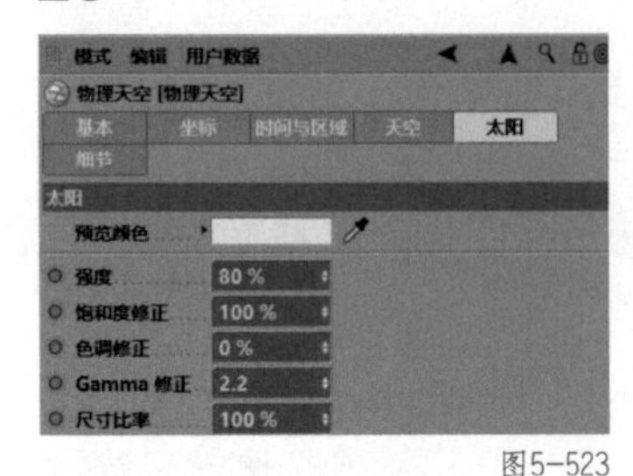

图5-523

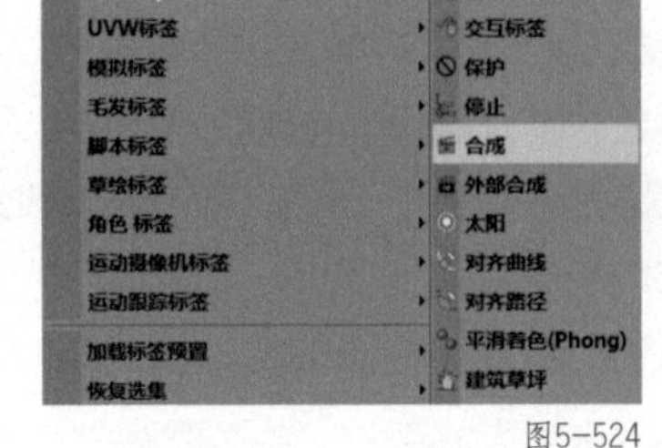

图5-524

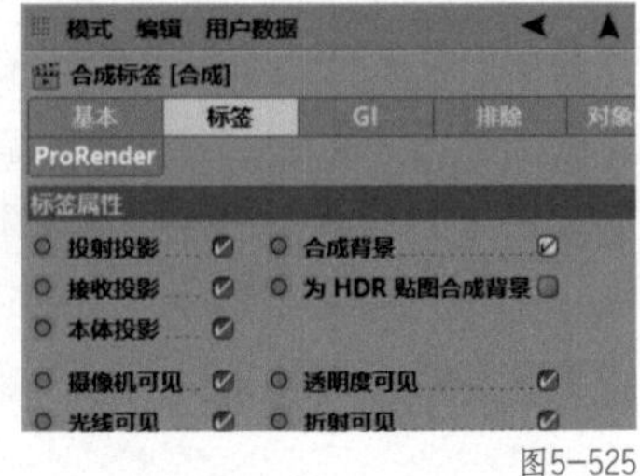

图5-525

29 在对象窗口中，同时选择“背景”“天空”“物理天空”，按【Alt+G】组合键进行编组，并重命名为“背景”，如图 5-526 所示。

30 在工具栏中选择“编辑渲染设置”，如图 5-527 所示。

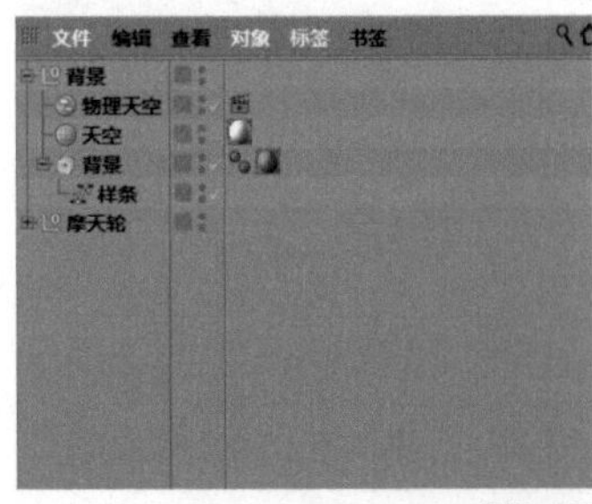

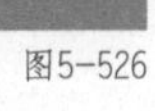

图5-526

图5-527

31 在渲染设置中，勾选“多通道”，同时选择“效果”中的“全局光照”，如图 5-528 所示。

32 在“全局光照”中，选择“辐照缓存”，并将“记录密度”修改为“高”，如图 5-529 所示。

33 在渲染设置中，勾选“多通道”，同时选择“效果”中的“环境吸收”，如图 5-530 所示。

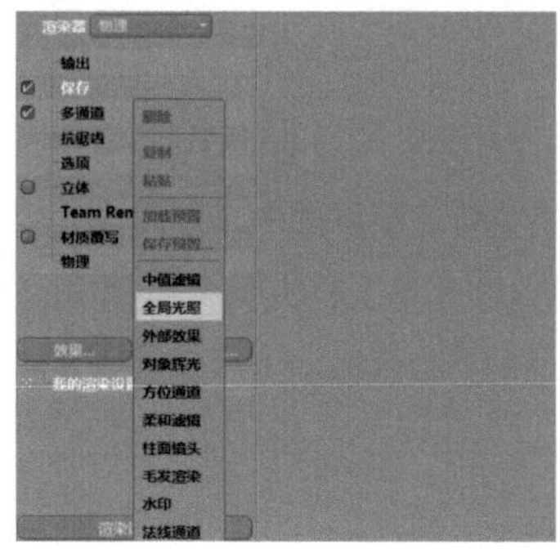

图5-528

图5-529

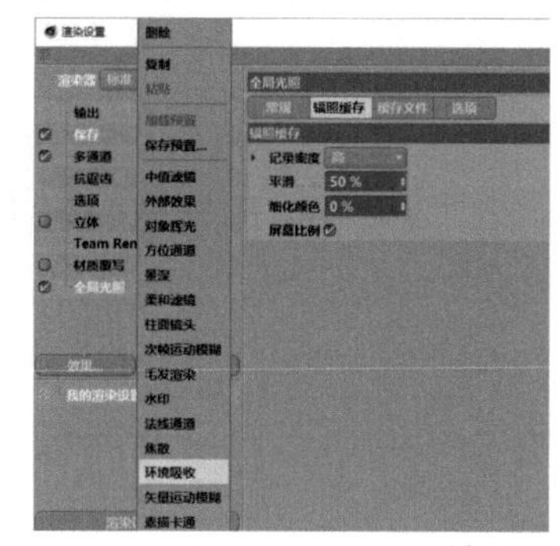

图5-530

34 在“环境吸收”中选择“缓存”，将“记录密度”修改为“高”，如图 5-531 所示。

35 在工具栏中选择“渲染到图片查看器”，如图 5-532 所示。

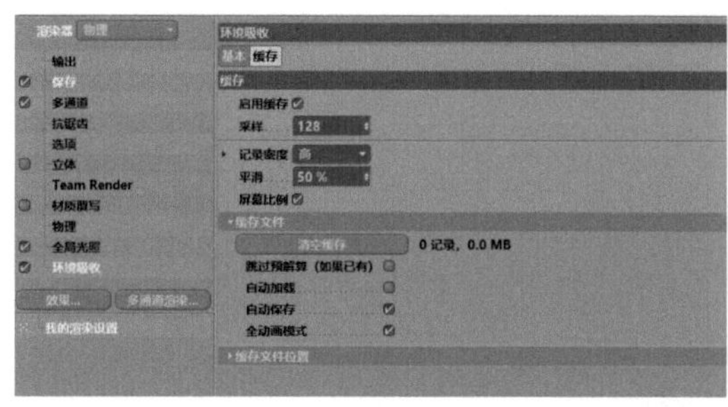

图5-531

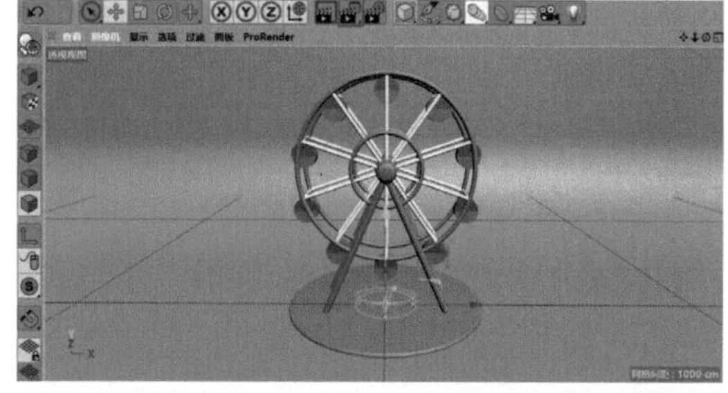

图5-532

36 渲染后的效果如图 5-533 所示。

图5-533

本案例到此已全部完成。

本节知识点一览

（1）参数化对象：圆柱、圆环

（2）NURBS：挤压

（3）造型工具组：对称

（4）运动图形：克隆

（5）曲线工具组：画笔

5.6 旋转木马——圆柱、管道、星形、内部挤压、克隆

本节讲解旋转木马的制作方法。起初为了吸引顾客，一些小店主会在店门口摆木马摇椅，后来有聪明人把木马椅用木架托起来，围成圆圈，借助人力或牲畜使它们开始旋转。当蒸汽机发明后，旋转木马也开始更新换代，用蒸汽机作为动力，蒸汽机轰隆隆地吐出白气，弥漫四周，彩色的木马也仿佛在云端雾气中穿行，十分华丽，因此旋转木马也被看作是“浪漫”的代名词。在电商平面设计中，旋转木马常作为辅助元素出现。在CINEMA 4D中，旋转木马需要使用球体、圆柱、管道、圆盘等模型配合克隆、放样、内部挤压、挤压等功能便可制作完成。本案例可以使用之前制作的“小飞机”等素材，作为装饰元素。

本节内容	本节将讲解旋转木马的制作方法，包括旋转木马三维模型的创建、材质及材质的参数调整、场景及灯光的搭建

本节目标	通过本节的学习，读者将掌握旋转木马的制作方法

本节主要知识点	圆环、圆柱、克隆、对称

本节最终效果图展示

5.6.1 旋转装置的建模

01 打开 CINEMA 4D，进入默认的透视视图界面。在透视视图界面下，选择工具栏中的“参数化对象”中的“圆柱”，如图 5-534 所示。

02 在“圆柱”窗口中，选择“对象”，将“半径”修改为“170 cm”，将“高度”修改为“20 cm”，如图 5-535 所示。

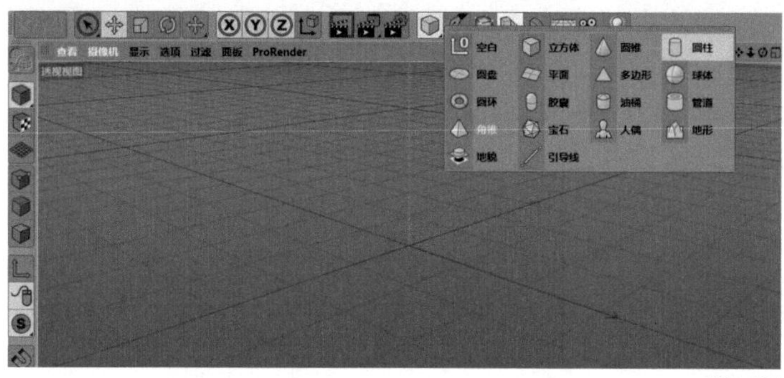

图5-534

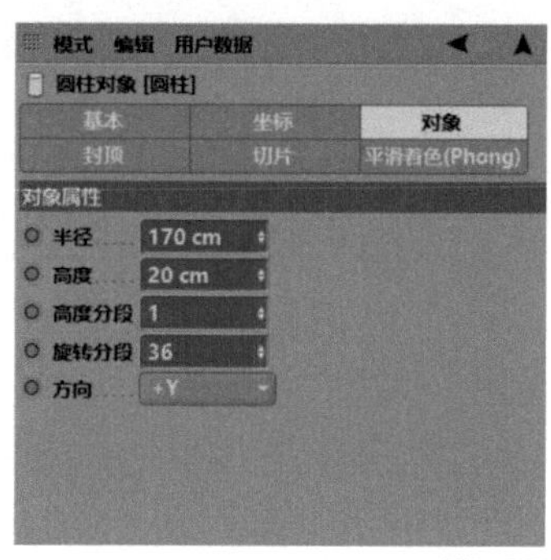

图5-535

03 在“圆柱”窗口中，选择“封顶”，勾选“圆角”，将“半径”修改为“5 cm”，如图 5-536 所示。

04 透视视图界面中的效果如图 5-537 所示。

05 在对象窗口中，将“圆柱”重命名为“底座”，如图 5-538 所示。

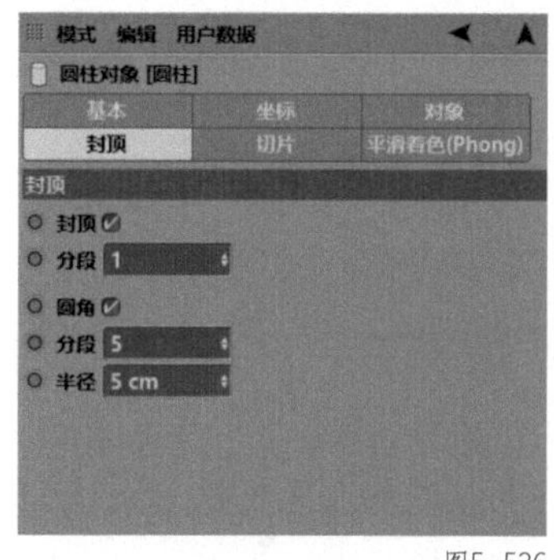

图5-536

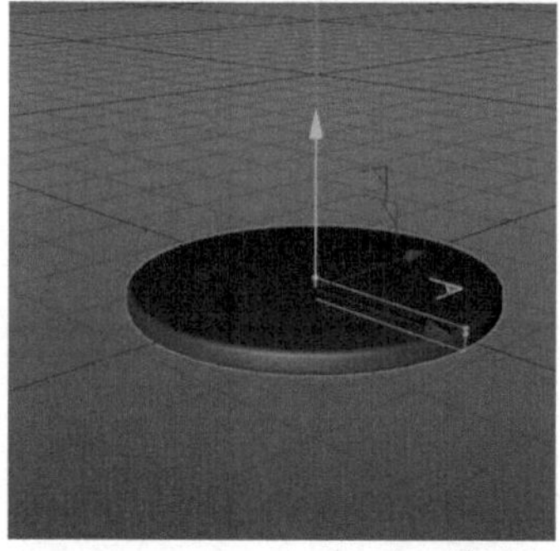

图5-537

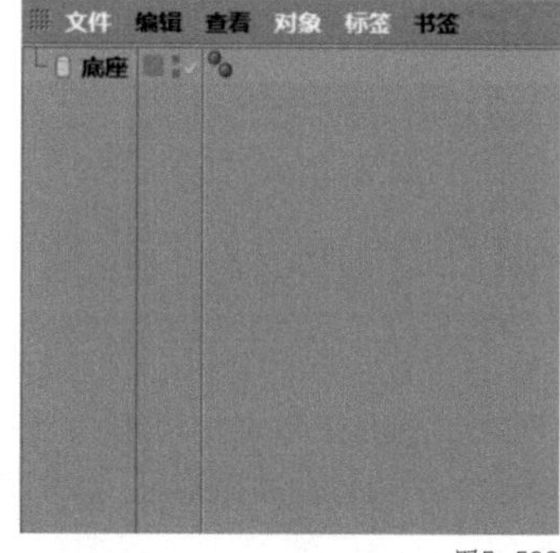

图5-538

06 在透视视图界面下，选择工具栏中的“参数化对象”中的“圆柱”。在“圆柱”窗口中，选择“对象”，将“半径”修改为“23 cm”，将“高度”修改为“220 cm”，如图 5-539 所示。

07 透视视图界面中的效果如图 5-540 所示。

08 在对象窗口中，将“圆柱”重命名为“立柱”，如图 5-541 所示。

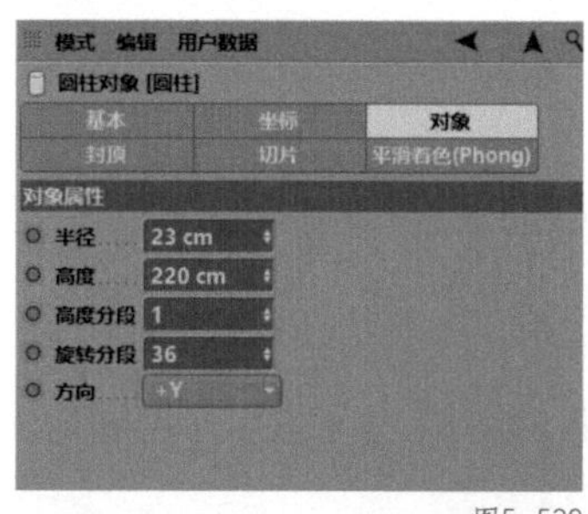

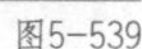

图5-539

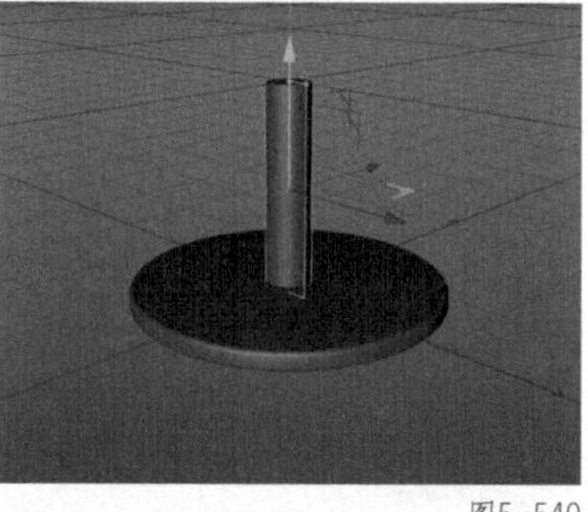

图5-540

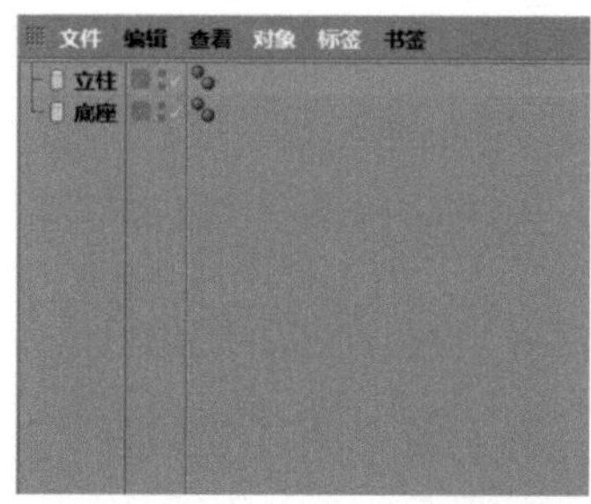

图5-541

09 在工具栏中选择“参数化对象”中的“圆盘”，如图 5-542 所示。

10 单击鼠标滑轮调出四视图，在顶视图窗口上单击鼠标滑轮，进入顶视图界面，如图 5-543 所示。

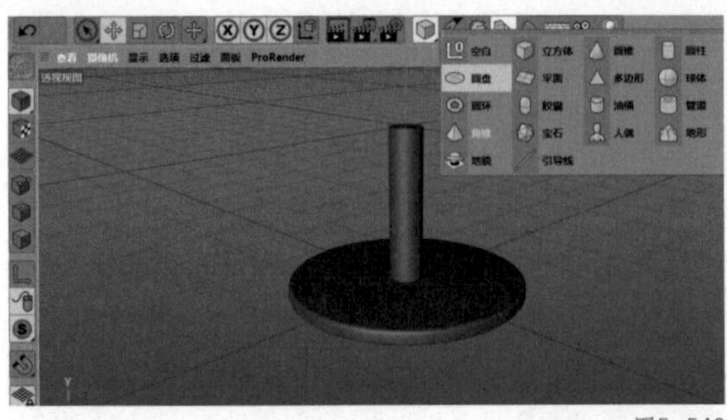
图5-542

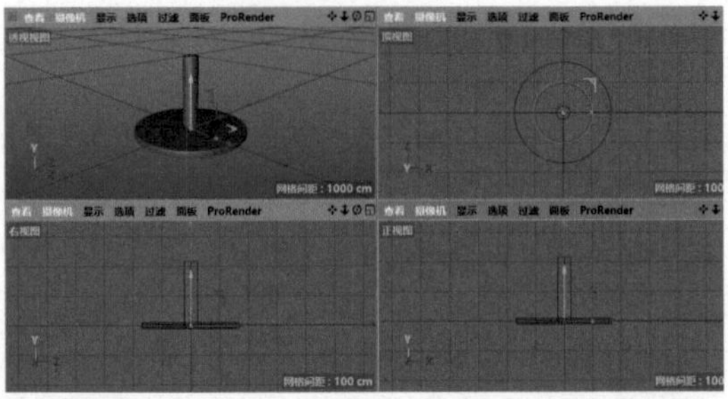

图5-543

11 在顶视图界面下，按小黄点，将“圆盘”扩大至图 5-544 所示。

12 单击鼠标滑轮调出四视图，在透视视图窗口上单击鼠标滑轮，进入透视视图界面。在透视视图界面下，按【E】键切换到“移动”工具调整“圆盘”的位置，效果如图 5-545 所示。在左侧的编辑模式工具栏中选择“转为可编辑对象”。

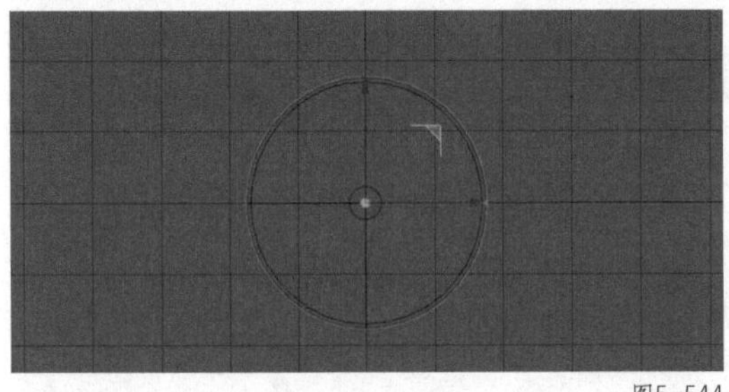
图5-544

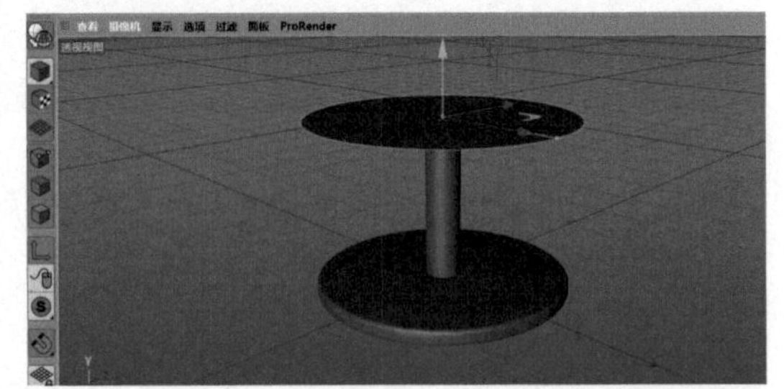
图5-545

13 在左侧的编辑模式工具栏中选择“面模式”，在透视视图界面下，按【Ctrl+A】组合键全选所有的面，如图 5-546 所示。

14 在透视视图界面下，在空白处单击鼠标右键，在弹出的下拉菜单中选择“挤压”，如图 5-547 所示。

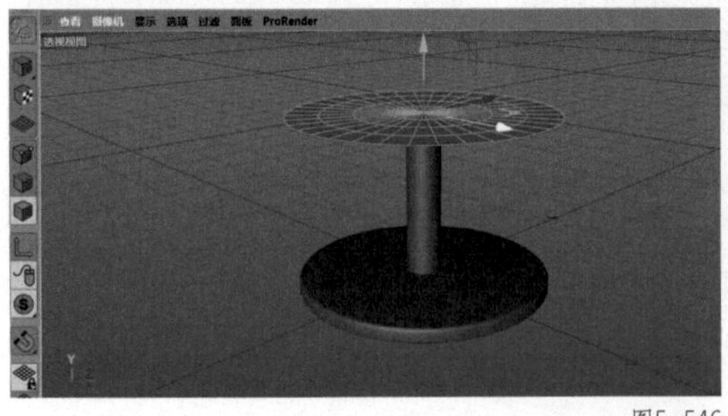
图5-546

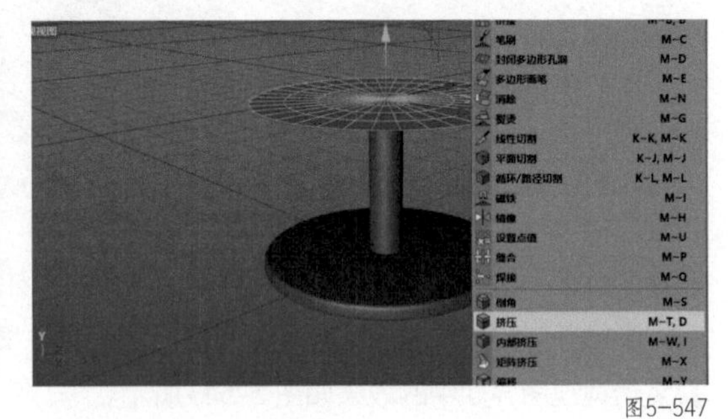
图5-547

15 在“挤压”窗口中，将“偏移”修改为“-35 cm”，同时勾选“创建封顶”，如图 5-548 所示。

16 在透视视图界面下，按【T】键切换到“缩放”工具调整大小，按住鼠标左键在空白处进行拖曳，将图中所示的面缩小一些，如图 5-549 所示。

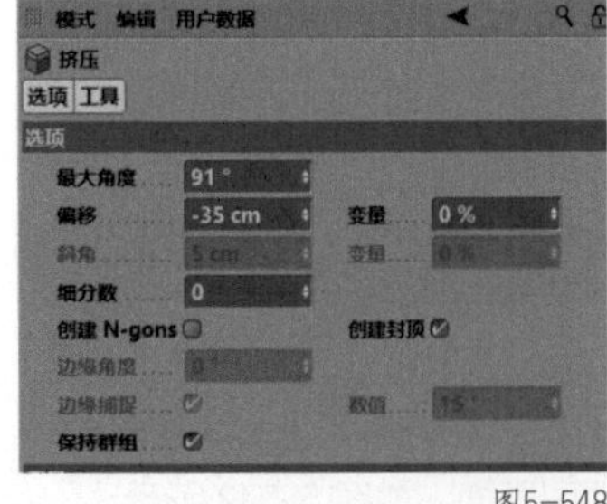

图5-548

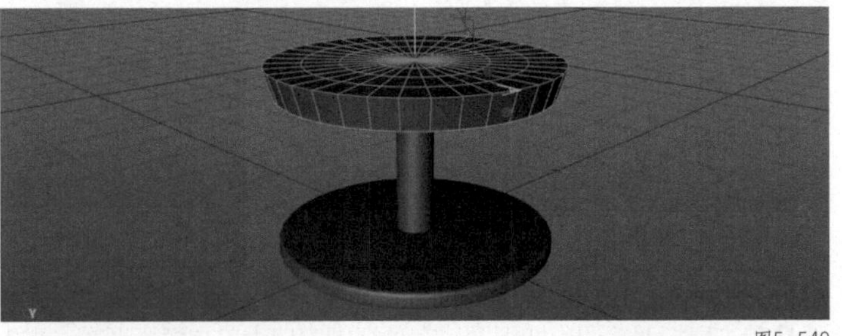
图5-549

17 在工具栏中选择“实时选择”工具。在透视视图界面下，使用“实时选择”工具选择图 5-550 所示的面。

18 单击鼠标滑轮调出四视图，在顶视图窗口上单击鼠标滑轮，进入顶视图界面，如图 5-551 所示。

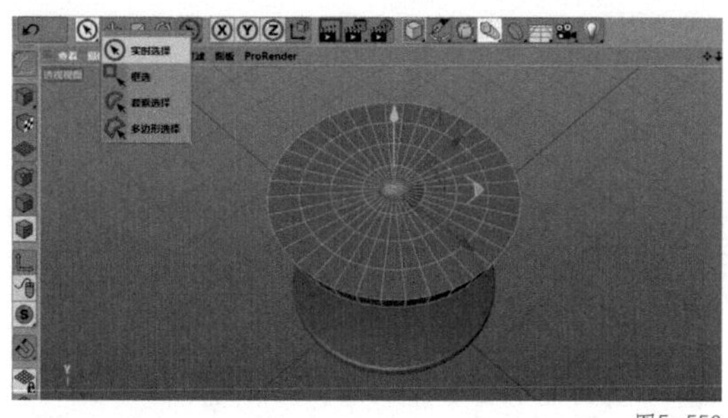

图5-550

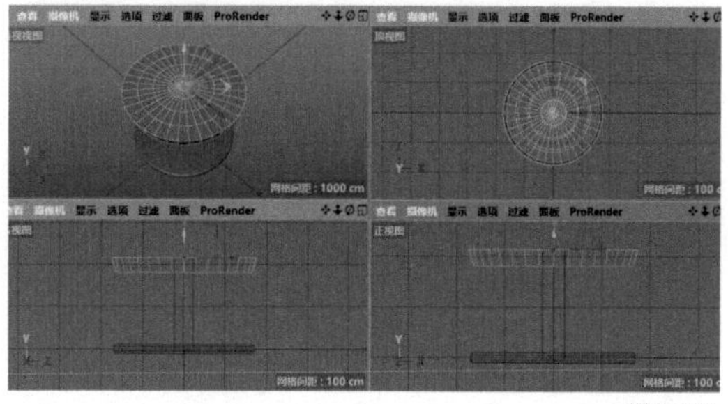

图5-551

19 在顶视图界面下，在空白处单击鼠标右键，在弹出的下拉菜单中选择“内部挤压”，如图 5-552 所示。

20 在“内部挤压”窗口中，将“偏移”修改为“10 cm”，如图 5-553 所示。

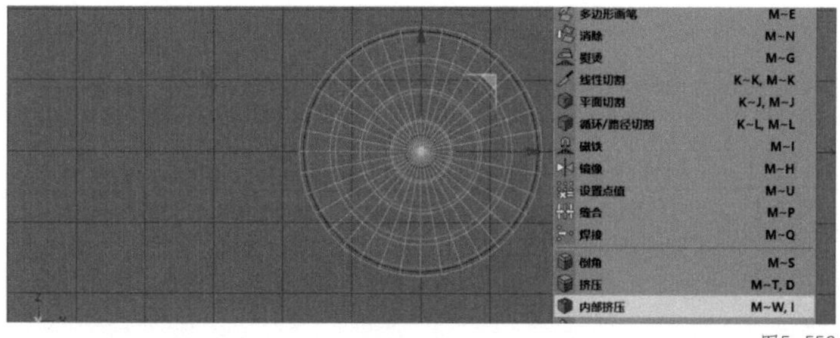

图5-552

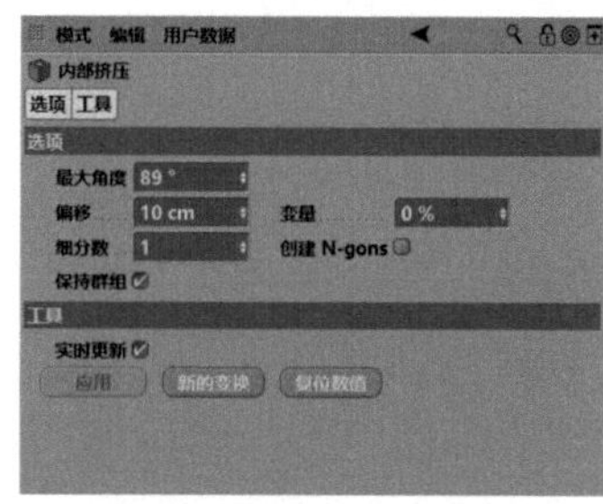

图5-553

21 在顶视图界面下，按住鼠标左键，在空白处进行拖曳，将选中的面缩小一些，如图 5-554 所示。

22 在右视图界面下，按住鼠标左键同时按住【Ctrl】键，沿着绿色的箭头向下拖曳出一定的高度，并按【T】键切换到缩放工具，按住鼠标左键在空白处进行拖曳，将选中的面缩小至图 5-555 所示。

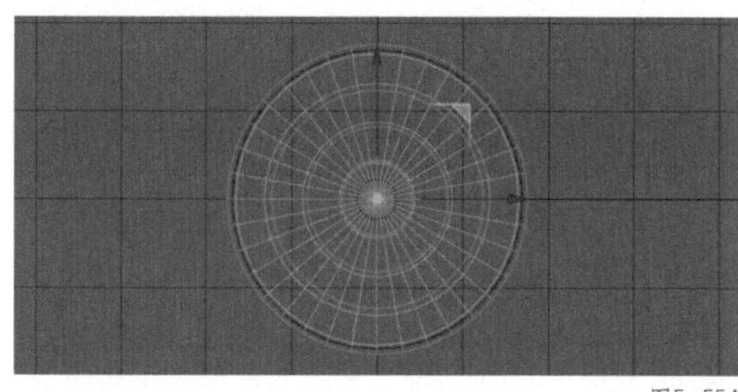

图5-554

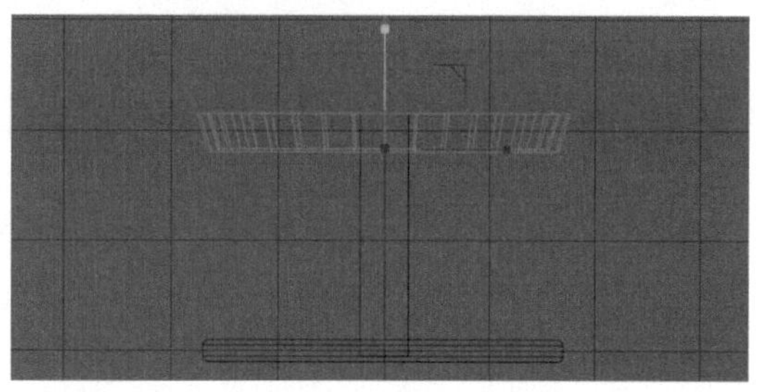

图5-555

23 透视视图界面中的效果如图 5-556 所示。

24 在右视图界面下，按住鼠标左键同时按住【Ctrl】键，沿着绿色的箭头，将选中的面向上拖曳出一定的高度，效果如图 5-557 所示。

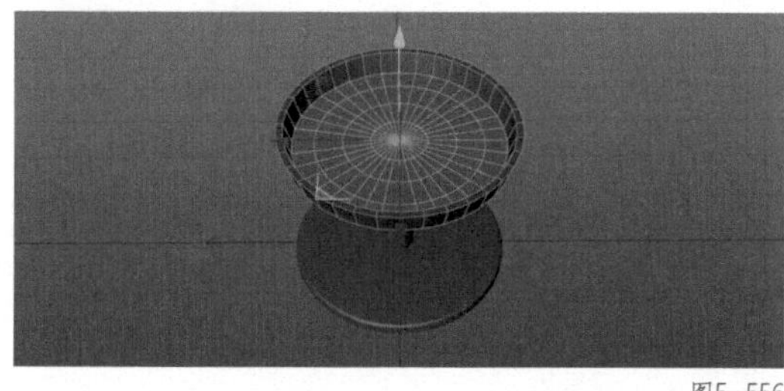

图5-556

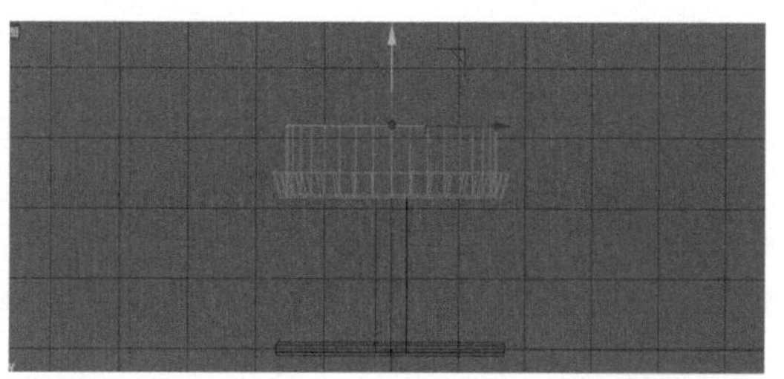

图5-557

25 在右视图界面下，按【T】键切换到“缩放”工具，按住鼠标左键在空白处进行拖曳，效果如图 5-558 所示。

26 透视视图界面中的效果如图 5-559 所示。

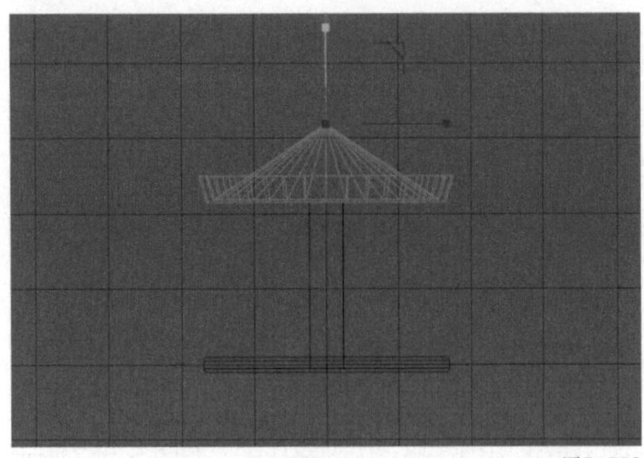

图5-558

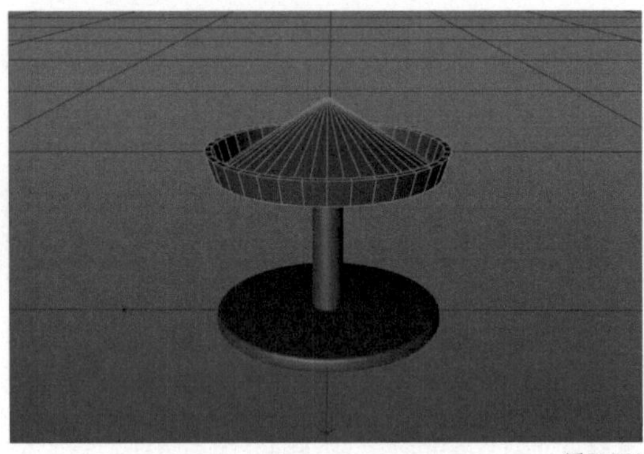

图5-559

5.6.2 装饰物的建模

01 在左侧的编辑模式工具栏中选择“边模式”，在透视视图界面中，按【K+L】组合键进行循环切割，在图 5-560 所示的位置切割出两条线段。

02 在左侧的编辑模式工具栏中选择“面模式”，在工具栏中选择“实时选择”工具，在透视视图界面下，使用“实时选择”工具选择图 5-561 所示的面。

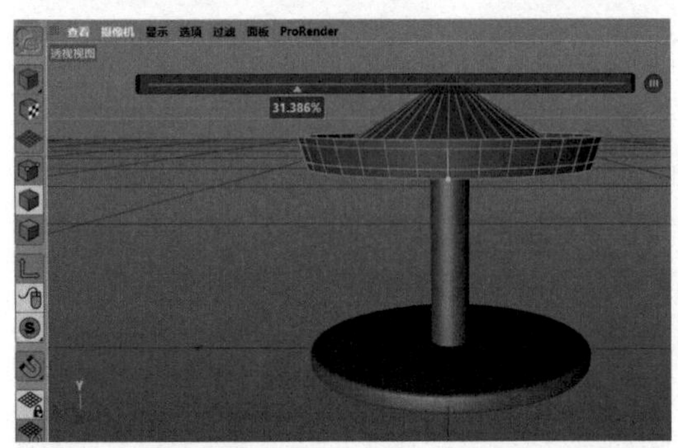

图5-560

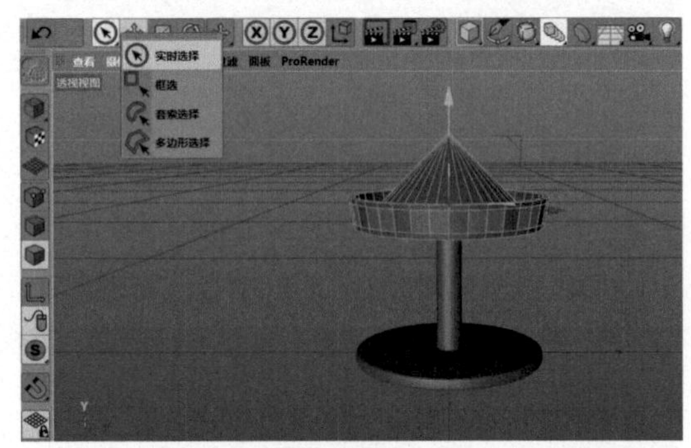

图5-561

03 在透视视图界面下，在空白处单击鼠标右键，在弹出的下拉菜单中选择“偏移”，如图 5-562 所示。

04 在“偏移”窗口中，将“偏移”修改为“6.5 cm”，如图 5-563 所示。

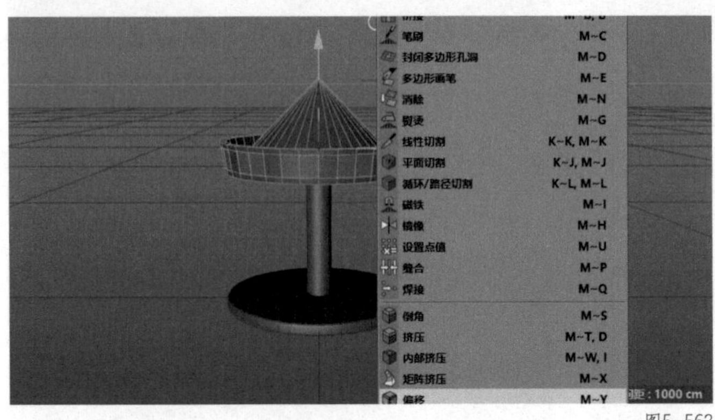

图5-562

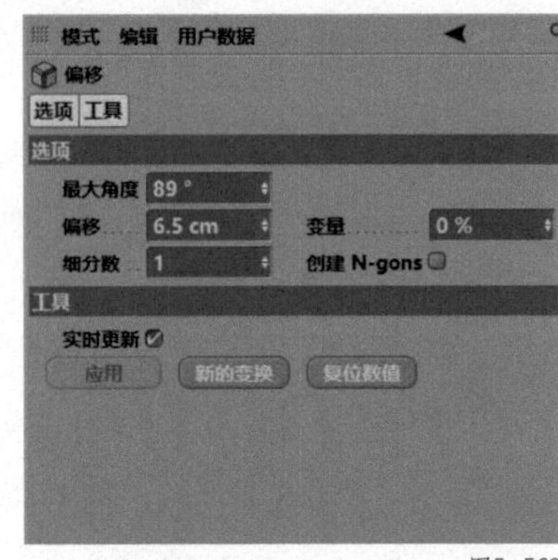

图5-563

05 透视视图界面中的效果如图 5-564 所示。

06 在工具栏中选择“曲线工具组”中的“星形”，如图 5-565 所示。

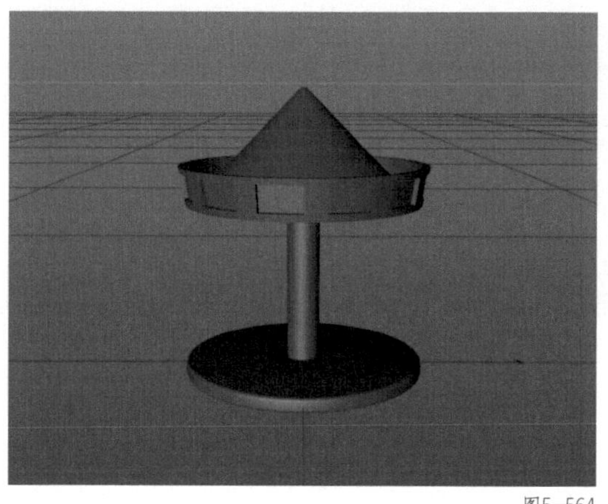

图5-564

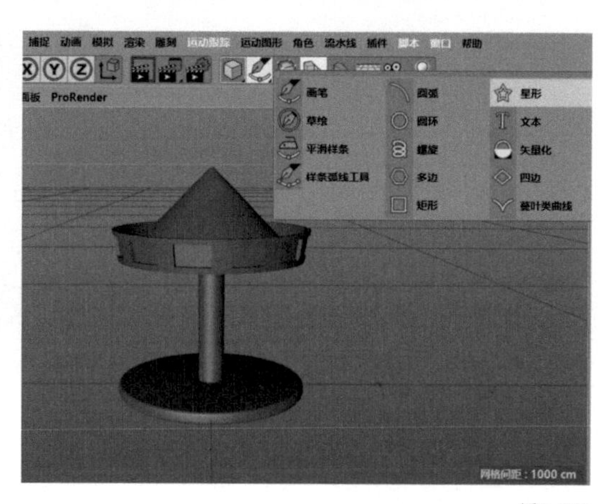

图5-565

07 在“星形”窗口中，将“点”修改为“5”，如图 5-566 所示。

08 在工具栏中选择“NURBS”中的“放样”，如图 5-567 所示。

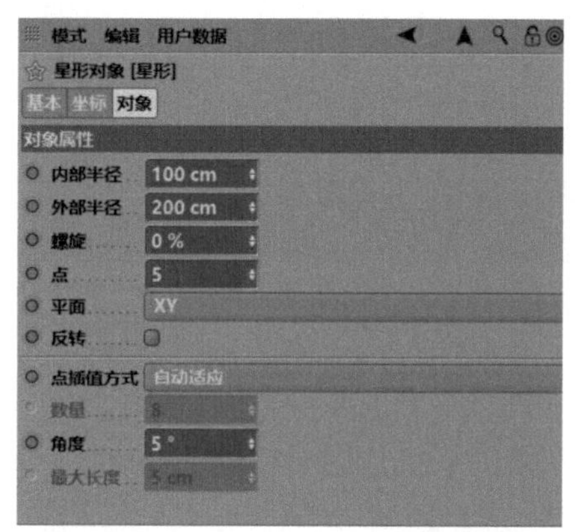

图5-566

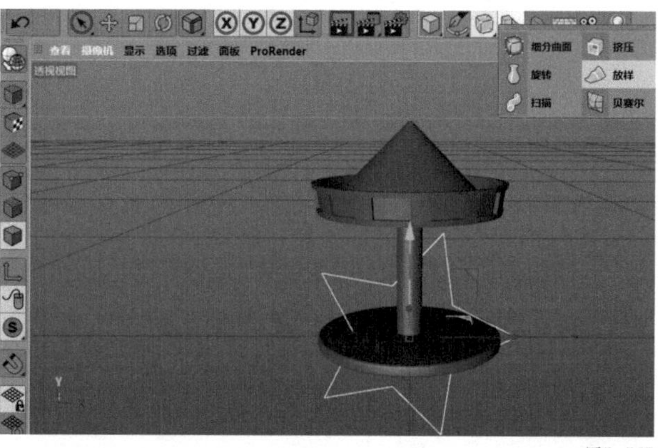

图5-567

09 在对象窗口中，将“星形”拖曳至“放样”内，使其成为“放样”的子集，如图 5-568 所示。

10 在左侧的编辑模式工具栏中，选择“面模式”。在透视视图界面下，使用“实时选择”工具选择图 5-569 所示的面，在空白处单机鼠标右键，在弹出的下拉菜单中选择“挤压”。

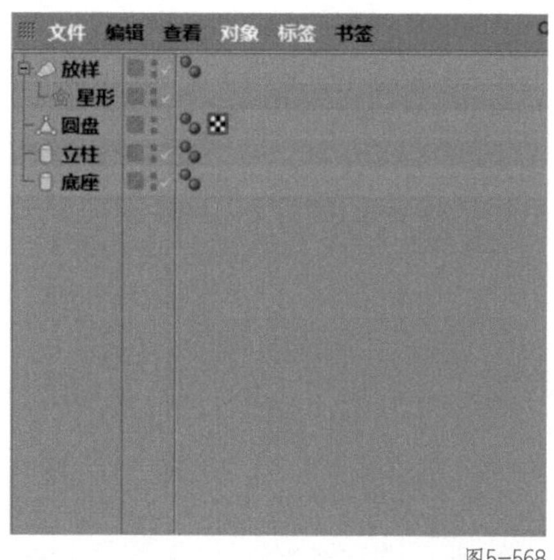

图5-568

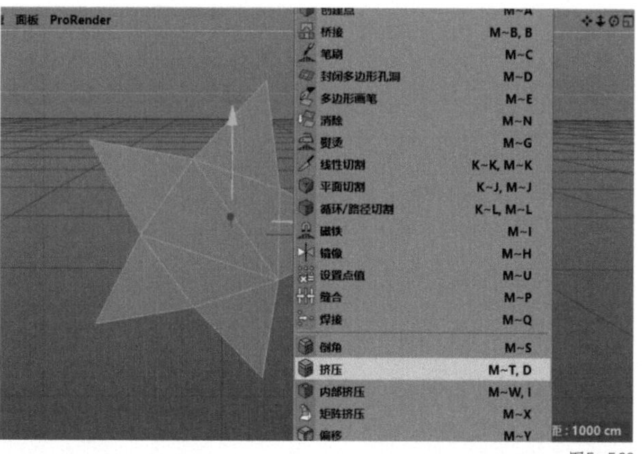

图5-569

11 在“挤压”窗口中，将“偏移”修改为“20 cm”，同时勾选“创建封顶”，如图 5-570 所示。

12 透视视图界面中的效果如图 5-571 所示。

13 在对象窗口中，将当前图层分别重命名为“底座”“立柱”“顶篷”“五角星”，如图 5-572 所示。

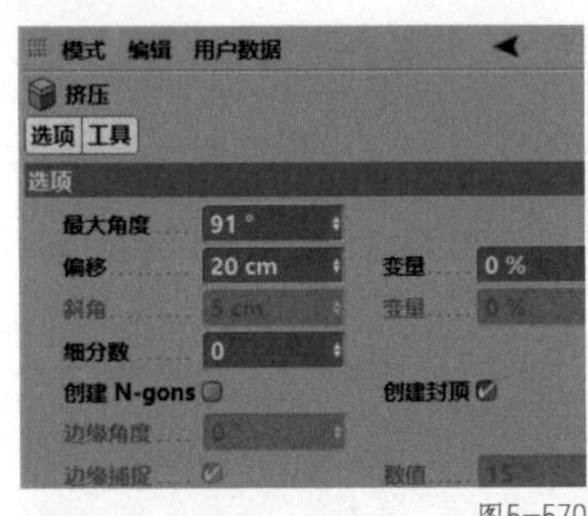

图5-570

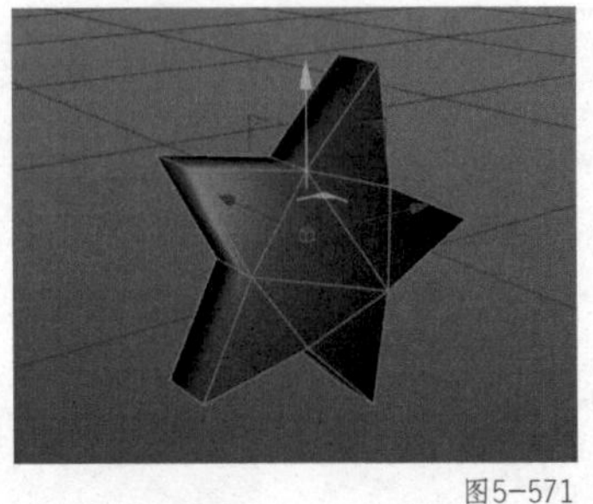

图5-571

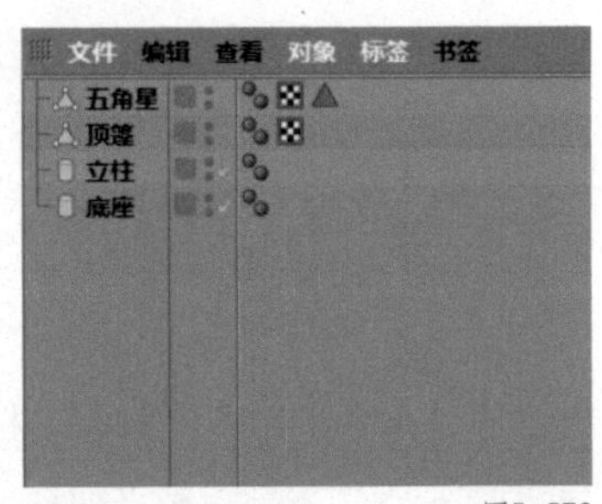

图5-572

14 在透视视图界面下，按【E】键切换到“移动”工具，调整“五角星”至图5-573所示的位置，按【T】键切换到缩放工具，调整“五角星”至图5-673所示的大小，按【R】键切换到“旋转”工具调整“五角星”至图5-573所示的角度。

15 复制几个“五角星”，分别调整位置和角度至图5-574所示的位置。

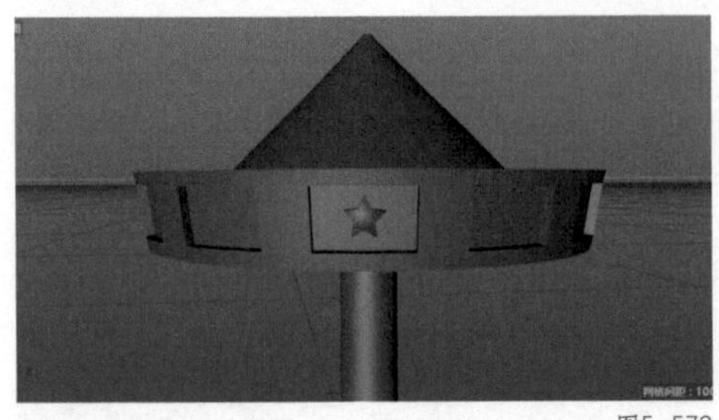

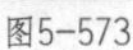

图5-573

图5-574

16 在对象窗口中，同时选择所有的“五角星”，按【Alt+G】组合键编组，并重命名为“五角星”，如图5-575所示。

17 在工具栏中选择“参数化对象”中的“球体”，如图5-576所示。

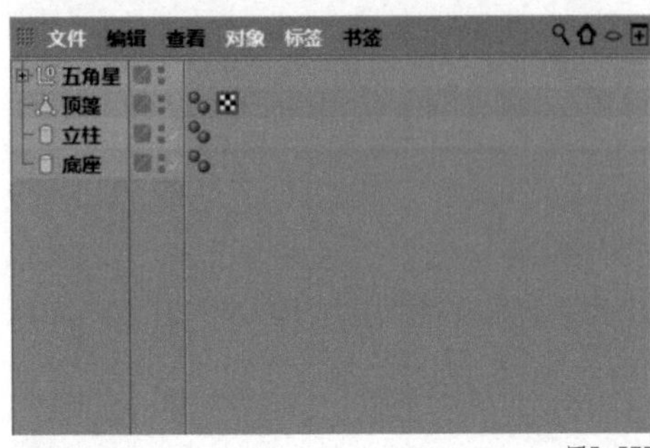

图5-575

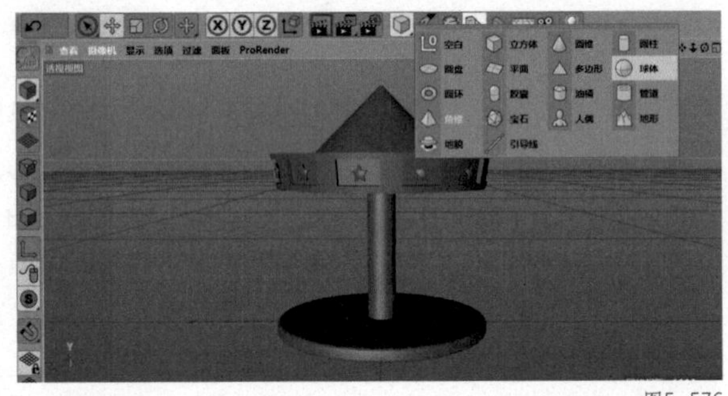

图5-576

18 在“球体”窗口中，选择“对象”，将“半径”修改为“4”，如图5-577所示。

19 在菜单栏中，选择“运动图形”中的“克隆”，如图5-578所示。

图5-577

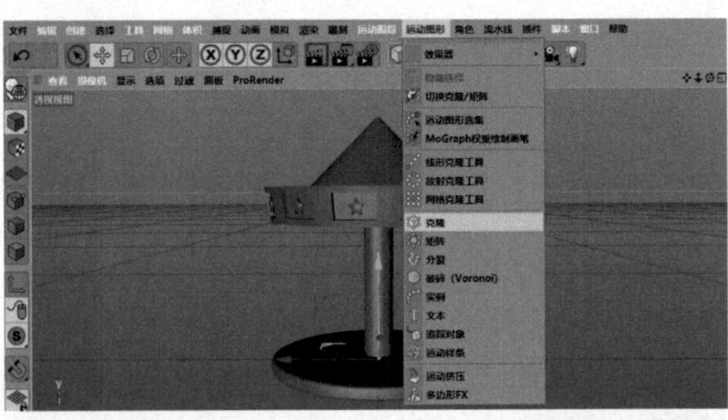

图5-578

20 在对象窗口中，将“球体”拖曳至“克隆”内，使其成为“克隆”的子集，如图5-579所示。

21 在“克隆”窗口中，选择“对象”，将“模式”修改为“放射”，将“数量”修改为“25”，将“半径”修改为“175 cm”，将“平面”修改为“XZ”，如图5-580所示。

22 在对象窗口中，复制一份“克隆”，如图5-581所示。

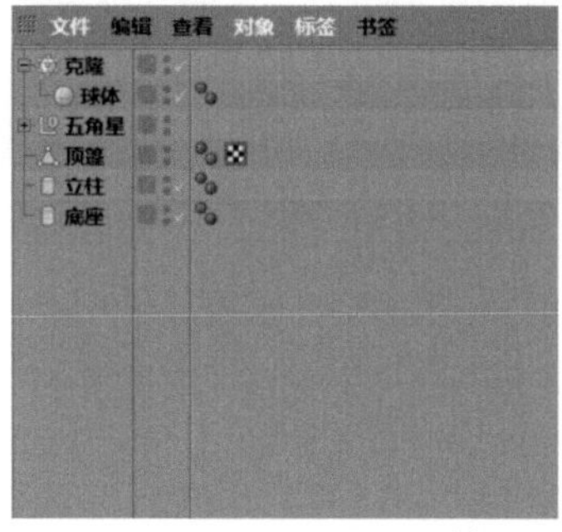

图5-579

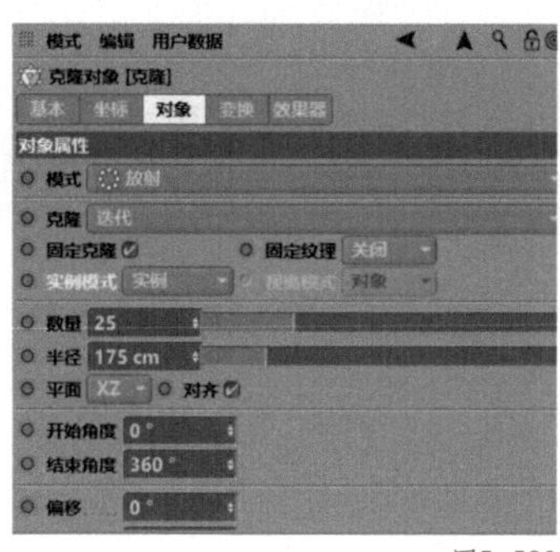

图5-580

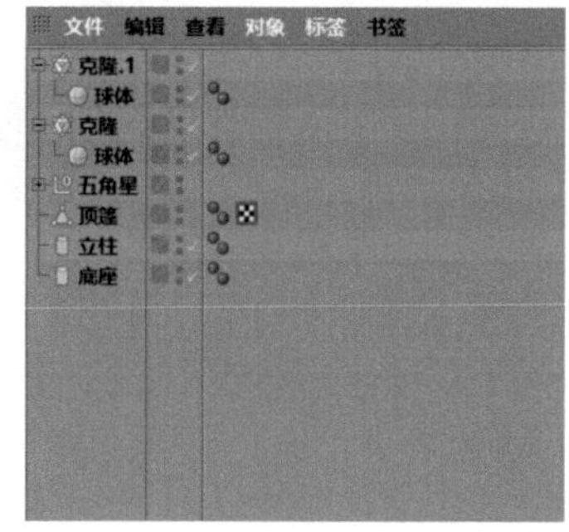

图5-581

23 在“克隆”窗口中，将“半径”修改为“167 cm”，如图5-582所示。

24 在透视视图界面下，按【E】键切换到“移动”工具调整“克隆”至图5-583所示的位置。

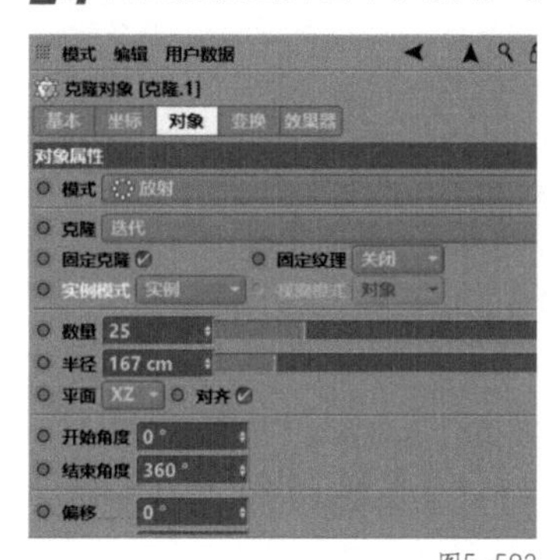

图5-582

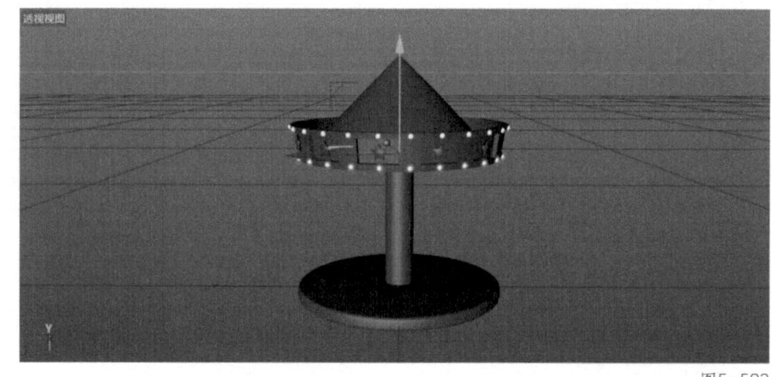

图5-583

25 在工具栏中选择“参数化对象”中的“管道”，如图5-584所示。

26 在“管道”窗口中，选择“对象”，将“内部半径”修改为“7 cm”，将“外部半径”修改为“10 cm”，将“高度”修改为“6.5 cm”，同时勾选“圆角”，将“半径”修改为“0.5 cm”，如图5-585所示。

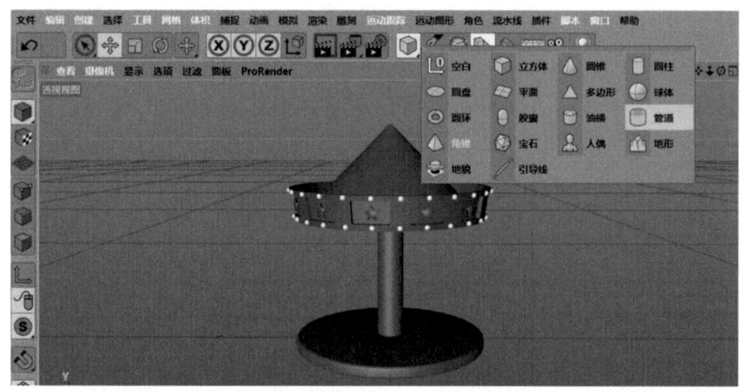

图5-584

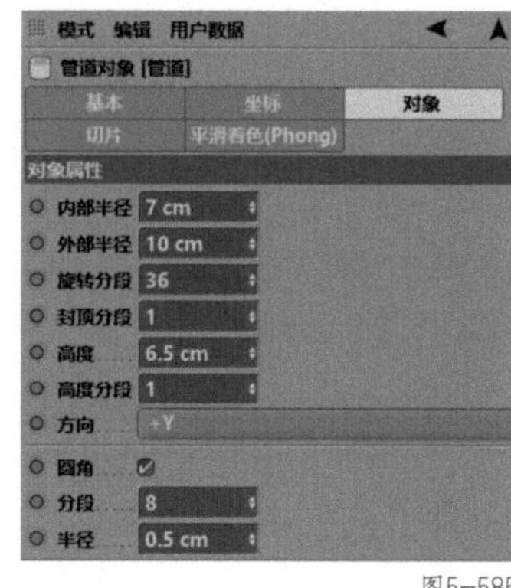

图5-585

27 在透视视图界面下，按【E】键切换到“移动”工具调整“管道”的位置，在工具栏中选择“参数化对象”中的“球体”，如图5-586所示。

28 在“球体”窗口中，选择“对象”，将“半径”修改为“8 cm”，将“分段”修改为“60”，如图5-587所示。

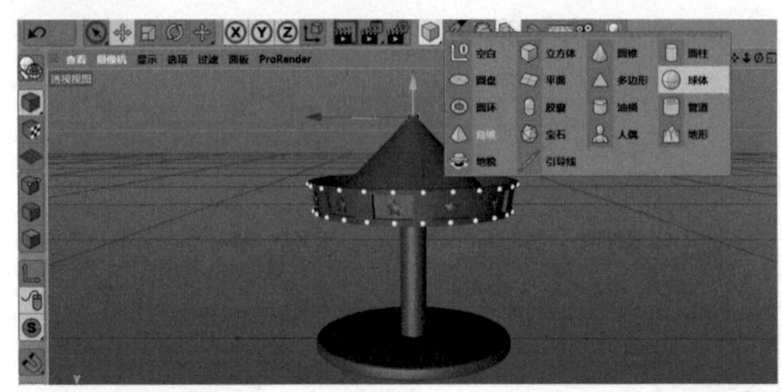

图5-586

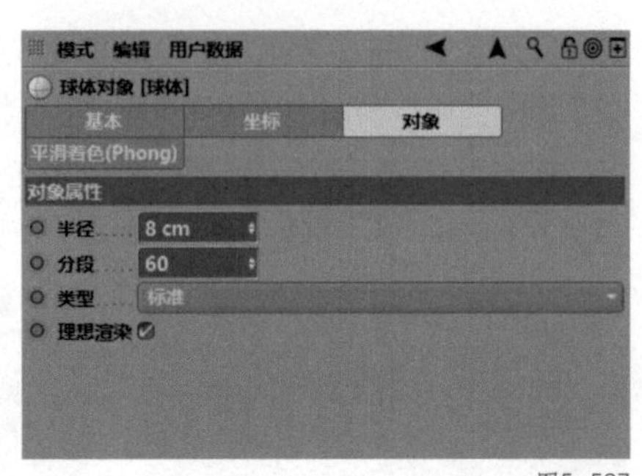

图5-587

29 在透视视图界面下，按【E】键切换到“移动”工具调整“球体”至图5-588所示的位置。在工具栏中选择“参数化对象”中的“圆柱”。

30 在“圆柱”窗口中，选择“对象”。将“半径”修改为“1.5 cm”，将“高度”修改为“10 cm”，如图5-589所示。

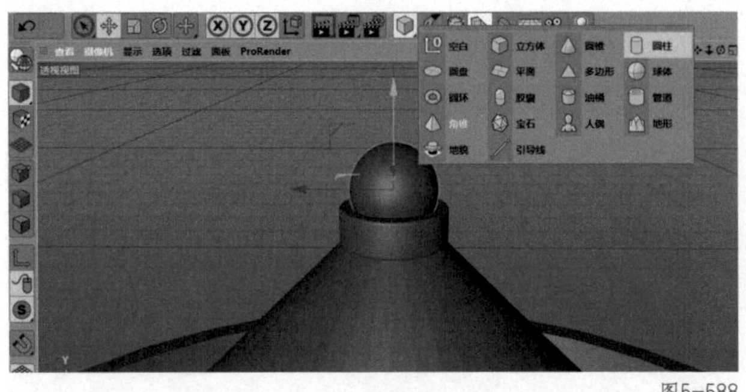

图5-588

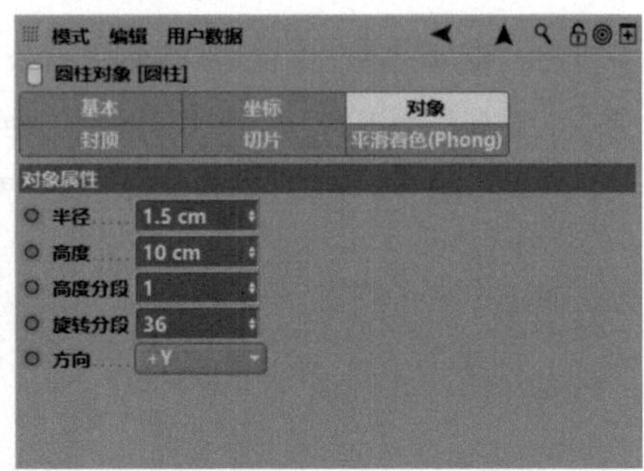

图5-589

31 在透视视图界面下，按【E】键切换到“移动”工具调整“圆柱”的位置，如图5-590所示。

32 在透视视图界面下，在工具栏中选择“实时选择”工具，使用“实时选择”工具选择图5-591所示的面，在空白处单击鼠标右键，在弹出的下拉菜单中选择“偏移”。

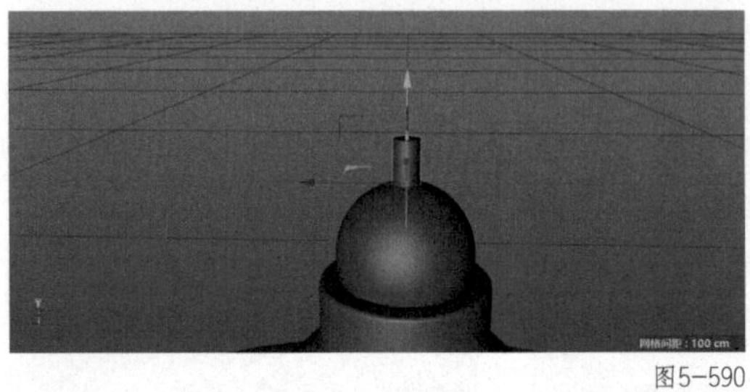

图5-590

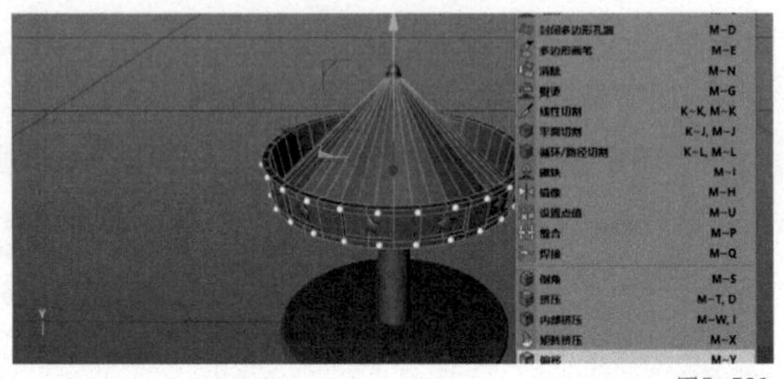

图5-591

33 在“偏移”窗口中，将“偏移”修改为“-2.5 cm”，如图5-592所示。

34 透视视图界面中的效果如图5-593所示。

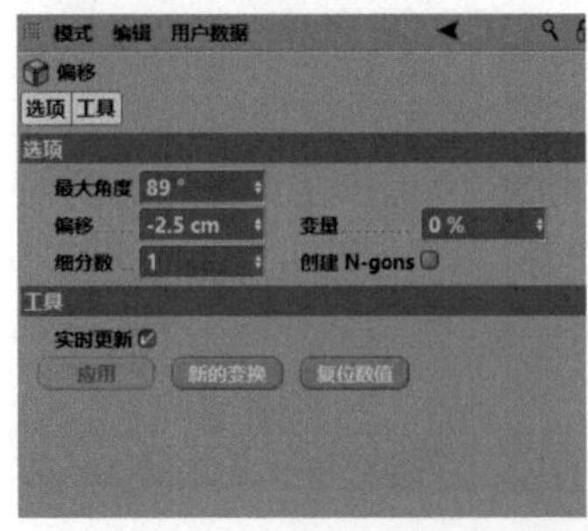

图5-592

图5-593

5.6.3 飞机的建模

01 在透视视图界面下，将素材“飞机”置入，如图 5-594 所示。

02 在工具栏中选择“参数化对象”中的“圆柱”。在“圆柱”窗口中，选择“对象”，将“半径”修改为“4 cm”，将高度修改为“200 cm”，如图 5-595 所示。

03 在透视视图界面下，按【E】键切换到“移动”工具调整“圆柱”至图 5-596 所示的位置。

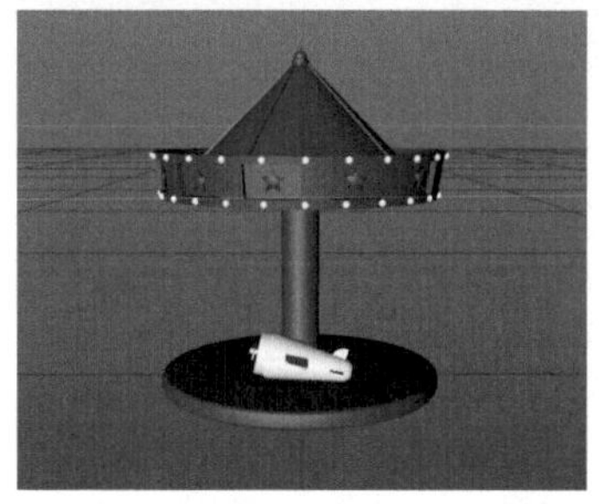

图5-594

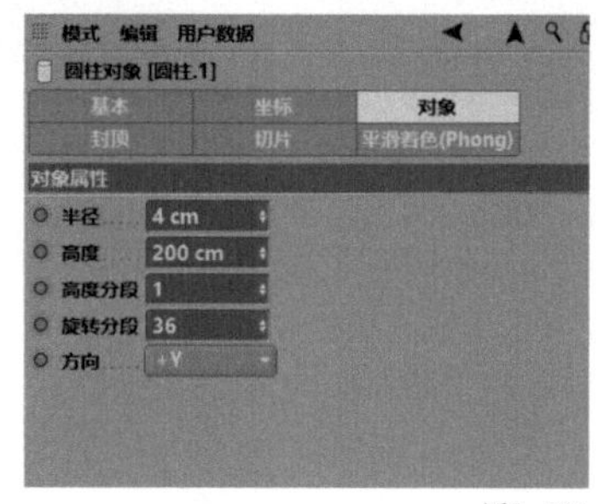

图5-595

图5-596

04 在对象窗口中，同时选择“飞机”和“圆柱”，按【Alt+G】组合键编组，并重命名为“飞机组”，在菜单栏中，选择“运动图形”中的“克隆”，将“飞机组”拖曳至“克隆”内，使其成为“克隆”的子集，如图 5-597 所示。

05 在“克隆”窗口中，选择“对象”，将“模式”修改为“放射”，将“数量”修改为“8”，将“半径”修改为“140 cm”，将“克隆”修改为“XZ”，如图 5-598 所示。

06 透视视图界面中的效果如图 5-599 所示。

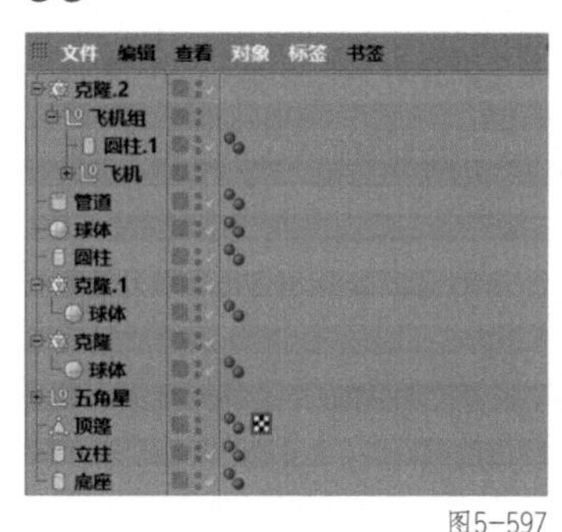

图5-597

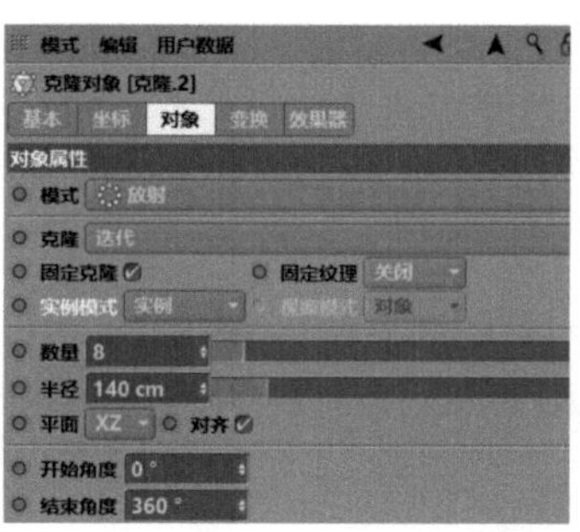

图5-598

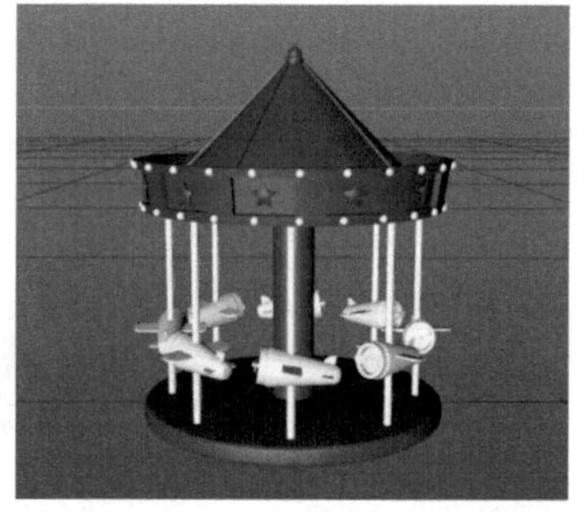

图5-599

07 在对象窗口中，选择“克隆”。在左侧的编辑模式工具栏中，选择“转为可编辑对象”，如图 5-600 所示。

08 在透视视图界面下，按【E】键切换到“移动”工具调整“飞机组”的位置，使其呈现出一上一下的效果，如图 5-601 所示。

09 在对象窗口中，将“柱子”和“飞机”分别单独编组，同时选择所有的图层，按【Alt+G】组合键编组，并重命名为“旋转木马”，如图 5-602 所示。

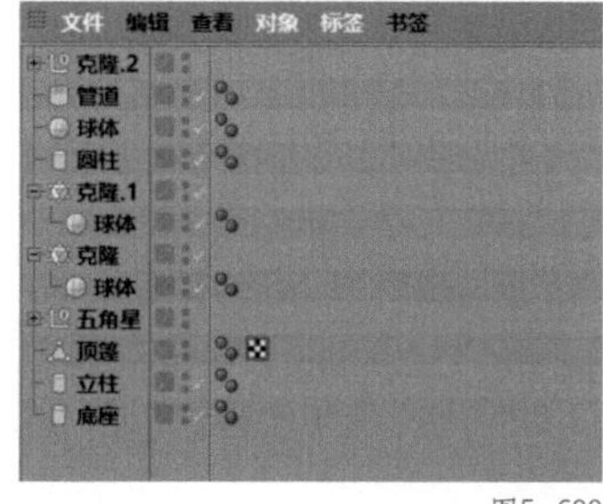

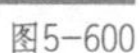

图5-600

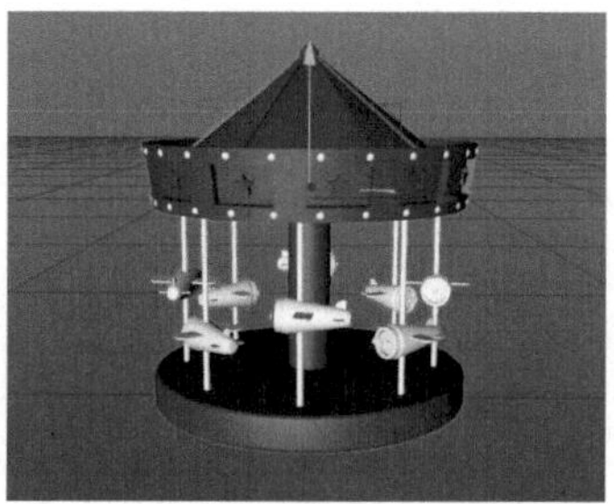

图5-601

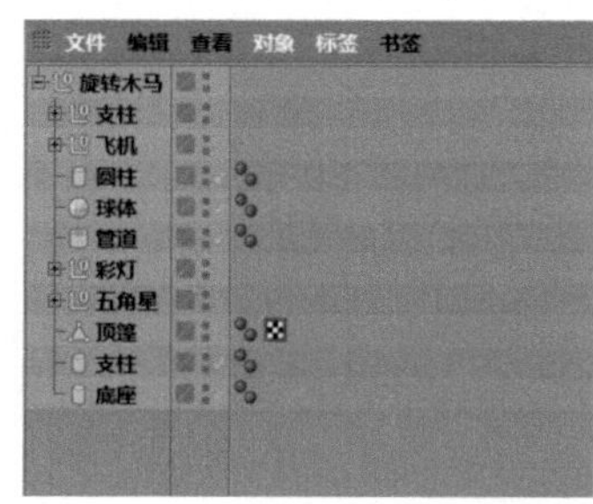

图5-602

5.6.4 旋转木马的渲染

01 在材质窗口的空白处双击，新建一个“材质”，如图5-603所示。

02 双击“材质”，进入材质编辑器。进入“颜色”通道，将“H”修改为“50°”，将“S”修改为“45%”，将“V”修改为“100%”，如图5-604所示。

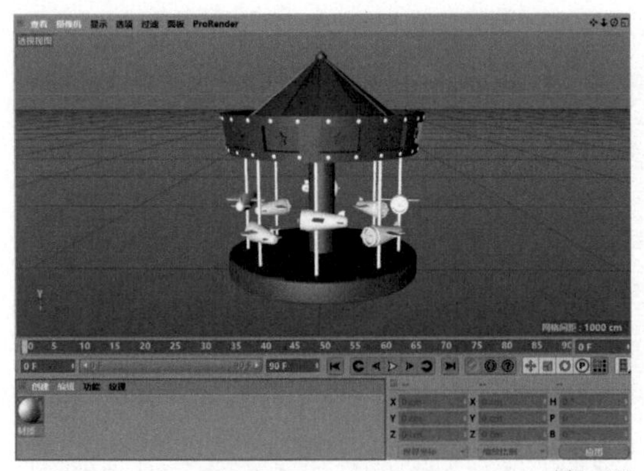

图5-603

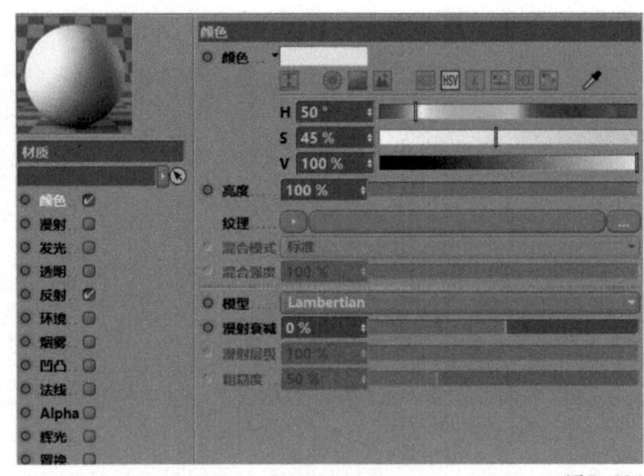

图5-604

03 在材质窗口中，将“材质”重命名为“黄色”，如图5-605所示。

04 将材质“黄色”赋予图5-606所示的图层。

05 在材质窗口的空白处双击，新建一个“材质”，如图5-607所示。

06 双击“材质”，进入材质编辑器。进入“颜色”通道，将“H”修改为“8°”，将“S”修改为“48%”，将“V”修改为“100%”，如图5-608所示。

图5-605

图5-607

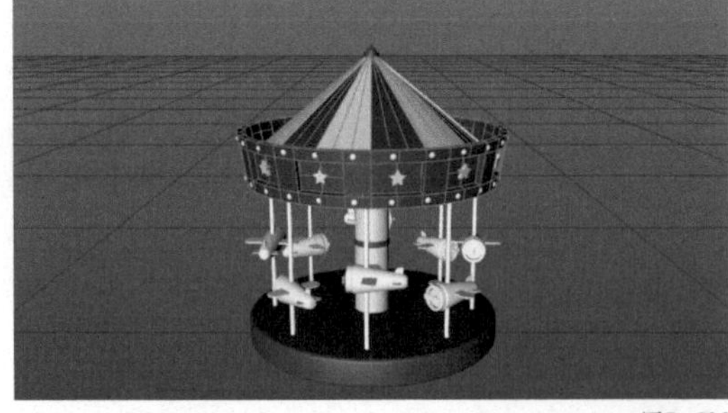

图5-606

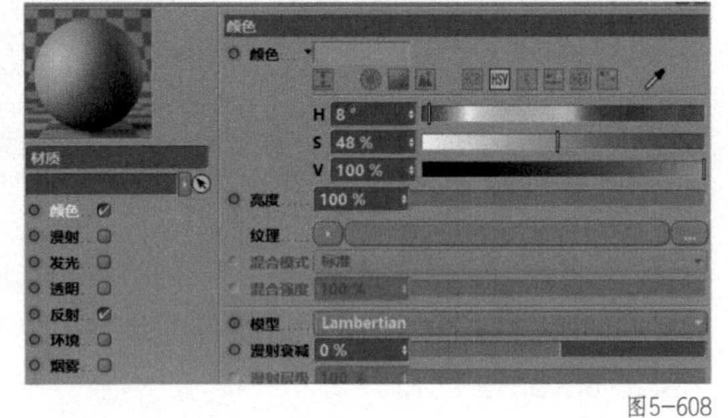

图5-608

07 在材质窗口中，将“材质”重命名为“浅红色”，如图5-609所示。

08 将材质“浅红色”赋予图5-610所示的图层。

图5-609

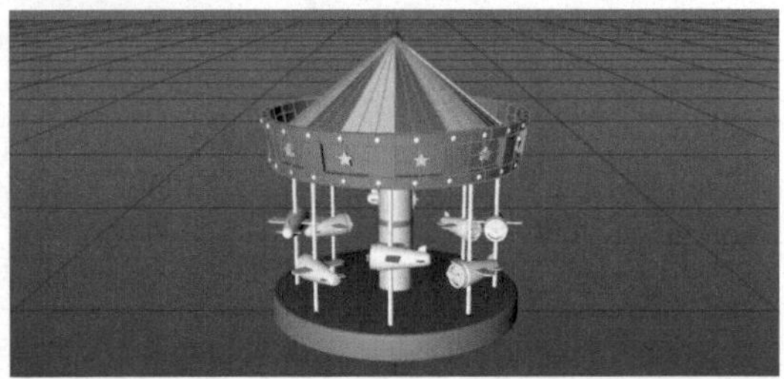

图5-610

09 在材质窗口的空白处双击，新建一个“材质”，如图 5-611 所示。

10 双击“材质”，进入材质编辑器。进入“颜色”通道，将“H”修改为“190° ”，将“S”修改为“30%”，将“V”修改为“90%”，如图 5-612 所示。

11 在材质窗口中，将“材质”重命名为“浅蓝色”，如图 5-613 所示。

12 将材质“浅蓝色”赋予图 5-614 所示的图层。

图5-611

图5-613

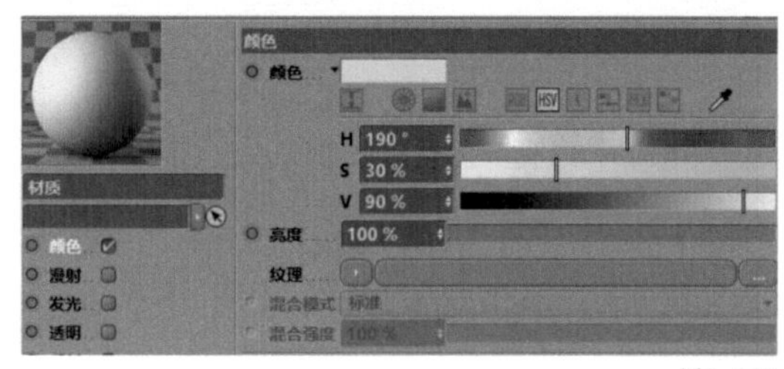

图5-612

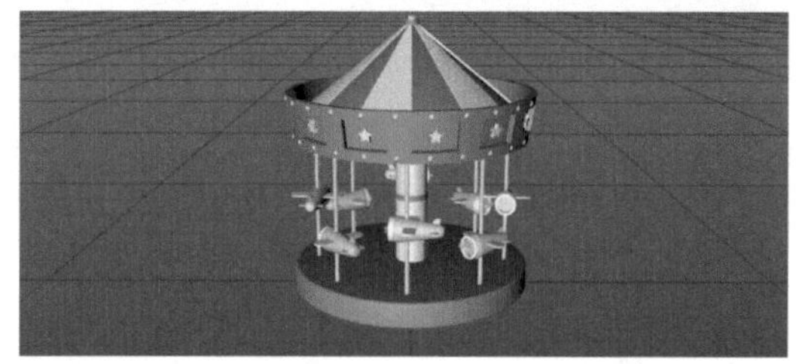

图5-614

13 在材质窗口的空白处双击，新建一个“材质”，如图 5-615 所示。

14 双击“材质”，进入材质编辑器。进入“颜色”通道，将“H”修改为“17° ”，将“S”修改为“36%”，将“V”修改为“100%”，如图 5-616 所示。

15 在材质窗口中，将“材质”重命名为“飞机配色”，如图 5-617 所示。

16 将材质“飞机配色”赋予图 5-618 所示的图层。

图5-615

图5-617

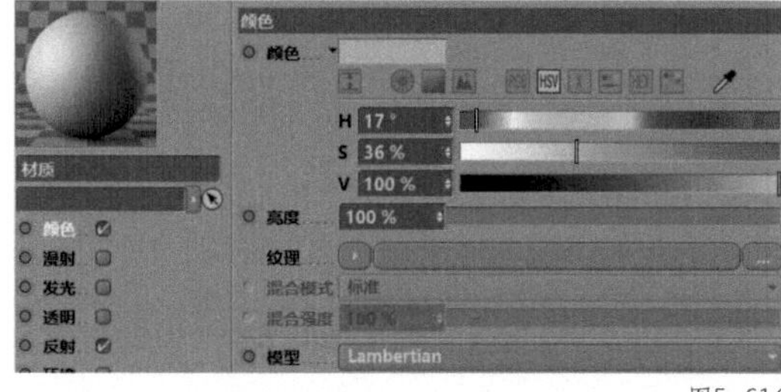

图5-616

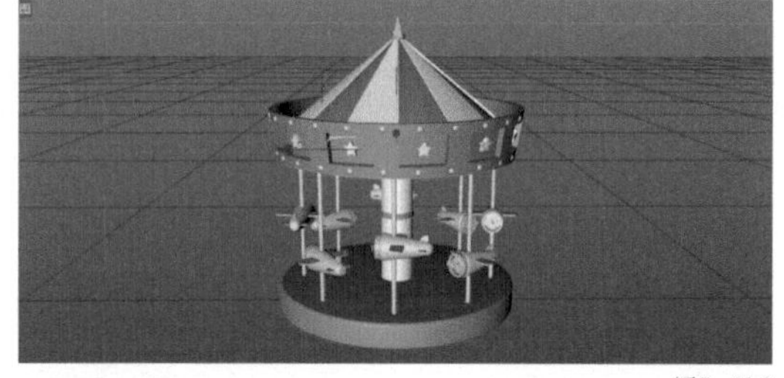

图5-618

17 单击鼠标滑轮调出四视图，在右视图窗口上单击鼠标滑轮，进入右视图界面。在右视图界面下，在工具栏中选择“曲线工具组”中的“画笔”，如图 5-619 所示。

18 在右视图界面下，使用“画笔”工具绘制图 5-620 所示的线段。

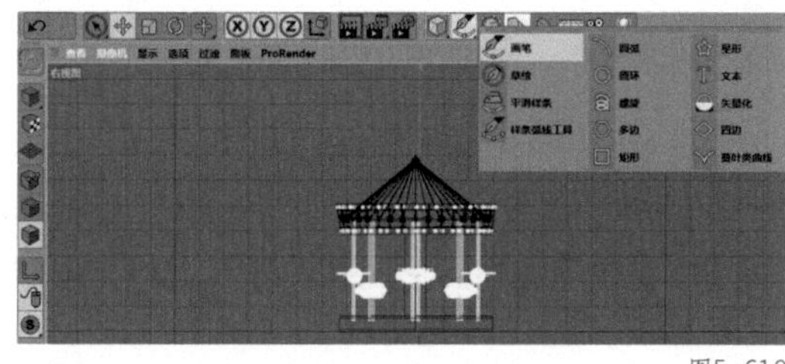

图5-619

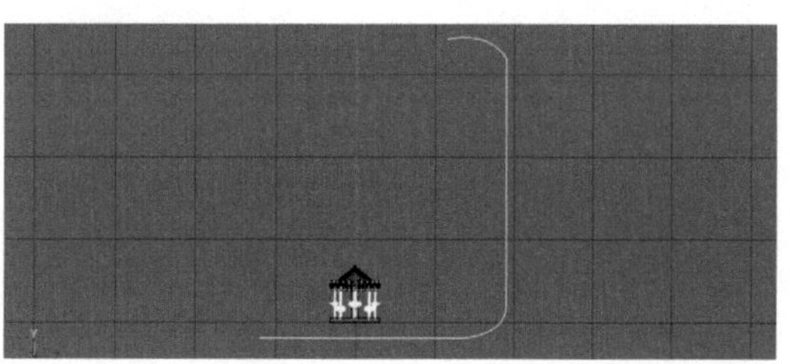

图5-620

19 在工具栏中选择“NURBS”中的“挤压”，如图 5-621 所示。

20 在对象窗口中，将“样条”拖曳至“挤压”内，使其成为“挤压”的子集，并将“挤压”重命名为“背景”，如图 5-622 所示。

21 在“挤压”窗口中，选择“对象”，在“对象”中将“移动”中“X”的数值修改为“10000 cm”，如图 5-623 所示。

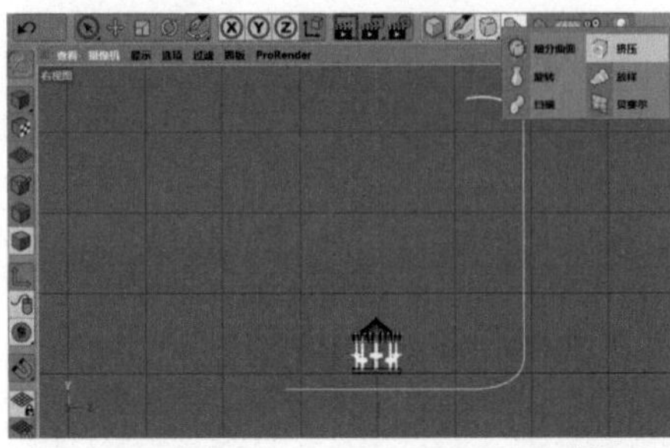

图5-621

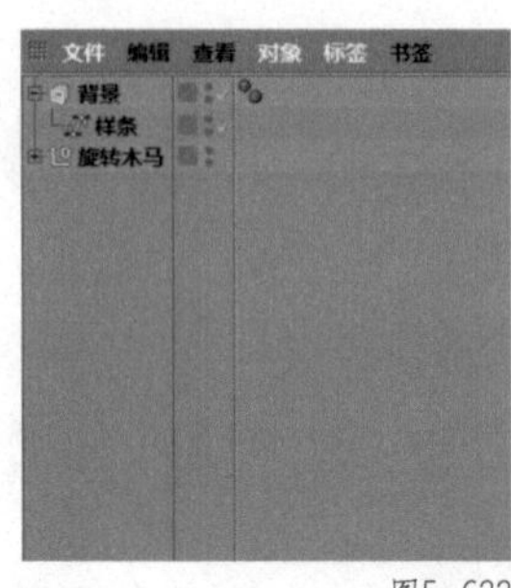

图5-622

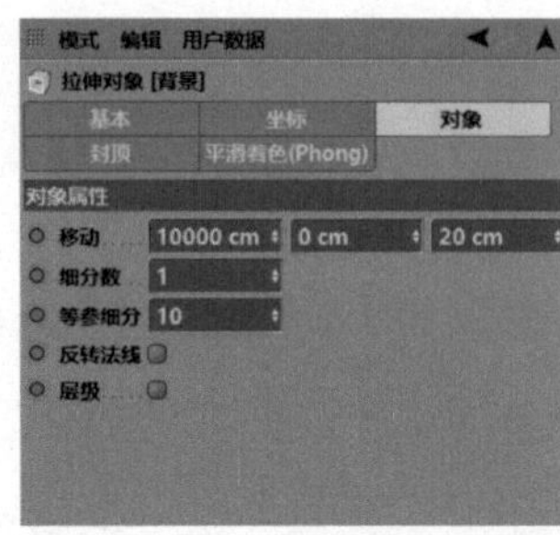

图5-623

22 单击鼠标滑轮调出四视图，在透视视图窗口上单击鼠标滑轮，进入透视视图界面，如图 5-624 所示。

23 将材质“浅红色”赋予“背景”图层，如图 5-625 所示。

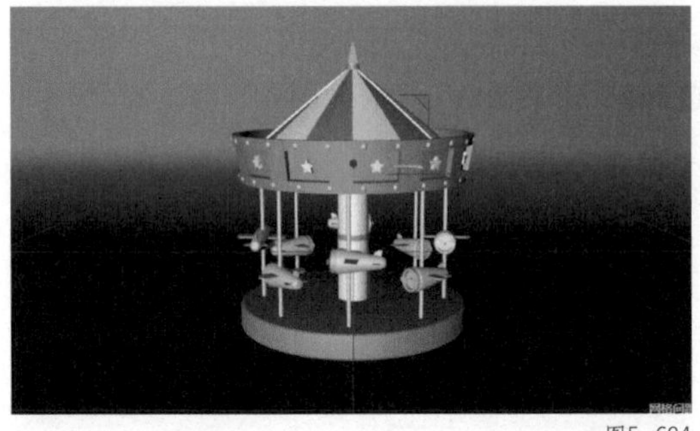

图5-624

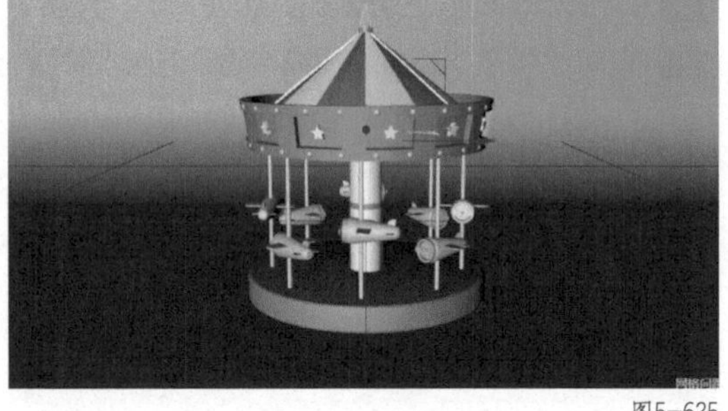

图5-625

24 在透视视图界面下，在工具栏中选择“场景设定”中的“天空”，如图 5-626 所示。

25 在材质窗口的空白处双击，新建一个“材质”，如图 5-627 所示。

26 双击“材质”，进入材质编辑器。进入“颜色”通道，将“H”修改为“17°”，将“S”修改为“0%”，将“V”修改为“100%”，如图 5-628 所示。

27 在材质窗口中，将“材质”重命名为“天空”，如图 5-629 所示。

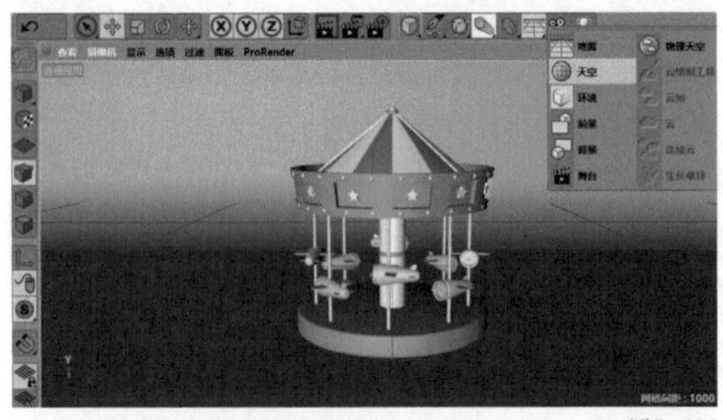

图5-626

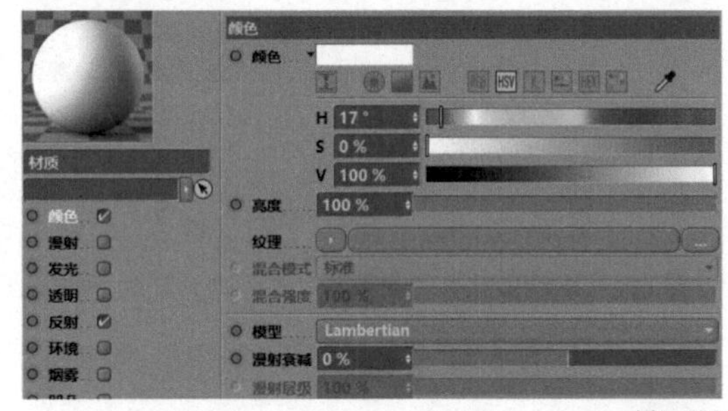

图5-628

图5-627

图5-629

28 在对象窗口中，将材质“天空”赋予“天空”图层，如图 5-630 所示。

29 在工具栏中选择“场景设定”中的“物理天空”，如图 5-631 所示。

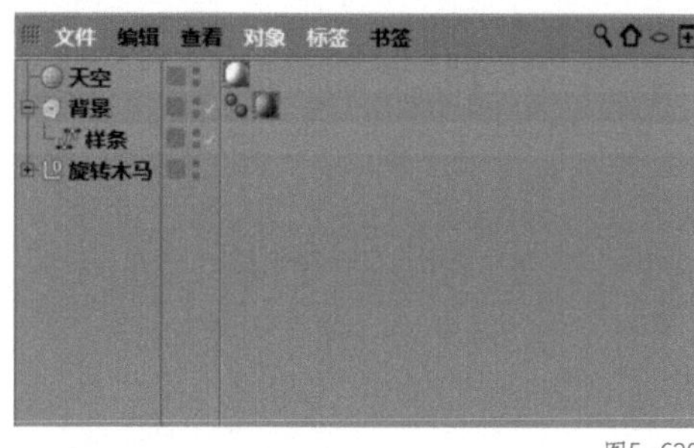

图5-630

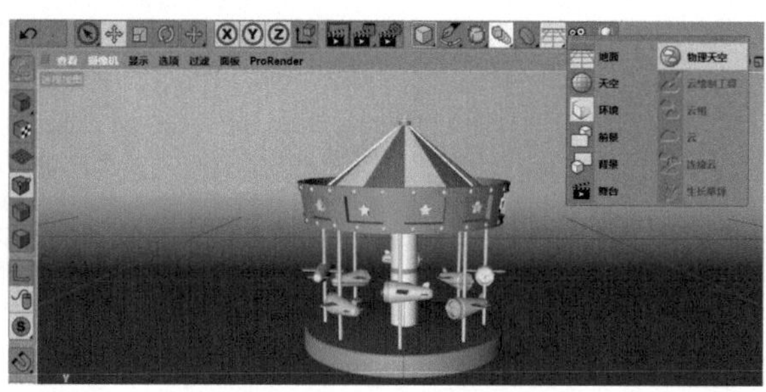

图5-631

30 在“物理天空”窗口中，选择“太阳”，将“强度”修改为“80%”，如图 5-632 所示。

31 在对象窗口中，选择“物理天空”，单击鼠标右键，在弹出的下拉菜单中选择“CINEMA 4D标签”中的“合成”，如图 5-633 所示。

32 在“合成”窗口中，勾选“标签属性”中的“合成背景”，如图 5-634 所示。

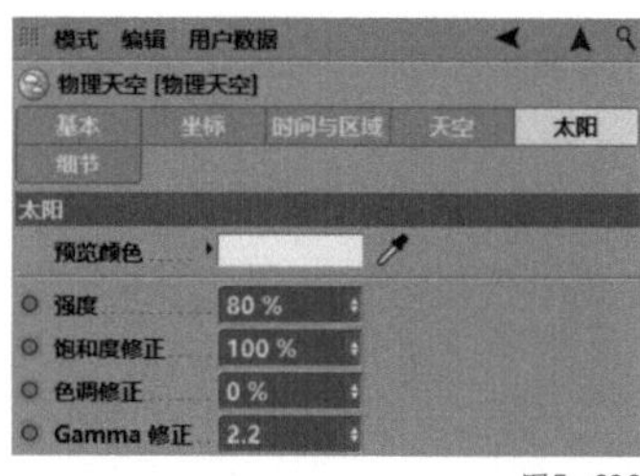

图5-632

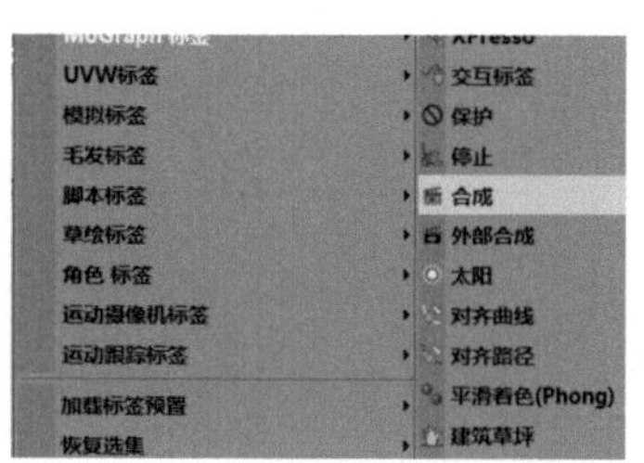

图5-633

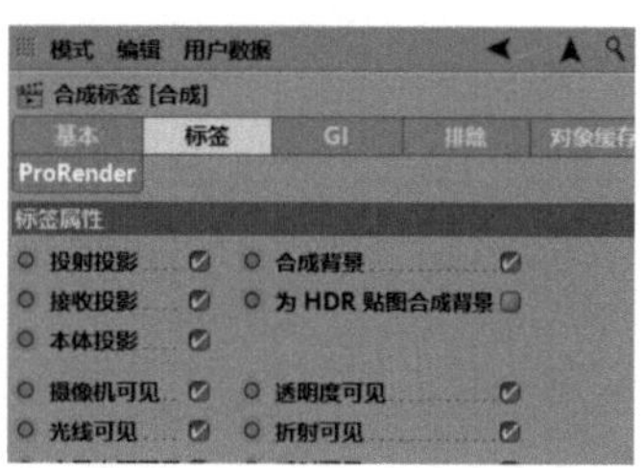

图5-634

33 在对象窗口中，同时选择“背景”“天空”“物理天空”，按【Alt+G】组合键进行编组，并重命名为“背景”，如图 5-635 所示。

34 在工具栏中选择“编辑渲染设置”，如图 5-636 所示。

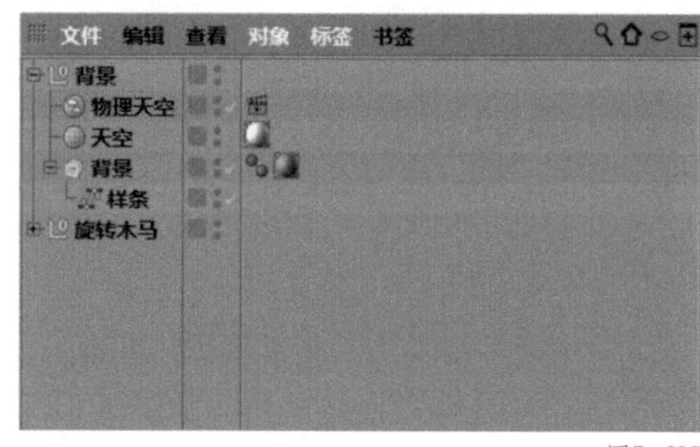

图5-635

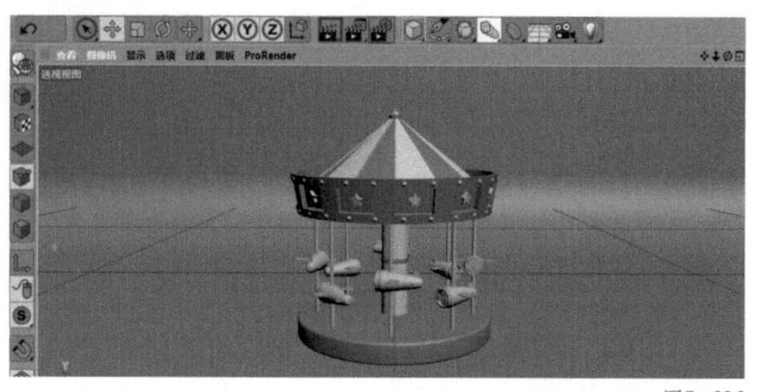

图5-636

35 在渲染设置中，勾选“多通道”，同时选择“效果”中的“全局光照”，如图 5-637 所示。

36 在“全局光照”中，选择“辐照缓存”，并将“记录密度”修改为“高”，如图 5-638 所示。

37 在渲染设置中，勾选“多通道”，同时选择“效果”中的“环境吸收”，如图 5-639 所示。

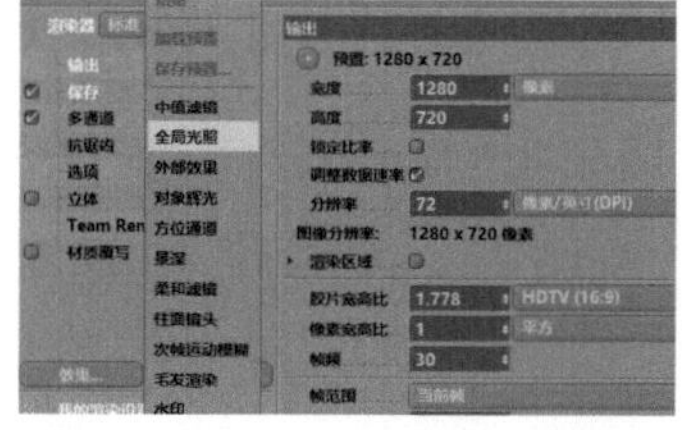

图5-637

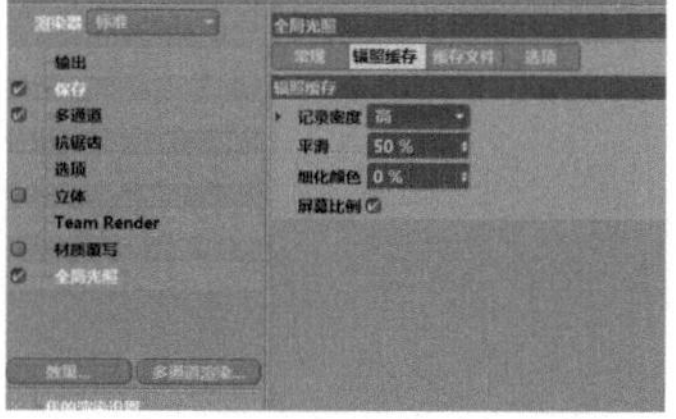

图5-638

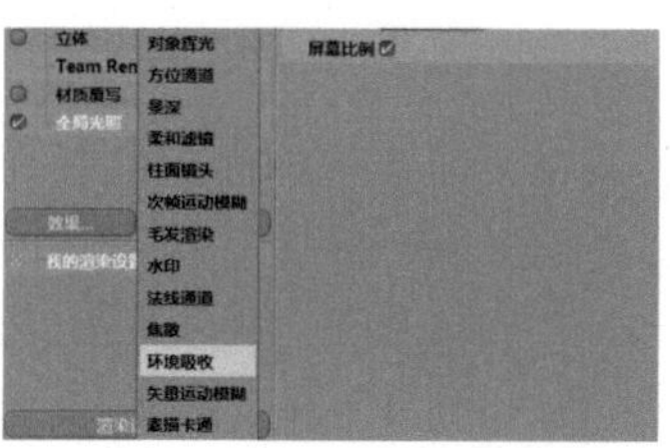

图5-639

38 在“环境吸收”中选择“缓存”，将“记录密度”修改为“高”，如图 5-640 所示。

39 在工具栏中选择“渲染到图片查看器”，如图 5-641 所示。

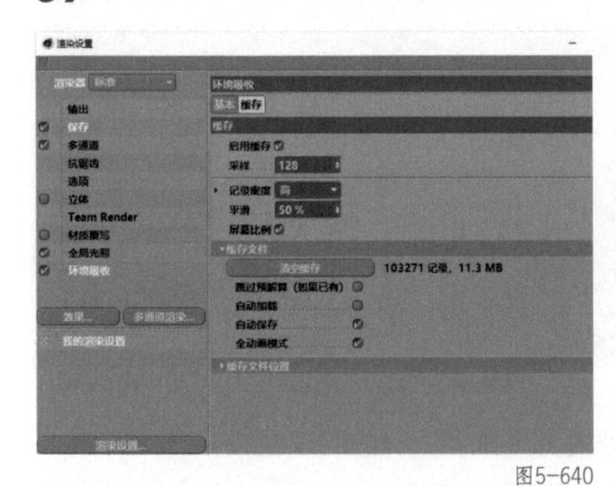

图5-640

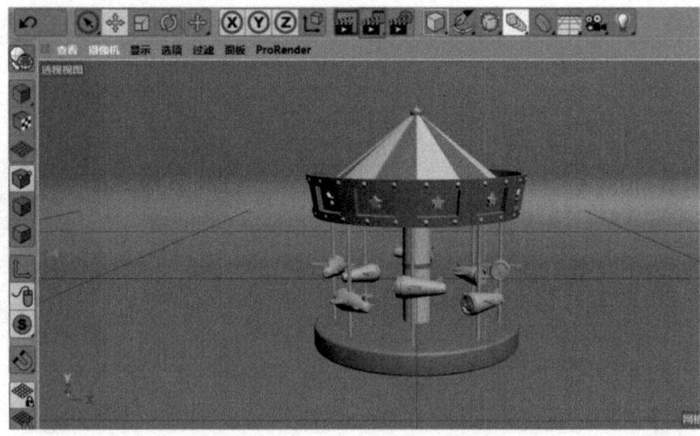

图5-641

40 渲染后的效果如图 5-642 所示。

图5-642

本案例到此已全部完成。

本节知识点一览

（1）参数化对象：圆柱、管道、球体

（2）NURBS：挤压、放样

（3）运动图形：克隆

（4）曲线工具组：画笔、五角星

（5）对象和样条的编辑操作与选择：内部挤压、偏移

5.7 水晶球——圆柱、球体、克隆、内部挤压、挤压

本节讲解水晶球的制作方法。在电商平面设计中，水晶球常作为辅助元素出现。在CINEMA 4D中，水晶球需要使用圆柱、球体等模型配合克隆等功能便可制作完成。本案例可以使用之前制作的“礼盒”“热气球”“旋转木马”等素材作为装饰及辅助元素。

本节内容	本节将讲解水晶球的制作方法，包括水晶球三维模型的创建、材质及材质的参数调整、场景及灯光的搭建

本节目标	通过本节的学习，读者将掌握水晶球制作方法

本节主要知识点	圆柱、球体、克隆、内部挤压、挤压

本节最终效果图展示

5.7.1 旋转装置的建模

01 打开 CINEMA 4D，进入默认的透视视图界面。在透视视图界面下，选择工具栏中的“参数化对象”中的“圆柱”，如图 5-643 所示。

02 在“圆柱”窗口中，选择“对象”，将“半径”修改为“200 cm”，将“高度”修改为“10 cm”，如图 5-644 所示。

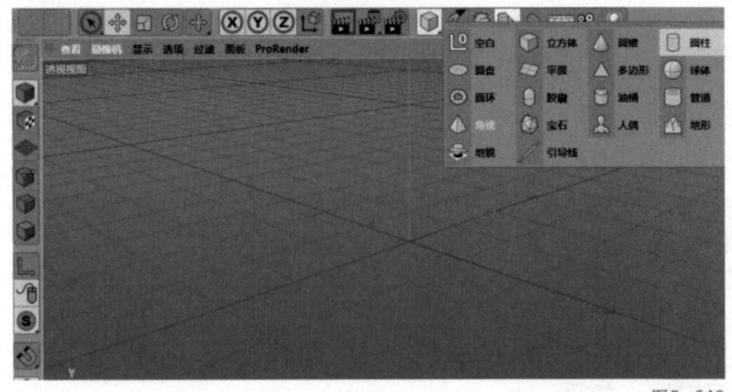

图5-643

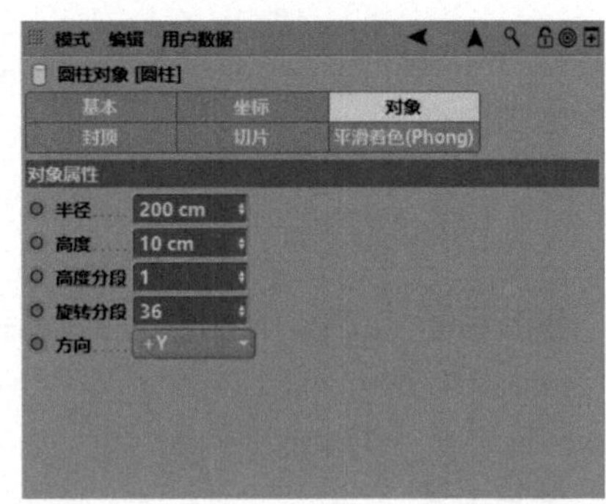

图5-644

03 在“圆柱”窗口中，选择“封顶”，勾选“圆角”，将“分段”修改为“10”，将“半径”修改为“5 cm”，如图 5-645 所示。

04 在工具栏，选择“参数化对象”中的“圆柱”，如图 5-646 所示。

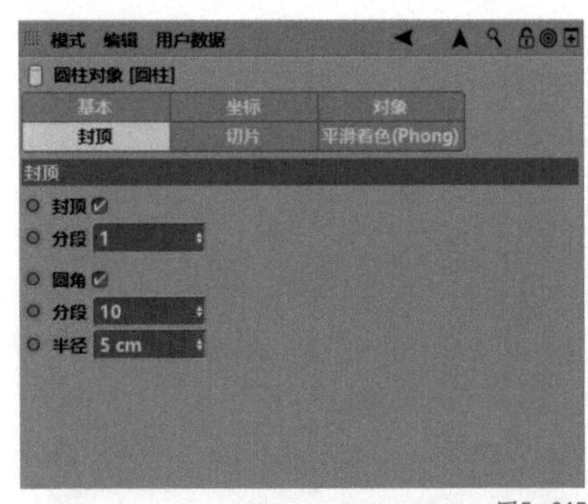

图5-645

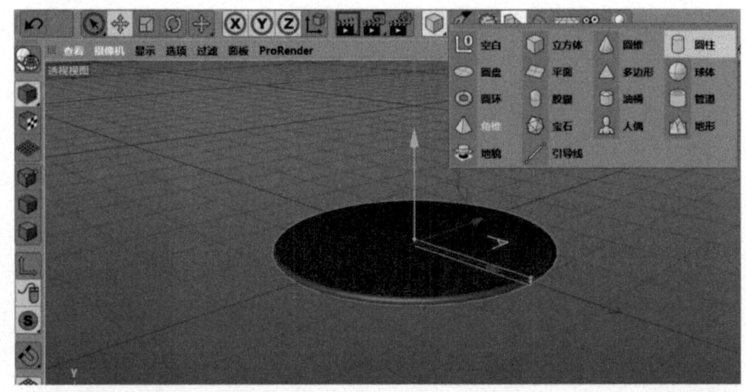

图5-646

05 在“圆柱”窗口中，选择“对象”，将“半径”修改为“170 cm”，将“高度”修改为“80 cm”，将“旋转分段”修改为“28”，如图 5-647 所示。

06 在“圆柱”窗口中，选择“封顶”，勾选“圆角”，将“半径”修改为“10 cm”，如图 5-648 所示。

07 在透视视图界面下，按【E】键切换到“移动”工具调整“圆柱”至图 5-649 所示的位置，在左侧的编辑模式工具栏中选择“转为可编辑对象”。

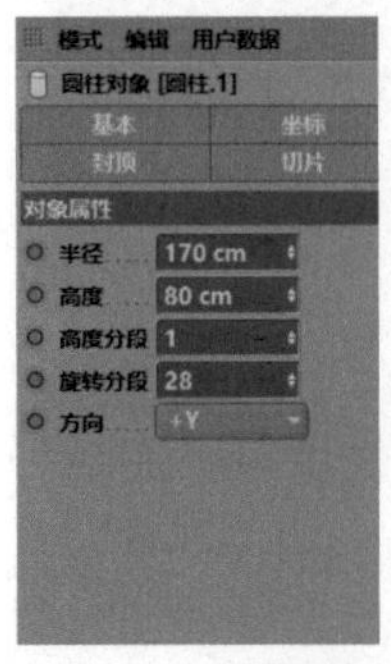

图5-647

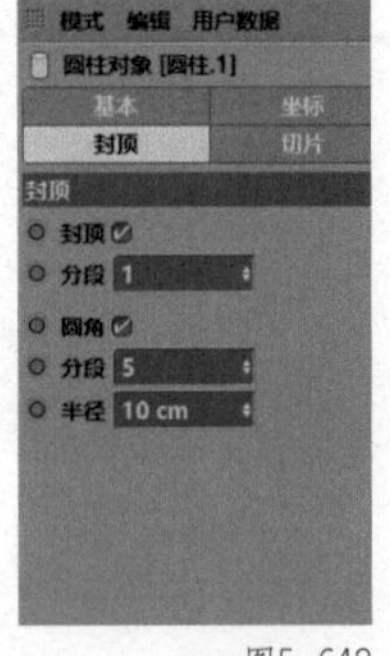

图5-648

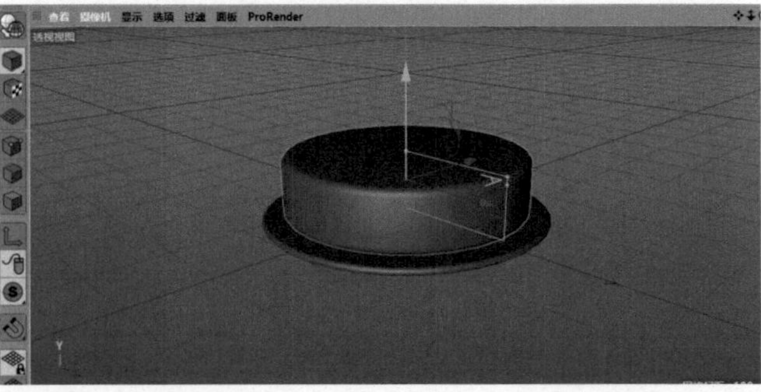

图5-649

08 在左侧的编辑模式工具栏中，选择“面模式”。在透视视图界面下，按【U+L】组合键进行循环选择，选择图 5-650 所示的面。

09 在透视视图界面下，在空白处单击鼠标右键，在弹出的下拉菜单中选择“内部挤压”，如图 5-651 所示。

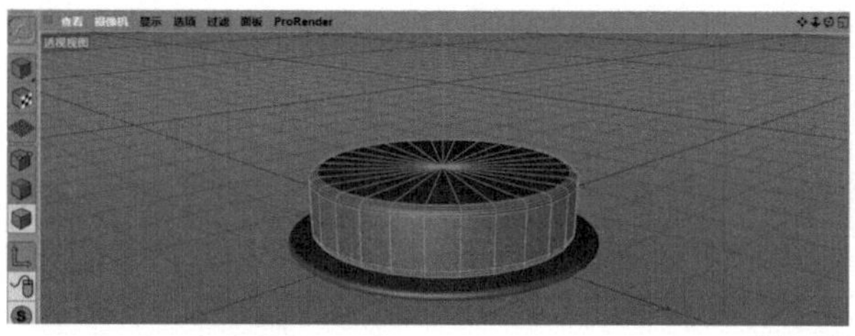

图5-650

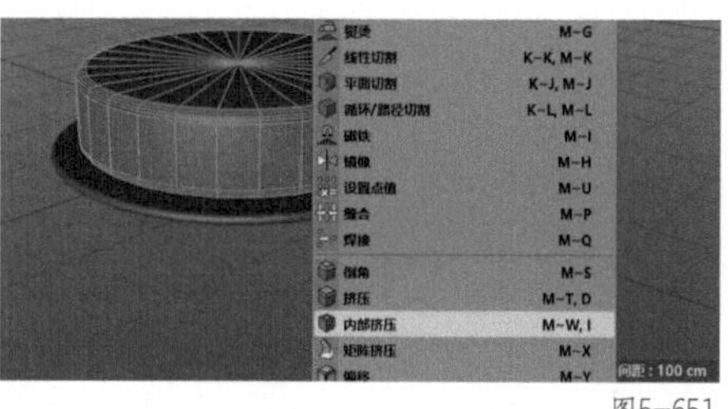

图5-651

10 在“内部挤压”窗口中，将“偏移”修改为“3 cm”，同时取消勾选“保持群组”，如图 5-652 所示。

11 在透视视图界面下，在空白处单击鼠标右键，在弹出的下拉菜单中选择“挤压”，如图 5-653 所示。

12 在“挤压”窗口中，将“偏移”修改为“-3.5 cm”，如图 5-654 所示。

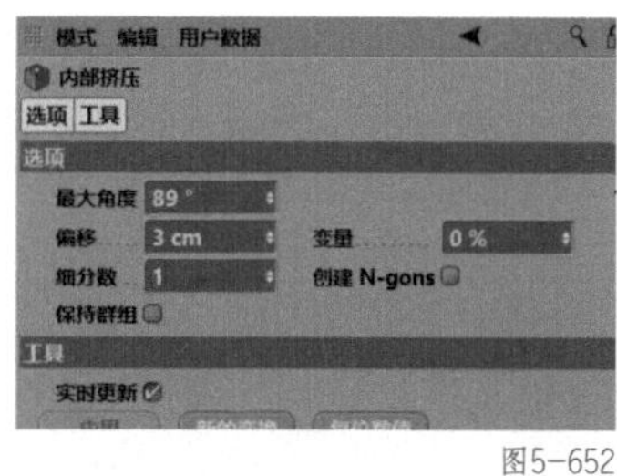

图5-652

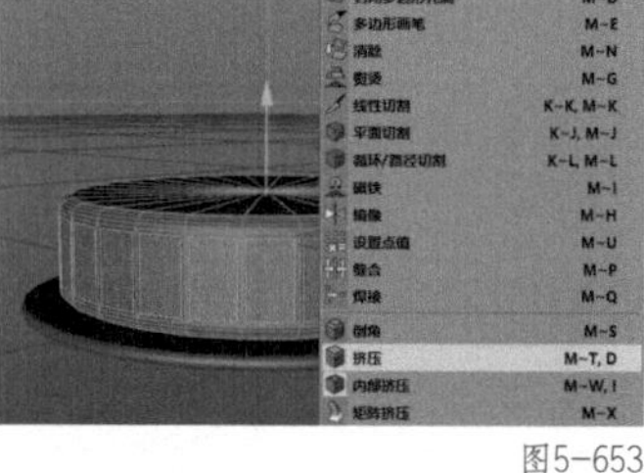

图5-653

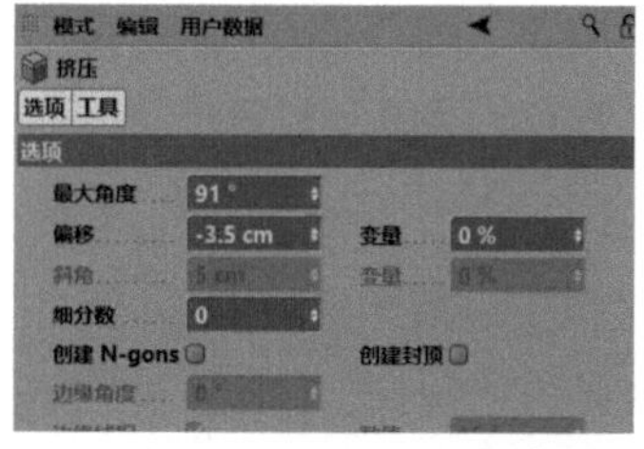

图5-654

13 在工具栏中选择“参数化对象”中的“球体”，如图 5-655 所示。

14 在“球体”窗口中，选择“对象”。将“半径”修改为“8 cm”，将“分段”修改为“60”，如图 5-656 所示。

图5-655

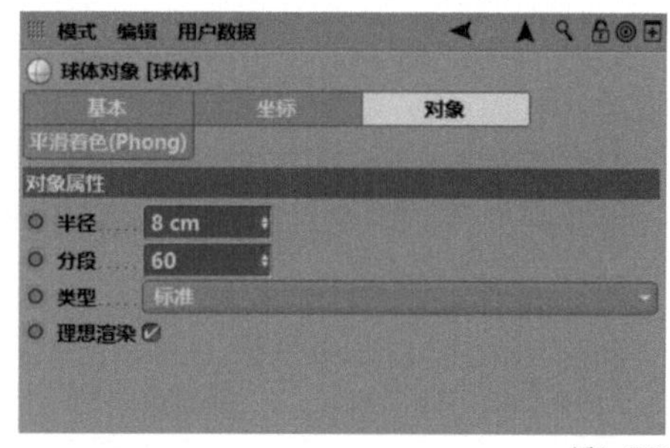

图5-656

15 在菜单栏中，选择“运动图形”中的“克隆”，如图 5-657 所示。

16 在对象窗口中，将“球体”拖曳至“克隆”内，使其成为“克隆”的子集，如图 5-658 所示。

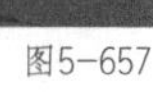

图5-657

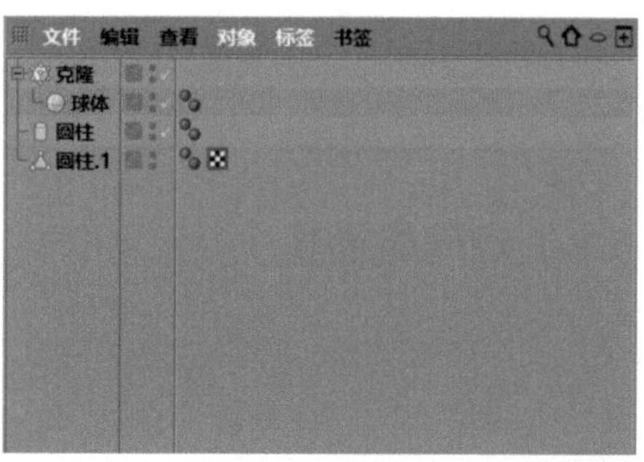

图5-658

17 在“克隆”窗口中，选择“对象”，将“模式”修改为“放射”，将“数量”修改为“18”，将“半径”修改为“152 cm”，将“平面”修改为“XZ”，如图 5-659 所示。

18 在透视视图界面下，按【E】键切换到“移动”工具调整“克隆”至图 5-660 所示的位置。

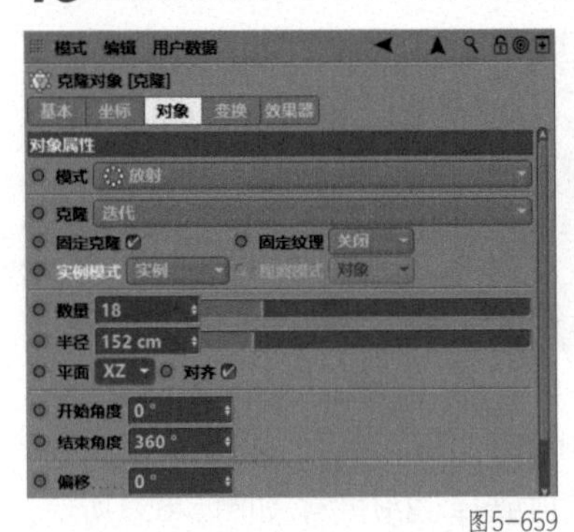

图5-659

图5-660

19 在左侧的编辑模式工具栏中选择“面模式”，在透视视图界面下，按【U+L】组合键进行循环选择，选择图 5-661 所示的面，在空白处单击鼠标右键，在弹出的下拉菜单中选择“倒角”。

20 在“倒角”窗口中，将“偏移”修改为“2 cm”，如图 5-662 所示。

21 透视视图界面中的效果如图 5-663 所示。

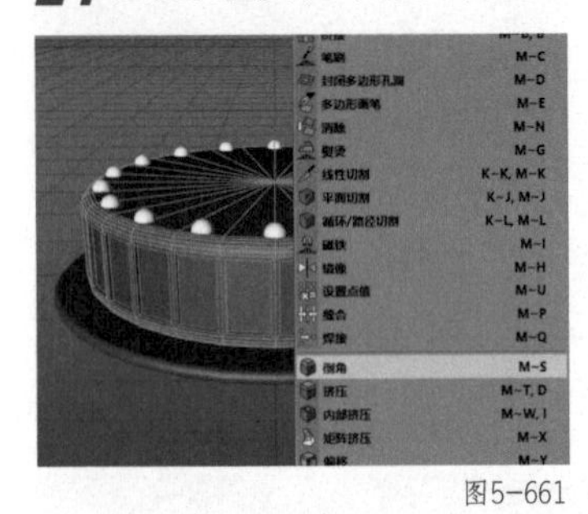

图5-661

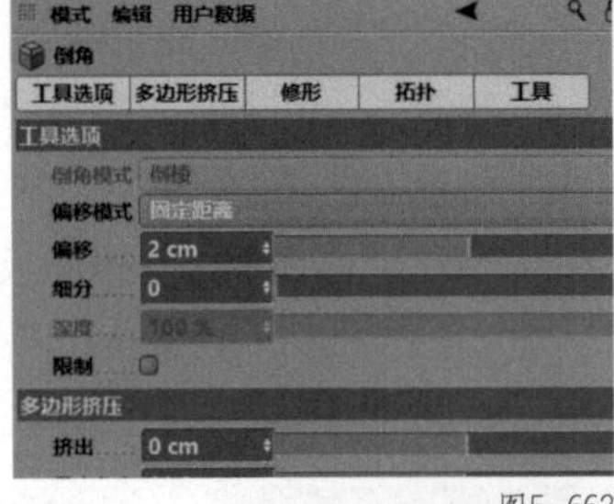

图5-662

图5-663

22 在菜单栏中，选择“选择”中的“设置选集”，如图 5-664 所示。

23 在对象窗口中，选择“克隆”“圆柱”“圆柱.1”，按【Alt+G】组合键编组，并重命名为“底座”，如图 5-665 所示。

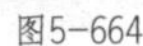

图5-664

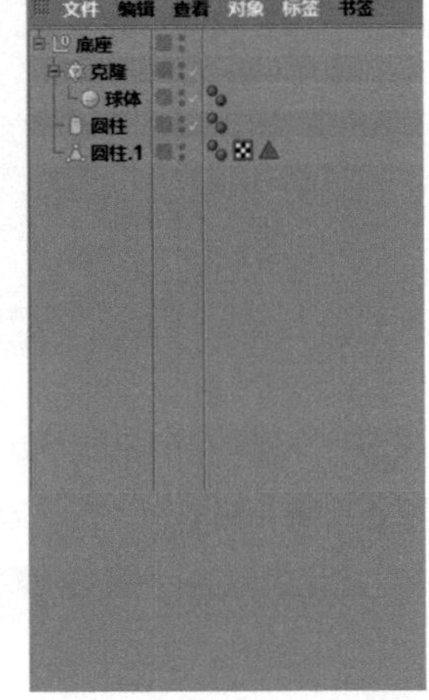

图5-665

5.7.2 玻璃的建模

01 在工具栏中选择“参数化对象”中的“球体”，如图 5-666 所示。

02 在“球体”窗口中，选择“对象”，将“半径”修改为“250 cm”，将“分段”修改为“60”，如图 5-667 所示。

图5-666

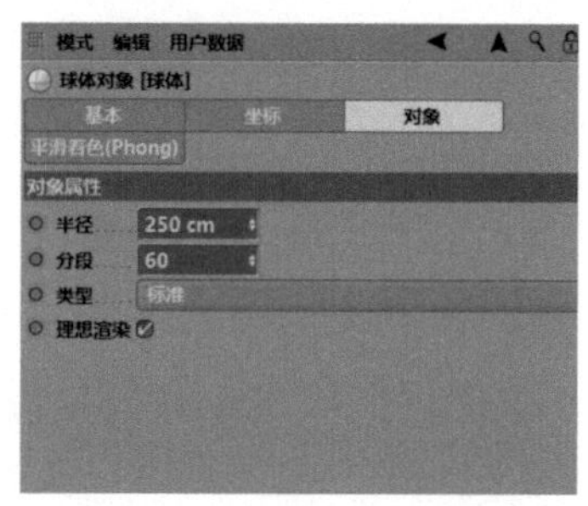

图5-667

03 在“球体”窗口中，选择“基本”，勾选“透显”，如图5-668所示。

04 在透视视图界面下，按【E】键切换到“移动”工具调整“球体”至如图5-669所示。

05 在对象窗口中，复制一份“球体”。在“球体”窗口中，选择“基本”，取消勾选“透显”，如图5-670所示。

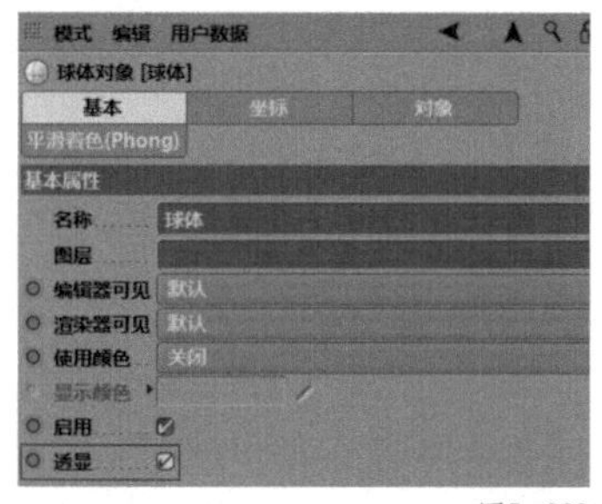

图5-668

图5-669

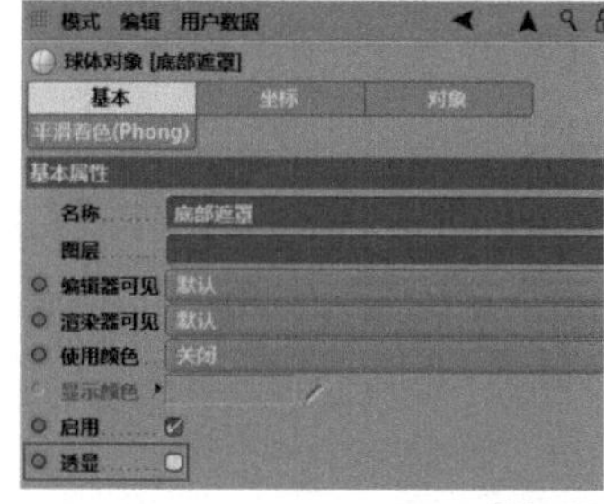

图5-670

06 单击鼠标滑轮调出四视图，在右视图窗口上单击鼠标滑轮，进入右视图界面。在工具栏中选择“框选”。在右视图界面下，使用“框选”工具选择图5-671所示的面。

07 按【Delete】键删除图5-672所示的面。

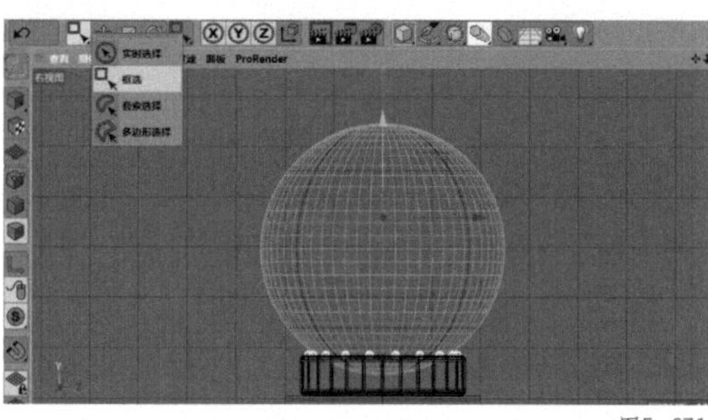

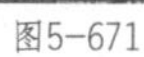

图5-671

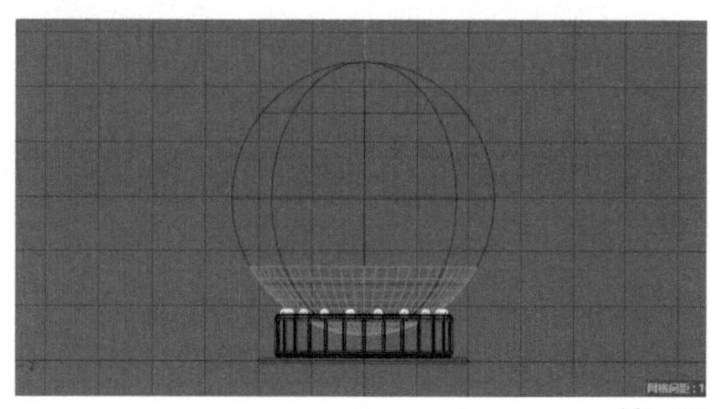

图5-672

08 透视视图界面中的效果如图5-673所示。

09 在透视视图界面下，在空白处单击鼠标右键，在弹出的下拉菜单中选择“封闭多边形孔洞”，如图5-674所示。

10 在透视视图界面下，封闭图5-675所示的面。

图5-673

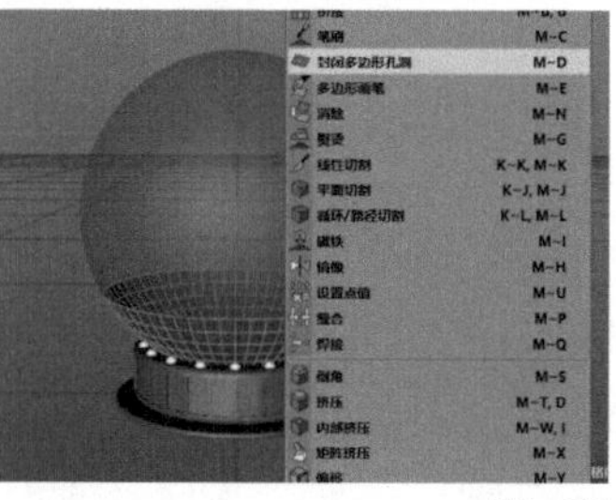

图5-674

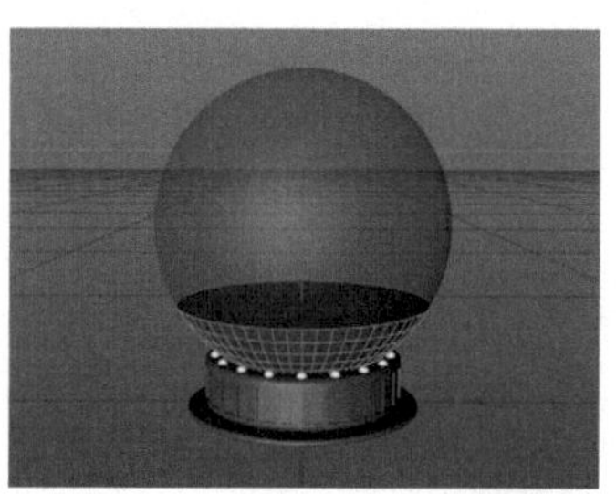

图5-675

5.7.3 装饰物的建模

01 在透视视图界面下，将素材“旋转木马”置入，按【E】键切换到“移动”工具调整“旋转木马”至图 5-676 所示的位置。

02 在“工具栏”中，选择“参数化对象”中的“胶囊”，如图 5-677 所示。

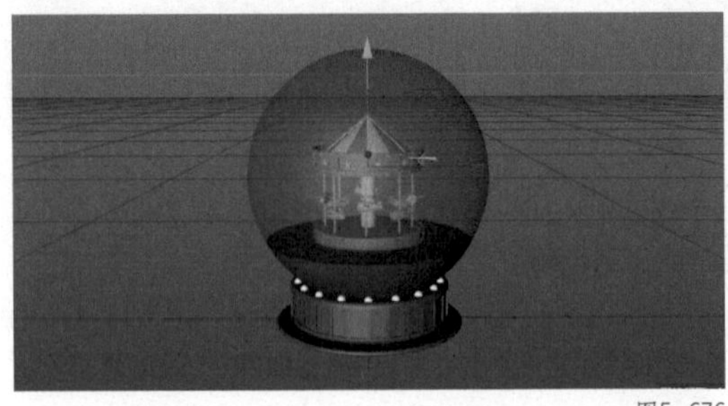

图5-676

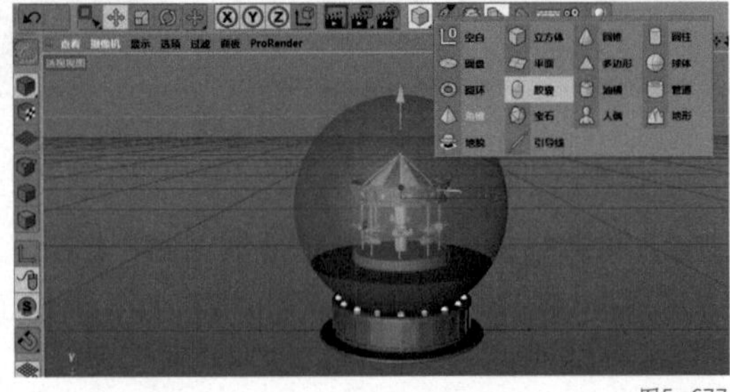

图5-677

03 在“胶囊”窗口中，选择“对象”，将“半径”修改为“10 cm”，将“高度”修改为“75 cm”，将“旋转分段”修改为“115”，将“方向”修改为“+Z”，如图 5-678 所示。

04 在透视视图界面下，按【E】键切换到“移动”工具调整“胶囊”至图 5-679 所示的位置。

05 在菜单栏中，选择“运动图形”中的“克隆”。在对象窗口中，将“胶囊”拖曳至“克隆”内，使其成为“克隆”的子集，如图 5-680 所示。

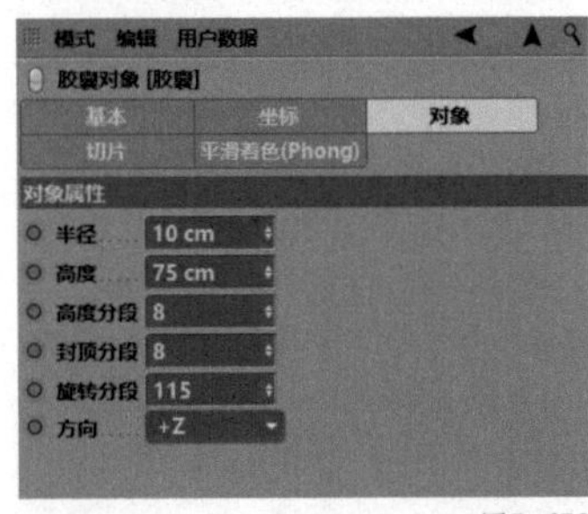

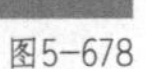

图5-678

图5-679

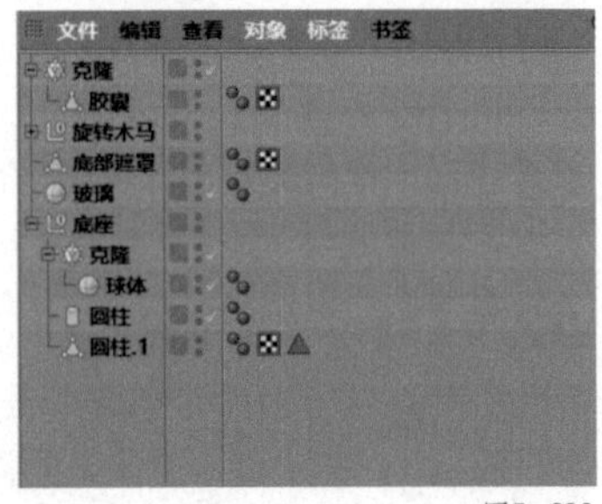

图5-680

06 在“克隆”窗口中，选择“对象”。将“模式”修改为“放射”，将“数量”修改为“26”，将“半径”修改为“173 cm”，将“平面”修改为“XZ”，如图 5-681 所示。

07 透视视图界面中的效果如图 5-682 所示。

08 在透视视图界面下，将素材“礼盒”“热气球”置入，并随机调整位置和大小，如图 5-683 所示。

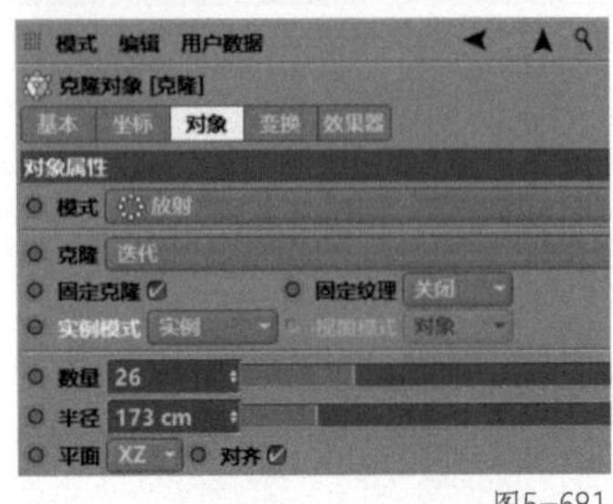

图5-681

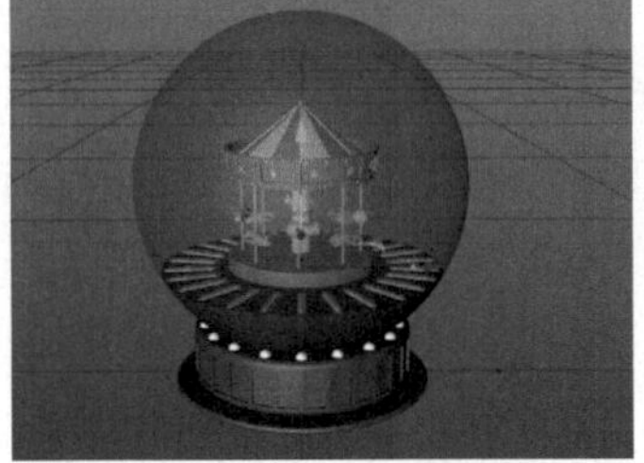

图5-682

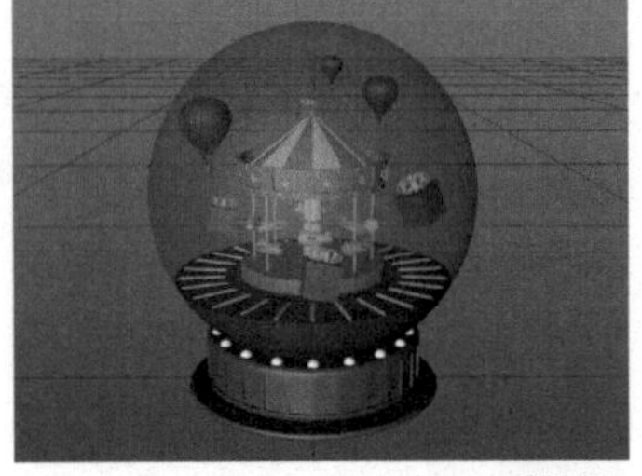

图5-683

5.7.4 水晶球的渲染

01 在材质窗口中，选择“创建 - 着色器 -BANJI 玻璃”，如图 5-684 所示。

02 在透视视图界面下，将材质“玻璃”赋予“玻璃”图层，如图 5-685 所示。

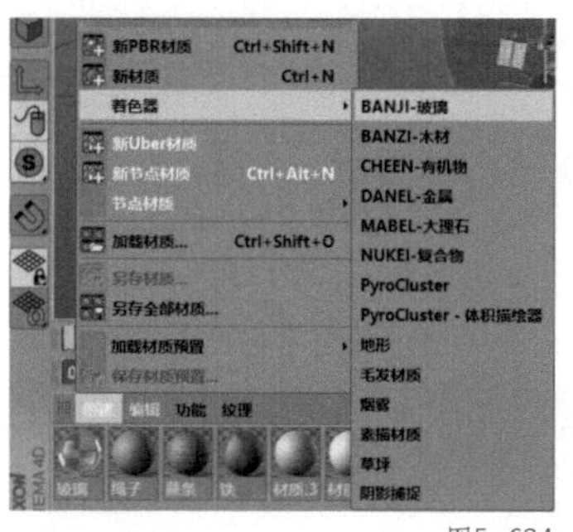

图5-684

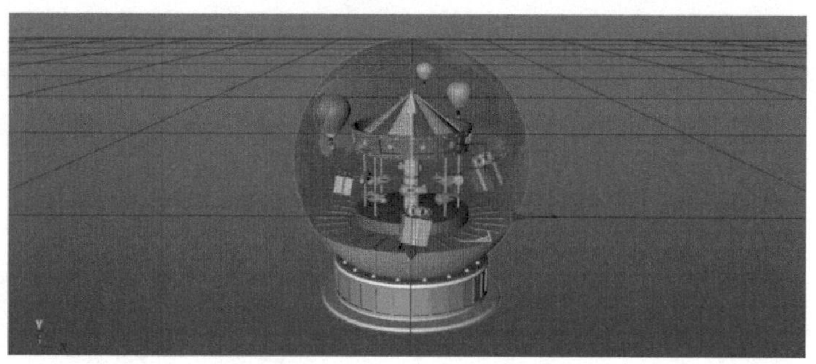

图5-685

03 单击鼠标滑轮调出四视图，在右视图窗口上单击鼠标滑轮，进入右视图界面。在右视图界面下，在工具栏中选择“曲线工具组”中的“画笔”，如图5-686所示。

04 在右视图界面下，使用“画笔”工具绘制图5-687所示的线段。

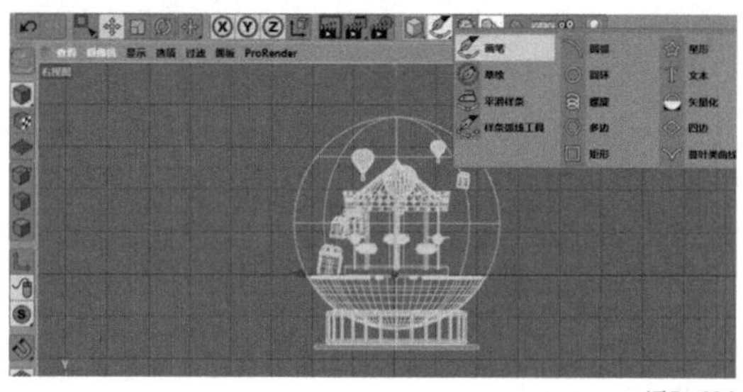

图5-686

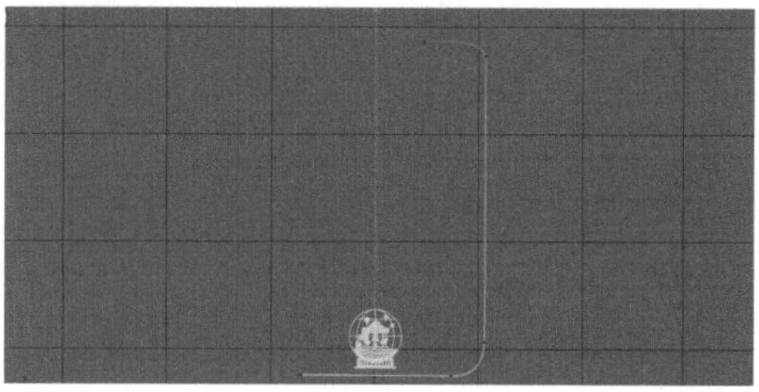

图5-687

05 在工具栏中选择“NURBS”中的“挤压”，如图5-688所示。

06 在对象窗口中，将“样条”拖曳至“挤压”内，使其成为“挤压”的子集，并将“挤压”重命名为“背景”，如图5-689所示。

07 在“挤压”窗口中，选择“对象”，在“对象”中将“移动”中“X”的数值修改为“10000 cm”，如图5-690所示。

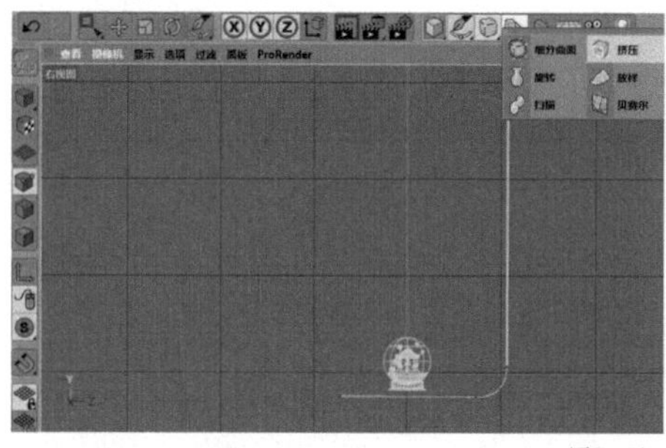

图5-688

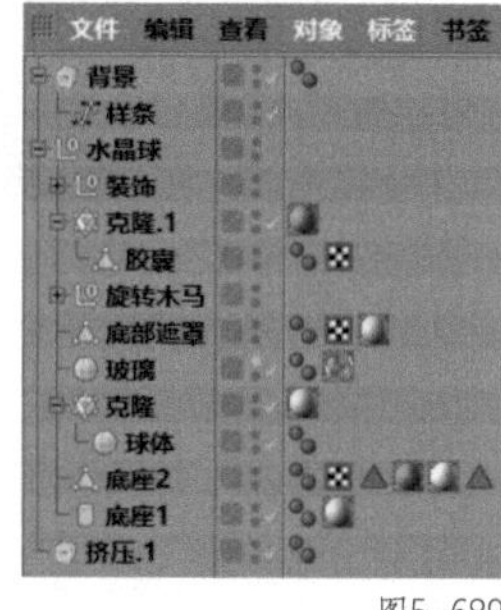

图5-689

图5-690

08 单击鼠标滑轮调出四视图，在透视视图窗口上单击鼠标滑轮，进入透视视图界面，如图5-691所示。

09 将材质“浅红色”赋予“背景”图层，如图5-692所示。

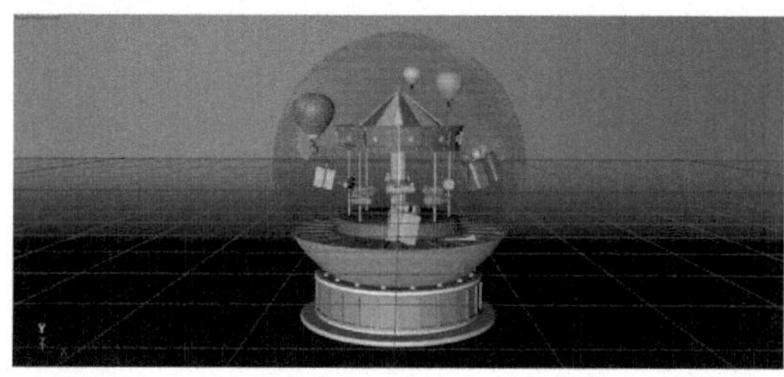

图5-691

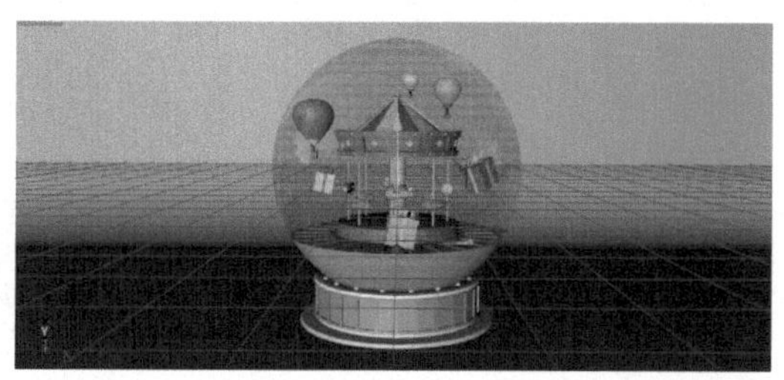

图5-692

10 在透视视图界面下，在工具栏中选择“场景设定”中的“天空”，如图 5-693 所示。

11 在材质窗口的空白处双击，新建一个“材质”，如图 5-694 所示。

12 双击“材质”，进入材质编辑器。进入“颜色”通道，将“H”修改为“17°”，将“S”修改为“0%”，将“V”修改为“100%”，如图 5-695 所示。

13 在材质窗口中，将“材质”重命名为“天空”，如图 5-696 所示。

图5-693

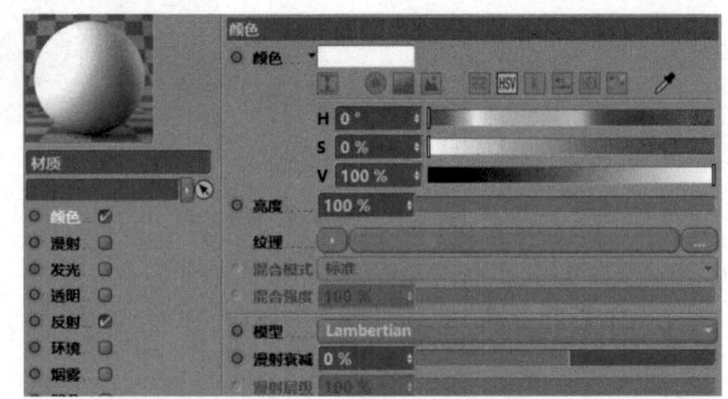

图5-695

图5-694

图5-696

14 在对象窗口中，将材质“天空”赋予“天空”图层，如图 5-697 所示。

15 在工具栏中选择“场景设定”中的“物理天空”，如图 5-698 所示。

16 在“物理天空”窗口中，选择“太阳”，将“强度”修改为“80%”，如图 5-699 所示。

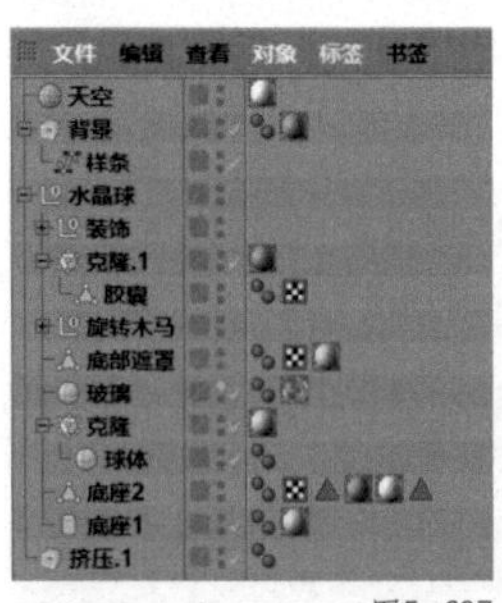

图5-697

图5-698

图5-699

17 在对象窗口中，选择“物理天空”，单击鼠标右键，在弹出的下拉菜单中选择“CINEMA 4D 标签”中的“合成”，如图 5-700 所示。

18 在“合成”窗口中，勾选“标签属性”中的“合成背景”，如图 5-701 所示。

19 在对象窗口中，同时选择“背景”“天空”“物理天空”，按【Alt+G】组合键进行编组，并重命名为“背景”，如图 5-702 所示。

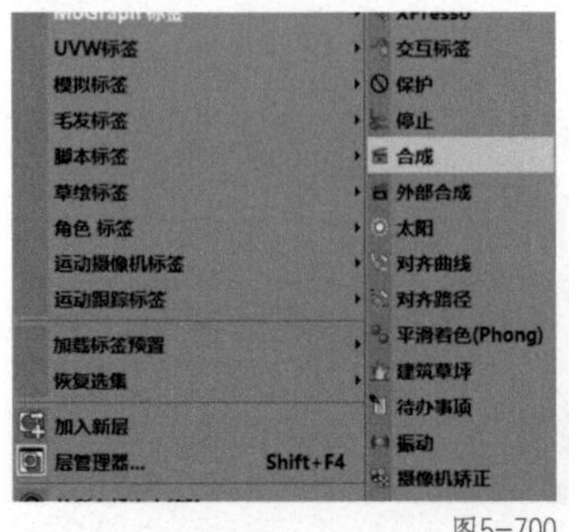

图5-700

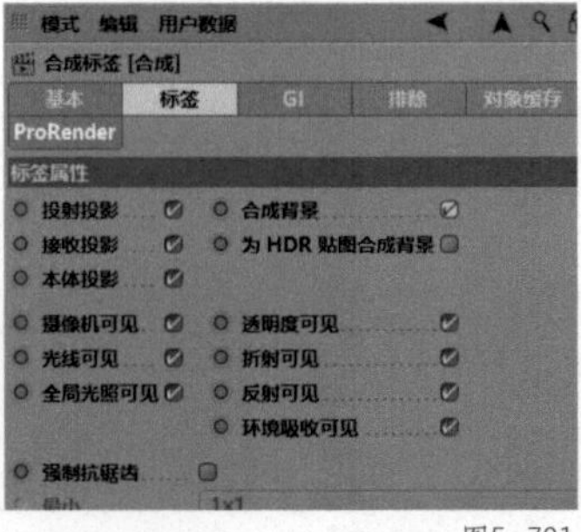

图5-701

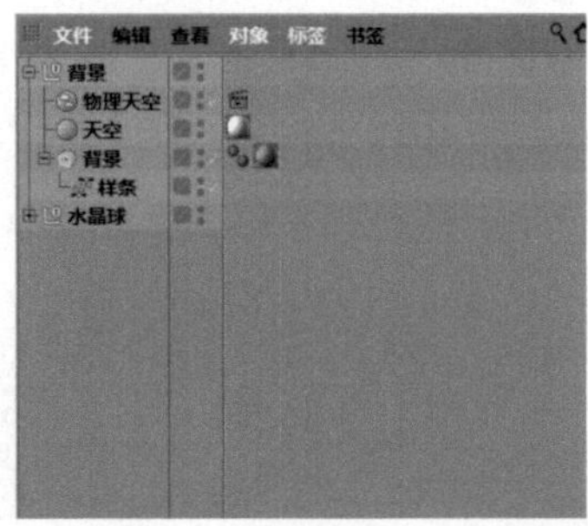

图5-702

20 在工具栏中选择“编辑渲染设置”，如图 5-703 所示。

21 在渲染设置中，勾选“多通道”，同时选择“效果”中的“全局光照”，如图 5-704 所示。

22 在“全局光照”中，选择“辐照缓存”，并将“记录密度”修改为“高”，如图 5-705 所示。

图5-703

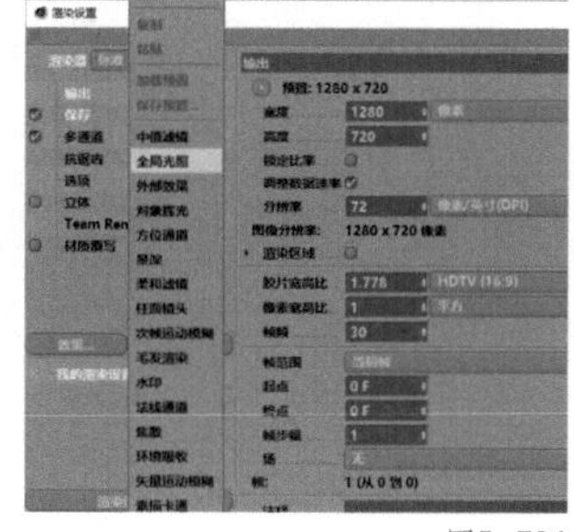

图5-704

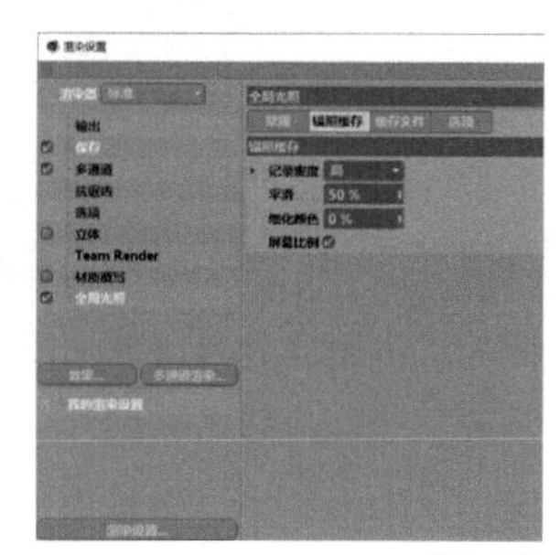

图5-705

23 在渲染设置中，勾选“多通道”，同时选择“效果”中的“环境吸收”，如图 5-706 所示。

24 在“环境吸收”中选择“缓存”，将“记录密度”修改为“高”，如图 5-707 所示。

25 在工具栏中选择“渲染到图片查看器”，如图 5-708 所示。

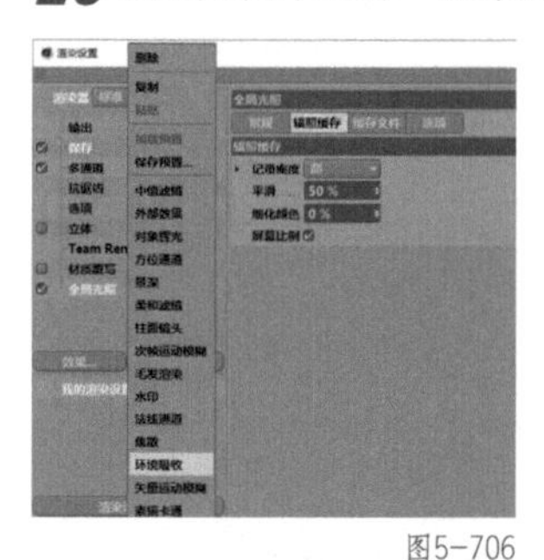

图5-706

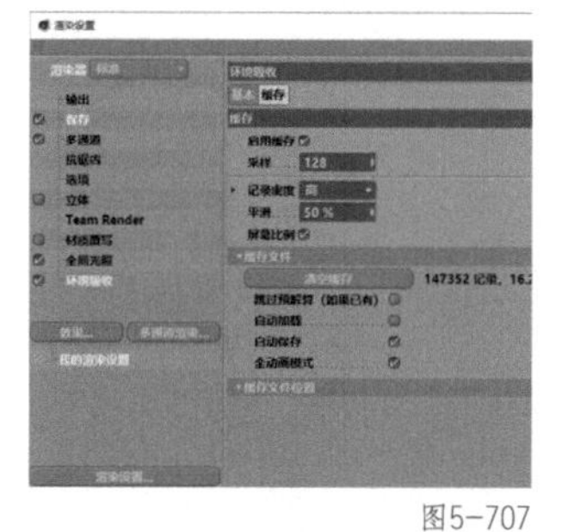

图5-707

图5-708

26 渲染后的效果如图 5-709 所示。

图5-709

本案例到此已全部完成。

本节知识点一览

（1）参数化对象：圆柱、球体

（2）NURBS：挤压

（3）运动图形：克隆

（4）曲线工具组：画笔

（5）对象和样条的编辑操作与选择：内部挤压、挤压

5.8 甜甜圈——圆环、胶囊、挤压、雕刻、克隆

本节讲解甜甜圈的制作方法。甜甜圈是一种充满乐趣的美食。数学教师尤金妮娅·陈利用微积分公式发现了甜甜圈好吃的奥秘。她经过计算得出，完美的甜甜圈直径应为72mm~82mm，中间圆洞的最佳直径为11mm，这样，甜甜圈的“软脆比”才能达到黄金的3.5:1。喜欢口感偏软的人，可以把甜甜圈的洞开得小一些；喜欢吃脆壳的人，可以把甜甜圈的洞开得大一些。在电商平面设计中，甜甜圈常作为辅助元素出现。在CINEMA 4D中，甜甜圈需要使用圆环、胶囊等模型配合挤压、雕刻、克隆等功能进行制作。

本节内容	本节将讲解甜甜圈的制作方法，包括甜甜圈三维模型的创建、材质及材质的参数调整、场景及灯光的搭建

本节目标	通过本节的学习，读者将掌握甜甜圈制作方法以及雕刻工具的使用方法

本节主要知识点	圆环、胶囊、挤压、雕刻、克隆

本节最终效果图展示

5.8.1 面包圈的建模

01 打开 CINEMA 4D，进入默认的透视视图界面。在透视视图界面下，选择工具栏中的“参数化对象”中的“圆环”，如图 5-710 所示。

02 在“圆环”窗口中，选择“对象”，将“圆环半径”修改为“180 cm”，将“圆环分段”修改为“50”，将“导管半径”修改为“75 cm”，将“导管分段”修改为“20”，如图 5-711 所示。

03 在视图窗口菜单栏中，选择“显示”中的“光影着色（线条）”，如图 5-712 所示。

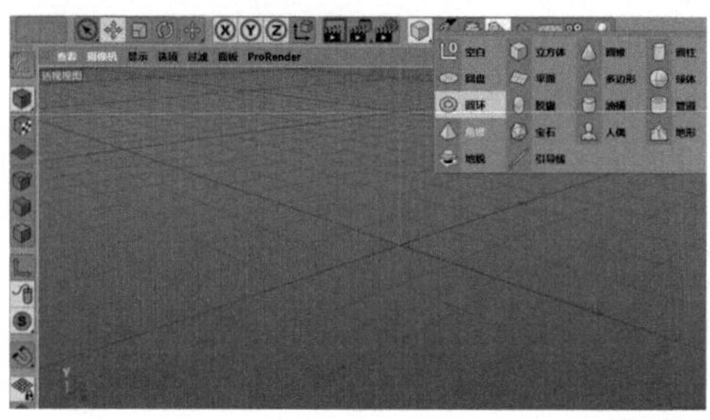

图5-710

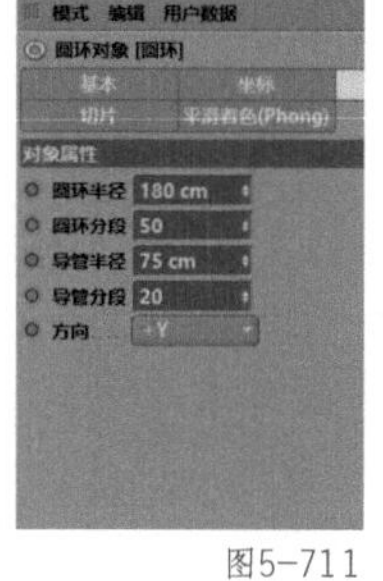

图5-711

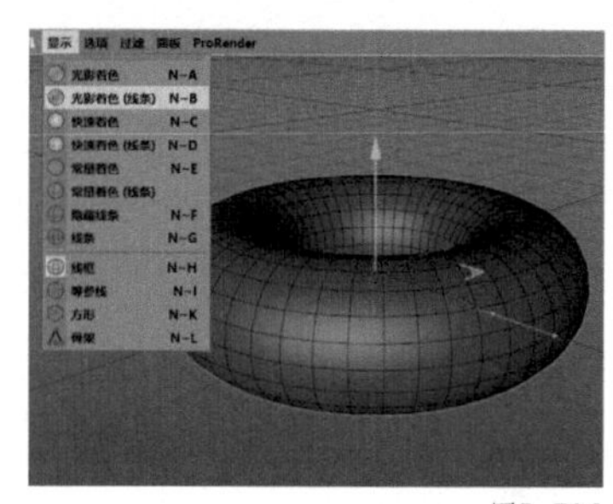

图5-712

5.8.2 巧克力的建模

01 在“对象”窗口中，复制一份“圆环”，并分别重命名为“面包圈”和“巧克力”，如图 5-713 所示。

02 在对象窗口中，选择“巧克力”图层，在左侧的编辑模式工具栏中，选择“转为可编辑对象”，如图 5-714 所示。

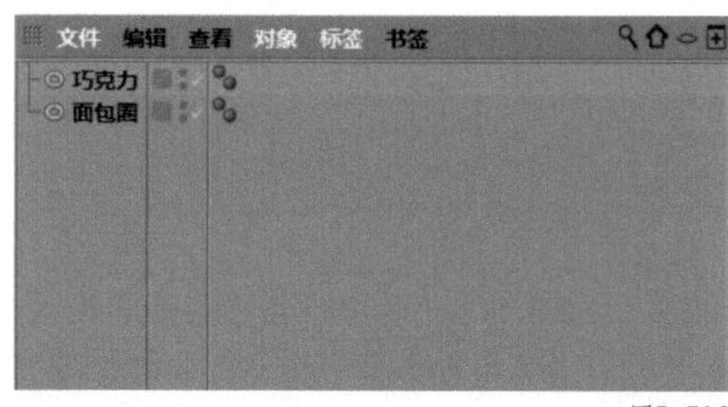

图5-713

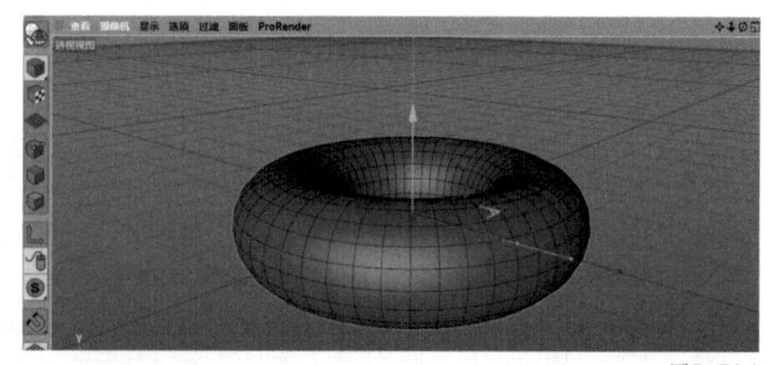

图5-714

03 单击鼠标滑轮调出四视图，在右视图窗口上单击鼠标滑轮，进入右视图界面，如图 5-715 所示。

04 在工具栏中选择“框选”工具，在左侧的编辑模式工具栏中，选择“点模式”，在透视视图界面下，使用“框选”工具框选图 5-716 所示的点。

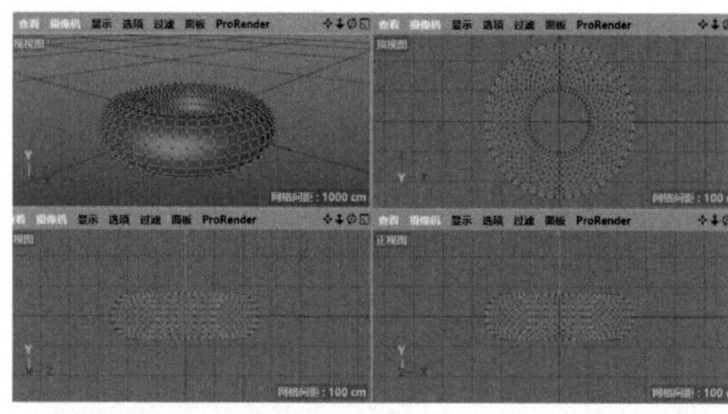

图5-715

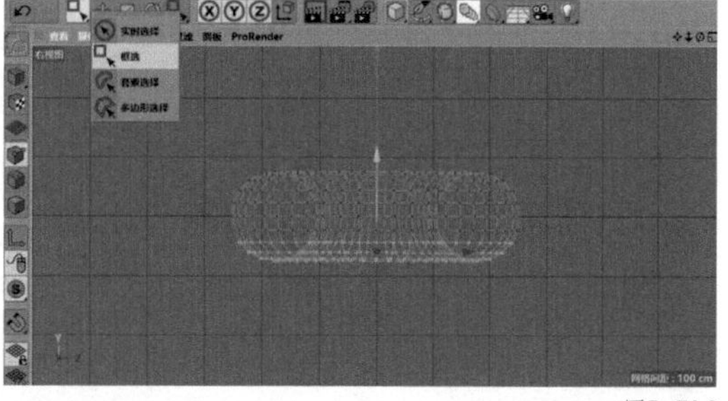

图5-716

05 按【Delete】键将选中的点删除，如图 5-717 所示。

06 在左侧的编辑模式工具栏中，选择“面模式”。在透视视图界面下，使用“实时选择”工具随机选择图 5-718 所示的面。

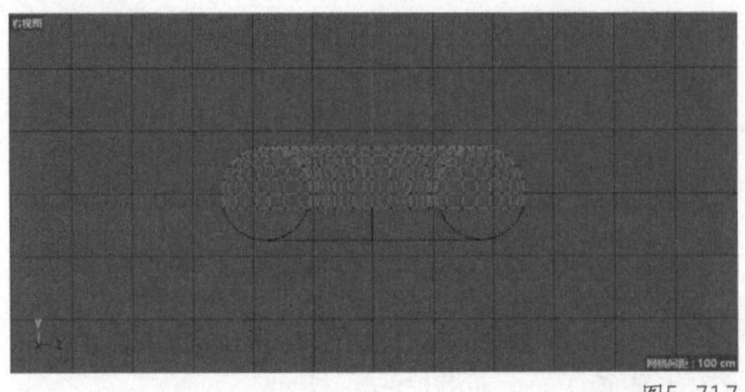

图5-717

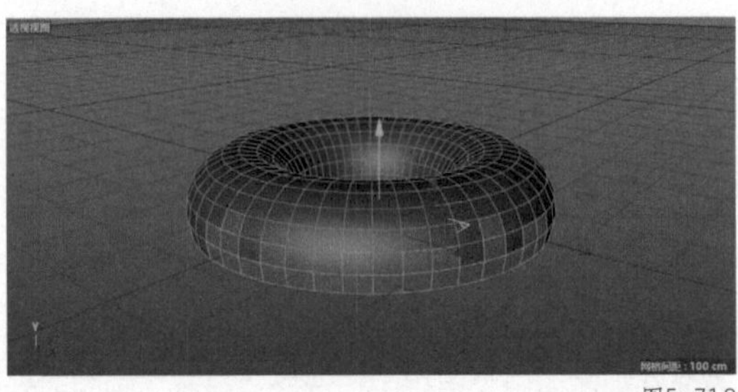

图5-718

07 在透视视图界面下，按【Delete】键将选中的面删除，如图 5-719 所示。

08 在透视视图界面下，使用同样的方法，随机选择内部的面，如图 5-720 所示。

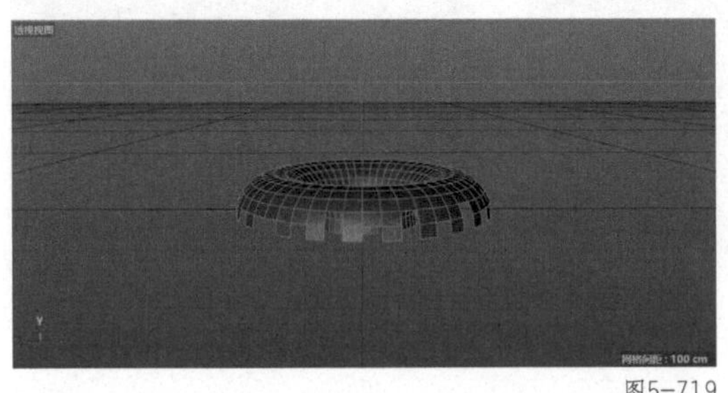

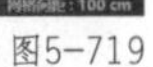

图5-719

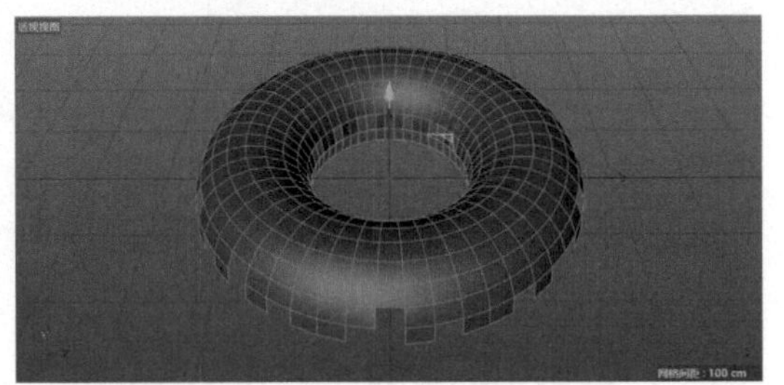

图5-720

09 在透视视图界面下，按【Delete】键将选中的面删除，如图 5-721 所示。

10 按【Ctrl+A】组合键全选所有的面。在透视视图界面下，在空白处单击鼠标右键，在弹出的下拉菜单中选择“挤压”，如图 5-722 所示。

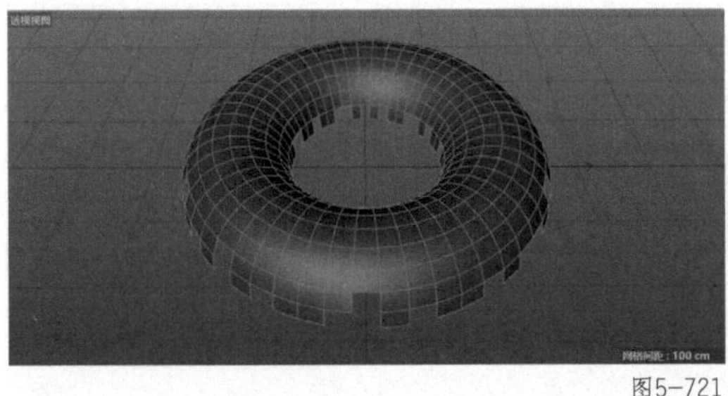

图5-721

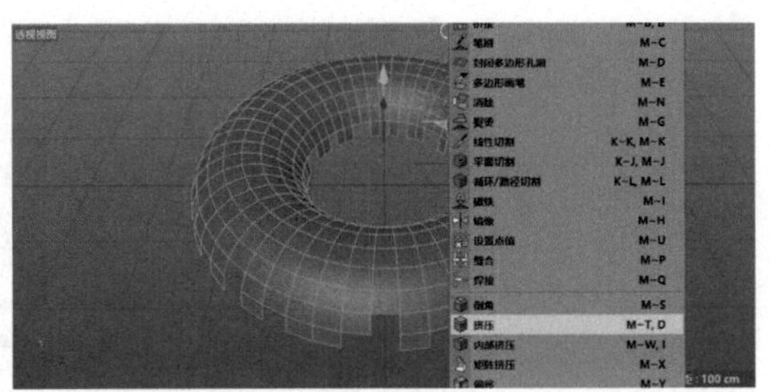

图5-722

11 在“挤压”窗口中，将“偏移”修改为“5 cm”，同时勾选“创建封顶”，如图 5-723 所示。

12 透视视图界面中的效果如图 5-724 所示。

13 在工具栏中选择“NURBS”中的“细分曲面”，如图 5-725 所示。

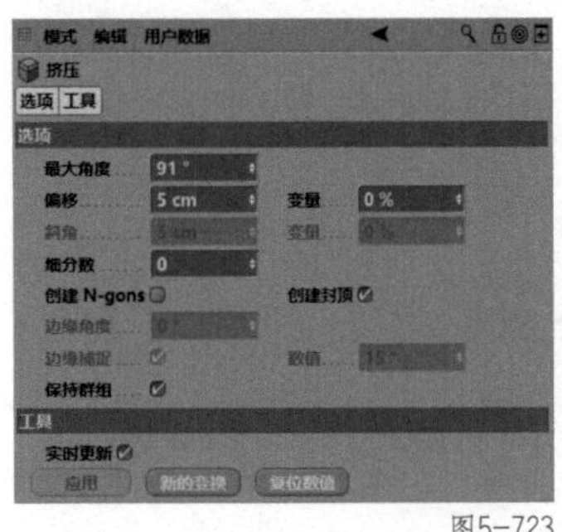

图5-723

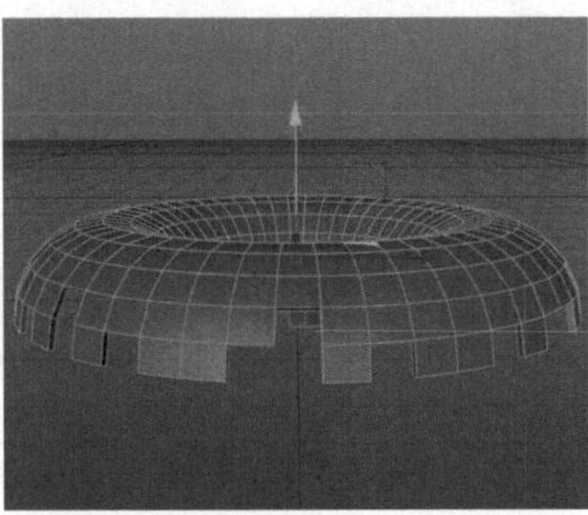

图5-724

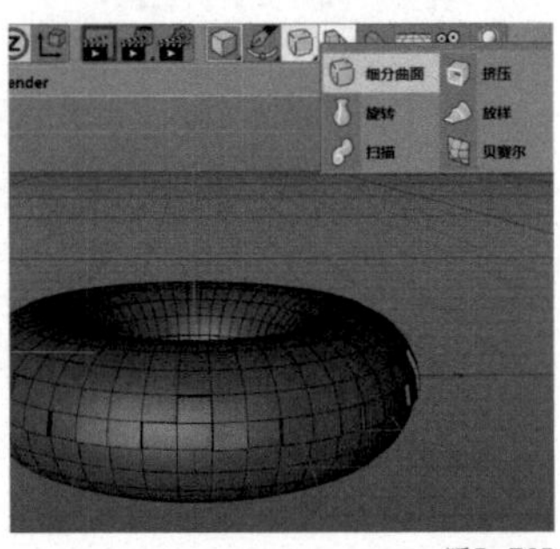

图5-725

14 在对象窗口中，在细分曲面上单击鼠标右键，在弹出的下拉菜单中选择“当前状态转对象”，如图5-726所示。

15 在菜单栏中，选择“界面”中的“Sculpt”，如图 5-727 所示。

16 在透视视图界面下，使用“抓取”工具处理“巧克力”滴落的质感，如图 5-728 所示。

图5-726

图5-727

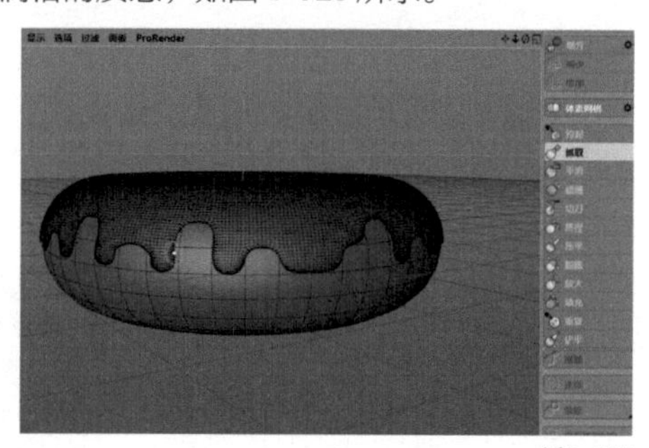
图5-728

17 在透视视图界面下，使用“膨胀”工具处理“巧克力”滴落的质感，如图 5-729 所示。

18 透视视图界面中的效果如图 5-730 所示。

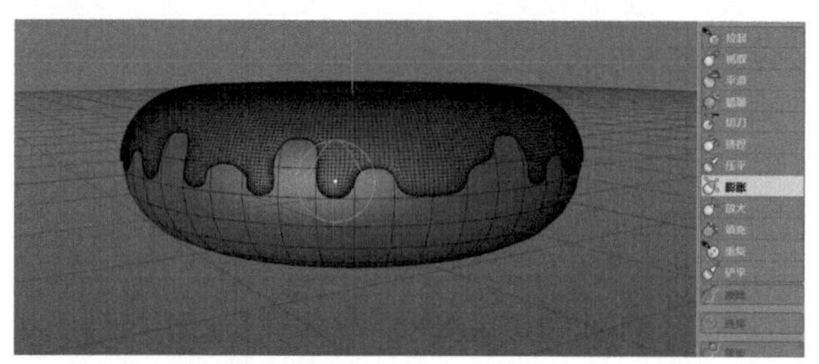
图5-729

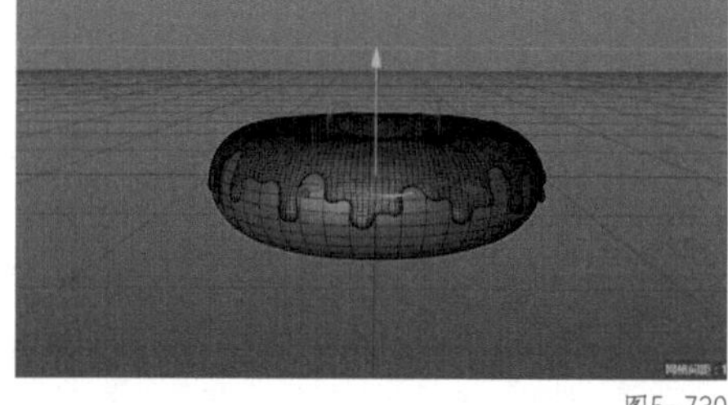
图5-730

5.8.3 糖果的建模

01 在工具栏中选择“参数化对象”中的“胶囊”，如图 5-731 所示。

02 在“胶囊”窗口中，选择“对象”，将“半径”修改为“0.3 cm”，将“高度”修改为“3 cm”，如图 5-732 所示。

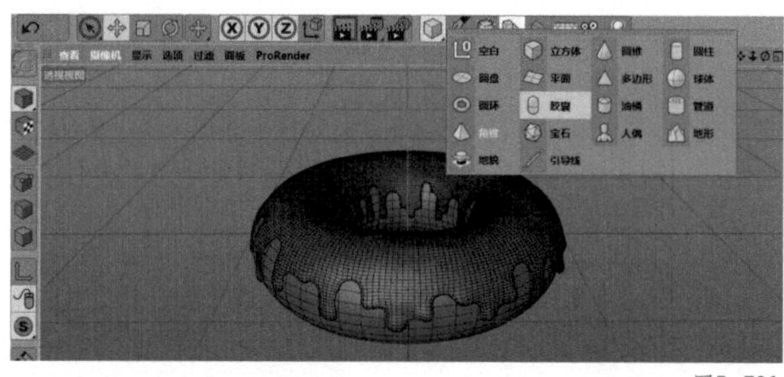
图5-731

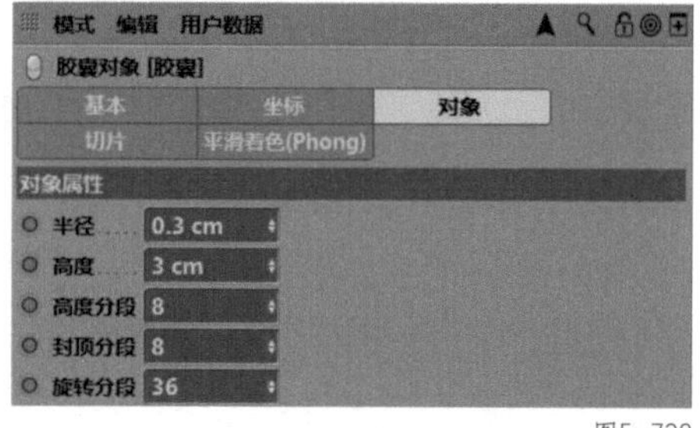

图5-732

03 在菜单栏中，选择“运动图形”中的“克隆”，如图 5-733 所示。

04 在对象窗口中，将“胶囊”拖曳至“克隆”内，使其成为“克隆”的子集，如图 5-734 所示。

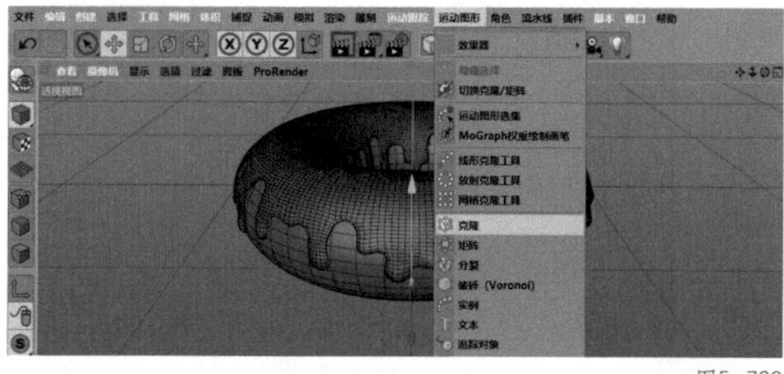
图5-733

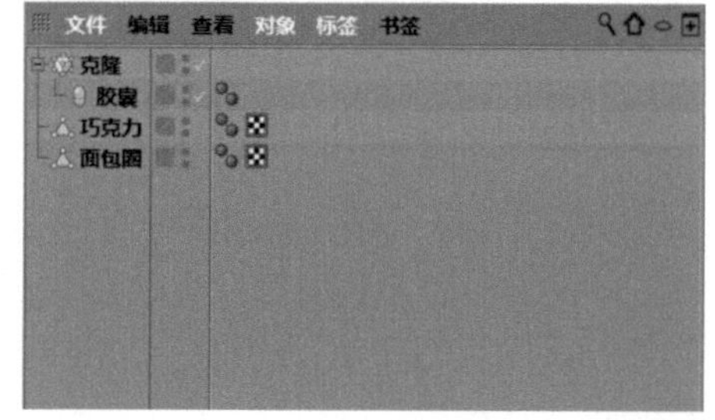

图5-734

05 在“克隆”窗口中选择“对象”。将“模式”修改为“对象”，在“对象”中选择“巧克力”，将“数量”修改为“200”，如图 5-735 所示。

06 透视视图界面中的效果如图 5-736 所示。

07 在对象窗口中，复制几份“胶囊”，并拖曳至“克隆”内，同时将“克隆”重命名为“糖果”。同时选择所有的图层，按【Alt+G】组合键编组，并重命名为“甜甜圈”，如图 5-737 所示。

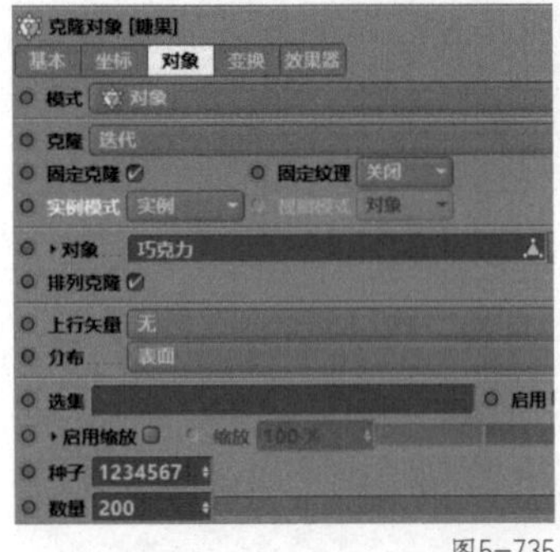

图5-735

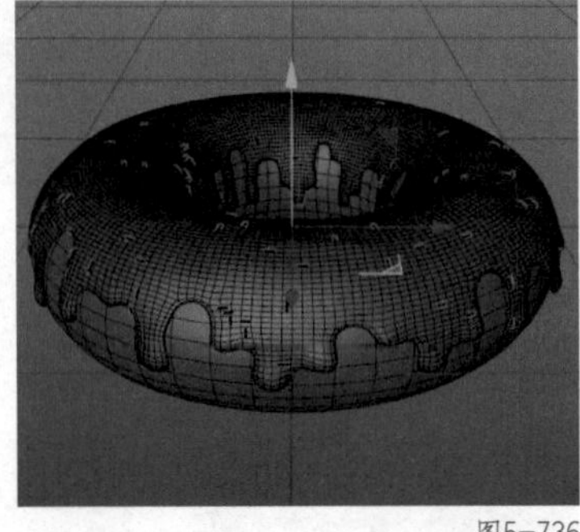

图5-736

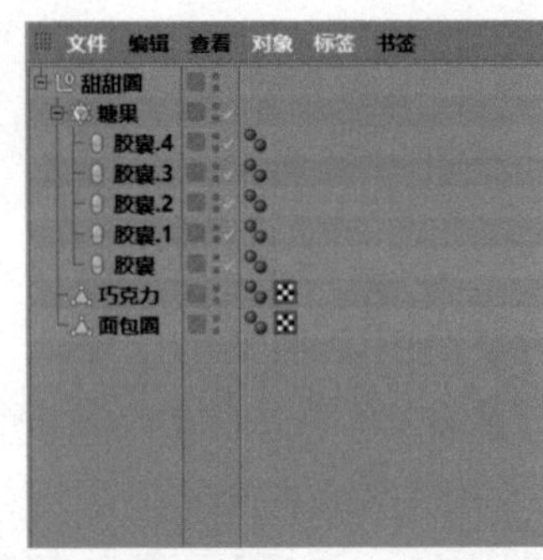

图5-737

08 在透视视图界面下，复制一份“甜甜圈”，按【R】键切换到“旋转”工具，调整“甜甜圈”的角度，按【E】键切换到移动工具，调整“甜甜圈”的位置，如图 5-738 所示。

09 在材质窗口的空白处双击，新建一个“材质”，如图 5-739 所示。

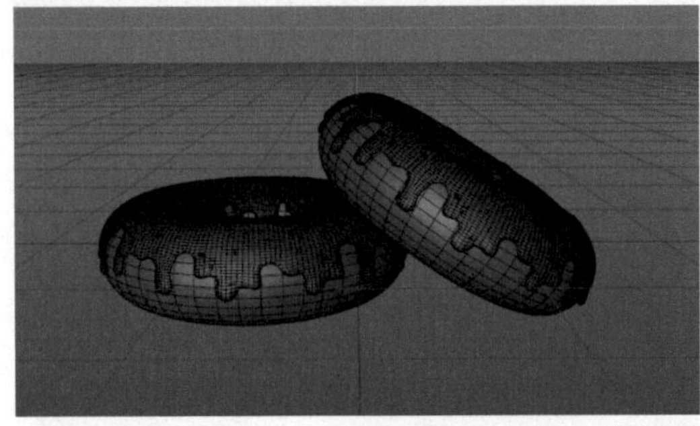

图5-738

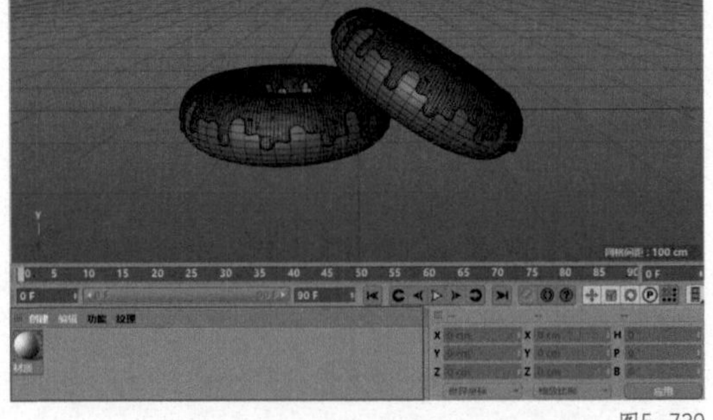

图5-739

10 双击“材质”，进入材质编辑器。进入“颜色”通道，选择“纹理”中的“菲涅尔”，如图 5-740 所示。

11 进入“着色器”。单击前面的“渐变色标设置”，将“H”修改为“0°”，将“S”修改为“50%”，将“V”修改为“30%”，并单击“确认”按钮，如图 5-741 所示。

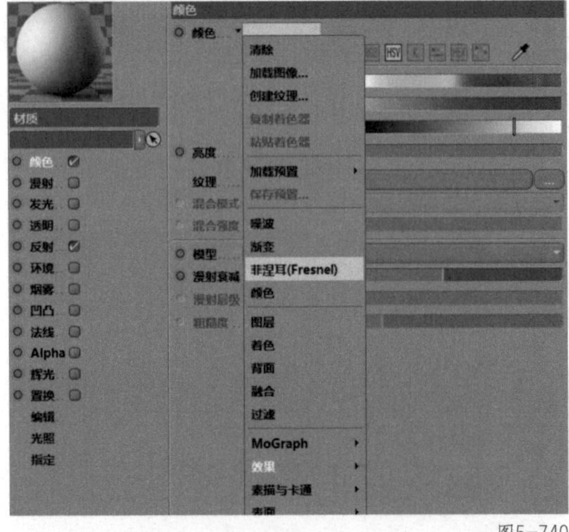

图5-740

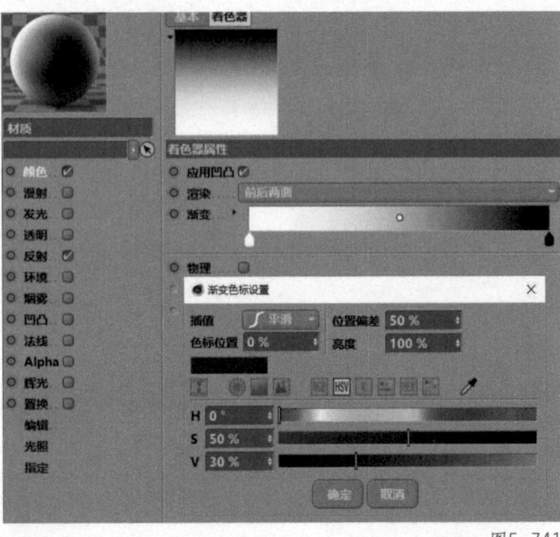

图5-741

12 单击后面的“渐变色标设置”，将“H”修改为“15° ”，将“S”修改为“66%”，将“V”修改为“60%”，并单击“确定”按钮，如图 5-742 所示。

13 在材质编辑器中，进入“反射”通道，单击“添加”按钮，在弹出的下拉菜单中选择“GGX”，如图5-743所示。

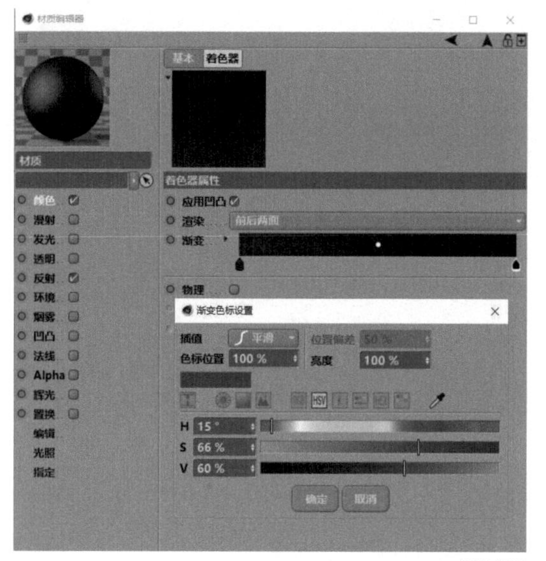

图5-742

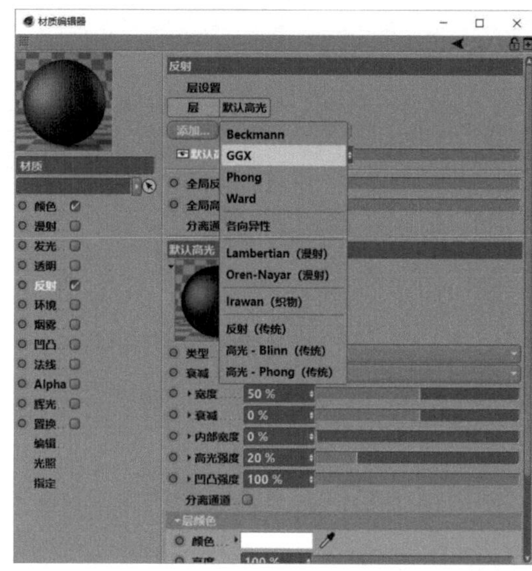

图5-743

14 在“层 1”中将“粗糙度”修改为“10%”，在“层颜色”中将“亮度”修改为“50%”。在“层菲涅尔”中将“菲涅尔”修改为“绝缘体”，如图 5-744 所示。

15 在材质窗口中，将“材质”重命名为“巧克力”，如图 5-745 所示。

16 在透视视图界面下，将材质“巧克力”赋予“巧克力”图层，如图 5-746 所示。

17 在材质窗口中，复制一份材质“巧克力”，如图 5-747 所示。

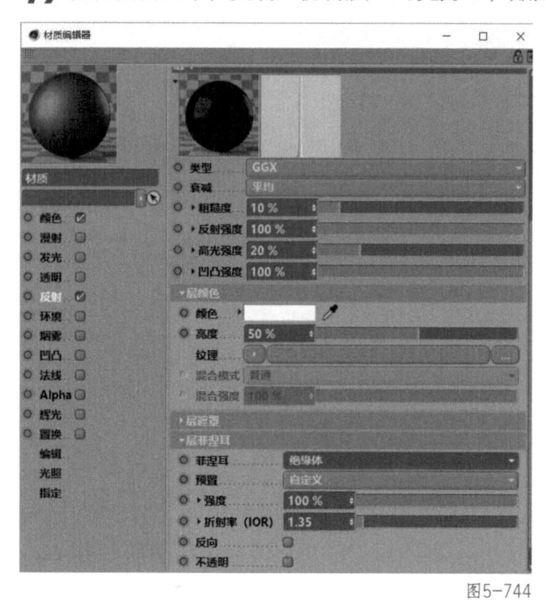

图5-744

图5-745

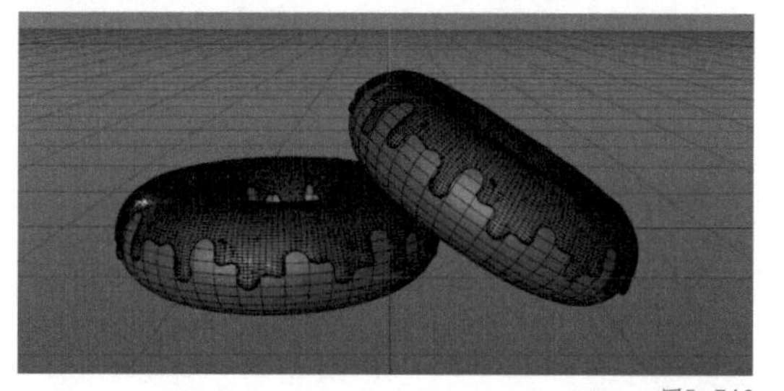

图5-746

图5-747

18 进入“着色器”。单击前面的“渐变色标设置”，将“H”修改为“335° ”，将“S”修改为“50%”，将“V”修改为“100%”，并单击“确定”按钮，如图 5-748 所示。

19 单击后面的“渐变色标设置”，将“H”修改为“330° ”，将“S”修改为“30%”，将“V”修改为“100%”，并单击“确定”按钮，如图 5-749 所示。

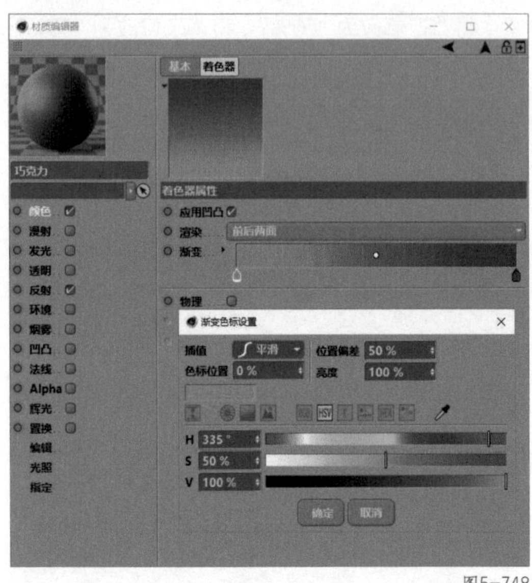

图5-748

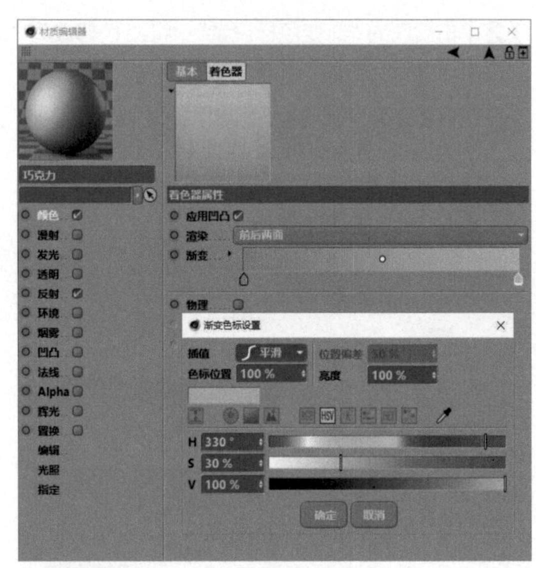

图5-749

20 在材质窗口中，将材质“巧克力”重命名为“草莓”，如图 5-750 所示。

21 在透视视图界面下，将材质“草莓”赋予“巧克力”图层，如图 5-751 所示。

22 在材质窗口中，复制一份材质“巧克力”，如图 5-752 所示。

23 进入“着色器”。单击前面的“渐变色标设置”，将“H”修改为“28° ”，将“S”修改为“95%”，将“V”修改为“78%”，并单击“确定”按钮，如图 5-753 所示。

图5-750

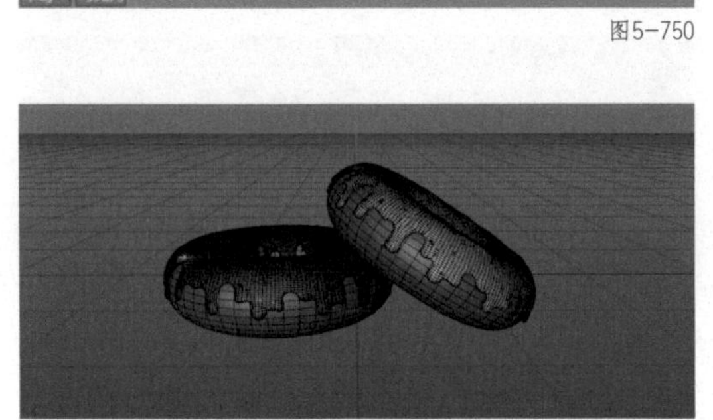

图5-751

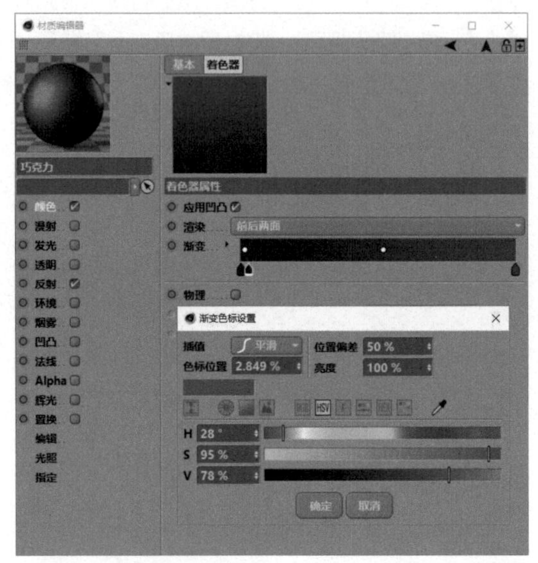

图5-752

图5-753

24 单击后面的“渐变色标设置”，将“H”修改为“38° ”，将“S”修改为“76%”，将“V”修改为“84%”，并单击“确定”按钮，如图 5-754 所示。

25 在材质编辑器中，进入“反射”通道，单击“添加”按钮，在弹出的下拉菜单中选择“GGX”。在“层1”中将“粗糙度”修改为“50%”，在“层颜色”中将“亮度”修改为“50%”，如图 5-755 所示。

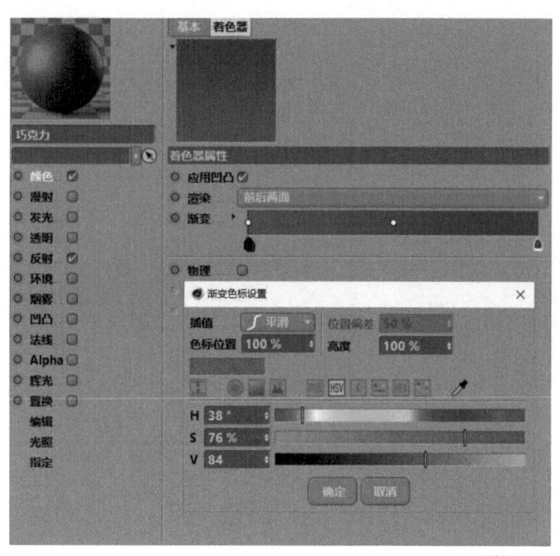

图5-754

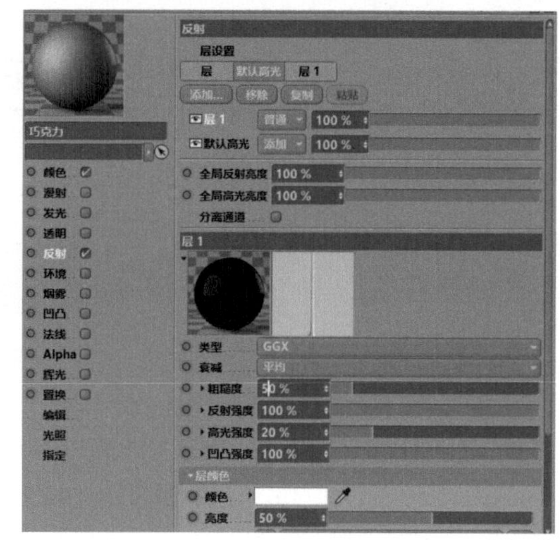

图5-755

26 进入“凹凸”通道，选择“纹理”中的“噪波”，如图 5-756 所示。

27 进入“凹凸”通道，将“全局缩放”修改为“8%”，将“低端修剪”修改为“100%”，如图 5-757 所示。

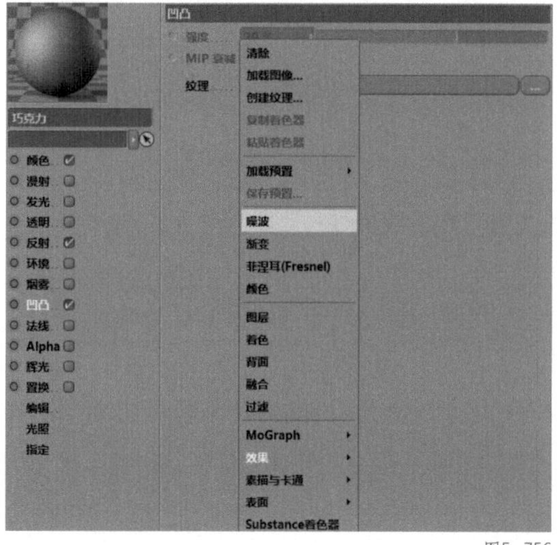

图5-756

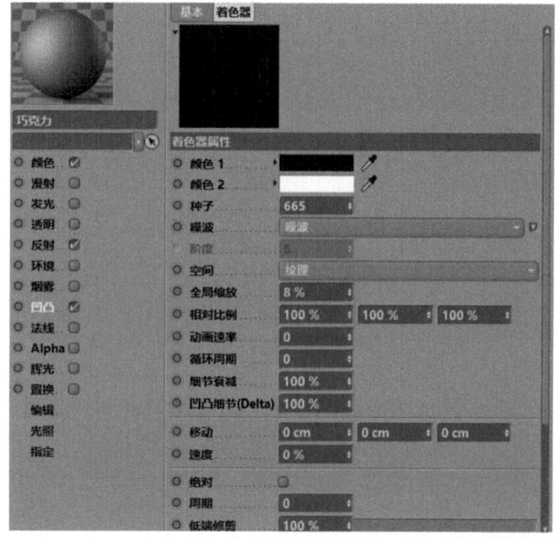

图5-757

28 在材质窗口中，将材质“巧克力”重命名为“面包圈”，如图 5-758 所示。

29 在透视视图界面下，将材质“面包圈”赋予“面包圈”图层，如图 5-759 所示。

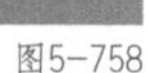
图5-758

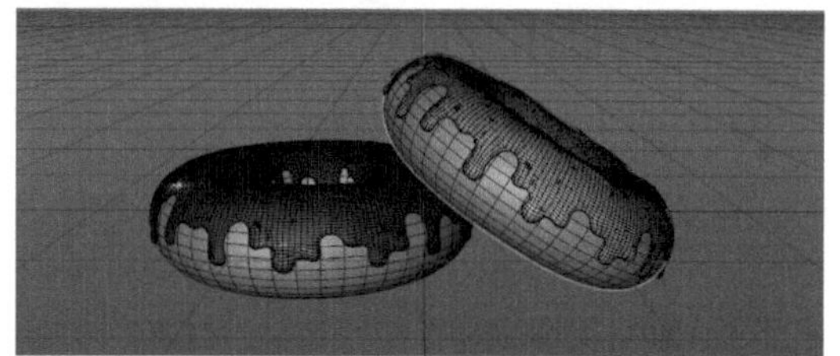

图5-759

30 在材质窗口中，新建 5 个“材质”，分别修改成 5 种颜色，并分别重命名为“糖果 1”“糖果 2”“糖果 3”“糖果 4”“糖果 5”，如图 5-760 所示。

31 在对象窗口中，将 5 种不同的材质“糖果”分别赋予“胶囊”“胶囊.1”“胶囊.2”“胶囊.3”“胶囊.4”，如图 5-761 所示。

32 透视视图界面中的效果如图5-762所示。

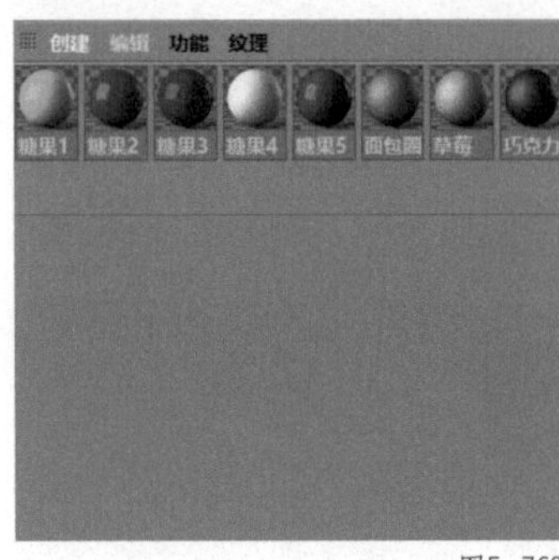

图5-760

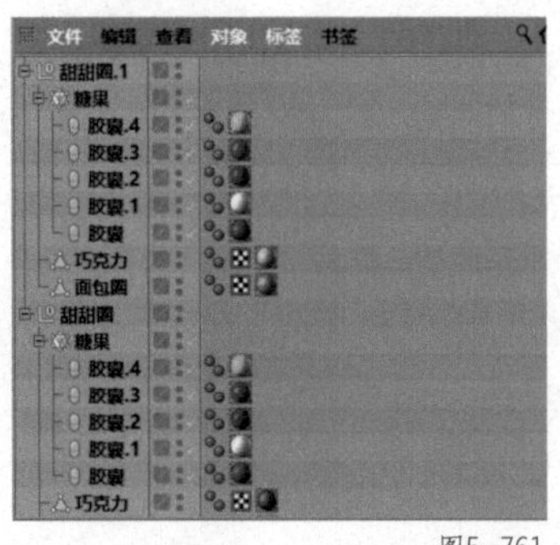

图5-761

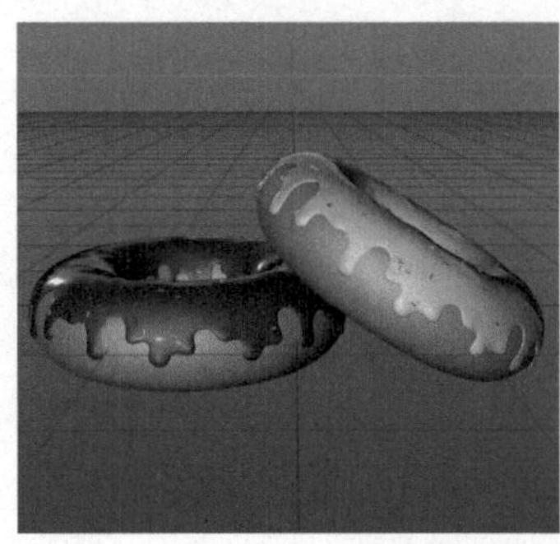

图5-762

33 单击鼠标滑轮调出四视图，在右视图窗口上单击鼠标滑轮，进入右视图界面。在右视图界面下，在工具栏中选择“曲线工具组”中的“画笔”，如图5-763所示。

34 在右视图界面下，使用“画笔”工具绘制图5-764所示的线段。

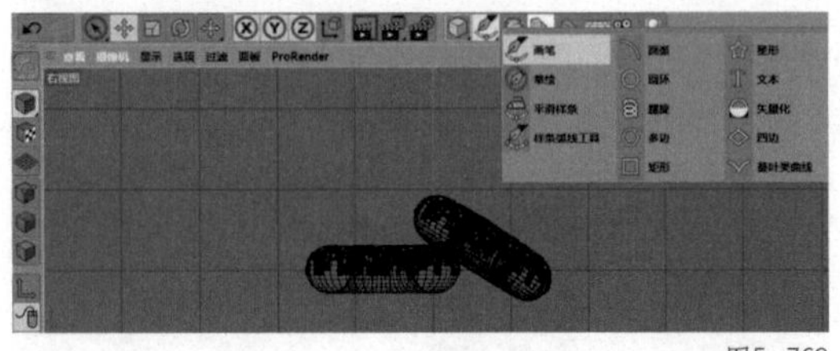

图5-763

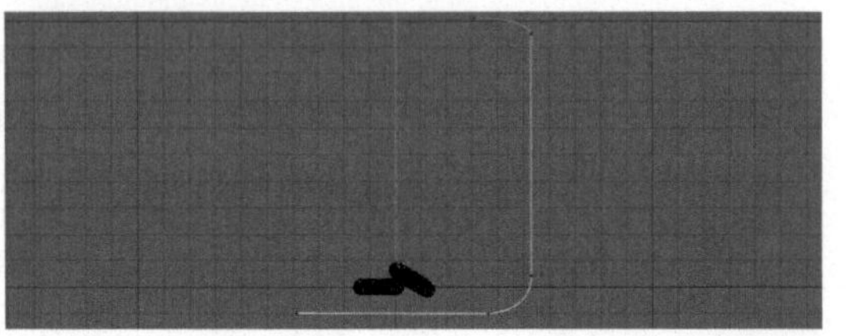

图5-764

35 在工具栏中选择“NURBS”中的“挤压”，如图5-765所示。

36 在对象窗口中，将“样条”拖曳至“挤压”内，使其成为“挤压”的子集，并将“挤压”重命名为“背景”，如图5-766所示。

37 在“挤压”窗口中，选择“对象”，在“对象”中将“移动”中“X”的数值修改为“10000 cm”，如图5-767所示。

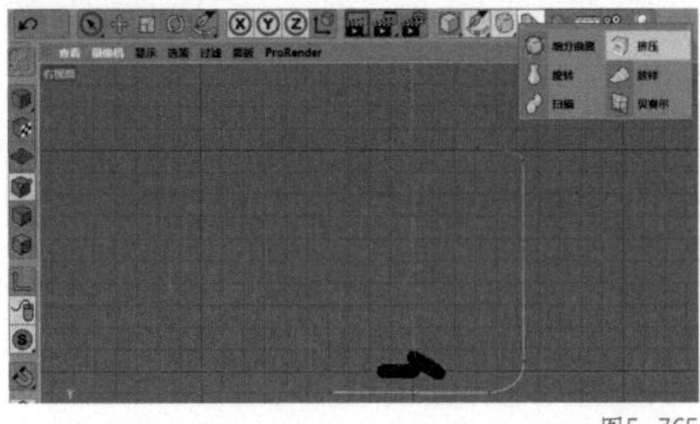

图5-765

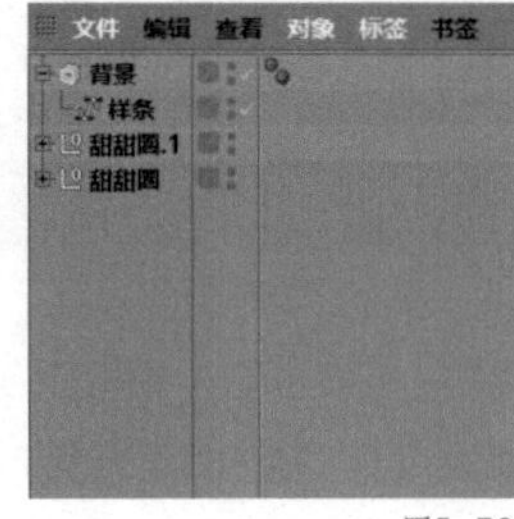

图5-766

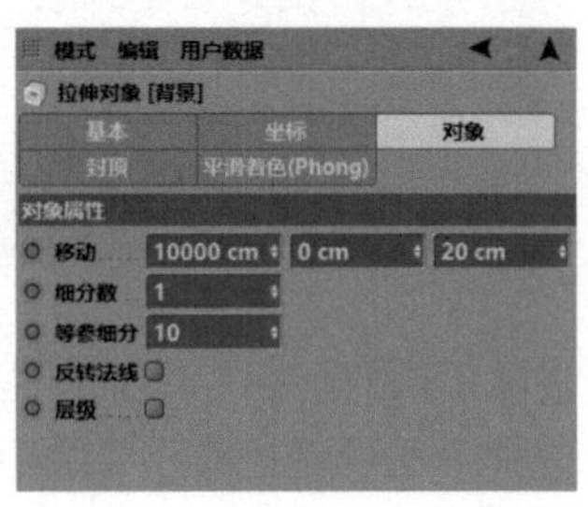

图5-767

38 单击鼠标滑轮调出四视图，在透视视图窗口上单击鼠标滑轮，进入透视视图界面。将材质“面包圈”赋予“背景”图层，如图5-768所示。

39 在透视视图界面下，在工具栏中选择“场景设定”中的“天空”，如图5-769所示。

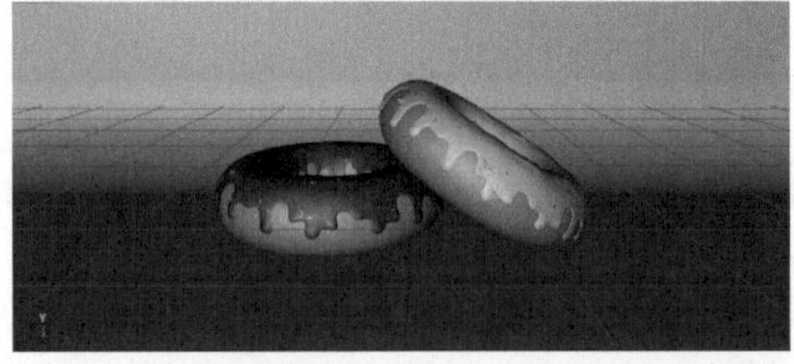

图5-768

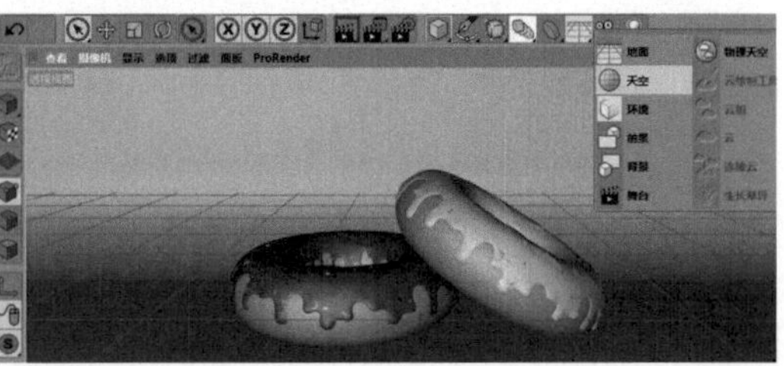

图5-769

40 在材质窗口的空白处双击，新建一个“材质”，如图 5-770 所示。

41 双击“材质”，进入材质编辑器。进入“颜色”通道，将“H”修改为“0°”，将“S”修改为“0%”，将“V”修改为“100%”，如图 5-771 所示。

42 在材质窗口中，将“材质”重命名为“天空”，如图 5-772 所示。

43 在对象窗口中，将材质“天空”赋予“天空”图层，如图 5-773 所示。

图5-770

图5-772

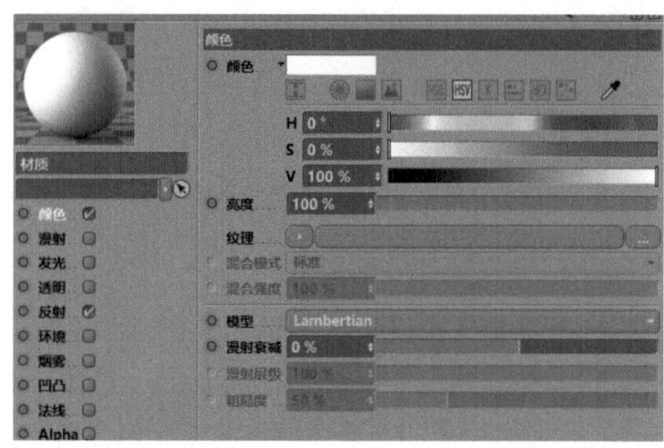

图5-771

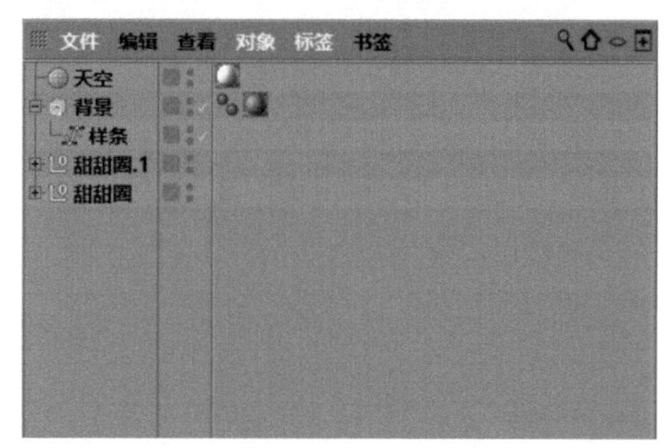

图5-773

44 在工具栏中选择“场景设定”中的“物理天空”，如图 5-774 所示。

45 在“物理天空”窗口中，选择“太阳”，将“强度”修改为“80%”，如图 5-775 所示。

46 在对象窗口中，选择“物理天空”，单击鼠标右键，在弹出的下拉菜单中选择“CINEMA 4D标签”中的“合成”，如图 5-776 所示。

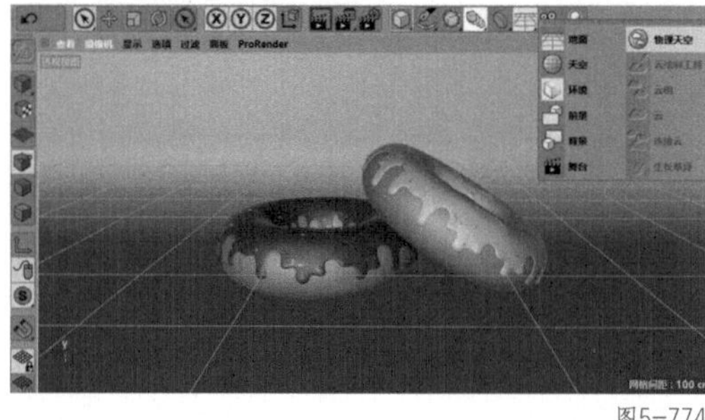

图5-774

图5-775

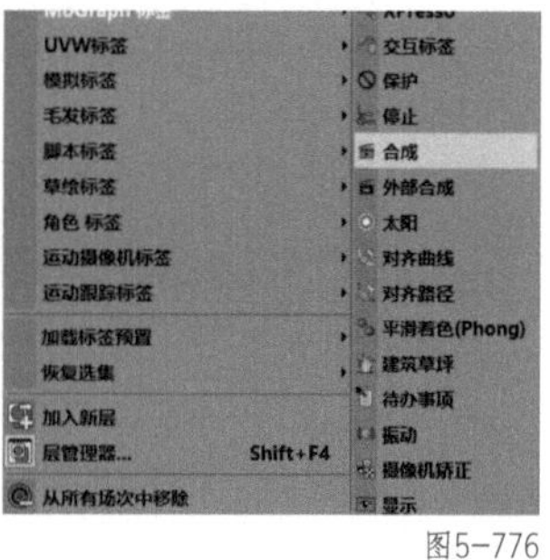

图5-776

47 在“合成”窗口中，勾选“标签属性”中的“合成背景”，如图 5-777 所示。

48 在对象窗口中，同时选择“背景”“天空”“物理天空”“灯光”，按【Alt+G】组合键进行编组，并重命名为“背景”，如图 5-778 所示。

49 在工具栏中选择“编辑渲染设置”，如图 5-779 所示。

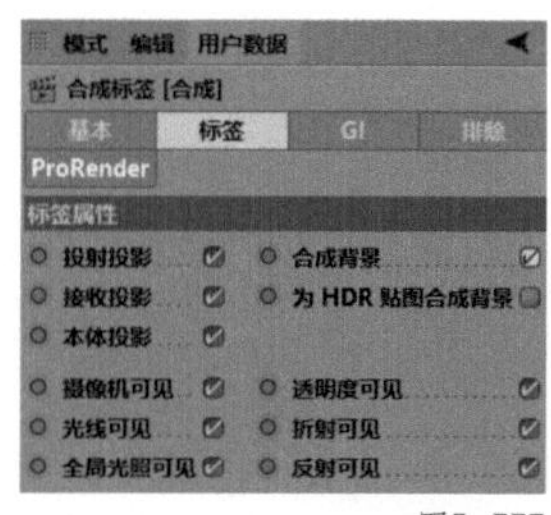

图5-777

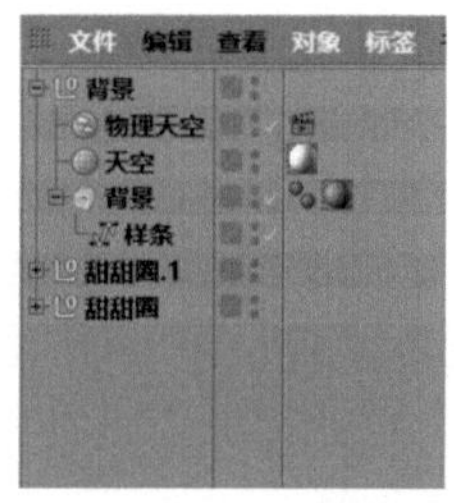

图5-778

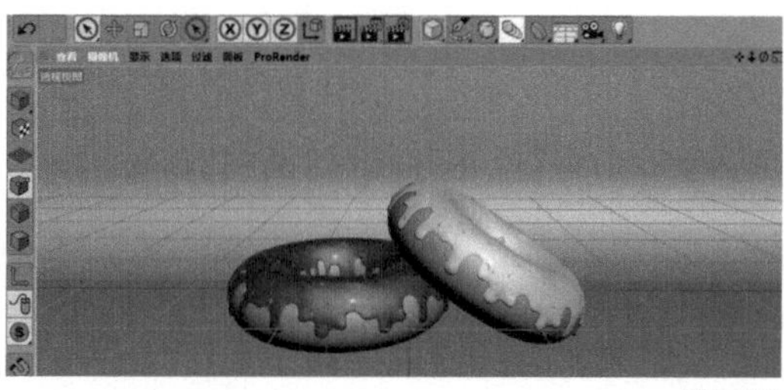

图5-779

50 在渲染设置中，勾选“多通道”，同时选择“效果”中的“全局光照”，如图 5-780 所示。

51 在“全局光照”中，选择“辐照缓存”，并将“记录密度”修改为“高”，如图 5-781 所示。

52 在渲染设置中，勾选“多通道”，同时选择“效果”中的“环境吸收”，如图 5-782 所示。

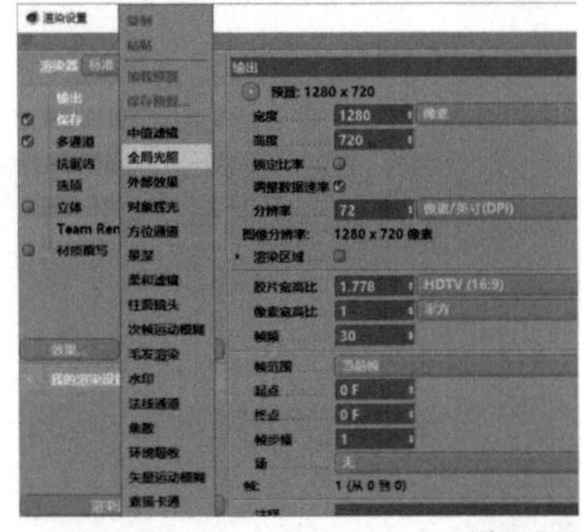

图5-780

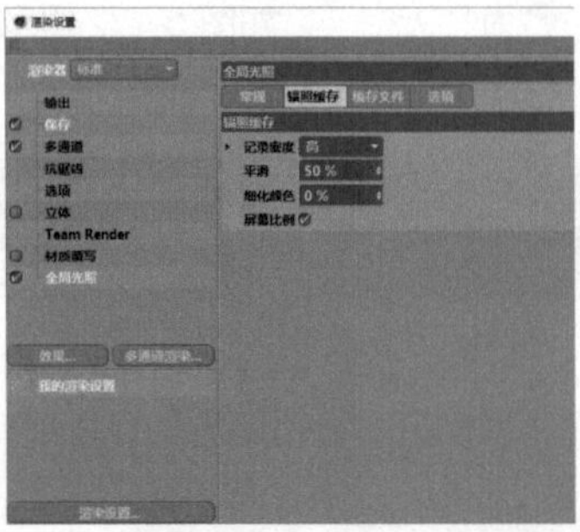

图5-781

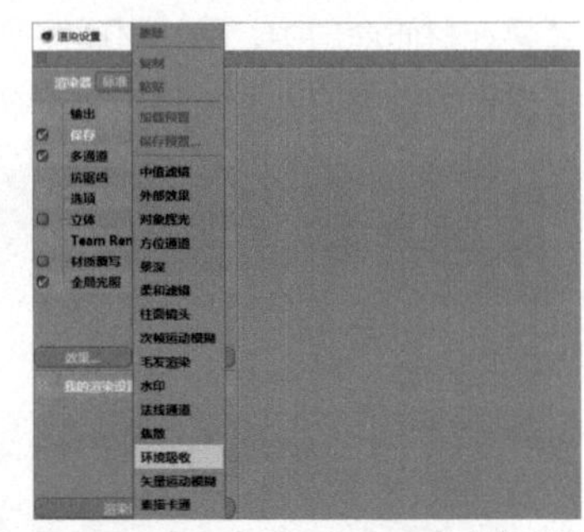

图5-782

53 在“环境吸收”中选择“缓存”，将“记录密度”修改为“高”，如图 5-783 所示。

54 在工具栏中选择“渲染到图片查看器”，如图 5-784 所示。

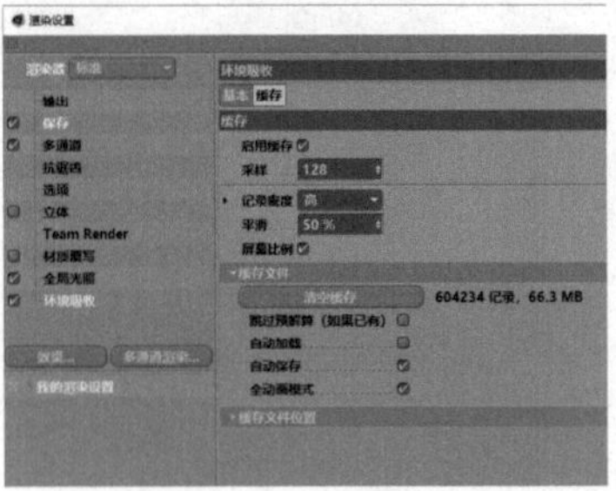

图5-783

图5-784

55 渲染后的效果如图 5-785 所示。

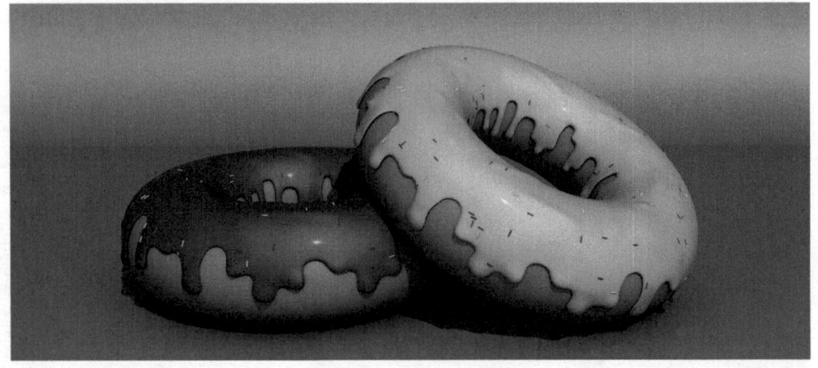

图5-785

本案例到此已全部完成。

本节知识点一览

（1）参数化对象：圆环、胶囊

（2）NURBS：挤压、细分曲面

（3）运动图形：克隆

（4）曲线工具组：画笔

（5）对象和样条的编辑操作与选择：挤压

（6）界面：Sculpt

5.9 汉堡——球体、圆盘、倒角、置换、雕刻

本节讲解汉堡的制作方法。最早的汉堡包由两片小圆面包夹一块牛肉肉饼组成，现代汉堡除夹传统的牛肉饼外，还在圆面包的第二层中涂以黄油、芥末、番茄酱、沙拉酱等，再夹入番茄片、洋葱、蔬菜、酸黄瓜等食物，这样就可以同时吃到主副食。这种食物食用方便、风味可口、营养全面，现在已经成为畅销世界的方便主食之一。在电商平面设计中，汉堡常作为主体物或辅助元素出现。在CINEMA 4D中，汉堡需要使用球体、圆柱、圆盘等模型配合倒角、置换、克隆、雕刻等功能进行制作。

本节内容	本节将讲解汉堡的制作方法，包括汉堡三维模型的创建、材质及材质的参数调整、场景及灯光的搭建

本节目标	通过本节的学习，读者将掌握汉堡制作方法以及雕刻工具的使用方法

本节主要知识点	球体、圆盘、倒角、置换、雕刻

本节最终效果图展示

5.9.1 上层汉堡胚的建模

01 打开CINEMA 4D，进入默认的透视视图界面。在透视视图界面下，选择工具栏中“参数化对象”中的“球体”，如图 5-786 所示。

02 在视图窗口菜单栏中，选择“显示”中的“光影着色（线条）”，如图 5-787 所示。

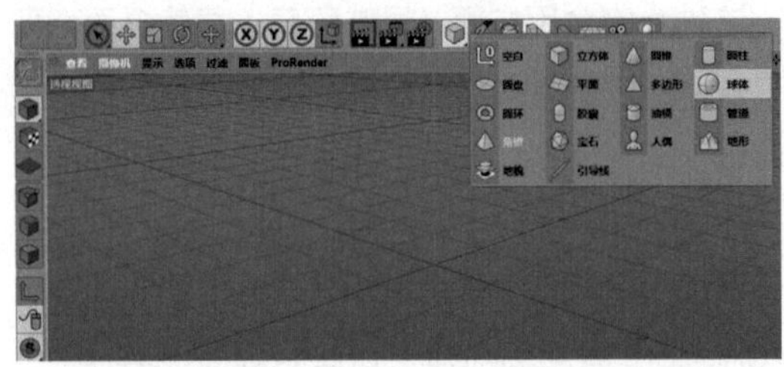

图5-786

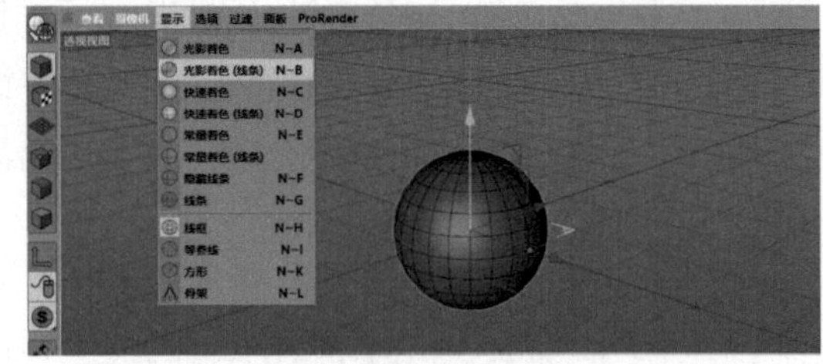

图5-787

03 在“球体”窗口中，选择“对象”，将“类型”修改为“半球体”，如图 5-788 所示。

04 在透视视图界面下，在左侧的编辑模式工具栏中选择“转为可编辑对象”，如图 5-789 所示。

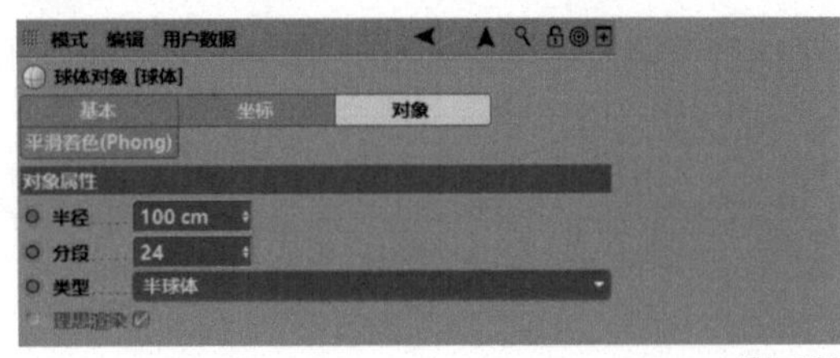

图5-788

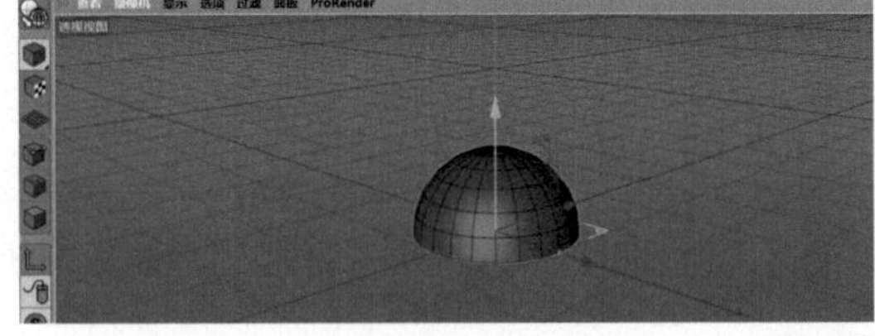

图5-789

05 在透视视图界面下，在左侧的编辑模式工具栏中选择“边模式”。在透视视图界面下，单击鼠标右键，在弹出的下拉菜单中选择“封闭多边形孔洞”，如图 5-790 所示。

06 在透视视图界面下，选中底部的一个点，当出现白色提示的时候，单击鼠标左键确认，封闭多边形孔洞，如图 5-791 所示。

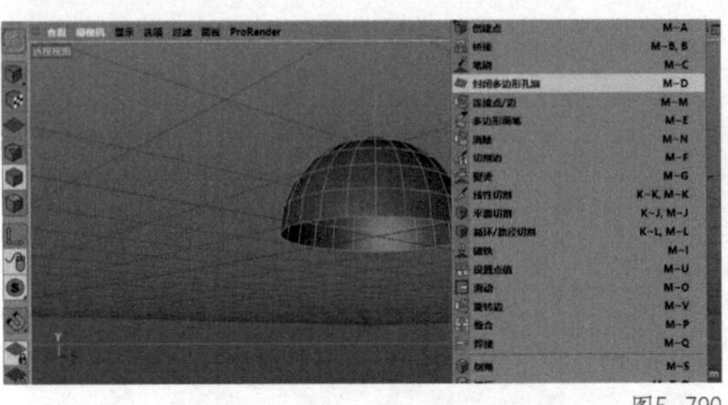

图5-790

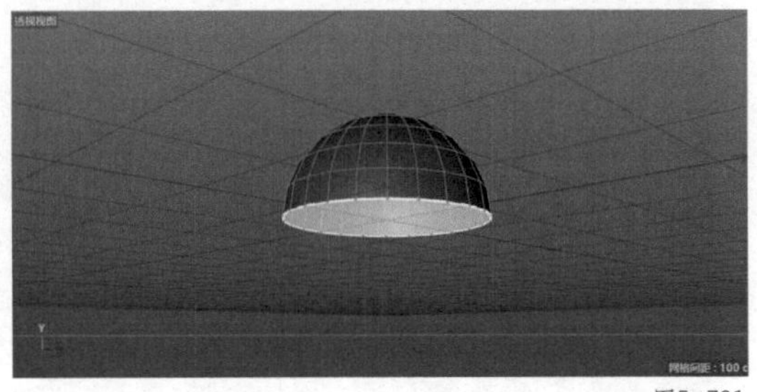

图5-791

07 透视视图界面中的效果如图 5-792 所示。

08 在透视视图界面下，在左侧的编辑模式工具栏中选择“模型”，按【T】键切换到“缩放”工具，按住左键沿着绿色的坐标轴向下拖曳，将“球体”压扁一些，如图 5-793 所示。

图5-792

图5-793

09 单击鼠标滑轮调出四视图，在正视图窗口上单击鼠标滑轮，进入正视图界面，如图 5-794 所示。

10 在正视图界面下，在上方工具栏中选择“框选”工具，在左侧的编辑模式工具栏中选择“边模式”，框选图 5-795 所示的边。

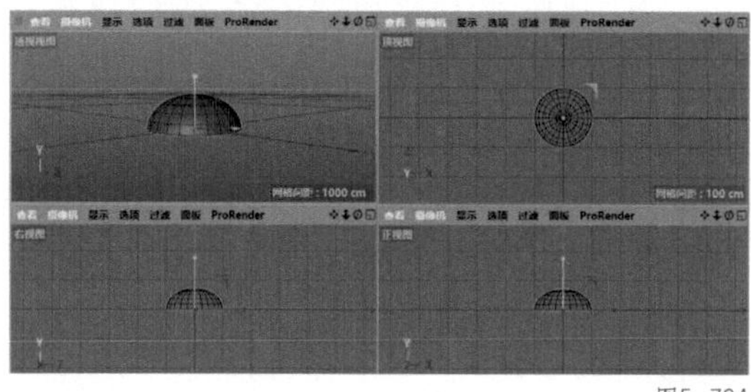

图5-794

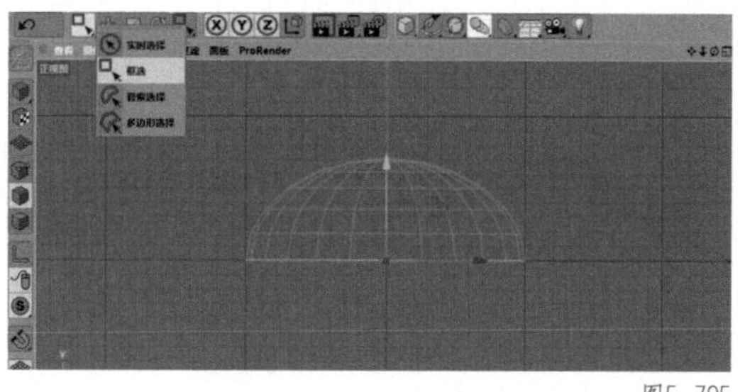

图5-795

11 在透视视图界面下，在空白处单击鼠标右键，在弹出的下拉菜单中选择“倒角”，如图 5-796 所示。

12 在“倒角”窗口中，将“偏移”修改为“5 cm”，将“细分”修改为“5”，如图 5-797 所示。

13 在菜单栏中，选择“界面”中的“Sculpt”，如图 5-798 所示。

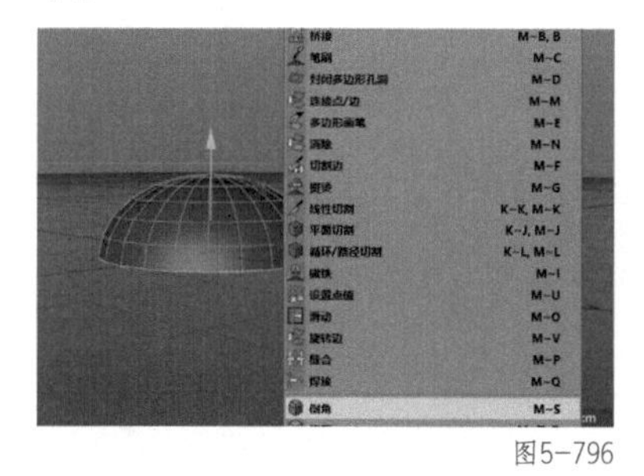

图5-796

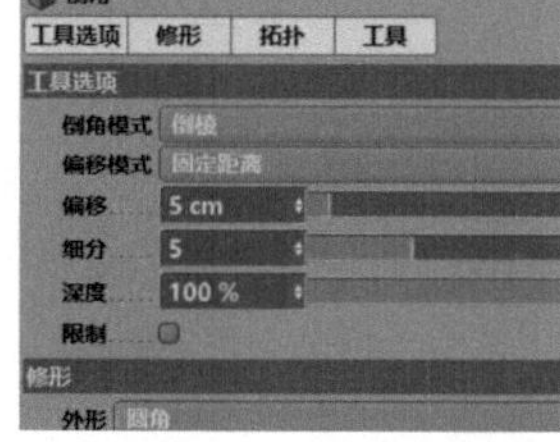

图5-797

图5-798

14 单击四次“细分”，增加细分数，如图 5-799 所示。

15 使用“拉起”工具，处理面包胚的表面，使其具备质感，如图 5-800 所示。

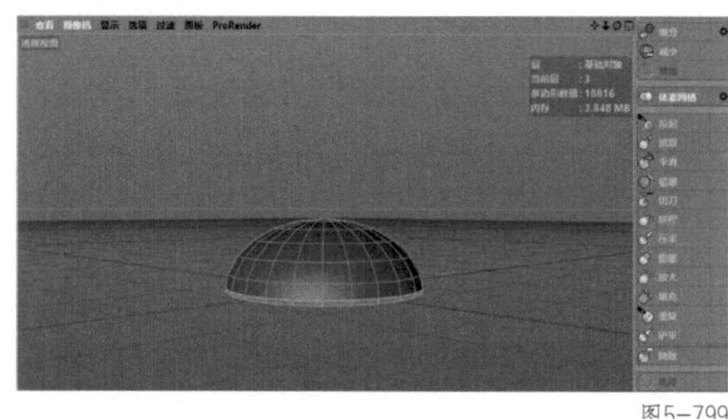

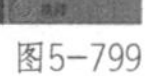

图5-799

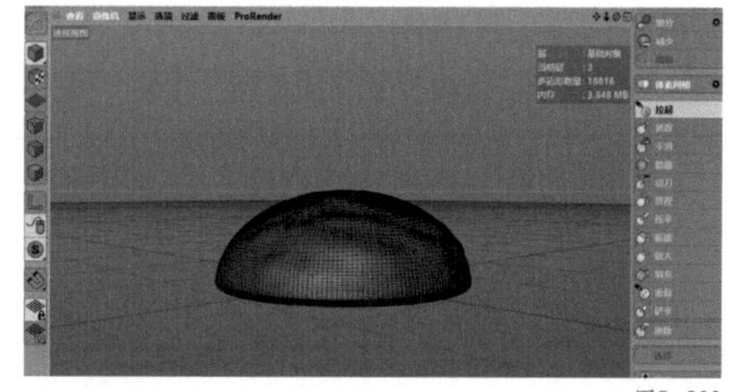

图5-800

16 透视视图界面中的效果如图 5-801 所示。

17 在菜单栏中，选择“界面”中的“启动”，如图 5-802 所示。

18 在对象窗口中，将“球体”重命名为“汉堡胚（上）”，如图 5-803 所示。

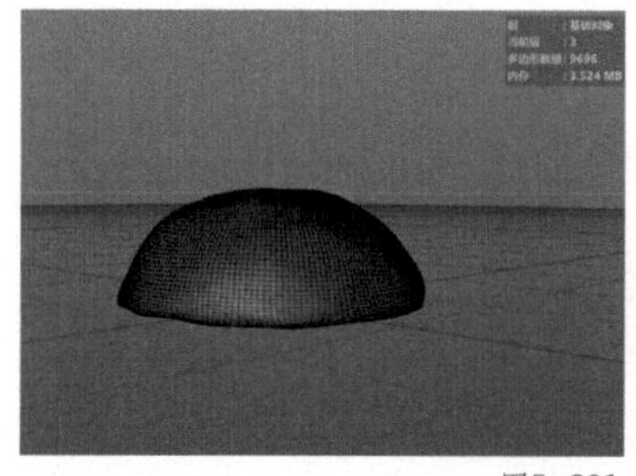

图5-801

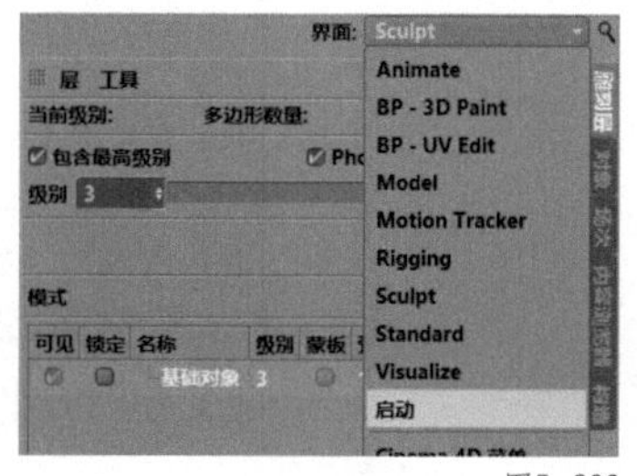

图5-802

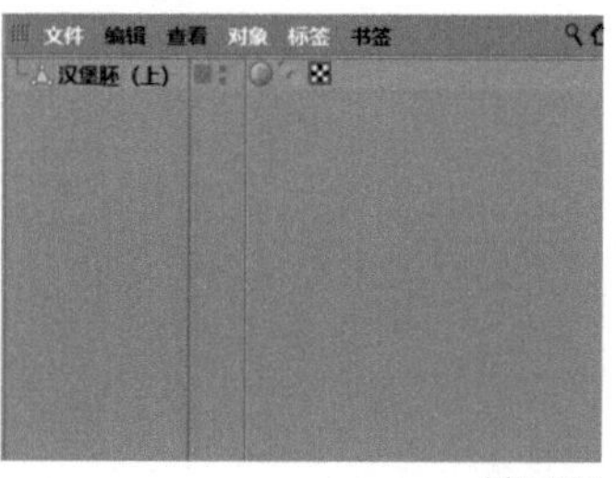

图5-803

5.9.2 芝麻的建模

01 在透视视图界面下，在上方工具栏中选择“参数化对象”中的“立方体”，如图 5-804 所示。

02 在“立方体”窗口中，将“尺寸.X”修改为“20 cm”，将“尺寸.Y”修改为“10 cm”，将“尺寸.Z”修改为“10 cm”，如图 5-805 所示。

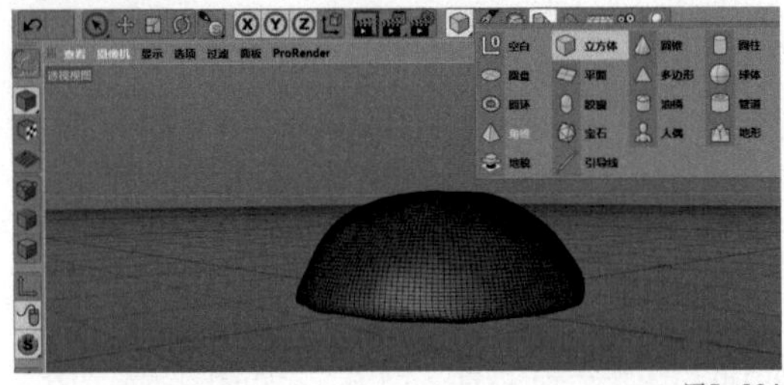

图5-804

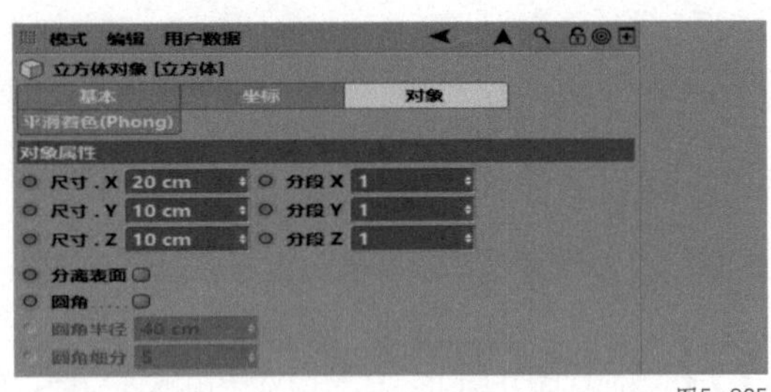

图5-805

03 在透视视图界面下，在左侧的编辑模式工具栏中选择“转为可编辑对象”同时选择“面模式”，选择图中所示的面，如图 5-806 所示。

04 在透视视图界面下，按【T】键切换到“缩放”工具，将选中的面缩小一些，如图 5-807 所示。

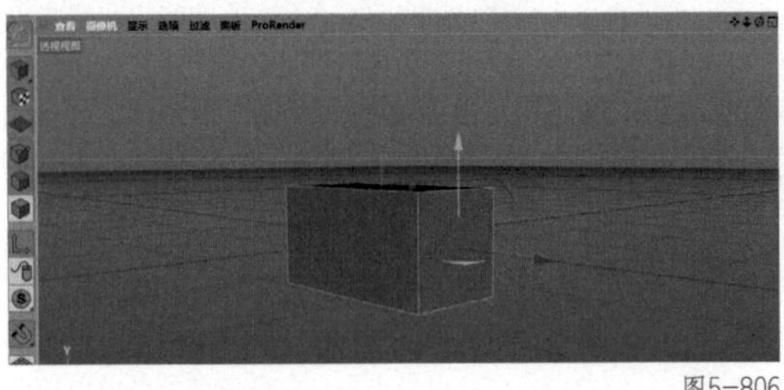

图5-806

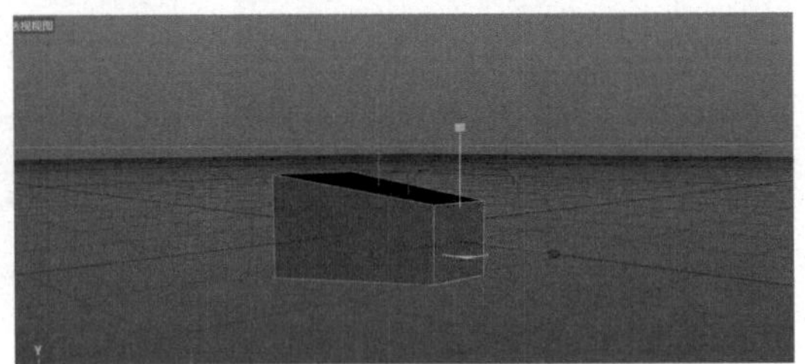

图5-807

05 在透视视图界面下，在上方工具栏中，选择“NURBS”中的“细分曲面”，如图 5-808 所示。

06 在对象窗口中，将“立方体”拖曳至“细分曲面”，如图 5-809 所示。

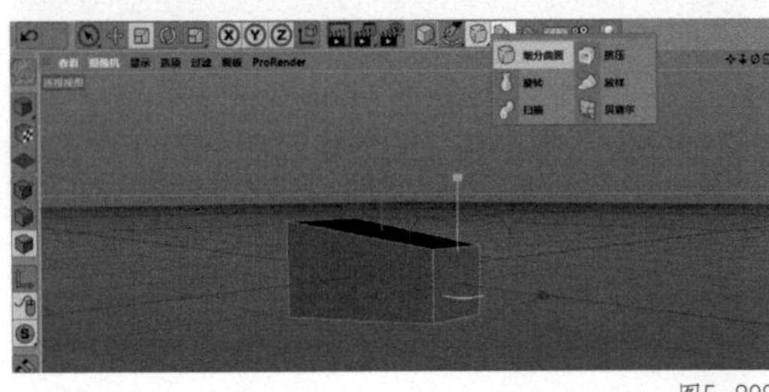

图5-808

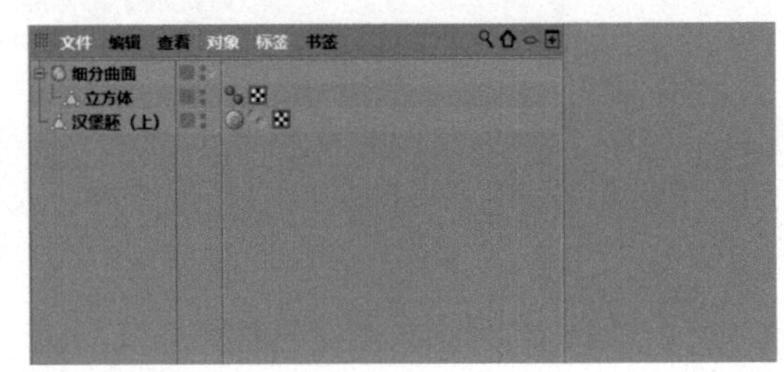

图5-809

07 在透视视图界面下，按【T】键切换到“缩放”工具调整大小如图 5-810 所示。

08 在透视视图界面下，在上方工具栏中选择“运动图形”中的“克隆”，如图 5-811 所示。

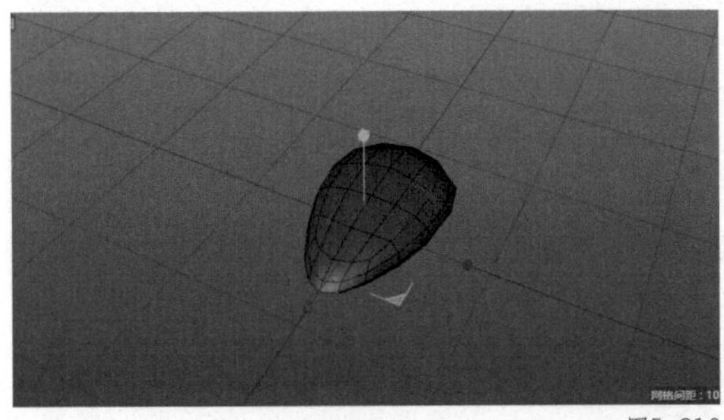

图5-810

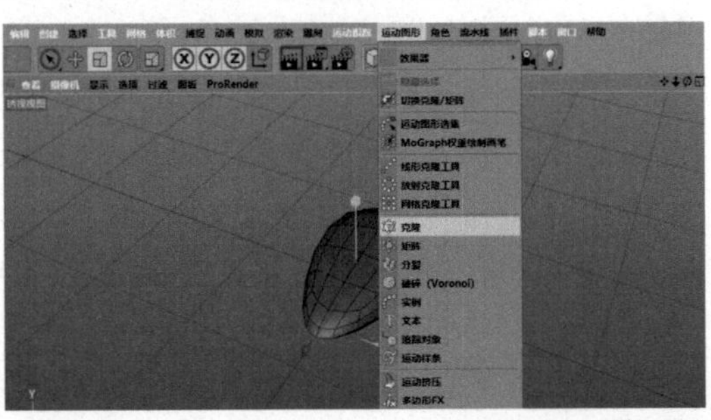

图5-811

09 将“细分曲面”组拖曳至“克隆”内，并将“克隆”重命名为“芝麻”，如图5-812所示。

10 在“克隆”窗口中，选择“对象”，将“模式”修改为“对象”，将“汉堡胚（上）”拖曳至“对象”内，将“分布”修改为“表面”，将“数量”修改为“200”，如图5-813所示。

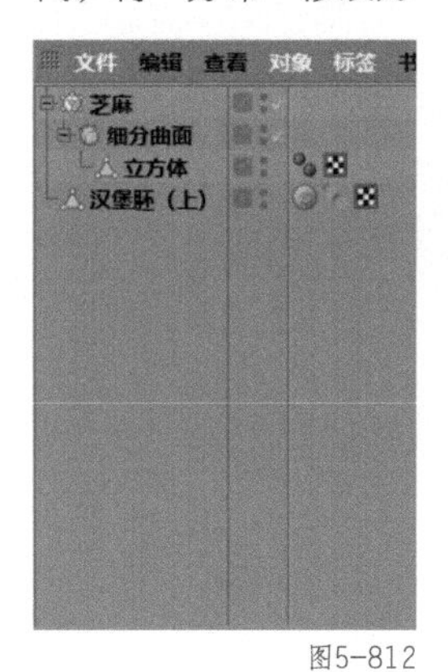

图5-812

图5-813

提示 如果透视视图界面中芝麻的大小和方向出现问题，可以在对象窗口中选择“立方体”，按【R】键切换到旋转工具调整方向，按【T】键切换到缩放工具调整大小，如图5-814所示。

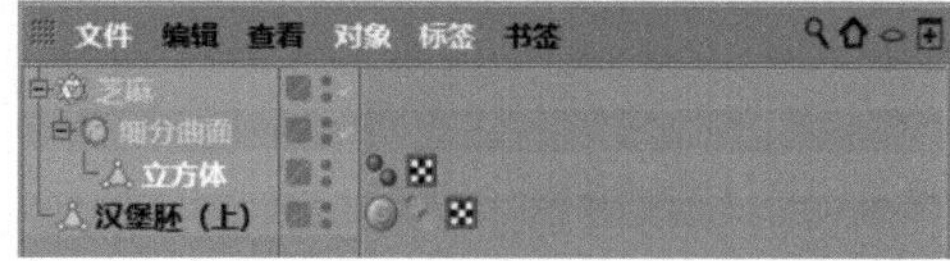

图5-814

5.9.3 下层汉堡胚的建模

01 在透视视图界面下，在上方工具栏中选择“参数化对象”中的“圆柱”，如图5-815所示。

02 单击鼠标滑轮调出四视图，在顶视图窗口上单击鼠标滑轮，进入顶视图界面，如图5-816所示。

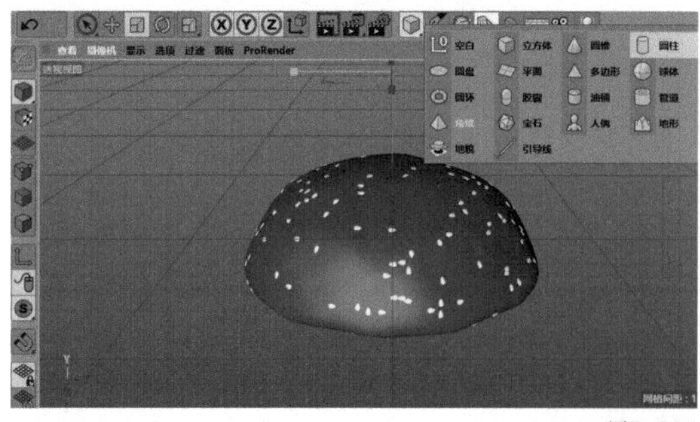

图5-815

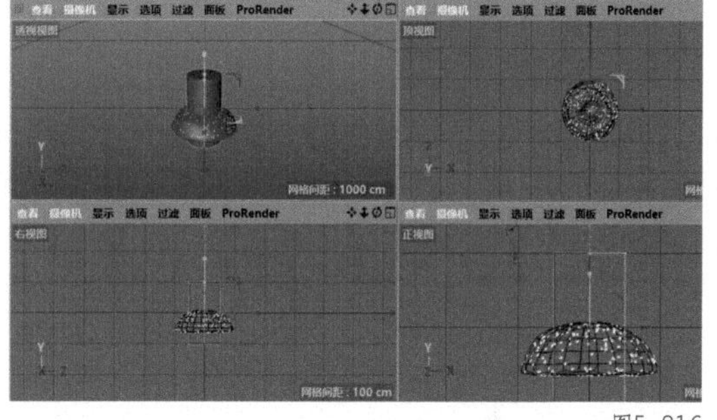

图5-816

03 在顶视图界面下，选择小黄点，将“圆柱”的半径扩大至与汉堡胚（上）重合，如图5-817所示。

04 单击鼠标滑轮调出四视图，在右视图窗口上单击鼠标滑轮，进入右视图界面，如图5-818所示。

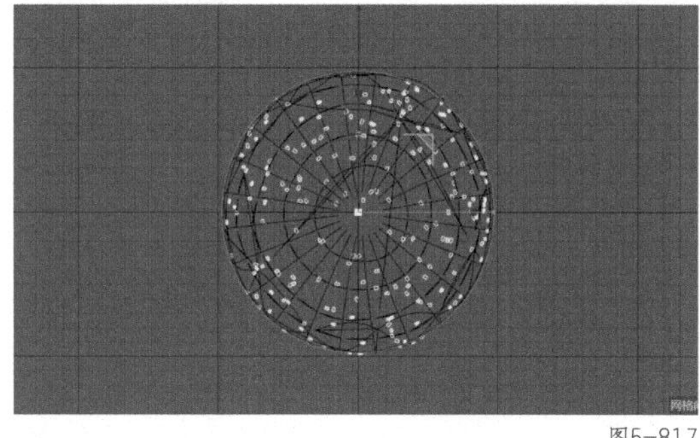

图5-817

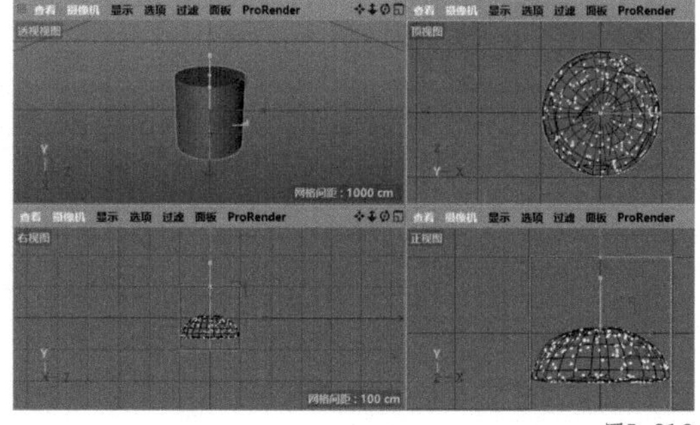

图5-818

05 在右视图界面下，选择“小黄点”将“圆柱”的高度缩小一些，如图5-819所示。

06 在“圆柱”窗口中，选择“封顶”。在“封顶”中，勾选“圆角”，将“分段”修改为“5”，将“半径”修改为“5 cm”，如图5-820所示。

07 在对象窗口中，将“圆柱”重命名为“肉饼”，如图5-821所示。

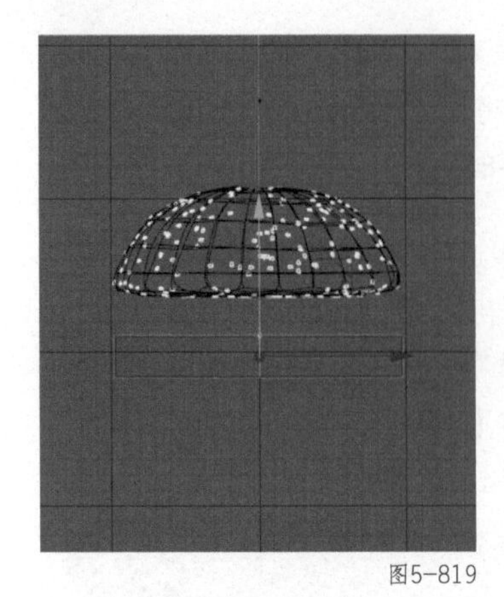
图5-819

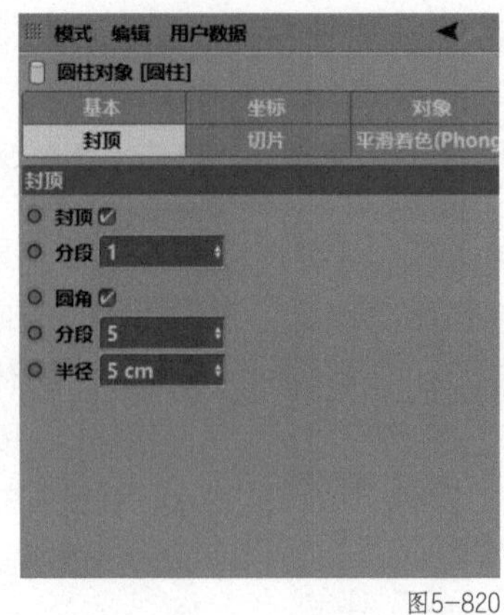

图5-820

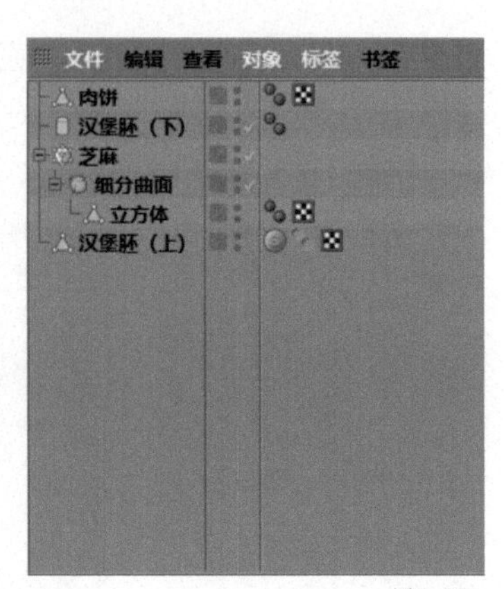

图5-821

5.9.4 肉饼的建模

01 在对象窗口中，复制一份“汉堡胚（下）”，并重命名为“肉饼”。透视视图界面中的效果如图 5-822 所示。

02 在菜单栏中，选择“界面”中的“Scuplt”。单击两次“细分”，增加细分数，如图 5-823 所示。

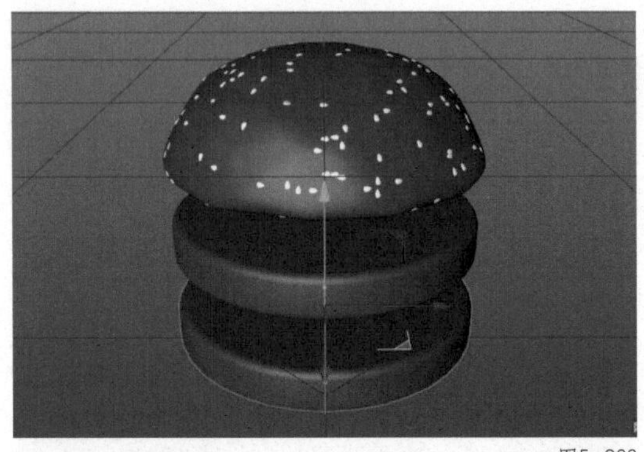
图5-822

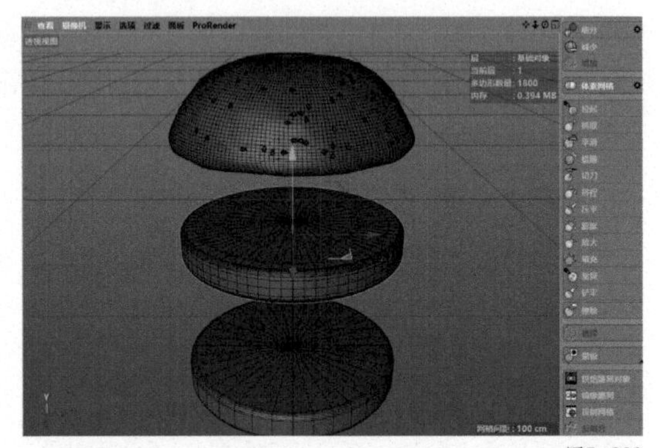
图5-823

03 使用“抓取”工具处理肉饼的表面，使其具备质感，如图 5-824 所示。

04 透视视图界面中的效果如图 5-825 所示。

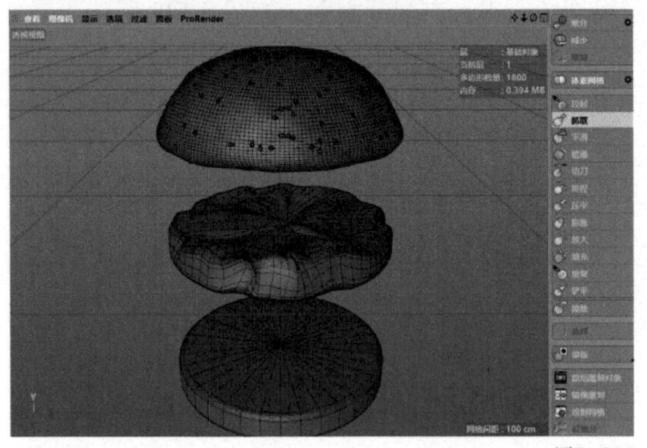
图5-824

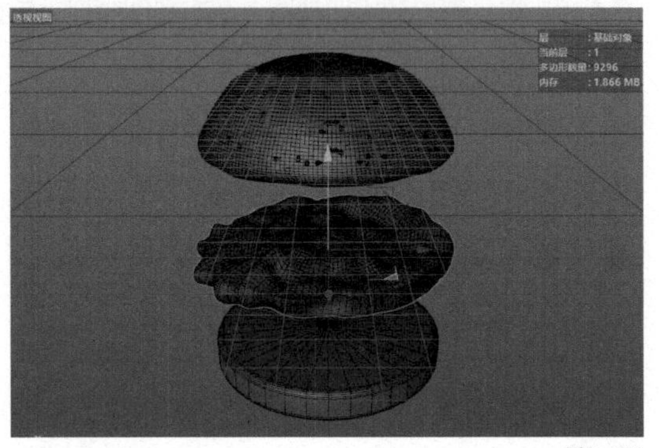
图5-825

5.9.5 生菜的建模

01 在透视视图界面下，在上方工具栏中选择“参数化对象”中的“圆盘”，如图 5-826 所示。

02 在上方工具栏中选择“参数化对象”中的“置换”，如图 5-827 所示。

图5-826

图5-827

03 在对象窗口中，将“置换”拖曳至“圆盘”内，并将“圆盘”重命名为“生菜”，在左侧的编辑模式工具栏中，选择“转为可编辑对象”或按【C】键将“生菜”转为可编辑对象，如图5-828所示。

04 在“置换”窗口中，选择“着色”。在“着色器”中选择“噪波”，如图5-829所示。

05 在菜单栏中，选择“界面”中的“Sculpt”。单击3次“细分”，增加细分数，如图5-830所示。

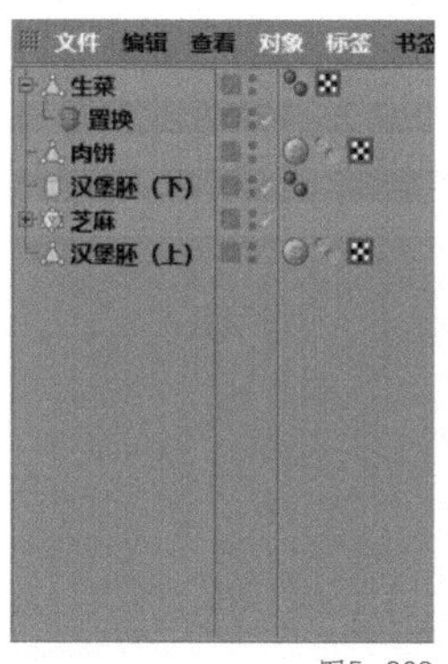

图5-828

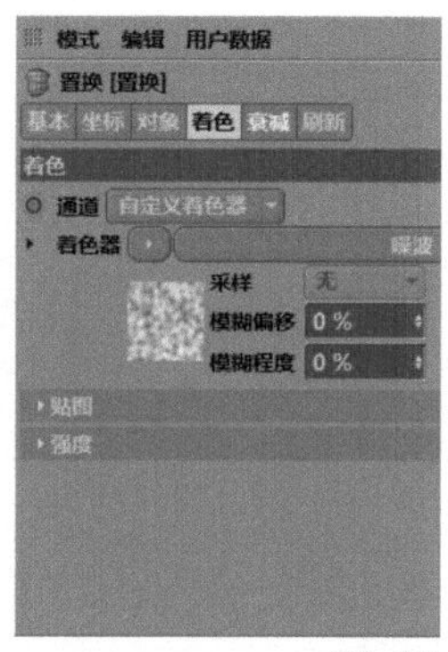

图5-829

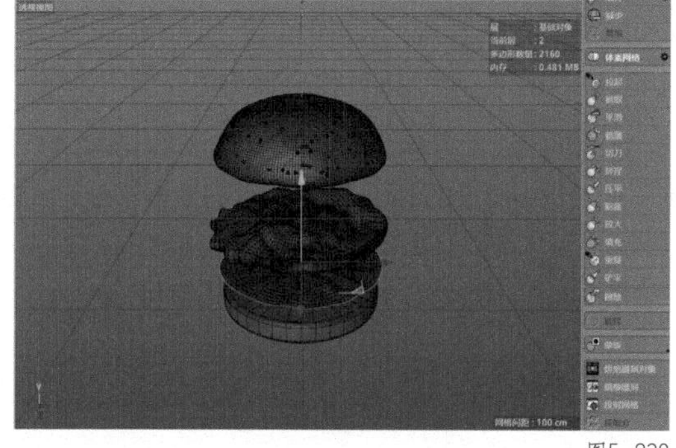

图5-830

06 在透视视图界面下，使用“抓取”工具处理生菜表面，使其具备质感，如图5-831所示。

07 透视视图界面中的效果如图5-832所示。

图5-831

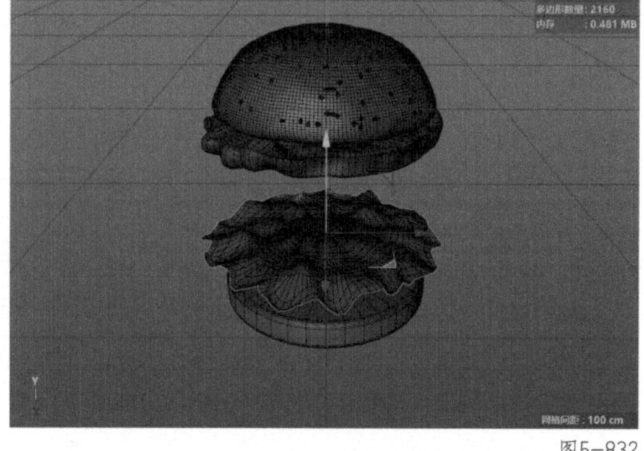

图5-832

5.9.6 芝士的建模

01 在透视视图界面下，在上方工具栏中选择“参数化对象”中的“立方体”，如图5-833所示。

02 在“立方体”窗口中，选择“对象”，将“尺寸.X”和“尺寸.Z”修改为“190 cm”，将“尺寸.Y”修改为“7 cm”。将“分段X”修改为“50”，将“分段Z”修改为“50”，同时勾选“圆角”，将“圆角半径”修改为“1.5 cm”，将“圆角细分”修改为“5”，如图5-834所示。

03 在透视视图界面下，在左侧的编辑模式工具栏中，选择“转为可编辑对象”，并将“立方体”重命名为“芝士”，如图 5-835 所示。

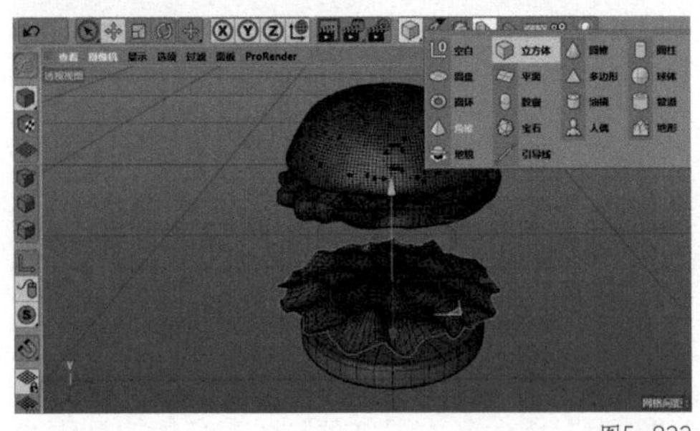

图5-833

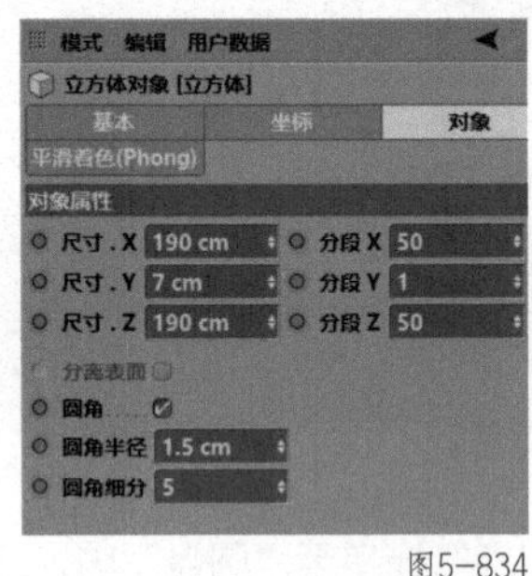

图5-834

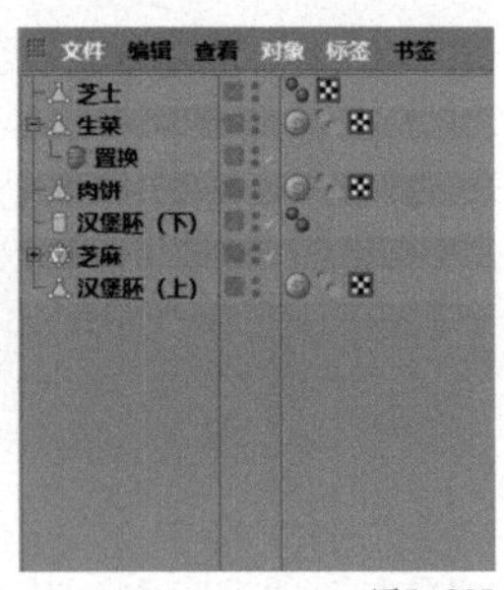

图5-835

04 在菜单栏中，选择“界面”中的“Sculpt”。在透视视图界面下，使用“抓取”工具处理芝士的表面，使其具备质感，如图 5-836 所示。

05 透视视图界面中的效果如图 5-837 所示。

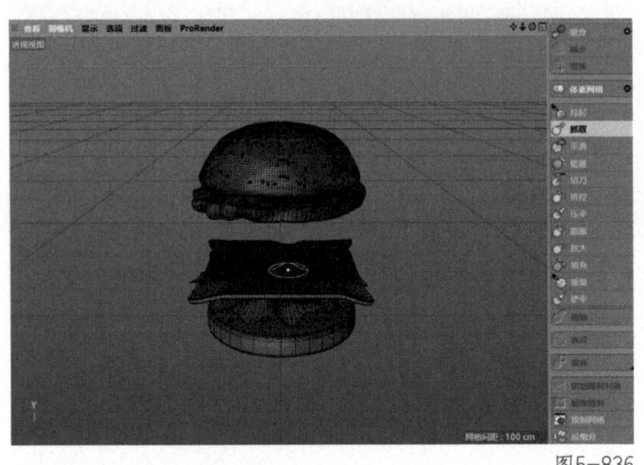

图5-836

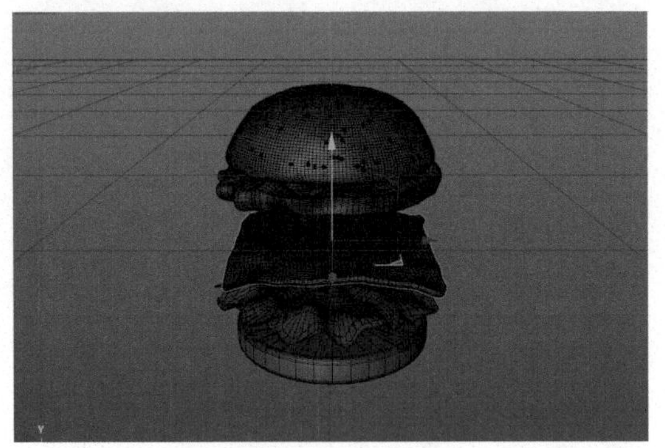

图5-837

5.9.7 番茄的建模

01 在透视视图界面下，在上方工具栏中选择“参数化对象”中的“圆柱”，如图 5-838 所示。

02 在“圆柱”窗口中，选择“对象”。在“对象”中，将“半径”修改为“50 cm”，将“高度”修改为“5 cm”，如图 5-839 所示。

03 在“圆柱”窗口中，选择“封顶”。在“封顶”中，勾选“圆角”，将“分段”修改为“5”，将“半径”修改为“2 cm”，如图 5-840 所示。

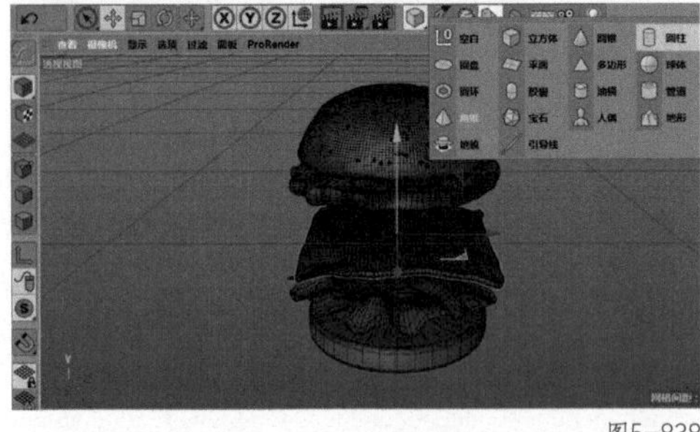

图5-838

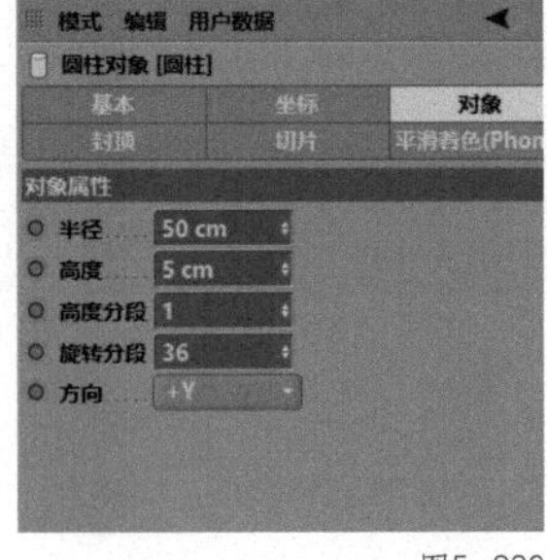

图5-839

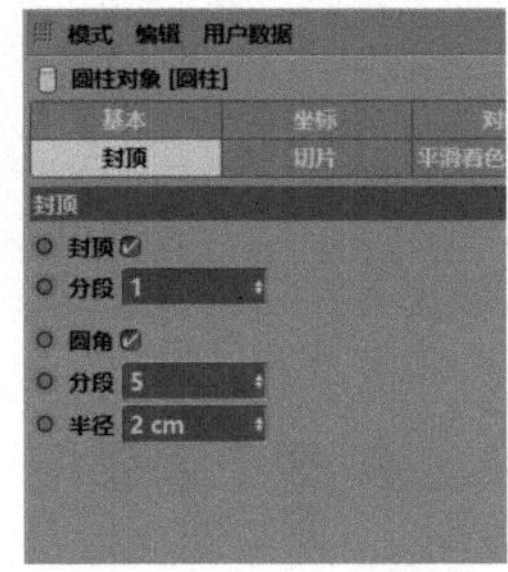

图5-840

04 在对象窗口中，复制一份“生菜”和“肉饼”，同时选择所有图层，按【Alt+G】组合键进行编组，并重命名为“汉堡”，如图 5-841 所示。

05 透视视图界面中的效果如图 5-842 所示。

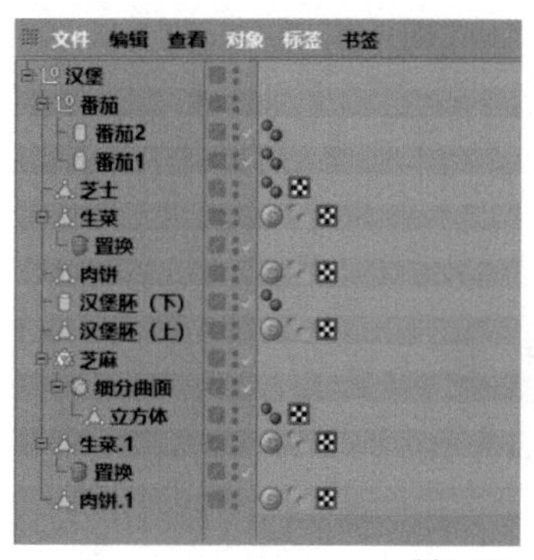

图5-841

图5-842

5.9.8 汉堡的渲染

01 在材质窗口的空白处双击，新建一个“材质”，如图5-843所示。

02 双击“材质”，进入材质编辑器。进入“颜色”通道，选择“纹理”中的“渐变”，如图5-844所示。

图5-843

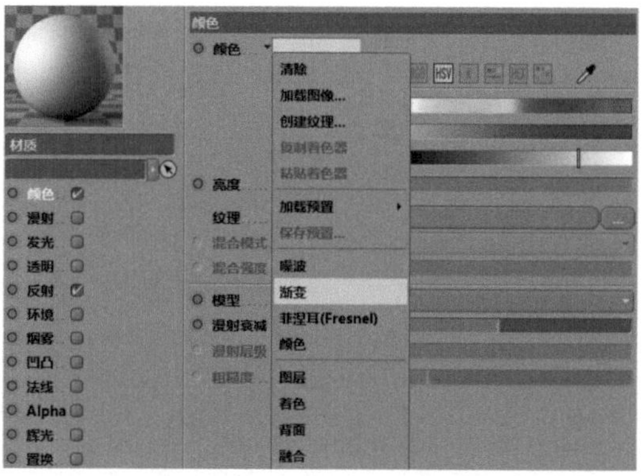

图5-844

03 进入“着色器”，将“类型”修改为“二维·圆形”。单击前面的“渐变色标设置”，将“H”修改为“30° ”，将“S”修改为“95%”，将“V”修改为“70%”，如图5-845所示。

04 单击后面的“渐变色标设置”，将“H”修改为“30° ”，将“S”修改为“65%”，将“V”修改为“100%”，如图5-846所示。

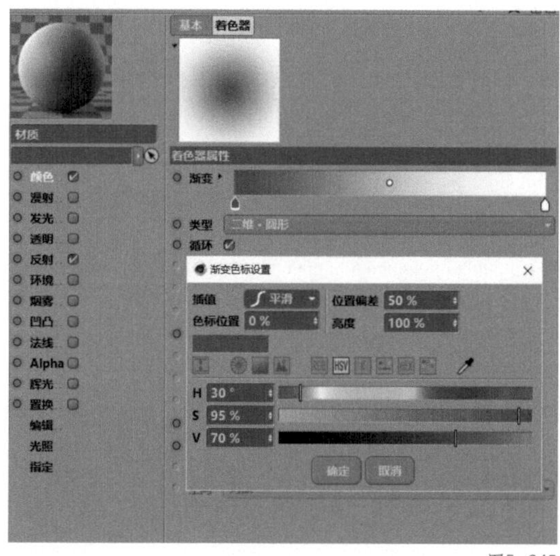

图5-845

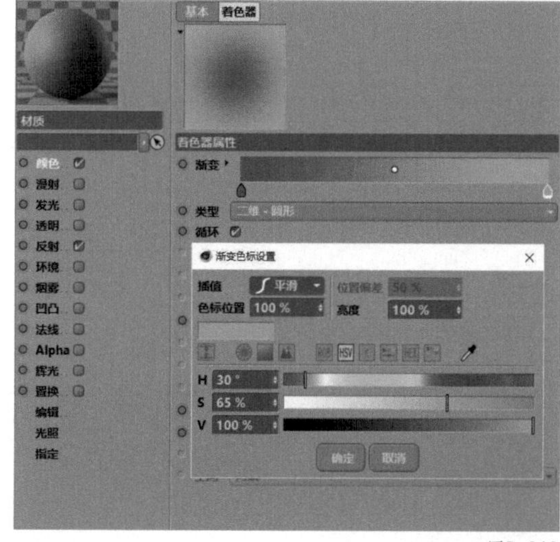

图5-846

05 进入“反射”通道，单击“添加”按钮，添加一个“GGX”，如图5-847所示。

06 在“反射”通道中，将“粗糙度”修改为“100%”，将“层颜色”中的“亮度”修改为“10%”，将“层菲涅尔”中的“菲涅尔”修改为“绝缘体”，如图5-848所示。

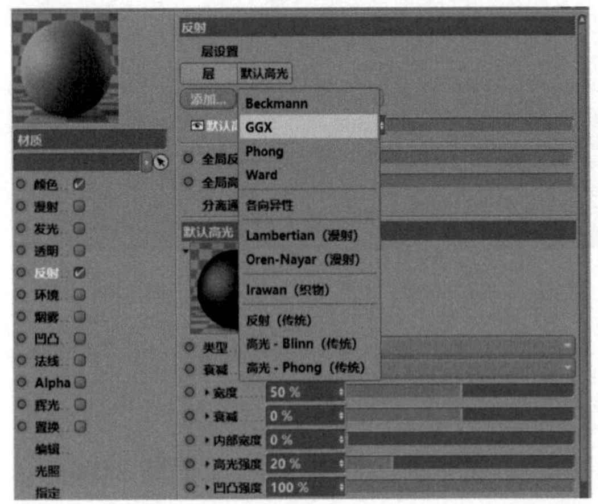

图5-847

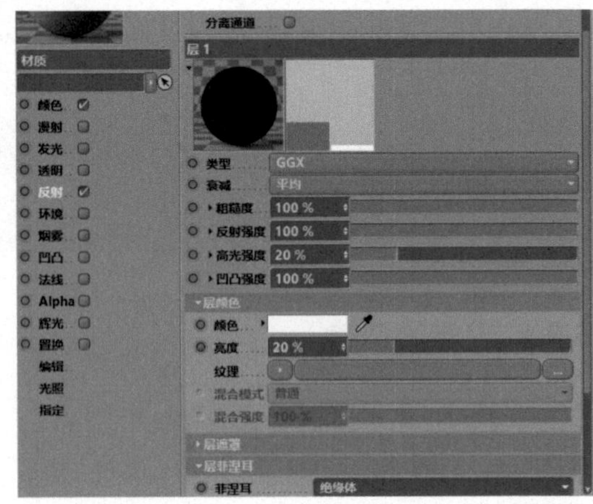

图5-848

07 在材质窗口中，将“材质”重命名为“面包胚”，如图5-849所示。

08 在透视视图界面下，将材质“面包胚”赋予“面包胚”图层，如图5-850所示。

09 在材质窗口的空白处双击，新建一个“材质”，如图5-851所示。

10 双击“材质”，进入材质编辑器。进入“颜色”通道，选择“纹理”中的“加载图像”，如图5-852所示。

图5-849

图5-851

图5-850

图5-852

11 将素材“生菜”置入，如图5-853所示。

12 进入“Alpha”通道，选择“纹理”中的“加载图像”，如图5-854所示。

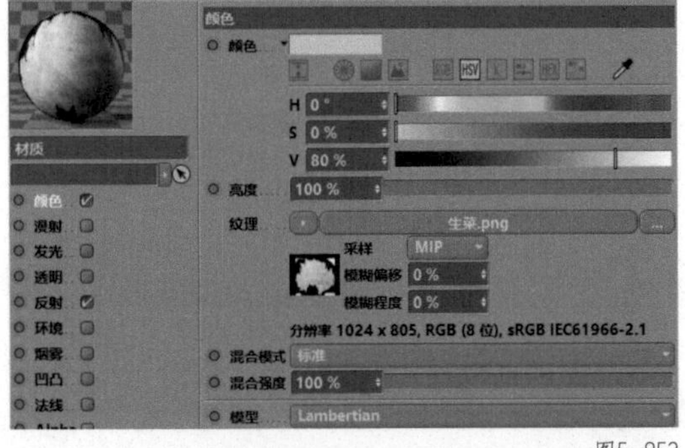

图5-853

图5-854

13 将素材“生菜”置入，如图5-855所示。

14 进入“反射”通道，单击“添加”按钮，添加一个“GGX”。将“粗糙度”修改为“20%”，将“层颜色”中的“亮度”修改为“15%”，将“层菲涅尔”中的“菲涅尔”修改为“绝缘体”，如图5-856所示。

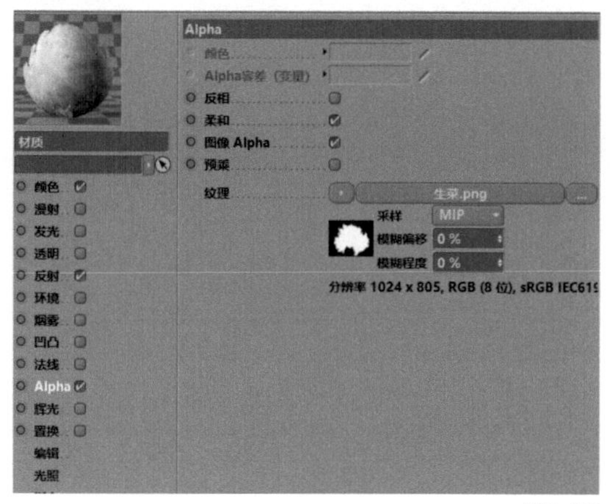

图5-855

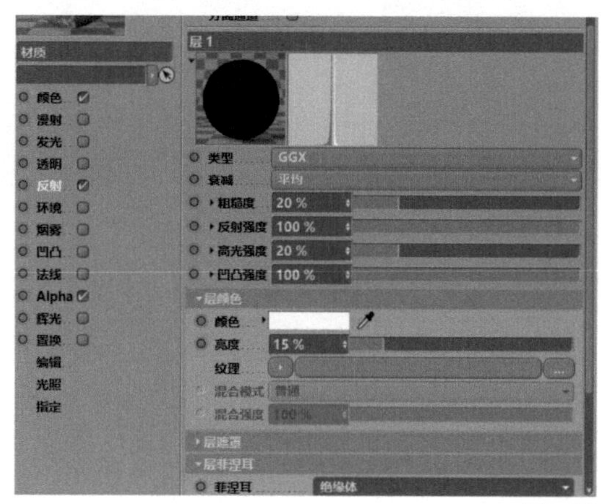

图5-856

15 在材质窗口中，将“材质”重命名为“生菜”，如图5-857所示。

16 在透视视图界面下，将材质“生菜”赋予“生菜”图层，在左侧的编辑模式工具栏中选择“纹理”模式，如图5-858所示。

图5-857

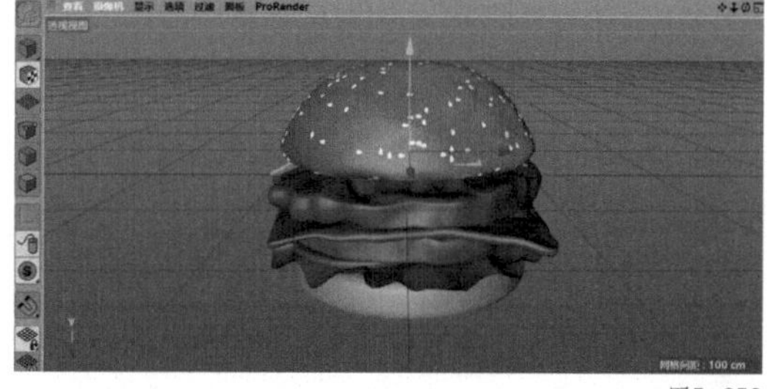

图5-858

17 在“生菜”的纹理标签中，将“投射”修改为“平直”，同时取消勾选“平铺”，如图5-859所示。

18 在透视视图界面中，按【T】键切换到缩放工具调整材质“生菜”的大小，如图5-860所示。

19 在材质窗口的空白处双击，新建一个“材质”，如图5-861所示。

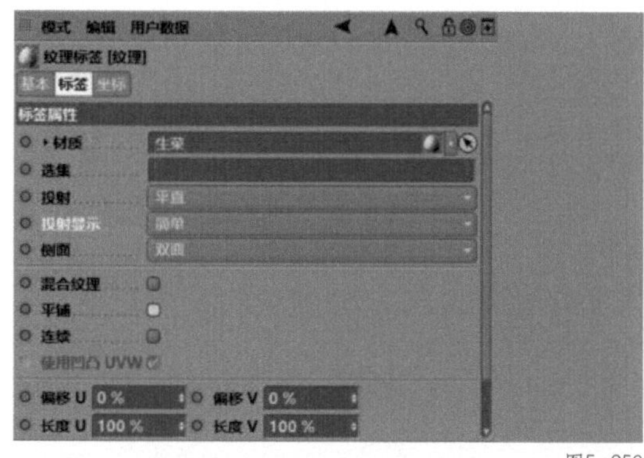

图5-859

图5-860

图5-861

20 双击“材质”，进入材质编辑器。进入“颜色”通道，选择“纹理”中的“加载图像”，将素材“肉饼”置入，如图5-862所示。

21 进入“Alpha”通道，选择“纹理”中的“加载图像”，将素材“肉饼”置入，如图5-863所示。

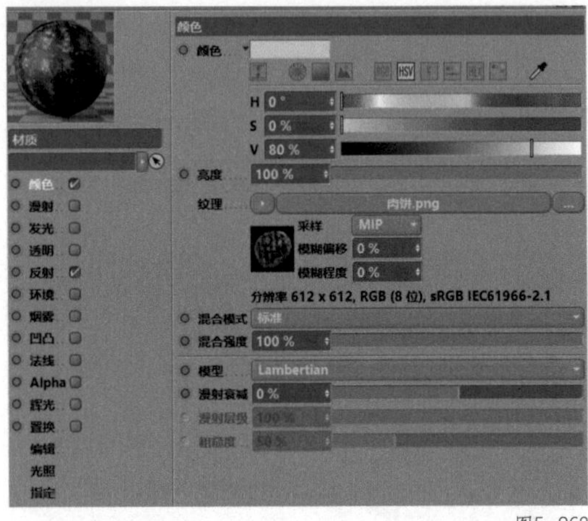

图5-862

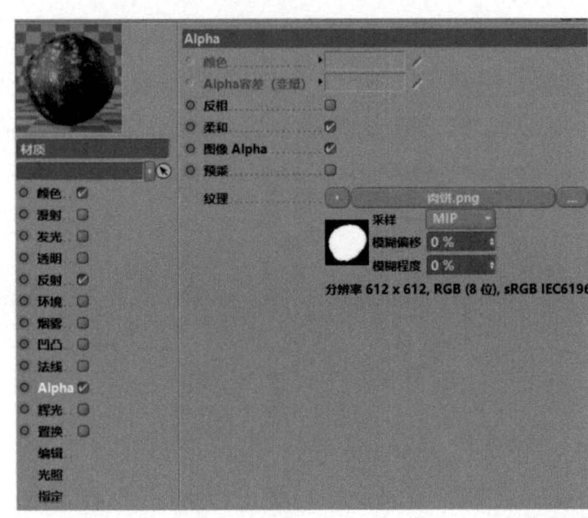

图5-863

22 进入“反射”通道，单击“添加”按钮，添加一个“GGX”。将“粗糙度”修改为“50%”，将“层颜色”中的“亮度”修改为“15%”，将“层菲涅尔”中的“菲涅尔”修改为“绝缘体”，如图 5-864 所示。

23 在材质窗口中，将“材质”重命名为“肉饼”，如图 5-865 所示。

24 在透视视图界面下，将材质“肉饼”赋予“肉饼”图层，在左侧的编辑模式工具栏中选择“纹理”模式，如图 5-866 所示。

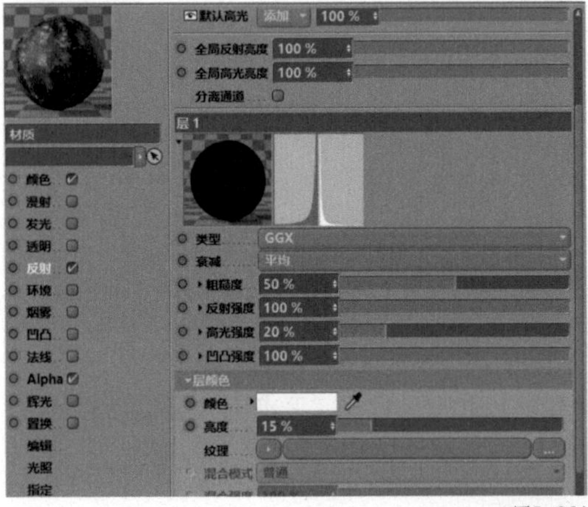

图5-864

图5-865

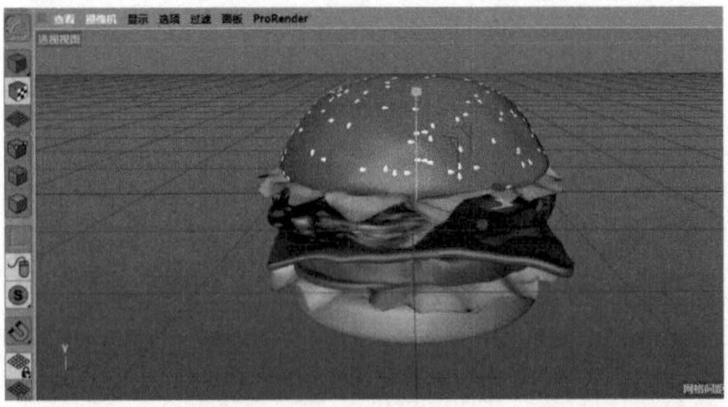

图5-866

25 在“肉饼”的纹理标签中，将“投射”修改为“平直”，同时取消勾选“平铺”，如图 5-867 所示。

26 在透视视图界面中，按【T】键切换到“缩放”工具调整材质“肉饼”的大小，如图 5-868 所示。

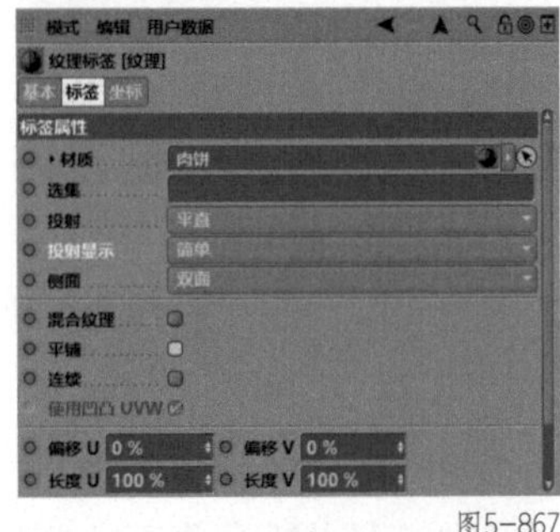

图5-867

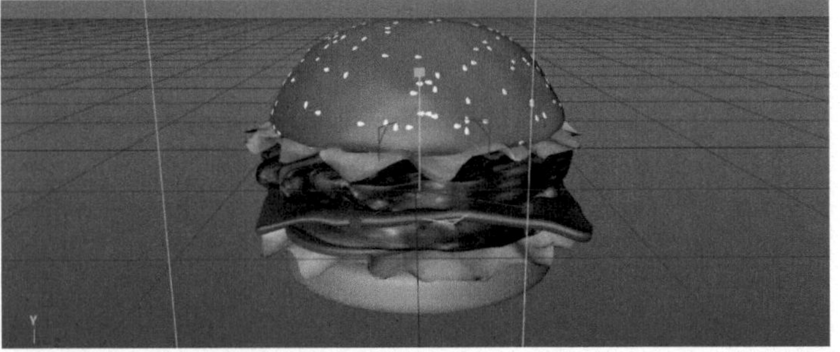

图5-868

27 在材质窗口的空白处双击，新建一个“材质”，如图 5-869 所示。

28 双击“材质”，进入材质编辑器。进入“颜色”通道，选择“纹理”中的“渐变”，如图 5-870 所示。

29 在进入“着色器”，将“类型”修改为“二维·圆形”。单击前面的“渐变色标设置”，将“H”修改为“50° ”，将“S”修改为“90%”，将“V”修改为“80%”，如图 5-871 所示。

图5-869

图5-870

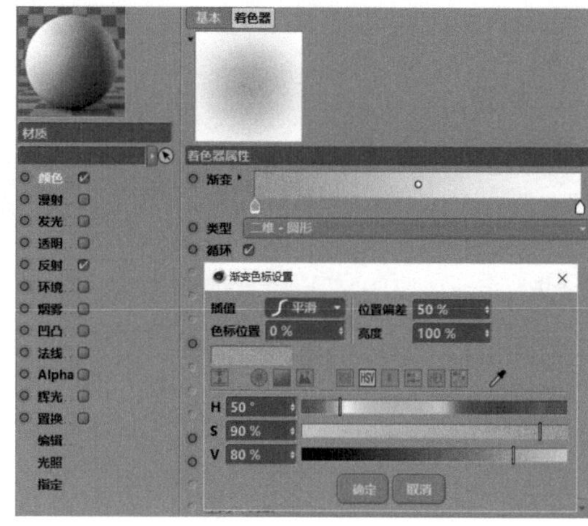

图5-871

30 单击后面的“渐变色标设置”，将“H”修改为“50° ”，将“S”修改为“70%”，将“V”修改为“90%”，如图 5-872 所示。

31 进入“反射”通道，单击“添加”按钮，添加一个“GGX”。将“粗糙度”修改为“15%”，将“层颜色”中的“亮度”修改为“20%”，如图 5-873 所示。

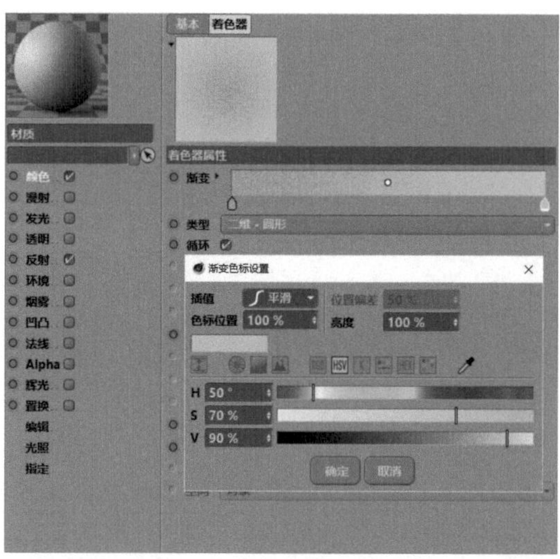

图5-872

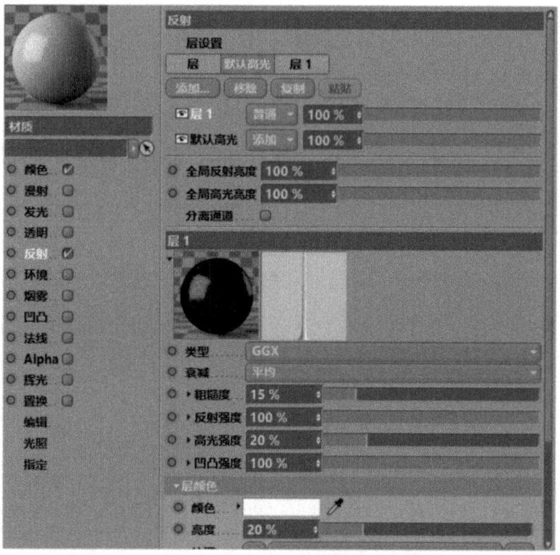

图5-873

32 在材质窗口中，将“材质”重命名为“芝士”，如图 5-874 所示。

33 在透视视图界面下，将材质“芝士”赋予“芝士”图层，如图 5-875 所示。

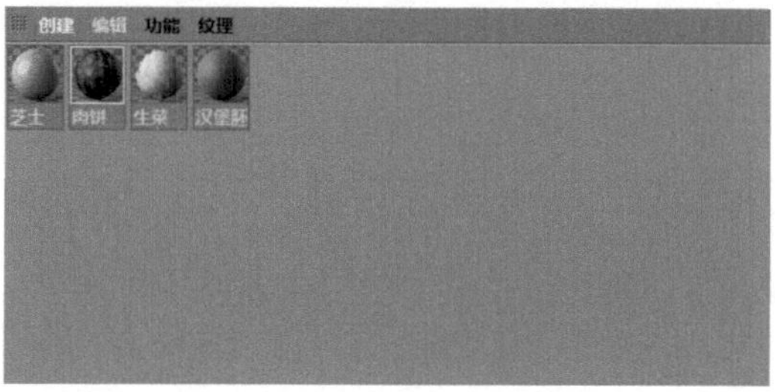

图5-874

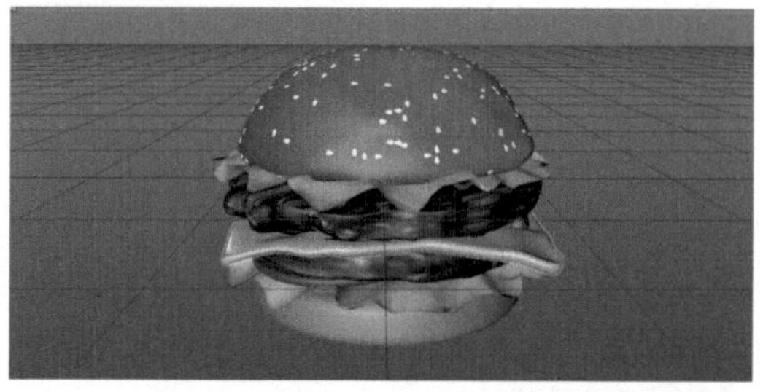

图5-875

34 在材质窗口的空白处双击，新建一个“材质”，如图 5-876 所示。

35 双击“材质”，进入材质编辑器。进入“颜色”通道，选择“纹理”中的“加载图像”，将素材“番茄”置入，如图 5-877 所示。

36 进入“Alpha”通道，选择“纹理”中的“加载图像”，将素材“肉饼”置入，如图 5-878 所示。

图5-876

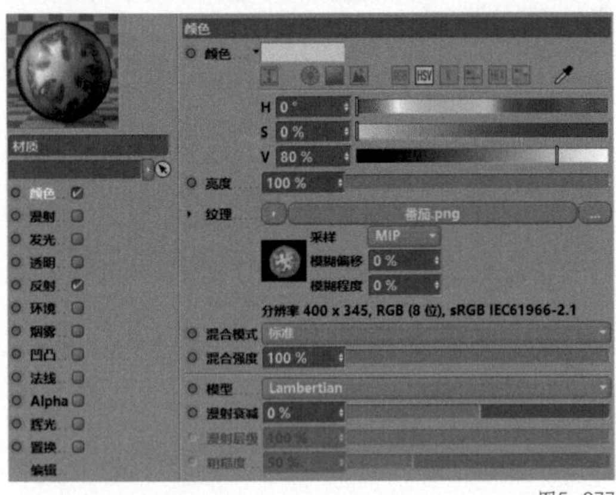

图5-877

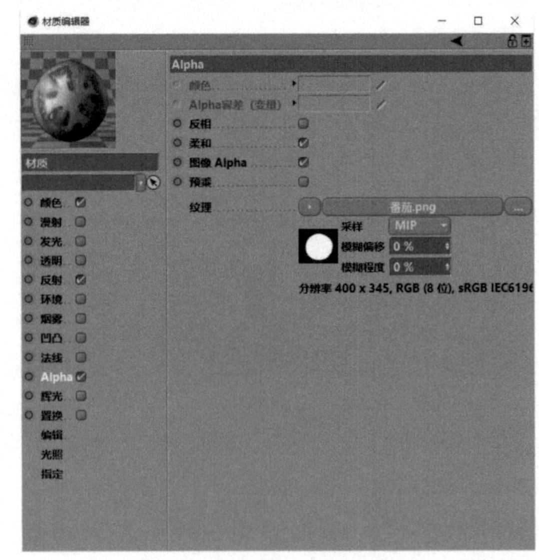

图5-878

37 进入“反射”通道，单击“添加”按钮，添加一个“GGX”。将“粗糙度”修改为“5%”，将“层颜色”中的“亮度”修改为“20%”，如图 5-879 所示。

38 在材质窗口中，将“材质”重命名为“番茄”，如图 5-880 所示。

39 在透视视图界面下，将材质“番茄”赋予“番茄”图层，在左侧的编辑模式工具栏中选择“纹理”模式，如图 5-881 所示。

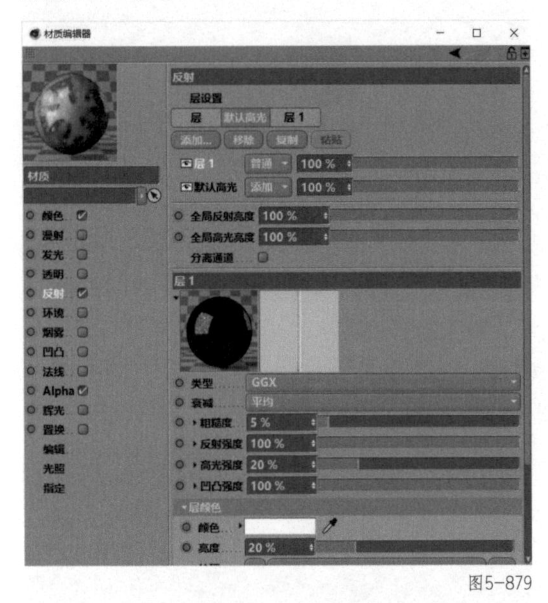

图5-879

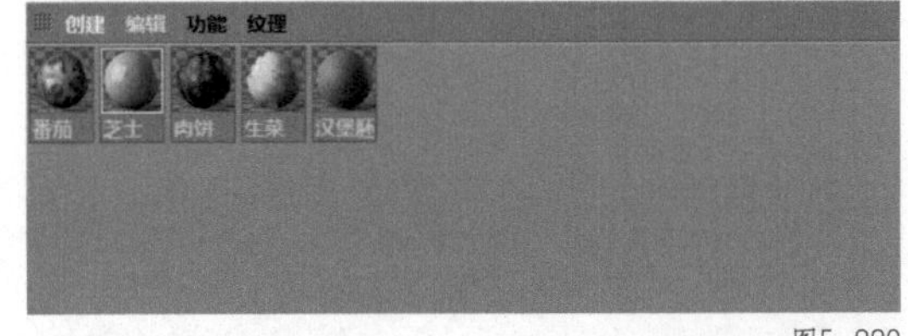

图5-880

图5-881

40 在“番茄”的纹理标签中，将“投射”修改为“平直”，同时取消勾选“平铺”，如图 5-882 所示。

41 在透视视图界面下，按【T】键切换到“缩放”工具，调整整材质“番茄”的大小，如图 5-883 所示。

42 透视视图界面中的效果如图 5-884 所示。

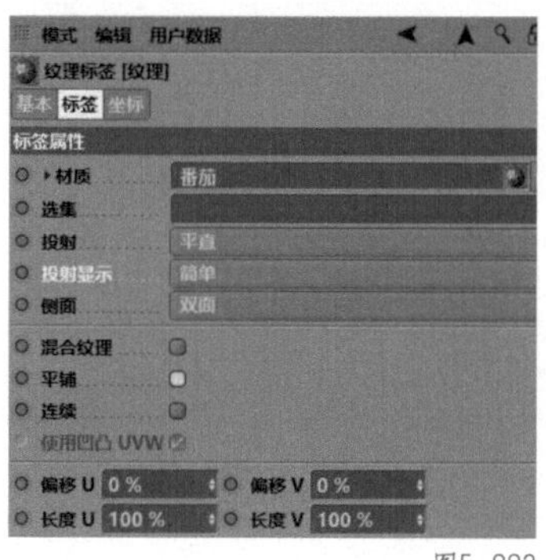

图5-882

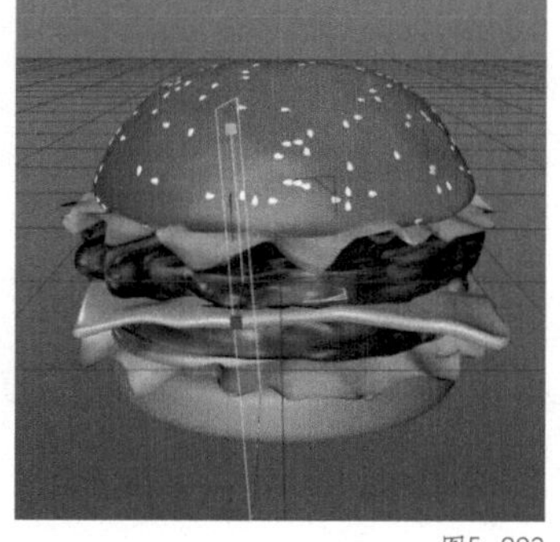
图5-883

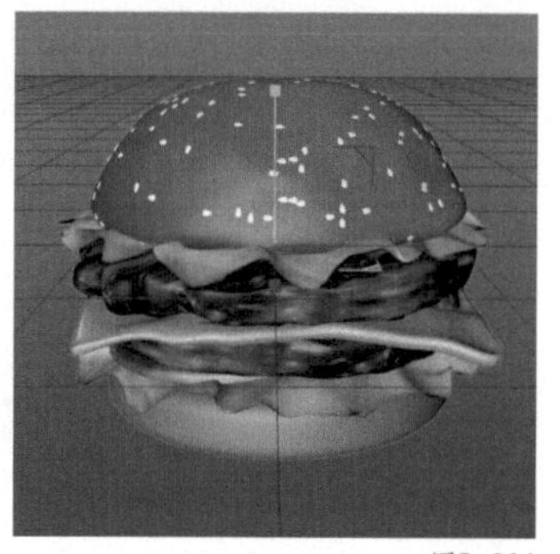
图5-884

43 单击鼠标滑轮调出四视图，在右视图窗口上单击鼠标滑轮，进入右视图界面。在右视图界面下，在工具栏中选择“曲线工具组”中的“画笔”，如图 5-885 所示。

44 在右视图界面下，使用“画笔”工具绘制图 5-886 所示的线段。

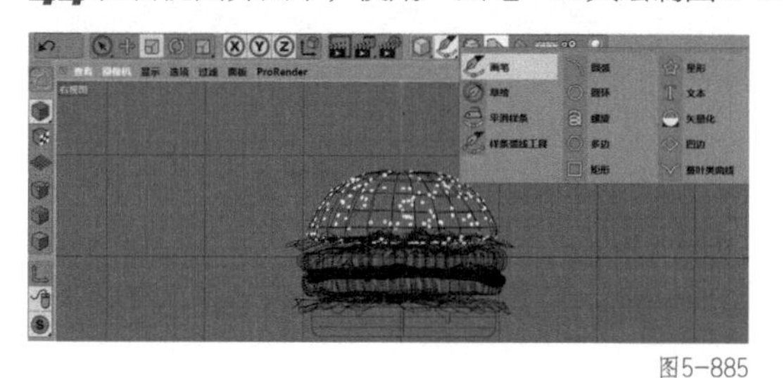
图5-885

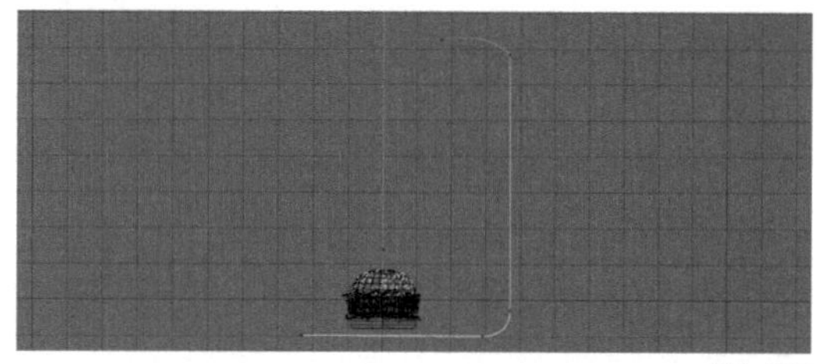
图5-886

45 在工具栏中选择“NURBS”中的“挤压”，如图 5-887 所示。

46 在对象窗口中，将“样条”拖曳至“挤压”内，使其成为“挤压”的子集，并将“挤压”重命名为“背景”，如图 5-888 所示。

47 在“挤压”窗口中，选择“对象”，在“对象”中将“移动”中“X”的数值修改为“10000 cm”，如图 5-889 所示。

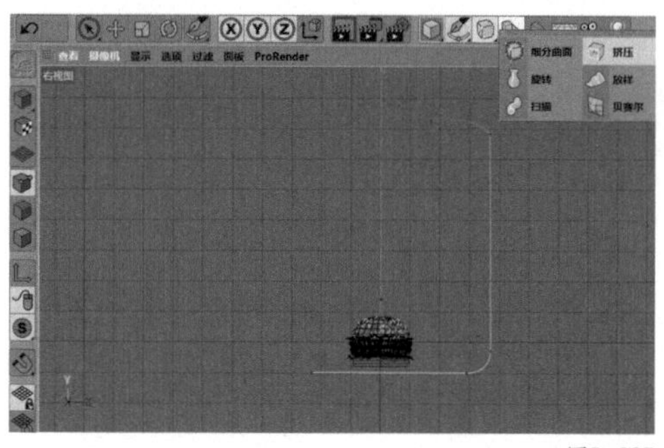
图5-887

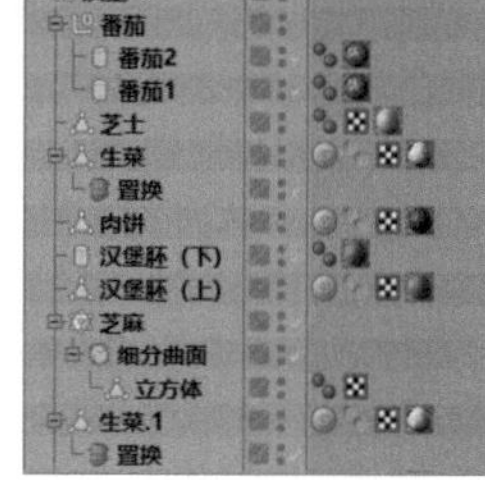

图5-888

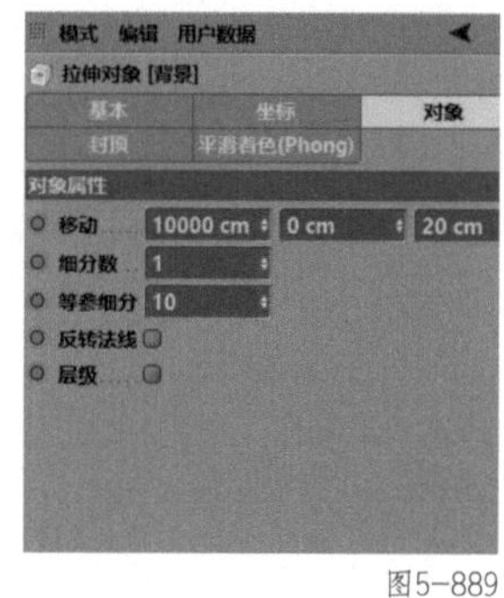

图5-889

48 单击鼠标滑轮调出四视图，在透视视图窗口上单击鼠标滑轮，进入透视视图界面，如图 5-890 所示。

49 在材质窗口的空白处双击，新建一个“材质”，如图 5-891 所示。

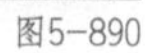
图5-890

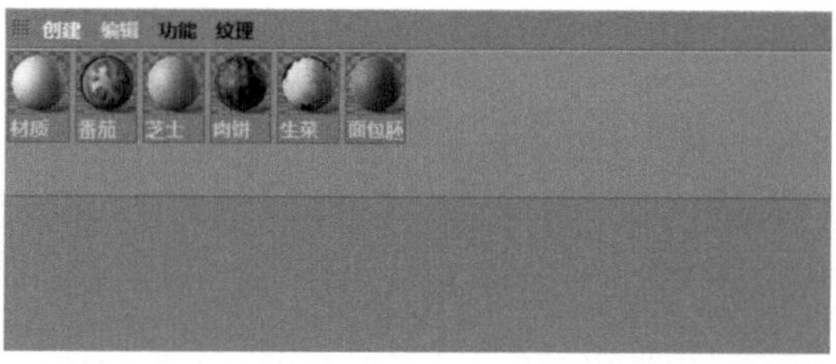

图5-891

50 双击“材质”，进入材质编辑器。进入“颜色”通道，将“H”修改为“15°”，将“S”修改为“67%”，将“V”修改为“100%”，如图5-892所示。

51 在材质窗口中，将“材质”重命名为“背景”，如图5-893所示。

52 在透视视图界面下，将材质“背景”赋予“背景”图层，如图5-894所示。

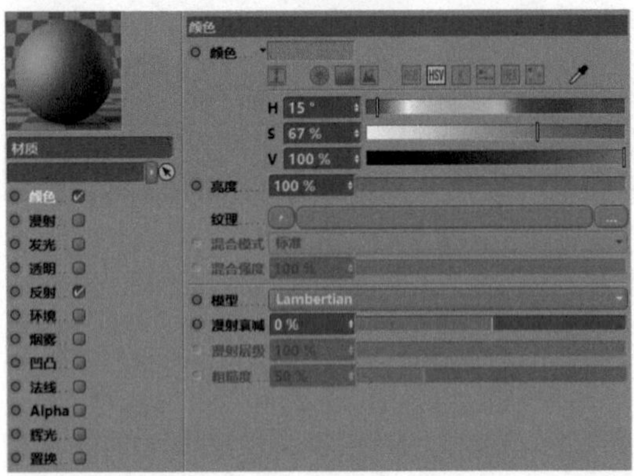

图5-892

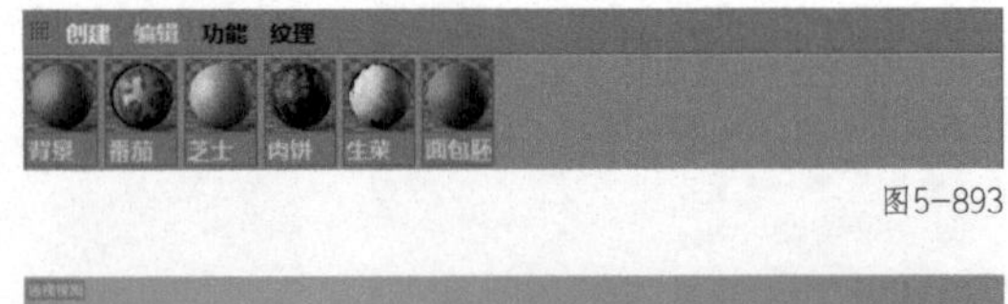

图5-893

图5-894

53 在透视视图界面下，在工具栏中选择“场景设定”中的“天空”，如图5-895所示。

54 在材质窗口的空白处双击，新建一个“材质”，如图5-896所示。

55 双击“材质”，进入材质编辑器。进入“颜色”通道，将“H”修改为“15°”，将“S”修改为“0%”，将“V”修改为“100%”，如图5-897所示。

图5-895

图5-896

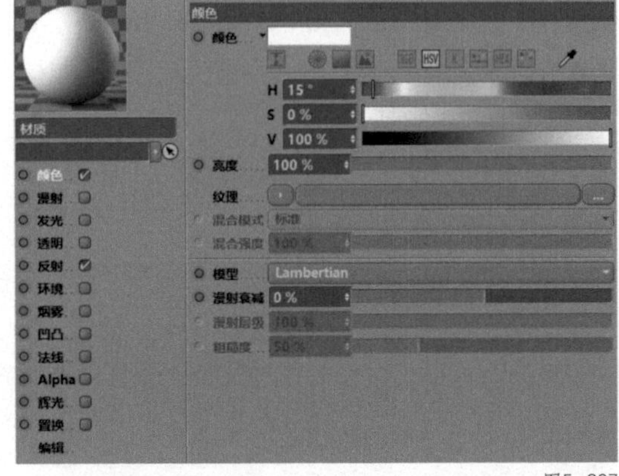

图5-897

56 在材质窗口中，将“材质”重命名为“天空”，如图5-898所示。

57 在对象窗口中，将材质“天空”赋予“天空”图层，如图5-899所示。

58 在工具栏中选择“场景设定”中的“物理天空”，如图5-900所示。

图5-898

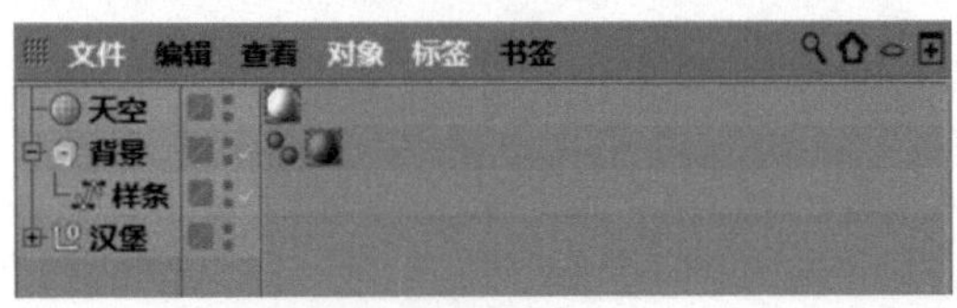

图5-899

图5-900

59 在“物理天空”窗口中，选择“太阳”，将“强度”修改为“80%”，如图 5-901 所示。

60 在对象窗口中，选择“物理天空”，单击鼠标右键，在弹出的下拉菜单中选择“CINEMA 4D标签”中的“合成”，如图 5-902 所示。

61 在“合成”窗口中，勾选“标签属性”中的“合成背景”，如图 5-903 所示。

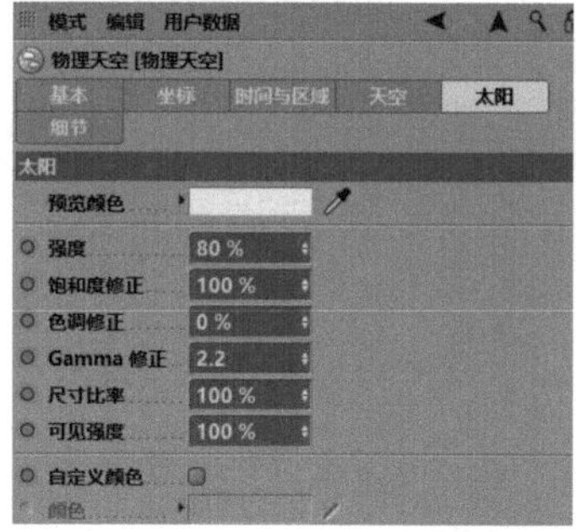

图5-901

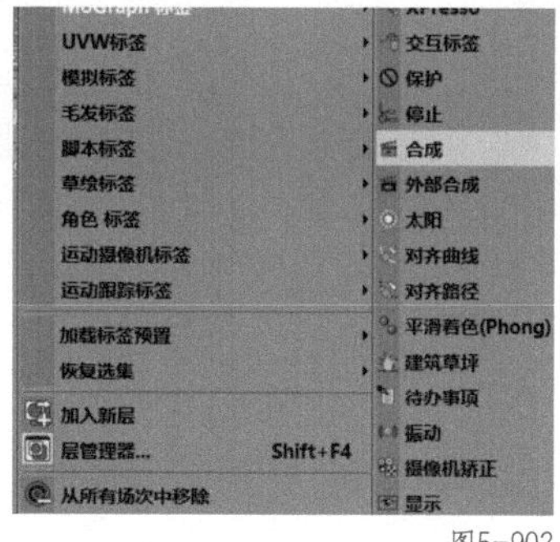

图5-902

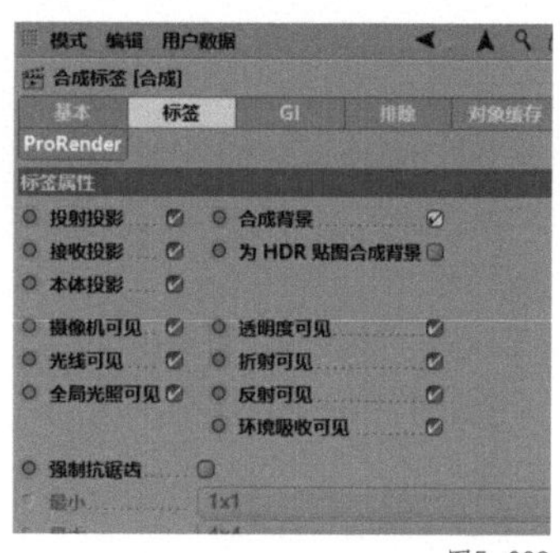

图5-903

62 在对象窗口中，同时选择“背景”“天空”“物理天空”，按【Alt+G】组合键进行编组，并重命名为“背景”，如图 5-904 所示。

63 在工具栏中选择“编辑渲染设置”，如图 5-905 所示。

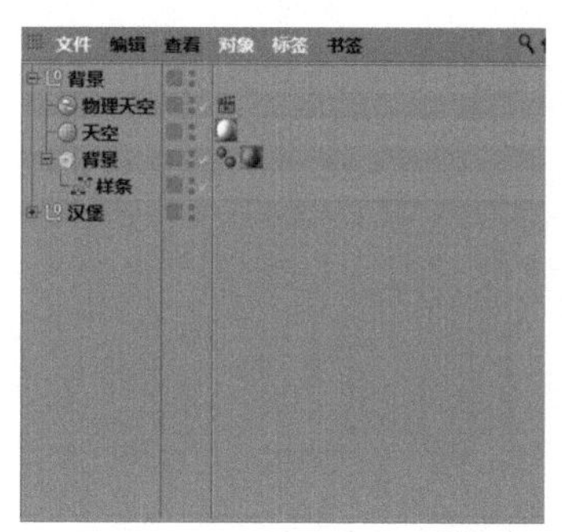

图5-904

图5-905

64 在渲染设置中，勾选“多通道”，同时选择“效果”中的“全局光照”，如图 5-906 所示。

65 在“全局光照”中，选择“辐照缓存”，并将“记录密度”修改为“高”，如图 5-907 所示。

66 在渲染设置中，勾选“多通道”，同时选择“效果”中的“环境吸收”，如图 5-908 所示。

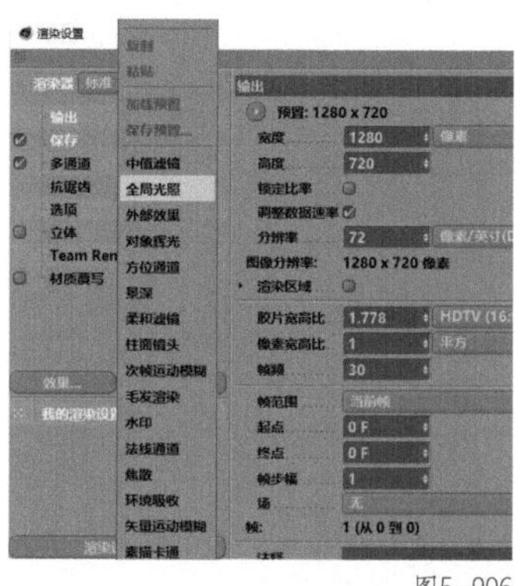

图5-906

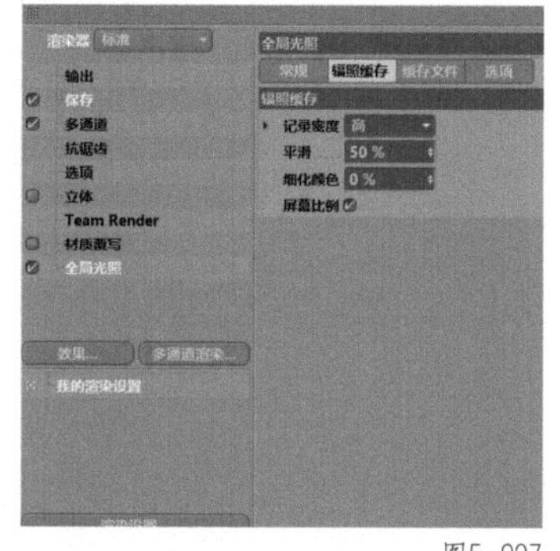

图5-907

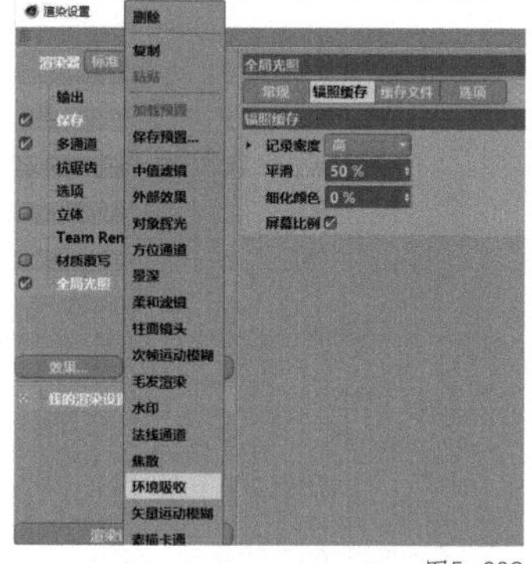

图5-908

67 在“环境吸收”中选择“缓存”，将“记录密度”修改为“高”，如图 5-909 所示。

68 在工具栏中选择“渲染到图片查看器”，如图 5-910 所示。

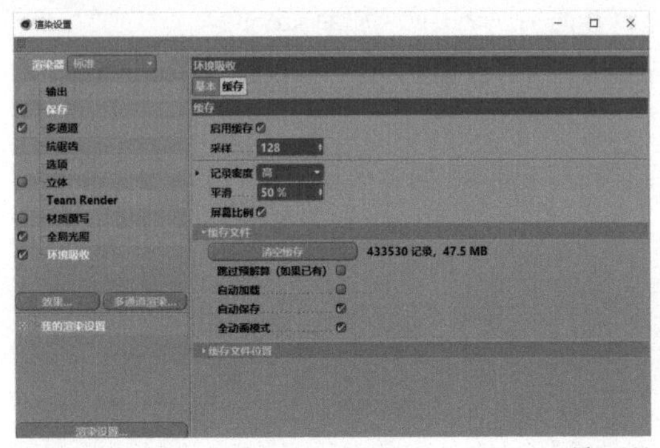

图5-909

图5-910

69 渲染后的效果如图 5-911 所示。

图5-911

本案例到此已全部完成。

本节知识点一览

（1）参数化对象：球体、圆柱、立方体、圆盘

（2）NURBS：细分曲面

（3）对象和样条的编辑操作与选择：封闭多边形孔洞、倒角

（4）变形工具组：置换

（5）运动图形：克隆

（6）界面：Sculpt

第6章 CINEMA 4D案例实训（高级）

通过第4章和第5章的学习，读者已掌握了7种基础几何体的使用技巧，同时也学习了如何使用变形工具组和造型工具组中的多种效果器，具备了独立建模的能力。第6章的高级案例精简了具体的操作步骤，给读者留有自我思考和探索的空间。希望读者可以基于作者的建模思路，结合自己的认知，高效地创建自己所需要的模型，同时搭配合适的场景以及灯光，直至渲染出效果图。

6.1 纸杯蛋糕——圆柱、球体、螺旋、置换、克隆

本节讲解纸杯蛋糕的制作方法。请记得，生活充斥了太多的不确定性，别忘了给自己来份小点心，做他人心目中最甜蜜的主角。纸杯蛋糕是电商平面设计中常见的元素之一，可作为主体元素或辅助元素出现，用于宣传主体或点缀和填充画面。纸杯蛋糕需要圆柱和球体这两种几何体配合螺旋、置换、克隆等功能制作完成。

本节内容	本节将讲解纸杯蛋糕的制作方法，包括纸杯蛋糕三维模型的创建、材质及材质的参数调整、场景及灯光的搭建

本节目标	通过本节的学习，读者将掌握纸杯蛋糕制作方法

本节主要知识点	圆柱、球体、螺旋、置换、克隆

本节最终效果图展示

6.1.1 奶油的建模

01 新建一个“圆柱”，在“圆柱”窗口中修改参数，如图 6-1 所示。

02 在“圆柱”窗口中，取消勾选“封顶”，如图 6-2 所示。

03 在透视视图界面下，选择图 6-3 所示的边。

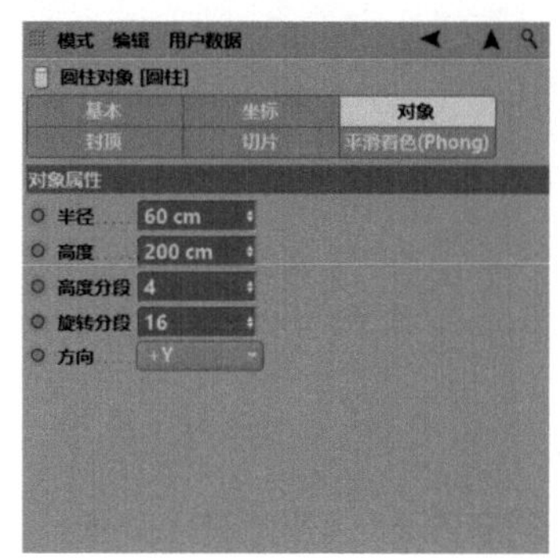

图6-1

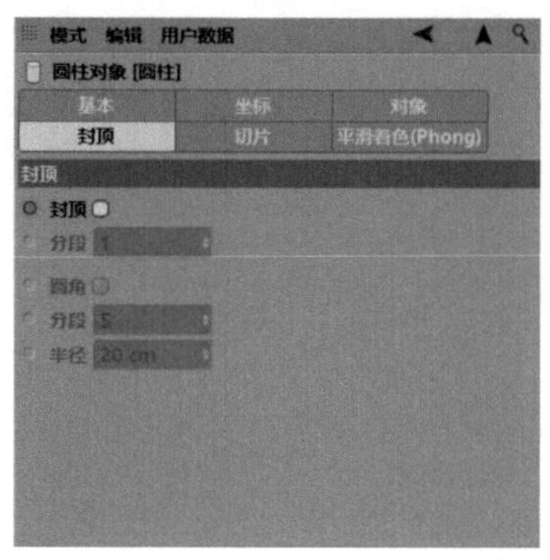

图6-2

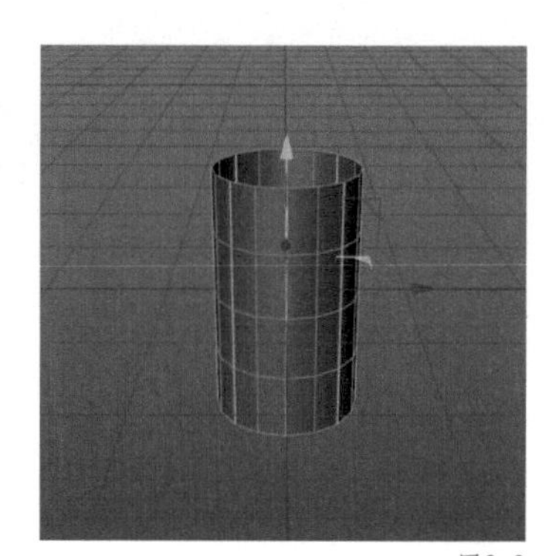

图6-3

04 在工具栏中，选择“变形工具组”中的“锥化”，如图 6-4 所示。

05 选择顶部的边，按【T】键切换到缩放工具调整大小，如图 6-5 所示。

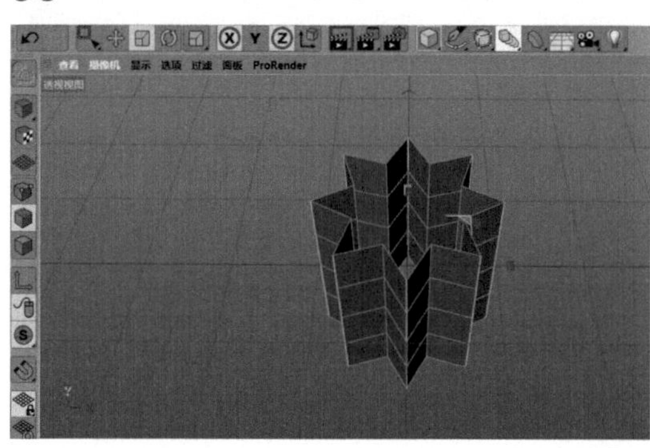

图6-4

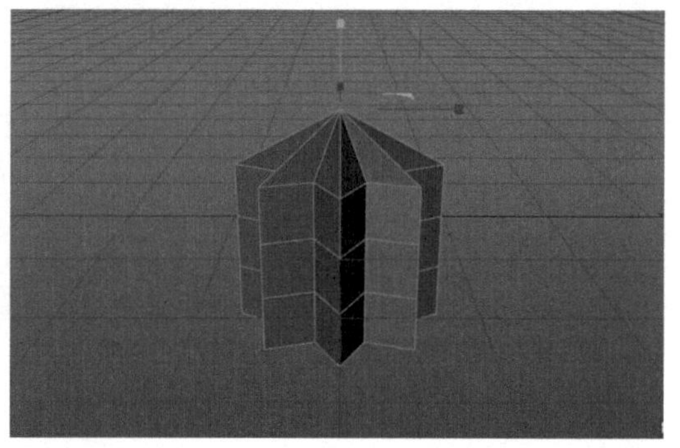

图6-5

06 选择图 6-6 所示的点，按【T】键切换到缩放工具调整大小。

07 选择“封闭多边形孔洞”，将图 6-7 所示的面封闭。

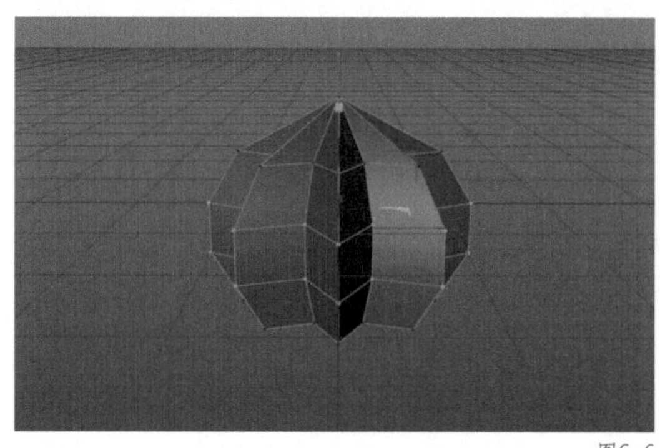

图6-6

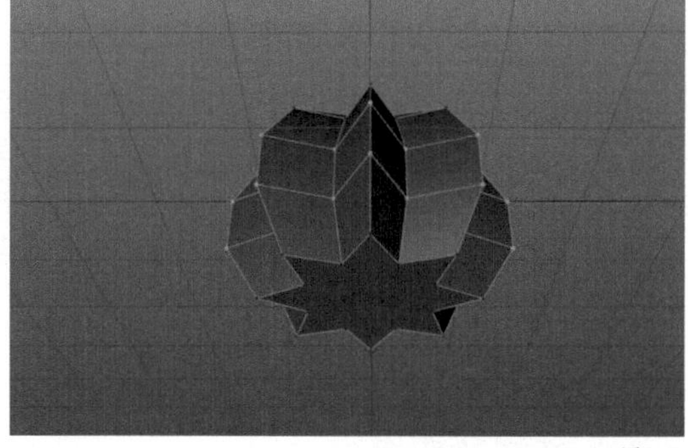

图6-7

08 新建一个“螺旋”，在“螺旋”窗口中修改参数，如图 6-8 所示。

09 新建一个“细分曲面”，如图 6-9 所示。

10 在对象窗口中，将“细分曲面”重命名为“奶油”，如图 6-10 所示。

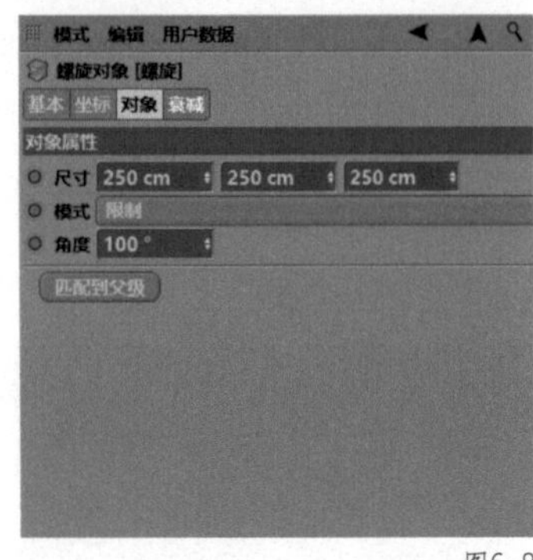

图6-8

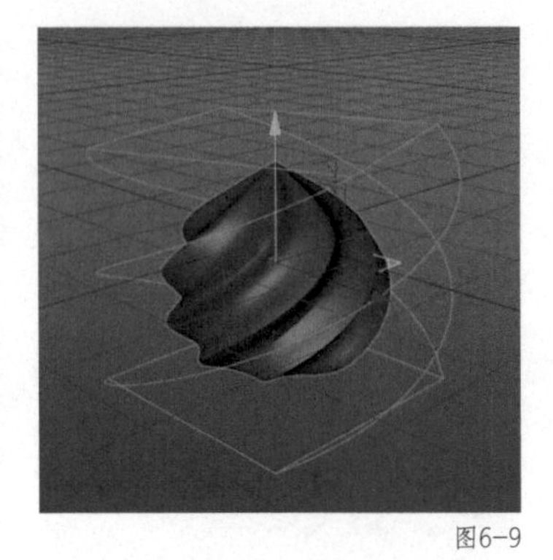

图6-9

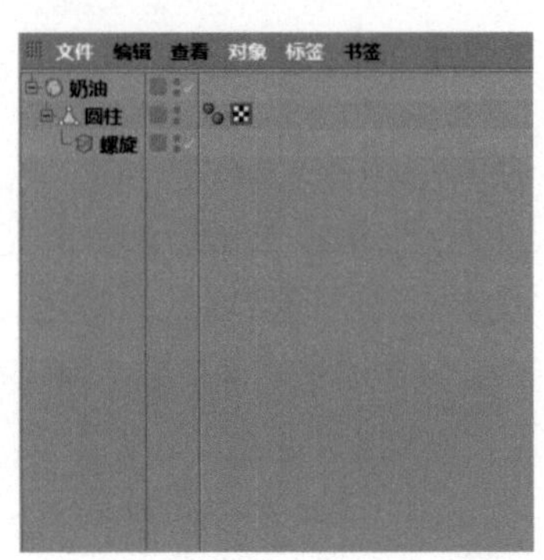

图6-10

6.1.2 蛋糕的建模

01 新建一个“球体”，按【C】键将其转为可编辑对象，然后按【T】键将其压扁一些，如图6-11所示。

02 新建一个“置换”，在“置换”窗口中修改参数，如图6-12所示。

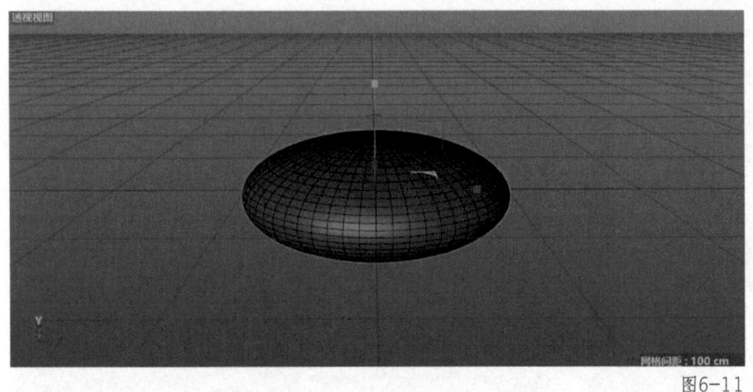

图6-11

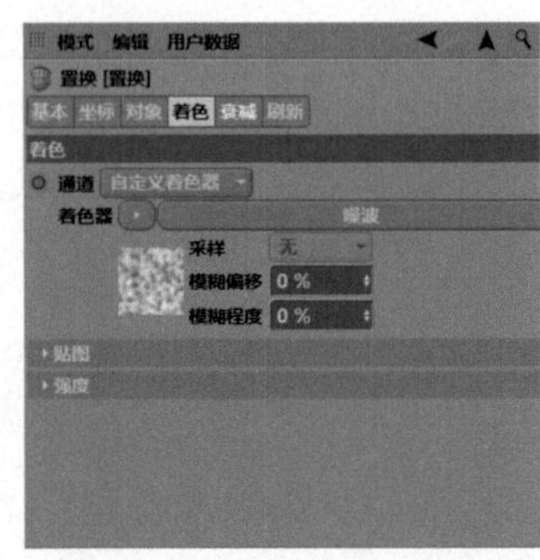

图6-12

03 新建一个“细分曲面”，如图6-13所示。

04 在对象窗口中，将“细分曲面”重命名为“蛋糕”，如图6-14所示。

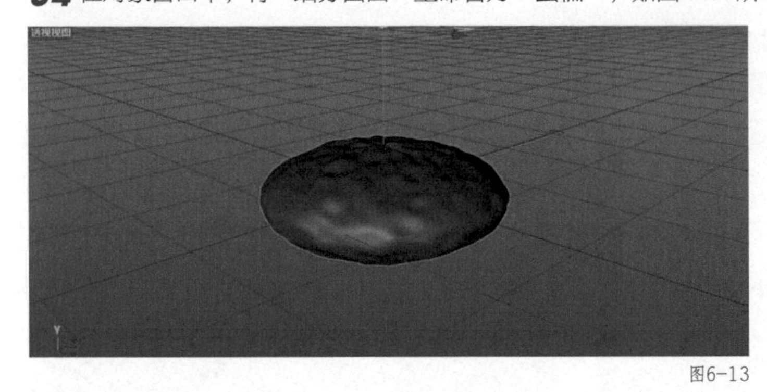

图6-13

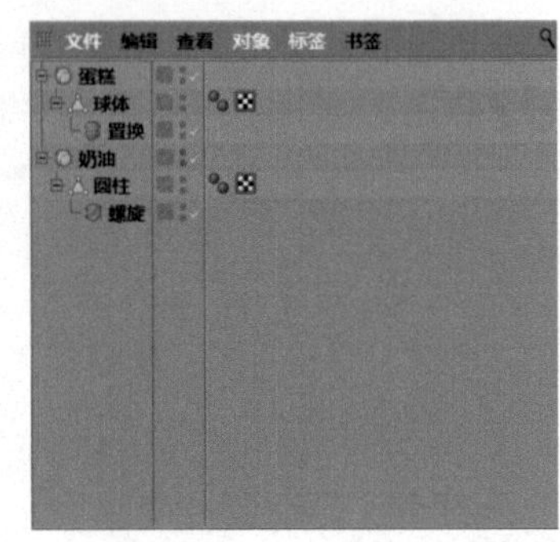

图6-14

6.1.3 纸杯的建模

01 新建一个“圆柱”，在“圆柱”窗口中修改参数，如图6-15所示。

02 在透视视图界面下，选择图6-16所示的边。

03 在工具栏中，关闭“Y”轴，按【T】键切换到“缩放”工具调整大小，如图6-17所示。

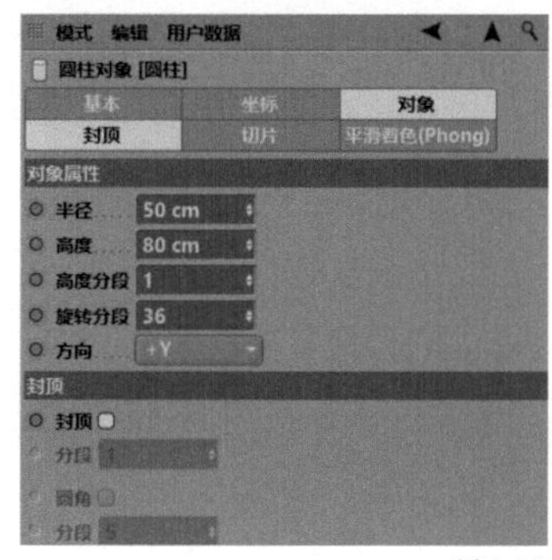

图6-15

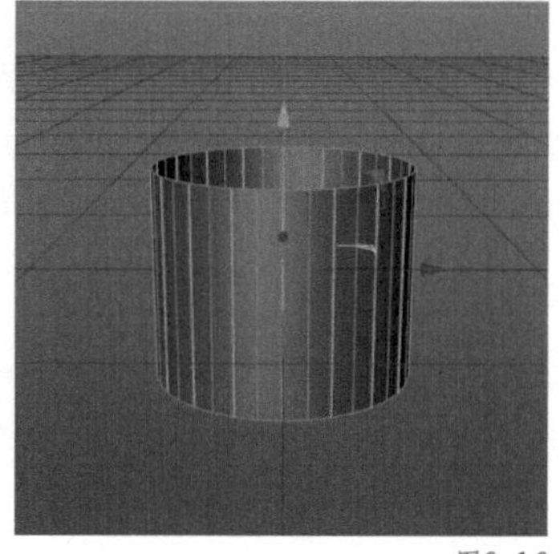
图6-16

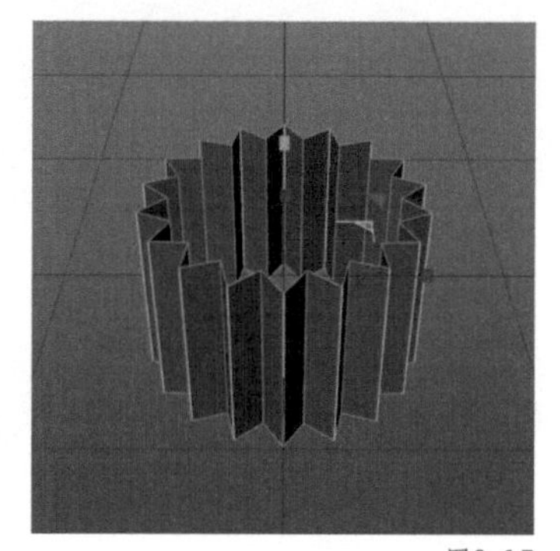
图6-17

04 选择“封闭多边形孔洞”，将图 6-18 所示的面封闭。

05 在对象窗口中，将“圆柱”重命名为“纸杯”，如图 6-19 所示。

图6-18

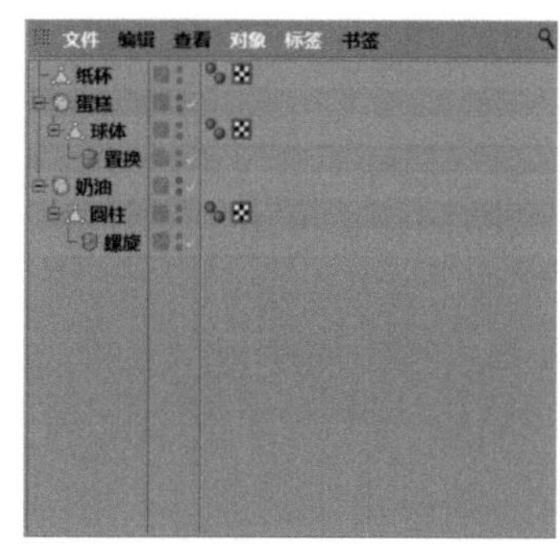

图6-19

6.1.4 装饰的建模

01 新建一个“球体”，如图 6-20 所示。

02 新建一个“克隆”，在“克隆”窗口中修改参数，如图 6-21 所示。

03 透视视图界面中的效果如图 6-22 所示。

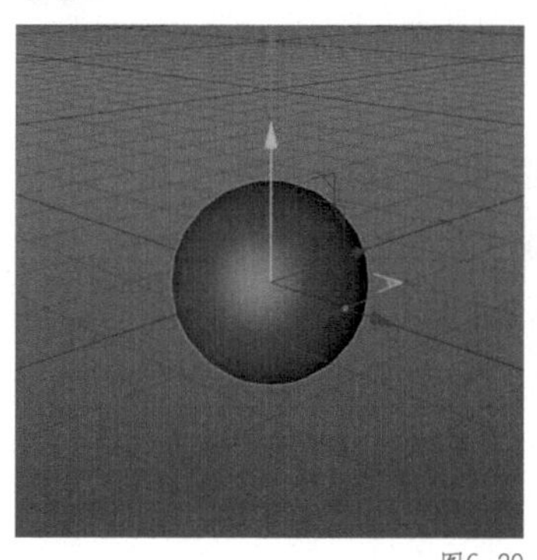
图6-20

图6-21

图6-22

04 在对象窗口中，将“克隆”重命名为“巧克力球”，如图 6-23 所示。

05 将素材“樱桃”置入，如图 6-24 所示。

06 在对象窗口中，全选所有的图层，编组并重命名为“纸杯蛋糕”，如图 6-25 所示。

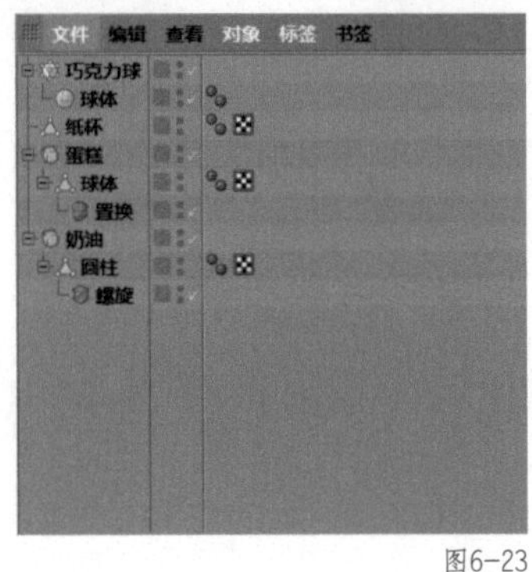

图6-23

图6-24

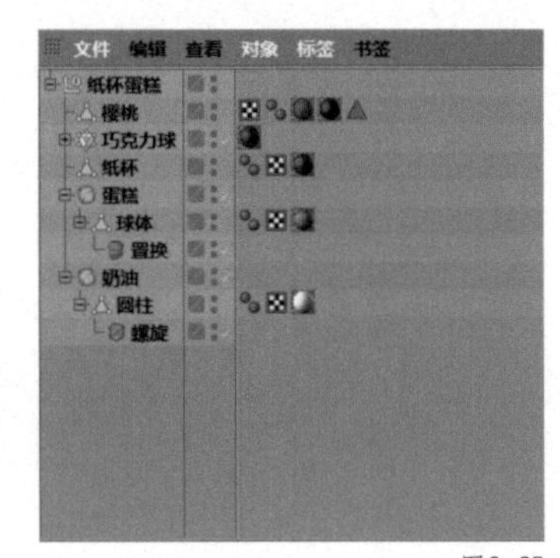

图6-25

6.1.5 纸杯蛋糕的渲染

01 在材质窗口中，新建如图 6-26 所示的“材质”。

02 在对象窗口中，将“材质”分别赋予相对应的图层，如图 6-27 所示。

03 透视视图界面中的效果如图 6-28 所示。

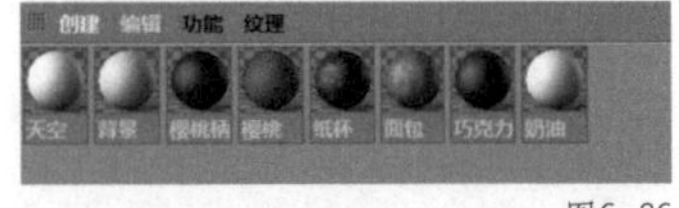

图6-26

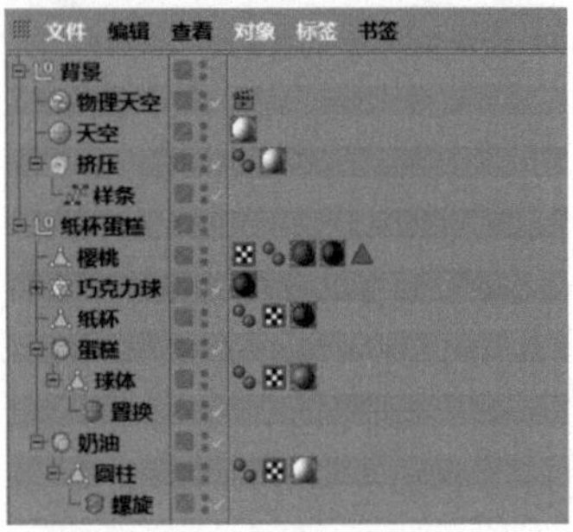

图6-27

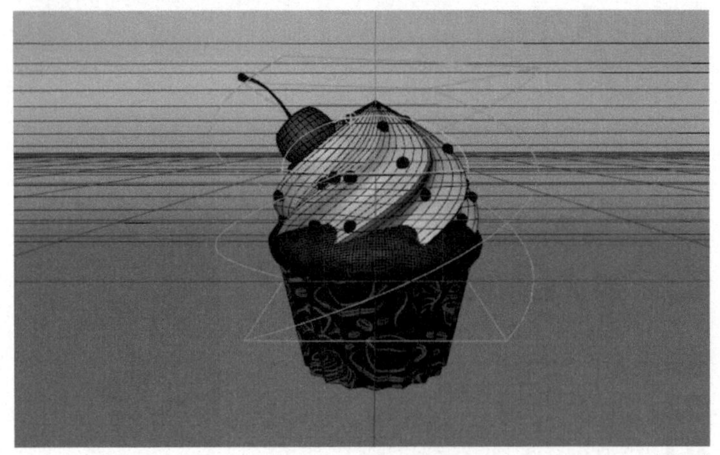

图6-28

04 搭设一个简单的场景，渲染效果图，如图 6-29 所示。

图6-29

本节知识点一览

（1）参数化对象：球体、圆柱

（2）NURBS：细分曲面、挤压

（3）对象和样条的编辑操作与选择：封闭多边形孔洞、循环选择

（4）变形工具组：螺旋、置换

（5）运动图形：克隆

6.2 巧克力雪糕——立方体、切刀工具、布料曲面、破碎

本节讲解巧克力雪糕的制作方法。炎热的夏季，空调和雪糕是标配，醇正的巧克力脆皮包裹细腻的奶油雪糕，让人清凉一夏。巧克力雪糕是电商平面设计中常见的元素之一，可作为主体元素或辅助元素出现，用于宣传主体或点缀和填充画面。巧克力雪糕需要立方体、矩形配合切刀工具、布料曲面、破碎等功能制作完成。

本节内容	本节将讲解巧克力雪糕的制作方法，包括巧克力雪糕三维模型的创建、材质及材质的参数调整、场景及灯光的搭建

本节目标	通过本节的学习，读者将掌握巧克力雪糕制作方法

本节主要知识点	立方体、切刀工具、布料曲面、破碎

本节最终效果图展示

6.2.1 奶油的建模

01 新建一个“立方体”，在“立方体”窗口中修改参数，如图6-30所示。

02 透视视图界面中的效果如图6-31所示。

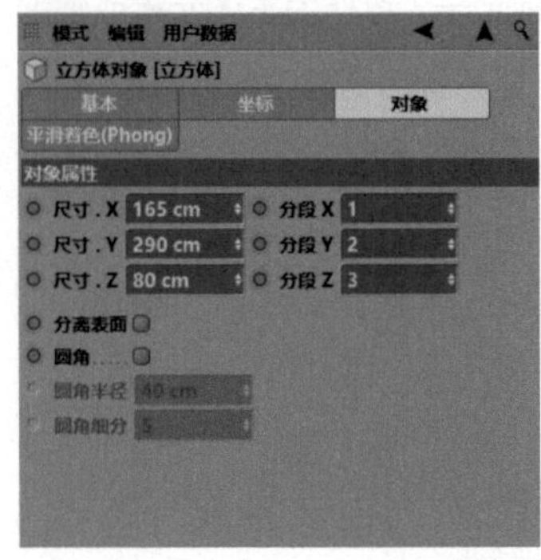

图6-30

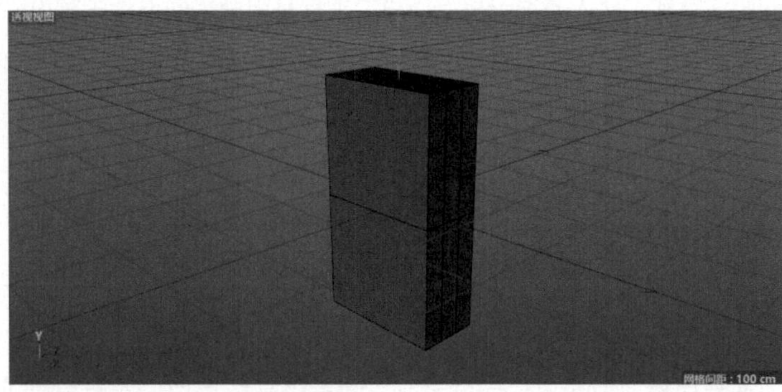

图6-31

03 新建一个“细分曲面”，如图6-32所示。

04 在对象窗口中，将“细分曲面”重命名为“奶油”，如图6-33所示。

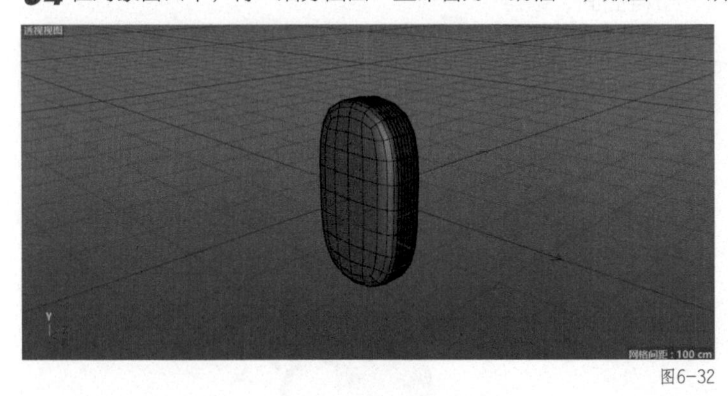

图6-32

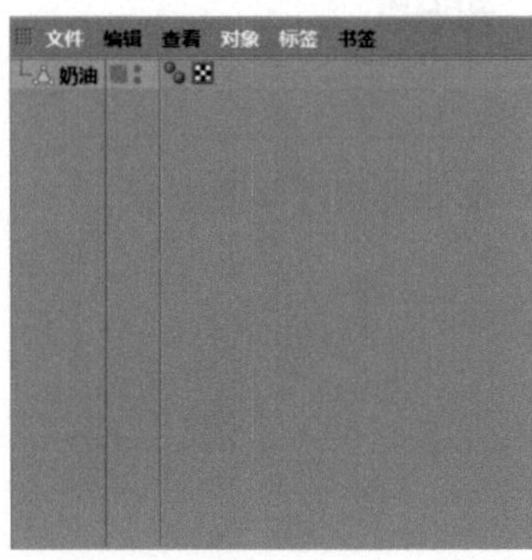

图6-33

6.2.2 巧克力的建模

01 在正视图界面下，按【M+K】组合键进行线性切割，在图6-34所示的位置切割出一条线段。

02 在正视图界面下，使用“框选”工具选择图6-35所示的点。

03 按【Delete】键将选中的点删除，如图6-36所示。

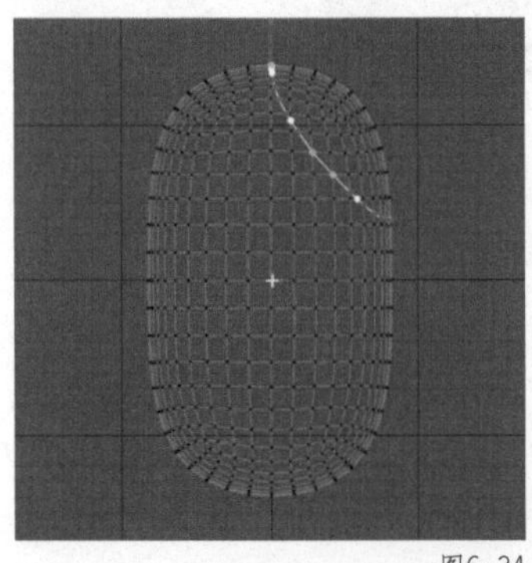
图6-34

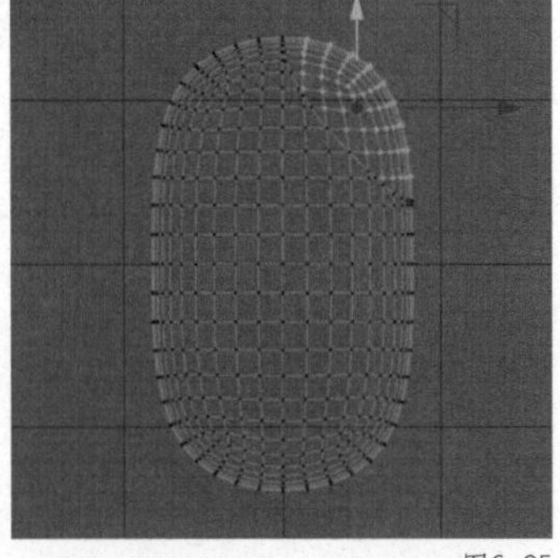
图6-35

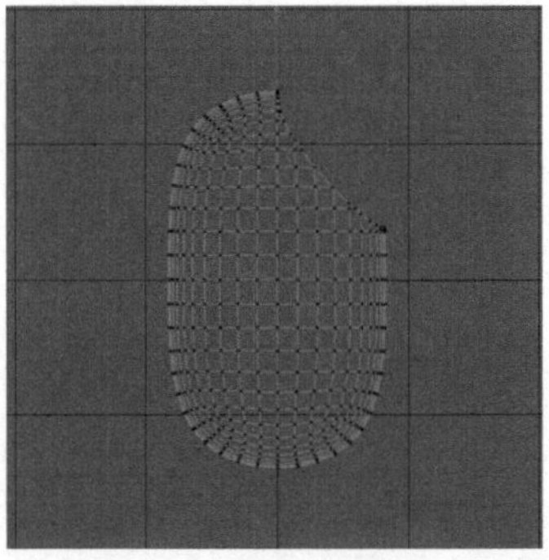
图6-36

04 透视视图界面中的效果如图 6-37 所示。

05 新建一个“布料曲面”，在“布料曲面”窗口中修改参数，如图 6-38 所示。

06 透视视图界面中的效果如图 6-39 所示。

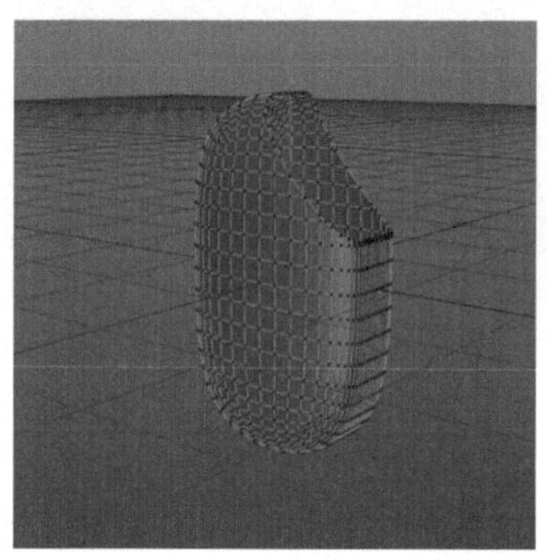

图6-37

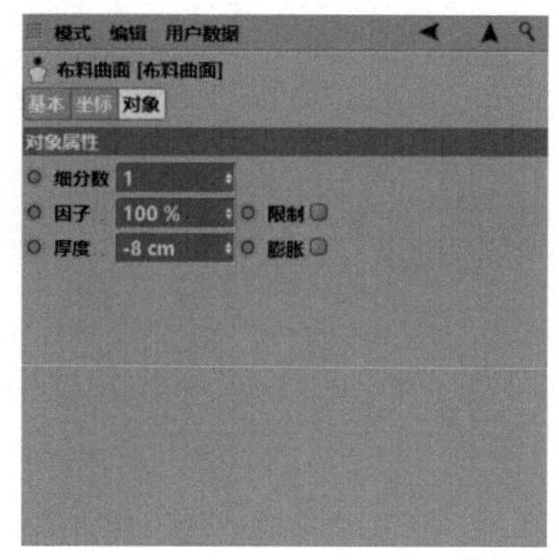

图6-38

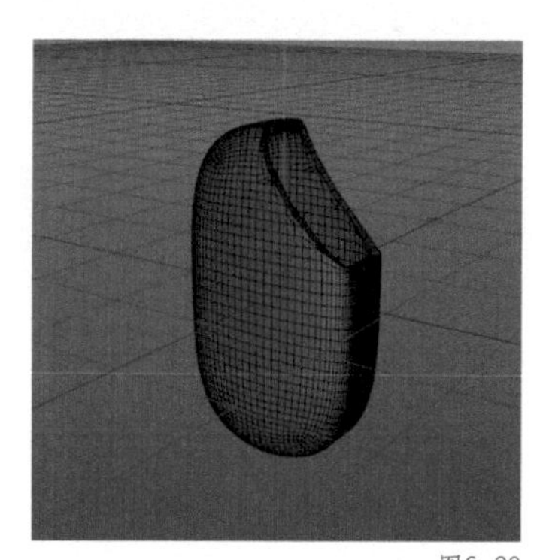

图6-39

07 新建一个“破碎”，在“破碎”窗口中修改参数，如图 6-40 所示。

08 透视视图界面中的效果如图 6-41 所示。

09 在正视图界面下，使用“笔刷”处理图 6-42 所示的位置。

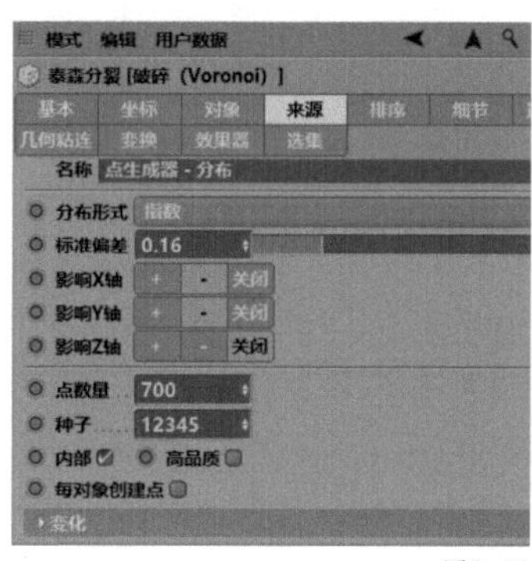

图6-40

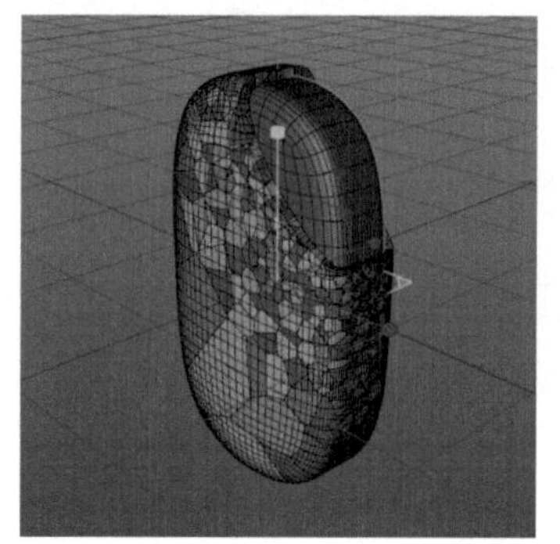

图6-41

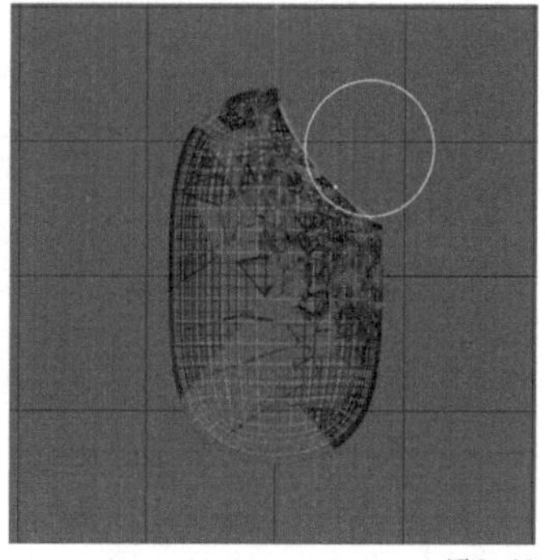

图6-42

10 透视视图界面中的效果如图 6-43 所示。

11 新建一个“破碎”，如图 6-44 所示。

12 新建一个“随机”，在“随机”窗口中修改参数，如图 6-45 所示。

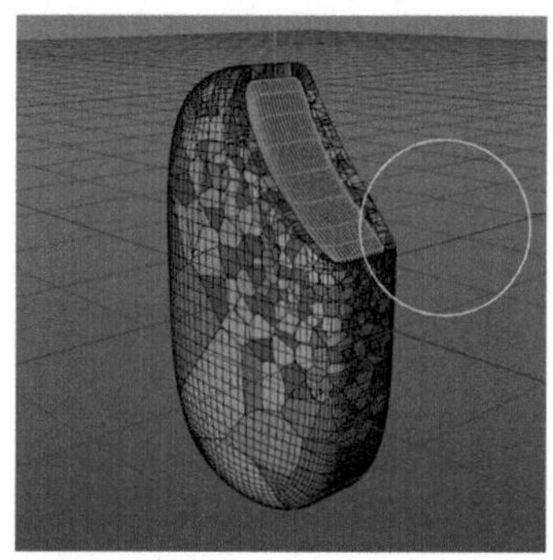

图6-43

图6-44

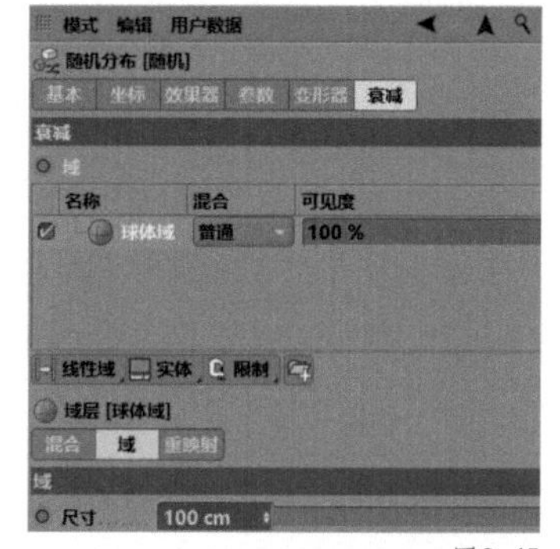

图6-45

13 继续在“随机”窗口中修改参数，如图 6-46 所示。

14 在透视视图界面下，按【E】键切换到“移动”工具调整“破碎”的位置，如图 6-47 所示。

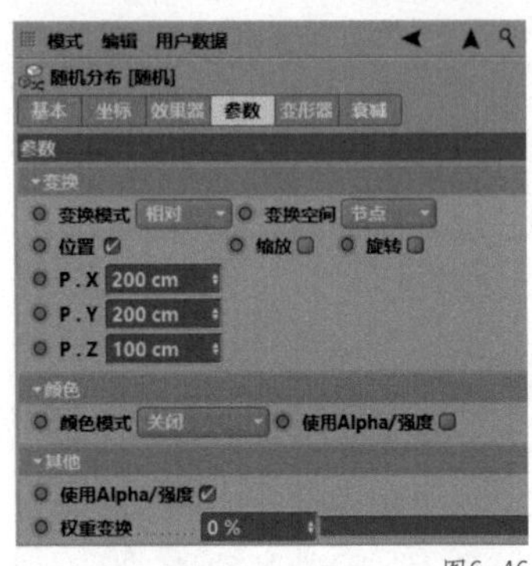

图6-46

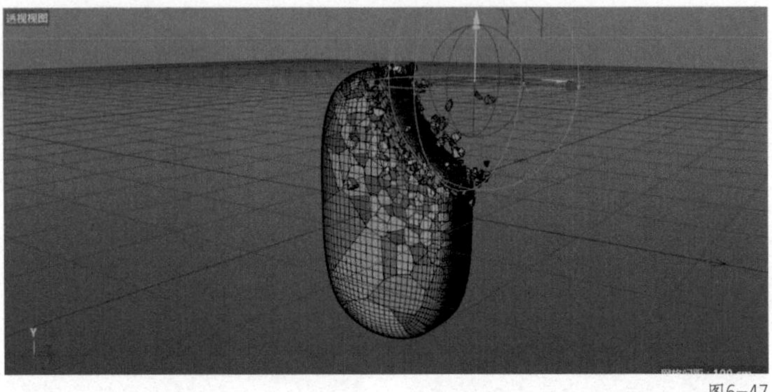

图6-47

15 进入“Sculpt”模式，使用“拉起”工具处理“奶油”，完善细节，如图 6-48 所示。

16 在对象窗口中，同时选择“随机”和“破碎”，编组后重命名为“巧克力”，如图 6-49 所示。

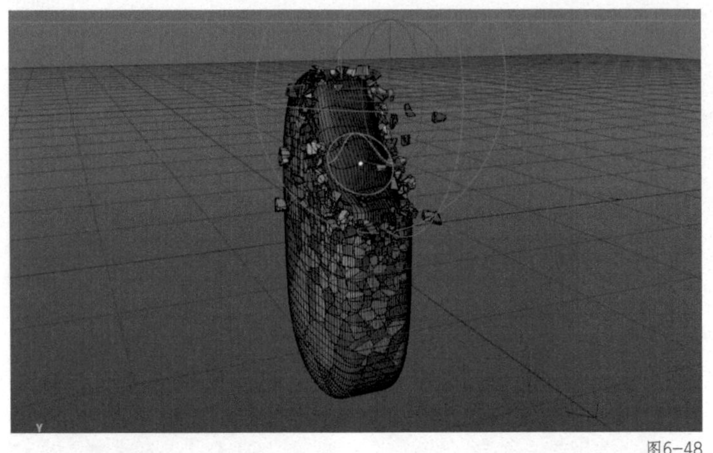

图6-48

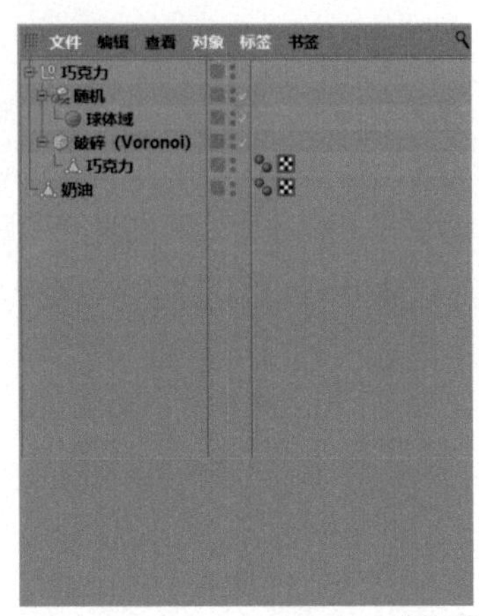

图6-49

6.2.3 雪糕棒的建模

01 在正视图界面下，新建一个“矩形”，如图 6-50 所示。

02 在图 6-51 所示的位置创建两个点。

03 按【T】键切换到缩放工具调整大小。分别对点进行“柔性差值”“倒角”处理，如图 6-52 所示。

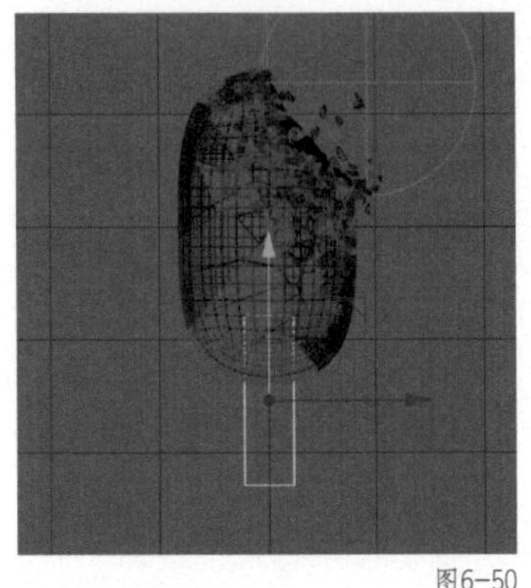

图6-50

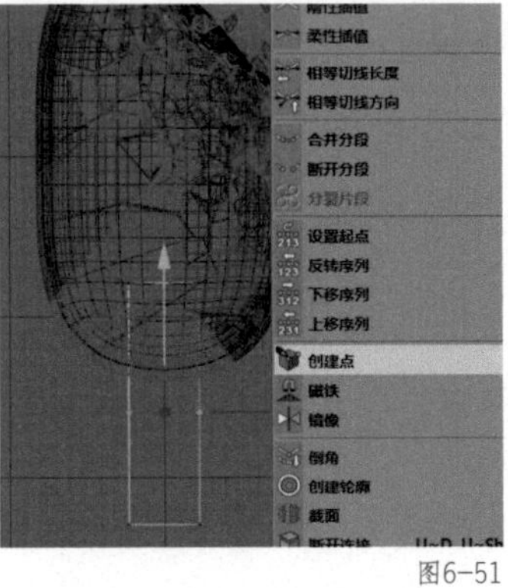

图6-51

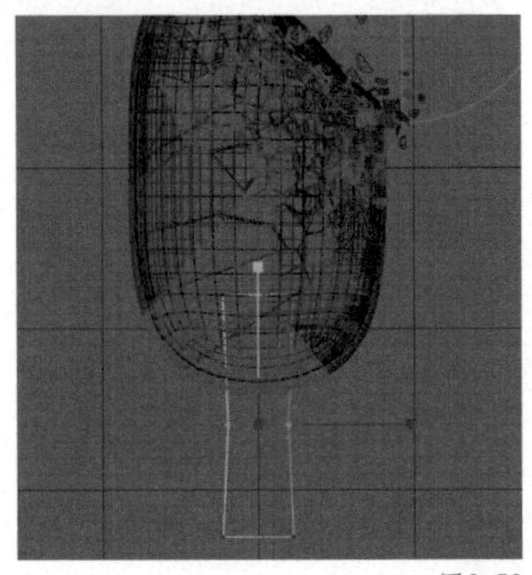

图6-52

04 新建一个“挤压”，在“挤压”窗口中修改参数，如图 6-53 所示。

05 透视视图界面中的效果如图 6-54 所示。

06 在对象窗口中，将“挤压”重命名为“雪糕棒”，如图 6-55 所示。

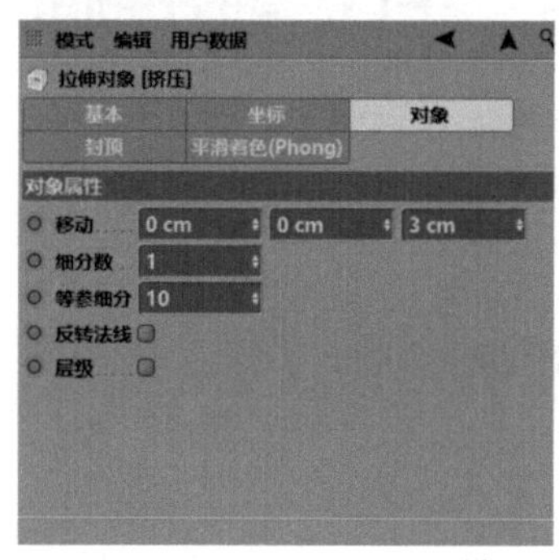

图6-53

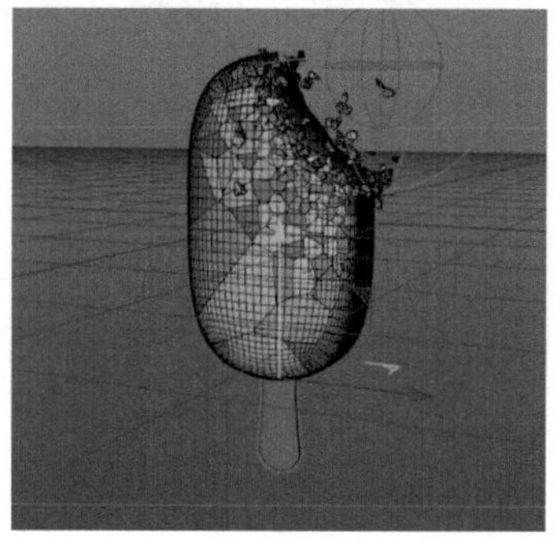
图6-54

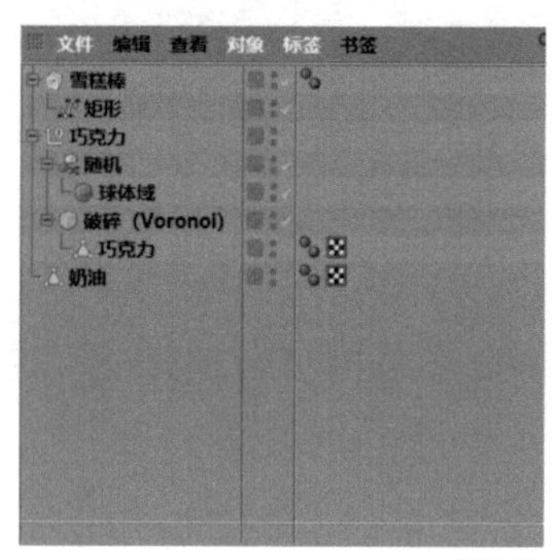

图6-55

6.2.4 巧克力雪糕的渲染

01 在材质窗口中，新建如下“材质”，如图 6-56 所示。

02 在对象窗口中，将“材质”分别赋予相对应的图层，如图 6-57 所示。

03 透视视图界面中的效果如图 6-58 所示。

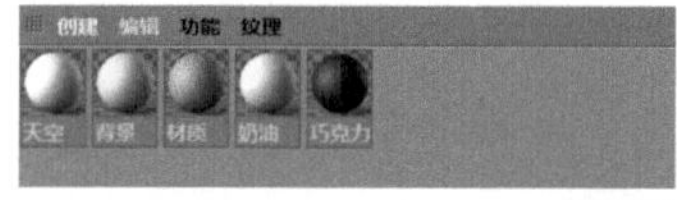

图6-56

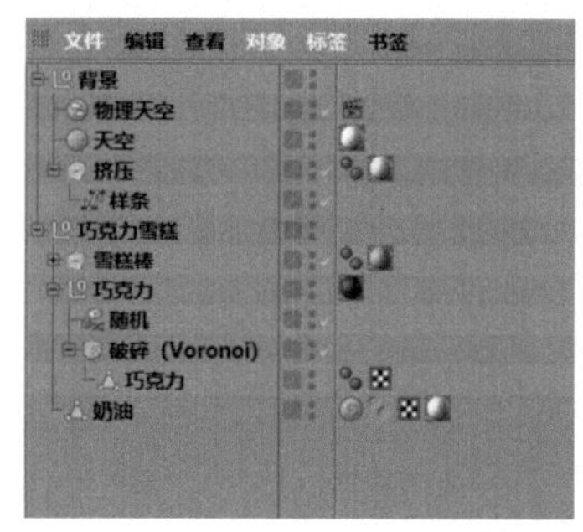

图6-57

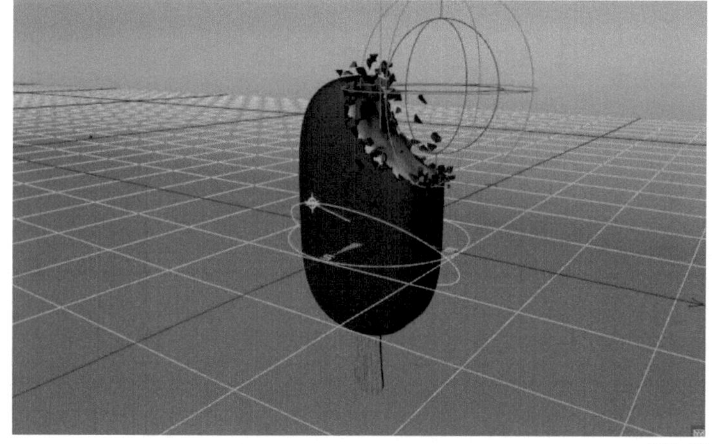
图6-58

04 搭设一个简单的场景，渲染效果图，如图 6-59 所示。

图6-59

本节知识点一览

（1）参数化对象：立方体

（2）NURBS：细分曲面、挤压

（3）对象和样条的编辑操作与选择：倒角、柔性差值、线性切割

（4）模拟：布料曲面

（5）运动图形：破碎、随机

6.3 可爱多冰激凌——平面、圆盘、扭曲、FFD、细分曲面

本节讲解可爱多冰激凌的制作方法。可爱多独特的口感征服了很多年轻消费者。它充分发扬了创新精神，为冰淇淋产品开启了诸多先河，从美味的顶花，到香脆的蛋筒，最后巧克力尖尖的惊喜，从第一口到最后一口都值得享受。可爱多冰激凌是电商平面设计中常见的元素之一，可作为主体元素或辅助元素出现，用于宣传主体或点缀和填充画面，需要平面、圆盘、管道配合扭曲、FFD、细分曲面等功能制作完成。

本节内容	本节将讲解可爱多冰激凌的制作方法，包括可爱多冰激凌三维模型的创建、材质及材质的参数调整、场景及灯光的搭建

本节目标	通过本节的学习，读者将掌握可爱多冰激凌制作方法

本节主要知识点	平面、圆盘、扭曲、FFD、细分曲面

本节最终效果图展示

6.3.1 蛋卷的建模

01 新建一个“平面”，在“平面”窗口中修改参数，如图 6-60 所示。

02 在正视图界面下，调整点的位置，如图 6-61 所示。

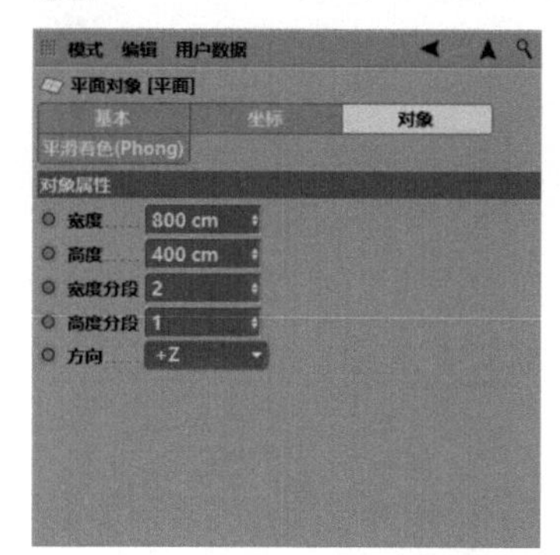

图6-60

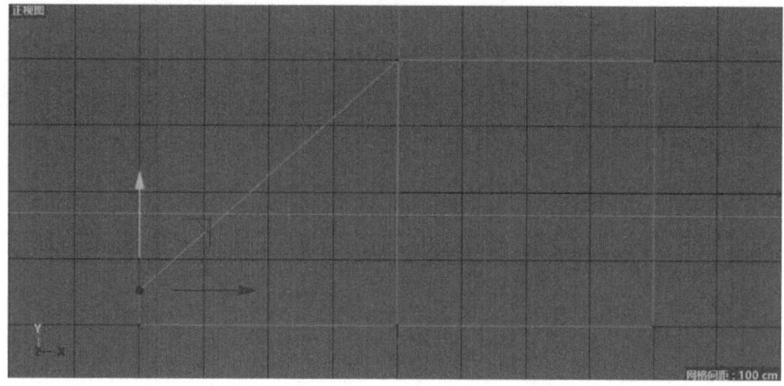

图6-61

03 在正视图界面下，进行线性切割，在图 6-62 所示的位置切割出一条线段。

04 在“循环切割”窗口中修改参数，如图 6-63 所示。

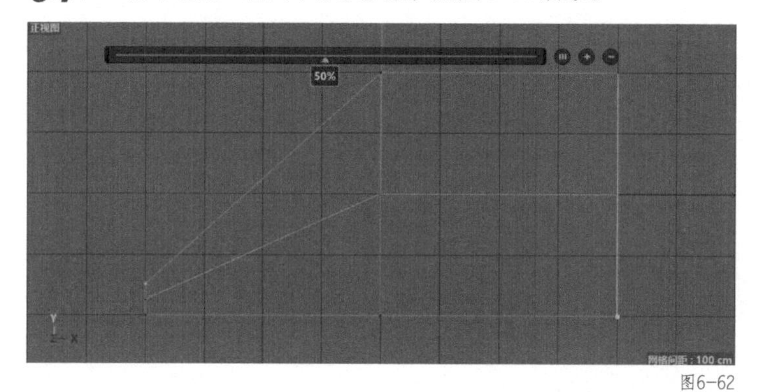

图6-62

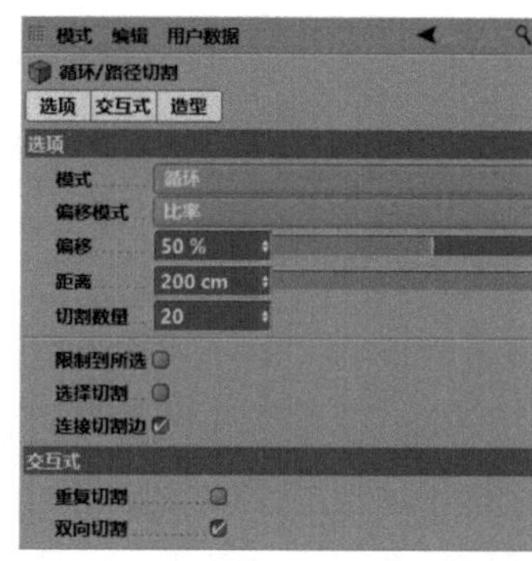

图6-63

05 在正视图界面下，进行线性切割，在图 6-64 所示的位置切割出一条线段。

06 在“循环切割”窗口中修改参数，如图 6-65 所示。

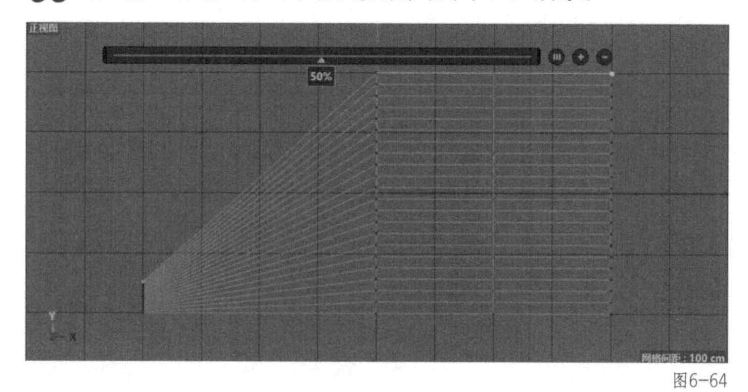

图6-64

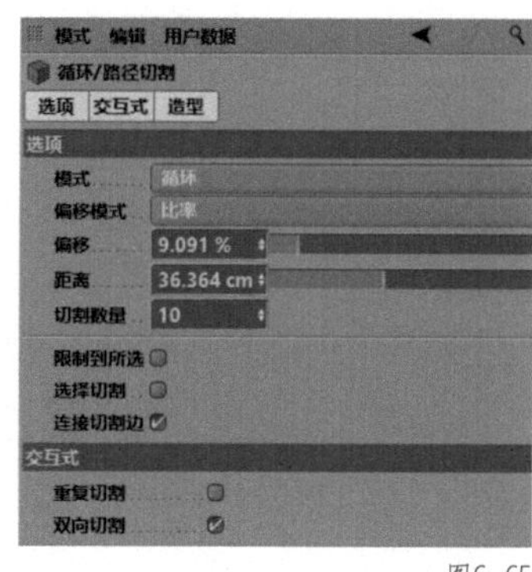

图6-65

07 在正视图界面下，进行线性切割，在图 6-66 所示的位置切割出一条线段。

08 在“循环切割”窗口中修改参数，如图 6-67 所示。

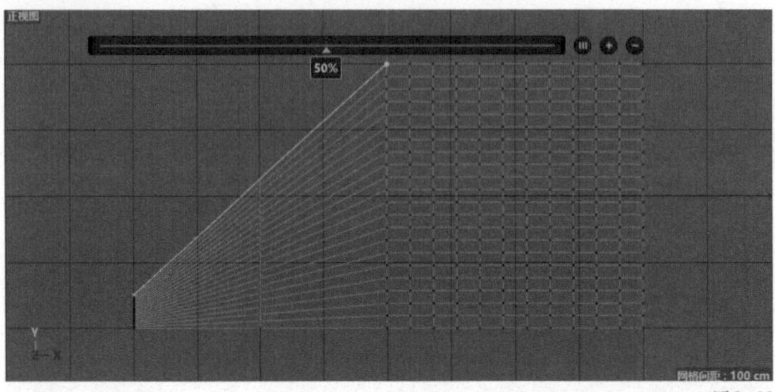

图6-66

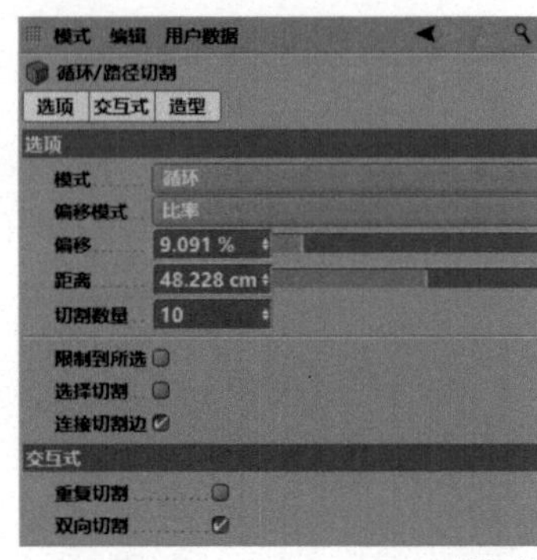

图6-67

09 在正视图界面下，进行线性切割，在图6-68所示的位置切割出一条线段。

10 新建一个“扭曲”，在“扭曲”窗口中修改参数，如图6-69所示。

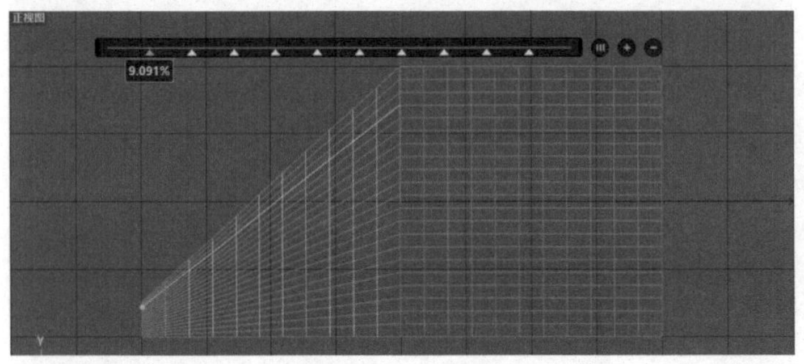

图6-68

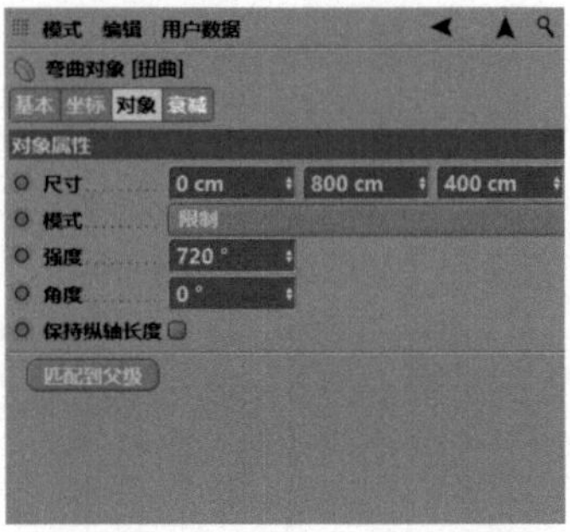

模式 编辑 用户数据
弯曲对象 [扭曲]
基本 坐标 对象 衰减
对象属性
尺寸 0 cm 800 cm 400 cm
模式 限制
强度 720 °
角度 0 °
保持纵轴长度
匹配到父级

图6-69

11 透视视图界面中的效果如图6-70所示。

12 新建一个“FFD”，如图6-71所示。

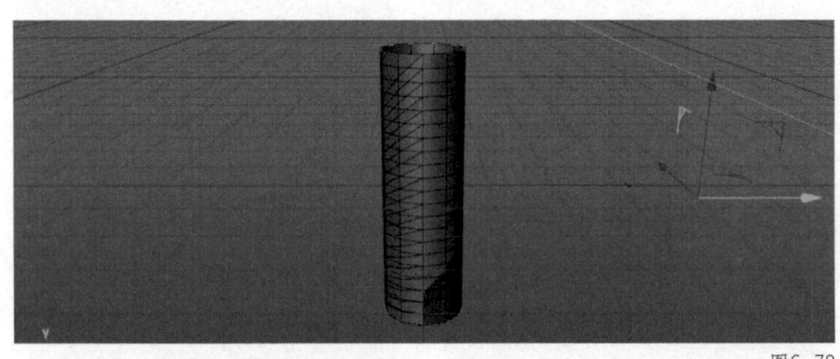

图6-70

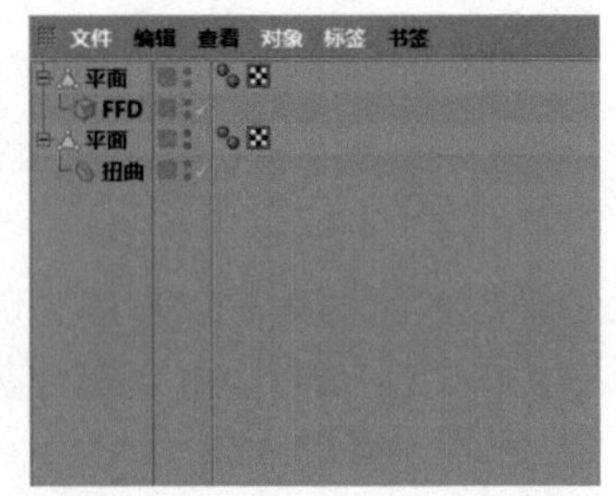

图6-71

13 在透视视图界面下，调整“FFD”的大小，如图6-72所示。

14 全选所有的面，单击鼠标右键，在弹出的下拉菜单中选择“挤压”，在“挤压”窗口中修改参数，如图6-73所示。

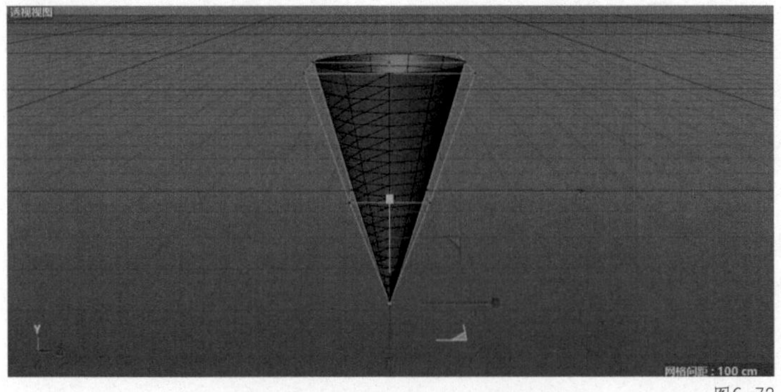

图6-72

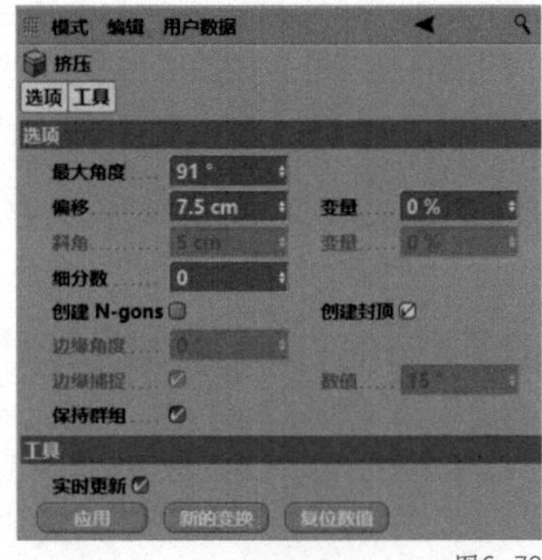

图6-73

15 透视视图界面中的效果如图 6-74 所示。

16 在对象窗口中，将“平面”重命名为“蛋卷”，如图 6-75 所示。

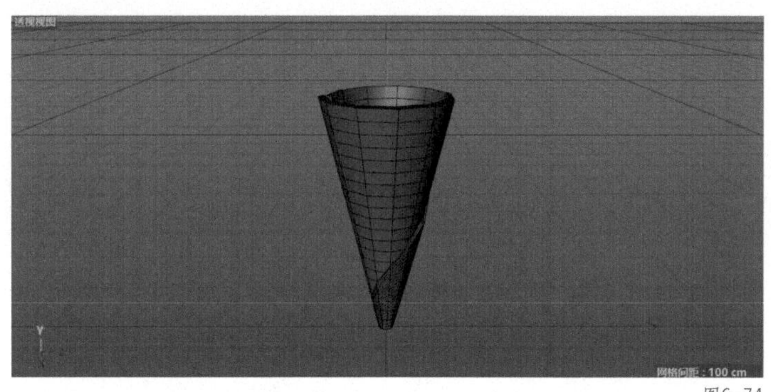

图6-74

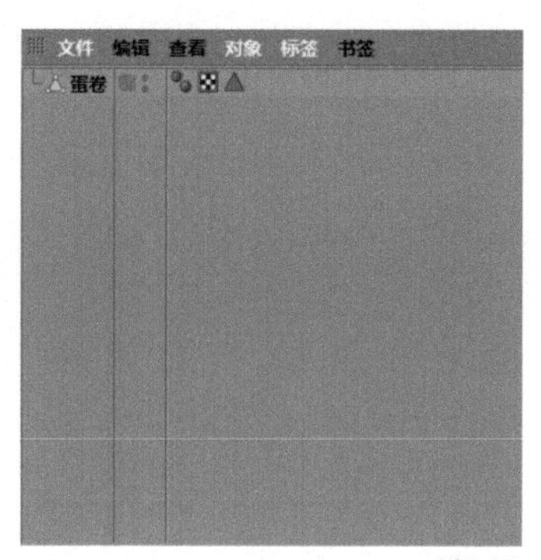

图6-75

6.3.2 冰激凌的建模

01 新建一个“圆盘”，在“圆盘”窗口中修改参数，如图 6-76 所示。

02 在透视视图界面下，选择图 6-77 所示的面，并向上拖曳一定的高度。

03 在顶视图界面下，选择图 6-78 所示的边，并调整角度。

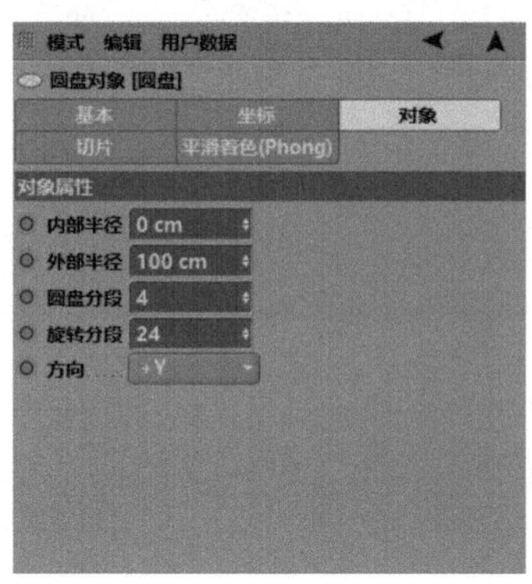

图6-76

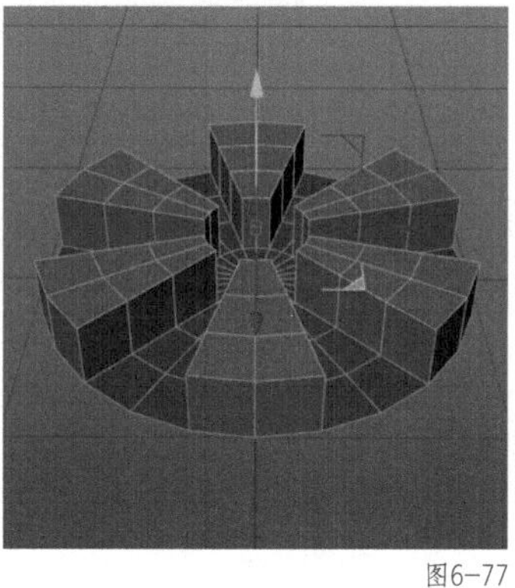
图6-77

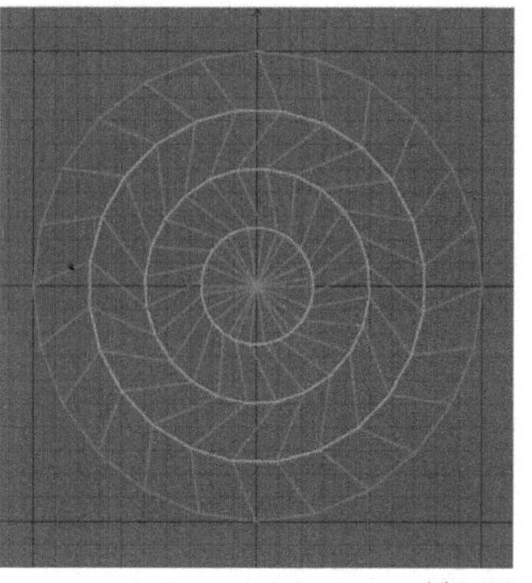
图6-78

04 透视视图界面中的效果如图 6-79 所示。

05 在透视视图界面下，选择图 6-80 所示的面，并向上拖曳一定的高度。

06 新建一个“细分曲面”，如图 6-81 所示。

图6-79

图6-80

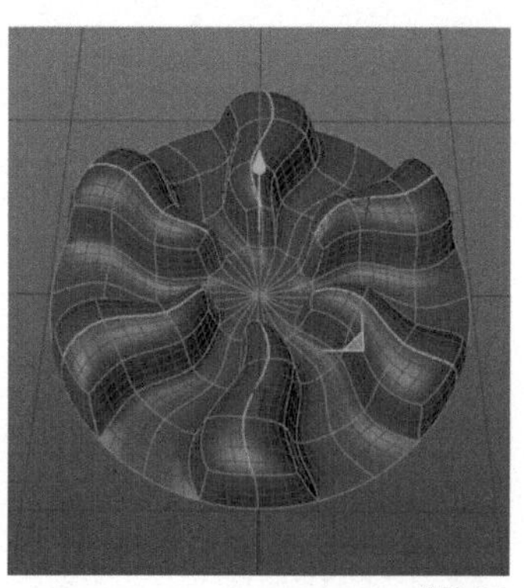
图6-81

07 在透视视图界面下，选择图 6-82 所示的面，并向上拖曳一定的高度。

08 选择图 6-83 所示的边，并向下拖曳一定的高度。

09 透视视图界面中的效果如图 6-84 所示。

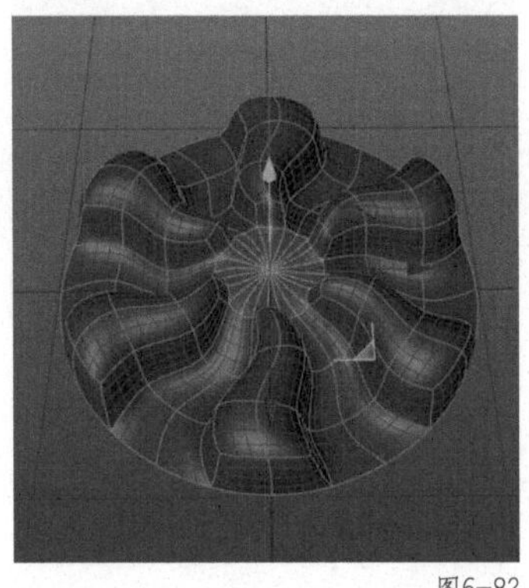
图6-82

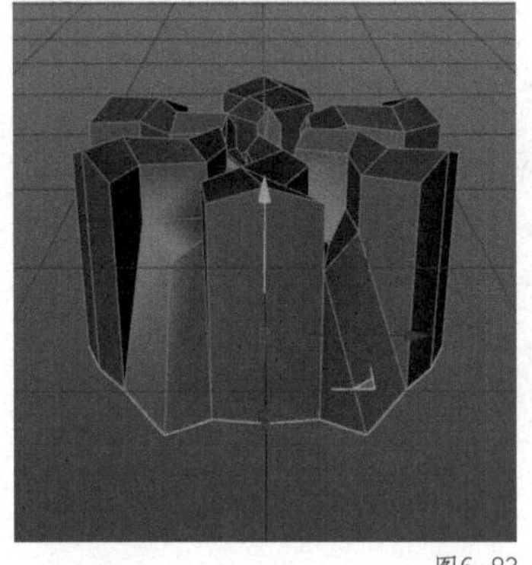
图6-83

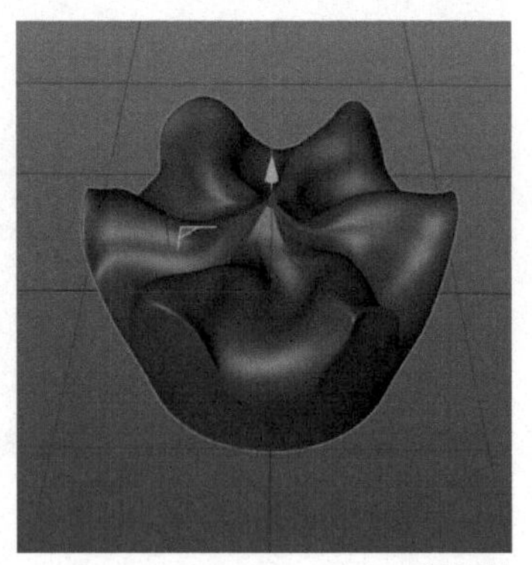
图6-84

10 在顶视图界面下，选择图 6-85 所示的面。

11 将选中的面分裂出来，如图 6-86 所示。

12 将分裂出的几何体桥接为封闭几何体，如图 6-87 所示。

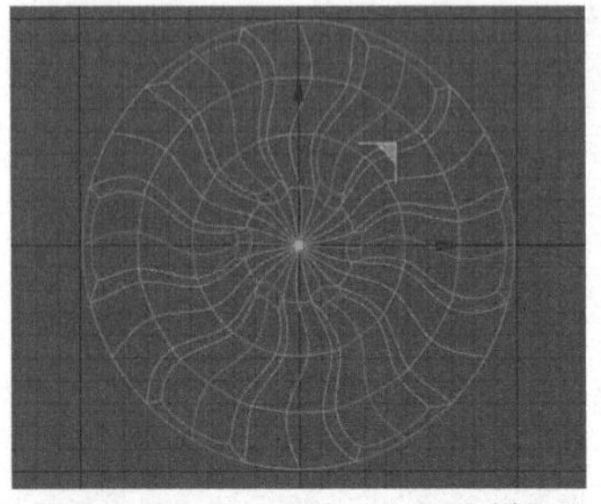
图6-85

图6-86

图6-87

13 新建一个“细分曲面”，如图 6-88 所示。

14 透视视图界面中的效果如图 6-89 所示。

15 在对象窗口中，调整图层名称，如图 6-90 所示。

图6-88

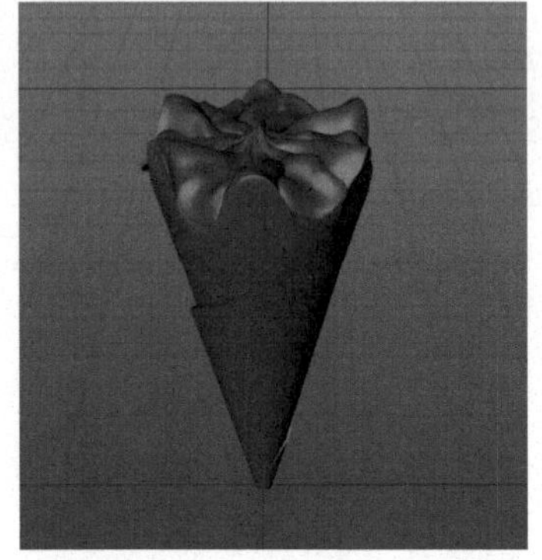
图6-89

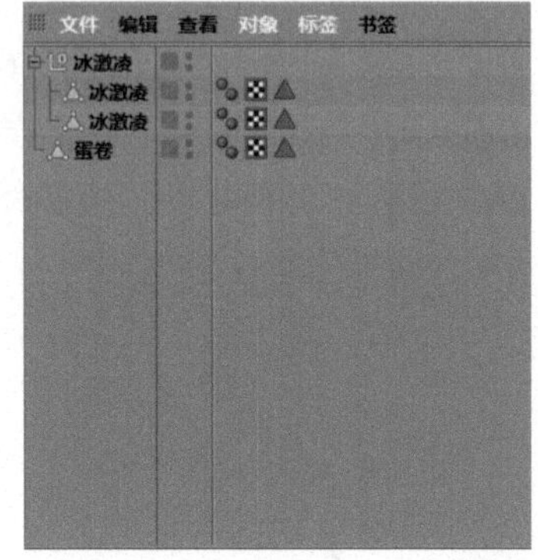

图6-90

6.3.3 装饰的建模

01 新建一个“球体”，如图 6-91 所示。

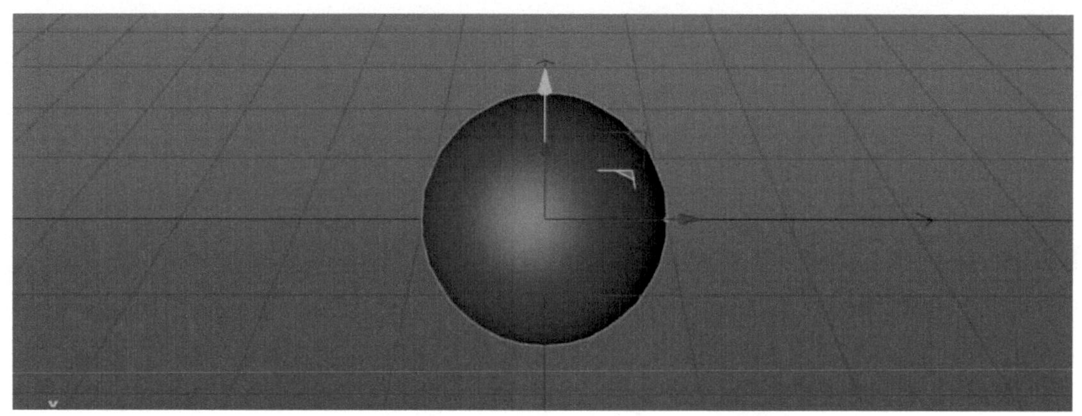

图6-91

02 新建一个“克隆”，如图 6-92 所示。

03 在“克隆”窗口中修改参数，如图 6-93 所示。

04 新建一个“管道”和“细分曲面”，如图 6-94 所示。

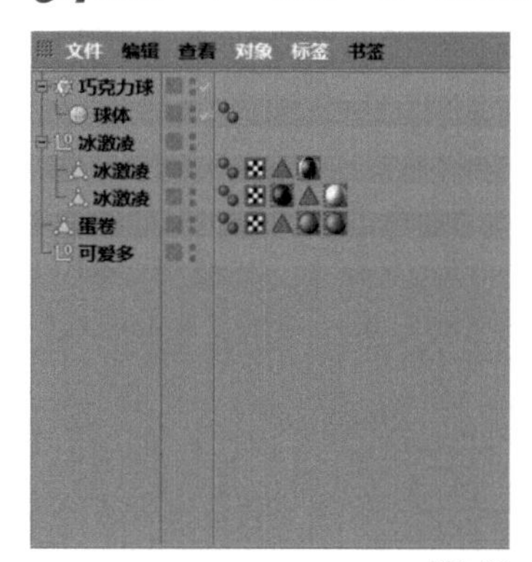

图6-92

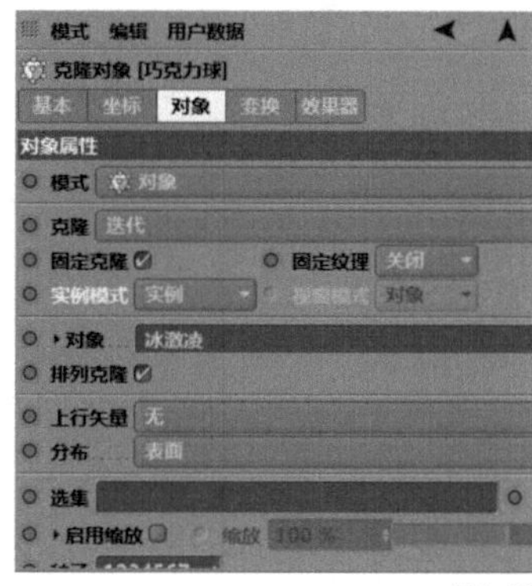

图6-93

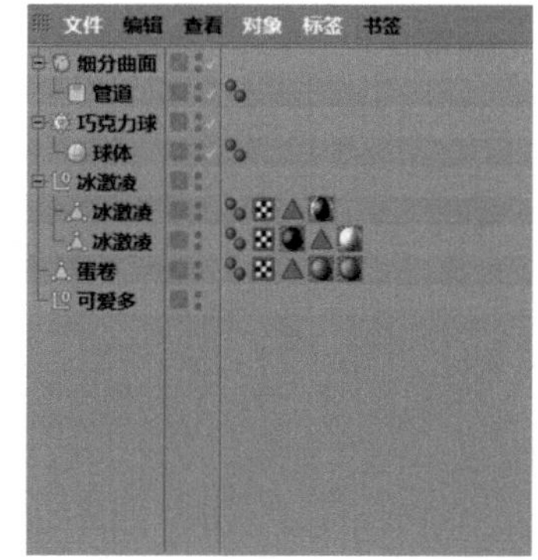

图6-94

6.3.4 可爱多冰激凌的渲染

01 在材质窗口中，新建如下“材质”，如图 6-95 所示。

02 在对象窗口中，将“材质”分别赋予相对应的图层，如图 6-96 所示。

03 透视视图界面中的效果如图 6-97 所示。

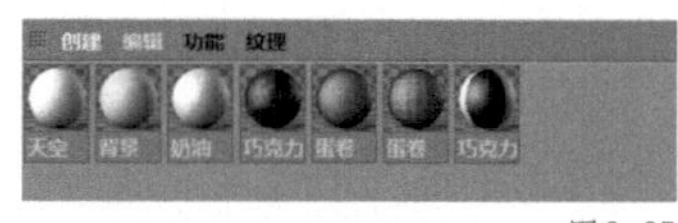

图6-95

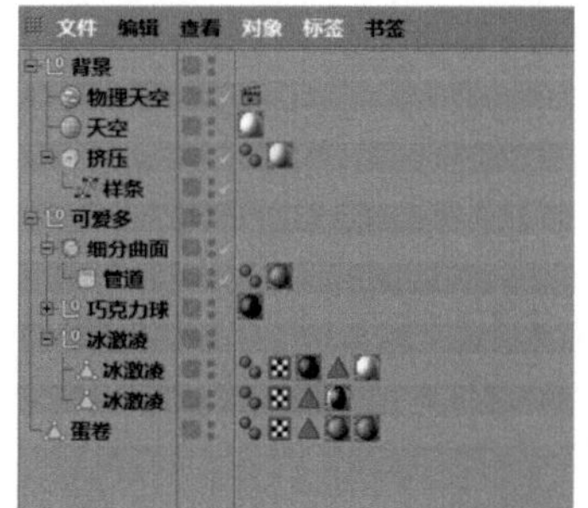

图6-96

图6-97

04 搭设一个简单的场景，渲染效果图，如图 6-98 所示。

图6-98

本节知识点一览

（1）参数化对象：平面、圆盘、管道

（2）NURBS：细分曲面、挤压

（3）对象和样条的编辑操作与选择：循环切割、循环选择、挤压

（4）运动图形：克隆

6.4 甜筒冰激凌——立方体、星形、螺旋、循环切割

本节讲解甜筒冰激凌的制作方法。炎热的夏季，最美好的事情莫过于吃上美味的祛暑品，而冰激凌则是最受欢迎的祛暑品。甜筒冰激凌凭借低廉的价格和可口的味道，受到了很多人的喜爱。同时，甜筒冰激凌是电商平面设计中常见的元素之一，可作为主体元素或辅助元素出现，用于宣传主体或点缀和填充画面。甜筒冰激凌需要立方体、星形、螺旋配合循环切割等功能制作完成。

本节内容	本节将讲解甜筒冰激凌的制作方法，包括甜筒冰激凌三维模型的创建、材质及材质的参数调整、场景及灯光的搭建

本节目标	通过本节的学习，读者将掌握甜筒冰激凌制作方法

本节主要知识点	立方体、星形、螺旋、循环切割

本节最终效果图展示

6.4.1 蛋卷的建模

01 新建一个“立方体”，在“立方体”窗口中修改参数，如图 6-99 所示。

02 在顶视图界面下，选择图 6-100 所示的点，并扩大一些。

03 新建一个“细分曲面”，如图 6-101 所示。

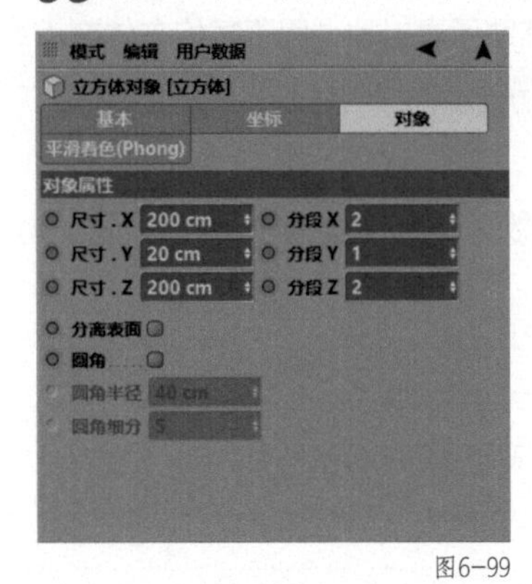

图6-99

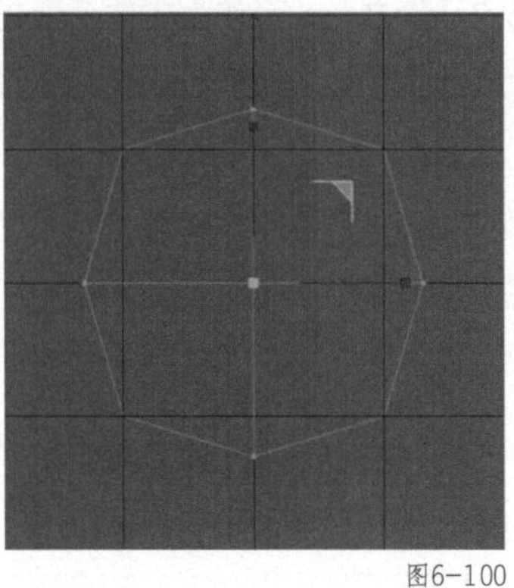

图6-100

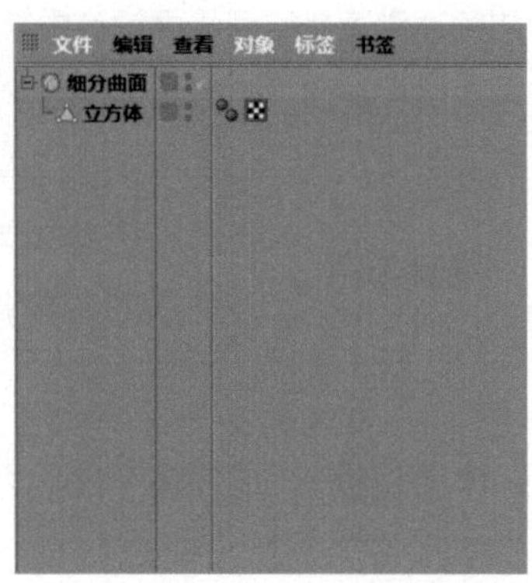

图6-101

04 将素材“甜筒冰激凌”置入，如图 6-102 所示。

05 根据素材“甜筒冰激凌”，制作“蛋卷”，如图 6-103 所示。

06 选择图 6-104 所示的面。

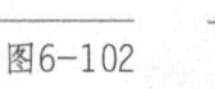

图6-102

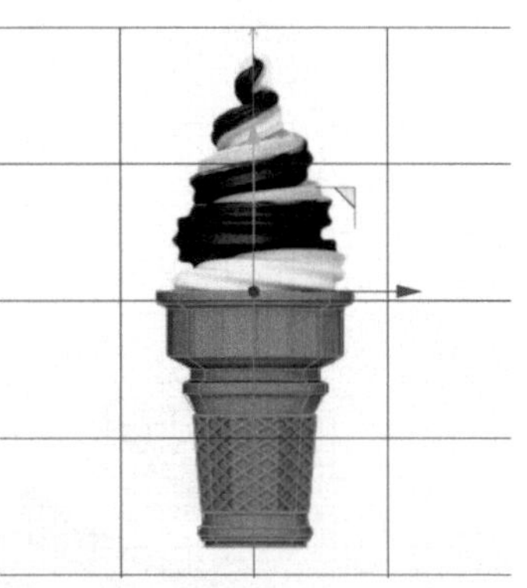

图6-103

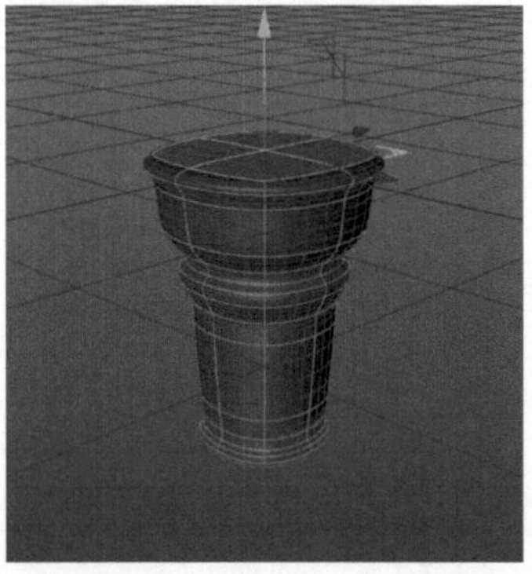

图6-104

07 将选中的面向下挤压出一定的高度，如图 6-105 所示。

08 在对象窗口中，将“细分曲面”重命名为“蛋卷”，如图 6-106 所示。

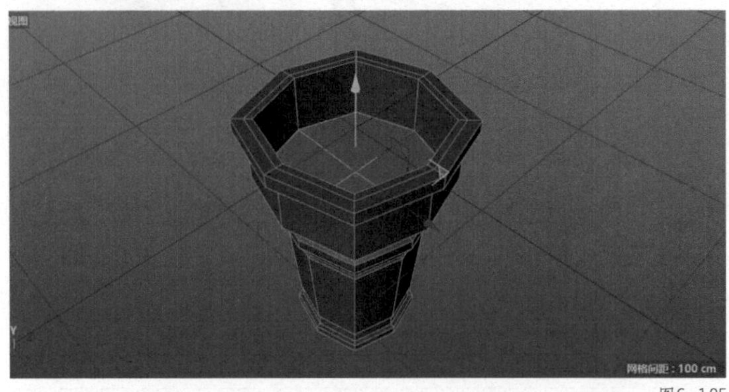

图6-105

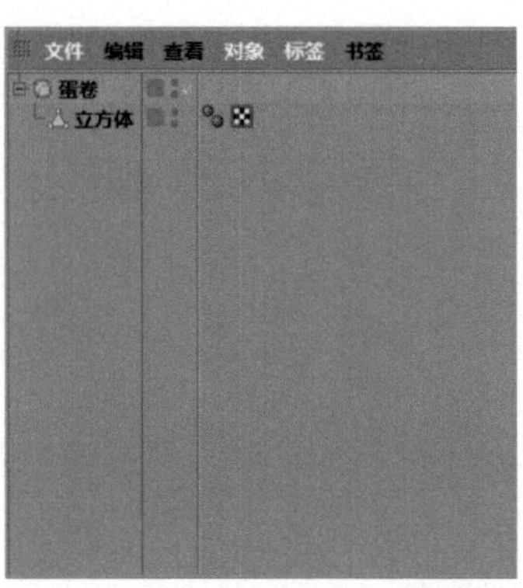

图6-106

6.4.2 冰激凌的建模

01 新建一个“螺旋”，在“螺旋”窗口中修改参数，如图 6-107 所示。

02 新建一个“星形”，在“星形”窗口中修改参数，如图 6-108 所示。

03 选择图 6-109 所示的点，单击鼠标右键，在弹出的下拉菜单中选择“柔性插值”。

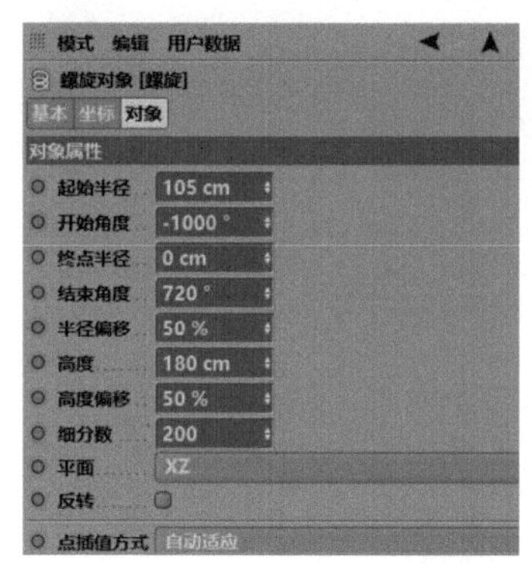

图6-107

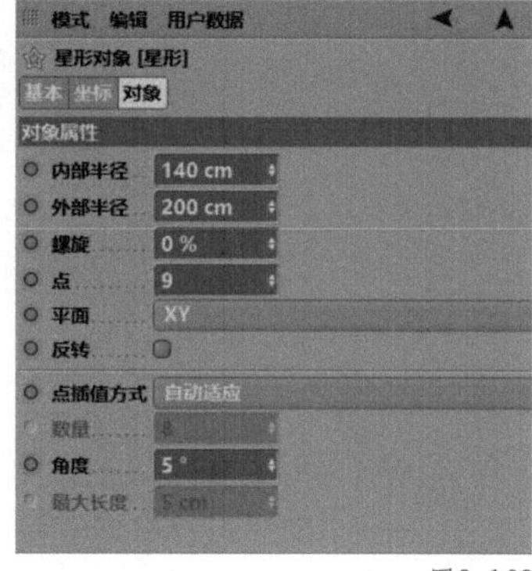

图6-108

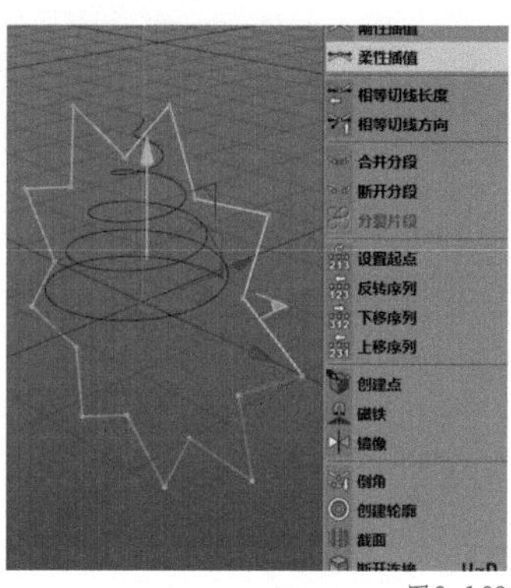

图6-109

04 新建一个“扫描”，在“扫描”窗口中修改参数，如图 6-110 所示。

05 透视视图界面中的效果如图 6-111 所示。

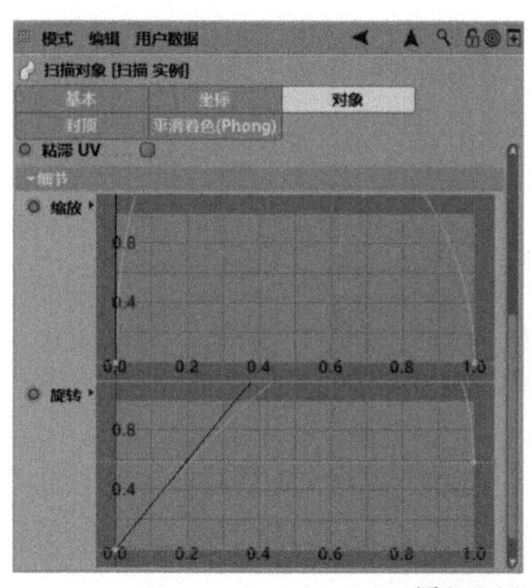

图6-110

图6-111

06 调整“冰激凌”和“蛋卷”的位置，如图 6-112 所示。

07 将“扫描”重命名为“冰激凌”，如图 6-113 所示。

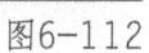

图6-112

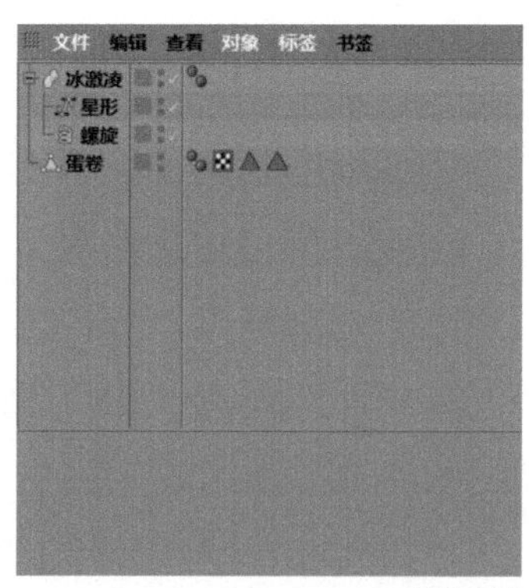

图6-113

6.4.3 甜筒冰激凌的渲染

01 在材质窗口中，新建如下“材质”，如图 6-114 所示。

02 在对象窗口中，将“材质”分别赋予相对应的图层，如图 6-115 所示。

03 透视视图界面中的效果如图 6-116 所示。

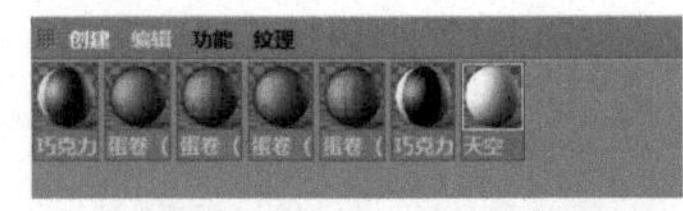

图6-114

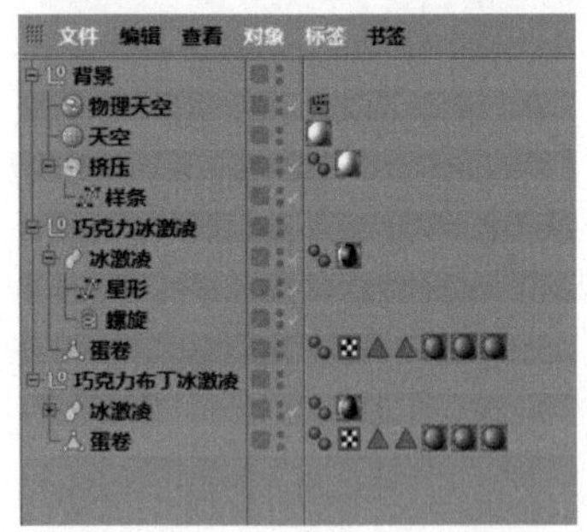

图6-115

图6-116

04 搭设一个简单的场景，渲染效果图，如图 6-117 所示。

图6-117

本节知识点一览

（1）参数化对象：立方体

（2）曲线工具组：星形、螺旋

（3）NURBS：细分曲面、挤压

（4）对象和样条的编辑操作与选择：柔性差值、循环切割

6.5 巧克力蛋糕——圆柱、星形、挤压、放样、螺旋

本节讲解巧克力蛋糕的制作方法。巧克力蛋糕历来被人们视为“幸福食品”，食用巧克力对人体健康也有诸多好处。巧克力蛋糕常见于生日派对及婚礼，是常见的甜品之一。它的种类繁多，适合各年龄段的人食用。同时，巧克力蛋糕也是电商平面设计中常见的元素之一，可作为主体元素或辅助元素出现，用于宣传主体或点缀和填充画面。巧克力蛋糕需要圆柱、星形配合挤压、放样、螺旋等功能制作完成。

本节内容	本节将讲解巧克力蛋糕的制作方法，包括巧克力蛋糕三维模型的创建、材质及材质的参数调整、场景及灯光的搭建

本节目标	通过本节的学习，读者将掌握巧克力蛋糕制作方法

本节主要知识点	圆柱、星形、挤压、放样、螺旋

本节最终效果图展示

6.5.1 蛋糕的建模

01 新建一个“圆柱”，在“圆柱”窗口中修改参数，如图 6-118 所示。

02 继续在“圆柱”窗口中修改参数，如图 6-119 所示。

03 透视视图界面中的效果如图 6-120 所示。

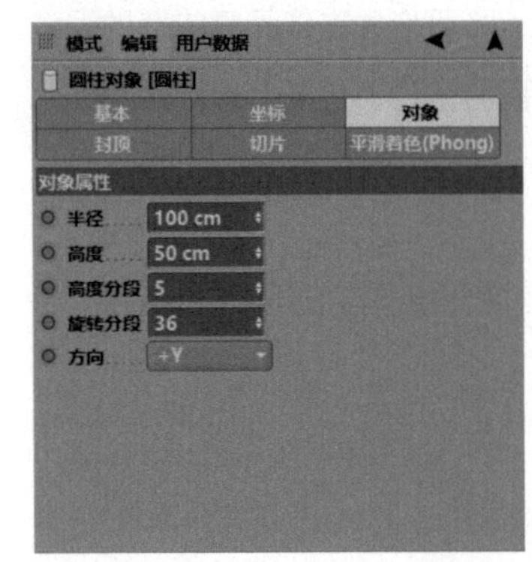

图6-118

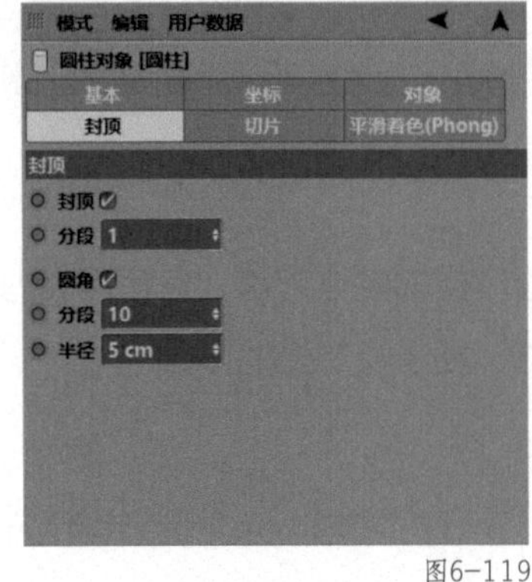

图6-119

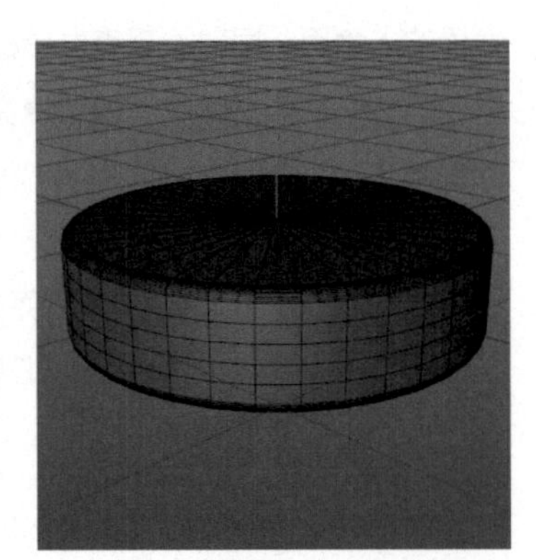

图6-120

04 在对象窗口中，将“圆柱”重命名为“蛋糕”，如图 6-121 所示。

05 复制一份“蛋糕”，在右视图界面下，选择“圆柱”下方的点，将下方的点删除，如图 6-122 所示。

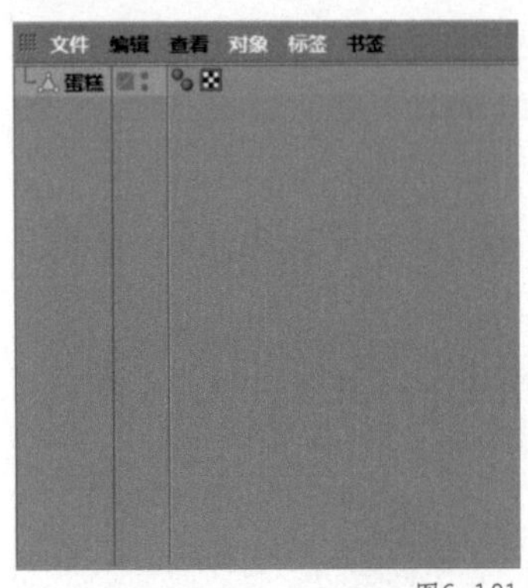

图6-121

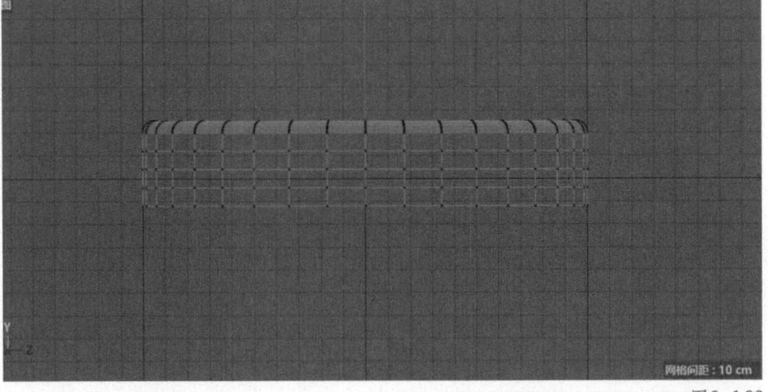

图6-122

06 在透视视图界面下，随机删除几个面，如图 6-123 所示。

07 选择图 6-124 所示的面，单击鼠标右键，在弹出的下拉菜单中选择“挤压”。

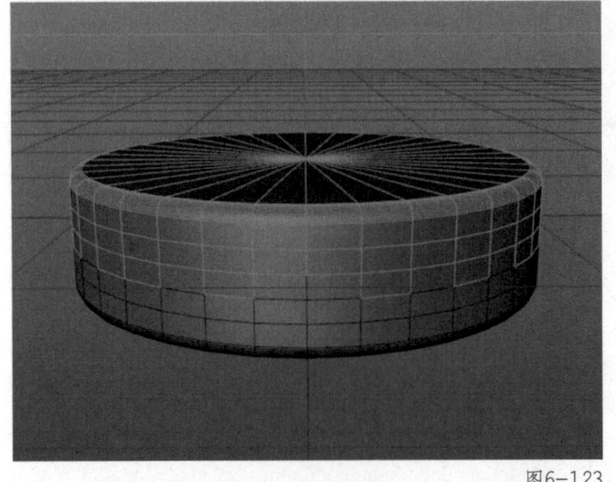

图6-123

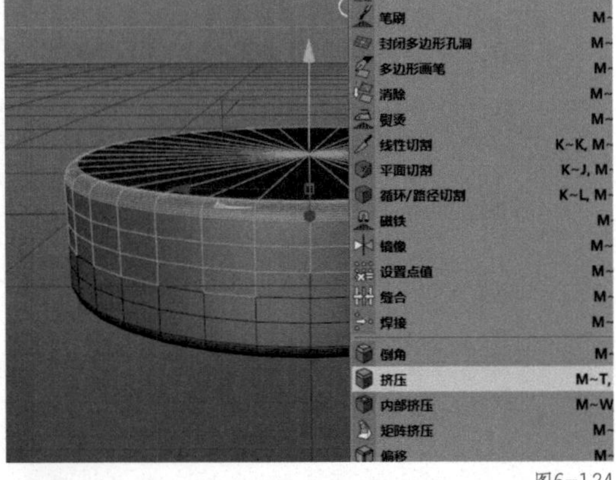

图6-124

08 在“挤压”窗口中修改参数，如图 6-125 所示。

09 新建一个“细分曲面”，如图 6-126 所示。

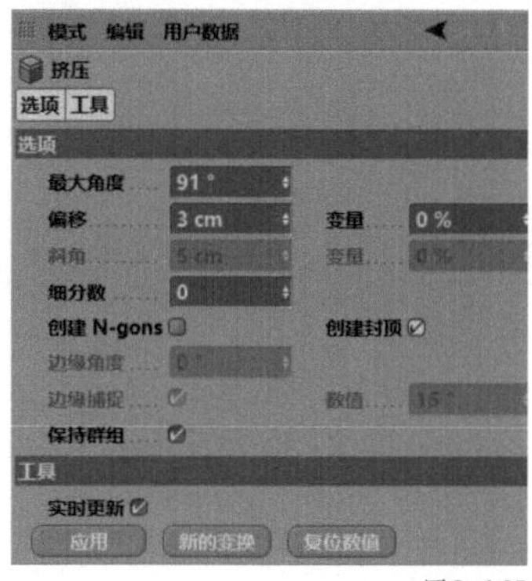

图6-125

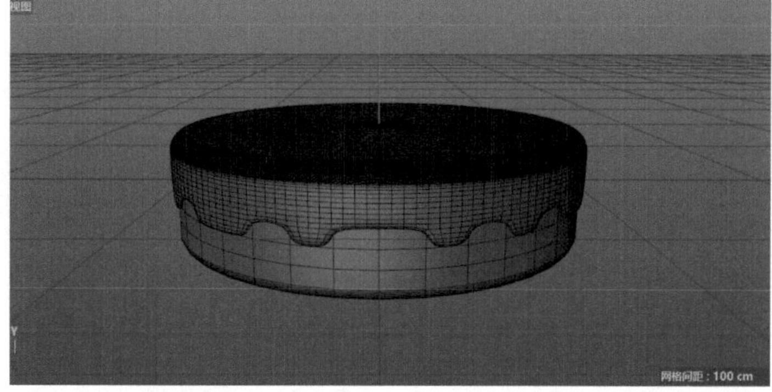

图6-126

10 复制两份“蛋糕”，调整位置和大小，如图 6-127 所示。

11 在对象窗口中，调整图层名称，如图 6-128 所示。

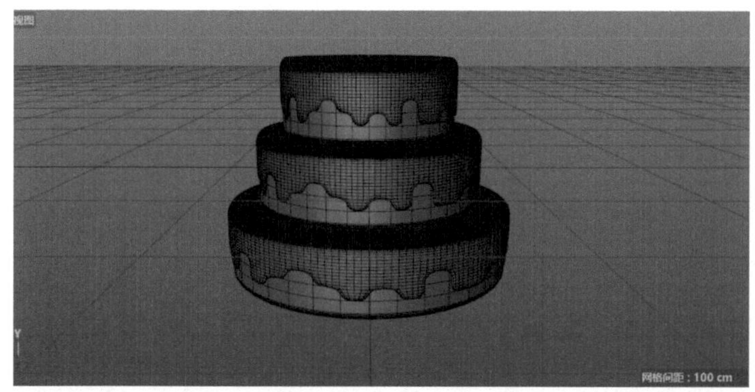

图6-127

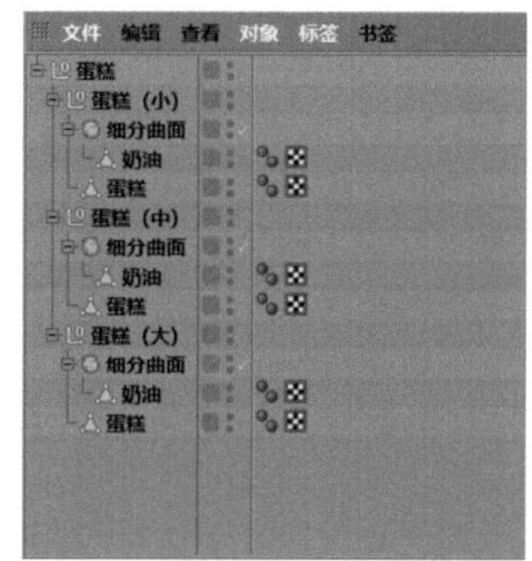

图6-128

6.5.2 奶油的建模

01 新建一个“圆柱”，在“圆柱”窗口中修改参数，如图 6-129 所示。

02 继续在“圆柱”窗口中修改参数，如图 6-130 所示。

03 在透视视图界面下，选择图 6-131 所示的边。

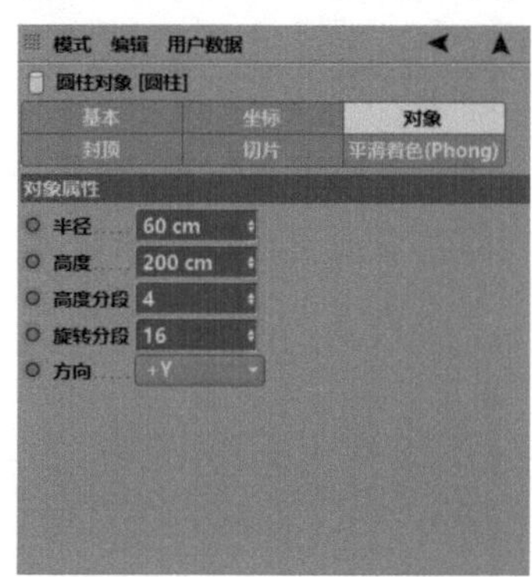

图6-129

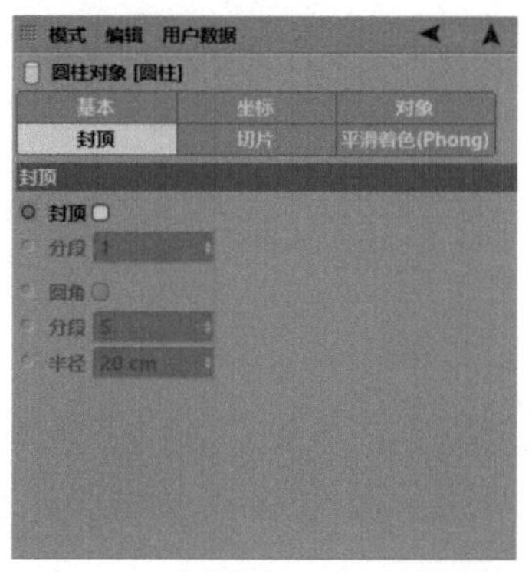

图6-130

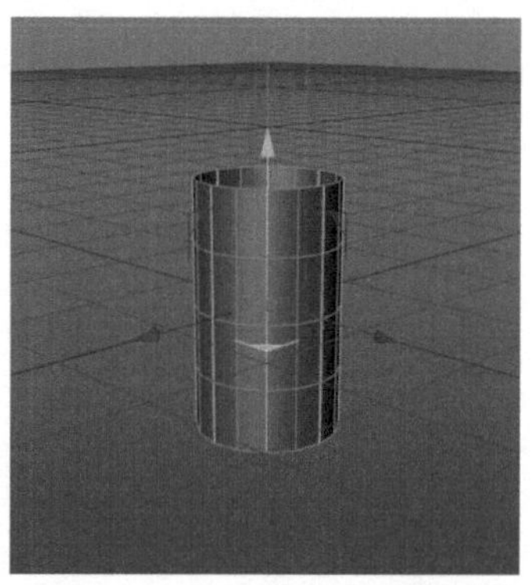

图6-131

04 在工具栏中，关闭“Y”轴，按【T】键切换到“缩放”工具调整大小，如图 6-132 所示。

05 选择顶部的边，按【T】键切换到“缩放”工具调整大小，如图 6-133 所示。

06 选择图 6-134 所示的点，按【T】键切换到“缩放”工具调整大小。

图6-132

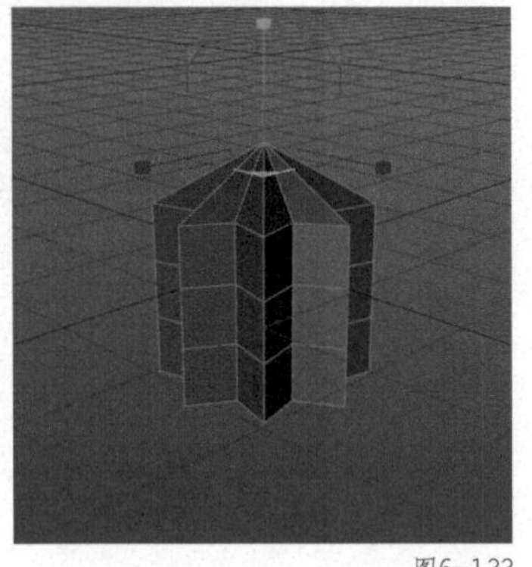

图6-133

图6-134

07 选择“封闭多边形孔洞”，将图 6-135 所示的面封闭。

08 新建一个“螺旋”，在“螺旋”窗口中修改参数，如图 6-136 所示。

09 新建一个“细分曲面”，如图 6-137 所示。

图6-135

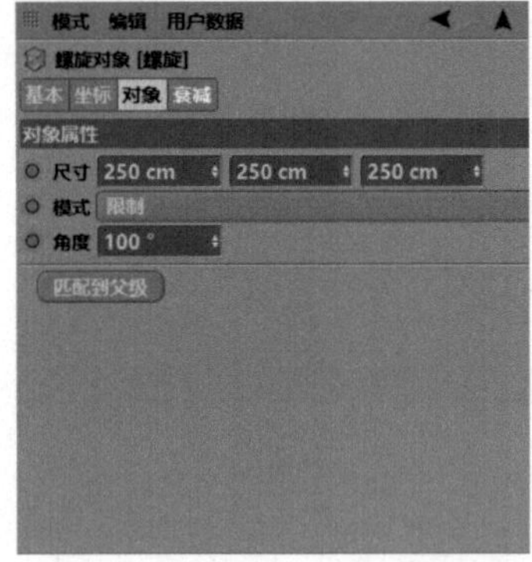

图6-136

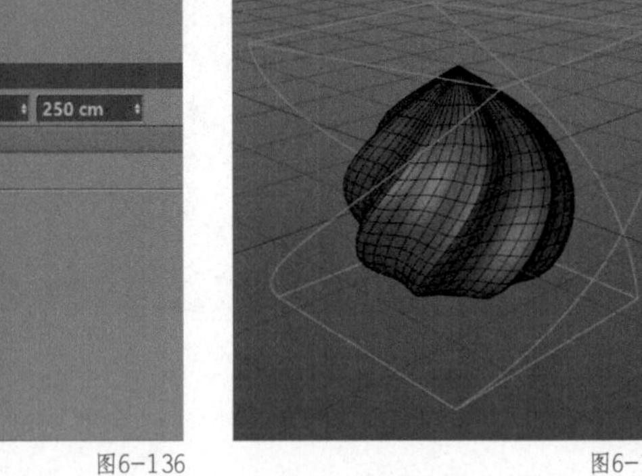

图6-137

10 新建一个“克隆”，在“克隆”窗口中修改参数，如图 6-138 所示。

11 透视视图界面中的效果如图 6-139 所示。

12 在对象窗口中，将“克隆”重命名为“奶油”，如图 6-140 所示。

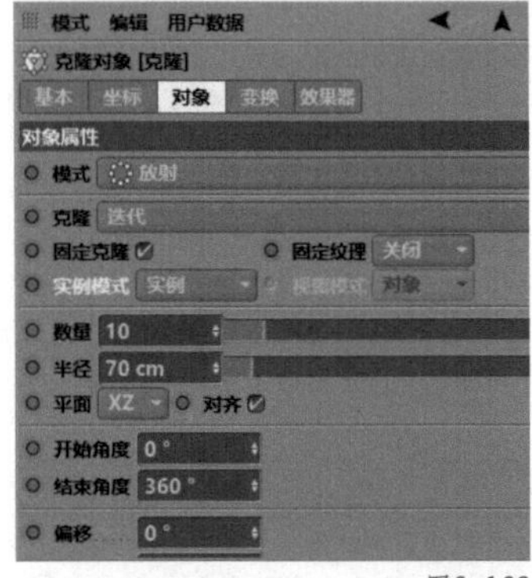

图6-138

图6-139

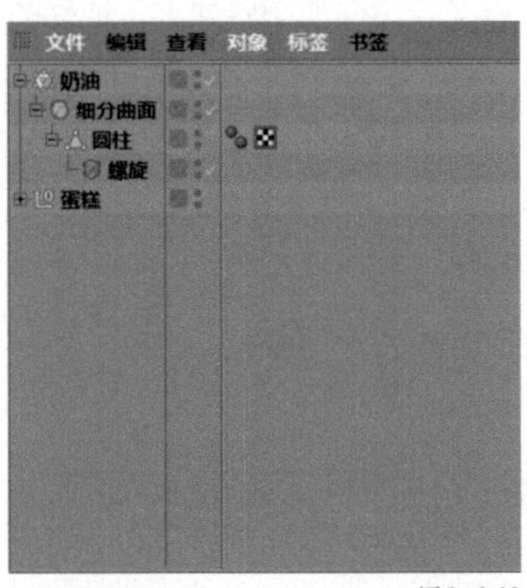

图6-140

6.5.3 装饰的建模

01 新建一个“文本”，在“文本”窗口中修改参数，如图 6-141 所示。

02 新建一个“扭曲”，将“强度”修改为“92° ”，如图 6-142 所示。

03 新建一个“文本”，在“文本”窗口中修改参数，如图 6-143 所示。

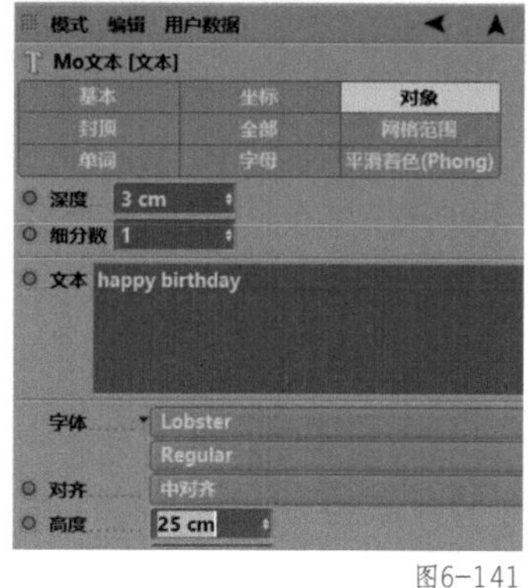

图6-141

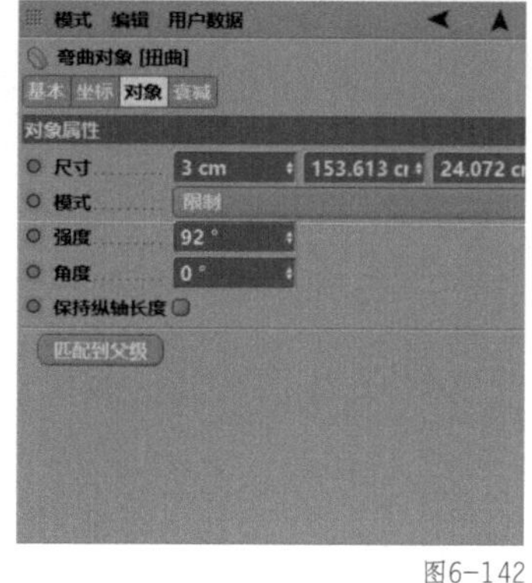

图6-142

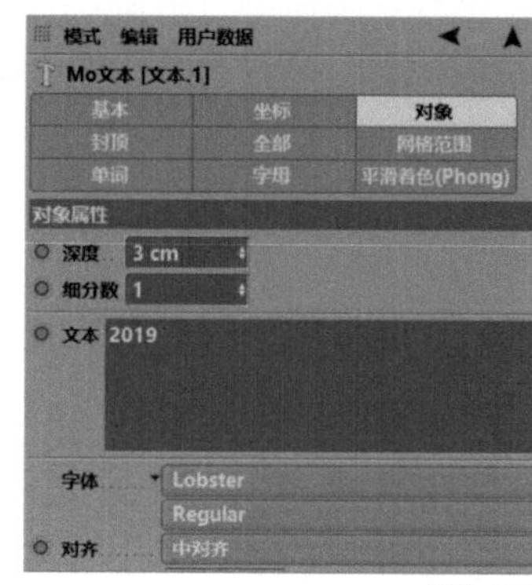

图6-143

04 透视视图界面中的效果如图 6-144 所示。

05 在对象窗口中，调整图层名称，如图 6-145 所示。

06 新建一个“星形”和“放样”，如图 6-146 所示。

图6-144

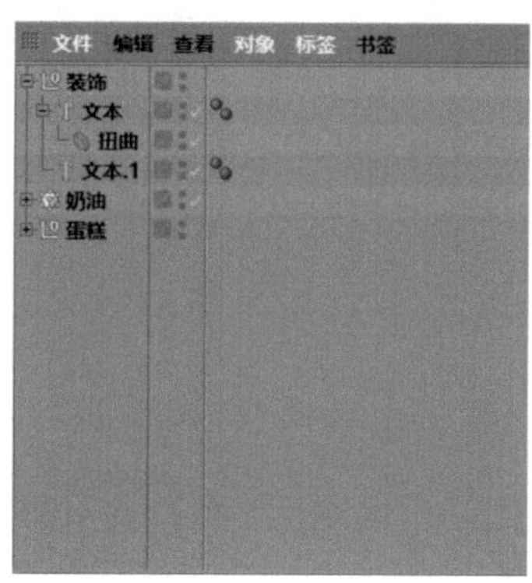

图6-145

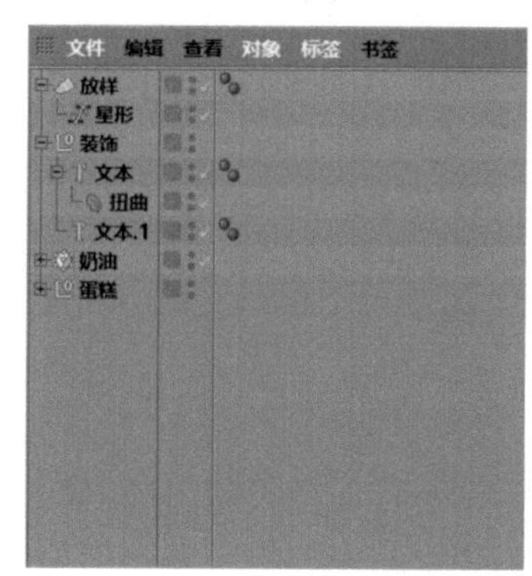

图6-146

07 全选下图所有的面，单击鼠标右键，在弹出的下拉菜单中选择“挤压”，如图 6-147 所示。

08 在“挤压”窗口中，将“偏移”修改为“2 cm”，如图 6-148 所示。

09 透视视图界面中的效果如图 6-149 所示。

图6-147

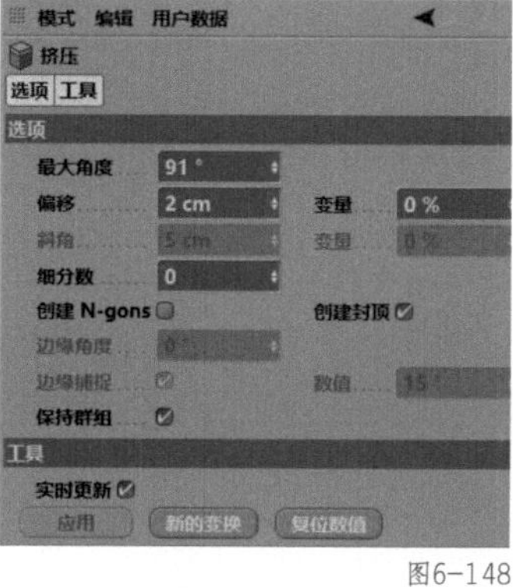

图6-148

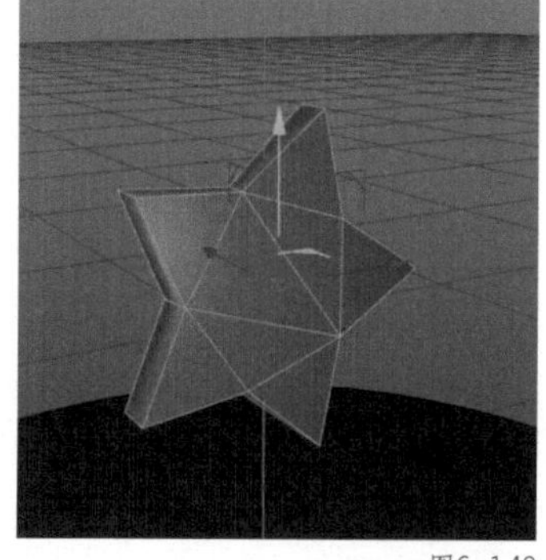

图6-149

10 新建一个“圆柱”，在“圆柱”窗口中修改参数，如图 6-150 所示。

11 透视视图界面中的效果如图 6-151 所示。

12 复制两个“星星”，调整大小和位置，如图 6-152 所示。

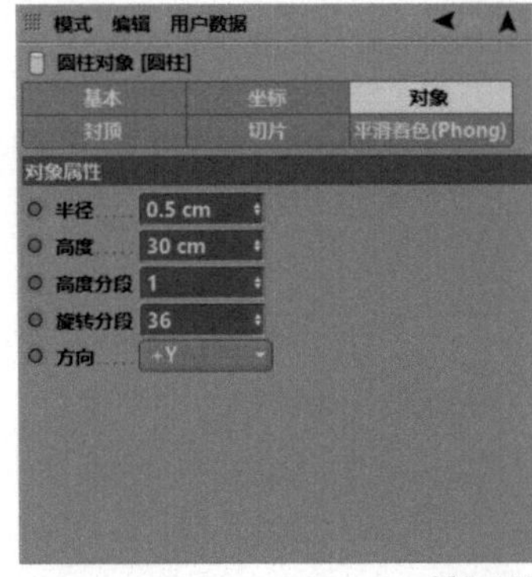

图6-150

图6-151

图6-152

13 在对象窗口中，调整图层名称，如图 6-153 所示。

14 新建一个“螺旋”，在“螺旋”窗口中修改参数，如图 6-154 所示。

15 新建一个“胶囊”，在“胶囊”窗口中修改参数，如图 6-155 所示。

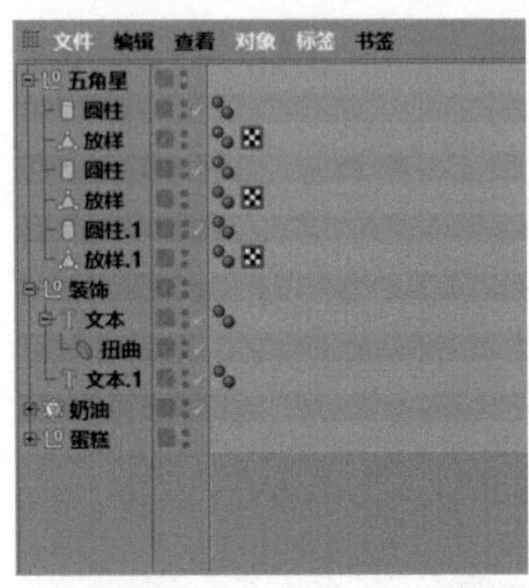

图6-153

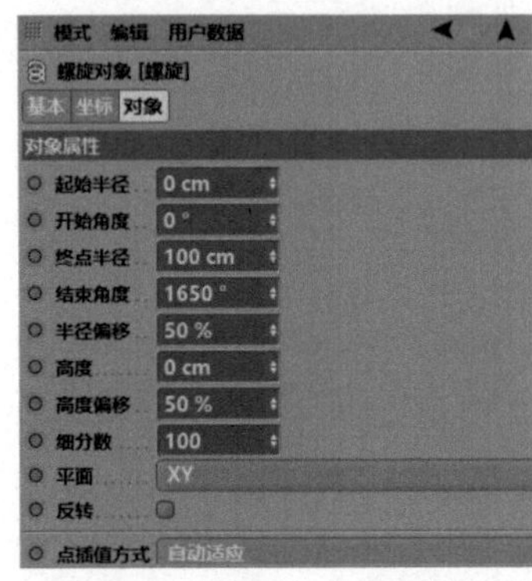

图6-154

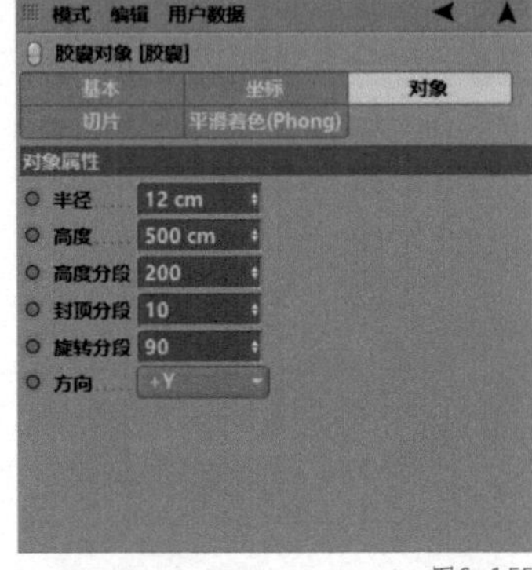

图6-155

16 新建一个“样条约束”，在“样条约束”窗口中修改参数，如图 6-156 所示。

17 新建一个“圆柱”，在“圆柱”窗口中修改参数，如图 6-157 所示。

18 透视视图界面中的效果如图 6-158 所示。

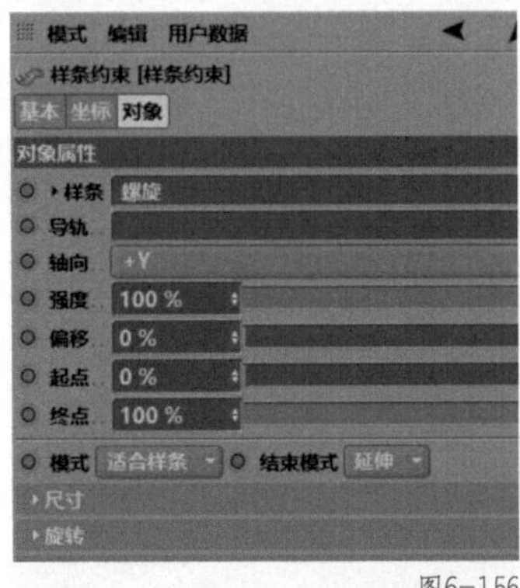

图6-156

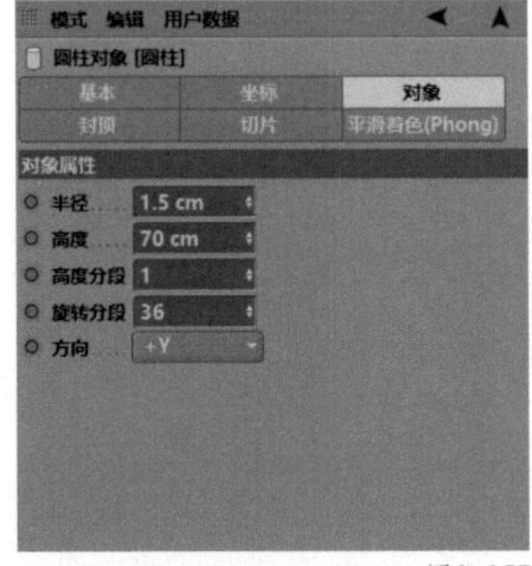

图6-157

图6-158

19 在对象窗口中，调整图层名称，如图 6-159 所示。

20 在透视视图界面下，将素材“甜甜圈”和“甜筒冰激凌”置入，并调整大小和位置，如图 6-160 所示。

21 在对象窗口中，调整图层名称，如图 6-161 所示。

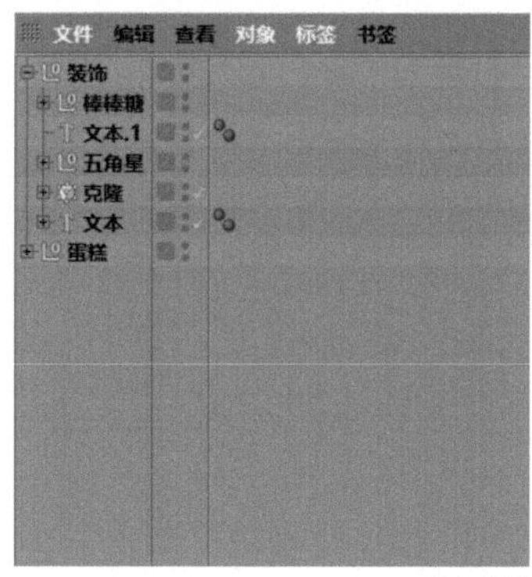

图6-159

图6-160

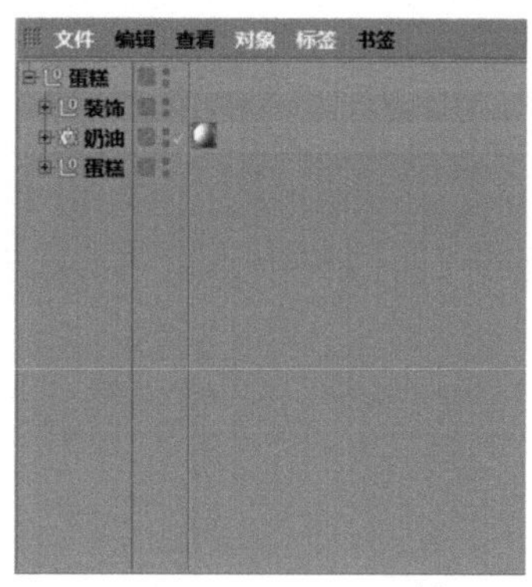

图6-161

6.5.4 巧克力蛋糕的渲染

01 在材质窗口中，新建如下“材质”，如图 6-162 所示。

02 在对象窗口中，将“材质”分别赋予相对应的图层，如图 6-163 所示。

03 透视视图界面中的效果如图 6-164 所示。

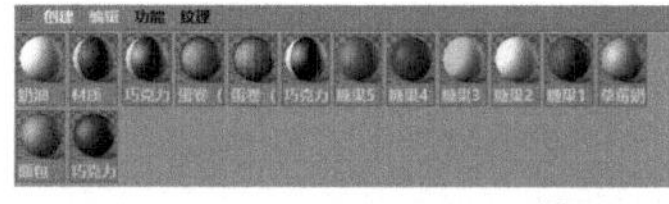
图6-162

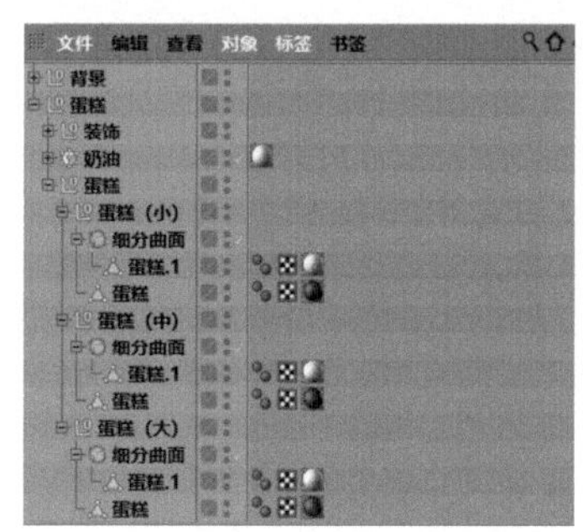

图6-163

图6-164

04 搭设一个简单的场景，渲染效果图，如图 6-165 所示。

图6-165

本节知识点一览

（1）参数化对象：圆柱

（2）变形工具组：扭曲、置换

（3）曲线工具组：星形、螺旋

（4）NURBS：细分曲面、挤压

（5）对象和样条的编辑操作与选择：挤压